国家出版基金资助项目

U0211630

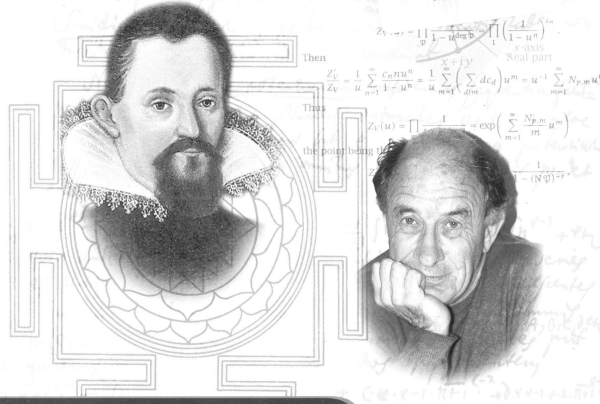

影响数学世界的猜想与问题　　佩捷　张本祥　编著

从开普勒到阿诺德

——三体问题的历史

From Kepler to Arnol'd

—The History of Three-body Problem

哈尔滨工业大学出版社
HITP　HARBIN INSTITUTE OF TECHNOLOGY PRESS

内 容 简 介

本书共分五编:第一编为古典理论卷,第二编为重刚体绕不动点运动问题,第三编为天体力学初步,第四编为天体力学的方法及原理,第五编为太阳系的未来.本书主要介绍了从开普勒到阿诺德的发展历程,其次为读者展现出三体问题的发展历程.

本书适合于高等学校数学及相关专业师生使用,也适用于数学史爱好者.

图书在版编目(CIP)数据

从开普勒到阿诺德:三体问题的历史/佩捷,张本祥编著.
—哈尔滨:哈尔滨工业大学出版社,2014.4
(影响数学世界的猜想与问题)
ISBN 978 - 7 - 5603 - 4585 - 7

Ⅰ.①从… Ⅱ.①佩…②张… Ⅲ.①三体问题(天文)—
自然科学史 Ⅳ.①P132

中国版本图书馆 CIP 数据核字(2013)第 311538 号

策划编辑 刘培杰 张永芹
责任编辑 张永芹 李 慧 刘家琳
封面设计 孙茵艾
出版发行 哈尔滨工业大学出版社
社　　址 哈尔滨市南岗区复华四道街 10 号　邮编150006
传　　真 0451 - 86414749
网　　址 http://hitpress.hit.edu.cn
印　　刷 哈尔滨市工大节能印刷厂
开　　本 787mm×1092mm　1/16　印张 55.75　字数 1 028 千字
版　　次 2014 年 4 月第 1 版　2014 年 4 月第 1 次印刷
书　　号 ISBN 978 - 7 - 5603 - 4585 - 7
定　　价 298.00 元

> 如果我没弄错的话，三体问题的精确解超越了任何人类智力的极限.
>
> —— **牛顿**（Newton）

N 体问题

N 体问题可以用一句话写出来：在三维空间中给定 N 个质点，如果在它们之间只有万有引力的作用，那么在给定它们的初始位置和速度的条件下，它们会在空间中怎样运动.

三体问题

最简单的例子就是太阳系中太阳、地球和月球的运动.在浩瀚的宇宙中，星球的大小可以忽略不记，所以我们可以把它们看成质点.如果不计太阳系其他星球的影响，那么它们的运动就只是在引力的作用下产生的，所以我们就可以把它们的运动看成一个三体问题.

天体力学中的基本力学模型：研究三个可视为质点的天体在相互之间万有引力作用下的运动规律问题.这三个天体的质量、初始位置和初始速度都是任意的.在一般三体问题中，每一个天体在其他两个天体的万有引力作用下的运动方程都可以表示成3个二阶的常微分方程，或6个一阶的常微分方程.因此，一般三体问题的运动方程为十八阶方程，必须得到18个积分才能得到完全解.然而，目前还只能得到三体问题的10个初积分，因此还远不能解决三体问题.

三体问题的起源

在20世纪的第一次数学家大会(1990年)上，伟大的数学家希尔伯特(David Hilbert)在他著名的演讲中提出了23个困难的数学问题，这些数学问题在20世纪的数学发展中起了非常重要的作用.在同一演讲中，希尔伯特也提出了他所认为的完美的数学问题的准则：问题既能被简明清楚地表达出来，然而问题的解决又是如此的困难以至于必须要有全新的思想方法才能够实现.为了说明他的观点，希尔伯特举了两个最典型的例子：第一个是费马 (Pierre de Fermat) 猜想，

希尔伯特（David Hilbert）

即代数方程 $x^n + y^n = z^n$ 在 n 大于 2 时是没有整数解的；第二个就是所要介绍的 N 体问题的特例——三体问题.值得一提的是,尽管这两个问题在当时还没有被解决,希尔伯特并没有把他们列进他的问题清单.但是在整整 100 年后回顾,这两个问题对于 20 世纪数学的整体发展所起的作用恐怕要比希尔伯特提出的 23 个问题中的任何一个都大.费马猜想经过全世界几代数学家几百年的努力,终于在 1995 年被美国普林斯顿大学(Princeton University)的怀尔斯(Andrew Wiles)解决了,这被公认为 20 世纪最伟大的数学进展之一,因为除了解决一个重要的问题,更重要的是在解决问题的过程中有好几种全新的数学思想诞生了,难怪在问题被解决后也有人遗憾地感叹:一只会生金蛋的母鸡被杀死了.

费马(Pierre de Fermat)　　　　怀尔斯(Andrew Wiles)

研究三体问题的方法分类

由于三体问题不能严格地求解,在研究天体运动时,都只能根据实际情况采用各种近似的解法,研究三体问题的方法大致可分为三类:

第一类是分析方法,其基本原理是把天体的坐标和速度展开为时间或其他小参数的级数形式的近似分析表达式,从而讨论天体的坐标或轨道要素随时间的变化;

第二类是定性方法,采用微分方程的定性理论来研究长时间内三体运动的宏观规律和全局性质;

第三类是数值方法,直接根据微分方程的计算方法得出天体在某些时刻的具体位置和速度.

这三类方法各有利弊,对新积分的探索和各类方法的改进是研究三体问题中很重要的课题.

三体问题的数学推断

初通高中物理和大学微积分的读者都不难推出三体问题的数学方程.事实上，根据牛顿(Issac Newton)万有引力定理和牛顿第二定律，我们可以得到

$$m_1 \frac{d^2 q_{1i}}{dt^2} = \frac{Gm_1 m_2 (q_{2i} - q_{1i})}{r_{12}^3} + \frac{Gm_1 m_3 (q_{3i} - q_{1i})}{r_{13}^3}$$

$$m_2 \frac{d^2 q_{2i}}{dt^2} = \frac{Gm_2 m_1 (q_{1i} - q_{2i})}{r_{21}^3} + \frac{Gm_2 m_3 (q_{3i} - q_{2i})}{r_{23}^3}$$

$$m_3 \frac{d^2 q_{3i}}{dt^2} = \frac{Gm_3 m_1 (q_{1i} - q_{3i})}{r_{31}^3} + \frac{Gm_3 m_2 (q_{2i} - q_{3i})}{r_{32}^3}$$

$$(i = 1, 2, 3)$$

其中m_1是质点的质量，G是万有引力常数，r_{ij}是两个质点m_i和m_j之间的距离，而q_{1i}, q_{2i}, q_{3i}则是质点m_i的空间坐标.所以三体问题在数学上就是这样9个方程的二阶常微分方程组再加上相应的初始条件(事实上根据方程组本身的对称性和内在的物理原理，方程可被简化以减少变量个数).而N体问题的方程也是类似的一个N^2个方程的二阶常微分方程组.

当$N=1$时，单体问题是个平凡的方程.单个质点的运动轨迹只能是直线匀速运动.当$N=2$时(二体问题)，问题就不那么简单了.但是方程组仍然可以化简成一个不太难解的方程，任何优秀的理科大学生大概都能轻易地解出来.简单来说这时两个质点的相对位置始终在一个圆锥曲线上，也就是说如果我们站在其中一个质点上看另一个质点，那么另一个质点的轨道一定是个椭圆、抛物线、双曲线的一支或者直线.二体问题又叫开普勒(Johannes Kepler)问题，在1710年它被瑞士数学家约翰·伯努利(Johann Bernoulli)首先解决的.二体问题的提出大概可以追溯到上千年前，但是这一问题的第一个完整的数学描述(像使用上面这样的微分方程)是出现在牛顿的《自然哲学的数学原理》(Philosophiae Naturalis Prinicipia Mathematica，1687年出版)一书中.在他的著作中，牛顿成功地运用微积分证明了开普勒的天文学三大定律，但是奇怪的是他的书里并没有给出二体问题的解，尽管这两者是紧密相关的，而且现在的人们还是相信牛顿当时完全有能力给出二体问题的解.

至于三体问题或者更一般的N体问题(N大于二)，在被提出以后的200年里，被18和19世纪几乎所有著名的数学家都尝试过，但是问题的进展是微乎其微的.尽管在失败的尝试中微分方程的理论被不断地发展成为一门更成熟的数学分支，但是对于这些发展的源头——N体问题，人们还是知道的太少了.终于在19世纪末期，也就是希尔伯特做他的著名演讲的前几年，人们期待的重大突破出现了……

开普勒(Johannes Kepler)　　　约翰·伯努利(Johann Bernoulli)

三体问题的四种特殊情况

1.三星成一直线,边上两颗围绕当中一颗转.

2.三星成三角形,围绕三角形中心旋转.

3.两颗星围绕第三颗星旋转.

4.三个等质量的物体在一条8字形轨道上运动

三体问题的趣闻

小说的基础

科幻作家刘慈欣的《地球往事》三部曲之一《三体》即是以此问题为基础而创作的.这是一个暂名为《地球往事》的系列的第一部,可以看作一个更长的故事的开始.它是一个关于背叛的故事,也是一个生存与死亡的故事,有时候,比起生存还是死亡,忠诚与背叛可能更是一个问题.

疯狂与偏执,最终将在人类文明的内部异化出怎样的力量？冷酷的星空将如何拷问心中的道德?

作者试图讲述一部在光年尺度上重新演绎的中国现代史,讲述一个文明 200 次毁灭与重生的传奇.

三体问题和瑞典国王的奖金

刚创刊不久的瑞典数学杂志《Acta Mathematica》的第7卷上出现了一则引人注意的通告:为了庆祝瑞典和挪威国王奥斯卡二世在1889年的六十岁生日,《Acta Mathematica》将举办一次数学问题比赛,悬赏2 500克郎和一块金牌.而比赛的题目有四个,其中第一个就是找到N体问题的所有解.参加比赛的各国数学家必须在1888年的6月1日前把他们的参赛论文寄给杂志的创办人和主编,著名的瑞典数学家米塔格·莱夫勒(GostaMittag-Leffler).所有论文将匿名地被一个国际委员会评判以决出优胜者,然后优胜者的论文将发表在《Acta Mathematica》上.这个委员会由三个当时赫赫有名的数学家组成:德国的维尔斯特拉斯(Karl Weierstrass),法国的赫密特(Charles Hermite)和米塔格·莱夫勒本人组成.

从现代的观点来看,这样的比赛也许有"炒作"和给新杂志做广告的嫌疑(事实上,当时就有一些数学家这样批评这种比赛,像德国的克罗内克(Leopold Kronecker)).但是从历史上看,米塔格·莱夫勒和奥斯卡二世的动机是好的,是为了推动科学的发展.奥斯卡二世本人在大学中数学就学得很好,他和许多当时著名的数学家,像维尔斯特拉斯,科瓦列夫斯卡雅(Sonya Kovalevskaya)

等都有亲密的关系.而米塔格·莱夫勒更是雄心勃勃，想把这样的比赛每四年举行一次.可惜这个设想没有实现，比赛只举办了一次就夭折了，否则的话也许今天数学的最大奖不是菲尔兹(Fields)奖，而是奥斯卡奖了(那样后来美国的电影奖大概也要考虑换个名字了).

米塔格·莱夫勒(GostaMittag-Leffler)

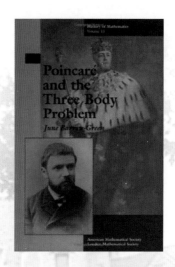

庞加莱与三体问题

（美国《数学历史》杂志第十一期）

维尔斯特拉斯(Karl Weierstrass)

赫密特(Charles Hermite)

克罗内克(Leopold Kronecker)

科瓦列夫斯卡雅(Sonya Kovalevskaya)

菲尔兹(John Charles Fields)

菲尔兹奖牌正反面

让我们回到比赛本身.这次比赛在当时轰动一时,虽然奖金不高,但这种崇高的荣誉是当时罕见的,要知道瑞典更有名的"炸药奖"诺贝尔(Nobel)奖是在几年后的1896年才开始评选的.但是由于问题的困难程度,大多数一开始跃跃欲试的数学家后来都知难而退,最后只有四五个数学家真正交了他们的答卷.而优胜者也并不难选出,虽然还是没有人能完整地解决任何一个问题,但是所有评委一致认为其中一份答卷对于N体问题的解决做出了关键的贡献,应该把奖颁给这位数学家.这位获胜者就是法国数学家、物理学家庞加莱(Henri Poincaré).

年轻的亨利·庞加莱(Henri Poincaré)

庞加莱
(Last Thoughts 1913 年版封面照片)

玛丽·居里和庞加莱
在1911 年索尔维会议上讨论

庞加莱在现代数学历史上占有举足轻重的地位，他曾被称为现代数学的两个奠基人之一(另一个是黎曼(Bernhard Riemann))，也有人称他为历史上精通当时所有数学的最后两个人之一(另一个就是希尔伯特))。而1885年的庞加莱只有31岁，虽然已初露锋芒，但还是一位希望能够一举成名的年轻数学家，所以这次比赛是个大好的机会，这也迫使他先放下手上其他的工作，集中精力投入到天体力学和N体问题的研究中。庞加莱获奖的论文"关于三体问题的动态方程"(Sur le probleme des trois corps etles equations de la dynamique) 最后1890年在《Acta Mathematica》上发表，论文长达270页，占了整整半卷杂志。(关于论文发表的一段故事后面还要提到)这篇重要的论文使原来就已有不小名气的年轻的庞加莱更加誉满整个欧洲数学界，也使他得到了新的热情和动力继续进行他在这篇论文中开始的工作。从1892年到1899年，庞加莱陆续出版了他的三大卷宏伟巨著《天体力学的新方法》(Les MethodsNouvelles de la Mecanique Celeste)。他的获奖论文和这三卷书可以说奠定了现代天体力学、动力系统、微分方程定性理论、甚至混沌理论的基础，尽管他的大多数思想直到几十年后才被广大的数学工作者所领悟，进而发展成现代的数学理论。

黎曼(Bernhard Riemann)

下面我们就来简单看一看庞加莱在这一时期的工作究竟给N体问题的解决带来了什么进展？

第一，庞加莱证明了对于N体问题在N大于二时，不存在统一的第一积分

(uniform first integral). 也就是说即使是一般的三体问题，也不可能通过发现各种不变量最终降低问题的自由度，把问题化简成更简单可以解出来的问题，这打破了当时很多人希望找到三体问题一般的显式解的幻想. 在100年后学习微分方程课的人大多在第二个星期就从老师那里知道绝大多数微分方程是没法找到定量的解的，但一般都能从定性理论中了解更多解的性质，甚至可以通过计算机"看到"解的形状行为. 而在庞加莱的年代，大多数数学家更热衷于用代数或幂函数方法找到解，使用定性方法和几何方法来讨论微分方程就是起源于庞加莱对于N体问题的研究，这彻底改变了人们研究微分方程的基本想法.

第二，为了研究N体问题，庞加莱发明了许多全新的数学工具. 例如他完整地提出了不变积分(invariant integrals) 的概念，并且使用它证明了著名的回归定理(recurrence theorem). 另一个例子是他为了研究周期解的行为，引进了第一回归映象(first return map)的概念，在后来的动力系统理论中被称为庞加莱映象. 还有像特征指数(characteristic expontents)，解对参数的连续依赖性(continuous dependence of solutions with respect to parameters)，等等. 所有这些都成为了现代微分方程和动力系统理论中的基本概念.

第三，也许是最重要的一点，是庞加莱通过研究所谓的渐进解(asymptotic solutions)、同宿轨道 (homoclinic orbits) 和异宿轨道(hetroclinic orbits)，发现即使在简单的三体问题中，在这样的同宿轨道或者异宿轨道附近，方程的解的状况会非常复杂，以至于对于给定的初始条件，几乎是没有办法预测当时间趋于无穷时，这个轨道的最终命运. 事实上半个世纪后，后来的数学家们发现这种现象在一般动力系统中是常见的，他们把它叫作稳定流形(stable manifold)和不稳定流形(unstable manifold)正态相交(intersects transversally)所引起的同宿交错网(homoclinic tangle)，而这种对于轨道的长时间行为的不确定性，数学家和物理学家称之为混沌(chaos). 庞加莱的发现可以说是混沌理论的最早起源了.

最后应该提到的是庞加莱在做出这些重要工作时的一些逸事. 1888 年5月庞加莱在比赛截止日期前交上了他的论文，6个月后他就被宣布为获胜者. 虽然当时评委维尔斯特拉斯已经体弱多病，但还是很有预见地指出这篇论文将打开天体力学历史上的一个新纪元. 在1889年冬天庞加莱的论文已经被印刷而且送到了当时最有名的一些数学家那里,就在这时负责校对的一位数学家和庞加莱自己都发现了文章中一些证明不清楚的地方，庞加莱开始修改这些部分并且通知米塔格·莱夫勒收回了已印出的杂志予以销毁.在1890年10月，庞加莱论文的新版本才重新问世，这也是我们今天看到的版本.事实上被销毁的版本仅有158页，而后来的版本是270页.庞加莱坚持自己支付了印刷第一版的费用：3 585克郎，也就是说算上他的奖金，他在这次比赛中还赔了1 000多克郎.但是这次修正是重要的，正是在这次修正中，庞加莱改正了他的一个稳定性定理，最终导致了他对同宿交错网的发现.有趣的是米塔格·莱夫勒原以为他销毁了所有有错误的论文，然而近百年后人们在瑞典米塔格·莱夫勒数学研究所的旧文件中还是发现了几本"原版"的庞加莱的论文，他们就像错版邮票一样成了珍贵文物，也成了数学史研究者和后来的数学家研究庞加莱的宝贵资料.

　　另一件事是后来的人认为庞加莱并没有把他对同宿交错网的全部想法都写进他的著作，而只是在他的书的第三卷第397节中简单提了一下，以说明N体问题解的复杂性超出人们的想象能力.现在的人猜测他可能这样做的原因是这种混沌的想法不符合当时人们对于自然界的基本哲学.19世纪末期知识界对于科学技术的进展是非常乐观的，人们对于物理世界的理解是给定现实的状态，人类是有能力预测未来的.而这种混沌理论的不确定性恰恰和当时这种思想不相吻合，所以即使是庞加莱这样伟大的科学家也对于提出这种大胆的思想持保留态度.但我们也不能责备庞加莱的局限性，事实上对于社会上的一般公众，混沌理论是到20世纪80年代，计算机被普遍使用后才被真正接受的.今天人们还是承认庞加莱是第一个有混沌理论基本想法的人.而在科学史上，庞加莱也被认为最有能力和机会创造狭义相对论的理论，也许还是他性格上和哲学思想上的弱点，最后真正大胆地做到这一点的是今天家喻户晓的爱因斯坦(Albert Einstein).

非碰撞的奇点解：百年悬而未决的问题

　　太阳系中所有行星及其它们的卫星基本上都以太阳为参照物做着周期运动.然而在宇宙中并非所有星球都能保持这种周期运动，即使今天各种街头小报上仍然经常充斥着一些关于将有小行星撞击地球，从而人类将面临灭顶之灾，许多好莱坞电影也使用现代科技栩栩如生地向我们展示了这种可怕的灾难.尽管从科学上讲在短期内我们并不用杞人忧天，但是在漫漫宇宙中，星球的碰撞并非不可能，现在许多科学家都相信曾经一度独霸地球的恐龙正是在一次小行星撞击地球后灭亡的. 既然 N 体问题本来就是被用来作为星球运动的模型，我们可以猜想在 N 体问题某些解里会有碰撞发生. 事实上大家可以看到即使在二体问题中，如果两个质点的相对位置总在一条直线上的话，它们是可以在有限时间内就碰撞在一起的，这样这个微分方程的解在这一时刻就失去意义了，因为方程右面某些项的分母成了零. 在这种情况下我们称方程有一个奇点 (singularity)，而这个奇点就是一个碰撞 (collision). 但是在微分方程的理论中，奇点并不都是这样的碰撞类型. 一个简单的例子是方程 $x'=x^2$ 的非零解总是在有限时间里就跑到无穷远去了，这种现象我们称之为爆破 (blowup). 对于 N 体问题，我们一般更关心质点之间的相对位置，所以如果至少其中两个质点之间的相对距离在有限时间里就跑到无穷远，我们就可以说爆破在 N 体问题中出现. 如果这是真的宇宙的话，那就意味着这个宇宙在一段时间后，在没有碰撞的情况下就消失到无穷远的尽头去了. 这似乎大大有悖一般人对于宇宙的认识. 但是从 N 体问题的方程来看，这似乎并不太可能发生，因为当方程中的距离项变大后，距离变化的速度就小了，爆破似乎就不会发生了. 事实上对于二体问题，大家很容易证明爆破不会发生. 但是，当 N 大于二呢? 大家可以从庞加莱的工作中看出，我们的回答应该谨慎一些.

历史上关于 N 体问题中奇点的研究，是由和庞加莱同时代的另一位法国数学家庞勒维 (Paul Painleve) 开始的. 庞勒维在数学上也许不如庞加莱声名显赫，但是另一方面数学教授只是他的职业之一. 在法国历史上，庞勒维是被作为著名的政治家记载的. 在他不做巴黎大学教授的时候，他从 1914 年到 1933 年去世为止一直在法国政府任内阁部长，并曾两度出任法国总理 (无独有偶，在同一时代另一个做过法国总理的正是庞加莱的一位表弟). 庞勒维对于 N 体问题中奇点的研究，也和前面提到的瑞典和挪威国王奥斯卡二世的名字联系在一起. 1895 年奥斯卡二世邀请庞勒

庞勒维 (Paul Painleve)

维到斯德哥尔摩大学 (University of Stockholm) 讲学，并亲自到讲演厅和教授与学生们一起聆听庞勒维的精彩演讲.这位爱好数学的政治家和另一位爱好政治的数学家的相逢确是数学史上一段佳话.庞勒维在斯德哥尔摩做了23次的系列演讲，给后人留下了长达五六百页的演讲笔记，而他的主题就是微分方程中超越函数及其对 N 体问题奇点的应用.庞勒维证明了在三体问题中，奇点必须是碰撞解，也就是说爆破是不可能在三体问题中出现的.但是在他的笔记的第588页，他猜测当 N 大于三时，N 体问题存在非碰撞的奇点解.这就是后人称为庞勒维猜想的著名问题.庞勒维想象了这样一种可能性：一个质点在其他质点之间徘徊，当它几乎和某个质点撞上时，又恰好躲开，过一会儿又和另一个质点几乎撞上，这样周而复始，但所有这一切都发生在有限时间内.然而这种奇特的振荡形爆破是否可能发生呢？这正是庞勒维的猜想.

庞勒维拉开了长达近百年的发现 N 体问题非碰撞的奇点解的帷幕.做出第一个重要贡献的是瑞典天文学家冯·泽培尔(Hugo von Zeipel)，他正是1895年庞勒维演讲时在座的一个年仅22岁的听众.在1908年他的一篇仅四页的论文中，他证明了 N 体问题如果有非碰撞的奇点解，那么质点间相互距离一定要在有限时间内变成无界，也就是说爆破一定要发生，尽管这种爆破可能是庞勒维所描述的奇特的振荡形爆破.冯·泽培尔的结果至少说明不会有其他更奇怪的奇点在 N 体问题中出现，在1971年这一结果被美国西北大学教授萨瑞(Donald Saari)推广到：如果有非碰撞的奇点解，质点必须有很强烈的振荡，这样人们就更关心振荡形爆破到底会不会发生的问题了.在20世纪60年代到80年代的时间里，许多数学家构造出 N 体问题的一些特殊解，其中有些解具有强烈的振荡性，但是它们仍然不是真正的非碰撞的奇点解.例如在1960年俄国数学家斯特尼科夫(K.Sitnikov)构造了这样一个三体问题的解：两个等质量的质点 A 和 B 在一个平面上互相环绕着在椭圆轨道上运动，第三个质量很小的质点 C 在和平面垂直的一条直线上来回振动，只要选择合适的初始值，C 就会无穷次来回穿越 A 和 B 所在的平面，而且振动的幅度越来越大，最后在无穷的时间内振幅会趋于无穷大.因为这里需要的时间是无穷，所以这个解并不是一个奇点解.这样的解似乎有悖常理，但是数学家们用他们巧妙的构思证明了在一定条件下这确实会发生.

冯·泽培尔(Hugo von Zeipel)

　　1975 年两位美国数学家马瑟尔(John Mather)和麦吉尔(Richard McGehee)构造了一个共线的四体问题的解，这个解确实会在有限的时间内使某两个质点之间的距离达到无穷.但是这仍然不是庞勒维所希望的非碰撞的奇点解，因为在这个例子中，在达到最终这个非碰撞的奇点之前，四个共线的质点互相之间必须先有无穷多次的碰撞，所以非碰撞的奇点并不是这个轨道中第一个奇点.在这之前，人们已经发现如果仅仅是两个质点碰撞的话，那么这个解可以用弹性反弹再碰撞后继续下去(再多质点同时碰撞就不行了).所以马瑟尔和麦吉尔利用这个性质设计了这样一个奇特的例子.这以后许多人对于最后发现真正的非碰撞的奇点解更有信心了，然而在这之后的十几年里，进展是微弱的，有人证明了如果这样的例子确实存在于四体问题中，那么这四个质点应该几乎是在一条直线上的.也就是说真正的非碰撞的奇点也许就跟马瑟尔和麦吉尔的例子很接近，然而时至今日，这样的四体问题的例子还是没有人能找出来.

萨瑞(Donald Saari)

马瑟尔(John Mather)

从庞勒维开始的近百年里,许多数学家在非碰撞的奇点问题上做出了巨大努力.而所有这些努力最终在庞加莱发表他的重要著作100周年时结出了硕果——在20世纪80年代末到90年代初,这100年悬而未决的问题终于被一位年轻的中国数学家夏志宏解决了.1982年夏志宏毕业于中国南京大学天文学系,在上大学时就对N体问题产生了深厚兴趣.大学毕业后他来到了美国西北大学跟随前面提到过的萨瑞从事N体问题的研究.等到1988年他获得博士学位时,在他的博士毕业论文中他宣称他已经找到了一个五体问题的解,这个解会在有限时间内产生一个非碰撞的奇点.这样一个惊人的结果被一个二十几岁的学生获得了,几乎所有人的第一反应都不是惊喜而是怀疑.事实上在夏志宏证明的初稿中确实存在表述上的缺陷,某些关键的证明也有值得推敲之处.在这篇几乎长达百页的文章被投稿到最著名的数学杂志——《数学年刊》(Annals of Mathematics)两年后,夏志宏得到了一个模棱两可的答复,审稿的人无法判断他的证明是否正确,但确实指出了其中的一些问题.夏志宏并不气馁,他继续改进补充他的证明,又把修改稿投了上去.这时的《数学年刊》处理这篇稿件的正是前面提到的普林斯顿大学教授马瑟尔.在1991年秋季学期,马瑟尔在普林斯顿组织了一个讨论班专门讨论夏志宏的论文.在学期结束,马瑟尔得出结论:证明是正确的.论文发表在1992年的《数学年刊》上.庞勒维猜想终于被彻底解决了.夏志宏在毕业后曾在哈佛大学和佐治亚理工大学先后任教,1994年起他又回到了母校西北大学任数学系的正教授, 2001年起任潘克讲座教授(Arthur and Gladys Pancoe Professor of Mathematics).在解决庞勒维猜想后,夏志宏又在动力系统领域做出了许多其他的重要贡献.现在他已经成为国际动力系统和天体力学领域的领袖人物之一.1999年夏志宏受聘为北京大学数学学院第一批长江计划特聘教授.

夏志宏

我们来看一看夏志宏构造的例子究竟是什么样子的.在五个质点中，其中有四个具有同样的质量(我们把它们记作m_1, m_2, m_3, m_4)，而第五个的质量m_5相比之下很小.m_1和m_2在一个和xOy平面平行的平面上以椭圆轨道运行，m_3和m_4则在另一个平行的平面上按椭圆轨道运行，它们的运动轨道恰好相反.而小质量的m_5将保持在z轴上运动，不停地穿越其他四点所在的平面，好像充当两个平面轨道之间的穿梭快车.这里我们注意到m_5虽然将穿过这两个平面无穷次，但并没有经过这两对质点的轨道.另一方面这两对椭圆轨道都很扁，所以时间选取得好的话m_5穿过轨道平面时，两个质点也几乎处于最近距离的位置，所以这时三个质点的距离都很近，几乎是一个三重碰撞.事实上夏志宏的设想就是这样，当m_5接近其中一个轨道平面时，总是有一个近乎三重碰撞发生，然后m_5又被弹到另一平面附近，重复同样的过程只是方向相反.这样周而复始，m_5的加速度越来越大，最后使得两个轨道平面的距离在有限时间里趋向了无穷大.这种听起来并不复杂的想法在数学上实施起来就困难多了.关键是怎样找到这样的初始条件.在所有可能的初始条件中，当m_5每进行一次穿梭，那些会导致平面质点对碰撞或者使m_5经过轨道平面时间不好的初始条件都被去掉了，经过无穷次这样的去除，夏志宏证明了还是有一个像康托集一样的集合没有被去掉，在这个集合中的初始条件就会导致非碰撞的奇点.在证明过程中，夏志宏不仅要克服繁复的计算带来的技术困难，他也引进了很多新的想法.更重要的是，他使用了近百年来几代数学家在研究N体问题中发展出来的所有精华理论和技巧，在这个坚实基础上为非碰撞奇点问题这座建造了100年的大厦终于砌上了最后一块也是最美丽的宝石.值得一提的是，在夏志宏正在为他的论文做后期修改的时候，另一位美国数学家哥维尔(Joseph Gerver)在听到夏志宏的结果后，深受震动.他本人也已经在这一领域耕耘多年，事实上他本人也很接近构造出一个非碰撞奇点的例子，只是似乎已经到了科学真理殿堂前却怎么也找不到最后一把钥匙.然而在夏志宏成功的激励下，他在几个月后也终于完成了他的构造.他的例子和夏志宏的完全不一样，他的系统中有$3N$个质点对称地以某种方式排在平面上.但是在他的例子

哥维尔(Joseph Gerver)

中，这个数字N只知道是个很大的整数，但不清楚到底多大才可以实现.但是不管怎样，庞勒维的猜想在100周年时有了两种炯然不同的完整答案，并且在实现这一光辉目标的路途中，天体力学和动力系统的理论又被大大地发展了许多.

尽管N体问题中著名的庞勒维猜想已经在20世纪结束前被成功地解决了，但N体问题本身还是有太多的神秘领域值得新世纪的年轻数学家们探索.也许在今后几个世纪里，N体问题将仍然是新的数学和新的思想的源泉，就像过去的300年一样.例如近年来在三体问题周期解方面又有最新进展，一种三个质点在一个平面8字形轨道上周期运动的解被法国数学家陈思纳(Alain Chenciner)和美国数学家蒙哥马利(Richard Montgomery)发现，而且进一步的计算机数值模拟还发现了更多的具有各种奇特轨道的周期解.

陈思纳(Alain Chenciner)

对于N体问题的历史进展，和相应数学发展的过程，一本更详细的通俗读物是美国普林斯顿大学出版社1996年出版的《天体的邂逅，稳定性和混沌的起源》(Celestial Encounters, the origins of chaos and stability)一书，作者是Florin Diacu和Philip Holmes.对于本书所涉及的内容，此书有非常详细而又通俗易懂的介绍，同时书中还提及了我们没有谈到的符号动力系统与混沌(symbolic dynamics and chaos)，天体运动的稳定性问题和著名的KAM理论.大学理工科学生完全有能力读懂这本引人入胜的小书，进而通过阅读这本书了解到许多20世纪数学和天体力学最重要的一些进展，也能对N体问题这一最基本的物理问题有初步的认识.

关于庞加莱在三体问题上的工作，读者可参看美国数学会和伦敦数学会1997年联合出版的《庞加莱和三体问题》(Poincaré and the three body problem)一书.作者是June Barrow-Green，一位专门从事数学史研究的学者.从中我们可以看到许多当时的原始历史资料和更多的历史逸事.

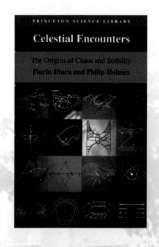

《天体的邂逅，稳定性和混沌的起源》

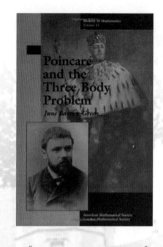

《庞加莱和三体问题》

克莱罗，法国数学家，物理学家.又被译为克莱洛.1713年5月7日生于巴黎，1765年5月17日卒于同地.9岁时，父亲就教他学习解析几何和微积分学，16岁被选入法国科学院.

他在研究天体力学三体问题时，第一个给出了这个问题的近似解(1752～1754).1705年，E·哈雷曾预测哈雷彗星将在1758年或1759年出现.于1758年克莱罗提前半年相当精确地计算了哈雷彗星到达近日点的日期，为此获彼得堡科学院的奖.克莱罗是最早研究二重曲率曲线的人之一，他还研究了曲面的平面截线.在1734年他建立了克莱罗微分方程.1739～1740年间证明了混合二阶偏导数的求导次序的可交换条

克莱罗
(Alexis-Claude, 1713—1765)

件，还证明了一阶线性微分方程的积分因子的存在性问题.他在力学方面的工作还包括单摆振动等时性的证明和对运动中物体的动力学和相对运动的研究.

列维－齐维塔，意大利数学家.1873年3月29日生于帕多瓦,1941年12月29日卒于罗马.1890～1894年在帕多瓦大学学习.1894年毕业后留校任教，1897年任力学教授.1918年受聘任罗马大学教授，1938年因是犹太人被法西斯政权撤职.

列维－齐维塔的前期工作是同他的老师G·里奇一起发展张量分析及其应用.1917年，他引进弯曲空间的平行位置的概念，导致联络理论及其应用的发展.他对绝对微分法和相对论的研究总结于《经典力学及相对论》(1924)和《绝对微分法讲义》(1927)两书中.列维－齐维塔对解析动力学，特别是三体问题有重大贡献，1923～1927年出版3卷本的《理性力学》（与阿马尔迪合著），成为这方面的经典著作.他对流体力学、偏微分方程一般理论、天体力学、原子物理等方面也有贡献.他的全集4卷收集了1893～1928年的数学论文.

列维－齐维塔(T. Tullio Levi-Civita，1873—1941)

拉格朗日（Joseph Louis Lagrange，1736—1813，意大利）.1736年1月25日生于意大利西北部的都灵,1813年4月10日卒于巴黎.19岁就在都灵的皇家炮兵学校当数学教授.在探讨"等周问题"的过程中，他用纯分析的方法发展了欧拉所开创的变分法，为变分法奠定了理论基础.他的论著使他成为当时欧洲公认的一流数学家.

拉格朗日（Joseph Louis Lagrange，1736—1813）

拉格朗日科学研究所涉及的领域极其广泛.他在数学上最突出的贡献是使数学分析与几何和力学脱离开来，使数学的独立性更为清楚，从此数学不再仅仅是其他学科的工具.

拉格朗日总结了18世纪的数学成果，同时又为19世纪的数学研究开辟了道路，堪称法国最杰出的数学大师.同时，他的关于月球运动(三体问题)、行星运动、轨道计算、两个不动中心问题、流体力学等方面的成果，在使天文学力学化、力学分析化上，也起到了历史性的作用，促进了力学和天体力学的进一步发展，成为这些领域的开创性或奠基性研究.在柏林工作的前十年，拉格朗日把大量时间花在代数方程和超越方程的解法上，作出了有价值的贡献，推动了代数学的发展.他提交给柏林科学院两篇著名的论文："关于解数值方程"和"关于方程的代数解法的研究".把前人解三、四次代数方程的各种解法，总结为一套标准方法，即把方程化为低一次的方程(称辅助方程或预解式)以求解.

拉格朗日也是分析力学的创立者.拉格朗日在其名著《分析力学》中，在总结历史各种力学基本原理的基础上，发展达朗贝尔、欧拉等人的研究成果，引入了势和等势面的概念，进一步把数学分析应用于质点和刚体力学，提出了运用于静力学和动力学的普遍方程，引进广义坐标的概念，建立了拉格朗日方程，把力学体系的运动方程从以力为基本概念的牛顿形式，改变为以能量为基本概念的分析力学形式，奠定了分析力学的基础，为把力学理论推广应用到物理学其他领域开辟了道路.

　　他还给出刚体在重力作用下，绕旋转对称轴上的定点转动(拉格朗日陀螺)的欧拉动力学方程的解，对三体问题的求解方法有重要贡献，解决了限制性三体运动的定型问题.

　　拉格朗日对流体运动的理论也有重要贡献，提出了描述流体运动的拉格朗日方法.拉格朗日的研究工作中，约有一半同天体力学有关.他用自己在分析力学中的原理和公式，建立起各类天体的运动方程.在天体运动方程的解法中，拉格朗日发现了三体问题运动方程的五个特解，即拉格朗日平动解.此外，他还研究了彗星和小行星的摄动问题，提出了彗星起源假说等.

　　近百余年来，数学领域的许多新成就都可以直接或间接地溯源于拉格朗日的工作.所以他在数学史上被认为是对分析数学的发展产生全面影响的数学家之一.

3

第三编　天体力学初步

11

第一编

古典理论卷

n 体问题的一些基本知识

第一章

当一个数学分支不再引起除去其专家以外的任何人的兴趣时,这个分支就快要僵死了,只有把它重新栽入生气勃勃的科学土壤之中才能挽救它.   Λ. Weil

n 体问题是天体力学中最一般性的基本问题. 它包括二体问题($n=2$) 和三体问题($n=3$),其中二体问题是很容易求解的,但是对三体问题数学力学家们就遇到了困难. 这个问题至今尚未完全解决. 以往天体力学中解决三体问题是靠近似的摄动理论,这个方法在旧天文学中占有极重要的地位. 一般性的三体问题仅应用于月球运动的理论. 自 1750 年至 1927 年关于三体问题的论文已超过八百多篇. 这些论文的作者大多是历史上有名的数学家. 自从苏联宇宙火箭发射成功后,三体问题就显示出它在现今星际航行问题上的重要地位. 预定宇宙火箭的飞行路线和掌握它的运动规律就需要应用"限制三体问题的理论",利用电子计算机近似地、逐步地算出宇宙火箭各时间的位置.

为了研究宇宙火箭和人造地球卫星的运行,首先应该掌握三体问题的有关知识,在此顺便提出 n 体问题. 在本章中导出的方程和关系式,只要令 $n=3$,就得到三体问题的对应表达式.

§1 n 体问题的提法及其运动微分方程

所谓 n 体问题可表述如下:

在空间中有 n 个质点,它们相互之间的作用力是万有引力,已知它们在 t_0 时的位置和速度,求它们在任何时刻 t 的位置和速度.

$$\mathcal{V}=-\left(\frac{m_1 m_2}{r_{12}}+\frac{m_2 m_3}{r_{23}}+\frac{m_3 m_1}{r_{31}}\right)$$

设 $P_1,P_2,\cdots,P_n,n$ 个质点，它们的质量分别是 $m_1,m_2,\cdots,m_n$；它们对某惯性坐标系 $Oxyz$ 的坐标分别是$(x_1,y_1,z_1),(x_2,y_2,z_2),\cdots,(x_n,y_n,z_n)$；对原点 O 的矢径分别是 $\boldsymbol{r}_1,\boldsymbol{r}_2,\cdots,\boldsymbol{r}_n$. 质点 P_i 与质点 P_j 之间的距离 $\overline{P_iP_j}$ 表为 r_{ij}，那么质点 P_i 与质点 P_j 的作用力的大小是

$$F_{ij}=\frac{\gamma m_i m_j}{r_{ij}^2} \qquad (1)$$

其中 $\gamma = 6.66 \times 10^{-8}$（厘米·克·秒单位制）.

质点 P_j 作用于 P_i 的引力的方向是沿 $\overrightarrow{P_iP_j}$. 将 $\overrightarrow{P_iP_j}$ 表为 $\boldsymbol{r}_{ij}$，那么由图 1.1 有

$$\boldsymbol{r}_{ij}=\boldsymbol{r}_j-\boldsymbol{r}_i=-(\boldsymbol{r}_i-\boldsymbol{r}_j)=-\boldsymbol{r}_{ji} \qquad (2)$$

于是 P_j 作用于 P_i 的引力可写为

$$\boldsymbol{F}_{ij}=\frac{\gamma m_i m_j}{r_{ij}^3}\cdot\boldsymbol{r}_{ij} \qquad (3)$$

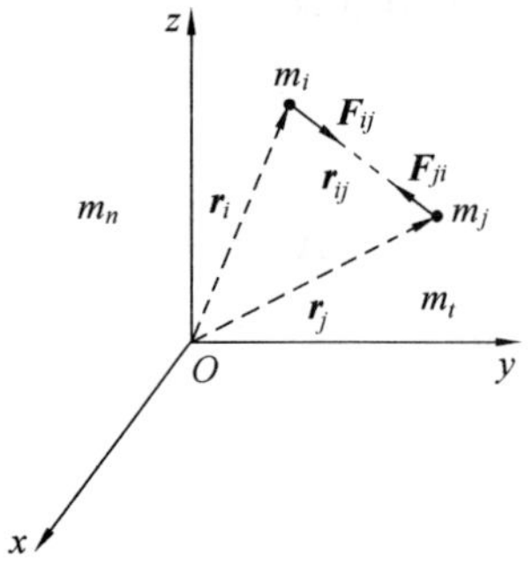

图 1.1

现在已知 t_0 时各质点的位置和速度

$$(x_{i0},y_{i0},z_{i0});\left[\left(\frac{\mathrm{d}x_i}{\mathrm{d}t}\right)_0,\left(\frac{\mathrm{d}y_i}{\mathrm{d}t}\right)_0,\left(\frac{\mathrm{d}z_i}{\mathrm{d}t}\right)_0\right]\quad(i=1,2,\cdots,n)$$

求各质点的运动规律，也就是求任何时候 t 的各质点位置和速度.

在公式(1)中与万有引力常数 γ 有关的物理量有力 F_{ij}，质量 m，距离 r_{ij}. γ 的量纲是 $L^3T^{-2}M^{-1}$，所以我们可以适当地选择 L,T,M 三种单位，使 $\gamma=1$，而且尚保留再选择一种物理量的某大小为单位量的自由. 例如研究宇宙火箭的运动，当它在月球和地球之邻近区域时，可令月球和地球的质量和为 1.

为以后式子写法上的简便起见，我们应用 $\gamma=1$ 的单位制. 这样公式(3)变成

$$\boldsymbol{F}_{ij}=\frac{m_i m_j}{r_{ij}^3}\cdot\boldsymbol{r}_{ij} \qquad (4)$$

现在证明：若把各质点都在无穷远的位能当作 0，那么各质点系在有限空间内的总位能是

$$V=-\left(\frac{m_1 m_2}{r_{12}}+\frac{m_1 m_3}{r_{13}}+\frac{m_1 m_4}{r_{14}}+\cdots+\frac{m_1 m_n}{r_{1n}}+\frac{m_2 m_3}{r_{23}}+\right.$$

$$\left.\frac{m_2 m_4}{r_{24}}+\cdots+\frac{m_2 m_n}{r_{2n}}+\cdots+\frac{m_{n-1} m_n}{r_{n-1,n}}\right) \qquad (5a)$$

或

$$V=-\sum_{i=1}^{n}\sum_{j}\frac{m_i m_j}{r_{ij}}\quad(n\geqslant j>i) \qquad (5b)$$

证：设想起初各质点都在无穷远，此时质点系位能是 0. 然后将 $P_1,P_2,\cdots,P_n$ 各质点顺次一个个平衡地移到有限空间的 $\boldsymbol{r}_1,\boldsymbol{r}_2,\cdots,\boldsymbol{r}_n$ 处，求出引力所做之

总功,此总功的值便是所求的位能的值.

各质点在无穷远处相互的距离为无穷大,所以 P_1 与其他各质点的距离 $r_{1i} = \infty$,所以由公式(1)$F_{1i} = 0$,因而将 P_1 自无穷远移到 r_1 无需做功.所以只有一质点 P_1 在有限空间的位能为 0.

现在将 P_2 自无穷远移至 r_2,则因 P_2 受着 P_1 的引力 $\boldsymbol{F}_{21}$,所以必须加一个 $(-\boldsymbol{F}_{21})$ 之力于质点 P_2,使它自无穷远平衡地移至 r_2 处.设外力所做之功为 A_2,则

$$A_2 = -\int_\infty^{r_2} \boldsymbol{F}_{21} \cdot \mathrm{d}\boldsymbol{r}_2 = -\int_\infty^{r_2} (X_{21}\mathrm{d}x_2 + Y_{21}\mathrm{d}y_2 + Z_{21}\mathrm{d}z_2)$$

其中

$$\begin{cases} X_{21} = -\dfrac{m_1 m_2}{r_{21}^2} \dfrac{x_2 - x_1}{r_{21}} \\ Y_{21} = -\dfrac{m_1 m_2}{r_{21}^2} \dfrac{y_2 - y_1}{r_{21}} \\ Z_{21} = -\dfrac{m_1 m_2}{r_{21}^2} \dfrac{z_2 - z_1}{r_{21}} \end{cases}$$

故

$$A_2 = m_1 m_2 \int_\infty^{r_2} \frac{1}{r_{21}^3}[(x_2 - x_1)\mathrm{d}x_2 + (y_2 - y_1)\mathrm{d}y_2 + (z_2 - z_1)\mathrm{d}z_2]$$

因质点 P_1 在 r_1 保持不动,故 $\mathrm{d}x_1 = \mathrm{d}y_1 = \mathrm{d}z_1 = 0$. 于是 A_2 又可写成

$$A_2 = m_1 m_2 \int_\infty^{r_2} \frac{1}{r_{21}^3}[(x_2 - x_1)\mathrm{d}(x_2 - x_1) + (y_2 - y_1)\mathrm{d}(y_2 - y_1) +$$
$$(z_2 - z_1)\mathrm{d}(z_2 - z_1)]$$
$$= m_1 m_2 \int_\infty^{r_2} \frac{1}{r_{21}^3}\mathrm{d}[(x_2 - x_1)^2 + (y_2 - y_1)^2 + (z_2 - z_1)^2]$$
$$= m_1 m_2 \int_\infty^{r_{21}} \frac{1}{r_{21}^3}\mathrm{d}(r_{21}^2) = m_1 m_2 \int_\infty^{r_{21}} \frac{\mathrm{d}r_{21}}{r_{21}^2}$$
$$= m_1 m_2 \left[-\frac{1}{r_{21}}\right]_\infty^{r_{21}} = -\frac{m_1 m_2}{r_{21}}$$

现在再将 P_3 平衡地移动到 r_3.为此必须加 $(-\boldsymbol{F}_{31})$ 及 $(-\boldsymbol{F}_{32})$ 之力于 P_3,用以平衡质点 P_1 和质点 P_2 对 P_3 的引力.加此二力于 P_3,移动 P_3 使它由无穷远至 r_3 处,所做之功表为 A_3,则 A_3 为

$$A_3 = \int_\infty^{r_3}[(X_{31} + X_{32})\mathrm{d}x_3 + (Y_{31} + Y_{32})\mathrm{d}y_3 + (Z_{31} + Z_{32})\mathrm{d}z_3]$$
$$= -m_1 m_3 \int_\infty^{r_3} \frac{1}{r_{31}^3}[(x_3 - x_1)\mathrm{d}x_3 + (y_3 - y_1)\mathrm{d}y_3 + (z_3 - z_1)\mathrm{d}z_3] -$$
$$m_2 m_3 \int_\infty^{r_3} \frac{1}{r_{32}^3}[(x_3 - x_2)\mathrm{d}x_3 + (y_3 - y_2)\mathrm{d}y_3 + (z_3 - z_2)\mathrm{d}z_3]$$

$$\mathscr{V} = -\left(\frac{m_1 m_2}{r_{12}} + \frac{m_2 m_3}{r_{23}} + \frac{m_3 m_1}{r_{31}}\right)$$

$$= -m_1 m_3 \int_{\infty}^{r_{31}} \frac{\mathrm{d}r_{31}}{r_{32}^2} - m_2 m_3 \int_{\infty}^{r_{32}} \frac{\mathrm{d}r_{32}}{r_{32}^2}$$

$$= -\left(\frac{m_1 m_3}{r_{31}} + \frac{m_2 m_3}{r_{32}} \right)$$

故 P_1, P_2, P_3 三质点在有限空间的总位能为

$$V_3 = A_2 + A_3 = -\left(\frac{m_1 m_2}{r_{12}} + \frac{m_1 m_3}{r_{13}} + \frac{m_2 m_3}{r_{23}} \right)$$

显然上法可推广于 n 个质点而得到公式(5a).

我们也可以将公式(5a)写成更对称的形式如下

$$\begin{aligned}
V = -\frac{1}{2} \Big(0 + \frac{m_1 m_2}{r_{12}} + \frac{m_1 m_3}{r_{13}} + \cdots + \frac{m_1 m_n}{r_{1n}} + \\
\frac{m_2 m_1}{r_{21}} + 0 + \frac{m_2 m_3}{r_{23}} + \cdots + \frac{m_2 m_n}{r_{2n}} + \\
\frac{m_3 m_1}{r_{31}} + \frac{m_3 m_2}{r_{32}} + 0 + \cdots + \frac{m_3 m_n}{r_{3n}} + \cdots + \\
\frac{m_n m_1}{r_{n1}} + \frac{m_n m_2}{r_{n2}} + \frac{m_n m_3}{r_{n3}} + \cdots + 0 \Big)
\end{aligned} \tag{5c}$$

或

$$V = -\frac{1}{2} \sum_{i=1}^{n} \sum_{j=1}^{n} \frac{m_i m_j}{r_{ij}} \quad (i \neq j) \tag{5d}$$

作用于质点 P_i 的力是

$$\sum_j \boldsymbol{F}_{ij} = \sum_j \frac{m_i m_j}{r_{ij}^3} (\boldsymbol{r}_j - \boldsymbol{r}_i) \quad (j \neq i) \tag{6}$$

所以 n 体问题的运动微分方程可写为

$$m_i \ddot{\boldsymbol{r}}_i = \sum_j \frac{m_i m_j}{r_{ij}^3} (\boldsymbol{r}_j - \boldsymbol{r}_i) \quad (j \neq i; j, i = 1, 2, \cdots, n) \tag{7a}$$

其中 $\ddot{\boldsymbol{r}}_i$ 是 $\boldsymbol{r}_i$ 对时间 t 的二次导数,它表示质点 m_i 的加速度. 如将公式(7a)写成分量式则有

$$\begin{cases}
m_i \ddot{x}_i = \sum_j \frac{m_i m_j}{r_{ij}^3} (x_j - x_i) \\
m_i \ddot{y}_i = \sum_j \frac{m_i m_j}{r_{ij}^3} (y_j - y_i) \\
m_i \ddot{z}_i = \sum_j \frac{m_i m_j}{r_{ij}^3} (z_j - z_i)
\end{cases} \tag{7b}$$

现在应用矢量分析中的陡度运算符

$$\nabla_i = \frac{\partial}{\partial x_i} \mathbf{i} + \frac{\partial}{\partial y_i} \mathbf{j} + \frac{\partial}{\partial z_i} \mathbf{k}$$

那么

$$-\nabla_i V = -\left(\frac{\partial}{\partial x_i}\mathbf{i} + \frac{\partial}{\partial y_i}\mathbf{j} + \frac{\partial}{\partial z_i}\mathbf{k}\right)V$$

$$= -\nabla_i\left(-\frac{1}{2}\sum_{i=1}^{n}\sum_{j=1}^{n}\frac{m_i m_j}{r_{ij}}\right) = m_i\sum_j m_j\nabla_i\left(\frac{1}{r_{ij}}\right)$$

$$= m_i\sum_j m_j\left(\frac{\partial}{\partial x_i}\mathbf{i} + \frac{\partial}{\partial y_i}\mathbf{j} + \frac{\partial}{\partial z_i}\mathbf{k}\right)\bullet$$

$$\frac{1}{\sqrt{(x_j - x_i)^2 + (y_j - y_i)^2 + (z_j - z_i)^2}}$$

$$= m_i\sum_j\frac{m_j}{r_{ij}^3}[(x_j - x_i)\mathbf{i} + (y_j - y_i)\mathbf{j} + (z_j - z_i)\mathbf{k}]$$

$$= \sum_j\frac{m_i m_j}{r_{ij}^3}(\boldsymbol{r}_j - \boldsymbol{r}_i) = \sum_j\boldsymbol{F}_{ij} \quad (j \neq i)$$

所以 n 体问题的动力方程(7a)可简写为

$$m_i\ddot{\boldsymbol{r}}_i = -\nabla_i V \quad (i = 1,2,\cdots,n) \tag{8a}$$

或写成分量式

$$m_i\ddot{x}_i = -\frac{\partial V}{\partial x_i}, \quad m_i\ddot{y}_i = -\frac{\partial V}{\partial y_i}, \quad m_i\ddot{z}_i = -\frac{\partial V}{\partial z_i} \tag{8b}$$

如定义 $U = -V$ 的坐标函数为力函数,即

$$U = \frac{1}{2}\sum_{i=1}^{n}\sum_{j=1}^{n}\frac{m_i m_j}{r_{ij}} \tag{9}$$

那么公式(8a)和公式(8b)可分别写为

$$m_i\ddot{\boldsymbol{r}}_i = \nabla_i U \quad (i = 1,2,\cdots,n) \tag{10a}$$

及

$$m_i\ddot{x}_i = \frac{\partial U}{\partial x_i}, \quad m_i\ddot{y}_i = \frac{\partial U}{\partial y_i}, \quad m_i\ddot{z}_i = \frac{\partial U}{\partial z_i} \tag{10b}$$

上式是 $3n$ 个二阶微分方程,所以此质点系的运动微分方程组是 $6n$ 阶. $6n$ 的微分方程组,它的解案包括 $6n$ 个任意常数.这 $6n$ 个常数由初位置 (x_{i0},y_{i0},z_{i0}) 和初速度 $\left(\dfrac{\mathrm{d}x_i}{\mathrm{d}t}\right)_0,\left(\dfrac{\mathrm{d}y_i}{\mathrm{d}t}\right)_0,\left(\dfrac{\mathrm{d}z_i}{\mathrm{d}t}\right)_0 (i = 1,2,\cdots,n)$ 完全确定.我们要想掌握 n 体问题的运动规律,就要解微分方程组(10b),求出的解案具有下面的形式

$$
\begin{cases}
x_i = x_i(x_{10},y_{10},z_{10}; x_{20},y_{20},z_{20}; \cdots; x_{n0},y_{n0},z_{n0}; \\
\quad v_{1x0},v_{1y0},v_{1z0}; \cdots; v_{nx0},v_{ny0},v_{nz0}; t) \quad (i = 1,2,\cdots,n) \\
y_i = y_i(x_{10},y_{10},z_{10}; x_{20},y_{20},z_{20}; \cdots; x_{n0},y_{n0},z_{n0}; \\
\quad v_{1x0},v_{1y0},v_{1z0}; \cdots; v_{nx0},v_{ny0},v_{nz0}; t) \quad (i = 1,2,\cdots,n) \\
z_i = z_i(x_{10},y_{10},z_{10}; x_{20},y_{20},z_{20}; \cdots; x_{n0},y_{n0},z_{n0}; \\
\quad v_{1x0},v_{1y0},v_{1z0}; \cdots; v_{nx0},v_{ny0},v_{nz0}; t) \quad (i = 1,2,\cdots,n)
\end{cases}
\tag{11}
$$

$$V = -\left(\frac{m_1 m_2}{r_{12}} + \frac{m_2 m_3}{r_{23}} + \frac{m_3 m_1}{r_{31}}\right)$$

§2 n 体问题的 10 个一次积分

我们所研究的"n 体问题"的空间中,假想只存在着这 n 个质点作为讨论基础,所以这 n 个质点的质点系无外力和外力矩的作用.应用理论力学中大家熟知的"动量守恒定理","质心运动定理","动量矩守恒定理",立刻得到方程组(10b)的 9 个一次积分.n 体问题是可以发生碰撞现象的.在没有碰撞的时候,n 个质点间只有万有引力一种相互作用的力.从公式(5d)的推导知道万有引力存在着位函数 V,它仅是质点位置坐标 $(x_i, y_i, z_i)(i=1,2,\cdots,n)$ 的函数.V 的梯度就是作用力.在这样的力作用下,质点系的机械能不会耗损,所以我们称它为保守系统(Conservative system).这样又得到一个一次积分 —— 能量积分.合起来共 10 个一次积分.这种积分对简化方程组(10b)起着很重要的作用,对三体问题,我们将专立一章来讨论.

由于这种积分对简化方程组的重要性,在此再应用上节推得的 n 体问题的运动微分方程来推导这些一次积分,以增加对这些积分的力学概念;另一方面所得到的关系式,可供以后讨论之用.

(1) 动量守恒定理及质心运动定理

因

$$F_{ij} = \frac{m_i m_j}{r_{ij}^3}(r_j - r_i)$$

及

$$F_{ji} = \frac{m_j m_i}{r_{ji}^3}(r_i - r_j)$$

可见

$$F_{ij} = -F_{ji} \tag{12}$$

上式表示:质点与质点间的万有引力适合"反作用定律",我们在电动力学中知道:运动着的电子与电子之间的相互作用力并不适合反作用定律.式(12) 也可以写成

$$F_{ij} + F_{ji} = 0 \tag{13}$$

应用上式,我们将式(8a) 对脚标 i 求和得

$$\sum_{i=1}^{n} m_i \ddot{r}_i = -\sum_{i=1}^{n} \nabla_i V = -\sum_{i=1}^{n} \sum_{j} F_{ij} = 0 \tag{14}$$

将上式对时间积分一次,即得动量守恒定理

$$\sum_{i=1}^{n} m_i \dot{r}_i = c_1 \tag{15a}$$

其中 c_1 是常矢量,上式可写成分量式如下

$$
\begin{cases}
\sum_{i=1}^{n} m_i \dot{x}_i = c_{1x} \\[2mm]
\sum_{i=1}^{n} m_i \dot{y}_i = c_{1y} \\[2mm]
\sum_{i=1}^{n} m_i \dot{z}_i = c_{1z}
\end{cases}
\tag{15b}
$$

将式(15a)及分量式(15b)对时间 t 再积分一次,得

$$
\sum_{i=1}^{n} m_i \boldsymbol{r}_i = c_1 t + c_2 \tag{16a}
$$

或

$$
\begin{cases}
\sum_{i=1}^{n} m_i x_i = c_{1x} t + c_{2x} \\[2mm]
\sum_{i=1}^{n} m_i y_i = c_{1y} t + c_{2y} \\[2mm]
\sum_{i=1}^{n} m_i z_i = c_{1z} t + c_{2z}
\end{cases}
\tag{16b}
$$

上式就是所要求的关系式,我们知道:一个质点系总有一个"质心".质心的坐标定义为

$$
x_c = \frac{\sum_i m_i x_i}{M}, \quad y_c = \frac{\sum_i m_i y_i}{M}, \quad z_c = \frac{\sum_i m_i z_i}{M} \tag{17}
$$

其中

$$
M = \sum_i m_i = 质点系总质量 \tag{18}
$$

所以分量式(16b)可以写成

$$
\begin{cases}
M x_c = c_{1x} t + c_{2x} \\
M y_c = c_{1y} t + c_{2y} \\
M z_c = c_{1z} t + c_{2z}
\end{cases}
\tag{19}
$$

上式是质心的运动方程,所以我们称这个结果为"质心运动定理".分量式(15b)和分量式(16b)共 6 个一次积分.

分量式(15a)也可以写成

$$
M \dot{\boldsymbol{r}}_c = c_1 \tag{20}
$$

即质心是等速直线地运动着.其特例 $c_1 = 0$,表示质心是静止的.事实上我们知道"运动是相对的",牛顿力学对任何惯性系都同样成立.所以我们研究的坐标的原点固定在质心上,而不失其普遍性,这样对以后的研究可以大大简化,因对这种坐标有 $c_{1x} = c_{1y} = c_{1z} = c_{2x} = c_{2y} = c_{2z} = 0$.

$$
\mathscr{V} = -\left(\frac{m_1 m_2}{r_{12}} + \frac{m_2 m_3}{r_{23}} + \frac{m_3 m_1}{r_{31}} \right)
$$

（2）动量矩守恒定理

将分量式(7b)的第二式两端同乘以 z_i，第三式两端同乘以 y_i，然后两式相减得

$$m_i(\ddot{z}_i y_i - z_i \ddot{y}_i) = \sum_j \frac{m_i m_j}{r_{ij}^3}\big[(z_j - z_i)y_i - z_i(y_j - y_i)\big]$$
$$= \sum_j \frac{m_i m_j}{r_{ij}^3}(z_j y_i - z_i y_j)$$

将上式两边对脚标 i 求和，得

$$\sum_{i=1}^n m_i(\ddot{z}_i y_i - z_i \ddot{y}_i) = \sum_i \sum_j \frac{m_i m_j}{r_{ij}^3}(z_j y_i - z_i y_j) = 0$$

将上式对时间积分一次，得

$$\sum_{i=1}^n m_i(\dot{z}_i y_i - z_i \dot{y}_i) = c_{3x}$$

上式的正确性可以通过对时间微分来证明，上式中 c_{3x} 是积分常数，应用同样的运算可得另两式，现在集合如下

$$(21) \quad \begin{cases} \sum m_i(\dot{z}_i y_i - z_i \dot{y}_i) = c_{3x} \\ \sum m_i(\dot{x}_i z_i - x_i \dot{z}_i) = c_{3y} \\ \sum m_i(\dot{y}_i x_i - y_i \dot{x}_i) = c_{3z} \end{cases}$$

上式就是所要求的动量矩定理的一次积分式. 集合(21)的三式可合写成矢量式如下

$$\sum_{i=1}^n \boldsymbol{r}_i \times (m_i \boldsymbol{v}_i) = \boldsymbol{c}_3 \qquad (22)$$

上式中 $\boldsymbol{c}_3$ 是常矢量. 上式表示 n 个质点对坐标原点的总动量矩是一个常矢量. 常矢量具有方向的不变性，所以动量矩矢量在原点有确定不变的方向. 通过原点作一个平面垂直 $\boldsymbol{c}_3$. 那么动量矩矢量对这个平面的投影是零. 但不论 n 个质点如何运动，$\boldsymbol{c}_3$ 的方向是永远不变的，所以这个平面的位置在空间也是确定不变的. 对于以质心为原点的惯性坐标系，具有上述性质的平面是通过质心的一个固定平面，我们称它为不变面，见图 1.2. 不变面的

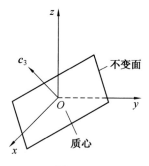

图 1.2

特性是"质点系的总动量矩垂直于这个平面"，也就是质点系对于在这个平面上的任一轴的动量矩分量是零.

对于太阳系也有一个不变面. 太阳系的动量矩 98% 决定于四大行星：木星、土星、天王星、海王星. 拉普拉斯(Laplace)曾建议以不变面作为太阳系的计

算参考坐标面,不过它在天体力学上的实用价值不大.下面研究三体问题的时候,将用到"不变面"的概念.

现在附带说明一下,一质点系对空间中不同两点 O, O' 的动量矩关系式(图 1.3).以 $\boldsymbol{P}_O$ 及 $\boldsymbol{P}_{O'}$ 分别表示质点系对 O 及 O' 的动量矩,那么由定义,有

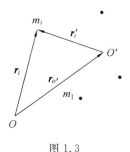

图 1.3

$$\boldsymbol{P}_o = \sum_i \boldsymbol{r}_i \times m_i \frac{\mathrm{d}\boldsymbol{r}_i}{\mathrm{d}t}$$

及

$$\boldsymbol{P}_{o'} = \sum_i \boldsymbol{r}'_i \times m_i \frac{\mathrm{d}\boldsymbol{r}'_i}{\mathrm{d}t}$$

以 $\boldsymbol{r}_{o'}$ 表示 O' 对 O 的矢径,则 $\boldsymbol{r}'_i = \boldsymbol{r}_i - \boldsymbol{r}_{o'}$.又因 O' 和 O 是假想静止着的,所以 $\boldsymbol{r}_{o'}$ 为常矢量,因而有 $\frac{\mathrm{d}\boldsymbol{r}_{o'}}{\mathrm{d}t} = 0$.于是

$$\sum_i \boldsymbol{r}'_i \times m_i \frac{\mathrm{d}\boldsymbol{r}'_i}{\mathrm{d}t} = \sum_i (\boldsymbol{r}_i - \boldsymbol{r}_{o'}) \times m_i \frac{\mathrm{d}(\boldsymbol{r}_i - \boldsymbol{r}_{o'})}{\mathrm{d}t}$$

$$= \sum_i \boldsymbol{r}_i \times m_i \frac{\mathrm{d}\boldsymbol{r}_i}{\mathrm{d}t} - \boldsymbol{r}_{o'} \times \sum_i m_i \frac{\mathrm{d}\boldsymbol{r}_i}{\mathrm{d}t}$$

但

$$\sum_i m_i \frac{\mathrm{d}\boldsymbol{r}_i}{\mathrm{d}t} = M\boldsymbol{v}_c$$

故得 $\boldsymbol{P}_O$ 和 $\boldsymbol{P}_{O'}$ 的关系式

$$\boldsymbol{P}_{O'} = \boldsymbol{P}_O - \boldsymbol{r}_{O'} \times M\boldsymbol{v}_c \tag{23}$$

若 $\boldsymbol{v}_c = 0$,则 $\boldsymbol{P}_{O'} = \boldsymbol{P}_O$,即质点系的质心静止时,质点系对空间各点的动量矩都相同.从这个事实知道:如果取固定于质心的惯性坐标系,那么不变面垂直于质点系对这个坐标空间中任一点的动量矩.

(3)能量积分

因 n 体问题的力学系统在不发生碰撞的时候是保守系统,即存在着位函数 V,所以可以得机械能守恒定律

$$\frac{1}{2} \sum m_i (\dot{x}_i^2 + \dot{y}_i^2 + \dot{z}_i^2) + V = h \tag{24}$$

现在应用分量式(8b)推导如下:将分量式(8b)顺次乘以 $\dot{x}_i, \dot{y}_i, \dot{z}_i$,然后三式相加再对脚标 i 求和得

$$\sum_i m_i (\dot{x}_i \ddot{x}_i + \dot{y}_i \ddot{y}_i + \dot{z}_i \ddot{z}_i) = -\sum_i \left(\frac{\partial V}{\partial x_i} \dot{x}_i + \frac{\partial V}{\partial y_i} \dot{y}_i + \frac{\partial V}{\partial z_i} \dot{z}_i \right)$$

即

$$\sum_i \frac{m_i}{2} \frac{\mathrm{d}}{\mathrm{d}t} (\dot{x}_i^2 + \dot{y}_i^2 + \dot{z}_i^2) = -\frac{\mathrm{d}V}{\mathrm{d}t}$$

$$V = -\left(\frac{m_1 m_2}{r_{12}} + \frac{m_2 m_3}{r_{23}} + \frac{m_3 m_1}{r_{31}} \right)$$

或

$$\frac{\mathrm{d}}{\mathrm{d}t}\left[\frac{1}{2}\sum_i m_i(\dot{x}_i^2 + \dot{y}_i^2 + \dot{z}_i^2) + V\right] = 0$$

积分上式,即得

$$\frac{1}{2}\sum_i m_i(\dot{x}_i^2 + \dot{y}_i^2 + \dot{z}_i^2) + V = h \tag{25}$$

以 T 表示质点系的总动能,即

$$T = \frac{1}{2}\sum_i m_i(\dot{x}_i^2 + \dot{y}_i^2 + \dot{z}_i^2)$$

则式(25)可写成

$$T + V = h \tag{26}$$

或

$$T = h + U \tag{27}$$

利用以上 10 个一次积分,可将 n 体问题的运动微分方程组自 $6n$ 阶降低 10 阶,成为 $6n - 10$ 阶. 关于三体问题利用这些积分的降阶法,后面有专门一章来讨论.

§3 雅 可 比 公 式

$\sum_i m_i r_i^2$ 可以定义为质点系对原点 O 的极转动惯量,用 R^2 表示,则有

$$R^2 = \sum_{i=1}^{n} m_i r_i^2 \tag{28}$$

现在要证明的雅可比公式是

$$\frac{\mathrm{d}^2}{\mathrm{d}t^2}R^2 = 4T + 2V \tag{29}$$

上式的推导如下:将分量式(8b)分别乘以 x_i, y_i, z_i,然后相加,再对脚标 i 求和,得

$$\sum_{i=1}^{n} m_i(x_i\ddot{x}_i + y_i\ddot{y}_i + z_i\ddot{z}_i) = -\sum_{i=1}^{n}\left(x_i\frac{\partial V}{\partial x_i} + y_i\frac{\partial V}{\partial y_i} + z_i\frac{\partial V}{\partial z_i}\right) \tag{30}$$

因

$$x_i\ddot{x}_i = \frac{\mathrm{d}}{\mathrm{d}t}(x_i\dot{x}_i) - \dot{x}_i^2 = \frac{1}{2}\frac{\mathrm{d}^2}{\mathrm{d}t^2}(x_i^2) - \dot{x}_i^2$$

同样

$$y_i\ddot{y}_i = \frac{1}{2}\frac{\mathrm{d}^2}{\mathrm{d}t^2}(y_i^2) - \dot{y}_i^2$$

$$z_i\ddot{z}_i = \frac{1}{2}\frac{\mathrm{d}^2}{\mathrm{d}t^2}(z_i^2) - \dot{z}_i^2$$

将上三式相加,则有

$$(x_i\ddot{x}_i + y_i\ddot{y}_i + z_i\ddot{z}_i) = \frac{1}{2}\frac{\mathrm{d}^2}{\mathrm{d}t^2}(x_i^2 + y_i^2 + z_i^2) - (\dot{x}_i^2 + \dot{y}_i^2 + \dot{z}_i^2)$$

将上式两边乘以 m_i 然后对 i 求和,得

$$\sum_{i=1}^{n} m_i(x_i\ddot{x}_i + y_i\ddot{y}_i + z_i\ddot{z}_i) = \sum_{i=1}^{n}\frac{\mathrm{d}^2}{\mathrm{d}t^2}\left[\frac{1}{2}m_i(x_i^2 + y_i^2 + z_i^2)\right] -$$
$$\sum_{i=1}^{n} m_i(\dot{x}_i^2 + \dot{y}_i^2 + \dot{z}_i^2) \qquad (31)$$

从 V 的表达式(5c)知道:V 是 $x_i, y_i, z_i (i=1,2,\cdots,n)$ 的 (-1) 阶齐次函数.关于齐次函数有著名的欧拉定理:$f(x_1, x_2, \cdots, x_n)$ 是 $x_1, x_2, \cdots, x_n$ 的 n 次齐次函数的充要条件是下式成立

$$x_1\frac{\partial f}{\partial x_1} + x_2\frac{\partial f}{\partial x_2} + \cdots + \frac{\partial f}{\partial x_n} = nf \qquad (32)$$

将上式应用于位函数 V,则有

$$\sum_{i=1}^{n}\left(x_i\frac{\partial V}{\partial x_i} + y_i\frac{\partial V}{\partial y_i} + z_i\frac{\partial V}{\partial z_i}\right) = (-1)V \qquad (33)$$

应用式(31)和式(33),则式(30)变成

$$\sum_{i=1}^{n}\frac{\mathrm{d}^2}{\mathrm{d}t^2}\left[\frac{1}{2}m_i(x_i^2 + y_i^2 + z_i^2)\right] - \sum_{i=1}^{n} m_i(\dot{x}_i^2 + \dot{y}_i^2 + \dot{z}_i^2) = V$$

即

$$\frac{1}{2}\frac{\mathrm{d}^2}{\mathrm{d}t^2}R^2 - 2T = V$$

故

$$\frac{\mathrm{d}^2}{\mathrm{d}t^2}R^2 = 4T + 2V$$

应用能量方程(26),上式又可写成

$$\frac{\mathrm{d}^2}{\mathrm{d}t^2}R^2 = 2(T + h) \qquad (34)$$

其中 h 是质点系的总机械能,可正可负;而动能 T 恒为正量.当 $T > |h|$ 时不论 h 为正为负都有

$$\frac{\mathrm{d}^2}{\mathrm{d}t^2}\left(\sum_i m_i r_i^2\right) > 0$$

故 $\frac{\mathrm{d}}{\mathrm{d}t}\left(\sum m_i r_i^2\right)$ 随时间无限增大,因而至少有一质点的 r_i 无限地随时间增大.这样,一质点系中有质点随时间增大而运动到无限远空间中去的情况下,此质点系称为发散系.若某质点系不是发散的,即质点系的各质点始终保持在有限空间里,那么自式(34)知,必须 $T + h < 0$.因 $T > 0$,故必须有 $h < 0$,及 $|h| > T$.这是一质点系不是发散系的必要条件.当然这个条件不是充分的.

13

$$V = -\left(\frac{m_1 m_2}{r_{12}} + \frac{m_2 m_3}{r_{23}} + \frac{m_3 m_1}{r_{31}}\right)$$

§4 三体问题的运动方程及其积分

由式(5a)知,三体问题的位函数是

$$V = -\left(\frac{m_1 m_2}{r_{12}} + \frac{m_2 m_3}{r_{23}} + \frac{m_3 m_1}{r_{31}}\right) \tag{35}$$

如用力函数 U 代 V,则因 $U = -V$,故有

$$U = \frac{m_1 m_2}{r_{12}} + \frac{m_2 m_3}{r_{23}} + \frac{m_3 m_1}{r_{31}} \tag{36}$$

自式(8b)得三体问题的运动微分方程为

$$m_i \ddot{x}_i = -\frac{\partial V}{\partial x_i}, \quad m_i \ddot{y}_i = -\frac{\partial V}{\partial y_i}, \quad m_i \ddot{z}_i = -\frac{\partial V}{\partial z_i} \quad (i = 1,2,3) \tag{37a}$$

或

$$m_i \ddot{x}_i = \frac{\partial U}{\partial x_i}, \quad m_i \ddot{y}_i = \frac{\partial U}{\partial y_i}, \quad m_i \ddot{z}_i = \frac{\partial U}{\partial z_i} \quad (i = 1,2,3) \tag{37b}$$

三体问题的 10 个一次积分如下:

(1) 动量积分

$$\begin{cases} m_1 \dot{x}_1 + m_2 \dot{x}_2 + m_3 \dot{x}_3 = c_{1x} \\ m_1 \dot{y}_1 + m_2 \dot{y}_2 + m_3 \dot{y}_3 = c_{1y} \\ m_1 \dot{z}_1 + m_2 \dot{z}_2 + m_3 \dot{z}_3 = c_{1z} \end{cases} \tag{38}$$

(2) 质心运动定理

$$\begin{cases} m_1 x_1 + m_2 x_2 + m_3 x_3 = c_{1x} t + c_{2x} \\ m_1 y_1 + m_2 y_2 + m_3 y_3 = c_{1y} t + c_{2y} \\ m_1 z_1 + m_2 z_2 + m_3 z_3 = c_{1z} t + c_{2z} \end{cases} \tag{39}$$

(3) 动量矩定理

$$\begin{cases} \sum_{i=1}^{3} m_i (y_i \dot{z}_i - z_i \dot{y}_i) = c_{3x} \\ \sum_{i=1}^{3} m_i (z_i \dot{x}_i - x_i \dot{z}_i) = c_{3y} \\ \sum_{i=1}^{3} m_i (x_i \dot{y}_i - y_i \dot{x}_i) = c_{3z} \end{cases} \tag{40}$$

(4) 动能定理

$$\sum_{i=1}^{3} \frac{1}{2} m_i (\dot{x}_i^2 + \dot{y}_i^2 + \dot{z}_i^2) = U + h \tag{41a}$$

或

$$\sum_{i=1}^{3} \frac{1}{2} m_i (\dot{x}_i^2 + \dot{y}_i^2 + \dot{z}_i^2) + V = h \tag{41b}$$

若选惯性坐标系,使它的原点固定在质心上,那么对这个坐标系式(38)和式(39)可分别化为

$$\sum_{i=1}^{3} m_i \dot{x}_i = \sum_{i=1}^{3} m_i \dot{y}_i = \sum_{i=1}^{3} m_i \dot{z}_i = 0 \qquad (42)$$

及

$$\sum_{i=1}^{3} m_i x_i = \sum_{i=1}^{3} m_i y_i = \sum_{i=1}^{3} m_i z_i = 0 \qquad (43)$$

二体问题

n 体问题中仅二体问题有完满的解案. 这项工作一开始就被万有引力定律的发现者牛顿所解决. 这一章讨论二体问题的目的是作为研究三体问题的一个基础. 像研究拉格朗日的定型运动, 限制三体问题, 二体的碰撞现象等, 都需要用到关于二体问题的知识. 另一方面某些特殊三体问题的近似法, 也需要用二体问题的理论为基础, 例如天体力学中的摄动法. 又如对苏联发射的第一枚宇宙火箭, 当它到达月球引力范围内时, 可以近似地看作"二体问题"来求出它的运行轨道. 又由于第一枚宇宙火箭, 当它在月球附近的时候, 它的轨道是属于双曲线的, 所以, 不但对椭圆轨道应该仔细研究, 对双曲线和抛物线轨道也同样应该加以重视.

§1 化二体问题为两个"单质点受有心力作用下的运动问题"

由第一章中方程 (7a) 可得二体问题的动力方程为

$$m_1 \ddot{\boldsymbol{r}}_1 = \frac{\gamma m_1 m_2}{r_{12}^3} \boldsymbol{r}_{12}, \quad m_2 \ddot{\boldsymbol{r}}_2 = \frac{\gamma m_1 m_2}{r_{21}^3} \boldsymbol{r}_{21} \tag{1}$$

为了以后计算便利起见, 本章内仍引入引力系数 γ, 上式中 $r_{12} = r_{21}$ 及 $\boldsymbol{r}_{12} = -\boldsymbol{r}_{21}$. 将上二式相加, 得

$$m_1 \ddot{\boldsymbol{r}}_1 + m_2 \ddot{\boldsymbol{r}}_2 = 0 \tag{2}$$

故

$$\ddot{\boldsymbol{r}}_1 = -\frac{m_2}{m_1} \ddot{\boldsymbol{r}}_2 \tag{3}$$

上式表示:质点 P_1 的加速度和质点 P_2 的加速度方向相反,并且二质点加速度的大小和它们的质量成反比. 若 $m_1 \gg m_2$,那么 $|\ddot{\boldsymbol{r}}_1| \ll |\ddot{\boldsymbol{r}}_2|$,即二质点的质量比很大(或很小)的情况下,具大质量的质点的运动状态在不太长的时间内几乎没有改变.

将式(2)对时间积分一次,得第一章中式(15a)的对应式

$$m_1 \dot{\boldsymbol{r}}_1 + m_2 \dot{\boldsymbol{r}}_2 = \boldsymbol{c}_1 \tag{4}$$

又自第一章中质心的定义公式(17),有

$$m_1 \boldsymbol{r}_1 + m_2 \boldsymbol{r}_2 = m \boldsymbol{r}_c \quad (M = m_1 + m_2) \tag{5}$$

将上式对时间微分一次,得

$$m_1 \dot{\boldsymbol{r}}_1 + m_2 \dot{\boldsymbol{r}}_2 = M \boldsymbol{v}_c \tag{6}$$

比较式(4)和式(6)可知

$$\boldsymbol{c}_1 = M \boldsymbol{v}_c$$

将式(4)对时间再积分一次,得

$$m_1 \boldsymbol{r}_1 + m_2 \boldsymbol{r}_2 = \boldsymbol{c}_1 t + \boldsymbol{c}_2 \tag{7}$$

比较式(5)和上式,得

$$\boldsymbol{r}_c = \frac{\boldsymbol{c}_1}{M} t + \frac{\boldsymbol{c}_2}{M} \tag{8}$$

从式(8)可知"二质点的质心作等速直线运动". 现在取原点固定于质心的惯性坐标作为参考坐标系,则 $\boldsymbol{c}_1 = 0, \boldsymbol{c}_2 = 0$;式(7)成为

$$m_1 \boldsymbol{r}_1 + m_2 \boldsymbol{r}_2 = 0 \tag{9}$$

从上式看出 $\boldsymbol{r}_1$ 和 $\boldsymbol{r}_2$ 方向相反. 故这二质点和它们的质心在一直线上,这二质点到质心的距离的比值保持不变,而与它们的质量成反比(图2.1).

运动方程(1)可写为

$$\ddot{\boldsymbol{r}}_1 = \frac{\gamma m_2}{r_{12}^3} \boldsymbol{r}_{12}, \quad \ddot{\boldsymbol{r}}_2 = \frac{\gamma m_1}{r_{12}^3} \boldsymbol{r}_{21} \tag{10}$$

但

$$m_2 \boldsymbol{r}_{12} = m_2 (\boldsymbol{r}_2 - \boldsymbol{r}_1) = m_2 \boldsymbol{r}_2 - m_2 \boldsymbol{r}_1$$
$$= -m_1 \boldsymbol{r}_1 - m_2 \boldsymbol{r}_1 = -M \boldsymbol{r}_1$$

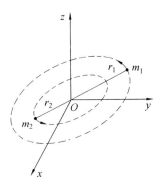

图 2.1

及

$$m_1 \boldsymbol{r}_{21} = m_1 (\boldsymbol{r}_1 - \boldsymbol{r}_2) = m_1 \boldsymbol{r}_1 - m_1 \boldsymbol{r}_2$$
$$= -m_2 \boldsymbol{r}_2 - m_1 \boldsymbol{r}_2 = -M \boldsymbol{r}_2$$

故式(10)可改写为

$$\ddot{\boldsymbol{r}}_1 = -\gamma \frac{M}{r_{12}^3} \boldsymbol{r}_1, \quad \ddot{\boldsymbol{r}}_2 = -\gamma \frac{M}{r_{12}^3} \boldsymbol{r}_2 \tag{11}$$

$$\mathscr{V} = -\left(\frac{m_1 m_2}{r_{12}} + \frac{m_2 m_3}{r_{23}} + \frac{m_3 m_1}{r_{31}} \right)$$

上二式形式相同,故二质点的运动规律适合同一微分方程.根据这个结论和式(9)可推知二质点的轨道形状相似(图 2.1);若它们的轨道是闭合的,那么它们周长和质量成反比.于是二体问题化为任一质点对其质心的运动问题.

又自式(9)和图 2.1 有

$$m_1 \boldsymbol{r}_1 = m_2 \boldsymbol{r}_2 \quad 及 \quad \boldsymbol{r}_{12} = \boldsymbol{r}_1 + \boldsymbol{r}_2 \tag{12}$$

由上二式解得

$$\boldsymbol{r}_{12} = \frac{M}{m_2}\boldsymbol{r}_1 = \frac{M}{m_1}\boldsymbol{r}_2 \tag{13}$$

故式(11)又可写为

$$\ddot{\boldsymbol{r}}_1 = -\gamma \left(\frac{1}{1+\frac{m_1}{m_2}}\right)^2 m_2 \frac{\boldsymbol{r}_1}{r_1^3}, \quad \ddot{\boldsymbol{r}}_2 = -\gamma \left(\frac{1}{1+\frac{m_1}{m_2}}\right)^2 m_1 \frac{\boldsymbol{r}_2}{r_2^3} \tag{14}$$

设有质量为 m' 的质点固定在坐标原点 O,另一质点质量为 $m,m \ll m'$.质点 m 受 m' 的引力而运动,此引力可表示为

$$-\gamma \frac{mm'}{r^3}\boldsymbol{r}$$

此力恒通过定点 O,故属于有心力的一种.质点在此有心力作用下的运动方程可写为

$$m\ddot{\boldsymbol{r}} = -\gamma \frac{mm'}{r^3}\boldsymbol{r}$$

或

$$\ddot{\boldsymbol{r}} = -\gamma \frac{m'}{r^3}\boldsymbol{r} \tag{15}$$

将上式与式(14)比较,可见二体问题可以化为如下的两个"单一质点的有心力作用下的运动问题":

(1)m_1 的运动 —— 相当于质量为 $\left(\dfrac{1}{1+\frac{m_1}{m_2}}\right)^2 m_2$ 的质点固定在原点吸引 m_1 而产生的运动.

(2)m_2 的运动 —— 相当于质量为 $\left(\dfrac{1}{1+\frac{m_2}{m_1}}\right)^2 m_1$ 的质点固定在原点吸引 m_2 而产生的运动.

§2 一般中心力问题的解法

设有一质量为 m 的质点,受向原点 O 的中心力 $\boldsymbol{F} = f(r)\boldsymbol{r}_0$ 的作用,则 m 的动力学方程为

$$m\ddot{\boldsymbol{r}} = f(r)\boldsymbol{r}_0 \quad \left(\boldsymbol{r}_0 = \frac{\boldsymbol{r}}{r}\right) \tag{16}$$

将上式矢乘以 $\boldsymbol{r}$,则得

$$\boldsymbol{r} \times \left[m\ddot{\boldsymbol{r}}\right] = \boldsymbol{r} \times \left[f(r)\boldsymbol{r}_0\right] = f(r)(\boldsymbol{r} \cdot \boldsymbol{r}_0)$$

因 $\boldsymbol{r} \cdot \boldsymbol{r}_0 = 0$,故上式成为

$$\frac{\mathrm{d}}{\mathrm{d}t}(\boldsymbol{r} \times m\boldsymbol{v}) = \boldsymbol{r} \times m\ddot{\boldsymbol{r}} = 0 \tag{17}$$

将上式对时间积分,得

$$\boldsymbol{r} \times m\boldsymbol{v} = \boldsymbol{c}' \tag{18}$$

上式表示质点 m 对中心的动量距为一常矢量,上式也可以写作

$$\boldsymbol{r} \times \boldsymbol{v} = \frac{\boldsymbol{c}'}{m} = \boldsymbol{c} \tag{19}$$

因由矢性积定义,常矢量 $\boldsymbol{c}$ 与包含 $\boldsymbol{r}$ 和 $\boldsymbol{v}$ 的平面垂直,故上式表示:质点 m 的位矢 $\boldsymbol{r}$ 和质点的速度 $\boldsymbol{v}$ 所确定的平面在空间有确定的方向和位置. 显然质点的轨道也在这个平面内(图 2.2). 于是研究质点有中心力的运动,可用平面坐标.

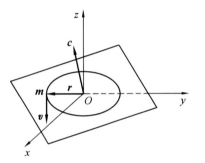

图 2.2

为了用平面极坐标 (r, θ) 研究中心力问题,首先应该求出用极坐标表示的速度和加速度公式,现在先利用直角坐标和极坐标的关系式求 v_θ 和 v_r. 坐标变换关系式为

$$x = r\cos\theta, \quad y = r\sin\theta \tag{20}$$

将上式对时间取导数,得

$$\begin{cases} \dot{x} = \dot{r}\cos\theta - r\dot{\theta}\sin\theta \\ \dot{y} = \dot{r}\sin\theta + r\dot{\theta}\cos\theta \end{cases} \tag{21}$$

细察上式并参看图 2.3,知道

$$v_r = \dot{r}, \quad v_\theta = r\dot{\theta} \tag{22}$$

其中 v_θ 是矢量 $\boldsymbol{v}_\theta$ 的模,矢量 $\boldsymbol{v}_\theta$ 垂直于 $\boldsymbol{r}$ 并以 θ 角增大的方向为正向. 将方程组(21)对时间取导数,则得

$$\begin{cases} \ddot{x} = (\ddot{r} - r\dot{\theta}^2)\cos\theta - (r\ddot{\theta} + 2\dot{\theta}\dot{r})\sin\theta \\ \ddot{y} = (\ddot{r} - r\dot{\theta}^2)\sin\theta + (r\ddot{\theta} + 2\dot{\theta}\dot{r})\cos\theta \end{cases} \tag{23}$$

由上式及图 2.4,同样有

$$w_r = \ddot{r} - r\dot{\theta}^2, \quad w_\theta = r\ddot{\theta} + 2\dot{\theta}\dot{r} \tag{24}$$

w_θ 也垂直于 $\boldsymbol{r}$.

19

$$\mathscr{V} = -\left(\frac{m_1 m_2}{r_{12}} + \frac{m_2 m_3}{r_{23}} + \frac{m_3 m_1}{r_{31}}\right)$$

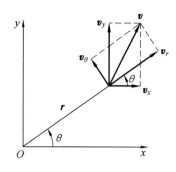

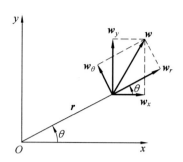

图 2.3　　　　　　　　　　　图 2.4

仅受中心力的质点,只有 r 方向的力,没有 θ 方向的力,所以应用式(24)得 m 质点的动力方程为

$$m(\ddot{r} - r\dot{\theta}^2) = f(r) \tag{25a}$$

$$m(r\ddot{\theta} + 2\dot{r}\dot{\theta}) = 0 \tag{25b}$$

式(25b)可改写为

$$\frac{m}{r}\frac{\mathrm{d}}{\mathrm{d}t}(r^2\dot{\theta}) = 0$$

由上式得

$$r^2\dot{\theta} = c \tag{26}$$

事实上,上式就是式(19)的极坐标写法(图 2.5),所以上式积分常数 c 就是式(19)中常矢 c 的模,即式(26)表示质点对 O 的动量矩守恒的关系式;另一方面,质点的矢径于 $\mathrm{d}t$ 时间内对 O 画出的面积近似于 $\triangle OPQ$ 的面积,若略去小 $\triangle PQR$ 的面积(因 $\triangle PQR$ 的面积为 $\frac{1}{2}\mathrm{d}r(r\mathrm{d}\theta)$,它与 $\frac{1}{2}r^2\mathrm{d}\theta$ 相比是高阶无穷小),则 $\triangle OPQ \approx \triangle POR = \frac{1}{2}r^2\mathrm{d}\theta$. 故如质点于 $\mathrm{d}t$ 时间内对 O 的矢径画出面积表以 $\mathrm{d}A$,则由式(26)有

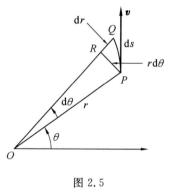

图 2.5

$$\frac{\mathrm{d}A}{\mathrm{d}t} = \frac{1}{2}r^2\frac{\mathrm{d}\theta}{\mathrm{d}t} = \frac{c}{2} \tag{27}$$

故质点的矢径绕 O 于等时间内画出相等的面积.

略去其他行星的摄动力,各行星对太阳的矢径于等时间内画出相等的面积,这就是开普勒第二定律.

将式(27)应用于二体问题,则有二质点对它们的质心的矢径于等时间内

各自画出相等的面积.

现在求质点的轨道方程,为此应该消去式(25a)和式(26)中的时间 $\mathrm{d}t$,自式(26)有

$$\frac{\mathrm{d}}{\mathrm{d}t} = \frac{c}{r^2}\frac{\mathrm{d}}{\mathrm{d}\theta} \tag{28}$$

将式(28)和式(26)代入式(25a),得

$$\frac{c}{r^2}\frac{\mathrm{d}}{\mathrm{d}\theta}\left(\frac{c}{r^2}\frac{\mathrm{d}r}{\mathrm{d}\theta}\right) - \frac{c^2}{r^3} = \frac{1}{m}f(r) \tag{29}$$

为了将上式化成容易求解的微分方程,应用变数变换

$$u = \frac{1}{r} \quad 或 \quad r = \frac{1}{u} \tag{30}$$

于是

$$\frac{\mathrm{d}r}{\mathrm{d}\theta} = -\frac{1}{u^2}\frac{\mathrm{d}u}{\mathrm{d}\theta} \tag{31}$$

(29)变成

$$c^2 u^2 \left(\frac{\mathrm{d}^2 u}{\mathrm{d}\theta^2} + u\right) = -\frac{F(u)}{m} \tag{32}$$

其中 $F(u)$ 为 $f(r)$ 应用变换(30)以后的函数,上式就是所要求的质点的轨道应适合的微分方程.当质点的轨道方程 $u = \psi(\theta)$ 已知时,应用简单的微分法,就可以直接自式(32)求出作用于质点的力 $F(u)$.式(32)也可以写成

$$\frac{\mathrm{d}^2 u}{\mathrm{d}\theta^2} + u = -\frac{F(u)}{mc^2 u^2} \tag{33}$$

可以用微分法验证:上式的一次积分是

$$\left(\frac{\mathrm{d}u}{\mathrm{d}\theta}\right)^2 = K - \frac{2}{mc^2}\int \frac{F(u)}{u^2}\mathrm{d}u - u^2 \tag{34}$$

上式可以写成

$$-\frac{1}{r^2}\frac{\mathrm{d}r}{\mathrm{d}\theta} = \pm\left[K + \frac{2}{mc^2}\int^r f(r)\mathrm{d}r - \frac{1}{r^2}\right]^{\frac{1}{2}}$$

积分上式,得

$$\theta = \pm\int^r \left[K + \frac{2}{mc^2}\int^r f(r)\mathrm{d}r - \frac{1}{r^2}\right]^{-\frac{1}{2}}\frac{\mathrm{d}r}{r^2} \tag{35}$$

上式就是质点的轨道方程用极坐标表示之式,正负号可由实际情况决定,为了简便起见,以后只研究正号的情况,自上式求出 r 为 θ 的函数,然后代入式(26),得

$$t = \frac{1}{c}\int^\theta r^2 \mathrm{d}\theta + 常数 \tag{36}$$

由此可见中心力运动问题总是可以用纯积分式求解的.

$$\mathcal{V} = -\left(\frac{m_1 m_2}{r_{12}} + \frac{m_2 m_3}{r_{23}} + \frac{m_3 m_1}{r_{31}}\right)$$

现在来讨论"中心力是 r 的整数幂的形式时,它的积分式可用已知函数表示的条件". 设

$$f(r) = ar^n \tag{37}$$

则

$$\int^r f(r)\,\mathrm{d}r = \frac{a}{n+1} r^{n+1} \quad (n \neq -1) \tag{38}$$

于是式(35)可写成

$$\theta = \int (A + Bu^2 + Cu^{-n-1})^{-\frac{1}{2}}\,\mathrm{d}u \tag{39}$$

其中 A, B, C 是常数.

要式(39)积分后表成圆函数(即三角函数),必须 $A + Bu^2 + Cu^{-n-1}$ 是 u 的二次整式,即

$$-n - 1 = 0, 1 \text{ 或 } 2$$

于是

$$n = -1, -2, -3$$

但 $n = -1$ 对积分式(38)是应排除的场合,所以成为圆函数积分式的 n 为 -2 或 -3.

要式(39)积分后表成椭圆函数,必须

$$A + Bu^2 + Cu^{-n-1}$$

是 u 的三次或四次多项式,于是得条件

$$-n - 1 = 3 \text{ 或 } 4$$

而有

$$n = -4, -5$$

又式(39)分子分母同乘以 u,则可写为

$$\theta = \int \frac{u\,\mathrm{d}u}{\sqrt{Au^2 + Bu^4 + Cu^{-n+1}}}$$

由上式可见 $n = 0$ 也是椭圆积分.

再令 $u^2 = x$,于是式(39)可写为

$$\theta = \int \frac{u\,\mathrm{d}u}{\sqrt{Au^2 + Bu^4 + Cu^{-n+1}}} = \frac{1}{2} \int \frac{\mathrm{d}x}{\sqrt{Ax + Bx^2 + Cx^{\frac{-n+1}{2}}}} \tag{40}$$

由上式得表示成椭圆积分的条件为

$$\frac{-n+1}{2} = 3 \text{ 或 } 4$$

故

$$n = -5, -7$$

又由式(39)看出,$n = 1$ 时,以 $u^2 = x$ 也可积分后表成圆函数,又自式(40)

看出,当 $n=3$ 或 5 时,可积分后表成椭圆函数,于是整数 n 为
$$n=5,3,1,0,-2,-3,-4,-5,-7$$
时,质点的轨道方程可用圆函数或椭圆函数表示出来.

§3 平方反比律的中心引力问题解法

(1) 轨道方程

现在讨论与二体问题有关的平方反比律的中心力问题,万有引力是吸引力,所以力的方向与 r 的方向相反,由式(15) 有
$$f(r) = -\gamma \frac{mm'}{r^2} \tag{41}$$
或
$$F(u) = -\gamma mm'u^2 \tag{42}$$
于是式(33) 变成
$$\frac{\mathrm{d}^2 u}{\mathrm{d}\theta^2} + u = \frac{\gamma m'}{c^2} \tag{43}$$
对上式应用变数变换
$$y = u - \frac{\gamma m'}{c^2} \tag{44}$$
得
$$\frac{\mathrm{d}^2 y}{\mathrm{d}\theta^2} + y = 0 \tag{45}$$
上式是大家熟知的简谐运动微分方程,所以它的解案是
$$y = b\cos(\theta - \theta_0)$$
其中 b 和 θ_0 是积分常数,应用式(44),上式变成
$$u = \gamma \frac{m'}{c^2} + b\cos(\theta - \theta_0) \tag{46}$$
或
$$r = \frac{\dfrac{c^2}{\gamma m'}}{1 + b\dfrac{c^2}{\gamma m'}\cos(\theta - \theta_0)} \tag{47}$$
一望而知上式是圆锥曲线的极坐标方程 $r = \dfrac{p}{1 + e\cos\theta}$,其离心率 e 是
$$e = b\frac{c^2}{\gamma m'} \tag{48}$$
其半通径 p 为

23

$$\mathscr{V} = -\left(\frac{m_1 m_2}{r_{12}} + \frac{m_2 m_3}{r_{23}} + \frac{m_3 m_1}{r_{31}}\right)$$

$$p = \frac{c^2}{\gamma m'} \tag{49}$$

我们也可以由式(35)的积分式直接求得轨道方程,于是有

$$\int_{r_0}^{r} f(r)\,\mathrm{d}r = \int_{r_0}^{r} \left(-\frac{\gamma m m'}{r^2}\right)\mathrm{d}r = \frac{\gamma m m'}{r} - \frac{\gamma m m'}{r_0}$$

上式与第一章中式(15a)比较,可看出右边之值为 r_0 和 r 两点的位能差. 于是式(35)可写成

$$\begin{aligned}
\theta - \theta_0 &= \int_{r_0}^{r} \left[K + \frac{2m'\gamma}{c^2}\left(\frac{1}{r} - \frac{1}{r_0}\right) - \frac{1}{r^2} \right]^{-\frac{1}{2}} \frac{\mathrm{d}r}{r^2} \\
&= \int_{u_0}^{u} \frac{-\mathrm{d}u}{\sqrt{\left(K - \frac{2m'\gamma}{c^2 r_0}\right) + \frac{2\gamma m'}{c^2}u - u^2}}
\end{aligned} \tag{50}$$

在求出上述积分式以前,先来证明积分常数 K 的力学意义. 事实上式(34)可以用质点的能量积分求出,能量积分是

$$\frac{1}{2}m(r^2 + r^2\dot{\theta}^2) - \frac{\gamma m'm}{r} = h \tag{51}$$

其中 h 是质点的总机械能,位能以无穷远处作为零. 应用式(26)及式(28),则式(51)可写为

$$\frac{m}{2}\left[\frac{c^2}{r^4}\left(\frac{\mathrm{d}r}{\mathrm{d}\theta}\right)^2 + \frac{c^2}{r^2}\right] - \frac{\gamma m m'}{r} = h$$

或

$$\left(\frac{\mathrm{d}u}{\mathrm{d}\theta}\right)^2 = \frac{2h}{mc^2} + \frac{2\gamma m'}{c^2}u - u^2$$

而式(34)可写为

$$\left(\frac{\mathrm{d}u}{\mathrm{d}\theta}\right)^2 = \left(K - \frac{2\gamma m'}{c^2 r_0}\right) + \frac{2\gamma m'}{c^2}u - u^2$$

比较上两式,可知

$$K - \frac{2m'\gamma}{c^2 r_0} = \frac{2h}{mc^2} \tag{52}$$

于是式(50)变成

$$\theta - \theta_0 = -\int_{u_0}^{u} \frac{\mathrm{d}u}{\sqrt{\frac{2h}{mc^2} + \frac{2\gamma m'}{c^2}u - u^2}} \tag{53}$$

应用下面的积分公式

$$\int \frac{\mathrm{d}x}{\sqrt{A + Bx + Cx^2}} = \frac{1}{\sqrt{-C}}\arccos\left(-\frac{B + 2Cx}{\sqrt{B^2 - 4AC}}\right)$$

式(53)积出后可得

$$\theta - \theta_0 = -\arccos \frac{-\dfrac{2m'\gamma}{c^2} + 2u}{\sqrt{\dfrac{4m^2\gamma^2}{c^4} + 4\dfrac{2h}{mc^2}}} = -\arccos \frac{\dfrac{c^2 u}{\gamma m'} - 1}{\sqrt{1 + \dfrac{2hc^2}{\gamma^2 mm'^2}}}$$

或

$$u = \frac{\gamma m'}{c^2}\left(1 + \sqrt{1 + \frac{2hc^2}{\gamma^2 mm'^2}}\cos(\theta - \theta_0)\right) \tag{54}$$

上式与式(46)完全一致,而且现在得到 e 的关系式

$$e = \sqrt{1 + \frac{2hc^2}{\gamma^2 mm'^2}} \tag{55}$$

我们知道圆锥曲线是双曲线,抛物线,还是椭圆要看 $e > 1$, $e = 1$,还是 $e < 1$ 而定. 由式(55)知道:

$h > 0$,则 $e > 1$,质点的轨道为双曲线;

$h = 0$,则 $e = 1$,质点的轨道为抛物线;

$h < 0$,则 $e < 1$,质点的轨道为椭圆;

$h = -\dfrac{\gamma^2 mm'^2}{2c^2}$,则 $e = 0$,质点的轨道是一个圆.

又由解析几何(参看图 2.6)并应用式(49)得

$$\begin{cases} \text{对椭圆 } p = a(1 - e^2),\text{所以 } c = \sqrt{\gamma m'a}\,\sqrt{1 - e^2}, e < 1 \\ \text{对抛物线 } p = 2q,\text{所以 } c = \sqrt{\gamma m'2q}, e = 1 \\ \text{对双曲线 } p = a(e^2 - 1),\text{所以 } c = \sqrt{\gamma m'a}\,\sqrt{e^2 - 1}, e > 1 \end{cases} \tag{56}$$

其中对抛物线, q 是自焦点至顶点的距离,可称为近点距.

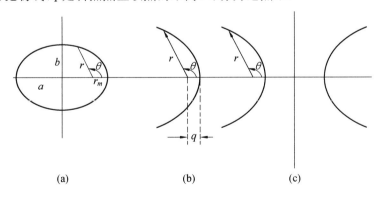

图 2.6

将上述结论应用于二体问题,则知道二质点在万有引力作用下,对它们的质心作相似的轨道,这些轨道是圆锥曲线,并以它们的质心为轨道的一个焦点(开普勒第一定律).

$$\mathcal{V} = -\left(\frac{m_1 m_2}{r_{12}} + \frac{m_2 m_3}{r_{23}} + \frac{m_3 m_1}{r_{31}}\right)$$

因 $r_{12} = r_1 + r_2$，所以二体问题的轨道以一质点相对于另一质点而言，它的轨道也是圆锥曲线.

（2）质点的速度公式

现在应用能量积分来求质点的速度公式. 式（51）可改写为

$$\frac{1}{2}m\left(\frac{\mathrm{d}r}{\mathrm{d}t}\right)^2 + \frac{m}{2}\frac{c^2}{r^2} - \frac{\gamma m'm}{r} = h \tag{57}$$

在近点距，r 是极小值. 设近点距为 r_m，则

$$\left(\frac{\mathrm{d}r}{\mathrm{d}t}\right)_{r=r_m} = 0$$

故由式（57），在近点距有

$$\frac{m}{2}\frac{c^2}{r_m^2} - \frac{\gamma m'm}{r_m} = h \tag{58}$$

又由解析几何知道

$$\begin{cases} r_m = a(1-e) & （椭圆） \\ r_m = q & （抛物线） \\ r_m = a(e-1) & （双曲线） \end{cases} \tag{59}$$

将式（59）及式（56）的 c 值代入式（58）得

$$\begin{cases} h = \dfrac{m}{2}\dfrac{\gamma m'a(1-e^2)}{a^2(1-e)^2} - \dfrac{\gamma m'm}{a(1-e)} = -\dfrac{\gamma mm'}{2a} & （椭圆） \\ h = \dfrac{m}{2}\dfrac{\gamma m'2q}{q^2} - \dfrac{\gamma m'm}{q} = 0 & （抛物线） \\ h = \dfrac{m}{2}\dfrac{\gamma m'a(e^2-1)}{a^2(e-1)^2} - \dfrac{\gamma m'm}{a(e-1)} = \dfrac{\gamma m'm}{2a} & （双曲线） \end{cases} \tag{60}$$

但质点的速度由式（51）可写为

$$v^2 = \frac{2}{m}h + \frac{2m'\gamma}{r}$$

将方程组（60）的 h 值代入上式，得

$$\begin{cases} v^2 = \gamma m'\left(\dfrac{2}{r} - \dfrac{1}{a}\right) & （椭圆） \\ v^2 = \gamma m'\left(\dfrac{2}{r} + 0\right) & （抛物线） \\ v^2 = \gamma m'\left(\dfrac{2}{r} + \dfrac{1}{a}\right) & （双曲线） \end{cases} \tag{61}$$

（3）质点的矢径（r）公式

自方程组（60）和方程组（56），将 h 和 c 分别代入式（57），得

26

$$
\begin{cases}
\left(\dfrac{\mathrm{d}r}{\mathrm{d}t}\right)^2 = \gamma m'\left(-\dfrac{a(1-e^2)}{r^2} + \dfrac{2}{r} - \dfrac{1}{a}\right) & \text{(椭圆)} \\[2mm]
\left(\dfrac{\mathrm{d}r}{\mathrm{d}t}\right)^2 = \gamma m'\left(-\dfrac{2q}{r^2} + \dfrac{2}{r}\right) & \text{(抛物线)} \\[2mm]
\left(\dfrac{\mathrm{d}r}{\mathrm{d}t}\right)^2 = \gamma m'\left(-\dfrac{a(e^2-1)}{r^2} + \dfrac{2}{r} + \dfrac{1}{a}\right) & \text{(双曲线)}
\end{cases}
\tag{62}
$$

将上方程组开方并进行变数分离,得

$$
\begin{cases}
\dfrac{r\mathrm{d}r}{\sqrt{a^2e^2 - (a-r)^2}} = \dfrac{\sqrt{\gamma m'}\,\mathrm{d}t}{\sqrt{a}} & \text{(椭圆)} \\[3mm]
\dfrac{r\mathrm{d}r}{\sqrt{-4q^2 + 4rq}} = \dfrac{\sqrt{\gamma m'}\,\mathrm{d}t}{\sqrt{2q}} & \text{(抛物线)} \\[3mm]
\dfrac{r\mathrm{d}r}{\sqrt{(a+r)^2 - a^2e^2}} = \dfrac{\sqrt{\gamma m'}\,\mathrm{d}t}{\sqrt{a}} & \text{(双曲线)}
\end{cases}
\tag{63}
$$

现在引入由下面微分关系式确定的三个新变数 E, F 和 G,即令

$$
\begin{cases}
\mathrm{d}E = \dfrac{\sqrt{\gamma m'}}{r}\dfrac{\mathrm{d}t}{\sqrt{a}} & \text{(椭圆)} \\[3mm]
\mathrm{d}F = \dfrac{\sqrt{\gamma m'}}{r}\dfrac{\mathrm{d}t}{\sqrt{2q}} & \text{(抛物线)} \\[3mm]
\mathrm{d}G = \dfrac{\sqrt{\gamma m'}}{r}\dfrac{\mathrm{d}t}{\sqrt{a}} & \text{(双曲线)}
\end{cases}
\tag{64}
$$

应用上式,方程组(63)变成

$$
\begin{cases}
\dfrac{\mathrm{d}r}{\sqrt{a^2e^2 - (a-r)^2}} = \mathrm{d}E & \text{(椭圆)} \\[3mm]
\dfrac{\mathrm{d}r}{\sqrt{-4q^2 + 4qr}} = \mathrm{d}F & \text{(抛物线)} \\[3mm]
\dfrac{\mathrm{d}r}{\sqrt{(a+r)^2 - a^2e^2}} = \mathrm{d}G & \text{(双曲线)}
\end{cases}
\tag{65}
$$

将上方程组积分,并以"在近点的 E, F, G 值为零"作为确定积分常数的条件,则有

$$
\begin{cases}
r = a(1 - e\cos E) & \text{(椭圆)} \\
r = q(1 + F^2) & \text{(抛物线)} \\
r = a(e\cosh G - 1) & \text{(双曲线)}
\end{cases}
\tag{66}
$$

上方程组是分别以变数 E, F, G 表示 r 的公式.

(4)质点的极角(θ)公式

将方程组(26)的 $\mathrm{d}t$ 用方程组(64)变换自变量,则得

$$
\mathscr{V} = -\left(\frac{m_1 m_2}{r_{12}} + \frac{m_2 m_3}{r_{23}} + \frac{m_3 m_1}{r_{31}}\right)
$$

$$\begin{cases} r^2\,\mathrm{d}\theta = c\,\mathrm{d}t = r\sqrt{a}\,\dfrac{c}{\sqrt{\gamma m'}}\,\mathrm{d}E & （椭圆） \\[3mm] r^2\,\mathrm{d}\theta = c\,\mathrm{d}t = r\sqrt{2q}\,\dfrac{c}{\sqrt{\gamma m'}}\,\mathrm{d}F & （抛物线） \\[3mm] r^2\,\mathrm{d}\theta = c\,\mathrm{d}t = r\sqrt{a}\,\dfrac{c}{\sqrt{\gamma m'}}\,\mathrm{d}G & （双曲线） \end{cases}$$

以方程组(66)的 r 及方程组(56)的 c 分别代入上方程组,得

$$\begin{cases} \mathrm{d}\theta = \dfrac{\sqrt{1-e^2}\,\mathrm{d}E}{1-e\cos E} & （椭圆） \\[3mm] \mathrm{d}\theta = \dfrac{2\,\mathrm{d}F}{1+F^2} & （抛物线） \\[3mm] \mathrm{d}\theta = \dfrac{\sqrt{e^2-1}\,\mathrm{d}G}{e\cosh G-1} & （双曲线） \end{cases} \qquad (67)$$

若 θ 自近点量起,那么上方程组积分后分别求得

$$\begin{cases} \tan\dfrac{\theta}{2} = \sqrt{\dfrac{1+e}{1-e}}\,\tan\dfrac{E}{2} & （椭圆） \\[3mm] \tan\dfrac{\theta}{2} = F & （抛物线） \\[3mm] \tan\dfrac{\theta}{2} = \sqrt{\dfrac{e+1}{e-1}}\,\tanh\dfrac{G}{2} & （双曲线） \end{cases} \qquad (68)$$

上方程组就是所要求的"以变数 E,F,G 表示极角 θ"的公式.因对椭圆恒有 $e<1$,对双曲线恒有 $e>1$,故可设

$$e=\cos\varphi（椭圆）\quad 和 \quad e=\cosh\psi（双曲线）$$

于是

$$\sqrt{\dfrac{1+e}{1-e}}=\cot\dfrac{\varphi}{2}\quad 和 \quad \sqrt{\dfrac{e+1}{e-1}}=\coth\dfrac{\psi}{2}$$

所以方程组(68)又可写成

$$\begin{cases} \tan\dfrac{\theta}{2} = \cos\dfrac{\varphi}{2}\tan\dfrac{E}{2} & （椭圆） \\[3mm] \tan\dfrac{\theta}{2} = F & （抛物线） \\[3mm] \tan\dfrac{\theta}{2} = \coth\dfrac{\psi}{2}\tanh\dfrac{G}{2} & （双曲线） \end{cases} \qquad (69)$$

(5) 变数 E,F,G 与时间的关系式

将方程组(66)的 r 分别代入方程组(64)的对应式,则

$$\begin{cases} dE = \dfrac{\sqrt{\gamma m'}\, dt}{\sqrt{a}\, a\,(1 - e\cos E)} & \text{(椭圆)} \\[3mm] dF = \dfrac{\sqrt{\gamma m'}\, dt}{\sqrt{2q}\, q\,(1 + F^2)} & \text{(抛物线)} \\[3mm] dG = \dfrac{\sqrt{\gamma m'}\, dt}{\sqrt{a}\, a\,(e\cosh G - 1)} & \text{(双曲线)} \end{cases}$$

将上方程组进行变数分离,再两边积分,得

$$\begin{cases} \dfrac{\sqrt{\gamma m'}}{a^{\frac{3}{2}}}(t - t_0) = E - e\sin E & \text{(椭圆)} \\[3mm] \dfrac{\sqrt{\gamma m'}}{\sqrt{2}\, q^{\frac{3}{2}}}(t - t_0) = F + \dfrac{1}{3}F^3 & \text{(抛物线)} \\[3mm] \dfrac{\sqrt{\gamma m'}}{a^{\frac{3}{2}}}(t - t_0) = e\sinh G - G & \text{(双曲线)} \end{cases} \tag{70}$$

其中 t_0 是质点经过近点的时间.

当质点运行椭圆轨道时,质点自近点起运行一整周,E 自 $0°$ 增至 2π. 于是方程组(70)的第一式 $E - e\sin E = 2\pi - e\sin 2\pi = 2\pi$,而 $t - t_0 = T$,其中 T 表示周期,所以方程组(70)的第一式变成

$$\frac{\sqrt{\gamma m'}}{a^{\frac{3}{2}}}T = 2\pi \quad \text{或} \quad T = \frac{2\pi a^{\frac{3}{2}}}{\sqrt{\gamma m'}} \tag{71}$$

上式表示开普勒第三定律.

将式(71)应用于二体问题:设质点 m_1 和 m_2 对质心以椭圆轨道运动,椭圆轨道的半长轴分别是 a_1 和 a_2,周期分别是 T_1 和 T_2,则

$$T_1 = \frac{2\pi a_1^{\frac{3}{2}}}{\sqrt{\gamma\left(\dfrac{1}{1 + \dfrac{m_1}{m_2}}\right)^2 m_2}} \quad \text{和} \quad T_2 = \frac{2\pi a_2^{\frac{3}{2}}}{\sqrt{\gamma\left(\dfrac{1}{1 + \dfrac{m_2}{m_1}}\right)^2 m_1}}$$

因为二质点和它们的质心始终在一直线上,所以有

$$r_{12} = r_1 + r_2 \quad \text{及} \quad a_{12} = a_1 + a_2$$

于是

$$\frac{a_{12}}{r_{12}} = \frac{a_1}{r_1} = \frac{a_2}{r_2}$$

及

$$\frac{r_1}{r_2} = \frac{a_1}{a_2} = \frac{m_2}{m_1}$$

我们可解得

$$\mathscr{V} = -\left(\frac{m_1 m_2}{r_{12}} + \frac{m_2 m_3}{r_{23}} + \frac{m_3 m_1}{r_{31}}\right)$$

$$a_1 = \frac{m_2}{m_1+m_2}a_{12}, \quad a_2 = \frac{m_1}{m_1+m_2}a_{12} \tag{72}$$

将上式代入 T_1 和 T_2 的表达式，化简得

$$T_1 = T_2 = \frac{2\pi a_{12}^{\frac{3}{2}}}{\sqrt{\gamma(m_1+m_2)}} \tag{73}$$

由上式可知一行星绕太阳的周期，严格地说与行星本身的质量有关.

（6）质点作椭圆轨道运动的开普勒方程

令方程组（70）第一式的右端为 M，即

$$M = \frac{\sqrt{\gamma m'}}{a^{\frac{3}{2}}}(t-t_0) \tag{74}$$

则方程组（70）第一式变成

$$M = E - e\sin E \tag{75}$$

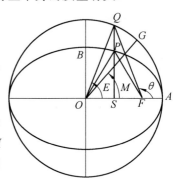

图 2.7

上关系式称为开普勒方程，E 称为偏近点角，M 称为平近点角，E 和 M 的几何意义说明如下（图 2.7）.

现在首先说明 E 的意义，设质点所运行的椭圆轨道的中心是 O，焦点是 F. 以 O 为圆心，以半长轴 a 为半径作辅助圆. OA 和 OB 分别是椭圆轨道的半长轴 a 和半短轴 b. 设质点在某瞬时位于 P 点. 作 $PS \perp AO$. Q 为 PS 的延长线与辅助圆的交点. 显然椭圆上各点的纵坐标与辅助圆上对应点的纵坐标的比是 b/a. 令 $\angle QOA = E_1$，则在 Rt$\triangle FPS$ 中有

$$r^2 = \overline{PF}^2 = \overline{PS}^2 + \overline{SF}^2 = \left(\frac{b}{a}\right)^2 \overline{SQ}^2 + (OF-OS)^2$$

$$= \left(\frac{b}{a}\right)^2 (a\sin E_1)^2 + (ae - a\cos E_1)^2$$

$$= a^2(1-e^2)\sin^2 E_1 + a^2 e^2 - 2a^2 e\cos E_1 + a^2\cos^2 E_1$$

$$= a^2(1 - 2e\cos E_1 + e^2\cos^2 E_1)$$

所以

$$r = a(1 - e\cos E_1)$$

上式与方程组（66）的第一式相符，可见 $E_1 = E$.

现在再说明 M 的几何意义. 假想有一点 G 在辅助圆上作等角速圆周运动. 点 G 和点 P 同在点 A 出发，经一周期 T 之时间后，各自沿不同的轨道回到点 A. $\angle AOG = M_1$，其中 G 是假想点自 A 起经 t 时后达到的位置，因 G 作等角速运动，故

$$\frac{t}{T} = \frac{M_1}{2\pi}$$

一方面由面积速度定理（27），有

$$\frac{t}{T} = \frac{\text{点 } P \text{ 于 } t \text{ 时内对 } F \text{ 扫出面积(即 } AFP \text{ 面积)}}{\text{椭圆面积}}$$

另一方面,椭圆是圆在另一平面上的投影,二平面的交线是 OA,平面间的夹角是 $\arccos\frac{b}{a}$,故

$$\frac{AFP \text{ 面积}}{\text{椭圆面积}} = \frac{AFQ \text{ 面积}}{\text{圆面积}}$$

由以上三个等式,得

$$\frac{M_1}{2\pi} = \frac{AFQ \text{ 面积}}{\pi a^2} \tag{76}$$

另一方面

$$S_{AFQ} = S_{\text{扇形} AOQ} - S_{\triangle FOQ}$$
$$= \frac{1}{2}a^2 E - \frac{1}{2}\overline{OF}\,\overline{SQ}$$
$$= \frac{1}{2}a^2 E - \frac{1}{2}(ae)a\sin E$$

于是式(76)变成

$$\frac{M_1}{2\pi} = \frac{\dfrac{1}{2}a^2 E - \dfrac{1}{2}a^2 e\sin E}{\pi a^2}$$

化简得

$$M_1 = E - e\sin E$$

将上式与式(75)比较,可知 $M = M_1$.

若质点 P 运行椭圆轨道的平均角速度是 n,那么应用上述 M 的意义显然有

$$M = n(t - t_0) \tag{77}$$

其中 t_0 是质点 P 到近点的时间. 如果我们能测定质点做椭圆轨道运动的周期 T,那么由

$$n = \frac{2\pi}{T} \tag{78}$$

也就知道了 n. 于是当 t_0 已知时,由式(77)可得任何时候 t 的 M.

现在提出这样的一个问题:已知某行星绕太阳的椭圆轨道的半长轴 a,离心率 e,经过近日点的时间 t_0 和运行的周期 T,怎样确定任何时候 t,行星在它的轨道上的位置?(略去其他行星的摄动)

确定行星在轨道上位置的方法如下:

(1) 由式(78),已知 T 求出 n;

(2) 由式(77),已知 n, t_0 可得 M 与时间 t 的关系式;

(3) 应用开普勒方程 $M = E - e\sin E$,求出 E;

31

$$\mathcal{V} = -\left(\frac{m_1 m_2}{r_{12}} + \frac{m_2 m_3}{r_{23}} + \frac{m_3 m_1}{r_{31}}\right)$$

（4）应用式（68）的第一式

$$\tan\frac{\theta}{2}=\sqrt{\frac{1+e}{1-e}}\tan\frac{E}{2}$$

可求出行星对长轴的极角 θ；

（5）应用方程组（66）的第一式

$$r=a(1-e\cos E)$$

可求出行星对太阳的矢径 r．

最后，从解析几何知道，圆锥曲线的极坐标方程

$$r=\frac{a(1-e^2)}{1+e\cos\theta} \tag{79}$$

可作为校核之用，上式中分子是半通径 p

$$p=a(1-e^2) \tag{80}$$

$\theta_0=0$ 表示 θ 角自近日点量起．

上述算法可应用于人造地球卫星及宇宙火箭处于某些特殊情况下的计算．例如，苏联发射的第一个宇宙火箭脱离了地球和月球的引力范围以后，变成了第一个人造行星．它在任何时候的位置，如不考虑摄动，就要依照上法运算确定．又如苏联发射的第三个宇宙火箭，当月球远离第三个宇宙火箭的轨道以后，第三个宇宙火箭便按照以地球中心为焦点的椭圆轨道运行，直到月球再靠近它的时候才变成三体问题．

（7）开普勒方程的解法

现在讨论：已知 M，由

$$M=E-e\sin E$$

求 E 的方法．

① 布朗（E. W. Brown，1931）法

令

$$E=M+x \tag{81}$$

将上式代入方程（75）得

$$x=e\sin(M+x) \tag{82}$$

我们只要求出适合上式的 x，就可由式（81）求得 E．又由式（82）看出 x 以弧度表示时，x 与 e 同属一量级，现在本法适用于 e 很小的情况，例如0.1的量级，自正弦级数

$$\sin x=x-\frac{x^3}{3!}+\frac{x^5}{5!}-\cdots$$

$$=e\sin(M+x)-\frac{e^3}{6}\sin^3(M+x)+\frac{e^5}{120}\sin^5(M+x)-\cdots$$

将上式右端首项移至左端，则可写成

$$\sin x(1-e\cos M)-(e\sin M)\cos x$$

$$=-\frac{e^3}{6}\sin^3(M+x)+\frac{e^5}{120}\sin^5(M+x)-\cdots \tag{83}$$

令

$$c\sin x_0=e\sin M, \quad c\cos x_0=1-e\cos M \tag{84}$$

上二式相除,得

$$\tan x_0=\frac{e\sin M}{1-e\cos M} \tag{85}$$

(84)中的二式平方相加,得

$$c^2=1-2e\cos M+e^2 \tag{86}$$

应用式(84),可将式(83)写为

$$\sin(x-x_0)=-\frac{e^3}{6c}\sin^3(M+x)+\frac{e^5}{120c}\sin^5(M+x)-\cdots \tag{87}$$

上式中的 x_0 由式(85)算得,c 由式(86)算得,并且可知确定 c 的量级是 1.由式(87)可以知道 $x-x_0$ 的量级是 e^3,所以我们如略去式(87)的高次项,并在 $\sin^3(M+x)$ 中以 x_0 近似地代 x,则有

$$\sin(x-x_0)=-\frac{e^3}{6c}\sin^3(M+x_0) \tag{88}$$

自上式求出的 x 有足够的精确度.上式精确到 e^4 的量级,若要求更精确,以自式(88)求得的 x 表以 x',再由下式求 x

$$\sin(x-x_0)=-\frac{e^3}{6c}\sin^3(M+x')+\frac{e^5}{120c}\sin^5(M+x_0) \tag{89}$$

本法适用于苏联发射的三颗人造地球卫星绕地球的运动及第一颗人造行星对太阳的运动.第一颗人造行星的离心率 $e=0.148$.

② 图解法

令

$$y=\sin E \tag{90}$$

及

$$y=\frac{1}{e}(E-M) \tag{91}$$

则所求之 E 值即为直线方程(91)与正弦曲线方程(90)的交点的横坐标(图2.8).因由上二式消去 y 即得开普勒方程.由方程(91)看出,直线的斜率是 $\frac{1}{e}$.直线与横轴的交点的横坐标是 M.

③ 逐步校正法

已知 E 的一近似值 E_0,为了求精确的 E 值,加一校正数 ΔE,即

$$E=E_0+\Delta E \tag{92}$$

33

$$\mathscr{V}=-\left(\frac{m_1 m_2}{r_{12}}+\frac{m_2 m_3}{r_{23}}+\frac{m_3 m_1}{r_{31}}\right)$$

故式(75)成为

$$E_0 + \Delta E - e\sin(E_0 + \Delta E) = M$$

即

$$E_0 + \Delta E - e(\sin E_0 \cos \Delta E + \cos E_0 \sin \Delta E) = M \tag{93}$$

取一次近似值

$$\cos \Delta E = 1, \quad \sin \Delta E = \Delta E$$

并令

$$M_0 = E_0 - e\sin E_0 \tag{94}$$

则由(93)得 ΔE 的初次近似值 ΔE_0 如下

$$\Delta E_0 = \frac{M - M_0}{1 - e\cos E_0} \tag{95}$$

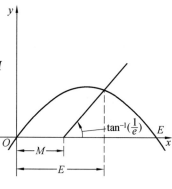

图 2.8

自上式求得 ΔE_0 后,即得较精确的 E 值. 如要求更精确的 E 值,可令 $E_1 = E_0 + \Delta E_0$,以 E_1 作为已知近似值用以代 E_0,仿上法求校正数 ΔE_1,而有 $E = E_1 + \Delta E_1$,其中

$$\Delta E_1 = \frac{M - M_1}{1 - e\cos E_1} \quad 及 \quad M_1 = E_1 - e\sin E_1$$

上法可继续重复应用.

(8) 质点在双曲线轨道上的位置确定法

仿照研究椭圆轨道的方法,将(70)的第三式的左端令为 N,即

$$N = \frac{\sqrt{\gamma m'}}{a^{\frac{3}{2}}}(t - t_0) \tag{96}$$

于是(70)的第三式变成

$$N = e\sinh G - G \tag{97}$$

上式相当于开普勒方程(75).

当 a 及 t_0 已知时,可由(96)确定任何时候 t 的 N,于是由(97)可解得 G. 于是应用(68)的第三式

$$\tan \frac{\theta}{2} = \sqrt{\frac{e+1}{e-1}} \tanh \frac{G}{2}$$

可算出质点运行双曲线轨道的极角 θ,另一方面自(66)的第三式

$$r = a(e\cosh G - 1)$$

可算出质点在 t 时对焦点的矢径 $\boldsymbol{r}$.

应用(61)的第三式,可以得到质点到无穷远($r \to \infty$)的极限速度 v_∞ 为

$$v_\infty = \sqrt{\frac{\gamma m'}{a}} \tag{98}$$

现在依照研究椭圆轨道求 E 和 M 的几何意义的方法,来求 G 和 N 的几何意义.

34

对应于椭圆轨道的辅助圆

$$x = a\cos E, \quad y = a\sin E$$

对双曲线轨道是等边双曲线

$$x = -a\cosh G, \quad y = +a\sinh G \tag{99}$$

因为

$$\cosh^2 G - \sinh^2 G = 1$$

所以由(99)消去 G 可以得到等边双曲线方程

$$x^2 - y^2 = a^2 \tag{100}$$

自中心 O 至等边双曲线上的点的矢径画出的面积 $OAQ = A$(图 2.9),则有微分关系式

$$2\mathrm{d}A = x\mathrm{d}y - y\mathrm{d}x$$

将(99)代入上式,得

$$2\mathrm{d}A = -a^2\mathrm{d}G$$

将上式积分得

$$2A = -a^2 G \tag{101}$$

上面这个式子,就告诉了我们关于 G 的几何意义.

设 P 是质点双曲线轨道上与 Q 具有同一横坐标的一点,那么双曲线轨道的参数方程可写为

$$x = -a\cosh G, \quad y = +b\sinh G \tag{102}$$

其中

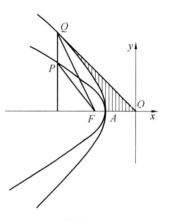

图 2.9

$$b = a\sqrt{e^2 - 1}, \quad e > 1 \tag{103}$$

现在再来推导(97),作为验证"G 的几何意义"确实是如上面所说明的.

设 F 是双曲线轨道 P_1AP 的焦点,那么矢径 FP 扫出的面积由(56)的第三式是

$$2\frac{\mathrm{d}A_1}{\mathrm{d}t} = \sqrt{\gamma m'a}\sqrt{e^2 - 1}$$

将上式积分,并且 A 自近点量起,则有

$$A_1 = \frac{1}{2}\sqrt{\gamma m'a}\sqrt{e^2 - 1}(t - t_0) \tag{104}$$

将(96)代入上式,得

$$A_1 = \frac{1}{2}a^2\sqrt{e^2 - 1}N \tag{105}$$

另一方面

$$A_1 = 面积\ FAP = \sqrt{e^2 - 1} \times 面积\ FAQ$$

$$= \sqrt{e^2 - 1} \times (面积\ \triangle FOQ - 面积\ AOQ)$$

35

$$\mathscr{V} = -\left(\frac{m_1 m_2}{r_{12}} + \frac{m_2 m_3}{r_{23}} + \frac{m_3 m_1}{r_{31}}\right)$$

$$= \sqrt{e^2-1} \times \left[\frac{1}{2}ae(a\sinh G) - \frac{1}{2}a^2 G \right]$$

上式方括号中末项已应用了(101).将上二式的 A_1 互等,得

$$\frac{1}{2}a^2 \sqrt{e^2-1}\, N = \frac{1}{2}a^2 \sqrt{e^2-1}\,(e\sinh G - G)$$

将上式约去公因式 $\frac{1}{2}a^2 \sqrt{e^2-1}$ 即得(97).

现在再来说明 N 的力学意义:设有一理想点 S 沿等边双曲线 Q_1AQ 的渐近线 OT 以极限速度 v_∞ 作等速运动.点 S 在点 O、质点在点 A 在 t_0 时刻同时出发.那么在 t 时 OS 的距离(图 2.10)是

$$OS = v_\infty (t - t_0) = \frac{\sqrt{\gamma m'}}{\sqrt{a}}(t - t_0)$$

又因自等边双曲线的焦点 F_0 至渐近线的垂线长 $\overline{F_0 T} = \frac{1}{\sqrt{2}}\,\overline{F_0 O} = \frac{1}{\sqrt{2}}ae$.又等边双曲线的离心率 e 可令 $b=a$ 中(103)而得,即

$$a = a\sqrt{e^2-1}, \quad e^2 = 2$$

于是

$$F_0 T = \frac{1}{\sqrt{2}}ae = \frac{1}{\sqrt{2}}a\sqrt{2} = a$$

图 2.10

因此 $\triangle F_0 OS$ 的面积为

$$\triangle F_0 OS = \frac{1}{2}a\frac{\sqrt{\gamma m'}}{\sqrt{a}}(t - t_0) = \frac{\sqrt{\gamma m'}}{2}(t - t_0)\sqrt{a}$$

$$N = \frac{\sqrt{\gamma m'}}{a^{\frac{3}{2}}}(t - t_0) = \frac{2\,\text{面积}\,\triangle F_0 OS}{a^2}$$

上式就说明了 N 的力学意义.

(1) 质点在抛物线轨道上位置的确定法,欧拉方程

若已知质点运行抛物线轨道的近点距是 q 及经过近点的时间是 t_0,那么自(70)的第二式

$$\frac{\sqrt{\gamma m'}}{\sqrt{2}\,q^{\frac{3}{2}}}(t - t_0) = F + \frac{1}{3}F^3$$

即可求出 F,于是由(69)的第二式

$$F = \tan\frac{\theta}{2}$$

可求得质点的极角 θ，又由(66)的第二式

$$r = q(1 + F^2)$$

可求得质点对焦点的矢径 $\boldsymbol{r}$.

事实上，我们可将(69)和(70)的第二式合写为

$$\tan \frac{\theta}{2} + \frac{1}{3} \tan^3 \frac{\theta}{2} = \sqrt{\frac{\gamma m'}{2}} \frac{(t - t_0)}{\sqrt{q^3}} \tag{106}$$

依上式顺次给予 θ 的值而算出上式左端，那么即可将 θ 和 $t - t_0$ 排成一表(贝克(Barker)表). 对所给任何时间 $t - t_0$，可由表查出近似的 θ 值，再应用插入法求较精确的值.

又因对抛物线 $p = 2q$，故

$$r = \frac{p}{1 + \cos \theta} = q \sec^2 \frac{\theta}{2} \tag{107}$$

上式也用于由 θ 求矢径 $\boldsymbol{r}$.

现在推导适用于质点行抛物线轨道的欧拉方程，设质点在 t_1 及 t_2 两时间的矢径分别为 $\boldsymbol{r}_1$ 及 $\boldsymbol{r}_2$，其对应的近点角是 θ_1 及 θ_2，那么由(106)，有

$$\sqrt{\frac{\gamma m'}{2}} \frac{(t_1 - t_0)}{\sqrt{q^3}} = \tan \frac{\theta_1}{2} + \frac{1}{3} \tan^3 \frac{\theta_1}{2}$$

$$\sqrt{\frac{\gamma m'}{2}} \frac{(t_2 - t_0)}{\sqrt{q^3}} = \tan \frac{\theta_2}{2} + \frac{1}{3} \tan^3 \frac{\theta_2}{2}$$

上两式相减，得

$$\sqrt{\frac{\gamma m'}{2}} \frac{(t_2 - t_1)}{\sqrt{q^3}} = \left(\tan \frac{\theta_2}{2} - \tan \frac{\theta_1}{2}\right) + \frac{1}{3}\left(\tan^3 \frac{\theta_2}{2} - \tan^3 \frac{\theta_1}{2}\right)$$

$$= \frac{1}{3}\left(\tan \frac{\theta_2}{2} - \tan \frac{\theta_1}{2}\right)\left[3\left(1 + \tan \frac{\theta_1}{2} \tan \frac{\theta_2}{2}\right) + \left(\tan \frac{\theta_2}{2} - \tan \frac{\theta_1}{2}\right)^2\right] \tag{108}$$

设联结质点在 t_1 及 t_2 两个时间的位置的弦是 S，那么

$$S^2 = r_1^2 + r_2^2 - 2r_1 r_2 \cos(\theta_2 - \theta_1)$$

$$= (r_1 + r_2)^2 - 4r_1 r_2 \cos^2\left(\frac{\theta_2 - \theta_1}{2}\right)$$

由上式，得

$$2\sqrt{r_1 r_2} \cos\left(\frac{\theta_2 - \theta_1}{2}\right) = \pm\sqrt{(r_1 + r_2 + S)(r_1 + r_2 - S)} \tag{109}$$

上式当 $\theta_2 - \theta_1 < \pi$ 时，根号前取正号；反之，$\theta_2 - \theta_1 > \pi$ 则用负号. 又由(107)，有

$$r_1 = q \sec^2 \frac{\theta_1}{2}, \quad r_2 = q \sec^2 \frac{\theta_2}{2} \tag{110}$$

$$\mathscr{V} = -\left(\frac{m_1 m_2}{r_{12}} + \frac{m_2 m_3}{r_{23}} + \frac{m_3 m_1}{r_{31}}\right)$$

将上二式代入(109)的左端,经简单的变化,得

$$1 + \tan\frac{\theta_1}{2}\tan\frac{\theta_2}{2} = \pm\frac{\sqrt{(r_1 + r_2 + S)(r_1 + r_2 - S)}}{2q} \tag{111}$$

又将(110)的二式相加,得

$$r_1 + r_2 = q\left(2 + \tan^2\frac{\theta_1}{2}\tan^2\frac{\theta_2}{2}\right)$$

或写成

$$\frac{(r_1 + r_2 + S) + (r_1 + r_2 - S)}{2q} = 2 + \tan^2\frac{\theta_1}{2} + \tan^2\frac{\theta_2}{2}$$

将上式减去(111)的两倍,则有

$$\frac{(r_1 + r_2 + S) + (r_1 + r_2 - S) \mp 2\sqrt{(r_1 + r_2 + S)(r_1 + r_2 - S)}}{2q}$$

$$= \left(\tan\frac{\theta_2}{2} - \tan\frac{\theta_1}{2}\right)^2$$

将上等式两边开方,得

$$\frac{\sqrt{r_1 + r_2 + S} \mp \sqrt{r_1 + r_2 - S}}{\sqrt{2q}} = \tan\frac{\theta_2}{2} - \tan\frac{\theta_1}{2} \tag{112}$$

将(111)及(112)代入(108),并经化简得

$$6\sqrt{\gamma m'}(t_2 - t_1) = (\sqrt{r_1 + r_2 + S})^3 \mp (\sqrt{r_1 + r_2 - S})^3 \tag{113}$$

上式就是所要求的欧拉方程,其中并不包含近点距 q. 如已知 t_1 时的矢径 $\boldsymbol{r}_1$,可求任何时候 t_2 的矢径 $\boldsymbol{r}_2$,只要测定距离 S,测定 S 显然并不一定要依赖于 $\boldsymbol{r}_1$, $\boldsymbol{r}_2$ 的长度,从观察点决定亦可.

有关的分析动力学知识

"分析动力学"所研究的内容是处理动力学问题的最一般的方法和原则,其中所表示一质点系的坐标是采用广义坐标 q_i.为了 一般读者都能顺利地看懂以下各章的内容,本章中简要地叙述一下以后要用到的分析动力学知识.为节省篇幅起见,在本章中不再举例说明.事实上以后各章中用到了本章的理论和方法时,将反过来使我们加强对于分析动力学原理的认识.

§1 拉格朗日方程

n 体问题的牛顿运动方程(由第一章(8b))是

$$m_i\ddot{x}_i = -\frac{\partial V}{\partial x_i}, \quad m_i\ddot{y}_i = -\frac{\partial V}{\partial y_i}$$

$$m_i\ddot{z}_i = -\frac{\partial V}{\partial z_i} \quad (i=1,2,\cdots,n) \tag{1}$$

若 $x_i,y_i,z_i(i=1,2,\cdots,n)$ 已知是 $k(=3n)$ 个变数 $q_1,q_2,q_3,\cdots,q_k$ 及时间 t 的函数,这些函数是已知的,而为

$$\begin{cases} x_i = x_i(q_1,q_2,\cdots,q_k,t) \quad (i=1,2,\cdots,n) \\ y_i = y_i(q_1,q_2,\cdots,q_k,t) \quad (i=1,2,\cdots,n) \\ z_i = z_i(q_1,q_2,\cdots,q_k,t) \quad (i=1,2,\cdots,n) \end{cases} \tag{2}$$

现在的目的是要用 $q_i(i=1,2,\cdots,k)$ 来表示的动力方程,以代替特殊的直角坐标方程(1). $q_1,q_2,\cdots,q_k$ 称为广义坐标.它们可以是很一般的变数,量纲可以不一定是长度,也可以是角度,像球面坐标的 φ 和 θ;甚至没有明确的几何意义的参数也可以作为广义坐标.我们对(2)的各函数的要求是单值连续函数,

$$V = -\left(\frac{m_1 m_2}{r_{12}} + \frac{m_2 m_3}{r_{23}} + \frac{m_3 m_1}{r_{31}}\right)$$

具有我们在研究时所需要的各阶偏导数,这些函数也可以不明显地包含时间.各广义坐标 $q_1,q_2,\cdots,q_k$ 由于质点系中各质点的运动,所以它们都是时间的函数

$$q_1 = q_1(t), \quad q_2 = q_2(t), \quad \cdots, \quad q_k = q_k(t) \tag{3}$$

为了写法的简便起见,采用另一种符号来表示质点的坐标

$$\text{以 } x_1, x_2, x_3 \text{ 表示 } x_1, y_1, z_1$$
$$\text{以 } x_4, x_5, x_6 \text{ 表示 } x_2, y_2, z_2$$
$$\vdots$$
$$\text{以 } x_{k-2}, x_{k-1}, x_k \text{ 表示 } x_n, y_n, z_n$$

又对应于新的坐标 x_j 的质量表以 m_j,那么有

$$m_1 = m_2 = m_3, \quad m_4 = m_5 = m_6, \quad \cdots, \quad m_{k-2} = m_{k-1} = m_k$$

应用了上述符号,我们可将动力方程(1)改写为

$$m_j \ddot{x}_j = -\frac{\partial V}{\partial x_j} \quad (j=1,2,\cdots,k) \tag{4}$$

变换式(2)可改写为

$$x_j = x_j(q_1,q_2,\cdots,q_k,t) \quad (j=1,2,\cdots,k) \tag{5}$$

为了上面的变换存在着逆变换,我们要求上式的函数具有对 $q_1,q_2,\cdots,q_k$ 的一阶偏导数,而且雅可比式不为零,即

$$\frac{\partial(x_1,x_2,\cdots,x_k)}{\partial(q_1,q_2,\cdots,q_k)} = \begin{vmatrix} \dfrac{\partial x_1}{\partial q_1} & \dfrac{\partial x_2}{\partial q_1} & \cdots & \dfrac{\partial x_k}{\partial q_1} \\ \dfrac{\partial x_1}{\partial q_2} & \dfrac{\partial x_2}{\partial q_2} & \cdots & \dfrac{\partial x_k}{\partial q_2} \\ \vdots & \vdots & & \vdots \\ \dfrac{\partial x_1}{\partial q_k} & \dfrac{\partial x_2}{\partial q_k} & \cdots & \dfrac{\partial x_k}{\partial q_k} \end{vmatrix} \neq 0 \tag{6}$$

现在推导用广义坐标表示的动力方程如下:将(4)的 k 个方程顺次乘以 $\dfrac{\partial x_j}{\partial q_1}$,然后各式相加,得

$$\sum_{j=1}^{k} m_j \ddot{x}_j \frac{\partial x_j}{\partial q_1} = -\sum_{j=1}^{k} \frac{\partial V}{\partial x_j} \frac{\partial x_j}{\partial q_1} = -\frac{\partial V}{\partial q_1} \tag{7}$$

应用下面微分学上的恒等式

$$\frac{\mathrm{d}}{\mathrm{d}t} \sum_{j=1}^{k} m_j \dot{x}_j \frac{\partial x_j}{\partial q_1} - \sum_{j=1}^{k} m_j \dot{x}_j \frac{\mathrm{d}}{\mathrm{d}t}\left(\frac{\partial x_j}{\partial q_1}\right) = \sum_{j=1}^{k} m_j \ddot{x}_j \frac{\partial x_j}{\partial q_1} \tag{8}$$

(7)变成

$$\frac{\mathrm{d}}{\mathrm{d}t} \sum_{j=1}^{k} m_j \dot{x}_j \frac{\partial x_j}{\partial q_1} - \sum_{j=1}^{k} m_j \dot{x}_j \frac{\mathrm{d}}{\mathrm{d}t}\left(\frac{\partial x_j}{\partial q_1}\right) = -\frac{\partial V}{\partial q_1} \tag{9}$$

为了变化上式左端,将(5)对时间全微分,得

$$\dot{x}_j = \frac{\mathrm{d}x_j}{\mathrm{d}t} = \frac{\partial x_j}{\partial q_1}\dot{q}_1 + \frac{\partial x_j}{\partial q_2}\dot{q}_2 + \cdots + \frac{\partial x_j}{\partial q_k}\dot{q}_k + \frac{\partial x_j}{\partial t} \tag{10}$$

将上式两边对 $\dot{q}_1$ 取偏导数,得

$$\frac{\partial \dot{x}_j}{\partial \dot{q}_1} = \frac{\partial x_j}{\partial q_1} \tag{11}$$

再将(10) 两边对 q_1 取偏导数,应该明白 $\dot{q}_1, \dot{q}_2, \cdots, \dot{q}_k$ 不是 q_1 的函数,但其各系数

$$\frac{\partial x_j}{\partial q_1}, \frac{\partial x_j}{\partial q_2}, \cdots, \frac{\partial x_j}{\partial q_k}, \frac{\partial x_j}{\partial t}$$

是 q_1 的函数,所以

$$\begin{aligned}
\frac{\partial \dot{x}_j}{\partial q_1} &= \frac{\partial^2 x_j}{\partial q_1 \partial q_1}\dot{q}_1 + \frac{\partial^2 x_j}{\partial q_1 \partial q_2}\dot{q}_2 + \cdots + \frac{\partial^2 x_j}{\partial q_1 \partial q_k}\dot{q}_k + \frac{\partial^2 x_j}{\partial q_1 \partial t} \\
&= \frac{\partial}{\partial q_1}\left(\frac{\partial x_j}{\partial q_1}\right)\dot{q}_1 + \frac{\partial}{\partial q_2}\left(\frac{\partial x_j}{\partial q_1}\right)\dot{q}_2 + \cdots + \frac{\partial}{\partial q_k}\left(\frac{\partial x_j}{\partial q_1}\right)\dot{q}_k + \frac{\partial}{\partial t}\left(\frac{\partial x_j}{\partial q_1}\right) \\
&= \frac{\mathrm{d}}{\mathrm{d}t}\left(\frac{\partial x_j}{\partial q_1}\right)
\end{aligned}$$

即

$$\frac{\partial \dot{x}_j}{\partial q_1} = \frac{\mathrm{d}}{\mathrm{d}t}\left(\frac{\partial x_j}{\partial q_1}\right) \tag{12}$$

应用(11) 及(12),可将(9) 变为

$$\frac{\mathrm{d}}{\mathrm{d}t}\sum_{j=1}^{k} m_j \dot{x}_j \frac{\partial \dot{x}_j}{\partial \dot{q}_1} - \sum_{j=1}^{k} m_j \dot{x}_j \frac{\partial \dot{x}_j}{\partial q_1} = -\frac{\partial V}{\partial q_1} \tag{13}$$

但质点系的动能可以表为

$$\begin{aligned}
T &= \sum_{i=1}^{n} \frac{m_i}{2}(\dot{x}_i^2 + \dot{y}_i^2 + \dot{z}_i^2) \quad \text{(原用符号)} \\
&= \sum_{j=1}^{k} \frac{m_j}{2}\dot{x}_j^2 \quad \text{(改后符号)}
\end{aligned} \tag{14}$$

所以

$$\sum_{j=1}^{k} m_j \dot{x}_j \frac{\partial \dot{x}_j}{\partial \dot{q}_1} = \frac{\partial T}{\partial \dot{q}_1} \tag{15}$$

及

$$\sum_{j=1}^{k} m_j \dot{x}_j \frac{\partial \dot{x}_j}{\partial q_1} = \frac{\partial T}{\partial q_1} \tag{16}$$

将上二式代入(13),得

$$\frac{\mathrm{d}}{\mathrm{d}t}\frac{\partial T}{\partial \dot{q}_1} - \frac{\partial T}{\partial q_1} = -\frac{\partial V}{\partial q_1}$$

对其他广义坐标 q_t 亦可仿上法得到类似的方程,而有

$$\frac{\mathrm{d}}{\mathrm{d}t}\frac{\partial T}{\partial \dot{q}_t} - \frac{\partial T}{\partial q_t} = -\frac{\partial V}{\partial q_t} \quad (t = 1, 2, \cdots, k) \tag{17}$$

$$V = -\left(\frac{m_1 m_2}{r_{12}} + \frac{m_2 m_3}{r_{23}} + \frac{m_3 m_1}{r_{31}}\right)$$

上式就是用广义坐标表示的动力方程,我们称它为拉格朗日方程,其中 $\dot{q}_t$ 可称为广义速度,k 为广义坐标的个数,对于有约束的质点系,k 可小于 $3n$.

一般位函数不是速度的函数,而仅是位置和时间的函数,所以 V 不是 $\dot{q}_t$ 的函数,而有

$$\frac{\partial V}{\partial \dot{q}_t} = 0 \tag{18}$$

于是(17)可写为

$$\frac{\mathrm{d}}{\mathrm{d}t}\left(\frac{\partial(T-V)}{\partial \dot{q}_t}\right) - \frac{\partial(T-V)}{\partial q_t} = 0 \quad (t=1,2,\cdots,k)$$

为了上式写法上形式的简单起见,引入下述函数

$$L = T - V \tag{19}$$

L 称为拉格朗日函数,于是拉格朗日方程成为

$$\frac{\mathrm{d}}{\mathrm{d}t}\frac{\partial L}{\partial \dot{q}_t} - \frac{\partial L}{\partial q_t} = 0 \tag{20}$$

自(17)或(20)可看出,动力方程是共有 k 个方程所组成的微分方程组.又从实际问题的计算结果中知道:每一个方程是二阶常微分方程,所以动力方程是 $2k$ 阶常微分方程组.它的积分式含有 $2k(=6n)$ 个任意常数,这些任意常数可由初位置和初速度:$q_{t0}, \dot{q}_{t0}(t=1,2,\cdots,k)$ 而完全确定,故解案可写为

$$\begin{cases} q_1 = q_1(t, q_{10}, q_{20}, \cdots, q_{k0}, \dot{q}_{10}, \dot{q}_{20}, \cdots, \dot{q}_{k0}) \\ q_2 = q_2(t, q_{10}, q_{20}, \cdots, q_{k0}, \dot{q}_{10}, \dot{q}_{20}, \cdots, \dot{q}_{k0}) \\ \qquad\qquad\qquad \vdots \\ q_k = q_k(t, q_{10}, q_{20}, \cdots, q_{k0}, \dot{q}_{10}, \dot{q}_{20}, \cdots, \dot{q}_{k0}) \end{cases} \tag{21}$$

§2 广义动量及哈密尔顿方程

直角坐标 x_j 本身也可以作为广义坐标.在这种情况下,由(14)有

$$\frac{\partial L}{\partial \dot{q}_t} = \frac{\partial T}{\partial \dot{q}_t} = \frac{\partial T}{\partial \dot{x}_t} = \frac{\partial}{\partial \dot{x}_t}\left(\frac{1}{2}\sum_{j=1}^{k} m_j \dot{x}_j^2\right) = m_t \dot{x}_t$$

即此时 $\dfrac{\partial L}{\partial \dot{q}_t}$(或 $\dfrac{\partial T}{\partial \dot{q}_t}$)是质点的动量分量.在一般情况下,我们定义

$$p_t = \frac{\partial L}{\partial \dot{q}_t}\left(\text{或}\frac{\partial T}{\partial \dot{q}_t}\right) \tag{22}$$

为广义动量,q_t 与 p_t 合称为共轭动力变数.

在求 T 或 L 的时候,必须将 T 用广义坐标 $q_1, q_2, \cdots, q_k$ 及广义速度 $\dot{q}_1, \dot{q}_2, \cdots, \dot{q}_k$ 表示.为此将(10)的 $\dot{x}_j$ 代入(14),得

$$T = \frac{1}{2}\sum_{j=1}^{k} m_j\left(\frac{\partial x_j}{\partial q_1}\dot{q}_1 + \frac{\partial x_j}{\partial q_2}\dot{q}_2 + \cdots + \frac{\partial x_j}{\partial q_k}\dot{q}_k + \frac{\partial x_j}{\partial t}\right)^2$$

$$= \frac{1}{2} \sum_{j=1}^{k} \sum_{t,s}^{k} m_j \frac{\partial x_j}{\partial q_t} \frac{\partial x_j}{\partial q_s} \dot{q}_t \dot{q}_s + \sum_{j=1}^{k} \sum_{t=1}^{k} m_j \frac{\partial x_j}{\partial q_t} \frac{\partial x_j}{\partial t} \dot{q}_t +$$

$$\frac{1}{2} \sum_{j=1}^{k} m_j \left(\frac{\partial x_j}{\partial t} \right)^2 = T_2 + T_1 + T_0 \qquad (23)$$

其中 T_2, T_1, T_0 分别表示广义速度的二次齐函数、一次齐函数及零次齐函数. 当变换式(5)不明显地包含时间 t 时,则有

$$\frac{\partial x_j}{\partial t} = 0 \quad (j = 1, 2, \cdots, k) \qquad (24)$$

于是 $T_1 = T_0 = 0$,所以此时 T 为

$$T = T_2 = \frac{1}{2} \sum_{j=1}^{k} \sum_{t,s}^{k} m_j \frac{\partial x_j}{\partial q_t} \frac{\partial x_j}{\partial q_s} \dot{q}_t \dot{q}_s \qquad (25)$$

所以当变换式不明显地包含时间时,质点系的动能是广义速度的二次齐函数.

将(23)代入(22),则得

$$p_t = \frac{\partial T}{\partial \dot{q}_t} = \sum_{j=1}^{k} \sum_{s=1}^{k} m_j \frac{\partial x_j}{\partial q_t} \frac{\partial x_j}{\partial q_s} \dot{q}_s + \sum_{j=1}^{k} m_j \frac{\partial x_j}{\partial q_t} \frac{\partial x_j}{\partial t} \qquad (26)$$

从上式看出 p_t 可以表成 $\dot{q}_1, \dot{q}_2, \cdots, \dot{q}_k$ 的一次式. 当(24)成立时, p_t 为广义速度的齐一次式,若采用下面的符号

$$a_{ts} = \sum_{j=1}^{k} m_j \frac{\partial x_j}{\partial q_t} \frac{\partial x_j}{\partial q_s}, \quad b_t = \sum_{j=1}^{k} m_j \frac{\partial x_j}{\partial q_t} \frac{\partial x_j}{\partial t} \qquad (27)$$

则(26)可写成

$$\begin{cases} p_1 = a_{11} \dot{q}_1 + a_{12} \dot{q}_2 + \cdots + a_{1k} \dot{q}_k + b_1 \\ p_2 = a_{21} \dot{q}_1 + a_{22} \dot{q}_2 + \cdots + a_{2k} \dot{q}_k + b_2 \\ \qquad\qquad \vdots \\ p_k = a_{k1} \dot{q}_1 + a_{k2} \dot{q}_2 + \cdots + a_{kk} \dot{q}_k + b_k \end{cases} \qquad (28)$$

但

$$\begin{vmatrix} a_{11} & a_{12} & \cdots & a_{1k} \\ a_{21} & a_{22} & \cdots & a_{2k} \\ \vdots & \vdots & & \vdots \\ a_{k1} & a_{k2} & \cdots & a_{kk} \end{vmatrix} = m_1 m_2 \cdots m_k \left[\frac{\partial(x_1, x_2, \cdots, x_k)}{\partial(q_1, q_2, \cdots, q_k)} \right]^2 \neq 0$$

故自(28)可解出 $\dot{q}_t$ 为 $p_1, p_2, \cdots, p_k$ 的一次式

$$\dot{q}_t = A_{11} p_1 + A_{21} p_2 + \cdots + A_{k1} p_k + B_t \quad (t = 1, 2, \cdots, k) \qquad (29)$$

其中 A_{ts} 为 a_{ts} 的相余子行列式,而

$$B_t = A_{1t} b_1 + A_{2t} b_2 + \cdots + A_{kt} b_k$$

现在来推导哈密尔顿正则方程如下:设拉格朗日函数 $L(q_1, q_2, \cdots, q_k; \dot{q}_1, \dot{q}_2, \cdots, \dot{q}_k, t)$ 有小变化

$$\delta L = \sum_{i=1}^{k} \frac{\partial L}{\partial q_i} \delta q_i + \sum_{i=1}^{k} \frac{\partial L}{\partial \dot{q}_i} \delta \dot{q}_i \qquad (30)$$

43

$$V = -\left(\frac{m_1 m_2}{r_{12}} + \frac{m_2 m_3}{r_{23}} + \frac{m_3 m_1}{r_{31}} \right)$$

应用微分恒等式

$$\sum_{i=1}^{k}\frac{\partial L}{\partial q_i}\delta \dot{q}_i = \delta\left(\sum_{i=1}^{k}\frac{\partial L}{\partial \dot{q}_i}\dot{q}_i\right) - \sum_{i=1}^{k}\dot{q}_i\delta\left(\frac{\partial L}{\partial \dot{q}_i}\right)$$

（30）变成（已经改变符号）

$$\delta\left(-L+\sum_{i=1}^{k}\frac{\partial L}{\partial \dot{q}_i}\dot{q}_i\right) = -\sum_{i=1}^{k}\frac{\partial L}{\partial q_i}\delta q_i + \sum_{i=1}^{k}\dot{q}_i\delta\left(\frac{\partial L}{\partial \dot{q}_i}\right) \tag{31}$$

上式右端第一项 δq_i 的系数，由（20）可写为

$$\frac{\partial L}{\partial q_i} = \frac{\mathrm{d}}{\mathrm{d}t}\left(\frac{\partial L}{\partial \dot{q}_i}\right) = \frac{\mathrm{d}p_i}{\mathrm{d}t} = \dot{p}_i \tag{32}$$

右端第二项中

$$\delta\left(\frac{\partial L}{\partial \dot{q}_i}\right) = \delta p_i$$

故（31）变成

$$\delta\left(-L+\sum_i\frac{\partial L}{\partial \dot{q}_i}\dot{q}_i\right) = -\sum_i\dot{p}_i\delta q_i + \sum_i\dot{q}_i\delta p_i \tag{33}$$

将 $-L+\sum_i\dfrac{\partial L}{\partial \dot{q}_i}\dot{q}_i$ 中的 $\dot{q}_1,\dot{q}_2,\cdots,\dot{q}_k$ 应用（29）的代换使它变成 $q_1,q_2,\cdots,q_k$；p_1，$p_2,\cdots,p_k,t$ 的函数，并称此函数为哈密尔顿函数，用 H 表示，即

$$H(q,p,t) = \left(-L+\sum_i\frac{\partial L}{\partial \dot{q}_i}\dot{q}_i\right)_{\dot{q}\rightarrow \dot{p}} \tag{34}$$

那么（33）成为

$$\delta H = -\sum_i\dot{p}_i\delta q_i + \sum_i\dot{q}_i\delta p_i \tag{35}$$

另一方面，仿微分公式有

$$\delta H = \sum_i\frac{\partial H}{\partial q_i}\delta q_i + \sum_i\frac{\partial H}{\partial p_i}\delta p_i$$

比较上式与（35）得

$$\dot{p}_i = -\frac{\partial H}{\partial q_i}, \quad \dot{q}_i = \frac{\partial H}{\partial p_i} \quad (i=1,2,\cdots,k) \tag{36}$$

上式就是要求的哈密尔顿正则方程，以上方程共有 $2k(=6n)$ 个，每个方程是一阶常微分方程，所以（36）是 $6n$ 阶常微分方程组。

现在来求哈密尔顿函数 H 的力学意义。由（34）

$$H = \left[-(T-V)+\sum_i\frac{\partial T}{\partial \dot{q}_i}\dot{q}_i\right]_{\dot{q}\rightarrow \dot{p}}$$

$$= \left[-(T_2+T_1+T_0)+V+\sum_i\frac{\partial(T_2+T_1+T_0)}{\partial \dot{q}_i}\dot{q}_i\right] \tag{37}$$

应用欧拉齐次函数定理（第一章的（32）），有

$$\sum_i\frac{\partial T_2}{\partial \dot{q}_i}\dot{q}_i = 2T_2, \quad \sum_i\frac{\partial T_1}{\partial \dot{q}_i}\dot{q}_i = T_1 \quad 及 \quad \sum_i\frac{\partial T_0}{\partial \dot{q}_i}\dot{q}_i = 0$$

于是(37)变成

$$H = -(T_2 + T_1 + T_0) + V + 2T_2 + T_1$$

即

$$H = T_2 - T_0 + V \tag{38}$$

上式就表示了 H 的力学意义,应该注意其中 T_2 和 T_1 是用广义动量表示的式子.

若变换式(5)不明显地包含时间,则 $T_0 = 0$,及 $T = T_2$,故(38)成为

$$H = T + V \tag{39}$$

即变换式不是时间的显函数时,哈密尔顿函数是用广义动量表示的机械能表达式.

在力学原理上的研究,哈密尔顿方程比拉格朗日方程为优,因为将动力变数 $q_1, q_2, \cdots, q_k; p_1, p_2, \cdots, p_k$ 写为 $x_1, x_2, \cdots, x_{2k}$,则哈密尔顿方程在数学形式上可写为

$$\begin{cases} \dfrac{\mathrm{d}x_1}{\mathrm{d}t} = f_1(x_1, x_2, \cdots, x_{2k}, t) \\[2mm] \dfrac{\mathrm{d}x_2}{\mathrm{d}t} = f_2(x_1, x_2, \cdots, x_{2k}, t) \\[2mm] \qquad\qquad \vdots \\[2mm] \dfrac{\mathrm{d}x_{2k}}{\mathrm{d}t} = f_{2k}(x_1, x_2, \cdots, x_{2k}, t) \end{cases} \tag{40}$$

我们只需对以上常微分方程组做有系统的研究.

§3 雅可比积分及能量积分

求哈密尔顿函数 H 对时间的全微分,则有

$$\frac{\mathrm{d}H(q, p, t)}{\mathrm{d}t} = \frac{\partial H}{\partial t} + \sum_{i=1}^{k}\left(\frac{\partial H}{\partial q_i}\dot{q}_i + \frac{\partial H}{\partial p_i}\dot{p}_i\right) \tag{41}$$

若 H 不是时间的显函数,那么

$$\frac{\partial H}{\partial t} = 0$$

于是应用哈密尔顿方程(36),则(41)变成

$$\frac{\mathrm{d}H}{\mathrm{d}t} = \sum_{i=1}^{k}(-\dot{p}_i\dot{q}_i + \dot{q}_i\dot{p}_i) = 0$$

积分上式,得

$$H = T_2 - T_0 + V = h(\text{常数}) \tag{42}$$

上式就是雅可比积分.

$$V = -\left(\frac{m_1 m_2}{r_{12}} + \frac{m_2 m_3}{r_{23}} + \frac{m_3 m_1}{r_{31}}\right)$$

若坐标变换式不明显地包含 t,则 $T_0=0$ 及 $T_2=T$. 故

$$H=T+V=h \tag{43}$$

所以坐标变换式不是时间的显函数,则保守质点系统有一能量积分(43).

§4　循环坐标及循环积分

凡哈密尔顿函数 H 中,不明显地包含某广义坐标 q_i,则 q_i 称为循环坐标,即 q_i 为循环坐标,则有

$$\frac{\partial H}{\partial q_i}=0 \tag{44}$$

于是自哈密尔顿方程(36)有

$$\frac{\mathrm{d}p_i}{\mathrm{d}t}=\dot{p}_i=-\frac{\partial H}{\partial q_i}=0$$

积分上式有

$$p_i=c_i \tag{45}$$

上式称为循环积分. 所以对应于每一循环坐标 q_i 有一循环积分,广义动量 p_i 是常量.

§5　消去时间降阶法

若 H 中不明显地包含时间 t,那么 $\dfrac{\partial H}{\partial q_i}$ 及 $\dfrac{\partial H}{\partial p_i}$ 也不明显地包含时间,于是质点系动力方程(36)可写为

$$\frac{\mathrm{d}q_1}{\dfrac{\partial H}{\partial p_1}}=\frac{\mathrm{d}q_2}{\dfrac{\partial H}{\partial p_2}}=\cdots=\frac{\mathrm{d}q_k}{\dfrac{\partial H}{\partial p_k}}=\frac{\mathrm{d}p_1}{-\dfrac{\partial H}{\partial q_1}}=\frac{\mathrm{d}p_2}{-\dfrac{\partial H}{\partial q_2}}=\cdots=\frac{\mathrm{d}p_k}{-\dfrac{\partial H}{\partial q_k}}=\mathrm{d}t$$

上方程组最后一等号的前面各等式都不明显地包含时间,而末项 $\mathrm{d}t$ 可单独积分,于是运动微分方程组的积分,当 H 不是 t 的显函数时,归结为求下面 $2k-1$ 阶微分方程组的解

$$\frac{\mathrm{d}q_1}{\dfrac{\partial H}{\partial p_1}}=\frac{\mathrm{d}q_2}{\dfrac{\partial H}{\partial p_2}}=\cdots=\frac{\mathrm{d}q_k}{\dfrac{\partial H}{\partial p_k}}=\frac{\mathrm{d}p_1}{-\dfrac{\partial H}{\partial q_1}}=\frac{\mathrm{d}p_2}{-\dfrac{\partial H}{\partial q_2}}=\cdots=\frac{\mathrm{d}p_k}{-\dfrac{\partial H}{\partial q_k}} \tag{46}$$

在第四章中三体问题动力方程的降阶法,谈到消去时间的降阶法就是指现在所讨论的理论,所以在第四章中只将此事提出而不再讨论.

§6　接触交换

设有一个 n 自由度的质点系,它的动力变量是 $(q_1,q_2,\cdots,q_n,p_1,p_2,\cdots,$

p_n). 现在另有 $2n$ 个变数($Q_1, Q_2, \cdots, Q_n, P_1, P_2, \cdots, P_n$),它们都是前面 $2n$ 个动力变数的函数,即

$$
\begin{cases}
Q_1 = f_1(q_1, q_2, \cdots, q_n; p_1, p_2, \cdots, p_n) \\
\qquad\qquad \vdots \\
Q_n = f_n(q_1, q_2, \cdots, q_n; p_1, p_2, \cdots, p_n) \\
P_1 = f_{n+1}(q_1, q_2, \cdots, q_n; p_1, p_2, \cdots, p_n) \\
\qquad\qquad \vdots \\
P_n = f_{2n}(q_1, q_2, \cdots, q_n; p_1, p_2, \cdots, p_n)
\end{cases}
\tag{47}
$$

上述变换若适合下列条件,则称为接触变换

$$
\sum_{r=1}^{n}(P_r \mathrm{d}Q_r - p_r \mathrm{d}q_r) = \mathrm{d}W
\tag{48}
$$

其中 $\mathrm{d}W$ 是全微分,W 是($q_1, q_2, \cdots, q_n; p_1, p_2, \cdots, p_n$) 的函数或是($q_1, q_2, \cdots, q_n; Q_1, Q_2, \cdots, Q_n$) 的函数. 有时(47) 各式之间消去($P_1, P_2, \cdots, P_n; p_1, p_2, \cdots, p_n$) 可能得到关于($Q_1, Q_2, \cdots, Q_n; q_1, q_2, \cdots, q_n$) 的若干个关系式. 设现在存在 t 个关系式如下

$$
\Omega_r(q_1, q_2, \cdots, q_n; Q_1, Q_2, \cdots, Q_n) = 0 \quad (r = 1, 2, \cdots, t)
\tag{49}
$$

由上式则 $\mathrm{d}Q_r = 0$,于是有以下 t 个微分关系式

$$
\frac{\partial \Omega_r}{\partial q_1}\mathrm{d}q_1 + \frac{\partial \Omega_r}{\partial q_2}\mathrm{d}q_2 + \cdots + \frac{\partial \Omega_r}{\partial q_n}\mathrm{d}q_n + \frac{\partial \Omega_r}{\partial Q_1}\mathrm{d}Q_1 + \cdots + \frac{\partial \Omega_r}{\partial Q_n}\mathrm{d}Q_n = 0
$$
$$
(r = 1, 2, \cdots, t)
\tag{50}
$$

但(48) 可写为

$$
\sum_{r=1}^{n}(P_r \mathrm{d}\Omega_r - p_r \mathrm{d}q_r) = \sum_{r=1}^{n}\left(\frac{\partial W}{\partial Q_r}\mathrm{d}Q_r + \frac{\partial W}{\partial q_r}\mathrm{d}q_r\right)
\tag{51}
$$

现在应用拉格朗日不定乘子法消去 $2n$ 个微分 $\mathrm{d}Q_r, \mathrm{d}q_r(r = 1, 2, \cdots, n)$,即将(50) 的 t 个方程顺次乘以 $\lambda_1, \lambda_2, \cdots, \lambda_t$ 然后与(51) 相加,得

$$
\sum_{r=1}^{n}(P_r \mathrm{d}Q_r - p_r \mathrm{d}q_r) = \sum_{r=1}^{n}\left[\left(\frac{\partial W}{\partial Q_r} + \sum_{s=1}^{t}\lambda_s\frac{\partial \Omega_s}{\partial Q_r}\right)\mathrm{d}Q_r + \left(\frac{\partial W}{\partial q_r} + \sum_{s=1}^{t}\lambda_s\frac{\partial \Omega_s}{\partial q_r}\right)\mathrm{d}q_r\right]
$$
$$
\tag{52}
$$

我们选取 $\lambda_1, \lambda_2, \cdots, \lambda_t$ 使上面方程中 t 个微分前的系数为零,则留下的微分 $\mathrm{d}q_r$,$\mathrm{d}Q_r$ 是互相独立的,于是它们的系数亦为零. 这样共得到 $2n$ 个方程,求这 $2n$ 个方程用"如上述论证法所求的过程"和"直接比较(52)的各微分系数"结果是一样的,于是比较(52)两端系数,得

$$
\begin{cases}
P_r = \dfrac{\partial W}{\partial Q_r} + \lambda_1\dfrac{\partial \Omega_1}{\partial Q_r} + \lambda_2\dfrac{\partial \Omega_2}{\partial Q_r} + \cdots + \lambda_t\dfrac{\partial \Omega_t}{\partial Q_r} \quad (r = 1, 2, \cdots, n) \\
p_r = -\dfrac{\partial W}{\partial q_r} - \lambda_1\dfrac{\partial \Omega_1}{\partial q_r} - \lambda_2\dfrac{\partial \Omega_2}{\partial q_r} + \cdots - \lambda_t\dfrac{\partial \Omega_t}{\partial q_r} \quad (r = 1, 2, \cdots, n)
\end{cases}
\tag{53}
$$

$$V = -\left(\frac{m_1 m_2}{r_{12}} + \frac{m_2 m_3}{r_{23}} + \frac{m_3 m_1}{r_{31}}\right)$$

方程(53)和(49)共 $2n+t$ 个,可以用来决定以下 $2n+t$ 个未知数

$$(Q_1, Q_2, \cdots, Q_n, P_1, P_2, \cdots, P_n, \lambda_1, \cdots, \lambda_t)$$

即将上列变数用 $(q_1, q_2, \cdots, q_n, p_1, p_2, \cdots, p_n)$ 表出. 所以方程组(53)和(49)是用 $(W, \Omega_1, \Omega_2, \cdots, \Omega_t)$ 明显地表出了接触变换.

反之若 $(W, \Omega_1, \Omega_2, \cdots, \Omega_t)$ 是 $(q_1, \cdots, q_n, \Omega_1, \cdots, \Omega_n)$ 的 $t+1$ 个任意函数,其中 $t \leqslant n$,又若

$$(Q_1, Q_2, \cdots, Q_n, P_1, \cdots, P_n, \lambda_1, \cdots, \lambda_t)$$

是由下列方程组

$$\begin{cases} \Omega_s(q_1, q_2, \cdots, q_n, Q_1, Q_2, \cdots, Q_n) = 0 \quad (s = 1, 2, \cdots, t) \\ P_r = \dfrac{\partial W}{\partial Q_r} + \lambda_1 \dfrac{\partial \Omega_1}{\partial Q_r} + \cdots + \lambda_t \dfrac{\partial \Omega_t}{\partial Q_r} \quad (r = 1, 2, \cdots, n) \\ p_r = -\dfrac{\partial W}{\partial q_r} - \lambda_1 \dfrac{\partial \Omega_1}{\partial q_r} - \cdots - \lambda_t \dfrac{\partial \Omega_t}{\partial q_r} \end{cases}$$

所确定的 $(q_1, q_2, \cdots, q_n, p_1, p_2, \cdots, p_n)$ 的函数,那么由 $q_1, q_2, \cdots, q_n, p_1, p_2, \cdots, p_n$ 变换到 $Q_1, Q_2, \cdots, Q_n, P_1, \cdots, P_n$ 的变换是接触变换. 因为将上列方程组的第二组乘以 $\mathrm{d}Q_r$ 而各式相加,再减去(第三组乘以 $\mathrm{d}q_r$ 而各式相加),得

$$\begin{aligned} \sum_{r=1}^{n} (P_r \mathrm{d}Q_r - p_r \mathrm{d}q_r) = & \sum_{r=1}^{n} \left(\frac{\partial W}{\partial Q_r} \mathrm{d}Q_r + \frac{\partial W}{\partial q_r} \mathrm{d}q_r \right) + \\ & \lambda_1 \sum_{r=1}^{n} \left(\frac{\partial \Omega_1}{\partial Q_r} \mathrm{d}Q_r + \frac{\partial \Omega_1}{\partial q_r} \mathrm{d}q_r \right) + \cdots + \\ & \lambda_t \sum_{r=1}^{n} \left(\frac{\partial \Omega_1}{\partial Q_r} \mathrm{d}Q_r + \frac{\partial \Omega_1}{\partial q_r} \mathrm{d}q_r \right) \\ = & \mathrm{d}W + \lambda_1 \mathrm{d}\Omega_1 + \lambda_2 \mathrm{d}\Omega_2 + \cdots + \lambda_t \mathrm{d}\Omega_t = \mathrm{d}W \end{aligned}$$

故证明(48)式成立,而变换为接触变换.

若各关系式 $\Omega_r = 0$ 不存在时,(53)变为

$$P_r = \frac{\partial W}{\partial Q_r}, \quad p_r = -\frac{\partial W}{\partial q_r} \tag{54}$$

又因

$$-p_r \mathrm{d}q_r = q_r \mathrm{d}p_r - \mathrm{d}(q_r p_r)$$

故(48)可改写为

$$\sum_{r=1}^{n} (P_r \mathrm{d}Q_r + q_r \mathrm{d}p_r) = \mathrm{d}(W + q_r p_r)$$

利用变换式(47)我们可将 $W + q_r p_r$ 变为 $(p_1, p_2, \cdots, p_n, Q_1, Q_2, \cdots, Q_n)$ 的函数,令此函数为 W' 则

$$\sum_{r=1}^{n} (P_r \mathrm{d}Q_r + q_r \mathrm{d}p_r) = \mathrm{d}W'(p_r, Q_r) \tag{55}$$

比较上式两边 $\mathrm{d}Q_r$ 的系数及 $\mathrm{d}p_r$ 的系数,得

$$P_r = \frac{\partial W'}{\partial Q_r}, \quad q_r = \frac{\partial W'}{\partial p_r} \quad (r = 1, 2, \cdots, n) \tag{56}$$

上面的变换式在下一章中经常要用到.

§7 伐夫式的双线性共变式及其对动力学的应用

令 $(x_1, x_2, \cdots, x_n)$ 是任何一组变数,又 $X_1, X_2, \cdots, X_n$ 是 $x_1, x_2, \cdots, x_n$ 的 n 个任意函数,则以下微分式称为伐夫式,并以 θ_d 表示

$$\theta_d = X_1 \mathrm{d}x_1 + X_2 \mathrm{d}x_2 + \cdots + X_n \mathrm{d}x_n \tag{57}$$

设对 $x_1, x_2, \cdots, x_n$ 的另一组独立的增量 $\delta x_1, \delta x_2, \cdots, \delta x_n$ 的伐夫式表以 θ_δ,则有

$$\theta_\delta = X_1 \delta x_1 + X_2 \delta x_2 + \cdots + X_n \delta x_n \tag{58}$$

于是

$$\begin{aligned}
\delta\theta_d - \mathrm{d}\theta_\delta &= \delta(X_1 \mathrm{d}x_1 + X_2 \mathrm{d}x_2 + \cdots + X_n \mathrm{d}x_n) - \mathrm{d}(X_1 \delta x_1 + X_2 \delta x_2 + \cdots + X_n \delta x_n) \\
&= \delta X_1 \mathrm{d}x_1 + \delta X_2 \mathrm{d}x_2 + \cdots + \delta X_n \mathrm{d}x_n + X_1 \delta \mathrm{d}x_1 + X_2 \delta \mathrm{d}x_2 + \cdots + \\
&\quad X_n \delta \mathrm{d}x_n - \mathrm{d}X_1 \delta x_1 - \mathrm{d}X_2 \delta x_2 - \cdots - \mathrm{d}X_n \delta x_n - X_1 \mathrm{d}\delta x_1 - \\
&\quad X_2 \mathrm{d}\delta x_2 - \cdots - X_n \mathrm{d}\delta x_n
\end{aligned}$$

因 δ 和 d 是两个互相无关的增量,故有

$$\delta \mathrm{d}x_r = \mathrm{d}\delta x_r \quad (r = 1, 2, \cdots, n) \tag{59}$$

于是

$$\delta\theta_\mathrm{d} - \mathrm{d}\theta_\delta = \sum_{r=1}^{n} \delta X_r \mathrm{d}x_r - \sum_{r=1}^{n} \mathrm{d}X_r \delta x_r \tag{60}$$

但

$$\delta X_r = \frac{\partial X_r}{\partial x_1} \delta x_1 + \frac{\partial X_r}{\partial x_2} \delta x_2 + \cdots + \frac{\partial X_r}{\partial x_n} \delta x_n$$

$$\mathrm{d}X_r = \frac{\partial X_r}{\partial x_1} \mathrm{d}x_1 + \frac{\partial X_r}{\partial x_2} \mathrm{d}x_2 + \cdots + \frac{\partial X_r}{\partial x_n} \mathrm{d}x_n$$

将上二式代入(60),则得

$$\delta\theta_\mathrm{d} - \mathrm{d}\theta_\delta = \sum_{r=1}^{n} \sum_{i=1}^{n} \left(\frac{\partial X_r}{\partial x_j} - \frac{\partial X_j}{\partial x_r} \right) \delta x_j \mathrm{d}x_r \tag{61}$$

上式称为伐夫式 $\displaystyle\sum_{i=1}^{n} X_i \mathrm{d}x_i$ 的双线性共变式.

设 $(y_1, y_2, \cdots, y_n)$ 是由 $(x_1, x_2, \cdots, x_n)$ 变换来的另一组变数. 伐夫式(57) 用这些新变数表示为

$$\theta_\mathrm{d} = Y_1 \mathrm{d}y_1 + Y_2 \mathrm{d}y_2 + \cdots + Y_n \mathrm{d}y_n \tag{62}$$

$$V = -\left(\frac{m_1 m_2}{r_{12}} + \frac{m_2 m_3}{r_{23}} + \frac{m_3 m_1}{r_{31}} \right)$$

上式的双线性共变式可写为

$$\delta\theta_d - d\theta_\delta = \sum_{r=1}^{n}\sum_{j=1}^{n}\left(\frac{\partial Y_r}{\partial y_j} - \frac{\partial Y_j}{\partial y_r}\right)\delta y_j\,dy_r \tag{63}$$

但 $\delta\theta_d - d\theta_\delta$ 的值本身并不随变换而变, 故得

$$\sum_{r=1}^{n}\sum_{j=1}^{n}\left(\frac{\partial X_r}{\partial x_j} - \frac{\partial X_j}{\partial x_r}\right)\delta x_j\,dx_r = \sum_{r=1}^{n}\sum_{j=1}^{n}\left(\frac{\partial Y_r}{\partial y_j} - \frac{\partial Y_j}{\partial y_r}\right)\delta y_j\,dy_r \tag{64}$$

由上式可见一伐夫式的双线性共变式是它的变数变换的不变式.

令

$$a_{rj} = \frac{\partial X_r}{\partial x_j} - \frac{\partial X_j}{\partial x_r} \tag{65}$$

则 (61) 可写为

$$\delta\theta_d - d\theta_\delta = \sum_{r=1}^{n}\sum_{j=1}^{n} a_{rj}\,\delta x_j\,dx_r \tag{66}$$

又由 (65), 显然有

$$a_{rj} = -a_{jr} \quad \text{及} \quad a_{ii} = 0 \tag{67}$$

若令 (66) 的各 δx_j 的系数为零, 则得到 n 个方程如下

$$\begin{cases} a_{11}dx_1 + a_{21}dx_2 + \cdots + a_{n1}dx_n = 0 \\ a_{12}dx_1 + a_{22}dx_2 + \cdots + a_{n2}dx_n = 0 \\ \quad\quad\quad\quad \vdots \\ a_{1n}dx_1 + a_{2n}dx_2 + \cdots + a_{nn}dx_n = 0 \end{cases} \tag{68}$$

如将上式的系数行列式记为 D, 则

$$D = \begin{vmatrix} a_{11} & a_{21} & \cdots & a_{n1} \\ a_{12} & a_{22} & \cdots & a_{n2} \\ \vdots & \vdots & & \vdots \\ a_{1n} & a_{2n} & \cdots & a_{nn} \end{vmatrix} \tag{69}$$

应用 (67) 知道 D 可以写成以下反对称行列式

$$D = \begin{vmatrix} 0 & a_{21} & \cdots & a_{n1} \\ -a_{21} & 0 & \cdots & a_{n2} \\ \vdots & \vdots & & \vdots \\ -a_{n1} & -a_{n2} & \cdots & 0 \end{vmatrix} \tag{70}$$

现在讨论在动力学上有用的一个特例: n 为奇数, 即 $n = 2k+1$. 现在证明奇次的反对称行列式的值为零, 将 D 的各行遍乘以 (-1), 则有

$$(-1)^n D = \begin{vmatrix} 0 & -a_{21} & \cdots & -a_{n1} \\ a_{21} & 0 & \cdots & -a_{n2} \\ \vdots & \vdots & & \vdots \\ a_{n1} & a_{n2} & \cdots & 0 \end{vmatrix} = \begin{vmatrix} 0 & a_{21} & \cdots & a_{n1} \\ -a_{21} & 0 & \cdots & a_{n2} \\ \vdots & \vdots & & \vdots \\ -a_{n1} & -a_{n2} & \cdots & 0 \end{vmatrix} = D$$

上二行列式间的等式由于行列式的行和列互换而不改变行列式的值. 当 n 为奇数时上式成为

$$-D = D \quad \text{或} \quad D = 0$$

在 $D=0$ 的情况下,(68)非全为零的解 $\mathrm{d}x_1, \mathrm{d}x_2, \cdots, \mathrm{d}x_n$ 是存在的. 所以(68)的各式互不矛盾而是融合的. 我们称方程组(68)为微分式 $\sum X_r \mathrm{d}x_r$ 的第一伐夫方程组.

若变数 $(x_1, x_2, \cdots, x_{2k+1})$ 变换到新变数 $(y_1, y_2, \cdots, y_{2k+1})$,微分式 $\sum X_r \mathrm{d}x_r$ 变为

$$\sum_{r=1}^{2k+1} Y_r \mathrm{d}y_r \tag{71}$$

又若

$$\sum_{i=1}^{2k+1} b_{i1} \mathrm{d}y_i = 0, \sum_{i=1}^{2k+1} b_{i2} \mathrm{d}y_i = 0, \cdots, \sum_{i=1}^{2k+1} b_{i,2k+1} \mathrm{d}y_i = 0 \tag{72}$$

是(71)的第一伐夫方程组,那么上式显然是相当于(68),即上式是由于(68)已经成立了,再经变换后必须成立的条件. 理由是双线性共变式是不变式,原为零的值变换后仍需为零.

现在将上述理论应用于动力学的微分式

$$p_1 \mathrm{d}q_1 + p_2 \mathrm{d}q_2 + \cdots + p_k \mathrm{d}q_k - H \mathrm{d}t \tag{73}$$

现在 $2k+1$ 个变数是 $(q_1, q_2, \cdots, q_k, p_1, p_2, \cdots, p_k, t)$,其中 H 是这 $2k+1$ 个变数的任意函数,现在求微分式(73)的第一伐夫方程组如下:

变数的对应关系是

$$x_1 = q_1, x_2 = q_2, \cdots, x_k = q_k, x_{k+1} = p_1, x_{k+2} = p_2, \cdots, x_{2k} = p_k, x_{2k+1} = t$$

函数的对应关系是

$$X_1 = p_1, X_2 = p_2, \cdots, X_k = p_k, X_{k+1} = 0, X_{k+2} = 0, \cdots, X_{2k} = 0, X_{2k+1} = -H$$

由定义

$$a_{ij} = \frac{\partial X_i}{\partial x_j} - \frac{\partial X_j}{\partial x_i}$$

故

$$a_{21} = \frac{\partial X_2}{\partial x_1} - \frac{\partial X_1}{\partial x_2} = \frac{\partial p_2}{\partial q_1} - \frac{\partial p_1}{\partial q_2} = 0$$

因 q, p 互相无关,同样可知 $i, j \leqslant k$,则 $a_{ij} = 0$.

又

$$a_{k+1,1} = \frac{\partial X_{k+1}}{\partial x_1} - \frac{\partial X_1}{\partial x_{k+1}} = \frac{\partial 0}{\partial q_1} - \frac{\partial p_1}{\partial p_1} = -1$$

$a_{k+i,1} = 0$,当 $i \neq 1, i \neq k+1$ 时

$$V = -\left(\frac{m_1 m_2}{r_{12}} + \frac{m_2 m_3}{r_{23}} + \frac{m_3 m_1}{r_{31}} \right)$$

$$a_{2k+1,1} = \frac{\partial X_{2k+1}}{\partial x_1} - \frac{\partial X_1}{\partial x_{2k+1}} = -\frac{\partial H}{\partial q_1} - \frac{\partial p_1}{\partial t} = -\frac{\partial H}{\partial q_1}$$

所以

$$\sum_{i=1}^{2k+1} a_{i1}\,\mathrm{d}x_i = a_{k+1,1}\,\mathrm{d}x_{k+1} + a_{2k+1,1}\,\mathrm{d}x_{2k+1} = (-1)\mathrm{d}p_1 - \frac{\partial H}{\partial q_1}\mathrm{d}t = 0$$

一般

$$-\mathrm{d}p_r - \frac{\partial H}{\partial q_r}\mathrm{d}t = 0 \quad (r = 1, 2, \cdots, k) \tag{74}$$

又 $a_{1,k+1} = 1, a_{i,k+1} = 0$,当 $i \neq 1$ 及 $i \neq 2k+1$,$a_{2k+1,k+1} = -\dfrac{\partial H}{\partial p_1}$. 故

$$\sum_{i=1}^{2k+1} a_{i,k+1}\,\mathrm{d}x_i = a_{1,k+1}\,\mathrm{d}x_1 + a_{2k+1,k+1}\,\mathrm{d}x_{2k+1} = (1)\mathrm{d}q_1 + \left(-\frac{\partial H}{\partial p_1}\right)\mathrm{d}t = 0$$

一般

$$\mathrm{d}q_r - \frac{\partial H}{\partial p_r}\mathrm{d}t = 0 \quad (r = 1, 2, \cdots, k) \tag{75}$$

又

$$a_{i,2k+1} = \frac{\partial H}{\partial q_i} \quad \text{当 } i \leqslant k$$

$$a_{i,2k+1} = \frac{\partial H}{\partial p_i} \quad \text{当 } k < i \leqslant 2k$$

故

$$\sum_{i=1}^{2k+1} a_{i,2k+1}\,\mathrm{d}x_i = \sum_{i=1}^{k} \frac{\partial H}{\partial q_i}\mathrm{d}q_i + \sum_{i=1}^{k} \frac{\partial H}{\partial p_i} = \mathrm{d}H - \frac{\partial H}{\partial t}\mathrm{d}t = 0 \tag{76}$$

(74) 和(75) 可写为

$$\frac{\mathrm{d}q_r}{\mathrm{d}t} = \frac{\partial H}{\partial p_r}, \frac{\mathrm{d}p_r}{\mathrm{d}t} = -\frac{\partial H}{\partial q_r} \quad (r = 1, 2, \cdots, k) \tag{77}$$

一望而知上式就是质点系的哈密尔顿正则方程,所以上述任意函数 H 就是质点系的哈密尔顿函数,于是质点系的动力方程(77) 是微分式

$$\sum_{i=1}^{k} p_i\,\mathrm{d}q_i - H\mathrm{d}t$$

的第一伐夫方程组. 所以若 $(q_1, q_2, \cdots, q_k, p_1, p_2, \cdots, p_k, t)$ 变换成 $(x_1, x_2, \cdots, x_{2k}, \tau)$,那么上式变换后的微分式

$$X_1\mathrm{d}x_1 + X_2\mathrm{d}x_2 + \cdots + X_{2k}\mathrm{d}x_{2k} + T\mathrm{d}\tau$$

的第一伐夫方程就是动力方程的变换式.

§8　哈密尔顿方程经接触变换保持形式不变

依(49) 和(53),现在令下式

$$
\begin{cases}
\Omega_r = 0 \quad (r = 1, 2, \cdots, t) \\
P_r = \dfrac{\partial W}{\partial Q_r} + \lambda_1 \dfrac{\partial \Omega_1}{\partial Q_r} + \lambda_2 \dfrac{\partial \Omega_2}{\partial Q_r} + \cdots + \lambda_t \dfrac{\partial \Omega_t}{\partial Q_r} \quad (r = 1, 2, \cdots, k) \\
p_r = -\dfrac{\partial W}{\partial q_r} - \lambda_1 \dfrac{\partial \Omega_1}{\partial q_r} - \lambda_2 \dfrac{\partial \Omega_2}{\partial q_r} - \cdots - \lambda_t \dfrac{\partial \Omega_t}{\partial q_r} \quad (r = 1, 2, \cdots, k)
\end{cases}
$$

来确定自 $(q_1, q_2, \cdots, q_k, p_1, p_2, \cdots, p_k, t)$ 变至 $(Q_1, Q_2, \cdots, Q_k, P_1, P_2, \cdots, P_k, t)$ 的一个接触变换,其中 $\Omega_1, \Omega_2, \cdots, \Omega_t, W$ 是 $(q_1, q_2, \cdots, q_k, Q_1, Q_2, \cdots, Q_k, t)$ 的任意函数. 将上末一式顺次乘以 $\mathrm{d}q_1, \mathrm{d}q_2, \cdots, \mathrm{d}q_k$ 而相加,再减去"第二式顺次乘以 $\mathrm{d}Q_1, \mathrm{d}Q_2, \cdots, \mathrm{d}Q_k$ 而相加",则得

$$
\sum_{r=1}^{k} p_r \mathrm{d}q_r = \sum_{r=1}^{k} P_r \mathrm{d}Q_r - \sum_{r=1}^{k} \left(\frac{\partial W}{\partial q_r} \mathrm{d}q_r + \frac{\partial W}{\partial Q_r} \mathrm{d}Q_r \right) -
$$
$$
\sum_{s=1}^{t} \lambda_s \sum_{r=1}^{k} \left(\frac{\partial \Omega_s}{\partial q_r} \mathrm{d}q_r + \frac{\partial \Omega_s}{\partial Q_r} \mathrm{d}Q_r \right)
$$

即

$$
\sum_{r=1}^{k} p_r \mathrm{d}q_r = \sum_{r=1}^{k} P_r \mathrm{d}Q_r - \left(\mathrm{d}W - \frac{\partial W}{\partial t} \mathrm{d}t \right) - \sum_{s=1}^{t} \lambda_s \left(\mathrm{d}\Omega_s - \frac{\partial \Omega_s}{\partial t} \mathrm{d}t \right)
$$

但 $\mathrm{d}\Omega_s = 0$,故上式可改写为

$$
\sum_{r=1}^{k} p_r \mathrm{d}q_r - H\mathrm{d}t = \sum_{r=1}^{k} P_r \mathrm{d}Q_r - \left(H - \frac{\partial W}{\partial t} - \sum_{s=1}^{t} \lambda_s \frac{\partial \Omega_s}{\partial t} \right) \mathrm{d}t - \mathrm{d}W \quad (78)
$$

令

$$
K = H - \frac{\partial W}{\partial t} - \sum_{s=1}^{t} \lambda_s \frac{\partial \Omega_s}{\partial t} \quad (79)
$$

则微分式

$$
\sum_{r=1}^{k} p_r \mathrm{d}q_r - H\mathrm{d}t
$$

经接触变换后成为微分式

$$
\sum_{r=1}^{k} P_r \mathrm{d}Q_r - K\mathrm{d}t - \mathrm{d}W
$$

其中 $\mathrm{d}W$ 可以略去,因为它的存在与否不影响第一伐夫方程组的形式. 于是变换后的微分式是

$$
\sum_{r=1}^{k} P_r \mathrm{d}Q_r - K\mathrm{d}t \quad (80)
$$

仿上节,上式的第一伐夫方程组是

$$
\frac{\mathrm{d}Q_r}{\mathrm{d}t} = \frac{\partial K}{\partial P_r}, \qquad \frac{\mathrm{d}P_r}{\mathrm{d}t} = -\frac{\partial K}{\partial Q_r} \quad (81)
$$

这是(77)经接触变换后得来的动力方程. 一望而知,上式依旧保持哈密方程的形式,式中 K 是新动力变数的哈密尔顿函数.

§9　应用能量积分哈密尔顿方程降阶法

由§3知道,哈密尔顿函数 H 不明显地包含时间 t 时有能量积分

$$H - h = 0 \tag{82}$$

其中 h 是积分常数.

由(82)解出 p_1,设解出后形式为

$$K(p_2, p_3, \cdots, p_k, q_1, q_2, \cdots, q_k, h) + p_1 = 0 \tag{83}$$

动力方程的微分式(73),由于(82)可改写为

$$p_1 \mathrm{d}q_1 + p_2 \mathrm{d}q_2 + \cdots + p_k \mathrm{d}q_k + h \mathrm{d}t \tag{84}$$

与上式相关的变数是 $(q_1, q_2, \cdots, q_k, p_1, p_2, \cdots, p_k, t)$. 应用(83),可将(84)改写为

$$p_2 \mathrm{d}q_2 + p_3 \mathrm{d}q_3 + \cdots + p_k \mathrm{d}q_k + h \mathrm{d}t - K(p_2, p_3, \cdots, p_k, q_1, \cdots, q_k, h) \mathrm{d}q_1 \tag{85}$$

上式可以看作 $(q_1, q_2, \cdots, q_k, p_2, p_3, \cdots, p_k, h, t)$ 的 $2k+1$ 个变数的微分式,为了求(85)的第一伐夫方程组,令

$$x_1 = q_1, x_2 = q_2, \cdots, x_k = q_k, x_{k+1} = p_2, x_{k+2} = p_3, \cdots$$
$$x_{2k-1} = p_k, x_{2k} = h, x_{2k+1} = t$$

及

$$X_1 = -K, X_2 = p_2, X_3 = p_3, \cdots, X_k = p_k, X_{k+1} = 0$$
$$X_{k+2} = 0, \cdots, X_{2k} = 0, X_{2k+1} = h$$

则

$$\sum_{i=1}^{2k+1} a_{ij} \mathrm{d}x_i = -\mathrm{d}p_r - \frac{\partial K}{\partial q_r} \mathrm{d}q_1 = 0 \quad \begin{pmatrix} r = 2, 3, \cdots, k \\ j = 2, 3, \cdots, k \end{pmatrix}$$

$$\sum_{i=1}^{2k+1} a_{ij} \mathrm{d}x_i = -\frac{\partial K}{\partial p_r} \mathrm{d}q_1 + \mathrm{d}q_r = 0 \quad \begin{pmatrix} r = 2, 3, \cdots, k \\ j = k+1, \cdots, 2k-1 \end{pmatrix}$$

$$\sum_{i=1}^{2k+1} a_{i,2k} \mathrm{d}x_i = -\frac{\partial K}{\partial h} \mathrm{d}q_1 + \mathrm{d}t = 0$$

$$\sum_{i=1}^{2k+1} a_{i,2k+1} \mathrm{d}x_i = -\frac{\partial h}{\partial h} \mathrm{d}h + \mathrm{d}h = 0$$

上四式可写成

$$\frac{\mathrm{d}q_r}{\mathrm{d}q_1} = \frac{\partial K}{\partial p_r}, \quad \frac{\mathrm{d}p_r}{\mathrm{d}q_1} = -\frac{\partial K}{\partial q_r} \quad (r = 2, 3, \cdots, k) \tag{86}$$

及

$$\frac{\mathrm{d}t}{\mathrm{d}q_1} = \frac{\partial K}{\partial h}, \quad \frac{\mathrm{d}h}{\mathrm{d}q_1} = 0 \tag{87}$$

我们察看(86),知道它不包含 t,虽然 K 中含 h,但 h 是个常数,所以(86)可与(87)分离出来而达到降阶的目的.又(87)的末一式即能量方程,积出后为 $h = c$.当(86)解出后,将 $p_r, q_r (r=2, 3, \cdots, k)$ 代入 K,则(87)的第一式变成求纯积分

$$t - t_0 = \int \frac{\partial K}{\partial h} \mathrm{d}q_1 \tag{88}$$

在下一章中,提到应用能量积分降阶法就是应用了这个普遍方法.

§10 泊松括号及其对动力学的应用

泊松括号的记号是 $[u, v]$,它表示

$$[u, v] = \sum_{i=1}^{k} \left(\frac{\partial u}{\partial q_i} \frac{\partial v}{\partial p_i} - \frac{\partial v}{\partial q_i} \frac{\partial u}{\partial p_i} \right) \tag{89}$$

现在举出泊松括号的几个简单特性:

第 1 个特性

$$[u, v] = -[v, u] \tag{90}$$

因

$$\sum_{i=1}^{k} \left(\frac{\partial u}{\partial q_i} \frac{\partial v}{\partial p_i} - \frac{\partial v}{\partial q_i} \frac{\partial u}{\partial p_i} \right) = -\sum_{i=1}^{k} \left(\frac{\partial v}{\partial q_i} \frac{\partial u}{\partial p_i} - \frac{\partial u}{\partial q_i} \frac{\partial v}{\partial p_i} \right)$$

第 2 个特性

$$[u, u] = 0 \tag{91}$$

因

$$[u, u] = \sum_{i=1}^{k} \left(\frac{\partial u}{\partial q_i} \frac{\partial u}{\partial p_i} - \frac{\partial u}{\partial q_i} \frac{\partial u}{\partial p_i} \right) = 0$$

第 3 个特性

$$[u, c] = 0,\text{其中 } c \text{ 是常数} \tag{92}$$

因

$$\frac{\partial c}{\partial q_i} = \frac{\partial c}{\partial p_i} = 0$$

第 4 个特性

$$[u + v, w] = [u, w] + [v, w] \tag{93}$$

因

$$[u + v, w] = \sum_{i=1}^{k} \left(\frac{\partial(u + v)}{\partial q_i} \frac{\partial w}{\partial p_i} - \frac{\partial w}{\partial q_i} \frac{\partial(u + v)}{\partial p_i} \right)$$

$$= \sum_{i=1}^{k} \left(\frac{\partial u}{\partial q_i} \frac{\partial w}{\partial p_i} - \frac{\partial w}{\partial q_i} \frac{\partial u}{\partial p_i} \right) + \sum_{i=1}^{k} \left(\frac{\partial v}{\partial q_i} \frac{\partial w}{\partial p_i} - \frac{\partial w}{\partial q_i} \frac{\partial v}{\partial p_i} \right)$$

$$= [u, w] + [v, w]$$

55

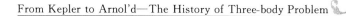
$$\mathscr{V} = -\left(\frac{m_1 m_2}{r_{12}} + \frac{m_2 m_3}{r_{23}} + \frac{m_3 m_1}{r_{31}} \right)$$

第 5 个特性

$$[u, vw] = [u, v]w + [u, w]v \tag{94}$$

因

$$[u, vw] = \sum_{i=1}^{k} \left(\frac{\partial u}{\partial q_i} \frac{\partial (vw)}{\partial p_i} - \frac{\partial (vw)}{\partial q_i} \frac{\partial u}{\partial p_i} \right)$$

$$= \sum_{i=1}^{k} \left(\frac{\partial u}{\partial q_i} \frac{\partial v}{\partial p_i} - \frac{\partial v}{\partial q_i} \frac{\partial u}{\partial p_i} \right) w + \sum_{i=1}^{k} \left(\frac{\partial u}{\partial q_i} \frac{\partial w}{\partial p_i} - \frac{\partial w}{\partial q_i} \frac{\partial u}{\partial p_i} \right) v$$

$$= [u, v]w + [u, w]v$$

第 6 个特性

$$\frac{\partial}{\partial t}[u, v] = \left[\frac{\partial u}{\partial t}, v \right] + \left[u, \frac{\partial v}{\partial t} \right] \tag{95}$$

因

$$\frac{\partial}{\partial t}[u, v] = \frac{\partial}{\partial t} \sum_{i=1}^{k} \left(\frac{\partial u}{\partial q_i} \frac{\partial v}{\partial p_i} - \frac{\partial v}{\partial q_i} \frac{\partial u}{\partial p_i} \right)$$

$$= \sum_{i=1}^{k} \left\{ \frac{\partial}{\partial q_i} \left(\frac{\partial u}{\partial t} \right) \frac{\partial v}{\partial p_i} - \frac{\partial v}{\partial q_i} \frac{\partial}{\partial p_i} \left(\frac{\partial u}{\partial t} \right) \right\} +$$

$$\sum_{i=1}^{k} \left\{ \frac{\partial u}{\partial q_i} \frac{\partial}{\partial p_i} \left(\frac{\partial v}{\partial t} \right) - \frac{\partial}{\partial q_i} \left(\frac{\partial v}{\partial t} \right) \frac{\partial u}{\partial p_i} \right\}$$

$$= \left[\frac{\partial u}{\partial t}, v \right] + \left[u, \frac{\partial v}{\partial t} \right]$$

第 7 个特性

$$[q_i, q_j] = 0, \quad [p_i, p_j] = 0 \tag{96}$$

因 q_j 和 p_j 无关, 所以 $\frac{\partial q_i}{\partial p_j} = 0, \frac{\partial p_j}{\partial q_i} = 0$, 等.

第 8 个特性

$$[q_j, p_j] = 1 \quad (j = 1, 2, \cdots, k) \tag{97}$$

因

$$\sum_{i=1}^{k} \left(\frac{\partial q_i}{\partial q_i} \frac{\partial p_j}{\partial p_i} - \frac{\partial p_j}{\partial q_i} \frac{\partial q_j}{\partial p_i} \right) = \delta_{ij} = 1$$

第 9 个特性

$$[u, [v, w]] + [v, [w, u]] + [w, [u, v]] = 0 \tag{98}$$

上式称为雅可比恒等式, 证明是直接的, 因较繁, 故证明从略.

现在开始将泊松括号应用于动力学, 首先

$$[q_j, H] = \sum_{i=1}^{k} \left(\frac{\partial q_j}{\partial q_i} \frac{\partial H}{\partial p_i} - \frac{\partial H}{\partial q_i} \frac{\partial q_j}{\partial p_i} \right) = \delta_{ij} \frac{\partial H}{\partial p_i} = \frac{\partial H}{\partial p_j}$$

再应用哈密尔顿方程

$$\frac{\partial H}{\partial p_j} = \dot{q}_j$$

得
$$[q_j , H] = \dot{q}_j \quad (j=1,2,\cdots,k) \tag{99}$$

又
$$[p_j , H] = \sum_{i=1}^{k} \left(\frac{\partial p_j}{\partial q_i} \frac{\partial H}{\partial p_i} - \frac{\partial H}{\partial q_i} \frac{\partial p_j}{\partial p_i} \right) = \delta_{ij}\left(-\frac{\partial H}{\partial q_i}\right) = -\frac{\partial H}{\partial q_j}$$

再应用
$$\frac{\partial H}{\partial q_j} = -\dot{p}_j$$

得
$$[p_j , H] = p_j \quad (j=1,2,\cdots,k) \tag{100}$$

(99) 和 (100) 可看作用泊松括号表示的动力方程.

设有 $(q_1,q_2,\cdots,q_k,p_1,p_2,\cdots,p_k,t)$ 的任意函数 u，则
$$\frac{du}{dt} = \sum_{i=1}^{k} \left(\frac{\partial u}{\partial q_i} \frac{dq_i}{dt} + \frac{\partial u}{\partial p_i} \frac{dp_i}{dt} \right) + \frac{\partial u}{\partial t}$$

应用哈密尔顿方程上式可写成
$$\frac{du}{dt} = \sum_{i=1}^{k} \left(\frac{\partial u}{\partial q_i} \frac{\partial H}{\partial p_i} - \frac{\partial u}{\partial p_i} \frac{\partial H}{\partial q_i} \right) + \frac{\partial u}{\partial t}$$

或
$$\frac{du}{dt} = [u,H] + \frac{\partial u}{\partial t} \tag{101}$$

若 $u(q,p,t)=c$ 是动力方程的第一次积分，则 $\frac{du}{dt} = \frac{dc}{dt} = 0$，故自上式得 $u=c$ 是第一次积分的必要条件
$$[u,H] + \frac{\partial u}{\partial t} = 0 \tag{102}$$

若 u 不明显地包含时间，那么上式化成
$$[u,H] = 0 \tag{103}$$

若 $u(q,p,t)=a$ 和 $v(q,p,t)=b$ 同是某一质点系的动力方程组的两个第一次积分，那么 $[u,v]=c$ 也是这个动力方程组的第一次积分，因为
$$\frac{\partial u}{\partial t} + [u,H] = 0, \quad \frac{\partial v}{\partial t} + [v,H] = 0$$

于是雅可比恒等式
$$[u,[v,H]] + [v,[H,u]] + [H,[u,v]] = 0$$

或
$$\frac{\partial}{\partial t}[u,v] + [[u,v],H] = 0$$

上式表示 $[u,v]=c$ 是动力方程组的第一次积分. 这样就提供一种已知两个第一

57

$$V = -\left(\frac{m_1 m_2}{r_{12}} + \frac{m_2 m_3}{r_{23}} + \frac{m_3 m_1}{r_{31}} \right)$$

次积分求新的第一次积分的一个方法. 当 $[u,v] \equiv 0$ 时, 这个方法便无效.

若 $f_1 = c_1, f_2 = c_2, \cdots, f_m = c_m$ 同是某动力方程组的第一次积分, 并且若

$$[f_i, f_j] \equiv 0 \quad (i, j = 1, 2, \cdots, m) \tag{104}$$

那么这组积分称为内旋积分系. 对这样的一组积分便不能产生超出此组以外的积分.

三体问题的降阶法

动力学的两大问题之一"已知作用力求力学系统的运动规律"是需要解常微分方程组的.着手求解的第一个必要步骤是降低它的阶数,即尽量设法减少微分方程组的变数和方程的个数,以化到最简单的方程组为止.

由第一章中看出,三体问题的微分方程组是 18 阶,经拉格朗日(1772 年)首先研究指出,可以将此方程组降低为 6 阶.

本章中所讨论的内容,可以满足一个更高的要求,即降阶后的方程组始终保持哈密尔顿正则方程的形式.所以要如此做法的理由很简单,哈密尔顿正则方程是大家熟知的微分方程,对这种方程的普遍理论已有成熟的系统知识;若是任意转化为其他特殊形式的微分方程,必然引起数学处理上的麻烦,以致难以深入掌握.

§1 三体问题的哈密尔顿方程, 经典积分的广义坐标表示式

设有质量为 m_1, m_2, m_3 的三个质点 P, Q, R. 它们相互间的距离顺次表以 r_{23}, r_{31}, r_{12}. 对任何作为静止的惯性直角坐标系的坐标以 $(q_1, q_2, q_3), (q_4, q_5, q_6), (q_7, q_8, q_9)$ 表示. 那么此力学系统的动能是

$$T = \frac{1}{2} m_1 (\dot{q}_1^2 + \dot{q}_2^2 + \dot{q}_3^2) + \frac{1}{2} m_2 (\dot{q}_4^2 + \dot{q}_5^2 + \dot{q}_6^2) +$$
$$\frac{1}{2} m_3 (\dot{q}_7^2 + \dot{q}_8^2 + \dot{q}_9^2)$$

$$V = -\left(\frac{m_1 m_2}{r_{12}} + \frac{m_2 m_3}{r_{23}} + \frac{m_3 m_1}{r_{31}} \right)$$

质点的位能由第一章的(35)可写为

$$V = -\frac{m_2 m_3}{r_{23}} - \frac{m_3 m_1}{r_{31}} - \frac{m_1 m_2}{r_{12}}$$
$$= -m_2 m_3 \{(q_4 - q_7)^2 + (q_5 - q_8)^2 + (q_6 - q_9)^2\}^{-\frac{1}{2}} -$$
$$m_3 m_1 \{(q_7 - q_1)^2 + (q_8 - q_2)^2 + (q_9 - q_3)^2\}^{-\frac{1}{2}} -$$
$$m_1 m_2 \{(q_1 - q_4)^2 + (q_2 - q_5)^2 + (q_3 - q_6)^2\}^{-\frac{1}{2}}$$

对应于 q_i 的广义动量为 $m_i \dot{q}_i = p_i$，其中 t 是 $\frac{1}{3}(i+2)$ 的整数部,故哈密尔顿函数为

$$H = T + V = \frac{1}{2m_1}(p_1^2 + p_2^2 + p_3^2) + \frac{1}{2m_2}(p_4^2 + p_5^2 + p_6^2) +$$
$$\frac{1}{2m_3}(p_7^2 + p_8^2 + p_9^2) -$$
$$m_2 m_3 \{(q_4 - q_7)^2 + (q_5 - q_8)^2 + (q_6 - q_9)\}^{-\frac{1}{2}} -$$
$$m_3 m_1 \{(q_7 - q_1)^2 + (q_8 - q_2)^2 + (q_9 - q_3)\}^{-\frac{1}{2}} -$$
$$m_1 m_2 \{(q_1 - q_4)^2 + (q_2 - q_5)^2 + (q_3 - q_6)\}^{-\frac{1}{2}} \tag{1}$$

应用上式的 H 及第三章的(36),三体问题的哈密尔顿方程可写为

$$\frac{\mathrm{d}q_i}{\mathrm{d}t} = \frac{\partial H}{\partial p_i}, \quad \frac{\mathrm{d}p_i}{\mathrm{d}t} = -\frac{\partial H}{\partial q_i} \quad (i = 1, 2, \cdots, 9) \tag{2}$$

以 $q_i, p_i (i = 1, 2, \cdots, 9)$ 表示的 10 个经典积分第一章中的(38),(39),(40),(41b)可写为:

动量积分

$$\begin{cases} p_1 + p_4 + p_7 = a_1 \\ p_2 + p_5 + p_8 = a_3 \\ p_3 + p_6 + p_9 = a_5 \end{cases} \tag{3}$$

质心运动定理

$$\begin{cases} m_1 q_1 + m_2 q_4 + m_3 q_7 - (p_1 + p_4 + p_7)t = a_2 \\ m_1 q_2 + m_2 q_5 + m_3 q_8 - (p_2 + p_5 + p_8)t = a_4 \\ m_1 q_3 + m_2 q_6 + m_3 q_9 - (p_3 + p_6 + p_9)t = a_6 \end{cases} \tag{4}$$

动量矩积分

$$\begin{cases} q_1 p_2 - q_2 p_1 + q_4 p_5 - q_5 p_4 + q_7 p_8 - q_8 p_7 = a_7 \\ q_2 p_3 - q_3 p_2 + q_5 p_6 - q_6 p_5 + q_8 p_9 - q_9 p_8 = a_8 \\ q_3 p_1 - q_1 p_3 + q_6 p_4 - q_4 p_6 + q_9 p_7 - q_7 p_9 = a_9 \end{cases} \tag{5}$$

动能积分

$$H = h \tag{6}$$

其中 H 如(1)表示之式. 应用上面每一个积分, 哈密尔顿方程(2)可降低一阶, 上面共 10 个经典积分可将 18 阶的(2)降低到 8 阶. 应用第三章§5 消去时间降阶法可降低到 7 阶, 再应用下面要讲的"消去节线法"降低一阶到 6 阶, 其中应用能量积分降阶和消去时间降阶法都已在上章中讨论过, 在本章中不再重述.

<h2 style="text-align:center">§2 降阶法之一</h2>

接触变换(56)主要决定于函数 W'(现在写成 W), 此函数形式已知时, 便可由 $W(p_r, Q_r)$ 利用(56), 求出 P_r 和 q_r, 即

$$P_r = \frac{\partial W}{\partial Q_r}, \quad q_r = \frac{\partial W}{\partial p_r} \tag{7}$$

又新变换式的哈密尔顿函数可由(79)

$$K = H - \frac{\partial W}{\partial t} - \sum_{s=1}^{t} \lambda_s \frac{\partial \Omega_s}{\partial t}$$

求出. 现在所用的 W 函数不明显地包含时间 t, 所以 $\frac{\partial W}{\partial t} = 0$, 因之一切 Ω_s 也不含 t, 而有 $\frac{\partial \Omega_s}{\partial t} = 0$, 故

$$K(P, Q) = H(q, p)_{(q, p) \to (Q, P)} \tag{8}$$

本章应用的接触变换的 W 函数都是原动量 p 和新坐标 Q 的函数, 所以(7)和(8)是以后常要用到的公式.

(1) 应用质心运动定理将动力方程组降为 12 阶

庞加莱于 1896 年取下列 W 函数作接触变换

$$W = p_1 Q_1 + p_2 Q_2 + p_3 Q_3 + p_4 Q_4 + p_5 Q_5 + p_6 Q_6 +$$
$$(p_1 + p_4 + p_7) Q_7 + (p_2 + p_5 + p_8) Q_8 + (p_3 + p_6 + p_9) Q_9 \tag{9}$$

将 W 代入(7)的第二式, 并完成偏导数运算, 得

$$\begin{cases} q_1 = Q_1 + Q_7, \quad q_2 = Q_2 + Q_8, \quad q_3 = Q_3 + Q_9 \\ q_4 = Q_4 + Q_7, \quad q_5 = Q_5 + Q_8, \quad q_6 = Q_6 + Q_9 \\ q_7 = Q_7, \quad q_8 = Q_8, \quad q_9 = Q_9 \end{cases} \tag{10}$$

将(9)代入(7)的第一式, 得

$$\begin{cases} P_1 = p_1, \quad P_2 = p_2, \quad P_3 = p_3 \\ P_4 = p_4, \quad P_5 = p_5, \quad P_6 = p_6 \\ P_7 = p_1 + p_4 + p_7, \quad P_8 = p_2 + p_5 + p_8, \quad P_9 = p_3 + p_6 + p_9 \end{cases} \tag{11}$$

从(10)的最后 3 式看出 (Q_7, Q_8, Q_9) 就是 m_3 质点原坐标; 又(10)的前 3 式可写为

$$Q_1 = q_1 - q_7, \quad Q_2 = q_2 - q_8, \quad Q_3 = q_3 - q_9$$

61

$$V = -\left(\frac{m_1 m_2}{r_{12}} + \frac{m_2 m_3}{r_{23}} + \frac{m_3 m_1}{r_{31}} \right)$$

可见(Q_1,Q_2,Q_3)是质点m_1对m_3的相对坐标.同样,(Q_4,Q_5,Q_6)是质点m_2对m_3的相对坐标.

从(11)的前3式看出(P_1,P_2,P_3)是质点m_1的动量,同样(P_4,P_5,P_6)是质点m_2的动量,从(11)的最后3式看出,(P_7,P_8,P_9)是质点系的总动量.

自(11)可解得

$$p_7=P_7-P_1-P_4, \quad p_8=P_8-P_2-P_5, \quad p_9=P_9-P_3-P_6 \qquad (12)$$

将(10),(11)的前6式,及(12)代入(1),得

$$
\begin{aligned}
K=&\frac{1}{2m_1}(P_1^2+P_2^2+P_3^2)+\frac{1}{2m_2}(P_4^2+P_5^2+P_6^2)+\\
&\frac{1}{2m_3}[(P_7-P_1-P_4)^2+(P_8-P_2-P_5)^2+(P_9-P_3-P_6)^2]-\\
&m_2m_3(Q_4^2+Q_5^2+Q_6^2)^{-\frac{1}{2}}-m_3m_1(Q_1^2+Q_2^2+Q_3^2)^{-\frac{1}{2}}-\\
&m_1m_2[(Q_1-Q_4)^2+(Q_2-Q_5)^2+(Q_3-Q_6)^2]^{-\frac{1}{2}}\\
=&\left(\frac{1}{2m_1}+\frac{1}{2m_3}\right)(P_1^2+P_2^2+P_3^2)+\left(\frac{1}{2m_2}+\frac{1}{2m_3}\right)(P_4^2+P_5^2+P_6^2)+\\
&\frac{1}{m_3}\Big[P_1P_4+P_2P_5+P_3P_6+\frac{1}{2}P_7^2+\frac{1}{2}P_8^2+\frac{1}{2}P_9^2-\\
&P_7(P_1+P_4)-P_8(P_2+P_5)-P_9(P_3+P_6)\Big]-\\
&m_2m_3(Q_4^2+Q_5^2+Q_6^2)^{-\frac{1}{2}}-m_3m_1(Q_1^2+Q_2^2+Q_3^2)^{-\frac{1}{2}}-\\
&m_1m_2[(Q_1-Q_4)^2+(Q_2-Q_5)^2+(Q_3-Q_6)^2]^{-\frac{1}{2}}
\end{aligned}
$$

上式K中不含Q_7,Q_8,Q_9,所以它们是循环坐标.对应于这三个循环坐标的循环积分是

$$P_7=常量, \quad P_8=常量, \quad P_9=常量$$

将这些常量设为0,仍不失其普遍性.其力学意义是质点系的质心是静止着的.

令上式K中$P_7=P_8=P_9=0$,得不含Q_7,Q_8,Q_9,P_7,P_8,P_9的哈密尔顿函数K如下

$$
\begin{aligned}
K=&\left(\frac{1}{2m_1}+\frac{1}{2m_3}\right)(P_1^2+P_2^2+P_3^2)+\left(\frac{1}{2m_2}+\frac{1}{2m_3}\right)(P_4^2+P_5^2+P_6^2)+\\
&\frac{1}{m_3}(P_1P_4+P_2P_5+P_3P_6)-m_2m_3(Q_4^2+Q_5^2+Q_6^2)^{-\frac{1}{2}}-\\
&m_3m_1(Q_1^2+Q_2^2+Q_3^2)^{-\frac{1}{2}}-\\
&m_1m_2[(Q_1-Q_4)^2+(Q_2-Q_5)^2+(Q_3-Q_6)^2]^{-\frac{1}{2}} \qquad (13)
\end{aligned}
$$

于是以上式K为哈密尔顿函数的哈密尔顿方程为

$$\frac{\mathrm{d}Q_r}{\mathrm{d}t}=\frac{\partial K}{\partial P_r}, \quad \frac{\mathrm{d}P_r}{\mathrm{d}t}=-\frac{\partial K}{\partial Q_r} \quad (r=1,2,\cdots,6) \qquad (14)$$

上系统尚有能量积分

$$K = 常量$$

及三个动量矩积分.(5) 的第一式为

$$q_1 p_2 - q_2 p_1 + q_4 p_5 - q_5 p_4 + q_7 p_8 - q_8 p_7$$
$$= (Q_1 + Q_7)P_2 - (Q_2 + Q_8)P_1 + (Q_4 + Q_7)P_5 - (Q_5 + Q_8)P_4 +$$
$$Q_7(P_8 - P_2 - P_5) - Q_8(P_7 - P_1 - P_4)$$
$$= Q_1 P_2 - Q_2 P_1 + Q_4 P_5 - Q_5 P_4 = a_7$$

同理得

$$\begin{cases} Q_2 P_3 - Q_3 P_2 + Q_5 P_6 - Q_6 P_5 = a_8 \\ Q_3 P_1 - Q_1 P_3 + Q_6 P_4 - Q_4 P_6 = a_9 \end{cases} \tag{15}$$

（2）应用动量矩积分及消去节线将动力方程组降为 8 阶

现在取 W 函数为

$$W = P_1(q'_1 \cos q'_5 - q'_2 \cos q'_6 \sin q'_5) +$$
$$P_2(q'_1 \sin q'_5 + q'_2 \cos q'_6 \cos q') +$$
$$P_3 q'_2 \sin q'_6 + P_4(q'_3 \cos q'_5 - q'_4 \cos q'_6 \sin q'_5) +$$
$$P_5(q'_3 \sin q'_5 + q'_4 \cos q'_6 \cos q'_5) + P_6 q'_4 \sin q'_6$$

将上式代入以下接触变换关系式

$$Q_r = \frac{\partial W}{\partial P_r}, \quad p'_r = \frac{\partial W}{\partial q'_r} \quad (r = 1, 2, \cdots, 6) \tag{16}$$

得

$$Q_1 = q'_1 \cos q'_5 - q'_2 \cos q'_6 \sin q'_5 \tag{17a}$$
$$Q_2 = q'_1 \sin q'_5 + q'_2 \cos q'_6 \cos q'_5 \tag{17b}$$
$$Q_3 = q'_2 \sin q'_6 \tag{17c}$$
$$Q_4 = q'_3 \cos q'_5 - q'_4 \cos q'_6 \sin q'_5 \tag{18a}$$
$$Q_5 = q'_3 \sin q'_5 + q'_4 \cos q'_6 \cos q'_5 \tag{18b}$$
$$Q_6 = q'_4 \sin q'_6 \tag{18c}$$
$$p'_1 = P_1 \cos q'_5 + P_2 \sin q'_5 \tag{19a}$$
$$p'_2 = -P_1 \cos q'_6 \sin q'_5 + P_2 \cos q'_6 \cos q'_5 + P_3 \sin q'_6 \tag{19b}$$
$$p'_3 = P_4 \cos q'_5 + P_5 \sin q'_5 \tag{20a}$$
$$p'_4 = -P_4 \cos q'_6 \sin q'_5 + P_5 \cos q'_6 \cos q'_5 + P_6 \sin q'_6 \tag{20b}$$
$$p'_5 = P_1(-q'_1 \sin q'_5 - q'_2 \cos q'_6 \cos q'_5) +$$
$$P_2(q'_1 \cos q'_5 - q'_2 \cos q'_6 \sin q'_5) +$$
$$P_4(-q'_3 \sin q'_5 - q'_4 \cos q'_6 \cos q'_5) +$$
$$P_5(q'_3 \cos q'_5 - q'_4 \cos q'_6 \sin q'_5) \tag{21}$$
$$p'_6 = P_1 q'_2 \sin q'_6 \sin q'_5 - P_2 q'_2 \sin q'_6 \cos q'_5 + P_3 q'_2 \cos q'_6 +$$
$$P_4 q'_4 \sin q'_6 \sin q'_5 - P_5 q'_4 \sin q'_6 \cos q'_5 + P_6 q'_4 \cos q'_6 \tag{22}$$

$$\mathscr{V} = -\left(\frac{m_1 m_2}{r_{12}} + \frac{m_2 m_3}{r_{23}} + \frac{m_3 m_1}{r_{31}}\right)$$

现在从上面各式来说明新广义坐标 q' 和新广义动量 p' 的力学意义. 设 $Oxyz$ 是质点系最初表示的坐标系, 即质点 $m_1, m_2,$ m_3 对此坐标系的坐标是 (q_1, q_2, q_3), $(q_4,$ $q_5, q_6)$, (q_7, q_8, q_9). 又令 $Ox'y'z'$ 是与 $Oxyz$ 共原点的另一动直角坐标, Oz' 与 Oz 轴夹 q'_6 角(图 4.1), Ox' 保留在 Oxy 平面内, 即 Ox' 是 $Ox'y'z'$ 在 Oxy 平面上的节线, 而 $Ox'y'$ 平面恒平行于通过三质点的平面. 又 $Ox''y''z''$ 是以 m_3 作原点, 坐标轴

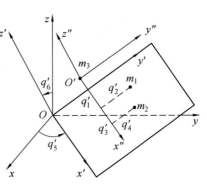

图 4.1

平行于 $Ox'y'z'$ 的坐标轴的直角坐标, 那么 (q'_1, q'_2) 就是 m_1 对 $O'x''y''$ 的坐标. 此结论可以从 (17a) 和 (17b) 并参看图 4.1 便很容易得到. 同样自 (18a) 和 (18b) 知道 (q'_3, q'_4) 是 m_2 对 $O'x''y''$ 的坐标.

由第 1 个特性知道 P_1, P_2, P_3 是 m_1 沿 $Oxyz$ 坐标轴的动量分量. 自 (19a) 并参看 (图 4.2) 知道 p'_1 是 m_1 沿 $O'x''$ 坐标轴的动量分量; 自 (19b) 知道 p'_2 是 m_1 沿 $O'y''$ 坐标轴的动量分量 (图中虚线是含 (p_3, p'_2) 平面和含 (p_1, p_2) 平面的交线). 同样自 (20a) 及 (20b) 知道 p'_3, p'_4 分别是 m_2 沿 $O'x''$ 和 $O'y''$ 的动量分量.

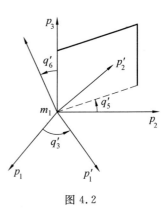

图 4.2

应用 (17a,b) 和 (18a,b), (21) 可改写为

$$p'_5 = P_1(-Q_2) + P_2 Q_1 + P_4(-Q_5) + P_5 Q_4 \tag{23}$$

将上式与 (15) 的第一式比较可知 p'_5 是质点系绕 Oz 轴的动量矩.

应用 (17c) 和 (18c) 可将 (22) 改写为

$$p'_6 = Q_3(P_1 \sin q'_5 - P_2 \cos q'_5) + P_3 q'_2 \cos q'_6 +$$
$$Q_6(P_4 \sin q'_5 - P_5 \cos q'_5) + P_6 q'_4 \cos q'_6 \tag{24}$$

现在证明 p'_6 是质点系对 $O'x''$ 轴的动量矩. m_3 的动量穿过点 O', 所以 m_3 对 $O'x''$ 无动量矩. 为简便起见, 图 4.3 中将原点 O 与 O' 相重合. m_1 对 $O'x''$ 轴的动量矩是

$$Q_3(P_1 \sin q'_5 - P_2 \cos q'_5) + P_3 q'_2 \cos q'_6 \tag{25}$$

因为 m_1 沿 $O'x''$ 轴的动量对 $O'x''$ 轴无动量矩, 只要求沿 Oz 轴的动量 P_3 及沿 "垂直于 $O'z'$ 并位于 Oxy 的平行平面内" 的 $O'T$ 的动量 $P_1 \sin q'_5 - P_2 \cos q'_5$ 对 $O'x''$ 的动量矩. 自图 4.3 看出, P_3 对 $O'x''$ 轴的臂是 $q'_2 \cos q'_6$, 所以 P_3 对 $O'x''$ 之矩为 $P_3 q'_2 \cos q'_6$. 又 $P_1 \sin q'_5 - P_2 \cos q'_5$ 对 $O'x''$ 之臂是 Q_3, 所以它的

矩是 $Q_3(P_1\sin q'_5 - P_2\cos q'_5)$. 于是得证
(25) 是 m_1 对 $O'x''$ 的动量矩. 同样

$$Q_6(P_4\sin q'_5 - P_5\cos q'_5) + P_6 q'_4\cos q'_6$$

是 m_2 对 $O'x''$ 的动量矩. 将这两个动量矩相加, 便得到(24), 它是质点系对 $O'x''$ 的动量矩.

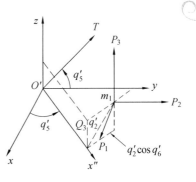

图 4.3

现在要求以 q', p' 表示的新哈密尔顿函数 H', 即

$$H' = K_{(Q,P)\to(q',p')} = T'(q',p') + V'(q')$$

将(17a, b, c)三式平方相加, 得

$$Q_1^2 + Q_2^2 + Q_3^2 = q'^2_1 + q'^2_2 \tag{26}$$

将(18a, b, c)三式平方相加, 得

$$Q_4^2 + Q_5^2 + Q_6^2 = q'^2_1 + q'^2_4 \tag{27}$$

将(17a)和(18a)相减, (17b)和(18b)相减, (17c)和(18c)相减, 然后所得各式平方相加, 得

$$(Q_1 - Q_4)^2 + (Q_2 - Q_5)^2 + (Q_3 - Q_6)^2 = (q'_1 - q'_3)^2 + (q'_2 - q'_4)^2 \tag{28}$$

将(26), (27), (28)代入(13)的位能部, 得

$$V' = -m_2 m_3(q'^2_3 + q'^2_4)^{-\frac{1}{2}} - m_3 m_1(q'^2_1 + q'^2_2)^{-\frac{1}{2}}$$
$$- m_1 m_2\left[(q'_1 - q'_3)^2 + (q'_2 - q'_4)^2\right]^{-\frac{1}{2}} \tag{29}$$

为了求动能部分 T', 必须自(19)至(22)各式解出 $P_1, P_2, \cdots, P_6$ 为 $p'_1, p'_2, \cdots, p'_6$ 的函数. 这是一个六变数的联立线性方程组, 若是用一般方法求解, 例如利用行列式的克拉密法, 也是很复杂的, 因为要计算 7 个六阶行列式, 而且还要代入 T' 中算出 $(P_1^2 + P_2^2 + P_3^2)$, $(P_4^2 + P_5^2 + P_6^2)$ 及 $(P_1 P_4 + P_2 P_5 + P_3 P_6)$. 在此避免陷入繁复的计算工作而模糊了力学的思想方法, 所以只将求得的 H' 直接写出. 求得的 H' 为

$$H' = \left(\frac{1}{2m_1} + \frac{1}{2m_3}\right)\left\{p'^2_1 + p'^2_2 + \frac{1}{(q'_2 q'_3 - q'_1 q'_4)^2}\left[(p'_1 q'_2 - p'_2 q'_1 + p'_3 q'_4 - \right.\right.$$
$$\left.\left. p'_4 q'_3)q'_4\cot q'_6 + p'_5 q'_4\operatorname{cosec} q'_6 + p'_6 q'_3\right]^2\right\} +$$
$$\left(\frac{1}{2m_2} + \frac{1}{2m_3}\right)\left\{p'^2_3 + p'^2_4 + \frac{1}{(q'_2 q'_3 - q'_1 q'_4)^2}\left[(p'_1 q'_2 - p'_2 q'_1 + p'_3 q'_4 - \right.\right.$$
$$\left.\left. p'_4 q'_3)q'_2\cot q'_6 + p'_5 q'_2\operatorname{cosec} q'_6 + p'_6 q'_1\right]^2\right\} +$$
$$\frac{1}{m_3}\left\{p'_1 p'_3 + p'_2 p'_4 - \frac{1}{(q'_2 q'_3 - q'_1 q'_4)^2}\left[(p'_1 q'_2 - p'_2 q'_1 + p'_3 q'_4 - \right.\right.$$

$$V = -\left(\frac{m_1 m_2}{r_{12}} + \frac{m_2 m_3}{r_{23}} + \frac{m_3 m_1}{r_{31}}\right)$$

$$p'_4 q'_3) q'_4 \cot q'_6 + p'_5 q'_4 \operatorname{cosec} q'_6 + p'_6 q'_3][(p'_1 q'_2 - p'_2 q'_1 +$$
$$p'_3 q'_4 - p'_4 q'_3) q'_2 \cot q'_6 + p'_5 q'_2 \operatorname{cosec} q'_6 + p'_6 q'_1]\} -$$
$$m_2 m_3 (q'^2_3 + q'^2_4)^{-\frac{1}{2}} - m_3 m_1 (q'^2_1 + q'^2_2)^{-\frac{1}{2}} -$$
$$m_1 m_2 [(q'_1 - q'_3)^2 + (q'_2 - q'_4)^2]^{-\frac{1}{2}} \tag{30}$$

从上式看出 H' 中不含 q'_5,所以 q'_5 是循环坐标,对应的循环积分是

$$p'_5 = k \tag{31}$$

其中 k 是常数,当其他哈密尔顿方程积分之后,下列方程

$$\frac{\mathrm{d} q'_5}{\mathrm{d} t} = \frac{\partial H'}{\partial k}$$

就能用纯积分式求解,这样 q'_5 和 p'_5 可自(14)中分出,而降为 10 阶以下的微分方程组

$$\frac{\mathrm{d} q'_r}{\mathrm{d} t} = \frac{\partial H'}{\partial p'_r}, \quad \frac{\mathrm{d} q'_r}{\mathrm{d} t} = -\frac{\partial H'}{\partial q_r} \quad (r = 1, 2, 3, 4, 6) \tag{32}$$

其中 H' 是以 k 代替 p'_5 后的式子(30). 以上的演算过程,已经消去了 q'_5 和 p'_5. 消去 q'_5 的意义,就是我们称为"消去节线". 消去 p'_5 时应用了(31),事实上就是应用了一个动量矩积分. 方程组(32)尚有两个动量矩积分. 现在要求这两个动量矩积分. 我们只要将 (Q, P) 用 (q', p') 表示的转换式代入(15)的第二、第三式就行. 不过演算还是很繁,在此只写出它的结果

$$(p'_2 q'_1 - p'_1 q'_2 + p'_4 q'_3 - p'_3 q'_4) \sin q'_5 \operatorname{cosec} q'_6 -$$
$$k \sin q'_5 \cot q'_6 + p'_6 \cos q'_5 = a_8$$
$$-(p'_2 q'_1 - p'_1 q'_2 + p'_4 q'_3 - p'_3 q'_4) \cos q'_5 \operatorname{cosec} q'_6 +$$
$$k \cos q'_5 \cot q'_6 + p'_6 \sin q'_5 = a_9$$

其中常数 a_8, a_9 随固定坐标 $Oxyz$ 的位置而变,我们选 Oz 沿质点系总动量矩的方向,那么 $a_8 = a_9 = 0$. 这种特殊坐标的 Oxy 平面即第一章所述的不变面. 对这坐标系,当 $\sin q'_5 \neq 0$ 时上两式变成

$$L \operatorname{cosec} q'_6 - k \cot q'_6 + p'_6 \cot q'_5 = 0$$
$$(-L \operatorname{cosec} q'_6 + k \cot q'_6) \cot q'_5 + p'_6 = 0$$

将上两式看成 $L \operatorname{cosec} q'_6 - k \cot q'_6$ 和 p'_6 的线性方程,则因系数行列式

$$\begin{vmatrix} 1 & \cot q'_5 \\ -\cot q'_5 & 1 \end{vmatrix} = 1 + \cot^2 q'_5 = \frac{1}{\sin^2 q'_5} \neq 0$$

故必

$$p'_6 = 0 \tag{33}$$

及

$$L \operatorname{cosec} q'_6 - k \cot q'_6 = 0 \tag{34a}$$

上式也可写成

$$(q'_1 p'_2 - p'_1 q'_2 + p'_4 q'_3 - p'_3 q'_4) = k\cos q'_6 \tag{34b}$$

(33) 和 (34b) 是 p'_6 和 q'_6 用其他变数表示的关系式,可用来代替下面一对哈密尔顿方程

$$\frac{\mathrm{d}q'_6}{\mathrm{d}t} = \frac{\partial H}{\partial p'_6}, \quad \frac{\mathrm{d}p'_6}{\mathrm{d}t} = -\frac{\partial H}{\partial q'_6}$$

于是整个系统的动力方程减缩为

$$\frac{\mathrm{d}q'_r}{\mathrm{d}t} = \frac{\partial H'}{\partial p'_r}, \quad \frac{\mathrm{d}p'_r}{\mathrm{d}t} = -\frac{\partial H'}{\partial q'_r} \quad (r=1,2,3,4) \tag{35}$$

其中 H' 为 (30) 中令 $p'_6 = 0$, $p'_5 = k$ 所得之式

$$\begin{aligned}
H' = {} & \left(\frac{1}{2m_1} + \frac{1}{2m_3}\right)\Big\{p'^2_1 + p'^2_2 + \frac{q'^2_4}{(q'_2 q'_3 - q'_1 q'_4)^2}[(p'_1 q'_2 - p'_2 q'_1 + \\
& p'_3 q'_4 - p'_4 q'_3)\cot q'_6 + k\mathrm{cosec}\, q'_6]^2\Big\} + \\
& \left(\frac{1}{2m_2} + \frac{1}{2m_3}\right)\Big\{p'^2_3 + p'^2_4 + \frac{q'^2_2}{(q'_2 q'_3 - q'_1 q'_4)^2}[(p'_1 q'_2 - p'_2 q'_1 + \\
& p'_3 q'_4 - p'_4 q'_3)\cot q'_6 + k\mathrm{cosec}\, q'_6]^2\Big\} + \\
& \frac{1}{m_3}\Big\{p'_1 p'_3 + p'_2 p'_4 - \frac{q'_2 q'_4}{(q'_2 q'_3 - q'_1 q'_4)^2}[(p'_1 q'_2 - \\
& p'_2 q'_1 + p'_3 q'_4 - p'_4 q'_3)\cot q'_6 + k\mathrm{cosec}\, q'_6]^2\Big\} - \\
& m_2 m_3 (q'^2_3 + q'^2_4)^{-\frac{1}{2}} - \\
& m_3 m_1 (q'^2_1 + q'^2_2)^{-\frac{1}{2}} - m_1 m_2 [(q'_1 - q'_3)^2 + (q'_2 - q'_4)^2]^{-\frac{1}{2}} \tag{36}
\end{aligned}$$

当 H' 代入 (35) 经偏微分以后, q'_6 的值再用 (34b) 代替. 令 H' 用 (34b) 代替后的函数用 H'' 表示,以 s 表示 $q'_1, q'_2, q'_3, q'_4, p'_1, p'_2, p'_3, p'_4$ 中任一变数,那么有简单的微分关系式

$$\frac{\partial H''}{\partial s} = \frac{\partial H'}{\partial s} + \frac{\partial H'}{\partial q'_6}\frac{\partial q'_6}{\partial s} \tag{37}$$

但由 (33) 及哈密尔顿方程

$$-\frac{\partial H'}{\partial q'_6} = \frac{\mathrm{d}p'_6}{\mathrm{d}t} = 0$$

于是 (37) 变成

$$\frac{\partial H''}{\partial s} = \frac{\partial H'}{\partial s}$$

上式表示:我们可先在 H' 中把 (34b) 用 q'_6 代去,再进行偏微分所得结果是一样的,于是

$$\begin{aligned}
& [(p'_1 q'_2 - p'_2 q'_1 + p'_3 q'_4 - p'_4 q'_3)\cot q'_6 + k\mathrm{cosec}\, q'_6]^2 \\
& = (-L\cot q'_6 + k\mathrm{cosec}\, q'_6)^2 = \frac{1}{\sin^2 q'_6}(-L\cos q'_6 + k)^2
\end{aligned}$$

$$\mathcal{V} = -\left(\frac{m_1 m_2}{r_{12}} + \frac{m_2 m_3}{r_{23}} + \frac{m_3 m_1}{r_{31}}\right)$$

$$= \frac{1}{1-\cos^2 q'_6}\left(\frac{-L^2}{k}+k\right)^2 = \frac{1}{k^2-k^2\cos^2 q'_6}(-L^2+k^2)^2$$

$$= (k^2-L^2) = [k^2-(p'_2 q'_1 - p'_1 q'_2 + p'_4 q'_3 - p'_3 q'_4)^2]$$

应用上式于(36)可得 H'',现在为了写法上符号的简化起见,将一切撇号都弃去,因此

$$H = \left(\frac{1}{2m_1}+\frac{1}{2m_3}\right)(p_1^2+p_2^2) + \left(\frac{1}{2m_2}+\frac{1}{2m_3}\right)(p_3^2+p_4^2) +$$

$$\frac{1}{m_3}(p_1 p_3 + p_2 p_4) + (q_2 q_3 - q_1 q_4)^{-2}\left[\left(\frac{1}{2m_1}+\frac{1}{2m_3}\right)q_4^2 +\right.$$

$$\left.\left(\frac{1}{2m_2}+\frac{1}{2m_3}\right)q_2^2 - \frac{q_2 q_4}{m_3}\right][k^2-(p_2 q_1 - q_2 p_1 + p_4 q_3 - p_3 q_4)^2] -$$

$$m_2 m_3 (q_3^2 + q_4^2)^{-\frac{1}{2}} - m_3 m_1 (q_1^2 + q_2^2)^{-\frac{1}{2}} -$$

$$m_1 m_3 [(q_1-q_3)^2 + (q_2-q_4)^2]^{-\frac{1}{2}} \qquad (38)$$

对应于上式 H 的三体问题哈密尔顿方程为

$$\frac{\mathrm{d}q_r}{\mathrm{d}t} = \frac{\partial H}{\partial p_r}, \qquad \frac{\mathrm{d}p_r}{\mathrm{d}t} = -\frac{\partial H}{\partial q_r} \qquad (r=1,2,3,4) \qquad (39)$$

上式已降至 8 阶,最后应用第三章的消去时间降价法和能量积分降价法得降至 6 阶.

§3 降阶法之二

现在来讨论雅可比于 1843 年发表的一个降阶法,这个降阶法为贝尔特伦德(Bertrand)于 1852 年明确地说明:可理解为将三体问题化成非万有引力的二体问题.

(1) 应用质心运动定理将动力方程组降为 12 阶

现在所取的 W 函数是

$$W = P_1(q_4-q_1) + P_2(q_5-q_2) + P_3(q_6-q_3) +$$

$$P_4\left(q_7-\frac{m_1 q_1 + m_2 q_4}{m_1+m_2}\right) + P_5\left(q_8-\frac{m_1 q_2 + m_2 q_5}{m_1+m_2}\right) +$$

$$P_6\left(q_9-\frac{m_1 q_3 + m_2 q_6}{m_1+m_2}\right) + P_7(m_1 q_1 + m_2 q_4 + m_3 q_7) +$$

$$P_8(m_1 q_2 + m_2 q_5 + m_3 q_8) + P_9(m_1 q_3 + m_2 q_6 + m_3 q_9) \qquad (40)$$

将上式代入接触变换关系式

$$Q_r = \frac{\partial W}{\partial P_r}, \qquad p_r = \frac{\partial W}{\partial q_r} \qquad (r=1,2,\cdots,9) \qquad (41)$$

得

$$Q_1 = q_4-q_1, \quad Q_2 = q_5-q_2, \quad Q_3 = q_6-q_3 \qquad (42)$$

$$\begin{cases} Q_4 = q_7 - \dfrac{m_1 q_1 + m_2 q_4}{m_1 + m_2} \\[2mm] Q_5 = q_8 - \dfrac{m_1 q_2 + m_2 q_5}{m_1 + m_2} \\[2mm] Q_6 = q_9 - \dfrac{m_1 q_3 + m_2 q_6}{m_1 + m_2} \end{cases} \tag{43}$$

$$\begin{cases} Q_7 = m_1 q_1 + m_2 q_4 + m_3 q_7 \\ Q_8 = m_1 q_2 + m_2 q_5 + m_3 q_8 \\ Q_9 = m_1 q_3 + m_2 q_6 + m_3 q_9 \end{cases} \tag{44}$$

及

$$p_1 = -P_1 - P_4 \frac{m_1}{m_1 + m_2} + m_1 P_7 \tag{45a}$$

$$p_2 = -P_2 - P_5 \frac{m_1}{m_1 + m_2} + m_1 P_8 \tag{45b}$$

$$p_3 = -P_3 - P_6 \frac{m_1}{m_1 + m_2} + m_1 P_9 \tag{45c}$$

$$p_4 = P_1 - P_4 \frac{m_2}{m_1 + m_2} + m_2 P_7 \tag{46a}$$

$$p_5 = P_2 - P_5 \frac{m_2}{m_1 + m_2} + m_2 P_8 \tag{46b}$$

$$p_6 = P_3 - P_6 \frac{m_2}{m_1 + m_2} + m_2 P_9 \tag{46c}$$

$$p_7 = P_4 + m_3 P_7 \tag{47a}$$

$$p_8 = P_5 + m_3 P_8 \tag{47b}$$

$$p_9 = P_6 + m_3 P_9 \tag{47c}$$

现在自以上各式来说明新动力变数 Q,P 的物理意义. 首先说明各新广义坐标 $Q_r(r=1,2,\cdots,9)$ 的物理意义. 自(42)看出(Q_1,Q_2,Q_3) 是

$$\overrightarrow{m_2 m_1} = (q_4 - q_1)\boldsymbol{i} + (q_5 - q_2)\boldsymbol{j} + (q_6 - q_3)\boldsymbol{k}$$

在原坐标系 $Oxyz$ 的 x,y,z 轴上的投影. 令 G 是 m_1 和 m_2 的质心,那么 G 在 $Oxyz$ 坐标系的坐标是

$$\left(\frac{m_1 q_1 + m_2 q_4}{m_1 + m_2}, \frac{m_1 q_2 + m_2 q_5}{m_1 + m_2}, \frac{m_1 q_3 + m_2 q_6}{m_1 + m_2} \right)$$

于是由(43)看出(Q_4,Q_5,Q_6) 是 $\overrightarrow{m_3 G}$ 在原坐标系各轴上的投影. 又自(44)看出将(Q_7,Q_8,Q_9) 除以$(m_1 + m_2 + m_3)$ 就成为三质点 m_1,m_2,m_3 的质心在 $Oxyz$ 坐标系的坐标.

现在再来讨论 $P_r(r=1,2,\cdots,9)$ 的物理意义. 将(45a),(46a)和(47a)三式相加得

$$V = -\left(\frac{m_1 m_2}{r_{12}} + \frac{m_2 m_3}{r_{23}} + \frac{m_3 m_1}{r_{31}} \right)$$

$$p_1 + p_4 + p_7 = P_7(m_1 + m_2 + m_3)$$

同样

$$p_2 + p_5 + p_8 = P_8(m_1 + m_2 + m_3)$$

及

$$p_3 + p_6 + p_9 = P_9(m_1 + m_2 + m_3) \tag{48}$$

从上三式看出:P_7,P_8,P_9 分别是三质点的质心沿 x,y,z 轴的速度分量. 现在取质心为新坐标系的原点 O,并将质心当作不动,那么

$$Q_7 = Q_8 = Q_9 = P_7 = P_8 = P_9 = 0 \tag{49}$$

将(48)的第一式中 P_7 代入(45a)与(46a),再解出 P_1,P_4 得

$$P_1 = \frac{m_1 p_4 - m_2 p_1}{m_1 + m_2} = \frac{m_1 m_2}{m_1 + m_2}(\dot{q}_4 - \dot{q}_1) = \mu(\dot{q}_4 - \dot{q}_1) \tag{50}$$

$$P_4 = \frac{(m_1 + m_2)p_7 - m_3(p_1 + p_4)}{m_1 + m_2 + m_3} \tag{51}$$

对应于(50),有 P_2,P_3 的类似关系式,而有

$$P_1 = \mu(\dot{q}_4 - \dot{q}_1), \quad P_2 = \mu(\dot{q}_5 - \dot{q}_2), \quad P_3 = \mu(\dot{q}_6 - \dot{q}_3) \tag{52}$$

其中

$$\mu = \frac{m_1 m_2}{m_1 + m_2} \tag{53}$$

从(52)看出:(P_1,P_2,P_3) 是质点 m_2 对 m_1 的相对速度再乘以质量 μ 而得.

P_5,P_6 的关系式类似于(51),而有

$$\begin{cases} P_4 = \dfrac{(m_1 + m_2)p_7 - m_3(p_1 + p_4)}{m_1 + m_2 + m_3} \\[2mm] P_5 = \dfrac{(m_1 + m_2)p_8 - m_3(p_2 + p_5)}{m_1 + m_2 + m_3} \\[2mm] P_6 = \dfrac{(m_1 + m_2)p_9 - m_3(p_3 + p_6)}{m_1 + m_2 + m_3} \end{cases} \tag{54}$$

现在要利用坐标的变换式求新的哈密尔顿函数 K. 这函数是(1)的 H 应用变换 $(q,p) \rightarrow (Q,P)$ 得到的表示式.

由(42)将三式平方相加,得

$$(q_4 - q_1)^2 + (q_5 - q_2)^2 + (q_6 - q_3)^2 = Q_1^2 + Q_2^2 + Q_3^2 \tag{55}$$

由(42),(43),(44)的第一式

$$\begin{cases} Q_1 = q_4 - q_1 \\[1mm] Q_4 = q_7 - \dfrac{m_1 q_1 + m_2 q_4}{m_1 + m_2} \\[2mm] Q_7 = m_1 q_1 + m_2 q_2 + m_3 q_3 \end{cases}$$

解出 q_1,q_4,q_7,得

$$\begin{cases} q_1 = \dfrac{1}{m_1 + m_2 + m_3}(Q_7 - m_3 Q_4) - \dfrac{m_2}{m_1 + m_2}Q_1 \\[2mm] q_4 = \dfrac{1}{m_1 + m_2 + m_3}(Q_7 - m_3 Q_4) + \dfrac{m_1}{m_1 + m_2}Q_1 \\[2mm] q_7 = Q_4 + \dfrac{Q_7 - m_3 Q_4}{m_1 + m_2 + m_3} \end{cases} \quad (56)$$

同样

$$\begin{cases} q_2 = \dfrac{1}{m_1 + m_2 + m_3}(Q_8 - m_3 Q_5) - \dfrac{m_2}{m_1 + m_2}Q_2 \\[2mm] q_5 = \dfrac{1}{m_1 + m_2 + m_3}(Q_8 - m_3 Q_5) + \dfrac{m_1}{m_1 + m_2}Q_2 \\[2mm] q_8 = Q_5 + \dfrac{Q_8 - m_3 Q_5}{m_1 + m_2 + m_3} \end{cases} \quad (57)$$

$$\begin{cases} q_3 = \dfrac{1}{m_1 + m_2 + m_3}(Q_9 - m_3 Q_6) - \dfrac{m_2}{m_1 + m_2}Q_3 \\[2mm] q_6 = \dfrac{1}{m_1 + m_2 + m_3}(Q_9 - m_3 Q_6) + \dfrac{m_1}{m_1 + m_2}Q_3 \\[2mm] q_9 = Q_6 + \dfrac{Q_9 - m_3 Q_6}{m_1 + m_2 + m_3} \end{cases} \quad (58)$$

由(56),第三式减去第一式,得

$$q_7 - q_1 = Q_4 + \frac{m_2}{m_1 + m_2}Q_1$$

于是可知

$$(q_7 - q_1)^2 + (q_8 - q_2)^2 + (q_9 - q_3)^2 = \left(Q_4 + \frac{m_2}{m_1 + m_2}Q_1\right)^2 +$$

$$\left(Q_5 + \frac{m_2}{m_1 + m_2}Q_2\right)^2 + \left(Q_6 + \frac{m_2}{m_1 + m_2}Q_3\right)^2$$

$$= (Q_4^2 + Q_5^2 + Q_6^2) + \left(\frac{m_2}{m_1 + m_2}\right)^2 (Q_1^2 + Q_2^2 + Q_3^2) +$$

$$\frac{2m_2}{m_1 + m_2}(Q_1 Q_4 + Q_2 Q_5 + Q_3 Q_6) \quad (59)$$

从(56)的第二式减第三式,得

$$q_4 - q_7 = \frac{m_1}{m_1 + m_2}Q_1 - Q_4$$

于是可知

$$(q_4 - q_7)^2 + (q_5 - q_8)^2 + (q_6 - q_9)^2 = \left(\frac{m_1}{m_1 + m_2}Q_1 - Q_4\right)^2 +$$

$$\left(\frac{m_1}{m_1 + m_2}Q_2 - Q_5\right)^2 + \left(\frac{m_1}{m_1 + m_2}Q_3 - Q_6\right)^2$$

71
$$\mathcal{V} = -\left(\frac{m_1 m_2}{r_{12}} + \frac{m_2 m_3}{r_{23}} + \frac{m_3 m_1}{r_{31}}\right)$$

$$= (Q_4^2 + Q_5^2 + Q_6^2) + \left(\frac{m_1}{m_1 + m_2}\right)^2 (Q_1^2 + Q_2^2 + Q_3^2) -$$

$$\frac{2m_1}{m_1 + m_2}(Q_1 Q_4 + Q_2 Q_5 + Q_3 Q_6) \tag{60}$$

应用(49),将自(45)至(47)各式每三组三式平方相加,则有

$$p_1^2 + p_2^2 + p_3^2 = (P_1^2 + P_2^2 + P_3^2) + \left(\frac{m_1}{m_1 + m_2}\right)^2 (P_4^2 + P_5^2 + P_6^2) +$$

$$\frac{2m_1}{m_1 + m_2}(P_1 P_4 + P_2 P_5 + P_3 P_6) \tag{61}$$

$$p_4^2 + p_5^2 + p_6^2 = (P_1^2 + P_2^2 + P_3^2) + \left(\frac{m_2}{m_1 + m_2}\right)^2 (P_4^2 + P_5^2 + P_6^2) -$$

$$\frac{2m_2}{m_1 + m_2}(P_1 P_4 + P_2 P_5 + P_3 P_6) \tag{62}$$

$$p_7^2 + p_8^2 + p_9^2 = P_4^2 + P_5^2 + P_6^2 \tag{63}$$

将(55),(59),(60),(61),(62),(63)代入(1),得

$$K = \frac{1}{2m_1}\left[(P_1^2 + P_2^2 + P_3^2) + \left(\frac{m_1}{m_1 + m_2}\right)^2 (P_4^2 + P_5^2 + P_6^2) + \right.$$

$$\left. \frac{2m_1}{m_1 + m_2}(P_1 P_4 + P_2 P_5 + P_3 P_6)\right] +$$

$$\frac{1}{2m_2}\left[(P_1^2 + P_2^2 + P_3^2) + \left(\frac{m_2}{m_1 + m_2}\right)^2 (P_4^2 + P_5^2 + P_6^2) - \right.$$

$$\left. \frac{2m_2}{m_1 + m_2}(P_1 P_4 + P_2 P_5 + P_3 P_6)\right] +$$

$$\frac{1}{2m_3}(P_4^2 + P_5^2 + P_6^2) -$$

$$m_2 m_3 \left[(Q_4^2 + Q_5^2 + Q_6^2) + \left(\frac{m_1}{m_1 + m_2}\right)^2 (Q_1^2 + Q_2^2 + Q_3^2) - \right.$$

$$\left. \frac{2m_1}{m_1 + m_2}(P_1 P_4 + P_2 P_5 + P_3 P_6)\right]^{-\frac{1}{2}} -$$

$$m_3 m_1 \left[(Q_4^2 + Q_5^2 + Q_6^2) + \left(\frac{m_2}{m_1 + m_2}\right)^2 (Q_1^2 + Q_2^2 + Q_3^2) + \right.$$

$$\left. \frac{2m_2}{m_1 + m_2}(Q_1 Q_4 + Q_2 Q_5 + Q_3 Q_6)\right]^{-\frac{1}{2}} - m_1 m_2 (Q_1^2 + Q_2^2 + Q_3^2)^{-\frac{1}{2}}$$

$$= \frac{1}{2\mu}(P_1^2 + P_2^2 + P_3^2) + \frac{1}{2\mu}(P_4^2 + P_5^2 + P_6^2) -$$

$$m_1 m_2 (Q_1^2 + Q_2^2 + Q_3^2)^{-\frac{1}{2}} -$$

$$m_1 m_3 \left[Q_4^2 + Q_5^2 + Q_6^2 + \frac{2m_2}{m_1 + m_2}(Q_1 Q_4 + Q_2 Q_5 + Q_3 Q_6) + \right.$$

$$\left(\frac{m_2}{m_1+m_2}\right)^2 (Q_1^2+Q_2^2+Q_3^2)\Bigg]^{-\frac{1}{2}} -$$

$$m_2 m_3\left[Q_4^2+Q_5^2+Q_6^2-\frac{2m_1}{m_1+m_2}(Q_1 Q_4+Q_2 Q_5+Q_3 Q_6)+\right.$$

$$\left(\frac{m_1}{m_1+m_2}\right)^2 (Q_1^2+Q_2^2+Q_3^2)\Bigg]^{-\frac{1}{2}} \tag{64}$$

其中

$$\mu' = \frac{m_3(m_1+m_2)}{m_1+m_2+m_3}$$

应用(64)的新哈密尔顿函数,三体问题的哈密尔顿方程组化为

$$\frac{\mathrm{d}Q_r}{\mathrm{d}t}=\frac{\partial K}{\partial P_r},\quad \frac{\mathrm{d}P_r}{\mathrm{d}t}=-\frac{\partial K}{\partial Q_r}\quad (r=1,2,\cdots,6) \tag{65}$$

察看 K 函数可分为两部分:T 和 V,T 仅为 $P_r(r=1,2,\cdots,6)$ 的函数,V 仅为 Q 的函数,其中

$$T=\frac{1}{2\mu}(P_1^2+P_2^2+P_3^2)+\frac{1}{2\mu'}(P_4^2+P_5^2+P_6^2) \tag{66}$$

及

$$V=-m_1 m_2 (Q_1^2+Q_2^2+Q_3^2)^{-\frac{1}{2}} -$$

$$m_1 m_3\left[Q_4^2+Q_5^2+Q_6^2-\frac{2m_1}{m_1+m_2}(Q_1 Q_4+Q_2 Q_5+Q_3 Q_6)+\right.$$

$$\left(\frac{m_2}{m_1+m_2}\right)^2 (Q_1^2+Q_2^2+Q_3^2)\Bigg]^{-\frac{1}{2}} -$$

$$m_2 m_3\left[Q_4^2+Q_5^2+Q_6^2-\frac{2m_1}{m_1+m_2}(Q_1 Q_4+Q_2 Q_5+Q_3 Q_6)+\right.$$

$$\left(\frac{m_1}{m_1+m_2}\right)^2 (Q_1^2+Q_2^2+Q_3^2)\Bigg]^{-\frac{1}{2}} \tag{67}$$

从(66)看出动能 T 可看作质量是 μ 和 μ' 两个质点的动能.又由(65)知其前面一式为

$$\mu\frac{\mathrm{d}Q_r}{\mathrm{d}t}=P_r\quad (r=1,2,3) \tag{68a}$$

$$\mu'\frac{\mathrm{d}Q_r}{\mathrm{d}t}=P_r\quad (r=4,5,6) \tag{68b}$$

(65)的后一式为

$$\frac{\mathrm{d}P_r}{\mathrm{d}t}=-\frac{\partial K}{\partial Q_r}=-\frac{\partial V}{\partial Q_r} \tag{69}$$

从上面这些式子看出三体问题的力学问题可看作质量为 μ 和 μ' 的二体问题,它们的作用力由(67)的位函数 V 决定.现在尚须算出新动力变数的动量矩积分.

$$V=-\left(\frac{m_1 m_2}{r_{12}}+\frac{m_2 m_3}{r_{23}}+\frac{m_3 m_1}{r_{31}}\right)$$

显然

$$a_7 = q_1 p_2 - q_2 p_1 + q_4 p_5 - q_5 p_4 + q_7 p_8 - q_8 p_7$$

$$= \left(\frac{-m_3}{m_1 + m_2 + m_3} Q_4 - \frac{\mu}{m_1} Q_1 \right) \left(-P_2 - P_5 \frac{\mu}{m_2} \right) -$$

$$\left(\frac{-m_3}{m_1 + m_2 + m_3} Q_5 - \frac{\mu}{m_1} Q_2 \right) \left(-P_1 - P_4 \frac{\mu}{m_2} \right) +$$

$$\left(\frac{-m_3}{m_1 + m_2 + m_3} Q_4 + \frac{\mu}{m_2} Q_1 \right) \left(P_2 - P_5 \frac{\mu}{m_1} \right) -$$

$$\left(\frac{-m_3}{m_1 + m_2 + m_3} Q_5 + \frac{\mu}{m_2} Q_2 \right) \left(P_1 - P_4 \frac{\mu}{m_1} \right) +$$

$$\frac{m_1 + m_2}{m_1 + m_2 + m_3} Q_4 P_5 - \frac{m_1 + m_2}{m_1 + m_2 + m_3} Q_5 P_4$$

$$= Q_4 P_2 - Q_2 P_1 + Q_4 P_5 - Q_5 P_4 \tag{70}$$

$$a_8 = q_2 p_3 - q_3 p_2 + q_5 p_6 - q_6 p_5 + q_8 p_9 - q_9 p_8$$

$$= \left(\frac{-m_3}{m_1 + m_2 + m_3} Q_5 - \frac{m_2}{m_1 + m_2} Q_2 \right) \left(-P_3 - P_6 \frac{m_1}{m_1 + m_2} \right) -$$

$$\left(\frac{-m_3}{m_1 + m_2 + m_3} Q_6 - \frac{m_2}{m_1 + m_2} Q_3 \right) \left(-P_2 - P_5 \frac{m_1}{m_1 + m_2} \right) +$$

$$\left(\frac{-m_3}{m_1 + m_2 + m_3} Q_5 + \frac{m_1}{m_1 + m_2} Q_2 \right) \left(P_3 - P_6 \frac{m_2}{m_1 + m_2} \right) -$$

$$\left(\frac{-m_3}{m_1 + m_2 + m_3} Q_6 + \frac{m_1}{m_1 + m_2} Q_3 \right) \left(P_2 - P_5 \frac{m_2}{m_1 + m_2} \right) +$$

$$\frac{m_1 + m_2}{m_1 + m_2 + m_3} Q_5 P_6 - \frac{m_1 + m_2}{m_1 + m_2 + m_3} Q_6 P_5$$

$$= Q_2 P_3 - Q_3 P_2 + Q_5 P_6 - Q_6 P_5 \tag{71}$$

$$a_9 = q_3 p_1 - q_1 p_3 + q_6 p_4 - q_4 p_6 + q_9 p_7 - q_7 p_9$$

$$= \left(\frac{-m_3}{m_1 + m_2 + m_3} Q_6 - \frac{m_2}{m_1 + m_2} Q_3 \right) \left(-P_1 - P_4 \frac{m_1}{m_1 + m_2} \right) -$$

$$\left(\frac{-m_3}{m_1 + m_2 + m_3} Q_4 - \frac{m_2}{m_1 + m_2} Q_1 \right) \left(-P_3 - P_6 \frac{m_1}{m_1 + m_2} \right) +$$

$$\left(\frac{-m_3}{m_1 + m_2 + m_3} Q_6 + \frac{m_1}{m_1 + m_2} Q_3 \right) \left(P_1 - P_4 \frac{m_2}{m_1 + m_2} \right) -$$

$$\left(\frac{-m_3}{m_1 + m_2 + m_3} Q_4 + \frac{m_1}{m_1 + m_2} Q_1 \right) \left(P_3 - P_6 \frac{m_2}{m_1 + m_2} \right) +$$

$$\frac{m_1 + m_2}{m_1 + m_2 + m_3} Q_6 P_4 - \frac{m_1 + m_2}{m_1 + m_2 + m_3} Q_4 P_6$$

$$= Q_3 P_1 - Q_1 P_3 + P_4 Q_6 - Q_4 P_6 \tag{72}$$

从上三式看出新动力变数表示的动量矩积分式,确实具有两个质点的动量矩形式.

（2）应用动量矩积分及消去节线将动力方程组降为 8 阶.

现在取 W 函数为

$$W = (P_2 \sin q'_5 + P_1 \cos q'_5)q'_1 \cos q'_3 + q'_1 \sin q'_3 [(P_2 \cos q'_5 -$$
$$P_1 \sin q'_5)^2 + P_3^2]^{\frac{1}{2}} + (P_5 \sin q'_6 + P_4 \cos q'_6)q'_2 \cos q'_4 +$$
$$q'_2 \sin q'_4 [(P_5 \cos q'_6 - P_4 \sin q'_6)^2 + P_6^2]^{\frac{1}{2}} \tag{73}$$

将上面的 W 函数代入下列接触变换关系式

$$p'_r = \frac{\partial W}{\partial q'_r}, \quad Q_r = \frac{\partial W}{\partial P_r} \tag{74}$$

得

$$Q_1 = q'_1 \cos q'_5 \cos q'_3 + q'_1 \sin q'_3 [(P_2 \cos q'_5 - P_1 \sin q'_5)^2 +$$
$$P_3^2]^{-\frac{1}{2}} (P_2 \cos q'_5 - P_1 \sin q'_5)(-\sin q'_5) \tag{75}$$

$$Q_2 = q'_1 \sin q'_5 \cos q'_3 + q'_1 \sin q'_3 [(P_2 \cos q'_5 - P_1 \sin q'_5)^2 +$$
$$P_3^2]^{-\frac{1}{2}} (P_2 \cos q'_5 - P_1 \sin q'_5) \cos q'_5 \tag{76}$$

$$Q_3 = q'_1 \sin q'_3 [(P_2 \cos q'_5 - P_1 \sin q'_5)^2 + P_3^2]^{-\frac{1}{2}} P_3 \tag{77}$$

$$Q_4 = q'_2 \cos q'_6 \cos q'_4 + q'_2 \sin q'_4 [(P_5 \cos q'_6 - P_4 \sin q'_6)^2 +$$
$$P_6^2]^{-\frac{1}{2}} (P_5 \cos q'_6 - P_4 \sin q'_6)(-\sin q'_6) \tag{78}$$

$$Q_5 = q'_2 \sin q'_6 \cos q'_4 + q'_2 \sin q'_4 [(P_5 \cos q'_6 - P_4 \sin q'_6)^2 +$$
$$P_6^2]^{-\frac{1}{2}} (P_5 \cos q'_6 - P_4 \sin q'_6) \cos q'_6 \tag{79}$$

$$Q_6 = q'_2 \sin q'_4 [(P_5 \cos q'_6 - P_4 \sin q'_6)^2 + P_6^2]^{-\frac{1}{2}} P_6 \tag{80}$$

$$p'_1 = (P_2 \sin q'_5 + P_1 \cos q'_5) \cos q'_3 +$$
$$\sin q'_3 [(P_2 \cos q'_5 - P_1 \sin q'_5)^2 + P_3^2]^{\frac{1}{2}} \tag{81}$$

$$p'_2 = (P_5 \sin q'_5 + P_4 \cos q'_6) \cos q'_4 +$$
$$\sin q'_4 [(P_5 \cos q'_6 - P_4 \sin q'_6)^2 + P_6^2]^{\frac{1}{2}} \tag{82}$$

$$p'_3 = -q'_1 (P_2 \sin q'_5 + P_1 \cos q'_5) \sin q'_3 + q'_1 \cos q'_3 [(P_2 \cos q'_5 -$$
$$P_1 \sin q'_5)^2 + P_3^2]^{\frac{1}{2}} \tag{83}$$

$$p'_4 = -q'_2 (P_5 \sin q'_6 + P_4 \cos q'_6) \sin q'_4 + q'_2 \cos q'_4 [(P_5 \cos q'_6 -$$
$$P_4 \sin q'_6)^2 + P_6^2]^{\frac{1}{2}} \tag{84}$$

$$p'_5 = (P_2 \cos q'_5 - P_1 \sin q'_5)q'_1 \cos q'_3 + q'_1 \sin q'_3 [(P_2 \cos q'_5 -$$
$$P_1 \sin q'_5)^2 + P_3^2]^{\frac{1}{2}} (P_2 \cos q'_5 - P_1 \sin q'_5)(-P_2 \sin q'_5 -$$
$$P_1 \cos q'_5) \tag{85}$$

$$p'_6 = (P_5 \cos q'_6 - P_4 \sin q'_6)q'_2 \cos q'_4 + q'_2 \sin q'_4 [(P_5 \cos q'_6 -$$
$$P_4 \sin q'_6)^2 + P_6^2]^{-\frac{1}{2}} (P_5 \cos q'_6 - P_4 \sin q'_6)(-P_5 \sin q'_6 -$$

$$V = -\left(\frac{m_1 m_2}{r_{12}} + \frac{m_2 m_3}{r_{23}} + \frac{m_3 m_1}{r_{31}}\right)$$

$$P_4 \cos q'_6) \tag{86}$$

现在来说明各新动力变数的力学意义. 首先说明广义坐标 q' 的力学意义. 将(75)和(76)平方相加, 得

$$Q_1^2 + Q_2^2 = q'^2_1 \cos^2 q'_3 + q'^2_1 \sin^2 q'_3 \left[(P_2 \cos q'_5 - P_1 \sin q'_5)^2 + P_3^2 \right]^{-1} (P_2 \cos q'_5 - P_1 \sin q'_5)^2$$

将上式两端加上(77)的平方, 得

$$Q_1^2 + Q_2^2 + Q_3^2 = q'^2_1 \cos^2 q'_3 + q'^2_1 \sin^2 q'_3 = q'^2_1 \tag{87}$$

从上式可见 q'_1 是"自原点至 μ 质点的矢径 $O\mu$ 的长". 同样自(78),(79),(80) 可以证明 q'_2 是"自原点至 μ' 质点的矢径 $O\mu'$ 的长".

设 Π_1 是 μ 质点接续两个位置与原点所确定的平面. Ox' 是 Π_1 平面与 OQ_1Q_2 平面的交线. 那么, q'_5 是 Ox' 与 OQ_1 的夹角, q'_3 是 $O\mu$ 与 Ox' 的夹角. 设 Π_1 平面与 OQ_1Q_2 平面的夹角表以 λ_1(图 4.4), $\angle \mu Ox' = \varphi$, $\angle x'OQ_1 = \psi$, 则由图知

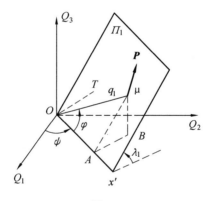

图 4.4

$$OA = q'_1 \cos \varphi, \quad \mu A = q'_1 \sin \varphi \tag{88}$$

$$AB = \mu A \cos \lambda_1, \quad \mu B = \mu A \sin \lambda_1 \tag{89}$$

所以将 $O\mu$ 投影到 OQ_1, OQ_2 和 OQ_3 轴上, 得

$$Q_1 = OA \cos \psi - AB \sin \psi = q'_1 \cos \varphi \cos \psi - q'_1 \sin \varphi \cos \lambda_1 \sin \psi$$

$$Q_2 = OA \sin \psi + AB \cos \psi = q'_1 \cos \varphi \sin \psi + q'_1 \sin \varphi \cos \lambda_1 \cos \psi$$

$$Q_3 = \mu B = q'_1 \sin \varphi \sin \lambda_1$$

将以上各式分别与(75),(76)和(77)比较, 得

$$\varphi = q'_3, \quad \psi = q'_5$$

现在尚须证明下两式成立

$$\cos \lambda_1 = \frac{P_2 \cos q'_5 - P_1 \sin q'_5}{\left[(P_2 \cos q'_5 - P_1 \sin q'_5)^2 + P_3^2 \right]^{\frac{1}{2}}} \tag{90}$$

$$\sin \lambda_1 = \frac{P_3}{\left[(P_2\cos q'_5 - P_1\sin q'_5)^2 + P_3^2\right]^{\frac{1}{2}}} \tag{91}$$

因 μ 的接续两点被 μ 的速度矢量贯穿(图 4.5),所以 Π_1 平面是点 μ 的动量矢 $\boldsymbol{P}$,$O\mu$ 所决定的平面. 将动量矢 $\boldsymbol{P}$ 沿 OQ_3,Ox' 及垂直于 Ox' 的 OT 方向分解,则每个矢量是

$$P_3 = P\sin\theta\sin\lambda_1 \tag{92}$$

$$P_{Ox'} = P\cos\theta \tag{93}$$

$$P_T = P\sin\theta\cos\lambda_1 \tag{94}$$

将(92)和(94)平方相加再开方,得

$$P\sin\theta = (P_3^2 + P_T^2)^{\frac{1}{2}}$$

又由(图 4.6)显然有

$$\begin{cases} P_{Ox'} = P_2\sin q'_5 + P_1\cos q'_5 \\ P_T = P_2\cos q'_5 - P_1\sin q'_5 \end{cases} \tag{95}$$

故

$$P\sin\theta = \left[P_3^2 + (P_2\cos q'_5 - P_1\sin q'_5)^2\right]^{\frac{1}{2}} . \tag{96}$$

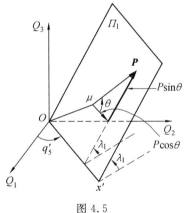
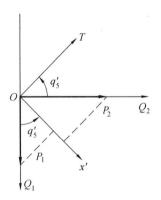

图 4.5   图 4.6

将上式代入(92)和(94)即得(90)和(91). 同样,Π_2 是质点 μ' 连接两个位置与原点所确定的平面,Ox'' 是 Π_2 平面与 OQ_1Q_2 平面的交线,那么 $q'_6 = \angle x''OQ_1$,$q'_4 = \angle \mu'Ox''$. Π_2 与 OQ_1Q_2 的夹角是 λ_2,则有

$$\cos \lambda_2 = \frac{P_5\cos q'_6 - P_4\sin q'_6}{\left[(P_5\cos q'_6 - P_4\sin q'_6)^2 + P_6^2\right]^{\frac{1}{2}}} \tag{97}$$

$$\sin \lambda_2 = \frac{P_6}{\left[(P_5\cos q'_6 - P_4\sin q'_6)^2 + P_6^2\right]^{\frac{1}{2}}} \tag{98}$$

现在再来说明新广义动量的力学意义. 将(95)和(96)代入(81),则有

$$p'_1 = P\cos\theta\cos q'_3 + P\sin\theta\sin q'_3 = P\cos(\theta - q'_3) \tag{99}$$

$$\mathscr{V} = -\left(\frac{m_1 m_2}{r_{12}} + \frac{m_2 m_3}{r_{23}} + \frac{m_3 m_1}{r_{31}}\right)$$

从上式可见 p'_1 是 μ 质点的动量沿 $O\mu$ 的分量(图 4.7). 同样可知 p'_2 是 μ' 质点的动量沿 $O\mu'$ 的分量. 又因

$$\boldsymbol{P} = P_1\boldsymbol{i} + P_2\boldsymbol{j} + P_3\boldsymbol{k} =$$
$$\mu\left(\frac{\mathrm{d}Q_1}{\mathrm{d}t}\boldsymbol{i} + \frac{\mathrm{d}Q_2}{\mathrm{d}t}\boldsymbol{j} + \frac{\mathrm{d}Q_3}{\mathrm{d}t}\boldsymbol{k}\right)$$

及由 (87)

$$\boldsymbol{q}'_1 = Q_1\boldsymbol{i} + Q_2\boldsymbol{j} + Q_3\boldsymbol{k}$$

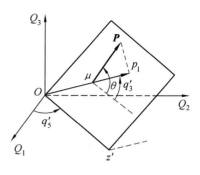

图 4.7

所以 (99) 可写为

$$p'_1 = \mu q'_1 \qquad (100)$$

同样 p'_2 可写为

$$p'_2 = \mu q'_2 \qquad (101)$$

应用 (95),(96) 则 (83) 可写成

$$p'_3 = -(P\cos\theta\sin q'_3)q'_1 + q'_1\cos q'_3 P\sin\theta$$
$$= q'_1 P\sin(\theta - q'_3) \qquad (102)$$

从上式看出,p'_3 是质点 μ 绕点 O 的动量矩 (图 4.7). 同样可知 p'_4 是 μ' 质点绕 O 的动量矩.

将 (92) 至 (96) 各关系式代入 (85),得

$$p'_5 = (P\sin\theta\cos\lambda_1)q'_1\cos q'_3 + q'_1\sin q'_3 \frac{P\sin\theta\cos\lambda_1}{P\sin\theta}(-P\cos\theta)$$
$$= q'_1 P\cos\lambda_1(\sin\theta\cos q'_3 - \sin q'_3\cos\theta)$$
$$= [q'_1 P\sin(\theta - q'_3)]\cos\lambda_1 = p'_3\cos\lambda_1 \qquad (103)$$

从上式看出 p'_5 是 μ 质点绕 OQ_3 轴的动量矩. 同样 p'_6 是 μ' 质点绕 OQ_3 轴的动量矩.

现在要求 (64) 中的 K 式变换来的新哈密尔顿函数 H'. 先求新位函数 V'; 则因 (87) 有

$$Q_1^2 + Q_2^2 + Q_3^2 = q'^2_1$$

同样

$$Q_4^2 + Q_5^2 + Q_6^2 = q'^2_2$$

故只需求出

$$Q_1 Q_4 + Q_2 Q_5 + Q_3 Q_6$$

应用简写符号

$$\alpha_i = \sin q'_i, \qquad \beta_i = \cos q'_i$$

则 (75) 至 (80) 各式可写为

$$Q_1 = q'_1(\beta_5\beta_3 - \alpha_3\alpha_5\cos\lambda_1), \quad Q_2 = q'_1(\alpha_5\beta_3 + \alpha_3\beta_5\cos\lambda_1)$$
$$Q_3 = q'_1\alpha_3\sin\lambda_1, \quad Q_4 = q'_2(\beta_6\beta_4 - \alpha_4\alpha_6\cos\lambda_2)$$
$$Q_5 = q'_2(\alpha_6\beta_4 + \alpha_4\beta_6\cos\lambda_2), \quad Q_6 = q'_2\alpha_4\sin\lambda_2$$

故

$$Q_1 Q_4 + Q_2 Q_5 + Q_3 Q_6$$
$$= q'_1 q'_2 [(\beta_5 \beta_3 - \alpha_3 \alpha_5 \cos \lambda_1)(\beta_6 \beta_4 - \alpha_4 \alpha_6 \cos \lambda_2) +$$
$$(\alpha_5 \beta_3 + \alpha_3 \beta_5 \cos \lambda_1)(\alpha_6 \beta_4 + \alpha_4 \beta_6 \cos \lambda_2) + \alpha_3 \alpha_4 \sin \lambda_1 \sin \lambda_2]$$
$$= q'_1 q'_2 [(\alpha_5 \alpha_6 + \beta_5 \beta_6)(\beta_3 \beta_4 + \alpha_3 \alpha_4 \cos \lambda_1 \cos \lambda_2) +$$
$$\alpha_3 \alpha_4 \sin \lambda_1 \sin \lambda_2 + (\alpha_5 \beta_6 - \beta_5 \alpha_6)(\alpha_4 \beta_3 \cos \lambda_2 - \alpha_3 \beta_4 \cos \lambda_1)]$$

即

$$Q_1 Q_4 + Q_2 Q_5 + Q_3 Q_6 = q'_1 q'_2 [\sin q'_3 \sin q'_4 \sin \lambda_1 \sin \lambda_2 +$$
$$\cos(q'_5 - q'_6)(\cos q'_3 \cos q'_4 + \sin q'_3 \sin q'_4 \cos \lambda_1 \cos \lambda_2) +$$
$$\sin(q'_5 - q'_6)(\sin q'_4 \cos q'_3 \cos \lambda_2 - \sin q'_3 \cos q'_4 \cos \lambda_1)] \qquad (104)$$

现在求 T 中的 $P_1^2 + P_2^2 + P_3^2$ 及 $P_4^2 + P_5^2 + P_6^2$. 将(99)和(102)二式平方相加, 得

$$p'^2_1 + \left(\frac{p'_3}{q'_1}\right)^2 = P^2 = P_1^2 + P_2^2 + P_3^2 \qquad (105)$$

同样可得

$$p'^2_2 + \left(\frac{p'_4}{q'_2}\right)^2 = P_4^2 + P_5^2 + P_6^2 \qquad (106)$$

将(104),(105),(106)及(87)代入 K 得 H'

$$H' = \frac{1}{2\mu}\left[p'^2_1 + \left(\frac{p'_3}{q'_1}\right)^2\right] + \frac{1}{2\mu'}\left[p'^2_2 + \left(\frac{p'_4}{q'_2}\right)^2\right] - m_1 m_2 q'^{-1}_1 -$$
$$m_1 m_3 \left\{q'^2_2 + \frac{2m_2}{m_1 + m_2} q'_1 q'_2 [\sin q'_3 \sin q'_5 \sin \lambda_1 \sin \lambda_2 + \right.$$
$$\cos(q'_5 - q'_6)(\cos q'_3 \cos q'_4 + \sin q'_3 \sin q'_4 \cos \lambda_1 \cos \lambda_2) +$$
$$\sin(q'_5 - q'_6)(\sin q'_4 \cos q'_3 \cos \lambda_2 - \sin q'_3 \cos q'_4 \cos \lambda_1)] +$$
$$\left.\left(\frac{m_2}{m_1 + m_2}\right)^2 q'^2_1\right\}^{-\frac{1}{2}} - m_2 m_3 \left[q'^2_2 - \frac{2m_1}{m_1 + m_2} \cdot\right.$$
$$(\sin q'_3 \sin q'_5 \sin \lambda_1 \sin \lambda_2) +$$
$$\cos(q'_5 - q'_6)(\cos q'_3 \cos q'_4 + \sin q'_3 \sin q_4 \cos \lambda_1 \cos \lambda_2) +$$
$$\sin(q'_5 - q'_6)(\sin q'_4 \cos q'_3 \cos \lambda_2 - \sin q'_3 \cos q'_4 \cos \lambda_1) +$$
$$\left.\left(\frac{m_1}{m_1 + m_2}\right)^2 q'^2_1\right]^{-\frac{1}{2}} \qquad (107)$$

上式的哈密尔顿方程组为

$$\frac{\mathrm{d}p'_r}{\mathrm{d}t} = -\frac{\partial H'}{\partial q'_r}, \quad \frac{\mathrm{d}q'_r}{\mathrm{d}t} = \frac{\partial H'}{\partial p'_r} \quad (r = 1, 2, \cdots, 6) \qquad (108)$$

现在再应用一个接触变换, 它的 W 函数是

$$W = q_5(p'_5 - p'_6) + q_6(p'_5 + p'_6) + q_1 p'_1 + q_2 p'_2 + q_3 p'_3 + q_4 p'_4 \qquad (109)$$

$$\mathcal{V} = -\left(\frac{m_1 m_2}{r_{12}} + \frac{m_2 m_3}{r_{23}} + \frac{m_3 m_1}{r_{31}}\right)$$

注意现在 $q_1, q_2, \cdots, q_6$ 是新的广义坐标,与(1)原来所用的不同,为了写法简便起见才如此采用. 将(109)代入下列接触变换

$$p_r = \frac{\partial W}{\partial q_r}, \quad q'_r = \frac{\partial W}{\partial p'_r} \quad (r = 1, 2, \cdots, 6) \tag{110}$$

则有

$$q'_1 = q_1, q'_2 = q_2, q'_3 = q_3, q'_4 = q_4, q'_5 = q_5 + q_6, q'_6 = q_6 - q_5 \tag{111}$$

及

$$p_1 = p'_1, p_2 = p'_2, p_3 = p'_3, p_4 = p'_4, p_5 = p'_5 - p'_6, p_6 = p'_5 + p'_6 \tag{112}$$

上面各式关系很简单,所以新动力变数的物理意义无须解释. 由(111)的末二式,有

$$q'_5 + q'_6 = 2q_6, \quad q'_5 - q'_6 = 2q_5 \tag{113}$$

察看(107),H' 中仅含 $q'_5 - q'_6$,而不再含其他的 q'_5, q'_6 的函数,因此自 H' 变换来的 H 中仅含 q_5,而不含 q_6. 于是可知 q_6 为循环坐标,它对应的循环积分是

$$p_6 = K \tag{114}$$

其中 K 是常数. 上式显然是一个动量矩积分,因为动量积分已在(1)中消去. 将 H 中的 p_6 用 K 代替之后,可得另一个哈密尔顿方程

$$q''_6 = \frac{\partial H}{\partial K} \tag{115}$$

当 $q_r, p_r (r = 1, 2, \cdots, 5)$ 都已积出之后,上式就化为求纯积分的问题. 这样一来,一个动力变数 (q_6, p_6) 就可自方程组(107)变换后的哈密尔顿方程中分离出去,于是动力方程组降为 10 阶.

现在应该再利用另两个动量矩积分来降阶. 为此先将动量矩积分用 q', p' 变数表示. 我们已经知道,p'_3 是质点 μ 对 O 的动量矩,它在 OQ_3 轴上的投影是 $p'_3 \cos \lambda_1$,于是知道在 OQ_1Q_2 上的投影是 $p'_3 \sin \lambda_1$(图 4.8). 将 $p'_3 \sin \lambda_1$ 再沿 OQ_1 和 OQ_2 分解,则为 $p'_3 \sin \lambda_1 \sin q'_5$ 及 $p'_3 \sin \lambda_1 \cos q'_5$(图 4.9). 同样质点 μ' 对点 O 的动量矩 p'_4 沿 OQ_1, OQ_2, OQ_3 的分量分别是 $p'_4 \sin \lambda_2 \sin q'_6$,$p'_4 \sin \lambda_3 \cos q'_6$,$p'_4 \cos \lambda_2$,于是得 μ 和 μ' 质点的动量矩积分

$$\begin{cases} p'_3 \sin \lambda_1 \sin q'_5 + p'_4 \sin \lambda_2 \sin q'_6 = 0 \\ p'_3 \sin \lambda_1 \cos q'_5 + p'_4 \sin \lambda_2 \cos q'_6 = 0 \\ p'_3 \cos \lambda_1 + p'_4 \cos \lambda_2 = p'_5 + p'_6 = L \end{cases} \tag{116}$$

上式积分常数:0,0,L 的选择是将 OQ_1Q_2 取为"μ 和质点 μ' 对点 O 的动量矩的不变面",这样总动量矩的方向沿 OQ_3,L 是 μ 和 μ' 对点 O 的总动量矩的值. 要由(116)的第一、第二式解出不为零的 $p'_3 \sin \lambda_1$ 和 $p'_4 \sin \lambda_2$,必须

$$\begin{vmatrix} \sin q'_5 & \sin q'_6 \\ \cos q'_5 & \cos q'_6 \end{vmatrix} = 0$$

或

$$\sin (q'_5 - q'_6) = 0 \qquad (117)$$

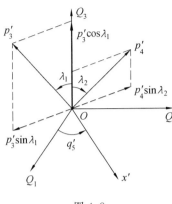 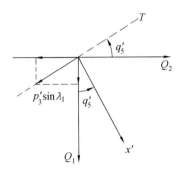

图 4.8 　　　　　　　　　　　　　图 4.9

将(116)的前两式平方相加,则得

$$p'^2_3 \sin^2 \lambda_1 + p'^2_4 \sin^2 \lambda_2 + 2 p'_3 p'_4 \sin \lambda_1 \sin \lambda_2 \cos(q'_5 - q'_6) = 0 \quad (118)$$

从上式看出 $(q'_5 - q'_6)$ 是 OQ_1Q_2 平面上 $p'_3 \sin \lambda_1$ 和 $p'_4 \sin \lambda_2$ 的夹角. (118)表示以 $p'_3 \sin \lambda_1$ 和 $p'_4 \sin \lambda_2$ 为边的平行四边形的一根对角线长为零. 所以

$$\cos (q'_5 - q'_6) = -1$$

而有

$$q'_5 - q'_6 = 2 q_5 = 180° \qquad (119)$$

将(116)的第三式两端平方,则有

$$p'^2_3 \cos^2 \lambda_1 + p'^2_4 \cos^2 \lambda_2 + 2 p'_3 p'_4 \cos \lambda_1 \cos \lambda_2 = L^2$$

将上式和(118)相加,得

$$\begin{aligned} L^2 &= p'^2_3 + p'^2_4 + 2 p'_3 p'_4 (\cos \lambda_1 \cos \lambda_2 - \sin \lambda_1 \sin \lambda_2) \\ &= p'^2_3 + p'^2_4 + 2 p'_3 p'_4 \cos(\lambda_1 + \lambda_2) \end{aligned} \qquad (120)$$

上式表示 p'_3, p'_4 和 $L (= p'_5 + p'_6)$ 在一垂直于 OQ_1Q_2 的平面 Π 内可画成一封闭三角形 $\triangle OAC$(图 4.10),于是

$$p'^2_3 - p'^2_5 = \overline{AD}^2 = \overline{BE}^2 = p'^2_4 - p'^2_6$$

而有

$$p'^2_3 - p'^2_4 = p'^2_5 - p'^2_6 = (p'_5 - p'_6)(p'_5 + p'_6)$$

或写成新动力变数 (q, p) 表示之式为

$$p^2_3 - p^2_4 = K p_5 \qquad (121)$$

其中 $K = p_6 = p'_5 + p'_6 = L$. 所以 L 和 K 可写成一个符号. 另一方面,(119) 和(120)可以用来代替(116)的动量矩积分. 所以用新动力变数表示的动量矩积分是

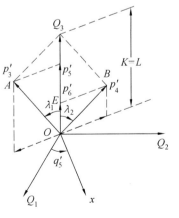

图 4.10

$$\mathscr{V} = -\left(\frac{m_1 m_2}{r_{12}} + \frac{m_2 m_3}{r_{23}} + \frac{m_3 m_1}{r_{31}} \right)$$

$$q_5 = 90°, \quad Kp_5 = p_3^2 - p_4^2 \tag{122}$$

上两式可用以代替新哈密尔顿方程组中的两个方程.由于 $q_5 = 90°$ 是个不变值,所以在 H 未对 q,p 行偏导数以前就可代入.利用这个关系式,相当于在 H' 中置 $\cos(q'_5 - q'_6) = -1$,及 $\sin(q'_5 - q'_6) = 0$.于是(104)可写为

$$q_1 q_2 [\sin q_3 \sin q_4 \sin \lambda_1 \sin \lambda_2 - \cos q_3 \cos q_4 - \sin q_3 \sin q_4 \cos \lambda_1 \cos \lambda_2]$$
$$= -q_1 q_2 [\cos q_3 \cos q_4 + \sin q_3 \sin q_4 \cos(\lambda_1 + \lambda_2)] \tag{123}$$

(122)的第二式照理应该用于将 H 对 q,p 行偏导数以后将 p_5 代以 $(p_3^2 - p_4^2)/K$.令 H_1 是 H 经此代换后的函数,并以 s 表示 $q_1, q_2, q_3, q_4, p_1, p_2, p_3, p_4$ 的任一个变数,那么有偏导数关系式

$$\frac{\partial H_1}{\partial s} = \frac{\partial H}{\partial s} + \frac{\partial H}{\partial p_5} \frac{\partial p_5}{\partial s} = \frac{\partial H}{\partial s} + \frac{dq_5}{dt} \frac{\partial p_5}{\partial s}$$

但由(122)的第一式,$\dfrac{dq_5}{dt} = 0$,所以上式成

$$\frac{\partial H_1}{\partial s} = \frac{\partial H}{\partial s}$$

上式表示我们也可以在 H 中先用 $(p_3^2 - p_4^2)/K$ 来代替 p_5.应用这个代替相当于(123)中的 $\cos(\lambda_1 + \lambda_2)$ 用由(120)得来的下列关系式来代替

$$\cos(\lambda_1 + \lambda_2) = \frac{K^2 - p_3^2 - p_4^2}{2 p_3 p_4} \tag{124}$$

将(124)代入(123),再将它代入(107),得

$$H = \frac{1}{2\mu}\left(p_1^2 + \frac{p_3^2}{q_1^2}\right) + \frac{1}{2\mu'}\left(p_2^2 + \frac{p_4^2}{q_2^2}\right) - m_1 m_2 q_1^{-1} - $$

$$m_1 m_3 \left[q_2^2 - \frac{2m_2 q_1 q_2}{m_1 + m_2}\left(\cos q_3 \cos q_4 + \frac{K^2 - p_3^2 - p_4^2}{2 p_3 p_4} \sin q_3 \sin q_4\right) + \right.$$

$$\left. \frac{m_2^2}{(m_1 + m_2)^2} q_1^2 \right]^{-\frac{1}{2}} - m_2 m_3 \left[q_2^2 + \frac{2m_1 q_1 q_2}{m_1 + m_2}(\cos q_3 \cos q_4 + \right.$$

$$\left. \frac{K^2 - p_3^2 - p_4^2}{2 p_3 p_4} \sin q_3 \sin q_4) + \frac{m_1^2}{(m_1 + m_2)^2} q_1^2 \right]^{-\frac{1}{2}}$$

而新的哈密尔顿方程是

$$\frac{dq_r}{dt} = \frac{\partial H}{\partial p_r}, \qquad \frac{dp_r}{dt} = -\frac{\partial H}{\partial q_r} \quad (r = 1, 2, 3, 4) \tag{125}$$

上式已降低成为 8 阶.如再利用能量积分降阶法和消去时间降阶法,则最后成为 6 阶.

§4　平面三体问题降阶法

若三质点的初速度在三质点所确定的平面内,那么三质点便永远保留在这

平面中,这便成了平面三体问题.令三质点的质量分别是 m_1,m_2,m_3;它们的坐标分别是 $(q_1,q_2),(q_3,q_4),(q_5,q_6)$;它们的动量是 $p_r=m_kq_r$,其中 k 表示 $\frac{1}{2}(r+1)$ 的最大整数,于是哈密尔顿函数为

$$H = \frac{1}{2m_1}(p_1^2+p_2^2) + \frac{1}{2m_2}(p_3^2+p_4^2) + \frac{1}{2m_3}(p_5^2+p_6^2) -$$
$$m_2m_3\left[(q_3-q_5)^2+(q_4-q_6)^2\right]^{-\frac{1}{2}} -$$
$$m_3m_1\left[(q_5-q_1)^2+(q_6-q_2)^2\right]^{-\frac{1}{2}} -$$
$$m_1m_2\left[(q_1-q_3)^2+(q_2-q_4)^2\right]^{-\frac{1}{2}} \tag{126}$$

而哈密尔顿方程是

$$\frac{\mathrm{d}q_r}{\mathrm{d}t}=\frac{\partial H}{\partial p_r}, \quad \frac{\mathrm{d}p_r}{\mathrm{d}t}=-\frac{\partial H}{\partial q_r} \quad (r=1,2,\cdots,6) \tag{127}$$

由上式看出平面三体问题的动力方程组是 12 阶,现在证明它可降为 4 阶.

(1) 应用质心运动定理将动力方程组降为 8 阶

取 W 函数为

$$W = p_1q'_1 + p_2q'_2 + p_3q'_3 + p_4q'_4 + (p_1+p_3+p_5)q'_5 + (p_2+p_4+p_6)q'_6$$

将上式代入下列接触变换关系式

$$q_r=\frac{\partial W}{\partial p_r}, \quad p'_r=\frac{\partial W}{\partial q'_r} \quad (r=1,2,\cdots,6)$$

得

$$\begin{cases} q_1=q'_1+q'_5, q_2=q'_2+q'_6, q_3=q'_3+q'_5 \\ q_4=q'_4+q'_6, q_5=q'_5, q_6=q'_6 \end{cases} \tag{128}$$

及

$$\begin{cases} p'_1=p_1, p'_2=p_2, p'_3=p_3, p'_4=p_4 \\ p'_5=p_1+p_3+p_5, p'_6=p_2+p_4+p_6 \end{cases} \tag{129}$$

自(128)可解出新广义坐标为

$$\begin{cases} q'_1=q_1-q_5, q'_2=q_2-q_6, q'_3=q_3-q_5 \\ q'_4=q_4-q_6, q'_5=q_5, q'_6=q_6 \end{cases} \tag{130}$$

自上式看出:若三质点所确定的平面定为 xOy 平面,xOy 为固定的平面直角坐标,(q_1,q_2),$(q_3,q_4),(q_5,q_6)$ 是三质点对 xOy 的坐标(图4.11),那么 (q'_1,q'_2) 是质点 m_1 相对于"经过 m_3,并平行于 xOy 的直角坐标系 $x'O'y'$"的坐标.(q'_3,q'_4) 是 m_2 对 $x'O'y'$ 的坐标.(q'_5,q'_6)

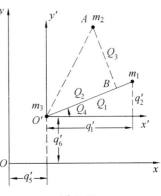

图 4.11

$$\mathscr{V}=-\left(\frac{m_1m_2}{r_{12}}+\frac{m_2m_3}{r_{23}}+\frac{m_3m_1}{r_{31}}\right)$$

是 m_3 对 xOy 的坐标.$(p'_1,p'_2),(p'_3,p'_4)$ 分别是质点 m_1 和 m_2 的动量,(p'_5,p'_6) 是整个质点系的动量,将上变换式代入 H 得 H' 如下

$$H' = \frac{1}{2m_1}(p'^2_1 + p'^2_2) + \frac{1}{2m_2}(p'^2_3 + p'^2_4) +$$

$$\frac{1}{2m_3}\big[(p'_5 - p'_1 - p'_3)^2 + (p'_6 - p'_2 - p'_4)^2\big] -$$

$$m_2 m_3 (q'^2_3 + q'^2_4)^{-\frac{1}{2}} - m_3 m_1 (q'^2_1 + q'^2_2)^{-\frac{1}{2}} -$$

$$m_1 m_2 \big[(q'_1 - q'_3)^2 + (q'_2 - q'_4)^2\big]^{-\frac{1}{2}} \tag{131}$$

上式不含 q'_5 和 q'_6,所以它们是循环坐标,而对应的循环积分是

$$p'_5 = k_1, \quad p'_6 = k_2$$

假定 Oxy 是以质心作为静止的坐标,那么 $p'_5 = 0, p'_6 = 0$. 于是(131)成为

$$H' = \left(\frac{1}{2m_1} + \frac{1}{2m_3}\right)(p'^2_1 + p'^2_2) + \left(\frac{1}{2m_2} + \frac{1}{2m_3}\right)(p'^2_3 + p'^2_4) +$$

$$\frac{1}{m_3}(p'_1 p'_3 + p'_2 p'_4) - m_2 m_3 (q'^2_3 + q'^2_4)^{-\frac{1}{2}} -$$

$$m_3 m_1 (q'^2_1 + q'^2_2)^{-\frac{1}{2}} - m_1 m_2 \big[(q'_1 - q'_3)^2 + (q'_2 - q'_4)^2\big]^{-\frac{1}{2}} \tag{132}$$

而哈密尔顿方程为

$$\frac{\mathrm{d}p'_r}{\mathrm{d}t} = -\frac{\partial H}{\partial q'_r}, \quad \frac{\mathrm{d}q'_r}{\mathrm{d}t} = \frac{\partial H}{\partial p'_r} \quad (r = 1,2,3,4) \tag{133}$$

上式已降为 8 阶.

(2) 应用一循环坐标及一动量矩积分降阶

取 W 函数如下

$$W = p'_1 Q_1 \cos Q_4 + p'_2 Q_1 \sin Q_4 + p'_3 (Q_2 \cos Q_4 - Q_3 \sin Q_4) +$$

$$p'_4 (Q_2 \sin Q_4 + Q_3 \cos Q_4) \tag{134}$$

将上式代入接触变换关系式

$$q'_r = \frac{\partial W}{\partial p'_r}, \quad P_r = \frac{\partial W}{\partial Q_r} \quad (r = 1,2,3,4)$$

得

$$q'_1 = Q_1 \cos Q_4, \quad q'_2 = Q_1 \sin Q_4 \tag{135}$$

$$q'_3 = Q_2 \cos Q_4 - Q_3 \sin Q_4 \tag{136}$$

$$q'_4 = Q_2 \sin Q_4 + Q_3 \cos Q_4 \tag{137}$$

$$P_1 = p'_1 \cos Q_4 + p'_2 \sin Q_4 \tag{138}$$

$$P_2 = p'_3 \cos Q_4 + p'_4 \sin Q_4 \tag{139}$$

$$P_3 = -p'_3 \sin Q_4 + p'_4 \cos Q_4 \tag{140}$$

$$P_4 = -p'_1 Q_1 \sin Q_4 + p'_2 Q_1 \cos Q_4 + p'_3 (-Q_2 \sin Q_4 -$$

$$Q_3 \cos Q_4) + p'_4 (Q_2 \cos Q_4 - Q_3 \sin Q_4) \qquad (141)$$

现在说明各新动力变数的力学意义.将(135)两式平方相加,得

$$q'^2_1 + q'^2_2 = Q^2_1 \qquad (142)$$

从上式可见 Q_1 是质点 m_1 和 m_3 之间的距离长.由(136)和(137)解出 Q_2 和 Q_3,得

$$Q_2 = q'_3 \cos Q_4 + q'_4 \sin Q_4 \qquad (143)$$

$$Q_3 = -q'_3 \sin Q_4 + q'_4 \cos Q_4 \qquad (144)$$

从上两式并参看图 4.11,知道 Q_2 是 m_2,m_3 质点间的距离 $O'A$ 投影于 $m_1 m_3$ 的 $O'B$,即 $Q_2 = O'B$.而 Q_3 是 $O'A$ 投影于 $m_1 m_3$ 的垂直方向的 AB,即 $Q_3 = AB$,其中 Q_4 表示 $m_1 m_3$ 的连线与 $O'x'$ 间的夹角.

自(138)看出,P_1 是质点 m_1 的动量沿 $m_1 m_3$ 直线的分量.自(139)看出,P_2 是质点 m_2 的动量沿 $m_1 m_3$ 的分量.P_3 是质点 m_2 的动量沿 $m_1 m_3$ 的垂直线的分量.应用(135),(136),(137)可将(141)改写为

$$P_4 = -p'_1 q'_2 + p'_2 q'_1 + p'_3 (-q'_4) + p'_4 q'_3$$

于是可知 P_4 是质点系对点 O'(即 m_3 质点)的动量矩.

现在来求由式(132)变换 H' 而得的新哈密尔顿函数 K.将(136)和(137)两式平方相加,得

$$q'^2_3 + q'^2_4 = Q^2_2 + Q^2_3 \qquad (145)$$

又

$$(q'_1 - q'_3)^2 + (q'_2 - q'_4)^2 = [(Q_1 - Q_2)\cos Q_4 + Q_3 \sin Q_4]^2 +$$
$$[(Q_1 - Q_2)\sin Q_4 - Q_3 \cos Q_4]^2 = (Q_1 - Q_2)^2 + Q^2_3 \qquad (146)$$

将(142),(145),(146)代入 V',得

$$V_k = -m_2 m_3 (Q^2_2 + Q^2_3)^{-\frac{1}{2}} - m_3 m_1 Q^{-1}_1 -$$
$$m_1 m_2 [(Q_1 - Q_2)^2 + Q^2_3]^{-\frac{1}{2}} \qquad (147)$$

现在再求动能 T_K.自(139)和(140)解出 p'_3 和 p'_4,得

$$\begin{cases} p'_3 = P_2 \cos Q_4 - P_3 \sin Q_4 \\ p'_4 = P_2 \sin Q_4 + P_3 \cos Q_4 \end{cases} \qquad (148)$$

又(141)可改写为

$$P_4 = Q_1 (-p'_1 \sin Q_4 + p'_2 \cos Q_4) + Q_2 (-p'_3 \sin Q_4 + p'_4 \cos Q_4) -$$
$$Q_3 (p'_3 \cos Q_4 + p'_4 \sin Q_4)$$
$$= Q_1 (-p'_1 \sin Q_4 + p'_2 \cos Q_4) + Q_2 P_3 - Q_3 P_2$$

或

$$-p'_1 \sin Q_4 + p'_2 \cos Q_4 = \frac{1}{Q_1}(P_4 - Q_2 P_3 + Q_3 P_2) \qquad (149)$$

自(138)和(149)解出 p'_1 和 p'_2,得

85

$$\mathscr{V} = -\left(\frac{m_1 m_2}{r_{12}} + \frac{m_2 m_3}{r_{23}} + \frac{m_3 m_1}{r_{31}} \right)$$

$$
\begin{cases}
p'_1 = P_1 \cos Q_4 - \dfrac{\sin Q_4}{Q_1}(P_4 - Q_2 P_3 + Q_3 P_2) \\[2mm]
p'_2 = P_1 \sin Q_4 + \dfrac{\cos Q_4}{Q_1}(P_4 - Q_2 P_3 + Q_3 P_2)
\end{cases}
\tag{150}
$$

将上两式平方相加,得

$$
p'^2_1 + p'^2_2 = P_1^2 + (P_4 - Q_2 P_3 + Q_3 P_2)^2 \tag{151}
$$

及

$$
\begin{aligned}
p'_1 p'_3 + p'_2 p'_4 &= \left[P_1 \cos Q_4 - \frac{\sin Q_4}{Q_1}(P_4 - Q_2 P_3 + Q_3 P_2) \right] \times \\
& \quad (P_2 \cos Q_4 - P_3 \sin Q_4) + \left[P_1 \sin Q_4 + \frac{\cos Q_4}{Q_1} \times \right. \\
& \quad \left. (P_4 - Q_2 P_3 + Q_3 P_2) \right](P_2 \sin Q_4 + P_3 \cos Q_4) \\
&= P_1 P_2 + \frac{P_3}{Q_1}(P_4 - Q_2 P_3 + Q_3 P_2)
\end{aligned}
\tag{152}
$$

将(148)两式平方相加,得

$$
p'^2_3 + p'^2_4 = P_2^2 + P_3^2 \tag{153}
$$

把(151),(152),(153)代入(132),得

$$
\begin{aligned}
K &= \left(\frac{1}{2m_1} + \frac{1}{2m_3} \right) \left[P_1^2 + (P_4 - Q_2 P_3 + Q_3 P_2)^2 \right] + \\
& \quad \left(\frac{1}{2m_2} + \frac{1}{2m_3} \right)(P_2^2 + P_3^2) + \frac{1}{m_3} \left[P_1 P_2 + \frac{P_3}{Q_1}(P_4 - Q_2 P_3 + \right. \\
& \quad \left. Q_3 P_2) \right] - m_2 m_3 (Q_2^2 + Q_3^2)^{-\frac{1}{2}} - m_3 m_1 Q_1^{-1} - \\
& \quad m_1 m_2 \left[(Q_1 - Q_2)^2 + Q_3^2 \right]^{-\frac{1}{2}}
\end{aligned}
\tag{154}
$$

从上式看出 K 中不含 Q_4,所以 Q_4 是循环坐标. 对应于 Q_4 的循环积分是

$$
P_4 = c \quad (常数)
$$

当其他变数已积出时,其中一个哈密尔顿方程

$$
\frac{\mathrm{d}Q_4}{\mathrm{d}t} = \frac{\partial K}{\partial P_4}
$$

可用纯积分求解. 于是一对变数 Q_4, P_4 便可从自动力方程组分离出来. 于是新哈密尔顿方程组为

$$
\frac{\mathrm{d}Q_i}{\mathrm{d}t} = \frac{\partial K}{\partial P_i}, \frac{\mathrm{d}P_i}{\mathrm{d}t} = -\frac{\partial K}{\partial Q_i} \quad (i = 1,2,3)
\tag{155}
$$

其中 K 是(154)的式中将 P_4 换以 c 而得的函数. 我们看出(155)是6阶的常微分方程组. 再应用能量积分和消去时间降阶法可将平面三体问题降为4阶.

勃卢恩斯理论 —— 三体问题除十个经典积分外无其他代数积分

第

五

章

我们知道动量积分第四章(3)及其再积分第四章(4),动量矩积分第四章(5),能量积分第四章(6)都是 q, p 的代数式. 又从上一章的研究过程中知道,利用这些代数积分可将三体问题用运动微分方程组降阶. 于是体会到"能多求出一个代数积分,那么求微分方程组的目的就逼近了一步". 于是引起我们追求其他代数积分的动机. 但是许多力学的工作都没有得到成功. 1887 年勃卢恩斯(Bruns)证明,除上面提到的十个经典积分以外,再没有其他代数积分. 他的理论一方面显示出了三体问题微分方程组的一个特性,另一方面终止了以后力学家对代数积分的盲目探求,节省了后人的无数精力和时间. 因此值得将他的理论提出来学习. 不但如此,他的证明法是建立在有系统的(科学的)探求代数积分的方法上. 这样我们看了他的理论,可以提高我们在研究问题的时候,应用有系统的科学方法的能力.

§1 积分式的表法

现在所用的三体问题动力方程是上章第二个降阶法的式(65),微分方程组可写成

$$\frac{\mathrm{d}q_i}{\mathrm{d}t} = \frac{\partial H}{\partial p_i}, \quad \frac{\mathrm{d}p_i}{\mathrm{d}t} = -\frac{\partial H}{\partial q_i} \quad (i=1,2,\cdots,6) \tag{1}$$

其中

$$H = T - U \tag{2}$$

87

$$U = -\left(\frac{m_1 m_2}{r_{12}} + \frac{m_2 m_3}{r_{23}} + \frac{m_3 m_1}{r_{31}}\right)$$

而

$$T = \frac{1}{2\mu}(p_1^2 + p_2^2 + p_3^2) + \frac{1}{2\mu'}(p_4^2 + p_5^2 + p_6^2) \qquad (3)$$

及

$$U = m_1 m_2 (q_1^2 + q_2^2 + q_3^2)^{-\frac{1}{2}} + m_1 m_3 \left[q_4^2 + q_5^2 + q_6^2 + \frac{2m_2}{m_1 + m_2}(q_1 q_4 + q_2 q_5 + q_3 q_6) + \left(\frac{m_2}{m_1 + m_2}\right)^2 (q_1^2 + q_2^2 + q_3^2) \right]^{-\frac{1}{2}} +$$

$$m_2 m_3 \left[q_4^2 + q_5^2 + q_6^2 - \frac{2m_1}{m_1 + m_2}(q_1 q_4 + q_2 q_5 + q_3 q_6) + \left(\frac{m_1}{m_1 + m_2}\right)^2 (q_1^2 + q_2^2 + q_3^2) \right]^{-\frac{1}{2}}$$

$$\mu = \frac{m_1 m_2}{m_1 + m_2}, \quad \mu' = \frac{m_3(m_1 + m_2)}{m_1 + m_2 + m_3}$$

令

$$\mu_1 = \mu_2 = \mu_3 = \mu, \quad \mu_4 = \mu_5 = \mu_6 = \mu'$$

则动能 T 可简写为

$$T = \sum_{i=1}^{6} \frac{p_i^2}{2\mu_i} \qquad (5)$$

令三质点对空间固定直角坐标系的坐标是 (q'_1, q'_2, q'_3), (q'_4, q'_5, q'_6), (q'_7, q'_8, q'_9); 那么 $p'_i = m_k q'_i$, 其中 k 表示 $\frac{1}{3}(i+2)$ 的最大整数部. 现在首先讨论的积分式是不包含时间 t 的代数积分, 设积分式是

$$\phi(q'_1, q'_2, \cdots, q'_9; p'_1, p'_2, \cdots, p'_9) = a \qquad (6)$$

其中 a 是任意常数, ϕ 是 q', p' 的代数函数. 自第四章变换式(42)至(47)各式看出: $(q'_1, q'_2, \cdots, q'_9, p'_1, p'_2, \cdots, p'_9)$ 是 $(q_1, q_2, \cdots, q_6, p_1, p_2, \cdots, p_6)$ 的线性函数(注意在上章第三节(1)中的 (q, p), 现在改写为 (q', p'); (Q, P) 现在改写为 (q, p)). 应用这些线性变换可将(6)化成

$$f(q_1, q_2, \cdots, q_6, p_1, p_2, \cdots, p_6) = a \qquad (7)$$

若 f 函数是质心运动积分的组合函数, 那么应用第四章(4)可将 f 化为一常数; 否则 f 函数是 $(q_1, q_2, \cdots, q_6, p_1, p_2, \cdots, p_6)$ 的代数函数. 现在以下论证, 就假定(7)是(1)的一个代数积分作为讨论的出发点.

§2　积分式中一定包含动量

若积分式(7)中的函数 f 不包含 p, 即

$$f(q_1, q_2, \cdots, q_6) = a$$

将上式对时间微分,得

$$\frac{\partial f}{\partial q_1}\frac{\mathrm{d}q_1}{\mathrm{d}t}+\frac{\partial f}{\partial q_2}\frac{\mathrm{d}q_2}{\mathrm{d}t}+\cdots+\frac{\partial f}{\partial q_6}\frac{\mathrm{d}q_6}{\mathrm{d}t}=0 \tag{8}$$

应用哈密尔顿方程(1)的第一式和(2),(5),有

$$\frac{\mathrm{d}q_i}{\mathrm{d}t}=\frac{p_i}{\mu_i} \tag{9}$$

将上式代入(8),得

$$\frac{\partial f}{\partial q_1}\frac{p_1}{\mu_1}+\frac{\partial f}{\partial q_2}\frac{p_2}{\mu_2}+\cdots+\frac{\partial f}{\partial q_6}\frac{p_6}{\mu_6}=0 \tag{10}$$

但 $p_1,p_2,\cdots,p_6$ 是互相独立的,上式要成立必须 $\dfrac{p_i}{\mu_i}$ 的每一个系数是零,即

$$\frac{\partial f}{\partial q_1}=0,\quad \frac{\partial f}{\partial q_2}=0,\quad \frac{\partial f}{\partial q_6}=0$$

这就是说 $f(q_1,q_2,\cdots,q_6)$ 中不包含 $q_1,q_2,\cdots,q_6$,而变成一常数,与上节中对 f 的假定矛盾.

§3 积分式中只有一个无理式

质点间相互之间的距离 r_{12},r_{23},r_{31} 是 $(q_1,q_2,\cdots,q_6)$ 的无理函数,即

$$r_{12}=(q_1^2+q_2^2+q_3^2)^{\frac{1}{2}}$$

$$r_{23}=\left[q_4^2+q_5^2+q_6^2+\frac{2m_2(q_1q_4+q_2q_5+q_3q_6)}{m_1+m_2}+\left(\frac{m_2}{m_1+m_2}\right)^2(q_1^2+q_2^2+q_3^2)\right]^{\frac{1}{2}}$$

$$r_{31}=\left[q_4^2+q_5^2+q_6^2-\frac{2m_1(q_1q_4+q_2q_5+q_3q_6)}{m_1+m_2}+\left(\frac{m_1}{m_1+m_2}\right)^2(q_1^2+q_2^2+q_3^2)\right]^{\frac{1}{2}}$$

令

$$s=r_{12}+r_{23}+r_{31} \tag{11}$$

我们可以将 r_{12},r_{23} 和 r_{31} 各根式化为 $(q_1,q_2,\cdots,q_6,s)$ 的有理函数.因此 U 也可以化为 $(q_1,q_2,\cdots,q_6,s)$ 的有理函数.这样 U 中只含一个无理式 s.

现在 f 是 $(q_1,q_2,\cdots,q_6,p_1,p_2,\cdots,p_6)$ 的代数函数,但可以不是这些变数的有理函数.若 f 是无理式,则可将(7)有理化,并将有理化的结果依 a 的幂次排列而得

$$a^m+a^{m-1}\phi_1(q_1,q_2,\cdots,q_6,p_1,p_2,\cdots,p_6)+$$
$$a^{m-2}\phi_2(q_1,q_2,\cdots,q_6,p_1,p_2,\cdots,p_6)+\cdots+$$
$$\phi_m(q_1,q_2,\cdots,q_6,p_1,p_2,\cdots,p_6)=0 \tag{12}$$

为说明上式,举一个简单的例子

$$\sqrt{p_1}+\sqrt{p_2}=a$$

$$\mathcal{V}=-\left(\frac{m_1m_2}{r_{12}}+\frac{m_2m_3}{r_{23}}+\frac{m_3m_1}{r_{31}}\right)$$

将上式有理化一次,得 $p_1 + 2\sqrt{p_1 p_2} + p_2 = a^2$;再有理化一次,并将结果依 a 的幂次排列,就得

$$a^4 + a^2(-2p_1 - 2p_2) + (-4p_1 p_2 + p_1^2 + p_2^2) = 0$$

上式就相当于(12).(12) 中 $\phi_1, \phi_2, \cdots, \phi_m$ 是 $(q_1, q_2, \cdots, q_6, p_1, p_2, \cdots, p_6)$ 的有理函数.若方程(12) 对变数 $(q_1, q_2, \cdots, q_6, p_1, p_2, \cdots, p_6, s)$ 是可分解的,则(12) 可分解为形似

$$a^l + a^{l-1}\psi_1(q_1, q_2, \cdots, q_6, p_1, \cdots, p_6, s) + \cdots +$$
$$\psi_l(q_1, q_2, \cdots, q_6, p_1, \cdots, p_6, s) = 0 \tag{13}$$

的因式,其中 $\psi_1, \psi_2, \cdots, \psi_l$ 是 $q_1, q_2, \cdots, q_6, p_1, \cdots, p_6, s$ 的有理函数. 这样类似(13) 的各因式中,总有一个给出 a 值,而可以这样的方程代替(7).但(13) 从形式上讲,它包括(12).所以我们可将(13) 作为讨论对象,而假定(13) 再次在变数 $(q_1, q_2, \cdots, q_6, p_1, \cdots, p_6, s)$ 中分解.

将(13) 对时间 t 微分,并注意 a 是常数,故得

$$a^{l-1}\frac{d\psi_1}{dt} + a^{l-2}\frac{d\psi_2}{dt} + \cdots + \frac{d\psi_l}{dt} = 0 \tag{14}$$

因各 ψ_i 不包含 t,故 $\frac{\partial \psi_i}{\partial t} = 0$. 于是应用第三章式(101) 有

$$\frac{d\psi_i}{dt} = [\psi_i, H] \tag{15}$$

将上式代入(14),得

$$a^{l-1}[\psi_1, H] + a^{l-2}[\psi_2, H] + \cdots + [\psi_l, H] = 0 \tag{16}$$

由泊松括号的定义知道,$[\psi_i, H]$ 是 $(q_1, q_2, \cdots, q_6, p_1, p_2, \cdots, p_6, s)$ 的有理式. 若各泊松括号不全为零,那么方程(13) 和(16) 必有公因式,并以 a 为根. 这和(13) 为不可分解的假设矛盾. 故必

$$[\psi_1, H] = 0, [\psi_2, H] = 0, \cdots, [\psi_l, H] = 0$$

以上各式表示:方程(13) 的系数 $\psi_1, \psi_2, \cdots, \psi_l$ 都是(1) 的积分(参看第三章第10节). 于是知道积分式 f 可以用 $(q_1, q_2, \cdots, q_6, p_1, \cdots, p_6, s)$ 的有理积分式 $\psi_1, \psi_2, \cdots, \psi_l$ 代数式地组合得到.

§4 积分式可表成两实多项式之除式

如上节最后结论,我们只需讨论如下形式的有理积分式

$$f(q_1, q_2, \cdots, q_6, p_1, p_2, \cdots, p_6, s) = a \tag{17}$$

若变数 q_r, p_r, t 分别以 $q_r k^2, p_r k^{-1}, tk^3$ 代替,那么(1) 依旧不变,其中 k 是任何常数,因为这样的代替使

$$H = \sum_{i=1}^{6} \frac{1}{2\mu_i} p_i^2 - U$$

以 Hk^{-2} 代替,而

$$\frac{\mathrm{d}q_i}{\mathrm{d}t} = \frac{\partial H}{\partial p_i} \quad 以\ k^{-1}\left(\frac{\mathrm{d}q_i}{\mathrm{d}t}\right) = k^{-1}\frac{\partial H}{\partial p_i}$$

$$\frac{\mathrm{d}p_i}{\mathrm{d}t} = -\frac{\partial H}{\partial q_i} \quad 以\ k^{-4}\left(\frac{\mathrm{d}p_i}{\mathrm{d}t}\right) = -k^{-4}\frac{\partial H}{\partial q_i}$$

代替,结果动力方程不变. 所以如将积分式(17)亦施以此种代替,所得之式也仍是动力方程的积分式,不论 k 是什么常数.

现在 f 是有理函数,所以可以表为两个变数为 $(q_1,q_2,\cdots,q_6,p_1,p_2,\cdots,p_6,s)$ 的多项式的除式. 当 q_i,p_i,s 在这两个多项式中分别以 q_ik^2,p_ik^{-1},sk^2 代替时,那么 f 可写成

$$f = \frac{A_0 k^p + A_1 k^{p-1} + \cdots + A_p}{B_0 k^q + B_1 k^{q-1} + \cdots + B_q} \tag{18}$$

上式中,$A_0,A_1,\cdots,A_p,B_0,\cdots,B_q$ 是以 $(q_1,q_2,\cdots,q_6,p_1,p_2,\cdots,p_6,s)$ 为变数的多项式. (18)在写成的过程中可能分子分母都已乘以 k 的同次幂.

将(18)对时间全微分,则由于 $f=a$

$$\left(B_0 k^q + B_1 k^{q-1} + \cdots + B_q\right)\left(\frac{\mathrm{d}A_0}{\mathrm{d}t}k^p + \frac{\mathrm{d}A_1}{\mathrm{d}t}k^{p-1} + \cdots + \frac{\mathrm{d}A_p}{\mathrm{d}t}\right) - \\ \left(A_0 k^p + A_1 k^{p-1} + \cdots + A_p\right)\left(\frac{\mathrm{d}B_0}{\mathrm{d}t}k^q + \frac{\mathrm{d}B_1}{\mathrm{d}t}k^{q-1} + \cdots + \frac{\mathrm{d}B_q}{\mathrm{d}t}\right) = 0 \tag{19}$$

因 k 是任意常数,所以上方程的各 k 次幂的系数为零,即

$$\begin{cases} B_0 \dfrac{\mathrm{d}A_0}{\mathrm{d}t} - A_0 \dfrac{\mathrm{d}B_0}{\mathrm{d}t} = 0 \\ B_1 \dfrac{\mathrm{d}A_0}{\mathrm{d}t} + B_0 \dfrac{\mathrm{d}A_1}{\mathrm{d}t} - A_1 \dfrac{\mathrm{d}B_0}{\mathrm{d}t} - A_0 \dfrac{\mathrm{d}B_1}{\mathrm{d}t} = 0 \\ \qquad\qquad \vdots \\ B_q \dfrac{\mathrm{d}A_p}{\mathrm{d}t} - A_p \dfrac{\mathrm{d}B_q}{\mathrm{d}t} = 0 \end{cases}$$

上面一共有 $q+p+1$ 个方程,相当于方程组

$$\frac{1}{A_0}\frac{\mathrm{d}A_0}{\mathrm{d}t} = \frac{1}{A_1}\frac{\mathrm{d}A_1}{\mathrm{d}t} = \cdots = \frac{1}{A_p}\frac{\mathrm{d}A_p}{\mathrm{d}t} = \frac{1}{B_0}\frac{\mathrm{d}B_0}{\mathrm{d}t} = \cdots = \frac{1}{B_q}\frac{\mathrm{d}B_q}{\mathrm{d}t}$$

上式的积分是

$$\ln A_0 = \ln A_1 = \cdots = \ln A_p = \ln B_0 = \cdots = \ln B_q$$

即

$$\frac{A_1}{A_0}, \frac{A_2}{A_0}, \cdots, \frac{A_p}{A_0}, \frac{B_0}{A_0}, \cdots, \frac{B_q}{A_0} \tag{20}$$

$$\mathscr{V} = -\left(\frac{m_1 m_2}{r_{12}} + \frac{m_2 m_3}{r_{23}} + \frac{m_3 m_1}{r_{31}}\right)$$

都是积分式. 于是从(18)知道, f 可以用形式如(20)的积分组成起来, 这些积分具有

$$\frac{G_2(q_1,\cdots,q_6,p_1,\cdots,p_6,s)}{G_1(q_1,\cdots,q_6,p_1,\cdots,p_6,s)} = 常数 \tag{21}$$

的形式, 其中 G_2, G_1 是括号中表示出的变数的多项式, 并且当 q_i, p_i, s 用 $q_i k^2$, $p_i k^{-1}, s k^2$ 代换后, G_1, G_2 仅相当于乘上 k 的乘幂, 以后只要讨论形似(21)的积分.

若 G_1, G_2 是复数式, 那么可化成

$$\frac{G_2}{G_1} = P + \mathrm{i}Q = 常数$$

将上式对时间 t 微分后, 得

$$\frac{\mathrm{d}P}{\mathrm{d}t} + \mathrm{i}\frac{\mathrm{d}Q}{\mathrm{d}t} = 0 \quad (恒等地)$$

但因运动微分方程本身是实数式, 所以必须 $\dfrac{\mathrm{d}P}{\mathrm{d}t}$ 和 $\dfrac{\mathrm{d}Q}{\mathrm{d}t}$ 都不是复数式, 于是上式成立必须

$$\frac{\mathrm{d}P}{\mathrm{d}t} = 0, \quad \frac{\mathrm{d}Q}{\mathrm{d}t} = 0$$

即 P, Q 本身都是积分式, 这就是说每一复数积分式可用实数积分式组成起来的, 所以今后只需讨论 $\dfrac{G_2}{G_1}$ 是实函数式.

§5　除式积分式的分子和分母形式的推导

设想 G_1 可以分解为由若干个不可分解的"变数 $(p_1, p_2, \cdots, p_6)$ 的多项式"的积组成, 多项式各项的系数是 $(q_1, q_2, \cdots, q_6, s)$ 的有理函数. 令 ψ 是这样的一个多项式, 它在 G_1 中出现 λ 次, 令 G_1 的其余的因式是 χ, 那么

$$G_1 = \psi^\lambda \chi \tag{22}$$

若 G_1 是不可分解的, 则相当于 $G_1 = \psi$ 及 $\chi = 1$, 自上节(21), 有

$$\frac{\mathrm{d}}{\mathrm{d}t}\left(\frac{G_2}{G_1}\right) = 0 \quad 或 \quad \frac{\mathrm{d}}{\mathrm{d}t}\left(\frac{G_2}{\psi^\lambda \chi}\right) = 0$$

于是

$$\frac{\lambda}{\psi}\frac{\mathrm{d}\psi}{\mathrm{d}t} + \frac{1}{\chi}\frac{\mathrm{d}\chi}{\mathrm{d}t} - \frac{1}{G_2}\frac{\mathrm{d}G_2}{\mathrm{d}t} = 0$$

或

$$\frac{\mathrm{d}\psi}{\mathrm{d}t} = \psi\left(\frac{1}{\lambda G_2}\frac{\mathrm{d}G_2}{\mathrm{d}t} - \frac{1}{\lambda\chi}\frac{\mathrm{d}\chi}{\mathrm{d}t}\right) \tag{23}$$

因 ψ 是 $(p_1,p_2,\cdots,p_6)$ 的多项式,所以 $\dfrac{\mathrm{d}\psi}{\mathrm{d}t}$ 也是 $(p_1,p_2,\cdots,p_6)$ 的多项式,由于 ψ

的系数是 $(q_1,q_2,\cdots,q_6,s)$ 的有理函数,所以 $\dfrac{\mathrm{d}\psi}{\mathrm{d}t}$ 的系数含 q_i,而 q_i 与 $(p_1,p_2,\cdots,$

$p_6)$ 有线性关系,于是 $\dfrac{\mathrm{d}\psi}{\mathrm{d}t}$ 对于变数 $(p_1,p_2,\cdots,p_6)$ 的次数比 ψ 大一次,但 ψ 和 G_2

或 χ 没有公因式,所以由(23)看出

$$\frac{1}{\lambda G_2}\frac{\mathrm{d}G_2}{\mathrm{d}t}-\frac{1}{\lambda\chi}\frac{\mathrm{d}\chi}{\mathrm{d}t}$$

是 $(p_1,p_2,\cdots,p_6)$ 的一次式,将上式表以 ω,那么(23)可写为

$$\frac{\mathrm{d}\psi}{\mathrm{d}t}=\omega\psi \tag{24}$$

上式对 G_1 的一切不可分解的因式都适用的;将 G_1 的分解式写为 $\psi',\psi'',\psi''',\cdots$,
即

$$G_1=\psi'^{\mu}\psi''^{\nu}\cdots \tag{25}$$

对应于 $\psi',\psi'',\cdots$ 的方程(24)是

$$\frac{1}{\psi'}\frac{\mathrm{d}\psi'}{\mathrm{d}t}=\omega',\quad \frac{1}{\psi''}\frac{\mathrm{d}\psi''}{\mathrm{d}t}=\omega'',\cdots \tag{26}$$

将(25)对时间 t 取导数,然后除以 G_1,则得

$$\frac{1}{G_1}\frac{\mathrm{d}G_1}{\mathrm{d}t}=\frac{\mu}{\psi'}\frac{\mathrm{d}\psi'}{\mathrm{d}t}+\frac{\nu}{\psi''}\frac{\mathrm{d}\psi''}{\mathrm{d}t}+\cdots=\mu\omega'+\nu\omega''+\cdots$$

将 $\mu\omega'+\nu\omega''+\cdots$ 用 ω 表示,那么上式可写成

$$\frac{\mathrm{d}G_1}{\mathrm{d}t}=\omega G_1 \tag{27}$$

其中 ω 是 $(p_1,p_2,\cdots,p_6)$ 的一次式. 又因 $\dfrac{G_1}{G_2}$ 是一个积分式,所以

$$\frac{\mathrm{d}}{\mathrm{d}t}\left(\frac{G_1}{G_2}\right)=0 \quad \text{或} \quad G_2\frac{\mathrm{d}G_1}{\mathrm{d}t}-G_1\frac{\mathrm{d}G_2}{\mathrm{d}t}=0$$

于是

$$\frac{\mathrm{d}G_2}{\mathrm{d}t}=\omega G_2 \tag{28}$$

既然 G_1,G_2 适合同一形式的微分方程,那么可用一个函数符号 ϕ 来表示任一个
函数 G_1 或 G_2,而 ϕ 是 $(p_1,p_2,\cdots,p_6)$ 的多项式,它的系数是 $(q_1,q_2,\cdots,q_6,s)$ 的
有理式,并适合微分方程

$$\frac{\mathrm{d}\phi}{\mathrm{d}t}=\omega\phi \tag{29}$$

当变数 q_i,p_i,s 分别用 q_ik^2,p_ik^{-1},sk^2 代替时,ϕ 仅乘了一个 k 的某次幂,这事实
从 G_1,G_2 的性质得来的,现在

$$\mathcal{V}=-\left(\frac{m_1m_2}{r_{12}}+\frac{m_2m_3}{r_{23}}+\frac{m_3m_1}{r_{31}}\right)$$

$$\omega = \frac{1}{\phi} \frac{d\phi}{dt} = \sum_{i=1}^{6} \frac{1}{\phi} \left(\frac{\partial \phi}{\partial q_i} \frac{dq_i}{dt} + \frac{\partial \phi}{\partial p_i} \frac{dp_i}{dt} \right) = \sum_{i=1}^{6} \frac{1}{\phi} \left(\frac{\partial \phi}{\partial q_i} \frac{p_i}{\mu_i} + \frac{\partial \phi}{\partial p_i} \frac{\partial U}{\partial q_i} \right) \quad (30)$$

进行代替时，$\dfrac{1}{\phi} \dfrac{\partial \phi}{\partial q_i} \dfrac{p_i}{\mu}$ 与 $\dfrac{p_i}{q_i}$ 的代替相同，而后者代替的结果是乘以 $\dfrac{k^{-1}}{k^2} = k^{-3}$，而

成. 又 $\dfrac{1}{\phi} \dfrac{\partial \phi}{\partial p_i} \dfrac{\partial U}{\partial q_i}$ 与 $\dfrac{1}{p_i} \dfrac{U}{q_i}$ 的代替相同，而后者代替的结果是乘以 $\dfrac{1}{k^{-1}} \dfrac{k^{-2}}{k^2} = k^{-3}$，于

是由(30)看出 ω 的代替是 ωk^{-3}. 从这结果可以确定 ω 必须包含 $(p_1, p_2, \cdots, p_6)$

因为 ω 仅包含 $(q_1, q_2, \cdots, q_6, s)$ 时，它代换后是乘以 k 的偶次幂，而不会是 k^{-3}.

所以 ω 的形式可确定是

$$\omega = \omega_1 p_1 + \omega_2 p_2 + \cdots + \omega_6 p_6 \quad (31)$$

其中 $(\omega_1, \omega_2, \cdots, \omega_6)$ 应该是 $(q_1, q_2, \cdots, q_6, s)$ 的负一次幂.

再者，若 ϕ 中有某一项，它对 $(p_1, p_2, \cdots, p_6)$ 是 m 次，对 $(q_1, q_2, \cdots, q_6, s)$ 是 n 次，又另一项它对 $(p_1, p_2, \cdots, p_6)$ 是 m' 次，对 $(q_1, q_2, \cdots, q_6, s)$ 是 n' 次，那么代换的结果为 k 的同次乘幂，所以

$$-m + 2n = -m' + 2n'$$

故 $m - m' = 2(n - n')$ 为一偶数，即 ϕ 中各项对 $(p_1, p_2, \cdots, p_6)$ 的幂次来说可写为

$$\phi = \phi_0 + \phi_2 + \phi_4 + \cdots \quad (32)$$

其中 ϕ_0 是 $(p_1, p_2, \cdots, p_6)$ 的最高次项，ϕ_2 比 ϕ_0 对 $(p_1, p_2, \cdots, p_6)$ 小二次，ϕ_4 比 ϕ_2 对 $(p_1, p_2, \cdots, p_6)$ 再小二次等等. 每一个 ϕ_i 是 $(p_1, p_2, \cdots, p_6, q_1, q_2, \cdots, q_6)$ 的多项式，对 $(p_1, p_2, \cdots, p_6)$ 是齐次，对 $(q_1, q_2, \cdots, q_6, s)$ 也是齐次.

若 ϕ_0 不含 s，那么可以证明：ϕ 用一 $(q_1, q_2, \cdots, q_6)$ 的有理函数相乘后，可得一积分式. 关于 "ϕ_0 不含 s" 将在下节证明. 现在本节就在 ϕ_0 不含 s 的前提下证 "ϕ 用一 $(q_1, q_2, \cdots, q_6)$ 的有理函数相乘后，可变成一积分式".

由(31)及(32)，方程(29)

$$\frac{d\phi}{dt} = \omega \phi$$

可写成

$$\frac{d\phi_0}{dt} + \frac{d\phi_2}{dt} + \frac{d\phi_4}{dt} + \cdots = (\omega_1 p_1 + \omega_2 p_2 + \cdots + \omega_6 p_6)(\phi_0 + \phi_2 + \cdots) \quad (33)$$

因

$$\frac{d\phi_0}{dt} = \sum_{i=1}^{6} \left(\frac{\partial \phi_0}{\partial q_i} \frac{dq_i}{dt} + \frac{\partial \phi_0}{\partial p_i} \frac{dp_i}{dt} \right) = \sum_{i=1}^{6} \left(\frac{\partial \phi_0}{\partial q_i} \frac{\partial H}{\partial p_i} - \frac{\partial \phi_0}{\partial p_i} \frac{\partial H}{\partial q_i} \right)$$

$$= \sum_{i=1}^{6} \left(\frac{\partial \phi_0}{\partial q_i} \frac{p_i}{\mu_i} - \frac{\partial \phi_0}{\partial p_i} \frac{\partial U}{\partial q_i} \right)$$

我们可看出 $\dfrac{\partial \phi_0}{\partial q_i} \dfrac{p_i}{\mu}$ 对 $(p_1, p_2, \cdots, p_6)$ 的次数比 $\dfrac{\partial \phi_0}{\partial p_i} \dfrac{\partial U}{\partial q_i}$ 高. 所以比较(33)等式两

端$(p_1,p_2,\cdots,p_6)$的最高次项,得

$$\sum_{i=1}^{6}\frac{p_i}{\mu_i}\frac{\partial\phi_0}{\partial q_i}=(\omega_1 p_1+\omega_2 p_2+\cdots+\omega_6 p_6)\phi_0 \tag{34}$$

ϕ_0 可能有 p_6 为它的一个因式,令

$$\phi_0=p_6^{k}\phi'_0$$

其中 ϕ'_0 不再以 p_6 为因式,若 ϕ_0 不以 p_6 为因式,则相当于 $k=0$,$\phi_0=\phi'_0$ 的一种特殊情形,将 ϕ_0 代入(34),并约去等式两端 p_6^{k},则得

$$\sum_{i=1}^{6}\frac{p_i}{\mu_i}\frac{\partial\phi'_0}{\partial q_i}=(\omega_1 p_1+\omega_2 p_2+\cdots+\omega_6 p_6)\phi'_0 \tag{35}$$

若 ϕ''_0 是 ϕ'_0 中不含 p_6 的项,即

$$\phi'_0=\phi''_0(p_1,p_2,\cdots,p_5)+\phi_0^{*}(p_1,p_2,\cdots,p_6)$$

将上式代入(35),并比较等号两端不含 p_6 的项,得

$$\sum_{i=1}^{5}\frac{p_i}{\mu_i}\frac{\partial\phi''_0}{\partial q_i}=(\omega_1 p_1+\omega_2 p_2+\cdots+\omega_5 p_5)\phi''_0 \tag{36}$$

但是可能的 ϕ''_0 有两种形式:

(1)ϕ''_0 仅含$(q_1,q_2,\cdots,q_6)$,而不含$(p_1,p_2,\cdots,p_5)$;

(2)ϕ''_0 中含某些 $p_1,p_2,\cdots$ 或 p_5.

现在分别讨论这两种情况.

第一种情况,ϕ''_0 中不含 p_i.将 ϕ''_0 写作 R,比较(36)等号两端 p_i 的系数,得方程

$$\frac{1}{\mu_i}\frac{\partial R}{\partial q_i}=\omega_i R \quad (i=1,2,\cdots,5)$$

或

$$\mu_i\omega_i=\frac{1}{R}\frac{\partial R}{\partial q_i} \quad (i=1,2,\cdots,5) \tag{37}$$

但

$$\frac{\partial}{\partial q_s}(\mu_r\omega_r)=\frac{\partial}{\partial q_s}\left(\frac{1}{R}\frac{\partial R}{\partial q_r}\right)=-\frac{1}{R^2}\frac{\partial R}{\partial q_s}\frac{\partial R}{\partial q_r}+\frac{1}{R}\frac{\partial^2 R}{\partial q_s\partial q_r}$$

$$\frac{\partial}{\partial q_r}(\mu_s\omega_s)=\frac{\partial}{\partial q_r}\left(\frac{1}{R}\frac{\partial R}{\partial q_s}\right)=-\frac{1}{R^2}\frac{\partial R}{\partial q_r}\frac{\partial R}{\partial q_s}+\frac{1}{R}\frac{\partial^2 R}{\partial q_r\partial q_s}$$

所以得

$$\frac{\partial}{\partial q_s}(\mu_r\omega_r)=\frac{\partial}{\partial q_r}(\mu_s\omega_s) \quad (r,s=1,2,\cdots,5) \tag{38}$$

第二种情况,ϕ''_0 含某些 p_i,我们可写出

$$\phi''_0=p_5^{\lambda}\phi'''_0 \tag{39}$$

其中 ϕ'''_0 不再含 p_5 为因式,将上式代入(36),得

$$\mathscr{V}=-\left(\frac{m_1 m_2}{r_{12}}+\frac{m_2 m_3}{r_{23}}+\frac{m_3 m_1}{r_{31}}\right)$$

$$\sum_{i=1}^{5} \frac{p_i}{\mu_i} \frac{\partial \phi'''_0}{\partial a_i} = (\omega_1 p_1 + \omega_2 p_2 + \cdots + \omega_5 p_5) \phi'''_0$$

令 ϕ_0^{iv} 表示 ϕ'''_0 中不含 p_5 的项,将上式不含 p_5 的项相等,得

$$\sum_{r=1}^{4} \frac{p_r}{\mu_r} \frac{\partial \phi_0^{iv}}{\partial q_i} = (\omega_1 p_1 + \cdots + \omega_4 p_4) \phi_0^{iv} \tag{40}$$

继续如此演进,最后可得到两种情况:

(1) $$\frac{\partial}{\partial q_1}(\mu_2 \omega_2) = \frac{\partial}{\partial q_2}(\mu_1 \omega_1) \tag{41}$$

或(2)存在着 $(q_1, q_2, \cdots, q_6, p_1, p_2)$ 的多项式 ψ,它是 $(q_1, q_2, \cdots, q_6)$ 的齐次式,也是 (p_1, p_2) 的齐次式;并且 ψ 适合对应于(40)的微分方程如下

$$\frac{p_1}{\mu_1} \frac{\partial \psi}{\partial q_1} + \frac{p_2}{\mu_2} \frac{\partial \psi}{\partial q_2} = (\omega_1 p_1 + \omega_2 p_2) \psi \tag{42}$$

令

$$\psi = a p_1^l + b p_2^l + c p_1^{l-1} p_2 + \cdots \tag{43}$$

其中 $a, b, c, \cdots$ 为 $(q_1, q_2, \cdots, q_6)$ 的多项式,将 ψ 代入(42),再比较 p_1^{l+1} 和 p_2^{l+1} 的系数,得

$$\omega_1 a = \frac{1}{\mu_1} \frac{\partial a}{\partial q_1}, \quad \omega_2 b = \frac{1}{\mu_2} \frac{\partial b}{\partial q_2} \tag{44}$$

$a, b, c, \cdots$ 可能有一 $(q_1, q_2, \cdots, q_6)$ 的多项式公因式. 设此公因式为 Q,则

$$a = a'Q, \quad b = b'Q, \quad c = c'Q, \cdots$$

令

$$\psi' = a' p_1^l + b' p_2^l + c' p_1^{l-1} p_2 + \cdots$$

于是

$$\psi = Q \psi'$$

而有

$$\frac{d\psi}{dt} = \frac{dQ}{dt} \psi' + Q \frac{d\psi'}{dt}$$

即

$$\frac{\partial \psi}{\partial q_1} \frac{dq_1}{dt} + \frac{\partial \psi}{\partial q_2} \frac{dq_2}{dt} + \cdots + \frac{\partial \psi}{\partial q_6} \frac{dq_6}{dt} + \frac{\partial \psi}{\partial p_1} \frac{dp_1}{dt} + \frac{\partial \psi}{\partial p_2} \frac{dp_2}{dt}$$

$$= \left(\frac{\partial Q}{\partial q_1} \frac{dq_1}{dt} + \frac{\partial Q}{\partial q_2} \frac{dq_2}{dt} + \cdots + \frac{\partial Q}{\partial q_6} \frac{dq_6}{dt} \right) \psi' +$$

$$Q \left(\frac{\partial \psi'}{\partial q_1} \frac{dq_1}{dt} + \frac{\partial \psi'}{\partial q_2} \frac{dq_2}{dt} + \cdots + \frac{\partial \psi'}{\partial q_6} \frac{dq_6}{dt} + \frac{\partial \psi'}{\partial p_1} \frac{dp_1}{dt} + \frac{\partial \psi'}{\partial p_2} \frac{dp_2}{dt} \right) \tag{45}$$

应用哈密尔顿方程,上式可改写成

$$\frac{\partial \psi}{\partial q_1} \frac{p_1}{\mu_1} + \frac{\partial \psi}{\partial q_2} \frac{p_2}{\mu_2} + \cdots + \frac{\partial \psi}{\partial q_6} \frac{p_6}{\mu_6} + \frac{\partial \psi}{\partial p_1} \frac{\partial U}{\partial q_1} + \frac{\partial \psi}{\partial p_2} \frac{\partial U}{\partial q_2}$$

$$= \left(\frac{\partial Q}{\partial q_1}\frac{p_1}{\mu_1} + \frac{\partial Q}{\partial q_2}\frac{p_2}{\mu_2} + \cdots + \frac{\partial Q}{\partial q_6}\frac{p_6}{\mu_6}\right)\psi' +$$

$$Q\left(\frac{\partial \psi'}{\partial q_1}\frac{p_1}{\mu_1} + \frac{\partial \psi'}{\partial q_2}\frac{p_2}{\mu_2} + \cdots + \frac{\partial \psi'}{\partial q_6}\frac{p_6}{\mu_6} + \frac{\partial \psi'}{\partial p_1}\frac{\partial U}{\partial q_1} + \frac{\partial \psi'}{\partial p_2}\frac{\partial U}{\partial q_2}\right)$$

取出上面对于 (p_1,p_2) 的最高次项互等,得

$$\frac{\partial \psi}{\partial q_1}\frac{p_1}{\mu_1} + \frac{\partial \psi}{\partial q_2}\frac{p_2}{\mu_2} = \left(\frac{\partial Q}{\partial q_1}\frac{p_1}{\mu_1} + \frac{\partial Q}{\partial q_2}\frac{p_2}{\mu_2}\right)\psi' + Q\left(\frac{\partial \psi'}{\partial q_1}\frac{p_1}{\mu_1} + \frac{\partial \psi'}{\partial q_2}\frac{p_2}{\mu_2}\right)$$

将上式两端除以 $\psi = \psi'Q$,并移项,得

$$\frac{1}{\psi'}\left(\frac{p_1}{\mu_1}\frac{\partial \psi'}{\partial q_1} + \frac{p_2}{\mu_2}\frac{\partial \psi'}{\partial q_2}\right) = \frac{1}{\psi}\left(\frac{p_1}{\mu_1}\frac{\partial \psi}{\partial q_1} + \frac{p_2}{\mu_2}\frac{\partial \psi}{\partial q_2}\right) - \frac{1}{Q}\left(\frac{p_1}{\mu_1}\frac{\partial Q}{\partial q_1} + \frac{p_2}{\mu_2}\frac{\partial Q}{\partial q_2}\right)$$

$$= (\omega_1 p_1 + \omega_2 p_2) - \frac{1}{Q}\left(\frac{p_1}{\mu_1}\frac{\partial Q}{\partial q_1} + \frac{p_2}{\mu_2}\frac{\partial Q}{\partial q_2}\right)$$

$$= \left(\omega_1 - \frac{1}{Q\mu_1}\frac{\partial Q}{\partial q_1}\right)p_1 + \left(\omega_2 - \frac{1}{Q\mu_2}\frac{\partial Q}{\partial q_2}\right)p_2 = \omega'_1 p_1 + \omega'_2 p_2 \qquad (46)$$

其中

$$\omega'_1 = \omega_1 - \frac{1}{Q\mu_1}\frac{\partial Q}{\partial q_1} = \frac{1}{\mu_1 a}\frac{\partial a}{\partial q_1} - \frac{1}{\mu_1 Q}\frac{\partial Q}{\partial q_1}$$

即

$$\omega'_1 = \frac{1}{\mu_1 a'}\frac{\partial a'}{\partial q_1} \qquad (47)$$

同样

$$\omega'_2 = \frac{1}{\mu_1 b'}\frac{\partial b'}{\partial q_2} \qquad (48)$$

于是自(46)成为

$$\frac{p_1}{\mu_1}\frac{\partial \psi'}{\partial q_1} + \frac{p_2}{\mu_2}\frac{\partial \psi'}{\partial q_2} = (\omega'_1 p_1 + \omega'_2 p_2)\psi' \qquad (49)$$

上式左边是 $(q_1,q_2,\cdots,q_6,p_1,p_2)$ 的多项式,但若 a 包含 q_1,那么自(47)知 ω'_1 的分母有 a' 为因式而有 q_1 或其因式作为 ω'_1 的分母,于是 ψ' 必须包含"a' 或它的因式"为因式,否则(49)的左边不能成为多项式. 但这和 ψ' 的表式假定 a', $b',c',\cdots$ 无公因式矛盾. 所以 a' 不能包含 q_1,于是自(47)知 $\omega'_1 = 0$. 同样 $\omega'_2 = 0$. 故得

$$\omega_1 = \frac{1}{Q\mu_1}\frac{\partial Q}{\partial q_1}, \quad \omega_2 = \frac{1}{Q\mu_2}\frac{\partial Q}{\partial q_2}$$

于是

$$\frac{\partial}{\partial q_2}(\omega_1\mu_1) = \frac{\partial}{\partial q_1}(\omega_3\mu_2)$$

上式结果与(1)的情况得到的结果(41)相同. 所以(41)对两种情况都成立.

同样可证:一般有

$$\mathcal{V} = -\left(\frac{m_1 m_2}{r_{12}} + \frac{m_2 m_3}{r_{23}} + \frac{m_3 m_1}{r_{31}}\right)$$

$$\frac{\partial}{\partial q_i}(\mu_s \omega_s) = \frac{\partial}{\partial q_s}(\mu_i \omega_i)$$

所以可写成

$$\mu_s \omega_s = \frac{1}{R} \frac{\partial R}{\partial q_s} \tag{50}$$

其中 R 是 $(q_1, q_2, \cdots, q_6)$ 的一个有理函数,于是

$$\omega_1 p_1 + \omega_2 p_2 + \cdots + \omega_6 p_6 = \sum_{i=1}^{6} \frac{p_i}{\mu_i} \frac{1}{R} \frac{\partial R}{\partial q_i} = \sum_{i=1}^{6} \frac{1}{R} \frac{\partial R}{\partial q_i} \frac{\mathrm{d}q_i}{\mathrm{d}t} = \frac{1}{R} \frac{\mathrm{d}R}{\mathrm{d}t}$$

由(29)及(31),上式可写成

$$\frac{1}{\phi} \frac{\mathrm{d}\phi}{\mathrm{d}t} = \frac{1}{R} \frac{\mathrm{d}R}{\mathrm{d}t}$$

积分上式,得

$$\frac{\phi}{R} = 常数 \tag{51}$$

故 ϕ 乘以适当的 $(q_1, q_2, \cdots, q_6)$ 的有理函数 $\frac{1}{R}$ 以后变成为常数,也就是说,$\frac{\phi}{R} =$ 常数是积分式,这就是所要证明的.

所以当 ϕ_0 不含 s 时,G_1 和 G_2 乘以适当的 $(q_1, q_2, \cdots, q_6)$ 的有理函数之后,G_1 和 G_2 可变成积分式,也就是说,G_1 和 G_2 中 ϕ_0 不含 s 时,三体问题的积分可由"$(p_1, p_2, \cdots, p_6)$ 的多项式而又是 $(q_1, q_2, \cdots, q_6, s)$ 的有理式的积分式"组合而成的.

§6 ϕ_0 中不含 s 的证明

要证明"ϕ_0 中不含 s",可以从证明"适合(34)

$$\sum_{i=1}^{6} \frac{p_i}{\mu_i} \frac{\partial \phi_0}{\partial q_i} = (\omega_1 p_1 + \omega_2 p_2 + \cdots + \omega_6 p_6)\phi_0$$

的函数 ϕ_0 若含有 s 便不是实数"来着手.现在采用逆证法.

若这样的 ϕ_0 存在,它满足上面微分方程而含 s,那么由

$$s = \pm r_{12} \pm r_{23} \pm r_{31} \tag{52}$$

以不同符号配合的 8 个值代入 ϕ_0 中,则 ϕ_0 将得到不同的值,令这些值是 ϕ'_0, $\phi''_0, \cdots$ 它们适合微分方程

$$\sum_{i=1}^{6} \frac{p_i}{\mu_i} \frac{\partial \phi'_0}{\partial q_i} = \omega' \phi'_0, \quad \sum_{i=1}^{6} \frac{p_i}{\mu_i} \frac{\partial \phi''_0}{\partial q_i} = \omega'' \phi''_0, \cdots \tag{53}$$

其中 $\omega', \omega'', \cdots$ 是对应于不同 s 值的 $\phi'_0, \phi''_0, \cdots$ 的 ω 函数,令

$$\Phi = \phi'_0 \phi''_0 \phi'''_0 \cdots \tag{54}$$

那么 Φ 仅是 $(q_1, q_2, \cdots, q_6)$ 的有理函数,而不含 s.这从代数学中"无理式的有理

方法"体会一下,就能理解. 现在

$$\frac{1}{\Phi}\sum_{i=1}^{6}\frac{p_i}{\mu_i}\frac{\partial\Phi}{\partial q_i}=\sum_{i=1}^{6}\frac{p_i}{\mu_i}\left[\frac{1}{\phi'_0\phi''_0\phi'''_0\cdots}\frac{\partial}{\partial q_i}(\phi'_0\phi''_0\phi'''_0\cdots)\right]$$

$$=\sum_{i=1}^{6}\frac{p_i}{\mu_i}\left(\frac{1}{\phi'_0}\frac{\partial\phi'_0}{\partial q_i}+\frac{1}{\phi''_0}\frac{\partial\phi''_0}{\partial q_i}+\cdots\right)$$

$$=\omega'+\omega''+\omega'''+\cdots=\Omega \tag{55}$$

其中 Ω 是 $(p_1,p_2,\cdots,p_6)$ 的线性函数,它的系数是 $(q_1,q_2,\cdots,q_6)$ 的有理函数 Φ 的组成式知道 Φ 是 $(p_1,p_2,\cdots,p_6)$ 的多项式且不含 s,所以应用上节理论知道用某一适当的 $(q_1,q_2,\cdots,q_6)$ 的有理函数相乘后可使 $\Omega=0$. 于是自(55)Φ 适合下面的微分方程

$$\sum_{i=1}^{6}\frac{p_i}{\mu_i}\frac{\partial\phi}{\partial q_i}=0 \tag{56}$$

上式有 $q_1,q_2,\cdots,q_6$,共 6 个自变数,上式 5 个独立解可以立刻得到

$$\left(\frac{q_2 p_1}{\mu_1}-\frac{q_1 p_2}{\mu_2}\right),\left(\frac{q_3 p_1}{\mu_1}-\frac{q_1 p_3}{\mu_3}\right),\cdots,\left(\frac{q_6 p_1}{\mu_1}-\frac{q_1 p_6}{\mu_6}\right)$$

以上各式是(56)的解可以用代入法证明,例如将

$$\Phi=\frac{q_2 p_1}{\mu_1}-\frac{q_1 p_2}{\mu_2}$$

代入(56),则有

$$\sum_{i=1}^{6}\frac{p_i}{\mu_i}\frac{\partial\Phi}{\partial q_i}=\frac{p_1}{\mu_1}\frac{\partial}{\partial q_1}\left(\frac{q_2 p_1}{\mu_1}-\frac{q_1 p_2}{\mu_2}\right)+\frac{p_2}{\mu_2}\frac{\partial}{\partial q_2}\left(\frac{q_2 p_1}{\mu_1}-\frac{q_1 p_2}{\mu_2}\right)$$

$$=\frac{p_1}{\mu_1}\left(-\frac{p_2}{\mu_2}\right)+\frac{p_2}{\mu_2}\left(-\frac{p_1}{\mu_1}\right)=0$$

于是知道 Φ 仅是下列诸量的函数

$$\left(\frac{q_2 p_1}{\mu_1}-\frac{q_1 p_2}{\mu_2}\right),\left(\frac{q_3 p_1}{\mu_1}-\frac{q_1 p_3}{\mu_3}\right),\cdots,\left(\frac{q_6 p_1}{\mu_1}-\frac{q_1 p_6}{\mu_6}\right),p_1,p_2,\cdots,p_6$$

现在 Φ 中各因式 $\phi'_0,\phi''_0,\phi'''_0,\cdots$ 的不同是由 s 值不同引起的. 所以当 s 有两根相等时,ϕ 的两个因式也相等,这时 $(q_1,q_2,\cdots,q_6)$ 便存在着一个关系式. 如将 $\Phi-0$ 看作 p_1 的方程,那么至少有两个根变成相等,即 $(q_1,q_2,\cdots,q_6)$ 存在着如下的关系式

$$f(q_1,q_2,\cdots,q_6)=0 \tag{57}$$

我们将得到重根条件 $\frac{\partial\Phi}{\partial p_1}=0$. 同样将 Φ 顺次看作是 $p_2,p_3,\cdots,p_6$ 的方程,可得类似的方程,于是

$$\frac{\partial\Phi}{\partial p_1}=0,\frac{\partial\Phi}{\partial p_2}=0,\cdots,\frac{\partial\Phi}{\partial p_6}=0 \tag{58}$$

由于以上各式顺次乘以 $p_1,p_2,\cdots,p_6$ 而相加,得

99

$$V=-\left(\frac{m_1 m_2}{r_{12}}+\frac{m_2 m_3}{r_{23}}+\frac{m_3 m_1}{r_{31}}\right)$$

$$p_1 \frac{\partial \Phi}{\partial p_1} + p_2 \frac{\partial \Phi}{\partial p_2} + \cdots + p_6 \frac{\partial \Phi}{\partial p_6} = 0$$

但因 Φ 是 $(p_1, p_2, \cdots, p_6)$ 的齐次函数,根据欧拉齐次函数定理,有

$$p_1 \frac{\partial \Phi}{\partial p_1} + p_2 \frac{\partial \Phi}{\partial p_2} + \cdots + p_6 \frac{\partial \Phi}{\partial p_6} = n\Phi$$

其中 n 是 Φ 对 $(p_1, p_2, \cdots, p_6)$ 齐次次数,合上两式

$$n\Phi = 0 \quad 即 \quad \Phi = 0 \tag{59}$$

由此可见 $\Phi = 0$ 和方程组 $\frac{\partial \Phi}{\partial p_1} = 0, \frac{\partial \Phi}{\partial p_2} = 0, \cdots, \frac{\partial \Phi}{\partial p_6} = 0$,不是互相独立的.

若变数有微小的变分,而适合方程 $\Phi = 0$,则

$$\delta \Phi = \sum_{i=1}^{6} \left(\frac{\partial \Phi}{\partial q_i} \delta q_i + \frac{\partial \Phi}{\partial p_i} \delta p_i \right)$$

但若 $(q_1, q_2, \cdots, q_6, p_1, p_2, \cdots, p_6)$ 适合方程组 $\frac{\partial \Phi}{\partial p_i} = 0$,那么上式变成

$$\sum_{i=1}^{6} \frac{\partial \Phi}{\partial q_i} \delta q_i = 0$$

故各变分 δq_i 间存在着的以上关系式,与 (57) 的变分

$$\delta f = \sum_{i=1}^{6} \frac{\partial f}{\partial q_i} \delta q_i = 0$$

完全等价. 由上两式可得

$$\frac{\frac{\partial f}{\partial q_1}}{\frac{\partial \Phi}{\partial q_1}} = \frac{\frac{\partial f}{\partial q_2}}{\frac{\partial \Phi}{\partial q_2}} = \cdots = \frac{\frac{\partial f}{\partial q_6}}{\frac{\partial \Phi}{\partial q_6}} \tag{60}$$

上式是方程组 $\frac{\partial \Phi}{\partial p_i} = 0 (i = 1, 2, \cdots, 6)$ 的必然结果. 但由 (56) 已知

$$\sum_{i=1}^{6} \frac{p_i}{\mu_i} \frac{\partial \Phi}{\partial q_i} = 0$$

故应用 (60) 有

$$\sum_{i=1}^{6} \frac{p_i}{\mu_i} \frac{\partial f}{\partial q_i} = 0$$

于是以下方程组

$$f = 0, \quad \sum_{i=1}^{6} \frac{p_i}{\mu_i} \frac{\partial f}{\partial q_i} = 0 \tag{61}$$

可用代数法自 $\frac{\partial \Phi}{\partial p_i} = 0$ 推导得来,这种代数消去法与 $q_1, q_2, \cdots, q_6$ 本身的数有关,

所以我们也可以用 $\left(q_i + \frac{p_i t}{\mu_i} \right)$ 代 q_i,于是 (61) 成为

$$\begin{cases} f\left(q_1 + \dfrac{p_1}{\mu_1}t, q_2 + \dfrac{p_2}{\mu_2}t, \cdots, q_6 + \dfrac{p_6}{\mu_6}t\right) = 0 \\ \displaystyle\sum_{i=1}^{6} \dfrac{p_i}{\mu_i} \dfrac{\partial}{\partial q_i} f\left(q_1 + \dfrac{p_1}{\mu_1}t, q_2 + \dfrac{p_2}{\mu_2}t, \cdots, q_6 + \dfrac{p_6}{\mu_6}t\right) = 0 \end{cases} \qquad (62)$$

上式是

$$\frac{\partial}{\partial p_i}\varPhi(q_1, q_2, \cdots, q_6, p_1, p_2, \cdots, p_6) + \frac{\partial \varPhi}{\partial q_i}\frac{\partial q_i}{\partial p_i} = 0 \qquad (63)$$

的必然结果. 令

$$q'_i = q_i + \frac{p_i}{\mu_i}t$$

则

$$q_i = q'_i - \frac{p_i}{\mu_i}t$$

及

$$\frac{\partial q_i}{\partial p_i} = -\frac{t}{\mu_i}$$

则(63)成为

$$\frac{\partial}{\partial p_i}\varPhi(q_1, \cdots, q_6, p_1, \cdots, p_6) - \frac{t}{\mu_i}\frac{\partial}{\partial q_i}\varPhi(q_1, \cdots, q_6, p_1, \cdots, p_6) = 0$$
$$(i = 1, 2, \cdots, 6) \qquad (64)$$

于是方程组(62)是方程组(64)的必然结果. 但从下方程组

$$\begin{cases} f\left(q_1 + \dfrac{p_1}{\mu_1}t, q_2 + \dfrac{p_2}{\mu_2}t, \cdots, q_6 + \dfrac{p_6}{\mu_6}t\right) = 0 \\ \dfrac{\partial}{\partial t} f\left(q_1 + \dfrac{p_1}{\mu_1}t, q_2 + \dfrac{p_2}{\mu_2}t, \cdots, q_6 + \dfrac{p_6}{\mu_6}t\right) = 0 \end{cases} \qquad (65)$$

消去 t 也可以得到(62),所以上式也是(64)的必然结果.

将(64)顺次乘以 $p_1, p_2, \cdots, p_6$,然后各式相加,则

$$\sum_{i=1}^{6} p_i \frac{\partial \varPhi}{\partial p_i} - \sum_{i=1}^{6} \frac{tp_i}{\mu_i}\frac{\partial \varPhi}{\partial q_i} = n\varPhi - t\sum_{i=1}^{6}\frac{p_i}{\mu_i}\frac{\partial \varPhi}{\partial q_i} = n\varPhi = 0$$

所以

$$\varPhi(q_1, q_2, \cdots, q_6, p_1, p_2, \cdots, p_6) = 0 \qquad (66)$$

也是方程组(64)结合的必然结果. 现在再证明上式是(65)消去 t 的必然结果. 设(65)消去 t,得

$$\psi(q_1, \cdots, q_6, p_1, \cdots, p_6) = 常数 \qquad (67)$$

那么

$$\delta\psi = \sum_{i=1}^{6}\left(\frac{\partial \psi}{\partial q_i}\delta q_i + \frac{\partial \psi}{\partial p_i}\delta p_i\right) = 0 \qquad (68)$$

必须是

$$\delta f = 0, \quad \delta \frac{\partial f}{\partial t} = 0 \qquad (69)$$

$$V = -\left(\frac{m_1 m_2}{r_{12}} + \frac{m_2 m_3}{r_{23}} + \frac{m_3 m_1}{r_{31}}\right)$$

的必然结果,而(69)中两式可写成

$$\delta f = \sum_{i=1}^{6} \frac{\partial f}{\partial q_i}\left(\delta q_i + \frac{t}{\mu_i}\delta p_i\right) = 0 \tag{70}$$

及

$$\delta\frac{\partial f}{\partial t} = \delta\left(\sum_{i=1}^{6}\frac{\partial f}{\partial q_i}\frac{p_i}{\mu_i}\right) = \sum_{i=1}^{6}\frac{1}{\mu_i}\frac{\partial f}{\partial q_i}\delta p_i +$$

$$\sum_{i=1}^{6}\sum_{i=1}^{6}\frac{p_i}{\mu_i}\frac{\partial^2 f}{\partial q_i \partial q_s}\left(\delta q_s + \frac{t}{\mu_s}\delta p_s + \frac{p_s}{\mu_s}\delta t\right) = 0 \tag{71}$$

(71)包含 δt,对消去 t 的代数关系没有联系.所以(71)应弃之不用,于是由(68)及(70)比较 δq_i 的系数,得

$$\frac{\partial\psi}{\partial q_1}\Big/\frac{\partial f}{\partial q_1} = \frac{\partial\psi}{\partial q_2}\Big/\frac{\partial f}{\partial q_2} = \cdots = \frac{\partial\psi}{\partial q_6}\Big/\frac{\partial f}{\partial q_6} = \lambda \tag{72}$$

又比较(68)及(70)中 δp_i 的系数,得

$$\frac{\partial\psi}{\partial p_i} = \lambda\left(\frac{\partial f}{\partial q_i}\frac{t}{\mu_i}\right) \quad (i=1,2,\cdots,6)$$

上式再应用(72)可写成

$$\frac{\partial\psi}{\partial p_i} = \frac{t}{\mu_i}\frac{\partial\psi}{\partial q_i} \quad (i=1,2,\cdots,6) \tag{73}$$

将(72)与(60)比较,(73)与(64)比较,可以看出 ψ 的方程和 Φ 的方程形式完全一致,即 $\Phi=0$ 和 $\psi=0$ 完全等价.所以可以说 $\Phi=0$ 是可以从(65)

$$\begin{cases} f\left(q_1+\dfrac{p_1}{\mu_1}t, q_2+\dfrac{p_2}{\mu_2}t, \cdots, q_6+\dfrac{p_6}{\mu_6}t\right) = 0 \\[2mm] \dfrac{\partial}{\partial t}f\left(q_1+\dfrac{p_1}{\mu_1}t, q_2+\dfrac{p_2}{\mu_2}t, \cdots, q_6+\dfrac{p_6}{\mu_6}t\right) = 0 \end{cases}$$

消去 t 得到.但 $f=0$ 很容易从 s 的方程有等根的条件求得;f 求得后,便可写出(65)来;再由(65)消去 t 得所有可能的多项式 Φ;将 Φ 分解因式便可得所有可能的 ϕ_0 值.

由 $\pm r_{12} \pm r_{23} \pm r_{31}$ 而来的 8 个 s 值,有两个 s 根相等的条件可自下面各方程之一得来:

(1)$r_{12}=0, r_{23}=0, r_{31}=0$;

(2)$r_{23}=\pm r_{31}, r_{31}=\pm r_{12}$;

(3)$\pm r_{12} \pm r_{23} \pm r_{31}=0$.

现在分别按照以上三种情况求 Φ 及 ϕ_0.

(1) 由 $r_{12}=0$,得 $q_1^2+q_2^2+q_3^2=0$(参看(4)).于是对应于这情况的(65)是

$$\begin{cases} \left(q_1+\dfrac{p_1}{\mu_1}t\right)^2 + \left(q_2+\dfrac{p_2}{\mu_2}t\right)^2 + \left(q_3+\dfrac{p_3}{\mu_3}t\right)^2 = 0 \\[2mm] \dfrac{\partial}{\partial t}\left[\left(q_1+\dfrac{p_1}{\mu_1}t\right)^2 + \left(q_2+\dfrac{p_2}{\mu_2}t\right)^2 + \left(q_3+\dfrac{p_3}{\mu_3}t\right)^2\right] = 0 \end{cases} \tag{74}$$

后者行偏微分以后,可写为

$$\left(q_1 + \frac{p_1}{\mu_1}t\right)\frac{p_1}{\mu_1} + \left(q_2 + \frac{p_2}{\mu_2}t\right)\frac{p_2}{\mu_2} + \left(q_3 + \frac{p_3}{\mu_3}t\right)\frac{p_3}{\mu_3} = 0$$

或写成

$$t = -\frac{\dfrac{q_1 p_1}{\mu_1} + \dfrac{q_2 p_2}{\mu_2} + \dfrac{q_3 p_3}{\mu_3}}{\left(\dfrac{p_1}{\mu_1}\right)^2 + \left(\dfrac{p_2}{\mu_2}\right)^2 + \left(\dfrac{p_3}{\mu_3}\right)^2} \tag{75}$$

又(74)的第一式可写成

$$(q_1^2 + q_2^2 + q_3^2) + 2\left(\frac{q_1 p_1}{\mu_1} + \frac{q_2 p_2}{\mu_2} + \frac{q_3 p_3}{\mu_3}\right)t + \left(\frac{p_1^2}{\mu_1^2} + \frac{p_2^2}{\mu_2^2} + \frac{p_3^2}{\mu_3^2}\right)t^2 = 0$$

将(75)的 t 代入上式并乘以 $\left(\dfrac{p_1}{\mu_1}\right)^2 + \left(\dfrac{p_2}{\mu_2}\right)^2 + \left(\dfrac{p_3}{\mu_3}\right)^2$ 再简化,得

$$(q_1^2 + q_2^2 + q_3^2) + \left(\frac{p_1^2}{\mu_1^2} + \frac{p_7^2}{\mu_2^2} + \frac{p_3^2}{\mu_3^2}\right) = \left(\frac{q_1 p_1}{\mu_1} + \frac{q_2 p_2}{\mu_2} + \frac{q_3 p_3}{\mu_3}\right)^2$$

上式可改写成

$$\left(\frac{q_1 p_2}{\mu_2} - \frac{q_2 p_1}{\mu_1}\right)^2 + \left(\frac{q_2 p_3}{\mu_3} - \frac{p_2 q_3}{\mu_2}\right)^2 + \left(\frac{q_3 p_1}{\mu_2} - \frac{q_1 p_3}{\mu_3}\right)^2 = 0$$

由此得到 Φ 函数为

$$\Phi = \left(\frac{q_1 p_2}{\mu_2} - \frac{q_2 p_1}{\mu_1}\right)^2 + \left(\frac{q_2 p_3}{\mu_3} - \frac{p_2 q_3}{\mu_2}\right)^2 + \left(\frac{q_3 p_1}{\mu_1} - \frac{q_1 p_3}{\mu_3}\right)^2$$

上式不能再分解为实函数因式,所以在这种情况下不能得实的 ϕ_0 函数,同样可证对于 $r_{23} = 0, r_{31} = 0$ 也不能求得实的 ϕ_0 函数.

(2) $r_{23} = \pm r_{31}$. 参看(4)知道这条件可写为

$$q_4^2 + q_5^2 + q_6^2 + \frac{2m_2}{m_1 + m_2}(q_1 q_4 + q_2 q_5 + q_3 q_6) + \left(\frac{m_2}{m_1 + m_2}\right)^2 (q_1^2 + q_2^2 + q_3^2)$$

$$= q_4^2 + q_5^2 + q_6^2 - \frac{2m_1}{m_1 + m_2}(q_1 q_4 + q_2 q_5 + q_3 q_6) + \left(\frac{m_1}{m_1 + m_2}\right)^2 (q_1^2 + q_2^2 + q_3^2)$$

或

$$2(q_1 q_4 + q_2 q_5 + q_3 q_6) - \frac{m_1 - m_2}{m_1 + m_2}(q_1^2 + q_2^2 + q_3^2) = 0$$

由上式得 $f = 0$ 的方程

$$2\left[\left(q_1 + \frac{p_1}{\mu_1}t\right)\left(q_4 + \frac{p_4}{\mu_4}t\right) + \left(q_2 + \frac{p_2}{\mu_2}t\right)\left(q_5 + \frac{p_5}{\mu_5}t\right) + \left(q_3 + \frac{p_3}{\mu_3}t\right)\left(q_6 + \frac{p_6}{\mu_6}t\right)\right] -$$

$$\frac{m_1 - m_2}{m_1 + m_2}\left[\left(q_1 + \frac{p_1}{\mu_1}t\right)^2 + \left(q_2 + \frac{p_2}{\mu_2}t\right)^2 + \left(q_3 + \frac{p_3}{\mu_3}t\right)^2\right] = 0 \tag{76}$$

上式与 $\dfrac{\partial f}{\partial t} = 0$ 消去 t 得到的关系式,也就是上式 t 的二次方程的判别式为 0 的关

$$V = -\left(\frac{m_1 m_2}{r_{12}} + \frac{m_2 m_3}{r_{23}} + \frac{m_3 m_1}{r_{31}}\right)$$

系式,上式可改写为

$$\left[2\left(\frac{p_1 p_4}{\mu_1 \mu_4}+\frac{p_2 p_5}{\mu_2 \mu_5}+\frac{p_3 p_6}{\mu_3 \mu_6}\right)-\frac{m_1-m_2}{m_1+m_2}\left(\frac{p_1^2}{\mu_1^2}+\frac{p_2^2}{\mu_2^2}+\frac{p_3^2}{\mu_3^2}\right)\right]t^2 +$$

$$2t\left[\frac{p_1 q_4}{\mu_1}+\frac{q_1 p_4}{\mu_4}+\frac{q_2 p_5}{\mu_5}+\frac{p_2 q_5}{\mu_2}+\frac{q_6 p_3}{\mu_3}+\frac{q_3 p_6}{\mu_6}-\frac{m_1-m_2}{m_1+m_2}\left(\frac{q_1 p_1}{\mu_1}+\frac{q_2 p_2}{\mu_2}+\frac{q_3 p_3}{\mu_3}\right)\right]+$$

$$\left[2(q_1 q_4+q_2 q_5+q_3 q_6)-\frac{m_1-m_2}{m_1+m_2}(q_1^2+q_2^2+q_3^2)\right]=0$$

上二次方程的判别式也就是所要求的 Φ 函数,是

$$\Phi=\left[2(q_1 q_4+q_2 q_5+q_3 q_6)-\frac{m_1-m_2}{m_1+m_2}(q_1^2+q_2^2+q_3^2)\right]\times$$

$$\left[2\left(\frac{p_1 p_4}{\mu_1 \mu_4}+\frac{p_2 p_5}{\mu_2 \mu_5}+\frac{p_3 p_6}{\mu_3 \mu_6}\right)-\frac{m_1-m_2}{m_1+m_2}\left(\frac{p_1^2}{\mu_1^2}+\frac{p_2^2}{\mu_2^2}+\frac{p_3^2}{\mu_3^2}\right)\right]-$$

$$\left[\frac{p_1 q_4}{\mu_1}+\frac{q_1 p_4}{\mu_4}+\frac{q_2 p_5}{\mu_5}+\frac{p_2 q_5}{\mu_2}+\frac{q_6 p_3}{\mu_3}+\right.$$

$$\left.\frac{q_3 p_6}{\mu_6}-\frac{m_1-m_2}{m_1+m_2}\left(\frac{q_1 p_1}{\mu_1}+\frac{q_2 p_2}{\mu_2}+\frac{q_3 p_3}{\mu_3}\right)\right]^2$$

上式不能分解成 $(p_1,p_2,\cdots,p_6)$ 的线性多项式,所以也不能从此式得出实的 ϕ_0 函数,同样对于 $r_{31}=\pm r_{12}$ 也不能求出实函数 ϕ_0.

(3)$r_{12}\pm r_{23}\pm r_{31}=0$

首先将上式有理化,为此写成 $r_{12}\pm r_{23}=\mp r_{31}$,然后平方此式两端,得

$$r_{12}^2+r_{23}^2\pm 2r_{12}r_{23}=r_{31}^2$$

移项后再平方,得

$$(r_{12}^2+r_{23}^2-r_{31}^2)^2=(\mp 2r_{12}r_{23})^2=4r_{12}^2 r_{23}^2$$

或

$$(r_{12}^2+r_{23}^2-r_{31}^2)^2-4r_{12}^2 r_{23}^2=0 \tag{77}$$

当 $r_{12}=0$ 时上式化成 $r_{23}=\pm r_{31}$. 在这两种特殊情况,我们已在(1)和(2)中证明不能再分解实因式,所以对一般情况的(77)也不能分解为实因式,也就是不能找到实函数 ϕ_0.

从上面(1),(2),(3)三种情况都不能分解出实函数 ϕ_0 知含 s 的 ϕ_0 是不存在的.

综合以上结果可叙述如下:

三体问题动力微分方程的不含时间 t 的代数积分是 ϕ 的代数函数,而 ϕ 可写成

$$\phi_0+\phi_2+\phi_4+\cdots$$

其中 ϕ_0 是 $(p_1,p_2,\cdots,p_6)$ 的齐次多项式(设为 k 次),又是 $(q_1,q_2,\cdots,q_6)$ 的齐次函数(设为 l 次);ϕ_2 是 p 的 $(k-2)$ 次齐次多项式,又是 q 的 $l-1$ 次齐代数函数的 ϕ_4 是 p 的 $(k-4)$ 次齐次多项式,又是 q 的 $l-2$ 次代数函数等.

§7 证明 ϕ_0 仅是动量和动量矩积分的函数

现在证明积分 ϕ 是经典积分的代数函数,方程

$$\frac{\mathrm{d}\phi}{\mathrm{d}t}=0$$

即

$$\sum_{i=1}^{6}\left(\frac{\partial\phi}{\partial q_i}\frac{\mathrm{d}q_i}{\mathrm{d}t}+\frac{\partial\phi}{\partial p_i}\frac{\mathrm{d}p_i}{\mathrm{d}t}\right)=\sum_{i=1}^{6}\left(\frac{\partial\phi}{\partial q_i}\frac{p_i}{\mu_i}+\frac{\partial\phi}{\partial p_i}\frac{\partial U}{\partial q_i}\right)=0 \tag{78}$$

将 $\phi=\phi_0+\phi_2+\phi_4+\cdots$ 代入上式,并将次数相同的两边相等,则因 ϕ_0 如规定是 p 的 k 次,故 $\frac{p_i}{\mu_i}\frac{\partial\phi_s}{\partial q_i}$ 是 p 的 $k-s+1$ 次,$\frac{\partial U}{\partial q_i}\frac{\partial\phi_s}{\partial p_i}$ 为 p 的 $k-s-1$ 次. 由(78),得

$$\begin{cases} k+1\,次 & \displaystyle\sum_{i=1}^{6}\frac{\partial\phi_0}{\partial q_i}\frac{p_i}{\mu_i}=0 \\[2mm] k-1\,次 & \displaystyle\sum_{i=1}^{6}\left(\frac{\partial\phi_2}{\partial q_i}\frac{p_i}{\mu_i}+\frac{\partial\phi_0}{\partial p_i}\frac{\partial U}{\partial q_i}\right)=0 \\[2mm] \quad\vdots & \qquad\qquad\vdots \\[2mm] 1\,次 & \displaystyle\sum_{i=1}^{6}\left(\frac{\partial\phi_k}{\partial q_i}\frac{p_i}{\mu_i}+\frac{\partial\phi_{k-2}}{\partial p_i}\frac{\partial U}{\partial q_i}\right)=0 \\[2mm] -1\,次 & \displaystyle\sum_{i=1}^{6}\left(\frac{\partial\phi_k}{\partial p_i}\frac{\partial U}{\partial q_i}\right)=0 \end{cases} \tag{79}$$

上面第一式是 ϕ_0 的线性偏微分方程,从此式可解出

$$\phi_0=f_0(P_2,P_3,\cdots,P_6,p_1,p_2,\cdots,p_6) \tag{80}$$

其中

$$P_r=\frac{q_r p_1}{\mu_1}-\frac{p_r q_1}{\mu_r}\quad(r=2,3,\cdots,6) \tag{81}$$

(80)是(79)第一式的解可以用代入法验证. 由(81)可解出 q_r 为 P_r 的表式如下

$$q_r=\frac{\mu_1 P_r}{p_1}+\frac{\mu_1 p_r q_1}{\mu_r p_1}\quad(r=2,3,\cdots,6) \tag{82}$$

所以 $\phi_2(q_1,P_2,\cdots,P_6,p_1,p_2,\cdots,p_6)$ 可以表成

$$\phi_2=f_2(q_1,P_2,\cdots,P_6,p_1,p_2,\cdots,p_6) \tag{83}$$

于是

$$\frac{\partial f_2}{\partial q_1}=\frac{\partial\phi_2}{\partial q_1}+\sum_{r=2}^{6}\frac{\partial\phi_2}{\partial q_r}\frac{\partial q_r}{\partial q_1}=\frac{\partial\phi_2}{\partial q_1}+\sum_{r=2}^{6}\frac{\partial\phi_2}{\partial q_r}\frac{\mu_1 p_r}{\mu_r p_1}$$

或

$$\frac{p_1}{\mu_1}\frac{\partial f_2}{\partial q_1}=\frac{p_1}{\mu_1}\frac{\partial\phi_2}{\partial q_1}+\sum_{r=2}^{6}\frac{\partial\phi_2}{\partial q_r}\frac{p_r}{\mu_r}=\sum_{r=1}^{6}\frac{p_r}{\mu_r}\frac{\partial\phi_2}{\partial q_r}$$

$$V=-\left(\frac{m_1 m_2}{r_{12}}+\frac{m_2 m_3}{r_{23}}+\frac{m_3 m_1}{r_{31}}\right)$$

应用(79) 的第二式,上式可写成

$$\frac{\partial f_2}{\partial q_1} = -\frac{\mu_1}{p_1} \sum_{r=1}^{6} \frac{\partial \phi_0}{\partial p_r} \frac{\partial U}{\partial q_r}$$

积分上式,得

$$f_2 = \chi(P_2, P_3, \cdots, P_6, p_1, p_2, \cdots, p_6) - \int \frac{\mu_1}{p_1} \sum_{r=1}^{6} \frac{\partial \phi_0}{\partial p_r} \frac{\partial U}{\partial q_r} dq_1 \qquad (84)$$

其中 χ 是不含 q_1 的函数,是对 $(P_2, \cdots, P_6, p_1, \cdots, p_6)$ 的任意函数,令

$$X = \sum_{r=1}^{6} \frac{\partial \phi_0}{\partial p_r} \frac{\partial U}{\partial q_r}$$

应用(80),将上式表成 $(q_1, P_2, P_3, \cdots, P_6, p_1, \cdots, p_6)$ 的函数,则上式可写为

$$X = \left(\frac{\partial f_0}{\partial p_1} + \sum_{s=2}^{6} \frac{\partial f_0}{\partial P_s} \frac{\partial P_s}{\partial p_1} \right) \frac{\partial U}{\partial q_1} + \sum_{r=2}^{6} \left(\frac{\partial f_0}{\partial p_r} + \frac{\partial f_0}{\partial P_r} \frac{\partial P_r}{\partial p_r} \right) \frac{\partial U}{\partial q_r}$$

$$= \left(\frac{\partial f_0}{\partial p_1} + \sum_{s=2}^{6} \frac{\partial f_0}{\partial P_s} \frac{q_s}{\mu_1} \right) \frac{\partial U}{\partial q_1} + \sum_{r=2}^{6} \left(\frac{\partial f_0}{\partial p_r} - \frac{\partial f_0}{\partial P_r} \frac{q_1}{\mu_r} \right) \frac{\partial U}{\partial q_r}$$

$$= \sum_{i=1}^{6} \frac{\partial f_0}{\partial p_r} \frac{\partial U}{\partial q_r} + \sum_{r=2}^{6} \frac{\partial f_0}{\partial P_r} \left(\frac{q_r}{\mu_1} \frac{\partial U}{\partial q_1} - \frac{q_1}{\mu_r} \frac{\partial U}{\partial q_r} \right) \qquad (85)$$

注意上面第二个等式由于应用了式(81).

若 V 表示 U 用 $q_1, P_2, P_3, \cdots, P_6, p_1, p_2, \cdots, p_6$ 的表式,那么

$$\frac{\partial U}{\partial q_r} = \frac{p_1}{\mu_1} \frac{\partial V}{\partial P_r} \quad (r > 1)$$

及

$$\frac{\partial U}{\partial q_1} = \frac{\partial V}{\partial q_1} - \sum_{r=2}^{6} \frac{\partial V}{\partial P_r} \frac{p_r}{\mu_r}$$

将上两式代入(85),得

$$X = \frac{\partial f_0}{\partial p_1} \left(\frac{\partial V}{\partial q_1} - \sum_{r=2}^{6} \frac{\partial V}{\partial P_r} \frac{p_r}{\mu_r} \right) + \sum_{r=2}^{6} \frac{\partial f_0}{\partial p_r} \frac{p_1}{\mu_1} \frac{\partial V}{\partial P_r} +$$

$$\sum_{r=2}^{6} \frac{\partial f_0}{\partial P_r} \left[\frac{q_r}{\mu_1} \left(\frac{\partial V}{\partial q_1} - \sum_{r=2}^{6} \frac{\partial V}{\partial P_r} \frac{p_r}{\mu_r} \right) - \frac{q_2 p_1}{\mu_r \mu_1} \frac{\partial V}{\partial P_r} \right]$$

$$= \frac{\partial f_0}{\partial p_1} \frac{\partial V}{\partial q_1} - \frac{\partial f_0}{\partial p_1} \sum_{r=2}^{6} \frac{\partial V}{\partial P_r} \frac{p_r}{\mu_r} + \sum_{r=2}^{6} \frac{\partial f_0}{\partial p_r} \frac{p_1}{\mu_1} \frac{\partial V}{\partial P_r} +$$

$$\sum_{r=2}^{6} \frac{\partial f_0}{\partial P_r} \left(\frac{P_r}{p_1} + \frac{p_r q_1}{\mu_r p_1} \right) \left(\frac{\partial V}{\partial q_1} - \sum_{r=2}^{6} \frac{\partial V}{\partial P_r} \frac{p_r}{\mu_r} \right) - \sum_{r=2}^{6} \frac{\partial f_0}{\partial P_r} \frac{q_1 p_1}{\mu_r \mu_1} \frac{\partial V}{\partial P_r} \qquad (86)$$

其中 V 是以(82)代入(4) 所得之式,即

$$V = m_1 m_2 \left[q_1^2 + \left(\frac{\mu_1 P_2}{p_1} + \frac{\mu_1 p_2 q_1}{\mu_2 p_1} \right)^2 + \left(\frac{\mu_1 P_3}{p_1} + \frac{\mu_1 p_3 q_1}{\mu_3 p_1} \right)^2 \right]^{-\frac{1}{2}} +$$

$$m_1 m_3 \left(\left(\frac{\mu_1 P_4}{p_1} + \frac{\mu_1 p_4 q_1}{\mu_4 p_1} \right)^2 + \left(\frac{\mu_1 P_5}{p_1} + \frac{\mu_1 p_5 q_1}{\mu_5 p_1} \right)^2 + \left(\frac{\mu_1 P_6}{p_1} + \frac{\mu_1 p_6 q_1}{\mu_6 p_1} \right)^2 + \right.$$

$$\frac{2m_2}{m_1+m_2}\left[q_1\left(\frac{\mu_1}{p_1}\right)\left(P_4+\frac{p_4q_1}{\mu_4}\right)+\left(\frac{\mu_1}{p_1}\right)^2\left(P_2+\frac{p_2q_1}{\mu_2}\right)\left(P_5+\frac{p_5q_1}{\mu_5}\right)+\right.$$

$$\left.\left(\frac{\mu_1}{p_1}\right)^2\left(P_3+\frac{p_3q_1}{\mu_3}\right)\left(P_6+\frac{p_6q_1}{\mu_6}\right)\right]+$$

$$\left(\frac{m_2}{m_1+m_2}\right)^2\left[q_1^2+\left(\frac{\mu_1}{p_1}\right)^2\left(P_2+\frac{p_2q_1}{\mu_2}\right)^2+\right.$$

$$\left.\left(\frac{\mu_1}{p_1}\right)^2\left(P_3+\frac{p_3q_1}{\mu_3}\right)^2\right]\Big\}+m_2m_3\left\{\left(\frac{\mu_1}{p_1}\right)^2\left[\left(P_4+\frac{p_4q_1}{\mu_4}\right)^2+\right.\right.$$

$$\left(P_5+\frac{p_5q_1}{\mu_5}\right)^2+\left(P_6+\frac{p_6q_1}{\mu_6}\right)^2\right]-\frac{2m_1}{m_1+m_2}\left[q_1\left(\frac{\mu_1}{p_1}\right)\left(P_4+\frac{p_4q_1}{\mu_4}\right)+\right.$$

$$\left.\left(\frac{\mu_1}{p_1}\right)^2\left(P_2+\frac{p_2q_1}{\mu_2}\right)\left(P_5+\frac{p_5q_1}{\mu_5}\right)+\left(\frac{\mu_1}{p_1}\right)^2\left(P_3+\frac{p_3q_1}{\mu_3}\right)\left(P_6+\frac{p_6q_1}{\mu_6}\right)\right]+$$

$$\left(\frac{m_1}{m_1+m_2}\right)^2\left[q_1^2+\left(\frac{\mu_1}{p_1}\right)^2\left(P_2+\frac{p_2p_1}{\mu_2}\right)^2+\left(\frac{\mu_1}{p_1}\right)^2\left(P_3+\frac{p_3q_1}{\mu_3}\right)^2\right]\Big\}$$

$$=m_1m_2(A+Bq_1+Cq_1^2)^{-\frac{1}{2}}+m_1m_3(A_2+B_2q_1+C_2q_1^2)^{-\frac{1}{2}}+$$

$$m_2m_3(A_1+B_1q_1+C_1q_1^2)^{-\frac{1}{2}} \tag{87}$$

要(84)所表示的 f_2 是代数函数,必须

$$\int\frac{\mu_1}{p_1}\sum_{r=1}^{6}\frac{\partial\phi_0}{\partial p_r}\frac{\partial U}{\partial q_r}\mathrm{d}q_1=\frac{\mu_1}{p_1}\int X\mathrm{d}q_1$$

不是超越函数,即 $\int X\mathrm{d}q_1$ 必须不出现超越函数,现在将(86)所表示 X 之式对 q_1 积分,而讨论各项积分后"何项是代数函数,何项是超越函数."

首先讨论(86)的第一项 $\frac{\partial f_0}{\partial p_1}\frac{\partial V}{\partial q_1}$ 对 $\mathrm{d}q_1$ 的积分. 由(80)知 f_0 仅是 $P_2,\cdots,P_6,p_1,\cdots,p_6$ 的函数. 现在这些变数当作独立变数,所以 $\frac{\partial f_0}{\partial p_1}$ 不含 q_1. 因

$$\int\frac{\partial f_0}{\partial p_1}\frac{\partial V}{\partial q_1}\mathrm{d}q_1=\frac{\partial f_0}{\partial p_1}V \tag{88}$$

故(86)的第一项对 $\mathrm{d}q_1$ 的积分是代数函数. 另一方面(86)的第二、第三项是

$$-\frac{\partial f_0}{\partial p_1}\sum_{r=2}^{6}\frac{\partial V}{\partial P_r}\frac{p_r}{\mu_r}+\sum_{r=2}^{6}\frac{\partial f_0}{\partial p_r}\frac{\partial V}{\partial P_r}\frac{p_1}{\mu_1}$$

上式不明显地含有 q_1,所以它对 $\mathrm{d}q_1$ 的积分是

$$-\frac{\partial f_0}{\partial p_1}\sum_{r=2}^{6}\frac{\partial V}{\partial P_r}\frac{p_r}{\mu_r}q_1+\sum_{r=2}^{6}\frac{\partial f_0}{\partial p_r}\frac{\partial V}{\partial P_r}\frac{p_1}{\mu_1}q_1 \tag{89}$$

上式也是代数函数.

将(86)第四项中的一部分

$$\sum_{r=2}^{6}\frac{\partial f_0}{\partial P_r}\frac{P_r}{p_1}\left(\frac{\partial V}{\partial q_1}-\sum_{r=2}^{6}\frac{\partial V}{\partial P_r}\frac{p_r}{\mu_r}\right)$$

$$V=-\left(\frac{m_1m_2}{r_{12}}+\frac{m_2m_3}{r_{23}}+\frac{m_3m_1}{r_{31}}\right)$$

对 $\mathrm{d}q_1$ 积分，得

$$\sum_{r=2}^{6}\frac{\partial f_0}{\partial P_r}\frac{P_r}{p_1}\Big(V-\sum_{r=2}^{6}\frac{\partial V}{\partial P_r}\frac{p_r}{\mu_r}q_1\Big)$$

上式也是代数函数. 于是(86)中留下

$$\sum_{r=2}^{6}\frac{\partial f_0}{\partial P_r}\Big\{\frac{p_r q_1}{\mu_r p_1}\frac{\partial V}{\partial q_1}-\frac{p_r q_1}{\mu_r p_1}\sum_{s=2}^{6}\frac{\partial V}{\partial P_s}\frac{p_s}{\mu_s}-\frac{q_1 p_1}{\mu_r \mu_1}\frac{\partial V}{\partial P_r}\Big\} \tag{90}$$

而上式第一项可写为

$$\sum_{r=2}^{6}\frac{\partial f_0}{\partial P_r}\frac{p_r}{\mu_r p_1}\frac{\partial(q_1 V)}{\partial q_1}-\sum_{r=2}^{6}\frac{\partial f_0}{\partial P_r}\frac{p_r}{\mu_r p_1}V \tag{91}$$

(91) 的第一部分对 $\mathrm{d}q_1$ 积分为

$$\int\sum_{r=2}^{6}\frac{\partial f_0}{\partial P_r}\frac{p_r}{\mu_r p_1}\frac{\partial(q_1 V)}{\partial q_1}\mathrm{d}q_1=\sum_{r=2}^{6}\frac{\partial f_0}{\partial P_r}\frac{p_r}{\mu_r p_1}q_1 V$$

上式是代数函数，合(90)和(91)得 $\int X\mathrm{d}q_1$ 的超越函数部分为

$$\sum_{r=2}^{6}\frac{p_r}{\mu_r p_1}\frac{\partial f_0}{\partial P_r}\int V\mathrm{d}q_1+\sum_{r=2}^{6}\sum_{s=2}^{6}\frac{\partial f_0}{\partial P_r}\frac{p_r p_s}{\mu_r \mu_s p_1}\frac{\partial}{\partial p_s}\int q_1 V\mathrm{d}q_1+$$
$$\sum_{r=2}^{6}\frac{\partial f_0}{\partial P_r}\frac{p_1}{\mu_r \mu_1}\frac{\partial}{\partial P_r}\int q_1 V\mathrm{d}q_1 \tag{92}$$

从上式看出，我们需要计算两个积分

$$\int V\mathrm{d}q_1 \quad 及 \quad \int q_1 V\mathrm{d}q_1$$

再察看(87)的 V，这表式中有三项，它们形式同是

$$(A+Bq_1+Cq_1^2)^{-\frac{1}{2}}$$

应用积分表，可以查到现在要用到的积分公式

$$\int\frac{\mathrm{d}q_1}{\sqrt{A+Bq_1+Cq_1^2}}=-\frac{1}{\sqrt{-C}}\arcsin\frac{2Cq_1+B}{\sqrt{B^2-4AC}}$$
$$(C<0,B^2-4AC>0) \tag{93}$$

及

$$\int\frac{q_1\mathrm{d}q_1}{\sqrt{A+Bq_1+Cq_1^2}}=\frac{\sqrt{A+Bq_1+Cq_1^2}}{C}-\frac{B}{2C}\int\frac{\mathrm{d}q_1}{\sqrt{A+Bq_1+Cq_1^2}} \tag{94}$$

将上两式代入(92)，可看出其中需要计算

$$\frac{\partial}{\partial P_s}\int q_1 V\mathrm{d}q_1=\frac{\partial}{\partial P_s}\Big(\frac{\sqrt{A+Bq_1+Cq_1^2}}{C}-\frac{B}{2C}\int\frac{\mathrm{d}q_1}{\sqrt{A+Bq_1+Cq_1^2}}\Big)$$

上式右边第一部分对 P_s 的偏导数是代数函数，可不考虑；对后一部分再应用(93)得

$$\frac{\partial}{\partial P_s}\Big(\frac{B}{2C\sqrt{-C}}\arcsin\frac{2Cq_1+B}{\sqrt{B^2-4AC}}\Big)$$

我们从(87)的 V 中看出 C 不是$(P_1,P_2,\cdots,P_6)$的函数(参看下(96)),所以上式可写为

$$\frac{1}{2C\sqrt{-C}}\left(\frac{\partial B}{\partial P_s}\arcsin\frac{2Cq_1+B}{\sqrt{B^2-4AC}}+B\frac{\partial}{\partial P_s}\arcsin\frac{2Cq_1+B}{\sqrt{B^2-4AC}}\right)$$

上式括号中第一部分是超越函数,第二部分

$$\frac{\partial}{\partial P_s}\arcsin\frac{2Cq_1+B}{\sqrt{B^2-4AC}}=\frac{\sqrt{B^2-4AC}}{2\sqrt{-C}\sqrt{A+Bq_1+Cq_1^2}}\frac{\partial}{\partial P_s}\left(\frac{2Cq_1+B}{\sqrt{B^2-4AC}}\right)$$

是代数函数,可不考虑. 于是对应于 V 中一项$(A+Bq_1+Cq_1^2)^{-\frac{1}{2}}$,在(92)中可引起超越函数的项一共是

$$\frac{1}{C\sqrt{-C}}\arcsin\frac{2Cq_1+B}{\sqrt{B^2-4AC}}\left(C\sum_{r=2}^{6}\frac{p_r}{\mu_r p_1}\frac{\partial f_0}{\partial P_r}-\sum_{r=2}^{6}\sum_{s=2}^{6}\frac{\partial f_0}{\partial P_r}\frac{p_r p_s}{\mu_s\mu_r p_1}\frac{1}{2}\frac{\partial B}{\partial P_s}-\sum_{r=2}^{6}\frac{\partial f_0}{\partial P_r}\frac{p_1}{\mu_r\mu_1}\frac{1}{2}\frac{\partial B}{\partial P_r}\right)$$

要(84)的 f_2 是代数函数,必须不包含上面这一部分超越函数. 这个条件可由上式括号为零达到,于是得到 f_2 仅是代数函数的一个条件如下

$$C\sum_{r=2}^{6}\frac{p_r}{\mu_r p_1}\frac{\partial f_0}{\partial P_r}-\sum_{r=2}^{6}\sum_{s=2}^{6}\frac{\partial f_0}{\partial P_r}\frac{p_r p_s}{\mu_s\mu_r p_1}\frac{1}{2}\frac{\partial B}{\partial P_s}-\sum_{r=2}^{6}\frac{\partial f_0}{\partial P_r}\frac{p_1}{\mu_r\mu_1}\frac{1}{2}\frac{\partial B}{\partial P_r}=0 \tag{95}$$

由(87),V 的第一项略 $m_1 m_2$ 因子为$(q_1^2+q_2^2+q_3^2)^{-\frac{1}{2}}$,而

$$q_1^2+q_2^2+q_3^2=q_1^2+\left(\frac{\mu_1 P_2}{p_1}+\frac{\mu_1 p_2 q_1}{\mu_2 p_1}\right)^2+\left(\frac{\mu_1 P_3}{p_1}+\frac{\mu_1 p_3 q_1}{\mu_3 p_1}\right)^2$$

$$=\left[1+\left(\frac{\mu_1 p_2}{\mu_2 p_1}\right)^2+\left(\frac{\mu_1 p_3}{\mu_3 p_1}\right)^2\right]q_1^2+2\left(\frac{\mu_1}{p_1}\right)^2\left(\frac{P_2 p_2}{\mu_2}+\frac{P_3 p_3}{\mu_3}\right)q_1+\frac{\mu_1^2}{p_1^2}(P_2^2+P_3^2)$$

所以

$$\begin{cases}C=1+\left(\frac{\mu_1}{\mu_2}\frac{p_2}{p_1}\right)^2+\left(\frac{\mu_1}{\mu_2}\frac{p_3}{p_1}\right)^2\\[2mm]\frac{1}{2}B=\left(\frac{\mu_1}{p_1}\right)^2\left(\frac{P_2 p_2}{\mu_2}+\frac{P_3 p_3}{\mu_3}\right)\\[2mm]A=\left(\frac{\mu_1}{p_1}\right)^2(P_2^2+P_3^2)\end{cases} \tag{96}$$

从(96)的第一式看出,C 的确不是$P_1,P_2,\cdots,P_6$的函数,将(96)代入(95)并完成偏微分,得

$$\left(1+\frac{\mu_1^2 p_2^2}{\mu_2^2 p_1^2}+\frac{\mu_1^2 p_3^2}{\mu_3^2 p_1^2}\right)\sum_{r=2}^{6}\frac{\partial f_0}{\partial P_r}\frac{p_r}{\mu_r p_1}-\sum_{r=2}^{6}\frac{\partial f_0}{\partial P_r}\frac{p_r}{\mu_r p_1}\left(\frac{\mu_1}{p_1}\right)^2\left(\frac{p_2}{\mu_2}+\frac{p_3}{\mu_3}\right)-$$

$$\left(\frac{\mu_1}{p_1}\right)\left(\frac{\partial f_0}{\partial P_2}\frac{p_2}{\mu_2^2}+\frac{\partial f_0}{\partial P_3}\frac{p_3}{\mu_3^2}\right)=0$$

109

或

$$\sum_{r=2}^{6} \frac{\partial f_0}{\partial P_r} \frac{p_r}{\mu_r} - \left(\frac{\partial f_0}{\partial P_2} \frac{\mu_1 p_2}{\mu_2^2} + \frac{\partial f_0}{\partial P_3} \frac{\mu_1 p_3}{\mu_3^2} \right) = 0$$

又因 $\mu_1 = \mu_2 = \mu_3$，及 $\mu_4 = \mu_5 = \mu_6$，所以又可写成

$$p_4 \frac{\partial f_0}{\partial P_4} + p_5 \frac{\partial f_0}{\partial P_5} + p_6 \frac{\partial f_0}{\partial P_6} = 0 \tag{97}$$

由(80)，f_0 是 $P_2, P_3, \cdots, P_6, p_1, p_2, \cdots, p_6$ 的函数，显然 $(P_2, P_3, p_1, p_2, \cdots, p_6)$ 的任意函数都可适合(97)．应用(82)，有

$$p_4 q_5 - p_5 q_4 = p_4 \left(\frac{\mu_1 P_5}{p_1} + \frac{\mu_1 p_5 q_1}{\mu_5 p_1} \right) - p_5 \left(\frac{\mu_1 P_4}{p_1} + \frac{\mu_1 p_4 q_1}{\mu_4 p_1} \right) = \frac{\mu_1}{p_1} (p_4 P_5 - p_5 P_4)$$

将上式代入(97)的 f_0，则

$$p_4 \frac{\partial}{\partial P_4} \left[\frac{\mu_1}{p_1} (p_4 P_5 - p_5 P_4) \right] + p_5 \frac{\partial}{\partial P_5} \left[\frac{\mu_1}{p_1} (p_4 P_5 - p_5 P_4) \right] +$$

$$p_6 \frac{\partial}{\partial P_6} \left[\frac{\mu_1}{p_1} (p_4 P_5 - p_5 P_4) \right] = p_4 \left(-\frac{\mu_1}{p_1} p_5 \right) + p_5 \left(\frac{\mu_1}{p_1} p_4 \right) = 0$$

所以 $p_4 q_5 - p_5 q_4$ 是(97)的解．同样 $(p_4 q_6 - p_6 q_4)$ 也是(97)的解．综合以上所述，知道 f_0 是

$$p_1, p_2, \cdots, p_6, P_2, P_3, (p_4 q_5 - p_5 q_4), (p_4 q_6 - p_6 q_4)$$

的函数．

现在再来讨论 V 中的第二项．由(87)，其对应的三项是 $A_2 + B_2 q_1 + C_2 q_1^2$，它是

$$(q_1^2 + q_2^2 + q_3^2), (q_1 q_4 + q_2 q_5 + q_3 q_6), (q_4^2 + q_5^2 + q_6^2)$$

的线性函数．同样 $A_1 + B_1 q_1 + C_1 q_1^2$ 也是上三式的线性函数．所以我们可用 $(q_1 q_4 + q_2 q_5 + q_3 q_6)$ 和 $(q_4^2 + q_5^2 + q_6^2)$ 代替 $A_2 + B_2 q_1 + C_2 q_1^2$ 和 $A_1 + B_1 q_1 + C_1 q_1^2$．而

$$q_1 q_4 + q_2 q_5 + q_3 q_6 = q_1 \left(\frac{\mu}{p_1} \right) \left(P_4 + \frac{p_4 q_1}{\mu'} \right) + \left(\frac{\mu}{p_1} \right)^2 \left(P_2 + \frac{p_2 q_1}{\mu} \right) \left(P_5 + \frac{p_5 q_1}{\mu'} \right) +$$

$$\left(\frac{\mu}{p_1} \right)^2 \left(P_3 + \frac{p_3 q_1}{\mu} \right) \left(P_6 + \frac{p_6 q_1}{\mu'} \right)$$

$$= \left(\frac{\mu}{p_1} \right)^2 \left[\frac{1}{\mu \mu'} (p_1 p_4 + p_2 p_5 + p_3 p_6) q_1^2 + \left(\frac{p_1 P_4}{\mu} + \frac{p_2 P_5}{\mu} + \frac{p_5 P_2}{\mu'} + \right. \right.$$

$$\left. \left. \frac{p_3 P_6}{\mu} + \frac{p_6 P_3}{\mu'} \right) q_1 + (P_2 P_5 + P_3 P_6) \right]$$

由上式得到它的 B 和 C 的表式为

$$C = \frac{\mu}{\mu' p_1^2} (p_1 p_4 + p_2 p_5 + p_3 p_6)$$

$$B = \left(\frac{\mu}{p_1} \right)^2 \left(\frac{p_1 P_4}{\mu} + \frac{p_2 P_5}{\mu} + \frac{p_5 P_2}{\mu'} + \frac{p_3 P_6}{\mu} + \frac{p_6 P_3}{\mu'} \right)$$

将上两式代入(95)，得

$$\frac{\mu}{\mu'p_1^2}(p_1p_4+p_2p_5+p_3p_6)\sum_{r=2}^{6}\frac{p_r}{\mu_r p_1}\frac{\partial f_0}{\partial P_r}-\sum_{r=2}^{6}\frac{p_r}{\mu_r p_1}\frac{\partial f_0}{\partial P_r}\frac{1}{2}\left(\frac{\mu}{p_1}\right)^2\times$$

$$\left(\frac{p_2}{\mu_2}\frac{p_5}{\mu'}+\frac{p_3}{\mu_3}\frac{p_6}{\mu'}+\frac{p_4}{\mu_4}\frac{p_1}{\mu}+\frac{p_5}{\mu_5}\frac{p_2}{\mu}+\frac{p_6}{\mu_6}\frac{p_3}{\mu}\right)-$$

$$\frac{p_1}{2\mu_1}\left(\frac{\mu}{p_1}\right)^2\left(\frac{\partial f_0}{\partial P_2}\frac{p_5}{\mu_2\mu'}+\frac{\partial f_0}{\partial P_3}\frac{p_6}{\mu_3\mu'}+\frac{\partial f_0}{\partial P_4}\frac{p_1}{\mu_4\mu}+\frac{\partial f_0}{\partial P_5}\frac{p_2}{\mu_5\mu}+\frac{\partial f_0}{\partial P_6}\frac{p_3}{\mu_6\mu}\right)$$

$$=\frac{1}{2\mu'p_1^2}\left[\frac{\partial f_0}{\partial P_2}(p_2p_4-p_1p_5)+\frac{\partial f_0}{\partial P_3}(p_3p_4-p_1p_6)+\frac{\partial f_0}{\partial P_4}\left(\frac{\mu p_4^2}{\mu'}-p_1^2\right)+\right.$$

$$\left.\frac{\partial f_0}{\partial P_5}\left(\frac{\mu p_4p_5}{\mu'}-p_2p_1\right)+\frac{\partial f_0}{\partial P_6}\left(\frac{\mu p_4p_6}{\mu'}-p_1p_3\right)\right]$$

$$=\frac{1}{2\mu'p_1^2}\left[\frac{\partial f_0}{\partial P_2}(p_2p_4-p_1p_5)+\frac{\partial f_0}{\partial P_3}(p_3p_4-p_1p_6)-\right.$$

$$\left.p_1\left(p_1\frac{\partial f_0}{\partial P_4}+p_2\frac{\partial f_0}{\partial P_5}+p_3\frac{\partial f_0}{\partial P_6}\right)+\frac{\mu}{\mu'}p_4\left(p_4\frac{\partial f_0}{\partial P_4}+p_5\frac{\partial f_0}{\partial P_5}+p_6\frac{\partial f_0}{\partial P_6}\right)\right]=0$$

应用(97)，上式方括号中末项为零，于是上式成为

$$(p_2p_4-p_1p_5)\frac{\partial f_0}{\partial P_2}+(p_3p_4-p_1p_6)\frac{\partial f_0}{\partial P_3}-$$

$$p_1\left(p_1\frac{\partial f_0}{\partial P_4}+p_2\frac{\partial f_0}{\partial P_5}+p_3\frac{\partial f_0}{\partial P_6}\right)=0 \tag{98}$$

上式是 f_2 不含超越函数的另一条件.

以 $q_4^2+q_5^2+q_6^2$ 代替 $(A_1+B_1q_1+C_1q_1^2)$ 作同样的探求 f_2 不含超越函数的条件，我们得到

$$q_4^2+q_5^2+q_6^2=\left(\frac{\mu}{p_1}\right)^2\left[\left(P_4+\frac{p_4q_1}{\mu'}\right)^2+\left(P_5+\frac{p_5q_1}{\mu'}\right)^2+\left(P_6+\frac{p_6q_1}{\mu'}\right)^2\right]$$

$$=\left(\frac{\mu}{p_1}\right)^2\left[\frac{1}{\mu'^2}(p_4^2+p_5^2+p_6^2)q_1^2+\right.$$

$$\left.\frac{2}{\mu'}(P_4p_4+P_5p_5+P_6p_6)q_1+(P_4^2+P_5^2+P_6^2)\right]$$

所以

$$C=\frac{1}{\mu'}(p_4^2+p_5^2+p_6^2)$$

$$B=2(P_4p_4+P_5p_5+P_6p_6)$$

将上两式代入(95)，得

$$\frac{1}{\mu'}(p_4^2+p_5^2+p_6^2)\sum_{r=2}^{6}\frac{\partial f_0}{\partial P_r}\frac{p_r}{\mu_r p_1}-\sum_{r=2}^{6}\frac{\partial f_0}{\partial P_r}\frac{p_r}{2\mu_r p_1}\left(\frac{p_4}{\mu_4}2p_4+\frac{p_5}{\mu_5}2p_5+\frac{p_6}{\mu_6}2p_6\right)-$$

$$\left[\frac{\partial f_0}{\partial P_4}\frac{p_1p_4}{\mu_4\mu_1}+\frac{\partial f_0}{\partial P_5}\frac{p_1p_5}{\mu_5\mu_1}+\frac{\partial f_0}{\partial P_6}\frac{p_1p_6}{\mu_6\mu_1}\right.$$

$$\mathscr{V}=-\left(\frac{m_1m_2}{r_{12}}+\frac{m_2m_3}{r_{23}}+\frac{m_3m_1}{r_{31}}\right)$$

$$= \frac{p_1}{\mu'\mu}\left(p_4 \frac{\partial f_0}{\partial P_4} + p_5 \frac{\partial f_0}{\partial P_5} + p_6 \frac{\partial f_0}{\partial P_6}\right) = 0$$

所以上式结果与(97)相同,于是我们求得 f_2 不含超越函数的条件为

$$\begin{cases} p_4 \dfrac{\partial f_0}{\partial P_4} + p_5 \dfrac{\partial f_0}{\partial P_5} + p_6 \dfrac{\partial f_0}{\partial P_6} = 0 \\ (p_2 p_4 - p_1 p_5) \dfrac{\partial f_0}{\partial P_2} + (p_3 p_4 - p_1 p_6) \dfrac{\partial f_0}{\partial P_3} - p_1\left(p_1 \dfrac{\partial f_0}{\partial P_4} + p_2 \dfrac{\partial f_0}{\partial P_5} + p_3 \dfrac{\partial f_0}{\partial P_6}\right) = 0 \end{cases}$$

$$(99)$$

上式是 f_0 的联立线性偏微分方程,因为两式显然没有代数关系式,即上两式是互相独立的. 各 $\dfrac{\partial f_0}{\partial P_i}$ 的系数都不是 $(P_1, P_2, \cdots, P_6)$ 的函数,所以这些系数对 P_i 一切偏导数都等于零,因此雅可比式恒等于零. 依偏微分方程理论,这两个方程组成完备系统. 这系统是 5 个独立变数,2 个方程,所以有 $5 - 2 = 3$ 个独立解案. 这方程组的任何其他解案可以写成这三个独立解和系数 $(p_1, p_2, \cdots, p_6)$ 的函数. (99) 的三个独立解案是

$$\begin{cases} P_2 p_3 - P_3 p_2 + P_5 p_6 - P_6 p_5 \\ P_3 p_1 + P_6 p_4 - P_4 p_6 \\ -P_2 p_1 + P_4 p_5 - P_5 p_4 \end{cases} \tag{100}$$

上式是(99)的解,很容易用代入法验证. 例如将(100)的第一式代入(99)的第一式,得

$$p_4 \cdot 0 + p_5 p_6 + p_6(-p_5) = 0$$

将(100)的第一式再代入(99)的第二式,得

$$(p_2 p_4 - p_1 p_5)p_3 + (p_4 p_3 - p_1 p_6)(-p_2) - p_1[p_2 p_6 + p_3(-p_5)] = 0$$

同样可验证(100)的另两式也为(99)的解.

应用(81)

$$P_r = \frac{q_r p_1}{\mu_1} - \frac{p_r q_1}{\mu_r}$$

可将(100)化为

$$P_2 p_3 - P_3 p_2 + P_5 p_6 - P_6 p_5 = \frac{p_1}{\mu}(q_2 p_3 - q_3 p_2 + q_5 p_6 - q_6 p_5)$$

$$P_3 p_1 + P_6 p_4 - P_4 p_6 = \frac{p_1}{\mu}(q_3 p_1 - q_1 p_3 + q_6 p_4 - q_4 p_6)$$

$$-P_2 p_1 + P_4 p_5 - P_5 p_4 = \frac{p_1}{\mu}(q_1 p_2 - q_2 p_1 + q_4 p_5 - q_5 p_4)$$

令

$$\begin{cases} L = q_2 p_3 - q_3 p_2 + q_5 p_6 - q_6 p_5 \\ M = q_3 p_1 - q_1 p_3 + q_6 p_4 - q_4 p_6 \\ N = q_1 p_2 - q_2 p_1 + q_4 p_5 - q_5 p_4 \end{cases} \tag{101}$$

则(100) 的解案可写为

$$L = 常数, \quad M = 常数, \quad N = 常数 \tag{102}$$

L, M, N 是三体问题力学系统的动量矩,所以我们得到结果:ϕ_0 仅是 L, M, N,$p_1, p_2, \cdots, p_6$ 的函数.

§8　证明 ϕ_0 是 T, L, M, N 的函数

因为 ϕ_0 以变数 $q_1, q_2, \cdots, q_6, p_1, p_2, \cdots, p_6$ 表示时是 $p_1, p_2, \cdots, p_6$ 的多项式,而 L, M, N 是 $p_1, p_2, \cdots, p_6$ 的一次式,所以 ϕ_0 是 $L, M, N, p_1, p_2, \cdots, p_6$ 的多项式. 我们将它写成

$$\phi_0 = G(L, M, N, p_1, p_2, \cdots, p_6)$$

由(102) 知道 L, M, N 是不变量,所以

$$\frac{\mathrm{d}\phi_0}{\mathrm{d}t} = \sum_{r=1}^{6} \frac{\partial G}{\partial p_r} \frac{\mathrm{d}p_r}{\mathrm{d}t} - \sum_{r=1}^{6} \frac{\partial G}{\partial p_r} \frac{\partial U}{\partial q_r} = \sum_{r=1}^{6} \frac{\partial G}{\partial p_r} Y_r \tag{103}$$

其中

$$Y_r = \frac{\partial U}{\partial q_r} \tag{104}$$

应用(103),则(84) 可写为

$$f_2 = \chi(P_2, P_3, \cdots, P_6, p_1, \cdots, p_6) - \int \frac{\mu_1}{p_1} \sum_{r=1}^{6} \frac{\partial G}{\partial p_r} Y_r \mathrm{d}q_1 \tag{105}$$

如将 $V = -U(q_1, q_2, \cdots, q_6)$ 用(82) 化成 $q_1, P_2, P_3, \cdots, P_6, p_1, p_2, \cdots, p_6$ 的函数,那么

$$-\sum_{r=1}^{6} \frac{\partial G}{\partial p_r} Y_r = \frac{\partial G}{\partial p_1}\left(\frac{\partial V}{\partial q_1} + \frac{\partial V}{\partial p_2} \frac{\partial P_2}{\partial q_1} + \frac{\partial V}{\partial P_3} \frac{\partial P_3}{\partial q_1} + \cdots + \frac{\partial V}{\partial P_6} \frac{\partial P_6}{\partial q_1}\right) +$$

$$\frac{\partial G}{\partial p_2} \frac{\partial V}{\partial P_2} \frac{\partial P_2}{\partial q_2} + \cdots + \frac{\partial G}{\partial p_6} \frac{\partial V}{\partial P_6} \frac{\partial P_6}{\partial q_6}$$

$$= \frac{\partial G}{\partial p_1}\left(\frac{\partial V}{\partial q_1} - \sum_{r=2}^{6} \frac{\partial V}{\partial P_r} \frac{p_r}{\mu_r}\right) + \sum_{r=2}^{6} \frac{\partial G}{\partial p_r} \frac{\partial V}{\partial P_r} \frac{p_1}{\mu_1}$$

上式已经利用了关系式(81),于是

$$-\frac{\mu_1}{p_1} \sum_{r=1}^{6} \frac{\partial G}{\partial p_r} \int Y_r \mathrm{d}q_1 = \frac{\mu_1}{p_1} \frac{\partial G}{\partial p_1} \int \frac{\partial V}{\partial q_1} \mathrm{d}q_1 + \sum_{r=2}^{6} \int \frac{\partial V}{\partial P_r}\left(\frac{\partial G}{\partial p_r} - \frac{\mu_1}{\mu_r} \frac{p_r}{p_1} \frac{\partial G}{\partial p_1}\right) \mathrm{d}q_1$$

$$= \frac{\mu_1}{p_1} \frac{\partial G}{\partial p_1} V + \sum_{r=2}^{6} \left(\frac{\partial G}{\partial p_r} - \frac{\mu_1 p_r}{\mu_r p_1} \frac{\partial G}{\partial p_1}\right) \frac{\partial}{\partial P_r} \int V \mathrm{d}q_1$$

$$= \frac{\mu_1}{p_1} \frac{\partial G}{\partial p_1} \sum_{A} \frac{m_1 m_2}{(A + B q_1 + C q_1^2)^{\frac{1}{2}}} +$$

$$\mathscr{V} = -\left(\frac{m_1 m_2}{r_{12}} + \frac{m_2 m_3}{r_{23}} + \frac{m_3 m_1}{r_{31}}\right)$$

$$\sum_{r=2}^{6}\left(\frac{\partial G}{\partial p_r}-\frac{\mu_1 p_r}{\mu_r p_1}\frac{\partial G}{\partial p_1}\right)\frac{\partial}{\partial P_r}\int\sum_A\frac{m_1 m_2}{(A+Bq_1+Cq_1^2)^{\frac{1}{2}}}\mathrm{d}q_1$$

（106）

上式总和记号 $\sum_A$ 表示对三个类似表式 $(A+Bq_1+Cq_1^2)$ 之和. 现在

$$\frac{\partial}{\partial P_r}\int\sum_A\frac{m_1 m_2}{(A+Bq_1+Cq_1^2)^{\frac{1}{2}}}\mathrm{d}q_1=\frac{\partial}{\partial P_r}\sum_A\left[-\frac{m_1 m_2}{\sqrt{-C}}\sin^{-1}\left(\frac{2Cq_1+B}{\sqrt{B^2-4AC}}\right)\right]$$

其中 A 和 B 是 p 的函数,而 C 不是 p 的函数,故

$$\frac{\partial}{\partial P_r}\sum_A\left[-\frac{m_1 m_2}{\sqrt{-C}}\sin^{-1}\left(\frac{2Cq_1+B}{\sqrt{B^2-4AC}}\right)\right]=\sum_A\frac{-m_1 m_2}{\sqrt{-C}}\frac{\frac{\partial}{\partial P_r}\left(\frac{2Cq_1+B}{\sqrt{B^2-4AC}}\right)}{\sqrt{1-\frac{(2Cq_1+B)^2}{B^2-4AC}}}$$

$$=\sum_A\frac{-m_1 m_2}{\sqrt{-C}}\frac{\sqrt{B^2-4AC}}{\sqrt{-4C}\sqrt{Cq_1^2+Bq_1+A}}\left(\frac{\frac{\partial B}{\partial P_r}}{\sqrt{B^2-4AC}}-\frac{1}{2}(B^2-4AC)^{-\frac{3}{2}}\times\right.$$

$$\left.(2Cq_1+B)\left(2B\frac{\partial B}{\partial P_r}-4C\frac{\partial A}{\partial P_r}\right)\right)$$

$$=\sum_A\frac{m_1 m_2}{(B^2-4AC)\sqrt{A+Bq_1+Cq_1^2}}\left(-2A\frac{\partial B}{\partial P_r}-q_1 B\frac{\partial B}{\partial P_r}+\right.$$

$$\left.B\frac{\partial A}{\partial P_r}+2Cq_1\frac{\partial A}{\partial P_r}\right)$$

（107）

将上式代入（106）,再将（106）代入（105）,得

$$f_2=\chi(P_2,P_3,\cdots,P_6,p_1,\cdots,p_6)+\frac{\mu_1}{p_1}\frac{\partial G}{\partial p_1}\sum_A\frac{m_1 m_2}{(A+Bq_1+Cq_1^2)^{\frac{1}{2}}}+$$

$$\sum_{r=2}^{6}\left(\frac{\partial G}{\partial p_r}-\frac{\mu_1 p_r}{\mu_r p_1}\frac{\partial G}{\partial p_1}\right)\sum_A\frac{m_1 m_2\left(-2A\frac{\partial B}{\partial p_r}-q_1 B\frac{\partial B}{\partial P_r}+B\frac{\partial A}{\partial P_r}+2Cq_1\frac{\partial A}{\partial P_r}\right)}{(B^2-4AC)(A+Bq_1+Cq_1^2)^{\frac{1}{2}}}$$

（108）

现在 $\chi(P_2,P_3,\cdots,P_6,p_1,\cdots,p_6)$ 不能在它的分母中含有 $(A+Bq_1+Cq_1^2)$ 的项. 如此若将上式分别乘以 $(A+Bq_1+Cq_1^2)^{\frac{1}{2}}$ 之后,所得三式应该具有和 ϕ_2 同样的性质,即表成 $(q_1,q_2,\cdots,q_6,p_1,\cdots,p_6)$ 的函数以后,成为 $(p_1,p_2,\cdots,p_6)$ 的多项式. 于是得知下式

$$\frac{\mu_1}{p_1}\frac{\partial G}{\partial p_1}+2\sum_{r=2}^{6}\left(\frac{\partial G}{\partial p_r}-\frac{\mu_1 p_r}{\mu_r p_1}\frac{\partial G}{\partial p_1}\right)\frac{-A\frac{\partial B}{\partial P_r}-\frac{1}{2}q_1 B\frac{\partial B}{\partial P_r}+\frac{1}{2}B\frac{\partial A}{\partial P_r}+Cq_1\frac{\partial A}{\partial P_r}}{B^2-4AC}$$

（109）

表成 $(q_1,q_2,\cdots,q_6,p_1,\cdots,p_6)$ 的函数以后,它是 $(p_1,p_2,\cdots,p_6)$ 的多项式. 首先

以 $A + Bq_1 + Cq_1^2 = q_1^2 + q_2^2 + q_3^2$，则由（96）有

$$A = \left(\frac{\mu_1}{p_1}\right)^2 (P_2^2 + P_3^2), \quad \frac{1}{2}B = \left(\frac{\mu_1}{p_1}\right)^2 \left(\frac{P_2 p_2}{\mu_2} + \frac{P_3 p_3}{\mu_3}\right), \quad C = 1 + \frac{p_2^2 + p_3^2}{p_1^2}$$

于是

$$B^2 - 4AC = -\frac{4\mu^2}{p_1^4}[p_1^2 P_2^2 + p_1^2 P_3^2 + (p_2 P_3 - p_3 P_2)^2] \qquad (110)$$

又因 A 和 B 中仅含 P_2 和 P_3，且

$$\frac{\partial A}{\partial P_2} = \frac{2\mu^2}{p_1^2} P_2, \quad \frac{\partial A}{\partial P_3} = \frac{2\mu^2}{p_1^2} P_3, \quad \frac{\partial B}{\partial P_2} = \frac{2\mu p_2}{p_1^2}, \quad \frac{\partial B}{\partial P_3} = \frac{2\mu p_3}{p_1^2}$$

故

$$-A\frac{\partial B}{\partial P_r} - \frac{1}{2}q_1 B\frac{\partial B}{\partial P_r} + \frac{1}{2}B\frac{\partial A}{\partial P_r} + Cq_1\frac{\partial A}{\partial P_r}$$

$$= -\frac{\mu^2}{p_1^2}(P_2^2 + P_3^2)\frac{2\mu p_r}{p_1^2} - \frac{1}{2}q_1 \cdot 2\frac{\mu}{p_1^2}(P_2 p_2 + P_3 p_3)\frac{2\mu p_r}{p_1^2} +$$

$$\frac{1}{2} \cdot 2\frac{\mu}{p_1^2}(P_2 p_2 + P_3 p_3)\frac{2\mu^2 P_r}{p_1^2} + \left(1 + \frac{p_2^2 + p_3^2}{p_1^2}\right)q_1\frac{2\mu^2 P_r}{p_1^2}$$

$$= \frac{2\mu^2}{p_1^4}\{-p_r[(P_2^2 + P_3^2)\mu + q_1(P_2 p_2 + P_3 p_3)] +$$

$$P_r[\mu(P_2 p_2 + P_3 p_3) + q_1(p_1^2 + p_2^2 + p_3^2)]\} \qquad (111)$$

再应用（81）可将（110）和（111）化成 q, p 的函数如下

$$B^2 - 4AC = -\frac{4\mu^2}{p_1^4}\left\{p_1^2\left(\frac{q_2 p_1 - p_2 q_1}{\mu}\right)^2 + p_1^2\left(\frac{q_3 p_1 - p_3 q_1}{\mu}\right)^2 +\right.$$

$$\left.\left[p_2\left(\frac{q_3 p_1 - p_3 q_1}{\mu}\right) - p_3\left(\frac{q_2 p_1 - p_2 q_1}{\mu}\right)\right]^2\right\}$$

$$= -\frac{4}{p_1^2}[(q_2 p_1 - p_2 q_1)^2 + (q_3 p_1 - p_3 q_1)^2 + (q_3 p_2 - p_3 q_2)^2] -$$

$$A\frac{\partial B}{\partial P_r} - \frac{1}{2}q_1 B\frac{\partial B}{\partial P_r} + \frac{1}{2}B\frac{\partial A}{\partial P_r} + Cq_1\frac{\partial A}{\partial P_r}$$

$$= \frac{2\mu^2}{p_1^4}\left\{-p_r\left[\mu\left(\frac{q_2 p_1 - p_2 q_1}{\mu}\right)^2 + \mu\left(\frac{q_3 p_1 - p_3 q_1}{\mu}\right)^2 +\right.\right.$$

$$\left.q_1 p_2\frac{q_2 p_1 - p_2 q_1}{\mu} + q_1 p_3\frac{q_3 p_1 - p_3 q_1}{\mu}\right] +$$

$$\left.\frac{q_r p_1 - p_r q_1}{\mu}\left[\mu p_2\frac{q_2 p_1 - p_2 q_1}{\mu} + \mu p_3\frac{q_3 p_1 - p_3 q_1}{\mu} + q_1(p_1^2 + p_2^2 + p_3^2)\right]\right\}$$

$$= \frac{2\mu}{p_1^3}\{-p_r[p_1(q_2^2 + q_3^2) - p_2 q_1 q_2 - q_3 p_3 q_1] +$$

$$(q_r p_1 - p_r q_1)(q_1 p_1 + q_2 p_2 + q_3 p_3)\}$$

将上两式代入（109）得

115

$$\mathcal{V} = -\left(\frac{m_1 m_2}{r_{12}} + \frac{m_2 m_3}{r_{23}} + \frac{m_3 m_1}{r_{31}}\right)$$

$$\frac{\mu_1}{p_1}\frac{\partial G}{\partial p_1} - \mu\sum_{r=2}^{3}\left(\frac{\partial G}{\partial p_r} - \frac{\mu_1 p_r}{\mu_r p_1}\frac{\partial G}{\partial p_1}\right) \times$$

$$\frac{-p_r[p_1(q_2^2+q_3^2)-p_2 q_1 q_2 - q_3 p_3 q_1]+(q_r p_1 - p_r q_1)(q_1 p_1 + q_2 p_2 + q_3 p_3)}{2p_1[(q_2 p_1 - p_2 q_1)^2+(q_3 p_1 - p_3 q_1)^2+(p_2 q_3 - p_3 q_2)^2]}$$

略去因数 μ，上式可写成

$$\frac{1}{p_1}\frac{\partial G}{\partial p_1} - \frac{\left(\dfrac{\partial G}{\partial p_2}-\dfrac{\mu_1 p_2}{\mu_2 p_1}\dfrac{\partial G}{\partial p_1}\right)(-p_2 q_3^2 - p_2 q_1^2 + p_1 q_1 q_2 + p_3 q_2 q_3)}{2[(q_2 p_1 - q_1 p_2)^2+(q_3 p_1 - q_1 p_3)^2+(q_3 p_2 - q_2 p_3)^2]} -$$

$$\frac{\left(\dfrac{\partial G}{\partial p_3}-\dfrac{\mu_1 p_3}{\mu_3 p_1}\dfrac{\partial G}{\partial p_1}\right)(-p_3 q_2^2 - p_3 q_1^2 + q_3 q_1 p_1 + q_3 q_2 p_2)}{2[(q_2 p_1 - q_1 p_2)^2+(q_3 p_1 - q_1 p_3)^2+(q_3 p_2 - q_2 p_3)^2]}$$

上式必须是 $p_1,p_2,\cdots,p_6$ 的多项式，所以分子必须以分母为其一因式.

因 G 是 L,M,N 的多项式，故 $\left(\dfrac{\partial G}{\partial p_2}-\dfrac{\mu_1 p_2}{\mu_2 p_1}\dfrac{\partial G}{\partial p_1}\right)$ 及 $\left(\dfrac{\partial G}{\partial p_3}-\dfrac{\mu_1 p_3}{\mu_3 p_1}\dfrac{\partial G}{\partial p_1}\right)$ 是 L，M,N 的多项式，并且若它们包括 q_1,q_2,q_3 必定通过 L,M,N；若二者不含 q_1，q_2,q_3，那么分子便不能包括分母作因式；又若二者有若干项与 q_1,q_2,q_3 无关时，分母也不能是分子的因式. 不论属于那一种情形，由于 L,M,N 的形式，我们知道分母不能成为分子的因式，条件仅当

$$\frac{\partial G}{\partial p_2} - \frac{\mu_1 p_2}{\mu_2 p_1}\frac{\partial G}{\partial p_1} = 0, \qquad \frac{\partial G}{\partial p_3} - \frac{\mu_1 p_3}{\mu_3 p_1}\frac{\partial G}{\partial p_1} = 0 \tag{112}$$

时才适合.

由对称原则，另外两种形式的 A,B,C 值给出的条件是

$$\frac{\partial G}{\partial p_r} - \frac{\mu_1 p_r}{\mu_r p_1}\frac{\partial G}{\partial p_1} = 0 \quad (r=4,5,6) \tag{113}$$

所以函数 G 适合（112）和（113）五个方程，这五个方程是互相独立的. 独立变数有 $p_1,p_2,\cdots,p_6$ 六个. 因此这线性偏微分方程显然是完备系统. 它的解案有 $6-5=1$ 个独立解案. 这解容易求得

$$T = \sum_{s=1}^{6}\frac{p_s^2}{2\mu_s}$$

因将 T 代入（113）中的 G 作为特解，则有

$$\frac{\partial T}{\partial p_s} - \frac{\mu_1 p_s}{\mu_s p_1}\frac{\partial T}{\partial p_1} = \frac{p_s}{\mu_s} - \frac{\mu_1 p_s}{\mu_s p_1}\left(\frac{p_1}{\mu_1}\right) = 0$$

所以函数 G 包括 $p_1,p_2,\cdots,p_6$，仅通过表式 T. 因 G 是 $p_1,p_2,\cdots,p_6$ 的多项式，它必须也是 T 的多项式.

因 ϕ_0 对变数 $(q_1,q_2,\cdots,q_6)$ 是齐次式，对变数 $(p_1,p_2,\cdots,p_6)$ 也是齐次式；又因 L,M,N 对 $(q_1,q_2,\cdots,q_6)$ 是线性式，而 T 中则不含 $(q_1,q_2,\cdots,q_6)$ 而为 $(p_1,p_2,\cdots,p_6)$ 的二次式. 如此显然可知 T 在 ϕ_0 中以其整体作为因式出现. 如

此,我们可写成

$$\phi_0 = h(L,M,N)T^m \qquad (114)$$

其中 h 是 L,M,N 的齐次多项式.

§9　积分式不含 t 的勃卢恩斯理论的推导

当

$$\frac{\partial G}{\partial p_r} - \frac{\mu_1 p_r}{\mu_r p_1}\frac{\partial G}{\partial p_1} = 0 \quad (r=2,3,\cdots,6)$$

成立之后,则有

$$\sum_{r=1}^{6}\frac{\partial G}{\partial p_r}\frac{\partial U}{\partial q_r}\mathrm{d}q_1 = \frac{\mu_1}{p_1}\frac{\partial G}{\partial P_1}\sum_{r=1}^{6}\frac{\partial U}{\partial q_r}\frac{p_r}{\mu_r}\mathrm{d}q_1 = \frac{\mu_1}{p_1}\frac{\partial G}{\partial p_1}\sum_{r=1}^{6}\frac{\partial U}{\partial q_r}\frac{\mathrm{d}q_r}{\mathrm{d}t}\mathrm{d}q_1$$

$$= \frac{\mu_1}{p_1}\frac{\partial G}{\partial p_1}\frac{\mathrm{d}U}{\mathrm{d}t}\mathrm{d}q_1 = \frac{\mu_1}{p_1}\frac{\partial G}{\partial p_1}\left(\frac{p_1}{\mu_1}\right)\mathrm{d}U = \frac{\partial G}{\partial p_1}\mathrm{d}U$$

故(84)可写成

$$f_2 = \chi(P_2,P_3,\cdots,P_6,p_1,\cdots,p_6) - \frac{\mu_1}{p_1}\frac{\partial G}{\partial p_1}U \qquad (115)$$

但我们有

$$\frac{\mu_1}{p_1}\frac{\partial G}{\partial p_1} = \frac{\mu_1}{p_1}\frac{\partial G}{\partial T}\frac{\partial T}{\partial p_1} = \frac{\mu_1}{p_1}h(L,M,N)T^{m-1}\cdot m\cdot\frac{p_1}{\mu_1} = mh(L,M,N)T^{m-1}$$

所以

$$f_2 = \chi(P_2,P_3,\cdots,P_6,p_1,\cdots,p_6) - mh(L,M,N)T^{m-1}U$$

于是

$$\phi = \phi_0 + \phi_2 + \phi_4 + \cdots$$
$$= h(L,M,N)(T^m - mT^{m-1}U) + \chi(P_2,\cdots,P_6,p_1,\cdots,p_6) + \phi_4 + \phi_6 + \cdots$$

将上式写成

$$\phi = h(L,M,L)(T-U)^m + \phi'$$
$$= h(L,M,L)(T-U)^m + (\phi'_0 + \phi'_2 + \phi'_4 + \cdots) \qquad (116)$$

其中

$$\phi' = \phi'_0 + \phi'_2 + \phi'_4 + \cdots$$
$$\phi'_0 = \chi(P_2,P_3,\cdots,P_6,p_1,\cdots,p_6)$$
$$\phi'_2 = \phi_4 - \frac{m(m-1)}{2!}h(L,M,N)T^{m-2}U^2$$
$$\phi'_4 = \phi_6 + \frac{m(m-1)(m-2)}{3!}h(L,M,N)T^{m-3}U^3$$
$$\vdots$$

我们可从(116)看出, ϕ 由两部分合成:

117　　　　　$$\mathscr{V} = -\left(\frac{m_1 m_2}{r_{12}} + \frac{m_2 m_3}{r_{23}} + \frac{m_3 m_1}{r_{31}}\right)$$

(1)$h(L,M,N)(T-U)^m$ 是经典积分的合成积分；

(2)$\phi'=\phi'_0+\phi'_2+\phi'_4+\cdots$

现在 ϕ' 积分的性质和 ϕ 相同,只是 ϕ' 的最高次项 ϕ'_0 比 ϕ 积分的最高次项 $(p_1,p_2,\cdots,p_6)$ 的幂次低2次,现在已知积分 ϕ 包含 ϕ',同样的理由可知 ϕ' 也有两种积分.一部分积分是经典积分,另一部分是性质与 ϕ' 相同的 ϕ'',它对 $(p_1,p_2,\cdots,p_6)$ 来说比 ϕ' 更低 2 次.如此继续演进,最后得到一个积分.对 $(p_1,p_2,\cdots,p_6)$ 来说,它的次数是 1 或 0.若次数是 1,那么

$$\phi^{(n)}=\phi_0^{(n)}=h(L,M,N)T^k$$

显然 $k=0$.所以在这种情况下,$\phi^{(n)}$ 是经典积分合成的.若 $\phi^{(n)}$ 对 $(p_1,p_2,\cdots,p_6)$ 的次数为 0,那么它仅是 $(q_1,q_2,\cdots,q_6)$ 的函数.我们已在第一节中证明:这样的积分 $\phi^{(n)}$ 是不存在的.至此完全证明:ϕ 是由经典积分所组成的.也就是得到了勃卢恩斯定理:

任何一个三体问题微分方程的代数积分,它若不包含时间,那么它可纯由经典积分代数组合而成.

§10　扩充勃卢恩斯理论到包含时间的积分

现在讨论三体问题明显地包含时间的代数积分,为此我们必须回到原来 18 阶的微分方程组(第四章(2)).所要讨论的积分可写为

$$f(q_1,q_2,\cdots,q_9,p_1,p_2,\cdots,p_9,t)=a \tag{117}$$

其中 f 是 q,p,t 的代数函数,a 是一个常数.

函数 f 不必一定是有理函数,设 f 是 t 的无理函数,则需要将它对 t 有理化.有理化后对常数 a 按幂次排列

$$a^m+a^{m-1}\phi_1(q_1,\cdots,q_9,p_1,\cdots,p_9,t)+a^{m-2}\phi_2(q_1,\cdots,q_9,p_1,\cdots,p_9,t)+\cdots+\phi_m(q_1,\cdots,q_9,p_1,\cdots,p_9,t)=0$$

$$\tag{118}$$

其中各 ϕ_i 是 t 的有理函数,而是 $(q_1,\cdots,q_9,p_1,\cdots,p_9)$ 的代数函数.方程(118)可以假定是不可分解的,即不能再分解成 a 的低次因式而仍为 t 的有理式.若是可分解的,那么我们可以用在原解案(117)中的一个不可分解因式来代替 $f=a$.

将(118)对 t 微分,我们有

$$a^{m-1}\frac{\mathrm{d}\phi_1}{\mathrm{d}t}+a^{m-2}\frac{\mathrm{d}\phi_2}{\mathrm{d}t}+\cdots+\frac{\mathrm{d}\phi_m}{\mathrm{d}t}=0 \tag{119}$$

现在 $\dfrac{\mathrm{d}\phi_r}{\mathrm{d}t}(r=1,2,\cdots,m)$ 是 $(q_1,\cdots,q_9,p_1,\cdots,p_9,t)$ 的函数,对 t 是有理函数,对

q, p 是代数函数,若

$$\frac{\mathrm{d}\phi_r}{\mathrm{d}t} \not\equiv 0$$

那么"式(119)成立"这事实便与"(118)的不可分解"的假定相反.所以(119)中各 a 的系数为 0,即

$$\frac{\mathrm{d}\phi_r}{\mathrm{d}t} = 0 \quad (r = 1, 2, \cdots, m) \tag{120}$$

上式表示 ϕ_r 本身也是积分式.于是(118)指示我们:积分 f 可以用积分式 ϕ_r 合成. ϕ 是 t 的有理函数,而是 (q, p) 的代数函数.

将积分式 ϕ 对 t 分解因式而写为

$$\frac{P(t - \phi_1)^{m_1}(t - \phi_2)^{m_2} \cdots (t - \phi_k)^{m_k}}{(t - \psi_1)^{n_1}(t - \psi_2)^{n_2} \cdots (t - \psi_l)^{n_l}} \tag{121}$$

其中 $(P, \phi_1, \phi_2, \cdots, \phi_k, \psi_1, \psi_2, \cdots, \psi_l)$ 是 $(q_1, q_2, \cdots, q_9, p_1, p_2, \cdots, p_9)$ 的代数函数.将(121)代入(120)并除以(121),得

$$\frac{1}{P}\frac{\mathrm{d}P}{\mathrm{d}t} + \frac{m_1}{t - \phi_1}\left(1 - \frac{\mathrm{d}\phi_1}{\mathrm{d}t}\right) + \cdots + \frac{m_k}{t - \phi_k}\left(1 - \frac{\mathrm{d}\phi_k}{\mathrm{d}t}\right) -$$

$$\frac{n_1}{t - \psi_1}\left(1 - \frac{\mathrm{d}\psi_1}{\mathrm{d}t}\right) - \cdots - \frac{n_l}{t - \psi_l}\left(1 - \frac{\mathrm{d}\psi_l}{\mathrm{d}t}\right) = 0 \tag{122}$$

但由第三章(101),有

$$\frac{\mathrm{d}P}{\mathrm{d}t} = [P, H], \frac{\mathrm{d}\phi_1}{\mathrm{d}t} = [\phi_1, H], \cdots, \frac{\mathrm{d}\phi_k}{\mathrm{d}t} = [\phi_k, H]$$

$$\frac{\mathrm{d}\psi_1}{\mathrm{d}t} = [\psi_1, H], \frac{\mathrm{d}\psi_2}{\mathrm{d}t} = [\psi_2, H], \cdots, \frac{\mathrm{d}\psi_l}{\mathrm{d}t} = [\psi_l, H]$$

将以上各式代入(122)将成为恒等式,此仅当

$$\frac{\mathrm{d}P}{\mathrm{d}t} = 0, 1 - \frac{\mathrm{d}\phi_1}{\mathrm{d}t} = 0, \cdots, 1 - \frac{\mathrm{d}\phi_k}{\mathrm{d}t} = 0$$

$$1 - \frac{\mathrm{d}\psi_1}{\mathrm{d}t} = 0, 1 - \frac{\mathrm{d}\psi_2}{\mathrm{d}t} = 0, \cdots, 1 - \frac{\mathrm{d}\psi_l}{\mathrm{d}t} = 0$$

才成立.以上各式的意义是

$$P, t - \phi_1, t - \phi_2, \cdots, t - \phi_k, t - \psi_1, \cdots, t - \psi_l$$

都是运动方程的积分式.故三体问题包含时间的代数积分由两种形式的积分组成.

(1) 不含 t 的代数积分.

(2) 形如 "$t - \phi = $ 常数" 的积分,其中 ϕ 是 $q_1, q_2, \cdots, q_9, p_1, \cdots, p_9$ 的值函数.

但已知

$$t - \frac{m_1 q_1 + m_2 q_4 + m_3 q_7}{p_1 + p_4 + p_7} = 常数 \tag{123}$$

$$\mathscr{V} = -\left(\frac{m_1 m_2}{r_{12}} + \frac{m_2 m_3}{r_{23}} + \frac{m_3 m_1}{r_{31}}\right)$$

是一个积分,所以将上式代入

$$t - \phi = 常数$$

得

$$\phi - \frac{m_1 q_1 + m_2 q_4 + m_3}{p_1 + p_4 + p_7} = 常数 \tag{124}$$

于是含 t 的代数积分由三种形式的积分式组成:

(1) 不包含 t 的代数积分.

(2) 形如(124) 的代数积分.

(3) 经典积分(123).

但(1),(2) 两种积分式不包含 t,由以上各节理论知道,它们都可由经典积分组.另一方面,(123) 是质心运动积分,也是经典积分,于是得最后结论.

每一个三体问题的包含或不包含时间的代数积分,都可以由经典积分组成.

圆形限制三体问题及庞加莱理论

第六章

以上两章所讨论的是最一般的三体问题的理论,现在讨论最特殊的,也是最简单的三体问题 —— 平面圆形限制三体问题的理论,从一个极端情形来显示三体问题的积分式的性质.

所谓限制三体问题是三个质点中有一个质点 P 的质量 m 比其他两个质点 S 和 J 的质量 m_1 和 m_2 小得可以忽略的三体问题.

由于质点 P 的质量很小,所以它不足以影响 S 和 J 的运动.于是 S 和 J 的运动是一个二体问题.照第二章的理论,S 和 J 的运动可以完全由初时运动情况所确定的,它们的轨道是以它们的质心为焦点的一个圆锥曲线,所以限制三体问题就是要确定小质量质点 P 的运动.

前苏联发射的第二和第三个宇宙火箭,它们的质量当然比地球和月球的质量小得可以忽略.所以若不计太阳对月球的摄动,那么这两个宇宙火箭的运动的研究就属于限制三体问题.关于第一个宇宙火箭,在它未超出月球和地球的引力场时它的运动也是限制三体问题.当它飞出这个引力场时,它的运动主要是由太阳的引力决定.所以此后第一个宇宙火箭的运动可按照普通九大行星的运动规律去研究它,即天体力学上常用的"考虑摄动的二体问题"来解.

若 S 和 J 的运动轨道分别是以质心为圆心的两个圆,那么这个问题就是圆形限制三体问题;此时 S 和 J 是绕质心的等角速度转动.在下面一节里将看到,运用动坐标对静坐标等速转动的坐标变换式,这圆形限制三体问题的运动方程将变得很简单.

$$\mathscr{V}=-\left(\frac{m_1 m_2}{r_{12}}+\frac{m_2 m_3}{r_{23}}+\frac{m_3 m_1}{r_{31}}\right)$$

月球轨道的离心率 $e=0.0549$，所以它的轨道很接近于圆形. 于是宇宙火箭的更进一步近似理论就是属于"圆形限制三体问题". 在科学出版社出版的"有关人造地球卫星的运动与科学研究的若干问题"中所载叶果罗夫的论文"关于向月球飞行的若干动力学问题"里面，所讨论飞弹的运动，就是以"圆形限制三体问题"的理论为基础的，他的结果是靠运动微分方程的数字积分法和高速电子计算机来完成的.

质点 P 的初位置和初速度若是在 S 和 J 的轨道平面内，那么质点 P 便永远保留在这平面内运动，这便是"平面圆形限制三体问题". 当然这种三体问题是最简单了. 即使对这样简单的三体问题，我们从本章所要讨论的庞加莱理论中看出，它的求积分式问题依旧是很复杂的. 应该声明，本章所讨论的是平面圆形限制三体问题.

§1 圆形限制三体问题的运动方程及雅可比积分

设 S 和 J 两个质点绕它们的公共质点 O 在引力作用下作圆运动，那么由第二章第 1 节知道 O,S,J 三点始终在一直线上，设 S 和 J 至点 O 的距离是 r_1 和 r_2，速度是 v_1 和 v_2，质量是 m_1 和 m_2，那么由于矢径与速度垂直，所以动量矩定理成为

$$m_1 r_1 v_1 + m_2 r_2 v_2 = C \quad （常数）$$

由于 S,O,J 在一直线上，所以二质点绕 O 的角速度 $\omega = \dfrac{v_1}{r_1} = \dfrac{v_2}{r_2}$，于是

$$\omega(m_1 r_1^2 + m_2 r_2^2) = C$$

或

$$\omega = \frac{C}{m_1 r_1^2 + m_2 r_2^2} = 常量$$

所以 S 和 J 绕 O 作等速圆周运动（图 6.1）.

现在仅研究平面圆形限制三体问题，故质点 P 始终保留在 S 或 J 的轨道平面内. P 至 S 和 P 至 J 的距离分别表为 SP,JP. 那么 P 的位函数可写为 mV，其中

$$V = \frac{m_1}{SP} + \frac{m_2}{JP} \quad (1)$$

图 6.1

在 S 或 J 的轨道平面内取直角坐标 XOY，它的原点 O 是 S 和 J 的质心. 设质点 P 在这坐标系的坐标是 (X,Y)，它的速度是 (U_x, U_y)，那么质点 P 的运动方程可写成

$$m\frac{\mathrm{d}^2 X}{\mathrm{d}t^2} = \frac{\partial}{\partial X}(mV), \quad m\frac{\mathrm{d}^2 Y}{\mathrm{d}t^2} = \frac{\partial}{\partial Y}(mV)$$

或

$$\frac{\mathrm{d}^2 X}{\mathrm{d}t^2} = \frac{\partial V}{\partial X}, \quad \frac{\mathrm{d}^2 Y}{\mathrm{d}t^2} = \frac{\partial V}{\partial Y} \tag{2}$$

质点 P 的哈密尔顿函数可写为 mH,其中

$$H = \frac{1}{2}(U_x^2 + U_y^2) - V \tag{3}$$

所以质点 P 的哈密尔顿方程可写为

$$\begin{cases} \dfrac{\mathrm{d}X}{\mathrm{d}t} = \dfrac{\partial H}{\partial U_x}, & \dfrac{\mathrm{d}Y}{\mathrm{d}t} = \dfrac{\partial H}{\partial U_y} \\[2mm] \dfrac{\mathrm{d}U_x}{\mathrm{d}t} = -\dfrac{\partial H}{\partial X}, & \dfrac{\mathrm{d}U_y}{\mathrm{d}t} = -\dfrac{\partial H}{\partial Y} \end{cases} \tag{4}$$

由于 S 和 J 是在运动的,所以 V 中明显地包含时间,这样(4)便不存在着"$H =$ 数"的能量积分.

取 $W = U_x(x\cos \omega t - y\sin \omega t) + U_y(x\sin \omega t + y\cos \omega t)$,施行接触变换

$$X = \frac{\partial W}{\partial U_x}, \quad Y = \frac{\partial W}{\partial U_y}, \quad u = \frac{\partial W}{\partial x}, \quad v = \frac{\partial W}{\partial y}$$

则

$$\begin{cases} X = x\cos \omega t - y\sin \omega t \\ Y = x\sin \omega t + y\cos \omega t \end{cases} \tag{5}$$

$$\begin{cases} u = U_x\cos \omega t + U_y\sin \omega t \\ v = -U_x\sin \omega t + U_y\cos \omega t \end{cases} \tag{6}$$

从(5)看出,新坐标 x, y 是质点 P 在随 SJ 转动的坐标系中的坐标.现在取 x 轴沿 OJ(如图 6.1).

由第三章的理论知道,W 是时间函数的变换式,新哈密尔顿函数应该用式 (79)

$$K = H - \frac{\partial W}{\partial t} \tag{7}$$

将(6)两式平方相加,得

$$u^2 + v^2 = U_x^2 + U_y^2 \tag{8}$$

又

$$\begin{aligned} \frac{\partial W}{\partial t} &= -U_x(x\sin \omega t + y\cos \omega t)\omega + U_y\omega(x\cos \omega t - y\sin \omega t) \\ &= \omega x(-U_x\sin \omega t + U_y\cos \omega t) - \omega y(U_x\cos \omega t + U_y\sin \omega t) \\ &= \omega(xv - yu) \end{aligned}$$

于是用新坐标表示的哈密尔顿函数为

123

$$V = -\left(\frac{m_1 m_2}{r_{12}} + \frac{m_2 m_3}{r_{23}} + \frac{m_3 m_1}{r_{31}}\right)$$

$$K = \frac{1}{2}(u^2 + v^2) - \omega(xv - yu) - V \tag{9}$$

设 S 和 J 的原坐标分别为 (X_S, Y_S) 和 (X_J, Y_J)，则

$$\overline{SP} = \sqrt{(X_S - X)^2 + (Y_S - Y)^2}, \quad \overline{JP} = \sqrt{(X_J - X)^2 + (Y_J - Y)^2}$$

又设 (x_S, O) 和 (x_J, O) 分别是 S 和 J 对动坐标系 xOy 的坐标，那么由 (5) 得

$$X_S = x_S \cos \omega t, \quad Y_S = x_S \sin \omega t$$

于是

$$(X_S - X)^2 + (Y_S - Y)^2$$
$$= [(x_S - x)\cos \omega t - y\sin \omega t]^2 + [(x_S - x)\sin \omega t + y\cos \omega t]^2$$
$$= (x_S - x)^2 + y^2$$

同样

$$(X_J - X)^2 + (Y_J - Y)^2 = (x_J - x)^2 + y^2$$

所以

$$V = \frac{m_1}{\sqrt{(x_S - x)^2 + y^2}} + \frac{m_2}{\sqrt{(x_J - x)^2 + y^2}} \tag{10}$$

上式不明显地包含时间，所以 (9) 的新哈密尔顿函数也不明显地包含时间，于是由第三章 §3 知道，对这新坐标系存在着雅可比积分

$$\frac{1}{2}(u^2 + v^2) + \omega(yu - xv) - V = 常数 \tag{11}$$

对这新坐标系的哈密尔顿方程是

$$\frac{\mathrm{d}x}{\mathrm{d}t} = \frac{\partial K}{\partial u}, \quad \frac{\mathrm{d}y}{\mathrm{d}t} = \frac{\partial K}{\partial v}, \quad \frac{\mathrm{d}u}{\mathrm{d}t} = -\frac{\partial K}{\partial x}, \quad \frac{\mathrm{d}v}{\mathrm{d}t} = -\frac{\partial K}{\partial y} \tag{12}$$

§2　极坐标运动微分方程

取

$$W = q_1(u\cos q_2 + v\sin q_2) \tag{13}$$

而施行接触变换

$$x = \frac{\partial W}{\partial u}, \quad y = \frac{\partial W}{\partial v}, \quad p_1 = \frac{\partial W}{\partial q_1}, \quad p_2 = \frac{\partial W}{\partial q_2} \tag{14}$$

则有

$$x = q_1 \cos q_2, \quad y = q_1 \sin q_2 \tag{15}$$

及

$$\begin{cases} p_1 = u\cos q_2 + v\sin q_2 \\ p_2 = -q_1(u\sin q_2 - v\cos q_2) \end{cases} \tag{16}$$

将 (15) 两式平方相加再开方，得

$$q_1 = \sqrt{x^2 + y^2} = \overline{OP} = r \qquad (17)$$

将(15)两式相除,得

$$\tan q_2 = \frac{y}{x} \qquad (18)$$

从(17)和(18)看出,(q_1, q_2)是质点P的极坐标(r, θ).这极坐标是以角速度ω转动着,又

$$\frac{\mathrm{d}q_1}{\mathrm{d}t} = \frac{\mathrm{d}}{\mathrm{d}t}\sqrt{x^2 + y^2} = \frac{x\dot{x} + y\dot{y}}{\sqrt{x^2 + y^2}} \qquad (19)$$

将(9)代入(12)的前两式,则有

$$\begin{cases} \dfrac{\mathrm{d}x}{\mathrm{d}t} = u + \omega y \\[2mm] \dfrac{\mathrm{d}y}{\mathrm{d}t} = v - \omega x \end{cases} \qquad (20)$$

上式的物理意义是相对速度$\left(\dfrac{\mathrm{d}x}{\mathrm{d}t}, \dfrac{\mathrm{d}y}{\mathrm{d}t}\right)$等于绝对速度$(u, v)$减去牵连速度$(-\omega y, \omega x)$,这三个速度都是沿动坐标轴$x$和$y$分解的.将(20)代入(19),则有

$$\frac{\mathrm{d}q_1}{\mathrm{d}t} = \frac{x(u + \omega y) + y(v - \omega x)}{\sqrt{x^2 + y^2}} = u\cos q_2 + v\sin q_2 = p_1 \qquad (21)$$

上式表p_1是质点P的绝对速度沿它的矢径r的分量,即$p_1 = \dfrac{\mathrm{d}r}{\mathrm{d}t}$.

将(15)对t取导数,则有

$$\begin{cases} \dot{x} = \dot{q_1}\cos q_2 - (q_1\sin q_2)\dot{q_2} \\[2mm] \dot{y} = \dot{q_1}\sin q_2 + (q_1\cos q_2)\dot{q_2} \end{cases} \qquad (22)$$

将上式第一式乘$(-\sin q_2)$,第二式乘$\cos q_2$,而后相加,得

$$\begin{aligned} q_1\dot{q_2} &= -\dot{x}\sin q_2 + \dot{y}\cos q_2 \\ &= -(u + \omega y)\sin q_2 + (v - \omega x)\cos q_2 \\ &= \frac{p_2}{q_1} - \omega(\sin^2 q_2 + \cos^2 q_2)q_1 \end{aligned}$$

或

$$p_2 = q_1^2(\dot{q_2} + \omega) = r^2 \frac{\mathrm{d}}{\mathrm{d}t}(\angle POX) \qquad (23)$$

从上式并参看第二章(27),我们知道p_2是质点P绕O的面积速度(对固定坐标系)的二倍.

为了求新坐标系的哈密尔顿函数,首先将(20)两式平方相加,得

$$\dot{x}^2 + \dot{y}^2 = u^2 + v^2 + 2\omega(yu - vx) + \omega^2(x^2 + y^2) \qquad (24)$$

将(22)两式平方相加,有

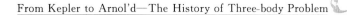

$$\dot{x}^2 + \dot{y}^2 = \dot{q}_1^2 + (q_1\dot{q}_2)^2 \tag{25}$$

将(24)和(25)代入(9),得

$$\begin{aligned}
H &= \frac{1}{2}\left[\dot{q}_1^2 + (q_1\dot{q}_2)^2\right] - \frac{\omega^2 q_1^2}{2} - V \\
&= \frac{1}{2}\left[p_1^2 + \left(\frac{p_2}{q_1} - \omega q_1\right)^2\right] - \frac{\omega^2 q_1^2}{2} - V \\
&= \frac{1}{2}\left(p_1^2 + \frac{p_2^2}{q_1^2}\right) - p_2\omega - V
\end{aligned} \tag{26}$$

对这极坐标系的哈密尔顿方程是

$$\frac{\mathrm{d}q_r}{\mathrm{d}t} = \frac{\partial H}{\partial p_r}, \quad \frac{\mathrm{d}p_r}{\mathrm{d}t} = -\frac{\partial H}{\partial q_r} \quad (r=1,2)$$

即

$$\begin{cases}
\dfrac{\mathrm{d}r}{\mathrm{d}t} = p_1, \dfrac{\mathrm{d}\theta}{\mathrm{d}t} = \dfrac{p_2}{q_1^2} - \omega \\[2mm]
\dfrac{\mathrm{d}p_1}{\mathrm{d}t} = \dfrac{p_2^2}{q_1^3} + \dfrac{\partial V}{\partial q_1} = \dfrac{p_2^2}{r^3} + \dfrac{\partial V}{\partial r} \\[2mm]
\dfrac{\mathrm{d}p_2}{\mathrm{d}t} = \dfrac{\partial V}{\partial q_2} = \dfrac{\partial V}{\partial \theta}
\end{cases} \tag{27}$$

如从上四式消去 p_1, p_2,可得

$$\begin{cases}
\dfrac{\mathrm{d}^2 r}{\mathrm{d}t^2} = \dfrac{1}{r}\left(\dfrac{\mathrm{d}\theta}{\mathrm{d}t} + \omega\right)^2 + \dfrac{\partial V}{\partial r} \\[2mm]
\dfrac{\mathrm{d}}{\mathrm{d}t}\left(\dfrac{\mathrm{d}\theta}{\mathrm{d}t} + \omega\right) = \dfrac{\partial V}{\partial \theta} \ \text{或} \ \dfrac{\mathrm{d}^2\theta}{\mathrm{d}t^2} = \dfrac{\partial V}{\partial \theta}
\end{cases} \tag{28}$$

§3　椭圆轨道参数运动微分方程

取

$$W = p'_2 q_2 + \int_{p'_1\left[p'_1 - (p'^2_1 - p'^2_2)^{\frac{1}{2}}\right]}^{q_1} \left(-\frac{p'^2_2}{u^2} + \frac{2}{u} - \frac{1}{p'^2_1}\right)^{\frac{1}{2}} \mathrm{d}u \tag{29}$$

其中 u 表示积分的流动变数,施行接触变换

$$p_r = \frac{\partial W}{\partial q_r}, \quad q'_r = \frac{\partial W}{\partial p'_r} \quad (r=1,2) \tag{30}$$

现在需要用到"对上下限是自变数的函数的积分求导数"的公式

$$\frac{\mathrm{d}}{\mathrm{d}\lambda}\int_{a(\lambda)}^{b(\lambda)} f(x,\lambda)\,\mathrm{d}x = \int_{a(\lambda)}^{b(\lambda)} \frac{\mathrm{d}}{\mathrm{d}\lambda}f(x,\lambda)\,\mathrm{d}\lambda + f(b,\lambda)\frac{\mathrm{d}b}{\mathrm{d}\lambda} - f(a,\lambda)\frac{\mathrm{d}a}{\mathrm{d}\lambda}$$

于是

$$p_1 = \frac{\partial W}{\partial q_1} = \frac{\partial}{\partial q_1}\int_{p'_1\left[p'_1 - (p'^2_1 - p'^2_2)^{\frac{1}{2}}\right]}^{q_1} \left(-\frac{p'^2_2}{u^2} + \frac{2}{u} - \frac{1}{p'^2_1}\right)^{\frac{1}{2}} \mathrm{d}u$$

$$= \left(-\frac{p'^2_2}{q^2_1} + \frac{2}{q_1} - \frac{1}{p'^2_1} \right)^{\frac{1}{2}} \tag{31}$$

$$p_2 = \frac{\partial W}{\partial q_2} = p'_2 \tag{32}$$

令

$$a = p'_1 \left[p'_1 - (p'^2_1 - p'^2_2)^{\frac{1}{2}} \right] \tag{33}$$

则

$$q'_1 = \frac{\partial W}{\partial p'_1} = \int_a^{q_1} \frac{\partial}{\partial p'_1} \left(-\frac{p'^2_2}{u^2} + \frac{2}{u} - \frac{1}{p'^2_1} \right)^{\frac{1}{2}} \mathrm{d}u -$$

$$\left(-\frac{p'^2_2}{a^2} + \frac{2}{a} - \frac{1}{p'^2_1} \right)^{\frac{1}{2}} \frac{\partial}{\partial p'_1} p'_1 \left[p'_1 - (p'^2_1 - p'^2_2)^{\frac{1}{2}} \right]$$

但

$$-\frac{p'^2_2}{a^2} + \frac{2}{a} - \frac{1}{p'^2_1} = -\frac{1}{a^2} \left(p'^2_2 - 2a + \frac{a^2}{p'^2_1} \right)$$

$$= -\frac{1}{a^2} \left\{ p'^2_2 - 2 \left[p'^2_1 - p'_1 (p'^2_1 - p'^2_2)^{\frac{1}{2}} \right] + \left[p'_1 - (p'^2_1 - p'^2_2)^{\frac{1}{2}} \right]^2 \right\}$$

$$= -\frac{1}{a^2} \left[p'^2_2 - 2p'^2_1 + 2p'_1 (p'^2_1 - p'^2_2)^{\frac{1}{2}} + p'^2_1 - \right.$$

$$\left. 2p'_1 (p'^2_1 - p'^2_2)^{\frac{1}{2}} + (p'^2_1 - p'^2_2) \right] = 0 \tag{34}$$

于是

$$q'_1 = \int_a^{q_1} \frac{1}{2} \left(-\frac{p'^2_2}{u^2} + \frac{2}{u} - \frac{1}{p'^2_1} \right)^{-\frac{1}{2}} \left(\frac{2}{p'^3_1} \right) \mathrm{d}u$$

$$= \frac{1}{p'^3_1} \int_a^{q_1} \frac{u\,\mathrm{d}u}{\sqrt{-\dfrac{1}{p'^2_1}u^2 + 2u - p'^2_2}}$$

$$= \frac{1}{p'^2_1} \int_a^{q_1} \frac{(u - p'^2_1)\mathrm{d}(u - p'^2_1) + p'^2_1 \mathrm{d}(u - p'^2_1)}{\sqrt{p'^2_1 (p'^2_1 - p'^2_2) - (u - p'^2_1)^2}}$$

$$= \frac{-1}{2p'^2_1} \frac{1}{-\dfrac{1}{2}+1} \left(\sqrt{p'^2_1 (\varphi'^2_1 - p'^2_2) - (u - p'^2_1)^2} \right)\Big|_a^{q_1} +$$

$$\sin^{-1} \left(\frac{u - p'^2_1}{p'_1 \sqrt{p'^2_1 - p'^2_2}} \right)\Big|_a^{q_1}$$

$$= -\frac{1}{p'^2_1} \left[\sqrt{p'^4_1 - p'^2_1 p'^2_2 - (q_1 - p'^2_1)^2} - \sqrt{p'^4_1 - p'^2_1 p'^2_2 - (a - p'^2_1)^2} \right] +$$

$$\sin^{-1} \left(\frac{q_1 - p'^2_1}{p'_1 \sqrt{p'^2_1 - p'^2_2}} \right) - \sin^{-1} \left(\frac{a - p'^2_1}{p'_1 \sqrt{p'^2_1 - p'^2_2}} \right)$$

$$V = -\left(\frac{m_1 m_2}{r_{12}} + \frac{m_2 m_3}{r_{23}} + \frac{m_3 m_1}{r_{31}} \right)$$

$$= -\frac{1}{p'_1}\sqrt{-p'^2_2 + 2q_1 - \frac{q^2_1}{p'^2_1}} + \frac{1}{p'^2_1}\sqrt{p'^4_1 - p'^2_1 p'^2_2 - p'^2_1(p'^2_1 - p'^2_2)} +$$

$$\sin^{-1}\left[\frac{\frac{q_1}{p'^2_1} - 1}{\sqrt{1 - \left(\frac{p'_2}{p'_1}\right)^2}}\right] - \frac{\pi}{2}$$

$$= \cos^{-1}\left[\frac{1 - \frac{q_1}{p'^2_1}}{\sqrt{1 - \left(\frac{p'_2}{p'_1}\right)^2}}\right] - \frac{1}{p'_1}\sqrt{-p'^2_2 + 2q_1 - \frac{q^2_1}{p'^2_1}} \qquad (35)$$

$$q'_2 = \frac{\partial W}{\partial p'_2} = q_2 + \int_a^{q_1} \frac{\partial}{\partial p'_2}\left(-\frac{p'^2_2}{u^2} + \frac{2}{u} - \frac{1}{p'^2_1}\right)^{\frac{1}{2}} \mathrm{d}u - \left(-\frac{p'^2_2}{a^2} + \frac{2}{a} - \frac{1}{p'^2_1}\right)\frac{\partial a}{\partial p'_2}$$

$$= q_2 + \int_a^{q_1} \frac{1}{2}\left(-\frac{p'^2_2}{u^2} + \frac{2}{u} - \frac{1}{p'^2_1}\right)^{-\frac{1}{2}}\left(-\frac{2p'_2}{u^2}\right)\mathrm{d}u$$

$$= q_2 - p'_1 p'_2 \int_a^{q_1} \frac{\mathrm{d}u}{u\sqrt{-u^2 + 2up'^2_1 - p'^2_1 p'^2_2}}$$

应用积分公式

$$\int \frac{\mathrm{d}x}{x\sqrt{ax^2 + bx + c}} = \frac{1}{\sqrt{-c}}\sin^{-1}\left(\frac{bx + c}{x\sqrt{b^2 - 4ac}}\right)$$

$$(c < 0, b^2 - 4ac > 0)$$

则

$$\int \frac{\mathrm{d}u}{u\sqrt{-u^2 + 2up'^2_1 - p'^2_1 p'^2_2}} = \frac{1}{p'_1 p'_2}\sin^{-1}\frac{2p'^2_1 u - 2p'^2_1 p'^2_2}{u\sqrt{4p'^4_1 - 4p'^2_1 p'^2_2}}$$

$$= \frac{1}{p'_1 p'_2}\sin^{-1}\frac{1 - \frac{p'^2_2}{u}}{\sqrt{1 - \left(\frac{p'_2}{p'_1}\right)^2}}$$

应用

$$\arcsin x = \frac{\pi}{2} - \arccos x = \frac{\pi}{2} - [\pi - \arccos(-x)]$$

得证

$$\arcsin x \Big|_a^{q_1} = \arccos(-x)\Big|_a^1$$

故得

$$q'_2 = q_2 - \cos^{-1}\left[\frac{\frac{p'^2_2}{q_1} - 1}{\sqrt{1 - \left(\frac{p'_2}{p'_1}\right)^2}}\right] \qquad (36)$$

128

现在既已得到新旧动力变数间的关系,下一步骤就是要求新动力变数 q'_1, q'_2, p'_1, p'_2 的力学意义. 由上一节

$$q_1 = r, \quad q_2 = \theta, \quad p_1 = \frac{\mathrm{d}r}{\mathrm{d}t}, \quad p_2 = r^2\left(\frac{\mathrm{d}\theta}{\mathrm{d}t} + \omega\right)$$

将以上各式代入(32)及(31)得

$$p'_2 = p_2 = r^2\left(\frac{\mathrm{d}\theta}{\mathrm{d}t} + \omega\right) = c \tag{37}$$

及

$$\frac{\mathrm{d}r}{\mathrm{d}t} = \left[-\frac{1}{r^2}r^4\left(\frac{\mathrm{d}\theta}{\mathrm{d}t} + \omega\right)^2 + \frac{2}{r} - \frac{1}{p'^2_1}\right]^{\frac{1}{2}}$$

或

$$\left(\frac{\mathrm{d}r}{\mathrm{d}t}\right)^2 + r^2\left[\frac{\mathrm{d}}{\mathrm{d}t}(\theta + \omega t)\right]^2 = \frac{2}{r} - \frac{1}{a} \tag{38}$$

由(22)知道

$$\left(\frac{\mathrm{d}r}{\mathrm{d}t}\right)^2 + r^2\left[\frac{\mathrm{d}}{\mathrm{d}t}(\theta + \omega t)\right]^2$$

是质点 P 对固定坐标的速度的平方,于是比较(38)与第二章(61)的第一式,得

$$p'_1 = a^{\frac{1}{2}} \tag{39}$$

又比较(37)和(56)的第一式,得

$$p'_2 = \sqrt{a(1 - e^2)} \tag{40}$$

其中 a 是"质点 P 受原点 O 处的一个假想质点的万有引力,按质点 P 的瞬时位置和度所行的椭圆轨道"的半长轴,e 是这椭圆轨道的离心率. 将(39)和(40)的 p'_1, p'_2 值代入(36),得

$$q'_2 = \theta - \cos^{-1}\left[\frac{\dfrac{a(1 - e^2)}{r} - 1}{\sqrt{1 - (1 - e^2)}}\right]$$

或

$$r = \frac{a(1 - e^2)}{1 + e\cos(\theta - q'_2)} \tag{41}$$

将上式与(47)比较,可知 q'_2 是近点对 O 的矢径与 OJ 的夹角. 又(35)可变为

$$q'_1 = \cos^{-1}\left[\frac{1 - \dfrac{r}{a}}{\sqrt{1 - (1 - e^2)}}\right] - \frac{1}{\sqrt{a}}\sqrt{-a(1 - e^2) + 2r - \frac{r^2}{a}}$$

$$= \cos^{-1}\left[\frac{1 - \dfrac{r}{a}}{e}\right] - \frac{1}{a}\sqrt{a^2 e^2 - (r - a)^2}$$

或

129

$$\mathscr{V} = -\left(\frac{m_1 m_2}{r_{12}} + \frac{m_2 m_3}{r_{23}} + \frac{m_3 m_1}{r_{31}}\right)$$

$$r = a\left[1 - e\cos\left(q'_1 + \frac{1}{a}\sqrt{a^2e^2 - (r-a)^2}\right)\right]$$

将上式与(66)的第一式 $r = a(1 - e\cos E)$ 比较,得

$$E = q'_1 + \frac{1}{a}\sqrt{a^2e^2 - (r-a)^2} \tag{42}$$

又应用(66)的第一式,则

$$\sqrt{a^2e^2 - (r-a)^2} = \sqrt{a^2e^2 - a^2e^2\cos^2 E} = ae\sin E$$

(42)又成为

$$E = q'_1 + e\sin E$$

将上式与第二章开普勒方程(75)

$$M = E - e\sin E$$

比较,得 $q'_1 = M$. 所以 q'_1 是质点 P 行上述假想椭圆的平近点角.

现在尚须求从(26)变换而得的新哈密尔顿函数 H'. 因(26)的 H 不明显地包含 t,故

$$H(q, p) = H'(q', p') \tag{43}$$

的 H' 也不明显地含 t. 如第一章 §1 所述,我们选取单位除了使 $\gamma = 1$ 以外,尚有任意选择质量单位的自由,现在选质量单位使 S 和 J 的质量和为 1,即 $m_1 + m_2 = 1$,于是可令 S 和 J 的质量分别是 $1 - \mu$ 和 μ. 位函数 V 的表式(1)可写成

$$V = \frac{1 - \mu}{SP} + \frac{\mu}{JP}$$

于是(26)的 H 可写为

$$H = \frac{1}{2}\left(p_1^2 + \frac{p_2^2}{q_1^2}\right) - \omega p_2 - \frac{1-\mu}{SP} - \frac{\mu}{JP} \tag{44}$$

应用(31)及(32)

$$p_1^2 + \frac{p_2^2}{q_1^2} = -\frac{p'^2_2}{q_1^2} + \frac{2}{q_1} - \frac{1}{p'^2_1} + \frac{p'^2_2}{q_1^2} = \frac{2}{q_1} - \frac{1}{p'^2_1} \tag{45}$$

所以

$$H = \frac{1}{2}\left(\frac{2}{q_1} - \frac{1}{p'^2_1}\right) - \omega p'_2 - \frac{1-\mu}{SP} - \frac{\mu}{JP} \tag{46}$$

应用(35)和(36),上式可化成 p'_1, p'_2, q'_1, q'_2 和 μ 的分析函数,这函数和由(35)和(36)包含反三角函数而知道是 q'_1 和 q'_2 的周期函数. 要求 H' 中不包含 μ 的项(设为 H'_0),可令(46)的 H 中的 $\mu = 0$,这相当于 J 和 S 合并的情形,故

$$SP = JP = OP = q_1$$

于是

$$H'_0 = \frac{1}{2}\left(\frac{2}{q_1} - \frac{1}{p'^2_1}\right) - \omega p'_2 - \frac{1}{q_1} = -\frac{1}{2p'^2_1} - \omega p'_2$$

由(46),H 含有 μ,所以 H' 也含 μ. H' 可展成 μ 的幂级数,设为

$$H' = H'_0 + \mu H'_1 + \mu^2 H'_2 + \cdots \tag{47}$$

其中

$$H'_0 = -\frac{1}{2 p'^2_1} - \omega p'_2 \tag{48}$$

$H'_1, H'_2, \cdots$ 是 q'_1, q'_2 的周期函数,周期是 2π. 对新动力变数的哈密尔顿方程是

$$\frac{\mathrm{d}q'_r}{\mathrm{d}t} = \frac{\partial H'}{\partial p'_r}, \quad \frac{\mathrm{d}p'_r}{\mathrm{d}t} = -\frac{\partial H'}{\partial q'_r} \quad (r = 1, 2) \tag{49}$$

因 H' 不明显地包含 t,所以

$$H' = h \quad (\text{常数}) \tag{50}$$

是个能量积分,应用能量积分和消去时间可将 4 阶的微分方程组(49)降为 2 阶.

§4 庞加莱理论

类似于勃卢恩斯对于一般三体问题不存在其他代数积分的理论,庞加莱建立了对于圆形限制三体问题不存在某些类型积分的理论.

(1)H_0 的哈瑟式不为零的运动微分方程

应用(48),可求出 H'_0 的哈瑟式

$$\begin{vmatrix} \dfrac{\partial^2 H'_0}{\partial p'^2_1} & \dfrac{\partial^2 H'_0}{\partial p'_1 \partial p'_2} \\ \dfrac{\partial^2 H'_0}{\partial p'_1 \partial p'_2} & \dfrac{\partial^2 H'_0}{\partial p'^2_2} \end{vmatrix} = \begin{vmatrix} \dfrac{\partial}{\partial p'_1} \left(\dfrac{1}{p'^3_1} \right) & 0 \\ 0 & 0 \end{vmatrix} = 0$$

由于上哈瑟式为 0,这对于证明庞加莱理论是很不利的,现在需要变换成新哈密尔顿方程,使对新哈密尔顿函数的 H_0 的哈瑟式不为零.

令 $H'^2 = K$ 及 $H' = h$ 是能量积分,那么

$$\frac{\partial K}{\partial p'_r} = \frac{\partial H'^2}{\partial p'_r} = 2H' \frac{\partial H'}{\partial p'_r} = 2h \frac{\partial H'}{\partial p'_r}$$

同样

$$\frac{\partial K}{\partial q'_r} = 2h \frac{\partial H'}{\partial q'_r}$$

故(49)可写为

$$\frac{\mathrm{d}q'_r}{\mathrm{d}t} = \frac{1}{2h} \frac{\partial K}{\partial p'_r}, \quad \frac{\mathrm{d}p'_r}{\mathrm{d}t} = -\frac{1}{2h} \frac{\partial K}{\partial q'_r} \quad (r = 1, 2) \tag{51}$$

令新哈密尔顿函数 H 为

$$\mathscr{V} = -\left(\frac{m_1 m_2}{r_{12}} + \frac{m_2 m_3}{r_{23}} + \frac{m_3 m_1}{r_{31}} \right)$$

$$H = \frac{K}{2h} \tag{52}$$

则(51)可写为

$$\frac{\mathrm{d}q_r}{\mathrm{d}t} = \frac{\partial H}{\partial p_r}, \quad \frac{\mathrm{d}p_r}{\mathrm{d}t} = -\frac{\partial H}{\partial q_r} \quad (r = 1, 2) \tag{53}$$

上式为了写法的简便起见,已将 (q', p') 的撇取消,(53)依旧保持哈密尔顿方程的形式.

对于很小的 μ 值,H 可展为一 μ 的幂级数

$$H = H_0 + \mu H_1 + \mu^2 H_2 + \cdots \tag{54}$$

现在

$$H = \frac{1}{2h}K = \frac{1}{2h}H'^2$$

$$= \frac{1}{2h}(H'_0 + \mu H'_1 + \mu^2 H'_2 + \cdots)^2$$

$$= \frac{1}{2h}H'^2_0 + \mu\left(\frac{1}{h}H'_0 H'_1\right) + \mu^2\left(\frac{H'^2_1}{2h} + \frac{1}{h}H'_0 H'_2\right) + \cdots$$

故

$$H_0 = \frac{1}{2h}H'^2_0 = \frac{1}{2h}\left(-\frac{1}{2p'^2_1} - \omega p'_2\right)^2$$

$$= \frac{1}{2h}\left(\frac{1}{4p^4_1} + \frac{\omega p_2}{p^2_1} + \omega^2 p^2_2\right) \tag{55}$$

于是

$$\frac{\partial H_0}{\partial p_1} = -\frac{1}{2h}\frac{1}{p^5_1} - \frac{\omega p_2}{h}\frac{1}{p^3_1}$$

$$\frac{\partial H_0}{\partial p_2} = \frac{\omega}{2hp^2_1} + \frac{\omega^2}{h}p_2$$

$$\frac{\partial^2 H_0}{\partial p^2_1} = \frac{5}{2h}\frac{1}{p^6_1} + \frac{3\omega p_2}{h}\frac{1}{p^4_1} = \frac{1}{hp^4_1}\left(\frac{5}{2p^2_1} + 3\omega p_2\right)$$

$$\frac{\partial^2 H_0}{\partial p_1 \partial p_2} = -\frac{\omega}{hp^3_1}, \quad \frac{\partial^2 H_0}{\partial p^2_2} = \frac{\omega^2}{h}$$

于是

$$\begin{vmatrix} \dfrac{\partial^2 H_0}{\partial p^2_1} & \dfrac{\partial^2 H_0}{\partial p_1 \partial p_2} \\[2mm] \dfrac{\partial^2 H_0}{\partial p_1 \partial p_2} & \dfrac{\partial^2 H_0}{\partial p^2_2} \end{vmatrix} = \begin{vmatrix} \dfrac{1}{hp^4_1}\left(\dfrac{5}{2p^2_1} + 3\omega p_2\right) & -\dfrac{\omega}{hp^3_1} \\[2mm] -\dfrac{\omega}{hp^3_1} & \dfrac{\omega^2}{h} \end{vmatrix}$$

$$= \frac{\omega^2}{h^2 p^4_1}\left(\frac{5}{2p^2_1} + 3\omega p_2\right) - \frac{\omega^2}{h^2 p^6_1} = \frac{3\omega^2}{h^2 p^4_1}\left(\frac{1}{2p^2_1} + \omega p_2\right) \neq 0$$

故现在证明了 H_0 的哈瑟式不为零.(54)中的 $H_1, H_2, \cdots$ 是 q_1, q_2 的周期函数,

周期是 2π.

（2）庞加莱定理的表述

令 Φ 是 $(q_1, q_2, p_1, p_2, \mu)$ 的函数，对一切实数 q_1, q_2 是单值规则函数. 对 μ 有一定界限，对 p_1, p_2 则形成一区域 D，它可以随意缩小. Φ 对 q_1 和 q_2 是以 2π 作周期的周期函数，在这样的条件下，Φ 可以展开为 μ 的幂级数，令为

$$\Phi = \Phi_0 + \mu\Phi_1 + \mu^2\Phi_2 + \cdots \tag{56}$$

其中 $\Phi_0, \Phi_1, \Phi_2, \cdots$ 是 (q_1, q_2, p_1, p_2) 的单值解析函数，对 q_1, q_2 是周期函数. 庞加莱定理是：

圆形限制三体问题的积分除了雅可比广义积分外，不存在着形似

$$\Phi = 常数 \tag{57}$$

的积分，其中 Φ 是(56) 所表示的函数.

"$\Phi =$ 常数" 是运动方程的积分的充要条件，于是

$$[H, \Phi] = 0$$

即

$$
\begin{aligned}
[H, \Phi] &= \sum_{r=1}^{2}\left(\frac{\partial H}{\partial q_r}\frac{\partial \Phi}{\partial p_r} - \frac{\partial H}{\partial p_r}\frac{\partial \Phi}{\partial q_r}\right) \\
&= \sum_{r=1}^{2}\left[\frac{\partial}{\partial q_r}(H_0 + \mu H_1 + \mu^2 H_2 + \cdots)\frac{\partial}{\partial p_r}(\Phi_0 + \mu\Phi_1 + \mu^2\Phi_2 + \cdots) - \right. \\
&\quad\left. \frac{\partial}{\partial p_r}(H_0 + \mu H_1 + \mu^2 H_2 + \cdots)\frac{\partial}{\partial q_r}(\Phi_0 + \mu\Phi_1 + \mu^2\Phi_2 + \cdots)\right] \\
&= \sum_{r=1}^{2}\left(\frac{\partial H_0}{\partial q_r}\frac{\partial \Phi_0}{\partial p_r} - \frac{\partial H_0}{\partial p_r}\frac{\partial \Phi_0}{\partial q_r}\right) + \\
&\quad \mu\left[\sum_{r=1}^{2}\left(\frac{\partial H_1}{\partial q_r}\frac{\partial \Phi_0}{\partial p_r} - \frac{\partial H_1}{\partial p_r}\frac{\partial \Phi_0}{\partial q_r}\right) + \right. \\
&\quad\left. \sum_{r=1}^{2}\left(\frac{\partial H_0}{\partial q_r}\frac{\partial \Phi_1}{\partial p_r} - \frac{\partial H_0}{\partial p_r}\frac{\partial \Phi_1}{\partial q_r}\right)\right] + \cdots \\
&= [H_0, \Phi_0] + \mu\{[H_1, \Phi_0] + [H_0, \Phi_1]\} + \\
&\quad \mu^2\{[H_2, \Phi_0] + [H_1, \Phi_1] + [H_0, \Phi_2]\} + \cdots = 0
\end{aligned}
$$

比较系数，得

$$[H_0, \Phi_0] = 0 \tag{58}$$

及

$$[H_1, \Phi_0] = [H_0, \Phi_1] = 0 \tag{59}$$

（3）证明 Φ_0 不是 H_0 的函数

现在证明 Φ_0 不能是 H_0 的函数. 若有一形似

$$\Phi_0 = \Psi(H_0) \tag{60}$$

$$\mathscr{V} = -\left(\frac{m_1 m_2}{r_{12}} + \frac{m_2 m_3}{r_{23}} + \frac{m_3 m_1}{r_{31}}\right)$$

的关系式存在,从方程 $H_0 = H_0(p_1, p_2)$ 解出 p_1,得 $p_1 = \theta(H_0, p_2)$,其中 θ 将是 H 的单值函数,除非在 D 域中 $\dfrac{\partial H_0}{\partial p_1} = 0$. 在 Φ_0 中将 p_1 换成 θ,从 (60) 我们有

$$\Phi_0(q_1, q_2, p_1, p_2) = \Psi(q_1, q_2, H_0, p_2) \tag{61}$$

如 Φ_0 是 (q_1, q_2, p_1, p_2) 的单值函数,那么 Ψ 将是 (q_1, q_2, H_0, p_2) 的单值函数,但对 (60),必须假设 Ψ 只随 H_0 而变. 于是 Ψ 是 H_0 的单值函数,只要 p_1, p_2 在区域 D 中 $\dfrac{\partial H_0}{\partial p_1} \neq 0$. 更普遍的说法是 $\dfrac{\partial H_0}{\partial p_1}$ 或 $\dfrac{\partial H_0}{\partial p_2}$ 之一在 D 中不为 0,就有 Ψ 是 H_0 的单值数的结论. "$H =$ 常数"是能量积分,现在 $\Psi(H)$ 是 H 的单值函数,所以

$$\Psi(H) = 常数 \tag{62}$$

是运动微分方程的单值积分,于是

$$\Phi - \Psi(H) = 常数 \tag{63}$$

也是一个单值积分,而且可以展为 μ 的幂级数,再者由于 $\Phi_0 - \Psi(H_0) = 0$,所以 (63) 可以用 μ 除尽,于是我们可将 (63) 写成

$$\Phi - \Psi(H) = \mu \Phi'$$

方程"$\Phi' =$ 常数"将是单值分析积分式,将它写成

$$\Phi' = \Phi'_0 + \mu \Phi'_1 + \mu^2 \Phi'_2 + \cdots$$

其中 Φ'_0 一般不是 H_0 的函数. 若 Φ'_0 是 H_0 的函数,那么我们可将上述方法重用一遍,使能得到第三个单值分析函数积分式,它的首项(不含 μ 的项)一般不是 H_0 的函数;如此类推,显然这样我们最后得到一个积分,它当 $\mu = 0$ 时并不简化成 H_0 的函数. 否则 Φ 是 H 的函数,在这情况下积分"$\Phi =$ 常数"和"$H =$ 常数"在本质上没有什么不同.

故若存在着 H 的单值分析函数的积分 Φ,而 Φ_0 是 H_0 的函数,我们就可以如上法推导出另一种积分,它具有相同的性质,而且当 $\mu = 0$ 时不化成 H_0 的函数,所以我们常可假定 Φ_0 不是 H_0 的函数.

(4) Φ_0 不能包含 q_1, q_2 变数的证明

若 Φ_0 包含变数 q_1, q_2,那么由于 Φ_0 是这两个变数的周期函数,所以我们可以用双重傅里叶级数展开 Φ_0 而写为

$$\Phi_0 = \sum_{m_1, m_2} A_{m_1, m_2} e^{i(m_1 q_1 + m_2 q_2)} = \sum_{m_1, m_2} A_{m_1, m_2} \zeta \tag{64}$$

其中 m_1 和 m_2 是正或负整数,i 表示 $\sqrt{-1}$,系数 A_{m_1, m_2} 是 p_1, p_2 的函数,ζ 表示与 A_{m_1, m_2} 相配合的指数式部分,因为从 (55) 看出 H_0 不包含 q_1, q_2,所以

$$\frac{\partial H_0}{\partial q_1} = 0, \quad \frac{\partial H_0}{\partial q_2} = 0$$

于是

$$-[H_0,\Phi_0]=-\sum_{r=1}^{2}\left(\frac{\partial H_0}{\partial q_r}\frac{\partial \phi_0}{\partial p_r}-\frac{\partial H_0}{\partial p_r}\frac{\partial \Phi_0}{\partial q_r}\right)$$

$$=\frac{\partial H_0}{\partial p_1}\frac{\partial \Phi_0}{\partial q_1}+\frac{\partial H_0}{\partial p_2}\frac{\partial \Phi_0}{\partial q_2} \tag{65}$$

将(64)对 q_r 取偏导数,得

$$\frac{\partial \Phi_0}{\partial q_r}=\sum_{m_1,m_2}im_rA_{m_1,m_2}\zeta \tag{66}$$

所以应用(65)和上式,方程(58)变成

$$\sum_{m_1,m_2}A_{m_1,m_2}\left(m_1\frac{\partial H_0}{\partial p_1}+m_2\frac{\partial H_0}{\partial p_2}\right)\zeta=0 \tag{67}$$

现在上方程是恒等式,所以必须 ζ 的系数为零,于是

$$A_{m_1,m_2}\left(m_1\frac{\partial H_0}{\partial p_1}+m_2\frac{\partial H_0}{\partial p_2}\right)=0 \tag{68}$$

因此有

$$A_{m_1,m_2}=0 \ \text{或}\ m_1\frac{\partial H_0}{\partial p_1}+m_2\frac{\partial H_0}{\partial p_2}=0$$

若 m_1,m_2 不为零,则由上面第二式,有

$$\frac{\partial H_0}{\partial p_2}=-\frac{m_1}{m_2}\frac{\partial H_0}{\partial p_1} \tag{69}$$

于是

$$\frac{\partial^2 H_0}{\partial p_1\partial p_2}=\frac{\partial}{\partial p_1}\left(\frac{\partial H_0}{\partial p_2}\right)=\frac{\partial}{\partial p_1}\left(-\frac{m_1}{m_2}\frac{\partial H_0}{\partial p_1}\right)=-\frac{m_1}{m_2}\frac{\partial^2 H_0}{\partial p_1^2}$$

$$\frac{\partial^2 H_0}{\partial p_2^2}=\frac{\partial}{\partial p_2}\left(-\frac{m_1}{m_2}\frac{\partial H_0}{\partial p_1}\right)=\frac{m_1^2}{m_2^2}\frac{\partial^2 H}{\partial p_1^2}$$

于是 H_0 的哈瑟式为

$$\begin{vmatrix}\dfrac{\partial^2 H_0}{\partial p_1^2} & \dfrac{\partial^2 H_0}{\partial p_2\partial p_1}\\[2mm]\dfrac{\partial^2 H_0}{\partial p_1\partial p_2} & \dfrac{\partial^2 H_0}{\partial p_2^2}\end{vmatrix}=\begin{vmatrix}\dfrac{\partial^2 H_0}{\partial p_1^2} & -\dfrac{m_1}{m_2}\dfrac{\partial^2 H_0}{\partial p_1^2}\\[2mm]-\dfrac{m_1}{m_2}\dfrac{\partial^2 H_0}{\partial p_1^2} & \dfrac{m_1^2}{m_2^2}\dfrac{\partial^2 H_0}{\partial p_1^2}\end{vmatrix}=0$$

但已知 H_0 的哈瑟式不为零,所以(69)不成立,故必 $m_1=0,m_2=0$ 或当 $m_1\neq 0$, $m_2\neq 0$ 时有 $A_{m_1,m_2}=0$. 于是 Φ_0 的所有系数 A_{m_1,m_2} 除 $A_{0,0}$ 以外都是零,即 Φ_0 不包含 q_1,q_2.

(5) 一般情况下存在着单值函数的积分式是与(3)的结论矛盾的

现在考虑方程(59)

$$[H_1,\Phi_0]+[H_0,\Phi_1]=0$$

由于

$$\frac{\partial \phi_0}{\partial q_r}=0,\quad \frac{\partial H_0}{\partial q_r}=0\quad (r=1,2)$$

$$\mathcal{V}=-\left(\frac{m_1m_2}{r_{12}}+\frac{m_2m_3}{r_{23}}+\frac{m_3m_1}{r_{31}}\right)$$

所以

$$[H_1,\Phi_0]+[H_0,\Phi_1]$$

$$=\sum_{r=1}^{2}\left(\frac{\partial H_1}{\partial q_r}\frac{\partial \Phi_0}{\partial p_r}-\frac{\partial H_1}{\partial p_r}\frac{\partial \Phi_0}{\partial q_r}\right)+\sum_{r=1}^{2}\left(\frac{\partial H_0}{\partial q_r}\frac{\partial \Phi_1}{\partial p_r}-\frac{\partial H_0}{\partial p_r}\frac{\partial \Phi_1}{\partial q_r}\right)$$

$$=\sum_{r=1}^{2}\frac{\partial H_1}{\partial q_r}\frac{\partial \Phi_0}{\partial p_r}-\sum_{r=1}^{2}\frac{\partial H_0}{\partial p_r}\frac{\partial \Phi_1}{\partial q_r}=0 \tag{70}$$

现在 H_1 和 Φ_1 应该是 q_1,q_2 的周期函数,所以可用双重傅里叶级数展开,设为

$$H_1=\sum_{m_1,m_2}B_{m_1,m_2}\mathrm{e}^{\mathrm{i}(m_1q_1+m_2q_2)}=\sum_{m_1,m_2}B_{m_1,m_2}\zeta \tag{71}$$

$$\Phi_1=\sum_{m_1,m_2}C_{m_1,m_2}\mathrm{e}^{\mathrm{i}(m_1q_1+m_2q_2)}=\sum_{m_1,m_2}C_{m_1,m_2}\zeta \tag{72}$$

其中 m_1 和 m_2 是可正可负的整数,系数 B_{m_1,m_2} 和 C_{m_1,m_2} 只是 p_1,p_2 的函数,将 H_1 和 Φ_1 分别对 q_r 取偏导数,则有

$$\frac{\partial H_1}{\partial q_r}=\mathrm{i}\sum_{m_1,m_2}B_{m_1,m_2}m_r\zeta,\qquad \frac{\partial \Phi_1}{\partial q_r}=\mathrm{i}\sum_{m_1,m_2}C_{m_1,m_2}m_r\zeta$$

于是(70)约去 i 变成

$$\sum_{m_1,m_2}B_{m_1,m_2}\zeta\left(\sum_{r=1}^{2}m_r\frac{\partial \Phi_0}{\partial p_r}\right)-\sum_{m_1,m_2}C_{m_1,m_2}\zeta\left(\sum_{r=1}^{2}m_r\frac{\partial H_0}{\partial p_r}\right)=0$$

因上式是恒等式,所以

$$B_{m_1,m_2}\left(m_1\frac{\partial \Phi_0}{\partial p_1}+m_2\frac{\partial \Phi_0}{\partial p_2}\right)=C_{m_1,m_2}\left(m_1\frac{\partial H_0}{\partial p_1}+m_2\frac{\partial H_0}{\partial p_2}\right) \tag{73}$$

上式对所有 p_1,p_2 都成立,所以对 p_1,p_2 能适合方程

$$m_1\frac{\partial H_0}{\partial p_1}+m_2\frac{\partial H_0}{\partial p_2}=0 \tag{74}$$

的值,必须有

$$B_{m_1,m_2}=0 \tag{75}$$

或

$$m_1\frac{\partial \Phi_0}{\partial p_1}+m_2\frac{\partial \Phi_0}{\partial p_2}=0 \tag{76}$$

当 p_1,p_2 适合(74)时的系数 B_{m_1,m_2} 值称为特定值. B_{m_1,m_2} 在此时称为特定了的.

我们知道 H 是所给函数,将 H 展开成(54)便得 H_1,将 H_1 用双重傅里叶级数展开成(71)便得 B_{m_1,m_2},所以 B_{m_1,m_2} 也是已知函数. 我们所研究的一般动力系统中,没有一个特定的 B_{m_1,m_2} 是 0,所以我们先来讨论这样的情况, $B_{m_1,m_2}\neq 0$,那么(76)是(74)的必然结果,即 $m_1\frac{\partial \Phi_0}{\partial p_1}+m_2\frac{\partial \Phi_0}{\partial p_2}=0$ 是 $m_1\frac{\partial H_0}{\partial p_1}+m_2\frac{\partial H_0}{\partial p_2}=0$ 的必然结果. 现在令 K_1,K_2 是两个整数,再选定 p_1,p_2 之值使下面方程成立

$$\frac{1}{K_1}\frac{\partial H_0}{\partial p_1}=\frac{1}{K_2}\frac{\partial H_0}{\partial p_2} \tag{77}$$

我们当然有无穷个整数对(m_1,m_2)使适合

$$m_1 K_1 + m_2 K_2 = 0$$

对这样的m_1,m_2便有$m_1\dfrac{\partial H_0}{\partial p_1}+m_2\dfrac{\partial H_0}{\partial p_2}=0$,于是便有

$$m_1\frac{\partial \Phi_0}{\partial p_1}+m_2\frac{\partial \Phi_0}{\partial p_2}=0 \tag{78}$$

比较上面两个方程便有

$$\frac{\dfrac{\partial H_0}{\partial p_1}}{\dfrac{\partial \Phi_0}{\partial p_1}}=\frac{\dfrac{\partial H_0}{\partial p_2}}{\dfrac{\partial \Phi_0}{\partial p_2}} \quad 或 \quad \frac{\partial(H_0,\Phi_0)}{\partial(p_1,p_2)}=0 \tag{79}$$

上式对所有能使$\dfrac{\partial H_0}{\partial p_1}$和$\dfrac{\partial H_0}{\partial p_2}$有公度的$p_1,p_2$值都成立,于是不论区域$D$怎样地小,便有无穷多组$p_1,p_2$值,使雅可比式(79)为0.但雅可比式是连续函数,所以它一定是恒等于0.这样一来Φ_0必定是H_0的函数,但这结论和(3)矛盾,所以这是基本假定"存在着Φ积分"而产生的错误.这就是说,假定没有一个特定的B_{m_1,m_2}是0,那么哈密尔顿方程便不能有除能量积分$H=h$以外的单值分析函数积分式.

(6) 系数B_{m_1,m_2}的限制条件的除去

现在讨论至少有一个系数B_{m_1,m_2}当它特定时成为0的情形,如有两对脚标(m_1,m_2),(m'_1,m'_2),有关系式$\dfrac{m_1}{m'_1}=\dfrac{m_2}{m'_2}$,那么我们称这两对脚标属于同一类.在这情况下系数$B_{m_1,m_2}$和$B_{m'_1,m'_2}$属于同一类.

现在首先证明:对每一类中至少有一系数在特定时不为0的情况下就不存在单值积分.如假定$B_{m_1,m_2}=0$,但$B_{m'_1,m'_2}\neq 0$,若p_1,p_2能使$m_1\dfrac{\partial H_0}{\partial p_1}+m_2\dfrac{\partial H_0}{\partial p_2}=0$,那么我们便有

$$m'_1\frac{\partial H_0}{\partial p_1}+m'_2\frac{\partial H_0}{\partial p_2}=0$$

结果便有

$$B_{m_1,m_2}\left(m_1\frac{\partial \Phi_0}{\partial p_1}+m_2\frac{\partial \Phi_0}{\partial p_2}\right)=0$$

及

$$B_{m'_1,m'_2}\left(m'_1\frac{\partial \Phi_0}{\partial p_1}+m'_2\frac{\partial \Phi_0}{\partial p_2}\right)=0$$

可写成

$$B_{m'_1,m'_2}\left(m_1\frac{\partial \Phi_0}{\partial p_1}+m_2\frac{\partial \Phi_0}{\partial p_2}\right)=0$$

但已知$B_{m'_1,m'_2}\neq 0$,故必$m_1\dfrac{\partial \Phi_0}{\partial p_1}+m_2\dfrac{\partial \Phi_0}{\partial p_2}=0$.所以由$B_{m_1,m_2}=0$虽然不能推导

$$\mathscr{V}=-\left(\frac{m_1 m_2}{r_{12}}+\frac{m_2 m_3}{r_{23}}+\frac{m_3 m_1}{r_{31}}\right)$$

上面的结果,但可从 $B_{m'_1,m'_2} \neq 0$ 推出上面结果. 于是(79)亦成立而可得出同样的结论.

脚标的类别完全由比值 $\frac{m_1}{m_2} = \lambda$ 决定, λ 是任何有公度的数(即有理数). 以 C 表示用 $\frac{m_1}{m_2} = \lambda$ 区分的类别. C 是属于所给区域 D, 若在这区域 D 中能找出一对 (p_1, p_2) 适合

$$\lambda \frac{\partial H_0}{\partial p_1} + \frac{\partial H_0}{\partial p_2} = 0$$

若 D 中所含的各小区域 δ, 不论怎样小, 它们有无限多类别, 当它们特定时, 不是所有的系数都是 0, 那么上述理论依旧成立, 即不存在着异于能量积分 $H = h$ 的值积分式 "$\Phi = $ 常数", 因为在区域中如刚才所说的: 可选一组 (p_1, p_2), 使有

$$\lambda \frac{\partial H_0}{\partial p_1} + \frac{\partial H_0}{\partial p_2} = 0$$

假定 λ 是有理数, 对于这 λ 值的这一类当它特定时系数 B_{m_1,m_2} 全不为 0, 那么上述理论可应用于这一组 (p_1, p_2) 值, 即对这种 (p_1, p_2) 值雅可比式 $\frac{\partial(H_0, \Phi_0)}{\partial(p_1, p_2)} = 0$. 但假设区域 D 中的小区域 δ 不论它怎样小有无限多组值 p_1, p_2, 于是可断定雅可比式恒等于 0, 所以 Φ_0 是 H_0 的函数, 这样又与(3)矛盾, 而可肯定异于 H 的单值积分不存在.

(7) 庞加莱定理的推导

在前面四节中, 我们讨论下列方程

$$\frac{\mathrm{d}q_r}{\mathrm{d}t} = \frac{\partial H}{\partial p_r}, \qquad \frac{\mathrm{d}p_r}{\mathrm{d}t} = -\frac{\partial H}{\partial q_r} \qquad (r = 1, 2)$$

其中 H 可以展开为

$$H = H_0 + \mu H_1 + \mu^2 H_2 + \cdots$$

并且 H_0 对 p_1 和 p_2 的哈瑟式不为 0, H_0 不包含 q_1 和 q_2, 而 $H_1, H_2, \cdots$ 是 (q_1, q_2) 的周期函数. 我们已经证明, 对一定限度的 μ 值, 不存在着除了能量积分以外的对所有实数值 q_1 和 q_2 的单值规则积分式, 其中假定 p_1, p_2 形成一区域 D, 在 D 中存在着不论怎样小的区域 δ 中有无限多的比值 $\frac{m_1}{m_2}$, 它所对应的特定系数 B_{m_1,m_2} 不全为 0.

上述结果正好可以应用于圆形限制三体问题, 因为由(1)知道, 限制三体问题的正则方程和哈密尔顿函数完全适合上述条件, 而且从 H_1 的实际展开式中看出, B_{m_1,m_2} 的特定值不全为 0, 至此庞加莱定理完全证明.

拉格朗日的三体定型运动

第七章

现在来讨论一种简单而有趣的三体运动问题 —— 定型运动. 三体问题的定型运动首先由拉格朗日于 1772 年提出,并被他所解决,所谓 n 体问题的定型运动是指各质点于任何时候的图形始终保持与初时各质点的图形相似的运动. 对三体问题而言,联结三质点的直线所组成的三角形,不论它们怎样运动,始终与初始时形成的三角形相似;特殊情形,三质点成一直线时,要始终保持成一直线而且三质点的位置 P_1,P_2,P_3 始终保持如下关系: $\dfrac{P_1P_2}{P_1P_3}=$ 常数(参看图 7.3 和图 7.6).

§1　n 体的定型运动关系式

由第一章(7a), n 体问题的动力方程是

$$\ddot{\boldsymbol{r}} = \sum_i \frac{m_j}{r_{ij}^3}\boldsymbol{r}_{ij} \quad (i \neq j; i,j=1,2,\cdots,n) \tag{1}$$

现在以 n 个质点作为坐标的原点 O,并假定质心是静止的,则有

$$m_1\boldsymbol{r}_1 + m_2\boldsymbol{r}_2 + m_3\boldsymbol{r}_3 + \cdots + m_n\boldsymbol{r}_n = 0 \tag{2}$$

将上式和第二章(9)比较,(1)和第一章(10)比较,可以看出,我们若可写成关系式

$$\sum_i \frac{m_j}{r_{ij}^3}\boldsymbol{r}_{ij} = -\omega^2\left(\frac{a_i}{r_i}\right)^3\boldsymbol{r}_i \quad (r=1,2,\cdots,n) \tag{3}$$

那么(1)可写成

$$\ddot{\boldsymbol{r}}_i = -\omega^2\left(\frac{a_i}{r_i}\right)^3\boldsymbol{r}_i \quad (i=1,2,\cdots,n) \tag{4}$$

$$\mathscr{V} = -\left(\frac{m_1m_2}{r_{12}} + \frac{m_2m_3}{r_{23}} + \frac{m_3m_1}{r_{31}}\right)$$

上式的形式便和第一章(11)相同,因为利用第一章式(73)

$$T = \frac{2\pi a_{12}^{\frac{3}{2}}}{\sqrt{\gamma M}} \quad 或 \quad \gamma M = \left(\frac{2\pi}{T}\right)^2 a_{12}^3 \qquad (5)$$

可将第一章(11)写成

$$\ddot{\boldsymbol{r}}_1 = -\omega^2 \left(\frac{a_{12}}{r_{12}}\right)^3 \boldsymbol{r}_1 \quad 及 \quad \ddot{\boldsymbol{r}}_2 = -\omega^2 \left(\frac{a_{12}}{r_{12}}\right)^3 \boldsymbol{r}_2$$

其中 $\omega = \frac{2\pi}{T}$. 所以若(3)成立,那么 n 个质点的每一个质点都作有心运动,似二体问题一样. 按照定型运动的定义,我们有相似条件

$$\frac{a_{ij}}{r_{ij}} = \frac{a_1}{r_1} = \frac{a_2}{r_2} = \cdots = \frac{a_n}{r_n} = \frac{1}{\rho} \qquad (6)$$

但第二章式(11)只适用于质点作椭圆轨道的情形,所以由(4)和(6)所确定的各质点的运动也都是椭圆轨道. 于是得到 n 体定型运动的一种可能实现的形式:各质点绕我们的质心作相似的椭圆轨道,而且各质点运动的周期也都相同,又依照第二章 §3(3) 中(66)的第一式,式(4)的椭圆轨道的解案可写为

$$\boldsymbol{r}_i = a_i(1 - e_i \cos E_i) \qquad (7)$$

其中 r_i 是质点 m_i 对它们质心的矢径, a_i 是椭圆轨道的半长轴, e_i 是椭圆轨道的离心率, E_i 是偏近点角. 应用(6)有

$$1 - e_1 \cos E_1 = 1 - e_2 \cos E_2 = \cdots = 1 - e_n \cos E_n$$

于是应该有

$$e_1 = e_2 = \cdots = e_n \qquad (8)$$

及

$$E_1 = E_2 = \cdots = E_n \qquad (9)$$

(8)表示各质点所行的椭圆轨道的离心率都相同,这是各椭圆相似的充要条件. (9)表示各质点在同一时间内在它们自己的轨道上的偏近点角都相等,换句话说,它们在任何时候都保持在它自己轨道上的对应位置.

由于方程(4)是齐次微分方程,所以若

$$\boldsymbol{r}_i = \boldsymbol{a}_i, \quad \boldsymbol{r}_{ij} = \boldsymbol{a}_{ij} \quad (i, j = 1, 2, \cdots, n) \qquad (10)$$

是(4)的一组解案,那么

$$\boldsymbol{r}_i = \rho \boldsymbol{a}_i, \quad \boldsymbol{r}_{ij} = \rho \boldsymbol{a}_{ij} \quad (i, j = 1, 2, \cdots, n) \qquad (11)$$

也是(4)的一组解案,其中矢量 $\boldsymbol{a}_i, \boldsymbol{a}_{ij}$ 的模是 a_i 和 a_{ij} 为常量; ρ 为任何正实数. 这事实说明了方程(4)的成立与质点分布图形的大小无关,也显然与它们整个图形的朝向无关. 注意解案(10)中的 $\boldsymbol{r}_i$ 和 $\boldsymbol{r}_{ij}$ 本身是时间 t 的矢量函数. 若 $\boldsymbol{r}_i$ 和 $\boldsymbol{r}_{ij}$ 的模是常量,那么各质点都作等速圆周运动,它们的质心就是各圆的圆心,此时方程(4)简化为

$$\ddot{\boldsymbol{r}}_i = -\omega^2 \boldsymbol{r}_i \quad (i = 1, 2, \cdots, n) \qquad (12)$$

它们的周期同是 $T=\dfrac{2\pi}{\omega}$. 对于这种定型运动各质点的加速度都指向一定点(它们的质心),又要保持质点间相互之间的距离不变,那么各质点必须分布在同一平面内. 于是这种定型运动的 n 个质点像刚体一般在同一平面内绕它们的质心作等速圆周运动(图 7.1).

各质点作椭圆轨道的定型运动并不是唯一可能的定型运动. 例如四个质点的联线形成一个正四面体,各质点沿它和它们质心的联线作直线运动,这是一种立体的定型运动(图 7.2). 此时矢量方程(4) 变成纯量方程

$$\frac{\mathrm{d}^2}{\mathrm{d}t^2}\left(\frac{r_i}{a_i}\right)=-\omega^2\left(\frac{a_i}{r_i}\right)^2 \tag{13}$$

上式的积分式是

$$\left[\frac{\mathrm{d}}{\mathrm{d}t}\left(\frac{r_i}{a_i}\right)\right]^2=\omega^2\left(\frac{2a_i}{r_i}+c\right) \tag{14}$$

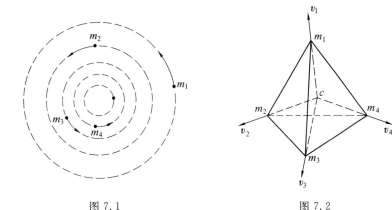

图 7.1   图 7.2

这很容易将上式对时间求导数来证明,上式中 c 是积分常数,假定 c 与脚标 i 无关,那么(14) 的积分式显然似下形式

$$\frac{r_i}{a_i}=\varphi(t,c)$$

其中 $\varphi(t,c)$ 也与脚标 i 无关,于是上式显然能使式(6)

$$\frac{a_1}{r_1}=\frac{a_2}{r_2}=\cdots=\frac{a_n}{r_n}=\frac{1}{\rho}$$

成立. 若各质点运动方向指向质心,那么各质点在同一时刻到达质心而发生碰撞. 若各质点运动方向背向质心,那么在质点系动能大于位能的情况下可扩散至无穷远.(14) 是各质点运动速度应遵守的关系式.

本书着重于研究三体问题,所以 n 体和四体的定型运动不再深入讨论.

$$\mathscr{V}=-\left(\frac{m_1 m_2}{r_{12}}+\frac{m_2 m_3}{r_{23}}+\frac{m_3 m_1}{r_{31}}\right)$$

§2　三体定型运动的基本条件

方程(3)可写作

$$\sum_i \frac{m_j}{r_{ij}^3} \boldsymbol{r}_{ij} = -\frac{\omega^2}{\rho^3} \boldsymbol{r}_i \tag{15}$$

在上节中我们已说明了方程(15)的成立与质点分布图形的大小无关,所以可令 $\rho = 1$,于是

$$\sum_j \frac{m_j}{r_{ij}^3} \boldsymbol{r}_{ij} = -\omega^2 \boldsymbol{r}_i \tag{16}$$

就三体问题而言,上式可写作

$$\begin{cases} \dfrac{m_2}{r_{12}^3}\boldsymbol{r}_{12} - \dfrac{m_3}{r_{31}^3}\boldsymbol{r}_{31} = -\omega^2 \boldsymbol{r}_1 \\[2mm] \dfrac{m_3}{r_{23}^3}\boldsymbol{r}_{23} - \dfrac{m_1}{r_{12}^3}\boldsymbol{r}_{12} = -\omega^2 \boldsymbol{r}_2 \\[2mm] \dfrac{m_1}{r_{31}^3}\boldsymbol{r}_{31} - \dfrac{m_2}{r_{23}^3}\boldsymbol{r}_{23} = -\omega^2 \boldsymbol{r}_3 \end{cases} \tag{17}$$

将上三式分别乘以 m_1, m_2, m_3,然后相加,得

$$m_1 \boldsymbol{r}_1 + m_2 \boldsymbol{r}_2 + m_3 \boldsymbol{r}_3 = 0 \tag{18}$$

上式就是以质心作为原点的关系式,但因

$$\boldsymbol{r}_{12} = \boldsymbol{r}_2 - \boldsymbol{r}_1, \quad \boldsymbol{r}_{23} = \boldsymbol{r}_3 - \boldsymbol{r}_2, \quad \boldsymbol{r}_{31} = \boldsymbol{r}_1 - \boldsymbol{r}_3 \tag{19}$$

所以利用上三式和(18)可将 $\boldsymbol{r}_{12}, \boldsymbol{r}_{23}, \boldsymbol{r}_{31}$ 和 $\boldsymbol{r}_3$ 用 $\boldsymbol{r}_1$ 和 $\boldsymbol{r}_2$ 表出如下

$$\begin{cases} \boldsymbol{r}_{12} = -\boldsymbol{r}_1 + \boldsymbol{r}_2 \\[2mm] \boldsymbol{r}_{23} = -\dfrac{m_1}{m_3}\boldsymbol{r}_1 - \dfrac{m_2 + m_3}{m_3}\boldsymbol{r}_2 \\[2mm] \boldsymbol{r}_{31} = \dfrac{m_1 + m_3}{m_3}\boldsymbol{r}_1 + \dfrac{m_2}{m_3}\boldsymbol{r}_2 \\[2mm] \boldsymbol{r}_3 = -\dfrac{m_1}{m_3}\boldsymbol{r}_1 - \dfrac{m_2}{m_3}\boldsymbol{r}_2 \end{cases} \tag{20}$$

为了写法的简单起见,令

$$\frac{1}{r_{ij}^3} = R_{ij} \tag{21}$$

将(20)代入(17),得

$$\begin{cases} -R_{31}\big[(m_1 + m_3)\boldsymbol{r}_1 + m_2 \boldsymbol{r}_2\big] - R_{12}(m_2 \boldsymbol{r}_1 - m_2 \boldsymbol{r}_2) = -\omega^2 \boldsymbol{r}_1 \\[2mm] R_{12}(m_1 \boldsymbol{r}_1 - m_1 \boldsymbol{r}_2) - R_{23}\big[m_1 \boldsymbol{r}_1 + (m_2 + m_3)\boldsymbol{r}_2\big] = -\omega^2 \boldsymbol{r}_2 \\[2mm] m_2 R_{23}\big[m_1 \boldsymbol{r}_1 + (m_2 + m_3)\boldsymbol{r}_2\big] + m_1 R_{31}\big[(m_1 + m_3)\boldsymbol{r}_1 + m_2 \boldsymbol{r}_2\big] \\[2mm] = \omega^2(m_1 \boldsymbol{r}_1 + m_2 \boldsymbol{r}_2) \end{cases}$$

将上三式移项并合并同类项,得

$$\begin{cases} [-(m_1+m_3)R_{31}-m_2R_{12}+\omega^2]\boldsymbol{r}_1+(R_{12}-R_{31})m_2\boldsymbol{r}_2=0 \\ (R_{12}-R_{23})m_1\boldsymbol{r}_1-[m_1R_{12}+(m_2+m_3)R_{23}-\omega^2]\boldsymbol{r}_2=0 \\ [m_2R_{23}+(m_1+m_3)R_{31}-\omega^2]m_1\boldsymbol{r}_1+ \\ [(m_2+m_3)R_{23}+m_1R_{31}-\omega^2]m_2\boldsymbol{r}_2=0 \end{cases} \tag{22}$$

上式就是所要求的关系式.

§3 等边三角形定型运动,脱罗群行星团

若 $\boldsymbol{r}_1$ 和 $\boldsymbol{r}_2$ 为线性无关,即质点 m_1 和质点 m_2 与三质点的质心 O 不共线,也就是三质点不在一直线上,那么(22)中 $\boldsymbol{r}_1$ 和 $\boldsymbol{r}_2$ 的系数必须为零,自(22)的第一式,令 $\boldsymbol{r}_2$ 的系数为零,则有

$$R_{12}=R_{31}$$

自(22)的第二式令 $\boldsymbol{r}_1$ 的系数为零,则有

$$R_{12}=R_{23}$$

故有

$$R_{12}=R_{23}=R_{31}$$

或

$$r_{12}=r_{23}=r_{31}=r \tag{23}$$

即三质点相互之间的距离相等而形成一等边三角形如图 7.3(图中质点的质量比是 $m_1:m_2:m_3=1:2:3$).

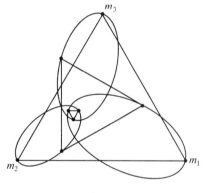

图 7.3

从(22)的其他系数为零的条件,得

$$\omega^2=\frac{m_1+m_2+m_3}{r^3}=\frac{M}{r^3} \tag{24}$$

由此可见,不问三个质点的质量如何,总有等边三角形的定型运动存在;另一方面从上面的探求过程指出:非等边三角形的三角形定型运动是不存在的.

上述等边三角形定型运动是拉格朗日于 1772 年得出的.他自己认为所得的解只具有纯理论的价值.但是于 1906 年首先发现了阿基里斯小行星,它和木星、太阳几乎成一个等边三角形.到 1952 年为止一共发现了 15 个之多,它们都在木星绕太阳的轨道面内.这些小行星可以分两类,一类在 A 点附近,另一类在点 B 附近,其中 A 和 B 是木星的轨道面内与木星和太阳成等边三角形的两点,点 A 比木星前 $60°$,点 B 比木星后 $60°$.前者的小行星群称为希腊群,后者称为脱罗群,点 A 和点 B 称为动平衡点.一般这种小行星和 OA 或 OB 夹几度的角,但有 5 个超过 $20°$(图 7.4).这些小行星群所以能够存在,和质点在 A 或在 B 附近

$$\mathcal{V}=-\left(\frac{m_1m_2}{r_{12}}+\frac{m_2m_3}{r_{23}}+\frac{m_3m_1}{r_{31}}\right)$$

的稳定有关. 关于这稳定性的证明将在本章 §5 中讨论.

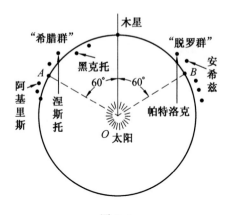

图 7.4

现在顺便提出,我们如发射与地球和月球成等边三角形的人造地月公共卫星,那么由于它的稳定性可以长期地存在,非受流星的碰撞不会毁灭,当然这样的人造卫星它的轨道应该在白道面内,而绕行周期和月球一样是 27.5 恒星日.

§4　三体直线形定型运动

若 r_1 和 r_2 共线,那么三个质点在一直线上,于是矢量方程(17)可写为纯量方程,将 m_1, m_2, m_3 三个质点的位置自质心 O 量起写为 r_1, r_2, r_3(图 7.5);其中 r_1 是负值,r_3 是正值,为写法的简单起见,令

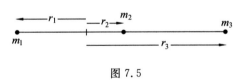

图 7.5

$$r_{12} = r \quad 及 \quad r_{23} = xr \tag{25}$$

于是

$$r_{13} = r_{12} + r_{23} = (1+x)r \tag{26}$$

应用关系式

$$m_1 r_1 + m_2 r_2 + m_3 r_3 = 0$$

并注意

$$r_2 = r_1 + r_{12} \quad 及 \quad r_3 = r_1 + r_{13}$$

则有

$$\begin{cases} r_1 = -\dfrac{m_2 + (1+x)m_3}{M}r \\[2mm] r_2 = \dfrac{m_1 - m_3 x}{M}r \\[2mm] r_3 = \dfrac{(1+x)m_1 + xm_2}{M}r \end{cases} \tag{27}$$

将(25),(26),(27)代入(17)的第一式和第三式(第二式是多余的),得

$$\frac{m_2}{r^2} + \frac{m_3}{(1+x)^2 r^2} = \frac{\omega^2}{M}[m_2 + (1+x)m_3]r \tag{28}$$

$$\frac{m_1}{(1+x)^2 r^2} + \frac{m_2}{x^2 r^2} = \frac{\omega^2}{M}[(1+x)m_1 + xm_2]r \tag{29}$$

消去上两式的 ω^2,并去分母,得

$$(m_1 + m_2)x^5 + (3m_1 + 2m_2)x^4 + (3m_1 + m_2)x^3 - (m_2 + 3m_3)x^2 - (2m_2 + 3m_3)x - (m_2 + m_3) = 0 \tag{30}$$

上式是 x 的五次方程,这方程是拉格朗日得到的.察看(30),这方程的系数的符号只有一个变更,所以依笛卡儿符号只有一个变更,所以依笛卡儿符号规则:方程(30)有一个而仅有一个正实根,即对一种质量分布只有一种三个质点的分布位置.

若 x 是(30)的正实根,那么由(28)和(29)得

$$\begin{aligned} \omega^2 &= \frac{M}{r^3}\frac{m_2(1+x)^2 + m_3}{m_2(1+x)^2 + m_3(1+x)^3} \\[2mm] &= \frac{M}{r^3}\frac{m_1 x^2 + m_2(1+x)^2}{m_1 x^2(1+x)^3 + m_2 x^3(1+x)^2} \\[2mm] &= \frac{M}{r^3}\frac{m_1 x^2 - m_3}{m_1 x^2 - m_3 x^3} \end{aligned} \tag{31}$$

质量比为 $m_1 : m_2 : m_3 = 1 : 2 : 3$,离心率是 $\frac{1}{2}\sqrt{3}$ 的轨道图如图 7.6.

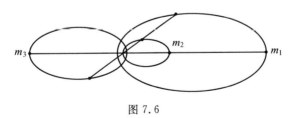

图 7.6

§5 限制三体问题的三角形定型运动的稳定性

现在讨论平面圆形限制三体问题的无穷小质量的质点 P,在"以有限质量

$$V = -\left(\frac{m_1 m_2}{r_{12}} + \frac{m_2 m_3}{r_{23}} + \frac{m_3 m_1}{r_{31}}\right)$$

质点 S 和 J 作为底边的等边三角形顶点"附近运动的稳定性. 由第六章 §1, 质点 P 的运动方程是(12), 即

$$\frac{\mathrm{d}x}{\mathrm{d}t} = \frac{\partial K}{\partial u}, \quad \frac{\mathrm{d}y}{\mathrm{d}t} = \frac{\partial K}{\partial v}, \quad \frac{\mathrm{d}u}{\mathrm{d}t} = -\frac{\partial K}{\partial x}, \quad \frac{\mathrm{d}v}{\mathrm{d}t} = -\frac{\partial K}{\partial y}$$

其中哈密尔顿函数 K 由第六章(9)可写为

$$K = \frac{1}{2}(u^2 + v^2) - \omega(xv - yu) - \frac{m_1}{SP} - \frac{m_2}{JP} \tag{32}$$

其中 (x, y) 是点 P 的坐标, (u, v) 是点 P 的速度. 令 $SJ = l$(即等边三角形的一边长), 又令 (a, b) 是动平衡点 L 的坐标, 那么在直线型的情况是 $b=0$; 在三角形的情况是 $b = \frac{\sqrt{3}}{2} l$(图 7.7). 由 $m_1 \overline{SO} = m_2(l - \overline{SO})$ 得

$$\overline{SO} = \frac{m_2}{m_1 + m_2} l, \quad \overline{OJ} = \frac{m_1}{m_1 + m_2} l \tag{33}$$

由 $\overline{OM} + \overline{MJ} = \overline{OJ}$, 得

$$a + \frac{l}{2} = \frac{m_1}{m_1 + m_2} l \quad \text{或} \quad a = \frac{m_1 - m_2}{2(m_1 + m_2)} l \tag{34}$$

动平衡点 L 的速度是

$$V_L = \omega \overline{OL} = \omega \sqrt{a^2 + b^2}$$

所以它的分量由图 7.8 是

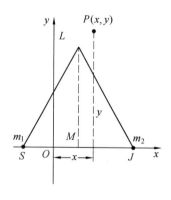

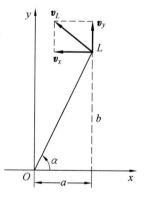

图 7.7   图 7.8

$$V_x = -V_L \sin \alpha = -(\omega \sqrt{a^2 + b^2}) \frac{b}{\sqrt{a^2 + b^2}} = -b\omega$$

$$V_y = V_L \cos \alpha = (\omega \sqrt{a^2 + b^2}) \frac{a}{\sqrt{a^2 + b^2}} = a\omega$$

所以质点 P 的坐标和速度分量可写为

$$x = a + \xi, \quad y = b + \eta \tag{35}$$

$$u = -\omega b + \theta, \quad v = a\omega + \phi \tag{36}$$

其中 ξ, η, θ, ϕ 是很小的量,于是

$$
\begin{aligned}
K = & \frac{1}{2}\left[(-\omega b+\theta)^{2}+(a\omega+\phi)^{2}\right]+\omega(-\omega b+\theta)(b+\eta)- \\
& \omega(\omega a+\phi)(a+\xi)- \\
& m_{1}\left[(b+\eta)^{2}+\left(a+\xi+\frac{m_{2}l}{m_{2}+m_{2}}\right)^{2}\right]^{-\frac{1}{2}}- \\
& m_{2}\left[(b+\eta)^{2}+\left(\frac{m_{1}l}{m_{1}+m_{2}}-a-\xi\right)^{2}\right]^{-\frac{1}{2}} \\
= & \frac{1}{2}(\theta^{2}+\phi^{2})-\frac{\omega^{2}}{2}(a^{2}+b^{2})-\omega^{2}(b\eta+a\xi)+ \\
& \omega(\eta\theta-\xi\phi)-m_{1}\left[(b+\eta)^{2}+\left(a+\xi+\frac{m_{2}l}{m_{1}+m_{2}}\right)^{2}\right]^{-\frac{1}{2}}- \\
& m_{2}\left[(b+\eta)^{2}+\left(\frac{m_{1}l}{m_{1}+m_{2}}-a-\xi\right)^{2}\right]^{-\frac{1}{2}} \quad (37)
\end{aligned}
$$

上式中第二项 $\dfrac{\omega^{2}}{2}(a^{2}+b^{2})$ 是常数,它对 x,y,u,v 的偏导数是零,所以可以略去. 由于 ξ 和 η 是很小的量,所以我们可将(37)的末两项用二元泰勒级数展开,保留到二级微量. 为此令

$$
a_{1}=a+\frac{m_{2}l}{m_{1}+m_{2}} \quad 及 \quad a_{2}=a-\frac{m_{1}l}{m_{1}+m_{2}} \quad (38)
$$

$$
l_{1}=\left[(b+\eta)^{2}+\left(a+\xi+\frac{m_{2}l}{m_{1}+m_{2}}\right)^{2}\right]^{\frac{1}{2}}=\left[(b+\eta)^{2}+(a_{1}+\xi)^{2}\right]^{\frac{1}{2}}
$$

$$
l_{2}=\left[(b+\eta)^{2}+\left(\frac{m_{1}l}{m_{1}+m_{2}}-a-\xi\right)^{2}\right]^{\frac{1}{2}}=\left[(b+\eta)^{2}+(a_{2}+\xi)^{2}\right]^{\frac{1}{2}}
$$

则(37)的末两项(不计负号)可写为 $m_{1}l_{1}^{-1}+m_{2}l_{2}^{-1}$. 现在首先将 l_{1}^{-1} 用二元泰勒级数展开

$$
\begin{aligned}
l_{1}^{-1}= & \left[(b+\eta)^{2}+(a_{1}+\xi)^{2}\right]^{-\frac{1}{2}}=(b^{2}+a_{1}^{2})^{-\frac{1}{2}}+\xi\left[\frac{\partial}{\partial\xi}(l_{1}^{-1})\right]_{0,0}+ \\
& \left[\frac{\partial}{\partial\eta}(l_{1}^{-1})\right]_{0,0}+\xi^{2}\frac{1}{2}\left[\frac{\partial^{2}}{\partial\xi^{2}}(l_{1}^{-1})\right]_{0,0}+\xi\eta\left[\frac{\partial^{2}}{\partial\xi\partial\eta}(l_{1}^{-1})\right]_{0,0}+ \\
& \eta^{2}\frac{1}{2}\left[\frac{\partial^{2}}{\partial\eta^{2}}(l_{1}^{-1})\right]_{0,0}+\cdots \\
= & \{b^{2}+a_{1}^{2}\}^{-\frac{1}{2}}+\xi\left[-\frac{a_{1}+\xi}{l_{1}^{3}}\right]_{0,0}+\eta\left[-\frac{b+\eta}{l_{1}^{3}}\right]_{0,0}+ \\
& \frac{\xi^{2}}{2}\left[\frac{-l_{1}^{2}+3(a_{1}+\xi)^{2}}{l_{1}^{5}}\right]_{0,0}+ \\
& \xi\eta\left[\frac{3(a_{1}+\xi)(b+\eta)}{l_{1}^{5}}\right]_{0,0}+\frac{\eta^{2}}{2}\left[\frac{-l_{1}^{2}+3(b+\eta)^{2}}{l_{1}^{5}}\right]_{0,0}+\cdots
\end{aligned}
$$

$$
\mathscr{V}=-\left(\frac{m_{1}m_{2}}{r_{12}}+\frac{m_{2}m_{3}}{r_{23}}+\frac{m_{3}m_{1}}{r_{31}}\right)
$$

注意到

$$(l_1)_{0,0} = (b^2 + a_1^2)^{\frac{1}{2}} = l$$

则上式化成

$$l_1^{-1} = l^{-1} + \xi\left(-\frac{a_1}{l^3}\right) + \eta\left(\frac{-b}{l^3}\right) + \frac{\xi^2}{2}\left(\frac{-l^2 + 3a_1^2}{l^5}\right) +$$

$$\xi\eta\,\frac{3a_1 b}{l^5} + \frac{\eta^2}{2}\left(\frac{-l^2 + 3b^2}{l^5}\right) \quad （略去高次项）$$

同样 l_2^{-1} 可自上式将 a_1 换成 a_2，即得

$$l_2^{-1} = l^{-1} + \xi\left(-\frac{a_2}{l^3}\right) + \eta\left(\frac{-b}{l^3}\right) + \frac{\xi^2}{2}\left(\frac{-l^2 + 3a_2^2}{l^5}\right) +$$

$$\xi\eta\,\frac{3a_2 b}{l^5} + \frac{\eta^2}{2}\left(\frac{-l^2 + 3b^2}{l^5}\right)$$

于是

$$m_1 l_1^{-1} + m_2 l_2^{-1} = (m_1 + m_2)l^{-1} - \frac{\xi}{l^3}(m_1 a_1 + m_2 a_2) -$$

$$\frac{\eta}{l^3}(m_1 + m_2)b + \frac{\xi^2}{2}\frac{1}{l^5}[-l^2(m_1 + m_2) + 3(m_1 a_1^2 + m_2 a_2^2)] +$$

$$\xi\eta\,\frac{3b}{l^5}(m_1 a_1 + m_2 a_2) + \frac{\eta^2}{2}\frac{1}{l^5}(-l^2 + 3b^2)(m_1 + m_2) \quad (39)$$

现在需要计算上式各项系数，由(24)有

$$m_1 + m_2 + \omega^2 l^3 \quad (40)$$

又应用(38)有

$$m_1 a_1 + m_2 a_2 = m_1\left(a + \frac{m_2 l}{m_1 + m_2}\right) + m_2\left(a - \frac{m_1 l}{m_1 + m_2}\right)$$

$$= (m_1 + m_2)a = a\omega^2 l^3 \quad (41)$$

$$m_1 a_1^2 + m_2 a_2^2 = m_1\left(a + \frac{m_2 l}{m_1 + m_2}\right)^2 + m_2\left(a - \frac{m_1 l}{m_1 + m_2}\right)^2$$

$$= (m_1 + m_2)a^2 + \frac{m_1 m_2}{m_1 + m_2}l^2$$

$$= (m_1 + m_2)\left(\frac{m_1 - m_2}{2(m_1 + m_2)}l\right)^2 + \frac{m_1 m_2}{m_1 + m_2}l^2$$

$$= \frac{(m_1 + m_2)}{4}l^2$$

应用以上三式，(39)变成

$$m_1 l_1^{-1} + m_2 l_2^{-1} = \omega^2 l^2 - \xi\omega^2 a - \eta\omega^2 b - \frac{\xi^2}{2}\omega^2 + \frac{3}{2}\xi^2\,\frac{(m_1 + m_2)}{4l^3} +$$

$$\xi\eta\,\frac{3a}{l^2}b\omega^2 + \frac{\eta^2}{2}\left(3\,\frac{b^2}{l^2} - 1\right)\omega^2$$

将上式代入(37),并略去常数项 $\omega^2 l^2$ 和 $\frac{\omega^2}{2}(a^2+b^2)$,得

$$K = \frac{1}{2}(\theta^2 + \phi^2) + \omega(\eta\theta - \xi\phi) + \frac{\omega^2}{2}(\xi^2 + \eta^2) -$$

$$\frac{3}{8}\omega^2\left(\xi^2 + \xi\eta 2\sqrt{3}\frac{m_1 - m_2}{m_1 + m_2} + 3\eta^2\right) \tag{42}$$

将(35)和(36)代入第二章(12),得对变数 θ, ϕ, ξ, η 的微分方程

$$\dot{\xi} = \frac{\partial K}{\partial \theta}, \quad \dot{\eta} = \frac{\partial K}{\partial \phi}, \quad \dot{\theta} = \frac{\partial K}{\partial \xi}, \quad \dot{\phi} = -\frac{\partial K}{\partial \eta} \tag{43}$$

把(42)的 K 代入上式,得

$$\begin{cases}
\dot{\xi} = \theta + \omega\eta \\
\dot{\eta} = \phi - \omega\xi \\
\dot{\theta} = \omega\phi - \dfrac{\omega^2\xi}{4} + \dfrac{3\sqrt{3}}{4}\dfrac{m_1 - m_2}{m_1 + m_2}\omega^2\eta \\
\dot{\phi} = -\omega\theta + \dfrac{5}{4}\omega^2\eta + \dfrac{3\sqrt{3}}{4}\dfrac{m_1 - m_2}{m_1 + m_2}\omega^2\xi
\end{cases} \tag{44}$$

由上第一、第二式,得

$$\ddot{\xi} = \dot{\theta} + \omega\dot{\eta} \quad \text{及} \quad \ddot{\eta} = \dot{\phi} - \omega\dot{\xi}$$

再应用(44)消去 $\theta, \phi, \dot{\theta}, \dot{\phi}$,得

$$\ddot{\xi} = \omega(\dot{\eta} + \omega\xi) - \frac{\omega^2\xi}{4} + \frac{3\sqrt{3}}{4}\frac{m_1 - m_2}{m_1 + m_2}\omega^2\eta + \omega\dot{\eta}$$

$$\ddot{\eta} = -\omega(\dot{\xi} - \omega\eta) + \frac{5}{4}\omega^2\eta + \frac{3\sqrt{3}}{4}\frac{m_1 - m_2}{m_1 + m_2}\omega^2\xi - \omega\dot{\xi}$$

或

$$\begin{cases}
\ddot{\xi} = 2\omega\dot{\eta} + \dfrac{3}{4}\omega^2\xi + n\omega^2\eta \\
\ddot{\eta} = -2\omega\dot{\xi} + \dfrac{9}{4}\omega^2\eta + n\omega^2\xi
\end{cases} \tag{45}$$

其中

$$n = \frac{3\sqrt{3}}{4}\frac{m_1 - m_2}{m_1 + m_2} \tag{46}$$

要解线性常系数微分方程(45),可试解

$$\xi = Ae^{i\lambda t} \quad \text{及} \quad \eta = Be^{i\lambda t}$$

将上两式代入(45)后得代数方程

$$-A\lambda^2 = 2\omega i\lambda B + \frac{3}{4}\omega^2 A + n\omega^2 B$$

$$-B\lambda^2 = -2\omega i\lambda A + \frac{9}{4}\omega^2 B + n\omega^2 A$$

149

$$V = -\left(\frac{m_1 m_2}{r_{12}} + \frac{m_2 m_3}{r_{23}} + \frac{m_3 m_1}{r_{31}}\right)$$

或

$$\begin{cases} \left(\dfrac{3}{4}\omega^2+\lambda^2\right)A+(2\omega i\lambda+n\omega^2)B=0 \\ (n\omega^2-2\omega i\lambda)A+\left(\dfrac{9}{4}\omega^2+\lambda^2\right)B=0 \end{cases}$$

上式存在着不为零解 A,B 的条件是

$$\begin{vmatrix} \dfrac{3}{4}\omega^2+\lambda^2 & 2\omega i\lambda+n\omega^2 \\ n\omega^2-2\omega i\lambda & \dfrac{9}{4}\omega^2+\lambda^2 \end{vmatrix}=0$$

或

$$\left(\frac{3}{4}\omega^2+\lambda^2\right)\left(\frac{9}{4}\omega^2+\lambda^2\right)-(n\omega^2+2\omega i\lambda)(n\omega^2-2\omega i\lambda)=0$$

即

$$\lambda^4-\omega^2\lambda^2+\left(\frac{27}{16}-n^2\right)\omega^4=0 \tag{47}$$

上式是 λ^2 的二次方程. 要上方程有两个实根,必须上方程系数符号有两个变更,即必须 $\dfrac{27}{16}-n^2>0$. 这一个条件是可以满足的,因为由(46) 有

$$\frac{27}{16}-n^2=\frac{27}{16}-\left(\frac{3\sqrt{3}}{4}\,\frac{m_1-m_2}{m_1+m_2}\right)^2=\frac{27}{16}\,\frac{4m_1m_2}{(m_1+m_2)^2}>0$$

(47) 的解为

$$\lambda^2=\frac{\omega^2\pm\sqrt{\omega^4-4\left(\dfrac{27}{16}-n^2\right)\omega^4}}{2}$$

自上式知道有两个实根存在的条件是

$$1-4\left(\frac{27}{16}-n^2\right)>0 \quad 或 \quad \frac{1}{4}>\frac{27}{16}-n^2$$

应用(46)上条件成为

$$(m_1+m_2)^2>27m_1m_2 \tag{48}$$

令 $\dfrac{m_2}{m_1}=x$,则上条件可写为

$$(1+x)^2>27x \quad 或 \quad x^2-25x+1>0$$

而 $x^2-25x+1=0$ 的两个近似根为 24.96 和 0.04,故自

$$(x-24.96)(x-0.04)>0$$

得

$$x>24.96 \quad 或 \quad x<0.04$$

或

$$\frac{m_2}{m_1} > 24.96 \quad \text{或} \quad \frac{m_2}{m_1} < \frac{1}{25}$$

上两式的意义是要(45)存在着两个周期解的条件是质点 S 和 J 之一的质量至少大于另一个质点的质量约 25 倍. 当这一个条件满足时,小质量质点 P 在动平衡点 A 或 B 的附近有两簇周期性轨道,它们的周期的初近值是 $\frac{2\pi}{\lambda_1}$ 和 $\frac{2\pi}{\lambda_2}$,其中 λ_1^2 和 λ_2^2 是 λ^2 的二次方程(47)的两个实根.

太阳和木星的质量比约为 1 036,可以满足大于 25 倍的条件. 这就是脱罗群行星团和希腊群行星团能存在的原因了,又月球和地球的质量比是 $\frac{1}{81.5}$,也满足小于 $\frac{1}{25}$ 的条件,所以若我们发射合于拉格朗日三角形定型运动的地球、月球公有卫星,那么由于它在动平衡点附近是稳定的,所以它能长期地存在着.

§6　限制直线定型运动的三种情况

现在讨论平面限制圆形三体问题的直线定型运动的三种不同情况,这三种情况的方程当然可由(30)中分别令 m_1, m_2, m_3 等于零求得. 不过这样求出方程中的变数 x 所表示的位置没有统一的标准,所以改用力学意义更明确的方法.

令质点 S 和 J 的质量分别是 $1-\mu$ 和 μ. 转动坐标的原点 O 放置于 S 和 J 的质心上,并且 x 轴指向 OJ. 我们选用的单位制使万有引力常数 $\gamma = 1$. 不但如此,由于方程(4)是长度 r_i 的线性式,我们已在本章 §1 中说明质点分布图型(即质点间各距离的比值)与长度 r_i 的大小无关,所以我们可以令 SJ 等于单位长,于是对转动坐标 xOy,S 的坐标是 $(-\mu, 0)$,J 的坐标是 $(1-\mu, 0)$. 应用(5)中 $\gamma M = \omega^2 a_{SJ}^3$,得 $\omega = 1$. 于是动坐标 xOy 和静坐标 XOY 的变换式第六章式(5)成为

$$\begin{cases} X = x\cos t - y\sin t \\ Y = x\sin t + y\cos t \end{cases} \tag{49}$$

现在研究直线定型运动,所以质点 P 在 x 轴上. 现在点 P 有三个位置使它处于动平衡状态. 这三个动平衡点的 x 坐标

图 7.9

记为 $x_{\mathrm{I}}, x_{\mathrm{II}}, x_{\mathrm{III}}$. 这三点所存在的区域(图 7.9)为

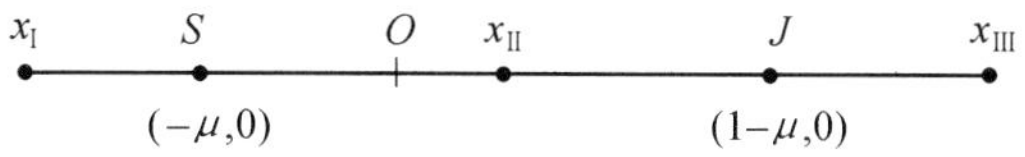

$$-\infty < x_{\mathrm{I}} < -\mu$$
$$-\mu < x_{\mathrm{II}} < 1$$
$$1-\mu < x_{\mathrm{III}} < +\infty$$

151

$$\mathscr{V} = -\left(\frac{m_1 m_2}{r_{12}} + \frac{m_2 m_3}{r_{23}} + \frac{m_3 m_1}{r_{31}}\right)$$

现在研究的情形是 S,J,P 三质点都是绕质心 O 作圆运动,角速度 $\omega=1$. 质点 P 所受的向心力就是质点 S,J 吸引质点 P 的引力代数和,所以质点 P 在 x_{I} 的动力方程是

$$\frac{m(1-\mu)}{(x+\mu)^2}+\frac{m\mu}{(x-1+\mu)^2}=-mx\omega^2=-mx \tag{50}$$

或

$$x(x+\mu)^2(x-1+\mu)^2+(1-\mu)(x-1+\mu)^2+\mu(x+\mu)^2=0 \tag{51}$$

x_{I} 是上列五次方程的根,上式中 x 是负值,所以求的是负根.

质点 P 在 x_{II} 的动力方程是

$$\frac{m(1-\mu)}{(x+\mu)^2}-\frac{m\mu}{(1-\mu-x)^2}=mx \tag{52}$$

或

$$x(x+\mu)^2(x+\mu-1)^2-(1-\mu)(\mu+x-1)^2+\mu(x+\mu)^2=0 \tag{53}$$

x_{II} 是上方程的根,上式中 x 作为正值.

质点 P 在 x_{III} 的动力方程为

$$\frac{m(1-\mu)}{(x+\mu)^2}+\frac{m\mu}{(x-1+\mu)^2}=mx \tag{54}$$

或

$$x(x+\mu)^2(x-1+\mu)^2-(1-\mu)(x-1+\mu)^2-\mu(x+\mu)^2=0 \tag{55}$$

x_{III} 是方程的根.

(51),(53),(55) 都是 x 的五次代数方程,当 μ 值给出时,各方程的实根就可用数字解法(例如霍纳法)求出它的近似值.

§7 限制直线定型运动的不稳定性

设限制直线定型运动的动平衡点的坐标是 $(a,0)$,其中 a 表示 (51),(53) 或 (55) 任一方程的一个实根. 质点 P 在动平衡点附近的坐标和速度分量由图 7.10 可写为

$$x=a+\xi, \quad y=\eta \tag{56}$$

$$u=\theta, \quad v=\omega a+\phi \tag{57}$$

上两式可自 (35) 和 (36) 中令 $b=0$ 求得,于是应用 (32),K 可写为

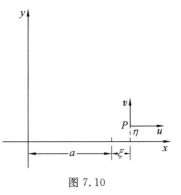

图 7.10

$$K = \frac{1}{2}[\theta^2 + (a\omega + \phi)^2] - \omega[(a + \xi)(\omega a + \phi) - \theta\eta]$$

$$- m_1 \left[\eta^2 + \left(a + \xi + \frac{m_2 l}{m_1 + m_2}\right)^2\right]^{-\frac{1}{2}} -$$

$$m_2 \left[\eta^2 + \left(a + \xi - \frac{m_1 l}{m_1 + m_2}\right)^2\right]^{-\frac{1}{2}}$$

略去常数项 $-\frac{1}{2}\omega^2 a^2$，并令

$$a_1 = a + \frac{m_2 l}{m_1 + m_2}, \quad a_2 = a - \frac{m_1 l}{m_1 + m_2}$$

则 K 可写为

$$K = \frac{1}{2}(\theta^2 + \phi^2) - \omega^2 a\xi + \omega(\eta\theta - \phi\xi) - \frac{m_1}{[\eta^2 + (\xi + a_1)^2]^{\frac{1}{2}}} -$$

$$\frac{m_2}{[\eta^2 + (\xi + a_2)^2]^{\frac{1}{2}}} \tag{58}$$

可将上式的末两项用二元泰勒级数展开. $[\eta^2 + (\xi + a_1)^2]^{\frac{1}{2}}$ 的偏导数为

$$\frac{\partial}{\partial\xi}[\eta^2 + (\xi + a_1)^2]^{-\frac{1}{2}} = -(a_1 + \xi)[\eta^2 + (a_1 + \xi)^2]^{-\frac{3}{2}}$$

$$\frac{\partial^2}{\partial\xi^2}[\eta^2 + (\xi + a_1)^2]^{-\frac{1}{2}} = -[\eta^2 + (a_1 + \xi)^2]^{-\frac{3}{2}} + \frac{3(a_1 + \xi)^2}{[\eta^2 + (a_1 + \xi)^2]^{\frac{5}{2}}}$$

$$\frac{\partial}{\partial\eta}[\eta^2 + (\xi + a_1)^2]^{-\frac{1}{2}} = -\eta[\eta^2 + (a_1 + \xi)^2]^{-\frac{3}{2}}$$

$$\frac{\partial^2}{\partial\eta^2}[\eta^2 + (\xi + a_1)^2]^{-\frac{1}{2}} = -[\eta^2 + (a_1 + \xi)^2]^{-\frac{3}{2}} + \frac{3\eta^2}{[\eta^2 + (a_1 + \xi)^2]^{\frac{5}{2}}}$$

$$\frac{\partial^2}{\partial\xi\partial\eta}[\eta^2 + (\xi + a_1)^2]^{-\frac{1}{2}} = \frac{3\eta(a_1 + \xi)}{[\eta^2 + (a_1 + \xi)^2]^{\frac{5}{2}}}$$

令 $\xi = 0, \eta = 0$，并代入以上各式，于是其值顺次为 $-\frac{1}{a_1^2}, \frac{2}{a_1^3}, 0, -\frac{1}{a_1^3}, 0$. 同样，得

$[\eta^2 + (\xi + a_2)^2]^{-\frac{1}{2}}$ 的各偏导数的值 $-\frac{1}{a_2^2}, \frac{2}{a_2^3}, 0, -\frac{1}{a_2^3}, 0$. 于是(58)的末两项为

(取至二级微量)

$$- m_1 \left[\frac{1}{a_1} + \xi\left(-\frac{1}{a_1^2}\right) + \eta(0) + \frac{\xi^2}{2}\left(\frac{2}{a_1^3}\right) + \xi\eta(0) + \frac{\eta^2}{2}\left(-\frac{1}{a_1^3}\right)\right] -$$

$$m_2 \left[\frac{1}{a_2} + \xi\left(-\frac{1}{a_2^2}\right) + \eta(0) + \frac{\xi^2}{2}\left(\frac{2}{a_2^3}\right) + \xi\eta(0) + \frac{\eta^2}{2}\left(-\frac{1}{a_2^3}\right)\right]$$

$$= -\left(\frac{m_1}{a_1} + \frac{m_2}{a_2}\right) + \xi\left(\frac{m_1}{a_1^2} + \frac{m_2}{a_2^2}\right) - \xi^2\left(\frac{m_1}{a_1^3} + \frac{m_2}{a_2^3}\right) + \frac{\eta^2}{2}\left(\frac{m_1}{a_1^3} + \frac{m_2}{a_2^3}\right)$$

$$V = -\left(\frac{m_1 m_2}{r_{12}} + \frac{m_2 m_3}{r_{23}} + \frac{m_3 m_1}{r_{31}}\right)$$

故取二级微量为止,并不计常数项 $-\left(\dfrac{m_1}{a_1}+\dfrac{m_2}{a_2}\right)$,则(58)的 K 可写为

$$K=\frac{1}{2}(\theta^2+\phi^2)-\omega^2 a\xi+\omega(\eta\theta-\phi\xi)+\xi\left(\frac{m_1}{a_1^2}+\frac{m_2}{a_2^2}\right)-$$

$$\xi^2\left(\frac{m_1}{a_1^3}+\frac{m_2}{a_2^3}\right)+\frac{\eta^2}{2}\left(\frac{m_1}{a_1^3}+\frac{m_2}{a_2^3}\right) \tag{59}$$

将上式代入下列哈密尔顿方程(43)

$$\dot{\xi}=\frac{\partial K}{\partial\theta},\quad \dot{\eta}=\frac{\partial K}{\partial\phi},\quad \dot{\theta}=-\frac{\partial K}{\partial\xi},\quad \dot{\phi}=-\frac{\partial K}{\partial\eta}$$

得

$$\begin{cases}\dot{\xi}=\theta+\omega\eta\\[4pt]\dot{\eta}=\phi-\omega\xi\\[4pt]\dot{\theta}=-\left[-\omega^2 a-\omega\phi+\left(\dfrac{m_1}{a_1^2}+\dfrac{m_2}{a_2^2}\right)-2\xi\left(\dfrac{m_1}{a_1^3}+\dfrac{m_2}{a_2^3}\right)\right]\\[10pt]\dot{\phi}=-\left[\omega\theta+\eta\left(\dfrac{m_1}{a_1^3}+\dfrac{m_2}{a_2^3}\right)\right]\end{cases} \tag{60}$$

将前面两式对时间取导数,再消去 θ,ϕ,得

$$\begin{cases}\ddot{\xi}-2\omega\dot{\eta}-\left[\omega^2+2\left(\dfrac{m_1}{a_1^3}+\dfrac{m_2}{a_2^3}\right)\right]\xi=\omega^2 a-\left(\dfrac{m_1}{a_1^2}+\dfrac{m_2}{a_2^2}\right)\\[12pt]\ddot{\eta}+2\omega\dot{\xi}-\left[\omega^2-2\left(\dfrac{m_1}{a_1^3}+\dfrac{m_2}{a_2^3}\right)\right]\eta=0\end{cases} \tag{61}$$

上面第一式是非齐次常系数线性微分方程,它的特解是

$$\xi=\frac{\left(\dfrac{m_1}{a_1^2}+\dfrac{m_2}{a_2^2}\right)-\omega^2 a}{\omega^2+2\dfrac{m_1}{a_1^3}+\dfrac{m_2}{a_2^3}}$$

补充函数由下列齐次微分方程组决定

$$\begin{cases}\ddot{\xi}-2\omega\dot{\eta}-\left[\omega^2+2\left(\dfrac{m_1}{a_1^3}+\dfrac{m_2}{a_2^3}\right)\right]\xi=0\\[12pt]\ddot{\eta}+2\omega\dot{\xi}-\left[\omega^2-\left(\dfrac{m_1}{a_1^3}+\dfrac{m_2}{a_2^3}\right)\right]\eta=0\end{cases} \tag{62}$$

令

$$\xi=Ae^{i\lambda t},\quad \eta=Be^{i\lambda t}$$

作试解,代入(62),可得

$$\begin{cases}-\lambda^2 A-2\omega i\lambda B-\left[\omega^2+2\left(\dfrac{m_1}{a_1^3}+\dfrac{m_2}{a_2^3}\right)\right]A=0\\[12pt]-\lambda^2 B+2\omega i\lambda A-\left[\omega^2-\left(\dfrac{m_1}{a_1^3}+\dfrac{m_2}{a_2^3}\right)\right]B=0\end{cases}$$

由上两式得存在 A,B 为非零解的条件

$$\begin{vmatrix} \lambda^2 + \left[\omega^2 + 2\left(\dfrac{m_1}{a_1^3} + \dfrac{m_2}{a_2^3}\right)\right] & -2\omega\mathrm{i}\lambda \\ -2\omega\mathrm{i}\lambda & \lambda^2 + \left[\omega^2 - 2\left(\dfrac{m_1}{a_1^3} + \dfrac{m_2}{a_2^3}\right)\right] \end{vmatrix} = 0$$

或

$$\lambda^4 + \left[-2\omega^2 + \left(\frac{m_1}{a_1^3} + \frac{m_2}{a_2^3}\right)\right]\lambda^2 + \left[\omega^2 + 2\left(\frac{m_1}{a_1^3} + \frac{m_2}{a_2^3}\right)\right]\left[\omega^2 - \left(\frac{m_1}{a_1^3} + \frac{m_2}{a_2^3}\right)\right] = 0$$

$$(63)$$

在下一章 §4 中将证明

$$\left(\frac{m_1}{a_1^3} + \frac{m_2}{a_2^3}\right) > \omega^2$$

于是 λ^2 的二次方程(63)的常数项是负数. 这样,不论中间一项的系数是正是负,系数符号只有一个变更,式(63)对 λ^2 只有一个正根;另一根为负根. 对 λ 来说,这四次方程有两个实根,两个虚根,两个实根使

$$\xi = A\mathrm{e}^{\mathrm{i}\nu}, \quad \eta = B\mathrm{e}^{\mathrm{i}\nu}$$

成为实的周期函数. 两个虚根就使它为非周期函数,所以得下述结论:

拉格朗日的直线型限制三体问题的质点 P,在动平衡点附近的运动是稳定的,它的振动范式的方程总有两个实根和两个虚根,因此在动平衡点附近有一簇不稳定的周期轨道.

图 7.11 中 P 是动平衡点,各封闭曲线是用数字积分法算得的周期性轨道. 图 7.11 中最大的一个轨道有一个奇怪的现象,就是小质量的质点与质点 J 发生弹性碰撞,碰后沿一对称轨道弹回,这是拜劳(Burrau)所发现的,比这个轨道还要大的轨道如图 7.12,是绕 J 的套形曲线.

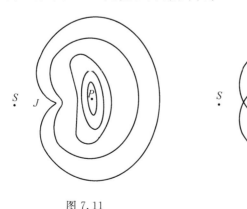

图 7.11　　　　　　　　　　　　　　图 7.12

$$\mathcal{V} = -\left(\frac{m_1 m_2}{r_{12}} + \frac{m_2 m_3}{r_{23}} + \frac{m_3 m_1}{r_{31}}\right)$$

具离心势位能曲面

第八章

§1 圆形限制三体问题的各种拉格朗日方程

现在研究平面限制三体问题,所以下面应用的坐标都是平面直角坐标.

(1)地心坐标系的拉格朗日方程

以往研究多体问题主要是应用于太阳系,此时常将太阳作为坐标原点,这种坐标系称为日心坐标系.对一般 n 体问题我们可取任一质点 m_s 为坐标原点,我们也称这种坐标系为日心坐标系,作为原点的质点 m_s 我们称为"日".现在为了以后研究宇宙火箭飞向月球的运动理论起见,我改称这种以一质点作为原点的坐标系为地心坐标系,作为原点的质点可称它为"地球".现在来求地心坐标系表示的拉格朗日方程.

设 m_1, m_2, m_3 三质点对某作为静止的惯性坐标系的坐标分别是 $(X_1, Y_1), (X_2, Y_2), (X_3, Y_3)$. 那么总动能 T 和力函数 U 可写为

$$T = \frac{1}{2} m_1 (\dot{X}_1^2 + \dot{Y}_1^2) + \frac{1}{2} m_2 (\dot{X}_2^2 + \dot{Y}_2^2) + \frac{1}{2} m_3 (\dot{X}_3^2 + \dot{Y}_3^2)$$

$$\tag{1}$$

及

$$U = \frac{m_1 m_2}{\sqrt{(X_1 - X_2)^2 + (Y_1 - Y_2)^2}} + \frac{m_2 m_3}{\sqrt{(X_2 - X_3)^2 + (Y_2 - Y_3)^2}} + \frac{m_3 m_1}{\sqrt{(X_3 - X_1)^2 + (Y_3 - Y_1)^2}}$$

$$\tag{2}$$

156

由第三章 §1(20),三体问题的拉格朗日方程为

$$\frac{\mathrm{d}}{\mathrm{d}t}\frac{\partial L}{\partial \dot{q}_i} - \frac{\partial L}{\partial q_i} = 0 \tag{3}$$

其中 $L = T + U$,及 q_i 表示 $X_1, X_2, X_3, Y_1, Y_2, Y_3$ 中任一变数.

现在取 m_3 为坐标原点,m_1 对 m_3 的坐标是 (x_1, y_1),m_2 对 m_3 的坐标是 (x_2, y_2),那么

$$\begin{cases} x_1 = X_1 - X_3, y_1 = Y_1 - Y_3 \\ x_2 = X_2 - X_3, y_2 = Y_2 - Y_3 \end{cases} \tag{4}$$

但若取 $x_3 = 0, y_3 = 0$,那么坐标变换式的雅可比式(6)为零.这种坐标变换式是不允许的,为此我们取

$$x_3 = \frac{1}{M}(m_1 X_1 + m_2 X_2 + m_3 X_3), \quad y_3 = \frac{1}{M}(m_1 Y_1 + m_2 Y_2 + m_3 Y_3) \tag{5}$$

其中

$$M = m_1 + m_2 + m_3 \tag{6}$$

由(4)及(5)解得

$$\begin{cases} X_3 = x_3 - \dfrac{m_1 x_1 + m_2 x_2}{M}, Y_3 = y_3 - \dfrac{m_1 y_1 + m_2 y_2}{M} \\[2mm] X_1 = x_1 + x_3 - \dfrac{m_1 x_1 + m_2 x_2}{M}, Y_1 = y_1 + y_3 - \dfrac{m_1 y_1 + m_2 y_2}{M} \\[2mm] X_2 = x_2 + x_3 - \dfrac{m_1 x_1 + m_2 x_2}{M}, Y_2 = y_2 + y_3 - \dfrac{m_1 y_1 + m_2 y_2}{M} \end{cases} \tag{7}$$

将上式代入(1)及(2),得

$$T = \frac{1}{2} m_1 (\dot{x}_1^2 + \dot{y}_1^2) + \frac{1}{2} m_2 (\dot{x}_2^2 + \dot{y}_2^2) + \frac{M}{2}(\dot{x}_3^2 + \dot{y}_3^2) -$$

$$\frac{1}{2M}\left[(m_1 \dot{x}_1 + m_2 \dot{x}_2)^2 + (m_1 \dot{y}_1 + m_2 \dot{y}_2)^2\right] \tag{8}$$

$$U = \frac{m_1 m_3}{\sqrt{x_1^2 + y_1^2}} + \frac{m_2 m_3}{\sqrt{x_2^2 + y_2^2}} + \frac{m_1 m_2}{\sqrt{(x_1 - x_2)^2 + (y_1 - y_2)^2}} \tag{9}$$

现在 $H = T + V = T - U$ 中不包含 x_3, y_3.可见 x_3 和 y_3 都是循环坐标.循环坐标的定义亦可改为:L 中不包含坐标 q_i,则 q_i 为循环坐标.当 H 中不包含 x_3, y_3 时,L 中也不包含 x_3, y_3,所以 x_3 及 y_3 都是循环坐标.对应的循环积分可从拉格朗日方程(3)直接求得,此时

$$\frac{\mathrm{d}}{\mathrm{d}t}\frac{\partial L}{\partial \dot{x}_3} = 0 \quad \text{及} \quad \frac{\mathrm{d}}{\mathrm{d}t}\frac{\partial L}{\partial \dot{y}_3} = 0$$

上两式的积分是

$$\frac{\partial L}{\partial \dot{x}_3} = c_1 \quad \text{及} \quad \frac{\partial L}{\partial \dot{y}_3} = c_2$$

$$V = -\left(\frac{m_1 m_2}{r_{12}} + \frac{m_2 m_3}{r_{23}} + \frac{m_3 m_1}{r_{31}}\right)$$

或应用(8)和(9),并注意 $L=T+U$,则得

$$M\dot{x}_3=c_1, \quad M\dot{y}_3=c_2 \tag{10}$$

再应用(5),上两式成为

$$m_1\dot{X}_1+m_2\dot{X}_2+m_3\dot{X}_3=c_1, \quad m_1\dot{Y}_1+m_2\dot{Y}_2+m_3\dot{Y}_3=c_2 \tag{11}$$

从上式看出,循环积分(10)就是质点系的总动量积分式,于是对地心坐标系拉格朗日方程为

$$\begin{cases} \dfrac{\mathrm{d}}{\mathrm{d}t}\dfrac{\partial L}{\partial \dot{x}_1}-\dfrac{\partial L}{\partial x_1}=0, \dfrac{\mathrm{d}}{\mathrm{d}t}\dfrac{\partial L}{\partial \dot{y}_1}-\dfrac{\partial L}{\partial y_1}=0 \\[2mm] \dfrac{\mathrm{d}}{\mathrm{d}t}\dfrac{\partial L}{\partial \dot{x}_2}-\dfrac{\partial L}{\partial x_2}=0, \dfrac{\mathrm{d}}{\mathrm{d}t}\dfrac{\partial L}{\partial \dot{y}_2}-\dfrac{\partial L}{\partial y_2}=0 \end{cases} \tag{12}$$

将(8)和(9)代入 $L=T+U$,则上第一式成为

$$m_1\ddot{x}_1-\frac{m_1}{M}(m_1\ddot{x}_1+m_2\ddot{x}_2)=-\frac{m_1m_3x_1}{(x_1^2+y_1^2)^{\frac{3}{2}}}-\frac{m_1m_2(x_1-x_2)}{((x_1-x_2)^2+(y_1-y_2)^2)^{\frac{3}{2}}} \tag{13}$$

同样,对 x_2 有

$$m_2\ddot{x}_2-\frac{m_2}{M}(m_1\ddot{x}_1+m_2\ddot{x}_2)=-\frac{m_2m_3x_2}{(x_2^2+y_2^2)^{\frac{3}{2}}}-\frac{m_1m_2(x_2-x_1)}{[(x_1-x_2)^2+(y_1-y_2)^2]^{\frac{3}{2}}} \tag{14}$$

将上两式相加得

$$\frac{m_3}{M}(m_1\ddot{x}_1+m_2\ddot{x}_2)=-m_3\left[\frac{m_1x_1}{(x_1^2+y_1^2)^{\frac{3}{2}}}+\frac{m_2x_2}{(x_2^2+y_2^2)^{\frac{3}{2}}}\right]$$

或

$$m_1\ddot{x}_1+m_2\ddot{x}_2=-M\left[\frac{m_1x_1}{(x_1^2+y_1^2)^{\frac{3}{2}}}+\frac{m_2x_2}{(x_2^2+y_2^2)^{\frac{3}{2}}}\right] \tag{15}$$

将上式代入(13)并约去 m_1,得

$$\ddot{x}_1+(m_3+m_1)\frac{x_1}{(x_1^2+y_1^2)^{\frac{3}{2}}}=\frac{m_2(x_2-x_1)}{[(x_1-x_2)^2+(y_1-y_2)^2]^{\frac{3}{2}}}-\frac{m_2x_2}{(x_2^2+y_2^2)^{\frac{3}{2}}}$$

或写成

$$\begin{aligned} &\ddot{x}_1+(m_3+m_1)\frac{x_1}{(x_1^2+y_1^2)^{\frac{3}{2}}} \\[2mm] &=m_2\frac{\partial}{\partial x_1}\left[\frac{1}{[(x_1-x_2)^2+(y_1-y_2)^2]^{\frac{1}{2}}}-\frac{x_1x_2+y_1y_2}{(x_2^2+y_2^2)^{\frac{3}{2}}}\right] \end{aligned} \tag{16}$$

同样对 y_1 的式子为

$$\ddot{y}_1 + (m_3 + m_1) \frac{y_1}{(x_1^2 + y_1^2)^{\frac{3}{2}}}$$

$$= m_2 \frac{\partial}{\partial y_1} \left[\frac{1}{\left[(x_1 - x_2)^2 + (y_1 - y_2)^2 \right]^{\frac{1}{2}}} - \frac{x_1 x_2 + y_1 y_2}{(x_2^2 + y_2^2)^{\frac{3}{2}}} \right] \tag{17}$$

现在将上两式应用于圆形限制三体问题,令 $m_1 = 0, m_3 = 1 - \mu, m_2 = \mu$. 再令此三质点的坐标顺次为 $(\bar{x}, \bar{y})$,$(0,0)$,$(\cos t, \sin t)$(图 8.1),则有

$$\begin{cases} \ddot{\bar{x}} + (1 - \mu) \dfrac{\bar{x}}{(\bar{x}^2 + \bar{y}^2)^{\frac{3}{2}}} = \dfrac{\partial \bar{U}}{\partial \bar{x}} \\ \ddot{\bar{y}} + (1 - \mu) \dfrac{\bar{y}}{(\bar{x}^2 + \bar{y}^2)^{\frac{3}{2}}} = \dfrac{\partial \bar{U}}{\partial \bar{y}} \end{cases} \tag{18}$$

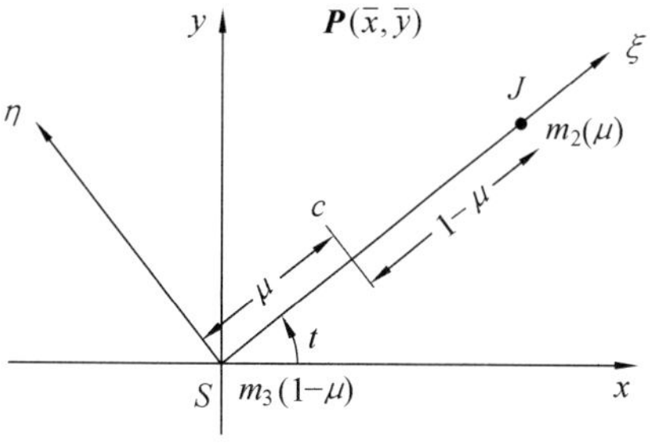

图 8.1

其中

$$\bar{U} = \mu \left[\frac{1}{\sqrt{(\bar{x} - \cos t)^2 + (\bar{y} - \sin t)^2}} - \frac{\bar{x} \cos t + \bar{y} \sin t}{\sqrt{(\cos^2 t + \sin^2 t)^3}} \right]$$

$$= \mu \left[\frac{1}{\sqrt{(\bar{x} - \cos t)^2 + (\bar{y} - \sin t)^2}} - (\bar{x} \cos t + \bar{y} \sin t) \right] \tag{19}$$

我们可以将(18)看作是从下面的拉格朗日函数

$$\bar{L} = \frac{1}{2} (\dot{\bar{x}}^2 + \dot{\bar{y}}^2) + (1 - \mu)(\bar{x}^2 + \bar{y}^2)^{-\frac{1}{2}} + \mu \big[(\bar{x} - \cos t)^2 +$$

$$(\bar{y} - \sin t)^2 \big]^{-\frac{1}{2}} - \mu (\bar{x} \cos t + \bar{y} \sin t) \tag{20}$$

推导出来的拉格朗日方程.

(2)转动地心坐标系

式(20)的 $\bar{L}$ 函数是时间的显函数,为了化成不是时间显函数的 L',我们应用随 SJ 一起转动的平面直角坐标系. 原点 O 依旧固定在 S 上(图 8.1),坐标变换式为

$$\xi = \bar{x} \cos t + \bar{y} \sin t, \quad \eta = -\bar{x} \sin t + \bar{y} \cos t \tag{21}$$

上式的逆变换为

$$\bar{x} = \xi \cos t - \eta \sin t, \quad \bar{y} = \xi \sin t + \eta \cos t \tag{22}$$

将上式对时间取导数,得

$$\begin{cases} \dot{\bar{x}} = \dot{\xi} \cos t - \dot{\eta} \sin t - \xi \sin t - \eta \cos t \\ \dot{\bar{y}} = \dot{\xi} \sin t + \dot{\eta} \cos t + \xi \cos t - \eta \sin t \end{cases} \tag{23}$$

上两式的末两项,都隐含角度 ω 作为因子,只是 $\omega = 1$.

将(22)两式平方相加,得

$$\mathscr{V} = -\left(\frac{m_1 m_2}{r_{12}} + \frac{m_2 m_3}{r_{23}} + \frac{m_3 m_1}{r_{31}} \right)$$

$$\overline{\dot{x}}^2 + \overline{\dot{y}}^2 = \xi^2 + \eta^2 \tag{24}$$

将(23)两式平方相加,得

$$\dot{\overline{x}}^2 + \dot{\overline{y}}^2 = (\dot{\xi}^2 + \dot{\eta}^2) + (\xi^2 + \eta^2) + 2(\dot{\xi}\eta - \dot{\eta}\xi) \tag{25}$$

注意上式第二项隐含 ω^2,末项隐含 ω 为因子,将以上各式代入(20)得变换后的 L' 函数

$$L' = \frac{1}{2}(\dot{\xi}^2 + \dot{\eta}^2) + (\xi\dot{\eta} - \dot{\xi}\eta) + U' \tag{26}$$

其中

$$U' = \frac{1}{2}(\xi^2 + \eta^2) = \mu\left[(\xi-1)^2 + \eta^2\right]^{-\frac{1}{2}} + (1-\mu)(\xi^2 + \eta^2)^{-\frac{1}{2}} - \mu\xi \tag{27}$$

应用(26)的 L' 函数的拉格朗日方程为

$$\frac{\mathrm{d}}{\mathrm{d}t}\frac{\partial L'}{\partial \dot{\xi}} - \frac{\partial L'}{\partial \xi} = 0, \quad \frac{\mathrm{d}}{\mathrm{d}t}\frac{\partial L'}{\partial \dot{\eta}} - \frac{\partial L'}{\partial \eta} = 0 \tag{28}$$

于是可求得质点 P 的运动微分方程

$$\begin{cases} \ddot{\xi} - \dot{\eta} = \xi - \mu\dfrac{\xi-1}{\left[(\xi-1)^2 + \eta^2\right]^{\frac{3}{2}}} - (1-\mu)\dfrac{\xi}{(\xi^2 + \eta^2)^{\frac{3}{2}}} - 1 \\[4mm] \ddot{\eta} + \dot{\xi} = \eta - \mu\dfrac{\eta}{\left[(\xi-1)^2 + \eta^2\right]^{\frac{3}{2}}} - (1-\mu)\dfrac{\xi}{(\xi^2 + \eta^2)^{\frac{3}{2}}} \end{cases} \tag{29}$$

(3)转动质心坐标系

现在再将上节转动地心坐标系变换到转动质心坐标系. ω 依旧等于 1. 三质点的质心在 ξ 轴上,坐标为 $(\mu, 0)$. 所以我们取变换式

$$\xi = x + \mu, \quad \eta = y \tag{30}$$

故

$$\dot{\xi} = \dot{x}, \quad \dot{\eta} = \dot{y} \tag{31}$$

将(30)和(31)代入(26)和(27),得

$$L_1 = \frac{1}{2}(\dot{x}^2 + \dot{y}^2) + (x+\mu)\dot{y}^2 - y\dot{x} + U_1$$

其中

$$U_1 = \frac{1}{2}\left[(x+\mu)^2 + y^2\right] + \frac{\mu}{\sqrt{(x-1+\mu)^2 + y^2}} + \frac{1-\mu}{\sqrt{(x+\mu)^2 + y^2}} - (x+\mu)\mu$$

$$= \frac{1}{2}(x^2 + y^2)\frac{\mu}{\sqrt{(x-1+\mu)^2 + y^2}} + \frac{1-\mu}{\sqrt{(x+\mu)^2 + y^2}} - \frac{1}{2}\mu^2$$

上式末项是常量可弃去,这相当于降低位能 V 的标准点(零点)到 U_1 的 $-\dfrac{1}{2}\mu^2$ 上,弃去 $-\dfrac{1}{2}\mu^2$ 后新得的力函数表为 U,则

$$U = \frac{1}{2}(x^2 + y^2) + \frac{\mu}{\sqrt{(x-1+\mu)^2 + y^2}} + \frac{1-\mu}{\sqrt{(x+\mu)^2 + y^2}} \qquad (32)$$

不但如此,L_1 中的 $\mu\dot{y}$ 亦可弃去,因为 L_1 代入拉格朗日方程后,由 $\mu\dot{y}$ 引起的一项是

$$\frac{\mathrm{d}}{\mathrm{d}t}\frac{\partial}{\partial\dot{y}}(\mu\dot{y}) = \frac{\mathrm{d}}{\mathrm{d}t}(\mu) = 0$$

将 L_1 弃去 $\mu\dot{y}$ 项后的拉格朗日函数表为 L,则

$$L = \frac{1}{2}(\dot{x}^2 + \dot{y}^2) + (x\dot{y} - y\dot{x}) + U \qquad (33)$$

应用上式的 L 可得质点 P 的拉格朗日方程

$$\frac{\mathrm{d}}{\mathrm{d}t}\frac{\partial L}{\partial\dot{x}} - \frac{\partial L}{\partial x} = 0, \quad \frac{\mathrm{d}}{\mathrm{d}t}\frac{\partial L}{\partial\dot{y}} - \frac{\partial L}{\partial y} = 0$$

将式(33)的 L 代入上式后,即得质点 P 的动力方程

$$\ddot{x} - 2\dot{y} = \frac{\partial u}{\partial x}, \quad \ddot{y} + 2\dot{x} = \frac{\partial u}{\partial y} \qquad (34)$$

上面第一式乘以 $\dot{x}$,第二式乘以 $\dot{y}$,然后相加得

$$\dot{x}\ddot{x} + \dot{y}\ddot{y} = \frac{\partial U}{\partial x}\dot{x} + \frac{\partial U}{\partial y}\dot{y}$$

或

$$\frac{1}{2}\frac{\mathrm{d}}{\mathrm{d}t}(\dot{x}^2 + \dot{y}^2) = \frac{\mathrm{d}U}{\mathrm{d}t}$$

积分上式,得

$$\frac{1}{2}(\dot{x}^2 + \dot{y}^2) = U(x+y) + h \qquad (35)$$

其中 h 是常量,它的单位是能量.

现在来求哈密尔顿函数,为此先求广义动量 P_x 和 P_y,由(33)有

$$P_x = \frac{\partial L}{\partial\dot{x}} = \dot{x} - y, \quad P_y = \frac{\partial L}{\partial\dot{y}} = \dot{y} + x \qquad (36)$$

故

$$\dot{x} = P_x + y, \quad \dot{y} = P_y - x$$

将上两式代入对应于(35)的 H

$$H = \frac{1}{2}(\dot{x}^2 + \dot{y}^2) - U(x,y)$$

所得求的哈密尔顿函数

$$H = \frac{1}{2}[(P_x + y)^2 + (P_y - x)^2] - U$$

$$= \frac{1}{2}(P_x^2 + P_y^2) - (xP_y - yP_x) + \frac{1}{2}(x^2 + y^2) - U$$

$$\mathscr{V} = -\left(\frac{m_1 m_2}{r_{12}} + \frac{m_2 m_3}{r_{23}} + \frac{m_3 m_1}{r_{31}}\right)$$

$$= \frac{1}{2}(P_x^2 + P_y^2) - (xP_y - yP_x) - \frac{\mu}{\sqrt{(x-1+\mu)^2 + y^2}} -$$

$$\frac{1-\mu}{\sqrt{(x+\mu)^2 + y^2}} \tag{37}$$

上式与第六章式(9)符合,其中 P_x, P_y 相当于 u, v.

§2　具离心势位函数及其一阶和二阶导数

现在来说明式(32)

$$U = \frac{1}{2}(x^2 + y^2) + \frac{\mu}{\sqrt{(x-1+\mu)^2 + y^2}} + \frac{1-\mu}{\sqrt{(x+\mu)^2 + y^2}}$$

的力学意义,上式第二项和末一项乘以点 P 的质量 m 后,显然就是质点 P 由 S 和 J 的引力而引起的位能,U 的第一项我们知道它隐含 ω^2,乘以 m 后为 $\frac{1}{2} m\omega^2 (x^2 + y^2)$. 此式对 x 和 y 的偏导数应该分别是 x 和 y 方向作用于质点 P 的力

$$\begin{cases} \dfrac{\partial}{\partial x} \left[\dfrac{1}{2} m\omega^2 (x^2 + y^2) \right] = m\omega^2 x \\[3mm] \dfrac{\partial}{\partial y} \left[\dfrac{1}{2} m\omega^2 (x^2 + y^2) \right] = m\omega^2 y \end{cases} \tag{38}$$

上两式大家知道是作用于质点 P 的惯性离心力. 所以我们称 $V(=-U)$ 为具离心势位函数. S 和 J 的引力场再加上由 S 和 J 转动所引起的离心势场,对这样的力场质点 P 的能量守恒,能量积分就是(35).

垂直于 xOy 平面的坐标轴取作 V 轴而作曲面

$$V = -\frac{1}{2}(x^2 + y^2) - \frac{\mu}{\sqrt{(x-1+\mu)^2 + y^2}} - \frac{1-\mu}{\sqrt{(x+\mu)^2 + y^2}}$$

我们称这曲面为具离心势位能曲面,为了避免负号,我们研究由(32)决定的 U 曲面. 两者性质相同,只是变换了符号;V 的极大值相当于 U 的极小值,$V = -\infty$ 相当于 $U = +\infty$ 等等.

将(32)的 U 对 x 及 y 取偏导数,则得

$$\frac{\partial U}{\partial x} = x - \frac{\mu(x+\mu-1)}{[(x-1+\mu)^2 + y^2]^{\frac{3}{2}}} - \frac{(1-\mu)(x+\mu)}{[(x+\mu)^2 + y^2]^{\frac{3}{2}}} \tag{39}$$

$$\frac{\partial U}{\partial y} = y - \frac{\mu y}{[(x+\mu-1)^2 + y^2]^{\frac{3}{2}}} - \frac{(1-\mu)y}{[(x+\mu)^2 + y^2]^{\frac{3}{2}}} \tag{40}$$

再将上两式对 x 及 y 取偏导数,得

$$\frac{\partial^2 U}{\partial x^2} = 1 - \frac{\mu}{[(x-1+\mu)^2 + y^2]^{\frac{3}{2}}} - \frac{1-\mu}{[(x+\mu)^2 + y^2]^{\frac{3}{2}}} +$$

$$\frac{3\mu(x-1+\mu)^2}{\left[(x-1+\mu)^2+y^2\right]^{\frac{5}{2}}}+\frac{3(1-\mu)(x+\mu)^2}{\left[(x+\mu)^2+y^2\right]^{\frac{5}{2}}} \tag{41}$$

$$\frac{\partial^2 U}{\partial x \partial y}=\frac{3\mu(x+\mu-1)y}{\left[(x+\mu-1)^2+y^2\right]^{\frac{5}{2}}}+\frac{3(1-\mu)(x+\mu)y}{\left[(x+\mu)^2+y^2\right]^{\frac{5}{2}}} \tag{42}$$

$$\frac{\partial^2 U}{\partial y^2}=1-\frac{\mu}{\left[(x+\mu-1)^2+y^2\right]^{\frac{3}{2}}}-\frac{1-\mu}{\left[(x+\mu)^2+y^2\right]^{\frac{3}{2}}}+$$

$$\frac{3\mu y^2}{\left[(x+\mu-1)^2+y^2\right]^{\frac{5}{2}}}-\frac{3(1-\mu)y^2}{\left[(x+\mu)^2+y^2\right]^{\frac{5}{2}}} \tag{43}$$

U 的极值是下两式

$$\frac{\partial U}{\partial x}=0, \qquad \frac{\partial U}{\partial y}=0 \tag{44}$$

之解案. 且

$$\frac{\partial U}{\partial x}=F_x, \qquad \frac{\partial U}{\partial y}=F_y \tag{45}$$

其中 F_x 和 F_y 是作用于质点 P 的力沿 x 轴和 y 轴的分量. 所以解(44)所得的 (x_m, y_m) 就是动平衡点. 另一方面,适合(44)的点 (x_m, y_m) 在 U 曲面上具有与 xOy 平面平行的切面(图 8.2). 所以我们应用了具离心势位能曲面,动平衡点就有明确的几何意义. 我们将证明适合(44)的动平衡点共有五点. 这五点就是拉格朗日定型运动所确定的五点,其中两点是与 S 和 J 成等边三角形的两点,另三点是与 S 和 J 成一直线的三点.

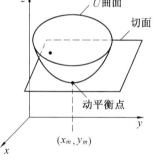

图 8.2

从(32)看出 U 曲面对 $y=0$ 平面成对称. 因为 U 仅含 y^2,故 $U(x,y)=U(x,-y)$. 又在无穷远处,即当 $x^2+y^2 \to +\infty$,由于 U 有 $\frac{1}{2}(x^2+y^2)$ 的一项,故 $U \to +\infty$. 又当 $(x,y) \to (1-\mu,0)$ 时,(34)U 式的第二项趋于无穷大,故 $U \to +\infty$;当 $(x,y) \to (-\mu,0)$ 时 U 的第三项趋于无穷大,故 $U \to +\infty$. 又自(32)看出,U 曲面到处是正值;V 曲面到处是负值.

§3 $y=0$ 平面上的具离心势位能曲线

令式(32)的 $y=0$,则得 $y=0$ 平面与 U 曲面的交线方程

$$U(x,0)=\frac{1}{2}x^2+\frac{\mu}{|x-1+\mu|}+\frac{1-\mu}{|x+\mu|} \tag{46}$$

自(39)至(43)各式顺次变成

163

$$V=-\left(\frac{m_1 m_2}{r_{12}}+\frac{m_2 m_3}{r_{23}}+\frac{m_3 m_1}{r_{31}}\right)$$

$$U_x(x,0) = x - \frac{\mu(x+\mu-1)}{|x-1+\mu|^3} - \frac{(1-\mu)(x+\mu)}{|x+\mu|^3} \tag{47}$$

$$U_y(x,0) = 0 \tag{48}$$

$$U_{xx}(x,0) = 1 + \frac{2\mu}{|x-1+\mu|^3} + \frac{2(1-\mu)}{|x+\mu|^3} \tag{49}$$

$$U_{xy}(x,0) = 0 \tag{50}$$

$$U_{yy}(x,0) = 1 - \frac{\mu}{|x+\mu-1|^3} - \frac{1-\mu}{|x+\mu|^3} \tag{51}$$

上式中

$$U_x = \frac{\partial U}{\partial x}, \quad U_{xy} = \frac{\partial^2 U}{\partial x \partial y}$$

点 $(-\mu,0)$ 和 $(1-\mu,0)$ 划分 U 曲线成三部分(图 8.3)

$$\begin{cases} 第一支: -\infty < x < -\mu \\ 第二支: -\mu < x < 1-\mu \\ 第三支: 1-\mu < x < +\infty \end{cases} \tag{52}$$

其中 $0 < \mu < 1$. 由 (49) 看出,不论什么实数 x,恒有 $U_{xx}(x,0) > 0$. 于是可断定:对 (52) 所确定的每一区间, U_x 为恒增函数,又由 (47) 看出

$$U_x(-\infty,0) = -\infty, \quad U_x(-\mu-0,0) = +\infty$$

$$U_x(-\mu+0,0) = -\infty, \quad U_x(1-\mu-0,0) = +\infty$$

$$U_x(1-\mu+0,0) = -\infty, \quad U_x(+\infty,0) = +\infty$$

曲线 U_x 如图 8.4. 于是可以确定 $U_x(x,0)$ 在每一个区域中都有一个而仅有一个零点."仅有一个"的断语是自 $U_x(x,0)$ 是恒增函数所确定的. 我们将

$$U_x(x,0) = 0 \tag{53}$$

的三个根表为 $x_\mathrm{I}, x_\mathrm{II}, x_\mathrm{III}$,并指定

$$x_\mathrm{I} < x_\mathrm{II} < x_\mathrm{III}$$

令 k 表示 $\mathrm{I}, \mathrm{II}, \mathrm{III}$ 三个脚标之任一个,则有

$$U_x(x,0) \lesseqgtr 0 \quad 随 \quad x \lesseqgtr x_k 而定$$

由 (53) 知道 $x_\mathrm{I}, x_\mathrm{II}, x_\mathrm{III}$ 就是 $U(x,0)$ 的极小点,参看图 8.3. 另一方面,我们从 (45) 看出, $U_x(x,0)$ 就是当质点 P 位于 SJ 直线上时作用于质点 P 的具离心力的引力曲线, $x_\mathrm{I}, x_\mathrm{II}, x_\mathrm{III}$ 就是拉格朗日直线定型运动的三个动平衡点.

令

$$\rho = |x+\mu|, \quad \sigma = |x+\mu-1| \tag{54}$$

那么由图 8.5(a),(b),(c) 看出,各区间中 x, ρ, σ 的关系式为

$$(\mathrm{I})\ x = -\mu - \rho, \quad \sigma - \rho = 1 \tag{55a}$$

$$(\mathrm{II})\ x = \rho - \mu, \quad \sigma + \rho = 1 \tag{55b}$$

$$(\mathrm{III})\ x = \rho - \mu, \quad \rho - \sigma = 1 \tag{55c}$$

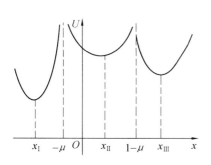

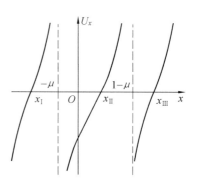

图 8.3   图 8.4

应用上关系式,我们可将(47)的 $U_x(x,0)$ 改写为变数 ρ 的函数,并按区间顺序写出如下

$$U_x(x,0) = -\mu - \rho + \frac{\mu}{(1+\rho)^2} + \frac{1-\mu}{\rho^2} \tag{56a}$$

$$U_x(x,0) = -\mu + \rho + \frac{\mu}{(1-\rho)^2} - \frac{1-\mu}{\rho^2} \tag{56b}$$

$$U_x(x,0) = -\mu + \rho - \frac{\mu}{(\rho-1)^2} - \frac{1-\mu}{\rho^2} \tag{56c}$$

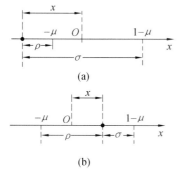

(a)

(b)

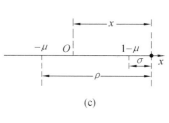

(c)

图 8.5

对应于 x_{I},x_{II},x_{III} 的 ρ 和 σ 分别表为 ρ_{I},ρ_{II},ρ_{III};σ_{I},σ_{II},σ_{III};或对应于 x_k 的 ρ 和 σ 表为 ρ_k 和 σ_k.那么由(56)及 ρ_k 的定义,有

$$-\mu - \rho_{\text{I}} + \frac{\mu}{(1+\rho_{\text{I}})^2} + \frac{1-\mu}{\rho_{\text{I}}^2} = 0 \tag{57a}$$

$$-\mu + \rho_{\text{II}} + \frac{\mu}{(1-\rho_{\text{I}})^2} - \frac{1-\mu}{\rho_{\text{II}}^2} = 0 \tag{57b}$$

$$-\mu + \rho_{\text{III}} + \frac{\mu}{(\rho_{\text{III}}-1)^2} - \frac{1-\mu}{\rho_{\text{III}}^2} = 0 \tag{57c}$$

事实上,上面(57)就是第七章 §7 的三种情况的三个方程,只要将 ρ 应用(55)化成 x 就得第七章(51),(53),(55).

$$\mathscr{V} = -\left(\frac{m_1 m_2}{r_{12}} + \frac{m_2 m_3}{r_{23}} + \frac{m_3 m_1}{r_{31}}\right)$$

令 $x=-1-\mu$ 代入 (56a) $U_x(x,0)$，则有

$$U_x(-1-\mu,0)=-\mu+(x+\mu)+\frac{\mu}{(x+\mu-1)}+\frac{1-\mu}{(x+\mu)^2}$$

$$=-\mu+(-1)+\frac{\mu}{(-2)^2}+\frac{1-\mu}{(-1)^2}=-\frac{7}{4}\mu$$

故

$$U_x(-1-\mu,0)<0$$

于是可确定 $x_{\mathrm{I\!I}}$ 的位置

$$-1-\mu<x_1<-\mu \tag{58}$$

又显然

$$-\mu<x_{\mathrm{I\!I}}<1-\mu \tag{59}$$

如将 $\mu,\sigma,\rho;-U_x$ 顺次代以 $1-\mu,\rho,\sigma;U_x$，那么我们即可自 (57a) 得到 (57c)．这是一种明显的对称性质．应用这种代换于 (58)，我们就可以得到 $x_{\mathrm{I\!I\!I}}$ 的区间如下

$$1-\mu<x_{\mathrm{I\!I\!I}}<2-\mu \tag{60}$$

§4 ρ_k 和 σ_k 的极值和不等式

自 (55a)，$x_1=-\rho_{\mathrm{I}}-\mu$．将此式代入 (58)，得

$$1>\rho_{\mathrm{I}}>0$$

又自 (55b) 的第二式，有 $\sigma_{\mathrm{I\!I}}+\rho_{\mathrm{I\!I}}=1$，故

$$\sigma_{\mathrm{I\!I}}<1,\quad \rho_{\mathrm{I\!I}}<1$$

又将 $x_{\mathrm{I\!I\!I}}=\rho_{\mathrm{I\!I\!I}}-\mu=1+\sigma_{\mathrm{I\!I\!I}}-\mu$ 代入 (60)，得

$$0<\sigma_{\mathrm{I\!I\!I}}<1$$

总结以上各关系式可知 ρ_k 和 σ_k 至少有一个小于 1；以 $\min(\rho_k,\sigma_k)$ 表示 ρ_k 和 σ_k 中的最小值，则用数学语言来说，上述结论就是

$$\min(\rho_k,\sigma_k)<1 \tag{61}$$

现在证明上章所需要的不等式

$$\frac{m_1}{a_1^3}+\frac{m_2}{a_2^3}>\omega^2$$

即

$$\frac{1-\mu}{\rho_k^3}+\frac{\mu}{\sigma_k^3}>1\quad(1>\mu>0) \tag{62}$$

首先因 $\rho_{\mathrm{I\!I}}<1,\sigma_{\mathrm{I\!I}}<1$，故

$$\frac{1-\mu}{\rho_{\mathrm{I\!I}}^3}+\frac{\mu}{\sigma_{\mathrm{I\!I}}^3}>\frac{1-\mu}{1^3}+\frac{\mu}{1^3}>1$$

又

$$\frac{1-\mu}{\rho_{\mathrm{I}}^3}+\frac{\mu}{\sigma_{\mathrm{I}}^3}=\frac{1-\mu}{\rho_{\mathrm{I}}^3}+\frac{\mu}{(1+\rho_{\mathrm{I}})^3} \tag{63}$$

令

$$f(\rho_{\mathrm{I}})=\frac{1-\mu}{\rho_{\mathrm{I}}^3}+\frac{\mu}{(1+\rho_{\mathrm{I}})^3} \tag{64}$$

则

$$\frac{\mathrm{d}f}{\mathrm{d}\rho_{\mathrm{I}}}=-3\left(\frac{1-\mu}{\rho_{\mathrm{I}}^4}+\frac{\mu}{(1+\rho_{\mathrm{I}})^4}\right)<0$$

故 $f(\rho_{\mathrm{I}})$ 是 ρ_{I} 的渐减函数. 因 $1>\rho_{\mathrm{I}}>0$,所以只要证明当 $\rho_{\mathrm{I}}\to 1$ 时 $f(\rho_{\mathrm{I}})\geqslant 1$ 就好了. ρ_{I} 和 μ 有关系式(57a) 存在. 由(57a) 解出 μ,得

$$\mu=\frac{(1+\rho_{\mathrm{I}})^2(1-\rho_{\mathrm{I}}^3)}{(\rho_{\mathrm{I}}^2+1)(1+\rho_{\mathrm{I}})^2-\rho_{\mathrm{I}}^2}=\frac{1+2\rho_{\mathrm{I}}+\rho_{\mathrm{I}}^2-\rho_{\mathrm{I}}^3-2\rho_{\mathrm{I}}^4-\rho_{\mathrm{I}}^5}{1+2\rho_{\mathrm{I}}+\rho_{\mathrm{I}}^2+2\rho_{\mathrm{I}}^3+\rho_{\mathrm{I}}^4}$$

将上式之 μ 代入 $f(\rho_{\mathrm{I}})$,则有

$$f(\rho_{\mathrm{I}})=\frac{1-\mu}{\rho_{\mathrm{I}}^3}+\frac{\mu}{(1+\rho_{\mathrm{I}})^3}=\frac{4\rho_{\mathrm{I}}^2+6\rho_{\mathrm{I}}+4}{(1+\rho_{\mathrm{I}})(\rho_{\mathrm{I}}^4+2\rho_{\mathrm{I}}^3+\rho_{\mathrm{I}}^2+2\rho_{\mathrm{I}}+1)}$$

$$\lim_{\rho_{\mathrm{I}}\to 1}f(\rho_{\mathrm{I}})=\frac{14}{2\times 7}=1$$

但 $f(\rho_{\mathrm{I}})$ 是 ρ_{I} 的渐减函数,故一般适合 $1>\rho_{\mathrm{I}}>0$ 的 ρ_{I} 有 $f(\rho_{\mathrm{I}})>1$,即(62) 对 $k=\mathrm{I}$ 成立.

对 $k=\mathrm{III}$,(62) 的成立的证明,只要应用上面已经用过的代换

$$\mu,\sigma_{\mathrm{I}},\rho_{\mathrm{I}};-U_x\ \text{代以}\ 1-\mu,\rho_{\mathrm{III}},\sigma_{\mathrm{III}};U_x \tag{65}$$

于是

$$\frac{1-\mu}{\rho_{\mathrm{III}}^3}+\frac{\mu}{\sigma_{\mathrm{III}}^3}=\frac{\mu}{\sigma_{\mathrm{I}}^3}+\frac{1-\mu}{\rho_{\mathrm{I}}^3}>1$$

故知道,对 $k=\mathrm{III}$,(62) 也成立. 于是得证.

由(51) 有

$$U_{yy}(x_k,0)=1-\frac{\mu}{|x_k+\mu-1|^3}-\frac{1-\mu}{|x_k+\mu|^3}$$

$$=1-\frac{\mu}{\sigma_k^3}-\frac{1-\mu}{\rho_k^3}$$

故(62) 成立,即证明了

$$U_{yy}(x_k,0)<0 \tag{66}$$

现在证明 ρ_k 和 σ_k 是 μ 的单调函数. 对 $k=\mathrm{III}$ 只要用代换式(65),所以不必讨论. 又由(55a) 和(55b) 有

$$\sigma_{\mathrm{I}}=1+\rho_{\mathrm{I}},\quad \sigma_{\mathrm{II}}=1-\rho_{\mathrm{II}}$$

所以只要证明 ρ_k 对于 $k=\mathrm{I}$,II ($1>\mu>0$) 是 μ 的单调函数,也就是证明 $\dfrac{\mathrm{d}\rho_k}{\mathrm{d}\mu}$,

$$\mathcal{V}=-\left(\frac{m_1m_2}{r_{12}}+\frac{m_2m_3}{r_{23}}+\frac{m_3m_1}{r_{31}}\right)$$

对 $k=$ Ⅰ, Ⅱ 为有限而不为零就好了. μ 和 ρ_k 存在着关系式 (87a) 和 (57b). 将这两式分别对 μ 取导数, 得

$$-1-\frac{1}{\rho_{\text{I}}^2}+\frac{1}{(1+\rho_{\text{I}})^2}=\left\{1+\frac{2(1-\mu)}{\rho_{\text{I}}^3}+\frac{2\mu}{(1+\rho_{\text{I}})^3}\right\}\frac{d\rho_{\text{I}}}{d\mu}$$

及

$$1-\frac{1}{\rho_{\text{II}}^2}-\frac{1}{(1-\rho_{\text{II}})^2}=\left\{1+\frac{2(1-\mu)}{\rho_{\text{II}}^3}+\frac{2\mu}{(1+\rho_{\text{II}})^3}\right\}\frac{d\rho_{\text{II}}}{d\mu}$$

但 $1+\rho_{\text{I}}=\sigma_{\text{I}}>0$ 及 $1-\rho_{\text{II}}=\sigma_{\text{II}}>0$, 所以上两式括号 $\{\ \}$ 中之值恒为正值. 于是只需证明上两等式的左边不为零就好了, 即只要证明

$$1-\frac{1}{\sigma_{\text{I}}^2}\neq-\frac{1}{\rho_{\text{I}}^2} \tag{67}$$

及

$$1-\frac{1}{\rho_{\text{II}}^2}\neq\frac{1}{\sigma_{\text{II}}^2} \tag{68}$$

因 $\sigma_{\text{I}}>1$, 故 $1-\frac{1}{\sigma_{\text{I}}^2}>0$, 而 $-\frac{1}{\rho_{\text{I}}^2}<0$, 所以不等式 (67) 即已成立, 又因 $\rho_{\text{II}}+\sigma_{\text{II}}=1$, 所以

$$1-\frac{1}{\rho_{\text{II}}^2}=1-\frac{1}{(1-\sigma_{\text{II}})^2}=\frac{(-\sigma_{\text{II}})(2-\sigma_{\text{II}})}{(1-\sigma_{\text{II}})}<0$$

而 (68) 右端大于 0, 故不等式 (68) 亦成立. 于是 $\frac{d\rho_k}{d\mu}$ 对 $k=$ Ⅰ, Ⅱ 不为零, 而 $\rho_k(\mu)$ 是 μ 的单调函数.

由 (57a, b) 令 $\mu\to+0$ 及 $\mu\to1-0$, 得

$$\rho_{\text{I}}(+0)=1, \quad \rho_{\text{I}}(1-0)=0 \tag{69}$$

$$\rho_{\text{II}}(+0)=1, \quad \rho_{\text{II}}(1-0)=0 \tag{70}$$

应用代换 (65) 于 (69), 可得

$$\sigma_{\text{III}}(+0)=0, \quad \sigma_{\text{III}}(1-0)=1 \tag{71}$$

再用 $1+\rho_{\text{I}}=\sigma_{\text{I}}$, $\rho_{\text{II}}+\sigma_{\text{II}}=1$, $\rho_{\text{III}}=1+\sigma_{\text{III}}$, 由上三式可得

$$\sigma_{\text{I}}(+0)=2, \quad \sigma_{\text{I}}(1-0)=1 \tag{72}$$

$$\sigma_{\text{II}}(+0)=0, \quad \sigma_{\text{II}}(1-0)=1 \tag{73}$$

$$\rho_{\text{III}}(+0)=1, \quad \rho_{\text{III}}(1-0)=2 \tag{74}$$

现在再来证明下三个不等式

$$\sigma_{\text{III}}(\mu)\lessgtr\rho_{\text{I}}(\mu), \quad \text{当} \mu\lessgtr\frac{1}{2} \tag{75}$$

$$\sigma_{\text{II}}(\mu)\lessgtr\rho_{\text{II}}(\mu), \quad \text{当} \mu\lessgtr\frac{1}{2} \tag{76}$$

$$\rho_{\text{II}}(\mu)<\rho_{\text{I}}(\mu), \quad \text{当} 0<\mu<1 \tag{77}$$

当 $\mu = \dfrac{1}{2}$ 时,$\mu = 1 - \mu$,即 S 和 J 的质量相等. 于是由对称性质有

$$\sigma_{\text{III}}(\mu) = \rho_{\text{I}}(\mu) \quad \text{及} \quad \sigma_{\text{II}}(\mu) = \rho_{\text{II}}(\mu) \quad \text{当} \ \mu = \frac{1}{2}$$

另一方面由(73)看出,$\sigma_{\text{II}}(\mu)$ 是 μ 的渐增函数,而由(70)有 $\rho_{\text{II}}(\mu)$ 是 μ 的渐减函数,故有

$$\sigma_{\text{II}}(\mu) \gtreqless \rho_{\text{II}}(\mu) \quad \text{当} \ \mu \lesseqgtr \frac{1}{2}$$

同样由(69),ρ_{I} 是 μ 的渐减函数,由(71),$\sigma_{\text{III}}(\mu)$ 是 μ 的渐增函数,故有

$$\sigma_{\text{III}}(\mu) \lesseqgtr \rho_{\text{I}}(\mu) \quad \text{当} \ \mu \lesseqgtr \frac{1}{2}$$

要证明 $\rho_{\text{II}}(\mu) < \rho_{\text{I}}(\mu)$,只要证明

$$\phi(\mu) \equiv \rho_{\text{I}}(\mu) - \rho_{\text{II}}(\mu) > 0 \tag{78}$$

现在首先证明

$$\phi\left(\frac{1}{2}\right) = \rho_{\text{I}}\left(\frac{1}{2}\right) - \rho_{\text{II}}\left(\frac{1}{2}\right) > 0 \tag{79}$$

由(57b),令 $\mu = \dfrac{1}{2}$,则有

$$-\frac{1}{2} + \rho_{\text{II}} + \frac{\frac{1}{2}}{(1 - \rho_{\text{II}})^2} - \frac{\frac{1}{2}}{\rho_{\text{II}}^2} = 0$$

$\rho_{\text{II}} = \dfrac{1}{2}$ 显然能适合上式,故 $\rho_{\text{II}}\left(\dfrac{1}{2}\right) = \dfrac{1}{2}$. 再对(57 I)令 $\mu = \dfrac{1}{2}$,则有

$$-\frac{1}{2} - \rho_{\text{I}} + \frac{\frac{1}{2}}{(1 + \rho_{\text{I}})^2} + \frac{\frac{1}{2}}{\rho_{\text{I}}^2} = 0 \tag{80}$$

即

$$2\rho_{\text{I}}^5 + 5\rho_{\text{I}}^4 + 4\rho_{\text{I}}^3 - \rho_{\text{I}}^2 - 2\rho_{\text{I}} - 1 = 0 \tag{81}$$

今上式左端的函数表以 $\psi(\rho_{\text{I}})$,那么

$$\psi(1) = 2 + 5 + 4 - 1 - 2 - 1 = 7$$

$$\psi\left(\frac{2}{3}\right) = 2\left(\frac{2}{3}\right)^5 + 5\left(\frac{2}{3}\right)^4 + 4\left(\frac{2}{3}\right)^3 - \frac{2}{3} - 2 \times \frac{2}{3} - 1 = -\frac{137}{243}$$

故

$$\psi\left(\frac{2}{3}\right) < 0 < \psi(1)$$

于是可知 $\psi(\rho_{\text{I}})$ 有一根在 $\dfrac{2}{3}$ 与 1 之间. 由(81)知道方程的系数符号只有一个变更,所以在 $\dfrac{2}{3}$ 和 1 之间只有 $\psi(\rho_{\text{I}})$ 的一个实根. 再依(80)知道这个根就是

$$\mathscr{V} = -\left(\frac{m_1 m_2}{r_{12}} + \frac{m_2 m_3}{r_{23}} + \frac{m_3 m_1}{r_{31}}\right)$$

$\rho_{\mathrm{I}}\left(\dfrac{1}{2}\right)$，即

$$\psi\left(\rho_{\mathrm{I}}\left(\frac{1}{2}\right)\right)=0$$

于是

$$1>\rho_{\mathrm{I}}\left(\frac{1}{2}\right)>\frac{2}{3}$$

故

$$\phi\left(\frac{1}{2}\right)=\rho_{\mathrm{I}}\left(\frac{1}{2}\right)-\rho_{\mathrm{II}}\left(\frac{1}{2}\right)>\frac{2}{3}-\frac{1}{2}>0$$

于是(79)便证明了. 我们知道 $\rho_{\mathrm{I}}(\mu)$ 和 $\rho_{\mathrm{II}}(\mu)$ 都是 μ 的连续函数,所以 $\phi(\mu)$ 也是 μ 的连续函数,于是在 $\mu=\dfrac{1}{2}$ 的附近, $\phi(\mu)>0$. 当 μ 连续变化时, $\phi(\mu)>0$ 必须经过 $\phi(\mu)=0$,才能使 $\phi(\mu)<0$. 现在证明在 $0<\mu<1$ 的区间不存在 μ 使 $\phi(\mu)=0$,这样我们便证明了

$$\phi(\mu)>0 \quad (0<\mu<1)$$

若有 μ^{*} 使 $\phi(\mu^{*})=\rho_{\mathrm{I}}(\mu^{*})-\rho_{\mathrm{II}}(\mu^{*})=0$,那么由(57a)和(57b),令 $\rho_{\mathrm{I}}=\rho_{\mathrm{II}}=\rho^{*}$,则有

$$-\mu^{*}-\rho^{*}+\frac{\mu^{*}}{(1+\rho^{*})^{2}}+\frac{1-\mu^{*}}{\rho^{*2}}=0$$

及

$$-\mu^{*}+\rho^{*}+\frac{\mu^{*}}{(1-\rho^{*})^{2}}-\frac{1-\mu^{*}}{\rho^{*2}}=0$$

将上两式相加,得

$$-2\mu^{*}+\frac{\mu^{*}}{(1+\rho^{*})^{2}}+\frac{\mu^{*}}{(1-\rho^{*})^{2}}=0$$

或

$$2\mu^{*}(1+\rho^{*})^{2}(1-\rho^{*})^{2}=\mu^{*}(1-\rho^{*})^{2}+\mu^{*}(1+\rho^{*})^{2}$$

或

$$\mu^{*}(1-\rho^{*2})^{2}=\mu^{*}(1+\rho^{*2})$$

因 $\mu^{*}>0$,由上式得

$$(1-\rho^{*2})^{2}=(1+\rho^{*2})$$

但 $\rho^{*}>0$,故上式左端小于1,而右端大于1,可见上式不能成立. 于是 $0<\mu<1$ 区间中不能有 μ 使 $\phi(\mu)=0$. 因此常有

$$\phi(\mu)=\rho_{\mathrm{I}}(\mu)-\rho_{\mathrm{II}}(\mu)>0 \quad (0<\mu<1)$$

至此(77)亦已证明.

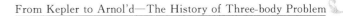

§5 $U(x,0)$ 的极小值大小的比较

本节将要证明下面一个不等式
$$U(x_l,0) < U(x_{\mathrm{II}},0)\ \text{对于}\ 0 < \mu < 1\ \text{及}\ l = \mathrm{I}, \mathrm{III} \tag{82}$$
对固定的 μ 值,选 θ 值使它在 0 和 $\rho_{\mathrm{I}} = \rho_{\mathrm{I}}(\mu)$ 之间,即 $0 < \theta < \rho_{\mathrm{I}}(\mu)$. 于是
$$-\rho_{\mathrm{I}}(\mu) - \mu < -\theta - \mu < -\mu$$
但 $x_{\mathrm{I}}(\mu) = \rho_{\mathrm{I}}(\mu) + \mu$,所以上面不等式可以写成
$$-x_{\mathrm{I}}(\mu) < -\theta - \mu < -\mu$$
从上式看出,$-\theta - \mu$ 是属于(52)的第一个区间. 于是由 $-x_{\mathrm{I}} < -\theta - \mu$ 和极小值的定义,得
$$U(-x_{\mathrm{I}}(\mu),0) < U(-\theta - \mu,0) \tag{83}$$
另一方面,$0 < \theta < \rho_{\mathrm{I}}(\mu)$ 包含于
$$0 < \theta < 1 \tag{84}$$
因为由(69)恒有 $\rho_{\mathrm{I}}(\mu) < 1$. 对于上列区间的 θ,我们应用(46)计算下列之式
$$\theta(-\theta - \mu,0) - U(\theta - \mu,0)$$
$$= \frac{1}{2}(-\theta - \mu)^2 + \frac{\mu}{|-\theta - \mu - 1 + \mu|} + \frac{1 - \mu}{|-\theta - \mu + \mu|} -$$
$$\left[\frac{1}{2}(\theta - \mu)^2 + \frac{\mu}{|\theta - \mu - 1 + \mu|} + \frac{1 - \mu}{|\theta - \mu + \mu|} \right]$$
$$= 2\mu\theta + \mu\left(\frac{1}{\theta + 1} - \frac{1}{1 - \theta} \right) + (1 - \mu)\left(\frac{1}{\theta} - \frac{1}{\theta} \right)$$
$$= 2\mu\theta - \frac{2\mu\theta}{1 - \theta^2} = -2\mu\theta^3 \left(\frac{1}{1 - \theta^2} \right) < 0$$
于是
$$U(-\theta - \mu,0) < U(\theta - \mu,0)$$
上不等式与(83)结合,得
$$U(-x_{\mathrm{I}}(\mu),0) < U(\theta - \mu,0) \tag{85}$$
上式对 $0 < \theta < \rho_{\mathrm{I}}(\mu)$ 中的任何 θ 值都适合. 但由(77)有
$$0 < \rho_{\mathrm{II}}(\mu) < \rho_{\mathrm{I}}(\mu)$$
所以
$$U(-x_{\mathrm{I}}(\mu),0) < U(\rho_{\mathrm{II}}(\mu) - \mu,0)$$
应用(55b),$x_{\mathrm{II}}(\mu) = \rho_{\mathrm{II}}(\mu) - \mu$,故
$$U(-x_{\mathrm{I}}(\mu),0) < U(x_{\mathrm{II}}(\mu),0)$$
上式就证明了(82)$l = \mathrm{I}$ 的情况. 应用对称代换原则,由上式可证 $l = \mathrm{III}$ 的不等式.

$$\mathscr{V} = -\left(\frac{m_1 m_2}{r_{12}} + \frac{m_2 m_3}{r_{23}} + \frac{m_3 m_1}{r_{31}} \right)$$

应用霍纳数字解代数方程的方法,我们可由第七章(51),(53),(55)分别求得 x_{I},x_{II},x_{III}. 再将这些 x 值代入第八章(49)和(51)可求出 $U_{xx}(x,0)$,$U_{yy}(x,0)$ 之值.现在将 μ 自 0.01 起至 0.5 止的各 x,$U_{xx}(x,0)$,$U_{yy}(x,0)$ 列表如下:

表 8.1

μ	x_{I}	$U_{xx}(x_{\mathrm{I}},0)$	$U_{yy}(x_{\mathrm{I}},0)$	x_{II}	$U_{xx}(x_{\mathrm{II}},0)$	$U_{yy}(x_{\mathrm{II}},0)$	x_{III}	$U_{xx}(x_{\mathrm{III}},0)$	$U_{yy}(x_{\mathrm{III}},0)$
0.01	-1.0042	3.0174	-0.0087	0.8481	11.1334	-4.0667	1.1468	7.4670	-2.2335
0.02	-1.0083	3.0356	-0.0178	0.8035	11.7846	-4.3923	1.1801	7.1264	-2.0632
0.03	-1.0125	3.0532	-0.0266	0.7696	12.2500	-4.6250	1.2012	6.8944	-1.9472
0.04	-1.0167	3.0710	-0.0355	0.7409	12.6380	-4.8190	1.2164	6.7142	-1.8571
0.05	-1.0208	3.0898	-0.0449	0.7152	12.9658	-4.8929	1.2281	6.5594	-1.7797
0.10	-1.0416	3.1834	-0.0917	0.6690	14.1750	-5.5875	1.2597	6.0134	-1.5067
0.20	-1.0828	3.3856	-0.1928	0.4381	15.5972	-6.2986	1.2710	5.3308	-1.1654
0.30	-1.1232	3.6086	-0.3043	0.2861	16.4154	-6.7077	1.2567	4.8488	-0.9244
0.40	-1.1620	3.8584	-0.4292	0.1416	16.8588	-6.9294	1.2308	4.4640	-0.7320
0.50	-1.1984	4.1396	-0.5698	0.0000	17.0000	-7.0000	1.1984	4.1434	-0.5717

§6   具离心势位能曲面上仅有的五个动平衡点

凡使 $U_x=0$ 及 $U_y=0$ 的点 (x,y),就是动平衡点.对曲面 $U=U(x,y)$ 来说,这些点 (x,y,U) 的切面平行于 xOy 平面.

令

$$U_0=1-\frac{1-\mu}{\rho^3}-\frac{\mu}{\sigma^3} \tag{86}$$

那么(39)和(40)可写成

$$U_x=xU_0+(1-\mu)\mu\left(\frac{1}{\sigma^3}-\frac{1}{\rho^3}\right) \tag{87}$$

$$U_y=yU_0$$

于是由 $U_y=0$,得

$$y=0 \quad 得 \quad U_0=0$$

若 $y=0$,那么由 $U_x=U_x(x,0)=0$,照本章 §3,可得到 $(x_{\mathrm{I}},0)$,$(x_{\mathrm{II}},0)$,$(x_{\mathrm{III}},0)$ 三个动平衡点.

若 $U_0=0$,那么(87)得到

$$U_x = (1-\mu)\mu\left(\frac{1}{\sigma^3} - \frac{1}{\rho^3}\right) = 0$$

于是对 $0 < \mu < 1$,得到 $\sigma = \rho$. 将这结果再代到(86),则有

$$1 - \frac{1-\mu}{\sigma^3} - \frac{\mu}{\sigma^3} = 0$$

于是

$$\sigma = \rho = 1$$

上式就表示 S, J, P 三点成为等边三角形的三个顶点. 于是圆形限制三体问题只有五个动平衡点的证明完毕.

由(49),显然有 $U_{xx}(x,0) > 0$,另一方面,由(66) 有 $U_{yy}(x_k,0) < 0$,于是知道:在点 $(x,y) = (x_k,0)(k = \text{I}, \text{II}, \text{III})$ 有

$$\begin{bmatrix} U_{xx} & U_{xy} \\ U_{xy} & U_{yy} \end{bmatrix} = \begin{pmatrix} + & 0 \\ 0 & - \end{pmatrix}$$

如上式可以肯定:直线型的三个动平衡点都不是极值点. 但对 $y = 0$ 平面上的曲线而言,由于 $U_{xx} > 0$,这些动平衡点都是 U 的极小值点;对 $x = x_k$ 的平面上的曲线而言,由于 $U_{yy} < 0$,所以这三个动平衡点都是 U 的极大值点. 于是知道在点 $(x_k,0)$ 附近 U 曲面成马鞍形,所以我们称这样的点为鞍点.

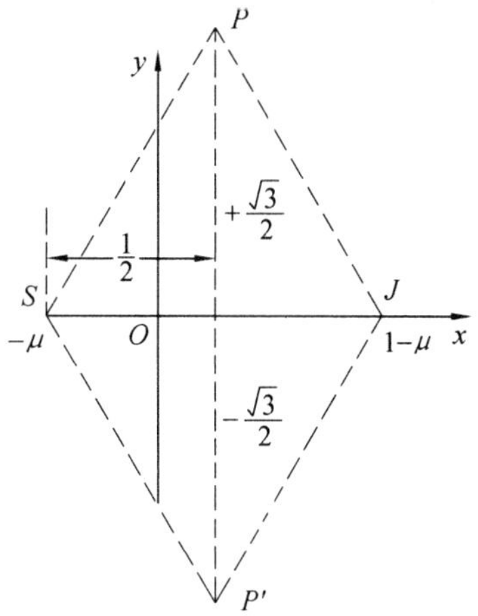

由(图 8.6)看出,等边三角形动平衡点的坐标是 $\left(\frac{1}{2} - \mu, +\frac{\sqrt{3}}{2}\right)$ 及 $\left(\frac{1}{2} - \mu, -\frac{\sqrt{3}}{2}\right)$. 将这两点的坐标代入(41),(42),(43),并注意这几式的分母都是 1,即 $\sigma = \rho = 1$,则得

图 8.6

$$U_{xx} = 1 - \mu - (1-\mu) + 3\mu\left(-\frac{1}{2}\right)^2 +$$

$$3(1-\mu)\left(\frac{1}{2}\right)$$

$$= \frac{3}{4}$$

$$U_{xy} = 3\mu\left(-\frac{1}{2}\right)\frac{\sqrt{3}}{2} + 3(1-\mu)\left(\frac{1}{2}\right)\frac{\sqrt{3}}{2} = (1-2\mu)\frac{3\sqrt{3}}{4}$$

$$U_{yy} = 1 - \mu - (1-\mu) + 3\mu\left(\frac{\sqrt{3}}{2}\right)^2 + 3(1-\mu)\left(\frac{\sqrt{3}}{2}\right)^2 = \frac{9}{4}$$

于是

173

$$\mathscr{V} = -\left(\frac{m_1 m_2}{r_{12}} + \frac{m_2 m_3}{r_{23}} + \frac{m_3 m_1}{r_{31}}\right)$$

$$\begin{bmatrix} U_{xx} & U_{xy} \\ U_{xy} & U_{yy} \end{bmatrix} = \frac{3}{4} \begin{bmatrix} 1 & \sqrt{3}(1-3\mu) \\ \sqrt{3}(1-2\mu) & 3 \end{bmatrix}$$

从上式可以肯定等边三角形动平衡点是 U 的极小值点.

将 $x = \frac{1}{2} - \mu, y = \frac{\sqrt{3}}{2}$ 代入(32),得

$$U = \frac{1}{2}\left[\left(\frac{1}{2} - \mu\right)^2 + \left(\frac{\sqrt{3}}{2}\right)^2\right] + 1 = \frac{1}{2}(3 - \mu + \mu^2)$$

由于 U 对 $y = 0$ 平面成对称,所以 $\left(\frac{1}{2} - \mu, -\frac{\sqrt{3}}{2}\right)$ 的 U 值也是 $\frac{1}{2}(3 - \mu + \mu^2)$.

§7　等位线和质点存在区域图

质点 P 的机械能并不守恒,不过引入具离心势的位函数以后,雅可比积分便和能量积分的形式相同,可写为

$$T - U = h \tag{88}$$

但质点的动能恒为正,即 $T > 0$,故

$$U = T - h > -h \tag{89}$$

以 $U = -h$ 截 U 曲面,那么凡在 $U = -h$ 平面以上的 U 曲面部分在 xOy 平面上的投影的区域中质点 P 能够存在的. 这种区域以 P_h 表示,$U = -h$ 平面与 U 曲面的交线 $T = 0$. 质点 P 在此点时,它的速度必须为零,所以这种曲线可称为零速度曲线,或称为等位线,因为在这曲线上的点其 U 值都相同. 这区域以 Z_h 表示. 除了 P_h 和 Z_h 以外的区域用 N_h 表示. 在 N_h 区域的点 (x, y, U),它在平面 $U = -h$ 之下,质点 P 不能存在在这区域中. 不同的 h 值,平面截出不同的 Z_h 曲线. 我们可在 xOy 平面上作出这些曲线(图 8.7). 对 V 来说,这些曲线和地理图上的等高线相似.

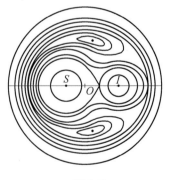

图 8.7

由 U 的表式(32),知道 U 曲面是解析曲面(代数的),所以 P_h 和 N_h 的分界曲线 Z_h 的拓扑图形不会变更,除非 $h = -U(a, b)$ 的 (a, b) 达到临界点 —— 五个动平衡点. 若 $(-h)$ 是相当大的正数,那么 Z_h 是三个闭路曲线 B_1, B_2, B_3 组成的. 这三个曲线近似于圆形,而分别以 S, J, O 为圆心,区域图如图 8.8(a),其中影线表示 N_h 区域,令五个动平衡点的坐标是

$$(a_1, 0), (a_2, 0), (a_3, 0), (a_4, b_4), (a_5, b_5)$$

其中 $a_4 = a_5$，$b_4 = -b_5$ 及 $a_1 < a_2 < a_3$，假定 $\mu \leqslant 1 - \mu$ 并不失其普遍性. 于是各对应 U 值的大小顺序为 $+\infty > U_2 > U_3 > U_1 > U_4 = U_5 = \min U > 0$. 当 $-h = U_2$ 时，N_h，P_h 区域如图 8.8(b)；当 $U_2 > -h > U_3$ 时，区域图如图 8.8(c)；当 $-h = U_3$，区域图如图 8.8(d)；当 $U_3 > -h > U_1$ 时，区域图如图 8.8(e)；当 $-h = U_1$ 时，区域图如图 8.8(f)；当 $U_1 > -h > U_4$ 时，区域图如图 8.8(g)；当 $U_4 = -h$，仅剩 (a_4, b_4)，(a_5, b_5) 两点，$U_4 > -h$ 时，整个平面都是 P_h 的区域.

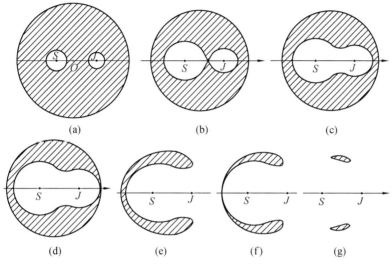

图 8.8

"有关人造地球卫星的运动与科学研究的若干问题"一书中，62 页图 1 就是应用于地球和月球的零速度曲线图，相当于本书图 8.7，由于曲线和 x 轴成对称，所以该书只画出一半，那里所用的质量比是

$$\mu : 1 - \mu = m_1 : m_2 = 81.45$$

$$\mathcal{V} = -\left(\frac{m_1 m_2}{r_{12}} + \frac{m_2 m_3}{r_{23}} + \frac{m_3 m_1}{r_{31}} \right)$$

碰撞问题和解案的正规化

第九章

§1 动力方程的级数解法

从第四章我们知道,应用接触变换可以将三体问题的运动微分方程组降低为六阶而仍保持哈密尔顿方程的形式.若暂不消去时间和暂且不用能量降阶法,则动力方程组可写为

$$\frac{\mathrm{d}q_r}{\mathrm{d}t}=\frac{\partial H}{\partial p_r},\qquad \frac{\mathrm{d}p_r}{\mathrm{d}t}=-\frac{\partial H}{\partial q_r}\qquad (r=1,2,3,4) \qquad (1)$$

上方程组属于下面一阶微分方程组的类型

$$\begin{cases} \dfrac{\mathrm{d}x_1}{\mathrm{d}t}=X_1(x_1,x_2,\cdots,x_n) \\[2mm] \dfrac{\mathrm{d}x_2}{\mathrm{d}t}=X_2(x_1,x_2,\cdots,x_n) \\[2mm] \qquad\qquad\vdots \\[2mm] \dfrac{\mathrm{d}x_n}{\mathrm{d}t}=X_n(x_1,x_2,\cdots,x_n) \end{cases} \qquad (2)$$

其中 $x_1,x_2,\cdots,x_n$ 是时间 t 的函数.上方程组可用柯西创造的幂级数法求解,设

$$\begin{cases} x_1=a_1+b_1t+c_1t^2+d_1t^3+\cdots \\ x_2=a_2+b_2t+c_2t^2+d_2t^3+\cdots \\ \qquad\qquad\vdots \\ x_n=a_n+b_nt+c_nt^2+d_nt^3+\cdots \end{cases} \qquad (3)$$

应用初值条件:$t=0$ 时

$$\begin{cases} x_1=x_{10},x_2=x_{20},\cdots,x_n=x_{n0} \\ \dfrac{\mathrm{d}x_1}{\mathrm{d}t}=v_{10},\dfrac{\mathrm{d}x_2}{\mathrm{d}t}=v_{20},\cdots,\dfrac{\mathrm{d}x_n}{\mathrm{d}t}=v_{n0} \end{cases} \tag{4}$$

则 $t=0$ 时,(3) 成为

$$x_{10}=a_1,x_{20}=a_2,\cdots,x_{n0}=a_n \tag{5}$$

将(3) 对 t 取导数,则得

$$\begin{cases} \dfrac{\mathrm{d}x_1}{\mathrm{d}t}=b_1+2c_1t+3d_1t^2+\cdots \\ \dfrac{\mathrm{d}x_2}{\mathrm{d}t}=b_2+2c_2t+3d_2t^2+\cdots \\ \qquad\qquad \vdots \\ \dfrac{\mathrm{d}x_n}{\mathrm{d}t}=b_n+2c_nt+3d_nt^2+\cdots \end{cases} \tag{6}$$

将上式 $t=0$,并应用(4) 第二个条件,得

$$v_{10}=b_1,v_{20}=b_2,\cdots,v_{n0}=b_n \tag{7}$$

从(5) 和(7) 看出 $a_i,b_i(i=1,2,\cdots,n)$ 都是已知数.将(3) 的各 x_i 代入(2) 右端的 X_j,则各 X_j 为时间 t 的函数,如在可能的条件下,将各 X_j 展开成为 t 的幂级数,设为

$$X_j=A_j+B_jt+C_jt^2+\cdots \tag{8}$$

将(6) 和(8) 代入(2),则在它们共同的收敛半径范围内比较系数,有

$$A_j=b_j,B_j=2c_j,C_j=3d_j,\cdots \tag{9}$$

从上式可解出 $c_j,d_j,\cdots$ 等系数,因为 $A_j,B_j,C_j,\cdots$ 等都是 $a_i,b_i,c_i,\cdots(i=1,2,\cdots,n)$ 的函数,于是(3) 便成为所求的解案,因为此时各 $a_i,b_i,c_i,\cdots$ 等为已知数,$x_1,x_2,\cdots,x_n$ 成为时间的已知函数.

但是上法基于 $X_1,X_2,\cdots,X_n$ 可展开为 t 的幂级数.在数学上一个函数能否展开成为幂级数的条件是这函数必须是复变函数中的解析函数.即使是实变数的幂级数,它的收敛半径也必须用复变平面来确定.所以要研究幂级数的完整性质应该用复变函数的理论.这样一来必然地引进"用复数表示时间 t"的方法.

幂级数(8)的收敛半径是 X_j 最近原点的奇异点与原点 O 的距离.现在来看三体问题哈密尔顿方程(1) 右端 $\dfrac{\partial H}{\partial p_r}$ 和 $-\dfrac{\partial H}{\partial q_r}$ 的实数奇异点的类型.因 $H=T+V$,而由第四章(1),动能 T 和位能 V 的表式为

$$T=\sum_{r=1}^{9}\frac{p_r^2}{2m_k}$$

及

177

$$V=-\left(\frac{m_1m_2}{r_{12}}+\frac{m_2m_3}{r_{23}}+\frac{m_3m_1}{r_{31}}\right)$$

$$V = -m_2 m_3 \left[(q_4 - q_7)^2 + (q_5 - q_8)^2 + (q_6 - q_9)^2 \right]^{-\frac{1}{2}} -$$
$$m_3 m_1 \left[(q_7 - q_1)^2 + (q_8 - q_2)^2 + (q_9 - q_3)^2 \right]^{-\frac{1}{2}} -$$
$$m_1 m_2 \left[(q_1 - q_4)^2 + (q_2 - q_5)^2 + (q_3 - q_6)^2 \right]^{-\frac{1}{2}}$$

于是

$$\frac{\partial H}{\partial p_r} = \frac{p_r}{m_k} \quad 及 \quad -\frac{\partial H}{\partial q_r} = -\frac{\partial V}{\partial q_r}$$

从上式可看出,对应于三体问题的 X_j 的奇异点不是使 $X_j = 0$ 的奇异点,因为 $\frac{p_r}{m_k}$ 和 $-\frac{\partial V}{\partial q_r}$ 一般都不是零.但是由 V 的表式可得到使 $X_j = \infty$ 的奇异点,因为当任二质点坐标重合时,使 $\frac{\partial V}{\partial q_r}$ 的分母为零,而使 $\left| \frac{\partial V}{\partial q_r} \right| = \infty$.二质点坐标相重合的物理意义是二质点发生碰撞现象,所以我们应当研究三体问题的碰撞现象,由第七章图 7.11 中可看出三体问题的确会发生碰撞现象.

§2 庞加莱复数时间变换式

若三质点不发生碰撞现象,又没有质点在无穷远,那么在 t 复数平面的实轴上 X_j 没有奇异点,若 X_j 展开为 $t - t_0$ 的幂级数,它的收敛半径是 R,那么 X_j 在以 R 为半径 t_0 为圆心的圆外,一定存在着复数奇异点,因为 t 的实轴上已知没有奇异点.此时用上节方法得到的解案不能长时间地适用.不过学过复变函数的人,很自然地会想到应用"解析开拓"的方法,因为应用解析开拓法可找到越出上述收敛圆的解案.但是这方法在实用上是很繁的.1884 年庞加莱巧妙地应用了一个时间变换式,成功地解决了这一个问题.

设 t 的复数平面中 X_j 最靠近实轴的奇异点到实轴的距离是 h,那么 $y = +h$ 和 $y = -h$ 为界的无穷长带形区域中无奇异点(图 9.1(a)).庞加莱应用下面的变换

$$t - t_0 = \frac{2h}{\pi} \log \frac{1 + \tau}{1 - \tau} \tag{10}$$

从上式看出,当 $\tau \to -1$ 时,$t \to -\infty$;当 $\tau \to 1$ 时,$t \to +\infty$.我们知道,$\log \frac{1 + \tau}{1 - \tau}$ 是 τ 的复数平面上单位圆 $|\tau| = 1$ 内部的解析函数(图 9.1(b)).变换(10)使 t 的带形区域的点和 τ 平面上的单位圆内的点成一一对应关系,为了看清这关系,我们令

$$t - t_0 = x + \mathrm{i} y, \quad \tau = u + \mathrm{i} v \tag{11}$$

则(10)可写成

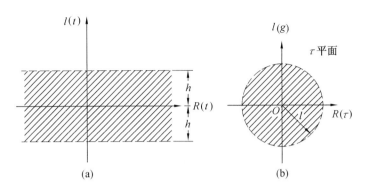

图 9.1

$$e^{\frac{\pi}{2h}(x+iy)} = \frac{1+u+iv}{1-u-iv}$$

或

$$e^{\frac{\pi}{2h}x}\left(\cos\frac{\pi}{2h}y + i\sin\frac{\pi}{2h}y\right) = \frac{(1-u^2-v^2)-2uvi}{(1-u)^2+v^2}$$

将上式两端实数部分互等及虚数部互等,得

$$\begin{cases} \left(\cos\dfrac{\pi}{2h}y\right)e^{\frac{\pi}{2h}x} = \dfrac{1-u^2-v^2}{(1-u)^2+v^2} \\ \left(\sin\dfrac{\pi}{2h}y\right)e^{\frac{\pi}{2h}x} = -\dfrac{2uv}{(1-u)^2+v^2} \end{cases} \tag{12}$$

从(12)第一式看出,单位圆 $u^2+v^2=1$ 上的点对应于 $\cos\dfrac{\pi y}{2h}=0$,或 $y=\pm h$ 的两根直线. 将(12)两式平方相加,得

$$e^{\frac{\pi}{h}x} = \frac{(1-u^2-v^2)^2+4u^2v^2}{\left[(1-u)^2+v^2\right]^2} \tag{13}$$

将(12)两式相除,得

$$\tan\frac{\pi}{2h}y = \frac{-2uv}{1-u^2-v^2} \tag{14}$$

$|\tau|=1$ 的单位圆中,任一对实数 (u,v),在 $-\infty < x < +\infty$,$-h < y < +h$ 的带形区域内有唯一的一对实数 (x,y) 和它对应. 所以如将三体问题动力方程的各 $X_j(t)$ 用(10)的变数变换,那么这些函数在 $|\tau|<1$ 的域内是解析函数. 于是动力方程的解,如上节,可表为 $|\tau|<1$ 域内的幂级数. 再应用(10)的逆变换

$$\tau = \frac{e^{\frac{\pi}{2h}(t-t_0)}-1}{e^{\frac{\pi}{2h}(t-t_0)}+1} \tag{15}$$

得到 $-\infty < t < +\infty$ 的解答

$$q_i = q_i(t), \quad p_i = p_i(t)$$

再声明一次,当三质点有碰撞现象时,庞加莱的方法无效. 因此我们下面转入研

179

$$V = -\left(\frac{m_1 m_2}{r_{12}} + \frac{m_2 m_3}{r_{23}} + \frac{m_3 m_1}{r_{31}}\right)$$

究三体问题的碰撞现象.

§3 R 的等式和不等式,逊德曼不等式

在讨论碰撞以前,先来证明几个关于 R 的等式和不等式,以为下面讨论碰撞问题之用.

由第一章式(28),R 之定义为

$$R^2 = \sum_{i=1}^n m_i(x_i^2 + y_i^2 + z_i^2) \tag{16}$$

故

$$MR^2 = \left(\sum_{i=1}^n m_i\right)\left(\sum_{i=1}^n m_i(x_i^2 + y_i^2 + z_i^2)\right) \tag{17}$$

因

$$\left(\sum m_i\right) \cdot \sum_i m_i x_i^2 - \left(\sum m_i x_i\right)^2 = \sum_{i,j} m_i m_j(x_i - x_j)^2$$

其中 $\sum_{i,j}$ 表示 $\sum_{1<i<j<m}$. 如用质心作为直角坐标系的原点,则 $\sum m_i x_i = 0$,于是上式成为

$$M\sum_i m_i x_i^2 = \sum_{ij} m_i m_j(x_i - x_j)^2$$

同样

$$M\sum_i m_i y_i^2 = \sum_{ij} m_i m_j(y_i - y_j)^2$$

$$M\sum_i m_i z_i^2 = \sum_{ij} m_i m_j(z_i - z_j)^2$$

将上三式相加,并应用(17),得

$$MR^2 = \sum_{ij} m_i m_j\left[(x_i - x_j)^2 + (y_i - y_j)^2 + (z_i - z_j)^2\right]$$
$$= \sum_{ij} m_i m_j r_{ij}^2$$

故

$$R^2 = \frac{1}{M}\sum_{ij} m_i m_j r_{ij}^2 \tag{18}$$

我们可对动能 T 应用和上面相仿的推导法,可将

$$T = \frac{1}{2}\sum_i m_i(\dot{x}_i^2 + \dot{y}_i^2 + \dot{z}_i^2)$$

化为

$$T = \frac{1}{2M}\sum_{ij} m_i m_j\left[(\dot{x}_i - \dot{x}_j)^2 + (\dot{y}_i - \dot{y}_j)^2 + (\dot{z}_i - \dot{z}_j)^2\right]$$

$$= \frac{1}{2M} \sum_{ij} m_i m_j v_{ij}^2 \tag{19}$$

其中 v_{ij} 表示质点 m_i 和 m_j 的相对速度.

由第一章式(9),有

$$U = \sum_{i,j} \frac{m_i m_j}{r_{ij}} \tag{20}$$

所以

$$\left| \frac{\mathrm{d}U}{\mathrm{d}t} \right| = \left| - \sum_{i,j} \frac{m_i m_j}{r_{ij}^2} \frac{\mathrm{d}r_{ij}}{\mathrm{d}t} \right| \tag{21}$$

将 $\boldsymbol{r}_{ij} \cdot \boldsymbol{r}_{ij} = r_{ij}^2$ 对时间取导数,则有

$$\boldsymbol{r}_{ij} \cdot \frac{\mathrm{d}\boldsymbol{r}_{ij}}{\mathrm{d}t} = r_{ij} \frac{\mathrm{d}r_{ij}}{\mathrm{d}t} \tag{22}$$

但

$$\left| \boldsymbol{r}_{ij} \cdot \frac{\mathrm{d}\boldsymbol{r}_{ij}}{\mathrm{d}t} \right| \leqslant |\boldsymbol{r}_{ij}| \left| \frac{\mathrm{d}\boldsymbol{r}_{ij}}{\mathrm{d}t} \right| = r_{ij} \left| \frac{\mathrm{d}\boldsymbol{r}_{ij}}{\mathrm{d}t} \right|$$

由上两式得证

$$\frac{\mathrm{d}r_{ij}}{\mathrm{d}t} \leqslant \left| \frac{\mathrm{d}\boldsymbol{r}_{ij}}{\mathrm{d}t} \right| \tag{23}$$

将(23)应用于(21),得

$$\left| \frac{\mathrm{d}U}{\mathrm{d}t} \right| \leqslant \sum_{i,j} \frac{m_i m_j}{r_{ij}^2} \left| \frac{\mathrm{d}\boldsymbol{r}_{ij}}{\mathrm{d}t} \right| \tag{24}$$

又

$$U > \frac{m_i m_j}{r_{ij}}$$

故(24)可写成

$$\left| \frac{\mathrm{d}U}{\mathrm{d}t} \right| \leqslant U^2 \sum_{i,j} \frac{1}{m_i m_j} \left| \frac{\mathrm{d}\boldsymbol{r}_{ij}}{\mathrm{d}t} \right| \tag{25}$$

又由(19)得

$$2TM > m_i m_j \left| \frac{\mathrm{d}\boldsymbol{r}_{ij}}{\mathrm{d}t} \right|^2$$

故

$$\left| \frac{\mathrm{d}U}{\mathrm{d}t} \right| \leqslant U^2 \sum_{i,j} \frac{1}{m_i m_j} \sqrt{\frac{2TM}{m_i m_j}} \tag{26}$$

令

$$M_0 = \sqrt{M} \sum_{i,j} (m_i m_j)^{-\frac{3}{2}} \tag{27}$$

则(26)成为

$$\left| \frac{\mathrm{d}U}{\mathrm{d}t} \right| \leqslant M_0 U^2 \sqrt{2T} \tag{28}$$

181

$$\mathscr{V} = - \left(\frac{m_1 m_2}{r_{12}} + \frac{m_2 m_3}{r_{23}} + \frac{m_3 m_1}{r_{31}} \right)$$

将第一章式(29)化为

$$\frac{\mathrm{d}^2 R^2}{\mathrm{d}t^2} = 4h + 2U \tag{29}$$

并将上式对 t 取导数,得

$$\frac{\mathrm{d}^3 R^2}{\mathrm{d}t^3} = 2\frac{\mathrm{d}U}{\mathrm{d}t} \tag{30}$$

又

$$(2T)^{\frac{1}{2}} U^2 = \left(\frac{\mathrm{d}^2 R^2}{\mathrm{d}t^2} - 2h\right)^{\frac{1}{2}} \left[\frac{1}{2}\left(\frac{\mathrm{d}^2 R^2}{\mathrm{d}t^2} - 4h\right)\right]^2$$

$$\leqslant \frac{1}{4}\left(\left|\frac{\mathrm{d}^2 R^2}{\mathrm{d}t^2}\right| + 4\mid h \mid\right)^{\frac{5}{2}}$$

将上式和(28),(30)结合得要求的不等式

$$\left|\frac{\mathrm{d}^3 R^2}{\mathrm{d}t^3}\right| \leqslant \frac{M_0}{2}\left(\left|\frac{\mathrm{d}^2 R^2}{\mathrm{d}t^2}\right| + 4\mid h \mid\right)^{\frac{5}{2}} \tag{31}$$

现在再另求一个不等式,由(18)有

$$R = M^{-\frac{1}{2}}\left(\sum_{i,j} m_i m_j r_{ij}^2\right)^{\frac{1}{2}} > M^{-\frac{1}{2}}\sqrt{m_i m_j}\, r_{ij}$$

故

$$R\frac{m_i m_j}{r_{ij}} > M^{-\frac{1}{2}}(m_i m_j)^{\frac{3}{2}}$$

又由(29)有

$$\frac{\mathrm{d}^2 R^2}{\mathrm{d}t^2} - 4h = 2\sum_{i,j}\frac{m_i m_j}{r_{ij}}$$

将上两式结合得证

$$R\left(\frac{\mathrm{d}^2 R^2}{\mathrm{d}t^2} - 4h\right) \geqslant 2M^{-\frac{1}{2}}\sum_{i,j}(m_i m_j)^{\frac{3}{2}} > 0 \tag{32}$$

令

$$2M^{-\frac{1}{2}}\sum_{i,j}(m_i m_j)^{\frac{3}{2}} = m_0 \tag{33}$$

则(32)可写成

$$R\left(\frac{\mathrm{d}^2 R^2}{\mathrm{d}t^2} - 4h\right) \geqslant m_0 > 0 \tag{34}$$

现在再来求最重要的逊德曼不等式,由

$$R^2 = \sum_i m_i r_i^2$$

得

$$R\frac{\mathrm{d}R}{\mathrm{d}t} = \sum_i m_i r_i^2 \frac{\mathrm{d}r_i}{\mathrm{d}t} \tag{35}$$

先证下列著名的施瓦茨不等式

$$\left(\sum_i a_i b_i\right)^2 \leqslant \left(\sum_i a_i^2\right)\left(\sum_i b_i^2\right) \tag{36}$$

从行列式的乘法,可证下列等式

$$\begin{vmatrix} \sum a_i^2 & \sum a_i b_i \\ \sum a_i b_i & \sum b_i^2 \end{vmatrix} = \frac{1}{2}\sum_i \sum_j \begin{vmatrix} a_i & b_i \\ a_j & b_j \end{vmatrix}^2 \tag{37}$$

但上式右端恒为正,故

$$\left(\sum a_i^2\right)\left(\sum b_i^2\right) - \left(\sum a_i b_i\right)^2 \geqslant 0$$

于是(36)得证,对于

$$a_i = \sqrt{m_i}\, r_i, \quad b_i = \sqrt{m_i}\, \frac{\mathrm{d}r_i}{\mathrm{d}t}$$

得

$$\left(\sum_i m_i r_i \frac{\mathrm{d}r_i}{\mathrm{d}t}\right)^2 \leqslant \left(\sum_i m_i r_i^2\right)\left(\sum_i m_i\left(\frac{\mathrm{d}r_i}{\mathrm{d}t}\right)^2\right)$$

或

$$\left(R\frac{\mathrm{d}R}{\mathrm{d}t}\right)^2 \leqslant R^2 \sum_i m_i \left(\frac{\mathrm{d}r_i}{\mathrm{d}t}\right)^2$$

即

$$\left(\frac{\mathrm{d}R}{\mathrm{d}t}\right)^2 \leqslant \sum_i m_i\left(\frac{\mathrm{d}r_i}{\mathrm{d}t}\right)^2$$

将 $r_i^2 = \boldsymbol{r}_i \cdot \boldsymbol{r}_i$ 对 t 取导数,得 $r_i \dot{r}_i = \boldsymbol{r}_i \cdot \dot{\boldsymbol{r}}_i$,故

$$\left(\frac{\mathrm{d}R}{\mathrm{d}t}\right)^2 \leqslant \sum_i m_i \frac{(\boldsymbol{r}_i \cdot \dot{\boldsymbol{r}}_i)^2}{r_i^2} \tag{38}$$

同样令

$$a_i = \sqrt{m_i}\, r_i, \quad \boldsymbol{A}_i = \sqrt{m_i}\, \frac{\boldsymbol{r}_i \times \dot{\boldsymbol{r}}_i}{r_i}$$

则由(36),得

$$\left(\sum_i m_i(\boldsymbol{r}_i \times \dot{\boldsymbol{r}}_i)\right)^2 \leqslant \left(\sum_i m_i r_i^2\right)\left(\sum_i m_i \frac{(\boldsymbol{r}_i \times \dot{\boldsymbol{r}}_i)^2}{r_i^2}\right)$$

上式左端是动量矩矢量的平方,令为 c^2,则得

$$c^2 \leqslant R^2 \sum_i m_i \frac{(\boldsymbol{r}_i \times \dot{\boldsymbol{r}}_i)^2}{r_i^2}$$

或

$$\frac{c^2}{R^2} \leqslant \sum_i m_i \frac{(\boldsymbol{r}_i \times \dot{\boldsymbol{r}}_i)^2}{r_i^2} \tag{39}$$

将(38)和上式相加,得

$$\mathscr{V} = -\left(\frac{m_1 m_2}{r_{12}} + \frac{m_2 m_3}{r_{23}} + \frac{m_3 m_1}{r_{31}}\right)$$

$$\left(\frac{\mathrm{d}R}{\mathrm{d}t}\right)^2 + \frac{c^2}{R^2} \leqslant \sum_i \frac{m_i}{r_i^2}\left[(\boldsymbol{r}_i \times \dot{\boldsymbol{r}}_i)^2 + (\boldsymbol{r}_i \times \dot{\boldsymbol{r}}_i)^2\right] \tag{40}$$

现在证明下列等式

$$(\boldsymbol{r}_i \times \dot{\boldsymbol{r}}_i)^2 + (\boldsymbol{r}_i \times \dot{\boldsymbol{r}}_i)^2 = r_i^2\left(\frac{\mathrm{d}\boldsymbol{r}_i}{\mathrm{d}t}\right)^2 \tag{41}$$

(37) 可写为

$$\left(\sum a_i^2\right)\left(\sum b_i^2\right) = \left(\sum a_i b_i\right)^2 + \frac{1}{2}\sum_i \sum_j \begin{vmatrix} a_i & b_i \\ a_j & b_j \end{vmatrix}^2 \tag{42}$$

令

$$\boldsymbol{r}_i = a_1 \boldsymbol{i} + a_2 \boldsymbol{j} + a_3 \boldsymbol{k}$$

及

$$\frac{\mathrm{d}\boldsymbol{r}_i}{\mathrm{d}t} = b_1 \boldsymbol{i} + b_2 \boldsymbol{j} + b_3 \boldsymbol{k}$$

那么

$$\sum a_i^2 = |\boldsymbol{r}_i|^2 = r_i^2, \quad \sum b_i^2 = \left(\frac{\mathrm{d}\boldsymbol{r}_i}{\mathrm{d}t}\right)^2$$

$$\sum a_i b_i = \boldsymbol{r}_i \cdot \dot{\boldsymbol{r}}_i, \quad \frac{1}{2}\sum_i \sum_j \begin{vmatrix} a_i & b_i \\ a_j & b_j \end{vmatrix}^2 = (\boldsymbol{r}_i \times \dot{\boldsymbol{r}}_i)^2$$

将上四式代入(42) 即得(41). 于是(40) 成为

$$\left(\frac{\mathrm{d}R}{\mathrm{d}t}\right)^2 + \frac{c^2}{R^2} \leqslant \sum_i \frac{m_i}{r_i^2}\left[r_i^2\left(\frac{\mathrm{d}\boldsymbol{r}_i}{\mathrm{d}t}\right)^2\right]$$

或

$$\left(\frac{\mathrm{d}R}{\mathrm{d}t}\right)^2 + \frac{c^2}{R^2} \leqslant \sum_i m_i\left(\frac{\mathrm{d}\boldsymbol{r}_i}{\mathrm{d}t}\right)^2$$

又应用第一章式(34),有

$$\sum_i m_i\left(\frac{\mathrm{d}\boldsymbol{r}_i}{\mathrm{d}t}\right)^2 = 2T = \frac{\mathrm{d}^2 R}{\mathrm{d}t^2} - 2h$$

故

$$\left(\frac{\mathrm{d}R}{\mathrm{d}t}\right)^2 + \frac{c^2}{R^2} \leqslant \frac{\mathrm{d}^2 R^2}{\mathrm{d}t^2} - 2h \tag{43}$$

或

$$2R\frac{\mathrm{d}^2 R}{\mathrm{d}t^2} + \left(\frac{\mathrm{d}R}{\mathrm{d}t}\right)^2 - 2h \geqslant \frac{c^2}{R^2} \tag{44}$$

上式就是所要求的逊德曼不等式. 若令

$$J = R^2 = \sum_i m_i r_i^2 \tag{45}$$

那么(43) 亦可写成

$$\frac{\mathrm{d}^2 J}{\mathrm{d}t^2} - 2h - \frac{1}{4J}\left(\frac{\mathrm{d}J}{\mathrm{d}t}\right)^2 \geqslant \frac{c^2}{J} \tag{46}$$

最后顺便声明一句,以上不等式适用于 n 体问题,当然也适合于三体问题.

§4　发生一起碰撞的条件

所谓"一起碰撞"现象,是 n 个质点同时在空间一点碰撞(图 9.2). 对三体问题而言,三个质点同时在一点相碰撞. 当一起碰撞时 n 个质点集在一点,所以这点也就是它们的质心. 我们用质心坐标系,那么在一起碰撞时各 $r_i = 0$. 设在 t_0 时发生一起碰撞,那么

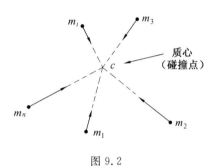

图 9.2

$$t \to t_0, \quad r_i(t) \to 0 \quad (i = 1,2,\cdots,n) \tag{47}$$

于是

$$t \to t_0, \quad J = \sum_i m_i r_i^2 \to 0 \tag{48}$$

又因 $r_i \to 0$,故 $r_{ij} = |\,r_i - r_j\,| \to 0$. 于是

$$t \to t_0, \quad U = \sum_{i,j} \frac{m_i m_j}{r_{ij}} \to +\infty \tag{49}$$

又(29)可写为

$$\frac{\mathrm{d}^2 J}{\mathrm{d}t^2} = 4h + 2U \tag{50}$$

我们研究的碰撞现象是弹性碰撞,即碰撞时机械能守恒定律依旧适用. 这样 h 是常数,于是

$$t \to t_0, \quad \frac{\mathrm{d}^2 J}{\mathrm{d}t^2} \to +\infty \tag{51}$$

上式表示,将发生碰撞时,$\dfrac{\mathrm{d}J}{\mathrm{d}t}$ 是恒增函数.

现在引入逊德曼函数

$$H(t) = -2hJ^{\frac{1}{2}} + \frac{\frac{1}{4}\left(\dfrac{\mathrm{d}J}{\mathrm{d}t}\right)^2 + c^2}{J^{\frac{1}{2}}} \tag{52(a)}$$

或

$$H = -2hR + R\left(\frac{\mathrm{d}R}{\mathrm{d}t}\right)^2 + \frac{c^2}{R} \tag{52(b)}$$

将上式对 t 取导数,则

$$U = -\left(\frac{m_1 m_2}{r_{12}} + \frac{m_2 m_3}{r_{23}} + \frac{m_3 m_1}{r_{31}}\right)$$

$$\frac{\mathrm{d}H}{\mathrm{d}t} = -2h\frac{\mathrm{d}R}{\mathrm{d}t} + \left(\frac{\mathrm{d}R}{\mathrm{d}t}\right)^{3} + 2R\frac{\mathrm{d}R}{\mathrm{d}t}\frac{\mathrm{d}^{2}R}{\mathrm{d}t^{2}} - \frac{c^{2}}{R^{2}}\frac{\mathrm{d}R}{\mathrm{d}t}$$

$$= \frac{\mathrm{d}R}{\mathrm{d}t}\left[-2h + \left(\frac{\mathrm{d}R}{\mathrm{d}t}\right)^{2} + 2R\frac{\mathrm{d}^{2}R}{\mathrm{d}t^{2}} - \frac{c^{2}}{R^{2}}\right]$$

或写成

$$\frac{\mathrm{d}H}{\mathrm{d}t} = F\frac{\mathrm{d}R}{\mathrm{d}t} \tag{53}$$

其中

$$F = -2h + \left(\frac{\mathrm{d}R}{\mathrm{d}t}\right)^{2} + 2R\frac{\mathrm{d}^{2}R}{\mathrm{d}t^{2}} - \frac{c^{2}}{R^{2}} \tag{54}$$

由逊德曼不等式 F 恒为正,可知 $\dfrac{\mathrm{d}H}{\mathrm{d}t}$ 与 $\dfrac{\mathrm{d}R}{\mathrm{d}t}$ $\left(\text{或}\dfrac{\mathrm{d}J}{\mathrm{d}t}\right)$ 永远同符号. 于是 H 和 R 中一个是时间 t 的增函数,那么另一个不能是时间的减函数.

现在当 $t \to t_0$ 时,$\dfrac{\mathrm{d}R}{\mathrm{d}t}\left(\text{或}\dfrac{\mathrm{d}J}{\mathrm{d}t}\right) > 0$,故 $\dfrac{\mathrm{d}H}{\mathrm{d}t} > 0$,即 $t \to t_0$ 时,H 是单调函数. 由 $R \to 0$ 及 h 是常数,故(52(b))的极限为

$$t \to t_0, \quad H \to R\left(\frac{\mathrm{d}R}{\mathrm{d}t}\right)^{2} + \frac{c^{2}}{R} \tag{55}$$

但 $R > 0$ 而又 $R \to 0$ 当 $t \to t_0$,所以将碰撞时 R 是渐减函数. 于是 H 在将碰撞时是单调不增函数. 故 $t \to t_0$ 时 H 的极限可能是 $-\infty$,但不能是 $+\infty$. 因 $R > 0$,于是从(55)知道 H 恒为正,而 H 的极限必须是"不是负数的有限值". 这就可由式(55)肯定 $\dfrac{c^{2}}{R}$ 是有界的. 但 $R \to 0$ 而 c^{2} 是常数,故必 $c = 0$. 于是得到最后所要求的重要结论:对 n 体问题,n 个质点可能发生一起碰撞现象的充要条件是 n 体对质心的总动量矩矢量是零. 对三体问题而言,若三质点对质心(即原点)的动量矩之和不为零,那么三质点就不会发生一起碰撞现象.

本章 §6 起,假定 $c \neq 0$,即不讨论三质点会发生一起碰撞的情形,而专讨论三质点中有二质点相碰的情形.

§5　碰 撞 时 的 极 限 式

在可能发生一起碰撞的情形下,$c = 0$,所以(52(a))成为

$$H = -2hJ^{\frac{1}{2}} + \frac{\frac{1}{4}\left(\dfrac{\mathrm{d}J}{\mathrm{d}t}\right)^{2}}{J^{\frac{1}{2}}} \tag{56}$$

于是

$$2HJ^{\frac{1}{2}} = -4hJ + \frac{1}{2}\left(\frac{\mathrm{d}J}{\mathrm{d}t}\right)^{2}$$

故

$$\frac{\mathrm{d}}{\mathrm{d}t}(2HJ^{\frac{1}{2}}) = -4h\frac{\mathrm{d}J}{\mathrm{d}t} + \left(\frac{\mathrm{d}J}{\mathrm{d}t}\right)\frac{\mathrm{d}^2J}{\mathrm{d}t^2} = \left(\frac{\mathrm{d}^2J}{\mathrm{d}t^2} - 4h\right)\frac{\mathrm{d}J}{\mathrm{d}t}$$

自 t 到 $\bar{t}$ 积分上式,其中 t 固定而 $\bar{t} \to t_0$,则因 $\bar{t} \to t_0$ 时 $J^{\frac{1}{2}} \to 0$,故有

$$2HJ^{\frac{1}{2}} = \int_{t_0}^{t} \left(\frac{\mathrm{d}^2J}{\mathrm{d}t^2} - 4h\right)\frac{\mathrm{d}J}{\mathrm{d}t}\mathrm{d}t \tag{57}$$

但自上节知 $\dfrac{\mathrm{d}J}{\mathrm{d}t}$ 最后符号不变,故应用(34)的另一形式

$$J^{\frac{1}{2}}\left(\frac{\mathrm{d}^2J}{\mathrm{d}t^2} - 4h\right) \geqslant m_0 > 0 \tag{58}$$

可由(57)得下不等式

$$2 \mid H \mid J^{\frac{1}{2}} \geqslant \int_{t_0}^{t} \frac{m_0}{J^{\frac{1}{2}}}\frac{\mathrm{d}J}{\mathrm{d}t}\mathrm{d}t = \int_{t_0}^{t} \frac{\mathrm{d}}{\mathrm{d}t}(2m_0J^{\frac{1}{2}})\mathrm{d}t$$

即

$$2 \mid H \mid J^{\frac{1}{2}} \geqslant 2m_0J^{\frac{1}{2}}$$

亦即

$$\mid H \mid \geqslant m_0$$

因 m_0 由定义(33)是一个正常数,所以(56)的 H 函数的极限存在. 由于 $t \to t_0$,$J^{\frac{1}{2}} \to 0$,故

$$\lim H = \frac{1}{4}\lim \frac{\left(\dfrac{\mathrm{d}J}{\mathrm{d}t}\right)^2}{J^{\frac{1}{2}}} \tag{59}$$

而且

$$\lim \frac{\left(\dfrac{\mathrm{d}J}{\mathrm{d}t}\right)^2}{J^{\frac{1}{2}}} > 0$$

(59)可写为

$$\pm \frac{\mathrm{d}t}{\mathrm{d}J} \sim \frac{1}{2}(\lim H)^{-\frac{1}{2}}J^{-\frac{1}{4}} \tag{60}$$

其中记号 $\sim$ 的意义为"当 $t \to t_0$ 时 $\dfrac{f_1}{f_2} \to 1$,则写为 $f_1 \sim f_2$",将(60)由 t 至 t_0 积分,得

$$(t - t_0) \sim \frac{1}{2}(\lim H)^{-\frac{1}{2}}\left(\frac{4}{3}J^{\frac{3}{4}}\right)$$

或

$$J \sim \left[\frac{3}{2}(\lim H)^{\frac{1}{2}}\right]^{\frac{4}{3}}(t - t_0)^{\frac{4}{3}} \tag{61}$$

187   $\mathscr{V} = -\left(\dfrac{m_1 m_2}{r_{12}} + \dfrac{m_2 m_3}{r_{23}} + \dfrac{m_3 m_1}{r_{31}}\right)$

于是

$$\frac{\mathrm{d}J}{\mathrm{d}t} \sim \frac{4}{3}\left(\frac{3}{2}\right)^{\frac{4}{3}} (\lim H)^{\frac{2}{3}} (t-t_0)^{\frac{1}{3}}$$

或

$$\frac{\mathrm{d}J}{\mathrm{d}t} \sim \left[12(\lim H)^2\right]^{\frac{1}{2}} (t-t_0)^{\frac{1}{3}} \tag{62}$$

应用微分学中求不定式的极限法于(59),则

$$\lim H = \frac{1}{4} \lim \frac{\dfrac{\mathrm{d}}{\mathrm{d}t}\left(\dfrac{\mathrm{d}J}{\mathrm{d}t}\right)^2}{\dfrac{\mathrm{d}}{\mathrm{d}t}(J^{\frac{1}{2}})} = \frac{1}{4} \lim \frac{2\dfrac{\mathrm{d}J}{\mathrm{d}t}\dfrac{\mathrm{d}^2 J}{\mathrm{d}t^2}}{\dfrac{1}{2}J^{-\frac{1}{2}}\dfrac{\mathrm{d}J}{\mathrm{d}t}}$$

即

$$\lim H = \lim\left(J^{\frac{1}{2}} \frac{\mathrm{d}^2 J}{\mathrm{d}t^2}\right) \tag{63}$$

将(61)两边开方,得

$$J^{\frac{1}{2}} \sim \left[\frac{3}{2}(\lim H)^{\frac{1}{2}}\right]^{\frac{2}{3}} (t-t_0)^{\frac{2}{3}} \tag{64}$$

将上式代入(63),得

$$\frac{\mathrm{d}^2 J}{\mathrm{d}t^2} \sim \left(\frac{2}{3}\lim H\right)^{\frac{2}{3}} (t-t_0)^{-\frac{2}{3}}$$

§6 三体问题的二质点碰撞

现在讨论三体问题的三个质点之中有两个质点(设为 m_1 和 m_3)于某时 t_0 发生碰撞,而其他一个质点 m_2 此时不参加碰撞,这数学表式可写为

$$t \to t_0 \quad r_{13} \to 0 \quad \text{而} \ r_{12} = r_{23} \neq 0 \tag{65}$$

如改用以 m_3 为原点的地心坐标系,那么上条件可改写为

$$t \to t_0 \quad |\boldsymbol{r}_2 - \boldsymbol{r}_1| > \text{常数} > 0 \quad \text{及} \quad |\boldsymbol{r}_2| > \text{常数} > 0 \tag{66}$$

参考第八章 §1(1),关于用地心坐标系来表示的三体问题动力方程的写法 (16),(17),可知

$$\ddot{\boldsymbol{r}}_1 + (m_3 + m_1)\frac{\boldsymbol{r}_1}{r_1^3} = \boldsymbol{f} \tag{67}$$

其中

$$\boldsymbol{f} = m_2 \left(\frac{\boldsymbol{r}_{12}}{r_{12}^3} - \frac{\boldsymbol{r}_2}{r_2^3}\right) \tag{68}$$

(1) 现在来求几个要用的不等式,应用矢量公式

$$(\boldsymbol{A} \times \boldsymbol{B}) \times \boldsymbol{A} = A^2 \boldsymbol{B} - (\boldsymbol{A} \cdot \boldsymbol{B})\boldsymbol{A}$$

令 $\boldsymbol{A}=\boldsymbol{r}_1$，$\boldsymbol{B}=\dot{\boldsymbol{r}}_1$，并应用 $\boldsymbol{r}_1\cdot\dot{\boldsymbol{r}}_1=r_1\dot{r}_1$，则有

$$(\boldsymbol{r}_1\times\dot{\boldsymbol{r}}_1)\times\boldsymbol{r}_1=r_1[r_1\dot{\boldsymbol{r}}_1-\dot{r}_1\boldsymbol{r}_1]$$

再应用显然的矢量不等式 $|\boldsymbol{C}\times\boldsymbol{D}|\leqslant|\boldsymbol{C}||\boldsymbol{D}|$ 于上式左端,则上式成为

$$|\boldsymbol{r}_1\times\dot{\boldsymbol{r}}_1|r_1\geqslant|[r_1\dot{\boldsymbol{r}}_1-\dot{r}_1\boldsymbol{r}_1]|$$

或

$$\frac{|\boldsymbol{r}_1\times\dot{\boldsymbol{r}}_1|}{r_1^2}\geqslant\left|\frac{r_1\dot{\boldsymbol{r}}_1-\dot{r}_1\boldsymbol{r}_1}{r_1^2}\right|$$

即

$$\frac{|\boldsymbol{r}_1\times\dot{\boldsymbol{r}}_1|}{r_1^2}\geqslant\left|\frac{\mathrm{d}}{\mathrm{d}t}\left(\frac{\boldsymbol{r}_1}{r_1}\right)\right| \tag{69}$$

上式就是要求的不等式之一.

将(67)两边矢乘以 $\boldsymbol{r}_1$，则因 $\boldsymbol{r}_1\times\boldsymbol{r}_1=0$，故

$$\ddot{\boldsymbol{r}}_1\times\boldsymbol{r}_1=\boldsymbol{f}\times\boldsymbol{r}_1=m_2\left(\frac{(\boldsymbol{r}_2-\boldsymbol{r}_1)\times\boldsymbol{r}_1}{r_{12}^3}-\frac{\boldsymbol{r}_2\times\boldsymbol{r}_1}{r_2^3}\right)$$

$$=m_2\left(\frac{1}{r_{12}^3}-\frac{1}{r_2^3}\right)(\boldsymbol{r}_2\times\boldsymbol{r}_1)$$

或

$$\frac{\mathrm{d}}{\mathrm{d}t}(\dot{\boldsymbol{r}}_1\times\boldsymbol{r}_1)=m_2\left(\frac{1}{r_{12}}-\frac{1}{r_2}\right)\left(\frac{1}{r_{12}^2}+\frac{1}{r_{12}r_2}+\frac{1}{r_2^2}\right)(\boldsymbol{r}_2\times\boldsymbol{r}_1) \tag{70}$$

由于(66)，$r_{12}>$ 常数 >0 及 $r_2>$ 常数 >0，故有

$$\left(\frac{1}{r_{12}^2}+\frac{1}{r_{12}r_2}+\frac{1}{r_2^2}\right)<\text{常数}$$

于是自(70)可得下面的不等式

$$\left|\frac{\mathrm{d}}{\mathrm{d}t}(\dot{\boldsymbol{r}}_1\times\boldsymbol{r}_1)\right|\leqslant K_1\left|\frac{1}{r_{12}}-\frac{1}{r_2}\right||\boldsymbol{r}_2\times\boldsymbol{r}_1|\quad(K_1=\text{常数}) \tag{71}$$

但

$$\frac{1}{r_{12}}-\frac{1}{r_2}=\frac{r_2-r_{12}}{r_{12}r_2}\leqslant\frac{|r_2-|\boldsymbol{r}_2-\boldsymbol{r}_1||}{r_{12}r_2}\leqslant\frac{r_1}{r_{12}r_2}<K_2\frac{r_1}{r_2}$$

及

$$|\boldsymbol{r}_2\times\boldsymbol{r}_1|\leqslant r_1r_2$$

所以(71)又可写成

$$\left|\frac{\mathrm{d}}{\mathrm{d}t}(\dot{\boldsymbol{r}}_1\times\boldsymbol{r}_1)\right|\leqslant K_1\left(K_2\frac{r_1}{r_2}\right)r_1r_2$$

或

$$\left|\frac{\mathrm{d}}{\mathrm{d}t}(\dot{\boldsymbol{r}}_1\times\boldsymbol{r}_1)\right|\leqslant Kr_1^2 \tag{72}$$

上式就是所要求的另一个不等式.

$$\mathscr{V}=-\left(\frac{m_1m_2}{r_{12}}+\frac{m_2m_3}{r_{23}}+\frac{m_3m_1}{r_{31}}\right)$$

（2）现在再来求两个等式.将(67)等号两端各点乘以 r_1，则有

$$r_1 \cdot \ddot{r}_1 + (m_3 + m_1) \frac{r_1^2}{r_1^3} = f \cdot r_1$$

但

$$\frac{d^2}{dt^2}\left(\frac{1}{2} r_1^2\right) = \frac{d}{dt}(r_1 \cdot \dot{r}_1) = r_1 \cdot \ddot{r}_1 + \dot{r}_1^2$$

故

$$\frac{d^2}{dt^2}\left(\frac{1}{2} r_1^2\right) - \dot{r}_1^2 + \frac{m_3 + m_1}{r_1} = f \cdot r_1 \tag{73}$$

将(67)等号两端点乘以 $\dot{r}_1$，则有

$$\dot{r}_1 \cdot \ddot{r}_1 + (m_3 + m_1) \frac{r_1}{r_1^3} \cdot \dot{r}_1 = f \cdot \dot{r}_1$$

或

$$\frac{d}{dt}\left[\frac{1}{2}\dot{r}_1^2 - \frac{m_3 + m_1}{r_1}\right] = f \cdot \dot{r}_1 \tag{74}$$

令

$$g \equiv \frac{1}{2}\dot{r}_1^2 - \frac{m_3 + m_1}{r_1} \tag{75}$$

则(74)变成

$$\frac{d}{dt}g = f \cdot \dot{r}_1 \tag{76}$$

(73)和(74)就是所要求的两个等式.

（3）现在求三体问题中有二质点碰撞的极限式.

由(65)，可得

$$U_{13} = \frac{m_1 m_3}{r_{13}} = \frac{m_1 m_3}{r_1} \to \infty \tag{77}$$

$$U_{12} = \frac{m_1 m_2}{r_{12}} \to \frac{m_2 m_3}{r_{23}} = U_{23} < \text{常数} \tag{78}$$

故

$$U = U_{13} + U_{12} + U_{23} \to U_{13} \to \infty$$

由上式可知：不碰撞质点 m_2 对"m_1 和 m_3 将发生碰撞，正在碰撞的阶段，和正好碰撞以后"的三个时期的作用力的影响可以略去. 换句话说，"三体问题的二质点碰撞"可以看作"二体问题的碰撞". 这个结论也适用于 n 体问题的二质点碰撞. 二体问题的碰撞现象仅当二质点的速度沿二质点的连线上运动时才会发生. 下面将证明 $t \to t_0$ 时，质点 m_1 和 m_3 的速度沿它们的联结线；又证明"二质点将碰撞时相对速度将趋于无限大".

由能量积分 $T = U + h$ 及(77)得

$$T < \frac{K_1}{r_1} \tag{79}$$

其中 K 是一个常数. 又 T 是 $\dot{\boldsymbol{r}}_1, \dot{\boldsymbol{r}}_2$ 的分量的二次函数,而且是正定的,所以

$$T > K_2 \mid \dot{\boldsymbol{r}}_1 \mid^2$$

或

$$\mid \dot{\boldsymbol{r}}_1 \mid < K_3 T^{\frac{1}{2}}$$

于是

$$\mid \dot{\boldsymbol{r}}_1 \mid < \frac{K_4}{r_1^{\frac{1}{2}}} \tag{80}$$

从上式可见当 $t \to t_0$ 时,m_1 和 m_3 的相对速度 $\mid \dot{\boldsymbol{r}}_1 \mid$ 随 $r_1 \to 0$ 而趋向于 $K_4 r_1^{-\frac{1}{2}}$.

将(68)的 $\mid \boldsymbol{f} \mid$ 展开成为 r_1 的幂级数,则得

$$\mid \boldsymbol{f} \mid < K_5 r_1 \tag{81}$$

合(80)和(81),则

$$\mid \boldsymbol{f} \mid \mid \dot{\boldsymbol{r}}_1 \mid < K_6 r_1^{\frac{1}{2}} \tag{82}$$

而

$$\mid \boldsymbol{f} \cdot \dot{\boldsymbol{r}}_1 \mid \leqslant \mid \boldsymbol{f} \mid \mid \dot{\boldsymbol{r}}_1 \mid < K_6 r_1^{\frac{1}{2}}$$

故当 $t \to t_0$ 时,$r_1 \to 0$,而 $\boldsymbol{f} \cdot \dot{\boldsymbol{r}}_1 \to 0$. 于是由(74)和(76),得

$$\frac{\mathrm{d}g}{\mathrm{d}t} = \frac{\mathrm{d}}{\mathrm{d}t}\left[\frac{1}{2}\dot{\boldsymbol{r}}_1^2 - \frac{m_3 + m_1}{r_1}\right] \to 0, \quad t \to t_0 \tag{83}$$

但由微分学的基本知识知道,$\dfrac{\mathrm{d}g}{\mathrm{d}t} \to 0$ 仅当 g 在 $t \to t_0$ 时有一有限极限值才成立.

于是 $r_1 g \to 0$,即

$$\frac{1}{2}\dot{\boldsymbol{r}}_1^2 r_1 \to m_3 + m_1, \quad t \to t_0 \tag{84}$$

将(73)乘以 r_1,然后使 $r_1 \to 0$,则因由(68)知道 $f <$ 常数,所以

$$r_1 \frac{\mathrm{d}^2}{\mathrm{d}t^2}\left(\frac{1}{2}\boldsymbol{r}_1^2\right) - r_1 \dot{\boldsymbol{r}}_1^2 + m_3 + m_1 = \boldsymbol{f} \cdot \boldsymbol{r}_1 r_1 \to 0$$

将(84)的 $r_1 \dot{\boldsymbol{r}}_1^2$ 代入上式,得

$$r_1 \frac{\mathrm{d}^2}{\mathrm{d}t^2}\left(\frac{1}{2}\boldsymbol{r}_1^2\right) \to m_3 + m_1 \tag{85}$$

因 $\boldsymbol{r}_1$ 是 m_1 对 m_3 的地心坐标,上式可写成

$$\lim\left(r_{13} \frac{\mathrm{d}^2 r_{13}^2}{\mathrm{d}t^2}\right) = 2(m_3 + m_1) \tag{86}$$

将(86)和(63)比较,可以看出对应关系

$$J = \sum m_i r_i^2 \leftrightarrow r_{13}^2, \quad \lim H \leftrightarrow 2(m_3 + m_1)$$

于是对应于(64)有下关系式

191

$$V = -\left(\frac{m_1 m_2}{r_{12}} + \frac{m_2 m_3}{r_{23}} + \frac{m_3 m_1}{r_{31}}\right)$$

$$r_{13} \sim \left[\frac{3}{2}(m_3 + m_1)^{\frac{1}{2}} \right]^{\frac{2}{3}} (t - t_0)^{\frac{2}{3}}$$

或

$$r_{13} \sim \left[\frac{9}{2}(m_3 + m_1) \right]^{\frac{1}{3}} (t - t_0)^{\frac{2}{3}}, \quad t \to t_0 \tag{87}$$

$|\dot{\boldsymbol{r}}_1|$ 的极限量级可将上式对时间 t 取导数而得,故

$$|\dot{\boldsymbol{r}}_1| \sim K(t - t_0)^{-\frac{1}{2}}, \quad t \to t_0 \tag{88}$$

上式中 K 是常数,(87) 和 (88) 是重要的极限式.

现在来证明,m_3, m_1 二质点相撞时,它们的相对轨迹趋于一直线,由矢量不等式

$$|\boldsymbol{r}_1 \times \dot{\boldsymbol{r}}_1| \leqslant |\boldsymbol{r}||\dot{\boldsymbol{r}}_1| \tag{89}$$

将 (80) 的 $|\dot{\boldsymbol{r}}_1|$ 代入上式,得

$$|\boldsymbol{r}_1 \times \dot{\boldsymbol{r}}_1| \leqslant K_4 r_1^{\frac{1}{2}}$$

故

$$\boldsymbol{r}_1 \times \dot{\boldsymbol{r}}_1 \to 0, \quad 当 t \to t_0 \tag{90}$$

上式表示当 $t \to t_0$ 时 $\dot{\boldsymbol{r}}_1$ 和 $\boldsymbol{r}_1$ 共线,即 m_3 对 m_1 的相对轨迹趋于一直线.但这不等于说 m_3 和 m_1 对三质点的质心惯性坐标系的轨迹是相切的.但可以证明 m_3 和 m_1 以一定的极限角相碰,即可以证明单位矢量 $\dfrac{\boldsymbol{r}_1}{r_1}$ 有一定的极限值.

因

$$\boldsymbol{r}_1(t) \times \dot{\boldsymbol{r}}_1(t) = \int_{t_0}^{t} \frac{\mathrm{d}}{\mathrm{d}t}(\boldsymbol{r}_1 \times \dot{\boldsymbol{r}}_1) \mathrm{d}t$$

又应用不等式 (72),由上式得到下不等式

$$|\boldsymbol{r}_1(t) \times \dot{\boldsymbol{r}}_1(t)| < K \left| \int_{t_0}^{t} r_1^2 \mathrm{d}t \right|$$

但 r_1^2 当 $t \to t_0$ 时是渐减函数,所以

$$\left| \int_{t_0}^{t} r_1^2 \mathrm{d}t \right| < r_1^2 (t - t_0)$$

于是

$$|\boldsymbol{r}_1 \times \dot{\boldsymbol{r}}_1| < (常数) r_1^2 (t - t_0)$$

或

$$\frac{|\boldsymbol{r}_1 \times \dot{\boldsymbol{r}}_1|}{r_1^2} < (常数)(t - t_0) \tag{91}$$

将上式与 (69) 结合,得

$$\left| \frac{\mathrm{d}}{\mathrm{d}t}\left(\frac{\boldsymbol{r}_1}{r_1} \right) \right| < (常数)(t - t_0)$$

于是

$$\frac{\mathrm{d}}{\mathrm{d}t}\left(\frac{\boldsymbol{r}_1}{r_1}\right) \to 0, \quad \text{当 } t - t_0$$

即 $t - t_0$ 时，$\dfrac{\boldsymbol{r}_1}{r_1}$ 趋于一定极限.

对质心惯性坐标系，两个碰撞质点的轨迹在碰撞点成为齿点.

§7 用局部匀化变数的变换来正规化实数奇异点

从以上各节的讨论知道：动量矩 $c \neq 0$ 时不会发生三质点碰撞，但可能发生二质点碰撞. 当有二质点碰撞时，这二质点的距离无限地接近；力函数 U 无限地增大；动能也无限地增大；在碰撞时 $t = t_0$，哈密尔顿方程的 $\dfrac{\partial H}{\partial p}$ 和 $\dfrac{\partial H}{\partial q}$ 至少有一式趋于无穷大；因此这些函数以 t_0 为奇异点. 此时动力方程不再是时间 t 的解析函数，用幂级数的方法来求解也成为不可能，但我们可将自变数 t 变为其他变数而将 t_0 的实数奇异点除去.

为了应用第四章的降阶式(64)，我们假定质点 m_1 和 m_2 发生碰撞，质点 m_3 不参加碰撞，于是(87)和(84)成为

$$r_{12} \sim \left[\frac{9}{2}(m_2 + m_1)\right]^{\frac{1}{3}} (t - t_0)^{\frac{2}{3}} \tag{92}$$

及

$$r_{12}\left(\frac{\mathrm{d}\boldsymbol{r}_{12}}{\mathrm{d}t}\right)^2 \to 2(m_2 + m_1) \tag{93}$$

以 $t_0 = 0$ 为计时起点，并令

$$v = \left[\frac{9}{2}(m_2 + m_1)\right]^{\frac{1}{3}} \tag{94}$$

则(92)可写成

$$r_{12} \sim v t^{\frac{2}{3}} \tag{95}$$

由上式启示我们，如用下式

$$u \equiv u(t) = \int_0^t \frac{\mathrm{d}t}{r_{12}(t)} \tag{96}$$

定义的 u 来代替 t，可能将实数奇异点 $t = 0$ 正规化. 应用(95)，将上式积分，则

$$u \sim 3v^{-1} t^{\frac{1}{3}}, \quad t \to 0 \tag{97}$$

将(96)与第二章(64)的第一式比较，看出 u 相当于偏近点角 E. 我们称 u 为局部匀化变数. u 与 t 的变换式就是(96). 由(97)看出当 $t \to 0$ 时，$u \to 0$，而 u 的次数是 $t^{\frac{1}{3}}$.

193

$$\mathscr{V} = -\left(\frac{m_1 m_2}{r_{12}} + \frac{m_2 m_3}{r_{23}} + \frac{m_3 m_1}{r_{31}}\right)$$

现在应用降阶式,但是为了写法简便起见,我们改用矢量式,令

$$\begin{cases} \boldsymbol{X}_1 = Q_1\boldsymbol{i} + Q_2\boldsymbol{j} + Q_3\boldsymbol{k} \\ \boldsymbol{X}_2 = Q_4\boldsymbol{i} + Q_5\boldsymbol{j} + Q_6\boldsymbol{k} \\ \boldsymbol{Y}_1 = P_1\boldsymbol{i} + P_2\boldsymbol{j} + P_3\boldsymbol{k} \\ \boldsymbol{Y}_2 = P_4\boldsymbol{i} + P_5\boldsymbol{j} + P_6\boldsymbol{k} \end{cases} \tag{98}$$

那么

$$Y_1^2 = P_1^2 + P_2^2 + P_3^2, \quad Y_2^2 = P_4^2 + P_5^2 + P_6^2 \tag{99}$$

$$r_{12} = \sqrt{(q_4 - q_1)^2 + (q_5 - q_2)^2 + (q_6 - q_3)^2}$$

应用第四章式(42),上式为

$$r_{12} = \sqrt{Q_1^2 + Q_2^2 + Q_3^2} = X_1 \tag{100}$$

应用第四章式(59),则有

$$\begin{aligned} r_{13} &= \sqrt{(q_7 - q_1)^2 + (q_8 - q_2)^2 + (q_9 - q_3)^2} \\ &= \left[(Q_4^2 + Q_5^2 + Q_6^2) + \left(\frac{m_2}{m_1 + m_2}\right)^2 (Q_1^2 + Q_2^2 + Q_3^2) + \right. \\ &\quad \left. \frac{2m_2}{m_1 + m_2}(Q_1 Q_4 + Q_2 Q_5 + Q_3 Q_6) \right]^{\frac{1}{2}} \\ &= \left[X_2^2 + \left(\frac{m_2}{m_1 + m_2}\right)^2 X_1^2 + \frac{2m_2}{m_1 + m_2}(\boldsymbol{X}_1 \cdot \boldsymbol{X}_2) \right]^{\frac{1}{2}} \end{aligned}$$

或

$$r_{13} = |\boldsymbol{X}_2 + v_1 \boldsymbol{X}_1| \tag{101}$$

其中

$$v_1 = \frac{m_2}{m_1 + m_2}$$

又应用第四章式(60)有

$$\begin{aligned} r_{23} &= \sqrt{(q_4 - q_7)^2 + (q_5 - q_8)^2 + (q_6 - q_9)^2} \\ &= \left[(Q_4^2 + Q_5^2 + Q_6^2) + \left(\frac{m_1}{m_1 + m_2}\right)^2 (Q_1^2 + Q_2^2 + Q_3^2) - \right. \\ &\quad \left. \frac{2m_1}{m_1 + m_2}(Q_1 Q_4 + Q_2 Q_5 + Q_3 Q_6) \right]^{\frac{1}{2}} \\ &= \left[X_2^2 + \left(\frac{m_1}{m_1 + m_2}\right)^2 X_1^2 - \frac{2m_1}{m_1 + m_2}(\boldsymbol{X}_1 \cdot \boldsymbol{X}_2) \right]^{\frac{1}{2}} \end{aligned}$$

或

$$r_{23} = |\boldsymbol{X}_2 - v_2 \boldsymbol{X}_1| \tag{102}$$

其中

$$v_2 = \frac{m_1}{m_1 + m_2}$$

于是哈密尔顿函数第四章式(64)可写为

$$K = \frac{1}{2\mu}Y_1^2 + \frac{1}{2\mu'}Y_2^2 - \frac{m_1 m_2}{X_1} - \frac{m_1 m_3}{\mid \boldsymbol{X}_2 + v_1 \boldsymbol{X}_1 \mid} - \frac{m_2 m_3}{\mid \boldsymbol{X}_2 - v_2 \boldsymbol{X}_1 \mid} \quad (103)$$

以 $\widetilde{X}_i, \widetilde{Y}_i$ 表示 $\boldsymbol{X}_i, \boldsymbol{Y}_i$ 的一对对应分量,则三体问题的哈密尔顿方程可写为

$$\frac{\mathrm{d}\widetilde{Y}_i}{\mathrm{d}t} = -\frac{\partial K}{\partial \widetilde{X}_i}, \quad \frac{\mathrm{d}\widetilde{X}_i}{\mathrm{d}t} = \frac{\partial K}{\partial \widetilde{Y}_i} \quad (i = 1, 2) \quad (104)$$

现在再将上动力方程施行下列正则反演变换

$$\boldsymbol{P}_1 = \frac{\boldsymbol{Y}_1}{Y_1^2}, \quad \boldsymbol{Q}_1 = Y_1^2 \boldsymbol{X}_1 - 2(\boldsymbol{Y}_1 \cdot \boldsymbol{X}_1)\boldsymbol{Y}_1 \quad (105)$$

$$\boldsymbol{P}_2 = \boldsymbol{Y}_2, \quad \boldsymbol{Q}_2 = \boldsymbol{X}_2 \quad (106)$$

上面(105)的第一式就是反演变换,其中 Y_1^2 可看作半径 Y_1 的平方.(106)是全同变换.要求上两式确定的逆变换,可推导如下

$$P_1^2 = \boldsymbol{P}_1 \cdot \boldsymbol{P}_1 = \frac{1}{Y_1^4}(\boldsymbol{Y}_1 \cdot \boldsymbol{Y}_1) = \frac{1}{Y_1^2} \quad (107a)$$

或

$$P_1^2 Y_1^2 = 1 \quad (107b)$$

故

$$\boldsymbol{Y}_1 = \boldsymbol{P}_1 Y_1^2 = \frac{\boldsymbol{P}_1}{P_1^2} \quad (108)$$

又

$$\boldsymbol{P}_1 \cdot \boldsymbol{Q}_1 = \frac{1}{Y_1^2}\left[(\boldsymbol{X}_1 \cdot \boldsymbol{Y}_1)Y_1^2 - 2(\boldsymbol{Y}_1 \cdot \boldsymbol{X}_1)(\boldsymbol{Y}_1 \cdot \boldsymbol{Y}_1)\right] = -\boldsymbol{Y}_1 \cdot \boldsymbol{X}_1$$

或

$$\boldsymbol{P}_1 \cdot \boldsymbol{Q}_1 + \boldsymbol{Y}_1 \cdot \boldsymbol{X}_1 = 0 \quad (109)$$

故由(105)的第二式,得

$$\boldsymbol{X}_1 = \frac{1}{Y_1^2}\left[\boldsymbol{Q}_1 + 2(\boldsymbol{Y}_1 \cdot \boldsymbol{X}_1)\boldsymbol{Y}_1\right] = P_1^2\left[\boldsymbol{Q}_1 - 2(\boldsymbol{P}_1 \cdot \boldsymbol{Q}_1)\frac{\boldsymbol{P}_1}{P_1^2}\right]$$

或

$$\boldsymbol{X}_1 = P_1^2 \boldsymbol{Q}_1 - 2(\boldsymbol{P}_1 \cdot \boldsymbol{Q}_1)\boldsymbol{P}_1$$

于是得逆变换

$$\begin{cases} \boldsymbol{Y}_1 = \dfrac{\boldsymbol{P}_1}{P_1^2}, \quad \boldsymbol{X}_1 = P_1^2 \boldsymbol{Q}_1 - 2(\boldsymbol{P}_1 \cdot \boldsymbol{Q}_1)\boldsymbol{P}_1 \\ \boldsymbol{Y}_2 = \boldsymbol{P}_2, \quad \boldsymbol{X}_2 = \boldsymbol{Q}_2 \end{cases} \quad (110)$$

故

$$Y_2^2 = \boldsymbol{Y}_2 \cdot \boldsymbol{Y}_2 = P_2^2, \quad X_2^2 = Q_2^2 \quad (111)$$

$$\varepsilon = 2\boldsymbol{X}_1 \cdot \boldsymbol{X}_2 = \left[P_1^2 \boldsymbol{Q}_1 - 2(\boldsymbol{P}_1 \cdot \boldsymbol{Q}_1)\boldsymbol{P}_1\right] \cdot \boldsymbol{Q}_2$$
$$= P_1^2 \boldsymbol{Q}_1 \cdot \boldsymbol{Q}_2 - 2(\boldsymbol{P}_1 \cdot \boldsymbol{Q}_1)(\boldsymbol{P}_1 \cdot \boldsymbol{Q}_2) \quad (112)$$

195

$$\mathscr{V} = -\left(\frac{m_1 m_2}{r_{12}} + \frac{m_2 m_3}{r_{23}} + \frac{m_3 m_1}{r_{31}}\right)$$

$$X_1^2 = \boldsymbol{X}_1 \cdot \boldsymbol{X}_1 = \left[P_1^2 \boldsymbol{Q}_1 - 2(\boldsymbol{P}_1 \cdot \boldsymbol{Q}_1)\boldsymbol{P}_1\right] \cdot \left[P_1^2 \boldsymbol{Q}_1 - 2(\boldsymbol{P}_1 \cdot \boldsymbol{Q}_1)\boldsymbol{P}_1\right]$$
$$= P_1^4 \boldsymbol{Q}_1 \cdot \boldsymbol{Q}_1 - 4P_1^2(\boldsymbol{P}_1 \cdot \boldsymbol{Q}_1)^2 + 4(\boldsymbol{P}_1 \cdot \boldsymbol{Q}_1)^2 P_1^2$$

或

$$X_1^2 = (P_1^2 Q_1)^2 \tag{113}$$

将以上各式代入(103)得新哈密尔顿函数

$$H = \frac{1}{2\mu}\frac{1}{P_1^2} + \frac{1}{2\mu'}P_2^2 - \frac{m_1 m_2}{P_1^2 Q_1} - \frac{m_1 m_2}{\left[Q_2^2 + (v_1 P_1^2 Q_1)^2 + v_1 \varepsilon\right]^{\frac{1}{2}}} -$$
$$\frac{m_2 m_3}{\left[Q_2^2 + (v_2 P_1^2 Q_1)^2 - v_2 \varepsilon\right]^{\frac{1}{2}}} \tag{114}$$

应注意,上式中的 P_1, Q_1 与(98)中的 P_1, Q_1 不同,现在

$$P_i = |\boldsymbol{P}_i| = \sqrt{P_{ix}^2 + P_{iy}^2 + P_{iz}^2} \quad (i=1,2)$$
$$Q_i = |\boldsymbol{Q}_i| = \sqrt{Q_{ix}^2 + Q_{iy}^2 + Q_{iz}^2} \quad (i=1,2)$$

令 x 为 $Q_{ix}, Q_{iy}, Q_{iz}(i=1,2)$ 中任一变数,y 为 $P_{ix}, P_{iy}, P_{iz}(i=1,2)$ 中任一变数.那么对应于(114)的 H 的哈密尔顿方程可写为

$$\frac{\mathrm{d}y}{\mathrm{d}t} = -\frac{\partial H}{\partial x}, \quad \frac{\mathrm{d}x}{\mathrm{d}t} = \frac{\partial H}{\partial y} \tag{115}$$

上式中 x, y 是一对共轭动力变数.

现在要求再改变上面的动力方程,使适用于任意确定能量常数 h 的力学系统,并且用局部匀化变数 u 作自变数,而 u 可写为

$$u(t) = \int_0^t \frac{\mathrm{d}t}{r_{12}(t)} = \int_0^t \frac{\mathrm{d}t}{X_1} = \int_0^t \frac{\mathrm{d}t}{\left[P_1(t)\right]^2 Q_1(t)} \tag{116}$$

于是

$$\frac{\mathrm{d}t}{\mathrm{d}u} = \frac{1}{\frac{\mathrm{d}u}{\mathrm{d}t}} = r_{12} = P_1^2 Q_1 \tag{117}$$

现在用下式确定的函数作为新哈密尔顿函数 $\overline{H}$
$$\overline{H} = (-h + H)r_{12} \tag{118}$$

于是

$$\frac{\partial \overline{H}}{\partial x} = \left(-\frac{\partial h}{\partial x} + \frac{\partial H}{\partial x}\right)r_{12} + (-h + H)\frac{\partial r_{12}}{\partial x}$$

但 h 为常数,故 $\frac{\partial h}{\partial x} = 0$,另一方面 $-h + H = 0$,故

$$\frac{\partial \overline{H}}{\partial x} = \frac{\partial H}{\partial x}r_{12} \tag{119a}$$

同样

$$\frac{\partial \overline{H}}{\partial y} = \frac{\partial H}{\partial y}r_{12} \tag{119b}$$

又应用(117),有

$$\frac{\mathrm{d}y}{\mathrm{d}u} = \frac{\mathrm{d}y}{\mathrm{d}t}\frac{\mathrm{d}t}{\mathrm{d}u} = \frac{\mathrm{d}y}{\mathrm{d}t}r_{12} \qquad 及 \qquad \frac{\mathrm{d}x}{\mathrm{d}u} = \frac{\mathrm{d}x}{\mathrm{d}t}r_{12} \tag{120}$$

将方程(115)的等号两边乘以 r_{12},并应用上式和(119),可得新哈密尔顿方程

$$\frac{\mathrm{d}y}{\mathrm{d}u} = -\frac{\partial\overline{H}}{\partial x}, \qquad \frac{\mathrm{d}x}{\mathrm{d}u} = \frac{\partial\overline{H}}{\partial y} \tag{121}$$

将(114)的 H 及(117)的 r_{12} 代入(118),得

$$\overline{H} = Q_1\left(-hP_1^2 + \frac{1}{2\mu} + \frac{P_1^2 P_2^2}{2\mu'} - \frac{m_1 m_3 P_1^2}{\left[Q_2^2 + (v_1 P_1^2 Q_1)^2 + v_1\varepsilon\right]^{\frac{1}{2}}} - \right.$$
$$\left. \frac{m_2 m_3 P_1^2}{\left[Q_2^2 + (v_2 P_1^2 Q_1)^2 - v_2\varepsilon\right]^{\frac{1}{2}}}\right) - m_1 m_2 \tag{122}$$

在三体问题的二质点 m_1 和 m_2 相碰时,$r_{12} \to 0$,当 $t \to 0$,及 r_{23} 和 r_{13} 趋于同一极限 α. 当 $t \to 0$,由(116)知 $u \to 0$. (121)的解 $Q_{1x}(u)$,$Q_{1y}(u)$,$Q_{1z}(u)$,$Q_{2x}(u)$,$Q_{2y}(u)$,$Q_{2z}(u)$,$P_{1x}(u)$,$P_{1y}(u)$,$P_{1z}(u)$,$P_{2x}(u)$,$P_{2y}(u)$,$P_{2z}(u)$,组成十二维相空间. 设 Q 表示这些函数的十二维解析区域,现在可以证明:当 $u \to 0$ 时,这些函数依旧在解析区域 Q 内. 为此必须证明各 P_{ix},Q_{ix} 等是有界的;再证明(122)的 $\overline{H}$ 也是有界的. 再者为了证明 $\overline{H}$ 有界,只要证明

$$P_1^2 Q_1 \to 0 \tag{123}$$

$$\varepsilon = (\boldsymbol{P}_1 \cdot \boldsymbol{P}_1)(\boldsymbol{Q}_1 \cdot \boldsymbol{Q}_2) - 2(\boldsymbol{P}_1 \cdot \boldsymbol{Q}_1)(\boldsymbol{P}_1 \cdot \boldsymbol{Q}_2) \to 0 \tag{124}$$

$$|\boldsymbol{Q}_2| \to \alpha > 0 \tag{125}$$

$$|\boldsymbol{Q}_1| \to \beta > 0 \tag{126}$$

因为上四式成立时

$$\overline{H} \to 0 + \frac{\beta}{2\mu} + \frac{0 \cdot P_2^2}{2\mu'} - \frac{0}{\alpha} - \frac{0}{\alpha} - m_1 m_2$$

即

$$\overline{H} \to \frac{\beta}{2\mu} - m_1 m_2$$

所以 $\overline{H}$ 是有界的. 另一方面(123),(125)和(126)成立包括 $\boldsymbol{P}_1$,$\boldsymbol{Q}_1$,$\boldsymbol{Q}_2$ 是有界的,所以证明了(123),(125),(126),便不必再证 $\boldsymbol{P}_1$,$\boldsymbol{Q}_1$,$\boldsymbol{Q}_2$ 是有界了. 于是现在只证明 $\boldsymbol{P}_2$ 有界,及上四式成立.

现在证明 $\boldsymbol{P}_2$ 有界,由(106)有 $\boldsymbol{P}_2 = \boldsymbol{Y}_2$. 又由(103)和(104)的第二式,有

$$\frac{\mathrm{d}\boldsymbol{X}_2}{\mathrm{d}t} = \frac{1}{\mu'}\boldsymbol{Y}_2$$

故

$$\boldsymbol{P}_2 = \mu'\frac{\mathrm{d}\boldsymbol{X}_2}{\mathrm{d}t} \tag{127}$$

$$V = -\left(\frac{m_1 m_2}{r_{12}} + \frac{m_2 m_3}{r_{23}} + \frac{m_3 m_1}{r_{31}}\right)$$

因当 $u \to 0$ 时，$X_1 = r_{12} \to 0$，故由(101)有 $|X_2| \to r_{13}$. 于是 $\dfrac{dX_2}{dt}$ 是有界的，因此由上式 P_2 也是有界的.

现在再来证明由式(123)至(126)成立. 首先(123)的 $P_1^2 Q_1 = X_1 = r_{12}$，故显然有

$$P_1^2 Q_1 = r_{12} \to 0$$

证明(124)，可将(101),(102)两式平方相减，则有

$$r_{13}^2 - r_{23}^2 = (v_1^2 - v_2^2)X_1^2 + 2(X_1 \cdot X_2)$$

即

$$\varepsilon = r_{13}^2 - r_{23}^2 - (v_1^2 - v_2^2)r_{12}^2$$

当 $u \to 0$ 时，$r_{13} \to r_{23}$ 及 $r_{12} \to 0$，故 $\varepsilon \to 0$.

证明(125)，由(110)有 $Q_2 = X_2$，又由(101)

$$r_{13}^2 = X_2^2 + v_1^2 X_1^2 + v_1 \varepsilon$$

故当 $u \to 0$ 时，因 $\varepsilon \to 0$ 及 $X_1 \to 0$

$$|Q_2| \to |X_2| \to r_{13} \to \alpha > 0$$

证明(126)，由(113)和(107)有

$$|Q_1| = \frac{|X_1|}{P_1^2} = |X_1| Y_1^2$$

再由(103)和(104)的第二式，有

$$\frac{dX_1}{dt} = \frac{1}{\mu} Y_1$$

故

$$|Q_1| = \mu^2 |X_1| \left(\frac{dX_1}{dt}\right)^2 \tag{128}$$

再应用(93)

$$X_1 \left|\left(\frac{dX_1}{dt}\right)^2 \to 2(m_2 + m_1)\right.$$

则

$$|Q_1| = 2\mu^2(m_2 + m_1) = \beta > 0$$

于是证明了 12 个 P_i, Q_i 函数对 $u=0$ 是正规函数. 对充分小的 $|u|$，这些函数可以展开为 u 的幂级数并具有实数系数，而这些函数是动力方程(121)的解案.

由幂级数法求得 $P_i(u)$ 和 $Q_i(u)$ 之后，将它们代入(110)可以得到 $Y_i(u)$ 和 $X_i(i=1,2)$，其中 X_1 和 X_2 是由幂级数 $P_i(u)$ 和 $Q_i(u)$ 的相加和相乘的运算组成，所以(98)的 $Q_i, P_i(i=1,2,\cdots,6)$ 都能用 u 的幂级数表示. 于是由第四章(56),(57),(58)可算出三质点对质心坐标系的各坐标 $q_i(i=1,2,\cdots,9)$ 用 u 表示的幂级数

$$q_i = a_i + b_i u + c_i u^2 + \cdots \quad (i = 1, 2, \cdots, 9) \tag{129}$$

又由(94),$v > 0$.所以将(95)代入(96)可知 $t > 0$,则 $u > 0$.由(96)可得 t 在 $u = 0$ 处为 u 的幂级数,这级数的系数都是实数.由(97)

$$u \sim 3v^{-1} t^{\frac{1}{3}}$$

可知

$$t = u^3(a + bu + cu^2 + \cdots)$$

其中 $a \neq 0$,求出上幂级数的逆幂级数

$$u = a' \sqrt[3]{t} + b'(\sqrt[3]{t})^2 + c'(\sqrt[3]{t})^3 + \cdots$$

将上式之 u 代入(129)得到用 $\sqrt[3]{t}$ 的幂级数表示各 q_i 的表式.

若考虑到 m_1, m_2, m_3 可能的其他两种二质点碰撞:m_1 与 m_3,m_2 与 m_3,那么我们可用下式表示的局部匀化变数 u

$$u = \int_0^t U(t)\,dt = \int_0^t \left(\frac{m_1 m_2}{r_{12}} + \frac{m_1 m_3}{r_{13}} + \frac{m_2 m_3}{r_{23}} \right) dt$$

上式相当于考虑一种情况的式(96).

应用上面所述的方法,实数奇异点已经正规化,若再有复数奇异点,那么可以再用庞加莱的方法(本章 §2)变换到单位圆内收敛的幂级数来得到 $t \to \infty$ 的表式.

$$\mathscr{V} = -\left(\frac{m_1 m_2}{r_{12}} + \frac{m_2 m_3}{r_{23}} + \frac{m_3 m_1}{r_{31}} \right)$$

二自由度动力方程的复变数变换

§1 二自由度动力方程的复变数变换式

设有一个二自由度的力学系统,它的广义坐标用 x 和 y 表示,对应的广义动量是 X 和 Y,如将 x,y 用点变换变换成 ξ 和 η 的坐标,变换式为

$$x = x(\xi,\eta), \quad y = y(\xi,\eta) \tag{1}$$

现在要将用 x,y 表示的动力方程变换成用 ξ,η 表示的动力方程.

我们知道,动能 T 的表式是广义速度的二次函数,所以 T 具有如下的形式

$$T = a\dot{x}^2 + 2b\dot{x}\dot{y} + c\dot{y}^2 + d\dot{x} + e\dot{y} + f \tag{2}$$

其中 a,b,c,d,e,f 都是 x 和 y 的函数,由上式 T 及广义动量的定义,有

$$\begin{cases} X = \dfrac{\partial T}{\partial \dot{x}} = 2(a\dot{x} + b\dot{y}) + d \\[2mm] Y = \dfrac{\partial T}{\partial \dot{y}} = 2(b\dot{x} + c\dot{y}) + e \end{cases} \tag{3}$$

由(1)可得

$$\dot{x} = \frac{\partial x}{\partial \xi}\dot{\xi} + \frac{\partial x}{\partial \eta}\dot{\eta}, \quad \dot{y} = \frac{\partial y}{\partial \xi}\dot{\xi} + \frac{\partial y}{\partial \eta}\dot{\eta} \tag{4}$$

将上式及(1)代入 T,可得 T 用 $\dot{\xi},\dot{\eta},\xi,\eta$ 表示的式子.设对应于 ξ 及 η 的广义动量是 P_ξ 和 P_η,那么由广义动量的定义及偏微分公式,有

$$\begin{cases} P_\xi = \dfrac{\partial T}{\partial \dot{\xi}} = \dfrac{\partial T}{\partial \dot{x}} \dfrac{\partial \dot{x}}{\partial \dot{\xi}} + \dfrac{\partial T}{\partial \dot{y}} \dfrac{\partial \dot{y}}{\partial \dot{\xi}} \\[2mm] P_\eta = \dfrac{\partial T}{\partial \dot{\eta}} = \dfrac{\partial T}{\partial \dot{x}} \dfrac{\partial \dot{x}}{\partial \dot{\eta}} + \dfrac{\partial T}{\partial \dot{y}} \dfrac{\partial \dot{y}}{\partial \dot{\eta}} \end{cases} \tag{5}$$

但由(4)有

$$\frac{\partial \dot{x}}{\partial \dot{\xi}} = \frac{\partial x}{\partial \xi}, \quad \frac{\partial \dot{x}}{\partial \dot{\eta}} = \frac{\partial x}{\partial \eta}, \quad \frac{\partial \dot{y}}{\partial \dot{\xi}} = \frac{\partial y}{\partial \xi}, \quad \frac{\partial \dot{y}}{\partial \dot{\eta}} = \frac{\partial y}{\partial \eta}$$

将上式代入(5)并应用(3)得

$$\begin{cases} P_\xi = X \dfrac{\partial x}{\partial \xi} + Y \dfrac{\partial y}{\partial \xi} \\[2mm] P_\eta = X \dfrac{\partial x}{\partial \eta} + Y \dfrac{\partial y}{\partial \eta} \end{cases} \tag{6}$$

对变换式(1),我们要求

$$\Delta = \frac{\partial(x,y)}{\partial(\xi,\eta)} = \begin{vmatrix} \dfrac{\partial x}{\partial \xi}, & \dfrac{\partial y}{\partial \xi} \\[2mm] \dfrac{\partial x}{\partial \eta}, & \dfrac{\partial y}{\partial \eta} \end{vmatrix} \neq 0 \tag{7}$$

那么自(6)可解得

$$X = \frac{P_\xi \dfrac{\partial y}{\partial \eta} - P_\eta \dfrac{\partial y}{\partial \xi}}{\Delta}, \quad y = \frac{-P_\xi \dfrac{\partial x}{\partial \eta} + P_\eta \dfrac{\partial x}{\partial \xi}}{\Delta} \tag{8}$$

现在将上述两对实数变换转入到复数的变换. 设

$$z = x + \mathrm{i}y, \quad \zeta = \xi + \mathrm{i}\eta \tag{9}$$

及

$$Z = X + \mathrm{i}Y, \quad P = P_\xi + \mathrm{i}P_\eta \tag{10}$$

并且

$$z = z(\zeta) \tag{11}$$

是正规解析函数. 那么由复变函数的理论,我们知道:由(11)确定的变换是保角变换,并且适合柯西 黎曼条件

$$\frac{\partial x}{\partial \xi} = \frac{\partial y}{\partial \eta}, \quad \frac{\partial x}{\partial \eta} = -\frac{\partial y}{\partial \xi} \tag{12}$$

将上式代入(7),则

$$\Delta = \frac{\partial x}{\partial \xi} \frac{\partial y}{\partial \eta} - \frac{\partial x}{\partial \eta} \frac{\partial y}{\partial \xi} = \left(\frac{\partial x}{\partial \xi}\right)^2 + \left(\frac{\partial y}{\partial \xi}\right)^2 = \left|\frac{\mathrm{d}z}{\mathrm{d}\zeta}\right|^2 \tag{13}$$

因为 $z = z(\zeta)$ 是解析函数,它的层数不随 ζ 面的点趋近的路径而变,而有

$$\frac{\mathrm{d}z}{\mathrm{d}\zeta} = \frac{\mathrm{d}z}{\mathrm{d}\xi} = \frac{\partial x}{\partial \xi} + \mathrm{i}\frac{\partial y}{\partial \xi}$$

所以

$$V = -\left(\frac{m_1 m_2}{r_{12}} + \frac{m_2 m_3}{r_{23}} + \frac{m_3 m_1}{r_{31}}\right)$$

$$\left|\frac{\mathrm{d}z}{\mathrm{d}\zeta}\right| = \left|\frac{\partial x}{\partial \xi} + \mathrm{i}\frac{\partial y}{\partial \xi}\right| = \left(\frac{\partial x}{\partial \xi}\right)^2 + \left(\frac{\partial y}{\partial \xi}\right)^2$$

由(13)看出,由 $\Delta \neq 0$ 得 $\dfrac{\mathrm{d}z}{\mathrm{d}\zeta} \neq 0$. 这是合于 $z = z(\zeta)$ 是解析函数的要求的.

将(8)的 X, Y 代入(10)的第一式,有

$$Z = \frac{1}{\Delta}\left[\left(P_\xi \frac{\partial y}{\partial \eta} - P_\eta \frac{\partial y}{\partial \xi}\right) + \mathrm{i}\left(-P_\xi \frac{\partial x}{\partial \eta} + P_\eta \frac{\partial x}{\partial \xi}\right)\right]$$

应用柯西－黎曼条件(12),上式可写成

$$Z = \frac{1}{\Delta}\left[(P_\xi + \mathrm{i}P_\eta)\frac{\partial x}{\partial \xi} + \mathrm{i}(P_\xi + \mathrm{i}P_\eta)\frac{\partial y}{\partial \xi}\right]$$

$$= \frac{1}{\Delta}P\left[\frac{\mathrm{d}}{\mathrm{d}\xi}(x + \mathrm{i}y)\right]$$

或

$$Z = \frac{1}{\Delta}p\frac{\mathrm{d}z}{\mathrm{d}\zeta} \tag{14}$$

现在证明下列等式成立

$$4\left|\frac{\mathrm{d}z}{\mathrm{d}\zeta}\right|^2 = \frac{\partial^2}{\partial \xi^2}|z^2| + \frac{\partial^2}{\partial \eta^2}|z^2| \tag{15}$$

因

$$|z^2| = |(x + \mathrm{i}y)^2| = |x^2 - y^2 + 2\mathrm{i}xy|$$

$$= \sqrt{(x^2 - y^2)^2 + 4x^2y^2} = \sqrt{(x^2 + y^2)^2} = x^2 + y^2$$

故

$$\frac{\partial^2}{\partial \xi^2}|z^2| = \frac{\partial}{\partial \xi}2\left(x\frac{\partial x}{\partial \xi} + y\frac{\partial y}{\partial \xi}\right)$$

$$= 2\left(\frac{\partial x}{\partial \xi}\right)^2 + 2x\frac{\partial^2 x}{\partial \xi^2} + 2\left(\frac{\partial y}{\partial \xi}\right)^2 + 2y\frac{\partial^2 y}{\partial \xi^2}$$

同样

$$\frac{\partial^2}{\partial \eta^2}|z^2| = 2\left(\frac{\partial x}{\partial \eta}\right)^2 + 2x\frac{\partial^2 x}{\partial \eta^2} + 2\left(\frac{\partial y}{\partial \eta}\right)^2 + 2y\frac{\partial^2 y}{\partial \eta^2}$$

所以

$$\frac{\partial^2}{\partial \xi^2}|z^2| + \frac{\partial^2}{\partial \eta^2}|z^2| = 2\left[\left(\frac{\partial x}{\partial \xi}\right)^2 + \left(\frac{\partial y}{\partial \xi}\right)^2\right] +$$

$$2x\left(\frac{\partial^2 x}{\partial \xi^2} + \frac{\partial^2 x}{\partial \eta^2}\right) + \left[\left(\frac{\partial x}{\partial \eta}\right)^2 + \left(\frac{\partial y}{\partial \eta}\right)^2\right] + 2y\left(\frac{\partial^2 y}{\partial \xi^2} + \frac{\partial^2 y}{\partial \eta^2}\right) \tag{16}$$

但由柯西－黎曼条件可得

$$\left(\frac{\partial x}{\partial \eta}\right)^2 + \left(\frac{\partial y}{\partial \eta}\right)^2 = \left(\frac{\partial x}{\partial \xi}\right)^2 + \left(\frac{\partial y}{\partial \xi}\right)^2 = \left|\frac{\mathrm{d}z}{\mathrm{d}\zeta}\right|^2 \tag{17}$$

及

$$\frac{\partial^2 x}{\partial \xi^2} + \frac{\partial^2 x}{\partial \eta^2} = \frac{\partial}{\partial \xi}\left(\frac{\partial x}{\partial \xi}\right) + \frac{\partial}{\partial \eta}\left(\frac{\partial x}{\partial \eta}\right)$$

$$= \frac{\partial}{\partial \xi}\left(\frac{\partial y}{\partial \eta}\right) + \frac{\partial}{\partial \eta}\left(-\frac{\partial y}{\partial \xi}\right) = 0$$

同样

$$\frac{\partial^2 y}{\partial \xi^2} + \frac{\partial^2 y}{\partial \eta^2} = 0$$

将上三式代入(16),即得(15).

由(14)可得

$$|Z|^2 = \frac{1}{\Delta^2}|P|^2 \left|\frac{\mathrm{d}z}{\mathrm{d}\zeta}\right|^2$$

应用(13),上式成为

$$X^2 + Y^2 = \frac{1}{\left|\dfrac{\mathrm{d}z}{\mathrm{d}\zeta}\right|^2}(P_\xi^2 + P_\eta^2) \tag{18}$$

应用(8),可得

$$xY - yX = \frac{1}{\Delta}\left[x\left(-P_\xi \frac{\partial x}{\partial \eta} + P_\eta \frac{\partial x}{\partial \xi}\right) - y\left(P_\xi \frac{\partial y}{\partial \eta} - P_\eta \frac{\partial y}{\partial \xi}\right)\right]$$

$$= \frac{1}{\left|\dfrac{\mathrm{d}z}{\mathrm{d}\zeta}\right|^2}\left[P_\eta\left(x\frac{\partial x}{\partial \xi} + y\frac{\partial y}{\partial \xi}\right) - P_\xi\left(x\frac{\partial x}{\partial \eta} + y\frac{\partial y}{\partial \eta}\right)\right]$$

$$= \frac{1}{\left|\dfrac{\mathrm{d}z}{\mathrm{d}\zeta}\right|^2}\left[P_\eta \frac{\partial}{\partial \xi}\left(\frac{x^2 + y^2}{2}\right) - P_\xi \frac{\partial}{\partial \eta}\left(\frac{x^2 + y^2}{2}\right)\right]$$

或

$$xY - yX = \frac{1}{\left|\dfrac{\mathrm{d}z}{\mathrm{d}\zeta}\right|^2}\left[P_\eta \frac{\partial}{\partial \xi}\left|\frac{z^2}{2}\right| - P_\xi \frac{\partial}{\partial \eta}\left|\frac{z^2}{2}\right|\right] \tag{19}$$

最后,尚须再求两个等式,因

$$\frac{\mathrm{d}z}{\mathrm{d}t} = \frac{\mathrm{d}z}{\mathrm{d}\zeta}\frac{\mathrm{d}\zeta}{\mathrm{d}t}$$

或

$$\frac{\mathrm{d}x}{\mathrm{d}t} + \mathrm{i}\frac{\mathrm{d}y}{\mathrm{d}t} = \frac{\mathrm{d}z}{\mathrm{d}\zeta}\left(\frac{\mathrm{d}\xi}{\mathrm{d}t} + \mathrm{i}\frac{\mathrm{d}\eta}{\mathrm{d}t}\right)$$

故

$$\left(\frac{\mathrm{d}x}{\mathrm{d}t}\right)^2 + \left(\frac{\mathrm{d}y}{\mathrm{d}t}\right)^2 = \left|\frac{\mathrm{d}z}{\mathrm{d}\zeta}\right|^2\left[\left(\frac{\mathrm{d}\xi}{\mathrm{d}t}\right)^2 + \left(\frac{\mathrm{d}\eta}{\mathrm{d}t}\right)^2\right] \tag{20}$$

应用(4),我们有

$$x\frac{\mathrm{d}y}{\mathrm{d}t} - y\frac{\mathrm{d}x}{\mathrm{d}t} = x\left(\frac{\partial y}{\partial \xi}\dot{\xi} + \frac{\partial y}{\partial \eta}\dot{\eta}\right) - y\left(\frac{\partial x}{\partial \xi}\dot{\xi} + \frac{\partial x}{\partial \eta}\dot{\eta}\right)$$

$$\mathscr{V} = -\left(\frac{m_1 m_2}{r_{12}} + \frac{m_2 m_3}{r_{23}} + \frac{m_3 m_1}{r_{31}}\right)$$

$$= \left(x\frac{\partial y}{\partial \eta} - y\frac{\partial x}{\partial \eta}\right)\dot{\eta} + \left(x\frac{\partial y}{\partial \xi} - y\frac{\partial x}{\partial \xi}\right)\dot{\xi}$$

应用柯西－黎曼条件,上式可写成

$$x\frac{\mathrm{d}y}{\mathrm{d}t} - y\frac{\mathrm{d}x}{\mathrm{d}t} = \left(x\frac{\partial x}{\partial \xi} + y\frac{\partial y}{\partial \xi}\right)\dot{\eta} + \left(-x\frac{\partial x}{\partial \eta} - y\frac{\partial y}{\partial \eta}\right)\dot{\xi}$$

$$= \dot{\eta}\frac{\partial}{\partial \xi}\left(\frac{x^2 + y^2}{2}\right) - \dot{\xi}\frac{\partial}{\partial \eta}\left(\frac{x^2 + y^2}{2}\right)$$

即

$$x\frac{\mathrm{d}y}{\mathrm{d}t} - y\frac{\mathrm{d}x}{\mathrm{d}t} = \dot{\eta}\frac{\partial}{\partial \xi}\left|\frac{z^2}{2}\right| - \dot{\xi}\frac{\partial}{\partial \eta}\left|\frac{z^2}{2}\right| \tag{21}$$

有了以上各式,我们很容易将以 x,y 表示的动力方程变换到以 ξ,η 表示的动力方程. 如限制三体问题的哈密尔顿函数由(37)可写为

$$H = \frac{1}{2}(X^2 + Y^2) - \omega(xY - yX) + \frac{\omega^2}{2}(x^2 + y^2) - U \tag{22}$$

将(18),(19)及 $|z|^2 = x^2 + y^2$ 代入上式,得

$$H = \left|\frac{\mathrm{d}z}{\mathrm{d}\zeta}\right|^{-2}\left[\frac{1}{2}(P_\xi^2 + P_\eta^2) - \omega\left(P_\eta\frac{\partial}{\partial \xi}\left|\frac{z^2}{2}\right| - P_\xi\frac{\partial}{\partial \eta}\left|\frac{z^2}{2}\right|\right) - \left|\frac{\mathrm{d}z}{\mathrm{d}\zeta}\right|^2\left(U - \frac{1}{2}|z|^2\omega^2\right)\right] \tag{23}$$

现在仿第九章公式(116),将 t 变换成新的时间变数 $\bar{t}$ 如下

$$\bar{t} = \int\left|\frac{\mathrm{d}z}{\mathrm{d}\zeta}\right|^{-2}\mathrm{d}t \tag{24}$$

那么对具有确定能量常数 h 的新哈密尔顿函数,仿照第九章式(118)为

$$\overline{H} = (-h + H)\left|\frac{\mathrm{d}z}{\mathrm{d}\zeta}\right|^{-2} \tag{25a}$$

或

$$\overline{H} = \frac{1}{2}(P_\xi^2 + P_\eta^2) - \left(P_\eta\frac{\partial}{\partial \xi}\left|\frac{z^2}{2}\right| - P_\xi\frac{\partial}{\partial \eta}\left|\frac{z^2}{2}\right|\right)\omega - \left|\frac{\mathrm{d}z}{\mathrm{d}\zeta}\right|^2\left(U + h - \frac{\omega^2}{2}|z|^2\right) \tag{25b}$$

令

$$\overline{U} = \left|\frac{\mathrm{d}z}{\mathrm{d}\zeta}\right|^2(U + h) \tag{26}$$

那么 $\overline{H}$ 可写成

$$\overline{H} = \frac{1}{2}(P_\xi^2 + P_\eta^2) - \frac{1}{2}\left(P_\eta\frac{\partial}{\partial \xi}|z^2| - P_\xi\frac{\partial}{\partial \eta}|z^2|\right)\omega - \overline{U} + \frac{\omega^2}{2}|z|^2\left|\frac{\mathrm{d}z}{\mathrm{d}\zeta}\right|^2 \tag{27}$$

由第八章(33),以 x,y 表示的拉格朗日函数为

$$L = \frac{1}{2}(\dot{x}^2 + \dot{y}^2) + \omega(x\dot{y} - y\dot{x}) + U(x, y) \tag{28}$$

将上式用 $z = z(\zeta)$ 变换,得

$$L = \frac{1}{2}\left|\frac{\mathrm{d}z}{\mathrm{d}\zeta}\right|^2 (\dot{\xi}^2 + \dot{\eta}^2) + \frac{\omega}{2}\left(\dot{\eta}\frac{\partial}{\partial\xi}\mid z^2\mid - \dot{\xi}\frac{\partial}{\partial\eta}\mid z^2\mid\right) + U(\xi, \eta) \tag{29}$$

应用(24)有

$$\frac{\mathrm{d}}{\mathrm{d}t} = \frac{\mathrm{d}}{\mathrm{d}\bar{t}}\frac{\mathrm{d}\bar{t}}{\mathrm{d}t} = \left|\frac{\mathrm{d}z}{\mathrm{d}\zeta}\right|^{-2}\frac{\mathrm{d}}{\mathrm{d}\bar{t}} \tag{30}$$

应用上式(对具有确定能量的 $\bar{L}$ 函数),由(29)得

$$\bar{L} = \frac{1}{2}(\xi'^2 + \eta'^2) + \frac{\omega}{2}\left(\eta'\frac{\partial}{\partial\xi}\mid z^2\mid - \xi'\frac{\partial}{\partial\eta}\mid z^2\mid\right) + \bar{U} \tag{31}$$

上式中撇号表示对 $\bar{t}$ 的导数.

将(31)的 $\bar{L}$ 代入拉格朗日方程

$$\frac{\mathrm{d}}{\mathrm{d}\bar{t}}\frac{\partial\bar{L}}{\partial\xi'} - \frac{\partial\bar{L}}{\partial\xi} = 0$$

则因

$$\frac{\partial\bar{L}}{\partial\xi'} = \xi' - \frac{\omega}{2}\frac{\partial}{\partial\eta}\mid z^2\mid$$

$$\frac{\partial\bar{L}}{\partial\xi} = \frac{\omega}{2}\left(\eta'\frac{\partial^2}{\partial\xi^2}\mid z^2\mid - \xi'\frac{\partial^2}{\partial\xi\partial\eta}\mid z^2\mid\right) + \frac{\partial\bar{U}}{\partial\xi}$$

故

$$\frac{\mathrm{d}}{\mathrm{d}t}\left(\xi' - \frac{\omega}{2}\frac{\partial}{\partial\eta}\mid z^2\mid\right) - \frac{\omega}{2}\left(\eta'\frac{\partial^2}{\partial\xi^2}\mid z^2\mid - \xi'\frac{\partial^2}{\partial\xi\partial\eta}\mid z^2\mid\right) = \frac{\partial\bar{U}}{\partial\xi}$$

又因

$$\frac{\mathrm{d}}{\mathrm{d}t}\left(\frac{\partial}{\partial\eta}\mid z^2\mid\right) = \left(\frac{\partial^2}{\partial\eta^2}\mid z^2\mid\right)\eta' + \left(\frac{\partial^2}{\partial\xi\partial\eta}\mid z^2\mid\right)\xi'$$

故

$$\xi'' - \frac{\omega}{2}\eta'\left(\frac{\partial^2}{\partial\eta^2}\mid z^2\mid + \frac{\partial^2}{\partial\xi^2}\mid z^2\mid\right) = \frac{\partial\bar{U}}{\partial\xi}$$

应用(15),上式成为

$$\xi'' - 2\omega\eta'\left|\frac{\mathrm{d}z}{\mathrm{d}\zeta}\right|^2 = \frac{\partial\bar{U}}{\partial\xi} \tag{32}$$

令

$$\bar{\omega} = \omega\left|\frac{\mathrm{d}z}{\mathrm{d}\zeta}\right|^2 \tag{33}$$

则

$$\xi'' - 2\bar{\omega}\eta' = \frac{\partial\bar{U}}{\partial\xi} \tag{34}$$

205

$$\mathscr{V} = -\left(\frac{m_1 m_2}{r_{12}} + \frac{m_2 m_3}{r_{23}} + \frac{m_3 m_1}{r_{31}}\right)$$

同样对拉格朗日方程

$$\frac{\mathrm{d}}{\mathrm{d}t}\frac{\partial \overline{L}}{\partial \eta'} - \frac{\partial \overline{L}}{\partial \eta} = 0$$

有

$$\eta'' + 2\overline{\omega}\xi' = \frac{\partial \overline{U}}{\partial \eta} \tag{35}$$

将(34)乘以 ξ',上式乘以 η',然后相加得

$$\xi'\xi'' + \eta'\eta'' = \frac{\partial \overline{U}}{\partial \xi}\xi' + \frac{\partial \overline{U}}{\partial \eta}\eta'$$

即

$$\frac{1}{2}\frac{\mathrm{d}}{\mathrm{d}t}(\xi'^2 + \eta'^2) = \frac{\mathrm{d}}{\mathrm{d}t}\overline{U}$$

积分上式得

$$\frac{1}{2}(\xi'^2 + \eta'^2) = \overline{U} \tag{36}$$

其中积分常数由(25a)为零.

§2　有心力作用下一质点的运动

现在用上节方法来研究一个质点在有心力作用下的运动. 讨论这个问题的目的有二:(1) 考察匀化变数 u 在二体问题的情况;(2) 作为以后(本章 §4) 研究限制三体问题的预备知识.

由第二章式(15),一质点受向原点的万有引力作用下,在它的轨道平面内的直角坐标动力方程为

$$x = \frac{x}{r^3} = 0, \quad y + \frac{y}{r^3} = 0 \tag{37}$$

上式的能量积分是

$$\frac{1}{2}(\dot{x}^2 + \dot{y}^2) - \frac{1}{r} = h \tag{38}$$

(37)的动量矩积分是

$$x\dot{y} - y\dot{x} = c \tag{39}$$

拉格朗日函数为

$$L = \frac{1}{2}(\dot{x}^2 + \dot{y}^2) + \frac{1}{r} \tag{40}$$

现在应用复变数变换

$$z = \zeta^2 \quad 或 \quad x + \mathrm{i}y = (\xi + \mathrm{i}\eta)^2 \tag{41}$$

那么

$$x = \xi^2 - \eta^2, y = 2\xi\eta \tag{42}$$

$$\frac{\mathrm{d}z}{\mathrm{d}\zeta} = 2\zeta = 2(\xi + \mathrm{i}\eta)$$

故

$$\left| \frac{\mathrm{d}z}{\mathrm{d}\zeta} \right|^2 = 4(\xi^2 + \eta^2) \tag{43}$$

$$\frac{\mathrm{d}t}{\mathrm{d}t} = \left| \frac{\mathrm{d}z}{\mathrm{d}\zeta} \right|^2 = 4(\xi^2 + \eta^2) = 4\sqrt{x^2 + y^2} = 4r \tag{44}$$

由(26),有

$$\overline{U} = \left| \frac{\mathrm{d}z}{\mathrm{d}\zeta} \right|^2 (U + h) = 4r\left(\frac{1}{r} + h \right)$$

或

$$\overline{U} = 4 + 4(\xi^2 + \eta^2)h \tag{45}$$

将(40)和(28)比较,知道 $\omega = 0$,所以 $\overline{\omega} = 0$. 于是(34),(35)和(36)分别为

$$\xi'' = 8\xi h, \quad \eta'' = 8\eta h \tag{46}$$

及

$$-(\xi'^2 + \eta'^2) + 8(\xi^2 + \eta^2)h = -8 \tag{47}$$

(1) 若 $h < 0$,则(46)的解可写为

$$\xi = \alpha\cos\sqrt{-8ht}, \quad \eta = \beta\sin\sqrt{-8ht} \tag{48}$$

将上式代入(47),并将 $\cos^2\sqrt{-8ht}$ 写为 $1 - \sin^2\sqrt{-8ht}$,则有

$$8h(\alpha^2\sin^2\sqrt{-8ht} + \beta^2(1 - \sin^2\sqrt{-8ht})) + 8h\alpha^2(1 - \sin^2\sqrt{-8ht}) +$$

$$8h\beta^2\sin^2\sqrt{-8ht} = -8$$

或

$$8h(\alpha^2 + \beta^2) = -8$$

或

$$\alpha^2 + \beta^2 = -\frac{1}{h} \tag{49}$$

令

$$\alpha^2 = a(1 - e), \quad \beta^2 = a(1 + e) \tag{50}$$

其中 $e < 1$,则

$$a = -\frac{1}{2h} \tag{51}$$

令

$$\sqrt{-8ht} = \frac{1}{2}u \tag{52}$$

则(48)可写成

207

$$\mathcal{V} = -\left(\frac{m_1 m_2}{r_{12}} + \frac{m_2 m_3}{r_{23}} + \frac{m_3 m_1}{r_{31}} \right)$$

$$\xi = \alpha \cos \frac{1}{2} u, \quad \eta = \beta \sin \frac{1}{2} u \tag{53}$$

于是

$$x = \alpha^2 \cos^2 \frac{u}{2} - \beta^2 \sin^2 \frac{u}{2}$$

$$= a \left(\cos^2 \frac{u}{2} - \sin^2 \frac{u}{2} \right) - ae \left(\cos^2 \frac{u}{2} + \sin^2 \frac{u}{2} \right)$$

或

$$x = a(\cos u - e) \tag{54a}$$

又

$$y = 2\alpha\beta \cos \frac{u}{2} \sin \frac{u}{2}$$

或

$$y = a\sqrt{1 - e^2} \sin u \tag{54b}$$

于是

$$r^2 = x^2 + y^2 = a^2 (\cos u - e)^2 + a^2 (1 - e^2) \sin^2 u$$

$$= a^2 (1 - 2e\cos u + e^2 \cos^2 u)$$

开方得

$$r = a(1 - e\cos u) \tag{55}$$

将上式与第二章(66)第一式比较可见 u 就是偏近点角 E.

由(44),(52),(51) 有

$$t - t_0 = \int 4r\mathrm{d}t = \int 4a(1 - e\cos u) \frac{\mathrm{d}u}{2\sqrt{-8h}}$$

$$= \sqrt{a^3} (u - e\sin u) \tag{56}$$

上式相当于第二章(74) 和(75) 相结合之式. 本章(54) 可写为

$$\begin{cases} \bar{x} = x + ae = a\cos u \\ \bar{y} = y = b\sin u, \quad b^2 = a^2(1 - e^2) \end{cases} \tag{57}$$

由上式可见质点轨迹是一个椭圆,a 是半长轴,b 是半短轴,由第二章(56),对 $\gamma m' = 1$,有

$$c = \sqrt{a} \sqrt{1 - e^2} \tag{58}$$

在第二章中已经充分地讨论了 $c \neq 0$ 的情形,现在讨论 $c = 0$ 的情形,质点对原点的动量矩为零. 此时这质点必定作直线运动,直线通过原点. 设此直线为 x 轴,则 $y \equiv 0$,而 $r = |x|$. 于是(37) 和(38) 成为

$$\ddot{x} + \frac{x}{|x|^3} = 0 \quad \text{及} \quad \frac{1}{2} \dot{x}^2 - |x|^{-1} = h \tag{59}$$

由上式可见微分方程有一奇异点 $x = 0$. 若 $t \to t_0, x \to 0$,那么由上面第二式看

出 $|\dot{x}|\to\infty$. 由(58),当 $c=0$ 时, $e=1$. 于是(54a) 变成

$$x=a(\cos u-1) \tag{60}$$

将 $\cos u$ 展成级数

$$\cos u=1-\frac{1}{2!}u^2+\frac{1}{4!}u^4+\cdots \tag{61}$$

那么

$$x=au^2\left(-\frac{1}{2}+\frac{1}{24}u^2+\cdots\right) \tag{62}$$

又令 $t=0$ 时 $u=0$,即 $t_0=0$,则(56) 变成

$$t=\sqrt{a^3}\,(u-\sin u) \tag{63}$$

但

$$\sin u=u-\frac{1}{3!}u^3+\frac{1}{5!}u^5+\cdots$$

故

$$t=\sqrt{a^3}\,u^3\left(\frac{1}{6}-\frac{1}{120}u^2+\cdots\right)$$

或

$$t^{\frac{1}{3}}=\sqrt{a}\,u\left(\frac{1}{6}-\frac{1}{120}u^2+\cdots\right)^{\frac{1}{3}} \tag{64}$$

求出上式的逆幂级数,设为

$$u=t^{\frac{1}{3}}(a_0+a_1t^{\frac{1}{3}}+a_2t^{\frac{2}{3}}+\cdots)$$

将上式代入(62),得

$$x=(\sqrt[3]{t})^2(c_0+c_1t^{\frac{1}{3}}+c_2t^{\frac{2}{3}}+\cdots) \tag{65}$$

由(60) 看出,当 $u=0,2\pi,4\pi,\cdots$ 时, $x=0$,即此时质点和原点处的静止质点发生碰撞,在这一个例子中,偏近点角 u 就是局部匀化变数.

(2) 若 $h>0$,则(46)之解为

$$\xi=\alpha\cosh\sqrt{8ht}\,,\quad \eta=\beta\sinh\sqrt{8ht}$$

上式满足(47) 的条件是 $\alpha^2-\beta^2=-\dfrac{1}{h}$. 此时令

$$\alpha^2=a(1-e),\quad \beta^2=-a(1+e)$$

则

$$x=a(\cosh u-e),\quad y=a\sqrt{e^2-1}\sinh u$$

其中 $e\geqslant 1$. 于是

$$r=-a(e\cosh u-1)$$

$$t=\frac{4}{2\sqrt{8h}}\int r\mathrm{d}u=\sqrt{-a^3}\,(e\sinh u-u)$$

$$\mathscr{V}=-\left(\frac{m_1m_2}{r_{12}}+\frac{m_2m_3}{r_{23}}+\frac{m_3m_1}{r_{31}}\right)$$

当 $c=0$ 时，$e=1$，故

$$x=a(\cosh u-1)\quad\text{及}\quad t=\sqrt{-a^3}(\sinh u-u)$$

从上式看出仅当 $u=0$ 时 $x=0$，故质点与原点处质点只碰撞一次，x 和 t 的级数是

$$x=a\left(\frac{1}{2!}+\frac{1}{4!}u^2+\frac{1}{6!}u^4+\cdots\right)u^2$$

$$t=\sqrt{-a^3}\,u^3\left(\frac{1}{3!}+\frac{1}{5!}u^2+\frac{1}{7!}u^4+\cdots\right)$$

所以仍可得级数(65)，只是系数不同.

（3）$h=0$. 方程(46)成为

$$\xi''=0,\quad \eta''=0$$

上式之解为

$$\xi=\frac{1}{2}\alpha,\quad \eta=\frac{1}{2}\beta u\tag{66}$$

其中 $u=4\bar{t}$，(47)成为

$$\xi'^2+\eta'^2=8$$

要求解(66)适合上式，必须 $\beta^2=2$. 令 $\alpha^2=2p$，则(66)成为

$$\xi=\frac{\sqrt{p}}{\sqrt{2}},\quad \eta=\frac{u}{\sqrt{2}}$$

故

$$x=\xi^2-\eta^2=\frac{1}{2}(p-u^2),\quad y=2\xi\eta=\sqrt{p}\,u$$

$$r^2=x^2+y^2=\frac{1}{4}(p-u^2)^2+(\sqrt{p}\,u)^2=\frac{1}{4}(p+u^2)^2$$

于是

$$r=\frac{1}{2}(u^2+p)$$

$$t=4\int r\mathrm{d}\bar{t}=4\int\left[\frac{1}{2}(u^2+p)\right]\frac{\mathrm{d}u}{4}=\frac{1}{2}\left(\frac{1}{3}u^3+pu\right)$$

由第二章(56)第二式 $p^2=c$. 故 $c=0$ 时 $p=0$，于是

$$x=-\frac{1}{2}u^2,\quad t=\frac{1}{6}u^3$$

从上式看出，x 仅当 $u=0$ 时为 0. 所以质点也只和原点处的质点碰撞一次，而 x 以 t 表示的关系式可由上两式得到

$$x=-\frac{\sqrt[3]{36}}{2}t^{\frac{2}{3}}$$

§3 欧拉二心引力问题

二心引力问题与限制三体问题很相像,但本质上是完全不同的一个力学问题,这问题在 1760 年就被欧拉所解决,现在提出这问题的主要原因是由于二心力问题对平面限制三体问题的正规化的研究有密切的联系.所谓二心力问题,是指"质量为 μ 和 μ' 的两个质点相距为 $2s$ 而静止着,求另一单位质量的质点在它们公共平面内的运动".

从上面二心力问题的定义看出:这问题和平面限制三体问题的区别在于二心力的两个质点是静止着的,而限制三体问题的两个质点是运动着的.因此前者比后者简单得多,当然它们的动力方程也是不同的.

取静止二质点的中点作为坐标的原点,两点的连线为 x 轴,那么这两个质点的坐标是 $(s,0)$ 和 $(-s,0)$(图 10.1).取引力常数是 1,那么动质点的位能可写为

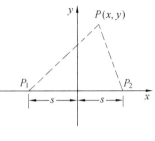

图 10.1

$$V = -\mu[(x-s)^2 + y^2]^{-\frac{1}{2}} - \mu'[(x+s)^2 + y^2]^{-\frac{1}{2}} \tag{67}$$

动质点的动能是

$$T = \frac{1}{2}(\dot{x}^2 + \dot{y}^2) \tag{68}$$

现在将 x,y 用下变换式

$$x = s\cosh\xi\cos\eta, \quad y = s\sinh\xi\sin\eta \tag{69}$$

换成 ξ,η. 先说明上式的几何意义,由上式显然有

$$\frac{x^2}{s^2\cosh^2\xi} + \frac{y^2}{s^2\sinh^2\xi} = 1 \tag{70}$$

由上式看出,不同的 ξ 在 xy 平面上是一不同的椭圆,即 $\xi\eta$ 平面上直线 $\xi=$ 常数对应于 xy 平面上的一个椭圆(图 10.2).又因

$$\cosh^2\xi - \sinh^2\xi = 1$$

故由(69)得

$$\frac{x^2}{s^2\cos^2\eta} - \frac{y^2}{s^2\sin^2\eta} = 1 \tag{71}$$

由上式看出,不同的 η 在 xy 平面上是一不同的双曲线,即 $\xi\eta$ 平面上直线 $\eta=$ 常数对应于 xy 平面上的一个双曲线.

由(69)得

$$(x-s)^2 + y^2 = (s\cosh\xi\cos\eta - s)^2 + s^2\sinh^2\xi\sin^2\eta$$

$$V = -\left(\frac{m_1 m_2}{r_{12}} + \frac{m_2 m_3}{r_{23}} + \frac{m_3 m_1}{r_{31}}\right)$$

$$= s^2 \cosh^2 \xi \cos^2 \eta - 2s^2 \cosh \xi \cos \eta + s^2 + s^2 (\cosh^2 \xi - 1)(1 - \cos^2 \eta)$$
$$= s^2 (\cosh \xi - \cos \eta)^2$$

同样

$$(x + s)^2 + y^2 = s^2 (\cosh \xi + \cos \eta)^2$$

于是

$$V = - \frac{\mu}{s(\cosh \xi - \cos \eta)} - \frac{\mu'}{s(\cosh \xi + \cos \eta)} \tag{72}$$

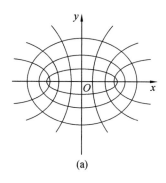 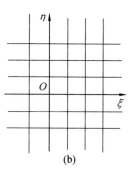

图 10.2

又

$$\dot{x} = \frac{\mathrm{d}}{\mathrm{d}t}(s \cosh \xi \cos \eta) = s(\sinh \xi \cos \eta \dot{\xi} - \cosh \xi \sinh \dot{\eta})$$

$$\dot{y} = \frac{\mathrm{d}}{\mathrm{d}t}(s \sinh \xi \sin \eta) = s(\cosh \xi \sin \eta \dot{\xi} + \sinh \xi \cosh \dot{\eta})$$

故

$$\dot{x}^2 + \dot{y}^2 = s^2 (\sinh \xi \cos \eta \dot{\xi} - \cosh \xi \sin \dot{\eta})^2 +$$
$$s^2 (\cosh \xi \sin \eta \dot{\xi} + \sinh \xi \cos \dot{\eta})^2$$
$$= s^2 (\sinh^2 \xi \cos^2 \eta + \cosh^2 \xi \sin^2 \eta) \dot{\xi}^2 +$$
$$s^2 (\cosh^2 \xi \sin^2 \eta + \sinh^2 \xi \cos^2 \eta)^2 \dot{\eta}^2$$

但

$$\sinh^2 \xi \cos^2 \eta + \cosh^2 \xi \sin^2 \eta = \sinh^2 \xi \cos^2 \eta + \cosh^2 \xi (1 - \cos^2 \eta)$$
$$= \cosh^2 \xi - \cos^2 \eta$$
$$\cosh^2 \xi \sin^2 \eta + \sinh^2 \xi \cos^2 \eta = \cosh^2 \xi - \cos^2 \eta$$

于是

$$T = \frac{s^2}{2}(\cosh^2 \xi - \cos^2 \eta)(\dot{\xi}^2 + \dot{\eta}^2) \tag{73}$$

将 T 和 V 代入 ξ 的拉格朗日方程

$$\frac{\mathrm{d}}{\mathrm{d}t} \frac{\partial T}{\partial \dot{\xi}} - \frac{\partial T}{\partial \xi} = - \frac{\partial V}{\partial \xi} \tag{74}$$

得

$$s^2 \frac{\mathrm{d}}{\mathrm{d}t}[(\cosh^2 \xi - \cos^2 \eta)\dot{\xi}] - s^2 \sinh \xi \cosh \xi (\dot{\xi}^2 + \dot{\eta}^2) = -\frac{\partial V}{\partial \xi}$$

将上式等号两端各乘以 $2(\cosh^2 \xi - \cos^2 \eta)\dot{\xi}$，则得

$$s^2 \frac{\mathrm{d}}{\mathrm{d}t}[(\cosh^2 \xi - \cos^2 \eta)^2 \dot{\xi}^2] - 2s^2 \sinh \xi \cosh \xi (\cosh^2 \xi - \cos^2 \eta)\dot{\xi}(\dot{\xi}^2 + \dot{\eta}^2)$$

$$= -2(\cosh^2 \xi - \cos^2 \eta)\dot{\xi}\frac{\partial V}{\partial \xi} \tag{75}$$

应用能量积分 $T = h - V$，则由(73)有

$$s^2 (\cosh^2 \xi - \cos^2 \eta)(\dot{\xi}^2 + \dot{\eta}^2) = 2(h - V)$$

故将(75)的左端第二项用上式改写并移到右端，得

$$s^2 \frac{\mathrm{d}}{\mathrm{d}t}[(\cosh^2 \xi - \cos^2 \eta)\dot{\xi}^2]$$

$$= -2(\cosh^2 \xi - \cos^2 \eta)\dot{\xi}\frac{\partial V}{\partial \xi} + 2(h - V)\dot{\xi}2\cosh \xi \sinh \xi$$

$$= -2(\cosh^2 \xi - \cos^2 \eta)\dot{\xi}\frac{\partial V}{\partial \xi} + 2(h - V)\dot{\xi}\frac{\partial}{\partial \xi}(\cosh^2 \xi - \cos^2 \eta)$$

$$= 2\dot{\xi}\frac{\partial}{\partial \xi}[(h - V)(\cosh^2 \xi - \cos^2 \eta)]$$

$$= 2\dot{\xi}\frac{\partial}{\partial \xi}\left[h(\cosh^2 \xi - \cos^2 \eta) + \left(\frac{\mu}{s(\cosh \xi - \cos \eta)} + \frac{\mu'}{s(\cosh \xi + \cos \eta)}\right)(\cosh^2 \xi - \cos^2 \eta)\right]$$

$$= 2\dot{\xi}\frac{\partial}{\partial \xi}\left[h(\cosh^2 \xi - \cos^2 \eta) + \frac{\mu}{s}(\cosh \xi + \cos \eta) + \frac{\mu'}{s}(\cosh \xi - \cos \eta)\right]$$

$$= 2\dot{\xi}\frac{\partial}{\partial \xi}\left[h\cosh^2 \xi + \frac{\mu + \mu'}{s}\cosh \xi\right]$$

因上式含 $\cos \eta$ 的项对 ξ 的偏导数为零. 再者上式括号[ ]中仅含 ξ 的项，故括号外边的 $\frac{\partial}{\partial \xi}$ 可改写为 $\frac{\mathrm{d}}{\mathrm{d}\xi}$. 于是 $\dot{\xi}\frac{\partial}{\partial \xi} = \dot{\xi}\frac{\mathrm{d}}{\mathrm{d}\xi} = \frac{\mathrm{d}}{\mathrm{d}t}$. 因而上式可写成

$$s^2 \frac{\mathrm{d}}{\mathrm{d}t}[(\cosh^2 \xi - \cos^2 \eta)\dot{\xi}^2] = 2\frac{\mathrm{d}}{\mathrm{d}t}\left(h\cosh^2 \xi + \frac{\mu + \mu'}{s}\cosh \xi\right)$$

将上式积分，得

$$\frac{s^2}{2}(\cosh^2 \xi - \cos^2 \eta)^2 \dot{\xi}^2 = h\cosh^2 \xi + \frac{\mu + \mu'}{s}\cosh \xi - \gamma \tag{76}$$

其中 γ 是积分常数. 又将能量方程

$$\frac{s^2}{2}(\cosh^2 \xi - \cos^2 \eta)(\dot{\xi}^2 + \dot{\eta}^2) = h - V$$

等号两边乘以 $(\cosh^2 \xi - \cos^2 \eta)$，则有

213

$$V = -\left(\frac{m_1 m_2}{r_{12}} + \frac{m_2 m_3}{r_{23}} + \frac{m_3 m_1}{r_{31}}\right)$$

$$\frac{s^2}{2}(\cosh^2\xi-\cos^2\eta)^2(\dot{\xi}^2+\dot{\eta}^2)$$

$$=h(\cosh^2\xi-\cos^2\eta)+\frac{\mu}{s}(\cosh\xi+\cos\eta)+\frac{\mu'}{s}(\cosh\xi-\cos\eta) \quad (77)$$

将上式减去(76),则得

$$\frac{s^2}{2}(\cosh^2\xi-\cos^2\eta)^2\dot{\eta}^2=-h\cos^2\eta-\frac{\mu'-\mu}{s}\cos\eta+\gamma \quad (78)$$

将上式和(76)写成

$$\frac{(\mathrm{d}\xi)^2}{h\cosh^2\xi+\dfrac{\mu+\mu'}{s}\cosh\xi-\gamma}=\frac{2\mathrm{d}t}{s^2(\cosh^2\xi-\cos^2\eta)}$$

及

$$\frac{(\mathrm{d}\eta)^2}{-h\cos^2\eta-\dfrac{\mu'-\mu}{s}\cos\eta+\gamma}=\frac{2\mathrm{d}t}{s^2(\cosh^2\xi-\cos^2\eta)}$$

我们看到上两式右端相同,则上两式左端亦互等,即

$$\frac{(\mathrm{d}\xi)^2}{h\cosh^2\xi+\dfrac{\mu+\mu'}{s}\cosh\xi-\gamma}=\frac{(\mathrm{d}\eta)^2}{-h\cos^2\eta-\dfrac{\mu'-\mu}{s}\cos\eta+\gamma} \quad (79)$$

或

$$\frac{\mathrm{d}\xi}{\sqrt{h\cosh^2\xi+\dfrac{\mu+\mu'}{s}\cosh\xi-\gamma}}=\frac{\mathrm{d}\eta}{\sqrt{-h\cos^2\eta-\dfrac{\mu'-\mu}{s}\cos\eta+\gamma}}=\mathrm{d}u$$

于是由上式可以得到两个椭圆积分如下

$$\begin{cases} u=\displaystyle\int\left(h\cosh^2\xi+\frac{\mu+\mu'}{s}\cosh\xi-\gamma\right)^{-\frac{1}{2}}\mathrm{d}\xi \\[3mm] u=\displaystyle\int\left(-h\cos^2\eta-\frac{\mu'-\mu}{s}\cos\eta+\gamma\right)^{-\frac{1}{2}}\mathrm{d}\eta \end{cases} \quad (80)$$

由上式,ξ 和 η 可表成 u 的椭圆函数,设为

$$\xi=\chi(u),\quad \eta=\phi(u)$$

则上式可看成质点用椭圆坐标 (ξ,η) 表示的轨道方程,其中 u 作为参数.至此二心力问题动力方程的求积分已经完全解决.

现在来讨论二心力问题的复变数变换式.为了与以上各章限制三体问题的坐标装置法一致,我们采用质心坐标系,它的 x 轴依旧通过两个静止质点.仿限制三体问题的方法,我们选质量的单位使这静止二质点的质量和为 1,而分别表为 μ 与 $1-\mu$.于是这两静止质点的坐标是 $(-\mu,0),(1-\mu,0)$;动点的坐标是 (x,y).于是动点到静止二质点的距离是 r_1 和 r_2,则

$$r_1^2=(x+\mu)^2+y^2,\quad r_2^2=(x-1+\mu)^2+y^2 \quad (81)$$

214

力函数 U 可写为

$$U = \frac{1-\mu}{r_1} + \frac{\mu}{r_2} \qquad (82)$$

动质点的拉格朗日函数可写为

$$L = \frac{1}{2}(\dot{x}^2 + \dot{y}^2) + U \qquad (83)$$

现在应用以下复变数变换

$$x + iy \equiv z = -\mu + \frac{1}{2}[1 + \cos(\xi + i\eta)] \qquad (84)$$

因

$$\cos(\xi + i\eta) = \cos\xi\cos(i\eta) - \sin\xi\sin(i\eta)$$
$$= \cos\xi\cosh\eta - i\sin\xi\sinh\eta$$

故由(84)比较等号两边虚数部和实数部,得

$$\begin{cases} x = -\mu + \dfrac{1}{2} + \dfrac{1}{2}\cos\xi\cosh\eta \\[2mm] y = -\dfrac{1}{2}\sin\xi\sinh\eta \end{cases} \qquad (85)$$

于是

$$|z|^2 = x^2 + y^2$$
$$= \left(-\mu + \frac{1}{2} + \frac{1}{2}\cos\xi\cosh\eta\right)^2 + \left(\frac{1}{2}\sin\xi\sinh\eta\right)^2$$
$$= \left(\frac{1}{2} - \mu\right)^2 + \left(\frac{1}{2} - \mu\right)\cos\xi\cosh\eta +$$
$$\frac{1}{4}(\cos^2\xi\cosh^2\eta + \sin^2\xi\sinh^2\eta) \qquad (86)$$

及

$$\frac{dz}{d\zeta} = \frac{d}{d\zeta}\left(\frac{1}{2}\cos\zeta\right) = -\frac{1}{2}\sin\zeta$$

于是

$$\left|\frac{dz}{d\zeta}\right|^2 = \left|-\frac{1}{2}\sin\zeta\right|^2 = \frac{1}{4}|\sin(\xi + i\eta)|^2 \qquad (87)$$

而

$$\sin(\xi + i\eta) = \sin\xi\cos i\eta + \cos\xi\sin i\eta$$
$$= \sin\xi\cosh\eta + i\cos\xi\sinh\eta$$

故

$$|\sin(\xi + i\eta)|^2 = \sin^2\xi\cosh^2\eta + \cos^2\xi\sinh^2\eta \qquad (88)$$

因

$$\sin^2\xi\cosh^2\eta + \cos^2\xi\sinh^2\eta = \sin^2\xi\cosh^2\eta + (1 - \sin^2\xi)\sinh^2\eta$$

215

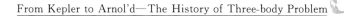

$$= \sin^2 \xi + \sinh^2 \eta$$

及

$$\sin^2 \xi \cosh^2 \eta + \cos^2 \xi \sinh^2 \eta = (1 - \cos^2 \xi) \cosh^2 \eta + \cos^2 \xi \sinh^2 \eta$$
$$= \cosh^2 \eta - \cos^2 \xi$$

将上两式相加,得

$$2(\sin^2 \xi \cosh^2 \eta + \cos^2 \xi \sinh^2 \eta) = \sin^2 \xi - \cos^2 \xi + \sinh^2 \eta + \cosh^2 \eta$$
$$= \cosh 2\eta - \cos 2\xi \tag{89}$$

同样可证

$$2(\cos^2 \xi \cosh^2 \eta + \sin^2 \xi \sinh^2 \eta) = \cosh 2\eta + \cos 2\xi$$

将上式代入(86),(89)代入(87),得

$$|z| = \left(\frac{1}{2} - \mu\right)^2 + \left(\frac{1}{2} - \mu\right) \cos \xi \cosh \eta + \frac{1}{8}(\cosh 2\eta + \cos 2\xi) \tag{90}$$

及

$$\left|\frac{\mathrm{d}z}{\mathrm{d}\zeta}\right|^2 = \frac{1}{8}(\cosh 2\eta - \cos 2\xi) \tag{91}$$

现在讨论由(84)确定的复数变换. 对于无穷远对应之点$(\xi, \eta) = \infty, (x, y) = \infty$不予考虑. 如此排除了逆函数$\zeta = \zeta(z)$的黎曼面上的对数支点的讨论. 于是其他各支点是有限的ζ而适合于

$$\frac{\mathrm{d}z}{\mathrm{d}\zeta} = -\frac{1}{2} \sin \zeta = 0$$

即属于

$$\zeta = 0, \pm \pi, \pm 2\pi, \cdots$$

这些支点是一级的,因为在这些点上

$$\frac{\mathrm{d}^2 z}{\mathrm{d}\zeta^2} = -\frac{1}{2} \cos \zeta \neq 0$$

以S表示(x, y)平面;以Σ^K表示(ξ, η)平面上平行于η轴的无限长带,这带的区域是

$$2\pi K \leqslant \xi < 2\pi(K+1), \quad -\infty < \eta < +\infty$$

其中K是$0, \pm 1, \pm 2, \pm 3, \cdots$. 以$P_1, P_2$表示二静止质点的$(x, y)$坐标,那么$P_1, P_2$表示$(-\mu, 0)$和$(1 - \mu, 0)$. 由(85)看出,在$(\xi, \eta)$平面上和这两点对应的有无限多个;以$\Pi_1^K, \Pi_2^K$分别表示和$P_1, P_2$对应的点,则$\Pi_1^K$的坐标是$(\xi_1^K, \eta_1^K) = \left(2\pi\left(K + \frac{1}{2}\right), 0\right)$,及$(\xi_2^K, \eta_2^K) = (2\pi K, 0)$. S平面上的点和Σ^K带中的点,除P_1, P_2两个支点以外,成一对二的对应. 因各带是等价的,所以我们只要考虑一个带,现在选

$$\Sigma^0 \quad 0 \leqslant \xi < 2\pi, \quad -\infty < \eta < +\infty$$

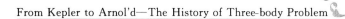

作为讨论对象(图 10.3).

为了在(x,y)平面画出对应于$\xi=$常数和$\eta=$常数的曲线,我们再采用双极坐标(r_1,r_2),这双极坐标以P_1,P_2为极点,双极坐标和x,y的关系如下

$$\begin{cases} r_1 = |(x+\mu)^2+y^2|^{\frac{1}{2}} \geqslant 0 \\ r_2 = |(x-1+\mu)^2+y^2|^{\frac{1}{2}} \geqslant 0 \end{cases} \tag{92}$$

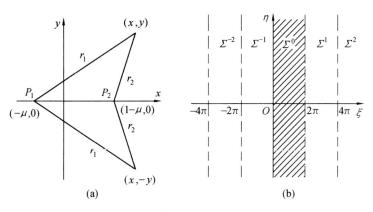

图 10.3

于是$r_1+r_2\geqslant 1$,其中$r_1+r_2=1$只当点(x,y)在$\overline{P_1P_2}$的线段上时才成立.(x,y)和(r_1,r_2)是二对一的对应,因为(x,y)和$(x,-y)$的双极坐标同是(r_1,r_2)(图 10.3a).于是(r_1,r_2)和(ξ,η)是一对四的对应.这样我们可将Σ^0分成全同的四个半带(图 10.3b).

应用(84),可得

$$\begin{cases} (x+\mu)+\mathrm{i}y = \frac{1}{2}[1+\cos(\xi+\mathrm{i}\eta)] = \cos^2\frac{\xi+\mathrm{i}\eta}{2} \\ (x+\mu)-\mathrm{i}y = \frac{1}{2}[1+\cos(\xi-\mathrm{i}\eta)] = \cos^2\frac{\xi-\mathrm{i}\eta}{2} \\ (x-1+\mu)+\mathrm{i}y = \frac{1}{2}[\cos(\xi+\mathrm{i}\eta)-1] = -\sin^2\frac{\xi+\mathrm{i}\eta}{2} \\ (x-1+\mu)-\mathrm{i}y = \frac{1}{2}[\cos(\xi-\mathrm{i}\eta)-1] = -\sin^2\frac{\xi-\mathrm{i}\eta}{2} \end{cases} \tag{93}$$

上第一式和第二式相乘,再开方得

$$r_1 = |(x+\mu)^2+y^2|^{\frac{1}{2}} = \cos\frac{\xi+\mathrm{i}\eta}{2}\cos\frac{\xi-\mathrm{i}\eta}{2} \tag{94}$$

(93)的第三式和第四式相乘,再开方得

$$r_2 = |(x-1+\mu)^2+y^2|^{\frac{1}{2}} = \sin\frac{\xi+\mathrm{i}\eta}{2}\sin\frac{\xi-\mathrm{i}\eta}{2} \tag{95}$$

将(94)和(95)相加,得

217
$$\mathscr{V} = -\left(\frac{m_1m_2}{r_{12}}+\frac{m_2m_3}{r_{23}}+\frac{m_3m_1}{r_{31}}\right)$$

$$r_1 + r_2 = \cos\frac{\xi + \mathrm{i}\eta}{2}\cos\frac{\xi - \mathrm{i}\eta}{2} + \sin\frac{\xi + \mathrm{i}\eta}{2}\sin\frac{\xi - \mathrm{i}\eta}{2}$$

$$= \cos\left[\frac{\xi + \mathrm{i}\eta}{2} - \frac{\xi - \mathrm{i}\eta}{2}\right] = \cos\mathrm{i}\eta = \cosh\eta$$

再将(94)减去(95),得

$$r_1 - r_2 = \cos\frac{\xi + \mathrm{i}\eta}{2}\cos\frac{\xi - \mathrm{i}\eta}{2} - \sin\frac{\xi + \mathrm{i}\eta}{2}\sin\frac{\xi - \mathrm{i}\eta}{2}$$

$$= \cos\left[\frac{\xi + \mathrm{i}\eta}{2} + \frac{\xi - \mathrm{i}\eta}{2}\right] = \cos\xi$$

故

$$r_1 + r_2 = \cosh\eta, \quad r_1 - r_2 = \cos\xi \tag{96}$$

从上式看出,任给一对值 r_1, r_2,由上式可得 ξ, η 的四组值.

在 Σ^0 带中任取一点 (ξ_0, η_0),令 H^{ξ_0} 表示 (x, y) 平面上的一根曲线,它和 (ξ, η) 平面上的直线 $-\infty < \eta < +\infty, \xi = \xi_0$ 对应;再令 E^{η_0} 表示 (x, y) 平面上的另一根曲线,它和 (ξ, η) 平面上的线段 $0 \leqslant \xi < 2\pi, \eta = \eta_0$ 对应. 对定值 η,由 (96) 第一式 $r_1 + r_2 = \cosh\eta$ 看出 E^{η_0} 是以 P_1, P_2 为焦点的椭圆(图 10.4a);由 (96) 的第二式 $r_1 - r_2 = \cos\xi$ 看出, H^{ξ_0} 是以 P_1, P_2 为焦点的双曲线. 但当 $\xi = \frac{\pi}{2}$ 或 $\frac{3\pi}{2}$ 时, $r_1 = r_2$, H^{ξ_0} 成为 $\overline{P_1 P_2}$ 的垂直平分线. 对 $0 \leqslant \xi < 2\pi$ 的区间各 H^{ξ_0} 曲线在 (x, y) 上布满两次. 又因 $\cosh\eta$ 是 $|\eta|$ 的恒增函数,当 η 由 ± 0 至 $\pm\infty$ 时, $\cosh\eta$ 由 $+1$ 至 $+\infty$,所以对 $-\infty < \eta < +\infty$, 椭圆 E^{η_0} 也在 (x, y) 平面上布满两次,其中 $E^\eta = E^{-\eta}$,即 η 和 $-\eta$ 值的两个椭圆是相同的.

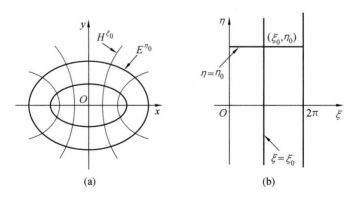

(a)　　　　　　　　(b)

图 10.4

关于二心力问题的正规化问题和下节平面限制三体问题中的一个方法相类同,此处省去不再谈了.

严格说来,天文学上不会产生二心力问题,因为两个质点不可能是静止着的,但静电学上是可能的,像两个点电荷形式的电极,若它们带着同性电荷,另有一个带异性电的动质点,它的初速在它和二电极的公共平面上,这动质点的运动就是属于上面所讨论的二心力问题,但是我们认为二心力问题的计算理论在天文学上依旧是有用处的.像宇宙火箭飞向月球,在短时间内的轨道和速度就可依照二心力问题计算(假定是平面曲线的话),因为那时月球的位置变化不大,可看作不动.又像将来光子火箭成功后,由于它的速度很大,飞过月球轨道的时间很短,那么它的轨道和速度就可近似地用二心力问题的理论计算.

§4 平面圆形限制三体问题的正规化

自第八章 §1(3),平面圆形限制三体问题的拉格朗日函数(33)为

$$L = \frac{1}{2}(\dot{x}^2 + \dot{y}^2) + (x\dot{y} - y\dot{x}) + U(x,y)$$

其中第八章力函数 U(32)为

$$U = \frac{1}{2}(x^2 + y^2) + \frac{\mu}{\sqrt{(x-1+\mu)^2 + y^2}} + \frac{1-\mu}{\sqrt{(x+\mu)^2 + y^2}}$$

应用了本章 §1 所述的复变数变换

$$z = z(\zeta) \text{ 或 } x + iy = z(\xi + i\eta)$$

就可将 L 变换成 $\overline{L}$,由(31),$\overline{L}$ 为

$$\overline{L} = \frac{1}{2}(\xi'^2 + \eta'^2) + \frac{\omega}{2}\left(\eta' \frac{\partial}{\partial \xi} \mid z^2 \mid - \xi' \frac{\partial}{\partial \eta} \mid z^2 \mid\right) + \overline{U}$$

其中 $\overline{U}$ 由(26)确定为

$$\overline{U} = \left|\frac{\mathrm{d}z}{\mathrm{d}\zeta}\right|^2 (U + h)$$

(31)中撇号表示对 $\bar{t}$ 的导数,而 $\bar{t}$ 由(24)为

$$\bar{t} = \int \left|\frac{\mathrm{d}z}{\mathrm{d}\zeta}\right|^{-2} \mathrm{d}t$$

于是变换后限制三体问题的拉格朗日方程(34),(35)为

$$\xi'' - 2\overline{\omega}\eta' = \frac{\partial \overline{U}}{\partial \xi}, \quad \eta'' + 2\overline{\omega}\xi' = \frac{\partial \overline{U}}{\partial \eta}$$

上式存在着能量积分(36)

$$\frac{1}{2}(\xi'^2 + \eta'^2) = \overline{U}$$

(34)中 $\overline{\omega}$ 由(33)为

$$\overline{\omega} = \omega \left|\frac{\mathrm{d}z}{\mathrm{d}\zeta}\right|^2$$

因限制三体问题的单位选择使 $\omega = 1$,故

$$\overline{\omega} = \left|\frac{\mathrm{d}z}{\mathrm{d}\zeta}\right|^2$$

$$\mathscr{V} = -\left(\frac{m_1 m_2}{r_{12}} + \frac{m_2 m_3}{r_{23}} + \frac{m_3 m_1}{r_{31}}\right)$$

于是(34),(35)可改写为

$$\xi'' - 2\left|\frac{\mathrm{d}z}{\mathrm{d}\zeta}\right|^2\eta' = \frac{\partial \overline{U}}{\partial \xi}, \quad \eta'' + 2\left|\frac{\mathrm{d}z}{\mathrm{d}\zeta}\right|^2\xi' = \frac{\partial \overline{U}}{\partial \eta} \tag{97}$$

我们知道,第八章式(32)中的 μ 限于

$$0 < \mu < 1$$

当 $\mu = 0$ 时,仅质点 P_1 存在,而 P_2 不存在;当 $\mu = 1$ 时,仅质点 P_2 存在,而 P_1 不存在.这两种情况都使限制三体问题化为二体问题,这就启示我们用下面的方法来正规化限制三体问题的奇异点 P_1 或 P_2.

(1) 用代数函数变换式正规化一个奇异点

如上面所说,$\mu = 0$ 时限制三体问题化为二体问题,而二体问题的正规化变换式由本章 §2 为 $z = \zeta^2$,所以这启示我们可用

$$z = -\mu + \zeta^2 \tag{98}$$

正规化奇异点 P_1,同样 $\mu = 1$ 时,用下式

$$z = (1-\mu) + \zeta^2 \tag{99}$$

可正规化奇异点 P_2.上面两种方法是完全相似的,所以我们只要讨论一种方法,为简便计我们讨论正规化 P_1 的式(98),因由(98)有

$$x + \mathrm{i}y = -\mu + (\xi + \mathrm{i}\eta)^2 \tag{100}$$

故

$$\begin{cases} x = -\mu + \xi^2 - \eta^2 \\ y = 2\xi\eta \end{cases} \tag{101}$$

又

$$\frac{\mathrm{d}z}{\mathrm{d}\zeta} = 2\zeta, \quad \left|\frac{\mathrm{d}z}{\mathrm{d}\zeta}\right| = 2\sqrt{\xi^2 + \eta^2}$$

故

$$\left|\frac{\mathrm{d}z}{\mathrm{d}\zeta}\right|^2 = 4(\xi^2 + \eta^2) \tag{102}$$

于是拉格朗日方程(97)成为

$$\xi'' - 8(\xi^2 + \eta^2)\eta' = \frac{\partial \overline{U}}{\partial \xi}, \quad \eta'' + 8(\xi^2 + \eta^2)\xi' = \frac{\partial \overline{U}}{\partial \eta} \tag{103}$$

由(24)得

$$\frac{\mathrm{d}t}{\mathrm{d}\tau} = \left|\frac{\mathrm{d}z}{\mathrm{d}\zeta}\right|^2 = 4(\xi^2 + \eta^2)$$

由(26)得

$$\overline{U} = 4(\xi^2 + \eta^2)\left[\frac{1}{2}(-\mu + \xi^2 - \eta^2)^2 + \frac{1}{2}(2\xi\eta)^2 + \right.$$

$$\left. \frac{\mu}{\sqrt{(\xi^2 - \eta^2 - 1)^2 + (2\xi\eta)^2}} + \frac{1-\mu}{\sqrt{(\xi^2 - \eta^2)^2 + (2\xi\eta)^2}} + h\right]$$

220

$$= 4(\xi^2 + \eta^2)\left[\frac{1}{2}\mu^2 - \mu(\xi^2 - \eta^2) + \frac{1}{2}(\xi^2 + \eta^2)^2 + \frac{1-\mu}{\xi^2 + \eta^2} + \right.$$

$$\left. \frac{\mu}{\sqrt{1 - 2(\xi^2 - \eta^2) + (\xi^2 + \eta^2)^2}} + h \right] \tag{104}$$

当 ξ 和 η 充分小时,我们可将上式方括号中末尾第二项

$$[1 - 2(\xi^2 - \eta^2) + (\xi^2 + \eta^2)^2]^{-\frac{1}{2}}$$

用二项式展开,令

$$x = 2(\xi^2 - \eta^2) - (\xi^2 + \eta^2)^2$$

则因

$$(1 - x)^{-\frac{1}{2}} = 1 + \frac{1}{2}x + \frac{1 \times 3}{2 \times 4}x^2 + \frac{1 \times 3 \times 5}{2 \times 4 \times 6}x^3 + \cdots$$

故

$$[1 - 2(\xi^2 - \eta^2) + (\xi^2 + \eta^2)^2]^{-\frac{1}{2}}$$

$$= 1 + \frac{1}{2}[2(\xi^2 - \eta^2) - (\xi^2 + \eta^2)^2] + \frac{1 \times 3}{2 \times 4}[2(\xi^2 - \eta^2) - (\xi^2 + \eta^2)^2]^2 + \cdots$$

将上式代入(104),得

$$\overline{U} = 4(1 - \mu) + 4\left(\frac{\mu^2}{2} + \mu + h\right)(\xi^2 + \eta^2) + (\xi, \eta)_4 \tag{105}$$

上式中 $(\xi, \eta)_4$ 表示 ξ 和 η 的正规幂级数.这幂级数的首项是 ξ 或 η 的 4 次式.这级数的系数是实数而且包含 μ.当 $(\xi, \eta) = (0, 0)$ 时, $\overline{U} = 4(1 - \mu)$,故 $\overline{U}$ 在 $(0, 0)$ 是正规的.由(101),当 $(\xi, \eta) = (0, 0)$ 时, $(x, y) = (-\mu, 0)$.所以质量是 $(1 - \mu)$,位于 $(-\mu, 0)$ 的奇异点 P_1 用了变换(100)而正规化.

现在来讨论小质量质点 P 与质点 P_1 发生碰撞时的解 $x = x(t), y = y(t)$ 的表式.发生碰撞时候是 $t = t_0$,对 $\bar{t}$ 来说令为 $\bar{t} = 0$.碰撞位置 (ξ_0, η_0) 是 $(0, 0)$.现在来求初速度表式:当质点 P 的位置在 $(\xi_0, \eta_0) = (0, 0)$ 时,由(105)得

$$\overline{U}_0 = 4(1 - \mu)$$

于是能量积分(36)便成为

$$\frac{1}{2}(\xi_0'^2 + \eta_0'^2) = 4(1 - \mu) \quad \text{或} \quad \xi_0'^2 + \eta_0'^2 = 8(1 - \mu)$$

于是 ξ_0' 和 η_0' 可写为

$$\xi_0' = \sqrt{8(1 - \mu)}\cos\gamma, \quad \eta_0' = \sqrt{8(1 - \mu)}\sin\gamma \tag{106}$$

上两式为速度初时条件,而位置初时条件为

$$\xi_0 = 0, \quad \eta_0 = 0$$

由上式正规化的理论知道在碰撞时 ξ, η 可展开成为 $\bar{t}$ 的幂级数,这幂级数对小的 $|\bar{t}|$ 是收敛的,由上式初时条件知道幂级数为

221

$$\begin{cases} \xi = (\sqrt{8(1-\mu)}\cos\gamma)\bar{t} + \cdots \\ \eta = (\sqrt{8(1-\mu)}\sin\gamma)\bar{t} + \cdots \end{cases} \quad (107)$$

于是

$$\xi^2 + \eta^2 = 8(1-\mu)\bar{t}^2 + \cdots \quad (108)$$

又由(24),得

$$\frac{\mathrm{d}t}{\mathrm{d}\bar{t}} = 4[8(1-\mu)\bar{t}^2 + \cdots]$$

积分上式得

$$t = \frac{32}{3}(1-\mu)\bar{t}^3 + \cdots \quad (109)$$

上式假定 $\bar{t}=0$ 时 $t=0$,故积分常数为 0. 将(107)代入(101)

$$x = -\mu + \xi^2 - \eta^2, \quad y = 2\xi\eta$$

得

$$x = -\mu + 8(1-\mu)(\cos^2\gamma - \sin^2\gamma)\bar{t}^2 + \cdots$$
$$y = 8(1-\mu)2\sin\gamma\cos\gamma\bar{t}^2 + \cdots$$

或

$$\begin{cases} x = -\mu + 8(1-\mu)\cos 2\gamma\bar{t}^2 + \cdots \\ y = 8(1-\mu)\sin 2\gamma\bar{t}^2 + \cdots \end{cases} \quad (110)$$

由(109),可得它的逆幂级数,即得 $\bar{t}$ 表成 $t^{\frac{1}{3}}$ 的幂级数,再将此幂级数代入上式得将 x,y 表成 $t^{\frac{1}{3}}$ 的幂级数.

最后再声明一句,上方法只能正规化一个奇异点 P_1. 要正规化另一奇异点 P_2,可用变换

$$z = (1-\mu) + s^2$$

(2)用超越函数变换式正规化两个奇异点

现在用上节二心力问题的变换式(84)

$$x + \mathrm{i}y = -\mu + \frac{1}{2}[1 + \cos(\xi + \mathrm{i}\eta)]$$

来正规化限制三体问题的两个奇异点 P_1 和 P_2,由(91)

$$\left| \frac{\mathrm{d}z}{\mathrm{d}\zeta} \right|^2 = \frac{1}{8}(\cosh 2\eta - 2\cos 2\xi)$$

有

$$\frac{\mathrm{d}t}{\mathrm{d}\bar{t}} = \frac{1}{8}(\cosh h2\eta - \cos 2\xi) \quad (111)$$

又由(90)

$$x^2 + y^2 = \left(\frac{1}{2} - \mu\right)^2 + \left(\frac{1}{2} - \mu\right)\cosh\xi\cosh\eta + \frac{1}{8}(\cosh 2\eta + \cos 2\xi)$$

及(96)

$$r_1 + r_2 = \cosh \eta, \quad r_1 - r_2 = \cos \xi$$

得

$$\begin{cases} r_1 = \sqrt{(x+\mu)^2 + y^2} = \dfrac{1}{2}(\cosh \eta + \cos \xi) \\ r_2 = \sqrt{(x-1+\mu)^2 + y^2} = \dfrac{1}{2}(\cosh \eta - \cos \xi) \end{cases} \tag{112}$$

将以上各式代入(26)的 $\overline{U}$

$$\overline{U} = \left| \frac{\mathrm{d}z}{\mathrm{d}\zeta} \right|^2 \left[\frac{x^2 + y^2}{2} + \frac{\mu}{r_2} + \frac{1-\mu}{r_1} + h \right]$$

得

$$\overline{U} = \frac{1}{8}(\cosh 2\eta - \cos 2\xi) \left[\frac{1}{2}\left(-\mu + \frac{1}{2}\right)^2 + \frac{1}{2}\left(\frac{1}{2} - \mu\right) \cos \xi \cosh \eta + \right.$$

$$\left. \frac{1}{16}(\cosh 2\eta + \cos 2\xi) + \frac{2\mu}{\cosh \eta - \cos \xi} + \frac{2(1-\mu)}{\cosh \eta + \cos \xi} + h \right]$$

但

$$\cosh 2\eta - \cos 2\xi = (2\cosh^2 \eta - 1) - (2\cos^2 \xi - 1)$$
$$= 2(\cosh^2 \eta - \cos^2 \xi)$$

$$(\cos 2\eta - \cos 2\xi)(\cosh 2\eta + \cos 2\xi) = \cosh^2 2\eta - \cos^2 2\xi$$
$$= \frac{1}{2}(\cosh 4\eta - \cos 4\xi)$$

$$(\cosh 2\eta - \cos 2\xi)\cos \xi \cosh \eta$$
$$= 2(\cosh^3 \eta \cos \xi - \cos^3 \xi \cosh \eta)$$
$$= 2\left(\frac{3\cosh \eta + \cosh 3\eta}{4} \cos \xi - \frac{3\cos \xi + \cos 3\xi}{4} \cosh \eta \right)$$
$$= \frac{1}{2}(\cosh 3\eta \cos \xi - \cos 3\xi \cosh \eta)$$

应用以上各式,可将(113)的 $\overline{U}$ 改写为

$$\overline{U} = \frac{1}{2}\left[\cosh \eta - (1-2\mu)\cos \xi \right] +$$

$$\frac{1}{64}(1 + 8h - 4\mu + 4\mu^2)(\cosh 2\eta - \cos 2\xi) +$$

$$\frac{1}{256}(\cosh 4\eta - \cos 4\xi) +$$

$$\frac{1}{64}(1 - 2\mu)(\cosh 3\eta \cos \xi - \cosh \eta \cos 3\xi)$$

从上式和(91)看出,$\overline{U}$ 和 $\left| \dfrac{\mathrm{d}z}{\mathrm{d}\zeta} \right|^2$ 在整个 (ξ, η) 平面上都是解析的,所以两个奇异点都正规化了.

$$\mathscr{V} = -\left(\frac{m_1 m_2}{r_{12}} + \frac{m_2 m_3}{r_{23}} + \frac{m_3 m_1}{r_{31}} \right)$$

空间限制三体问题

前苏联发射的第三枚宇宙火箭,它的轨迹是空间曲线,所以我们必须研究空间限制三体问题,以解决宇宙火箭飞向月球的一般运动问题.

§1 空间圆形限制三体问题的微分方程

设 $Ox'y'z'$ 是原点在 P_1,P_2,P 的质心的惯性直角坐标系. 我们将这个坐标系当作静止着的. 又 $Oxyz$ 也是原点在三质点质心上的直角坐标系,Oz 轴和 Oz' 轴重合,而 x 轴通过点 P_1 和 P_2,所以 $Oxyz$ 是随着 P_1 和 P_2 以等角速度 ω 转动着的. 由图 11.1,可得这两个坐标系的转换公式

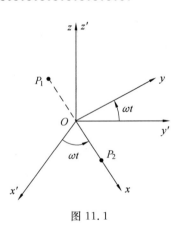

图 11.1

$$\begin{cases} x' = x\cos \omega t - y\sin \omega t \\ y' = x\sin \omega t + y\cos \omega t \\ z' = z \end{cases} \tag{1}$$

于是

$$\dot{x}' = \dot{x}\cos \omega t - \dot{y}\sin \omega t - \omega x \sin \omega t - y\omega \cos \omega t$$

$$\dot{y}' = \dot{x}\sin \omega t + \dot{y}\cos \omega t + \omega x \cos \omega t - y\omega \sin \omega t$$

$$\dot{z}' = \dot{z}$$

224

故动能 T' 为

$$T' = \frac{m}{2}(\dot{x'}^2 + \dot{y'}^2 + \dot{z'}^2)$$

$$= \frac{m}{2}(\dot{x}^2 + \dot{y}^2 + \dot{z}^2) + m\omega(x\dot{y} - y\dot{x}) + \frac{m}{2}\omega^2(x^2 + y^2)$$

位能 V' 为

$$V' = \frac{-(1-\mu)m}{PP_1} + \frac{-\mu m}{PP_2}$$

或

$$V' = -\frac{(1-\mu)m}{\sqrt{(x+\mu)^2 + y^2 + z^2}} - \frac{\mu m}{\sqrt{(x-1+\mu)^2 + y^2 + z^2}}$$

于是拉格朗日方程可写为

$$L = \frac{m}{2}(\dot{x}^2 + \dot{y}^2 + \dot{z}^2) + m\omega(x\dot{y} - y\dot{x}) + mU(x,y,z) \qquad (2)$$

其中

$$U = \frac{1}{2}\omega^2(x^2 + y^2) + \frac{(1-\mu)}{\sqrt{(x+\mu)^2 + y^2 + z^2}} + \frac{\mu}{\sqrt{(x-1+\mu)^2 + y^2 + z^2}}$$

$$\qquad (3)$$

由上式 L,有

$$\frac{\partial L}{\partial \dot{x}} = m\dot{x} - m\omega y, \qquad \frac{\partial L}{\partial \dot{y}} = m\dot{y} + m\omega x, \qquad \frac{\partial L}{\partial \dot{z}} = m\dot{z}$$

及

$$\frac{\partial L}{\partial x} = m\omega\dot{y} + m\frac{\partial U}{\partial x}, \qquad \frac{\partial L}{\partial y} = -m\omega\dot{x} + m\frac{\partial U}{\partial y}, \qquad \frac{\partial L}{\partial z} = m\frac{\partial U}{\partial z}$$

将以上各式代入拉格朗日方程

$$\frac{\mathrm{d}}{\mathrm{d}t}\frac{\partial L}{\partial \dot{x}} - \frac{\partial L}{\partial x} = 0, \qquad \frac{\mathrm{d}}{\mathrm{d}t}\frac{\partial L}{\partial \dot{y}} - \frac{\partial L}{\partial y} = 0, \qquad \frac{\mathrm{d}}{\mathrm{d}t}\frac{\partial L}{\partial \dot{z}} - \frac{\partial L}{\partial z} = 0$$

得到空间圆形限制三体问题的动力方程

$$\ddot{x} - 2\omega\dot{y} = \frac{\partial U}{\partial x}, \qquad \ddot{y} - 2\omega\dot{x} - \frac{\partial U}{\partial y}, \qquad \ddot{z} - \frac{\partial U}{\partial z} \qquad (4)$$

将上三式分别乘以 $\dot{x}, \dot{y}, \dot{z}$,然后相加得

$$\dot{x}\ddot{x} + \dot{y}\ddot{y} + \dot{z}\ddot{z} = \frac{\partial U}{\partial x}\frac{\mathrm{d}x}{\mathrm{d}t} + \frac{\partial U}{\partial y}\frac{\mathrm{d}y}{\mathrm{d}t} + \frac{\partial U}{\partial z}\frac{\mathrm{d}z}{\mathrm{d}t}$$

或

$$\frac{1}{2}\frac{\mathrm{d}}{\mathrm{d}t}(\dot{x}^2 + \dot{y}^2 + \dot{z}^2) = \frac{\mathrm{d}U}{\mathrm{d}t}$$

积分上式得雅可比积分

$$\frac{1}{2}(\dot{x}^2 + \dot{y}^2 + \dot{z}^2) - U(x,y,z) = h \qquad (5)$$

$$\mathscr{V} = -\left(\frac{m_1 m_2}{r_{12}} + \frac{m_2 m_3}{r_{23}} + \frac{m_3 m_1}{r_{31}}\right)$$

§2 一质点在等质量双星间的直线运动

现在研究空间限制三体问题的一个特殊运动,质点 P 始终沿着 z 轴作直线运动,能够产生这种运动的初始条件是质点 P 的初位置在 z 轴上,初速度沿 z 轴,以后运动的过程中,质点 P 所受的力没有沿 x 轴和 y 轴的分力,即要求

$$\frac{\partial U}{\partial x}\bigg|_{0,0,z} \equiv 0 \ \text{及} \ \frac{\partial U}{\partial y}\bigg|_{0,0,z} \equiv 0 \tag{6}$$

由(11.3) 得

$$\frac{\partial U}{\partial x} = \omega^2 x - \frac{(1-\mu)(x+\mu)}{[(x+\mu)^2+y^2+z^2]^{\frac{3}{2}}} - \frac{\mu(x-1+\mu)}{[(x-1+\mu)^2+y^2+z^2]^{\frac{3}{2}}}$$

$$\frac{\partial U}{\partial y} = \omega^2 y - \frac{(1-\mu)y}{[(x+\mu)^2+y^2+z^2]^{\frac{3}{2}}} - \frac{\mu y}{[(x-1+\mu)^2+y^2+z^2]^{\frac{3}{2}}}$$

故

$$\begin{cases} \dfrac{\partial U}{\partial x}\bigg|_{0,0,z} = -\dfrac{(1-\mu)\mu}{(\mu^2+z^2)^{\frac{3}{2}}} - \dfrac{\mu(\mu-1)}{[(\mu-1)+z^2]^{\frac{3}{2}}} \\[4mm] \dfrac{\partial U}{\partial y}\bigg|_{0,0,z} = 0 \end{cases} \tag{7}$$

由上面第二式可知(6)的第二式恒可满足,而第一式给出条件

$$-\frac{(1-\mu)\mu}{(\mu^2+z^2)^{\frac{3}{2}}} + \frac{\mu(1-\mu)}{[(\mu-1)^2+z^2]^{\frac{3}{2}}} \equiv 0$$

要上式对任何 z 都成立,必须分母全同,即

$$\mu^2 = (\mu-1)^2 \ \text{或} \ \mu = \pm(\mu-1)$$

于是仅当 $\mu=-(\mu-1)$ 才可能,即必须 $\mu=\dfrac{1}{2}$. 所以这现象在等质量的双星之间才可能实现(图 11.2). 于是 P_1, P_2 的坐标为 $\left(-\dfrac{1}{2},0,0\right)$ 及 $\left(\dfrac{1}{2},0,0\right)$. 于是 P_1, P_2, P 三质点始终保持成等腰三角形.

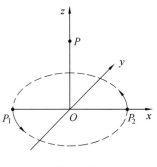

图 11.2

现在来求质点 P 的运动规律,由条件 $x\equiv 0, y\equiv 0, \mu=\dfrac{1}{2}$,得 U 为

$$U = \frac{1}{\left[\left(\dfrac{1}{2}\right)^2+z^2\right]^{\frac{1}{2}}} \tag{8}$$

于是(4)第三式成为

$$\frac{\mathrm{d}^2 z}{\mathrm{d}t^2} = \frac{\mathrm{d}}{\mathrm{d}z}\left[\frac{1}{\left(\frac{1}{4}+z^2\right)^{\frac{1}{2}}}\right] \tag{9a}$$

或

$$\frac{\mathrm{d}^2 z}{\mathrm{d}t^2} = -\frac{z}{\left(\frac{1}{4}+z^2\right)^{\frac{3}{2}}} \tag{9b}$$

将(9a)乘以 $\mathrm{d}z$ 后积分就得到由(5)确定的雅可比积分

$$\frac{1}{2}\left(\frac{\mathrm{d}z}{\mathrm{d}t}\right)^2 = \frac{1}{\left(\frac{1}{4}+z^2\right)^{\frac{1}{2}}} + h \tag{10}$$

若质点 P 在 $(0,0,0)$ 的速度是 v_0,那么在 $(0,0,z)$ 时的速度 v_z 有关系式

$$\frac{1}{2}v_z^2 - \left(\frac{1}{4}+z^2\right)^{-\frac{1}{2}} = \frac{1}{2}v_0^2 - 2$$

或

$$v_z = \sqrt{v_0^2 - 4 + 2\left(\frac{1}{4}+z_m^2\right)^{-\frac{1}{2}}} \tag{11}$$

此质点能沿 z 轴运动的最大 z 值 z_m 由条件 $v_z = 0$ 确定,于是由上式得

$$v_0^2 - 4 + 2\left(\frac{1}{4}+z_m\right)^{-\frac{1}{2}} = 0$$

或

$$z_m = \frac{\sqrt{v_0(8-v_0)}}{2(4-v_0^2)}$$

从上式看出,当 $v_0 \to 2$ 时,$z_m \to \infty$,故 $v_0 = 2$ 时质点将运动到无限空间中去(注意所用的质量单位).

由(11)可得微分方程

$$\frac{\mathrm{d}z}{\sqrt{v_0^2 - 4 + 2\left(\frac{1}{4}+z^2\right)^{-\frac{1}{2}}}} = \mathrm{d}t$$

积分上式得

$$\int \frac{\mathrm{d}z}{\sqrt{v_0^2 - 4 + 2\left(\frac{1}{4}+z^2\right)^{-\frac{1}{2}}}} = t - t_0$$

§3　瞬时面和速度矩矢的欧拉角表式

现在研究质点 P 作一般空间曲线的情形,设

$$\mathcal{V} = -\left(\frac{m_1 m_2}{r_{12}} + \frac{m_2 m_3}{r_{23}} + \frac{m_3 m_1}{r_{31}}\right)$$

$$x = x(t), \quad y = y(t), \quad z = z(t) \tag{12}$$

是动力方程(4)之解案. 当 $x(t) \equiv 0, y(t) \equiv 0$ 时, 成为上节讨论的直线运动的情形; 又当 $z(t) \equiv 0$, 成为平面限制三体问题, 现在研究的解(12)是排除了这两种情况, 现在假定

$$x(t)\dot{y}(t) - y(t)\dot{x}(t) \neq 0 \tag{13}$$

设 $\Pi(t)$ 是质点 P 在 t 时内对原点 O 的瞬时面, 这平面是由速度矢 v 和质点 P 对原点 O 的位置矢 r 确定. 除非该瞬时作用于质点 P 的力通过 O, 否则瞬时面与质点 P 的密切面不一致. $\Pi(t)$ 与 xOy 平面的交线为 ON, 我们称 ON 为节线. 令 $\angle xON = \theta$, 瞬时面 $\Pi(t)$ 的法线与 Oz 的交角为 φ, 则 θ 和 φ 完全确定了瞬时面的位置(图 11.3).

设 $\boldsymbol{R}(t) = \boldsymbol{r} \times \dot{\boldsymbol{r}}$ 是质点 P 对原点 O 的速度矩矢, 即

$$\boldsymbol{R}(t) = \begin{vmatrix} \boldsymbol{i}, \boldsymbol{j}, \boldsymbol{k} \\ x, y, z \\ \dot{x}, \dot{y}, \dot{z} \end{vmatrix} = (y\dot{z} - z\dot{y})\boldsymbol{i} + (z\dot{x} - x\dot{z})\boldsymbol{j} + (x\dot{y} - y\dot{x})\boldsymbol{k} \tag{14}$$

大家知道 $m\boldsymbol{R}(t) = \boldsymbol{r} \times m\boldsymbol{v}$ 就是质点 P 对原点 O 的动量矩. 显然 $\boldsymbol{R}$ 的方向和 $\Pi(t)$ 平面的法线一致, 所以 $\boldsymbol{R}$ 和 Oz 的夹角是 φ. 将 $\boldsymbol{R}$ 沿 x, y, z 轴分解, 则由图 11.3, 有

$$R_x = R\sin\varphi\sin\theta, \quad R_y = -R\sin\varphi\cos\theta, \quad R_z = R\cos\varphi \tag{15}$$

其中 R 是 $\boldsymbol{R}$ 的模. 将上式和(14)比较, 得

$$\begin{cases} y\dot{z} - z\dot{y} = R\sin\varphi\sin\theta \\ z\dot{x} - x\dot{z} = -R\sin\varphi\sin\theta \\ x\dot{y} - y\dot{x} = R\cos\varphi \end{cases} \tag{16}$$

将上面第一式乘 x, 第二式乘 y, 然后相加, 得

$$(\dot{x}y - \dot{y}x)z = R\sin\varphi(x\sin\theta - y\cos\theta)$$

又将第一式乘 $\dot{x}$, 第二式乘 $\dot{y}$, 然后相加, 得

$$(y\dot{x} - x\dot{y})\dot{z} = R\sin\varphi(\dot{x}\sin\theta - \dot{y}\cos\theta)$$

应用(16)的第三式, 并由(13)知道 $x\dot{y} - y\dot{x} \neq 0$, 故上两式变成

$$z = \tan\varphi(-x\sin\theta + y\cos\theta) \tag{17}$$

$$\dot{z} = \tan\varphi(-\dot{x}\sin\theta + \dot{y}\cos\theta) \tag{18}$$

§4 质点作近于平面曲线的运动求解法

一般飞向月球附近的宇宙火箭, 它的轨道离开月球的轨道面不远(与月球和地球的距离作比较). 所以这一节讨论"质点作 $|z|$ 不大的空间曲线的运动"是很需要的.

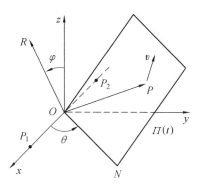

图 11.3

设式(12)

$$x = x(t), \quad y = y(t), \quad z = z(t)$$

是式(4)

$$\ddot{x} - 2\omega\dot{y} = \frac{\partial U}{\partial x}, \quad \ddot{y} + 2\omega\dot{x} = \frac{\partial U}{\partial y}, \quad \ddot{z} = \frac{\partial U}{\partial z}$$

的一个解,并且 $|z|$ 与 P_1,P_2 的距离 1 比较是很小的量,现在要求这解(12),设

$$x = x_0(t), \quad y = y_0(t), \quad z = z_0(t) \equiv 0 \tag{19}$$

是(4)当 $z \equiv 0$ 的一组解. 这解当然就是平面限制三体问题的一组解,现在设(19)解已经求得了,我们要求与这组平面曲线(19)接近的空间曲线的解. 设 $\zeta = \zeta(t)$ 是 z 的偏离值,是一个微小的量,那么

$$z = 0 + \zeta(t) \tag{20}$$

能适合(4)的第三式,将上式代入(4)的第三式,并将 $\frac{\partial U}{\partial z}$ 依 ζ 的泰勒级数展开

$$\frac{\partial U}{\partial z} = \left|\frac{\partial U}{\partial z}\right|_{x_0,y_0,0} + \left|\frac{\partial^2 U}{\partial z^2}\right|_{x_0,y_0,0}\zeta + \cdots$$

略去高次项,得

$$\frac{\mathrm{d}^2\zeta}{\mathrm{d}t^2} = \left[\frac{\partial U}{\partial z}\Big|_{x_0,y_0,0} + \frac{\partial^2 U}{\partial z^2}\Big|_{x_0,y_0,0}\zeta\right] \tag{21}$$

但

$$\frac{\partial U}{\partial z} = -\frac{(1-\mu)z}{[(x+\mu)^2+y^2+z^2]^{\frac{3}{2}}} - \frac{\mu z}{[(x-1+\mu)^2+y^2+z^2]^{\frac{3}{2}}}$$

$$\frac{\partial^2 U}{\partial z^2} = -\frac{1-\mu}{[(x+\mu)^2+y^2+z^2]^{\frac{3}{2}}} - \frac{\mu}{[(x-1+\mu)^2+y^2+z^2]^{\frac{3}{2}}} +$$

$$\frac{3(1-\mu)z^2}{[(x+\mu)^2+y^2+z^2]^{\frac{5}{2}}} + \frac{3\mu z^2}{[(x-1+\mu)^2+y^2+z^2]^{\frac{5}{2}}}$$

故

229

$$\mathscr{V} = -\left(\frac{m_1 m_2}{r_{12}} + \frac{m_2 m_3}{r_{23}} + \frac{m_3 m_1}{r_{31}}\right)$$

$$\frac{\partial U}{\partial z}\bigg|_{x_0,y_0,0}=0$$

及

$$\frac{\partial^2 U}{\partial z^2}\bigg|_{x_0,y_0,0}=-\frac{1-\mu}{\left[(x_0+\mu)^2+y_0^2\right]^{\frac{3}{2}}}-\frac{\mu}{\left[(x_0-1+\mu)^2+y_0^2\right]^{\frac{3}{2}}}$$

于是(21)成为

$$\frac{\mathrm{d}^2\zeta}{\mathrm{d}t^2}=-\left[\frac{1-\mu}{\left[(x_0+\mu)^2+y_0^2\right]^{\frac{3}{2}}}+\frac{\mu}{\left[(x_0-1+\mu)^2+y_0^2\right]^{\frac{3}{2}}}\right]\zeta \tag{22}$$

上式是线性微分方程,方括号所表示的式子是时间的函数,若 $\zeta=\zeta(t)$ 是上式之解,那么

$$x=x_0(t), \quad y=y_0(t), \quad z=\zeta(t) \tag{23}$$

便是(4)的一个近似的非平面曲线解.

当倾角 φ 很小时,$\tan\varphi$ 可用 φ 代替,于是(17)和(18)可用下两式代替

$$\begin{cases} \zeta=(-x\sin\theta+y\cos\theta)\varphi \\ \dot\zeta=(-\dot x\sin\theta+\dot y\cos\theta)\varphi \end{cases} \tag{24}$$

令

$$\begin{cases} \varphi\cos\theta=(x\dot y-y\dot x)^{-\frac{1}{2}}u \\ \varphi\sin\theta=(x\dot y-y\dot x)^{-\frac{1}{2}}v \end{cases} \tag{25}$$

及

$$\zeta=p, \quad \dot\zeta=q \tag{26}$$

那么(24)可改写成

$$\begin{cases} p=(x\dot y-y\dot x)^{-\frac{1}{2}}(yu-xv) \\ q=(x\dot y-y\dot x)^{-\frac{1}{2}}(\dot yu-\dot xv) \end{cases} \tag{27}$$

上式是 (u,v) 变换到 (p,q) 的线性变换式,上列变换的雅可比式为1,因为

$$\frac{\partial(p,q)}{\partial(u,v)}=\begin{vmatrix} \dfrac{\partial p}{\partial u} & \dfrac{\partial p}{\partial v} \\ \dfrac{\partial q}{\partial u} & \dfrac{\partial q}{\partial v} \end{vmatrix}=\frac{1}{(x\dot y-y\dot x)}\begin{vmatrix} y & -x \\ \dot y & -\dot x \end{vmatrix}=1$$

于是由微分学中面元的变换关系式

$$\mathrm{d}p\mathrm{d}q=\frac{\partial(p,q)}{\partial(u,v)}\mathrm{d}u\mathrm{d}v$$

得

$$\mathrm{d}p\mathrm{d}q=\mathrm{d}u\mathrm{d}v$$

将上式两端分别对 p 和 u 积分,则得

$$p\mathrm{d}q-u\mathrm{d}v=W(q,v)$$

上式中 $W(q,v)$ 是 q,v 的任意函数,相当于积分常数的作用. 将上式和(48)比较,可知(27)是接触变换,故变换式(27)保持所变换的哈密尔顿方程的形式不变.

微分方程(22)是一个二阶微分方程,我们也可以将它写成哈密尔顿方程,使它变成两个一阶的微分方程,所取的哈密尔顿函数应该是

$$H(p,q;t) = -\frac{1}{2}q^2 - \frac{1}{2}f(t)p^2 \qquad (28)$$

其中 $f(t)$ 就是表示(22)的方括号式,即

$$f(t) = \left\{ \frac{1-\mu}{[(x_0+\mu)^2 + y_0^2]^{\frac{3}{2}}} + \frac{\mu}{[(x_0-1+\mu)^2 + y_0^2]^{\frac{3}{2}}} \right\}$$

因为如将(28)的 H 代入哈密尔顿方程

$$\frac{\mathrm{d}p}{\mathrm{d}t} = -\frac{\partial H}{\partial q}, \qquad \frac{\mathrm{d}q}{\mathrm{d}t} = \frac{\partial H}{\partial p}$$

得

$$\frac{\mathrm{d}p}{\mathrm{d}t} = q, \qquad \frac{\mathrm{d}q}{\mathrm{d}t} = -f(t)p \qquad (29)$$

再将前一式代入后一式得

$$\frac{\mathrm{d}^2 p}{\mathrm{d}t^2} = -f(t)p \quad \text{或} \quad \frac{\mathrm{d}^2 \zeta}{\mathrm{d}t^2} = -f(t)\zeta$$

故我们可以用(29)代替(22).

应用变换式(27),我们可以将(29)变换成具有下列形式的微分方程组

$$\begin{cases} \dfrac{\mathrm{d}u}{\mathrm{d}t} = a_{11}(t)u + a_{12}(t)v \\ \dfrac{\mathrm{d}v}{\mathrm{d}t} = a_{21}(t)u + a_{22}(t)v \end{cases} \qquad (30)$$

由(25)有

$$\varphi = (x\dot{y} - y\dot{x})^{-\frac{1}{2}} \sqrt{u^2 + v^2}, \quad \tan\theta = \frac{v}{u}$$

所以由(30)解出 u,v 后,即可由上式确定 θ 和 φ.

231                $\mathscr{V} = -\left(\dfrac{m_1 m_2}{r_{12}} + \dfrac{m_2 m_3}{r_{23}} + \dfrac{m_3 m_1}{r_{31}} \right)$

降阶法 $I(B)$ 的 H' 函数求法

第
十
二
章

为书写的简便起见,令

$$\sin q'_5 = \alpha_5, \quad \cos q'_5 = \beta_5, \quad \sin q'_6 = \alpha_6, \quad \cos q'_6 = \beta_6$$

则有

$$\alpha_5^2 + \beta_5^2 = 1, \quad \alpha_6^2 + \beta_6^2 = 1$$

第四章(19a) 和(19b) 可写为

$$\begin{cases} \beta_5 P_1 + \alpha_5 P_2 = p'_1 \\ -\alpha_5 P_1 + \beta_5 P_2 = \dfrac{p'_2 - P_3 \alpha_6}{\beta_6} = A \end{cases} \tag{1}$$

由上式解出 P_1, P_2,得

$$\begin{cases} P_1 = -\alpha_5 A + \beta_5 p'_1 \\ P_2 = \beta_5 A + \alpha_5 p'_1 \end{cases} \tag{2}$$

将上两式平方相加,得

$$P_1^2 + P_2^2 = A^2 + p'^2_1 \tag{3}$$

又第四章方程(20) 和(19) 形式相似,只要行变数调换 $P_1 \rightarrow P_4, P_2 \rightarrow P_5, p'_1 \rightarrow p'_3, p'_2 \rightarrow p'_4, p_3 \rightarrow p_6$ 即可得对应的关系式,将第四章(20) 写为

$$\begin{cases} B_5 P_4 + \alpha_5 P_5 = p'_3 \\ -\alpha_5 P_4 + \beta_5 P_5 = \dfrac{p'_4 - P_6 \alpha_6}{\beta_6} = B \end{cases} \tag{4}$$

则得(2) 的对应关系式

$$\begin{cases} P_4 = -\alpha_5 B + \beta_5 p'_3 \\ P_5 = \beta_5 B + \alpha_5 p'_3 \end{cases} \tag{5}$$

(3) 的对应式为

$$P_4^2 + P_5^2 = B^2 + p'^2_3 \tag{6}$$

现在利用以上各式可将第四章(21)和(22)化成 P_3 和 P_6 的线性方程如下：(21) 可改写为

$$p'_5 = q'_1(-P_1\alpha_5 + P_2\beta_5) - q'_2\beta_6(P_1\beta_5 + P_2\alpha_5) +$$
$$q'_3(-P_4\alpha_5 + P_5\beta_5) - q'_4\beta_6(P_4\beta_5 + P_5\alpha_5)$$
$$= q'_1\left(\frac{p'_2 - P_3\alpha_6}{\beta_6}\right) - q'_2\beta_6 p'_1 + q'_3\left(\frac{p'_4 - P_6\alpha_6}{\beta_6}\right) - q'_4\beta_6 p'_3$$

或

$$q'_1 P_3 + q'_3 P_6 = C \tag{7}$$

其中

$$C = -\frac{1}{\alpha_6}[p'_5\beta_6 - (q'_1 p'_2 + q'_3 p'_4) + (q'_2 p'_1 + q'_4 p'_3)\beta_6^2] \tag{8}$$

第四章式(22) 可改写为

$$P'_6 = q'_2\alpha_6(P_1\alpha_5 - P_2\beta_5) + P_3 q'_2\beta_6 + q'_4\alpha_6(P_4\alpha_5 - P_5\beta_5) + P_6 q'_4\beta_6$$
$$= q'_2\alpha_6\left(\frac{P_3\alpha_6 - p'_2}{\beta_6}\right) + q'_4\alpha_6\left(\frac{P_6\alpha_6 - p'_4}{\beta_6}\right) + (P_3 q'_2 + P_6 q'_4)\beta_6$$

或

$$q'_2 P_3 + q'_4 P_6 = D \tag{9}$$

其中

$$D = p'_6\beta_6 + (q'_2 p'_2 + q'_4 p'_4)\alpha_6 \tag{10}$$

从(7) 和(9) 解出 P_3 和 P_6，得

$$P_3 = \frac{Cq'_4 - Dq'_3}{q'_4 q'_1 - q'_2 q'_3}, \quad P_6 = \frac{Dq'_1 - Cq'_2}{q'_4 q'_1 - q'_2 q'_3}$$

令 $\Delta = q'_4 q'_1 - q'_2 q'_3$，并将 C, D 代入，上两式成为

$$P_3 = \frac{1}{\Delta}\{-\frac{q'_4}{\alpha_6}[p'_5\beta_6 - (q'_1 p'_2 + q'_3 p'_4) + (q'_2 p'_1 + q'_4 p'_3)\beta_6^2] -$$
$$q'_3[p'_6\beta_6 + (q'_2 p'_2 + q'_4 p'_4)\alpha_6]\} \tag{11}$$

$$P_6 = \frac{1}{\Delta}\{q'_1[p'_6\beta_6 + (q'_2 p'_2 + q'_4 p'_4)\alpha_6] +$$
$$q'_2 \frac{1}{\alpha_6}[p'_5\beta_6 - (q'_1 p'_2 + q'_3 p'_4) +$$
$$(q'_2 p'_1 + q'_4 p'_3)\beta_6^2]\} \tag{12}$$

应用关系式 $\alpha_6^2 + \beta_6^2 = 1$，上两式可化为

$$P_3 = \frac{\beta_6}{\alpha_6\Delta}(-p'_6 q'_3\alpha_6 - q'_4 p'_5 + q'_4\beta_6 L) + p'_2\alpha_6 \tag{13}$$

$$P_6 = \frac{\beta_6}{\alpha_6\Delta}(q'_1 p'_6\alpha_6 + q'_2 p'_5 + q'_2\beta_6 L) + p'_4\alpha_6 \tag{14}$$

其中

$$\mathscr{V} = -\left(\frac{m_1 m_2}{r_{12}} + \frac{m_2 m_3}{r_{23}} + \frac{m_3 m_1}{r_{31}}\right)$$

$$L = (q'_1 p'_2 - p'_1 q'_2 + q'_3 p'_4 - p'_3 q'_4) \tag{15}$$

于是

$$A = \frac{p'_2 - P_3 \alpha_6}{\beta_6} = \beta_6 p'_2 - \frac{1}{\Delta}(-p'_6 q'_3 \alpha_6 - q'_4 p'_5 + q'_4 \beta_6 L) \tag{16}$$

$$B = \frac{p'_4 - P_6 \alpha_6}{\beta_6} = \beta_6 p'_4 - \frac{1}{\Delta}(q'_1 p'_6 \alpha_6 + q'_2 p'_5 - q'_2 \beta_6 L) \tag{17}$$

由(3)和"A 和 P_3 的关系式"有

$$P_1^2 + P_2^2 + P_3^2 = A^2 + p'^2_1 + \left(\frac{p'_2 - A\beta_6}{\alpha_6}\right)^2$$

$$= p'^2_1 + p'^2_2 + \frac{1}{\alpha_6^2}(p'_2 \beta_6 - A)^2$$

$$= p'^2_1 + p'^2_2 + \frac{1}{\alpha_6^2 \Delta^2}(-p'_6 q'_3 \alpha_6 - q'_4 p'_5 + q'_4 \beta_6 L)^2 \tag{18}$$

同样由(6)和"B 与 P_6 的关系式",可得

$$P_4^2 + P_5^2 + P_6^2 = p'^2_3 + p'^2_4 + \frac{1}{\alpha_6^2 \Delta^2}(q'_1 p'_6 \alpha_6 + q'_2 p'_5 - q'_2 \beta_6 L)^2 \tag{19}$$

现在尚须求 $P_1 P_4 + P_2 P_5 + P_3 P_6$. 应用(2),(5)及"$A$ 与 P_3","B 与 P_6"的关系式,有

$$\begin{aligned}
P_1 P_4 + P_2 P_5 + P_3 P_6 &= (-\alpha_5 A + \beta_5 p'_1)(-\alpha_5 B + \beta_5 p'_3) + \\
&\quad (\beta_5 A + \alpha_5 p'_1)(\beta_5 B + \alpha_5 p'_3) + \\
&\quad \frac{1}{\alpha_6^2}(p'_2 - A\beta_6)(p'_4 - B\beta_6) \\
&= AB + p'_1 p'_3 + \frac{1}{\alpha_6^2}[p'_2 p'_4 - \\
&\quad \beta_6(Ap'_4 + Bp'_2) + \beta_6^2 AB] \\
&= \frac{1}{\alpha_6^2} AB + p'_1 p'_3 + \frac{1}{\alpha_6^2} p'_2 p'_4 - \frac{\beta_6}{\alpha_6^2}(Ap'_4 + Bp'_2)
\end{aligned} \tag{20}$$

从上式可见必须求出 AB 及 $Ap'_4 + Bp'_2$. 由(16)和(17),得

$$\begin{aligned}
AB &= \left[\beta_6 p'_2 + \frac{1}{\Delta}(p'_6 q'_3 \alpha_6 + q'_4 p'_5 - q'_4 \beta_6 L)\right] \cdot \\
&\quad \left[\beta_6 p'_4 - \frac{1}{\Delta}(q'_1 p'_6 \alpha_6 + q'_2 p'_5 - q'_2 \beta_6 L)\right] \\
&= p'_2 p'_4 \beta_6^2 - \frac{\beta_6}{\Delta}[p'_2(q'_1 p'_6 \alpha_6 + q'_2 p'_5 - q'_2 \beta_6 L) - \\
&\quad p'_4(p'_6 q'_3 \alpha_6 + q'_4 p'_5 - q'_4 \beta_6 L)] - \frac{1}{\Delta^2}(p'_6 q'_3 \alpha_6 + q'_4 p'_5 - q'_4 \beta_6 L) \cdot
\end{aligned}$$

$$(q'_1 p'_6 \alpha_6 + q'_2 p'_5 - q'_2 \beta_6 L)$$

$$= p'_2 p'_4 \beta_6^2 - \frac{\beta_6}{\Delta}[\alpha_6 p'_6 (p'_2 q'_1 - p'_4 q'_3) +$$

$$(p'_5 - \beta_6 L)(p'_2 q'_2 - p'_4 q'_4)] -$$

$$\frac{1}{\Delta^2}(p'_6 q'_3 \alpha_6 + q'_4 p'_5 - q'_4 \beta_6 L)(q'_1 p'_6 \alpha_6 + q'_2 p'_5 - q'_2 \beta_6 L) \quad (21)$$

$$Ap'_4 + Bp'_2 = p'_4 \left[\beta_6 p'_2 + \frac{1}{\Delta}(p'_6 q'_3 \alpha_6 + q'_4 p'_5 - q'_4 \beta_6 L)\right] +$$

$$p'_2 \left[\beta_6 p'_4 - \frac{1}{\Delta}(q'_1 p'_6 \alpha_6 + q'_2 p'_5 - q'_2 \beta_6 L)\right]$$

$$= 2\beta_6 p'_2 p'_4 + \frac{1}{\Delta}[p'_6 \alpha_6 (p'_4 q'_3 - p'_2 q'_1) +$$

$$(p'_4 q'_4 - q'_2 p'_2)(p'_5 - \beta_6 L)] \quad (22)$$

将(21)和(22)代入(20),并简化得

$$P_1 P_4 + P_2 P_5 + P_3 P_6 = p'_1 p'_3 + p'_2 p'_4 - \frac{1}{\Delta^2}(P'_6 q'_3 \alpha_6 + q'_4 p'_5 - q'_4 \beta_6 L) \cdot$$

$$(q'_1 p'_6 \alpha_6 + q'_2 p'_5 - q'_2 \beta_6 L) \quad (23)$$

(18),(19)和(23)可写为

$$P_1^2 + P_2^2 + P_3^2 = p'^2_1 + p'^2_2 + \frac{1}{(q'_2 q'_3 - q'_1 q'_4)^2}[(p'_1 q'_2 - p'_2 q'_1 +$$

$$p'_3 q'_4 - p'_4 q'_3)q'_4 \cot q'_6 +$$

$$p'_5 q'_4 \operatorname{cosec} q'_6 + p'_6 q'_3]^2 \quad (24)$$

$$P_4^2 + P_5^2 + P_6^2 = p'^2_3 + p'^2_4 + \frac{1}{(q'_2 q'_3 - q'_1 q'_4)^2}[(p'_1 q'_2 - p'_2 q'_1 +$$

$$p'_3 q'_4 - p'_4 q'_3)q'_2 \cot q'_6 +$$

$$p'_5 q'_2 \operatorname{cosec} q'_6 + p'_6 q'_1]^2 \quad (25)$$

$$P_1 P_4 + P_2 P_5 + P_3 P_6 = p'_1 p'_3 + p'_2 p'_4 - \frac{1}{(q'_2 q'_3 - q'_1 q'_4)^2}\{(p'_1 q'_2 -$$

$$p'_2 q'_1 + p'_3 q'_4 - p'_4 q'_3)q'_4 \cot q'_6 +$$

$$p'_5 q'_4 \operatorname{cosec} q'_6 + p'_6 q'_3\} \cdot$$

$$\{(p'_1 q'_2 - p'_2 q'_1 + p'_3 q'_4 - p'_4 q'_3)q'_2 \cot q'_6 +$$

$$p'_5 q'_2 \operatorname{cosec} q'_6 + p'_6 q'_1\} \quad (26)$$

将(24),(25)和(26)代入第四章(13)即可得 H'.

$$V = -\left(\frac{m_1 m_2}{r_{12}} + \frac{m_2 m_3}{r_{23}} + \frac{m_3 m_1}{r_{31}}\right)$$

降阶法 $I(B)$ 的动量矩积分

第十三章

由第四章(15) 第二式及(17),(18),再应用第十二章中 (2),(1),(5),(4) 诸式,则有

$$a_8 = Q_2 P_3 - Q_3 P_2 + Q_5 P_6 - Q_6 P_5$$

$$= (q'_1 \alpha_5 + q'_2 \beta_6 \beta_5)\left(\frac{p'_2 - A\beta_6}{\alpha_6}\right) -$$

$$(q'_2 \alpha_6)(\beta_5 A + \alpha_5 p'_1) +$$

$$(q'_3 \alpha_5 + q'_4 \beta_6 \beta_5)\left(\frac{p'_4 - B\beta_6}{\alpha_6}\right) -$$

$$(q'_4 \alpha_6)(\beta_5 B + \alpha_5 p'_3)$$

$$= \frac{1}{\alpha_6}\big[\alpha_5(q'_1 p'_2 + q'_3 p'_4) +$$

$$\beta_6 \beta_5(q'_2 p'_2 + q'_4 p'_4) - \beta_6 \alpha_5(Aq'_1 + Bq'_3) -$$

$$\beta_5(Aq'_2 + Bq'_4) - \alpha_6^2 \alpha_5(q'_2 p'_1 + q'_4 p'_3)\big] \quad (1)$$

由上式可见,我们应该求出 $(Aq'_2 + Bq'_4)$ 和 $(Aq'_1 + Bq'_3)$. 应用上章中(16) 及(17),则

$$Aq'_2 + Bq'_4 = \beta_6 p'_2 q'_2 + \frac{q'_2}{\Delta}(p'_6 q'_3 \alpha_6 + q'_4 p'_5 - q'_4 \beta_6 L) +$$

$$\beta_6 p'_4 q'_4 - \frac{q'_4}{\Delta}(p'_6 q'_1 \alpha_6 + q'_2 p'_5 - q'_2 \beta_6 L)$$

$$= \beta_6(p'_2 q'_2 + p'_4 q'_4) - p'_6 \alpha_6 \quad (2)$$

$$Aq'_1 + Bq'_3 = \beta_6 p'_2 q'_1 + \frac{q'_1}{\Delta}(p'_6 q'_3 \alpha_6 + q'_4 p'_5 - q'_4 \beta_6 L) +$$

$$\beta_6 p'_4 q'_3 - \frac{q'_3}{\Delta}(p'_6 q'_1 \alpha_6 + q'_2 p'_5 - q'_2 \beta_6 L)$$

$$= \beta_6(p'_2 q'_1 + p'_4 q'_3) + p'_5 - \beta_6 L \quad (3)$$

将(2) 和(3) 代入(1),得

$$a_8 = \frac{1}{\alpha_6}\{\alpha_5(q'_1 p'_2 + q'_3 p'_4) + \beta_6\beta_5(q'_2 p'_2 + q'_4 p'_4) -$$

$$\beta_6\alpha_5[\beta_6(p'_2 q'_1 + p'_4 q'_3) + p'_5 - \beta_6 L] -$$

$$\beta_5[\beta_6(p'_2 q'_2 + p'_4 q'_4) - p'_6\alpha_6] - \alpha_6^2\alpha_5(q'_2 p'_1 + q'_4 p'_3)\}$$

$$= (q'_1 p'_2 - p'_1 q'_2 + p'_4 q'_3 - p'_3 q'_4)\sin q'_5 \operatorname{cosec} q'_6 -$$

$$K\sin q'_5 \cot q'_6 + p'_6 \cos q'_5 \qquad\qquad (4)$$

$$a_9 = Q_3 P_1 - Q_1 P_3 + Q_6 P_4 - Q_4 P_6$$

$$= (q'_2\alpha_6)(-\alpha_5 A + \beta_5 p'_1) - (q'_1\beta_5 - q'_2\beta_6\alpha_5)\left(\frac{p'_2 - A\beta_6}{\alpha_6}\right) +$$

$$(q'_4\alpha_6)(-\alpha_5 B + \beta_5 p'_3) - (q'_3\beta_5 - q'_4\beta_6\alpha_5)\left(\frac{p'_4 - B\beta_6}{\alpha_6}\right)$$

$$= -\frac{\alpha_5}{\alpha_6}(q'_2 A + q'_4 B) + \alpha_6\beta_5(p'_1 q'_2 + q'_4 p'_3) -$$

$$\frac{\beta_5}{\alpha_6}(q'_1 p'_2 + q'_4 p'_4) + \frac{\beta_6\alpha_5}{\alpha_6}(q'_2 p'_2 + q'_4 p'_4) + \frac{\beta_5\beta_6}{\alpha_6}(Aq'_1 + Bq'_3)$$

$$= -\frac{\alpha_5}{\alpha_6}[\beta_6(p'_2 q'_2 + p'_4 q'_4) - p'_6\alpha_6] + \alpha_6\beta_5(p'_1 q'_2 + q'_4 p'_3) -$$

$$\frac{\beta_5}{\alpha_6}(q'_1 p'_2 + q'_3 p'_4) + \frac{\beta_6\alpha_5}{\alpha_6}(q'_2 p'_2 + q'_4 p'_4) +$$

$$\frac{\beta_5\beta_6}{\alpha_6}[\beta_6(p'_2 q'_1 + p'_4 q'_3) + p'_5 - \beta_6 L]$$

$$= -\frac{\beta_5}{\alpha_6}L + \frac{\beta_5\beta_6}{\alpha_6}p'_5 + \alpha_5 p'_6$$

$$= -(q'_1 p'_2 - p'_1 q'_2 + q'_3 p'_4 - p'_3 q'_4)\cos q'_5 \operatorname{cosec} q'_6 +$$

$$K\cos q'_5 \cot q'_6 + p'_6 \sin q'_5 \qquad\qquad (5)$$

$$V = -\left(\frac{m_1 m_2}{r_{12}} + \frac{m_2 m_3}{r_{23}} + \frac{m_3 m_1}{r_{31}}\right)$$

第二编
重刚体绕不动点运动问题

引　论

応用数学家应该敏感于这样的想法,即某些问题比其他问题更重要.
——Greenberg

关于重刚体绕不动点运动的研究的问题,与另一个所谓三体问题的古典力学问题同为理论力学里面的最有名的问题之一.这两个问题之所以有名,是因为它们是一些问题的直接推广,而这些问题是可以完全解决的,并且只需利用极为简单的古典数学分析的工具;又这两个问题都有重大的困难,虽然过去两个世纪中,有许多数学家在解决它们的时候得到了不少的美妙结果,但是距离完全解决的境界还远得很.三体问题,或者在一般情形之下的 n 体问题,是两个受牛顿引力作用的物体的运动问题的直接推广;后一个问题牛顿早已美妙地完全解决了,但三体问题却非常困难,一直到最近数十年,在庞加莱(Poincaré)、松德曼以及其他等人的工作中才得到了部分的克服.同样,重刚体绕不动点的运动问题,是摆的振动问题的自然推广;这里也和上面一样,摆的振动问题已经利用近代的数学工具而美妙地完全解决了,但重刚体绕不动点的运动问题却不然,尽管欧拉(L. Euler)、拉格朗日(J. L. Lagrange)、普瓦松(S. O. Poisson)、卜安索(Poinsot)以及更近代的 C·B·柯瓦列夫斯卡雅、庞加莱和其他的许多近代学者都得到了很美妙的结果,但距离完全解决的境地还非常遥远.

关于刚体绕不动点运动的问题,最初的结果远在 18 世纪的 50 年代便已经得到了.当时欧拉导出了著名的以他命名的

$$V = -\left(\frac{m_1 m_2}{r_{12}} + \frac{m_2 m_3}{r_{23}} + \frac{m_3 m_1}{r_{31}}\right)$$

方程,并指出了当支撑点是物体的重心时的最简单情形①;但一直过了80年之久,卜安索才将欧拉的运动情形作了美妙的几何解释②.其后雅可比(Jacobi)利用他所创造的椭圆函数论③而给出了欧拉情形下的运动方程的完全积分法;又拉格朗日也指出了这个问题的一种特殊情形的解法,此种情形后来曾为普瓦松所研究.

在上列作者的著作以后,有很长的一个时期,关于这方面并未有任何本质的进一步的结果——虽然数学家们经常注意到这个问题,而且巴黎科学院还设立了特别的波尔登奖金,来奖给对这种理论有本质的贡献的人.一直到了1888年,才初次跨了具有决定性的一步,当时巴黎科学院的波尔登奖金奖给了C·B·柯瓦列夫斯卡雅的论文;这篇著作标志着上述问题的解法中的重大进步④.

表面上看起来,这里对于力学问题的解法初次利用了近代的复变函数论的观念(这种观念是柯西(Cauchy)、黎曼(Riemann)、魏尔斯特拉斯(Weierstrass)以及其他学者所创造的);此外,在所论问题的方程的积分法问题中,得到了新的原始产品,这种产品足以决定所谓微分方程的解析理论.C·B·柯瓦列夫斯卡雅(С. В. Ковалевская)的著作的主导观念是这样的.在所有以前的熟知的情形下,重刚体绕不动点的运动方程,其积分均为在变数 t 的整个复数平面上的单值逊整函数,原因是这种积分可以用椭圆函数表示出来.C·B·柯瓦列夫斯卡雅在她的著作中提出了下面的基本问题:求出一切使重刚体的运动方程的积分为变数 t 的整个平面上的单值逊整函数的情形.

问题的这种提法,是原有力学问题的本质的扩张,并且这种扩张只有纯粹数学的特性而无任何力学的意味.事实上,就力学的观点而言,解答当然要是单值的,因为在力学上不可能有这种情形,在同样的初始条件下,发生不同的运动;但由于力学问题中的时间是实数,所以任何多值函数都可以满足这种条件,只要它们的临界点不在实数轴上即可.C·B·柯瓦列夫斯卡雅对于积分所作的逊整性的限制,其力学根据更少.就力学的观点而言,我们没有任何根据来对于方程的积分作出任何限制,除了在力学中的时间所变化的实轴上以外.

C·B·柯瓦列夫斯卡雅在这个问题中,首先作了这样的扩张:考虑函数在变量 t 的整个复数平面上的展开式.这是原有力学问题的美妙的纯数学的扩张,此种扩张对于近代复变函数论在实际问题中的应用而言,是非常突出的一

---

① Euler L. , Découverte d'un nouveau principe de mécanique. Mém. de l'Acad. des sciences de Berlin,1750,1758.

② Poinsot, Théorie nouvelle de la rotation des corps. Journ. de Liouville, T. XVI,1851.

③ Jacobi, Sur la rotation d'un corps. Journ. de Crelle, T. 39,页 293.

④ Ковалевская С. В. Задача о вращении твердого тела около неподвижной точки. 参看 Ковалевская С. В. ,Научные работы. Издво АН СССР,1948,页 153-220.

点;这种观念后来被利用了而且得到完全的成功. 例如庞加莱以及稍后的松德曼在三体问题中,又 H·E·茹可夫斯基与 C·A·贾普利金在应用空气动力学中都这样做过①.

C·B·柯瓦列夫斯卡雅将时间看作复变量的这种观念,使得成熟而优美的复变函数论的工具能够进一步地应用研究中,在这方面,它标志着近代分析方法在力学中的应用的新纪元.

事实证明,这种观念使 C·B·柯瓦列夫斯卡雅得到了美妙的结果:除了古典的情形以外,C·B·柯瓦列夫斯卡雅的条件在另一种特殊情形之下也能成立,此时积分也是在变量 t 的整个复数平面上的逊整函数,用这种纯数学的方法又找出了一种情形,使得重刚体绕不动点的运动方程能有完全的积分法. 像 C·B·柯瓦列夫斯卡雅所指出的,在她所发现的情形下,方程组除了具有古典的代数的第一积分(动量积分与动能积分)以外,还有一个特殊的代数积分;而由古典的研究可知,在重刚体绕不动点的运动方程的积分法的所有以前已知的情形中,也都有这样的情况发生. 现在,从这种积分的存在性即可使问题得到完全的积分法——此点由雅可比的所谓后添因子的古典研究可以推出来.

由 C·B·柯瓦列夫斯卡雅的著作,又引起了第二个原则性的重要问题. 严格说来,积分的逊整性条件与方程组能够完全积分的可能性并无直接的联系. 但现在由于多得了一个积分,便使方程完全可积. 于是与 C·B·柯瓦列夫斯卡雅的研究有关,又发生了原则上很重要的问题:在何种条件下,重刚体绕不动点运动的方程具有一个附加的第一积分,而且它可以简单地表出来,也就是说,它是变量的代数函数或者单值函数?

在与 C·B·柯瓦列夫斯卡雅的研究同时,布隆司解决了三体问题中的类似的问题②,他证明了,除去古典的积分(也就是面积积分与动能积分)以外,在三体问题或者更一般的 n 体问题中,别无其他的第一积分存在.

对于重刚体绕不动点运动的问题而言,这种类似的问题已经被庞加莱、海顿以及其他诸家的研究所解决③. 此时事实告诉我们,只有在古典情形与 C·B·柯瓦列夫斯卡雅的情形下,也就是说,当方程的积分是逊整函数的时候,才有第四个单值积分存在. 一直到目前我们还不知道,这种情形究竟是偶然的还是有这样的一般定理存在:微分方程组具有单值的第一积分的必要条件

---

① 在机翼的理论中,机翼断面的最初形式并不是由力学的论据来决定的,而是由保角映照的实施的可能性来决定的.

② 例如参看 Whittaker E. T., Аналитическая динамика(俄译本). ОНТИ,1937,页 392.

③ 参看 Полубаринова — Кочина П. Я., Об однозначных решениях иалгебраических интегралах задачн о вращения тяжелого твердого тела около неподвижной точкн. Сборник《Движение твердого тела вокруг неподвижной точки》. Изд—во АН СССР,1940.

$$\mathscr{V} = -\left(\frac{m_1 m_2}{r_{12}} + \frac{m_2 m_3}{r_{23}} + \frac{m_3 m_1}{r_{31}}\right)$$

是,它具有可以用逊整函数表示出来的通积分. 班勒卫(Painlevé)曾经注意到这个问题的重要性①.

　　本编讲的便是上列作者所得到的结果. 这样,本编的内容即为叙述近代复变函数论的方法对于力学的一个特殊问题(重刚体绕不动点运动的问题)的应用,也就是微分方程的解析理论的方法对于动力学方程的积分法的应用.

---

① Painlevé P. , Surlcéquations différentielles du second ordre à points critiques fixes. Bull. de la Societé math. de France,1899.

基本的运动方程第一积分;后添因子的理论

§1　动量矩;基本的运动方程

设用 r 代表质量为 m 的质点关于某个不动坐标系的半径矢,则

$$r = x\boldsymbol{i} + y\boldsymbol{j} + z\boldsymbol{k}$$

其中 x,y,z 是点的坐标,此时可得点的速度 v 的表达式

$$v = \frac{\mathrm{d}r}{\mathrm{d}t}$$

从而动量可以表出为

$$mv = m\frac{\mathrm{d}r}{\mathrm{d}t} \tag{1}$$

的形式.

由此即得运动方程

$$\frac{\mathrm{d}}{\mathrm{d}t}mv = \boldsymbol{F} \tag{2}$$

其中 $\boldsymbol{F}$ 是作用于质点上的力.

因为按照周知的公式,作用矢关于坐标原点的矩等于矢量作用点的半径矢与所论矢量的矢性积,故

$$\mathrm{Mom}_o\boldsymbol{F} = r \times \boldsymbol{F} \tag{3}$$

又

$$\mathrm{Mom}_omv = r \times mv \tag{4}$$

现在可以将公式(4)推广到质点组的情形中. 设有质点组,其中一点的半径矢是 $r_k = x_k\boldsymbol{i} + y_k\boldsymbol{j} + z_k\boldsymbol{k}$,$px$ 的质量是 m_k,速度是 v_k,从而

$$\nu = -\left(\frac{m_1 m_2}{r_{12}} + \frac{m_2 m_3}{r_{23}} + \frac{m_3 m_1}{r_{31}}\right)$$

$$v_k = \frac{\mathrm{d}\boldsymbol{r}_k}{\mathrm{d}t}$$

那么用 $\boldsymbol{G}$ 代表系统的动量矩时,便有

$$\boldsymbol{G} = \sum_{k=1}^{n} \boldsymbol{r}_k \times m_k \boldsymbol{v}_k \tag{5}$$

同样,对于在体积 τ 内的连续分布质量而言,有

$$\boldsymbol{G} = \iiint_{\tau} \boldsymbol{r} \times (\mathrm{d}m\boldsymbol{v}) = \iiint_{\tau} \boldsymbol{r} \times \boldsymbol{v}\rho \, \mathrm{d}\tau \tag{6}$$

其中 ρ 是密度,而 $\mathrm{d}\tau$ 是体积元素$(\mathrm{d}\tau = \mathrm{d}x\,\mathrm{d}y\,\mathrm{d}z)$.

由方程(6)可得

$$\frac{\mathrm{d}\boldsymbol{G}}{\mathrm{d}t} = \iiint_{\tau} \left[\frac{\mathrm{d}\boldsymbol{r}}{\mathrm{d}t} \times \boldsymbol{v} + \boldsymbol{r} \times \frac{\mathrm{d}\boldsymbol{v}}{\mathrm{d}t} \right] \rho \, \mathrm{d}\tau$$

但

$$\frac{\mathrm{d}\boldsymbol{r}}{\mathrm{d}t} \times \boldsymbol{v} = \frac{\mathrm{d}\boldsymbol{r}}{\mathrm{d}t} \times \frac{\mathrm{d}\boldsymbol{r}}{\mathrm{d}t} = 0$$

故

$$\frac{\mathrm{d}\boldsymbol{G}}{\mathrm{d}t} = \iiint_{\tau} \boldsymbol{r} \times \frac{\mathrm{d}\boldsymbol{v}}{\mathrm{d}t} \rho \, \mathrm{d}\tau \tag{7}$$

另一方面

$$\rho\,\mathrm{d}\tau\,\frac{\mathrm{d}\boldsymbol{v}}{\mathrm{d}t} = \mathrm{d}m\,\frac{\mathrm{d}\boldsymbol{v}}{\mathrm{d}t} = \mathrm{d}\boldsymbol{F}$$

其中 $\mathrm{d}\boldsymbol{F}$ 是作用于质量 $\mathrm{d}m$ 上的力. 因此,方程(7)便具有如下的形式

$$\frac{\mathrm{d}\boldsymbol{G}}{\mathrm{d}t} = \iiint_{\tau} \boldsymbol{r} \times \mathrm{d}\boldsymbol{F}$$

作用于物体质点上的一切力的力矩总和,称为物体的总矩,于是用 $\boldsymbol{L}$ 代表总矩时,便有

$$\boldsymbol{L} = \iiint_{\tau} \boldsymbol{r} \times \mathrm{d}\boldsymbol{F} \tag{8}$$

而方程(7)可以写成

$$\frac{\mathrm{d}\boldsymbol{G}}{\mathrm{d}t} = \boldsymbol{L} \tag{9}$$

的形式.

矢量 $\boldsymbol{G}$ 是系统中特别如刚体所有各点的动量矩;它有时也叫作动力矩. 这样,方程(9)便代表动力学中的如下的基本定理:动力矩关于时间的导数,等于作用在物体上的力的总矩.

倘若关于某点作出矢量 $\boldsymbol{G}$ 的位置图,那么导数 $\dfrac{\mathrm{d}\boldsymbol{G}}{\mathrm{d}t}$ 便是位置图上的点的速

度,也就是矢量 G 的端点的速度,然而上面所证的定理即可用如下的方式给出:系统或者刚体关于某点的动力矩的端点速度,等于作用在系统或者刚体各点的力关于同上一点的总矩.

这个动力学方程便是刚体绕不动点运动的整个理论的基础.

§2 绕不动点旋转的物体的动量矩

倘若物体绕不动点旋转(我们取这点作为原点),则以 $\boldsymbol{\Omega}$ 代表物体的角速度时,便得到由半径矢 $\boldsymbol{r}$ 所定的点的线速度 $\boldsymbol{v}$ 如下

$$\boldsymbol{v} = \boldsymbol{\Omega} \times \boldsymbol{r} \tag{10}$$

将这个值代入动力矩 G 的表达式中,则得

$$\boldsymbol{G} = \iiint_{\tau} \boldsymbol{r} \times \boldsymbol{v}\,\mathrm{d}m = \iiint_{\tau} \boldsymbol{r} \times (\boldsymbol{\Omega} \times \boldsymbol{r})\,\mathrm{d}m \tag{11}$$

另一方面,按照矢量代数中的周知的公式,对于矢量的矢性积成立着下面的恒等关系式

$$\boldsymbol{a} \times (\boldsymbol{b} \times \boldsymbol{c}) = \boldsymbol{b}(\boldsymbol{a} \cdot \boldsymbol{c}) - \boldsymbol{c}(\boldsymbol{a} \cdot \boldsymbol{b})$$

因此,动力矩 G 又可以写成

$$\boldsymbol{G} = \iiint_{\tau} [\boldsymbol{\Omega} r^2 - \boldsymbol{r}(\boldsymbol{r} \cdot \boldsymbol{\Omega})]\,\mathrm{d}m \tag{12}$$

的形式.

设矢量 G 在坐标轴上的分量为 p, q, r,从而

$$\boldsymbol{\Omega} = p\boldsymbol{i} + q\boldsymbol{j} + r\boldsymbol{k}$$

则

$$\boldsymbol{\Omega} r^2 = \boldsymbol{\Omega}(x^2 + y^2 + z^2) = (p\boldsymbol{i} + q\boldsymbol{j} + r\boldsymbol{k})(x^2 + y^2 + z^2)$$

同样

$$\boldsymbol{r}(\boldsymbol{r} \cdot \boldsymbol{\Omega}) = (x\boldsymbol{i} + y\boldsymbol{j} + z\boldsymbol{k})(px + qy + rz)$$

故有

$$\begin{aligned}
\boldsymbol{\Omega} r^2 - \boldsymbol{r}(\boldsymbol{r} \cdot \boldsymbol{\Omega}) = &\boldsymbol{i}[p(x^2 + y^2 + z^2) - px^2 - x(qy + rz)] + \\
&\boldsymbol{j}[q(x^2 + y^2 + z^2) - qy^2 - y(px + rz)] + \\
&\boldsymbol{k}[r(x^2 + y^2 + z^2) - rz^2 - z(px + qy)]
\end{aligned}$$

于是表达式(12)便成为

$$\begin{aligned}
\boldsymbol{G} = &\boldsymbol{i}\iiint_{\tau} \{p(y^2 + z^2) - xyq - xzr\}\,\mathrm{d}m + \\
&\boldsymbol{j}\iiint_{\tau} \{q(z^2 + x^2) - yzr - yxp\}\,\mathrm{d}m +
\end{aligned}$$

$$\mathscr{V} = -\left(\frac{m_1 m_2}{r_{12}} + \frac{m_2 m_3}{r_{23}} + \frac{m_3 m_1}{r_{31}}\right)$$

$$k \iiint_{\tau} \{\boldsymbol{r}(x^2 + y^2) - zxp - zyq\}\,\mathrm{d}m \tag{13}$$

引用下列记号

$$\iiint_{\tau} (y^2 + z^2)\,\mathrm{d}m = A = J_{xx}$$

$$\iiint_{\tau} xy\,\mathrm{d}m = J_{xy} = J_{yx}$$

$$\iiint_{\tau} (z^2 + x^2)\,\mathrm{d}m = B = J_{yy}$$

$$\iiint_{\tau} xz\,\mathrm{d}m = J_{xz} = J_{zx}$$

$$\iiint_{\tau} (x^2 + y^2)\,\mathrm{d}m = C = J_{zz}$$

$$\iiint_{\tau} yz\,\mathrm{d}m = J_{yz} = J_{zy}$$

将这些值代入表达式(4),便将它化为

$$\boldsymbol{G} = \boldsymbol{i}(J_{xx}p - J_{xy}q - J_{xz}r) + \boldsymbol{j}(J_{yy}q - J_{yz}r - J_{yx}p) +$$
$$\boldsymbol{k}(J_{zz}r - J_{zx}p - J_{zy}q) \tag{14}$$

倘若轴(x,y,z)的方向沿着惯性椭球的主轴上,那么我们知道,系数J_{xy}, J_{yz},J_{zx}都等于零,从而表达式(14)具有更简单的形式

$$\boldsymbol{G} = \boldsymbol{i}J_{xx}p + \boldsymbol{j}J_{yy}q + \boldsymbol{k}J_{zz}r$$

或

$$\boldsymbol{G} = \boldsymbol{i}Ap + \boldsymbol{j}Bq + \boldsymbol{k}Cr \tag{15}$$

以后我们取附着于物体上的坐标轴时,永远令它们沿着惯性椭球的主轴上,从而总动力矩恒有表达式(15).

§3 矢量的相对导数

设点O为两组笛卡儿直角坐标系的原点,并设$\boldsymbol{i},\boldsymbol{j},\boldsymbol{k}$为不动坐标系的基矢,又$\boldsymbol{i},\boldsymbol{j},\boldsymbol{k}$为不变地附着于刚体上的坐标系的基矢,而这个刚体绕不动点O运动. 设$\boldsymbol{R}$为由点O出发的变动矢,又x,y,z是它的端点在附着于物体上而运动的坐标系中的坐标,也就是

$$\boldsymbol{R} = \boldsymbol{i}x + \boldsymbol{j}y + \boldsymbol{k}z \tag{16}$$

那么

$$\frac{\mathrm{d}\boldsymbol{R}}{\mathrm{d}t} = \boldsymbol{i}\frac{\mathrm{d}x}{\mathrm{d}t} + \boldsymbol{j}\frac{\mathrm{d}y}{\mathrm{d}t} + \boldsymbol{k}\frac{\mathrm{d}z}{\mathrm{d}t} + x\frac{\mathrm{d}\boldsymbol{i}}{\mathrm{d}t} + y\frac{\mathrm{d}\boldsymbol{j}}{\mathrm{d}t} + z\frac{\mathrm{d}\boldsymbol{k}}{\mathrm{d}t} \tag{17}$$

但 $\dfrac{\mathrm{d}\boldsymbol{i}}{\mathrm{d}t}$ 为动坐标系的基矢端点的速度,故

$$\frac{\mathrm{d}\boldsymbol{i}}{\mathrm{d}t} = \boldsymbol{\Omega} \times \boldsymbol{i}$$

同样

$$\frac{\mathrm{d}\boldsymbol{j}}{\mathrm{d}t} = \boldsymbol{\Omega} \times \boldsymbol{j}, \qquad \frac{\mathrm{d}\boldsymbol{k}}{\mathrm{d}t} = \boldsymbol{\Omega} \times \boldsymbol{k}$$

其中 $\boldsymbol{\Omega}$ 是物体的角速度,因此

$$\frac{\mathrm{d}\boldsymbol{R}}{\mathrm{d}t} = \boldsymbol{i}\frac{\mathrm{d}x}{\mathrm{d}t} + \boldsymbol{j}\frac{\mathrm{d}y}{\mathrm{d}t} + \boldsymbol{k}\frac{\mathrm{d}z}{\mathrm{d}t} + \boldsymbol{\Omega} \times (x\boldsymbol{i} + y\boldsymbol{j} + z\boldsymbol{k})$$

或者按照(16)

$$\frac{\mathrm{d}\boldsymbol{R}}{\mathrm{d}t} = \boldsymbol{i}\frac{\mathrm{d}x}{\mathrm{d}t} + \boldsymbol{j}\frac{\mathrm{d}y}{\mathrm{d}t} + \boldsymbol{k}\frac{\mathrm{d}z}{\mathrm{d}t} + \boldsymbol{\Omega} \times \boldsymbol{R} \qquad (18)$$

但

$$\boldsymbol{i}\frac{\mathrm{d}x}{\mathrm{d}t} + \boldsymbol{j}\frac{\mathrm{d}y}{\mathrm{d}t} + \boldsymbol{k}\frac{\mathrm{d}z}{\mathrm{d}t}$$

是矢量 $\boldsymbol{R}$ 关于 t 的导数,它是当假设以 $\boldsymbol{i},\boldsymbol{j},\boldsymbol{k}$ 为基矢的坐标系不动时而算出来的,这个导数可以叫作矢量的相对导数.

矢量的相对导数以后用 $\dfrac{\delta \boldsymbol{R}}{\delta t}$ 来表示. 这样,等式(18)便具有最后的形式

$$\frac{\mathrm{d}\boldsymbol{R}}{\mathrm{d}t} = \frac{\delta \boldsymbol{R}}{\delta t} + \boldsymbol{\Omega} \times \boldsymbol{R} \qquad (19)$$

§4　欧拉公式;第一组

考虑不动的坐标系 $(\bar{x},\bar{y},\bar{z})$,其原点在物体的不动点处,并设具有同一原点的坐标系 (x,y,z) 不变地附着于物体上,而且各轴沿着物体关于不动点的惯性椭球的主轴方向.

将不动的坐标系如此置放,使轴 $\bar{z}$ 铅直朝下(图 1.1).设 γ,γ',γ'' 为轴 $\bar{z}$ 关于动轴 x,y,z 的方向余弦.

因为动轴 x,y,z 沿着物体的惯性主轴上,故由 §2 公式(15),动力矩 $\boldsymbol{G}$ 可以写成

$$\boldsymbol{G} = Ap\boldsymbol{i} + Bq\boldsymbol{j} + Cr\boldsymbol{k} \qquad (20)$$

的形式.同样,对于物体的角速度有如下的表达式

$$\boldsymbol{\Omega} = p\boldsymbol{i} + q\boldsymbol{j} + r\boldsymbol{k}$$

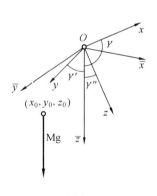

图 1.1

$$\mathscr{V} = -\left(\frac{m_1 m_2}{r_{12}} + \frac{m_2 m_3}{r_{23}} + \frac{m_3 m_1}{r_{31}} \right)$$

于是利用 §3 公式(19)，即得动力矩的导数 $\dfrac{\mathrm{d}\boldsymbol{G}}{\mathrm{d}t}$ 的表达式如下

$$\frac{\mathrm{d}\boldsymbol{G}}{\mathrm{d}t}=A\frac{\mathrm{d}p}{\mathrm{d}t}\boldsymbol{i}+B\frac{\mathrm{d}q}{\mathrm{d}t}\boldsymbol{j}+C\frac{\mathrm{d}r}{\mathrm{d}t}\boldsymbol{k}+\begin{vmatrix}\boldsymbol{i}&\boldsymbol{j}&\boldsymbol{k}\\p&q&r\\Ap&Bq&Cr\end{vmatrix}$$

或者

$$\frac{\mathrm{d}\boldsymbol{G}}{\mathrm{d}t}=\boldsymbol{i}\left[A\frac{\mathrm{d}p}{\mathrm{d}t}+(C-B)qr\right]+\boldsymbol{j}\left[B\frac{\mathrm{d}q}{\mathrm{d}t}+(A-C)rp\right]+$$

$$\boldsymbol{k}\left[C\frac{\mathrm{d}r}{\mathrm{d}t}+(B-A)pq\right] \tag{21}$$

设运动物体的质量中心在如此的点处，点在动坐标系下的坐标为(x_0,y_0,z_0)，也就是由矢量

$$\boldsymbol{r}_0=x_0\boldsymbol{i}+y_0\boldsymbol{j}+z_0\boldsymbol{k} \tag{22}$$

所定. 因为重力 $\boldsymbol{P}(\boldsymbol{P}=M\boldsymbol{g}$，其中 M 是物体的质量，而 $\boldsymbol{g}$ 是重力加速度）铅直朝下，也就是沿着轴 $\bar{z}$ 上，所以它在动轴上的分量等于 $M\boldsymbol{g}\gamma,M\boldsymbol{g}\gamma',M\boldsymbol{g}\gamma''$，而

$$\boldsymbol{P}=M\boldsymbol{g}(\gamma\boldsymbol{i}+\gamma'\boldsymbol{j}+\gamma''\boldsymbol{k}) \tag{23}$$

因此，对于力 $\boldsymbol{P}$ 的矩 $\boldsymbol{L}$，便有表达式

$$\boldsymbol{L}=\begin{vmatrix}\boldsymbol{i}&\boldsymbol{j}&\boldsymbol{k}\\x_0&y_0&z_0\\M\boldsymbol{g}\gamma&M\boldsymbol{g}\gamma'&M\boldsymbol{g}\gamma''\end{vmatrix}$$

$$=\boldsymbol{i}M\boldsymbol{g}(y_0\gamma'-z_0\gamma')+\boldsymbol{j}M\boldsymbol{g}(z_0\gamma-x_0\gamma'')+\boldsymbol{k}M\boldsymbol{g}(x_0\gamma'-y_0\gamma) \tag{24}$$

将所得 $\dfrac{\mathrm{d}\boldsymbol{G}}{\mathrm{d}t}$ 与 $\boldsymbol{L}$ 的值代入 §1 的基本方程(9)，并取各轴上的分量，则得下列三个基本方程

$$\left\{\begin{array}{l}A\dfrac{\mathrm{d}p}{\mathrm{d}t}+(C-B)qr=M\boldsymbol{g}(y_0\gamma''-z_0\gamma')\\[2mm]A\dfrac{\mathrm{d}q}{\mathrm{d}t}+(A-C)rp=M\boldsymbol{g}(z_0\gamma-x_0\gamma'')\\[2mm]C\dfrac{\mathrm{d}r}{\mathrm{d}t}+(B-A)pq=M\boldsymbol{g}(x_0\gamma'-y_0\gamma)\end{array}\right. \tag{I}$$

方程(25)组成刚体绕不动点运动的第一组基本的动力学方程. 这组方程是欧拉所发现的，叫作重刚体绕不动点运动的欧拉方程.

方程(25)关于系数 A,B,C 与 $M\boldsymbol{g}$ 是齐次的；将它们除以 $M\boldsymbol{g}$，便可以得到一组方程，它具有与 A,B,C 成比例的新系数

$$A_1=\frac{A}{M\boldsymbol{g}},\quad B_1=\frac{B}{M\boldsymbol{g}},\quad C_1=\frac{C}{M\boldsymbol{g}}$$

因此，以后为了使方程简单化，我们往往假设 $M\boldsymbol{g}=1$（选取适当的测量单位，也

可以得到同样的结果).

§5 重刚体绕不动点的运动方程;第二组

在 §4 的欧拉方程(Ⅰ)中,包含时间 t 的六个函数:物体的角速度在动轴上的投影 p,q,r,与不动轴 $\bar{z}$ 关于运动坐标系的方向余弦 γ,γ',γ'';又常数 A,B,C,M,x_0,y_0,z_0 决定物体质量关于所选坐标系的分布.

这样,要使问题确定,必须对于已经导出的三个欧拉方程再添三个方程才行.这些方程可用如下的方式得出.不动轴 $\bar{z}$ 上的基矢 $\bar{k}$ 显然可以用动轴的基矢表出如下

$$\bar{k} = \gamma i + \gamma' j + \gamma'' k \tag{25}$$

因为基矢 $\bar{k}$ 是不动的,故有

$$\frac{\mathrm{d}\bar{k}}{\mathrm{d}t} = 0 \tag{26}$$

另一方面,利用 §3 的等式(23)得

$$\frac{\mathrm{d}\bar{k}}{\mathrm{d}t} = \frac{\delta\bar{k}}{\delta t} + \boldsymbol{\Omega} \times \bar{k} \tag{27}$$

由方程(26),(27)即知

$$\frac{\delta\bar{k}}{\delta t} = -\boldsymbol{\Omega} \times \bar{k} \tag{28}$$

或者

$$i\frac{\mathrm{d}\gamma}{\mathrm{d}t} + j\frac{\mathrm{d}\gamma'}{\mathrm{d}t} + k\frac{\mathrm{d}\gamma''}{\mathrm{d}t} = \begin{vmatrix} i & j & k \\ \gamma & \gamma' & \gamma'' \\ p & q & r \end{vmatrix}$$

于是取各轴上的分量,即得刚体绕不动点的第二组基本运动方程如下

$$\begin{cases} \dfrac{\mathrm{d}\gamma}{\mathrm{d}t} = r\gamma' - q\gamma'' \\ \dfrac{\mathrm{d}\gamma'}{\mathrm{d}t} = p\gamma'' - r\gamma \\ \dfrac{\mathrm{d}\gamma''}{\mathrm{d}t} = q\gamma - p\gamma' \end{cases} \tag{Ⅱ}$$

我们也可以引入两组与(Ⅱ)相仿的方程.事实上,设

$$\bar{i} = \alpha i + \alpha' j + \alpha'' k$$

又

$$\bar{j} = \beta i + \beta' j + \beta'' k$$

其中 α,α',α'' 是基矢 $\bar{i}$ 关于动轴的方向余弦,同样,β,β',β'' 是基矢 $\bar{j}$ 关于动轴的方向余弦,那么和上面一样,也有

$$\mathscr{V} = -\left(\frac{m_1 m_2}{r_{12}} + \frac{m_2 m_3}{r_{23}} + \frac{m_3 m_1}{r_{31}}\right)$$

$$\frac{\mathrm{d}\bar{\boldsymbol{i}}}{\mathrm{d}t}=0, \quad \frac{\mathrm{d}\bar{\boldsymbol{j}}}{\mathrm{d}t}=0$$

或者

$$\frac{\delta\bar{\boldsymbol{i}}}{\delta t}=-\boldsymbol{\Omega}\times\bar{\boldsymbol{i}}, \quad \frac{\delta\bar{\boldsymbol{j}}}{\delta t}=-\boldsymbol{\Omega}\times\bar{\boldsymbol{j}}$$

也就是说,我们得到

$$\begin{cases} \dfrac{\mathrm{d}\alpha}{\mathrm{d}t}=r\alpha'-q\alpha'' \\[2mm] \dfrac{\mathrm{d}\alpha'}{\mathrm{d}t}=p\alpha''-r\alpha \\[2mm] \dfrac{\mathrm{d}\alpha''}{\mathrm{d}t}=q\alpha-p\alpha' \end{cases} \qquad (\text{II}')$$

与

$$\begin{cases} \dfrac{\mathrm{d}\beta}{\mathrm{d}t}=r\beta'-q\beta'' \\[2mm] \dfrac{\mathrm{d}\beta'}{\mathrm{d}t}=p\beta''-r\beta \\[2mm] \dfrac{\mathrm{d}\beta''}{\mathrm{d}t}=q\beta-p\beta' \end{cases} \qquad (\text{II}'')$$

这样,要决定具有不动点的刚体的位置,首先只需求六个方程(Ⅰ),(Ⅱ)的积分即可.但根据初值 $p_0,q_0,r_0,\gamma_0,\gamma'_0,\gamma''_0$ 来求已知瞬间 t 下的值 $p,q,r,\gamma,\gamma',\gamma''$ 时,我们仅仅得到了五个随意常数,原因是第一积分(Ⅴ)(255页)中的常数应该等于1,而作为初始数量我们可以取任意六个初始值,例如 p_0,q_0,r_0 与决定物体位置的三个欧拉角.易于证明,这种缺陷发生的理由是:要将问题完全解决,除了求六个方程(Ⅰ),(Ⅱ)的积分以外,必须还要取一个定积分.

为了说明这一点,我们首先将 γ,γ',γ'' 用决定物体位置的欧拉角表出.设 $\bar{x},\bar{y},\bar{z}$ 为不动轴,而 x,y,z 为附着于运动物体上的轴(图 1.2(a)),则直线 OA 便是平面 $\overline{xOy}$ 与 xOy 的交口,也就是节线,而 $\angle\bar{x}OA=\psi,\angle OAx=\varphi$,$\angle z O\bar{z}=\vartheta$ 为欧拉角,精确地说,ψ 是进动角,ϑ 是章动角,而 φ 是本徵旋转角.

欲将 γ,γ',γ'' 用欧拉角表出,可以由 O 作单位半径的球面而考虑两个球面三角形 ABC,ACD(图 1.2(b)).对于这两个三角形应用球面三角形的余弦公式,也就是关系式

$$\cos a=\cos b\cos c+\sin b\sin c\cos A$$

则得

$$\cos\widehat{BD}=\cos\widehat{AB}\cos\widehat{AD}+\sin\widehat{AB}\sin\widehat{AD}\cos\angle BAD$$

又

$$\cos\widehat{CD}=\cos\widehat{AC}\cos\widehat{AD}+\sin\widehat{AC}\sin\widehat{AD}\cos\angle CAD$$

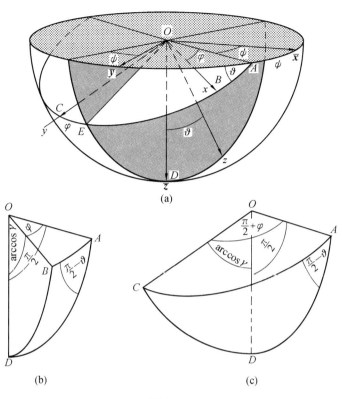

图 1.2

但

$$\cos \widehat{BD} = \gamma, \quad \widehat{AB} = \varphi, \quad \widehat{AD} = \frac{\pi}{2}$$

$$\cos \widehat{CD} = \gamma', \quad \widehat{AC} = \widehat{AB} + \widehat{BC} = \varphi + \frac{\pi}{2}$$

$$\angle BAD = \angle CAD = \widehat{ED} = \frac{\pi}{2} - \vartheta$$

故有

$$\gamma = \sin \varphi \sin \theta \tag{29}$$

$$\gamma' = \cos \varphi \sin \theta \tag{30}$$

又

$$\gamma'' = \cos \vartheta \tag{31}$$

由方程(29),(30) 得

$$\varphi = \arctan \frac{\gamma}{\gamma'} \tag{32}$$

又由(31) 得

$$\vartheta = \arccos \gamma'' \tag{33}$$

253

$$\mathcal{V} = -\left(\frac{m_1 m_2}{r_{12}} + \frac{m_2 m_3}{r_{23}} + \frac{m_3 m_1}{r_{31}} \right)$$

在上列公式中不含进动角 ψ. 要找角 ψ, 可以注意, $\dfrac{\mathrm{d}\vartheta}{\mathrm{d}t}, \dfrac{\mathrm{d}\psi}{\mathrm{d}t}, \dfrac{\mathrm{d}\varphi}{\mathrm{d}t}$ 分别为物体的角速度在轴 OA（也就是节线）、轴 $\bar{z}$ 与轴 z 上的分量的代数值. 将角速度投影于轴 $O\bar{z}$ 上，则得 r. 于是

$$r = \frac{\mathrm{d}\varphi}{\mathrm{d}t} + \frac{\mathrm{d}\vartheta}{\mathrm{d}t}\cos \angle AO\bar{x} + \frac{\mathrm{d}\psi}{\mathrm{d}t}\cos \angle zO\bar{z}$$

但

$$\angle AOx = \frac{\pi}{2}, \quad \cos \angle zO\bar{z} = \gamma''$$

故

$$r = \frac{\mathrm{d}\varphi}{\mathrm{d}t} + \frac{\mathrm{d}\psi}{\mathrm{d}t}\gamma''$$

从而利用关系式（32）即得

$$\frac{\mathrm{d}\psi}{\mathrm{d}t} = \frac{1}{\gamma''}\left[r - \frac{\dfrac{\mathrm{d}\gamma}{\mathrm{d}t}\gamma' - \dfrac{\mathrm{d}\gamma'}{\mathrm{d}t}\gamma}{\gamma^2 + \gamma'^2} \right] \tag{34}$$

由此用积分法便得到第三个欧拉角 ψ.

这样，重刚体绕不动点运动的问题的解法，便归结于方程组（Ⅰ），（Ⅱ）的积分法与（34）的求积.

本编专门讨论解这个问题时所得到的结果，以后我们可以看到在现代的数学分析中还没有如此的工具，使得能够完全地解决这个问题. 这里主要的困难是方程组（Ⅰ），（Ⅱ）的解法，因为由解析的观点看来，式（34）的求积并无困难，例如，它总可以用级数展开法来求出.

18,19 世纪中有很多很多的学者们都曾致力于方程组（Ⅰ），（Ⅱ）的积分法问题，如欧拉、拉格朗日、普瓦松、雅可比等. 这个古典问题的解法，其最重要的进展是归功于俄国有名的柯瓦列夫斯卡雅的. 她所得到的结果利用了复变函数论，在周知的意义下，她能将以前的人所得的结果融会起来.

§6　刚体绕不动点运动方程的第一积分

要完全积分刚体绕不动点的一组六个运动方程，只需找到六个独立的积分即可. 不难看出，由力学的论证易于得到两个积分，又由几何的论证可以得出另一个积分.

事实上，用 T 代表物体的动能，并将重心的运动定理应用到所讨论的情形中，则得

$$\mathrm{d}T = Mg\,\mathrm{d}\bar{z}_0$$

其中 $\bar{z}_0$ 是重心在不动坐标系内的坐标，由此可得第一积分

$$T = Mg\bar{z}_0 + C$$

但

$$T = \frac{1}{2} \iiint\limits_{\tau} \boldsymbol{v}^2 \, \mathrm{d}m = \frac{1}{2} \iiint\limits_{\tau} \rho \boldsymbol{v}^2 \, \mathrm{d}\tau = \frac{1}{2} \iiint\limits_{\tau} \rho [\boldsymbol{\Omega} \times \boldsymbol{r}]^2 \, \mathrm{d}\tau \qquad (35)$$

而

$$\boldsymbol{\Omega} \times \boldsymbol{r} = \begin{vmatrix} \boldsymbol{i} & \boldsymbol{j} & \boldsymbol{k} \\ p & q & r \\ x & y & z \end{vmatrix} = \boldsymbol{i}(qz - ry) + \boldsymbol{j}(rx - pz) + \boldsymbol{k}(py - qx)$$

故

$$T = \frac{1}{2} \iiint\limits_{\tau} \rho \{(qz - ry)^2 + (rx - pz)^2 + (py - qx)^2\} \, \mathrm{d}\tau$$

倘若将物体置于动坐标系内,使坐标轴沿惯性主轴上,则

$$T = \frac{1}{2} \iiint\limits_{\tau} \{p^2(y^2 + z^2) + q^2(z^2 + x^2) + r^2(x^2 + y^2)\} \rho \, \mathrm{d}\tau$$

或者

$$T = \frac{1}{2}(Ap^2 + Bq^2 + Cr^2)$$

因为

$$\bar{z}_0 = x_0 \gamma + y_0 \gamma' + z_0 \gamma''$$

故有如下的第一积分

$$Ap^2 + Bq^2 + Cr^2 = 2Mg(x_0 \gamma + y_0 \gamma' + z_0 \gamma'') + C_1 \qquad (\text{Ⅲ})$$

这个积分便代表动能定理.

第二个积分由下面的论证得出.作用于物体上的力是铅直朝下的,也就是沿着轴 $\bar{z}$ 上.因此,这个力关于轴 $\bar{z}$ 的力矩等于零,从而关于轴 $\bar{z}$ 的动量矩便是常数.

按照 §2 的公式(6),动量矩可以表出为

$$\boldsymbol{G} = Ap\boldsymbol{i} + Bq\boldsymbol{j} + Cr\boldsymbol{k}$$

于是关于不动轴 $\bar{z}$ 的动量矩便可以写成

$$\boldsymbol{G} \cdot \bar{\boldsymbol{k}} = (Ap\boldsymbol{i} + Bq\boldsymbol{j} + Cr\boldsymbol{k}) \cdot (\gamma \boldsymbol{i} + \gamma' \boldsymbol{j} + \gamma'' \boldsymbol{k}) = Ap\gamma + Bq\gamma' + Cr\gamma''$$

这样,又得到了一个第一积分

$$Ap\gamma + Bq\gamma' + Cr\gamma'' = C_2 \qquad (\text{Ⅳ})$$

最后,因为 $\gamma, \gamma', \gamma''$ 是基矢 $\bar{\boldsymbol{k}}$ 的方向余弦,所以又有方程的一个积分

$$\gamma^2 + \gamma'^2 + \gamma''^2 = 1 \qquad (\text{Ⅴ})$$

第一积分(Ⅲ),(Ⅳ),(Ⅴ)也是于由方程组(Ⅰ),(Ⅱ)直接得出来,事实上,将方程(Ⅰ)分别乘以 p, q, r 而相加,则得

$$\mathscr{V} = -\left(\frac{m_1 m_2}{r_{12}} + \frac{m_2 m_3}{r_{23}} + \frac{m_3 m_1}{r_{31}}\right)$$

$$Ap\frac{\mathrm{d}p}{\mathrm{d}t} + Bq\frac{\mathrm{d}q}{\mathrm{d}t} + Cr\frac{\mathrm{d}r}{\mathrm{d}t} + \{(C-B)+(A-C)+(B-A)\}pqr$$

$$= Mg\{x_0(r\gamma'-q\gamma'') + y_0(p\gamma''-r\gamma) + z_0(q\gamma-p\gamma')\}$$

或者利用方程（Ⅱ）

$$Ap\frac{\mathrm{d}p}{\mathrm{d}t} + Bq\frac{\mathrm{d}q}{\mathrm{d}t} + Cr\frac{\mathrm{d}r}{\mathrm{d}t} = Mg\left\{x_0\frac{\mathrm{d}\gamma}{\mathrm{d}t} + y_0\frac{\mathrm{d}\gamma'}{\mathrm{d}t} + z_0\frac{\mathrm{d}\gamma''}{\mathrm{d}t}\right\}$$

从而即得第一积分（Ⅲ）

$$Ap^2 + Bq^2 + Cr^2 = 2Mg(x_0\gamma + y_0\gamma' + z_0\gamma'') + C_1$$

同样，将方程（Ⅰ）分别乘以 $\gamma, \gamma', \gamma''$，又将方程（Ⅱ）分别乘以 Ap, Bq, Cr，再将所有六个方程相加，则得

$$A\frac{\mathrm{d}}{\mathrm{d}t}(p\gamma) + B\frac{\mathrm{d}}{\mathrm{d}t}(q\gamma') + C\frac{\mathrm{d}}{\mathrm{d}t}(r\gamma'') + [(C-B)qr\gamma +$$

$$(A-C)rp\gamma' + (B-A)pq\gamma'' - Ap(r\gamma'-q\gamma'') -$$

$$Bq(p\gamma''-r\gamma) - Cr(q\gamma-p\gamma')]$$

$$= Mg[\gamma(y_0\gamma''-z_0\gamma') + \gamma'(z_0\gamma-x_0\gamma'') + \gamma''(x_0\gamma'-y_0\gamma)]$$

或者

$$A\frac{\mathrm{d}}{\mathrm{d}t}p\gamma + B\frac{\mathrm{d}}{\mathrm{d}t}q\gamma' + C\frac{\mathrm{d}}{\mathrm{d}t}r\gamma'' = 0$$

由此即得第一积分（Ⅳ）

$$Ap\gamma + Bq\gamma' + Cr\gamma'' = C_2$$

同样，将方程（Ⅱ）分别乘以 $\gamma, \gamma', \gamma''$ 而相加，则得

$$\gamma\frac{\mathrm{d}\gamma}{\mathrm{d}t} + \gamma'\frac{\mathrm{d}\gamma'}{\mathrm{d}t} + \gamma''\frac{\mathrm{d}\gamma''}{\mathrm{d}t} = \gamma(r\gamma'-q\gamma'') + \gamma'(p\gamma''-r\gamma) + \gamma''(q\gamma-p\gamma')$$

或者

$$\gamma\frac{\mathrm{d}\gamma}{\mathrm{d}t} + \gamma'\frac{\mathrm{d}\gamma'}{\mathrm{d}t} + \gamma''\frac{\mathrm{d}\gamma''}{\mathrm{d}t} = 0$$

由此，考虑到随意常数的意义，便得出第一积分（Ⅴ）

$$\gamma^2 + \gamma'^2 + \gamma''^2 = 1$$

上述三个第一积分，便是在一般情形下由力学的论证所能得到的一切积分.

§7 呈赫斯形式的欧拉方程；赫斯方程

将运动方程组的三个积分写成下面的形式

$$\begin{cases} \gamma^2 + \gamma'^2 + \gamma''^2 = 1 \\ Ap\gamma + Bq\gamma' + Cr\gamma'' = C_2 \\ x_0\gamma + y_0\gamma' + z_0\gamma'' = \dfrac{Ap^2 + Bq^2 + Cr^2 - C_1}{2Mg} = \mu \end{cases} \quad (36)$$

由这三个方程可以用 p,q,r 决定函数 γ,γ',γ'';将这样所得的 γ,γ',γ'' 的表达式代入方程(Ⅰ),则六个运动方程的组便化为具有三个未知函数的三个方程. 欧拉方程的这种变换最初是赫斯(Hess W.)[①] 所做的,其后希弗(Шифф)[②] 又用稍稍不同的形式做出来.

这种变换根据方程组的一种非常对称的解法,当一个方程的左边是未知量的二次形式,而且化成了经典的式样,而其余两个方程的左边是一次形式时.

现在只讲三个未知量的情形,而考虑如下形式的方程

$$\begin{cases} x^2 + y^2 + z^2 = l \\ a_1 x + a_2 y + a_3 z = a \\ b_1 x + b_2 y + b_3 z = b \end{cases} \tag{37}$$

作行列式

$$W = \begin{vmatrix} x & y & z \\ a_1 & a_2 & a_3 \\ b_1 & b_2 & b_3 \end{vmatrix} \tag{38}$$

并引用记号

$$\begin{cases} (aa) = a_1^2 + a_2^2 + a_3^2 \\ (ab) = a_1 b_1 + a_2 b_2 + a_3 b_3 \\ (bb) = b_1^2 + b_2^2 + b_3^2 \end{cases} \tag{39}$$

则得

$$H = W^2 = \begin{vmatrix} l & a & b \\ a & (aa) & (ab) \\ b & (ab) & (bb) \end{vmatrix} \tag{40}$$

将 H 对 x,y,z 微分,便得到方程

$$\begin{cases} 2\dfrac{\partial H}{\partial l}x + \dfrac{\partial H}{\partial a}a_1 + \dfrac{\partial H}{\partial b}b_1 = 2W\dfrac{\partial W}{\partial x} \\[2mm] 2\dfrac{\partial H}{\partial l}y + \dfrac{\partial H}{\partial a}a_2 + \dfrac{\partial H}{\partial b}b_2 = 2W\dfrac{\partial W}{\partial y} \\[2mm] 2\dfrac{\partial H}{\partial l}z + \dfrac{\partial H}{\partial a}a_3 + \dfrac{\partial H}{\partial b}b_3 = 2W\dfrac{\partial W}{\partial z} \end{cases} \tag{41}$$

又行列式 W 中关于第一行元素的余因子显然是 $\dfrac{\partial W}{\partial x},\dfrac{\partial W}{\partial y},\dfrac{\partial W}{\partial z}$,故尚有如下

---

① Hess W. ,Über die Eulerschen Bewegungsgleichungen und über eine neue particuläre Lösung des Problems der Bewegung eines starren Körpers um einem festen Punkt. Matn Ann. ,37,153(1890).

② Шифф П. Об уравнениях движения тяжелого твердого тела имеюшего неподвижную точку. Матем. сб. ,24,2(1903).

257

$\mathcal{V} = -\left(\dfrac{m_1 m_2}{r_{12}} + \dfrac{m_2 m_3}{r_{23}} + \dfrac{m_3 m_1}{r_{31}}\right)$

的恒等式

$$\begin{cases} W = \dfrac{\partial W}{\partial x}x + \dfrac{\partial W}{\partial y}y + \dfrac{\partial W}{\partial z}z \\[2mm] 0 = \dfrac{\partial W}{\partial x}a_1 + \dfrac{\partial W}{\partial y}a_2 + \dfrac{\partial W}{\partial z}a_3 \\[2mm] 0 = \dfrac{\partial W}{\partial x}b_1 + \dfrac{\partial W}{\partial y}b_2 + \dfrac{\partial W}{\partial z}b_3 \end{cases} \tag{42}$$

将方程(41) 分别乘以 x, y, z 而相加,同样,将各该式乘以 a_1, a_2, a_3 而相加,又将它们分别乘以 b_1, b_2, b_3 而相加,则得方程

$$\begin{cases} 2\dfrac{\partial H}{\partial l}l + \dfrac{\partial H}{\partial a}a + \dfrac{\partial H}{\partial b}b = 2W^2 = 2H \\[2mm] 2\dfrac{\partial H}{\partial l}a + \dfrac{\partial H}{\partial a}(aa) + \dfrac{\partial H}{\partial b}(bb) = 0 \\[2mm] 2\dfrac{\partial H}{\partial l}b + \dfrac{\partial H}{\partial a}(ab) + \dfrac{\partial H}{\partial b}(bb) = 0 \end{cases} \tag{43}$$

用 H_l, H_a, H_b 代表行列式 H 中关于第一行元素的余因子,又用 $H'_l = H_l, H'_a$, H'_b 代表 H 中关于第一列元素的余因子,并注意到将行列对调时行列式 H 不变,则得 H 按第一行元素与第一列元素的分解式如下

$$H = H_l l + H_a a + H_b b \tag{44}$$

$$H = H_l l + H'_a a + H'_b b \tag{45}$$

而由行列式 H 关于主对角线的对称性可知

$$H'_a = H_a, \quad H'_b = H_b \tag{46}$$

将等式(44),(45) 相加,并用(46),则得

$$2H = 2H_l l + 2H_a a + 2H_b b \tag{47}$$

比较(47) 与(43),即有

$$2H_l l + 2H_a a + 2H_b b = 2\frac{\partial H}{\partial l}l + \frac{\partial H}{\partial a}a + \frac{\partial H}{\partial b}b$$

从而

$$\frac{\partial H}{\partial l} = H_l, \quad \frac{\partial H}{\partial a} = 2H_a, \quad \frac{\partial H}{\partial b} = 2H_b \tag{48}$$

上面导出来的公式便解决了所提的问题. 事实上,由方程(41) 利用方程(48) 即得

$$2H_l x = 2\sqrt{H}W_1 - 2H_a a_1 - 2H_b b_1$$

或者

$$H_l x = \sqrt{H}W_1 - H_a a_1 - H_b b_1 \tag{49a}$$

同样也有

$$\begin{cases} H_l y = \sqrt{H} W_2 - H_a a_2 - H_b b_2 \\ H_l z = \sqrt{H} W_3 - H_a a_3 - H_b b_3 \end{cases} \tag{49b}$$

其中 W_1, W_2, W_3 是行列式 W 里面关于第一行元素的余因子,也就是说

$$W_1 = a_2 b_3 - a_3 b_2$$

等等.

所得的结果显然容易推广到任意一个与(37)相仿的方程.

将上述方法应用到方程组(36),便得到行列式 W 与 $H = W^2$ 的表达式如下

$$W = \begin{vmatrix} \gamma & \gamma' & \gamma'' \\ Ap & Bq & Cr \\ x_0 & y_0 & z_0 \end{vmatrix}$$

又

$$H = W^2 = \begin{vmatrix} 1 & C_2 & \mu \\ C_2 & \nu & \rho \\ \mu & \rho & \delta^2 \end{vmatrix}$$

其中

$$\nu = A^2 p^2 + B^2 q^2 + C^2 r^2$$
$$\rho = Apx_0 + Bqy_0 + Crz_0$$
$$\delta^2 = x_0^2 + y_0^2 + z_0^2$$

由此可得

$$\begin{cases} H_1 = \nu\delta^2 - \rho^2, \quad H_{C_2} = \rho\mu - C_2\delta^2, \quad H_\mu = C_2\rho - \nu\mu \\ W_1 = Bqz_0 - Cry_0, \quad W_2 = Crx_0 - Apz_0, \quad W_3 = Apy_0 - Bqx_0 \end{cases} \tag{50}$$

于是应用公式(49)即得

$$\begin{cases} H_1\gamma = \sqrt{H}(Bqz_0 - Cry_0) - Ap(\rho\mu - C_2\delta^2) - (C_2\rho - \nu\mu)x_0 \\ H_1\gamma' = \sqrt{H}(Crx_0 - Apz_0) - Bq(\rho\mu - C_2\delta^2) - (C_2\rho - \nu\mu)y_0 \\ H_1\gamma'' - \sqrt{H}(Apy_0 - Bqx_0) - Cr(\rho\mu - C_2\delta^2) - (C_2\rho - \nu\mu)z_0 \end{cases} \tag{51}$$

将所求得的值代入欧拉方程,则有

$$A\frac{\mathrm{d}p}{\mathrm{d}t} = (B - C)qr + \frac{Mg}{H_1}\{\sqrt{H}[y_0(Apy_0 - Bqx_0) -$$
$$z_0(Crx_0 - Apz_0)] - (\rho\mu - C_2\delta^2)(Cry_0 - Bqz_0) -$$
$$(C_2\rho - \nu\mu)(z_0 y_0 - y_0 z_0)\}$$

或者

$$A\frac{\mathrm{d}p}{\mathrm{d}t} = (B - C)qr + \frac{Mg}{H_1}\{\sqrt{H}[Ap\delta^2 - x_0\rho] - (C_2\delta^2 - \mu\rho)W_1\} \tag{52}$$

同样可得其余两个方程

$$\mathscr{V} = -\left(\frac{m_1 m_2}{r_{12}} + \frac{m_2 m_3}{r_{23}} + \frac{m_3 m_1}{r_{31}}\right)$$

$$B \frac{\mathrm{d}q}{\mathrm{d}t} = (C-A)rp + \frac{Mg}{H_1}\{\sqrt{H}[Bq\delta^2 - y_0\rho] - (C_2\delta^2 - \mu\rho)W_2\} \quad (52')$$

$$C \frac{\mathrm{d}r}{\mathrm{d}t} = (A-B)pq + \frac{Mg}{H_1}\{\sqrt{H}[Cr\delta^2 - z_0\rho] - (C_2\delta^2 - \mu\rho)W_3\} \quad (52'')$$

这就是呈赫斯形式的欧拉方程.

呈赫斯形式的欧拉方程组并不含六个方程而只含三个,但欧拉－赫斯方程 $(52),(52'),(52'')$ 显然比欧拉的原有方程要复杂得多. 我们可以在这个方向再进一步,引入由 p,q,r 所成的三个新函数 F_1,F_2,F_3 来代替 p,q,r

$$F_1 = F_1(p,q,r)$$

等等.

倘若此时函数 F_1,F_2,F_3 满足相当简单而且对称的方程(当然是欧拉方程的推论),并且此外还有 F_1,F_2,F_3 作为时间函数的表达式

$$\begin{cases} F_1(p,q,r) = f_1(t) \\ F_2(p,q,r) = f_2(t) \\ F_3(p,q,r) = f_3(t) \end{cases} \quad (53)$$

我们便总能定出 p,q,r 的值,从而此时欧拉方程当然可以用函数 F_1,F_2,F_3 的一组三个方程来代替. 赫斯做成了方程的这种变换,而且他用下列表达式作为未知函数

$$\nu = A^2p^2 + B^2q^2 + C^2r^2 \quad (54)$$

$$\mu = x_0\gamma + y_0\gamma' + z_0\gamma'' = \frac{Ap^2 + Bq^2 + Cr^2 - C_1}{2Mg} \quad (55)$$

$$\rho = Apx_0 + Bqy_0 + Crz_0 \quad (56)$$

此外,在方程中还包含了表达式

$$\begin{cases} \tau = p^2 + q^2 + r^2 \\ \sigma = px_0 + qy_0 + rz_0 \end{cases} \quad (57)$$

假定由方程(54),(55),(57)可以找出 p,q,r—— 它们当然用 ν,μ,ρ 及常系数表出. 那么将所得的值代入方程(57),便得到 τ,σ 用 ν,μ,ρ 表出的式子.

现在作 ν,μ,ρ 所满足的微分方程.

将 §4 的欧拉方程(Ⅰ)分别乘以 Ap,Bq,Cr 而相加,则得

$$\frac{1}{2}\frac{\mathrm{d}}{\mathrm{d}t}(A^2p^2 + B^2q^2 + C^2r^2)$$

$$= Mg[Ap(y_0\gamma'' - z\gamma') + Bq(z_0\gamma - x_0\gamma'') + Cr(x_0\gamma' - y_0\gamma)]$$

或者

$$\frac{1}{2Mg}\frac{\mathrm{d}\nu}{\mathrm{d}t} = \begin{vmatrix} Ap & Bq & Cr \\ x_0 & y_0 & z_0 \\ \gamma & \gamma' & \gamma'' \end{vmatrix} = W = \sqrt{H} \quad (58)$$

同样,将各该方程分别乘以 x_0, y_0, z_0 而相加,则得

$$\frac{\mathrm{d}}{\mathrm{d}t}(Apx_0 + Bqy_0 + Crz_0)$$

$$= [(Bqr - Crq)x_0 + (Crp - Apr)y_0 + (Apq - Bqp)z_0]$$

或者

$$\frac{\mathrm{d}\rho}{\mathrm{d}t} = \begin{vmatrix} x_0 & y_0 & z_0 \\ Ap & Bq & Cr \\ p & q & r \end{vmatrix} \tag{59}$$

最后,将 §5 的欧拉方程(Ⅱ)分别乘以 x_0, y_0, z_0 而相加,则得

$$\frac{\mathrm{d}}{\mathrm{d}t}(\gamma x_0 + \gamma' y_0 + \gamma'' z_0) = x_0(r\gamma' - q\gamma'') + y_0(p\gamma'' - r\gamma) + z_0(q\gamma - p\gamma')$$

或者

$$\frac{\mathrm{d}\mu}{\mathrm{d}t} = \begin{vmatrix} x_0 & y_0 & z_0 \\ \gamma & \gamma' & \gamma'' \\ p & q & r \end{vmatrix} \tag{60}$$

我们现在必须将所有这些方程如此变化,使它们仅仅包含变量 ν, μ, ρ, τ, σ. 为此,可将方程(60)与(61)取平方,则得赫斯的开首两个方程

$$\left(\frac{1}{2Mg} \frac{\mathrm{d}\nu}{\mathrm{d}t}\right)^2 = \begin{vmatrix} \delta^2 & \mu & \rho \\ \mu & 1 & C_2 \\ \rho & C_2 & \nu \end{vmatrix} \tag{61}$$

又

$$\left(\frac{\mathrm{d}\rho}{\mathrm{d}t}\right)^2 = \begin{vmatrix} \delta^2 & \rho & \sigma \\ \rho & \nu & \mu_1 \\ \sigma & \mu_1 & \tau \end{vmatrix} \tag{62}$$

其中

$$\delta^2 = x_0^2 + y_0^2 + z_0^2$$

$$\mu_1 = Ap^2 + Bq^2 + Cr^2$$

而 C_2 是包含在第一积分

$$Ap\gamma + Bq\gamma' + Cr\gamma'' = C_2$$

中的常数,我们还要注意,μ_1 与 μ 有简单的关系;事实上,由表达动能定理的第一积分可知

$$Ap^2 + Bq^2 + Cr^2 = 2Mg(x_0\gamma + y_0\gamma' + z_0\gamma'') + C_1$$

利用记号(55)可将此式重写为

$$\mu_1 = 2Mg\mu + C_1 \tag{63}$$

方程(61),(62)便是赫斯的开首两个方程.

261

$$\mathscr{V} = -\left(\frac{m_1 m_2}{r_{12}} + \frac{m_2 m_3}{r_{23}} + \frac{m_3 m_1}{r_{31}}\right)$$

欲得赫斯的第三个方程,可将上面由公式(51)所得的 γ,γ',γ'' 的表达式代入方程(60),此时即有

$$(\nu\delta^2 - \rho^2)\frac{d\mu}{dt} = \sqrt{H}\begin{vmatrix} x_0 & y_0 & z_0 \\ Bqz_0 - Cry_0 & Crx_0 - Apz_0 & Apy_0 - Bqx_0 \\ p & q & r \end{vmatrix} +$$

$$(C_2\delta^2 - \rho\mu)\begin{vmatrix} x_0 & y_0 & z_0 \\ Ap & Bq & Cr \\ p & q & r \end{vmatrix} + (\nu\mu - C_2\rho)\begin{vmatrix} x_0 & y_0 & z_0 \\ Ap & Bq & Cr \\ p & q & r \end{vmatrix}$$

(64)

变换表达式

$$\begin{vmatrix} x_0 & y_0 & z_0 \\ Bqz_0 - Cry_0 & Crx_0 - Apz_0 & Apy_0 - Bqx_0 \\ p & q & r \end{vmatrix}$$

$$= x_0(Cr^2 x_0 - Aprz_0 - Apqy_0 + Bq^2 x_0) + y_0(Ap^2 y_0 - Bpqx_0 -$$
$$Bqrz_0 + Cr^2 y_0) + z_0(Bq^2 z_0 - Cqry_0 - Crpx_0 + Ap^2 z_0)$$
$$= Ap^2(y_0^2 + z_0^2) + Bq^2(x_0^2 + z_0^2) + Cr^2(x_0^2 + y_0^2) -$$
$$Aprz_0 x_0 - Apqx_0 y_0 - Bpqx_0 y_0 - Bqrz_0 y_0 - Cqry_0 z_0 -$$
$$Crpx_0 z_0 = (Ap^2 + Bq^2 + Cr^2)\delta^2 - Apx_0(px_0 + qy_0 + rz_0) -$$
$$Bqy_0(px_0 + qy_0 + rz_0) - Crz_0(px_0 + qy_0 + rz_0) = \mu_1\delta^2 - \rho c$$

将所得的值代入方程(60),则有

$$(\nu\delta^2 - \rho^2)\frac{d\mu}{dt} = (\mu_1\delta^2 - \rho\sigma)\frac{1}{2Mg}\frac{d\nu}{dt} + (C_2\delta^2 - \mu\rho)\frac{d\rho}{dt} \qquad (65)$$

方程(61),(62),(65)便组成了刚体绕不动点的运动方程组的赫斯形式.

初看起来,方程(61),(62),(65)似乎具有相当简单而对称的形式,但实际上并不如此,我们不要忘,在这些方程中必须将 σ,τ 代以 μ,υ,ρ 的表达式,而此种表达式是非常复杂的.

在一般情形下,由赫斯的三个方程的积分法显然可以完全解决欧拉方程的求积问题.事实上,倘若 μ,υ,ρ 能够 表出为时间的显函数,则由方程(54),(55),(56)即可找出 p,q,r 为时间的显函数,再由方程(51)便可以得到 γ,γ',γ''.

但这里也有一种可能的情形,由赫斯方程的解答并不能得出欧拉方程的解答.事实上可能有这种情形发生,由于系数间的相互关系,使得由方程(54),(55),(56)不能找出 p,q,r;因此,不再解微分方程而想求出 γ,γ',γ'' 便不可能;例如,当 $\rho=0$ 而重心的一个坐标等于零,又其余两个坐标之间有包含系数 A,

B,C 的某种关系时,便是这种情形①.

赫斯的研究的主要意图,与以前雅可比在方程组的积分理论中所用的非常普遍的方法很相近,雅可比的研究构成了下面各节的内容.

§8　关于第一积分的个数的注解

像上面所指出的,在一般情形下,呈欧拉形式的运动方程组具有三个已知的第一积分,这些积分由力学的与几何的论证而得出.要积分 §4 的(Ⅰ)与 §5 的(Ⅱ)中的六个方程,在一般情形下必须还要有三个第一积分.

但由于方程(Ⅰ),(Ⅱ)与 §6 的第一积分(Ⅲ),(Ⅳ),(Ⅴ)的特性,我们可以证明,要将方程(Ⅰ),(Ⅱ)完全积分,并不需要找出三个与积分(Ⅲ),(Ⅳ),(Ⅴ)独立的积分,而只要找出一个(第四个)积分来就行了.由此便可以看出来,重刚体绕不动点的运动方程的第四个积分的求法是何等重要;研究重刚体绕不动点运动的学者们,其研究工作大多数都由这个问题的解法开始.

首先我们易于证明,§4(Ⅰ)与 §5(Ⅱ)的一组六个方程,可以用一组五个方程来代替,原因是方程中不明显地包含时间 t.

事实上,问题的基本方程

$$
\begin{cases}
A\dfrac{\mathrm{d}p}{\mathrm{d}t}=-(C-B)qr+Mg(y_0\gamma''-z_0\gamma')\\[2mm]
B\dfrac{\mathrm{d}q}{\mathrm{d}t}=-(A-C)rp+Mg(z_0\gamma-x_0\gamma'')\\[2mm]
C\dfrac{\mathrm{d}r}{\mathrm{d}t}=-(B-A)pq+Mg(x_0\gamma'-y_0\gamma)
\end{cases}
\qquad(\text{Ⅰ})
$$

$$
\begin{cases}
\dfrac{\mathrm{d}\gamma}{\mathrm{d}t}=r\gamma'-q\gamma''\\[2mm]
\dfrac{\mathrm{d}\gamma'}{\mathrm{d}t}=p\gamma''-r\gamma\\[2mm]
\dfrac{\mathrm{d}\gamma''}{\mathrm{d}t}=q\gamma-p\gamma'
\end{cases}
\qquad(\text{Ⅱ})
$$

可能写成下面的对称形式

$$
\frac{\mathrm{d}p}{P}=\frac{\mathrm{d}q}{Q}=\frac{\mathrm{d}r}{R}=\frac{\mathrm{d}\gamma}{\varGamma}=\frac{\mathrm{d}\gamma'}{\varGamma'}=\frac{\mathrm{d}\gamma''}{\varGamma''}=\mathrm{d}t
\qquad(66)
$$

其中

---

① 在第八章 §2 中,将要详论此种情形.

$$
\mathscr{V}=-\left(\frac{m_1m_2}{r_{12}}+\frac{m_2m_3}{r_{23}}+\frac{m_3m_1}{r_{31}}\right)
$$

$$\begin{cases} AP = -(C-B)qr + Mg(y_0\gamma'' - z_0\gamma') \\ BQ = -(A-C)rp + Mg(z_0\gamma - x_0\gamma'') \\ CR = -(B-A)pq + Mg(x_0\gamma' - y_0\gamma) \\ \Gamma = r\gamma' - q\gamma'' \\ \Gamma' = p\gamma'' - r\gamma \\ \Gamma'' = q\gamma - p\gamma' \end{cases} \tag{67}$$

但 $P,Q,R,\Gamma,\Gamma',\Gamma''$ 中不含 t，故方程组（66）可以用一组五个方程来代替

$$\frac{\mathrm{d}p}{P} = \frac{\mathrm{d}q}{Q} = \frac{\mathrm{d}r}{R} = \frac{\mathrm{d}\gamma}{\Gamma} = \frac{\mathrm{d}\gamma'}{\Gamma'} = \frac{\mathrm{d}\gamma''}{\Gamma''} \tag{68}$$

倘若能够将方程组（68）积分，那么要积分（66）时只需再添一个求积运算即可. 事实上，由方程组（68）的积分法能将变量 $q,r,\gamma,\gamma',\gamma''$ 表出为变量 p 的函数. 此时由方程（66）即得

$$\mathrm{d}t = \frac{\mathrm{d}p}{P} \tag{69}$$

而 q,r,γ',γ'' 都是 p 的函数，所以 P 也是 p 的函数，即 $P=f(p)$. 因此，由方程（69）便得到了

$$t = \int \frac{\mathrm{d}p}{f(p)} = F(p) \tag{70}$$

由方程（70）将 p 用 t 表出，并将所得 p 的表达式代入 $q,r,\cdots,\gamma''$ 中，便得到了变量 $q,r,\cdots,\gamma''$ 为 t 的函数，也就是得到了方程组（68）或者（Ⅰ），（Ⅱ）的积分.

这样，要将方程组（Ⅰ），（Ⅱ）完全积分，只需先积分（68）组，再实施求积手续（70）即可.

要积分（68）中的五个方程，只需找出这组方程的五个第一积分

$$f_k(p,q,r,\gamma,\gamma',\gamma'') = C_k \quad (k=1,2,3,4,5)$$

或者找出方程组（Ⅰ），（Ⅱ）的五个不包含 t 的积分也可以. 但 §6 的积分（Ⅲ），（Ⅳ），（Ⅴ）给出了三个这种形式的积分，所以只需再找出两个不含 t 的积分，便可以将方程组（Ⅰ），（Ⅱ）完全求积.

表达式 $P,Q,R,\Gamma,\Gamma',\Gamma''$ 还有一个奇特的性质：P 不含 p，Q 不含 q，等等，从而

$$\frac{\partial P}{\partial p} = \frac{\partial Q}{\partial q} = \frac{\partial R}{\partial r} = \frac{\partial \Gamma}{\partial \gamma} = \frac{\partial \Gamma'}{\partial \gamma'} = \frac{\partial \Gamma''}{\partial \gamma''} = 0$$

因此当然也有

$$\frac{\partial P}{\partial p} + \frac{\partial Q}{\partial q} + \frac{\partial R}{\partial r} + \frac{\partial \Gamma}{\partial \gamma} + \frac{\partial \Gamma'}{\partial \gamma'} + \frac{\partial \Gamma''}{\partial \gamma''} = 0 \tag{71}$$

在这种条件下，如果知道了方程组（68）的第四个第一积分，那么便可以利

用某个平常的全微分方程的积分法再找出一个组(68)的第一积分来,而我们知道,全微分方程的解法可以用求积手续来完成. 于是,要将方程组(68)或者方程组(Ⅰ),(Ⅱ)完全积分,显然只需找出这组方程的一个(第四个)积分,使它不含 t 而且与§6的积分(Ⅲ),(Ⅳ),(Ⅴ)不相同即可. 这个美妙的结果是所谓微分方程组的后添因子理论的推论.

§9 后添因子的理论;两个方程的情形

现在开始讲积分因子的理论,这种理论是欧拉所引入的,对于以后整个讨论都有用处.

设有如下形式的方程

$$\frac{\mathrm{d}x}{X} = \frac{\mathrm{d}y}{Y} \tag{72}$$

其中 X,Y 都是 x,y 的函数,倘若我们找到了它的积分

$$f(x,y) = C \tag{73}$$

那么由方程(73)便可以推出

$$\frac{\partial f}{\partial x}\mathrm{d}x + \frac{\partial f}{\partial y}\mathrm{d}y = 0 \tag{74}$$

从而由方程(72),(74)即得

$$\frac{\partial f}{\partial y} : X = -\frac{\partial f}{\partial x} : Y$$

令这两个比值等于 M,便有

$$\frac{\partial f}{\partial y} = MX, \quad \frac{\partial f}{\partial x} = -MY \tag{75}$$

从而

$$M(X\mathrm{d}y - Y\mathrm{d}x) = \frac{\partial f}{\partial x}\mathrm{d}x + \frac{\partial f}{\partial y}\mathrm{d}y$$

也就是说,表达式

$$M(X\mathrm{d}y - Y\mathrm{d}x) \tag{76}$$

是全微分. 因此,函数 f 的求法便归结于全微分(76)的积分法,而我们知道,这种积分法总能用来积手续来完成.

按照欧拉的说法,因子 M 称为方程(72)的积分因子. 将(75)中的方程分别对 x,y 微分,并由第一个方程减去第二个,则得积分因子 M 所满足的微分方程

$$\frac{\partial}{\partial x}MX + \frac{\partial}{\partial y}MY = 0 \tag{77}$$

方程(77)显然与方程组(75)等价;因此,方程(77)的任一个积分都叫作积分因子.而这是一个偏微分方程,所以积分因子的求法,一般说来都比方程(72)的

265

$$\mathscr{V} = -\left(\frac{m_1 m_2}{r_{12}} + \frac{m_2 m_3}{r_{23}} + \frac{m_3 m_1}{r_{31}}\right)$$

积分法要复杂得多. 在引入积分因子而求解微分方程的积分问题时,得到了一个进展,原因是只要找出方程(77)的一个特殊积分便可以将方程(72)积分. 我们知道,许多不同类型的方程都可以由选择形状特别简单的积分因子而求出积分.

雅可比曾经指出,对于任一组一阶方程的情形也可以建立完全相似的理论. 为了用最简单的例子来说明雅可比的意图的要旨,可以考虑一组两个方程

$$\frac{\mathrm{d}x}{X} = \frac{\mathrm{d}y}{Y} = \frac{\mathrm{d}z}{Z} \tag{78}$$

其中 X, Y, Z 都是 x, y, z 的函数,要将这组方程完全积分,只需求出两个独立的第一积分

$$f(x, y, z) = c_1, \quad \varphi(x, y, z) = c_2 \tag{79}$$

将方程组(79)微分得

$$\frac{\partial f}{\partial x}\mathrm{d}x + \frac{\partial f}{\partial y}\mathrm{d}y + \frac{\partial f}{\partial z}\mathrm{d}z = 0$$

$$\frac{\partial \varphi}{\partial x}\mathrm{d}x + \frac{\partial \varphi}{\partial y}\mathrm{d}y + \frac{\partial \varphi}{\partial z}\mathrm{d}z = 0$$

从而

$$\frac{\mathrm{d}x}{\begin{vmatrix} \dfrac{\partial f}{\partial y} & \dfrac{\partial f}{\partial z} \\[2mm] \dfrac{\partial \varphi}{\partial y} & \dfrac{\partial \varphi}{\partial z} \end{vmatrix}} = \frac{\mathrm{d}y}{\begin{vmatrix} \dfrac{\partial f}{\partial z} & \dfrac{\partial f}{\partial x} \\[2mm] \dfrac{\partial \varphi}{\partial z} & \dfrac{\partial \varphi}{\partial x} \end{vmatrix}} = \frac{\mathrm{d}z}{\begin{vmatrix} \dfrac{\partial f}{\partial x} & \dfrac{\partial f}{\partial y} \\[2mm] \dfrac{\partial \varphi}{\partial x} & \dfrac{\partial \varphi}{\partial y} \end{vmatrix}} \tag{80}$$

由方程(78)与(80)得

$$\begin{vmatrix} \dfrac{\partial f}{\partial y} & \dfrac{\partial f}{\partial z} \\[2mm] \dfrac{\partial \varphi}{\partial y} & \dfrac{\partial \varphi}{\partial z} \end{vmatrix} : X = \begin{vmatrix} \dfrac{\partial f}{\partial z} & \dfrac{\partial f}{\partial x} \\[2mm] \dfrac{\partial \varphi}{\partial z} & \dfrac{\partial \varphi}{\partial x} \end{vmatrix} : Y = \begin{vmatrix} \dfrac{\partial f}{\partial x} & \dfrac{\partial f}{\partial y} \\[2mm] \dfrac{\partial \varphi}{\partial x} & \dfrac{\partial \varphi}{\partial y} \end{vmatrix} : Z$$

于是和上面一样,引入比例因子 M 而得

$$\begin{cases} MX = \dfrac{\partial f}{\partial y}\dfrac{\partial \varphi}{\partial z} - \dfrac{\partial f}{\partial z}\dfrac{\partial \varphi}{\partial y} \\[3mm] MY = \dfrac{\partial f}{\partial z}\dfrac{\partial \varphi}{\partial x} - \dfrac{\partial f}{\partial x}\dfrac{\partial \varphi}{\partial z} \\[3mm] MZ = \dfrac{\partial f}{\partial x}\dfrac{\partial \varphi}{\partial y} - \dfrac{\partial f}{\partial y}\dfrac{\partial \varphi}{\partial x} \end{cases} \tag{81}$$

在这里所讨论的情形中,因子 M 所占的地位显然与积分因子在单个一阶方程中所占的地位相仿. 按照雅可比的说法,在这种情形中的因子 M 叫作后添的因子. 利用积分 f 与 φ,可以由(81)中的任一个方程决定后添的因子,但此时也可以找出因子 M 所满足的偏微分方程. 倘若将方程(81)分别对 x, y, z 微分

266

而相加,那么由直接计算便易于明确,我们可以得到 M 的方程

$$\frac{\partial}{\partial x}(MX) + \frac{\partial}{\partial y}(MY) + \frac{\partial}{\partial z}(MZ) = 0 \tag{82}$$

此式与方程(77)十分相似. 方程(82)的任一个积分都叫作后添的因子.

这里自然有一个问题发生,后添因子对于已知方程组的积分法有何用处.

在我们的情形下成立着下面的定理:倘若知道了方程组(78)的后添因子与方程组的一个积分,那么第二个积分的求法便归结于一个全微分方程的积分法.

为了证明这个定理,我们假设已经知道了第一积分 $\varphi(x,y,z) = c_2$. 作变数的更换,令

$$\varphi(x,y,z) = \varphi \tag{83}$$

而由此定出 z 为 x,y,φ 的函数.

于是

$$\begin{cases} \dfrac{\partial f}{\partial x} = \left(\dfrac{\partial f}{\partial x}\right) + \left(\dfrac{\partial f}{\partial \varphi}\right)\dfrac{\partial \varphi}{\partial x} \\[2mm] \dfrac{\partial f}{\partial y} = \left(\dfrac{\partial f}{\partial y}\right) + \left(\dfrac{\partial f}{\partial \varphi}\right)\dfrac{\partial \varphi}{\partial y} \\[2mm] \dfrac{\partial f}{\partial z} = \left(\dfrac{\partial f}{\partial \varphi}\right)\dfrac{\partial \varphi}{\partial z} \end{cases} \tag{84}$$

其中括号内的导数代表由方程(83)将 z 代入以后的相应的偏导数. 将这些导数值代入表达式(81)中得

$$\begin{cases} MX = \left(\dfrac{\partial f}{\partial y}\right)\dfrac{\partial \varphi}{\partial z} \\[2mm] MY = -\left(\dfrac{\partial f}{\partial x}\right)\dfrac{\partial \varphi}{\partial z} \end{cases} \tag{85}$$

另一方面

$$\mathrm{d}f = \left(\frac{\partial f}{\partial x}\right)\mathrm{d}x + \left(\frac{\partial f}{\partial y}\right)\mathrm{d}y + \left(\frac{\partial f}{\partial \varphi}\right)\mathrm{d}\varphi$$

而由方程 $\varphi(x,y,z) = c_2$,知 $\mathrm{d}\varphi = 0$,故有

$$\mathrm{d}f = \left(\frac{\partial f}{\partial x}\right)\mathrm{d}x + \left(\frac{\partial f}{\partial y}\right)\mathrm{d}y$$

再将 $\left(\dfrac{\partial f}{\partial x}\right), \left(\dfrac{\partial f}{\partial y}\right)$ 按方程组(85)代替,则得

$$\mathrm{d}f = \frac{M}{\dfrac{\partial \varphi}{\partial z}}(X\mathrm{d}y - Y\mathrm{d}x) \tag{86}$$

这样,$\dfrac{M}{\dfrac{\partial \varphi}{\partial z}}$ 便是方程(78)的积分因子. 我们要注意,在这个因子中必须先作

$$\mathscr{V} = -\left(\frac{m_1 m_2}{r_{12}} + \frac{m_2 m_3}{r_{23}} + \frac{m_3 m_1}{r_{31}}\right)$$

变数的更换 —— 利用方程(83)消去 z.

在结束时我们再指出,和积分因子的理论中一样,两个相异的后添因子的商便是方程组的第一积分.

事实上,设 M, M_1 为两个不同的后添因子,则有方程

$$\frac{\partial}{\partial x}(MX) + \frac{\partial}{\partial y}(MY) + \frac{\partial}{\partial z}(MZ) = 0$$

$$\frac{\partial}{\partial x}(M_1 X) + \frac{\partial}{\partial y}(M_1 Y) + \frac{\partial}{\partial z}(M_1 Z) = 0$$

或者

$$M\left(\frac{\partial X}{\partial x} + \frac{\partial Y}{\partial y} + \frac{\partial Z}{\partial z}\right) + \left(X\frac{\partial M}{\partial x} + Y\frac{\partial M}{\partial y} + Z\frac{\partial M}{\partial z}\right) = 0$$

$$M_1\left(\frac{\partial X}{\partial x} + \frac{\partial Y}{\partial y} + \frac{\partial Z}{\partial z}\right) + \left(X\frac{\partial M_1}{\partial x} + Y\frac{\partial M_1}{\partial y} + Z\frac{\partial M_1}{\partial z}\right) = 0$$

由这两个方程消去第一个括号,则得

$$X\left(\frac{\partial M}{\partial x}M_1 - \frac{\partial M_1}{\partial x}M\right) + Y\left(\frac{\partial M}{\partial y}M_1 - \frac{\partial M_1}{\partial y}M\right) + Z\left(\frac{\partial M}{\partial z}M_1 - \frac{\partial M_1}{\partial z}M\right) = 0$$

或者

$$X\frac{\partial}{\partial x}\left(\frac{M}{M_1}\right) + Y\frac{\partial}{\partial y}\left(\frac{M}{M_1}\right) + Z\frac{\partial}{\partial z}\left(\frac{M}{M_1}\right) = 0$$

将方程组(77)的 X, Y, Z 代入此式,便有

$$\mathrm{d}x \cdot \frac{\partial}{\partial x}\left(\frac{M}{M_1}\right) + \mathrm{d}y \cdot \frac{\partial}{\partial y}\left(\frac{M}{M_1}\right) + \mathrm{d}z \cdot \frac{\partial}{\partial z}\left(\frac{M}{M_1}\right) = 0$$

也就是由方程组(78)可得

$$\frac{M}{M_1} = c$$

因此 $\dfrac{M}{M_1} = c$ 便是方程组(78)的第一积分.

逆命题也成立:倘若 M 是方程组(78)的后添因子,而 $f(x, y, z) = c$ 是它的第一积分,那么 Mf 也是后添因子.

事实上,由方程组(78)可得

$$X\frac{\partial f}{\partial x} + Y\frac{\partial f}{\partial y} + Z\frac{\partial f}{\partial z} = 0 \tag{87}$$

又 M 为后添因子,故

$$\frac{\partial}{\partial x}(MX) + \frac{\partial}{\partial y}(MY) + \frac{\partial}{\partial z}(MZ) = 0 \tag{88}$$

将方程(87)乘以 M,又方程(88)乘以 f 而相加,则得

$$\frac{\partial}{\partial x}(MfX) + \frac{\partial}{\partial y}(MfY) + \frac{\partial}{\partial z}(MfZ) = 0$$

由此可知, Mf 也是后添因子.

§10 后添因子的流体力学意义；积分不变量的概念

在一组两个方程的情形中, 对于后添因子的理论可以给出很清楚的流体力学的解释. 事实上, 在液体的稳恒流动中, 流体方程具有

$$\frac{\mathrm{d}x}{u} = \frac{\mathrm{d}y}{v} = \frac{\mathrm{d}z}{w} \tag{89}$$

的形状, 它与 §9 方程组(78)十分相似；这里速度分量 u, v, w 都是 x, y, z 的函数, 设 ρ 为液体的密度, 便得到液流的连续性方程

$$\frac{\partial}{\partial x}(\rho u) + \frac{\partial}{\partial y}(\rho v) + \frac{\partial}{\partial z}(\rho w) = 0 \tag{90}$$

这个方程的形式与决定后添因子的方程十分相仿, 而且液体的密度占着后添因子的地位.

于是便有如下的结果: 任一组方程

$$\frac{\mathrm{d}x}{X} = \frac{\mathrm{d}y}{Y} = \frac{\mathrm{d}z}{Z} \tag{91}$$

都可以看作液体的稳恒流动的轨迹方程, 而且速度分量 u, v, w 分别等于 X, Y, Z, 又这种流动的液体的密度是后添因子的某个值.

考虑方程组(91)的一个第一积分

$$f(x, y, z) = c \tag{92}$$

则因这个积分满足方程

$$X \frac{\partial f}{\partial x} + Y \frac{\partial f}{\partial y} + Z \frac{\partial f}{\partial z} = 0$$

所以液流速度一定在曲面(92)的切面内, 从而液体沿着曲面(92)流动. 取两个无限接近的液流曲面

$$f(x, y, z) = c \quad \text{与} \quad f(x, y, z) = c + \delta c$$

设 (x, y, z) 为第一个曲面上的点；在这点作此曲面的法线使其与第二个曲面相交于一点 $(x + \delta x, y + \delta y, z + \delta z)$, 则

$$\frac{\partial f}{\partial x} \delta x + \frac{\partial f}{\partial y} \delta y + \frac{\partial f}{\partial z} \delta z = \delta c \tag{93}$$

倘若法线介于第一与第二曲面之间的长度是 δn, 而它与坐标轴所成的角是 α, β, γ, 那么

$$\delta x = \delta n \cos \alpha, \quad \delta y = \delta n \cos \beta, \quad \delta z = \delta n \cos \gamma$$

而

$$\cos \alpha = \frac{\partial f}{\partial x} \bigg/ \sqrt{\left(\frac{\partial f}{\partial x}\right)^2 + \left(\frac{\partial f}{\partial y}\right)^2 + \left(\frac{\partial f}{\partial z}\right)^2}$$

$$\mathscr{V} = -\left(\frac{m_1 m_2}{r_{12}} + \frac{m_2 m_3}{r_{23}} + \frac{m_3 m_1}{r_{31}}\right)$$

$\cos \beta, \cos \gamma$ 也有相仿的表达式. 将这些值代入方程(93), 则得

$$\delta n \sqrt{\left(\frac{\partial f}{\partial x}\right)^2 + \left(\frac{\partial f}{\partial y}\right)^2 + \left(\frac{\partial f}{\partial z}\right)^2} = \delta c \tag{94}$$

由上述可知, 液流如此施行, 使液体在曲面 $f = c$ 与 $f = c + \delta c$ 之间流动(图 1.3); 在曲面 $f = c$ 上作曲线 AB, 并在此曲线上作这个曲面的法线, 则得带区 $ABCD$. 在单位时间内, 经过这个带区的每个元素所流的液体质量 dm 为

$$dm = M(ds \times dn)V \tag{95}$$

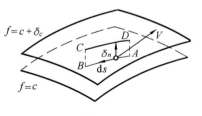

图 1.3

但

$$ds = i_0 dx + j_0 dy + k_0 dz$$

$$\delta n = \delta n \cos \alpha \cdot i_0 + \delta n \cos \beta \cdot j_0 + \delta n \cos \gamma \cdot k_0$$

$$= \frac{\delta c}{\left(\frac{\partial f}{\partial x}\right)^2 + \left(\frac{\partial f}{\partial y}\right)^2 + \left(\frac{\partial f}{\partial z}\right)^2} \left[\frac{\partial f}{\partial x} i_0 + \frac{\partial f}{\partial y} j_0 + \frac{\partial f}{\partial z} k_0 \right]$$

又

$$V = X i_0 + Y j_0 + Z k_0$$

因此

$$dm = M \begin{vmatrix} dx & dy & dz \\ X & Y & Z \\ \dfrac{\partial f}{\partial x} & \dfrac{\partial f}{\partial y} & \dfrac{\partial f}{\partial z} \end{vmatrix} \dfrac{\delta c}{\left(\dfrac{\partial f}{\partial x}\right)^2 + \left(\dfrac{\partial f}{\partial y}\right)^2 + \left(\dfrac{\partial f}{\partial z}\right)^2}$$

或者

$$dm = M \begin{vmatrix} dx & dy & \dfrac{\partial f}{\partial x} dx + \dfrac{\partial f}{\partial y} dy + \dfrac{\partial f}{\partial z} dz \\ X & Y & X\dfrac{\partial f}{\partial x} + Y\dfrac{\partial f}{\partial y} + Z\dfrac{\partial f}{\partial z} \\ \dfrac{\partial f}{\partial x} & \dfrac{\partial f}{\partial y} & \left(\dfrac{\partial f}{\partial x}\right)^2 + \left(\dfrac{\partial f}{\partial y}\right)^2 + \left(\dfrac{\partial f}{\partial z}\right)^2 \end{vmatrix} \cdot$$

$$\frac{\delta c}{\left[\left(\dfrac{\partial f}{\partial x}\right)^2 + \left(\dfrac{\partial f}{\partial y}\right)^2 + \left(\dfrac{\partial f}{\partial z}\right)^2\right] \cdot \dfrac{\partial f}{\partial z}} \tag{96}$$

又沿曲面上

$$\frac{\partial f}{\partial x} dx + \frac{\partial f}{\partial y} dy + \frac{\partial f}{\partial z} dz = 0$$

$$X \frac{\partial f}{\partial x} + Y \frac{\partial f}{\partial y} + Z \frac{\partial f}{\partial z} = 0$$

故有

$$\mathrm{d}m = \frac{M}{\dfrac{\partial f}{\partial z}}[Y\mathrm{d}x - X\mathrm{d}y]\delta c \tag{97}$$

不难看出,表达式

$$\frac{M}{\dfrac{\partial f}{\partial z}}[Y\mathrm{d}x - X\mathrm{d}y]$$

其中的 z 利用方程 $f(x,y,z)=c$ 而由 x,y 表出,是
一个全微分.

事实上,在曲面 $f=c$ 上任作一条与 AB 不同的
曲线,例如 AKB,并沿此线上作直线交于 $f=c$ 的带
区 $AKBCK_1D$(图 1.4). 由于液流的连续性,在单位
时间内流过带区 $ABCD$,$AKBCK_1D$ 的液体质量都
是

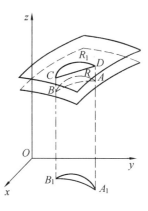

图 1.4

$$\int_{AB}\mathrm{d}m$$

于是表达式

$$\frac{1}{\delta c}\int_{AB}\mathrm{d}m = \int_{AB}\frac{M}{\dfrac{\partial f}{\partial z}}[Y\mathrm{d}x - X\mathrm{d}y]$$

便与路线 AB 无关而仅仅与 AB 两点的位置有关. 又在这个积分中,坐标 z 可以
利用方程 $f(x,y,z)=c$ 来消掉,所以积分便是 A,B 两点的坐标 (x,y) 的函数,
或者也就是 A,B 两点在平面 (x,y) 上的投影 A_1,B_1 的坐标的函数;倘若假设
点 A_1 不动,那么积分便仅仅是点 B_1 的坐标 x,y 的函数,于是即有

$$\int_{AB}\frac{M}{\dfrac{\partial f}{\partial z}}[Y\mathrm{d}x - X\mathrm{d}y] = F(x,y)$$

由此利用平常的论断法,便得到

$$\frac{M}{\dfrac{\partial f}{\partial z}}\cdot Y = \frac{\partial F}{\partial x}, \qquad \frac{M}{\dfrac{\partial f}{\partial z}}\cdot X = -\frac{\partial F}{\partial y}$$

从而表达式

$$\frac{M}{\dfrac{\partial f}{\partial z}}[Y\mathrm{d}x - X\mathrm{d}y] = \frac{\partial F}{\partial x}\mathrm{d}x + \frac{\partial F}{\partial y}\mathrm{d}y$$

便的确是某个函数 $F(x,y)$ 的全微分. 此外,由此又可以推知方程

$$F(x,y) = C$$

271

$$\mathscr{V} = -\left(\frac{m_1 m_2}{r_{12}} + \frac{m_2 m_3}{r_{23}} + \frac{m_3 m_1}{r_{31}}\right)$$

决定一个柱面,沿此柱面上没有液流,从而在它上面成立着方程

$$X\frac{\partial F}{\partial x}+Y\frac{\partial F}{\partial y}+Z\frac{\partial F}{\partial z}=0$$

因此便证明了

$$F(x,y)=C$$

是方程组(91)的积分,这就是上节所述的后添因子理论的流体力学意义.

在不可压缩的液体的特别情形下,$M=$ 常数,此时由上面的论述可以推出如下的克莱布西(Clesch)定理[①]:倘若找到了不可压缩的液体的流动面 $f(x,y,z)=c$,那么流线在平面 (x,y) 上的投影的方程便可以由全微分

$$\frac{1}{\frac{\partial f}{\partial z}}(X\mathrm{d}y-Y\mathrm{d}x)$$

的积分法求出,但此式中的 z 利用方程

$$f(x,y,z)=c$$

而消去.

我们注意到,在不可压缩的液体的情形下,连续性方程是

$$\frac{\partial X}{\partial x}+\frac{\partial Y}{\partial y}+\frac{\partial Z}{\partial z}=0$$

也就是说,方程组(91)有一个后添因子为 $M=1$.

上述理论也可以由另一个观点来看,连续性方程

$$\frac{\partial}{\partial x}(MX)+\frac{\partial}{\partial y}(MY)+\frac{\partial}{\partial z}(MZ)=0 \tag{98}$$

代表质量不减定律;但这个定律可以用积分的形式表出.事实上,考虑流动液体所占的某个体积 τ,则体积 τ 内的液体质量为

$$\iiint\limits_{\tau}M\delta x\delta y\delta z \tag{99}$$

在液体的流动下,所论体积中的点坐标随着时间 t 而变,因此 $M,x,y,z,$ $\delta x,\delta y,\delta z$ 都是 t 的函数.设有液体粒子,它在瞬间 t 时占有体积 τ,则由于流动,在另一瞬间 t_1 时这个粒子占有另外某个体积 τ_1;但由质量不减定律知,体积 τ_1 内的液体质量与体积 τ 内的相同.因此,如果体积 τ 内的点坐标沿轨迹上变化,也就是按着方程(91)而变化,那么表达式(99)便保持同一数值,换句话说,当 x,y,z 按照方程(91)而变化时,表达式(99)是一个不变量.与(99)相仿的可用积分表出的不变量,叫作积分不变量.于是便可以说,表达式(99)[其中 M 是方

_____

① Clebsch, Ueber die Integration der hydrodynamischen Gleichungen, Borchardts Journal, T. LVI. 也可以参看 Н. Е. Жуковский, Лекции по гидродинамике, Лекция Ⅱ(全集卷 Ⅱ,Гостехиздэт, 1949),其中给出了这个定理的非常清楚的解释.

程组(91)的后添因子]是积分不变量,当坐标变换满足方程(91)时.以后还可以普遍地证明:由表达式(99)的不变性可以推出方程(98),反过来,由方程(98)也可以推出(99)的不变性①.

§11　具有任意一个变量的方程组的情形;后添因子的一般性质

现在转到具有任意一个未知函数的一阶方程组的情形.

设有已给的方程组

$$\frac{\mathrm{d}x_1}{X_1}=\frac{\mathrm{d}x_2}{X_2}=\cdots=\frac{\mathrm{d}x_n}{X_n} \tag{100}$$

其中 $X_1,X_2,\cdots,X_n$ 都是 $x_1,x_2,\cdots,x_n$ 的函数.假定我们已经有了这组方程的 $n-1$ 个第一积分

$$\begin{cases} f_2(x_1,x_2,\cdots,x_n)=c_2 \\ f_3(x_1,x_2,\cdots,x_n)=c_3 \\ \quad\vdots \\ f_n(x_1,x_2,\cdots,x_n)=c_n \end{cases} \tag{101}$$

将方程(101)微分,则得

$$\begin{cases} \frac{\partial f_2}{\partial x_1}\mathrm{d}x_1+\frac{\partial f_2}{\partial x_2}\mathrm{d}x_2+\cdots+\frac{\partial f_2}{\partial x_n}\mathrm{d}x_n=0 \\ \quad\vdots \\ \frac{\partial f_n}{\partial x_1}\mathrm{d}x_1+\frac{\partial f_n}{\partial x_2}\mathrm{d}x_2+\cdots+\frac{\partial f_n}{\partial x_n}\mathrm{d}x_n=0 \end{cases} \tag{102}$$

考虑矩阵

$$\begin{vmatrix} \frac{\partial f_2}{\partial x_1} & \frac{\partial f_2}{\partial x_2} & \cdots & \frac{\partial f_2}{\partial x_n} \\ \vdots & \vdots & & \vdots \\ \frac{\partial f_n}{\partial x_1} & \frac{\partial f_n}{\partial x_2} & \cdots & \frac{\partial f_n}{\partial x_n} \end{vmatrix}$$

设 Δ_k 为由此阵中取消第 k 列而得的行列式,则由方程组(102)便得到了关系式

$$\frac{\mathrm{d}x_1}{\Delta_1}=\frac{\mathrm{d}x_2}{(-1)\Delta_2}=\cdots=\frac{\mathrm{d}x_n}{(-1)^{n-1}\Delta_n} \tag{103}$$

比较方程组(100)与(103),则得

$$\frac{\Delta_1}{X_1}=\frac{(-1)\Delta_2}{X_2}=\cdots=\frac{(-1)^{n-1}\Delta_n}{X_n}=M$$

① 参看 §11 定理 4.

$$\mathscr{V}=-\left(\frac{m_1m_2}{r_{12}}+\frac{m_2m_3}{r_{23}}+\frac{m_3m_1}{r_{31}}\right)$$

其中 M 是比例因数. 由此便得到下列等式

$$\begin{cases} MX_1 = \Delta_1 = D_1 \\ MX_2 = -\Delta_2 = D_2 \\ \qquad \vdots \\ MX_n = (-1)^{n-1}\Delta_n = D_n \end{cases} \tag{104}$$

另一方面,假定我们还有某一个第一积分

$$f_1(x_1, x_2, \cdots, x_n) = c_1$$

那么

$$\frac{\partial f_1}{\partial x_1}\mathrm{d}x_1 + \frac{\partial f_1}{\partial x_2}\mathrm{d}x_2 + \cdots + \frac{\partial f_1}{\partial x_n}\mathrm{d}x_n = 0 \tag{105}$$

由这个方程与方程组(102)可知,成立等式

$$\begin{vmatrix} \dfrac{\partial f_1}{\partial x_1} & \dfrac{\partial f_1}{\partial x_2} & \cdots & \dfrac{\partial f_1}{\partial x_n} \\ \dfrac{\partial f_2}{\partial x_1} & \dfrac{\partial f_2}{\partial x_2} & \cdots & \dfrac{\partial f_2}{\partial x_n} \\ \vdots & \vdots & & \vdots \\ \dfrac{\partial f_n}{\partial x_1} & \dfrac{\partial f_n}{\partial x_2} & \cdots & \dfrac{\partial f_n}{\partial x_n} \end{vmatrix} = 0 \tag{106}$$

将这个行列式按第一行元素展开,显然能得到

$$\frac{\partial f_1}{\partial x_1}D_1 + \frac{\partial f_1}{\partial x_2}D_2 + \cdots + \frac{\partial f_1}{\partial x_n}D_n = 0 \tag{107}$$

引用如下的记号

$$\frac{\partial f_i}{\partial x_k} = a_{ik}$$

又用 D 代表等式(106)左边的行列式,即得

$$D = \begin{vmatrix} a_{11} & a_{12} & \cdots & a_{1n} \\ a_{21} & a_{22} & \cdots & a_{2n} \\ \vdots & \vdots & & \vdots \\ a_{n1} & a_{n2} & \cdots & a_{nn} \end{vmatrix}$$

从而方程(106)便成为

$$D = 0$$

若将行列式 D 展开,则

$$D = \sum \pm a_1 k_1 a_2 k_2 \cdots a_n k_n$$

其中每项的符号由 $k_1, k_2, \cdots, k_n$ 的数码反转个数而定,当有偶数个反转时取正号,而奇数个反转时取负号.

现在证明关于行列式 D 的一些定理如下.

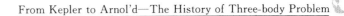
定理 1.1 有

$$\sum \frac{\partial D_k}{\partial x_k} = 0$$

事实上,由表达式(103)或(104)可以看出来

$$\frac{\partial D_i}{\partial x_i} = \sum_{k,l} \frac{\partial D_i}{\partial a_{kl}} \frac{\partial a_{kl}}{\partial x_i} = \sum_{k,l} \frac{\partial D_i}{\partial a_{kl}} \frac{\partial^2 f_k}{\partial x_l \partial x_i}$$

因为整个 D_i 是由导数 $\dfrac{\partial f_k}{\partial x_l}$ 所组成的.

于是

$$\sum \frac{\partial D_i}{\partial x_i} = \sum_i \sum_{k,l} \frac{\partial D_i}{\partial a_{kl}} \frac{\partial^2 f_k}{\partial x_l \partial x_i} = \sum_l \sum_{k,i} \frac{\partial D_l}{\partial a_{ki}} \frac{\partial^2 f_k}{\partial x_i \partial x_l}$$

因为数码 i, l 都走遍由 1 到 n 的同一组值.

故有

$$2 \sum \frac{\partial D_i}{\partial x_i} = \sum_k \sum_{l,i} \left(\frac{\partial D_i}{\partial a_{kl}} + \frac{\partial D_l}{\partial a_{ki}} \right) \frac{\partial^2 f_k}{\partial x_i \partial x_l} \tag{108}$$

现在证明

$$\frac{\partial D_i}{\partial a_{kl}} + \frac{\partial D_l}{\partial a_{ki}} = 0$$

在行列式 D 内包含导数 $\dfrac{\partial D_i}{\partial a_{kl}}$ 与 $\dfrac{\partial D_l}{\partial a_{ki}}$ 的各项当中,一方面包含了因子 a_{1i} 与 a_{1l},另一方面又含了 a_{kl} 与 a_{ki}.考虑 D 中包含 a_{1i} 与 a_{kl} 的项,它们具有

$$a_{1i} \cdots a_{kl} \cdots \tag{109}$$

的形式,另一方面,D 中包含 a_{1l} 与 a_{ki} 的项,其形式为

$$a_{1l} \cdots a_{ki} \cdots \tag{110}$$

(109)与(110)中的对应项彼此相差一个反转,这个反转是由数码 l, i 的对调而得来的,从而这两项彼此异号.又在行列式 D 的各项中先提出因子 a_{1i}, a_{kl},另一方面再提出 a_{1l}, a_{ki},那么行列式 D 显然可以写成

$$D = \sum (a_{1i} a_{kl} - a_{1l} a_{ki}) R + R_1 \tag{111}$$

的形式,其中 R 与 R_1 都不含因子 $a_{1i}, a_{kl}, a_{1l}, a_{ki}$.

但

$$\frac{\partial D_i}{\partial a_{kl}} = \frac{\partial^2 D}{\partial a_{1i} \partial a_{kl}} = \sum R$$

又

$$\frac{\partial D_l}{\partial a_{ki}} = \frac{\partial^2 D}{\partial a_{1l} \partial a_{ki}} = -\sum R$$

因此

$$\mathscr{V} = -\left(\frac{m_1 m_2}{r_{12}} + \frac{m_2 m_3}{r_{23}} + \frac{m_3 m_1}{r_{31}} \right)$$

$$\frac{\partial D_i}{\partial a_{kl}} + \frac{\partial D_l}{\partial a_{ki}} = 0$$

于是代入表达式(108),便得到所要证明的结果

$$\sum \frac{\partial D_i}{\partial x_i} = 0 \tag{112}$$

将方程(112)中的 D_i 代以由等式(104)所得的值,则得方程

$$\frac{\partial}{\partial x_1}(MX_1) + \frac{\partial}{\partial x_2}(MX_2) + \cdots + \frac{\partial}{\partial x_n}(MX_n) = 0 \tag{113}$$

方程(113)可以看作未知函数 M 的线性偏微分方程.

现在我们规定,方程(113)的任一个积分都叫作微分方程组(100)的后添因子;这种定义与上节中一组两个方程的特别情形中的定义显然是一致的.

定理 1.2 两个后添因子的比,是方程组(100)的第一积分.

事实上,后添因子的方程可以写成下面的形式

$$M\left(\frac{\partial X_1}{\partial x_1} + \frac{\partial X_2}{\partial x_2} + \cdots + \frac{\partial X_n}{\partial x_n}\right) + X_1\frac{\partial M}{\partial x_1} + X_2\frac{\partial M}{\partial x_2} + \cdots + X_n\frac{\partial M}{\partial x_n} = 0 \tag{114}$$

同样,对于第二个因子,也有

$$M_1\left(\frac{\partial X_1}{\partial x_1} + \frac{\partial X_2}{\partial x_2} + \cdots + \frac{\partial X_n}{\partial x_n}\right) + X_1\frac{\partial M_1}{\partial x_1} + X_2\frac{\partial M_1}{\partial x_2} + \cdots + X_n\frac{\partial M_1}{\partial x_n} = 0 \tag{115}$$

由方程(114),(115)消去 M, M_1 得

$$X_1\left(M_1\frac{\partial M}{\partial x_1} - M\frac{\partial M_1}{\partial x_1}\right) + X_2\left(M_1\frac{\partial M}{\partial x_2} - M\frac{\partial M_1}{\partial x_2}\right) + \cdots +$$

$$X_n\left(M_1\frac{\partial M}{\partial x_n} - M\frac{\partial M_1}{\partial x_n}\right) = 0$$

或者

$$X_1\frac{\partial}{\partial x_1}\left(\frac{M}{M_1}\right) + X_2\frac{\partial}{\partial x_2}\left(\frac{M}{M_1}\right) + \cdots + X_n\frac{\partial}{\partial x_n}\left(\frac{M}{M_1}\right) = 0$$

按照方程(100)将这里的 $X_1, X_2, \cdots, X_n$ 代以与它们成比例的数量 $\mathrm{d}x_1,$ $\mathrm{d}x_2, \cdots, \mathrm{d}x_n$,则得

$$\frac{\partial}{\partial x_1}\left(\frac{M}{M_1}\right)\mathrm{d}x_1 + \frac{\partial}{\partial x_2}\left(\frac{M}{M_1}\right)\mathrm{d}x_2 + \cdots + \frac{\partial}{\partial x_n}\left(\frac{M}{M_1}\right)\mathrm{d}x_n = 0$$

也就是说

$$\frac{M}{M_1} = c$$

为方程组(100)的第一积分.

定理 1.3 (逆)设 M 为方程组(100)的后添因子,又 $f(x_1, x_2, \cdots, x_n) = c$

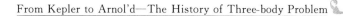

为该组的第一积分，那么 Mf 也是方程组（100）的后添因子.

欲证这个定理，可以取后添因子所满足的方程

$$\frac{\partial}{\partial x_1}(MX_1) + \frac{\partial}{\partial x_2}(MX_2) + \cdots + \frac{\partial}{\partial x_n}(MX_n) = 0$$

又对于第一积分而言，有

$$\frac{\partial f}{\partial x_1}\mathrm{d}x_1 + \frac{\partial f}{\partial x_2}\mathrm{d}x_2 + \cdots + \frac{\partial f}{\partial x_n}\mathrm{d}x_n = 0$$

或者由方程（100）得

$$\frac{\partial f}{\partial x_1}X_1 + \frac{\partial f}{\partial x_2}X_2 + \cdots + \frac{\partial f}{\partial x_n}X_n = 0$$

将这两个方程分别乘以 f 与 M 而相加，则得

$$\left(f\frac{\partial MX_1}{\partial x_1} + MX_1\frac{\partial f}{\partial x_1}\right) + \left(f\frac{\partial MX_2}{\partial x_2} + MX_2\frac{\partial f}{\partial x_2}\right) + \cdots +$$

$$\left(f\frac{\partial MX_n}{\partial x_n} + MX_n\frac{\partial f}{\partial x_n}\right) = 0$$

也就是

$$\frac{\partial}{\partial x_1}(fMX_1) + \frac{\partial}{\partial x_2}(fMX_2) + \cdots + \frac{\partial}{\partial x_n}(fMX_n) = 0$$

于是 fM 也满足后添因子的方程，从而 fM 也是后添因子.

上面的几个定理，全是关于积分因子的著名定理的推广，在一般的情形下，也易于证明方程组的后添因子 M 与积分不变量的关系，下面的定理便是证明这方面的.

设有方程组（100）的后添因子 $M(x_1, x_2, \cdots, x_n)$；考虑以 $x_1, x_2, \cdots, x_n$ 为坐标的 n 维空间中的某个随意的体积 τ，使得在 τ 的方程组（100）是可积的，那么便有如下的定理.

定理 1.4 设 $M(x_1, x_2, \cdots, x_n)$ 为方程组（100）的后添因子，则

$$\iint\cdots\int_{\tau} M\mathrm{d}x_1\mathrm{d}x_2\cdots\mathrm{d}x_n$$

为按方程组（100）所作的变换的积分不变量.

欲证这个定理，可将方程组（100）写成更对称一些的形式

$$\frac{\mathrm{d}x_1}{X_1} = \frac{\mathrm{d}x_2}{X_2} = \cdots = \frac{\mathrm{d}x_n}{X_n} = \frac{\mathrm{d}t}{1} \tag{116}$$

将方程组（116）积分，便得到函数 $x_1, x_2, \cdots, x_n$ 用变量 t 与初值 $x_1^0, x_2^0, \cdots, x_n^0$ 表出的式子如下

$$\begin{cases} x_1 = \varphi_1(t, x_1^0, x_2^0, \cdots, x_n^0) \\ x_2 = \varphi_2(t, x_1^0, x_2^0, \cdots, x_n^0) \\ \quad\vdots \\ x_n = \varphi_n(t, x_1^0, x_2^0, \cdots, x_n^0) \end{cases} \tag{117}$$

$$\mathscr{V} = -\left(\frac{m_1 m_2}{r_{12}} + \frac{m_2 m_3}{r_{23}} + \frac{m_3 m_1}{r_{31}}\right)$$

将 t 看作某个变动的参数而给它某一个数值,则由方程组(117)便得到一个变换,它将坐标为 $(x_1^0, x_2^0, \cdots, x_n^0)$ 的点变到一个新点 $(x_1, x_2, \cdots, x_n)$. 因此,如果以 $(x_1^0, x_2^0, \cdots, x_n^0)$ 为坐标的点占满了某个体积 τ_0,那么变换以后的点便占满了某个新的体积 τ. 我们要证明

$$\iint_{\tau} \cdots \int M \mathrm{d}x_1 \mathrm{d}x_2 \cdots \mathrm{d}x_n = \iiint_{\tau_0} M \mathrm{d}x_1 \mathrm{d}x_2 \cdots \mathrm{d}x_n$$

欲证此式,可以考虑无穷小的变换,这个变换由方程(18)定出:在其中令 $t = t_0 + \mathrm{d}t$,而 t_0 是对应于点 $(x_1^0, x_2^0, \cdots, x_n^0)$ 的值.

此时

$$x_1 = \varphi_1(t_0 + \mathrm{d}t, x_1^0, x_2^0, \cdots, x_n^0) = \varphi_1(t_0, x_1^0, x_2^0, \cdots, x_n^0) + \frac{\mathrm{d}x_1}{\mathrm{d}t} \mathrm{d}t$$

又由选法可知

$$x_1^0 = \varphi_1(t_0, x_1^0, x_2^0, \cdots, x_n^0)$$

因此上式可以简写为

$$x_1 = x_1^0 + X_1 \mathrm{d}t \tag{118'}$$

同样

$$\begin{cases} x_2 = x_2^0 + X_2 \mathrm{d}t \\ \qquad \vdots \\ x_n = x_n^0 + X_n \mathrm{d}t \end{cases} \tag{118''}$$

方程组(118)代表由方程组(116)所决定的无穷小变换;在(118)中 $\mathrm{d}t$ 是无穷小的参数.

为了证明本定理,可将积分

$$\iint_{\tau} \cdots \int M \mathrm{d}x_1 \mathrm{d}x_2 \cdots \mathrm{d}x_n$$

中的变数按方程(118)加以变换.

此时 M 的表达式为

$$M(x_1, x_2, \cdots, x_n) = M(x_1^0 + X_1 \mathrm{d}t, x_2^0 + X_2 \mathrm{d}t, \cdots, x_n^0 + X_n \mathrm{d}t)$$

$$= M(x_1^0, x_2^0, \cdots, x_n^0) + \frac{\partial M}{\partial x_1} X_1 \mathrm{d}t +$$

$$\frac{\partial M}{\partial x_2} X_2 \mathrm{d}t + \cdots + \frac{\partial M}{\partial x_n} X_n \mathrm{d}t \tag{119}$$

我们也考虑变换的雅可比式

278

$$J = \begin{vmatrix} \dfrac{\partial x_1}{\partial x_1^0} & \dfrac{\partial x_1}{\partial x_2^0} & \cdots & \dfrac{\partial x_1}{\partial x_n^0} \\ \dfrac{\partial x_2}{\partial x_1^0} & \dfrac{\partial x_2}{\partial x_2^0} & \cdots & \dfrac{\partial x_2}{\partial x_n^0} \\ \vdots & \vdots & & \vdots \\ \dfrac{\partial x_n}{\partial x_1^0} & \dfrac{\partial x_n}{\partial x_2^0} & \cdots & \dfrac{\partial x_n}{\partial x_n^0} \end{vmatrix} \tag{120}$$

因为

$$\frac{\partial x_1}{\partial x_1^0} = 1 + \frac{\partial X_1}{\partial x_1^0}\mathrm{d}t, \quad \frac{\partial x_1}{\partial x_2^0} = \frac{\partial X_1}{\partial x_2^0}\mathrm{d}t, \quad \cdots, \quad \frac{\partial x_1}{\partial x_n^0} = \frac{\partial X_1}{\partial x_n^0}\mathrm{d}t$$

对于其他变量也有类似的情形,所以

$$J = \begin{vmatrix} 1 + \dfrac{\partial X_1}{\partial x_1}\mathrm{d}t & \dfrac{\partial X_1}{\partial x_2}\mathrm{d}t & \dfrac{\partial X_1}{\partial x_3}\mathrm{d}t & \cdots & \dfrac{\partial X_1}{\partial x_n}\mathrm{d}t \\ \dfrac{\partial X_2}{\partial x_1}\mathrm{d}t & 1 + \dfrac{\partial X_2}{\partial x_2}\mathrm{d}t & \dfrac{\partial X_2}{\partial x_3}\mathrm{d}t & \cdots & \dfrac{\partial X_2}{\partial x_n}\mathrm{d}t \\ \vdots & \vdots & \vdots & & \vdots \\ \dfrac{\partial X_n}{\partial x_1}\mathrm{d}t & \dfrac{\partial X_n}{\partial x_2}\mathrm{d}t & \dfrac{\partial X_n}{\partial x_3}\mathrm{d}t & \cdots & 1 + \dfrac{\partial X_n}{\partial x_n}\mathrm{d}t \end{vmatrix} \tag{121}$$

将表达式(121)按 $\mathrm{d}t$ 的方幂展开,并仅仅考虑 $\mathrm{d}t$ 的不高于一次的方幂,便得到

$$J = 1 + \frac{\partial X_1}{\partial x_1}\mathrm{d}t + \frac{\partial X_2}{\partial x_2}\mathrm{d}t + \cdots + \frac{\partial X_n}{\partial x_n}\mathrm{d}t \tag{122}$$

而且在上列公式中,导数 $\dfrac{\partial X_1}{\partial x_1}, \dfrac{\partial X_2}{\partial x_2}, \cdots, \dfrac{\partial X_n}{\partial x_n}$ 里面恒用数值 $x_1^0, x_2^0, \cdots, x_n^0$.

利用公式(119)与(122)得

$$\iint\cdots\int_{\tau} M\,\mathrm{d}x_1\,\mathrm{d}x_2\cdots\mathrm{d}x_n = \iint\cdots\int_{\tau_0} \left[M + \left(\frac{\partial M}{\partial x_1}X_1 + \frac{\partial M}{\partial x_2}X_2 + \cdots + \frac{\partial M}{\partial x_n}X_n \right)\mathrm{d}t \right] \cdot$$
$$\left[1 + \left(\frac{\partial X_1}{\partial x_1} + \frac{\partial X_2}{\partial x_2} + \cdots + \frac{\partial X_n}{\partial x_n} \right)\mathrm{d}t \right]\mathrm{d}x_1\,\mathrm{d}x_2\cdots\mathrm{d}x_n$$

将此式按 $\mathrm{d}t$ 的方幂展开,并仅取 $\mathrm{d}t$ 的一次幂,则有

$$\iint\cdots\int_{\tau} M\,\mathrm{d}x_1\,\mathrm{d}x_2\cdots\mathrm{d}x_n = \iint\cdots\int_{\tau_0} M\,\mathrm{d}x_1\,\mathrm{d}x_2\cdots\mathrm{d}x_n +$$
$$\mathrm{d}t \iint\cdots\int_{\tau_0} \left[M\left(\frac{\partial X_1}{\partial x_1} + \frac{\partial X_2}{\partial x_2} + \cdots + \frac{\partial X_n}{\partial x_n} \right) + \right.$$
$$\left. \left(\frac{\partial M}{\partial x_1}X_1 + \frac{\partial M}{\partial x_2}X_2 + \cdots + \frac{\partial M}{\partial x_n}X_n \right) \right]\mathrm{d}x_1\,\mathrm{d}x_2\cdots\mathrm{d}x_n$$

或者简写为

279

$$\mathscr{V} = -\left(\frac{m_1 m_2}{r_{12}} + \frac{m_2 m_3}{r_{23}} + \frac{m_3 m_1}{r_{31}} \right)$$

$$\iint\cdots\int_{\tau}M\mathrm{d}x_1\mathrm{d}x_2\cdots\mathrm{d}x_n = \iint\cdots\int_{\tau_0}M\mathrm{d}x_1\mathrm{d}x_2\cdots\mathrm{d}x_n +$$

$$\mathrm{d}t\iint\cdots\int_{\tau_0}\left[\frac{\partial}{\partial x_1}(MX_1) + \frac{\partial}{\partial x_2}(MX_2) + \cdots + \right.$$

$$\left.\frac{\partial}{\partial x_n}(MX_n)\right]\mathrm{d}x_1\mathrm{d}x_2\cdots\mathrm{d}x_n \qquad (123)$$

现在由方程(123)便可以推出所要证明的定理. 事实上, 设 M 为方程组(100)的后添因子, 则

$$\frac{\partial}{\partial x_1}(MX_1) + \frac{\partial}{\partial x_2}(MX_2) + \cdots + \frac{\partial}{\partial x_n}(MX_n) = 0$$

从而

$$\iint\cdots\int_{\tau}M\mathrm{d}x_1\mathrm{d}x_2\cdots\mathrm{d}x_n = \iint\cdots\int_{\tau_0}M\mathrm{d}x_1\mathrm{d}x_2\cdots\mathrm{d}x_n$$

由这个等式也可以推出逆定理.

定理 1.5 设 $\iint\cdots\int_{\tau}M\mathrm{d}x_1\mathrm{d}x_2\cdots\mathrm{d}x_n$ 为方程组(100)所决定的变换的积分不变量, 则 M 为方程组(100)的后添因子.

事实上, 由所设的不变性知

$$\iint\cdots\int_{\tau}M\mathrm{d}x_1\mathrm{d}x_2\cdots\mathrm{d}x_n = \iint\cdots\int_{\tau_0}M\mathrm{d}x_1\mathrm{d}x_2\cdots\mathrm{d}x_n$$

故由方程(123)可得

$$\iint\cdots\int_{\tau_0}\left[\frac{\partial}{\partial x_1}(MX_1) + \frac{\partial}{\partial x_2}(MX_2) + \cdots + \right.$$

$$\left.\frac{\partial}{\partial x_n}(MX_n)\right]\mathrm{d}x_1\mathrm{d}x_2\cdots\mathrm{d}x_n = 0$$

于是由 τ_0 的随意性即知

$$\frac{\partial}{\partial x_1}(MX_1) + \frac{\partial}{\partial x_2}(MX_2) + \cdots + \frac{\partial}{\partial x_n}(MX_n) = 0$$

从而定理得以证明.

我们已经看到, 上面最后两个定理是联系无穷小变换的理论与积分不变量理论的. 这些理论在力学中有各种不同的应用前一节里面, 我们已经看到了所证明的定理在流体力学中的应用. 在流体力学中也可以遇到其他类型的积分不变量; 例如, 按照著名的汤姆逊(Thomson)定理, 在具有位势之力的情形下, 沿闭合围线的环流是不变的. 于是, 在这种情形下

$$\int_L u\mathrm{d}x + v\mathrm{d}y + w\mathrm{d}z$$

便是一个积分不变量 —— 对于满足方程

$$\frac{\mathrm{d}x}{u} = \frac{\mathrm{d}y}{v} = \frac{\mathrm{d}z}{w}$$

的变换而言.

§12 后添因子理论对于方程组求积的应用;刚体绕不动点运动问题的情形

设有方程组

$$\frac{\mathrm{d}x_1}{X_1} = \frac{\mathrm{d}x_2}{X_2} = \cdots = \frac{\mathrm{d}x_n}{X_n} = \mathrm{d}t \tag{124}$$

考虑变量 $x_1, x_2, \cdots, x_n$ 的某些函数

$$\begin{cases} y_1 = y_1(x_1, x_2, \cdots, x_n) \\ \qquad\vdots \\ y_n = y_n(x_1, x_2, \cdots, x_n) \end{cases} \tag{125}$$

则有

$$\frac{\mathrm{d}y_k}{\mathrm{d}t} = \frac{\partial y_k}{\partial x_1}\frac{\mathrm{d}x_1}{\mathrm{d}t} + \frac{\partial y_k}{\partial x_2}\frac{\mathrm{d}x_2}{\mathrm{d}t} + \cdots + \frac{\partial y_k}{\partial x_n}\frac{\mathrm{d}x_n}{\mathrm{d}t}$$

或者由方程(100)得

$$\frac{\mathrm{d}y_k}{\mathrm{d}t} = \frac{\partial y_k}{\partial x_1}X_1 + \frac{\partial y_k}{\partial x_2}X_2 + \cdots + \frac{\partial y_k}{\partial x_n}X_n$$

引用下列记号

$$A(\theta) = \frac{\partial \theta}{\partial x_1}X_1 + \frac{\partial \theta}{\partial x_2}X_2 + \cdots + \frac{\partial \theta}{\partial x_n}X_n \tag{126}$$

$$A(y_k) = Y_k \tag{126'}$$

那么显然有

$$\frac{\mathrm{d}y_k}{\mathrm{d}t} = Y_k$$

也就是说,函数 $y_1, y_2, \cdots, y_n$ 满足方程组

$$\frac{\mathrm{d}y_1}{Y_1} - \frac{\mathrm{d}y_2}{Y_2} - \cdots = \frac{\mathrm{d}y_n}{Y_n} = \mathrm{d}t$$

表达式 $A(\theta)$ 具有奇特的不变性.

定理 1.6 有

$$A(\theta) = \sum_{k=1}^{n} \frac{\partial \theta}{\partial x_k}X_k = \sum_{k=1}^{n} \frac{\partial \theta}{\partial y_k}Y_k$$

事实上,将等式

$$\frac{\partial \theta}{\partial x_1} = \frac{\partial \theta}{\partial y_1}\frac{\partial y_1}{\partial x_1} + \frac{\partial \theta}{\partial y_2}\frac{\partial y_2}{\partial x_1} + \cdots + \frac{\partial \theta}{\partial y_n}\frac{\partial y_n}{\partial x_1}$$

$$\frac{\partial \theta}{\partial x_2} = \frac{\partial \theta}{\partial y_1}\frac{\partial y_1}{\partial x_2} + \frac{\partial \theta}{\partial y_2}\frac{\partial y_2}{\partial x_2} + \cdots + \frac{\partial \theta}{\partial y_n}\frac{\partial y_n}{\partial x_2}$$

$$\mathscr{V} = -\left(\frac{m_1 m_2}{r_{12}} + \frac{m_2 m_3}{r_{23}} + \frac{m_3 m_1}{r_{31}}\right)$$

$$\vdots$$

$$\frac{\partial \theta}{\partial x_n} = \frac{\partial \theta}{\partial y_1} \frac{\partial y_1}{\partial x_n} + \frac{\partial \theta}{\partial y_2} \frac{\partial y_2}{\partial x_n} + \cdots + \frac{\partial \theta}{\partial y_n} \frac{\partial y_n}{\partial x_n}$$

分别乘以 $X_1, X_2, \cdots, X_n$ 而相加,则得

$$\sum \frac{\partial \theta}{\partial x_k} X_k = \frac{\partial \theta}{\partial y_1}\left[\frac{\partial y_1}{\partial x_1} X_1 + \frac{\partial y_1}{\partial x_2} X_2 + \cdots + \frac{\partial y_1}{\partial x_n} X_n\right] +$$

$$\frac{\partial \theta}{\partial y_2}\left[\frac{\partial y_2}{\partial x_1} X_1 + \frac{\partial y_2}{\partial x_2} X_2 + \cdots + \frac{\partial y_2}{\partial x_n} X_n\right] + \cdots +$$

$$\frac{\partial \theta}{\partial y_n}\left[\frac{\partial y_n}{\partial x_1} X_1 + \frac{\partial y_n}{\partial x_2} X_2 + \cdots + \frac{\partial y_n}{\partial x_n} X_n\right]$$

或者用(126)与(126′)的记号

$$\sum_{k=1}^{n} \frac{\partial \theta}{\partial x_k} X_k = \sum_{k=1}^{n} \frac{\partial \theta}{\partial y_k} Y_k \tag{127}$$

这样便证明了定理.

我们注意,如果 $y_k(x_1, x_2, \cdots, x_n) = c$ 是方程组(100) 的第一积分,那么

$$\frac{\partial y_k}{\partial x_1} \mathrm{d}x_1 + \frac{\partial y_k}{\partial x_2} \mathrm{d}x_2 + \cdots + \frac{\partial y_k}{\partial x_n} \mathrm{d}x_n = 0$$

从而由方程(100)知

$$\frac{\partial y_k}{\partial x_1} X_1 + \frac{\partial y_k}{\partial x_2} X_2 + \cdots + \frac{\partial y_k}{\partial x_n} X_n = 0$$

或者利用(126)与(126′)的记号

$$Y_k = 0 \tag{128}$$

设 $\theta_2, \theta_3, \cdots, \theta_n$ 为方程组(124) 的积分,而 θ 为随意函数,作行列式

$$D = \begin{vmatrix} \dfrac{\partial \theta}{\partial x_1} & \dfrac{\partial \theta}{\partial x_2} & \cdots & \dfrac{\partial \theta}{\partial x_n} \\ \dfrac{\partial \theta_2}{\partial x_1} & \dfrac{\partial \theta_2}{\partial x_2} & \cdots & \dfrac{\partial \theta_2}{\partial x_n} \\ \vdots & \vdots & & \vdots \\ \dfrac{\partial \theta_n}{\partial x_1} & \dfrac{\partial \theta_n}{\partial x_2} & \cdots & \dfrac{\partial \theta_n}{\partial x_n} \end{vmatrix} = \frac{D(\theta, \theta_2, \theta_3, \cdots, \theta_n)}{D(x_1, x_2, x_3, \cdots, x_n)} \tag{129}$$

将行列式 D 按第一行元素展开,并用 §11 的记号,则得

$$D = \Delta_1 \frac{\partial \theta}{\partial x_1} - \Delta_2 \frac{\partial \theta}{\partial x_2} + \cdots + (-1)^{n-1} \Delta_n \frac{\partial \theta}{\partial x_n}$$

或者按 §11 方程(128) 而引入方程组的后添因子,则有

$$D = \sum_{k=1}^{n} M X_k \frac{\partial \theta}{\partial x_k} = M \cdot A(\theta) \tag{130}$$

利用方程(125)而更换变数,便得到完全相似的行列式.

$$D_1 = \begin{vmatrix} \dfrac{\partial \theta}{\partial y_1} & \dfrac{\partial \theta}{\partial y_2} & \cdots & \dfrac{\partial \theta}{\partial y_n} \\[2mm] \dfrac{\partial \theta_2}{\partial y_1} & \dfrac{\partial \theta_2}{\partial y_2} & \cdots & \dfrac{\partial \theta_2}{\partial y_n} \\[2mm] \vdots & \vdots & & \vdots \\[2mm] \dfrac{\partial \theta_n}{\partial y_1} & \dfrac{\partial \theta_n}{\partial y_2} & \cdots & \dfrac{\partial \theta_n}{\partial y_n} \end{vmatrix} = \dfrac{D(\theta, \theta_2, \theta_3, \cdots, \theta_n)}{D(y_1, y_2, y_3, \cdots, y_n)} \tag{131}$$

其中

$$\theta_2(y_1, y_2, \cdots, y_n), \quad \cdots, \quad \theta_n(y_1, y_2, \cdots, y_n)$$

是变换后的方程组

$$\frac{\mathrm{d}y_1}{Y_1} = \frac{\mathrm{d}y_2}{Y_2} = \cdots = \frac{\mathrm{d}y_n}{Y_n} \tag{132}$$

的积分. 倘若 M_1 是方程组(132) 的一个后添因子, 那么便有与方程(130) 相仿的式子

$$D_1 = M_1 \cdot A(\theta) \tag{133}$$

但由函数行列式的性质可知

$$\frac{D(\theta, \theta_2, \theta_3, \cdots, \theta_n)}{D(x_1, x_2, x_3, \cdots, x_n)} = \frac{D(\theta, \theta_2, \theta_3, \cdots, \theta_n)}{D(y_1, y_2, \cdots, y_n)} \cdot \frac{D(y_1, y_2, \cdots, y_n)}{D(x_1, x_2, \cdots, x_n)}$$

也就是

$$M \cdot A(\theta) = M_1 \cdot A(\theta) \frac{D(y_1, y_2, \cdots, y_n)}{D(x_1, x_2, \cdots, x_n)}$$

从而

$$M_1 = M \Big/ \frac{D(y_1, y_2, \cdots, y_n)}{D(x_1, x_2, \cdots, x_n)} \tag{134}$$

设方程组(124) 有 $n-2$ 个一次积分

$$\begin{cases} f_3(x_1, x_2, \cdots, x_n) = c_3 \\ f_4(x_1, x_2, \cdots, x_n) = c_4 \\ \quad\vdots \\ f_n(x_1, x_2, \cdots, x_n) = c_n \end{cases} \tag{135}$$

在方程组中作变数的更换

$$\begin{cases} y_1 = x_1 \\ y_2 = x_2 \\ y_3 = f_3(x_1, x_2, \cdots, x_n) \\ \quad\vdots \\ y_n = f_n(x_1, x_2, \cdots, x_n) \end{cases} \tag{136}$$

则由上面所证的可知

$$Y_3 = A(f_3) = 0$$

283

$$\mathscr{V} = -\left(\frac{m_1 m_2}{r_{12}} + \frac{m_2 m_3}{r_{23}} + \frac{m_3 m_1}{r_{31}} \right)$$

$$Y_4 = A(f_4) = 0$$
$$Y_n = A(f_n) = 0$$

从而方程组(124)便化成了

$$\frac{dy_1}{Y_1} = \frac{dy_2}{Y_2} = \frac{dy_3}{0} = \frac{dy_4}{0} = \cdots = \frac{dy_n}{0} \tag{137}$$

这组方程具有积分

$$y_3 = c_3, \quad y_4 = c_4, \quad \cdots, \quad y_n = c_n$$

和由方程(135)所推出来的一样. 于是即知, 方程组(137)的后添因子的方程具有如下的形式

$$\frac{\partial}{\partial y_1}(Y_1 M_1) + \frac{\partial}{\partial y_2}(Y_2 M_1) = 0 \tag{138}$$

但由这个方程可知, M_1 是方程

$$\frac{dy_1}{Y_1} = \frac{dy_2}{Y_2} \tag{139}$$

的积分因子, 而在我们的情形中

$$\frac{D(y_1, y_2, \cdots, y_n)}{D(x_1, x_2, \cdots, x_n)} = \begin{vmatrix} 1 & 0 & 0 & \cdots & 0 \\ 0 & 1 & 0 & \cdots & 0 \\ \frac{\partial f_3}{\partial x_1} & \frac{\partial f_3}{\partial x_2} & \frac{\partial f_3}{\partial x_3} & \cdots & \frac{\partial f_3}{\partial x_n} \\ \vdots & \vdots & \vdots & & \vdots \\ \frac{\partial f_n}{\partial x_1} & \frac{\partial f_n}{\partial x_2} & \frac{\partial f_n}{\partial x_3} & \cdots & \frac{\partial f_n}{\partial x_n} \end{vmatrix} = \begin{vmatrix} \frac{\partial f_3}{\partial x_3} & \cdots & \frac{\partial f_3}{\partial x_n} \\ \vdots & & \vdots \\ \frac{\partial f_n}{\partial x_3} & \cdots & \frac{\partial f_n}{\partial x_n} \end{vmatrix}$$

综合上面的一切叙述, 便得到了后添因子理论中的基本定理如下:

定理 1.7 设方程组

$$\frac{dx_1}{X_1} = \frac{dx_2}{X_2} = \cdots = \frac{dx_n}{X_n}$$

有一个后添因子 $M(x_1, x_2, \cdots, x_n)$, 而且已知这组方程的 $n - 2$ 个第一积分

$$f_3 = c_3, \quad f_4 = c_4, \quad \cdots, \quad f_n = c_n$$

那么作变数的更换

$$y_1 = x_1, \quad y_2 = x_2, \quad y_3 = f_3, \quad \cdots, \quad y_n = f_n$$

时, 这组方程便化为

$$\frac{dy_1}{Y_1} = \frac{dy_2}{Y_2}$$

而且这组方程的积分因子是

$$M \Big/ \frac{D(f_3, \cdots, f_n)}{D(x_3, \cdots, x_n)}$$

这样, 倘若已经知道了方程组(124)的后添因子与 $n - 2$ 个第一积分, 那么

方程组(124)的积分法便归结于一个方程的积分法,并且这个方程的积分因子为已知,从而恒可用求积手续来解它.

§9 中所考虑的方程组

$$\frac{\mathrm{d}x}{X} = \frac{\mathrm{d}y}{Y} = \frac{\mathrm{d}z}{Z}$$

的情形,是最简单的例子.此时 $n=3$,所以只要知道了方程组的一个第一积分 $f(x,y,z)=c$ 与后添因子,那么用变换

$$x=x, \quad y=y, \quad z=f(x,y,z)$$

便可以将所给的方程组化为一个如下形式的方程

$$\frac{\mathrm{d}x}{X_1} = \frac{\mathrm{d}y}{Y_1}$$

而且具有积分因子

$$M_1 = M / \frac{\partial f}{\partial z}$$

现在将所得到的结论应用于重刚体绕不动点的运动问题,在 §8 中已经证明,此时问题归结为如下的一组五个方程的积分法

$$\frac{\mathrm{d}p}{P} = \frac{\mathrm{d}q}{Q} = \frac{\mathrm{d}r}{R} = \frac{\mathrm{d}\gamma}{\Gamma} = \frac{\mathrm{d}\gamma'}{\Gamma'} = \frac{\mathrm{d}\gamma''}{\Gamma''}$$

这组方程有三个已知的第一积分

$$Ap^2 + Bq^2 + Cr^2 - 2Mg(x_0\gamma + y_0\gamma' + z_0\gamma'') = C_1$$

$$Ap\gamma + Bq\gamma' + Cr\gamma'' = C_2, \quad \gamma^2 + \gamma'^2 + \gamma''^2 = 1$$

因为在我们的情形下 $n=6$,故由上述论证可知,要使问题能够求积,只需知道方程组的后添因子与 $n-2=4$ 个第一积分即可.

而此时后添因子是已知的.事实上,后添因子的方程为

$$\frac{\partial}{\partial p}(MP) + \frac{\partial}{\partial q}(MQ) + \frac{\partial}{\partial r}(MR) + \frac{\partial}{\partial \gamma}(M\Gamma) + \frac{\partial}{\partial \gamma'}(M\Gamma') + \frac{\partial}{\partial \gamma''}(M\Gamma'') = 0$$

$$(140)$$

而这个方程的任何积分都是原有方程组的后添因子,但该积分当然要与 $M \equiv 0$ 不同.而在我们的情形下,因为 P 中不含 p,Q 中不含 q,等等,故有

$$\frac{\partial P}{\partial p} = \frac{\partial Q}{\partial q} = \frac{\partial R}{\partial r} = \frac{\partial \Gamma}{\partial \gamma} = \frac{\partial \Gamma'}{\partial \gamma'} = \frac{\partial \Gamma''}{\partial \gamma''} = 0$$

从而

$$\frac{\partial P}{\partial p} + \frac{\partial Q}{\partial q} + \frac{\partial R}{\partial r} + \frac{\partial \Gamma}{\partial \gamma} + \frac{\partial \Gamma'}{\partial \gamma'} + \frac{\partial \Gamma''}{\partial \gamma''} = 0 \qquad (141)$$

比较方程(140)与(141)即知,有一个后添因子是

$$M \equiv 1$$

于是我们已经知道了问题的后添因子的一个值.因此,要使重刚体绕不动点的

$$\psi = -\left(\frac{m_1 m_2}{r_{12}} + \frac{m_2 m_3}{r_{23}} + \frac{m_3 m_1}{r_{31}}\right)$$

运动方程组能用求积手续来解决,只要再知道方程组的一个(第四个)积分即可.

注 在上面的整个研讨中,恒作如此的假设:每个第一积分都是解答的如此函数,当我们用微分方程组的任何特解代入此种函数时,结果都得到常数,这种常数的值当然与所选的特解有关.

也可能有其他类型的积分,这种积分仅仅对于某些特别选取的特解才成为常数.而上面所述的后添因子的求法的理论对于这种积分并不能应用.

例如,考虑方程

$$\frac{\mathrm{d}y}{\mathrm{d}x} = f(x,y) \tag{142}$$

其中 $f(x,y)$ 是 x,y 的相当随意的函数,此外又考虑方程组

$$\frac{\mathrm{d}x}{1} = \frac{\mathrm{d}y}{f(x,y)} = \frac{\mathrm{d}z}{-z\frac{\partial f}{\partial y}} \tag{143}$$

对于这组方程,我们有

$$\frac{\partial X_1}{\partial x_1} + \frac{\partial X_2}{\partial x_2} + \frac{\partial X_3}{\partial x_3} = 0 \tag{144}$$

原因是

$$\frac{\partial 1}{\partial x} + \frac{\partial f}{\partial y} + \frac{\partial}{\partial z}\left(-z\frac{\partial f}{\partial y}\right) = 0$$

又方程组具有一个特解

$$z = 0$$

但知道了这个特解以后,即使有了条件(144) 也不能得出任何指示,以求方程组(143) 所归结的方程(142) 的积分因子.

在研究与特解有关的许多问题时,也有类似的情形发生[1].

---

① 例如参看第八章 §2[赫斯－阿别里罗特(Hess-Аппельрот)情形] 与 §3[钦里雅切夫－贾普利金(Горячев-Чаплыгин) 情形].

С·В·柯瓦列夫斯卡雅问题

第二章

§1 С·В·柯瓦列夫斯卡雅问题

重刚体绕不动点运动的最简单的情形,曾由欧拉研究过[1],其后卜安索[2]又用纯粹几何的观点加以更详细地研究(当 $x_0 = y_0 = z_0 = 0$ 时的情形).此外,拉格朗日[3]与普瓦松[4]又研究了其他的情形.后来雅可比证明了,在这些情形下,方程(Ⅰ)与(Ⅱ)(第一章§4,5)的通积分可以用时间的椭圆函数表示出来[5].

这样,在这几种情形下,积分都是时间的单值逊整函数.

在欧拉一卜安索的情形与拉格朗日一普瓦松的情形下,重刚体的运动方程的积分法问题都可以一直做到底,原因是在这些情形下可以找出方程(Ⅰ),(Ⅱ)的第四个积分,而由后添因子的理论可知,根据这个积分即可用积分号解出方程(Ⅰ)与(Ⅱ).在上述两种情形下,方程组(Ⅰ),(Ⅱ)的这个第四积分都是多项式,方程组(Ⅲ),(Ⅳ),(Ⅴ)(第一章§6)的古典的第一积分也是一样.

① Euler L. , Découverte d'un nouveau principe de Mécanique. Mém. de l'Acad. des Sciences de Berlin, 1750,1758.

② Poinsot, Théorie nouvelle de la rotation des corps. Journ. de Liouville, T. XVI,1851.

③ Lagrange J. L. , Mécanique analytique, T. Ⅱ,Paris, 1788(wtr 译本,1950)

④ Poisson S. O. , Traité de mécanique, T. Ⅱ,1813.

⑤ Jacobi, Sur la rotation d'un corps. Journ. de Crelle, T. 39, crp. 293. Gesammelte Werke, T. Ⅱ,ctp. 289 − 352, Fragments sur la rotation d'un corps; Ges. Werke,T. Ⅱ,ctp. 452-512.

$$\mathscr{V} = -\left(\frac{m_1 m_2}{r_{12}} + \frac{m_2 m_3}{r_{23}} + \frac{m_3 m_1}{r_{31}} \right)$$

由这些特殊的结果自然引出下面两个一般的问题：

(1) 求出所有的情形，使得方程组（Ⅰ），（Ⅱ）具有由时间的单值函数所表出的通积分；

(2) 求出所有的情形，使得方程组（Ⅰ），（Ⅱ）具有第四个代数的积分.

第一个问题在 С·В·柯瓦列夫斯卡雅的重要著作中曾用一般的形式提出；柯瓦列夫斯卡雅所给出的这个问题的解法，后来在 Г·Г·阿别里罗特与李雅普诺夫（А. М. Ляпунов）的研究中得到了精确化与补充.

在重刚体绕不动点的运动问题的解决中，其所以得到如此重要的进展，要归功于复杂函数论的一般方法在力学问题中的应用. 在欧拉、拉格朗日、普瓦松的研究中，以及在一直到 С·В·柯瓦列夫斯卡雅的著作以前的一切力学的研究中，时间都被看作仅能取得实值的变量. 甚至于在雅可比的研究中（这些研究曾将他与阿伯尔所作出来的椭圆函数论应用到重刚体绕不动点的运动方程的积分法问题中）我们也找不到复变函数的应用的任何启示，在他所创造的椭圆函数论里面也是如此[①]. 这样，С·В·柯瓦列夫斯卡雅的研究便是力学问题的重要的扩展：她首先将时间看作可以取得复数平面上的任何数值的变量. 力学问题的这种扩张，使得她能以将复变函数论的十分成熟的工具应用到所考虑的问题里面去.

由数学的观点看来，С·В·柯瓦列夫斯卡雅的著作也有同样大的价值. 事实是这样，在某些条件下，微分方程（它的积分具有运动的极点，而且在自变数的平面的有限区内别无其他奇点）是可以完全求积分的，不论这个问题可以化为积分号与否.

我们考虑下面的最简单的情形，黎卡提方程

$$y' = ay^2 + f(x)y + \varphi(x)$$

其中 a 是常数而 $f(x), \varphi(x)$ 是任何全整超越函数，可以用代换

$$y = -\frac{1}{a}z - \frac{f(x)}{2a}$$

而化为

$$z' = -z^2 + F(x) \tag{1}$$

的形式，其中 $F(x)$ 也是全整函数；易于看出，这个方程具有运动的极点，而且积分在极点的邻区内的展开式为

$$z = \frac{1}{x-c} + a_0 + a_1(x-c) + a_2(x-c)^2 + \cdots$$

---

① 例如参看 Jacobi K. J., Fundamenta nova theoriac Functionum ellipticarum. 用复变的观点来建立椭圆函数论的方法，是归功于留维尔（Liouville）的.

此外,若令

$$z = \frac{u'}{u} \tag{2}$$

则由对数导数的理论可知,对于函数 u 而言,z 极点是它的零点,又因为可以证明,黎卡提的积分除了移动的极点以外别无其他奇点,因此,在平面 x 的有限部分内不能有 u 的任何奇点.

将表达式(2)代入方程(1),则得 u 的线性方程

$$u'' - F(x)u = 0 \tag{3}$$

因为 $F(x)$ 是全整函数,所以方程(3)的积分也是全整函数[①]. 选取方程(3)的积分,譬如说,令它呈级数

$$u = 1 + z_0(x - x_0) + a_2(x - x_0)^2 + \cdots \tag{4}$$

的形式,则得 z 的表达式

$$z = \frac{z_0 + 2a_2(x - x_0) + 3a_3(x - x_0)^2 + \cdots}{1 + z_0(x - x_0) + a_2(x - x_0)^2 + \cdots} \tag{5}$$

级数(4)的系数可以将级数(4)代入方程(3)而得;这样所得到的级数对于一切 x 显然都是收效的,而且当 $x = x_0$ 时,方程(1)的积分取得已给的值 z_0. 于是表达式(5)对于一切有限值 z 都能给出方程(1)的积分,从而所给方程的积分法问题便完全解决了.

作为说明这种意图的第二个例子,我们考虑定义椭圆函数 $\rho(z)$ 的方程

$$\left(\frac{\mathrm{d}w}{\mathrm{d}z}\right)^2 = 4w^3 - g_2 w - g_3 \tag{6}$$

将如下的级数

$$w = \frac{c_{-k}}{(z - c)^k} + \frac{c_{-k+1}}{(z - c)^{k-1}} + \cdots$$

代入,便易于明确,展开式只能具有

$$w = \frac{1}{(z - c)^2} + c_2(z - c)^2 + \cdots$$

的形式. 因此,令

$$t = -\int w \mathrm{d}z$$

时即知,在移动的极点的邻区内,函数 t 具有展开式

$$t = \frac{1}{z - c} + c_0 + \frac{c_2(z - c)^3}{3} + \cdots$$

于是再令

---

① 例如参看 Голубев В. В. ,Лекции по аналитической теории дцоференциальных уравнение,1950,第 34 页.

$$\mathcal{V} = -\left(\frac{m_1 m_2}{r_{12}} + \frac{m_2 m_3}{r_{23}} + \frac{m_3 m_1}{r_{31}}\right)$$

$$t = \frac{s'}{s}$$

便知道函数 s 没有移动的极点. 又因为由一般的论证可知,方程(6)的积分在平面的有限区内别无其他奇点,所以 s 是全整超越函数;它可以用幂级数表出,而这个级数在整个复变数 z 的平面内收敛. 因为

$$w = -t' = -\frac{s''s - s'^2}{s^2}$$

故得函数 s 的三阶微分方程

$$\left(\frac{s''s - s'^2}{s^2}\right)' = -4\left(\frac{s''s - s'^2}{s^2}\right)^3 + g_2\left(\frac{s''s - s'^2}{s^2}\right) - g_3$$

由此即可找出函数 s 的幂级数展开式的系数.

在椭圆函数论里面我们知道,魏尔斯特拉斯的基本函数 ρ, ζ, σ 的理论正是用这种方法建立的,而且[①]

$$\sigma(z) = s, \quad \zeta(z) = t, \quad \rho(z) = w$$

上面所举的例子,与次述方程组的积分法有直接的联系

$$\begin{cases} \dfrac{\mathrm{d}p}{\mathrm{d}t} - qr = 0 \\[2mm] \dfrac{\mathrm{d}q}{\mathrm{d}t} - pr = 0 \\[2mm] \dfrac{\mathrm{d}r}{\mathrm{d}t} - pq = 0 \end{cases} \tag{7}$$

事实上,由方程(7)得

$$p\frac{\mathrm{d}p}{\mathrm{d}t} = q\frac{\mathrm{d}q}{\mathrm{d}t} = r\frac{\mathrm{d}r}{\mathrm{d}t}$$

从而

$$\begin{cases} q^2 = p^2 - C_1^2 \\ r^2 = p^2 - C_2^2 \end{cases} \tag{8}$$

将由方程(8)所得的 q, r 代入(7)中的第一个方程,则得

$$\left(\frac{\mathrm{d}p}{\mathrm{d}t}\right)^2 = (p^2 - C_1^2)(p^2 - C_2^2)$$

而此式用代换

$$p - C_1 = \frac{1}{Aw + B}$$

时(其中 A, B 是某两个常数),可以化为方程(6). 欧拉运动方程的一种特殊情

---

① 我们指出,布利欧与布凯(Briot,Bouquet)曾用这种方法来系统地建立椭圆函数的理论.

形可以化成方程(7)的形式①,因此,上面所推演的论证与重刚体绕不动点的运动问题是有直接联系的.

上述的例子指出,当重刚体绕不动点的运动方程的积分,其仅有的移动的奇点全是极点时,那么这种情形是值得重视的,因为此时可以利用全整函数的微分方程的建立而得到问题的完全的解答 —— 由魏尔斯特拉斯定理知,这种全整函数的商定出运动方程组的逊整积分,而上述方程可以用幂级数来求积②.

这样提出来的问题,自然可以分成下面两个特殊的问题:

第一,必须找出,在何种情形下运动方程的积分具有运动的极点;

第二,必须证明,在这种情形下,对于任何有限的 t 而言,也就是在整个运动的时间内,积分除了有运动的极点以外不含任何其他奇点.

C・B・柯瓦列夫斯卡雅解决了这两个问题.首先,她指出了方法,以分辨在何种情形下,运动方程的积分具有运动的极点;其次,她利用了熟悉的函数的知识而将方程的积分表现为全整函数的商. 这样,由此种观点看来,C・B・柯瓦列夫斯卡雅的研究的基本意图便是一个古典的例子,说明微分方程的解析理论的方法的应用.这种理论的基础,在柯西与布利阿(Briot)及布凯(Bouquet)的工作中已经奠立了.C・B・柯瓦列夫斯卡雅的工作,表现着微分方程的解析理论的方法在具体的力学问题中的应用的发展. 其后,在福克斯(Fuchs)、毕卡(Picard)以及其他学者的工作中,曾将她所用的方法应用到微分方程的解析理论的其他问题中而得到成功.

在 C・B・柯瓦列夫斯卡雅的研究结果中,指出了一点:重刚体绕不动点的运动方程具有在整个复数平面上都是单值的积分的情形是非常少的.除了前面所知道的情形以外,柯瓦列夫斯卡雅还找出了一种积分为单值的情形($A = B = 2C, z_0 = 0$).但与以前所有的已知情形不同.C・B・柯瓦列夫斯卡雅情形的积分法在数学上是很困难的.

在以前所知道的情形下,积分可以用椭圆函数表出;而在 C・B・柯瓦列夫斯卡雅的情形下,积分却用超椭圆积分表出.准此观点,C・B・柯瓦列夫斯卡雅的工具具有更大的重要性,因为由表面上看来这是唯一一种情形,使得在具体的力学问题的解法中必须利用超椭圆积分.

在 C・B・柯瓦列夫斯卡雅所作出来的情形中,和以前所知道的情形一样,运动方程组也具有第四个代数的积分,从而保证了方程可以完全求积. 此时重刚体绕不动点的运动方程具有第四个代数积分的必要条件为:方程的积分都是

---

① 这就是所谓欧拉－卜安索的情形:$x_0 = y_0 = z_0$,参看本书第三章.

② 在较为复杂的情形中推广这种意图的例子,可以参看第 61 页所引的书的第三章 §§6～10.

$$\mathscr{V} = -\left(\frac{m_1 m_2}{r_{12}} + \frac{m_2 m_3}{r_{23}} + \frac{m_3 m_1}{r_{31}}\right)$$

单值的. 这样, 上面所出的问题(1), (2)的解法给出同样的方程. 一直到目前为止我们还不知道这件事究竟是偶然的还是有深奥的理由在里面. 我们有一些根据, 可以推测这个现象并不是偶然的.

本章的目的在解 C·B·柯瓦列夫斯卡雅问题: 找出所有的情形, 使重刚体绕不动点的运动方程具有在整个复数平面上为单值的积分.

§2 微小参数法

在柯瓦列夫斯卡雅的研究中, 她由运动方程的积分具有极点的问题的解法开始. 将积分的极点展开式代入方程中, 便可以决定极点的阶数, 并且得到方程的系数之间的某些关系[①]. 这样, C·B·柯瓦列夫斯卡雅所用的方法假定了积分在复数 t 的平面内具有极点. 这种方法显然不足以完全解决如此的问题: 求所有一切具有单值积分的方程; 因为也可能有这种情形存在: 积分并不包含极点, 而具有(譬如说)本质奇点, 或者在复变数 t 的平面的有限部分内根本没有奇点.

另一种避免了这个缺点的方法, 曾为 A·M·李雅普诺夫所采用[②]: 他用了所谓变分方程的方法来解 C·B·柯瓦列夫斯卡雅问题. 其后在解 C·B·柯瓦列夫斯卡雅问题时, 又利用过一些其他的方法, 这种方法根据方程中的微小参数的引入, 而且在类似的问题中应用这种方法也获得了成功.

微小参数法最初是由于天体力学的三体问题而产生的. 我们知道, 按牛顿定律互相吸引的两个物体, 它们的运动问题的解法并无困难. 如果我们有三个按照牛顿定律互相吸引的物体, 那么情形便非常复杂; 此时我们知道, 问题并没有完全的解法. 但在太阳系内情形又比较简单化, 因为行星的质量与太阳相比是非常小的. 由此自然又发生了一个问题: 在研究一个行星对于另一个行星的运动的影响时, 是否可以将行星的运动积分按微小参数的方幂展开, 而这个参数代表激动的行星质量与太阳的质量之比. 此时如果参数等于零, 便显然得到对应的两体问题的解答; 当参数的值很小时, 我们便得到对应的两体问题的轨道, 而偏差不大.

---

① 参看 Ковалевская С. В. , Задача о вращения твердого тел около неподвижной точки. Acta mathematica, Т. 12(1889). 又参看 Ковальдевская С. В. , Научные работы. Изд- во АН СССР, 1948, стр. 153 −220. 又看参 Аппельрот Г. Г. , По поводу §1 мемуара С. В. Ковалевской. Матем. сб. т. 16, 1892; 或者 Аппельрот Г. Г. Задача о движении тяжелого твердого тела вокруг неподвижной точки Уч. зап. МГУ. Отд. физ. мат, т, 1894.

② Ляиунов А. ОБ одном свойстве дифференциальных уравнений задачи о движении тяжелого твердого тела. имеышего неподвижную точку. Сообщ. Харьковск. мат. ова. т. 4(1894).

这种方法的数学理论曾由庞加莱所作出[①]. 它要根据下列定理.

设有一组方程, 它们右边包含参数 α

$$
\begin{cases}
\dfrac{\mathrm{d}y_1}{\mathrm{d}t} = f_1(y_1, y_2, \cdots, y_n, t; \alpha) \\[2mm]
\dfrac{\mathrm{d}y_2}{\mathrm{d}t} = f_2(y_1, y_2, \cdots, y_n, t; \alpha) \\[2mm]
\qquad\qquad \vdots \\[2mm]
\dfrac{\mathrm{d}y_n}{\mathrm{d}t} = f_n(y_1, y_2, \cdots, y_n, t; \alpha)
\end{cases}
\tag{9}
$$

当参数 $\alpha = 0$ 时, 相应的方程组

$$
\begin{cases}
\dfrac{\mathrm{d}z_1}{\mathrm{d}t} = f_1(z_1, z_2, \cdots, z_n, t; 0) \\[2mm]
\dfrac{\mathrm{d}z_2}{\mathrm{d}t} = f_2(z_1, z_2, \cdots, z_n, t; 0) \\[2mm]
\qquad\qquad \vdots \\[2mm]
\dfrac{\mathrm{d}z_n}{\mathrm{d}t} = f_n(z_1, z_2, \cdots, z_n, t; 0)
\end{cases}
\tag{10}
$$

称为方程组(9)的简化方程组. 此时有如下的定理:

定理 2.1 设方程组(9)右边在 $\alpha = 0$ 的邻区内是解析的. 而且简化方程组具有解答 $z_1(t), z_2(t), \cdots, z_n(t)$, 这种解答沿着复变数 t 的平面内某条路线 L 上是解析的, 那么当参数 α 的值相当小时, 方程组(9)便有解答

$$
\begin{cases}
y_1 = y_1(t; \alpha) \\
y_2 = y_2(t; \alpha) \\
\qquad \vdots \\
y_n = y_n(t; \alpha)
\end{cases}
\tag{11}
$$

而这种解答沿着 L 上也是解析的.

定理 2.2 方程组(9)的解答(11)可以展开为 α 的幂级数

$$
y_1(t; \alpha) - y_1^0(t) + \alpha y_1^{(1)}(t) + \alpha^2 y_1^{(2)}(t) + \cdots
$$
$$
y_2(t; \alpha) = y_2^0(t) + \alpha y_2^{(1)}(t) + \alpha^2 y_2^{(2)}(t) + \cdots
$$
$$
\vdots
$$
$$
y_n(t; \alpha) = y_n^0(t) + \alpha y_n^{(1)}(t) + \alpha^2 y_n^{(2)}(t) + \cdots
$$

这些级数当 α 充分小的时候收敛.

展开式的第一项代表相应的简化方程组的解答, 也就是说

[①] Poincaré H. , Les méthodes nouvelles de la mécanique céleste, T. I, ctp. 79.

$\mathscr{V} = -\left(\dfrac{m_1 m_2}{r_{12}} + \dfrac{m_2 m_3}{r_{23}} + \dfrac{m_3 m_1}{r_{31}}\right)$

$$y_1^0(t) = z_1(t)$$
$$y_2^0(t) = z_2(t)$$
$$\vdots$$
$$y_n^0(t) = x_n(t)$$

展开式中的所有其余各项 $y_1^{(1)}(t), y_2^{(1)}(t), \cdots, y_n^{(1)}(t)$ 或 $y_1^{(2)}(t), y_2^{(2)}(t), \cdots,$ $y_n^{(2)}(t)$ 等等,都可以由线性方程组的解法求出,各该方程左边与函数 $y_1^{(k)}(t)$, $y_2^{(k)}(t), \cdots, y_n^{(k)}(t)$ 的号码 k 无关,而右边与具有号码 $m < k$ 的 $y_e^{(m)}(t), \cdots$ 有关; 此时如果能够找出简化方程组的通积分,那么不含右边项的线性微分方程组便可以用微分法求解,从而具有右边项的线性方程的通解,也就是所有的 $y_j^{(k)}$,都可以用积分号求出.

庞加莱会将这些定理应用到天体力学的各种研究里面. 在这种研究中,微小的参数代表问题中的某个物理数量,例如激动行星的质量与太阳的质量之比. 在班勒卫(P. Painlevé)的研究工作中[1],将微小参数法作了重要的发展,这里和以前的工作一样,参数也由问题中的物理数量定义. 班勒卫用人为的方法引入参数,先将问题中的变量加以包含参数的变换:此时参数的选择具有较大的随意性,从而使方法也比较灵活.

在班勒卫的工作中,曾经将微小参数法用来找具有单值积分的方程,也就是用来解决与 C・B・柯瓦列夫斯卡雅问题十分相似的问题. 班勒卫所用的方法的主要之点如下,假如已经给了某个微分方程

$$y' = f(y, x) \tag{12}$$

作变数的变换,并在变换中引入某个小参数,而将方程(12)化为新的形式

$$Y' = F(Y, X; \alpha) \tag{13}$$

倘若当 $\alpha = 0$ 时函数 F 在 X, Y 的某组值的邻区内是解析的,那么便可以利用上列定理. 将方程(14)的积分展开为 α 的幂级数

$$Y = Y_0 + \alpha Y_1 + \alpha^2 Y_2 + \cdots \tag{14}$$

并将展开式(6)代入方程(5),再将右边按 α 的方幂排列,则得

$$Y'_0 + \alpha Y'_1 + \alpha^2 Y'_2 + \alpha^3 Y'_3 + \cdots = F(Y, X; \alpha)_{\alpha=0} + \frac{\alpha}{1}\left\{\frac{\partial F}{\partial Y}\frac{\partial Y}{\partial \alpha} + \frac{\partial F}{\partial \alpha}\right\}_{\alpha=0} +$$

$$\frac{\alpha^2}{2}\left\{\frac{\partial F}{\partial Y}\frac{\partial^2 Y}{\partial \alpha^2} + \frac{\partial^2 F}{\partial Y^2}\left(\frac{\partial Y}{\partial \alpha}\right)^2 + \frac{\partial^2 F}{\partial \alpha^2}\right\}_{\alpha=0} +$$

$$\frac{\alpha^3}{3!}\left\{\frac{\partial F}{\partial Y}\frac{\partial^3 Y}{\partial \alpha^3} + 3\frac{\partial^2 F}{\partial Y^2}\frac{\partial Y}{\partial \alpha}\frac{\partial^2 Y}{\partial \alpha^2} + \frac{\partial^3 F}{\partial Y^3}\left(\frac{\partial Y}{\partial \alpha}\right)^3 + \frac{\partial^3 F}{\partial \alpha^3}\right\}_{\alpha=0} + \cdots$$

---

[1] Painlevé P. , Sur les équation du second order à points critiques fixes Bull. de la Soc. math. de France, 1899.

或者利用展开式(6)而得

$$Y'_0 + \alpha Y'_1 + \alpha^2 Y'_2 + \alpha^3 Y'_3 + \cdots = F(Y_0, X; 0) +$$

$$\alpha \left\{ \frac{\partial F(Y_0, X; 0)}{\partial Y_0} Y + \left(\frac{\partial F}{\partial \alpha} \right)_{\alpha = 0} \right\} +$$

$$\frac{\alpha^2}{2} \left\{ \frac{\partial F(Y_0, X; 0)}{\partial Y_0} 2 \cdot Y_2 + \frac{\partial^2 F(Y_0, X; 0)}{\partial Y_0^2} Y_1^2 + \left(\frac{\partial^2 F}{\partial \alpha^2} \right)_{\alpha = 0} \right\} +$$

$$\frac{\alpha^3}{3!} \left\{ \frac{\partial F(Y_0, X; 0)}{\partial Y_0} 3! \ Y_3 + 3 \frac{\partial^2 F(Y_0, X; 0)}{\partial Y_0^2} Y_1 \cdot 2 \cdot Y_2 + \right.$$

$$\left. \frac{\partial^3 F(Y_0, X; 0)}{\partial Y_0^3} Y_1^3 + \left(\frac{\partial^3 F}{\partial \alpha^3} \right)_{\alpha = 0} \right\} + \cdots$$

比较 α 的同次幂的系数,则得下列方程组,由此可以决定函数 $Y_0, Y_1, Y_2, \cdots$

$$Y'_0 = F(Y_0, X; 0) \tag{15}$$

$$\begin{cases} Y'_1 - \dfrac{\partial F(Y_0, X; 0)}{\partial Y_0} Y_1 = \left(\dfrac{\partial F}{\partial \alpha} \right)_{\alpha = 0} \\[2mm] Y'_2 - \dfrac{\partial F(Y_0, X; 0)}{\partial Y_0} Y_2 = \dfrac{\partial^2 F(Y_0, X; 0)}{\partial Y_0^2} Y_1^2 + \left(\dfrac{\partial^2 F}{\partial \alpha^2} \right)_{\alpha = 0} \\[2mm] Y'_3 - \dfrac{\partial F(Y_0, X; 0)}{\partial Y_0} Y_3 = \dfrac{\partial^2 F(Y_0, X; 0)}{\partial Y_0^2} Y_1 Y_2 + \dfrac{\partial^3 F(Y_0, X; 0)}{\partial Y_0^3} Y_1^3 + \left(\dfrac{\partial^3 F}{\partial \alpha^3} \right)_{\alpha = 0} \\[2mm] \qquad\qquad\qquad\qquad \vdots \end{cases} \tag{16}$$

在目前的情形下,方程(15)是方程(13)的简化方程;用来决定函数 Y_1, Y_2, $Y_3, \cdots$ 的方程按照一般理论来说是线性的,而且它们的左边彼此相同.不含右边的对应线性方程是

$$Z' - \frac{\partial F(Y_0, X; 0)}{\partial Y_0} Z = 0 \tag{17}$$

它的积分易于求出,倘若已经知道了方程(15)的通积分的话,事实上,设方程(15)的通积分为

$$Y_0 = f(X, C)$$

代入方程(15),则得

$$\frac{\mathrm{d}f}{\mathrm{d}X} = F(f(X, C), X; 0)$$

再将两边对 C 微分,则有

$$\frac{\mathrm{d}}{\mathrm{d}X} \left(\frac{\partial f}{\partial C} \right) = \frac{\partial F}{\partial Y_0} \frac{\partial f}{\partial C}$$

这样,$\dfrac{\partial f}{\partial C}$ 便是方程(17)的积分.再用随意常数的变化法,则方程(16)的积分法即可由积分号求出.

于是我们便得到了方程(13)的积分按 α 的方幂的展开式.当 α 充分小的时

$$\mathscr{V} = -\left(\frac{m_1 m_2}{r_{12}} + \frac{m_2 m_3}{r_{23}} + \frac{m_3 m_1}{r_{31}} \right)$$

候,这个展开式是收敛的,对于任意方程组而言,也有同样的结果.

由展开式

$$Y = Y_0 + \alpha Y_1 + \alpha^2 Y_2 + \cdots$$

可以推知,Y 是单值的必要条件为:所有的 $Y_0, Y_1, \cdots$ 都是单值函数.事实上,假定 Y_k 是第一个如此的函数 Y_n,使得绕某点 x_0 走一周时它不是单值的,那么便可以写成

$$Y = \{Y_0 + \alpha Y_1 + \cdots + \alpha^{k-1} Y_{k-1}\} + \alpha^k \{Y_k + \alpha Y_{k+1} + \cdots\}$$

倘若绕着点 x_0 走一周以后,Y_k 的值是 $\bar{Y}_k$ 等等,则得

$$\bar{Y} = \{\bar{Y}_0 + \alpha \bar{Y}_1 + \cdots + \alpha^{k-1} \bar{Y}_{k-1}\} + \alpha^k \{\bar{Y}_k + \alpha \bar{Y}_{k+1} + \cdots\}$$

由假设知 $\bar{Y}_0 = Y_0, \bar{Y}_1 = Y_1, \cdots, \bar{Y}_{k-1} = Y_{k-1}$,但 $\bar{Y}_k \neq Y_k$,所以

$$\bar{Y} - Y = \alpha^k [(\bar{Y}_k - Y_k) + \alpha \{\cdots\}]$$

而 α 可以任意小,故恒可令 α 如此小,使

$$|\bar{Y}_k - Y_k| > |\alpha| |\{\cdots\}|$$

从而 $\bar{Y} \neq Y$.

如果将变数 Y 如此变换为 y,使得 y 可以用 Y 单值地表出来,则由此可知,y 也是单值的.这样,我们便得到了下面的方法,以求方程的积分的单值性的必要条件(但显然不是充分条件):倘若将方程组的积分按参数的方幂展开为级数,那么参数的所有方幂的系数,都必须是单值函数.

由上述可知,欲决定展开式的所有一切系数,只需找出简单方程组的通积分即可,但在许多情形下,这点并不是必要的.事实上,如果我们对于某个 Y_0 找到了方程

$$Z' - \frac{\partial F(Y_0, X; 0)}{\partial Y_0} Z = 0$$

的某个特殊积分而不是通积分,那么我们显然可以找出展开式的所有一切系数 Y_k.这样,在所论的方法中,有时也可以取简化方程组的特殊积分 —— 当我们可以找出用来决定所有的 $y_j^{(k)}$ 而不含右边项的方程组的积分时.以后我们便可以看到,这个简单的注解使微小参数法在求具有单值积分的方程的问题中的应用大大地简化.

§3　微小参数法对于重刚体绕不动点的运动方程的应用;A, B, C 各不相同的情形

包含在 С·В·柯瓦列夫斯卡雅问题中的方程,具有如下的形式:

$$\begin{cases} A\dfrac{\mathrm{d}p}{\mathrm{d}t} + (C-B)qr = Mg(y_0\gamma'' - z_0\gamma') \\ B\dfrac{\mathrm{d}p}{\mathrm{d}t} + (A-C)rp = Mg(z_0\gamma - x_0\gamma'') \\ C\dfrac{\mathrm{d}r}{\mathrm{d}t} + (B-A)pq = Mg(x_0\gamma' - y_0\gamma) \end{cases} \quad (\mathrm{I})$$

$$\begin{cases} \dfrac{\mathrm{d}\gamma}{\mathrm{d}t} = r\gamma' - q\gamma'' \\ \dfrac{\mathrm{d}\gamma'}{\mathrm{d}t} = p\gamma'' - r\gamma \\ \dfrac{\mathrm{d}\gamma''}{\mathrm{d}t} = qr - p\gamma' \end{cases} \quad (\mathrm{II})$$

因为方程的右边是多项式，所以对于任何有限值 $p,q,r,\gamma,\gamma',\gamma''$ 而言，右边都是有限而且解析的，从而根据积分的存在性的基本定理即知，在变量的任何有限而确定的值的邻区内，积分都是解析的. 这样，积分的奇点可能是极点（特别如临界的极点）或者本质奇点（特别如临界的本质奇点），在这种奇点的邻区内，函数是不定的[①]. 又因为方程（I），（II）里面不包含时间 t，所以将 t 代以 $t+a$（a 是常数）时，方程的形式不变. 由此可知，如果存在着平面 t 上具有奇点 t_0 的积分，那么在其他的初始条件之下，即可找出具有奇点 $t+a$ 的积分；于是方程（I）与（II）的积分的奇点便是运动的. 唯一个例外是 $t=\infty$，它可能是不动的奇点. 这样，С·В·柯瓦列夫斯卡雅问题便归结于此种条件的寻找，使得在这种条件之下，方程（I）与（II）没有运动的临界奇点，也就是临界的极点与临界的本质奇点.

我们先考虑 A,B,C 各不相同的情形，而证此时方程组（I）与（II）可以稍稍化简. 为此，我们引入三个如此的常数 π,κ，使它们满足条件

$$\begin{cases} A\pi = (C-B)\kappa\rho \\ B\kappa = (A-C)\rho\pi \\ C\rho = (B-A)\pi\kappa \end{cases} \quad (18)$$

将(18)中各式相乘，则得

$$ABC = (C-B)(A-C)(B-A)\pi\kappa\rho \quad (19)$$

而由方程(18)与(19)即有

① 关于奇点的分类，例如可以参看 Голубев В.В.，Лекции по аналитинеской теории дифференциальных уравнений，第一章

$$\mathscr{V} = -\left(\frac{m_1 m_2}{r_{12}} + \frac{m_2 m_3}{r_{23}} + \frac{m_3 m_1}{r_{31}}\right)$$

$$\begin{cases} \pi = \dfrac{\sqrt{BC(C-B)}}{\sqrt{(C-B)(A-C)(B-A)}} \\[4mm] \kappa = \dfrac{\sqrt{CA(A-C)}}{\sqrt{(C-B)(A-C)(B-A)}} \\[4mm] \rho = \dfrac{\sqrt{AB(B-A)}}{\sqrt{(C-B)(A-C)(B-A)}} \end{cases} \tag{20}$$

又在方程（Ⅰ）与（Ⅱ）中令

$$p = \pi p_1, \quad q = \kappa q_1, \quad r = \rho r_1$$

则各该方程便化为

$$\begin{cases} \dfrac{\mathrm{d}p_1}{\mathrm{d}t} + q_1 r_1 = \dfrac{1}{A\pi}(y_0\gamma'' - z_0\gamma') \\[3mm] \dfrac{\mathrm{d}q_1}{\mathrm{d}t} + r_1 p_1 = \dfrac{1}{B\kappa}(z_0\gamma - x_0\gamma'') \\[3mm] \dfrac{\mathrm{d}r_1}{\mathrm{d}t} + p_1 q_1 = \dfrac{1}{C\rho}(x_0\gamma' - y_0\gamma) \end{cases} \tag{Ⅰ$_1$}$$

$$\begin{cases} \dfrac{\mathrm{d}\gamma}{\mathrm{d}t} = \rho r_1\gamma' - \kappa q_1\gamma'' \\[3mm] \dfrac{\mathrm{d}\gamma'}{\mathrm{d}t} = \pi p_1\gamma'' - \rho r_1\gamma \\[3mm] \dfrac{\mathrm{d}\gamma''}{\mathrm{d}t} = \kappa q_1\gamma - \pi p_1\gamma' \end{cases} \tag{Ⅱ$_1$}$$

为了利用微小参数法，我们在方程（Ⅰ$_1$）与（Ⅱ$_1$）中引入参数 α，此时令

$$p_1 = \dfrac{p'}{\alpha}, q_1 = \dfrac{q'_1}{\alpha}, r_1 = \dfrac{r'_1}{\alpha}; \gamma = \dfrac{\gamma_1}{\alpha}, \gamma' = \dfrac{\gamma_2}{\alpha}, \gamma'' = \dfrac{\gamma_3}{\alpha}; t = t_0 + \alpha\tau$$

在这种代换以后，方程（Ⅰ）与（Ⅱ）便成为

$$\begin{cases} \dfrac{\mathrm{d}p'_1}{\mathrm{d}\tau} + q'_1 r'_1 = \dfrac{\alpha}{A\pi}(y_0\gamma_3 - z_0\gamma_2) \\[3mm] \dfrac{\mathrm{d}q'_1}{\mathrm{d}\tau} + r'_1 p'_1 = \dfrac{\alpha}{B\kappa}(z_0\gamma_1 - x_0\gamma_3) \\[3mm] \dfrac{\mathrm{d}r'_1}{\mathrm{d}\tau} + p'_1 q'_1 = \dfrac{\alpha}{C\rho}(x_0\gamma_2 - y_0\gamma_1) \end{cases} \tag{Ⅰ$_2$}$$

$$\begin{cases} \dfrac{\mathrm{d}\gamma_1}{\mathrm{d}\tau} = \rho r'_1\gamma_2 - \kappa q'_1\gamma_3 \\[3mm] \dfrac{\mathrm{d}\gamma_2}{\mathrm{d}\tau} = \pi p'_1\gamma_3 - \rho r'_1\gamma_1 \\[3mm] \dfrac{\mathrm{d}\gamma_3}{\mathrm{d}\tau} = \kappa q'_1\gamma_1 - \pi p'_1\gamma_2 \end{cases} \tag{Ⅱ$_2$}$$

当 $\alpha = 0$ 时，我们得到（Ⅰ）的简化方程组如下

$$\begin{cases} \dfrac{\mathrm{d}p'_{10}}{\mathrm{d}\tau} + q'_{10}\,r'_{10} = 0 \\[2mm] \dfrac{\mathrm{d}q'_{10}}{\mathrm{d}\tau} + r'_{10}\,p'_{10} = 0 \\[2mm] \dfrac{\mathrm{d}r'_{10}}{\mathrm{d}\tau} + p'_{10}\,q'_{10} = 0 \end{cases} \tag{21}$$

方程(21)具有特殊积分

$$p'_{10} = \frac{1}{\tau}, \quad q'_{10} = \frac{1}{\tau}, \quad r'_{10} = \frac{1}{\tau} \tag{22}$$

积分(22)代表函数 p'_1, q'_1, r'_1 按 α 的方幂的展开式的首项. 此时我们还注意到,简化方程(21)与(II_2)可以由一般的方程(I_1)与(II_1)得出,只需 $x_0 = y_0 = z_0 = 0$ 即可;这正对应于欧拉与卜安索所作出的情形. 这样,欧拉—卜安索的情形可以看作重刚体绕不动点运动的简化方程(II_2)与(21)的力学解释.

将积分(22)代入方程(II_2),便得到决定 $\gamma_1, \gamma_2, \gamma_3$ 的方程

$$\frac{\mathrm{d}\gamma_1}{\mathrm{d}\tau} = \frac{\rho\gamma_2 - \kappa\gamma_3}{\tau}, \quad \frac{\mathrm{d}\gamma_2}{\mathrm{d}\tau} = \frac{\pi\gamma_3 - \rho\gamma_1}{\tau}, \quad \frac{\mathrm{d}\gamma_3}{\mathrm{d}\tau} = \frac{\kappa\gamma_1 - \pi\gamma_2}{\tau} \tag{23}$$

线性方程组(23)属于柯西—欧拉的方程类[①]. 应用这种类型的方程的一般积分法,可以将它们的解答写成

$$\gamma_1 = \Gamma_1\tau^s, \quad \gamma_2 = \Gamma_2\tau^s, \quad \gamma_3 = \Gamma_3\tau^s \tag{24}$$

其中,$\Gamma_1, \Gamma_2, \Gamma_3$ 是常数. 将数值(24)代入方程(23),则得下列方程,用以决定常数 s 与 $\Gamma_1, \Gamma_2, \Gamma_3$

$$\begin{cases} s\Gamma_1 - p\Gamma_2 + \kappa\Gamma_3 = 0 \\ \rho\Gamma_1 + s\Gamma_2 - \pi\Gamma_3 = 0 \\ -\kappa\Gamma_1 + \pi\Gamma_2 + s\Gamma_3 = 0 \end{cases} \tag{25}$$

由此即得 s 的方程

$$\begin{vmatrix} s & -\rho & -\kappa \\ \rho & s & -\pi \\ -\kappa & \pi & s \end{vmatrix} = 0$$

或者将行列式展开得

$$s^3 + (\pi^2 + \rho^2 + \kappa^2)s = 0 \tag{26}$$

但由方程(20)易于证明,$\pi^2 + \kappa^2 + \rho^2 = -1$,从而方程(26)的根便是

$$s_1 = 0, \quad s_2 = +1, \quad s_3 = -1$$

当 $s = 0$ 时,由方程(25)可得

---

① 例如参看 Смирнов В. И. ,Курс высшей математики, т. п. стр. 172.

$$V = -\left(\frac{m_1 m_2}{r_{12}} + \frac{m_2 m_3}{r_{23}} + \frac{m_3 m_1}{r_{31}}\right)$$

$$\frac{\Gamma_1}{\pi} = \frac{\Gamma_2}{\kappa} = \frac{\Gamma_3}{\rho}$$

因而方程(23)便具有特殊积分

$$\gamma_1 = \pi, \quad \gamma_2 = \kappa, \quad \gamma_3 = \rho \tag{27}$$

仿此也可以找出对应于 s_2, s_3 两根的另外两组积分,然后根据它们即可作出方程组(23)的通积分.

现在再求 p'_1, q'_1, r'_1 按 α 的方幂的展开式中的其他项,令

$$p'_1 = p'_{10} + \alpha p_2 + \cdots, \quad q'_1 = q'_{10} + \alpha q_2 + \cdots, \quad r'_1 = r'_{10} + \alpha r_2 + \cdots \tag{28}$$

并将展形式(28)代入方程(Ⅰ),则得

$$\begin{cases} \dfrac{\mathrm{d}p_2}{\mathrm{d}\tau} + \dfrac{q_2 + r_2}{\tau} = \dfrac{1}{A\pi}(y_0\gamma_3 - z_0\gamma_2) \\[2mm] \dfrac{\mathrm{d}q_2}{\mathrm{d}\tau} + \dfrac{r_2 + p_2}{\tau} = \dfrac{1}{B\kappa}(z_0\gamma_1 - x_0\gamma_3) \\[2mm] \dfrac{\mathrm{d}r_2}{\mathrm{d}\tau} + \dfrac{p_2 + q_2}{\tau} = \dfrac{1}{C\rho}(x_0\gamma_2 - y_0\gamma_1) \end{cases} \tag{29}$$

先考虑与(29)相应的不含右边项的方程组

$$\frac{\mathrm{d}p'_2}{\mathrm{d}\tau} + \frac{q'_2 + r'_2}{\tau} = 0, \quad \frac{\mathrm{d}q'_2}{\mathrm{d}\tau} + \frac{r'_2 + p'_2}{\tau} = 0, \quad \frac{\mathrm{d}r'_2}{\mathrm{d}\tau} + \frac{p'_2 + q'_2}{\tau} = 0 \tag{30}$$

用平常的方法,设此组方程的积分为

$$p'_2 = P\tau^s, \quad q'_2 = Q\tau^s, \quad r'_2 = R\tau^s \tag{31}$$

将数值(31)代入方程(30),则得如下的方程组,用以决定 s, P, Q, R

$$sP + Q + R = 0$$
$$P + sQ + R = 0$$
$$P + Q + sR = 0$$

由此即得决定 s 的方程

$$\begin{vmatrix} s & 1 & 1 \\ 1 & s & 1 \\ 1 & 1 & s \end{vmatrix} = 0 \tag{32}$$

或者展开得

$$(s-1)(s^2 + s - 2) = 0$$

这个方程的根是

$$s_1 = 1, \quad s_2 = 1, \quad s_3 = 2$$

当 $s = 1$ 时,方程组化为一个方程

$$P + Q + R = 0$$

或者 $P = -(Q + R)$.

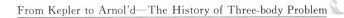

对应于二重根 $s=1$ 的情形,在呈(31)形的积分组中,令(例如)$Q=-1$,$R=0$ 可得 $P=1$,而令 $Q=0$,$R=-1$ 时得 $P=1$.这样,我们便有了两组解

$$p'_2=\tau, \quad q'_2=-\tau, \quad r'_2=0$$

与

$$p'_2=\tau, \quad q'_2=0, \quad r'_2=-\tau$$

又当 $s=-2$ 时,我们有方程组

$$-2P+Q+R=0$$
$$P-2Q+R=0$$
$$P+Q-2R=0$$

从而 $P=Q=R$,再令 $P=Q=R=1$,则又得一组解

$$p'_2=\frac{1}{\tau^2}, \quad q'_2=\frac{1}{\tau^2}, \quad r'_2=\frac{1}{\tau^2}$$

因此,方程组(30)的通积分即呈如下的形式

$$\begin{cases} p'_2=(c_1+c_2)\tau+\dfrac{c_3}{\tau^2} \\[2mm] q'_2=-c_1\tau+\dfrac{c_3}{\tau^2} \\[2mm] r'_2=-c_2\tau+\dfrac{c_3}{\tau^2} \end{cases} \qquad (33)$$

利用随意常数的变化法,我们便得到函数 c_1,c_2,c_3 的下列方程,用以决定具有右边项的方程的积分

$$(c'_1+c'_2)\tau+\frac{c'_3}{\tau^2}=\frac{1}{A\pi}(y_0\gamma_3-z_0\gamma_2)$$

$$-c'_1\tau+\frac{c'_3}{\tau^2}=\frac{1}{B\kappa}(z_0\gamma_1-x_0\gamma_3)$$

$$-c'_2\tau+\frac{c'_3}{\tau^2}=\frac{1}{C\rho}(x_0\gamma_2-r_0\gamma_1)$$

其中的撇号代表关于 τ 的导数.

因为

$$\begin{vmatrix} \tau & \tau & \dfrac{1}{\tau^2} \\[2mm] -\tau & 0 & \dfrac{1}{\tau^2} \\[2mm] 0 & -\tau & \dfrac{1}{\tau^2} \end{vmatrix}=3$$

所以便得到 c'_1,c'_2,c'_3 的方程如下

$$\mathcal{V}=-\left(\frac{m_1 m_2}{r_{12}}+\frac{m_2 m_3}{r_{23}}+\frac{m_3 m_1}{r_{31}}\right)$$

$$c'_1 = \frac{1}{3} \begin{vmatrix} \frac{1}{A\pi}(y_0\gamma_3 - z_0\gamma_2) & \tau & \frac{1}{\tau^2} \\ \frac{1}{B\kappa}(z_0\gamma_1 - x_0\gamma_3) & 0 & \frac{1}{\tau^2} \\ \frac{1}{C\rho}(x_0\gamma_2 - y_0\gamma_1) & -\tau & \frac{1}{\tau^2} \end{vmatrix}$$

$$c'_2 = \frac{1}{3} \begin{vmatrix} \tau & \frac{1}{A\pi}(y_0\gamma_3 - z_0\gamma_2) & \frac{1}{\tau^2} \\ -\tau & \frac{1}{B\kappa}(z_0\gamma_1 - x_0\gamma_3) & \frac{1}{\tau^2} \\ 0 & \frac{1}{C\rho}(x_0\gamma_2 - y_0\gamma_1) & \frac{1}{\tau^2} \end{vmatrix}$$

$$c'_3 = \frac{1}{3} \begin{vmatrix} \tau & \tau & \frac{1}{A\pi}(y_0\gamma_3 - z_0\gamma_2) \\ -\tau & 0 & \frac{1}{B\kappa}(z_0\gamma_1 - x_0\gamma_3) \\ 0 & \tau & \frac{1}{C\rho}(x_0\gamma_2 - y_0\gamma_1) \end{vmatrix}$$

在这里将上面所得的值(27)：$\gamma_1 = \pi$，$\gamma_2 = \kappa$，$\gamma_3 = \rho$ 代入，则得

$$c'_1 = \frac{1}{3\tau} \begin{vmatrix} \frac{1}{A\pi}(y_0\gamma_3 - z_0\gamma_2) & 1 & 1 \\ \frac{1}{B\kappa}(z_0\gamma_1 - x_0\gamma_3) & 0 & 1 \\ \frac{1}{C\rho}(x_0\gamma_2 - y_0\gamma_1) & -1 & 1 \end{vmatrix}$$

以及 c'_2 的类似的表达式，欲使 c_1 没有临界的运动的对数点，必须成立着等式

$$\begin{vmatrix} \frac{1}{A\pi}(y_0\rho - z_0\kappa) & 1 & 1 \\ \frac{1}{B\kappa}(z_0\pi - x_0\rho) & 0 & 1 \\ \frac{1}{C\rho}(x_0\kappa - y_0\pi) & -1 & 1 \end{vmatrix} = 0$$

由此展开行列式即得

$$\frac{1}{A\pi}(y_0\rho - z_0\kappa) - \frac{2}{B\kappa}(z_0\pi - x_0\rho) + \frac{1}{C\rho}(x_0\kappa - y_0\pi) = 0$$

将 x_0, y_0, z_0 的项分类归并，则有

$$x_0\left[\frac{\kappa}{C\rho} + \frac{2\rho}{B\kappa}\right] + y_0\left[\frac{\rho}{A\pi} - \frac{\pi}{C\rho}\right] - z_0\left[\frac{\kappa}{A\pi} + \frac{2\pi}{B\kappa}\right] = 0 \tag{34}$$

但

$$\frac{\kappa}{C\rho} + \frac{2\rho}{B\kappa} = \frac{B\kappa^2 + 2C\rho^2}{BC\kappa\rho} = \frac{ABC(A-C) + 2ABC(B-A)}{ABC\sqrt{BC(A-C)(B-A)}}$$

$$= \frac{2B-A-C}{\sqrt{BC(A-C)(B-A)}}$$

$$\frac{\rho}{A\pi} - \frac{\pi}{C\rho} = \frac{C\rho^2 - A\pi^2}{AC\pi\rho} = \frac{ABC(B-A) - ABC(C-B)}{ABC\sqrt{AC(C-B)(B-A)}}$$

$$= \frac{2B-A-C}{\sqrt{AC(C-B)(B-A)}}$$

$$\frac{\kappa}{A\pi} + \frac{2\pi}{B\kappa} = \frac{B\kappa^2 + 2A\pi^2}{AB\pi\kappa} = \frac{ABC(A-C) + 2ABC(C-B)}{ABC\sqrt{AB(C-B)(A-C)}}$$

$$= \frac{A+C-2B}{\sqrt{AB(C-B)(A-C)}}$$

因此,条件(34)便具有如下的形式

$$(2B-A-C)\left[\frac{x_0}{\sqrt{BC(A-C)(B-A)}} + \frac{y_0}{\sqrt{AC(C-B)(B-A)}} + \right.$$

$$\left. \frac{z_0}{\sqrt{AB(C-B)(A-C)}}\right] = 0$$

或者

$$(2B-A-C)\left[x_0\sqrt{A(C-B)} + y_0\sqrt{B(A-C)} + \right. \tag{35}$$

$$\left. z_0\sqrt{C(B-A)}\right] = 0$$

同样,由 c_2 的表达式可得条件

$$(2C-A-B)\left[x_0\sqrt{A(C-B)} + y_0\sqrt{B(A-C)} + z_0\sqrt{C(B-A)}\right] = 0 \tag{36}$$

但 A,B,C 各不相同,故由此即得条件

$$x_0\sqrt{A(C-B)} + y_0\sqrt{B(A-C)} + z_0\sqrt{C(B-A)} = 0 \tag{37}$$

如果这样选取与物体相附着的坐标轴,使 $A > B > C$,则将等式(37)中的实部与虚部分开时,即得两个等式如下

$$x_0\sqrt{A(B-C)} + z_0\sqrt{C(A-B)} = 0 \tag{38}$$

$$y_0 = 0 \tag{39}$$

于是我们便得到了下面的结果:倘若刚体的三个主惯性矩各不相同,那么只有当等式(38)与(39)成立的时候,方程(Ⅰ)与(Ⅱ)才可能有单值的积分.

但当 $x_0 = y_0 = z_0 = 0$ 时,等式(38)与(39)显然成立,故所得的结果也可以陈述如下:倘若 A,B,C 各不相同,那么方程(Ⅰ)与(Ⅱ)只有在下列两种情形内可能有单值的积分:

(1)当 $x_0 = y_0 = z_0$ 时;

$$\mathcal{V} = -\left(\frac{m_1 m_2}{r_{12}} + \frac{m_2 m_3}{r_{23}} + \frac{m_3 m_1}{r_{31}}\right)$$

（2）当条件

$$x_0 \sqrt{A(B-C)} + z_0 \sqrt{C(A-B)} = 0$$

与

$$y_0 = 0$$

成立时.

第一种情形便是欧拉与卜安索所作过的古典情形.

第二种情形为 Ｃ·Ｂ·柯瓦列夫斯卡雅所略去，而为 Γ·Γ·别里罗特首先指出[1]. 其后在涅克拉索夫（П. А. Некрасов）与 Ａ·Ｍ·李雅普诺夫的研究中又指明了，在第二种情形下，方程组（Ⅰ）与（Ⅱ）不一定有单值的积分，将来我们要用微小参数法来证明这一点.

§4 具有单值积分的方程 $A = B$ 的情形

现在我们考虑主惯性矩当中有相等的情形，例如 $A = B$.

因为在此种情形下，按照关于 z 轴的对称性可将各轴绕 z 轴旋转，所以我们可以假设重心在 xz 面内，从而 $y_0 = 0$.

在此种假设下，方程组（Ⅰ）便具有如下的形式

$$\begin{cases} A\dfrac{\mathrm{d}p}{\mathrm{d}t} + (C-A)qr = -Mgz_0\gamma' \\[2mm] A\dfrac{\mathrm{d}q}{\mathrm{d}t} + (A-C)rp = Mg(z_0\gamma - x_0\gamma'') \\[2mm] C\dfrac{\mathrm{d}r}{\mathrm{d}t} = Mgx_0\gamma' \end{cases} \tag{40}$$

令

$$\frac{A-C}{A} = 1 - \frac{C}{A} = m \tag{41}$$

并选如此的单位，使 $\dfrac{Mg}{A} = 1$，则方程（1）即可化为

$$\frac{\mathrm{d}p}{\mathrm{d}t} - mqr = -z_0\gamma'$$

$$\frac{\mathrm{d}q}{\mathrm{d}t} + mrp = z_0\gamma - x_0\gamma''$$

$$\frac{\mathrm{d}r}{\mathrm{d}t} = nx_0\gamma'$$

---

① Аппельрот Г. Г.，По поводу §1 мемуара С. В. Ковалевской《Sur le probléme de la rotation d'un corps solide autour d'un point fixe》. Матем сб. ，T. XVI，1892.

其中

$$n = \frac{Mg}{C}$$

因为

$$\frac{Mg}{A} : \frac{Mg}{C} = \frac{C}{A} = 1 - m$$

所以在 m, n 之间有如下的关系式

$$1 : n = 1 - m \tag{42}$$

这样,在所论的情形下,重刚体绕不动点运动的研究便归结于下列方程组的积分法

$$\begin{cases} \dfrac{\mathrm{d}p}{\mathrm{d}t} - mqr = -z_0 \gamma' \\[2mm] \dfrac{\mathrm{d}q}{\mathrm{d}t} + mrp = z_0 \gamma - x_0 \gamma'' \\[2mm] \dfrac{\mathrm{d}r}{\mathrm{d}t} = nx_0 \gamma' \end{cases} \tag{43}$$

$$\begin{cases} \dfrac{\mathrm{d}\gamma}{\mathrm{d}t} = r\gamma' - q\gamma'' \\[2mm] \dfrac{\mathrm{d}\gamma'}{\mathrm{d}t} = p\gamma'' - r\gamma \\[2mm] \dfrac{\mathrm{d}\gamma''}{\mathrm{d}t} = q\gamma - p\gamma' \end{cases} \tag{44}$$

欲利用微小参数法,可以引入变换

$$p = \alpha p_1, \quad q = q_1, \quad r = \alpha r_1$$
$$\gamma = \gamma_1, \quad \gamma' = \alpha \gamma'_1, \quad \gamma'' = \gamma''_1$$

此时方程 (43) 与 (44) 即变为下列方程组

$$\begin{cases} \dfrac{\mathrm{d}p_1}{\mathrm{d}t} - mq_1 r_1 = -z_0 \gamma'_1 \\[2mm] \dfrac{\mathrm{d}q_1}{\mathrm{d}t} = z_0 \gamma_1 - x_0 \gamma''_1 - \alpha^2 r_1 p_1 \\[2mm] \dfrac{\mathrm{d}r_1}{\mathrm{d}t} = nx_0 \gamma_1 \end{cases} \tag{43'}$$

$$\begin{cases} \dfrac{\mathrm{d}\gamma_1}{\mathrm{d}t} = -q\gamma''_1 + \alpha^2 r_1 \gamma'_1 \\[2mm] \dfrac{\mathrm{d}\gamma'_1}{\mathrm{d}t} = p_1 \gamma''_1 - r_1 \gamma_1 \\[2mm] \dfrac{\mathrm{d}\gamma''_1}{\mathrm{d}t} = q_1 \gamma_1 - \alpha^2 p_1 \gamma'_1 \end{cases} \tag{44'}$$

其中包含小参数 α^2,当 $\alpha = 0$ 时,我们得到简化的方程组

$$\psi = -\left(\frac{m_1 m_2}{r_{12}} + \frac{m_2 m_3}{r_{23}} + \frac{m_3 m_1}{r_{31}} \right)$$

$$\frac{\mathrm{d}p_1}{\mathrm{d}t} - mq_1r_1 = -z_0\gamma'_1, \qquad \frac{\mathrm{d}\gamma_1}{\mathrm{d}t} = -q_1\gamma''_1$$

$$\frac{\mathrm{d}q_1}{\mathrm{d}t} = z_0\gamma_1 - x_0\gamma''_1, \qquad \frac{\mathrm{d}\gamma'_1}{\mathrm{d}t} = p_1\gamma''_1 - r_1\gamma_1$$

$$\frac{\mathrm{d}r_1}{\mathrm{d}t} = nx_0\gamma'_1, \qquad \frac{\mathrm{d}\gamma''_1}{\mathrm{d}t} = q_1\gamma_1$$

将这组六个方程分为下列两组

$$\begin{cases} \dfrac{\mathrm{d}p_1}{\mathrm{d}t} - mq_1r_1 = -z_0\gamma'_1 \\[2mm] \dfrac{\mathrm{d}r_1}{\mathrm{d}t} = nx_0\gamma'_1 \\[2mm] \dfrac{\mathrm{d}\gamma'_1}{\mathrm{d}t} = p_1\gamma''_1 - r_1\gamma_1 \end{cases} \tag{45}$$

$$\begin{cases} \dfrac{\mathrm{d}q_1}{\mathrm{d}t} = z_0\gamma_1 - x_0\gamma''_1 \\[2mm] \dfrac{\mathrm{d}\gamma_1}{\mathrm{d}t} = -q_1\gamma''_1 \\[2mm] \dfrac{\mathrm{d}\gamma''_1}{\mathrm{d}t} = q_1\gamma_1 \end{cases} \tag{46}$$

方程组(45)具有特殊积分

$$p_1 = r_1 = \gamma'_1 = 0 \tag{47}$$

现在求方程组(46)的如下形式的特殊积分

$$q_1 = \frac{Q}{t}, \quad \gamma_1 = \frac{\Gamma}{t^2}, \quad \gamma''_1 = \frac{\Gamma''}{t^2} \tag{48}$$

其中 Q, Γ, Γ'' 为常数.

将数值(48)代入方程(46),可得下列方程组,用以决定常数

$$-Q = z_0\Gamma - x_0\Gamma'' \tag{49}$$

$$-2\Gamma = -Q\Gamma'', \quad -2\Gamma'' = Q\Gamma \tag{50}$$

将(50)中的两式相乘,则得

$$Q^2 = -4, \quad \text{故 } Q = 2\mathrm{i}$$

从而

$$\Gamma = -\frac{2\mathrm{i}}{z_0 + \mathrm{i}x_0} \tag{51}$$

$$\Gamma'' = -\frac{2}{z_0 + \mathrm{i}x_0} \tag{52}$$

这样,方程组(45),(46)便有如下的特殊积分

306

$$\begin{cases} p_1 = 0, \quad q_1 = \dfrac{2i}{t}, \quad r_1 = 0 \\ \gamma_1 = -\dfrac{2i}{z_0 + i x_0}\dfrac{1}{t^2}, \quad \gamma'_1 = 0, \quad \gamma''_1 = -\dfrac{2}{z_0 + i x_0}\dfrac{1}{t^2} \end{cases} \tag{53}$$

将方程 $(43')$ 与 $(44')$ 的积分按参数 α^2 展开，便得到如下的展开式

$$\begin{cases} p_1 = \alpha^2 p_2 + \alpha^4 p_3 + \cdots \\ q_1 = \dfrac{2i}{t} + \alpha^2 q_2 + \alpha^4 q_3 + \cdots \\ r_1 = \alpha^2 r_2 + \alpha^4 r_3 + \cdots \\ \gamma_1 = -\dfrac{2i}{z_0 + i x_0}\dfrac{1}{t^2} + \alpha^2 \gamma_2 + \cdots \\ \gamma'_1 = \alpha^2 \gamma'_2 + \alpha^4 \gamma'_3 + \cdots \\ \gamma''_1 = -\dfrac{2}{z_0 + i x_0}\dfrac{1}{t^2} + \alpha^2 \gamma''_2 + \cdots \end{cases} \tag{54}$$

将这些展开式代入方程 $(43')$ 与 $(44')$，并比较 α^2 的系数，便得到 p_2, r_2, γ'_2 的方程如下

$$\begin{cases} \dfrac{\mathrm{d}p_2}{\mathrm{d}t} - \dfrac{2im}{t}r_2 + z_0 \gamma'_2 = 0 \\ \dfrac{\mathrm{d}r_2}{\mathrm{d}t} - n x_0 \gamma'_2 = 0 \\ \dfrac{\mathrm{d}\gamma'_2}{\mathrm{d}t} + \dfrac{2}{z_0 + i x_0}\dfrac{1}{t^2}p_2 - \dfrac{2i}{z_0 + i x_0}\dfrac{1}{t^2}r_2 = 0 \end{cases} \tag{55}$$

倘若在线性方程组 (55) 中令

$$\gamma'_2 = \dfrac{G}{t}$$

而作代换，则得柯西 — 欧拉型的方程组

$$\begin{cases} \dfrac{\mathrm{d}p_2}{\mathrm{d}t} - \dfrac{2im}{t}r_2 + \dfrac{z_0 G}{t} = 0 \\ \dfrac{\mathrm{d}r_2}{\mathrm{d}t} - n x_0 \dfrac{G}{t} = 0 \\ \dfrac{2}{z_0 + i x_0}\dfrac{1}{t}p_2 - \dfrac{2i}{z_0 + i x_0}\dfrac{1}{t}r_2 + \dfrac{\mathrm{d}G}{\mathrm{d}t} - \dfrac{G}{t} = 0 \end{cases} \tag{56}$$

按照一般的法则，可求方程组的积分如下

$$p_2 = P t^s, \quad r_2 = R t^s, \quad G = H t^s$$

其中 P, R, H 都是常数.

此时可以得到方程

$$\mathscr{V} = -\left(\dfrac{m_1 m_2}{r_{12}} + \dfrac{m_2 m_3}{r_{23}} + \dfrac{m_3 m_1}{r_{31}}\right)$$

$$\begin{vmatrix} s & -2\mathrm{i}m & z_0 \\ 0 & s & -nx_0 \\ \dfrac{2}{z_0+\mathrm{i}x_0} & -\dfrac{2\mathrm{i}}{z_0+\mathrm{i}x_0} & s-1 \end{vmatrix}=0$$

用以决定 s，此式也可以写成

$$s^3-s^2-2s\frac{\mathrm{i}nx_0+z_0}{z_0+\mathrm{i}x_0}+4\mathrm{i}\frac{mnx_0}{z_0+\mathrm{i}x_0}=0$$

但由等式(42)可得

$$mn=n-1$$

所以最后便得到方程

$$s^3-s^2-2s\frac{\mathrm{i}nx_0+z_0}{z_0+\mathrm{i}x_0}+4\mathrm{i}\frac{nx_0-x_0}{z_0+\mathrm{i}x_0}=0$$

也就是

$$(s-2)\left[s^2+s-2\frac{(x_0+\mathrm{i}z_0)(n-1)x_0}{x_0^2+z_0^2}\right]=0 \tag{57}$$

倘若方程(57)有复数根，那么 p_2,r_2,γ_2 便具有临界的超越点 $t=0$，但在方程(56)中可将 t 代以 $\tau=t-t_0$，所以也有动点 t_0．因此，欲使积分不含运动的临界超越点，那么方程

$$s^2+s-2\frac{(x_0+\mathrm{i}z_0)(n-1)x_0}{x_0^2+z_0^2}=0 \tag{58}$$

的两个根之积便必须是实数才行，而此种情形只有当

$$(n-1)x_0z_0=0$$

的时候才可能成立，也就是说，当 $n=1$ 或 $x_0=0$ 或 $z_0=0$ 时，我们现在分别考虑所有这些情形．

倘若 $n=1$，则由关系式 $\dfrac{1}{n}=1-m$ 可知 $m=0$；但由方程(41)知 $m=1-\dfrac{C}{A}$，所以在此种情形下便有 $A=C$，也就是说，我们具有完全的动力对称的情形，此时惯性椭球蜕变为球面

$$A=B=C \tag{59}$$

倘若 $x_0=0$，则因 $A=B$ 而 $y_0=0$，所以便得到拉格朗日所作过的情形．

最后，如果 $z_0=0$，则方程(58)便成为

$$s^2+s-2(n-1)=0 \tag{60}$$

欲使积分不含运动的临界点，此式必须具有整根；但由方程(60)知

$$n=1+\frac{s(s+1)}{2}$$

而两个相邻整数 s 与 $s+1$ 的乘积是偶数，所以此时 n 一定是整数．

我们现在将这种情形更详细地分析，而且证明可以找出 s 的界限，这样，我

们便有

$$A = B, \quad y_0 = z_0 = 0, \quad n \text{ 是整数}$$

在此种情形下,方程(43)与(44)便呈如下的形式

$$\begin{cases} \dfrac{\mathrm{d}p}{\mathrm{d}t} - mqr = 0, & \dfrac{\mathrm{d}\gamma}{\mathrm{d}t} = r\gamma' - q\gamma'' \\[2mm] \dfrac{\mathrm{d}q}{\mathrm{d}t} + mrp = -x_0\gamma'', & \dfrac{\mathrm{d}\gamma'}{\mathrm{d}t} = p\gamma'' - r\gamma \\[2mm] \dfrac{\mathrm{d}r}{\mathrm{d}t} = nx_0\gamma', & \dfrac{\mathrm{d}\gamma''}{\mathrm{d}t} = q\gamma - p\gamma' \end{cases} \tag{61}$$

在方程(61)中引入微小参数 α,此时令

$$p = \alpha p_1, \quad q = \alpha q_1, \quad \gamma'' = \alpha\gamma''_1 \tag{62}$$

而使 r, γ, γ' 保持不变.

将方程组(61)重新分组而将它写成

$$\begin{cases} \dfrac{\mathrm{d}p_1}{\mathrm{d}t} - mq_1r = 0 \\[2mm] \dfrac{\mathrm{d}q_1}{\mathrm{d}t} + mrp_1 = -x_0\gamma''_1 \\[2mm] \dfrac{\mathrm{d}\gamma''_1}{\mathrm{d}t} = q_1\gamma - p_1\gamma' \end{cases} \tag{63}$$

与

$$\begin{cases} \dfrac{\mathrm{d}r}{\mathrm{d}t} = nx_0\gamma' \\[2mm] \dfrac{\mathrm{d}\gamma}{\mathrm{d}t} = r\gamma' - \alpha^2 q_1\gamma''_1 \\[2mm] \dfrac{\mathrm{d}\gamma'}{\mathrm{d}t} = -r\gamma + \alpha^2 p_1\gamma''_1 \end{cases} \tag{64}$$

的形式. 方程组(63)显然有特殊积分

$$p_1 = q_1 = \gamma''_1 = 0 \tag{65}$$

又当 $\alpha = 0$ 时,可得方程组(64)的简化方程

$$\begin{cases} \dfrac{\mathrm{d}r}{\mathrm{d}t} = nx_0\gamma' \\[2mm] \dfrac{\mathrm{d}\gamma}{\mathrm{d}t} = r\gamma' \\[2mm] \dfrac{\mathrm{d}\gamma'}{\mathrm{d}t} = -r\gamma \end{cases} \tag{66}$$

我们求此组方程的特殊积分如下

$$r = \frac{R}{t}, \quad \gamma = \frac{\Gamma}{t^2}, \quad \gamma' = \frac{\Gamma'}{t^2} \tag{67}$$

$$\mathscr{V} = -\left(\frac{m_1 m_2}{r_{12}} + \frac{m_2 m_3}{r_{23}} + \frac{m_3 m_1}{r_{31}} \right)$$

其中 R,Γ,Γ' 都是常数. 将数值(67)代入方程(66),则得决定常数 R,Γ,Γ' 的方程

$$-R = n x_0 \Gamma', \quad -2\Gamma = R\Gamma', \quad -2\Gamma' = -R\Gamma$$

由此即得

$$R = 2\mathrm{i}, \quad \Gamma = -\mathrm{i}\Gamma' = -\frac{2}{n x_0}, \quad \Gamma' = -\frac{2\mathrm{i}}{n x_0}$$

这样,方程组(66)便有特殊积分

$$r = \frac{2\mathrm{i}}{t}, \quad \gamma = -\frac{2}{n x_0}\frac{1}{t^2}, \quad \gamma' = -\frac{2\mathrm{i}}{n x_0}\frac{1}{t^2} \tag{68}$$

现在我们决定积分关于微小参数 α^2 的幂级数展开式中的第二项. $p,q,r,$ γ,γ',γ'' 的展开式具有如下的形式

$$p = \alpha^2 p_2 + \alpha^4 p_3 + \cdots, \quad \gamma = -\frac{2}{n x_0}\frac{1}{t^2} + \alpha^2 \gamma_2 + \cdots$$

$$q = \alpha^2 q_2 + \alpha^4 q_3 + \cdots, \quad \gamma' = -\frac{2\mathrm{i}}{n x_0}\frac{1}{t^2} + \alpha^2 \gamma_2 + \cdots$$

$$r = \frac{2\mathrm{i}}{t} + \alpha^2 r_2 + \cdots, \quad \gamma'' = \alpha^2 \gamma''_2 + \alpha^4 \gamma''_3 + \cdots$$

将这些展开式代入方程(63),即得如下的方程,用以决定 p_2,q_2,γ''_2

$$\begin{cases} \dfrac{\mathrm{d}p^2}{\mathrm{d}t} - m q_2 \dfrac{2\mathrm{i}}{t} = 0 \\[2mm] \dfrac{\mathrm{d}q_2}{\mathrm{d}t} + m p_2 \dfrac{2\mathrm{i}}{t} + x_0 \gamma''_2 = 0 \\[2mm] \dfrac{\mathrm{d}\gamma''}{\mathrm{d}t} + \dfrac{2}{n x_0}\dfrac{1}{t^2} q_2 - \dfrac{2\mathrm{i}}{n x_0}\dfrac{1}{t^2} p_2 = 0 \end{cases} \tag{69}$$

作代换 $\gamma''_2 = \dfrac{G}{t}$,其中 G 是 t 的某个函数,则方程组(69)便化为柯西—欧拉方程的形式

$$\begin{cases} \dfrac{\mathrm{d}p^2}{\mathrm{d}t} - m q_2 \dfrac{2\mathrm{i}}{t} = 0 \\[2mm] \dfrac{2\mathrm{i}}{t} m p_2 + \dfrac{\mathrm{d}q_2}{\mathrm{d}t} + x_0 \dfrac{G}{t} = 0 \\[2mm] -\dfrac{2\mathrm{i}}{n x_0}\dfrac{1}{t} p_2 + \dfrac{2}{n x_0}\dfrac{1}{t} q_2 + \dfrac{\mathrm{d}G}{\mathrm{d}t} - \dfrac{G}{t} = 0 \end{cases} \tag{70}$$

求方程组(70)的积分如下

$$p_2 = P t^s, \quad q_2 = Q t^s, \quad G = H t^s \tag{71}$$

此时可得决定 s 的方程

$$\begin{vmatrix} s & -2im & 0 \\ 2im & s & x_0 \\ -\dfrac{2i}{nx_0} & \dfrac{2}{nx_0} & s-1 \end{vmatrix}=0$$

或者

$$s\left[s^2-s-\frac{2}{n}\right]+2im\left[2im(s-1)+\frac{2i}{n}\right]=0$$

在此式中令 $\dfrac{1}{n}=1-m$,则得

$$(s-2)\left[s^2+s-(2m-1)2m\right]=0 \tag{72}$$

这个方程的根是 $2-2m,2m-1$.但 $\dfrac{1}{n}=1-m$,故由此即知,或者 $\dfrac{1}{n}=1+\dfrac{s}{2}$,或者 $\dfrac{1}{n}=1-\dfrac{s+1}{2}=\dfrac{1-s}{2}$,其中方程(72)的根 s 是整数.因此,或者 $n=\dfrac{2}{s+2}$,或者 $n=\dfrac{2}{1-s}$.

上面已经证明,在所论的情形下,$n=\dfrac{Mg}{C}$ 必须是正整数,这个只有当

$$0<1-s\leqslant 2,\quad 也就是 1>s\geqslant-1$$

与

$$0<s+2\leqslant 2,\quad 0\geqslant s>-2$$

同时成立的时候才行.由此即知,s 可能等于 0 或 -1.

倘若 $s=0$,则 $n=1$ 或者 $n=2$,而对应的值 m 为 0 或 $\dfrac{1}{2}$.

倘若 $s=-1$,则 $n=2$ 或 1,此时仍有 $m=\dfrac{1}{2}$ 或 0.

最后我们得到了下面的结果:

在 $A=B$ 与 $y_0=z_0=0$ 的情形下,积分的单值性的必要条件为:m 或者等于 0 或者等于 $\dfrac{1}{2}$.

但 $\dfrac{C}{A}=1-m$,故当 $m=0$ 时即有 $A=C$;因而此时 $A=B=C$.这就是动力对称的情形.

倘若 $m=\dfrac{1}{2}$,则 $\dfrac{C}{A}=\dfrac{1}{2}$;因而此时即有 $A=B=2C$,又 $y_0=z_0=0$.这就是 C·B·柯瓦列夫斯卡雅所发现的新的情形.

$$\mathscr{V}=-\left(\frac{m_1 m_2}{r_{12}}+\frac{m_2 m_3}{r_{23}}+\frac{m_3 m_1}{r_{31}}\right)$$

§5 Г·Г·阿别里罗特的情形

上两节中的研究指出,重刚体绕不动点运动的方程,只有在下列情形中才可能 具有在整个复数平面内为单值的积分:

(1) 当 $x_0 = y_0 = z_0 = 0$ 时(欧拉 — 卜安索情形);

(2) 当 $y_0 = 0, x_0 \sqrt{A(B-C)} + z_0 \sqrt{C(A-B)} = 0$ 时(Г·Г·阿别里罗特的情形);

(3) 当 $x_0 = y_0 = 0, A = B$ 时(拉格朗日 — 普瓦松情形);

(4) 当 $y_0 = z_0 = 0, A = B = 2C$ 时(С·В·柯瓦列夫斯卡雅情形);

(5) 当 $y_0 = z_0 = 0, A = B = C$ 时(动力对称的情形).

这里我们指出,动力对称的情形显然是拉格朗日 — 普瓦松情形的特例,因为当惯性椭球关于任何直角坐标轴都完全对称时,恒可如此选取各轴,使得重心譬如说在平面 xy 内,而这就是拉格朗日 — 普瓦松的情形.

但由上述可知,在所列举的几种情形下并不足以断定方程(Ⅰ),(Ⅱ)的确有单值的积分. 事实上这些条件是这样得来的,使当各该条件成立时按所引的微小参数的展开式中的第一项或第二项是单值的. 但由此并不能推出,此时展开式的其余各项也是单值的,这是第一点;其次,也可能有这种情况,如果我们用与以上不同的方法引入微小参数,那么上述条件并不足以保证展开式各项的单值性. Г·Г·阿别里罗特的情形,便是上述条件的不充分性的美妙的例子,像 П·А·涅克拉索夫[1]、Г·Г·阿别里罗特[2]与 А·М·李雅普诺夫[3]所证明的,上述条件在情形(2)下并不足以保证积分的单值性. 我们现在利用微小参数法来证明这点.

在 Г·Г·阿别里罗特所指出的情形下,我们有

$$x_0 \sqrt{A(B-C)} + z_0 \sqrt{C(A-B)} = 0 \tag{73}$$

$$y_0 = 0 \tag{74}$$

因此,在此种情形下,本章 §3 的方程(I_1),(II_1)便呈如下的形式

---

① Некрасов П. А. ,К задаче о движении тяжелого твердого тела около неподвижной точки. Матем. сб. т. 16(1892). стр. 508-517.

② Аппельрот Г. Г. ,Задача о движении тяжелого твердого телаоколо неподвижной точки. Уч. зап. Моск. ун-та. Отд. физ. -мат. наук. вып. 11,1894.

③ Ляпунов А. М. ,Об одном свойстве дифференциальных уравнений задачи о движении тяжелого твердого тела. нмеющего неподвижную точку. Сообщ. Харьковск. матем. о-ва. 2сер. т. 4(1894). стр. 123-140.

$$\begin{cases} \dfrac{\mathrm{d}p}{\mathrm{d}t} + qr = -\dfrac{1}{A\pi}z_0\gamma' \\[2mm] \dfrac{\mathrm{d}q}{\mathrm{d}t} + rp = \dfrac{1}{B\kappa}(z_0\gamma - x_0\gamma'') \\[2mm] \dfrac{\mathrm{d}r}{\mathrm{d}t} + pq = \dfrac{1}{C\rho}x_0\gamma' \end{cases} \tag{75}$$

$$\begin{cases} \dfrac{\mathrm{d}\gamma}{\mathrm{d}t} = \rho r\gamma' - \kappa q\gamma'' \\[2mm] \dfrac{\mathrm{d}\gamma'}{\mathrm{d}t} = \pi p\gamma'' - \rho r\gamma \\[2mm] \dfrac{\mathrm{d}\gamma''}{\mathrm{d}t} = \kappa q\gamma - \pi p\gamma' \end{cases} \tag{76}$$

此时在方程组(75)的系数之间,存在着关系式

$$\frac{z_0}{A\pi} + \frac{x_0}{C\rho} = 0 \tag{77}$$

事实上,将 §3 方程(75)中的值 π, ρ 代入,则得

$$\frac{z_0}{A\pi} + \frac{x_0}{C\rho} = \frac{z_0\sqrt{(A-C)(B-A)}}{A\sqrt{BC}} + \frac{x_0\sqrt{(C-B)(A-C)}}{C\sqrt{AB}}$$

$$= \frac{\sqrt{A-C}}{AC\sqrt{B}}\left[z_0\sqrt{C(B-A)} + x_0\sqrt{A(C-B)}\right]$$

而在 Γ·Γ·阿别里罗特的情形下,方括号中的表达式等于零.

将方程组(75)与(76)中的各式分为下列两组

$$\begin{cases} \dfrac{\mathrm{d}p}{\mathrm{d}t} + qr = -\dfrac{z_0}{A\pi}\gamma' \\[2mm] \dfrac{\mathrm{d}r}{\mathrm{d}t} + pq = \dfrac{x_0}{C\rho}\gamma' \\[2mm] \dfrac{\mathrm{d}\gamma'}{\mathrm{d}t} = \pi p\gamma'' - r\rho\gamma \end{cases} \tag{78}$$

$$\begin{cases} \dfrac{\mathrm{d}q}{\mathrm{d}t} + rp = \dfrac{1}{B\kappa}(z_0\gamma - x_0\gamma'') \\[2mm] \dfrac{\mathrm{d}\gamma}{\mathrm{d}t} = \rho r\gamma' - \kappa q\gamma'' \\[2mm] \dfrac{\mathrm{d}\gamma''}{\mathrm{d}t} = \kappa q\gamma - \pi p\gamma' \end{cases} \tag{79}$$

用平常的方法,利用下面的代换引入微小参数 α

$$p = \alpha p_1, \quad r = \alpha r_1, \quad \gamma' = \alpha\gamma'_1$$

则当 $\alpha = 0$ 时,即得下列简化方程组

$$\mathscr{V} = -\left(\frac{m_1 m_2}{r_{12}} + \frac{m_2 m_3}{r_{23}} + \frac{m_3 m_1}{r_{31}}\right)$$

$$
\begin{cases}
\dfrac{\mathrm{d}p_1}{\mathrm{d}t} + qr_1 = -\dfrac{z_0}{A\pi}\gamma'_1 \\[2mm]
\dfrac{\mathrm{d}r_1}{\mathrm{d}t} + p_1 q = \dfrac{x_0}{C\rho}\gamma'_1 \\[2mm]
\dfrac{\mathrm{d}\gamma'_1}{\mathrm{d}t} = \pi p_1 \gamma'' - r_1 \rho\gamma
\end{cases} \tag{80}
$$

$$
\begin{cases}
\dfrac{\mathrm{d}q}{\mathrm{d}t} = \dfrac{1}{B\kappa}(z_0\gamma - x_0\gamma'') \\[2mm]
\dfrac{\mathrm{d}\gamma}{\mathrm{d}t} = -\kappa q\gamma'' \\[2mm]
\dfrac{\mathrm{d}\gamma''}{\mathrm{d}t} = \kappa q\gamma
\end{cases} \tag{81}
$$

方程组(80)具有特殊积分

$$
p_1 = 0, \quad r_1 = 0, \quad \gamma'_1 = 0
$$

我们也不难找出方程(81)的特殊积分

$$
q = \frac{Q}{t}, \quad \gamma = \frac{\Gamma}{t^2}, \quad \gamma'' = \frac{\Gamma''}{t^2} \tag{82}
$$

其中,Q, Γ, Γ'' 都是常数. 将表达式(82)代入方程(81),即得一组决定常数 Q, Γ, Γ'' 的方程

$$
-Q = \frac{1}{B\kappa}(z_0\Gamma - x_0\Gamma''), \quad -2\Gamma = -\kappa Q\Gamma'', \quad -2\Gamma'' = \kappa Q\Gamma
$$

从而

$$
Q = \frac{2\mathrm{i}}{\kappa}, \quad \Gamma = -\frac{2B\mathrm{i}}{z_0 + \mathrm{i}x_0}, \quad \Gamma'' = \frac{2b}{z_0 + \mathrm{i}x_0}
$$

于是简化方程组(80),(81)便具有特殊积分

$$
p_1 = 0, \quad q = \frac{2\mathrm{i}}{k}\frac{1}{t}, \quad r_1 = 0
$$

$$
\gamma = -\frac{2B\mathrm{i}}{z_0 + \mathrm{i}x_0}\frac{1}{t^2}, \quad \gamma'_1 = 0, \quad \gamma'' = \frac{2B}{z_0 + \mathrm{i}x_0}\frac{1}{t^2}
$$

从而原有的方程组也有特殊积分,它们可以展成如下的级数

$$
\begin{cases}
p = \alpha p_2 + \alpha^2 p_3 + \cdots, \quad \gamma = \dfrac{2B\mathrm{i}}{z_0 + \mathrm{i}x_0}\dfrac{1}{t^2} + \alpha\gamma_2 + \cdots \\[2mm]
q = \dfrac{2\mathrm{i}}{k}\dfrac{1}{t} + \alpha q_2 + \cdots, \quad \gamma' = \alpha\gamma'_2 + \alpha^2\gamma'_3 + \cdots \\[2mm]
r = \alpha r_2 + \alpha^2 r_3 + \cdots, \quad \gamma'' = \dfrac{2B}{z_0 + \mathrm{i}x_0}\dfrac{1}{t^2} + \alpha\gamma''_2 + \cdots
\end{cases} \tag{83}
$$

将展开式(83)代入方程(78),并令

$$
\gamma'_1 = \frac{G}{t}
$$

其中 G 为 t 的某个函数,则得一组决定 p_2,r_2,G 的方程

$$\begin{cases} \dfrac{\mathrm{d}p_2}{\mathrm{d}t} + \dfrac{2\mathrm{i}}{\kappa}\dfrac{1}{t}r_2 + \dfrac{z_0}{A\pi}\dfrac{G}{t} = 0 \\[2mm] \dfrac{2\mathrm{i}}{\kappa}\dfrac{p_2}{t} + \dfrac{\mathrm{d}r_2}{\mathrm{d}t} - \dfrac{x_0}{C\rho}\dfrac{G}{t} = 0 \\[2mm] -\dfrac{2B\pi}{z_0+\mathrm{i}x_0}\dfrac{p_2}{t} - \dfrac{2B\mathrm{i}}{z_0+\mathrm{i}x_0}\dfrac{r_2}{t} + \dfrac{\mathrm{d}G}{\mathrm{d}t} - \dfrac{G}{t} = 0 \end{cases} \tag{84}$$

方程组(84)具有如下的积分

$$p_2 = Pt^s, \quad r_2 = Rt^s, \quad G = Ht^s$$

其中 P,R,H 为常数,此时可得一个决定 s 的方程

$$\begin{vmatrix} s & \dfrac{2\mathrm{i}}{\kappa} & \dfrac{z_0}{A\pi} \\[2mm] \dfrac{2\mathrm{i}}{\kappa} & s & -\dfrac{x_0}{C\rho} \\[2mm] -\dfrac{2B\pi}{z_0+\mathrm{i}x_0} & -\dfrac{2B\mathrm{i}\rho}{z_0+\mathrm{i}x_0} & s-1 \end{vmatrix} = 0 \tag{85}$$

欲使方程(84)的积分不含运动的临界点,则方程(85)的根必须为实整数,但易于看出,方程(85)的一个根是纯虚数.事实上,由于关系式(77)可将方程(85)重写为

$$\begin{vmatrix} s & \dfrac{2\mathrm{i}}{\kappa} & \dfrac{z_0}{A\pi} \\[2mm] \dfrac{2\mathrm{i}}{\kappa} & s & \dfrac{z_0}{A\pi} \\[2mm] -\dfrac{2B\pi}{z_0+\mathrm{i}x_0} & -\dfrac{2B\mathrm{i}\rho}{z_0+\mathrm{i}x_0} & s-1 \end{vmatrix} = 0$$

而此式显然有一个根 $s = \dfrac{2\mathrm{i}}{\kappa}$,因为在此种值 s 之下,方程(85)中的行列式具有相同的两列.又由 §3 方程(20)可知

$$\kappa = \frac{\sqrt{AC}}{\sqrt{(A-B)(B-C)}}$$

而我们假设 $A > B > C$,所以 κ 是实数,从而 $s = \dfrac{2\mathrm{i}}{\kappa}$ 是纯虚数.

这样,方程组(Ⅰ),(Ⅱ)便具有多值的积分,这种积分包含运动的超越临界奇点.

由上述可知,应用微小参数法只能给出积分不含运动临界点的必要条件,而不能得出判断这种条件的充分性的可能.

$$\mathscr{V} = -\left(\frac{m_1 m_2}{r_{12}} + \frac{m_2 m_3}{r_{23}} + \frac{m_3 m_1}{r_{31}}\right)$$

§6　C·B·柯瓦列夫斯卡雅问题的解；关于解法的说明

我们现在可以将上面的一切加以总结.像以前所证明的,方程(Ⅰ),(Ⅱ)只有在下列情形中才可能有单值的积分.

(1) 当 $x_0 = y_0 = z_0 = 0$ 时(欧拉－卜安索情形);

(2) 当 $A = B$ 而 $x_0 = y_0 = 0$ 时(拉格朗日－普瓦松情形);

(3) 当 $A = B = C$ 时(动力完全对称性的情形——拉格朗日－普瓦松情形的特例);

(4) 当 $A = B = 2C, z_0 = 0$ 时(C·B·柯瓦列夫斯卡雅情形).

这个美妙的定理是 C·B·柯瓦列夫斯卡雅首先证明的.

上面已经指出,用微小参数法只能得出必要条件.在欧拉－卜安索、拉格朗日－普瓦松与 C·B·柯瓦列夫斯卡雅的情形中,所得的单值性条件的充分性可以如此证明:在所有这些情形下,方程的积分法都可以一直做到底,而决定物体在任何时刻的位置的变量,都可以用已知函数表出.但是方程的积分法具有各种不同的困难,欧拉－卜安索与拉格朗日－普瓦松的情形是一方面,而 C·B·柯瓦列夫斯卡雅的情形是另一方面.

在欧拉－卜安索与拉格朗日－普瓦松的情形下,从而在动力完全对称的情形下(这些情形我们以后叫它做古典的情形),积分可以用椭圆函数表出来.而求 C·B·柯瓦列夫斯卡雅情形下的积分,却必须应用更复杂的超椭圆函数的理论.

C·B·柯瓦列夫斯卡雅在她的研究工作中所用的方法,与上述的微小参数法根本不同.它的要点如下.

C·B·柯瓦列夫斯卡雅先提出一个问题:求出在何种条件下,运动方程(Ⅰ)与(Ⅱ)的积分才可能有运动的非临界的极点.欲解此问题,可以考虑方程的积分的如下形式的级数展开式:

$$\begin{cases} p = \tau^{-n_1}(p_0 + p_1\tau + p_2\tau^2 + \cdots) \\ q = \tau^{-n_2}(q_0 + q_1\tau + q_2\tau^2 + \cdots) \\ r = \tau^{-n_3}(r_0 + r_1\tau + r_2\tau^2 + \cdots) \\ \gamma = \tau^{-m_1}(f_0 + f_1\tau + f_2\tau^2 + \cdots) \\ \gamma' = \tau^{-m_2}(g_0 + g_1\tau + g_2\tau^2 + \cdots) \\ \gamma'' = \tau^{-m_3}(h_0 + h_1\tau + h_2\tau^2 + \cdots) \end{cases} \tag{86}$$

其中

$$\tau = t - t_0$$

将展开式(86)代入方程(Ⅰ),(Ⅱ),则得下面的可能条件

$$n_1 = n_2 = n_3 = 1, \quad m_1 = m_2 = m_3 = 2$$

此外又得到用以决定展开式系数(1)的方程组.例如,我们得到如下的方程组,来决定系数 $p_0, q_0, \cdots, h_0$

$$-Ap_0 = (B-C)q_0 r_0 + y_0 h_0 - z_0 g_0$$
$$-Bq_0 = (C-A)r_0 p_0 + z_0 f_0 - x_0 h_0$$
$$-Cr_0 = (A-B)p_0 q_0 + x_0 g_0 - y_0 f_0$$
$$-2f_0 = r_0 g_0 - q_0 h_0$$
$$-2g_0 = p_0 h_0 - r_0 f_0$$
$$-2h_0 = q_0 f_0 - p_0 g_0$$

对于展开式的其他系数,也可以得到类似的方程组.

因为 C·B·柯瓦列夫斯卡雅找的是方程(Ⅰ),(Ⅱ)的通积分,所以这些解答中必须包含五个随意常数.C·B·柯瓦列夫斯卡雅分析了决定展开式系数的问题的解决而得到了上述条件,使得只有在这种条件之下,她所提出的问题才可能有解.

这种方法导出非常复杂的计算[1],此外它显然也忽略了这样的情形,当积分在有限距离上根本没有奇点,或者具有运动的本质奇点,此时形式如(1)的展开式是不能用的.这样,此种方法不但假设方程组的积分是单值函数,而且是逊整函数.

如果采用§1内所指出的观点,那么 C·B·柯瓦列夫斯卡雅便只注重了这一种情形,当运动方程的积分在整个平面上不仅是单值而且是逊整的时候,因为只有在这种情形下,方程的积分法才有可能归结于全整函数的寻找.如果保持单值的积分,它在有限的 t 值上具有运动的本质奇点,而且不能用初等函数表出来,那么按照魏尔斯特拉斯定理,积分便不可能用两个全整函数的商来表示.

因此很可能 C·B·柯瓦列夫斯卡雅认为,这种类似的情形在方程的实际积分法的观点下并不重要,从而她只考虑了当积分只有运动极点的一种情形 —— 她在问题的陈述中明确地说出了这一点.

事实上,C·B·柯瓦列夫斯卡雅在她的论文的 §1 中,是将问题如此提出来的:

"在这两种情形(欧拉 — 普瓦松与拉格朗日情形)下,六个数量 p, q, r, γ, γ', γ'' 都是时间的单值函数,而且除了在自变量的有限值上有极点以外,别无其

① Ковалевская С. В. , Об одном свойстве системы дифференциальных уравнений определяюшей вращение твердого тела около неподвижнойточки. 参看 Ковалевская С. В. , Научные работы Изд-во АН СССР, 1948, стр. 221-234.

$$\gamma = -\left(\frac{m_1 m_2}{r_{12}} + \frac{m_2 m_3}{r_{23}} + \frac{m_3 m_1}{r_{31}}\right)$$

他奇点.

所论微分方程的积分,在一般情形下是否仍能保持这种性质？ ①

С·В·柯瓦列夫斯卡雅问题的第一个一般解法,为 А·М·李雅普诺夫与Г·Г·阿别里罗特所作出,他们并不限定要积分的逊整性.А·М·李雅普诺夫的方法②根据所谓变分方程的应用;Г·Г·阿别里罗特的方法③建立在庞加莱的研究工作的应用上.以前我们所用的微小参数法,本质上就是变分方程法的变形④.

С·В·柯瓦列夫斯卡雅问题中所用的方法,曾经被人用来解决类似的问题而获得成功:例如,毕卡(E. Picard)曾经用它来研究具有不动临界点的二阶方程;又这种方法以及微小参数法也被人用来研究某些具有不动临界点的三阶微分方程.

§7　С·В·柯瓦列夫斯卡雅问题中的方程的第四个代数积分

以前我们曾经指明,对于方程(Ⅰ),(Ⅱ)的完全积分法来说,方程组的第四个第一积分是何等重要.更美妙的情形是:当积分的单值性条件成立时,运动方程(Ⅰ),(Ⅱ)恒有第四个代数积分,而且可以证明,只有在这种条件下才行.现在我们来证明,在所有上列各种情形下,都存在着第四个代数积分.

在欧拉－卜安索的情形下,方程(Ⅰ)具有如下的形式

$$
\begin{cases}
A\dfrac{\mathrm{d}p}{\mathrm{d}t} + (C-B)qr = 0 \\[2mm]
B\dfrac{\mathrm{d}q}{\mathrm{d}t} + (A-C)rp = 0 \\[2mm]
C\dfrac{\mathrm{d}r}{\mathrm{d}t} + (B-A)pq = 0
\end{cases}
\tag{87}
$$

将(1)中各式分别乘以 Ap, Bq, Cr 而相加,则得

$$
A^2 p\frac{\mathrm{d}p}{\mathrm{d}t} + B^2 q\frac{\mathrm{d}q}{\mathrm{d}t} + C^2 r\frac{\mathrm{d}r}{\mathrm{d}t} = 0
$$

从而即得所求的第四个代数积分

$$
A^2 p^2 + B^2 q^2 + C^2 r^2 = 常数
\tag{88}
$$

---

① Ковалевская С. В. ,Задача о вращении твердого тела около неподвижной точки. 参看 Ковалевская С. В. ,Научные работы. Изд-во АН. СССР. 1948. стр. 154.

② Ляпунов А. ,Об одном свойстве дифференцнцнзпьных урзвнений задачи о движении тяжелого твердого тела. нмеющего неподвижную точку. Сосбш. Харьковск. матем. о-ва. т. 4(1894).

③ Аппельрот Г. Г. Задачи о движении тяжелого твердого тела около неподвижной точки. Уч. Зап. Моск. ун-та. Отд. физ. -мат. ,вып. 11,1894.

④ 关于变分方程的理论,参看 Poincaré H. , Les méthodes nouvelles d la mécanique céleste, T. I.

又拉格朗日－普瓦松情形中的第四个代数积分是很容易求出来的. 此时因为 $A = B, x_0 = y_0 = 0$, 所以方程组(87)中的第三式便成为

$$C \frac{\mathrm{d}r}{\mathrm{d}t} = 0$$

由此即得第四个积分

$$r = K = \text{常数}$$

在动力的完全对称性的情形下, 也可以得到这样的第四个积分, 只要如此选取各轴, 使 $x_0 = y_0 = 0$ 即可. 如果不这样选择坐标轴, 那么相应的一般形式的积分可以用如下的方法求出来. 因为当 $A = B = C$ 时, 方程(Ⅰ)成为

$$A \frac{\mathrm{d}p}{\mathrm{d}t} = Mg(y_0 \gamma'' - z_0 \gamma')$$

$$A \frac{\mathrm{d}q}{\mathrm{d}t} = Mg(z_0 \gamma - x_0 \gamma'')$$

$$A \frac{\mathrm{d}r}{\mathrm{d}t} = Mg(x_0 \gamma' - y_0 \gamma)$$

故将各式分别乘以 x_0, y_0, z_0 而相加即得

$$x_0 \frac{\mathrm{d}p}{\mathrm{d}t} + y_0 \frac{\mathrm{d}q}{\mathrm{d}t} + z_0 \frac{\mathrm{d}r}{\mathrm{d}t} = 0$$

由此便可以找出第四个代数积分

$$x_0 p + y_0 q + z_0 r = K \tag{89}$$

当 $x_0 = y_0 = 0$ 时, 此式即成为积分 $r = $ 常数.

С·В·柯瓦列夫斯卡雅情形中的第四个代数积分比较难找一些. 此时 $A = B = 2C$ 而 $y_0 = z_0 = 0$. 因此, 方程(Ⅰ)便成为

$$\begin{cases} 2C \dfrac{\mathrm{d}p}{\mathrm{d}t} - Cqr = 0 \\ 2C \dfrac{\mathrm{d}q}{\mathrm{d}t} + Crp = -Mgx_0 \gamma'' \\ C \dfrac{\mathrm{d}r}{\mathrm{d}t} = Mgx_0 \gamma' \end{cases} \tag{90}$$

倘若令

$$\frac{Mgx_0}{C} = c$$

那么方程(90)便化为

$$\begin{cases} 2 \dfrac{\mathrm{d}p}{\mathrm{d}t} - qr = 0 \\ 2 \dfrac{\mathrm{d}q}{\mathrm{d}t} + rp = -c\gamma'' \\ \dfrac{\mathrm{d}r}{\mathrm{d}t} = c\gamma' \end{cases} \tag{91}$$

$$\mathscr{V} = -\left(\frac{m_1 m_2}{r_{12}} + \frac{m_2 m_3}{r_{23}} + \frac{m_3 m_1}{r_{31}} \right)$$

在 C・B・柯瓦列夫斯卡雅情形下,方程(91)代替了一般的方程(Ⅰ).此时可以用如下的方法求第四个代数积分.将(91)中的第二式乘以 i 而与第一式相加,则得

$$2\frac{\mathrm{d}}{\mathrm{d}t}(p+qi)=-ir(p+qi)+ci\gamma'' \tag{92}$$

同样,由方程组(Ⅱ)里面的两个方程也可以得到

$$\frac{\mathrm{d}\gamma}{\mathrm{d}t}=r\gamma'-q\gamma''$$

$$\frac{\mathrm{d}\gamma'}{\mathrm{d}t}=p\gamma''-r\gamma$$

将第二式乘以 i 而与第一式相加,则得

$$\frac{\mathrm{d}}{\mathrm{d}t}(\gamma+i\gamma')=-ri(\gamma+i\gamma')+i\gamma''(p+qi) \tag{93}$$

现在由方程(92)与(93)消去 γ'';将方程(92)乘以 $p+qi$,再减去方程(93)的 c 倍,则得

$$\frac{\mathrm{d}}{\mathrm{d}t}[(p+qi)^2-c(\gamma+i\gamma')]=-ri[(p+qi)^2-c(\gamma+i\gamma')]$$

或者,也就是

$$\frac{\mathrm{d}}{\mathrm{d}t}\ln[(p+qi)^2-c(\gamma+i\gamma')]=-ri \tag{94}$$

将方程(94)中的 i 改写 $-i$,又得到

$$\frac{\mathrm{d}}{\mathrm{d}t}\ln[(p-qi)^2-c(\gamma-i\gamma')]=ri \tag{95}$$

将(94),(95)两式相加得

$$\frac{\mathrm{d}}{\mathrm{d}t}\ln[(p+qi)^2-c(\gamma+i\gamma')]+\frac{\mathrm{d}}{\mathrm{d}t}\ln[(p-qi)^2-c(\gamma-i\gamma')]=0$$

由此便得到第四个代数积分如下

$$[(p+qi)^2-c(\gamma+i\gamma')][(p-qi)^2-c(\gamma-i\gamma')]=k^2 \tag{96}$$

此式也可以写成

$$[p^2-q^2-c\gamma]^2+[2pq-c\gamma']^2=k^2 \tag{97}$$

这样,在所有满足积分的单值性条件的情形下,方程(Ⅰ),(Ⅱ)都具有四个第一代数积分.因此,根据后添因子的理论,方程的积分法可以化为积分号.我们现在便要转入这种问题的解法.此时对于古典的情形而言,问题的解法要简单得多,而 C・B・柯瓦列夫斯卡雅的情形却具有相当重大的困难.

重刚体绕不动点的运动方程的化为
积分式法、古典的情形

由后添因子的理论可知，如果知道了方程组（Ⅰ）与（Ⅱ）的四个第一积分，那么便能找出方程组的最后的第五个积分，而问题便可以用积分号求解．这是问题的解法的第一阶段．其余的步骤，是将所有决定物体位置的元素，例如欧拉角，表出为时间的显函数．在本章中我们考虑方程的解法的第一步：将积分法化为积分号．

在这方面的最简单的情形，是欧拉—卜安索的情形．在此种情形下（$x_0 = y_0 = z_0 = 0$）动能积分（Ⅲ）与动量矩积分（Ⅳ）（第一章 §6）具有如下的形式

$$Ap^2 + Bq^2 + Cr^2 = h \tag{1}$$

$$Ap\gamma + Bq\gamma' + Cr\gamma'' = k \tag{2}$$

此外，我们还有第四个代数积分

$$A^2 p^2 + B^2 q^2 + C^2 r^2 = l^2 \tag{3}$$

与基本的几何关系

$$\gamma^2 + \gamma'^2 + \gamma''^2 = 1 \tag{4}$$

这里的 h, k, l^2 都是常数，因为 A, B, C 按照它们的力学意义是正数，所以常数 h 与 l^2 也是正的．

令

$$h = D\mu^2, \quad l = D\mu$$

而引入新的常数 D, μ 来代替 h 与 l^2，由此可得

$$\mathscr{V} = -\left(\frac{m_1 m_2}{r_{12}} + \frac{m_2 m_3}{r_{23}} + \frac{m_3 m_1}{r_{31}}\right)$$

$$\mu = \frac{h}{l}, \quad D = \frac{l^2}{h} \tag{5}$$

这样,方程(1)与(3)便具有下面的形式

$$Ap^2 + Bq^2 + Cr^2 = D\mu^2$$
$$A^2 p^2 + B^2 q^2 + C^2 r^2 = D^2 \mu^2$$

由此二式可以将 p^2, r^2 用 q^2 表出如下

$$p^2 = \frac{\mu^2 DC(C-D) - q^2 BC(C-B)}{AC(C-A)}$$

$$r^2 = \frac{\mu^2 AD(D-A) - q^2 AB(B-A)}{AC(C-A)}$$

或者还可以写成

$$\begin{cases} p^2 = \mu^2 \dfrac{D}{A}\dfrac{D-C}{A-C} - q^2 \dfrac{B}{A}\dfrac{B-C}{A-C} \\[2mm] r^2 = \mu^2 \dfrac{D}{C}\dfrac{A-D}{A-C} - q^2 \dfrac{B}{C}\dfrac{A-B}{A-C} \end{cases} \tag{6}$$

我们以后假设,各轴如此选定,使得

$$A > B > C$$

因为在力学的问题中 p, q 都是实数,所以由方程(6)即知,$D > C, A > D$,也就是

$$A > D > C \tag{7}$$

令

$$\begin{cases} \mu^2 \dfrac{D(D-C)}{B(B-C)} = f^2 \\[2mm] \mu^2 \dfrac{D(A-D)}{B(A-B)} = g^2 \end{cases} \tag{8}$$

则方程(6)又可以写成

$$\begin{cases} p^2 = \dfrac{B(B-C)}{A(A-C)}\left[f^2 - q^2\right] \\[2mm] r^2 = \dfrac{B(A-B)}{C(A-C)}\left[g^2 - q^2\right] \end{cases} \tag{9}$$

的形式,其中 f, g 是常数.

由方程(9)可知,p 与 r 为实数的必要条件为

$$|q| < f, \quad |q| < g$$

也就是说,$|q|$ 必须小于 f, g 当中的比较小的数.

但由方程(8)可得

$$g^2 - f^2 = \mu^2 \frac{D}{B} \cdot \frac{(A-C)(B-D)}{(A-B)(B-C)} \tag{10}$$

故知,$g^2 - f^2$ 的符号与 $B-D$ 的符号有关,而 $B-D$ 的符号又与初始条件有关.

将数值(9) 代入方程

$$B \frac{\mathrm{d}q}{\mathrm{d}t} + (A - C) pr = 0$$

便得到方程

$$\frac{\mathrm{d}q}{\mathrm{d}t} + \sqrt{\frac{(A-B)(B-C)}{AC}} \sqrt{(f^2 - q^2)(g^2 - q^2)} = 0 \qquad (11)$$

倘若 $B > D$,则由等式(10) 可知 $g^2 > f^2$. 在此种情形下,我们可以令

$$q = fu \qquad (12)$$

(其中 u 为常数) 而再将方程(11) 稍稍化简. 此时方程(11) 具有如下的形式

$$\frac{\mathrm{d}u}{\mathrm{d}t} + \sqrt{\frac{(A-B)(B-C)}{AC}} \sqrt{(1-u^2)(g^2 - f^2 u^2)} = 0$$

或者

$$\frac{\mathrm{d}u}{\mathrm{d}t} + \sqrt{\frac{(A-B)(B-C)}{AC}} \cdot g \sqrt{(1-u^2)\left(1 - \frac{f^2}{g^2} u^2\right)} = 0 \qquad (13)$$

我们注意到,由于 $B > D$ 的条件而有

$$k^2 = \frac{f^2}{g^2} = \frac{D(D-C)}{B(B-C)} : \frac{D(A-D)}{B(A-B)} = \frac{(A-B)(D-C)}{(A-D)(B-C)} < 1 \qquad (14)$$

再令

$$n = \sqrt{\frac{(A-B)(B-C)}{AC}} g = \mu \sqrt{\frac{D(B-C)(A-D)}{ABC}} \qquad (15)$$

即可将方程(13) 化为

$$\frac{\mathrm{d}u}{\mathrm{d}t} + n \sqrt{(1-u^2)(1-k^2 u^2)} = 0$$

的形式,由此便得到

$$n(t - t_0) = - \int_0^u \frac{\mathrm{d}u}{\sqrt{(1-u^2)(1-k^2 u^2)}} \qquad (16)$$

这里的 t_0 是当 $u = q = 0$ 时的时刻.

这样,$q = fu$ 的寻求便归结于椭圆积分(16) 的反转.

当 $B < D$,从而 $g^2 < f^2$ 时,也可以仿此而求问题的解. 此时我们令

$$q = gu \qquad (12')$$

则方程(11) 便化为

$$\frac{\mathrm{d}u}{\mathrm{d}t} + \sqrt{\frac{(A-B)(B-C)}{AC}} f \sqrt{(1-u^2)\left(1 - \frac{g^2}{f^2} u^2\right)} = 0 \qquad (13')$$

的形式,而我们有

$$k^2 = \frac{g^2}{f^2} = \frac{(A-D)(B-C)}{(A-B)(D-C)} < 1 \qquad (14')$$

在这里再令

$$\mathscr{V} = -\left(\frac{m_1 m_2}{r_{12}} + \frac{m_2 m_3}{r_{23}} + \frac{m_3 m_1}{r_{31}}\right)$$

$$n = \sqrt{\frac{(A-B)(B-C)}{AC}} \quad f = \mu \sqrt{\frac{D(A-B)(D-C)}{ABC}} \tag{15'}$$

则在此种情形下，u 的寻求便归结于方程

$$n(t-t_0) = -\int_0^u \frac{\mathrm{d}u}{\sqrt{(1-u^2)(1-k^2u^2)}} \tag{16'}$$

知道了 u 表出时间的函数的形式以后，即可由方程(9)找出 p, r 的表达式，而(9)还可以再加以简化. 当 $B > D$ 时，令

$$p = \sqrt{\frac{B(B-C)}{A(A-C)}} \quad fv = \mu \sqrt{\frac{D(D-C)}{A(A-C)}} \, v \tag{17}$$

$$r = \sqrt{\frac{B(A-B)}{C(A-C)}} \quad gw = \mu \sqrt{\frac{D(A-D)}{C(A-C)}} \, w \tag{18}$$

其中 v, w 是两个新函数.

于是方程(9)便可以写成更简单的形式如下

$$v^2 + u^2 = 1, \quad w^2 + k^2 u^2 = 1 \tag{19}$$

当 $B < D$ 时也可以作类似的变换.

最后，在 $B = D$ 的情形下，由方程(8)可得

$$f^2 = g^2 = \mu^2$$

从而 $k^2 = 1$，此时方程(16)给出

$$n(t-t_0) = \ln \sqrt{\frac{1-u}{1+u}}$$

又

$$\begin{cases} u = \dfrac{1-\mathrm{e}^{n\tau}}{1+\mathrm{e}^{n\tau}} \\[2ex] v = w = \dfrac{2\mathrm{e}^{\frac{n\tau}{2}}}{1+\mathrm{e}^{n\tau}} \end{cases} \tag{20}$$

其中 $\tau = t - t_0$.

综合上述推演，可以得到下面的结论：在欧拉－卜安索的情形下，方程(1)的积分法可以归结于椭圆积分(16)的反转与由方程(19)找 v, w 的计算，再由 v, w 的值求 p, r；在特殊的情形下，当我们有如此的初始条件，使得 $B = D$，则 u, v, w 可由方程(20)找出，并且可以用初等函数表示.

§2 欧拉－卜安索情形；$\gamma, \gamma', \gamma''$ 的决定

现在转而求决定物质位置的角的方向余弦，此时我们先注意到，在欧拉－卜安索的情形下，比较方程

$$\begin{cases} \dfrac{\mathrm{d}}{\mathrm{d}t}Ap = (Bq)r - (Cr)q \\[2mm] \dfrac{\mathrm{d}}{\mathrm{d}t}Bq = (Cr)p - (Ap)r \\[2mm] \dfrac{\mathrm{d}}{\mathrm{d}t}Cr = (Ap)q - (Bq)p \end{cases} \qquad (\text{I}_2)$$

与

$$\begin{cases} \dfrac{\mathrm{d}\gamma}{\mathrm{d}t} = \gamma'r - \gamma''q \\[2mm] \dfrac{\mathrm{d}\gamma'}{\mathrm{d}t} = \gamma''p - \gamma r \\[2mm] \dfrac{\mathrm{d}\gamma''}{\mathrm{d}t} = \gamma q - \gamma'p \end{cases} \qquad (\text{II}_2)$$

即可看出,函数 Ap,Bq,Cr 是决定函数 γ,γ',γ'' 的方程(II_2)的特解. 但由第一章 §5 的方程(II'),(II'')可以证明,函数 α,α',α'' 与 β,β',β'' 也满足形式如(II)的方程. 这样,三组函数 $Ap,Bq,Cr;\alpha,\alpha',\alpha'';\beta,\beta',\beta''$ 都是同一组方程(II)的解. 因此,在这三组函数之间,必定存在着形式如下的线性关系

$$\begin{cases} Ap = C_1\alpha + C_2\beta + C_3\gamma \\ Bq = C_1\alpha' + C_2\beta' + C_3\gamma' \\ Cr = C_1\alpha'' + C_2\beta'' + C_3\gamma'' \end{cases} \qquad (21)$$

其中 C_1,C_2,C_3 是常数,将(1)中各式分别乘以 α,α',α'',并注意到,由于各轴的直交性可得

$$\alpha\beta + \alpha'\beta' + \alpha''\beta'' = 0$$
$$\alpha\gamma + \alpha'\gamma' + \alpha''\gamma'' = 0$$

此外又有

$$\alpha^2 + \alpha'^2 + \alpha''^2 = 1$$

因此便得到

$$C_1 = Ap\alpha + Bq\alpha' + Cr\alpha'' \qquad (22a)$$

同样

$$\begin{cases} C_2 = Ap\beta + Bq\beta' + Cr\beta'' \\ C_3 = Ap\gamma + Bq\gamma' + Cr\gamma'' \end{cases} \qquad (22b)$$

方程组(22)的力学意义是很明显的. 表达式 Ap,Bq,Cr 是动量矩在动轴 x,y,z 上的投影,而方程(22)右边代表动量矩在不动轴 $\bar{x},\bar{y},\bar{z}$ 上的投影,因此方程(22)便说明了,在欧拉－卜安索的情形下,动量矩是一个不动的矢量. 这个结果也可以由第一章 §1 的动力学基本方程(9)

$$\dfrac{\mathrm{d}\boldsymbol{G}}{\mathrm{d}t} = \boldsymbol{L}$$

$$\mathscr{V} = -\left(\frac{m_1 m_2}{r_{12}} + \frac{m_2 m_3}{r_{23}} + \frac{m_3 m_1}{r_{31}}\right)$$

直接推出. 事实上, 因为在所论的情形下 $L=0$, 所以我们有

$$G = 常数矢$$

而这个显然与(22)等价.

将等式(21)或(22)自乘并相加, 则根据坐标轴的直交条件可得[①]

$$A^2 p^2 + B^2 q^2 + C^2 r^2 = C_1^2 + C_2^2 + C_3^2 = G^2 = 常数 = l^2$$

由这个结果便可以导出下面的结论. 在推导一般的方程(Ⅰ)与(Ⅱ)时, 我们曾经假设, $\bar{z}$ 轴是铅直朝下的, 也就是说, 它与作用于物体上的重力的合力平行. 但在欧拉－卜安索的情形下, 作用力被支承点的反力所消去, 从而轴的方向可以任意选取. 这一点可以用来将方程化简. 事实上, 如果令 $\bar{z}$ 轴的方向平行于在所论情形下的不动的动量矩, 那么动量矩在不动轴 $\bar{x}, \bar{y}, \bar{z}$ 上的投影便分别等于 $0, 0, l$, 从而

$$C_1 = 0, \quad C_2 = 0, \quad C_3 = l$$

这样, 方程(21)便呈如下的形式

$$\gamma = \frac{Ap}{l}, \quad \gamma' = \frac{Bq}{l}, \quad \gamma'' = \frac{Cr}{l} \tag{23}$$

倘若 p, q, r 是 t 的已知函数, 那么利用欧拉角的表达式便易于决定刚体的位置. 按照第一章 §6 的公式可得

$$\varphi = \operatorname{argtan} \frac{\gamma}{\gamma'}$$

$$\vartheta = \arccos \gamma'' \tag{24}$$

又

$$\frac{\mathrm{d}\psi}{\mathrm{d}t} = \frac{1}{\gamma''}\left[r - \frac{\frac{\mathrm{d}\gamma}{\mathrm{d}t}\gamma' - \frac{\mathrm{d}\gamma'}{\mathrm{d}t}\gamma}{\gamma^2 + \gamma'^2} \right] \tag{25}$$

因此, 在目前的情形下, 即有

$$\begin{cases} \varphi = \arctan \dfrac{Ap}{Bq} \\[2mm] \vartheta = \arccos \dfrac{Cr}{l} \end{cases} \tag{26}$$

最后, 利用方程(Ⅱ)可得

$$\frac{\mathrm{d}\psi}{\mathrm{d}t} = l\, \frac{Ap^2 + Bq^2}{A^2 p^2 + B^2 q^2} = l\, \frac{h - Cr^2}{l^2 - C^2 r^2}$$

此式也可以写成

$$\frac{\mathrm{d}\psi}{\mathrm{d}t} = \frac{l}{C} + \frac{l}{C}\, \frac{Ch - l^2}{l^2 - C^2 r^2}$$

---

① 参看第三章 §1 方程(3).

由此便得到

$$\psi = \psi_0 + \frac{l}{C}t + \frac{l}{C}(Ch + l^2)\int \frac{\mathrm{d}t}{l^2 - C^2 r^2} \tag{27}$$

等式(26),(27)给出了物体的位置.

§3 欧拉—卜安索方程的蜕化情形

如果旋转的物体的质量分布具有某种对称性,那么上节所导出的公式便可以相当地简化.

例如,假设物体是这样的,使得 $A = B$. 在这种情形下令 $m = \dfrac{A - C}{A}$,则方程(1)即呈如下的形式

$$\begin{cases} \dfrac{\mathrm{d}p}{\mathrm{d}t} - mqr = 0 \\[2mm] \dfrac{\mathrm{d}q}{\mathrm{d}t} + mqr = 0 \\[2mm] \dfrac{\mathrm{d}r}{\mathrm{d}t} = 0 \end{cases} \tag{28}$$

于是

$$r = R = 常数$$

而方程(28)成为

$$\frac{\mathrm{d}p}{\mathrm{d}t} - (mR)q = 0, \qquad \frac{\mathrm{d}q}{\mathrm{d}t} + (mR)p = 0$$

从而

$$\frac{\mathrm{d}^2 p}{\mathrm{d}t^2} + (mR)^2 p = 0 \tag{29}$$

因此,方程组(28)的积分便是

$$\begin{cases} p = C_1 \cos mRt + C_2 \sin mRt \\ q = -C_1 \sin mRt + C_2 \cos mRt \\ r = R \end{cases} \tag{30}$$

我们取方程(29)的积分为

$$p = M \sin mR(t - t_0)$$

的形式比较便利,此时

$$q = M \cos mR(t - t_0)$$

又因

$$A^2 p^2 + B^2 q^2 + C^2 r^2 = l^2$$

所以在所论的情形下,即有

$$V = -\left(\frac{m_1 m_2}{r_{12}} + \frac{m_2 m_3}{r_{23}} + \frac{m_3 m_1}{r_{31}}\right)$$

$$A^2 M^2 + C^2 R^2 = l^2$$

从而

$$M^2 = \frac{l^2 - C^2 R^2}{A^2}$$

这样,在所论的情形下,p,q 与 $r=R$ 都可以用初等函数表出.此时由 §1 方程 (14) 可得 $k=0$,因而 §1 方程(19) 便可以改为

$$\frac{p^2}{M^2} + \frac{q^2}{M^2} = 1, \quad \frac{r^2}{R^2} = 1$$

如果令不动轴 $\bar{z}$ 平行于动量矩,则由 §2 公式(23) 可得

$$\gamma = \frac{1}{l}\sqrt{l^2 - C^2 R^2}\,\sin\,mR(t-t_0)$$

$$\gamma' = \frac{1}{l}\sqrt{l^2 - C^2 R^2}\,\cos\,mR(t-t_0)$$

$$\gamma'' = \frac{CR}{l}$$

又按 §2 的公式(24) 与(27),可以找出欧拉角如下

$$
\begin{cases}
\varphi = mR(t-t_0) \\
\vartheta = \arccos \dfrac{CR}{l} \\
\psi = \psi_0 + l\,\dfrac{h - CR^2}{l^2 - C^2 R^2}\,t
\end{cases}
\tag{31}
$$

这样,所有一切解答都可以用初等函数表示出来.

当 $A=B=C$ 时的更特殊的情形,具有很熟知的重要性.在这种情形下,由方程(28) 可得

$$p = p_0, \quad q = q_0, \quad r = r_0$$

也就是说,动量矩在动轴上的投影 $Ap=Ap_0$,$Bq=Bq_0$,$Cr=Cr_0$ 都是常数,从而 γ,γ',γ'' 也是常数,因此 φ,ϑ 也一样;又注意到

$$\frac{h - Cr^2}{l^2 - C^2 r^2} = \frac{A(p_0^2 + q_0^2)}{A^2(p_0^3 + q_0^3)}$$

故由方程(31) 可得

$$\psi = \psi_0 + \frac{l}{A}t \tag{32}$$

这样,在此种情形下,物体绕着某个在空间中不动的轴作等速旋转,这个轴的方向由初始条件决定,从而可以任意选取.

最后我们再考虑所谓稳恒的运动,也就是如此的运动,它的角速度具有一定的大小.当 $A=B=C$ 时显然有一个特殊的稳恒运动,此时角速度不仅大小一定,而且方向也一定.

这样,我们便要找出当

$$\frac{\mathrm{d}}{\mathrm{d}t}(p^2 + q^2 + r^2) = 0$$

时的情形,也就是

$$p\frac{\mathrm{d}p}{\mathrm{d}t} + q\frac{\mathrm{d}q}{\mathrm{d}t} + r\frac{\mathrm{d}r}{\mathrm{d}t} = 0 \tag{33}$$

的情形,但由方程(28)可得

$$\frac{\mathrm{d}p}{\mathrm{d}t} = \frac{B-C}{A}qr$$

$$\frac{\mathrm{d}q}{\mathrm{d}t} = \frac{C-A}{B}rp$$

$$\frac{\mathrm{d}r}{\mathrm{d}t} = \frac{A-B}{C}pq$$

因此

$$p\frac{\mathrm{d}p}{\mathrm{d}t} + q\frac{\mathrm{d}q}{\mathrm{d}t} + r\frac{\mathrm{d}r}{\mathrm{d}t} = pqr\left[\frac{B-C}{A} + \frac{C-A}{B} + \frac{A-B}{C}\right]$$

或者

$$p\frac{\mathrm{d}p}{\mathrm{d}t} + q\frac{\mathrm{d}q}{\mathrm{d}t} + r\frac{\mathrm{d}r}{\mathrm{d}t} = -(A-B)(B-C)(C-A)\frac{pqr}{ABC} \tag{34}$$

由此可知,在 A,B,C 各不相同的一般情形下,方程(33)成立的必要条件为:或者 $p=0$,或者 $q=0$,或者 $r=0$.

例如,假设对于任何 t 都成立着等式

$$p = 0 \tag{35}$$

那么由方程

$$\frac{\mathrm{d}p}{\mathrm{d}t} + (C-B)qr = 0$$

即知,或者 $q=0$,或者 $r=0$.

仿此可以证明,稳恒的运动只可能在下列情形中发生:

(1) $p = q = 0, r \neq 0$;

(2) $q = r = 0, p \neq 0$;

(3) $r = p = 0, q \neq 0$.

这样,只有当物体围绕一个惯性主轴旋转时,才可能有稳恒的运动.这个轴关于物体而言是不动的;我们现在证明,它关于不动轴而言也是不动的.

事实上,令 $\bar{z}$ 沿动量矩的方向,那么,譬如说,在情形(1)之下,便可以得到方向余弦 $\gamma, \gamma', \gamma''$ 的值

$$\gamma = \gamma' = 0, \quad \gamma'' = 1$$

也就是说,旋转轴(在所论的情形下,它的方向显然与动量矩的方向相同)沿着

329

$$\mathscr{V} = -\left(\frac{m_1 m_2}{r_{12}} + \frac{m_2 m_3}{r_{23}} + \frac{m_3 m_1}{r_{31}}\right)$$

不动轴 $\bar{z}$ 的方向.

仿此可证,在 $A=B$ 的情形下,稳压运动可能围绕 z 轴或者围绕在平面 xOy 内的任何轴而施行;又在 $A=B=C$ 的情形下,可以围绕任何轴而施行.

§4　拉格朗日－普瓦松情形

在拉格朗日－普瓦松情形下,$A=B$ 而 $x_0=y_0=0$. 因此,方程(1)便具有如下的形式

$$\begin{cases} A\dfrac{\mathrm{d}p}{\mathrm{d}t}+(C-A)qr=-Mgz_0\gamma' \\[2mm] A\dfrac{\mathrm{d}q}{\mathrm{d}t}+(A-C)rp=Mgz_0\gamma \\[2mm] C\dfrac{\mathrm{d}r}{\mathrm{d}t}=0 \end{cases} \tag{36}$$

令

$$\frac{A-C}{A}=m$$

并选如此的单位,使得

$$\frac{Mgz_0}{A}=1$$

此时方程(36)便化为

$$\begin{cases} \dfrac{\mathrm{d}p}{\mathrm{d}t}-mqr=-\gamma' \\[2mm] \dfrac{\mathrm{d}q}{\mathrm{d}t}+mrp=\gamma \\[2mm] \dfrac{\mathrm{d}r}{\mathrm{d}t}=0 \end{cases} \tag{37}$$

由方程组(37)中的第三式得

$$r=R \tag{38}$$

这就是方程组(37)的第一积分. 这样,在拉格朗日－普瓦松的情形下,除了有三个第一积分(Ⅲ),(Ⅳ),(Ⅴ)(第六章 §6)以外,还有第四个第一积分(38). 故由后添因子的理论可知,此时方程组(Ⅰ)与(Ⅱ)的积分法,可以化为积分号而求解.

在所论的情形下,方程(Ⅲ),(Ⅳ),(Ⅴ),(38)具有如下的形式

$$\begin{cases} p^2+q^2-2\gamma''=h \\ p\gamma+q\gamma'-(m-1)R\gamma''=k \\ r=R \\ \gamma^2+\gamma'^2+\gamma''^2=1 \end{cases} \tag{39}$$

方程组中的前两式由第一章 §6 的方程（Ⅲ）与（Ⅳ）直接得出.

利用方程(2)，由方程组(39)中的第二与第四式消去 γ'，则得

$$
\begin{cases}
p\,\dfrac{\mathrm{d}q}{\mathrm{d}t} - q\,\dfrac{\mathrm{d}p}{\mathrm{d}t} + mR(p^2+q^2) - (m-1)R\gamma'' = k \\[2mm]
\left(\dfrac{\mathrm{d}p}{\mathrm{d}t}\right)^2 + \left(\dfrac{\mathrm{d}q}{\mathrm{d}t}\right)^2 + 2mR\left(p\,\dfrac{\mathrm{d}q}{\mathrm{d}t} - q\,\dfrac{\mathrm{d}p}{\mathrm{d}t}\right)^2 + \\[2mm]
m^2R^2(p^2+q^2) + \gamma''^2 = 1
\end{cases}
\tag{40}
$$

这样，方程组（Ⅰ）与（Ⅱ）的积分法便归结于(40)中两个方程的积分法，而且 p,q,γ'' 之间具有关系式

$$
p^2 + q^2 - 2\gamma'' = h
$$

为了将方程组进一步化简，我们可以注意，如果将 p,q 看作辅助平面(p,q)上的点的坐标，那么由方程(40)的形式便联想到受中心力作用的质点的运动方程. 此时自然可以改用这个平面上的极坐标而令

$$
p = \rho\cos\sigma, \quad q = \rho\sin\sigma
\tag{41}
$$

由此即得

$$
\frac{\mathrm{d}p}{\mathrm{d}t} = \frac{\mathrm{d}\rho}{\mathrm{d}t}\cos\sigma - \rho\sin\sigma\,\frac{\mathrm{d}\sigma}{\mathrm{d}t}
$$

$$
\frac{\mathrm{d}q}{\mathrm{d}t} = \frac{\mathrm{d}\rho}{\mathrm{d}t}\sin\sigma + \rho\cos\sigma\,\frac{\mathrm{d}\sigma}{\mathrm{d}t}
$$

从而

$$
p\,\frac{\mathrm{d}q}{\mathrm{d}t} - q\,\frac{\mathrm{d}p}{\mathrm{d}t} = \rho^2\,\frac{\mathrm{d}\sigma}{\mathrm{d}t}
$$

$$
p^2 + q^2 = \left(\frac{\mathrm{d}\rho}{\mathrm{d}t}\right)^2 + \rho^2\left(\frac{\mathrm{d}\sigma}{\mathrm{d}t}\right)^2
$$

将所得的值代入方程(40)，则得

$$
\begin{cases}
\rho^2\,\dfrac{\mathrm{d}\sigma}{\mathrm{d}t} + mR\rho^2 - (m-1)R\gamma'' = k \\[2mm]
\left(\dfrac{\mathrm{d}\rho}{\mathrm{d}t}\right)^2 + \rho^2\left(\dfrac{\mathrm{d}\sigma}{\mathrm{d}t}\right)^2 + 2mR\rho^2\,\dfrac{\mathrm{d}\sigma}{\mathrm{d}t} + m^2R^2\rho^2 + \gamma''^2 = 1
\end{cases}
\tag{42}
$$

此外又有

$$
\rho^2 - 2\gamma'' = h
\tag{43}
$$

将(42)中的第二式乘以 $4\rho^2$ 而将它重写为

$$
\left(\frac{\mathrm{d}\rho^2}{\mathrm{d}t}\right)^2 + 4\left[\rho^2\,\frac{\mathrm{d}\sigma}{\mathrm{d}t} + mR\rho^2\right]^2 + 4\rho^2\gamma''^2 - 4\rho^2 = 0
$$

或者将 $\rho^2\,\dfrac{\mathrm{d}\sigma}{\mathrm{d}t}$ 代以第一个方程的值，又将 γ'' 代以第三个方程的值，而得

$$
\left(\frac{\mathrm{d}\rho^2}{\mathrm{d}t}\right)^2 + \left[2k + (m-1)R(\rho^2-h)\right]^2 + \rho^2(\rho^2-h)^2 - 4\rho^2 = 0
\tag{44'}
$$

$$
\mathscr{V} = -\left(\frac{m_1 m_2}{r_{12}} + \frac{m_2 m_3}{r_{23}} + \frac{m_3 m_1}{r_{31}}\right)
$$

作某些简化以后,方程(44′)可写成下式

$$\left(\frac{d\rho^2}{dt}\right)^2 = -\rho^6 + \rho^4[2h - (m-1)^2 R^2] + \rho^2[4 - h^2 - 4k(m-1)R +$$
$$2(m-1)^2 R^2 h] - [2k - (m-1)Rh]^2 \tag{44}$$

方程(44)可以简写为

$$\left(\frac{d\rho^2}{dt}\right)^2 = -\rho^6 + a\rho^4 + b\rho^2 + c \tag{45}$$

的形式,其中

$$\begin{cases} a = 2h - (m-1)^2 R^2 \\ b = 4 - h^2 - 4k(m-1)R + 2(m-1)^2 R^2 h \\ c = -[2k - (m-1)Rh]^2 \end{cases} \tag{46}$$

或者令

$$-\rho^6 + a\rho^4 + b\rho^2 + c = P(\rho^2) \tag{47}$$

而得

$$\left(\frac{d\rho^2}{dt}\right)^2 = P(\rho^2)$$

从而

$$\frac{d\rho^2}{\sqrt{P(\rho^2)}} = dt \tag{48}$$

这样,按照后添因子的理论,方程(40)的积分法便可以用积分号来做.

将方程(48)积分时,可以表出 ρ 为 t 的函数. 又因为由方程(42)可得

$$d\sigma = \frac{(m-1)R(\rho^2 - h) - 2mR\rho^2 + 2k}{2\rho^2} dt \tag{49}$$

所以知道了 ρ 以后,即可用积分号求出 σ 为 t 的函数,从而由方程(41)可以找到 p, q. 最后,从方程

$$\begin{cases} \gamma = \frac{dq}{dt} + mpR \\ \gamma' = -\frac{dp}{dt} + mqR \\ \gamma'' = \frac{\rho^2 - h}{2} \end{cases} \tag{50}$$

可以求出函数 $\gamma, \gamma', \gamma''$.

这样,问题最后便归结于椭圆积分

$$\int \frac{d\rho^2}{\sqrt{P(\rho^2)}} = t + C \tag{51}$$

的反转,我们现在将这个椭圆积分化成平常的勒让德形式.

像方程(48)所说明的,对于实在运动而言,必须有

$$P(\rho^2) > 0$$

而另一方面,因为 $|\gamma''| \leqslant 1$,所以

$$\left| \frac{h - \rho^2}{2} \right| \leqslant 1$$

从而

$$h - 2 \leqslant \rho^2 \leqslant h + 2 \tag{52}$$

由表达式(47)与(46)可以看到

$$P(-\infty) > 0$$

$$P(0) = c = -[2k - (m-1)Rh]^2 < 0$$

$$P(\infty) < 0$$

此外又由不等式(52)可知,当 ρ^2 为满足(52)的正数时,便有 $P(\rho^2) > 0$. 因此,$P(\rho^2)$ 具有两个正根与一个负根. 如图 3.1 所示,为函数 $P(\rho^2)$ 的图像.

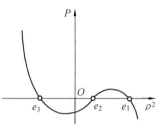

图 3.1

用 e_1, e_2, e_3 代表函数 $P(\rho^2)$ 的根,而且

$$e_1 > e_2 > 0 > e_3$$

在实际的运动中,ρ^2 介于 e_1 与 e_2 之间,原因是 $P(\rho^2) > 0$,$\rho^2 > 0$. 因此,方程(48)便可以写成

$$\frac{\mathrm{d}\rho^2}{\sqrt{(e_1 - \rho^2)(\rho^2 - e_2)(\rho^2 - e_3)}} = \mathrm{d}t \tag{53}$$

的形式.

将变量 ρ^2 施以如此的变换,使得区间 (e_2, e_1) 对应于新变量的区间 $(0, 1)$. 为此,可以令

$$e_1 - \rho^2 = (e_1 - e_2)u^2 \tag{54}$$

此时方程(53)便成为

$$\frac{-(e_1 - e_2)2u\mathrm{d}u}{\sqrt{(e_1 - e_2)u^2(e_1 - e_2)(1 - u^2)[e_1 - e_3 - (e_1 - e_2)u^2]}} = \mathrm{d}t$$

或者

$$\frac{\mathrm{d}u}{\sqrt{(1 - u^2)(1 - k^2 u^2)}} = \mathrm{d}t\sqrt{\frac{e_1 - e_3}{2}} \tag{55}$$

其中

$$k^2 = \frac{e_1 - e_2}{e_1 - e_3} \tag{56}$$

而且由 e_1, e_2, e_3 各根的分布可知

$$0 \leqslant k^2 \leqslant 1$$

这里 $k^2 = 0$ 的情况只有当 $e_1 = e_2$ 时才能成立,而 $k^2 = 1$ 只有当 $e_2 = e_3 = 0$ 时才

$$\mathscr{V} = -\left(\frac{m_1 m_2}{r_{12}} + \frac{m_2 m_3}{r_{23}} + \frac{m_3 m_1}{r_{31}} \right)$$

能成立.

这样,ρ^2 的决定便归结于椭圆积分(55)的反转.

§5 拉格朗日—普瓦松的蜕化情形,动力的对称情形,摆

在动力对称的情形下 $A=B=C$,此时由于对称性可以如此选取物体内的轴,使得重心在 z 轴上,也是 $x_0=y_0=0$.将上述推演法应用于此种特殊情形,则得

$$m=\frac{A-C}{A}=0 \tag{57}$$

因此,在目前的情形下,由上节的方程(46)便得到

$$\begin{cases} a_1=2h-R^2 \\ b_1=4-h^2-4kR+2R^2h \\ c_1=-(2k+Rh)^2 \end{cases} \tag{58}$$

同样,上节方程(49)与(50)具有下面的形式

$$\mathrm{d}\sigma=\frac{-R(\rho^2-h)+k}{2\rho^2} \tag{59}$$

$$\begin{cases} \gamma=\dfrac{\mathrm{d}q}{\mathrm{d}t} \\[2mm] \gamma'=-\dfrac{\mathrm{d}p}{\mathrm{d}t} \\[2mm] \gamma''=\dfrac{\rho^2-h}{2} \end{cases} \tag{60}$$

这样,在此种情形下,问题便归结于椭圆积分的反转.

将所得的值代入 §4 方程(44′),则该式便成为

$$\left(\frac{\mathrm{d}\rho^2}{\mathrm{d}t}\right)^2=\rho^2[4-(\rho^2-h)^2]-[2k-R(\rho^2-h)]^2$$

这里

$$P(\rho^2)=-\rho^6+(2h-R^2)\rho^4+(4-h^2-4kR+2R^2h)\rho^2-(2k+Rh)^2$$

但由这个关系式立刻可以看出

$$P(h\pm2)\leqslant0$$

又

$$P(0)\leqslant0$$

所以这就决定了 e_1,e_2 两根所在的区间的边界.

球面摆的运动显然也可以归结于刚体的运动.事实上,设质量为 M 的重点在 $\bar{z}$ 上,它与原点的距离是 l,则有

$$A=B=Ml^2, \quad C=0, \quad x_0=y_0=0$$

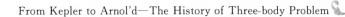

也就是说,我们得到了在 $C=0$ 的假设下的拉格朗日－普瓦松情形. 这样

$$m=\frac{A-C}{A}=1$$

在此种情形下,r 的方程便成为恒等式,这件事实的力学意义是,我们可以不变更问题的意义,而将在轴上的点看作围绕此轴旋转或者关于此轴为不动的. 这样,以后我们可以假设 $R=0$.

此时 §4 的方程(44′) 成为

$$\left(\frac{\mathrm{d}\rho^2}{\mathrm{d}t}\right)^2=\rho^2\left[4-(\rho^2-h)^2\right]-4k^2 \tag{61}$$

或者

$$\left(\frac{\mathrm{d}\rho^2}{\mathrm{d}t}\right)^2=-\rho^6+2h\rho^4+(4-h^2)\rho^2-4k^2 \tag{62}$$

利用方程 $\rho^2-2\gamma''=h$,可以将方程(61)或(62)中的 ρ^2 代以它的 h 的表达式,在方程(61)施行这种代换,则得

$$\left(\frac{\mathrm{d}\gamma''}{\mathrm{d}t}\right)^2=(2\gamma''+h)(1-\gamma''^2)-k^2 \tag{63}$$

球面摆的方程通常是用这种形式写出来的.

又在 §4 方程(42) 中令 $R=0$ 得

$$\rho^2\frac{\mathrm{d}\sigma}{\mathrm{d}t}=k$$

而从

$$\sigma=k\int\frac{\mathrm{d}t}{2\gamma''+h} \tag{64}$$

此外,由 §4 方程(41) 可以找出 p,q,又在 §4 方程(37) 中令 $m=0$ 得

$$\begin{cases} \gamma=\dfrac{\mathrm{d}q}{\mathrm{d}t} \\[2mm] \gamma'=-\dfrac{\mathrm{d}p}{\mathrm{d}t} \end{cases} \tag{65}$$

当常数 $k=0$ 时,也就是说,动量关于铅直轴的矩等于零的时候,可以得到美妙的特殊情形,此时由方程(64) 知 $\sigma=0$,因此

$$p=\rho^2\sin\sigma=0$$

而由方程(65) 得

$$\gamma'=0 \tag{66}$$

将这些值代入第一章 §5 的方程(32),(33),(34),则有

$$\varphi=\arctan\frac{\gamma}{\gamma'}$$

$$\vartheta=\arccos\gamma''$$

335 $\qquad \mathscr{V}=-\left(\frac{m_1m_2}{r_{12}}+\frac{m_2m_3}{r_{23}}+\frac{m_3m_1}{r_{31}}\right)$

$$\frac{\mathrm{d}\psi}{\mathrm{d}t} = \frac{1}{\gamma''}\left(r - \frac{\mathrm{d}\varphi}{\mathrm{d}t}\right)$$

则在目前的情形下即有

$$\varphi = \frac{\pi}{2}, \qquad \frac{\mathrm{d}\psi}{\mathrm{d}t} = 0 \tag{67}$$

从而

$$\psi = 常数 \tag{68}$$

由方程(67)可知,在所论的情形下,物体的 x 轴在通过 $\bar{z}$ 轴的铅直面内,从而 y 轴是不动的.如果这样选取不动的轴 $\bar{x}$,使得 $\psi = 0$,那么我们便得到了摆锤在铅直面 $\overline{xz}$ 内的振动,也就是单摆的情形.又此种结果也可以由 $k = 0$ 的条件直接推出,因为在整个运动的过程中,倘若摆锤在通过 z 轴的平面内振动的话,动量关于铅直轴的矩都等于零.

在此种情形下,方程(63)便具有如下的形式

$$\left(\frac{\mathrm{d}\gamma''}{\mathrm{d}t}\right)^2 = (h + 2\gamma'')(1 - \gamma''^2) \tag{69}$$

但 $\gamma'' = \cos\theta$,其中 θ 是摆与铅直线的倾角,所以方程(69)又可以写成

$$\left(\frac{\mathrm{d}\theta}{\mathrm{d}t}\right)^2 = h + 2\cos\theta$$

§6 拉格朗日 — 普瓦松的一般运动情形化为具有动力对称性的物体的运动情形

像我们所看到的,在拉格朗日的情形下,运动方程的积分法可以归结于方程

$$\left(\frac{\mathrm{d}\rho^2}{\mathrm{d}t}\right)^2 = -\rho^6 + \rho^4[2h - (1-m)^2R^2] + \rho^2[4 - h^2 +$$
$$4k(1-m)R + 2(1-m)^2R^2h] - [2h + (1-m)Rh]^2 \tag{70}$$

的积分法[参看 §4 方程(9)].在这个方程里面,m 与 k 两个数量仅仅用 $(1-m)R$ 的组合形式而出现,由此可以导出一些不失趣味的推论.例如,倘若作代换 $m(1-R) = R_1$,那么方程(70)便显然对应于当 $r = R_1$ 与 $m = 0$ 时的刚体运动的情形,也就是具有动力对称性的物体的运动情形.

我们现在证明,在一般的拉格朗日情形下物体的运动可以用某种变换化为具有动力对称性的物体的运动.

这样,我们考虑在拉格朗日假设下的两个物体的运动情形:第一个是 $m \neq$

$0, r = R$;第二个物体具有动力的对称性,而且 $r = (1-m)R$.

用 $\rho, \sigma, \gamma, \gamma', \gamma''$ 与 $\rho_1, \sigma_1, \gamma_1, \gamma'_1, \gamma''_1$ 分别代表这两种情形下的变量,则首先由方程(70) 可得

$$\frac{d\rho^2}{dt} = \frac{d\rho_1^2}{dt}$$

于是取同样的积分常数即得

$$\rho^2 = \rho_1^2 \tag{71}$$

又由 §4 方程(49) 知

$$d\sigma = \frac{(m-1)R(\rho^2 - h) - 2mR\rho^2 + 2k}{2\rho^2}$$

$$d\sigma_1 = \frac{-R_1(\rho_1^2 - h) + 2k}{2\rho_1^2}$$

但 $(m-1)R = -R_1, \rho^2 = \rho_1^2$,故有

$$d\sigma_1 - d\sigma = mR$$

从而

$$\sigma_1 = \sigma + mRt \tag{72}$$

倘若略去随意常数的话.

由此即得

$$\begin{aligned}
p_1 &= \rho_1 \cos \sigma_1 = \rho \cos (\sigma + mRt) \\
&= \rho \cos \sigma \cos mRt - \rho \sin \sigma \sin mRt \\
&= p \cos mRt - q \sin mRt
\end{aligned} \tag{73a}$$

同样

$$q_1 = p \sin mRt + q \cos mRt \tag{73b}$$

另一方面,由 §4 方程(37) 知

$$\gamma = \frac{dq}{dt} + mpR, \quad \gamma' = -\frac{dp}{dt} + mqR \tag{74}$$

同样

$$\gamma_1 = \frac{dq_1}{dt}, \quad \gamma'_1 = -\frac{dp_1}{dt} \tag{75}$$

因此由方程(73) 即得

$$\frac{dp_1}{dt} = \frac{dp}{dt} \cos mRt - \frac{dq}{dt} \sin mRt - mR(p \sin mRt + q \cos mRt)$$

或者根据方程(74),(75) 而得

$$-\gamma'_1 = (-\gamma' + mqR) \cos mRt - (\gamma - mpR) \sin mRt - mR(p \sin mRt + q \cos mRt)$$

也就是

$$\gamma'_1 = \gamma \sin mRt + \gamma' \cos mRt \tag{76a}$$

$$\mathscr{V} = -\left(\frac{m_1 m_2}{r_{12}} + \frac{m_2 m_3}{r_{23}} + \frac{m_3 m_1}{r_{31}}\right)$$

同样

$$\gamma_1 = \gamma\cos mRt - \gamma'\sin mRt \qquad (76b)$$

于是利用第一章 §5 方程(32)，即得欧拉角的表达式如下

$$\tan\varphi_1 = \frac{\gamma_1}{\gamma'_1} = \frac{\gamma\cos mRt - \gamma'\sin mRt}{\gamma\sin mRt + \gamma'\cos mRt}$$

或者

$$\tan\varphi_1 = \frac{\dfrac{\gamma}{\gamma'} - \tan mRt}{1 + \dfrac{\gamma}{\gamma'}\tan mRt} = \frac{\tan\varphi - \tan mRt}{1 + \tan\varphi\tan mRt} = \tan(\varphi - mRt)$$

从而

$$\varphi_1 = \varphi - mRt \qquad (77)$$

此外又因为

$$\gamma''_1 = \frac{h - \rho_1^2}{2}$$

故由 $\gamma = \cos\vartheta, \rho_1^2 = \rho^2$ 即可推出

$$\cos\vartheta_1 = \cos\vartheta$$

从而

$$\vartheta_1 = \vartheta \qquad (78)$$

最后，由公式

$$\sin^2\vartheta\,\frac{\mathrm{d}\psi}{\mathrm{d}t} = p\gamma + q\gamma'$$

可得

$$\frac{\mathrm{d}\psi_1}{\mathrm{d}t} = \frac{p_1\gamma_1 + q_1\gamma'_1}{1 - \gamma''^2_1}$$

但由所论情形中的动量矩的积分可以得出

$$p\gamma + q\gamma' - (m-1)R\gamma'' = k$$

故有

$$\frac{\mathrm{d}\psi_1}{\mathrm{d}t} = \frac{k - R_1\gamma''}{1 - \gamma''^2_1} = \frac{k - (1-m)R}{1 - \gamma''^2}$$

也就是

$$\frac{\mathrm{d}\psi_1}{\mathrm{d}t} = \frac{\mathrm{d}\psi}{\mathrm{d}t}$$

于是略去积分常数即得

$$\psi_1 = \psi \qquad (79)$$

由推出的关系式(71),(77),(78),(79) 可知，所论两个物体的运动彼此的差别是：动力对称的物体，其角速度在物体的对称轴上的分量 R_1 比第一个物体

338

的角速度分量 R 小,其差为 $nR = \left(1 - \dfrac{C}{A}\right)R$,这样便证明了上述情形.

§7 $R=0$ 的情形;物体的运动与球面摆的运动的关系

我们已经看到,由问题的基本方程的特性能够推出上节的结果;由这种特性也可以建立另一个相仿的结果.

在 §5 内已知,在拉格朗日情形的一般方程中,假设 $m=1$,$R=0$,即可得出球面摆的情形.但由于 m,R 仅仅用 $(1-m)R$ 的组合形式出现于基本过程中,所以在下面两种情形下显然也可以得出同样的结果:

(1) 当 $m \neq 1$ 而 $R=0$ 时;

(2) 当 $m=1$ 而 $R \neq 1$ 时.

我们易于看出,第二种情形并无多大的兴味,因为在这种情形下讨论了摆的这种运动,但这种运动是关于一组围绕摆旋转的动轴而言的.

第一种情形的与兴味比较大.因为 $m \neq 1$,所以 $C \neq 0$,从而我们没有得到摆,而得到任意的物体,它如此运动,使得速度在惯性椭球的旋转轴上的投影等于零.

用像上节一样的方法,我们来考虑两个物体的运动:第一个是球面摆,并用 ρ_1,σ_1,p_1,q_1,γ_1,γ'_1,γ''_1,$\cdots$ 代表决定运动的数量;另一个是某种物体,它满足当 $R=0$ 时的拉格朗日条件,并用 ρ,σ,p,q,γ,γ',γ'',$\cdots$ 来代表相应的数量.

因为在两种情形中的基本方程都具有如下的形式

$$\left(\frac{\mathrm{d}\rho^2}{\mathrm{d}t}\right)^2 = -\rho^6 + 2h\rho^4 + \rho^2(4-h^2) - 4h^2 \tag{80}$$

所以令 h 相同时,即得

$$\frac{\mathrm{d}\rho_1^2}{\mathrm{d}t} = \frac{\mathrm{d}\rho^2}{\mathrm{d}t}$$

从而可设

$$\rho_1^2 = \rho^2$$

由 §4 方程(49)可知,σ 的表达式是

$$\mathrm{d}\sigma_1 = \mathrm{d}\sigma = \frac{k}{\rho^2} \tag{81}$$

故可令

$$\sigma_1 = \sigma \tag{82}$$

因而

$$p_1 = p,\ q_1 = q \tag{83}$$

又由 §4 方程(50)可得

$$\mathscr{V} = -\left(\frac{m_1 m_2}{r_{12}} + \frac{m_2 m_3}{r_{23}} + \frac{m_3 m_1}{r_{31}}\right)$$

$$\begin{cases} \gamma_1 = \gamma = \dfrac{dq}{dt} \\[2mm] \gamma'_1 = \gamma' = -\dfrac{dp}{dt} \\[2mm] \gamma''_1 = \gamma'' = \dfrac{\rho^2 - h}{2} \end{cases} \qquad (84)$$

于是按照决定 φ, ϑ, ψ 的公式便得到

$$\varphi_1 = \varphi, \quad \vartheta_1 = \vartheta, \quad \psi_1 = \psi \qquad (85)$$

这样,我们便知道,当 $R=0$ 时满足拉格朗日条件的物体,它的 z 轴的运动与球面摆的运动完全相同,倘若这两个运动用同样的初始条件来决定的话.

§8 欧拉—卜安索与拉格朗日—普瓦松情形下的方程的积分法所得到的一般结论

综合重刚体绕不动点的运动方程的积分法的古典情形,我们便可以看到,在这两种情形下问题都归结于如下的积分的反转

$$\int \frac{1}{\sqrt{P(u)}} du \qquad (86)$$

其中 $P(u)$ 是三次或者四次的多项式. 我们知道,这种积分叫作椭圆积分,因而问题便归结于椭圆积分的反转.

由此可知,当椭圆积分蜕化为初等积分时的情形是很有兴味的,此时所论的问题可以用初等函数来解决. 为此,多项式 $P(u)$ 显然必须有两相等的根.

在欧拉—卜安索的情形下,$P(u) = (1 - u^2)(1 - k^2 u^2)$. 因此,欲使积分蜕化为初等的,必须 $k^2 = 1$ 或者 $k^2 = 0$. 但由第三章 §1 的方程(14) 知

$$k^2 = \frac{(A - B)(D - C)}{(A - D)(B - C)}$$

所以蜕化的条件是

$$A = B$$

或者

$$D = B$$

这种情形在上面已经讲过了.

在拉格朗日—普瓦松情形下,我们已经证明,函数 $P(\rho^2)$ 的图解具有图3.1所示的形状. 由此可知,可能有两种蜕变的情形:

(1) 当 $e_2 = e_3 = 0$ 时;

(2) 当 $e_2 = e_1$ 时.

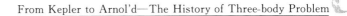

前一种情形成立的条件是说:在多项式

$$- \rho^6 + a\rho^4 + b\rho^2 + c$$

中同时有 $b=0, c=0$,也就是,成立着等式

$$4 - h^2 - 4k(m-1)R + 2(m-1)^2 R^2 h = 0$$

$$2k - (m-1)Rh = 0$$

消去 k 得

$$h^2 = 4, \quad k = (m-1)R \tag{87}$$

此时

$$a = 2h - k^2$$

又 §4 的基本方程(45)成为

$$\left(\frac{d\rho^2}{dt}\right)^2 = \rho^4 [-\rho^2 + (2h - k^2)] \tag{88}$$

由此便易于得出

$$\frac{d\rho^2}{\rho^2 \sqrt{a - \rho^2}} = dt$$

积分以后即得

$$\rho = \frac{\sqrt{a}}{\mathrm{ch}(C_1 - \sqrt{a}\, t)} \tag{89}$$

其中 C_1 是积分常数.

这种情形从表面上看来是不能一直研究到底的.

如果取一般的方程

$$- \rho^6 + a\rho^4 + b\rho^2 + c = 0 \tag{90}$$

那么有重根的条件是,除了方程(90)以外,还要成立着

$$- 3\rho^4 + 2a\rho^2 + b = 0 \tag{91}$$

由方程(90)与(91)消去 ρ^2,便得到有重根的条件如下

$$a^2 b^2 - 18abc - 4a^3 c + 4b^3 - 27c^2 = 0 \tag{92}$$

将 a, b, c 的值代入方程 $P(\rho^2) = 0$ 的这个判别式,便得到在一般的情形下有重根的条件.

当 $b = c = 0$ 时即可由此得出情形(1).

倘若 b, c 都不等于零,而条件(92)成立,则由 §4 方程(53)可知,当 $e_1 = e_2$ 时即有

$$\left(\frac{d\rho^2}{dt}\right)^2 = -(\rho^2 - e_3)(\rho^2 - e_1)^2 \tag{93}$$

但 $e_3 < 0$,所以方程(93)的使 $\frac{d\rho^2}{dt}$ 为实数的唯一一个积分,便是

$$\rho^2 \equiv e_1 \tag{94}$$

$$V = -\left(\frac{m_1 m_2}{r_{12}} + \frac{m_2 m_3}{r_{23}} + \frac{m_3 m_1}{r_{31}}\right)$$

由此又可以推出

$$\gamma'' = \frac{e_1 - h}{2} \tag{95}$$

及

$$d\sigma = \frac{1}{2e_1}\left[(m-1)R(e_1 - h) - 2mRe_1 + 2k\right]dt = Sdt$$

其中 S 是常数. 因此我们可以令

$$\sigma = St \tag{96}$$

又

$$p = e_1 St$$
$$q = e_1 St$$

从而

$$\begin{cases} \gamma = e_1 S\cos St + mRe_1\cos St = e_1(S+mR)\cos St \\ \gamma' = e_1(S+mR)\sin St \end{cases} \tag{97}$$

于是[参看第一章 §5 方程(7)]

$$\tan\varphi = \frac{\gamma}{\gamma'} = \cot St$$

从而

$$\varphi = \frac{\pi}{2} - St \tag{98}$$

最后,因为

$$\frac{d\psi}{dt} = \frac{k - (1-m)R}{1 - \gamma''^2}$$

所以

$$\frac{d\psi}{dt} = 常数 = C_1$$

因而

$$\psi = C_1 t \tag{99}$$

故由方程(95)得

$$\vartheta = \vartheta_0$$

这样,在此种情形下物体便绕着一个轴作等速旋转,而这个轴又围绕 z 轴作等速旋转(规则的进动运动).

重刚体绕不动点的运动方程的化为
积分式法、C·B·柯瓦列夫斯卡雅的情形

第
四
章

§1 一般的注解

在柯瓦列夫斯卡雅所发现的情形下,将运动方程化为积分式的化法是相当复杂的. 我们已经证明(第二章 §7),在这种情形下,运动方程可以化成如下的形式

$$\begin{cases} 2\dfrac{\mathrm{d}p}{\mathrm{d}t} = qr \\[2mm] 2\dfrac{\mathrm{d}q}{\mathrm{d}t} = -pr - c\gamma'' \\[2mm] \dfrac{\mathrm{d}r}{\mathrm{d}t} = c\gamma \end{cases} \tag{1}$$

其中 $c = \dfrac{Mgx_0}{C}$,而对于这组方程还要添以第二组方程

$$\begin{cases} \dfrac{\mathrm{d}\gamma}{\mathrm{d}t} = r\gamma' - q\gamma'' \\[2mm] \dfrac{\mathrm{d}\gamma'}{\mathrm{d}t} = p\gamma'' - r\gamma \\[2mm] \dfrac{\mathrm{d}\gamma''}{\mathrm{d}t} = q\gamma - p\gamma' \end{cases} \tag{2}$$

我们已经找出了方程(1),(2) 的下列四个第一积分

$$\begin{cases} (2p^2 + q^2) + r^2 = 2c\gamma + 6l \\ 2(p\gamma + q\gamma') + r\gamma'' = 2l \\ \gamma^2 + \gamma'^2 + \gamma''^2 = 1 \\ [(p+qi)^2 + c(\gamma + i\gamma')][(p-qi)^2 + c(\gamma - i\gamma')] = k^2 \end{cases} \tag{3}$$

343

$$\mathscr{V} = -\left(\frac{m_1 m_2}{r_{12}} + \frac{m_2 m_3}{r_{23}} + \frac{m_3 m_1}{r_{31}}\right)$$

第四个积分是 C·B·柯瓦列夫斯卡雅所发现的,它可以写成如下的形式

$$[(p^2 + q^2 + c\gamma) + \mathrm{i}(2pq + c\gamma')][(p^2 + q^2 + c\gamma) - \mathrm{i}(2pq - c\gamma')] = k^2$$

或者

$$(p^2 + q^2 + c\gamma)^2 + (2pq + c\gamma')^2 = k^2$$

由此可知,在力学问题的条件中,当 p,q,c,γ,γ' 为实数时,常数 k 也是实数.

根据后添因子的理论,可以推出如此的结论:在所论的情形下,和古典的情形一样,方程组(1),(2)与(3)的积分法可以归结于一个代表全微分式的方程的积分法以及决定时间的附加积分式.欲得此一方程,必须由方程(1),(2)与第一积分组(3)消去四个变量,例如利用关系式(3)将它们表出为其余两个变量的式子而消去.但由于纯粹计算上的困难,这种消去变量的方法,在实际上并不能使用.为了解决 C·B·柯瓦列夫斯卡雅问题,可以用另一种方法:先引入新的变量,然后利用这种变量便可以确实消去变量并将方程组的积分法化为一个方程的积分法.

§2　C·B·柯瓦列夫斯卡雅的变量

像 C·B·柯瓦列夫斯卡雅所指出的,方程组(1),(2),(3)可以相当的简化,当我们将变量 p,q,γ,γ' 代以其他变量时.

按照 C·B·柯瓦列夫斯卡雅的方法,令

$$\begin{cases} x_1 = p + q\mathrm{i} \\ x_2 = p - q\mathrm{i} \end{cases} \tag{4}$$

$$\begin{cases} \xi_1 = (p + q\mathrm{i})^2 + c(\gamma + \mathrm{i}\gamma') \\ \xi_2 = (p - q\mathrm{i})^2 + c(\gamma - \mathrm{i}\gamma') \end{cases} \tag{5}$$

或者

$$\begin{cases} \xi_1 = x_1^2 + c(\gamma + \mathrm{i}\gamma') \\ \xi_2 = x_2^2 + c(\gamma - \mathrm{i}\gamma') \end{cases} \tag{5'}$$

由方程(4)得

$$p^2 + q^2 = x_1 x_2 \tag{6}$$

又由方程(5′)得

$$\begin{cases} 2c\gamma = \xi_1 + \xi_2 - x_1^2 - x_2^2 \\ 2\mathrm{i}c\gamma' = \xi_1 - \xi_2 - x_1^2 + x_2^2 \end{cases} \tag{7}$$

利用关系式(6),(7),即可将 §1 组(3)中的第一个积分的表达式化为

$$r^2 = 6l_1 + \xi_1 + \xi_2 - x_1^2 - x_2^2 - 2x_1 x_2$$

或者

$$r^2 = 6l_1 - (x_1 + x_2)^2 + \xi_1 + \xi_2 \tag{8}$$

此外,又由方程(4) 得

$$p = \frac{x_1 + x_2}{2}, \quad q\mathrm{i} = \frac{x_1 - x_2}{2} \tag{9}$$

故由方程(7) 与(9) 即知

$$2pc\gamma = \frac{x_1 + x_2}{2}[\xi_1 + \xi_2 - x_1^2 - x_2^2]$$

$$-2qc\gamma' = \frac{x_1 - x_2}{2}[\xi_1 - \xi_2 - x_1^2 + x_2^2]$$

将所得的值代入方程

$$2(p\gamma + q\gamma') + r\gamma'' = 2l$$

便得到

$$cr\gamma'' = 2cl - \frac{x_1 + x_2}{2}[\xi_1 + \xi_2 - x_1^2 - x_2^2] +$$

$$\frac{x_1 - x_2}{2}[\xi_1 - \xi_2 - x_1^2 + x_2^2]$$

或者

$$cr\gamma'' = 2cl + x_1 x_2 (x_1 + x_2) - x_2 \xi_1 - x_1 \xi_2 \tag{10}$$

又将方程(7) 中的 γ 与 γ' 的表达式代入方程

$$\gamma^2 + \gamma'^2 + \gamma''^2 = 1$$

则得

$$4c^2\gamma''^2 = 4c^2 + [(\xi_1 - \xi_2) - x_1^2 + x_2^2]^2 - [(\xi_1 + \xi_2) - x_1^2 - x_2^2]^2$$

或者

$$4c^2\gamma''^2 = 4c^2 - [2\xi_1 - 2x_1^2][2\xi_2 - 2x_2^2]$$

也就是

$$c^2\gamma''^2 = c^2 - \xi_1 \xi_2 - x_1^2 x_2^2 + \xi_1 x_2^2 + \xi_2 x_1^2 \tag{11}$$

最后,由于方程(5),可将 C·B·柯瓦列夫斯卡雅的积分写成

$$\xi_1 \xi_2 = k^2 \tag{12}$$

于是在 C·B·柯瓦列夫斯卡雅的变量下,方程的一组四个第一积分便具有如下的最后形式

$$\begin{cases} r^2 = 6l_1 - (x_1 + x_2)^2 + \xi_1 + \xi_2 \\ cr\gamma'' = 2cl + x_1 x_2 (x_1 + x_2) - x_2 \xi_1 - x_1 \xi_2 \\ c^2\gamma''^2 = c^2 - k^2 - x_1^2 x_2^2 + \xi_1 x_2^2 + \xi_2 x_1^2 \\ \xi_1 \xi_2 = k^2 \end{cases} \tag{13}$$

将问题再作进一步的化简时,可由方程组(13)中消去变量 r 与 γ''. 此时一组具有六个变量的四个方程便成为具有四个变量的两个方程,由此即可将所余的四个变量中的两个用另外两个表出来.

345

$$\mathscr{U} = -\left(\frac{m_1 m_2}{r_{12}} + \frac{m_2 m_3}{r_{23}} + \frac{m_3 m_1}{r_{31}} \right)$$

§3　C·B·柯瓦列夫斯卡雅的基本方程；变量 s_1, s_2

最后的计算过程是由 §2 的方程(13)中消去变量 r 与 γ''. 为了计算简便起见，我们引用下列记号

$$E = 6l_1 - (x_1 + x_2)^2$$
$$F = 2cl + x_1 x_2 (x_1 + x_2)$$
$$G = c^2 - k^2 - x_1^2 x_2^2$$

此时 §2 方程(13)便成为

$$
\begin{cases}
r^2 = E + \xi_1 + \xi_2 \\
cr\gamma'' = F - x_2\xi_1 - x_1\xi_2 \\
c^2 \gamma''^2 = G + x_2^2\xi_1 + x_1^2\xi_2 \\
\xi_1\xi_2 = k^2
\end{cases}
\tag{14}
$$

于是由开首三式消去 r 与 γ'' 即得

$$(E + \xi_1 + \xi_2)(G + x_2^2\xi_1 + x_1^2\xi_2) - (F - x_2\xi_1 - x_1\xi_2)^2 = 0$$

将括号解开，并按 ξ_1, ξ_2 的方幂排列，则有

$$
\begin{aligned}
&[(\xi_1 + \xi_2)(x_2^2\xi_1 + x_1^2\xi_2) - (x_2\xi_1 + x_1\xi_2)^2] + \\
&[(\xi_1 + \xi_2)G + (x_2^2\xi_1 + x_1^2\xi_2)E + \\
&2(x_2\xi_1 + x_1\xi_2)F] + EG - F^2 = 0
\end{aligned}
\tag{15}
$$

但

$$
\begin{aligned}
&(\xi_1 + \xi_2)(x_2^2\xi_1 + x_1^2\xi_2) - (x_2\xi_1 + x_1\xi_2)^2 \\
&= \xi_1\xi_2[x_1^2 + x_2^2 - 2x_1 x_2] = k^2(x_1 - x_2)^2
\end{aligned}
$$

故方程(15)左边为 ξ_1, ξ_2 的一次多项式. 将含 ξ_1, ξ_2 的项分开，则得

$$\xi_1[x_2^2 E + 2x_2 F + G] + \xi_2[x_1^2 E + 2x_1 F + G] + EG - F^2 + k^2(x_1 - x_2)^2 = 0 \tag{16}$$

但

$$
\begin{aligned}
x_1^2 E + 2x_1 F + G &= x_1^2[6l_1 - (x_1 + x_2)^2] + 2x_1[2cl + \\
&\quad x_1 x_2(x_1 + x_2)] + c^2 - k^2 - x_1^2 x_2^2 \\
&= \{-(x_1 + x_2)^2 x_1^2 + 2x_1^2 x_2(x_1 + x_2) - \\
&\quad x_1^2 x_2^2\} + 6l_1 x_1^2 + 4cl x_1 + c^2 - k^2
\end{aligned}
$$

又因

$$
\begin{aligned}
&-(x_1 + x_2)^2 x_1^2 + 2x_1^2 x_2(x_1 + x_2) - x_1^2 x_2^2 \\
&= -[(x_1 + x_2)x_1 - x_1 x_2]^2 = -x_1^4
\end{aligned}
$$

所以表达式 $x_1^2 E + 2x_1 F + G$ 仅仅是 x_1 的函数. 用 $R(x_1)$ 代表这个函数，则

$$R(x_1) = x_1^2 E + 2x_1 F + G = -x_1^4 + 6l_1 x_1^2 + 4cl x_1 + c^2 - k^2 \tag{17}$$

并注意到,方程(16)关于 ξ_1,ξ_2 与 x_1,x_2 都是对称的,故可将方程(16)写成

$$R(x_2)\xi_1 + R(x_1)\xi_2 + EG - F^2 + k^2(x_1 - x_2)^2 = 0 \qquad (18)$$

的形式. 我们再引用下列记号

$$R(x_1,x_2) = Ex_1x_2 + F(x_1+x_2) + G \qquad (19)$$

$$R_1(x_1,x_2) = EF - G^2 = -6l_1x_1^2x_2^2 - (c^2-k^2)(x_1+x_2)^2 -$$

$$4lc(x_1+x_2)x_1x_2 + 6l_1(c^2-k^2) - 4l^2c^2 \qquad (20)$$

而将表达式

$$R(x_1)R(x_2) - R(x_1,x_2)^2$$

加以变换.

此时我们有

$$R(x_1)R(x_2) - R(x_1x_2)^2$$

$$= (Ex_1^2 + 2Fx_1 + G)(Ex_2^2 + 2Fx_2 + G) - [Ex_1x_2 + F(x_1+x_2) + G]^2$$

$$- [E^2x_1^2x_2^2 + 2EFx_1x_2(x_1+x_2) + 4F^2x_1x_2 + EG(x_1^2+x_2^2) +$$

$$2FG(x_1+x_2) + G^2] - [E^2x_1^2x_2^2 + 2EFx_1x_2(x_1+x_2) +$$

$$F^2(x_1+x_2)^2 + 2EGx_1x_2 + 2FG(x_1+x_2) + G^2]$$

$$= EC(x_1^2 - 2x_1x_2 + x_2^2) - F^2(x_1^2 - 2x_1x_2 + x_2^2)$$

$$= (EG - F^2)(x_1 - x_2)^2$$

这样,我们便有了恒等式

$$R(x_1)R(x_2) - R(x_1,x_2)^2 = (x_1-x_2)^2 R_1(x_1,x_2) \qquad (21)$$

于是消去 r, γ'' 以后,便得到方程

$$R(x_2)\xi_1 + R(x_1)\xi_2 + R_1(x_1,x_2) + k^2(x_1-x_2)^2 = 0 \qquad (22)$$

其中

$$R(x) = Ex^2 + 2Fx + G \qquad (23)$$

$$R_1(x_1,x_2) = EG - F^2 \qquad (24)$$

再令

$$R(x_1,x_2) = Ex_1x_2 + F(x_1+x_2) + G \qquad (25)$$

便得到恒等式

$$R(x_1)R(x_2) - R(x_1,x_2)^2 = (x_1-x_2)^2 R_1(x_1,x_2) \qquad (26)$$

在消去 r 与 γ'' 以后,我们便剩下了方程组

$$\begin{cases} R(x_2)\xi_1 + R(x_1)\xi_2 + R_1(x_1,x_2) + k^2(x_1-x_2)^2 = 0 \\ \xi_1\xi_2 = k^2 \end{cases} \qquad (27)$$

由此当然可以定出 ξ_1,ξ_2 为 x_1,x_2 的函数,也就是说,所有的柯瓦列夫斯卡雅变量都可以用 x_1 与 x_2 表出.

但在进一步的计算当中,C·B·柯瓦列夫斯卡雅用了稍稍不同的方法,方程(27)具有形式

347

$$\mathscr{V} = -\left(\frac{m_1m_2}{r_{12}} + \frac{m_2m_3}{r_{23}} + \frac{m_3m_1}{r_{31}}\right)$$

$$\begin{cases} \alpha\xi_1 + \beta\xi_2 = \gamma \\ \xi_1\xi_2 = k^2 \end{cases} \tag{28}$$

欲解此组方程,显然可以用如下的方法进行,先将它们化为

$$(\sqrt{\alpha}\,\sqrt{\xi_1})^2 + (\sqrt{\beta}\,\sqrt{\xi_2})^2 = \gamma$$

$$2\,\sqrt{\alpha\beta}\,\sqrt{\xi_1\xi_2} = 2\,\sqrt{\alpha\beta}\,k$$

然后由方程(28)即可推出方程

$$\{\sqrt{\alpha}\,\sqrt{\xi_1} \pm \sqrt{\beta}\,\sqrt{\xi_2}\}^2 = \gamma \pm 2\,\sqrt{\alpha\beta}\,k \tag{29}$$

在所论的情形下,令

$$\alpha = R(x_2)$$

$$\beta = R(x_1)$$

$$\gamma = -R_1(x_1, x_2) - k^2(x_1 - x_2)^2$$

则得方程

$$\{\sqrt{R(x_2)}\,\sqrt{\xi_1} \pm \sqrt{R(x_1)}\,\sqrt{\xi_2}\}^2 = -R_1(x_1, x_2) - k^2(x_1 - x_2)^2$$
$$\pm 2\sqrt{R(x_1)}\,\sqrt{R(x_2)}\,k$$

或者除以$(x_1 - x_2)^2$而得

$$\left\{ \sqrt{\xi_1}\,\frac{\sqrt{R(x_2)}}{x_1 - x_2} \pm \sqrt{\xi_2}\,\frac{\sqrt{R(x_1)}}{x_1 - x_2} \right\}^2$$
$$= -\frac{R_1(x_1, x_2)}{(x_1 - x_2)^2} \pm 2k\,\frac{\sqrt{R(x_1)}\,\sqrt{R(x_2)}}{(x_1 - x_2)^2} - k^2 \tag{30}$$

将右边分解为k的一次因子.为此,须求方程

$$w^2 \pm 2w\,\frac{\sqrt{R(x_1)}\,\sqrt{R(x_2)}}{(x_1 - x_2)^2} + \frac{R_1(x_1, x_2)}{(x_1 - x_2)^2} = 0 \tag{31}$$

的根.但由恒等式(25)知

$$\frac{R_1(x_1, x_2)}{(x_1 - x_2)^2} = \frac{R(x_1)R(x_2)}{(x_1 - x_2)^4} - \frac{R_1(x_1, x_2)^2}{(x_1 - x_2)^4}$$

因此,方程(31)便呈如下的形式

$$w^2 \pm 2w\,\frac{\sqrt{R(x_1)}\,\sqrt{R(x_2)}}{(x_1 - x_2)^2} + \frac{R(x_1)R(x_2)}{(x_1 - x_2)^4} = \frac{R(x_1, x_2)^2}{(x_1 - x_2)^4}$$

或者

$$\left[w \pm \frac{\sqrt{R(x_1)}\,\sqrt{R(x_2)}}{(x_1 - x_2)^2} \right]^2 = \frac{R(x_1, x_2)^2}{(x_1 - x_2)^4}$$

从而它的根便是

$$w_1 = \frac{R(x_1, x_2) - \sqrt{R(x_1)}\,\sqrt{R(x_2)}}{(x_1 - x_2)^2} \tag{32}$$

$$w_2 = \frac{R(x_1,x_2) + \sqrt{R(x_1)}\,\sqrt{R(x_2)}}{(x_1 - x_2)^2} \tag{33}$$

w_1, w_2 显然也是方程

$$w^2 - \frac{2R(x_1,x_2)}{(x_1-x_2)^2}w - \frac{R_1(x_1,x_2)}{(x_1-x_2)^2} = 0 \tag{34}$$

的根.

在以后的计算中,方程(6)和它的解答(32),(34)占着主导的地位.我们叫方程(34)做 C·B·柯瓦列夫斯卡雅的基本方程.

将数值 w_1, w_2 代入方程(30),可将该式化为

$$\left\{ \sqrt{\xi_1}\,\frac{\sqrt{R(x_2)}}{x_1 - x_2} \pm \sqrt{\xi_2}\,\frac{\sqrt{R(x_1)}}{x_1 - x_2} \right\}^2 = w_1 w_2 \pm k(w_1 - w_2) - k^2$$

或者

$$\left\{ \sqrt{\xi_1}\,\frac{\sqrt{R(x_2)}}{x_1 - x_2} \pm \sqrt{\xi_2}\,\frac{\sqrt{R(x_1)}}{x_1 - x_2} \right\}^2 = (w_1 + k)(w_2 \pm k) \tag{35}$$

又像方程(34)所指出的

$$2\frac{\sqrt{R(x_1)}\,\sqrt{R(x_2)}}{(x_1 - x_2)^2} = -(w_1 - w_2)$$

$$2\frac{R(x_1,x_2)}{(x_1 - x_2)^2} = w_1 + w_2 \tag{36}$$

根据这些方程,在理论上可以将 x_1, x_2 用 w_1, w_2 表出;又由方程(27)或者方程(35)可能将变量 ξ_1, ξ_2 用 w_1 或 w_2 表出;最后,方程(Ⅱ)容许将 γ'', r 也用 w_1, w_2 表出.这样,我们便总可以用 w_1, w_2 表出问题中的一切变量.

C·B·柯瓦列夫斯卡雅方程(34)在以后具有主导的价值,它可以写成

$$(x_1 - x_2)^2 w^2 - 2R(x_1,x_2)w - R_1(x_1,x_2) = 0 \tag{37}$$

的形式,叫它的左边做 $Q(w,x_1,x_2)$,从而

$$Q(w,x_1,x_2) = (x_1 - x_2)^2 w^2 - 2R(x_1,x_2)w - R_1(x_1,x_2)$$

现在我们证明,Q 关于 w,x_1,x_2 每个变量而言,都是二次的多项式.

关于 w 是显然的;另一方面

$$R_1(x_1,x_2) = -6l_1 x_1^2 x_2^2 - (c^2 - k^2)(x_1 + x_2)^2 -$$
$$4lc(x_1 + x_2)x_1 x_2 + 6l_1(c^2 - k^2) - 4l^2 c^2$$

又

$$R(x_1,x_2) = Ex_1 x_2 + F(x_1 + x_2) + G$$
$$= [6l_1 - (x_1 + x_2)^2]x_1 x_2 + [2cd +$$
$$x_1 x_2(x_1 + x_2)](x_1 + x_2) + [c^2 - k^2 - x_1^2 x_2^2]$$

或者

$$R(x_1,x_2) = -x_1^2 x_2^2 + 6l_1 x_1 x_2 + 2cd(x_1 + x_2) + (c^2 - k^2) \tag{38}$$

349

$$\mathcal{V} = -\left(\frac{m_1 m_2}{r_{12}} + \frac{m_2 m_3}{r_{23}} + \frac{m_3 m_1}{r_{31}}\right)$$

于是

$$Q(w,x_1,x_2)=(x_1-x_2)^2w^2-2[-x_1^2x_2^2+6l_1x_1x_2+2cl(x_1+x_2)+$$
$$(c^2-l^2)]w-[-6l_1x_1^2x_2^2-(c^2-k^2)(x_1+x_2)^2-$$
$$4cl(x_1+x_2)x_1x_2+6l_1(c^2-k^2)-4l^2c^2] \tag{39}$$

由此便推出了关于 x_1,x_2 的断语.

这样,提出一个或另一个变量时,我们便可以将 $Q(w,x_1,x_2)$ 写成下列三种形式

$$\begin{cases} Q(w,x_1,x_2)=Kw^2+Lw+N \\ Q(w,x_1,x_2)=K_1x_1^2+L_1x_1+N_1 \\ Q(w,x_1,x_2)=K_2x_2^2+L_2x_2+N_2 \end{cases} \tag{40}$$

其中 K,L,N 是 x_1,x_2 的多项式,K_1,L_1,N_1 是 x_2,w 的多项式,K_2,L_2,N_2 是 x_1,w 的多项式.

倘若在多项式 K_1,L_1,N_1 中提出 w 的最高项,那么便得到

$$\begin{cases} K_1=w^2+2x_2^2+\cdots \\ L_1=-2x_2w^2+\cdots \\ N_1=x_2^2w^2+\cdots \end{cases} \tag{41}$$

但 C·B·柯瓦列夫斯卡雅并不用 w_1,w_2 为基本的变量,而用两个与它们有关的数目 s_1,s_2

$$\begin{cases} s_1=w_1+3l_1 \\ s_2=w_2+3l_1 \end{cases} \tag{42}$$

在这种记号下

$$\left\{\sqrt{\xi_1}\frac{\sqrt{R(x_2)}}{x_1-x_2}+\sqrt{\xi_2}\frac{\sqrt{R(x_1)}}{x_1-x_2}\right\}^2=(s_1-3l_1+k)(s_2-3l_1-k)$$

或者令

$$e_4=3l_1-k, \quad e_5=3l_1+k \tag{43}$$

而得

$$\left\{\sqrt{\xi_1}\frac{\sqrt{R(x_2)}}{x_1-x_2}+\sqrt{\xi_2}\frac{\sqrt{R(x_1)}}{x_1-x_2}\right\}^2=(s_1-e_4)(s_2-e_5) \tag{44}$$

同样

$$\left\{\sqrt{\xi_1}\frac{\sqrt{R(x_2)}}{x_1-x_2}-\sqrt{\xi_2}\frac{\sqrt{R(x_1)}}{x_1-x_2}\right\}^2=(s_1-e_5)(s_2-e_4) \tag{45}$$

由方程(44)与(45)得

$$2\sqrt{\xi_1}\frac{\sqrt{R(x_2)}}{x_1-x_2}=\sqrt{(s_1-e_4)(s_2-e_5)}+\sqrt{(s_1-e_5)(s_2-e_4)} \tag{46}$$

又

$$2\sqrt{\xi_2}\,\frac{\sqrt{R(x_1)}}{x_1-x_2}=\sqrt{(s_1-e_4)(s_2-e_5)}-\sqrt{(s_2-e_5)(s_2-e_4)} \qquad (47)$$

此时方程(35)可以用 s_1,s_2 写成如下的形式

$$\begin{cases} 2\,\dfrac{\sqrt{R(x_1)}\,\sqrt{R(x_2)}}{(x_1-x_2)^2}=-(s_1-s_2) \\[3mm] 2\,\dfrac{R(x_1,x_2)}{(x_1-x_2)^2}=s_1+s_2-6l_1 \end{cases} \qquad (48)$$

§4 x_1,x_2 的微分方程

因为我们提出的问题,是要将问题中所有的变量都用 s_1,s_2 表出,所以下面一步便要作出 s_1,s_2 的微分方程来.

我们取 §1 方程(1) 作为出发的方程

$$\begin{cases} 2\,\dfrac{\mathrm{d}p}{\mathrm{d}t}=qr \\[3mm] 2\,\dfrac{\mathrm{d}q}{\mathrm{d}t}=-pr-c\gamma'' \end{cases} \qquad (49)$$

注意到 $x_1=p+q\mathrm{i}$ 与 $x_2=p-q\mathrm{i}$,则由(49)可以得到 x_1,x_2 的方程.

因为由方程组(49)可知

$$2\,\frac{\mathrm{d}}{\mathrm{d}t}(p+q\mathrm{i})=qr-pr\mathrm{i}-c\mathrm{i}\gamma''$$

也就是

$$2\,\frac{\mathrm{d}}{\mathrm{d}t}(p+q\mathrm{i})=-\mathrm{i}r(p+q\mathrm{i})-c\mathrm{i}\gamma''$$

同样

$$2\,\frac{\mathrm{d}}{\mathrm{d}t}(p-q\mathrm{i})=\mathrm{i}r(p-q\mathrm{i})+c\mathrm{i}\gamma''$$

故得下列方程

$$\begin{cases} 2\,\dfrac{\mathrm{d}x_1}{\mathrm{d}t}=-\mathrm{i}(rx_1+c\gamma'') \\[3mm] 2\,\dfrac{\mathrm{d}x_2}{\mathrm{d}t}=\mathrm{i}(rx_2+c\gamma'') \end{cases} \qquad (50)$$

但 $rx_1+c\gamma'',rx_2+c\gamma''$ 的表达式可以由 §2 方程(13) 找出来

$$r^2=6l_1+\xi_1+\xi_2-(x_1+x_2)^2=E+\xi_1+\xi_2$$

$$c\gamma''=2l-x_2\xi_1-x_1\xi_2+x_1x_2(x_1+x_2)=F-x_2\xi_1-x_1\xi_2$$

$$c^2\gamma''^2=c^2-k^2+x_2^2\xi_1+x_1^2\xi_2-x_1^2x_2^2=G+x_2^2\xi_1+x_1^2\xi_2$$

由这些方程即可推出

$$\mathscr{V}=-\left(\frac{m_1m_2}{r_{12}}+\frac{m_2m_3}{r_{23}}+\frac{m_3m_1}{r_{31}}\right)$$

$$r^2 x_1^2 + 2rx_1 c\gamma'' + c^2 \gamma''^2 = Ex_1^2 + 2Fx_1 + G + \xi_1(x_1^2 - 2x_1 x_2 + x_2^2)$$

也就是

$$(rx_1 + c\gamma'')^2 = R(x_1) + \xi_1(x_1 - x_2)^2 \tag{51}$$

$$(rx_2 + c\gamma'')^2 = R(x_2) + \xi_2(x_1 - x_2)^2 \tag{52}$$

由 §3(48) 中的第一个方程得

$$4\frac{R(x_1)R(x_2)}{(x_1 - x_2)^4} = (s_1 - s_2)^2 \tag{53}$$

所以

$$R(x_1) = \frac{(s_1 - s_2)^2 (x_1 - x_2)^4}{4R(x_2)}$$

因此

$$(rx_1 + c\gamma'')^4 = \frac{(x_1 - x_2)^4}{4R(x_2)}\left[(s_1 - s_2)^2 + \frac{4\xi_1 R(x_2)}{(x_1 - x_2)^2}\right]$$

但由 §3 方程(46) 知

$$\frac{4\xi_1 R(x_2)}{(x_1 - x_2)^2} = [\sqrt{(s_1 - e_4)(s_2 - e_5)} + \sqrt{(s_1 - e_5)(s_2 - e_4)}]^2$$

又由方程(53) 知

$$\frac{(x_1 - x_2)^4}{4R(x_2)} = \frac{R(x_1)}{(s_1 - s_2)^2}$$

所以

$$(rx_1 + c\gamma''_1)^2 = \frac{R(x_1)}{(s_1 - s_2)^2}\{(s_1 - s_2)^2 + $$
$$[\sqrt{(s_1 - e_4)(s_2 - e_5)} + \sqrt{(s_1 - e_5)(s_2 - e_4)}]^2\}$$

但

$$(s_1 - s_2)^2 + [\sqrt{(s_1 - e_4)(s_2 - e_5)} + \sqrt{(s_2 - e_4)(s_1 - e_5)}]^2$$
$$= s_1^2 - 2s_1 s_2 + s_2^2 + s_1 s_2 - s_1 e_5 - s_2 e_4 + e_4 e_5 + s_1 s_2 - $$
$$s_1 e_4 - s_2 e_5 + e_4 e_5 + 2\sqrt{(s_1 - e_4)(s_1 - s_5)(s_2 - e_4)(s_2 - e_5)}$$
$$= (s_1^2 - s_1 e_4 - s_1 e_5 + e_4 e_5) + (s_2^2 - s_2 e_4 - s_2 e_5 + e_4 e_5) + $$
$$2\sqrt{(s_1 - e_4)(s_1 - e_5)(s_2 - e_4)(s_2 - e_5)}$$
$$= [(s_1 - e_4)(s_1 - e_5) + \sqrt{(s_2 - e_4)(s_2 - e_5)}]^2$$

于是最后便得到

$$(rx_1 + c\gamma'')^2 = \frac{R(x_1)}{(s_1 - s_2)^2}[\sqrt{(s_1 - e_4)(s_1 - e_5)} + \sqrt{(s_2 - e_4)(s_1 - e_5)}]^2 \tag{54}$$

同样可得

$$(rx_2 + c\gamma'')^2 = \frac{R(x_2)}{(s_1 - s_2)^2}\left[\sqrt{(s_1 - e_4)(s_2 - e_5)} - \sqrt{(s_2 - e_4)(s_1 - e_5)}\right]^2$$

$$\tag{55}$$

由此便可以得到表达式

$$2\frac{\mathrm{d}x_1}{\mathrm{d}t} = -\mathrm{i}\frac{\sqrt{R(x_1)}}{s_1 - s_2}\left[\sqrt{(s_1 - e_4)(s_1 - e_5)} + \sqrt{(s_2 - e_4)(s_2 - e_5)}\right] \tag{56}$$

$$2\frac{\mathrm{d}x_2}{\mathrm{d}t} = \mathrm{i}\frac{\sqrt{R(x_2)}}{s_1 - s_2}\left[\sqrt{(s_1 - e_4)(s_1 - e_5)} - \sqrt{(s_2 - e_4)(s_2 - e_5)}\right] \tag{57}$$

<h2>§5　s_1, s_2 的微分方程</h2>

由 §4 的方程(56),(57) 可知

$$\frac{\mathrm{d}x_1}{\sqrt{R(x_1)}} + \frac{\mathrm{d}x_2}{\sqrt{R(x_2)}} = -\mathrm{i}\frac{\sqrt{(s_2 - e_4)(s_2 - e_5)}}{s_1 - s_2}\mathrm{d}t \tag{58}$$

$$\frac{\mathrm{d}x_1}{\sqrt{R(x_1)}} - \frac{\mathrm{d}x_2}{\sqrt{R(x_2)}} = \mathrm{i}\frac{\sqrt{(s_1 - e_4)(s_1 - e_5)}}{s_1 - s_2}\mathrm{d}t \tag{59}$$

我们现在证明,方程(58),(59) 的左边可以用 s_1, s_2 表出来. C·B·柯瓦列夫斯卡雅所给出的这个命题的证法,是与椭圆函数的加法定理有关系的.

得出这种关系式的最简单的方法如下:

我们考虑 C·B·柯瓦列夫斯卡雅的基本方程

$$Q(w, x_1, x_2) = 0 \tag{60}$$

其中

$$Q(w, x_1, x_2) = (x_1 - x_2)^2 w^2 - 2R(x_1, x_2)w - R_1(x_1, x_2) \tag{61}$$

而

$$R(x_1, x_2) = -x_1^2 x_2^2 + 6l_1 x_1 x_2 + 2lc(x_1 + x_2) + c^2 - k^2 \tag{62}$$

$$R_1(x_1, x_2) = -6l_1 x_1^2 x_2^2 - (c^2 - k^2)(x_1 + x_2)^2 - $$
$$4clx_1 x_2(x_1 + x_2) + 6l_1(c^2 - k^2) - 4c^2 l^2 \tag{63}$$

由按 x_1, x_2 决定 w 的方程(60) 可得

$$\frac{\partial Q}{\partial w}\mathrm{d}w + \frac{\partial Q}{\partial x_1}\mathrm{d}x_1 + \frac{\partial Q}{\partial x_2}\mathrm{d}x_2 = 0 \tag{64}$$

现在我们来找 $\dfrac{\partial Q}{\partial w}, \dfrac{\partial Q}{\partial x_1}, \dfrac{\partial Q}{\partial x_2}$,由方程(61) 可得

$$\frac{\partial Q}{\partial w} = 2(x_1 - x_2)^2 w - 2R(x_1, x_2)$$

于是

$$\left(\frac{\partial Q}{\partial w}\right)^2 = 4(x_1 - x_2)^2\left[(x_1 - x_2)^2 w^2 - 2R(x_1, x_2)w\right] + 4R(x_1, x_2)^2$$

$$\mathscr{V} = -\left(\frac{m_1 m_2}{r_{12}} + \frac{m_2 m_3}{r_{23}} + \frac{m_3 m_1}{r_{31}}\right)$$

但由方程(60) 知

$$(x_1 - x_2)^2 w^2 - 2R(x_1, x_2)w = R_1(x_1, x_2)$$

所以上式可以写成

$$\left(\frac{\partial Q}{\partial w}\right)^2 = 4(x_1 - x_2)^2 R_1(x_1, x_2) + 4R(x_1, x_2)^2$$

又由 §3 的等式(20) 知

$$R(x_1)R(x_2) - R(x_1, x_2)^2 = (x_1 - x_2)^2 R_1(x_1, x_2)$$

故有

$$\left(\frac{\partial Q}{\partial w}\right)^2 = 4R(x_1)R(x_2)$$

从而

$$\frac{\partial Q}{\partial w} = 2\sqrt{R(x_1)}\,\sqrt{R(x_2)} \tag{65}$$

方程(65) 定出 w_1, w_2 两个值. 此时由 §3 的等式(32),(33) 可知,对于 w_1 中的根式之积取负号,而对 w_2 取正号.

仿此可以求出 $\frac{\partial Q}{\partial x_1}$. 因为我们可以写(参看 §3 的等式(41))

$$Q(w, x_1, x_2) = K_1 x_1^2 + L_1 x_1 + N_1 \tag{66}$$

故

$$\frac{\partial Q}{\partial x_1} = 2K_1 x_1 + L_1$$

从而

$$\left(\frac{\partial Q}{\partial x_1}\right)^2 = 4K_1 [K_1 x_1^2 + L_1 x_1] + L_1^2$$

又由方程(66) 知

$$K_1 x_1^2 + L_1 x_1 = -N_1$$

所以

$$\left(\frac{\partial Q}{\partial x_1}\right)^2 = L_1^2 - 4K_1 N_1$$

注意到 L_1, K_1 是 w 与 x_2 的二次多项式,我们便可以看出 $\left(\frac{\partial Q}{\partial x}\right)^2$ 是 w 与 x_2 的四次多项式;但易于证明,这个多项式关于 w 是三次的. 事实上,由 §3 方程(39) 可得

$$K_1 = w^2 + 2x_2^2 w + \cdots$$
$$L_1 = -2x_2 w^2 - (12l_1 x_2 + 4cl)w + \cdots$$
$$N_1 = x_2^2 w^2 - [4lcx_2 + 2(c^2 - k^2)]w + \cdots$$

故有

$$L_1^2 - 4K_1N_1 = 8w^3\left[-x_2^4 + 6l_1x_2^2 + 4lcx_2 + (c^2 - k^2)\right] + w^2[\cdots] + \cdots$$

从而

$$\left(\frac{\partial Q}{\partial x_1}\right)^2 = 8R(x_2)w^3 + \cdots \tag{67}$$

这样，$\left(\dfrac{\partial Q}{\partial x_1}\right)^2$ 便是 w 的三次多项式，而关于 x_2 是四次多项式.

现在我们证明，对于多项式 $R(x)$ 的所有四个根，$\left(\dfrac{\partial Q}{\partial x_1}\right)^2$ 都等于零.事实上，由方程 $Q(w, x_1, x_2) = 0$ 可知，如果 $R(x_1) = 0$（或者 $R(x_2) = 0$），那么 $w_1 = w_2$，而

$$Q(w, x_1, x_2) = (x_1 - x_2)^2\left[w - \frac{R(x_1, x_2)}{(x_1 - x_2)^2}\right]^2$$

（参看 §3 的方程(32)与(33)）.

但此时如果 Q 是 w, x_1, x_2 的某个多项式的完全平方，那么多项式 $K_1x_1^2 + L_1x_1 + N_1$ 显然也是完全平方，从而 $\left(\dfrac{\partial Q}{\partial x_1}\right)^2 = 0$.这样，$\left(\dfrac{\partial Q}{\partial x_1}\right)^2$ 便可以用 $R(x_2)$ 整除——对于第一项而言，此事可以由等式(67)看出来，于是

$$\left(\frac{\partial Q}{\partial x_1}\right)^2 = R(x_2)\varphi(w, x_2)$$

但多项式 $\varphi(w, x_2)$ 不能包含 x_2，因为 $\left(\dfrac{\partial Q}{\partial x_1}\right)^2$ 关于 x_2 是四次的多项式，而 $\varphi(w, x_2)$ 是 $\left(\dfrac{\partial Q}{\partial x_1}\right)^2$ 除以 $R(x_2)$ 所得的商，所以它仅仅是 w 的多项式.

于是

$$\left(\frac{\partial Q}{\partial x_1}\right)^2 = L_1^2 - 4K_1N_1 = R(x_2)\varphi(w) \tag{68}$$

其中 $\varphi(w)$ 是 w 的三次多项式.

同样也有

$$\left(\frac{\partial Q}{\partial x_2}\right)^2 = R(x_1)\varphi(w) \tag{69}$$

而此式由 Q 关于 x_1, x_2 的对称性是可以直接看出来的.

这样，等式(64)便可以写成

$$2dw\sqrt{R(x_1)}\sqrt{R(x_2)} + dx_1\sqrt{R(x_2)}\sqrt{\varphi(w)} + dx_2\sqrt{R(x_1)}\sqrt{\varphi(w)} = 0$$

或者

$$2\frac{dw}{\sqrt{\varphi(w)}} + \frac{dx_1}{\sqrt{R(x_1)}} + \frac{dx_2}{\sqrt{R(x_2)}} = 0 \tag{70}$$

我们注意到，对于 w_1 而言，根式 $\sqrt{R(x_1)}$ 与 $\sqrt{R(x_2)}$ 的符号是相反的，而对于

$$\mathscr{V} = -\left(\frac{m_1m_2}{r_{12}} + \frac{m_2m_3}{r_{23}} + \frac{m_3m_1}{r_{31}}\right)$$

w_2 是相同的,故取 $\sqrt{\varphi(w)}$ 的适当的符号时,便得到等式

$$\begin{cases} -\dfrac{\mathrm{d}x_1}{\sqrt{R(x_1)}} + \dfrac{\mathrm{d}x_2}{\sqrt{R(x_2)}} = 2\dfrac{\mathrm{d}w_1}{\sqrt{\varphi(w_1)}} \\[3mm] \dfrac{\mathrm{d}x_1}{\sqrt{R(x_1)}} + \dfrac{\mathrm{d}x_2}{\sqrt{R(x_2)}} = 2\dfrac{\mathrm{d}w_2}{\sqrt{\varphi(w_2)}} \end{cases} \tag{71}$$

于是利用方程(56),(59),并注意到 $\mathrm{d}w_1 = \mathrm{d}s_1$,$\mathrm{d}w_2 = \mathrm{d}s_2$,而多项式 $\varphi(w) = \varphi(s - 3l_1) = \varphi_1(s)$,其中 φ_1 是 s 的三次多项式,则得

$$2\frac{\mathrm{d}s_1}{\sqrt{\varphi_1(s_1)}} = -\mathrm{i}\frac{\sqrt{(s_1 - e_4)(s_1 - e_5)}}{s_1 - s_2}\mathrm{d}t$$

$$2\frac{\mathrm{d}s_2}{\sqrt{\varphi_1(s_2)}} = -\mathrm{i}\frac{\sqrt{(s_2 - e_4)(s_2 - e_5)}}{s_1 - s_2}\mathrm{d}t$$

或者令

$$\varphi_1(s)(s - e_4)(s - e_5) = \Phi(s)$$

其中 $\Phi(s)$ 是 s 的五次多项式,则有

$$2\frac{\mathrm{d}s_1}{\sqrt{\Phi(s_1)}} = \mathrm{i}\frac{\mathrm{d}t}{s_1 - s_2} \tag{72}$$

$$2\frac{\mathrm{d}s_2}{\sqrt{\Phi(s_2)}} = -\mathrm{i}\frac{\mathrm{d}t}{s_1 - s_2} \tag{73}$$

而由方程(72),(73)可得最后的结果如下

$$\frac{\mathrm{d}s_1}{\sqrt{\Phi(s_1)}} + \frac{\mathrm{d}s_2}{\sqrt{\Phi(s_2)}} = 0 \tag{74}$$

$$\frac{s_1\,\mathrm{d}s_1}{\sqrt{\Phi(s_1)}} + \frac{s_2\,\mathrm{d}s_2}{\sqrt{\Phi(s_2)}} = \frac{\mathrm{i}}{2}\mathrm{d}t \tag{75}$$

于是事情便归结于下面的问题:积分(74),(75)两个方程,由此将 s_1,s_2 用 t 表出,然后利用 s_1,s_2 即可将问题中的所有一切变量都用 t 表出来.

由后添因子的理论可知,消去 $\mathrm{d}t$ 并利用问题的四个第一积分,便可以将方程组的积分法化为一个方程的积分法,而这个方程是全微分方程. 我们知道,方程(74)显然正是按照雅可比定理所必须存在的这个方程.

§6　一般的结论

由本章的研究可知,在 C·B·柯瓦列夫斯卡雅的情形下,运动方程的积分法的问题比古典情形要复杂多. 像在古典的情形下方程的积分法归结于椭圆积分的反转一样,在 C·B·柯瓦列夫斯卡雅的情形中,问题归结于下列方程的积分法

$$\begin{cases} \dfrac{\mathrm{d}s_1}{\sqrt{\varPhi(s_1)}} + \dfrac{\mathrm{d}s_2}{\sqrt{\varPhi(s_2)}} = 0 \\[3mm] \dfrac{s_1\,\mathrm{d}s_1}{\sqrt{\varPhi(s_1)}} + \dfrac{s_2\,\mathrm{d}s_2}{\sqrt{\varPhi(s_2)}} = \dfrac{\mathrm{i}}{2}\mathrm{d}t \end{cases} \tag{76}$$

令变量 s_1 与 s_2 在初始时刻 t_0 的值为 s_{10}, s_{20},则方程(76)也可以写成

$$\begin{cases} \displaystyle\int_{s_{10}}^{s_1} \dfrac{\mathrm{d}s_1}{\sqrt{\varPhi(s_1)}} + \int_{s_{20}}^{s_2} \dfrac{\mathrm{d}s_2}{\sqrt{\varPhi(s_2)}} = 0 \\[4mm] \displaystyle\int_{s_{10}}^{s_1} \dfrac{s_1\,\mathrm{d}s_1}{\sqrt{\varPhi(s_1)}} + \int_{s_{20}}^{s_2} \dfrac{s_2\,\mathrm{d}s_2}{\sqrt{\varPhi(s_2)}} = \dfrac{\mathrm{i}}{2}(t - t_0) \end{cases} \tag{77}$$

因此,欲解所提出的问题,必须由方程(77)求出变量 s_1, s_2 为 t 的函数. 而前面已经证明, $\varPhi(s)$ 是五次的多项式.

在一般情形下,形式如

$$\int R(x, \sqrt{P(x)})\,\mathrm{d}x$$

的积分,其中 R 是 x 与 $w = \sqrt{P(x)}$ 的有理函数,而 $P(x)$ 是高于四次的多项式,通常叫作超椭圆积分;特别,如果 $P(x)$ 是五次或者六次的多项式,那么这种积分便叫作外椭圆积分. 这样 C·B·柯瓦列夫斯卡雅问题的解法,便归结于方程组(77)所决定的外椭圆积分的反转法.

于是在上面所讲过的一切情形下,重刚体的运动微分方程的积分法都可以化为椭圆积分或者外椭圆积分的反转的问题,下面各章便要讲这个问题.

$$\mathscr{V} = -\left(\frac{m_1 m_2}{r_{12}} + \frac{m_2 m_3}{r_{23}} + \frac{m_3 m_1}{r_{31}}\right)$$

运动方程的积分法的某些特殊情形

第五章

§1　一般的研究方向

　　С·В·柯瓦列夫斯卡雅在解决重刚体绕不动点的运动问题时所得到的惊人的成功，引起了学者们对于这个古典问题的更大的注意；因而出现了许多俄国的与外国的讨论这个问题的著作，但这些著作就研究方向而方，却与С·В·柯瓦列夫斯卡雅的著作根本不同.

　　像以前各章所指出的，С·В·柯瓦列夫斯卡雅的研究，是建立在下面两个基本的意图上面的.

　　第一，欧拉－卜安索及拉格朗日－普瓦松的古典情形所指导，或者与它们相仿，或者利用关于方程可以用幂级数来完全求积的一般论断，С·В·柯瓦列夫斯卡雅提出了纯粹解析的问题：求出所有这种情形，使得运动方程的通积分是 t 的逊整函数，从而可以写成两个幂级数的商，而这两个幂级数在复变量 t 的整个平面内都收敛. 这种问题的提出对于力学来讲完全不是平常的，它是微分方程的解析理论的观念的应用的一个典型的例子. 由于解决这样提出来的问题，使С·В·柯瓦列夫斯卡雅找出了一个与以前所知道的情形不相同的情形，并以她命名.

　　第二，因为在С·В·柯瓦列夫斯卡雅所发现的新情形下，运动方程除了有力学问题所常有的三个第一积分以外，还有第四个积分，所以此时便可以应用雅可比的后添因子的理论. 利用非常有效的变换（并且它是在相当的程度以内应用了椭圆函

数论的关系式而作成的),C·B·柯瓦列夫斯卡雅将她所研究的情形下的运动方程的积分法归到超椭圆积分的反转法问题.这种研究的第二部分具有力学中所常有的性质,而且经常可以应用于动力学方程的积分法中.

后来在这部门里工作的学者们,都集中全力到 C·B·柯瓦列夫斯卡雅的研究的第二方面,而将第一方面忽略了 —— 这方面可能是 C·B·柯瓦列夫斯卡雅的最重要的观念.这种观点的特性是,关于 C·B·柯瓦列夫斯卡雅在发现她的新情形时所走的途径完全不提,甚至于在理论力学的详细的教程里也是如此;在这种书内,"C·B·柯瓦列夫斯卡雅情形"之所以被提出来,只是因为在这种情形下运动方程具有第四个第一积分[①].这样,C·B·柯瓦列夫斯卡雅的深奥的观念在以后的学者的工作中便没有得到发展,而 C·B·柯瓦列夫斯卡雅所提出的问题,只限于狭小而有限的范围.另一方面,更惊人的是,在另一个古典力学问题 —— 著名的三体问题 —— 的领域内,后半个世纪所获得的成就,正是由于微分方程的解析理论的方法的应用,也就是说,科学的发展正是沿着这个途径上行走的,这个途径便是 C·B·柯瓦列夫斯卡雅在关于重刚体绕不动点运动的问题中所指出的天才的路径.

在 C·B·柯瓦列夫斯卡雅的著作以后,这个领域里面的其他著作都朝着一个方向:找出此种情形,使重刚体的运动方程组具有附加的第四个积分,当决定运动的初始条件是任意的时候或者受到某些限制的时候.

在所有的古典情形下,包括 C·B·柯瓦列夫斯卡雅的情形在内,第四个积分都是由未知函数所成的多项式.因此自然便提出了一个问题:找出刚体绕不动点运动的所有一切情形,使得基本方程组具有一个代数积分,而且与已知的动力积分和几何积分都不相同.这个问题是 H.庞加莱最先提出来的.他在某些一般的假设之下,证明了动力学的一般方程并没有代数的甚至于超越的第一积分,除了古典的积分以外.其后,在 R·刘维尔、尤森与布尔加提诸家的研究中,又证明了:只有在上面所作过的欧拉、拉格朗日与柯瓦列夫斯卡雅的情形下,才有代数的第一积分存在[②].

这样,便得到了下面的美妙的结果:重刚体绕不动点的运动的微分方程,只有当它的通解是亚整函数的时候才有四个代数的第一积分.

由这个结果自然又引起了下面的问题:在微分方程论里面是否也有这样的一般定理:如果通积分是亚整函数的话,那么方程组便有代数的第一积分.但我

---

① 例如参看. Суслов Г. К. Теоретическая механика(Гостехиздат,1944);也可以参看 Appell P., Traité de Mecanique rationelle, T. 11.

② 在下面的论文中对于这个问题有很好的叙述:Полубаринова Кочина Н. Я.《Об однозначных решениях и алгебраических интегралах задачи о вращении тяжелого твердого тела около неподвижной точки》(сборник《Движение твердого тела вокруг неподвижной точкн》. Издво АН СССР,1940).

$$V = -\left(\frac{m_1 m_2}{r_{12}} + \frac{m_2 m_3}{r_{23}} + \frac{m_3 m_1}{r_{31}}\right)$$

们易于证明,并没有这样的一般定理,因而上面所得的结果便与微分方程的偶然的特殊形式有关,事实上,班勒卫曾经证明,微分方程

$$y'' = 6y^2 + x$$

的积分是亚整函数,但这个方程并没有形式如

$$P(y', y, x) = 0$$

的第一积分,其中 P 是多项式.

此外我们也可以看到,反过来说,也可能有这种情形:存在着四个代数的特积分,但一般方程的对应解并不是亚整函数.

在这种方向的进一步的研究,是要找出刚体绕不动点运动的特殊情形,使得运动方程组具有与三个古典积分不同的第一积分,当初始条件受到某种限制的时候.本章将要讨论具有受限制的初始条件的运动的几个最有趣的情形.

§2 赫斯 — 阿别里罗特情形

在第二章中,当我们找出不含临界奇点的方程时,曾经指出了这样的方程的情形,使得下列条件成立的

$$y_0 = 0, \quad x_0 \sqrt{A(B-C)} + z_0 \sqrt{C(A-B)} = 0 \tag{1}$$

Γ·Γ·阿别里罗特曾用 С·В·柯瓦列夫斯卡雅的方法而在一般情形之下找出这一类方程,并且证明了,在条件(1)之下,方程的积分是有运动的极点的.又在以后的研究中,证明了一点:在此种情形下,方程的积分具有运动的超越奇点,从而不包括在具有单值通积分的方程类里面(参看第二章 §5).

但在 Γ·Γ·阿别里罗特的研究以前,W·赫斯已经指出了在条件(1)之下的运动的特殊情形,使得有第四个代数的积分存在[1].欲导出赫斯的积分,可用如下的方法.

在条件(1)之下,基本主程具有下面的形式

$$A \frac{\mathrm{d}p}{\mathrm{d}t} + (C-B)qr = -Mgz_0\gamma'$$

$$B \frac{\mathrm{d}q}{\mathrm{d}t} + (A-C)rp = Mg(z_0\gamma - x_0\gamma'')$$

$$C \frac{\mathrm{d}r}{\mathrm{d}t} + (B-A)pq = Mgx_0\gamma'$$

由第一个与第三个方程消去 γ',则得

---

[1]　Hess W. , Ueber die Euler'schen Bewegungsgleichungen und über eine neue particuläre Lösung des Problems der Bewegung eines starren Körpers um einen festen Punkt. Math. Ann. , T. 37, No. 2, стр. 178 ～ 180, 1890.

$$Ax_0 \frac{\mathrm{d}p}{\mathrm{d}t} + Cz_0 \frac{\mathrm{d}r}{\mathrm{d}t} = q[(B-C)x_0 r + (A-B)z_0 p] \qquad (2)$$

但由条件(1)知

$$\frac{B-C}{Cz_0^2} = \frac{A-B}{Ax_0^2} = k$$

所以

$$B-C = kCz_0^2, \quad A-B = kAx_0^2$$

于是方程(2)便可以写成

$$\frac{\mathrm{d}}{\mathrm{d}t}[Ax_0 p + Cz_0 r] = kqx_0 z_0 [Ax_0 p + Cz_0 r] \qquad (3)$$

的形式,方程(3)有一个特殊积分

$$Ax_0 p + Cz_0 r = 0 \qquad (4)$$

方程(4)便是赫斯所给出的运动方程的特殊积分.

赫斯的积分与欧拉、拉格朗日、柯瓦列夫斯卡雅等情形中的第四个积分有本质上的不同,因为此时对于运动的初始速度给了附加的条件,而在古典的情形中,附加条件仅仅是对于物体中的质量分布而作的.事实上,用 p_0, q_0, r_0 代表初始角速度在坐标轴上的分量,则由方程(4)得

$$Ax_0 p_0 + Cz_0 r_0 = 0 \qquad (5)$$

而由方程(3)可知,当条件(5)成立时方程(4)也成立.事实上,将方程(3)积分可得

$$Ax_0 p + Cz_0 r = Ke^{kx_0 z_0 \int_0^t q\mathrm{d}t}$$

其中 K 是常数;而当条件(5)成立时 $K=0$,从而方程(4)成立.

这种情形也是很重要的,因为它是所有各种古典情形的推广.事实上,如果在条件(1)中令 $A=B$,则当 $x_0=0$ 时即可由此得出拉格朗日的情形,而当 $A=B=C$ 时可以得到动力对称的情形,最后,条件(1)也可以被 $x_0=y_0=z_0=0$ 的假设所满足,而这就得到了欧拉的情形.

这样,所有的古典情形都可以看作阿别里罗特-赫斯情形的蜕化.

我们不难证明,上面所得到的积分,也可以由第一章 §7 所作出的赫斯-希弗形式的运动方程找出来.

事实上,在所论的情形下,用赫斯的记号时,第四个积分便是

$$\rho = Ax_0 p + Cz_0 r = 0$$

因为 $y_0 = 0$. 于是在所论的情形下,赫斯方程

$$\left(\frac{1}{2Mg}\frac{\mathrm{d}v}{\mathrm{d}t}\right)^2 = \begin{vmatrix} \delta^2 & \mu & \rho \\ \mu & 1 & C_2 \\ \rho & C_2 & \nu \end{vmatrix} \qquad (6)$$

$$\mathscr{V} = -\left(\frac{m_1 m_2}{r_{12}} + \frac{m_2 m_3}{r_{23}} + \frac{m_3 m_1}{r_{31}}\right)$$

$$\left(\frac{\mathrm{d}\varrho}{\mathrm{d}t}\right)^2 = \begin{vmatrix} \delta^2 & \rho & \sigma \\ \rho & \nu & \mu_1 \\ \sigma & \mu_1 & \tau \end{vmatrix} \tag{7}$$

$$(\nu\delta^2 - \rho^2)\frac{\mathrm{d}\mu}{\mathrm{d}t} = (\mu_1\delta^2 - \rho\sigma)\frac{1}{2Mg}\frac{\mathrm{d}\nu}{\mathrm{d}t} + (C_2\delta^2 - \mu\rho)\frac{\mathrm{d}\varrho}{\mathrm{d}t}$$

便有特殊解，而且 $\rho = 0$.

这里引用了第一章 §7 的记号，也就是

$$\begin{cases} \nu = A^2 p^2 + B^2 q^2 + C^2 r^2 \\ \mu = \dfrac{Ap^2 + Bq^2 + Cr^2}{2Mg} = \gamma x_0 + \gamma' y_0 + \gamma'' z_0 + \dfrac{C_1}{2Mg} \\ \rho = Ax_0 p + By_0 q + Cz_0 r \\ \tau = p^2 + q^2 + r^2 \\ \sigma = px_0 + qy_0 + rz_0 \\ \mu_1 = 2Mg\mu = Ap^2 + Bq^2 + Cr^2 \end{cases} \tag{8}$$

当 $\rho = 0$ 时，方程组可以一直求积到底. 我们首先证明，此时方程 (7) 成立，而为了方便起见，此式可以用方程

$$\frac{\mathrm{d}\varrho}{\mathrm{d}t} = \begin{vmatrix} x_0 & y_0 & z_0 \\ Ap & Bq & Cr \\ p & q & r \end{vmatrix} \tag{9}$$

来代替 —— 取这个方程的平方便得到方程 (7).

在目前的情形下，由于 $y_0 = 0$ 与 $\rho = 0$ 的条件，方程 (9) 便成为

$$\begin{vmatrix} x_0 & 0 & z_0 \\ Ap & B & Cr \\ p & 1 & r \end{vmatrix} = 0 \tag{10}$$

现在我们证明，由于条件 $\rho = 0$ 与方程 (4)，可以使方程 (10) 完全成立.

事实上，我们有

$$\begin{vmatrix} x_0 & 0 & z_0 \\ Ap & B & Cr \\ p & 1 & r \end{vmatrix} = x_0 r (B - C) + z_0 p (A - B)$$

但由等式 $\rho = Apx_0 + Cz_0 = 0$ 可得

$$\frac{r}{Ax_0} = -\frac{p}{Cz_0} = k_1$$

所以表达式 (10) 便可以写成

$$\begin{vmatrix} x_0 & 0 & z_0 \\ Ap & B & Cr \\ p & 1 & r \end{vmatrix} = k_1 \{x_0^2 A (B - C) - z_0^2 C (A - B)\}$$

的形式,而由条件(1)

$$x_0 \sqrt{A(B-C)} + z_0 \sqrt{C(A-B)} = 0$$

可知,上面所得到的等式的右边等于零.

于是方程(9)便成立,从而方程(7)也成立.

在条件 $\rho = 0$ 之下,赫斯的其余两个方程具有如下的形式

$$\left[\frac{1}{2Mg}\frac{\mathrm{d}\nu}{\mathrm{d}t}\right]^2 = \begin{vmatrix} \delta^2 & \mu & 0 \\ \mu & 1 & C_2 \\ 0 & C_2 & \nu \end{vmatrix} \tag{11}$$

$$\frac{\mathrm{d}\mu}{\mathrm{d}t} = \mu_1 \frac{1}{2Mg}\frac{\mathrm{d}\nu}{\mathrm{d}t} \tag{12}$$

这两个方程是易于求积分的,事实上,方程(12)可以写成

$$\nu\mathrm{d}\mu = \mu\mathrm{d}\nu$$

的形式,从而

$$\mu = c\nu \tag{13}$$

利用关系式(13),即可将方程(11)写成

$$\frac{\mathrm{d}\nu}{\sqrt{-C_1^2\delta^2 - \delta^2\nu - c^2\nu^3}} = 2Mg\,\mathrm{d}t \tag{14}$$

因此,ν 可能用椭圆积分的反转法求出来,从而 ν 便是 t 的椭圆函数,设

$$\nu = \Phi(t + C_1) \tag{15}$$

其中 Φ 是椭圆函数.

这样,我们便得到了赫斯方程的一组积分如下

$$\begin{cases} \mu = c\Phi(t + C_1) \\ \nu = \Phi(t + C_1) \\ \rho = 0 \end{cases} \tag{16}$$

但易于证明,这里有如此的情形:当已经知道了赫斯方程的积分完全组以后,我们并不能找出欧拉方程的积分完全组(参看第一章 §7).

事实上,欲将问题完全解决,必须由方程

$$\begin{cases} Ap^2 + Bq^2 + Cr^2 = \mu_1 \\ A^2 p^2 + B^2 q^2 + C^2 r^2 = \nu \\ Apx_0 + Bqy_0 + Crz_0 = \rho \end{cases} \tag{17}$$

中求出 p, q, r,知道了 p, q, r 以后再求 $\gamma, \gamma', \gamma''$. 在所论的情形下($y_0 = 0$),方程(17)可以写成如下的形式

$$\begin{cases} Ap^2 + Bq^2 + Cr^2 = \mu \\ A^2 p^2 + B^2 q^2 + C^2 r^2 = \nu \\ A^2 x_0^2 p^2 - C^2 z_0^2 r^2 = 0 \end{cases} \tag{18}$$

$$\mathscr{V} = -\left(\frac{m_1 m_2}{r_{12}} + \frac{m_2 m_3}{r_{23}} + \frac{m_3 m_1}{r_{31}}\right)$$

将 p^2, q^2, r^2 看作未知量, 则得方程组 (18) 的行列式如下

$$\begin{vmatrix} A & B & C \\ A^2 & B^2 & C^2 \\ A^2 x_0^2 & 0 & -C^2 z_0^2 \end{vmatrix} = -ABC\{x_0^2 A(B-C) - z_0^2 C(A-B)\} = 0 \quad (19)$$

这样, 在目前的情形下, 除了要找赫斯方程的全解以外, 还要找出欧拉方程的一个第一积分.

因为在赫斯的情形下有第四个代数积分存在, 所以由后添因子的理论可知, 问题可以归结于积分式. 但我们已经证明了, ν 可以用椭圆函数表示, 所以只需再找出一个第五个, 积分, 便可以将方程完全积分出来.

欲求这个第五个积分, 可以用如下的方法, 由赫斯积分

$$Ax_0 p + Cz_0 r = 0$$

可知

$$\frac{Ap}{z_0} = -\frac{Cr}{x_0} = u$$

从而

$$Ap = z_0 u, \quad Cr = -x_0 u \quad (20)$$

此外, 为了以后计算的对称化起见, 我们令

$$Bq = \delta \nu \quad (21)$$

其中 $\delta^2 = x^2 + y_0^2$. 现在仅开首两个欧拉方程, 而将它们写成

$$\begin{cases} A\dfrac{\mathrm{d}p}{\mathrm{d}t} = Bq \cdot r - Cr \cdot q - Mgz_0\gamma' \\ B\dfrac{\mathrm{d}q}{\mathrm{d}t} = Cr \cdot p - Ap \cdot r + Mg(z_0\gamma - x_0\gamma') \end{cases} \quad (22)$$

此外, 又取欧拉方程的第一积分的表达式

$$\gamma^2 + \gamma'^2 + \gamma''^2 = 1$$

$$x_0\gamma + z_0\gamma'' = \alpha = \frac{1}{2Mg}[Ap^2 + Bq^2 + Cr^2] - \frac{C_1}{2Mg}$$

$$Ap\gamma + Bq\gamma' + Cr\gamma'' = C_2 = \beta$$

并用第一章 §7 的方法, 由这些方程找出 $\gamma, \gamma', \gamma''$ 来. 此时

$$W = \begin{vmatrix} \gamma & \gamma' & \gamma'' \\ x_0 & 0 & z_0 \\ Ap & Bq & Cr \end{vmatrix} = \begin{vmatrix} \gamma & \gamma' & \gamma'' \\ x_0 & 0 & z_0 \\ z_0 u & \delta v & -x_0 u \end{vmatrix}$$

又

$$H = W^2 = \begin{vmatrix} 1 & \alpha & \beta \\ \alpha & \delta^2 & 0 \\ \beta & 0 & \delta^2(u^2 + v^2) \end{vmatrix}$$

而相应的余因子是

$$W_1 = -z_0 \delta v, \quad W_2 = \delta^2 u, \quad W_3 = x_0 \delta v$$

$$H_1 = \delta^4 (u^2 + v^2), \quad H_\alpha = -\alpha \delta^2 (u^2 + v^2), \quad H_\beta = -\delta^2 \beta$$

于是按照第一章 §7 的公式即得

$$\gamma \delta^4 (u^2 + v^2) = -\sqrt{H} z_0 \delta v + x_0 \alpha \delta^2 (u^2 + v^2) + \delta^2 \beta z_0 u$$

$$\gamma' \delta^4 (u^2 + v^2) = \sqrt{H} \delta^2 u + 0 + \delta^2 \beta \delta v$$

$$\gamma'' \delta^4 (u^2 + v^2) = \sqrt{H} x_0 \delta v + z_0 \alpha \delta^2 (u^2 + v^2) - \delta^2 \beta x_0 u$$

由这些方程又可以得到

$$(z_0 \gamma - x_0 \gamma'') \delta^4 (u^2 + v^2) = -\sqrt{H} \delta^3 v + \beta \delta^4 u$$

将所得的表达式代入方程(22),再消去 $\mathrm{d}t$,则得

$$z_0 \, \mathrm{d}u \left[-x_0 u \frac{z_0 u}{A} + z_0 u \frac{x_0 u}{C} + Mg \frac{-\sqrt{H} \delta v - \beta \delta^2 u}{\delta^2 (u^2 + v^2)} \right]$$

$$= \delta \, \mathrm{d}v \left[-\delta v \frac{x_0 u}{C} + x_0 u \frac{\delta v}{B} - Mg z_0 \frac{\sqrt{H} u + \beta \delta v}{\delta^2 (u^2 + v^2)} \right]$$

此式可以重写为

$$Mg \beta z_0 \frac{u \, \mathrm{d}u + v \, \mathrm{d}v}{u^2 + v^2} - Mg z_0 \sqrt{H} \frac{v \, \mathrm{d}u - u \, \mathrm{d}v}{\delta (u^2 + v^2)} +$$

$$x_0 z_0^2 \left(\frac{1}{C} - \frac{1}{A} \right) u^2 \, \mathrm{d}u + \delta^2 x_0 \left(\frac{1}{C} - \frac{1}{B} \right) u v \, \mathrm{d}v = 0 \qquad (23)$$

另一方面

$$H = \delta^4 (u^2 + v^2) - \alpha^2 \delta^2 (u^2 + v^2) - \delta^2 \beta^2 = \delta^2 \left[(u^2 + v^2)(\delta^2 - \alpha^2) - \beta^2 \right]$$

现在我们将 $\alpha = \dfrac{1}{2Mg} \left[(Ap^2 + Bq^2 + Cr^2) + K \right]$ 用变量 u, v 表出来. 因为

$$Ap^2 + Bq^2 + Cr^2 = \frac{z_0^2 u^2}{A} + \frac{x_0^2 u^2}{C} + \frac{(x_0^2 + z_0^2) v^2}{B}$$

$$= u^2 \left(\frac{Ax_0^2 + Cz_0^2}{AC} \right) + \frac{(x_0^2 + z_0^2) v^2}{B}$$

又由方程

$$x_0 \sqrt{A(B - C)} + z_0 \sqrt{C(A - B)} = 0$$

可得

$$Cz_0^2 = \frac{A(B - C)}{A - B} x_0^2$$

从而

$$Ax_0^2 + Cz_0^2 = Ax_0^2 \frac{A - C}{A - B}$$

又

$$\mathscr{V} = -\left(\frac{m_1 m_2}{r_{12}} + \frac{m_2 m_3}{r_{23}} + \frac{m_3 m_1}{r_{31}} \right)$$

$$\delta^2 = x_0^2 + z_0^2 = x_0^2 \frac{B(A-C)}{C(A-B)}$$

所以

$$Ap^2 + Bq^2 + Cr^2 = \frac{A-C}{C(A-B)} x_0^2(u^2+v^2)$$

由此即得

$$H = \delta^2 \left[(u^2+v^2)\delta^2 - \left(\frac{(A-C)^2}{C^2(A-B)^2} x_0^4(u^2+v^2) + K \right)^2 \frac{1}{4M^2 g^2} - \beta^2 \right]$$

也就是说，H 为表达式 $\rho^2 = u^2 + v^2$ 的三次多项式，从而可以写成

$$H = P_3(\rho^2)$$

最后

$$x_0 z_0^2 \left(\frac{1}{C} - \frac{1}{A} \right) u^2 du + \delta^2 x_0 \left(\frac{1}{C} - \frac{1}{B} \right) uv dv$$

$$= z_0^2 x_0 \frac{A-C}{AC} u^2 du + x_0 z_0^2 \frac{A-C}{AC} uv dv$$

$$= x_0 z_0^2 \frac{A-C}{AC} (u du + v dv) u$$

将所得的各个值代入方程（23），便得到所求的微分方程的最后形式如下

$$Mg\beta \frac{u du + v dv}{u^2 + v^2} + Mg \sqrt{P_3(\rho)} \frac{u dv - v du}{\delta(u^2+v^2)} +$$

$$x_0 z_0 \frac{A-C}{AC}(u du + v dv) u = 0 \qquad (24)$$

由欧拉的第二、第三两个方程消去 dt，显然也可以得到同样的方程.

我们还可以引入新的变量而将方程（24）稍稍简化. 令

$$u = \rho \cos \varphi, \quad v = \rho \sin \varphi \qquad (25)$$

则

$$d\varphi = \frac{u dv - v du}{u^2 + v^2}$$

从而方程（24）便成为

$$Mg \left(\frac{\beta}{2} \frac{d\rho}{\rho} + \frac{1}{\delta} \sqrt{P_3(\rho^2)} d\varphi \right) + 2x_0 z_0 \frac{A-C}{AC} \cos \varphi \cdot \rho^2 d\rho = 0$$

也就是

$$\frac{1}{\delta} \sqrt{P_3(\rho^2)} d\varphi + \left(\frac{\beta}{2\rho} + L\rho^2 \cos \varphi \right) d\rho = 0 \qquad (26)$$

其中

$$L = \frac{2x_0 z_0}{Mg} \frac{A-C}{AC}$$

如果 $\beta=0$,方程(26)的变数便是可以分离的[1].赫斯曾经得到方程(26)的稍稍不同的形式.$\Pi\cdot A\cdot$涅克拉索夫($\Pi.A.$ Некрасов)将问题化为具有变重周期的系数的二阶线性方程的积分法;这个结果是如此推出来的:利用代换 $\tau=\tan\dfrac{\varphi}{2}$,便易于将方程(26)化为黎卡提型的方程

$$\frac{\mathrm{d}\tau}{\mathrm{d}\psi}=-\tau^2+\Phi(\rho) \tag{27}$$

其中

$$\mathrm{d}\psi=\frac{\delta\rho\,\mathrm{d}\rho}{\sqrt{P_3(\rho^2)}}$$

从而 ρ 是 ψ 的椭圆函数,而 $\Phi(\rho)$ 是 ρ 的有理函数,也就是 ψ 的椭圆函数;另一方面,用代换

$$\tau=\frac{1}{s}\frac{\mathrm{d}s}{\mathrm{d}\psi}$$

可以将方程(27)化为

$$\frac{\mathrm{d}^2s}{\mathrm{d}\psi^2}=s\cdot\Phi(\rho(\psi))$$

这样就得出了 $\Pi\cdot A\cdot$涅克拉索夫的结果[2].

§3 歌里雅切夫—贾普利金情形

关于重刚体绕不动点的运动问题,有一个有趣的特殊情形,是 $Д\cdot H\cdot$歌里雅切夫($Д.H.$ Горячев)[3]所首先指出的,其后 $C\cdot A\cdot$贾普利金对于这个情形又作了详细地研究,他而且给出了方程的完全积分法.[4]

在这种情形下,假设

$$A=B=4C \tag{28}$$

而且重心在惯性椭球的赤道平面内.这样,选取适当的坐标轴,便有

$$y_0=z_0=0 \tag{29}$$

---

① 易于看出,$L=0$ 的情形只有当 $x_0=y_0=z_0$ 的时候才不可能,而此时便得到了欧拉—卜安索的情形.

② $\Pi.A.$ 涅克拉索夫所用的方法与此完全不同. 参看. Некрасов $\Pi.A.$,Аналитическое исследование одного случая движения тяжелого твердого телаоколо неподвижной точки. Матем. сб. т. 18 вып. 2,стр. 162 ~ 274. 在这篇论文中给出了详细的参考文献.

③ Горячев Д.,О движении тяжелого твердого тела вокруг неподвижной точки в случае $A=B=4C$ Матем. сб.,т. 21. вып. 3,1 900.

④ Чаплыгин С. А.,Новый случай вращения тяжелого твердого тела. одперг ого в одной точке. Собр. соч. т. Ⅰ. Гостехиздат,1948,стр. 118 ~ 124.

$$\mathscr{V}=-\left(\frac{m_1m_2}{r_{12}}+\frac{m_2m_3}{r_{23}}+\frac{m_3m_1}{r_{31}}\right)$$

由于条件(28)与(29),可将运动方程写成下面的形式

$$\begin{cases} 4\dfrac{\mathrm{d}p}{\mathrm{d}t} = 3qr \\[2mm] 4\dfrac{\mathrm{d}q}{\mathrm{d}t} = -3rp - a\gamma'' \\[2mm] \dfrac{\mathrm{d}r}{\mathrm{d}t} = a\gamma' \end{cases} \tag{30}$$

其中

$$a = \frac{Mgx_0}{C} \tag{31}$$

又

$$\begin{cases} \dfrac{\mathrm{d}\gamma}{\mathrm{d}t} = r\gamma' - q\gamma'' \\[2mm] \dfrac{\mathrm{d}\gamma'}{\mathrm{d}t} = p\gamma'' - r\gamma \\[2mm] \dfrac{\mathrm{d}\gamma''}{\mathrm{d}t} = q\gamma - p\gamma' \end{cases} \tag{32}$$

此时运动方程的三个基本积分便是

$$\begin{cases} 4(p^2 + q^2) + r^2 = 2a\gamma + k \\ 4(p\gamma + q\gamma') + r\gamma'' = h \\ \gamma^2 + \gamma'^2 + \gamma''^2 = 1 \end{cases} \tag{33}$$

Д·Н·歌里雅切夫指出,如果

$$h = 0 \tag{34}$$

也就是说,如果动量的总矩在水平面内,那么便可以找出方程组的第四个积分来. 事实上,由方程组(30)的前两式可得

$$2\frac{\mathrm{d}}{\mathrm{d}t}(p^2 + q^2) = -aq\gamma'' \tag{35}$$

又由方程(35)与方程组(30)中的末一式可得

$$4\frac{\mathrm{d}}{\mathrm{d}t}[r(p^2 + q^2)] = -2aqr\gamma'' + 4a\gamma'(p^2 + q^2) \tag{36}$$

同样也有

$$4a\frac{\mathrm{d}}{\mathrm{d}t}(p\gamma'') = 3aqr\gamma'' + 4apq\gamma - 4ap^2\gamma' \tag{37}$$

最后,由方程(36)与(37)可得

$$4\frac{\mathrm{d}}{\mathrm{d}t}[r(p^2 + q^2) + ap\gamma''] = aq[4p\gamma + 4q\gamma' + r\gamma'']$$

而根据条件(34)可知,我们有第四个积分

$$r(p^2 + q^2) + ap\gamma'' = g \tag{38}$$

因为在所论的情形下,方程组(30)与(32)除了具有三个第一积分(33)以外,还有第四个积分,所以方程组的积分法便可以化为积分式.

C・A・贾普利金给出了这个问题的非常美妙的解法如下.首先,他引入了两个新变量 u,v,它们在所论情形中所占的地位,和 C・B・柯瓦列夫斯卡雅变量 s_1,s_2 一样,设

$$r = u - v, \quad 4(p^2 + q^2) = uv \tag{39}$$

此外又引用 u,v 的下列函数

$$\begin{cases} U = u^3 - ku - 4g, & V = v^3 - kv + 4g \\ U_1^2 = U - 2au, & V_1^2 = V - 2av \\ U_2^2 = U + 2au, & V_2^2 = V + 2av \end{cases} \tag{40}$$

因为由方程(33)与(38)可以得到 γ,γ',γ''

$$\begin{cases} 2a\gamma = uv + (u-v)^2 - k \\ 2a\gamma'' = \dfrac{4g - (u-v)uv}{2p} \\ 2a\gamma' = -\dfrac{4g - (u-v)uv}{8p}(u-v) - \dfrac{4uv + (u-v)^2 - k}{q}p \end{cases} \tag{41}$$

故将由(41)所得的 γ,γ',γ'' 的值代入方程

$$\gamma^2 + \gamma'^2 + \gamma''^2 = 1$$

并利用方程(39)第一回消去 p,再消去 q,便可以得到所有六个未知函数 $p,a,r,\gamma,\gamma',\gamma''$ 用 u,v 表出的形式如下

$$\begin{cases} 8ap = U_1 V_2 - V_1 U_2 \\ 8aq = U_1 V_1 + U_2 V_2 \\ r = u - v \\ 2a\gamma = \dfrac{U + V}{u + v} \\ 2a\gamma' = \dfrac{U_1 U_2 - V_1 V_2}{u + v} \\ 2a\gamma'' = \dfrac{U_1 V_2 + V_1 U_2}{u + v} \end{cases} \tag{42}$$

得到了表达式(42)以后,将它们代入第一积分的方程中,便很容易核验它们的正确性;例如,在方程

$$2a\gamma = \frac{U + V}{u + v}$$

中代入 U,V 的表达式以后,立刻便得到了方程(38);又由(42)的末后三式可以得出关系式 $\gamma^2 + \gamma'^2 + \gamma''^2 = 1$ 等等.

又由表达式(42)易于得出决定 u,v 的方程.

369

$$\mathscr{V} = -\left(\frac{m_1 m_2}{r_{12}} + \frac{m_2 m_3}{r_{23}} + \frac{m_3 m_1}{r_{31}}\right)$$

由方程组（28）中的前两式可得

$$8\left(p\,\frac{\mathrm{d}p}{\mathrm{d}t}+q\,\frac{\mathrm{d}q}{\mathrm{d}t}\right)=-2a\gamma''$$

或者利用（39）中的第二式

$$\frac{\mathrm{d}u}{\mathrm{d}t}v+u\,\frac{\mathrm{d}v}{\mathrm{d}t}=-2a\gamma'' \tag{43}$$

又注意到 $r=u-v$，则由方程组（30）中的第三式可得

$$\frac{\mathrm{d}u}{\mathrm{d}t}-\frac{\mathrm{d}v}{\mathrm{d}t}=a\gamma' \tag{44}$$

于是

$$\begin{cases}\dfrac{\mathrm{d}u}{\mathrm{d}t}(u+v)=au\gamma'-2a\gamma''\\[2mm]\dfrac{\mathrm{d}v}{\mathrm{d}t}(u+v)=-av\gamma'-2a\gamma''\end{cases} \tag{45}$$

但由方程（42）知

$$2au\gamma'=\frac{(U_1U_2-V_1V_2)u}{u+v} \tag{46}$$

又

$$\begin{aligned}4aq\gamma''&=\frac{(U_1V_1+U_2V_2)(U_1V_2+V_1U_2)}{4a(u+v)}\\[2mm]&=\frac{(U_1^2+U_2^2)V_1V_2+(V_1^2+V_2^2)U_1U_2}{4a(u+v)}\end{aligned}$$

但由（40）知

$$U_1^2+U_2^2=-4au$$
$$V_1^2+V_2^2=-4av$$

所以又有

$$4aq\gamma''=-\frac{uV_1V_2+vU_1U_2}{u+v} \tag{47}$$

由方程（46）与（47）即得

$$2au\gamma'-4aq\gamma''=U_1U_2$$

同样也有

$$-2av\gamma'-4aq\gamma''=V_1V_2$$

因此，方程（45）便成为

$$2(u+v)\,\frac{\mathrm{d}u}{\mathrm{d}t}=U_1U_2$$

$$2(u+v)\,\frac{\mathrm{d}u}{\mathrm{d}t}=V_1V_2$$

也就是

$$\mathrm{d}t = 2(u+v)\frac{\mathrm{d}u}{U_1 U_2}$$

$$\mathrm{d}t = 2(u+v)\frac{\mathrm{d}v}{V_1 V_2}$$

由此便得到了以对称性闻名的 C·A·贾普利金方程组如下

$$\begin{cases} \dfrac{\mathrm{d}u}{U_1 U_2} - \dfrac{\mathrm{d}v}{V_1 V_2} = 0 \\[2mm] \dfrac{2u\mathrm{d}u}{U_1 U_2} + \dfrac{2v\mathrm{d}v}{V_1 V_2} = \mathrm{d}t \end{cases} \tag{48}$$

但我们有

$$U_1 = \sqrt{u^3 - (k+2a)u - 4g}$$

$$U_2 = \sqrt{u^3 - (k-2a)u - 4g}$$

对于 V_1,V_2 也有类似的式子,所以由方程(48)可知,方程组的积分法便归结于 2 格的超椭圆积分的反转法问题,也就是与 C·B·柯瓦列大斯卡雅情形十分相似的问题. 但由公式(42)可知,此时函数 $p,q,r,\gamma,\gamma',\gamma''$ 的表达式比 C·B·柯瓦列夫斯卡雅情形里面的要简单得多.

这里和 C·B·柯瓦列夫斯卡雅的情形一样,积分也可能蜕化为椭圆的. 例如当 U_1,U_2 具有公根时便是这种情形;此时显然有 $g=0$,而公根是 $u=0$,同样,也有 $v=0$. 在此种情形下,问题便归结于椭圆积分的反转. 当 U_1^2(或者 U_2^2)具有二重根时,也可以得到这样的结果. 最后,也可能有与 H·Б·捷隆尼情形相似的情形,例如,当 $u \equiv 0$ 或 $v = \alpha$ 时,其中 α 是 U_1^2 的二重根.

本节所述的积分法的情形具有一个特点:在方程组的第一积分当中,有一个是不含随意常数的;事实上,我们已经假设有一个第一积分(参看方程(33)与(34))

$$4(p\gamma + q\gamma') + r\gamma'' = 0$$

我们有许多著作,在这些著作中作者们找出了一般方程的各积可积的情形,此时他们假设已经知道有一个第一积分是不含随意常数的,而这种第一积分的形式与一般方程组的古典的第一积分相似,也就是说,不含时间的代数积分. 关于这方面有 B·A·斯捷克洛夫、Д·H·歌里雅切夫[1]与 C·A·贾普利金[2]的著作而且后者推广了整个这组研究.

C·A·贾普利金研究了一种情形:方程组具有两个形式如

---

[1] Горячев Д. Н. , Новое частное решение задачи о движении тяжелого твердого тела вокруг неподвижной точки. Труды Отд. физ. наук Обшества любителей естествознания. т. IX(1898).

[2] Чаплыгин С. А. , Новое частное решение задачи о вращении тяжелого тела вокруг нелодвижной точки. Собр. соч. , т. Ⅰ. Гостехиздат, 1949.

$$V = -\left(\frac{m_1 m_2}{r_{12}} + \frac{m_2 m_3}{r_{23}} + \frac{m_3 m_1}{r_{31}} \right)$$

$$a\gamma' = \alpha pq + \lambda p''q$$
$$a\gamma'' = \beta pr + \mu p''r$$

的第一积分,其中 $\alpha, \beta, \lambda, \mu$ 是某些常数,而基本方程组是

$$A\frac{\mathrm{d}p}{\mathrm{d}t} + (C-B)qr = 0$$

$$B\frac{\mathrm{d}q}{\mathrm{d}t} + (A-C)rp = -a\gamma''$$

$$C\frac{\mathrm{d}r}{\mathrm{d}t} + (B-A)qp = a\gamma'$$

以及 $\gamma, \gamma', \gamma''$ 的三个平常的方程;这样,他便假设了 $y_0 = z_0 = 0$. В · А · 斯捷克洛夫与 Д · Н · 歌里雅切夫的情形,分别对应于

$$\lambda = \mu = 0 \quad 与 \quad \lambda = 0, \quad n = 3$$

的假设. 这种情形只有一点是有兴趣的:它们的积分法可以一直做到底. 在如下的假设下所作的研究,也具有同样的人为的与偶然的特性;这种假设是:除了平常的第一积分以外,还有一个积分,例如关于动量在盘着于物体内的轴上的投影为一次式的积分.

§4　波贝列夫—斯捷克洛夫情形

作为非常特殊的简单而可积的情形的例子,我们提出一种曾由 Д · К · 波贝列夫(Д. К. Бобылев)[1]В · А · 斯捷克洛夫[2]所做过的情形.

我们在

$$B = 2A, \quad x_0 = z_0 = 0 \tag{49}$$

的假设下考虑运动方程,此时方程具有如下的形式

$$\begin{cases} A\dfrac{\mathrm{d}p}{\mathrm{d}t} + (C-2A)qr = Mgy_0\gamma'' \\[2mm] 2A\dfrac{\mathrm{d}q}{\mathrm{d}t} + (A-C)rp = 0 \\[2mm] C\dfrac{\mathrm{d}r}{\mathrm{d}t} + Apq = -Mgy_0\gamma \end{cases} \tag{50}$$

---

① Бобылев Д. , Об одном частном решении дифференциальных уравнений вращения тяжелого твердого тела вокруг неподвижной точки. Трудыотд. физ. наук Общества любителей естествознания. т. Ⅷ(1896).

② Стеклов В. , Один случай движения тяжелого твердого тела имеюшего неподвижную гочку. Труды Отд. физ. наук Обшества любителей естествознания, т. Ⅷ(1896).

$$\begin{cases} \dfrac{\mathrm{d}\gamma}{\mathrm{d}t} = r\gamma' - q\gamma'' \\[2mm] \dfrac{\mathrm{d}\gamma'}{\mathrm{d}t} = p\gamma'' - r\gamma \\[2mm] \dfrac{\mathrm{d}\gamma''}{\mathrm{d}t} = q\gamma - p\gamma' \end{cases} \tag{51}$$

方程(50)与(51)具有下面的特解

$$\begin{cases} p = -\dfrac{Mgy_0}{Aq_0}\gamma = -m\gamma \\[2mm] q = q_0 = 常数 \\[2mm] r = 0 \end{cases} \tag{52}$$

在条件(52)之下,方程(50)与(51)化为

$$\begin{cases} \dfrac{\mathrm{d}\gamma}{\mathrm{d}t} = -q_0\gamma'' \\[2mm] \dfrac{\mathrm{d}\gamma'}{\mathrm{d}t} = -m\gamma\gamma'' \\[2mm] \dfrac{\mathrm{d}\gamma''}{\mathrm{d}t} = \gamma(q_0 + m\gamma') \end{cases} \tag{53}$$

方程(53)具有积分

$$\gamma^2 + \gamma'^2 + \gamma''^2 = 1 \tag{54}$$

又方程组(54)中的前两式可以写成

$$2m\gamma\,\frac{\mathrm{d}\gamma}{\mathrm{d}t} = -2mq_0\gamma\gamma''$$

$$2q_0\,\frac{\mathrm{d}\gamma'}{\mathrm{d}t} = -2mq_0\gamma\gamma''$$

的形式,由此又得一个积分

$$2q_0\gamma' - m\gamma^2 = C \tag{55}$$

由方程(54)与(55)可得

$$\gamma''^2 = 1 - \gamma^2 - \left(\frac{C}{2q_0} + \frac{m}{2q_0}\gamma^2\right)^2 \tag{56}$$

而由方程组(53)的第一式得

$$\frac{\mathrm{d}\gamma}{\sqrt{1 - \gamma^2 - \left(\dfrac{C}{2q_0} + \dfrac{m}{2q_0}\gamma^2\right)^2}} = -q_0\,\mathrm{d}t \tag{57}$$

这样,γ 便可以由椭圆积分(57)的反转法得出,而为椭圆函数的形式. 设

$$\gamma = f(t - t_0) \tag{58}$$

则由方程(57)得

$$\frac{\mathrm{d}\gamma}{\mathrm{d}t} = -q_0\sqrt{1 - \gamma^2 - \left(\frac{C}{2q_0} + \frac{m}{2q_0}\gamma^2\right)^2}$$

$$\mathscr{V} = -\left(\frac{m_1 m_2}{r_{12}} + \frac{m_2 m_3}{r_{23}} + \frac{m_3 m_1}{r_{31}}\right)$$

从而由方程(56)即知

$$\gamma'' = -\frac{1}{q_0}\frac{d\gamma}{dt} = -\frac{1}{q_0}f'(t-t_0) \tag{59}$$

最后,知道了 γ 以后,由方程(55)便可以找出 γ'

$$\gamma' = \frac{1}{2q}[C + mf^2(t-t_0)] \tag{60}$$

又由方程(52)得

$$p = -mf(t-t_0) \tag{61}$$

方程(58),(59),(60),(61)与(62)便给出了完全的积分组,我们看到,在这种情形下,所得的解答是时间的单值椭圆函数.

§5　历史的注解、结语

在 C·B·柯瓦列夫斯卡雅的研究中,所得到的关于重刚体绕不动点的运动问题的美妙结果,是长时期顽强的工作的成绩.由 C·B·柯瓦列夫斯卡雅写给米塔格－莱夫勒(G. Mittag-Leffler)的信里面,可以完全清楚地看到 C·B·柯瓦列夫斯卡雅所走的途径以及指导她的思想.

在1881年11月21日的信中,C·B·柯瓦列夫斯卡雅详细地说明了她的研究的开始[1]:

"现在如果您允许的话,我可以把我所从事的工作告诉您.去年秋天过了,我开始了一些偏微分方程的积分法的工作,这些方程是研究光线在结晶体内的折射的光学问题时所遇到的.这个研究早就可以向前推进,当我稍微注意到另一个问题的时候;这个问题几乎在我一开始从事于数学工作时便已经逗留在我的脑海里,而且在某一段时期我也曾想过它,但又被别的研究所占据了.这个问题是利用阿伯尔函数来求重刚体绕不动点的运动的一般解答的问题.魏尔斯特拉斯曾经建议叫我来从事这个问题,但当时我的一切尝试都归无效,甚至于魏尔斯特拉斯本人的研究也指出了,这个问题的微分方程是不能被时间的单值函数所满足的.这种结果使我当时被迫放弃了解决这个问题的念头.但以后我的老师关于稳定性条件以及与其他动力学问题的相仿情形又作了很美妙而尚未发表的研究工作,这种工作使我得到了鼓舞,因而又抱了一个希望,再尝试着利用阿伯尔函数来解决这个问题,而这种函数的变量并不是时间的一次函数[2].这种研究显出了这样的兴趣与动人的力量,使得我有一度把所有其余的事情都

---

①　保存在苏联科学院里面的书信影印本,致米塔格－莱夫勒的信,信件第5号.
②　重点是 C·B·柯瓦列夫斯卡雅自己添的.

忘掉,而将一切可能的热忱与力量都用在它上面.我所走的途径是这样的:所论问题中的变量,用包含两个自变数的函数 θ 来表示,而在某些常数值之下,这种函数便化为拉格朗日的特殊情形中所遇到的椭圆函数 θ.此外我又尝试着如此选择这种函数,使得微分方程可以积分为时间的函数 θ.我用这种方法所引出来的计算是如此的困难与复杂,使我目前还不能断定,我是否能够达到目的.无论如何,我希望至多在两三个星期以内,能够知道我究竟掌握了什么.魏尔斯特拉斯也这样安慰我:即使在最恶劣的情形下,我至少总可以将问题反转过来,而尝试着决定,在何种力的影响下可以得到如此的旋转,使得它的变量能够用阿伯尔函数表出来.这个问题固然是不甚重大,而且远不如我自己所提出来的问题那样有趣,但如果万一不能成功的话,我也应该以此而满足 …….”

这样我们便看到,早在 1881 年的时候,C·B·柯瓦列夫斯卡雅便已经明确地提出了这种问题:求问题的单值积分,关于解法的解析工具(含两个变量的函数 θ)问题,以及问题的局限于特殊情形的可能性;但这种局限性的理解,是和以后所得出的"柯瓦列夫斯卡雅情形"不同方向的.由此也可以看出,C·B·柯瓦列夫斯卡雅在晚年的时候,对于具有不动临界点的方程的工作具有多么大的热忱.

"在科学院的上一次会议上 —— 她于 1884 年 7 月 1 日写给米塔格－莱夫勒 —— 福克司宣读了他的著作,这个著作是非常好的 …… 福克司说,他已经找到了必要与充分条件,使得非线性的微分方程具有线性方程的主要性质,也就是它的积分的临界点与初始条件无关 …….”[1]

不久以后,她在 1884 年 7 月 15 日又写信给米塔格－莱夫勒:

"福克司将这个著作提到科学院还不到两个星期,庞加莱便已经利用了它而作为新的著作的基础,这个著作他刚刚才送到巴黎科学院.现在,当福克司报告了他的研究的基本意图以后,这个研究是显得多么简单而自然,事情使人难以了解,它为什么不会早一点出现.”[2]

这就是关于具有不动临界点的方程理论的一切著作,也就是关于 C·B·柯瓦列夫斯卡雅在她所提出来的力学问题中所用的方法的一切著作[3].无疑的,C·B·柯瓦 列夫斯卡雅坚持着这个问题的研究,并且非常机警地注意着这一领域里面的所有一切著作;在 1886 年 12 月的信以及更晚一点的信(没有日期)

---

① 信件第 21 号,关于这些研究可以参看,譬如说,下面的书:Голубев В. В. ,Лекции по аналитичкой теории дифференциальных уравнений. ,изд. 2-е,Гостехиздат,1950,стр. 74.

② 信件第 23 号.

③ 关于 Н·庞加莱的研究,例如可以参看 Голубев В. В. ,Лекции по анали тической теории дифференциальпых уравнений. Гостехиздат. 1950,стр. 102,146.

$$\mathscr{V} = -\left(\frac{m_1 m_2}{r_{12}} + \frac{m_2 m_3}{r_{23}} + \frac{m_3 m_1}{r_{31}} \right)$$

里面,她写了关于米塔格－莱夫勒与毕卡(Picard)的结果.[1]

"毕卡在 Comptes Rendus 上的论文写得非常好……如果我知道我的关于刚体旋转的著作以及我们的谈话对于他而言是从事于这个问题的导引的话,我是并不很惊讶的.这个夏天以前,当我告诉他说,形式如

$$y = \frac{\theta(Cx + A, C_1 x + A_1)}{\theta_1(Cx + A, C_1 x + A_1)}$$

的函数,对于某些微分方程的积分法可能是很有用的时候他似乎还不很相信……".

我们易于看出,在所有这些书信中,讲的都是 С·В·柯瓦列夫斯卡雅在她的研究中所用的方法的成长.

最后,关于刚体绕不动点的运动问题在巴黎科学院的提出,它的历史也是很有兴趣的.

"贝尔特郎给了我不少的恩惠——1886 年 6 月 26 日她由巴黎写信给米塔格－莱夫勒[2].——贝尔特郎说,他想下星期一这些先生们要开会,讨论 1886 年的大科学奖金的事.他预先说出来,这回的题目是重刚体的旋转问题.这样一来,我便有机会得到这个奖金了.您可以想到,我是多么希望如此.昨天爱尔密特,贝尔特郎,卡密尔·若尔当和达尔布——他们都是这个委员会的委员——同我一起讨论这个计划.他们要我把我的工作结果再详细地告诉我们,他们听了以后说,这个工作很可能会得奖.这里只有一点是不方便的:我应该把这种情形的发表延迟到 1888 年.您可以想象得到,这个计划是多么使我高兴.但在这种情形下,我便不能在今年的圣诞节来报告我这个工作了……".

这样,早在 1886 年 6 月间,关于重刚体绕不动点的运动的工作便已达到了可以发表的阶段,而且有许多数学家都已经知道这个工作.事实还不止如此,这个在任何情形下都有重大价值的工作,在巴黎科学院是得了波尔登奖金的.这样,并不是 С·В·柯瓦列夫斯卡雅按照巴黎科学院所提出来的问题而写作,相反的,而是巴黎科学院提出她的著作来,因为他们看到了,由于 С·В·柯瓦列夫斯卡雅所得到的结果,使科学可能有多大的进展!

在许多书信中(这些信没有日期,但看起来是 1887 年写的),С·В·柯瓦列夫斯卡雅告诉了米塔格－莱夫勒关于她所发现的特殊情形,并指出了,只有在三种情形下(也就是在欧拉－卜安索、拉格朗日、柯瓦列夫斯卡雅的情形下),积分才不含运动的临界点[3].

在她的著作中,С·В·柯瓦列夫斯卡雅用超椭圆函数给出了她所提出的问

---

[1] 信件第 126 与 128 号.

[2] 信件第 116 号.

[3] 信件第 187 号.

题的全解,也就是利用阿伯尔函数的特殊情形 —— 表现出代数函数的积分的反转的.但前面我们看见,C·B·柯瓦列夫斯卡雅最初所提出的问题比这个要广泛得多.C·B·柯瓦列夫斯卡雅曾经提出这样的一个问题:是否可以利用阿伯尔积分或者用它的反转,来找出刚体绕不动点的运动问题的通解?

事实上有这种线索,可以看出C·B·柯瓦列夫斯卡雅在她生命中的最后几年当中,也就是在结束了以她命名的运动情形的研究以后,仍在继续坚持这个问题的工作.特别,在她临死以前不久和庞加莱所作的讨论里面,她还提到:她又找出了问题的另一种解法的情形①;但是在她死后,由她的稿纸中并没有找到讲这个问题的材料.所有以后的由其他作者所作的研究,特别如本章所叙述的结果,无疑的都是这种企图,它们使 C·B·柯瓦列夫斯卡雅的看起来已经遗失了的结果复活并予以延续.

我们看到,所有这些企图都是关于与古典积分不同的代数的第一积分的求法的.此时我们还有相当 的根据来推测,C·B·柯瓦列夫斯卡雅所走的途径是完全不同的,正如 C·B·柯瓦列夫斯卡雅在她的古典的研究中所走的途径一样②.

我们已经看到,C·B·柯瓦列夫斯卡雅最初开始研究刚体的运动的理论时,是想利用阿伯尔函数来解决问题.这件事情的理由,除了因为雅可比在他的著作中,将椭圆函数(阿伯尔函数的特例)应用到欧拉情形与拉格朗日情形里面而得到成功以外,也很可能是由于魏尔斯特拉斯和他的学生们已经大大地发展了解析函数与阿伯尔函数;而C·B·柯瓦列夫斯卡雅在这种工作上也是很有名的,魏尔斯特拉斯的工作的主要目的,就是要创造关于代数函数和它的积分以及反转法问题的完备的理论.而C·B·柯瓦列夫斯卡雅将代数函数与阿伯尔积分的特殊情形应用到刚体绕不动点运动的理论中而得到惊人的成功.追根到底,像我们所看到的,问题的陈述本身与新的第一积分的存在性并无任何关系.

---

① 在一封给米塔格－莱夫勒的信里面(这封信没有日期,但看起来是1888年9月写的),她谈到关于工作的结束,同时并附了一封给爱尔密特的信,在这封信中她有如下的神秘的话:"我告诉你(在给爱尔密特的信里面)某些我认为惊人而有趣的结果,这些结果是我关于一般(1)情形所找出的".(信件第274号).

② 在1881年1月8日给米塔格－莱夫勒的信里面,C·B·柯瓦列夫斯卡雅写道(信件第2号):

"当我读了,譬如说,布利欧所作的阿伯尔函数的专著时,我简单受到了刺激.为什么可能用学生很难接受的这种枯燥的方法来推演这样好的对象.我几乎毫不惊奇,我们俄国数学家 —— 他们只由诺意曼与布利欧的书中知道这种函数 —— 对于这种函数是多么漠不关心.您是否相信,如果我告诉您,譬如说,最近我曾经和几位莫斯科大学的教授发生非常激烈的争论,他们说阿伯尔函数对于任何重要的应用都没有什么好处,而且这种理论是如此的复杂与枯燥,简直不成为大学教材的对象".

关于这个注解我们必须指出,连魏尔斯特拉斯本人以及他的学派都很保守地对待黎曼的几何观念,而这种观念是能使这种理论在几何上非常清楚的.

37ce;$$\mathscr{V}=-\left(\frac{m_1 m_2}{r_{12}}+\frac{m_2 m_3}{r_{23}}+\frac{m_3 m_1}{r_{31}}\right)$$

因此我们认为有一点是更可靠的:C·B·柯瓦列夫斯卡雅可以进一步得到的结果,正是发展代数函数、阿伯尔积分的理论以及函数 θ 的工具的广泛的应用;关于这方面的途径可能建立在如此的假设上;积分含有某类与极点不同的奇点.

在解决这个古典的力学问题时,也正是在这个方向上可能得到更多的成功.

第三编

天体力学初步

引　论

如果我们在理解我们的环境,在认识我们自身以及在找到其间的秩序和科学基础的巨大努力中,抱有随时与其他科学家合作的态度.那么数学是应用的,它在创造与使用概念方面必须是有独创性的和想象力的.

—— B. R. Seth

§1　天体力学的内容和作用

天体力学是天文学的一个分支,是研究天体的运动和形状的学科.

在天体力学中所研究的天体,主要是太阳系中的自然天体和人造天体;所研究的运动,是指天体的力学(机械)运动.关于恒星和星系的运动,是星系动力学所研究的内容.天体的力学运动可以分为两个方面:天体质量中心在空间中的运动(又叫移动)和天体围绕自己质量中心的转动(就是自转).天体的自转同形状有密切关系,而形状又影响到天体之间的吸引力,因此必须研究天体的形状,才能更好地研究天体的运动.但从整个天体力学的内容来看,研究天体的运动是主要的.

到目前为止,研究天体运动的引力理论仍然是采用牛顿的万有引力定律,虽然在太阳系范围内,已经发现了一些矛盾(如水星近日点移动等),而用广义相对论可以解释得更好些,但是还没有作最后结论,这是今后还要继续研究的一个重要课题.

天体力学自 17 世纪诞生到现在已约 300 年了,随着各个历史时期的社会实践的需要,天体力学已逐步发展成为一门内容丰富、应用广泛的学科.根据现代天体力学的研究对象、范围和方法进行划分,天体力学大致可包含下列主要内容.

$$V=-\left(\frac{m_1 m_2}{r_{12}}+\frac{m_2 m_3}{r_{23}}+\frac{m_3 m_1}{r_{31}}\right)$$

1.多体问题又叫作 N 体问题.研究 N 个质点在万有引力作用下的运动规律,是一个动力学问题.这是天体力学的主要基本理论问题之一.其中二体问题已解决;从三体问题开始,以及加上某些限制条件后形成的限制性三体问题都没有得到解决,具体情况将在第三章中介绍.

在研究方法上,有时直接从 N 体问题的运动方程来研究天体运动的某些性质,这个内容叫作天体力学的定性理论.

2.摄动理论也是天体力学的主要基本理论问题之一.由于二体问题已解决,根据二体问题理论得到的天体运动轨道,又叫作无摄动轨道,常用来作为天体的第一近似轨道.研究天体的无摄动轨道在各种因素摄动(即干扰)下的变化规律,就叫作摄动理论.使天体偏离无摄动轨道的作用力就叫作摄动力.根据各具体天体的不同特点,又形成各种特殊的摄动理论.例如:大行星运动理论,小行星运动理论,卫星运动理论,月球运动理论等.在这些理论中,都是把天体在各种摄动力影响下的坐标或轨道根数表示为时间的函数,而且展开成近似分析表达式.这样的方法叫作天体力学分析方法,是天体力学研究得最多的内容.

如果用计算机直接从天体的运动方程计算出天体在任何时刻的具体位置,这个内容叫作天体力学数值方法.特别在现代高速电子计算机出现以后,用数值方法解决了大量的天体力学的实际问题.

3.轨道计算是从天体的观测数据(位置、距离、速度等)按照运动理论来确定天体的轨道根数和有关天体运动的其他基本数据,这是天体力学理论联系实际的重要环节.

4.历书天文学是根据天体的运动理论和轨道根数以及有关基本天文常数来编制天体的位置表,如天文年历编算和某些特殊天体位置表编算工作等.

5.天体的形状和自转理论.形状理论主要研究流体在自转时的平衡形状问题;自转理论是研究具有一定形状的流体或刚体在内外力作用下,自转速度和自转轴方向的变化规律.例如岁差和章动理论就是研究地球自转轴方向的变化规律.

6.人造天体的运动理论是现代天体力学的主要内容之一,根据不同的研究对象,又分为人造地球卫星运动理论,月球火箭运动理论和行星际火箭运动理论.由于星际航行事业的迅速发展,已形成一门新的学科——星际航行动力学(Astrodynamics),人造天体的运动理论是它的一个部门.

以上是天体力学的主要内容,特别是 20 世纪 50 年代以后,由于星际航行事业的实现和现代高速电子计算机的广泛应用,天体力学发展得更快了.天体力学也将同其他科学部门一样,在我国的阶级斗争,生产斗争和科学实验三项伟大革命实践中,发挥应有的作用.

星际航行也是阶级斗争的一种工具.两个超级大国大力发展星际航行事

业,就是为它们侵略性的全球战略服务的.现在天上飞行的人造地球卫星,有很多是作侦察的间谍卫星,还有的是试验性卫星武器,至于秘密军事卫星就更多.我们必须针锋相对,利用星际航行这种工具,同它们进行斗争.在这个斗争中,天体力学工作者可以做出一定的贡献.

其次,精确掌握太阳系自然天体和人造天体的运动规律,可以为飞机、海船和远程导弹的导航服务;也是大地测量和研究地球形状及内部结构的基础.

另外,天体力学为科学实验服务是非常明显的.例如天体的起源的演化问题,是自然科学的基本问题之一,特别是地球和太阳系的起源和演化问题,对很多地球科学有用.而掌握太阳系天体的力学运动规律,是研究太阳系起源和演化的必要条件.人造天体出现以后,利用人造天体作为观测工具,可以促进科学实验更迅速地发展,同时也为天体力学发展成实验学科创造了条件.

§2　万有引力定律

万有引力定律是天体力学的理论根据,它是根据多年的大量观测实践总结出来的.

早在 17 世纪以前,随着生产力的发展,观测仪器得到改进,对行星的位置观测已能准到 $1'$ 左右.开普勒(Kepler)根据前人对火星和太阳的几十年观测资料进行研究,肯定了旧的地心学说是完全错误的;但用哥白尼的日心学说(其中假定行星轨道为圆形)仍然不能完全解释理论值同观测值之间还有不小的偏差($10'$ 左右).这样的偏差不可能是观测误差,开普勒开始对圆形轨道产生怀疑,并亲自对火星、太阳和其他行星作了十几年的观测研究.终于在 1609～1619 年先后归纳出大家所熟悉的行星运动三大定律:

第一定律:行星绕太阳运动的轨道是椭圆,太阳位于此椭圆的一个焦点上.

第二定律:行星在椭圆轨道上运动时,向径扫过的面积与经过的时间成正比.

第三定律:行星绕太阳公转的恒星周期的平方,与行星轨道椭圆半长径的立方成正比.

这就是大家公认的开普勒三大定律.这三个定律在当时是最深刻地揭示了行星运动的规律,即使到现在,在很多近似讨论中也还要用到.用开普勒三大定律已能解释当时所知的行星运动现象,行星位置的理论值和观测值之差已降到 $1'\sim2'$,符合当时的观测水平.但是,开普勒三大定律只是对行星运动规律的一种描述,是人们对行星运动的感性认识(视运动)到理性认识的一个阶段,认识还有待进一步深化.

随着力学概念的出现,在牛顿以前就有人提出了行星绕太阳运动的原因是

$$\mathscr{V}=-\left(\frac{m_1 m_2}{r_{12}}+\frac{m_2 m_3}{r_{23}}+\frac{m_3 m_1}{r_{31}}\right)$$

太阳引力的看法,但是没有给出具体结果.望远镜的发明,又为提高行星位置观测精度创造了条件.直到1685年,牛顿利用当时的力学发展成果,对开普勒三大定律作了深入分析研究后,才正式提出了万有引力定律:

宇宙间任意两个质点都是互相吸引,引力的大小与它们的质量乘积成正比,与它们之间的距离平方成反比.

如用公式表达,设m,M为两质点的质量,r为它们之间的距离,则它们之间的引力大小F表为

$$F = G\frac{mM}{r^2} \tag{1}$$

其中G是比例常数,叫作万有引力常数.

用现代的力学和高等数学知识,很容易从开普勒三大定律把万有引力定律推导出来.这个推导过程在一般的理论力学书中都有,这里不再重述.牛顿从开普勒三大定律归纳出式(1)后,又用月球运动和地面重力加速度作为验证,结果都能满足,故命名为"万有"(即普遍的意思)引力定律.

反过来,用式(1)可以推导出开普勒三大定律,只是第三定律需要修正,具体结果参看第一章.

万有引力定律的发现,使人们对行星和太阳系其他天体运动规律的认识进一步深化.从此以后,天体力学才正式诞生.但是,认识并没有终止,关于万有引力的本质问题,万有引力定律是否可靠问题,都还在继续研究中.虽然自20世纪以来已有很多成果,但对太阳系这个范围来说,目前还没有修改万有引力定律的充分根据.待观测水平进一步提高后,理论同观测结果的矛盾将会更明显地暴露出来,天体的运动理论必然会进一步发展.

在天体力学中,当采用不同的单位时,万有引力常数有不同的数值.在讨论行星、小行星、彗星等天体运动时,常用天文单位作长度单位,太阳质量作质量单位,平太阳日作为时间单位,此时取

$$G = k^2, \quad k = 0.017\ 202\ 098\ 95\cdots$$

其中k又叫作高斯常数(Gauss Constant).有时为了理论上讨论的方便,把时间单位改为

$$58.132\ 441(即\frac{1}{k})平太阳日$$

此时万有引力常数$G = 1$.

在讨论人造地球卫星的运动时,常取地球赤道半径(6 378.160公里)作为长度单位,地球质量作质量单位,806.813秒作时间单位,此时相应的万有引力常数$G = 1$,如时间以分钟作单位,则$G = 0.074\ 366\ 7$.

§3　质点和球形物体之间的吸引、位函数

万有引力定律是讨论质点之间的吸引,而天体一般不是质点,是具有不同大小和形状的物体,故不能直接用万有引力定律来讨论.因此,在讨论天体的运动以前,首先要弄清在什么情况下,天体可以看作质点,现在就来讨论这个问题.

1.天体可以看作无穷多个质点组合而成,故天体对外面一质点 P 的引力,可以看作这些质点对点 P 引力的总和,由于引力是向量,求和比较复杂,下面用位函数来讨论.

先讨论 n 个质点 $P_i(i=1,2,\cdots,n)$ 对另一个质点 P 的引力.设 m,m_i 为质点 P,P_i 的质量;$(x,y,z),(x_i,y_i,z_i)$ 为质点 P,P_i 在某惯性直角坐标系 $O-XYZ$ 中的坐标,则距离

$$\overline{PP_i}=r_i,r_i^2=(x-x_i)^2+(y-y_i)^2+(z-z_i)^2 \tag{2}$$

点 P_i 对点 P 的引力大小为

$$G\frac{mm_i}{r_i^2}$$

方向是 $\boldsymbol{PP}_i$(黑体字表示向量).而 $\boldsymbol{PP}_i$ 对于三个坐标轴的方向余弦为

$$\frac{x_i-x}{r_i},\quad \frac{y_i-y}{r_i},\quad \frac{z-z_i}{r_i}$$

但由式(2)对 x,y,z 取偏导数可得

$$\frac{x_i-x}{r_i}=-\frac{\partial r_i}{\partial x},\quad \frac{y_i-y}{r_i}=-\frac{\partial r_i}{\partial y},\quad \frac{z_i-z}{r_i}=-\frac{\partial r_i}{\partial z}$$

再设 X,Y,Z 为点 P 的由点 $P_1,P_2,\cdots,P_n$ 的引力所产生的加速度分量,则根据牛顿第二运动定律可得

$$mX=-\sum_{i=1}^{n}G\frac{mm_i}{r_i^2}\frac{\partial r_i}{\partial x}=m\sum_{i=1}^{n}\frac{\partial}{\partial x}\left(\frac{Gm_i}{r_i}\right)$$

$$=m\frac{\partial}{\partial x}\sum_{i=1}^{n}\frac{Gm_i}{r_i}$$

亦即

$$\begin{cases} X=\dfrac{\partial}{\partial x}\displaystyle\sum_{i=1}^{n}\frac{Gm_i}{r_i} \\[3mm] Y=\dfrac{\partial}{\partial y}\displaystyle\sum_{i=1}^{n}\frac{Gm_i}{r_i} \\[3mm] Z=\dfrac{\partial}{\partial z}\displaystyle\sum_{i=1}^{n}\frac{Gm_i}{r_i} \end{cases} \tag{3}$$

$$\mathcal{V}=-\left(\frac{m_1m_2}{r_{12}}+\frac{m_2m_3}{r_{23}}+\frac{m_3m_1}{r_{31}}\right)$$

从式(3)可看出,万有引力存在位函数,记为

$$V = \sum_{i=1}^{n} \frac{Gm_i}{r_i} \tag{4}$$

则

$$X = \frac{\partial V}{\partial x}, \quad Y = \frac{\partial V}{\partial y}, \quad Z = \frac{\partial V}{\partial z} \tag{5}$$

由式(4)可以看出,位函数只同距离 r_i 的大小有关,同坐标系的选择无关.在讨论各种类型的天体对外面一质点的吸引时,只要找出了位函数 V,就可以从式(5)写出引力加速度的分量 X, Y, Z.

2.现在讨论一个密度均匀的球壳(厚度为无限小)对外面一质点 P 的吸引,如图1.设球壳半径为 a,中心为点 O;$OP = r$,在球壳上任一点 A 处取一宽度为无限小的圆环,环面垂直于 OP,则此圆环中心点 D 在直线 OP 上.令 OA 同 OP 的交角为 θ;圆环宽度对应于球心的张角为 $\mathrm{d}\theta$,则圆环宽度为 $a\mathrm{d}\theta$.再设球壳的面

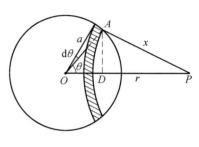

图 1

密度为 σ(常量).由于球面垂直于 OP,故环上各点同点 P 的距离相等,设为 x.先来讨论此圆环对点 P 吸引的位函数.

由于位函数只同质量和距离大小有关,故把圆环分为任意多个质点后,因各点同点 P 的距离都是 x,故从式(4)可得圆环对点 P 的位函数(记为 $\mathrm{d}V$)为

$$\mathrm{d}V = \frac{Gm_\theta}{x}$$

其中 m_θ 为圆环的质量,而圆环的面积是 $2\pi a^2 \sin\theta \mathrm{d}\theta$,由此可得

$$\mathrm{d}V = 2\pi\sigma Ga^2 \sin\theta \frac{\mathrm{d}\theta}{x}$$

整个球壳可以分为无穷多个垂直于 OP 的这样圆环,因此整个球壳对点 P 吸引的位函数 V 就是这些圆环对点 P 的位函数的总和,即

$$V = \int_0^\pi 2\pi\sigma Ga^2 \sin\theta \frac{\mathrm{d}\theta}{x} = 2\pi\sigma Ga^2 \int_0^\pi \frac{\sin\theta \mathrm{d}\theta}{x}$$

但由图1中三角形 OAP 可得

$$x^2 = a^2 + r^2 - 2ar\cos\theta$$

用它把积分变量变为 x 可得

$$V = 2\pi\sigma G \frac{a}{r} \int_{x_1}^{x_2} \mathrm{d}x = 2\pi\sigma G \frac{a}{r}(x_2 - x_1)$$

其中 x_1, x_2 为 $\theta = 0, \pi$ 时 x 的值,由图1可看出 $x_1 = r - a, x_2 = r + a$,于是可知

$$V = \frac{4\pi a^2 \sigma G}{r}$$

可是整个球壳的质量 $M = 4\pi a^2 \sigma$,因此

$$V = \frac{GM}{r} \tag{6}$$

式(6)表明,此球壳对点 P 的位函数,等于球壳总质量集中在中心处时对 P 的位函数. 也就是说,如果天体是密度均匀的球壳,则讨论它对外面一质点的吸引时,可以看作是位于中心处的一个质点,此质点的质量等于球壳的总质量.

3. 上述密度均匀的球壳状的天体并不存在,如果天体的等密度面为同心球面,则每个等密度面就是上述的密度均匀的球壳. 容易看出,只要密度函数(这里是半径的函数)是可积的,在讨论这样的天体对外面一质点 P 的吸引时是可以看作质点的. 由于天体内部重力作用,如果形成球状的天体,而且等密度面为同心球,则密度函数一般应为单调函数,即愈接近中心的密度愈大,这样的函数是可积的.

在太阳系内的大天体(太阳、大行星、大卫星)比较接近这种情况,它们的形状和等密度面都是接近于球形,因此在讨论它们的运动时,一般都可以看成质点. 但对于讨论距离很近的天体运动时(例如讨论人造地球卫星在地球引力场内的运动),位函数不能用式(6),需要根据所要求的精度,增加改正项,作为形状摄动改正.

§4 天体力学中处理问题的方法

天体力学主要讨论的是天体的运动,由于影响天体运动的因素很多,需要根据所讨论天体的情况给予正确处理,才能逐步建立符合实际情况的运动理论. 否则,不是无从下手,就是要走很多弯路,甚至得到错误的结果.

1. 首先要分析影响所讨论天体运动的力,找出其中起主要作用的力,以及影响较大的摄动力. 例如讨论行星运动时,起主要作用的是太阳同所讨论那个行星之间的万有引力;其次是行星之间的万有引力,而行星之间的万有引力也有很大差别,一般首先考虑质量大距离近的行星同所讨论行星之间的万有引力. 又如讨论人造地球卫星的运动时,起主要作用的是地球作为质点(总质量集中于地心)对卫星的万有引力;其次是由于地球不是质点产生的影响(即形状摄动,也是万有引力). 但卫星在发射阶段时,火箭推力的作用更大;卫星在离地面五百公里以下运动时,大气阻力很大,当卫星在高空(1 000 公里以上)运动时,大气阻力很小,而太阳光压力和日月引力逐渐增大. 因此,必须根据天体的实际情况进行分析,才能准确可靠. 另外还要根据所要求的精确程度,决定哪些影响很小的力可以略去.

$$V = -\left(\frac{m_1 m_2}{r_{12}} + \frac{m_2 m_3}{r_{23}} + \frac{m_3 m_1}{r_{31}} \right)$$

2.确定了应该考虑的几种力后,就根据动力学原理,建立所讨论天体的运动方程(在天体力学中,一般是根据牛顿第二定律或分析动力学原理).这些方程几乎都是常微分方程组,有时根据不同需要,还要把方程组变换成不同的形式.

3.解运动方程.首先要看方程组是否能全部积分,如能全部积分,则问题容易解决.一般情况下是不能完全积出来的,这就要根据需要的情况采用不同的方法来解.如果需要天体的具体位置,而且经历的时间间隔不长(相对于天体轨道周期),则直接用计算机从运动方程算出所需数据,这种方法就是数值方法.如果时间间隔较长,用数值方法计算的结果误差太大,可以用分析方法把运动方程的变量表为时间的近似分析表达式,一般是级数形式,用它们可以算出不同时刻的有关数据.如果不是需要具体数据,而是要了解天体运动轨道的某些性质,则可直接从运动方程用定性方法讨论.当然,有些性质也可以从分析表达式讨论.

天体力学中已有的各种理论和方法,都是从实践中逐步归纳总结出来的,并且多次经过实践检验,不断深化和完善的.万有引力定律出现以后,到现在将近三百年,经过长期的考验和改进,天体力学已有一套较成熟的研究方法,当然也还存在不少矛盾和未解决的问题.在本编中,主要介绍天体力学中比较成熟的,而现在还在广泛应用的基本理论.

在研究某一天体的运动时,首先把它看成一个质点,而且先只讨论另一个起主要作用的天体(也看成质点)对它的引力.例如讨论行星或彗星的运动时,先讨论太阳对它的引力;讨论某卫星的运动时,先讨论它所在的行星的引力.这样就把所讨论的天体运动简化为一个二体问题,得到的轨道为无摄动轨道.这是讨论天体运动的第一次近似理论,尽管是近似的,但抓住了影响天体运动的主要因素,所得的结果也是基本的.第二步是讨论各种摄动因素对天体的无摄动轨道的影响.由于摄动因素的数量和每种因素的精确程度都是无限的,因而要根据实践要求确定摄动因素的取舍.然后再建立此天体的运动方程,并解出运动方程.解出的结果再用天体的观测值来检验,如偏差是不可容许的,则必须再进行改进(增加摄动因素或更精确考虑某些摄动因素),直到理论结果符合观测结果(或其他实践要求)为止.

388

二体问题

从行星运动的实际情况表明,太阳的吸引是起主要作用,现在首先抓住行星运动的这个主要原因,把讨论某一行星的运动问题,简化和抽象为讨论两个质点在万有引力作用下的一个动力学问题,即二体问题.这是行星和太阳系其他天体(包括人造天体)运动理论的第一次近似结果,也是进一步讨论太阳系天体更精确的运动理论的基础.任何天体力学工作者都必须熟练掌握这个内容.本章可分为三部分:从 §1～ §6 主要讨论二体问题的基本理论和计算天体坐标的公式;§7～ §8 是介绍二体问题在星际航行中的一些应用;§9～ §15 是讲述椭圆运动的展开式,这是进一步精确研究天体运动中经常用到的内容.

第 一 章

§1 二体问题的微分方程和积分

现在设 P,S 表示行星和太阳,都看成质点,质量分别记为 m,M. 令 P,S 间的距离为 r,并规定 $\boldsymbol{SP}=\boldsymbol{r}$. 根据万有引力定律,$S$ 和 P 之间的引力大小为 $\dfrac{GmM}{r^2}$,但它们所受的力的方向相反. 设 $\boldsymbol{F}$ 为作用于 P 的力,则 $\boldsymbol{F}$ 沿 $\boldsymbol{PS}$ 方向,即 $\boldsymbol{F}=-\dfrac{GmM}{r^2}\cdot\dfrac{\boldsymbol{r}}{r}$. 同样,作用于 S 的力为 $-\boldsymbol{F}$. 再设 a,a_0 为 P,S 在万有引力作用下产生的加速度,则根据牛顿第二定律可知

$$\boldsymbol{F}=m\boldsymbol{a}, \quad -\boldsymbol{F}=M\boldsymbol{a}_0$$

由此可得

$$\boldsymbol{a}=-\frac{GM}{r^3}\boldsymbol{r}, \quad \boldsymbol{a}_0=\frac{Gm}{r^3}\boldsymbol{r} \tag{1}$$

$$V=-\left(\frac{m_1 m_2}{r_{12}}+\frac{m_2 m_3}{r_{23}}+\frac{m_3 m_1}{r_{31}}\right)$$

但牛顿第二定律只适用于惯性坐标系,故式(1)即为 P 和 S 在某惯性坐标系内的运动方程.由于需要讨论行星 P 相对于太阳 S 的运动,必须把坐标原点取为点 S.因 S 具有加速度 $\boldsymbol{a}_0$,即这样的坐标系为非惯性系,故不能直接用牛顿第二定律列出 P 相对于 S 的运动方程.可是,如果设 $\boldsymbol{a}'$ 为 P 相对于 S 的加速度,从加速度的关系可得

$$\boldsymbol{a}' = \boldsymbol{a} - \boldsymbol{a}_0 = -G\frac{m+M}{r^3}\boldsymbol{r} \tag{2}$$

式(2)即为 P 相对于 S 的运动方程.

设以 S 为原点的直角坐标系为 $SXYZ$,点 P 的坐标为 (x,y,z),则有

$$\boldsymbol{r} = (x,y,z), \quad \boldsymbol{a}' = (\ddot{x},\ddot{y},\ddot{z})^{①}$$

则(2)即为

$$\begin{cases} \ddot{x} = -\dfrac{G(m+M)}{r^3}x = -\dfrac{\mu x}{r^3} \\ \ddot{y} = -\dfrac{\mu y}{r^3}, \quad \ddot{z} = -\dfrac{\mu z}{r^3} \end{cases} \tag{3}$$

其中

$$\mu = G(m+M), \quad r = \sqrt{x^2+y^2+z^2} \tag{4}$$

式(3)就是在直角坐标系中的二体问题的微分方程,其中 μ 为常数.式(3)是一个六阶非线性常微分方程组,如要完全解出,必须找出包含有六个相互独立积分常数的积分或解.下面就进行讨论.

在理论力学中可知,行星是在有心力作用下运动,故有关有心力的结果都能应用.

在有心力作用下的运动都是平面运动,很容易从运动方程(3)予以证实.从式(3)的后两式可得

$$y\ddot{z} - z\ddot{y} = 0$$

即

$$\frac{\mathrm{d}}{\mathrm{d}t}(y\dot{z} - z\dot{y}) = 0$$

积分可得

$$y\dot{z} - z\dot{y} = A \tag{5}$$

其中 A 为积分常数,同理可得另外两个积分为

$$z\dot{x} - x\dot{z} = B \tag{6}$$

$$x\dot{y} - y\dot{x} = C \tag{7}$$

---

① 为符号简单起见,对时间 t 的一、二次微商都用加点表示,如 $\dfrac{\mathrm{d}x}{\mathrm{d}t} = \dot{x}, \dfrac{\mathrm{d}^2x}{\mathrm{d}t^2} = \ddot{x}$ 等.

其中 B,C 都是积分常数.

式(5),(6),(7) 就是运动方程式(3) 的三个积分,包含了三个相互独立的积分常数 A,B,C.

用 x,y,z 分别乘式(5),(6),(7) 相加,即得

$$Ax + By + Cz = 0 \tag{8}$$

这是一个通过原点(太阳)的平面方程,而 (x,y,z) 为行星 P 的坐标,这表明行星的运动轨道始终在通过太阳的一个平面上.

积分常数 A,B,C 在天体运动轨道中有实际意义,从式(8) 知,若令

$$h = \sqrt{A^2 + B^2 + C^2} \tag{9}$$

则轨道平面法线的方向余弦为

$$\frac{A}{h}, \quad \frac{B}{h}, \quad \frac{C}{h} \tag{10}$$

如采用日心黄道坐标系,取坐标面 XY 为黄道面,X 轴指向春分点方向,Z 轴指向黄道北极方向. 在天球坐标系图 1.1 中,S 为天球中心,大圆 XY 为黄道,点 Y 的黄经为 $90°$;大圆 NAQ 为行星轨道面在天球上的截线;N 为升交点(即行星沿 NAQ 方向运动);C' 为 NAQ 的极(靠近 Z 的那个极). 则图上的 i 是行星轨道对黄道的倾角 $Q = XN$,是升交点黄经. SC' 就是行星轨道平面的法线方向,它的方向余弦(对于此坐标系)为

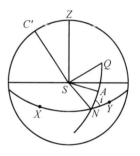

图 1.1

$$\cos C'X, \quad \cos C'Y, \quad \cos C'Z$$

但从直角球面三角形 $C'XN,C'YN$ 容易求出

$$\cos C'X = \sin \Omega \sin i$$

$$\cos C'Y = -\cos \Omega \sin i$$

而 $C'Z = i$,即 $\cos C'Z = \cos i$,故同式(10) 比较可知

$$A = h\sin \Omega \sin i, \quad B = -h\cos \Omega \sin i, \quad C = h\cos i \tag{11}$$

其中 Ω, i 的意义很清楚,h 的意义后面再谈.

行星运动的速度 $\boldsymbol{v} = (\dot{x}, \dot{y}, \dot{z})$,积分式(5),(6),(7) 的左端的量实际上是向量 $\boldsymbol{r} \times \boldsymbol{v}$ 的三个分量. 因此,上述三个积分表明,行星绕太阳运动的动量矩 $m\boldsymbol{r} \times \boldsymbol{v}$ 为常量,为动量矩守恒原理的体现. 故积分式(5),(6),(7) 又叫作动量矩积分.

上面已讨论了行星轨道平面在黄道坐标系中的方位,下面就讨论行星在轨道平面上的运动. 取轨道平面作为参考坐标系的 XY 平面(原点不变),则行星相对于太阳的运动方程(3) 简化为

$$\mathscr{V} = -\left(\frac{m_1 m_2}{r_{12}} + \frac{m_2 m_3}{r_{23}} + \frac{m_3 m_1}{r_{31}}\right)$$

$$\ddot{x} = -\frac{\mu x}{r^3}, \quad \ddot{y} = -\frac{\mu y}{r^3} \tag{12}$$

积分式(5),(6),(7)简化为一个(相当于 $i=0, C=h$)

$$x\dot{y} - y\dot{x} = h \tag{13}$$

显然式(13)就是式(12)的一个积分,只是积分常数明确为 h. 式(12)是四阶方程组,若要完全解出,除式(13)外还要求出包含另外相互独立的三个积分常数的积分,用极坐标讨论更方便,取

$$x = r\cos\theta, \quad y = r\sin\theta \tag{14}$$

则式(12)可变换为

$$\ddot{r} - r\dot{\theta}^2 = -\frac{\mu}{r^2} \tag{15}$$

$$2r\dot{r}\dot{\theta} + r^2\ddot{\theta} = \frac{\mathrm{d}}{\mathrm{d}t}(r^2\dot{\theta}) = 0 \tag{16}$$

式(13)变换为

$$r^2\dot{\theta} = h \tag{17}$$

显然式(17)就是式(16)的积分,只是积分常数明确为 h. 但 $r^2\dot{\theta}$ 就是行星向径所扫过的面积速度(在理论力学中有证明)的两倍,这就是 h 的具体意义. 这样也说明了积分式(5),(6),(7)为面积速度(两倍)在三个坐标面上的投影. 故也可叫作面积积分.

现在就来解式(15),(17). 它们是三阶常微分方程组,需要找出包含三个独立积分常数的积分或解. 由于自变量为时间 t,而以前求出的三个积分都不显含 t,故以后要找出的积分或解中,至少要有一个显含 t,才能把变量(坐标 x,y,z 或 r,θ 和速度)解出表示成时间的函数.

在理论力学中讨论有心力的运动时,已解过这种方程组,令 $u = \frac{1}{r}$,则式(17)成为

$$\dot{\theta} = hu^2$$

并且

$$\dot{r} = \frac{\mathrm{d}r}{\mathrm{d}\theta}\dot{\theta} = \frac{\mathrm{d}}{\mathrm{d}\theta}\left(\frac{1}{u}\right)\dot{\theta} = -\frac{1}{u^2}\frac{\mathrm{d}u}{\mathrm{d}\theta} \cdot hu^2 = -h\frac{\mathrm{d}u}{\mathrm{d}\theta}$$

$$\ddot{r} = -h\frac{\mathrm{d}}{\mathrm{d}\theta}\left(\frac{\mathrm{d}u}{\mathrm{d}\theta}\right)\dot{\theta} = -h^2u^2\frac{\mathrm{d}^2u}{\mathrm{d}\theta^2}$$

代入式(15)可得

$$\frac{\mathrm{d}^2u}{\mathrm{d}\theta^2} + u = \frac{\mu}{h^2} \tag{18}$$

式(18)是 u 对于自变量 θ 的一个二阶线性方程,它的通解就是

$$u = \frac{\mu}{h^2}[1 + e\cos(\theta - \omega)] \tag{19}$$

或

$$r = \frac{\dfrac{h^2}{\mu}}{1 + e\cos(\theta - \omega)} \tag{20}$$

其中 e, ω 为新的积分常数,而且 $e \geqslant 0$.

式(20)就是轨道方程,从解析几何学得知,它是以原点为焦点的圆锥曲线方程;e 为偏心率;$\dfrac{h^2}{\mu}$ 为半通径,习惯上用 $p = a(1 - e^2)$ 表示,即

$$p = \frac{h^2}{\mu} \quad \text{或} \quad h^2 = \mu p = \mu a(1 - e^2) \tag{21}$$

到此为止,已经得到了包含五个独立积分常数 $h, i, \Omega,$(即 A, B, C),e, ω 的积分和解:式(5),(6),(7),(20),其中 ω 的意义在后面再讲. 从式(21)可知,h 也可以用 p 或 a 来代替. 从这五个积分已看出二体问题的某些结论:轨道在一个平面上,而且是以太阳(原点)为焦点的圆锥曲线;行星向径扫过的面积速度为常数 $\dfrac{h}{2}$. 这里面已含了开普勒第一和第二定律,但比开普勒定律更广泛,因为椭圆是圆锥曲线的一种特殊情况.

由于二体问题的微分方程为六阶,故还差一个包含新积分常数的积分或解. 已经找出的积分和解都不显含时间 t,因此剩下的一个必须显含 t. 从式(17)可得

$$\dot\theta = \frac{\mathrm{d}\theta}{\mathrm{d}t} = \frac{h}{r^2}$$

里面的 r 可以利用式(19)表为 θ 的函数,因而可以积分,并显含 t. 但是这个积分很复杂,不便于应用. 如用 r 的关系式来积分,则要用到有些量的大小和符号关系,根据椭圆、双曲线和抛物线的不同情况,有不同的形式. 这个积分在 §2 中再讲.

还有一些不同形式的积分,由于它们的积分常数都同前面已知的五个积分常数有函数关系,故不是独立的,但是在很多地方要用到它们,在这里也介绍一下.

式(3)的后两式分别乘以 B, C 再相减得

$$C\ddot y - B\ddot z = \frac{\mu}{r^3}(Bz - Cy)$$

右端的 B, C 用式(6),(7)代入得

$$C\ddot y - B\ddot z = \frac{\mu}{r^3}[(z\dot x - x\dot z)z - (x\dot y - y\dot x)y]$$

393

$$\mathscr{V} = -\left(\frac{m_1 m_2}{r_{12}} + \frac{m_2 m_3}{r_{23}} + \frac{m_3 m_1}{r_{31}}\right)$$

$$= \frac{\mu}{r^3} \left[(x^2 + y^2 + z^2)\dot{x} - (x\dot{x} + y\dot{y} + z\dot{z})x \right]$$

$$= \frac{\mu}{r^3} \left[r^2 \dot{x} - r\dot{r}x \right] = \mu \frac{d}{dt}\left(\frac{x}{r} \right)$$

因此可以积分,即

$$C\dot{y} - B\dot{z} = \frac{\mu x}{r} - F_1$$

或

$$B\dot{z} - C\dot{y} + \frac{\mu x}{r} = F_1 \tag{22a}$$

同理有

$$\begin{cases} C\dot{x} - A\dot{z} + \dfrac{\mu y}{r} = F_2 \\[2mm] A\dot{y} - B\dot{x} + \dfrac{\mu z}{r} = F_3 \end{cases} \tag{22b}$$

其中 F_1, F_2, F_3 是积分常数,但不是独立的,可以用前面所得的五个积分常数表示出来. 至于具体的关系式,读者可自行找出,式(22) 又叫作拉普拉斯积分.

另外,用极坐标表示速度 v 得

$$v^2 = \dot{r}^2 + r^2 \dot{\theta}^2$$

则

$$\frac{dv^2}{dt} = 2\ddot{r}\dot{r} + 2r\dot{r}\dot{\theta}^2 + 2r^2\dot{\theta}\ddot{\theta} \tag{23}$$

但以 $\dot{r}, \dot{\theta}$ 分别乘式(15),(16) 再相加得

$$\ddot{r}\dot{r} + r\dot{r}\dot{\theta}^2 + r^2\dot{\theta}\ddot{\theta} = -\frac{\mu}{r^2}\dot{r}$$

代入上式得

$$\frac{1}{2}\frac{dv^2}{dt} = -\frac{\mu}{r^2}\dot{r}$$

此式可积分为

$$\frac{1}{2}v^2 = \frac{\mu}{r} + L \tag{24}$$

其中 L 为积分常数,以轨道上任意一点的 v 和 r 代入式(24),所得的 L 应该是相同的值. 现在取通径端点,则 $r = p, \theta - \omega = 90°$,相应的

$$\dot{\theta} = hu^2 = \frac{h}{p^2}, \quad (r\dot{\theta})^2 = r^2\dot{\theta}^2 = \frac{h^2}{p^2} = \frac{\mu}{p}$$

再从式(20) 可得

$$\frac{dr}{d\theta} = pe$$

394

故

$$\dot{r} = \frac{\mathrm{d}r}{\mathrm{d}\theta}\dot{\theta} = \frac{he}{p}$$

$$\dot{r}^2 = \frac{h^2 e^2}{p^2} = \mu\frac{e^2}{p}$$

代入(24)可得

$$\frac{1}{2}v^2 = \frac{1}{2}(\dot{r}^2 + r^2\dot{\theta}^2) = \frac{1}{2}\left(\frac{\mu e^2}{p} + \frac{\mu}{p}\right) = \frac{\mu}{p} + L$$

则

$$L = \frac{\mu}{2}\frac{e^2-1}{p} = -\frac{\mu}{2a}$$

因此式(24)成为

$$v^2 \equiv \mu\left(\frac{2}{r} - \frac{1}{a}\right) \tag{25}$$

上面已说明式(24)的积分常数不是独立的,而常用的是式(25)的形式,而且应用很广,叫作活力积分或活力公式.

§2　无摄动运动的轨道分类

上节已得到二体问题的基本结果,相对运动轨道为以原点为焦点的圆锥曲线,方程为

$$r = \frac{p}{1 + e\cos(\theta - \omega)} \tag{26}$$

其中

$$p = a(1 - e^2) = \frac{h^2}{\mu} \tag{27}$$

从解析几何可知,圆锥曲线可按照偏心率的大小来分类.上节已指明 $e \geqslant 0$.

当 $e < 1$ 时,曲线为椭圆.由于 $p \geqslant 0$,故从式(27)可知,$a \geqslant 0$,此时 a 叫作椭圆的半长径.当 $e = 0$ 时,曲线为圆,是椭圆的特例,此时 a 就是圆的半径.

当 $e = 1$ 时,曲线为抛物线,而在一般情况下 h 为有限值,故 p 也是有限量,因此从式(27)可知,此时 a 应为无穷大.

当 $e > 1$ 时,曲线为双曲线,从式(27)可知 a 应为负值.

由上可知,轨道曲线也可以按照 a 的大小来分类.如用速度大小 v 作标准,则力学意义更清楚,用活力公式(25)可知

$$v^2 = \mu\left(\frac{2}{r} - \frac{1}{a}\right) \tag{28}$$

设行星在同太阳的距离为 r 处运动,若轨道为圆,则 $r = a$,相应的速度记为 v_c,

$$\Psi = -\left(\frac{m_1 m_2}{r_{12}} + \frac{m_2 m_3}{r_{23}} + \frac{m_3 m_1}{r_{31}}\right)$$

则由式(28)可知

$$v_c^2 = \frac{\mu}{r} = \frac{\mu}{a} \tag{29}$$

v_c 就叫作在距离 r 处的圆形轨道速度.

若轨道为抛物线时, a 为无穷大, 此时的速度记为 v_p, 则由式(28)知

$$v_p^2 = \frac{2\mu}{r} = 2v_c^2, \quad \text{即} \quad v_p = \sqrt{2}\, v_c \tag{30}$$

v_p 就叫作在距离 r 处的抛物线速度. 由于沿抛物线轨道运动就不返回, 故 v_p 又叫作逃逸速度.

若轨道为椭圆, $a > 0$, 由式(28)知此时

$$v^2 = \frac{2\mu}{r} - \frac{1}{a} < \frac{2\mu}{r} = v_p^2$$

若轨道为双曲线时, $a < 0$, 则此时

$$v^2 = \frac{2\mu}{r} - \frac{1}{a} > \frac{2\mu}{r} = v_p^2$$

反过来也成立. 因此, 用在任一距离 r 处的 v 值也可以区分轨道类型. 当 $v < v_p$ 时, 轨道是椭圆; 当 $v = v_p$ 时, 轨道为抛物线; $v > v_p$ 时, 轨道是双曲线, 下面就分别这三种轨道类型来求出二体问题的最后一个积分.

1. 若行星轨道为椭圆, 是周期运动, 式(27)中的 h 可用运动周期 T 来表示. 因在整周期 T 时间内, 行星向径扫过的面积就是椭圆面积 $\pi a^2 \sqrt{1-e^2}$, 由此可得

$$h = \frac{2\pi a^2 \sqrt{1-e^2}}{T}$$

代入式(27)得

$$\frac{a^3}{T^2} = \frac{\mu}{4\pi^2} = \frac{G(m+M)}{4\pi^2} \tag{31}$$

这是行星的椭圆轨道半长径同周期之间的关系. 按照开普勒第三定律, $\dfrac{a^3}{T^2}$ 对所有行星都是同一数值. 但(31)左右端含有行星质量 m, 各行星 m 值不相等. 从观测表明, 式(31)是正确的, 因而式(31)就是用万有引力定律得到的修正了的开普勒第三定律. 由于行星质量 m 比太阳质量 M 小得多(小于0.001), 这样的偏差在当时的观测技术水平很难发现.

现在求出最后一个积分, 由公式(17)和(25)得

$$r^2 \dot{\theta} = h = \sqrt{\mu a(1-e^2)} \tag{32}$$

$$v^2 = \dot{r}^2 + r^2 \dot{\theta}^2 = \mu \left(\frac{2}{r} - \frac{1}{a} \right) \tag{33}$$

从这两式消去 $\dot{\theta}$ 可得

$$\dot{r}^2 + \frac{\mu a(1-e^2)}{r^2} = \mu\left(\frac{2}{r} - \frac{1}{a}\right)$$

即

$$\dot{r}^2 = \frac{\mu}{r^2 a}\left[a^2 e^2 - (a-r)^2\right] \tag{34}$$

由于椭圆轨道是周期运动,用 n 表示平均角速度,即

$$n = \frac{2\pi}{T} \tag{35}$$

故式(31)可化为

$$n^2 a^3 = \mu \tag{36}$$

代入式(34)消去其中的 μ 得

$$\dot{r}^2 = \frac{n^2 a^2}{r^2}\left[a^2 e^2 - (a-r)^2\right]$$

即

$$n\,\mathrm{d}t = \frac{r\,\mathrm{d}r}{a\sqrt{a^2 e^2 - (a-r)^2}} \tag{37}$$

对于椭圆轨道有 $|a-r| \leqslant ae$,故可引入辅助量 E 为

$$a - r = ae\cos E \quad 或 \quad r = a(1 - e\cos E) \tag{38}$$

代入式(37)得

$$n\,\mathrm{d}t = (1 - e\cos E)\mathrm{d}E$$

容易积分出来,即

$$E - e\sin E = nt + M_0$$

或记为

$$E - e\sin E = n(t - \tau) \tag{39}$$

这就是对应于椭圆轨道情况的最后一个积分,其中积分常数为 M_0 或 τ. 如用 τ,意义很明确,当 $t=\tau$ 时,从式(39)知相应的 $E=0$,而由式(38)知,此时 r 为最小值,即行星在近日点. 由此可知,τ 即为行星过近日点时刻. 关于 M_0 的意义以后再讲.

2. 若轨道为抛物线,则 $e=1$,轨道方程成为

$$r = \frac{p}{1 + \cos(\theta - \omega)} \tag{40}$$

因 ω 为常数,故若令

$$f = \theta - \omega, \quad 则 \dot{f} = \dot{\theta} \tag{41}$$

式(40)即成为

$$r = \frac{p}{1 + \cos f} \tag{42}$$

从式(42)可知,当 $f=0$ 时,r 为最小,即行星在近日点,相应的近日距离记为

397

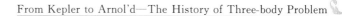

q(参看图 1.2),则由式(42)可知

$$q = \frac{p}{2}$$

或

$$p = 2q$$

因而式(42)可改为

$$r = \frac{2q}{1 + \cos f} = q\sec^2 \frac{f}{2} \qquad (43)$$

相应的面积积分式(32)可化为

$$r^2\dot{\theta} = r^2\dot{f} = h = \sqrt{\mu p} = \sqrt{2\mu q} \qquad (44)$$

以式(43)代入得

$$\sec^4 \frac{f}{2}df = \sqrt{2\mu}q^{-\frac{3}{2}}\mathrm{d}t$$

积分即得

$$2\tan \frac{f}{2} + \frac{2}{3}\tan^3 \frac{f}{2} = \sqrt{2\mu}q^{-\frac{3}{2}}(t - \tau) \qquad (45)$$

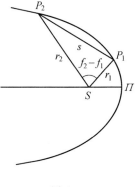

图 1.2

这就是对应于抛物线轨道情况的最后一个积分,积分常数为 τ,显然它也是行星过近日点的时刻.

抛物线轨道存在一个关系式,在后面讲轨道计算时要用到,这里附带推出.

在图 1.3 中,S 为太阳,位于焦点,$\varPi$ 为近日点位置.在抛物线轨道上,设 P_1,P_2 为时刻 $t = t_1$,t_2 时的行星位置,它们的极坐标相应为(r_1, f_1),(r_2, f_2).由式(45)可得

$$\sqrt{2\mu}q^{-\frac{3}{2}}(t_2 - \tau) = 2\tan \frac{f_2}{2} + \frac{2}{3}\tan^3 \frac{f_2}{2}$$

$$\sqrt{2\mu}q^{-\frac{3}{2}}(t_1 - \tau) = 2\tan \frac{f_1}{2} + \frac{2}{3}\tan^3 \frac{f_1}{2}$$

图 1.3

两式相减可得

$$\sqrt{2\mu}q^{-\frac{3}{2}}(t_2 - t_1) = 2\tan \frac{f_2}{2} - 2\tan \frac{f_1}{2} + \frac{2}{3}\left(\tan^3 \frac{f_2}{2} - \tan^3 \frac{f_1}{2}\right) =$$

$$\frac{2}{3}\left(\tan \frac{f_2}{2} - \tan \frac{f_1}{2}\right)\left[3\left(1 + \tan \frac{f_2}{2}\tan \frac{f_1}{2}\right) + \left(\tan \frac{f_2}{2} - \tan \frac{f_1}{2}\right)^2\right] \qquad (46)$$

设 s 为 P_1,P_2 之间的距离,则由图 1.3 的三角形 SP_1P_2 可得下面关系

$$s^2 = r_1^2 + r_2^2 - 2r_1r_2\cos(f_2 - f_1)$$

$$= (r_1 + r_2)^2 - 4r_1r_2\cos^2 \frac{f_2 - f_1}{2}$$

398

由此可得

$$2\sqrt{r_1 r_2}\cos\frac{f_2 - f_1}{2} = \pm\sqrt{(r_1 + r_2 + s)(r_1 + r_2 - s)} \tag{47}$$

其中右端的正负号由 $f_2 - f_1$ 的象限而定,当 $f_2 - f_1$ 在第一、二象限时取正号;第三、四象限时取负号.

另外从式(43)可得

$$r_1 = q\sec^2\frac{f_1}{2}, \quad r_2 = q\sec^2\frac{f_2}{2} \tag{48}$$

代入式(47)左端即得

$$2q\left(1 + \tan\frac{f_2}{2}\tan\frac{f_1}{2}\right) = \pm\sqrt{(r_1 + r_2 + s)(r_1 + r_2 - s)} \tag{49}$$

又从式(48)直接可得

$$q\left(2 + \tan^2\frac{f_2}{2} + \tan^2\frac{f_1}{2}\right) = r_1 + r_2 \tag{50}$$

式(50)减式(49)得

$$\begin{aligned}
q\left(\tan\frac{f_2}{2} - \tan\frac{f_1}{2}\right)^2 &= (r_1 + r_2) \mp \sqrt{(r_1 + r_2 + s)(r_1 + r_2 - s)} \\
&= \frac{1}{2}\big[(r_1 + r_2 + s) + (r_1 + r_2 - s) \mp \\
&\quad 2\sqrt{(r_1 + r_2 + s)(r_1 + r_2 - s)}\,\big] \\
&= \frac{1}{2}(\sqrt{r_1 + r_2 + s} \mp \sqrt{r_1 + r_2 - s})^2
\end{aligned}$$

即

$$\tan\frac{f_2}{2} - \tan\frac{f_1}{2} = \frac{1}{\sqrt{2q}}\sqrt{r_1 + r_2 + s} \mp \sqrt{r_1 + r_2 - s} \tag{51}$$

上面开方时只取正号,可从图上看出.

以式(49),(51)代入式(46)就可求出下面关系

$$6\sqrt{\mu}\,(t_2 - t_1) = (r_1 + r_2 + s)^{\frac{3}{2}} + (r_1 + r_2 - s)^{\frac{3}{2}} \tag{52}$$

这就是所要求的结果,给出了任意两时刻行星在抛物线轨道上的向径、距离和时间的关系.式(52)又叫作欧拉(Euler)方程.

3.若轨道为双曲线,$e > 1$,$a < 0$,令 $a_1 = -a > 0$,叫作双曲线的半主径;则相应的式(32),(33)化为

$$\begin{cases}
r^2\dot{\theta} = h = \sqrt{\mu p} = \sqrt{\mu a_1(e^2 - 1)} \\
\dot{r}^2 + r^2\dot{\theta}^2 = \mu\left(\dfrac{2}{r} + \dfrac{1}{a_1}\right)
\end{cases} \tag{53}$$

由此二式消去 $\dot{\theta}$ 后得

$$\mathscr{V} = -\left(\frac{m_1 m_2}{r_{12}} + \frac{m_2 m_3}{r_{23}} + \frac{m_3 m_1}{r_{31}}\right)$$

$$a_1 v \mathrm{d}t = \frac{r\mathrm{d}r}{\sqrt{(a_1+r)^2 - a_1^2 e^2}} \tag{54}$$

其中

$$v = \sqrt{\mu}\, a_1^{-\frac{3}{2}} \tag{55}$$

对于双曲线轨道,有 $|a_1+r| > a_1 e$,故可用双曲函数引入辅助量 F 为

$$a_1 + r = a_1 e \cos hF \quad 或 \quad r = a_1(e\cos hF - 1) \tag{56}$$

代入式(54)即得

$$v\mathrm{d}t = (e\cos hF - 1)\mathrm{d}F$$

积分得

$$v(t-\tau) = e\sin hF - F \tag{57}$$

这就是对应于双曲线轨道情况的最后一个积分,其中 τ 为积分常数.容易看出,它也是行星经过近日点的时刻.

到此为止,二体问题的微分方程完全解出.在叙述过程中,虽然是用行星和太阳代表两天体,但所得结果完全适用于一般二体问题.

§3 轨道根数

二体问题微分方程的解出,得到了理论结果.但是,要把理论结果联系到实际问题,还有一些过程,下面四节就是讲述这些过程.本节先讨论积分常数问题.

在运动方程的积分过程中,积分常数只是数学上的一组任意常数.但在具体讨论天体的运动情况时,积分常数非常重要.为什么在前面两节中一再强调要找出六个相互独立的积分常数呢? 除了数学上的意义外,还因为每一个积分常数都代表天体运动中的一个基本量,如果缺少一个,就不能定出天体在具体时刻的位置和速度,因而无法联系实际.这点在后面会更清楚.

大多数积分常数的实际意义,前面都分别讲过了,这里再小结一下,使概念更明确.

Ω, i 两个积分常数是决定天体轨道平面方位的量.若取黄道面作为参考平面,在以太阳为中心的天球坐标系中,黄道面和轨道面在天球上的交线都是大圆.这两个大圆相交于两点.行星由南向北穿过黄道时所经过的那个交点,叫作升交点,图 1.4 中记为 N.另外一点叫作降交点.若以春分点(图 1.4 中的 γ 点)作黄经起算点(即 X 轴所指向的点),则 $\Omega = \gamma N$,叫作升交点黄经,是从 γ 开始,沿黄经增加的方向(即地球公转方向)计量.i 叫作轨道倾角,即在升交点处,轨道正方向(运动方向)同黄道正方向(黄经增加方向)之间的交角;i 的值在 0 和 π 之间,图 1.4 中画出了 $i < \frac{\pi}{2}$ 和 $i > \frac{\pi}{2}$ 的情况,即顺转和逆转.如以赤道面作

参考面,可同样得出 Ω, i 的定义.

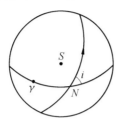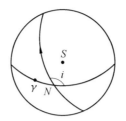

图 2.4

积分常数 a, e 表示天体轨道的大小和形式. e 是偏心率; a 在椭圆轨道中是半长径;在双曲线轨道中为半主径,用 $a_1 = -a$ 表示;在抛物线轨道中,由于 a 为无穷大,用半通径 p 或 $q = \dfrac{p}{2}$ 代替,由于有关系

$$p = a(1 - e^2), \quad h = \sqrt{\mu p}, \quad n^2 a^3 = \mu$$

因而用 p, h, n 都可以代替 a.

ω 的定义为

$$r = \frac{p}{1 + e\cos(\theta - \omega)}$$

从式中可看出,当 $\theta = \omega$ 时,r 最小,即行星在近日点. 由此可知,ω 为近日点方向的极角,它的大小要随极轴方向而定. 习惯上把极轴取为升交点方向,则 ω 就是升交点同近日点方向之间的交角,规定从升交点沿行星运动方向计量,叫作近点角距. ω 的值决定行星近日点 Π 方向.

τ 在三种类型的轨道中都是代表行星过近日点时刻. 在椭圆轨道中,常用 $M_0 = -n\tau$,或 $\varepsilon_0 = M_0 + \Omega + \omega$ 来代替 τ. 关于 M_0 的意义后面再讲. τ 值确定后,就知道了行星于某时刻在轨道上的位置,成为讨论行星运动的起点.

上面已说明了积分常数是确定天体轨道的基本量,又叫作天体的轨道根数(也叫作轨道要素). 椭圆轨道的轨道根数为 Ω, i, a(或 p, h, n)$, e, \omega, M_0$(或 τ, ε_0);抛物线轨道的轨道根数为 Ω, i, p(或 q, h)$, \omega, \tau$;双曲线轨道的轨道根数为 Ω, i, a_1(或 p, h)$, e, \omega, \tau$. 其中 Ω, i, ω 三个量是同春分点和黄道的位置有关,由于岁差章动等影响,故给出它们的数值时,要指明所对应的春分点和黄道的历元.

下面要讲述从给定的轨道根数来计算天体位置的方法. 但是怎样知道天体的轨道根数呢? 只能从实践中(天体的观测)求出来,这个内容将在第二章中讲述.

$$\mathscr{V} = -\left(\frac{m_1 m_2}{r_{12}} + \frac{m_2 m_3}{r_{23}} + \frac{m_3 m_1}{r_{31}} \right)$$

§4　开普勒方程和它的解法

要从天体的轨道根数计算天体在任何时刻 t 时的位置,必须首先用到最后一个积分,因为它是唯一显含时间 t 的积分.本节就是讲怎样从给定的时刻 t 计算辅助量 E(椭圆),f(抛物线)和 F(双曲线)的方法,并以椭圆轨道为主,因为这种情况应用最广.

1.椭圆轨道的最后一个积分为式(39),即

$$E = e\sin E = n(t - \tau) \tag{58}$$

下面先说明 E 的几何意义.

图 1.5 中的椭圆为行星轨道,S 为太阳,位于椭圆的焦点.O 为椭圆的中心,Π,Π' 表示近日点和远日点.设在任一时刻 t 时,行星在点 P;在时刻 τ 时,行星就在近日点 Π.$O\Pi$ 即为椭圆半长径 a.以 O 为中心,以 a 为半径作圆,此圆叫作椭圆的外辅圆.再从点 P 作垂线 PR,垂直于 $O\Pi$,并延长 PR 与外辅圆相交于点 Q,联结 OQ,则角 ΠOQ 就是时刻 t 时的 E.下面证明这一点.

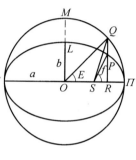

图 1.5

行星向径从近日点 Π 到点 P 所扫过的面积是扇形 ΠSP,所经过的时间为 $(t-\tau)$.而在整个周期 T 时间内,行星向径扫过的面积就是整个椭圆的面积.由于面积速度为常数,故下面的关系成立

$$\frac{t-\tau}{T} = \frac{\Pi SP \text{ 面积}}{\text{椭圆面积}} \tag{59}$$

椭圆可看成外辅圆的投影,在投影过程中,P 是点 Q 的投影,故扇形 ΠSP 是扇形 ΠSQ 的投影,因此有关系

$$\frac{\Pi SP \text{ 面积}}{\text{椭圆面积}} = \frac{\Pi SQ \text{ 面积}}{\text{外辅圆面积}}$$

与式(59)比较即得

$$\frac{t-\tau}{T} = \frac{\Pi SQ \text{ 面积}}{\text{外辅圆面积}} \tag{60}$$

而

$$\Pi SQ \text{ 面积} = \text{扇形 } \Pi OQ \text{ 面积} - \text{三角形 } SOQ \text{ 面积}$$

$$= \frac{a^2}{2}E - \frac{1}{2}\overline{OS} \cdot \overline{QR}$$

$$= \frac{a^2}{2}E - \frac{1}{2}a^2 e\sin E$$

而 $OS=ae$，$QR=a\sin E$，又外辅圆面积为 πa^2；再用关系 $n=\dfrac{2\pi}{T}$，则式（60）成为

$$\frac{n(t-\tau)}{2\pi}=\frac{\dfrac{a^2}{2}E-\dfrac{a^2}{2}e\sin E}{\pi a^2}$$

即

$$n(t-\tau)=E-e\sin E$$

这就是式（58）. 这就证明了 E 就是图 1.5 中的角 ΠOQ，也就是给出了 E 的几何意义. 由于在近日点 Π 处的 $E=0$，故 E 是由近日点起算的角度. 当行星从近日点出发沿椭圆轨道运动时，E 从 0 逐渐增加，行星走到短轴端点时，$E=\dfrac{\pi}{2}$；再继续走到远日点 Π' 时，$E=\pi$；再继续走下去，则 E 再继续增加，行星回到近日点，E 增加到 2π. 在天体力学中，E 叫作偏近点角.

现定义

$$M=n(t-\tau)\tag{61}$$

显然当 $t=\tau$ 时，$M=0$，即 M 也是从近日点起算的角度；由于 n 为常数，故 t 增加时，M 是均匀地变化（增加）. t 从 τ 开始增加一个周期时，M 则由 0 均匀地增加到 2π. 因此把 M 叫作平近点角. 显然，当 $t=0$ 时，$M=-n\tau=M_0$. 因此 M_0 为 $t=0$ 时的平近点角，这就是 M_0 的实际意义. 式（58）是开普勒首先从上述几何方法推出的，故又叫作开普勒方程.

2. 下面就来讨论开普勒方程的解法，引入平近点角 M 后，式（58）成为

$$E-e\sin E=n(t-\tau)=M\tag{62}$$

解这个方程，就是要从已知的 M 值，求出相应的 E 值. 式（62）为 E 的超越方程，不便直接解出，要用各种近似方法，下面介绍三种.

（1）迭代法. 如偏心率 e 不大（例如行星或一些小行星），则 E 同 M 相差不多，式（62）可改写为

$$E=M+e\sin E$$

取

$$\begin{cases}E_1=M\\E_2=M+e\sin E_1\\E_3=M+e\sin E_2\\\quad\vdots\\E_i=M+e\sin E_{i-1}\end{cases}\tag{63}$$

i 越大，算出的 E_i 越准. 一直算到 $E_i=E_{i-1}$ 时（在所要求的精确度范围内）为止. 最后的 E_i 即为式（62）的解. 用式（63）计算过程中，E,M 都要用弧度作单位. 如用角度作单位也可以，但偏心率 e 要乘上一弧度的角度数的因子：

$$V=-\left(\frac{m_1m_2}{r_{12}}+\frac{m_2m_3}{r_{23}}+\frac{m_3m_1}{r_{31}}\right)$$

$57°.295\,775\,91$，记为 $e°$，此时

$$E = M + e° \sin E \tag{64}$$

若 e 较大，则取 M 作 E_1 时，迭代次数太多，可用下面两种方法.

（2）微分改正法. 式（62）取微分可得

$$(1 - e\cos E)\Delta E = \Delta M$$

或

$$\Delta E = \frac{\Delta M}{1 - e\cos E} \tag{65}$$

则用任何方法得到 E 的近似值 E_1，可得相应的

$$M_1 = E_1 - e\sin E_1$$

若 M_1 不等于 M，则取 $\Delta M_1 = M - M_1$，用式（65）算出相应的

$$\Delta E_1 = \frac{\Delta M_1}{1 - e\cos E_1}$$

再取 $E_2 = E_1 + \Delta E_1$，代入式（62）计算出

$$M_2 = E_2 - e\sin E_2$$

如 M_2 还不等于 M，再取 $\Delta M_2 = M - M_2$，再算出

$$\Delta E_2 = \frac{\Delta M_2}{1 - e\cos E_2}$$

由此继续下去，直到 $\Delta M = 0$ 为止（在所要求的精度内）.

（3）图解法. 当 e 较大时，可用图解法求出 E 的近似值，再用前面方法精确计算，开普勒方程改写为

$$\frac{1}{e}(E - M) = \sin E$$

其中 M 为已知量，则相应的 E 为联立方程

$$\begin{cases} y = \sin E \\ y = \dfrac{1}{e}(E - M) \end{cases} \tag{66}$$

的解. 上面两式在 (E, y) 坐标面上绘出曲线，则两曲线的交点的 E 值即为开普勒方程的解.

图 1.6 中，$y = \sin E$ 为正弦曲线，与 M, e 无关，可先绘在坐标纸上；$y = \dfrac{E - M}{e}$ 为一直线，与 E 轴的交点为 A，则 $OA = M$（因 $y = 0$ 时，$E = M$）. 通过点 A 作直线，与 E 轴的交角为 $\arctan \dfrac{1}{e}$，此直线就是 $y = \dfrac{E - M}{e}$. 设 Q 为它同 $y = \sin E$ 的交点，则 Q 的横坐标就是相应的 E 值. 以上的 E, M 都是以弧度作单位.

3. 对于抛物线轨道，最后的积分为式（45），即

$$\tan\frac{f}{2}+\frac{1}{3}\tan^3\frac{f}{2}=\sqrt{\frac{\mu}{2}}\,q^{-\frac{3}{2}}(t-\tau)\tag{67}$$

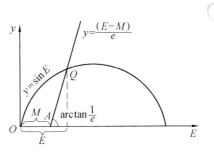

图 1.6

这相当于抛物线轨道情况的开普勒方程. 对已给定的 t 值,式(67)右端为已知量,故式(67)就是 $\tan\frac{f}{2}$ 的一个三次代数方程,可以解出,但比较复杂,可用下面方法来解.

引入辅助量 w,令

$$\cot\frac{f}{2}=2\cot 2w=\cot w-\cot w\tag{68}$$

则

$$\tan^3\frac{f}{2}=(\cot w-\tan w)^3=\cot^3 w-\tan^3 w-3(\cot^3 w-\tan w)$$

代入式(67)得

$$\cot^3 w-\tan^3 w=\frac{3\sqrt{\mu}\,(t-\tau)}{\sqrt{2}\,q^{\frac{3}{2}}}\tag{69}$$

再引入一个辅助量 v 为

$$\cot^3 w=\cot\frac{v}{2}\tag{70}$$

则式(69)成为

$$\frac{3\sqrt{\mu}\,(t-\tau)}{\sqrt{2}\,q^{\frac{3}{2}}}=\cot\frac{v}{2}-\cot\frac{v}{2}=2\cot v\tag{71}$$

因此,可从式(71)解出 v;代入式(70)求出 w,再代入式(68)即求出 f,于是问题解决.

4. 双曲线轨道相应的方程为

$$e\sin hF-F=v(t-\tau),\quad v=a_1^{-\frac{3}{2}}\sqrt{\mu}\tag{72}$$

可用图解法根据 t 求 F 的近似值,即令

$$N=v(t-\tau)\tag{73}$$

相应的两曲线为

$$\begin{cases}y=\sin hF\\ y=\dfrac{1}{e}(F+N)\end{cases}\tag{74}$$

两曲线交点的 F 值就是所要求的结果,再由它用微分改正法求出精确值.

$$\mathcal{V}=-\left(\frac{m_1 m_2}{r_{12}}+\frac{m_2 m_3}{r_{23}}+\frac{m_3 m_1}{r_{31}}\right)$$

§5 计算日心黄道直角坐标的方法

现在来讨论从已知的轨道根数计算天体坐标和速度的方法,本节先讲计算行星的日心黄道直角坐标(x,y,z)和速度$(\dot{x},\dot{y},\dot{z})$的方法.

1. 椭圆轨道情况,轨道方程为

$$r=\frac{a(1-e^2)}{1+e\cos(\theta-\omega)} \tag{75}$$

令

$$f=\theta-\omega \tag{76}$$

则式(75)为

$$r=\frac{a(1-e^2)}{1+e\cos f} \tag{77}$$

这样定义的辅助量 f 的几何意义很明确. 从式(77)知,$f=0$ 时,r 为最小,即 f 为从近日点起算的角度. 又从式(76)知,f 即为从近日点起算的极角(如图 1.7). 如建立直角坐标系 $\xi S\eta$,ξ 轴指向近日点 Π,η 轴指向 $f=\dfrac{\pi}{2}$ 的方向,则任何时刻 t 的行星位置(ξ,η)就是

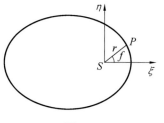

图 1.7

$$\xi=r\cos f$$

$$\eta=r\sin f \tag{78}$$

f 在天体力学中用得很广,叫作真近点角.

结合前面的讨论,椭圆运动中共有三个近点角:平近点角 M,偏近点角 E 和真近点角 f,下面讨论它们之间的关系.

M 同 E 的关系就是开普勒方程(62),由于 M 是直接同时间联系,故 E 要从 M 值算出来,计算方法就是解开普勒方程,已在 §4 中讨论过了,下面主要讨论 E 同 f 之间的关系.

由式(77) 可得

$$r\cos f=\frac{1}{e}\big[a(1-e^2)-r\big]$$

其中的 r 可用关系 $r=a(1-e\cos E)$ 代入,即

$$r\cos f=\frac{1}{e}\big[a(1-e^2)-a(1-e\cos E)\big]=a(\cos E-e) \tag{79}$$

因此

$$r\sin f=\pm\sqrt{r^2-r^2\cos^2 f}$$

$$= \pm \sqrt{a^2(1 - e\cos E)^2 - a^2(\cos E - e)^2}$$
$$= \pm a \sqrt{1 - e^2} \sin E$$

但从 E, f 的定义可知,当行星从近日点运动到远日点时,E, f 都是从 0 增加到 π;行星再从远日点回到近日点时,E, f 都是从 π 增加到 2π. 由此可知,$\sin E$ 同 $\sin f$ 永远是同号,故上式的符号只应取正号,即

$$r\sin f = a\sqrt{1 - e^2} \sin E \tag{80}$$

式(79),(80) 给出了从 E 计算 r, f 的公式. 再由式(78) 即得 ξ, η 的计算公式.

有时不需要通过向径 r,直接要 f 同 E 之间的关系,可再用关系 $r = a(1 - e\cos E)$ 代入即得

$$\begin{cases} \cos f = \dfrac{\cos E - e}{1 - e\cos E} \\ \sin f = \dfrac{\sqrt{1 - e^2} \sin E}{1 - e\cos E} \end{cases} \tag{81}$$

这是由 E 计算 f 的公式. 从它们也可以解出由 f 计算 E 的公式,即

$$\begin{cases} \cos E = \dfrac{\cos f + e}{1 + e\cos f} \\ \sin E = \dfrac{\sqrt{1 - e^2} \sin f}{1 + e\cos f} \end{cases} \tag{82}$$

式(81) 还可以进一步简化,由式(81) 知

$$1 + \cos f = \frac{(1 - e)(1 + \cos E)}{1 - e\cos E}$$
$$1 - \cos f = \frac{(1 + e)(1 - \cos E)}{1 - e\cos E}$$

两式相除可得

$$\tan^2 \frac{f}{2} = \frac{1 - \cos f}{1 + \cos f} = \frac{1 + e}{1 - e} \cdot \frac{1 - \cos E}{1 + \cos E} = \frac{1 + e}{1 - e} \tan^2 \frac{E}{2}$$

开方即得

$$\tan \frac{f}{2} = \sqrt{\frac{1 + e}{1 - e}} \tan \frac{E}{2} \tag{83}$$

在开方过程中有正负号问题,用 E, f 的定义可知式(83) 右端应为正号.

2. 抛物线轨道情况. 由它的最后一个积分式(45) 知

$$2\tan \frac{f}{2} + \frac{2}{3} \tan^3 \frac{f}{2} = \sqrt{2\mu} q^{-\frac{3}{2}} (t - \tau) \tag{84}$$

其中 f 也是真近点角,用此式可从给定的时刻 t 直接计算出 f,只是当 $t < \tau$ 时,上式右端为负,故相应的 $f < 0$. 因此在抛物线轨道中,f 的范围是 $-\pi < f < \pi$.

$$\mathscr{V} = -\left(\frac{m_1 m_2}{r_{12}} + \frac{m_2 m_3}{r_{23}} + \frac{m_3 m_1}{r_{31}}\right)$$

利用轨道方程

$$r = \frac{p}{1 + \cos f} = q \sec^2 \frac{f}{2} \tag{85}$$

可由 f 计算出 r，因此直角坐标

$$\xi = r \cos f, \quad \eta = r \sin f$$

立即可以算出.

3. 双曲线轨道情况. 从给定的时刻 t 计算辅助量 F（相当于椭圆运动中的偏近点角）的方法已在 §4 中讲过了. 利用关系式

$$\begin{cases} r = \dfrac{a_1(e^2 - 1)}{1 + e \cos f} \\ r = a_1(e \cos hF - 1) \end{cases} \tag{86}$$

容易推出类似于椭圆运动的结果

$$\begin{cases} \xi = r \cos f = a_1(e - \cos hF) \\ \eta = r \sin f = a_1 \sqrt{e^2 - 1} \sin hF \end{cases} \tag{87}$$

由此可计算 (ξ, η) 或 (r, f).并可根据它们推出类似于式(83)的结果

$$\tan \frac{f}{2} = \sqrt{\frac{e+1}{e-1}} \tan h \frac{F}{2} \tag{88}$$

4. 上面对三种轨道情况给出了从给定的时刻 t 计算 (ξ, η) 或 (r, f) 的方法. 现在就进一步讨论从它们计算日心黄道直角坐标 (x, y, z) 和速度 $(\dot{x}, \dot{y}, \dot{z})$ 的公式.

图 1.8 为日心黄道直角坐标系. 大圆 XNY 为黄道, X 为春分点方向, X, Y, Z 为三个坐标轴的方向. 大圆 $N\Pi P$ 为行星轨道面在天球上的投影, N 为轨道升交点, Π 为近日点方向, P 为给定时刻 t 时的行星位置在天球上的投影. 因此, 根据真近点角 f 和轨道根数 Ω, ω, i 的定义, 则有

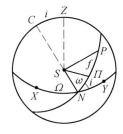

图 1.8

$$XN = \Omega, \quad N\Pi = \omega$$
$$\Pi P = f, \quad \angle YN\Pi = i$$

行星在时刻 t 时的坐标 (x, y, z) 即为向径 $\boldsymbol{r}$ 在坐标轴上的投影, 即

$$x = r \cos PX$$
$$y = r \cos PY$$
$$z = r \cos PZ \tag{89}$$

但从图 1.8 中的球面三角形 PNX, PNY, PNZ, 立即可得(用球面三角中的余弦定律)

$$\begin{cases} \cos PX = \cos \Omega \cos (\omega + f) - \sin \Omega \sin(\omega + f)\cos i \\ \cos PY = \sin \Omega \cos(\omega + f) + \cos \Omega \sin(\omega + f)\cos i \\ \cos PZ = \sin(\omega + f)\sin i \end{cases} \quad (90)$$

代入式(89)即得

$$\begin{cases} x = r[\cos \Omega \cos(\omega + f) - \sin \Omega \sin (\omega + f)\cos i] \\ y = r[\sin \Omega \cos(\omega + f) + \cos \Omega \sin (\omega + f)\cos i] \\ z = r\sin(\omega + f)\sin i \end{cases} \quad (91)$$

这就是用 (r, f) 计算 (x, y, z) 的公式. 它还可以整理为其他形式. 把 $(\omega + f)$ 的三角函数展开, 按 $r\cos f, r\sin f$ (即 ξ, η) 整理后可得

$$\begin{cases} x = l_1(r\cos f) + l_2(r\sin f) = l_1\xi + l_2\eta \\ y = m_1(r\cos f) + m_2(r\sin f) = m_1\xi + m_2\eta \\ z = n_1(r\cos f) + n_2(r\sin f) = n_1\xi + n_2\eta \end{cases} \quad (92)$$

其中

$$\begin{cases} l_1 = \cos \Omega \cos \omega - \sin \Omega \sin \omega \cos i \\ m_1 = \sin \Omega \cos \omega + \cos \Omega \sin \omega \cos i \\ n_1 = \sin \omega \sin i \end{cases} \quad (93)$$

$$\begin{cases} l_2 = -\cos \Omega \sin \omega - \sin \Omega \cos \omega \cos i \\ m_2 = -\sin \Omega \sin \omega + \cos \Omega \cos \omega \cos i \\ n_2 = \cos \omega \sin i \end{cases} \quad (94)$$

对于椭圆轨道, 式(92)中的 (ξ, η) 可以用偏近点角 E 来表示, 即

$$\begin{cases} x = l_1 a(\cos E - e) + l_2 a \sqrt{1 - e^2} \sin E \\ y = m_1 a(\cos E - e) + m_2 a \sqrt{1 - e^2} \sin E \\ z = n_1 a(\cos E - e) + n_2 a \sqrt{1 - e^2} \sin E \end{cases} \quad (95)$$

用式(95)可直接从 E 计算出 (x, y, z).

其实, 若设向量 $\pmb{\xi} = \pmb{S\Pi}$, 而 $\pmb{\eta}$ 为从 S 指向 $f = \dfrac{\pi}{2}$ 的向量, 则 (l_1, m_1, n_1) 和 (l_2, m_2, n_2) 就是 $\pmb{\xi}$ 和 $\pmb{\eta}$ 在坐标系 $SXYZ$ 中的方向余弦; 如定义向量 $\pmb{P} = (l_1, m_1, n_1)$, $\pmb{Q} = (l_2, m_2, n_2)$, 则式(92)和式(95)可用向量公式表示

$$\pmb{r} = \xi \pmb{P} + \eta \pmb{Q} \quad (96)$$

或

$$\pmb{r} = a(\cos E - e)\pmb{P} + a \sqrt{1 - e^2} \sin E \pmb{Q} \quad (97)$$

显然 $\pmb{P}, \pmb{Q}$ 是 $\pmb{\xi}, \pmb{\eta}$ 方向的单位向量, 只依赖于三个轨道根数 Ω, ω, i.

用式(95)或式(97)容易求出速度 $\dot{\pmb{r}} = (\dot{x}, \dot{y}, \dot{z})$ 的公式, 由于式中只有 E 为时间的函数, 从开普勒方程可得

$$\mathcal{V} = -\left(\frac{m_1 m_2}{r_{12}} + \frac{m_2 m_3}{r_{23}} + \frac{m_3 m_1}{r_{31}} \right)$$

$$(1 - e\cos E)\frac{\mathrm{d}E}{\mathrm{d}t} = n$$

即

$$\frac{\mathrm{d}E}{\mathrm{d}t} = \frac{n}{1 - e\cos E} = \frac{an}{r} \tag{98}$$

因此，式(95)两端对 t 微商可得

$$\begin{cases} \dot{x} = -\dfrac{a^2 n}{r}l_1\sin E + \dfrac{a^2 n\sqrt{1-e^2}}{r}l_2\cos E \\[3mm] \dot{y} = -\dfrac{a^2 n}{r}m_1\sin E + \dfrac{a^2 n\sqrt{1-e^2}}{r}m_2\cos E \\[3mm] \dot{z} = -\dfrac{a^2 n}{r}n_1\sin E + \dfrac{a^2 n\sqrt{1-e^2}}{r}n_2\cos E \end{cases} \tag{99}$$

或

$$\dot{\boldsymbol{r}} = \left(-\frac{a^2 n}{r}\sin E\right)\boldsymbol{P} + \left(\frac{a^2 n\sqrt{1-e^2}}{r}\cos E\right)\boldsymbol{Q} \tag{100}$$

上面两式就是计算椭圆运动中的速度的公式，对于双曲线轨道，可以利用 F 对 t 的微商得出类似的结果. 对于抛物线轨道就需要直接对 (x, y, z) 取微商.

但是得到了 (x, y, z) 及 $(\dot{x}, \dot{y}, \dot{z})$ 还不能直接同观测值比较，因天体的位置观测一般是地心的赤经和赤纬 (α, δ). 因此还要求出计算 (α, δ) 的公式，这就是下节所讲的内容.

§6　计算星历表的公式

天体的视位置(包括距离)表叫作星历表，用它们可以直接同观测值比较.

有时需要用行星的日心黄道球坐标 (l, b)，其中 l 为行星的日心黄经，b 为日心黄纬. 由于 xy 平面就是黄道面，而且 X 轴是指向春分点，也就是黄经的起算点. 因此，天体的日心黄道直角坐标 (x, y, z) 同 (l, b) 之间的关系就是同一坐标系的直角坐标同球坐标之间的关系

$$\begin{cases} x = r\cos l\cos b \\ y = r\sin l\cos b \\ z = r\sin b \end{cases} \tag{101}$$

由此可从 (x, y, z) 计算出 (l, b). 所对应的春分点和黄道历元应与 (l, b) 的相同.

现在来讲从 (x, y, z) 变到 (α, δ) 的公式. 需要把日心黄道坐标系变换为日心赤道坐标系，然后再把坐标原点移到地心，成为地心赤道坐标系.

设 $SX'Y'Z'$ 为日心赤道直角坐标系，X' 轴也指向春分点. 故只要把 X 轴固

定(与 X' 轴重合),把 YZ 平面向南旋转 ε 角(黄赤交角),则 Y,Z 轴就分别同 Y',Z' 轴重合(见图 1.9).

设 (x',y',z') 为行星的日心赤道直角坐标,则根据坐标旋转的公式可得

$$\begin{cases} x' = x \\ y' = y\cos\varepsilon - z\sin\varepsilon \\ z' = y\sin\varepsilon + z\cos\varepsilon \end{cases} \qquad (102)$$

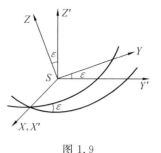

图 1.9

式(102)即为从 (x,y,z) 计算 (x',y',z') 的公式.

用式(92)代入得

$$x' = l_1(r\cos f) + l_2(r\sin f)$$
$$y' = (m_1\cos\varepsilon - n_1\sin\varepsilon)(r\cos f) + (m_2\cos\varepsilon - n_2\sin\varepsilon)(r\sin f)$$
$$z' = (m_1\sin\varepsilon + n_1\cos\varepsilon)(r\cos f) + (m_2\sin\varepsilon + n_2\cos\varepsilon)(r\sin f)$$

引入辅助量 P_x,P_y,P_z 和 Q_x,Q_y,Q_z,上式可整理成为

$$\begin{cases} x' = P_x(r\cos f) + Q_x(r\sin f) \\ y' = P_y(r\cos f) + Q_y(r\sin f) \\ z' = P_z(r\cos f) + Q_z(r\sin f) \end{cases} \qquad (103)$$

其中

$$\begin{cases} P_x = l_1 = \cos\Omega\cos\omega - \sin\Omega\sin\omega\cos i \\ Q_x = l_2 = -\cos\Omega\sin\omega - \sin\Omega\cos\omega\cos i \\ P_y = m_1\cos\varepsilon - n_1\sin\varepsilon = (\sin\Omega\cos\omega + \cos\Omega\sin\omega\cos i)\cos\varepsilon - \sin\omega\sin i\sin\varepsilon \\ Q_y = m_2\cos\varepsilon - n_2\sin\varepsilon = (\cos\Omega\cos\omega\cos i - \sin\Omega\sin\omega)\cos\varepsilon - \cos\omega\sin i\sin\varepsilon \\ P_z = m_1\sin\varepsilon + n_1\cos\varepsilon = (\sin\Omega\cos\omega + \cos\Omega\sin\omega\cos i)\sin\varepsilon + \sin\omega\sin i\cos\varepsilon \\ Q_z = m_2\sin\varepsilon + n_2\cos\varepsilon = (\cos\Omega\cos\omega\cos i - \sin\Omega\sin\omega)\sin\varepsilon + \cos\omega\sin i\cos\varepsilon \end{cases}$$
$$(104)$$

显然 $(P_x,P_y,P_z),(Q_x,Q_y,Q_z)$ 是向量 $\boldsymbol{P},\boldsymbol{Q}$ 在日心赤道坐标系中的方向余弦.

再把坐标原点平移到地心 E,设 (x'',y'',z'') 为行星的地心赤道直角坐标,若令 (X',Y',Z') 表示太阳的地心赤道直角坐标,则有

$$\begin{cases} x'' = x' + X' \\ y'' = y' + Y' \\ z'' = z' + Z' \end{cases} \qquad (105)$$

其中 (X',Y',Z') 在天文年历中登载出它们的数值,故可看作已知量.

知道了 (x'',y'',z'') 就可用同一系统的直角坐标和球坐标关系

$$\begin{cases} x'' = \rho\cos\alpha\cos\delta \\ y'' = \rho\sin\alpha\cos\delta \\ z'' = \rho\sin\delta \end{cases} \qquad (106)$$

$$\mathcal{V} = -\left(\frac{m_1 m_2}{r_{12}} + \frac{m_2 m_3}{r_{23}} + \frac{m_3 m_1}{r_{31}}\right)$$

求出 (α,δ) 和行星到地心的距离 ρ,于是问题解决.

但是,所得到的 ρ,α,δ 还不是视位置,要注意下列几点:

1.用式(106)求出的 (ρ,α,δ) 是地心位置,而观测到的 (α,δ) 或 ρ 为地面(观测地点)位置,需要作周日视差改正.对较远的天体(如大行星和一般小行星等),只要对天体的观测值 (α,δ) 作周日视差改正就行了(参看球面天文学书籍).对于很近的天体(如月球,人造卫星等)用视差改正不能解决问题,误差太大,故需要把坐标原点再平移到观测地点,直角坐标 (x'',y'',z'') 作了相应的改正后,再用式(106)计算 (ρ,α,δ).

2.在计算过程中,所用的春分点、黄道和赤道都要对应同一历元.特别是轨道根数 (Ω,ω,i),黄赤交角 ε,太阳的地心赤道直角坐标 (X',Y',Z').如不统一,则需对某些量作岁差改正,使得统一.

3.以上所得的 (α,δ) 还只是某历元的平位置,需要作岁差、章动、光行差改正后才能得到视位置(参看球面天文学书籍).

§7 二体问题在人造地球卫星运动中的应用

如果把地球看作质点,而且不考虑其他摄动因素,则人造地球卫星的运动也是一个二体问题.尽管这样讨论是非常近似的,但还是能得到一些有用的结果.这些结果也可以说是二体问题的应用.现在就从二体问题出发讨论下面几个问题.

1.宇宙速度

从地面发射人造地球卫星,首先要解决速度大小问题,用前面的活力公式(25)得

$$v^2 = \mu\left(\frac{2}{r}-\frac{1}{a}\right) = GE\left(\frac{2}{r}-\frac{1}{a}\right)$$

这里的 E 代表地球质量,r 为火箭(或卫星)到地心的距离.若在地面发射,则 $r=R$(地球半径).从式(25)知,a 越小,则 v 也越小(在 $a>0$,即椭圆轨道情况中讨论).但是如果要发射人造卫星,则 a 的最小值是 R,因为若 $a<R$,则轨道要碰到地面,故在地面发射人造卫星的最小速度为 v_1,即

$$v_1^2 = GE\left(\frac{2}{R}-\frac{1}{R}\right) = \frac{GE}{R}$$

或

$$v_1 = \sqrt{\frac{GE}{R}} \tag{107}$$

这个速度就叫作第一宇宙速度.用地球赤道半径 $R = 6\ 378$ 公里,$GE = 398\ 603$ 公里^3/秒^2,代入得

$$v_1 = 7.912(公里／秒)$$

地面发射火箭能脱离地球引力场的最小速度,即抛物线轨道速度,叫作第二宇宙速度. 若记为 v_2,则由 §2 的讨论可知

$$v_2 = \sqrt{2}\, v_1 = 11.19(公里／秒) \tag{108}$$

从地面发射火箭能脱离太阳引力场的最小速度,叫作第三宇宙速度. 求这个速度需同时考虑地球和太阳对火箭的引力.

设火箭的运动方向和地球公转方向一致,因为这样可以充分利用地球的公转速度,使火箭的发射速度为最小.

显然,火箭要脱离太阳的引力场,必须具有相对于太阳的抛物线速度 V

$$V = \sqrt{\frac{2GM}{A}} = 42.4(公里／秒) \tag{109}$$

其中 M 为太阳质量,A 为天文单位.

而地球的公转速度为 $V_0 = 30(公里／秒)$,故火箭相对于地球的最小速度为

$$v' = V - V_0 = 12.4(公里／秒)$$

但 v' 应该是火箭刚脱离地球引力场时的速度,而在地面发射的速度应更大.

为此,我们引入引力作用范围:

取

$$\rho_* = A\left(\frac{E}{M}\right)^{\frac{2}{5}} = 930\ 000(公里) \ 约\ 150R$$

以地球为中心,ρ_* 为半径的球面内空间便称为地球的引力作用范围,当火箭飞出该范围后,只考虑太阳的吸引力.

这样

$$v'^2 = GE\left(\frac{2}{\rho_*} - \frac{1}{a}\right) \tag{110}$$

设地面发射速度为 v_3,则

$$v_3^2 = GE\left(\frac{2}{R} - \frac{1}{a}\right) \tag{111}$$

式(111)减去式(110)可得

$$v_3^2 - v'^2 = GE\left(\frac{2}{R} - \frac{2}{\rho_*}\right) = \frac{2GE}{R}\left(1 - \frac{R}{\rho_*}\right) \tag{112}$$

由于 ρ_* 比 R 大得多,可略去 $\dfrac{R}{\rho_*}$ 项,故

$$v_3^2 - v'^2 = \frac{2GE}{R} = v_2^2$$

于是

$$\mathscr{V} = -\left(\frac{m_1 m_2}{r_{12}} + \frac{m_2 m_3}{r_{23}} + \frac{m_3 m_1}{r_{31}}\right)$$

$$v_3 = \sqrt{v_2^2 + v'^2} = \sqrt{11.19^2 + 12.4^2} \, (公里 / 秒) = 16.9 (公里 / 秒)$$

这就是第三宇宙速度.

2.速度和轨道大小的关系,设人造卫星是在地面上高度为 H 处进入轨道,即

$$r = R + H$$

这里先讨论圆形轨道情况,则速度 v 为

$$v^2 = \frac{GE}{r} = \frac{GE}{R + H} \tag{113}$$

其中 R 为地球半径.由此可以看出:H 越大,相应的速度 v 越小.这样似乎产生一种印象:发射轨道愈大的卫星,所需要的速度愈小.这显然是不对的,因为式(113)所给出的速度是卫星在轨道上运动的速度,不是地面上的发射速度.设在地面上相应的发射速度为 v_0,飞行到高度为 H 处的速度为式(113)的 v,则由活力公式可得

$$v_0^2 = GE\left(\frac{2}{R} - \frac{1}{a}\right)$$

相应的半长径 $a = R + H$,代入得

$$v_0^2 = GE\left(\frac{2}{R} - \frac{1}{R + H}\right)$$

$$= \frac{2GE}{R}\left[1 - \frac{R}{2(R + H)}\right] = v_2^2\left[1 - \frac{R}{2(R + H)}\right]$$

其中 v_2 就是第二宇宙速度.则

$$v_0 = v_2 \sqrt{1 - \frac{R}{2(R + H)}} \tag{114}$$

由式(114)可看出,H 越大,相应的 v_0 也越大;当 $H \to \infty$ 时,$v_0 \to v_2$.

实际上的发射速度比 v_0 还要大些.因为火箭从地面上升到高度 H 时,还有大气阻力的减速作用.另外,由于转变方向(开始发射时是垂直上升,进入圆形轨道时应为水平方向),也使能量损耗.故实际上的发射速度约比式(114)增大 15% 左右.

由于卫星质量太小,故卫星公转周期 T 可用开普勒第三定律求出,即

$$\frac{(R + H)^3}{T^2} = \frac{GE}{4\pi^2} \tag{115}$$

3.进入轨道时的向径和速度同卫星轨道根数之间的关系.在这里只讨论椭圆轨道情况.先讨论轨道平面上的几个轨道根数.

若卫星进入轨道时同地心的距离为 r,速度大小为 v,速度方向与向径 r 正方向的交角为 α(见图 1.10).则 r, v, α 为已知量.

首先从活力公式(25)知

$$v^2 = GE\left(\frac{2}{r} - \frac{1}{a}\right)$$

可以解出椭圆轨道半长径 a.

由此可知,半长径 a 同速度的方向无关.

另外,速度在垂直于向径方向的分量为

$$r\dot{\theta} = r\dot{f} = v\sin\alpha$$

又由关系式(32)得

$$r^2\dot{\theta} = h = \sqrt{GE}\,p = \sqrt{GEa(1-e^2)}$$

即

$$rv\sin\alpha = \sqrt{GE}\,p = \sqrt{GEa(1-e^2)}$$

由此可解出

$$p = a(1-e^2) = \frac{r^2 v^2 \sin^2\alpha}{GE} \tag{116}$$

因此 p 或 e 就可以求出.

再由轨道方程

$$r = \frac{p}{1+e\cos f} \tag{117}$$

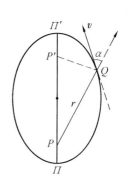

图 1.10

可解出真近点角 f. 这里的象限可以确定. 因为从图 1.11 可以看出:当 $\alpha < 90°$ 时,f 只能在第一、二象限;当 $\alpha > 90°$ 时,f 只能在第三、四象限,故可以由 $\cos f$ 确定 f 的象限.

根据所求出的 f 值,利用式(83)

$$\tan\frac{E}{2} = \sqrt{\frac{1-e}{1+e}}\tan\frac{f}{2} \tag{118}$$

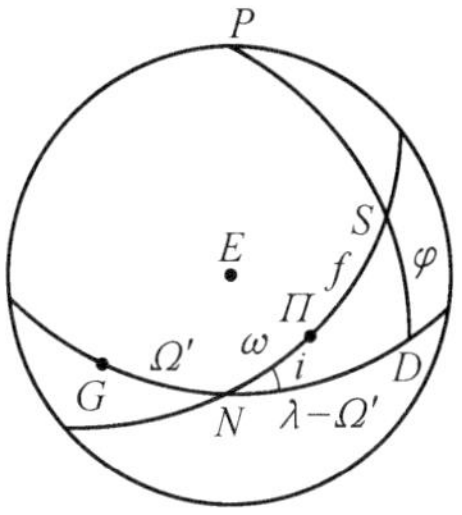

可求出相应的偏近点角 E,再由开普勒方程

$$E - e\sin E = M \tag{119}$$

得出平近点角 M,又从 M 的定义

$$M = n(t-\tau) \tag{120}$$

就解出 τ.其中平均角速度 n 为

$$n = \sqrt{GE}\,a^{-\frac{3}{2}} \tag{121}$$

t 即发射时刻.

到此为止,轨道平面上的三个轨道根数 a, e, τ 都已求出.

另外三个轨道根数同卫星轨道平面在参考坐标系中的方位有关. 图 1.11 为地心赤道球面坐标系. 大圆 GND 为赤道;G 是格林尼治子午圈同赤道的交点;N 为卫星轨道对赤道的升交点;D 为卫星进入轨道地点的子午圈同赤道的

图 1.11

415

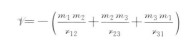

交点. 大圆 $N\Pi S$ 为卫星轨道;Π 为轨道近地点;S 为卫星进入轨道时的位置. P 为北极,大圆 PSD 为经过点 S 的子午圈. 如果点 S 的地理经纬度为 (λ,φ),则由图 1.11 可知:$GN=\Omega'$(升交点的地理经度),$N\Pi=\omega$,$\Pi S=f$,$ND=\lambda-\Omega'$,$SD=\varphi$;$\angle SND=$ 轨道倾角 i.

轨道面和子午面的交角为 Q,这是容易求得的,于是在这里的已知量为 λ,φ,Q. 可从直角球面三角形 SND 得到下列关系

$$\begin{cases} \cos i=\cos\varphi\sin Q \\ \sin(\omega+f)=\dfrac{\sin\varphi}{\sin i} \\ \cos(\omega+f)=\cot Q\cot i \\ \sin(\lambda-\Omega')=\sin(\omega+f)\sin Q \\ \cos(\lambda-\Omega')=\dfrac{\cos(\omega+f)}{\cos\varphi} \end{cases} \quad (122)$$

由这些式子可以解出 $i,\omega+f,\lambda-\Omega'$. 由于 f 已在式(117)求出,因此可得另外三个轨道根数 i,Ω',ω. 如果升交点经度是由春分点 γ 起算,设为 Ω,则 $\Omega=\Omega'+S_0$. 其中 S_0 为进入轨道时刻的格林尼治恒星时,可从天文年历中查出.

人造卫星的轨道根数是相对于地心赤道坐标系,也就是上述的 a,e,i,Ω,ω,τ. 利用它们计算人造卫星的星历表时,只要算出地心赤道直角坐标 (x,y,z),计算公式就是式(95).但要平移坐标原点到观测地点,再算出 (α,δ) 和卫星到观测地点的距离 ρ.

§8 向大行星发射人造天体的问题

用二体问题可以讨论行星际航行轨道设计的一些近似方案.这里只介绍其中的一种,即双切轨道方案,这种轨道又叫作霍曼(Hohman)轨道.

先讨论向外行星发射火箭的情况,由于是讨论近似方案,可把行星轨道都认为是圆形,而且都在黄道面上.

以火星为例,设 $r_火$ 为火星轨道半径,用天文单位作为长度单位.则由地球到火星的双切轨道(同地球和火星的轨道都相切)的半长径 $a_火$ 为(见图1.12)

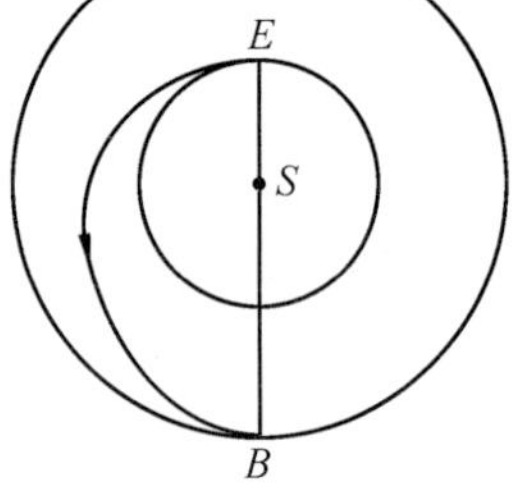

图 1.12

$$a_火=\frac{1}{2}(1+r_火)$$

显然 $a_火>1$,故地球轨道上点 E 是火箭轨道的近日点,火星轨道上的点 B 为远日点.因此,火箭在点 E 时的速度 $V_火$ 为

$$V_{火}^2 = GM\left(2 - \frac{1}{a_{火}}\right)$$

但地球在点 E 的公转速度（圆形轨道）为 V_0

$$V_0^2 = GM$$

其中 M 为太阳的质量，由于 $a_{火} > 1$，故得 $V_{火} > V_0$.

令

$$v' = V_{火} - V_0$$

则 v' 为火箭在点 E 相对于地球的速度，而且是出了地球引力范围后的速度. 同讨论第三宇宙速度情况一样，相应的地面发射速度 $v_{火}$ 为

$$v_{火}^2 = v'^2 + v_2^2$$

其中 v_2 为第二宇宙速度，由此可求出 $v_{火}$.

对于其他外行星，有同样的结果，只是相应的 $r_{火}$ 改为其他行星的轨道半径 $r_{外}$ 就行了. 相应的 $a_{火}, V_{火}$ 改记为 $a_{外}, V_{外}$.

对于内行星，双切轨道的半长径 $a_{内}$ 仍为

$$a_{内} = \frac{1}{2}(1 + r_{内})$$

但由于 $r_{内} < 1$，故 $a_{内} < 1$，因而相应的

$$V_{内} = GM\left(2 - \frac{1}{a_{内}}\right) < V_0$$

此时取 $v' = V_0 - V_{内}$，则相应的地面发射速度 $v_{内}$ 仍为

$$v_{内}^2 = v'^2 + v_2^2$$

显然发射速度 $v_{外}, v_{内}$ 都小于第三宇宙速度，具体数值可由各行星的轨道半径值计算出来. 采用这种轨道的优点是发射速度小，因而燃料省. 但是，火箭在行星际空间的飞行时间长，各种摄动因素的作用大. 例如用这种轨道飞往火星要 260 天，到木星要 2 年 267 天. 在近年来发射的行星际火箭，发射速度比上面所讲的略大些. 而且为了修正各摄动因素引起的偏差，在上面装有制动火箭.

§9 椭圆运动的级数展开方法概况

二体问题是天体运动理论的基础，前面已从二体问题的基本理论得出了很多具体的结果，利用它们可以从天体的轨道根数计算天体在任何时刻 t 时的位置和速度. 但在以后的摄动理论中，不仅经常要用到这些结果，而且还要对时间 t 进行积分. 因此需要把含时间 t 的量统一成某一个变量的函数，而这个变量又为 t 的显函数，这样才有可能求积. 由于大多数天体的轨道都接近于椭圆，故主要讨论椭圆轨道情况.

在椭圆运动中，同时间 t 直接有关的量为三个近点角 M, E, f 以及向径 r.

$\mathscr{V} = -\left(\frac{m_1 m_2}{r_{12}} + \frac{m_2 m_3}{r_{23}} + \frac{m_3 m_1}{r_{31}}\right)$

它们之间的关系为

$$E - e\sin E = M = n(t - \tau)$$

$$r = a(1 - e\cos E)$$

$$r = \frac{a(1 - e^2)}{1 + e\cos f}$$

$$\tan \frac{f}{2} = \sqrt{\frac{1+e}{1-e}} \tan \frac{E}{2}$$

如果直接用时间 t 作自变量,由于 M 为时间 t 的线性函数,只需要把 $E, f,$ r 的所有函数表为 M 的函数就能积分. 但是从上面式子可知,它们之间的函数关系都是超越函数,一般情况下,E, f, r 的函数无法表为 M 的已知函数,因而只有用级数展开方法. 有时可以用偏近点角 E 作自变量,这样就需要把 M, f, r 函数展为 E 的级数. 由于运动中的有关量都是 E, M, f 的周期函数,并且大多数情况中的偏心率 e 都很小,故经常展开成 M,或 E(有时也展为 f)的三角级数以及 e 的幂级数. 下面主要介绍三种常用的展开方法.

1.调和分析方法. 就是把 E, f, r 的函数展开成 M 的三角级数. 展开式的系数要用到一种特殊函数 —— 贝塞耳函数,故又叫作贝塞耳函数展开方法($\S 10, \S 11$).

2.超几何级数展开方法. 有时不直接用调和分析方法,而把三角函数改为虚变量的指数函数,再展为这种指数函数的幂级数;然后再把幂级数化为三角函数. 展开式的系数一般可用超几何级数来表示. 在展开为 E 或 f 的级数时经常用到($\S 12$).

3.幂级数方法. 就是直接把有关量展为时间或偏心率 e 的幂级数($\S 13 \sim$ $\S 15$).

§10 贝塞耳函数和它的性质

本节先介绍贝塞耳函数的定义和性质,下节再谈它的应用. 由于天体力学中只是把贝塞耳函数作为工具,关于它的来源在此就不讲了.

1.取函数 U 为

$$U = \exp\left[\frac{x}{2}(Z - Z^{-1})\right] = \exp\left(\frac{x}{2}Z\right)\exp\left(-\frac{x}{2}Z^{-1}\right) \tag{123}$$

它是变量 x, Z 的指数函数,其中符号 $\exp(A)$ 表示指数函数

$$\exp(A) = e^A$$

e 为自然对数的底,由于在天体力学中常以 e 表示偏心率,为了避免混淆,故采用此符号.

规定 x 为实变数,由于指数函数可以展为幂级数,即

$$\begin{cases} \exp\left(\dfrac{x}{2}Z\right) = \sum_{p=0}^{\infty} \dfrac{1}{p!}\left(\dfrac{x}{2}Z\right)^p \\ \exp\left(-\dfrac{x}{2}Z^{-1}\right) = \sum_{q=0}^{\infty} \dfrac{1}{q!}\left(-\dfrac{x}{2}Z^{-1}\right)^q \end{cases} \tag{124}$$

代入式(123)得

$$U = \sum_{p=0}^{\infty}\sum_{q=0}^{\infty} \frac{(-1)^q}{p!\,q!}\left(\frac{x}{2}\right)^{p+q} Z^{p-q} \tag{125}$$

现在按照 Z 的指数进行整理,令 $n=p-q$,则 $p=q+n$,代入上式得

$$U = \sum_{n=-\infty}^{+\infty}\left[\sum_{q=0}^{\infty} \frac{(-1)^q}{(n+q)!\,q!}\left(\frac{x}{2}\right)^{n+2q}\right] Z^n \tag{126}$$

定义函数

$$J_n(x) = \sum_{q=0}^{\infty} \frac{(-1)^q}{(n+q)!\,q!}\left(\frac{x}{2}\right)^{n+2q} \tag{127}$$

则 U 可表为

$$U = \sum_{n=-\infty}^{+\infty} J_n(x)Z^n = J_0(x) + J_1(x)Z + J_2(x)Z^2 + \cdots +$$
$$J_{-1}(x)Z^{-1} + J_{-2}(x)Z^{-2} + \cdots \tag{128}$$

由式(127)定义的函数 $J_n(x)$ 就叫作 n 级第一类贝塞耳函数. 它是 x 的函数,其中 n 为整数,x 为实数. 容易得到下面的一些性质.

2. 在式(123)中,如把 $Z \to -Z^{-1}$,则 U 不变;而在式(128)中,把 $Z \to -Z^{-1}$ 后,变为

$$U = J_0(x) - J_1(x)Z^{-1} + J_2(x)Z^{-2} + \cdots +$$
$$(-1)^n J_n(x)Z^{-n} + \cdots -$$
$$J_{-1}(x)Z + J_{-2}(x)Z^2 + \cdots +$$
$$(-1)^n J_{-n}(x)Z^n + \cdots \tag{129}$$

由于 Z 可以取任意值,故式(128),(129)对 Z 是恒等式. 比较式(128),(129)中 Z 的同次幂系数可得

$$J_{-n}(x) = (-1)^n J_n(x) \tag{130}$$

这就是 $J_n(x)$ 的一个性质.

3. 从式(127)直接可得

$$J_n(-x) = \sum_{q=0}^{\infty} \frac{(-1)^q}{(n+q)!\,q!}\left(-\frac{x}{2}\right)^{n+2q} = (-1)^n J_n(x) \tag{131}$$

同式(130)一起可得

$$\begin{cases} J_{-n}(x) = J_n(-x) = (-1)^n J_n(x) \\ J_{-n}(-x) = J_n(x) \end{cases} \tag{132}$$

这是 $J_n(x)$ 的又一个性质.

$$\mathscr{V} = -\left(\frac{m_1 m_2}{r_{12}} + \frac{m_2 m_3}{r_{23}} + \frac{m_3 m_1}{r_{31}}\right)$$

4. 现在推出 $J_n(x)$ 的循环公式.

由于

$$U = \sum_{n=-\infty}^{+\infty} J_n(x)Z^n = \exp\left[\frac{x}{2}(Z - Z^{-1})\right]$$

则有

$$\frac{\partial U}{\partial Z} = \sum_{n=-\infty}^{+\infty} nJ_n(x)Z^{n-1} = \frac{x}{2}(1 + Z^{-2})U$$

$$= \frac{x}{2}(1 + Z^{-2}) \sum_{n=-\infty}^{+\infty} J_n(x)Z^n$$

比较 Z^{n-1} 的系数可得

$$nJ_n(x) = \frac{x}{2}[J_{n-1}(x) + J_{n+1}(x)]$$

即

$$J_n(x) = \frac{x}{2n}[J_{n-1}(x) + J_{n+1}(x)] \tag{133}$$

式(133)就是循环公式,给出了连续三个贝塞耳函数之间的关系,因此只要知道任意两个连续的 $J_n(x)$,例如 $J_0(x)$,$J_1(x)$,则所有的 $J_n(x)$ 都可用式(133)逐步求出.

5. 在椭圆运动展开式中,有时要用到贝塞耳函数的微商,现在就来讨论,由式(123),(128)可得

$$\frac{\partial U}{\partial x} = \sum_{n=-\infty}^{+\infty} \frac{\mathrm{d}J_n(x)}{\mathrm{d}x}Z^n = \frac{1}{2}(Z - Z^{-1})U$$

$$= \sum_{n=-\infty}^{+\infty} \frac{1}{2}J_n(x)Z^{n+1} - \sum_{n=-\infty}^{+\infty} \frac{1}{2}J_n(x)Z^{n-1}$$

比较 Z^n 的系数可得

$$\frac{\mathrm{d}J_n(x)}{\mathrm{d}x} = \frac{1}{2}[J_{n-1}(x) - J_{n+1}(x)]$$

改用记号

$$J'_n(x) = \frac{\mathrm{d}J_n(x)}{\mathrm{d}x}, \quad J''_n(x) = \frac{\mathrm{d}^2 J_n(x)}{\mathrm{d}x^2}$$

则上式为

$$J'_n(x) = \frac{1}{2}[J_{n-1}(x) - J_{n+1}(x)] \tag{134}$$

由此可得

$$J''_n(x) = \frac{1}{2}[J'_{n-1}(x) - J'_{n+1}(x)]$$

$$= \frac{1}{4}[J_{n-2}(x) - 2J_n(x) + J_{n+2}(x)]$$

$$=-J_n(x)+\frac{1}{4}[J_{n-2}(x)+2J_n(x)+J_{n+2}(x)] \tag{135}$$

但由式(133)可得

$$J_{n-2}(x)+J_n(x)=\frac{2(n-1)}{x}J_{n-1}(x)$$

$$J_n(x)+J_{n+2}(x)=\frac{2(n+1)}{x}J_{n+1}(x)$$

代入式(135)可得

$$J_n''(x)=-J_n(x)+\frac{1}{2x}[(n-1)J_{n-1}(x)+(n+1)J_{n+1}(x)]$$

$$=-J_n(x)+\frac{n}{2x}[J_{n-1}(x)+J_{n+1}(x)]-$$

$$\frac{1}{2x}[J_{2n-1}(x)-J_{n+1}(x)]$$

再利用式(133),(134)可求出

$$J_n''(x)=-J_n(x)+\frac{n^2}{x^2}J_n(x)-\frac{1}{x}J_n'(x)$$

即

$$J_n''(x)+\frac{1}{x}J_n'(x)+\left(1-\frac{n^2}{x^2}\right)J_n(x)=0 \tag{136}$$

式(136)表明,$J_n(x)$ 为二阶微分方程

$$\frac{\mathrm{d}^2y}{\mathrm{d}x^2}+\frac{1}{x}\frac{\mathrm{d}y}{\mathrm{d}x}+\left(1-\frac{n^2}{x^2}\right)y=0 \tag{137}$$

的解. 这个方程就叫作贝塞耳方程.

从式(136)可知,$J_n(x)$ 的二次微商可用 $J_n'(x)$,$J_n(x)$ 来表示. 因此,$J_n(x)$ 的高次微商都可化为 $J_n'(x)$ 和 $J_n(x)$ 的函数.

6.前面是用级数定义的贝塞耳函数,而在天体力学中,有时要用到定积分形式的贝塞耳函数,若令

$$\mathrm{i}=\sqrt{-1}, \quad Z=\exp(\sqrt{-1}\theta)$$

则

$$\sin\theta=\frac{1}{2\mathrm{i}}[\exp(\sqrt{-1}\theta)-\exp(-\sqrt{-1}\theta)]$$

$$=\frac{1}{2\mathrm{i}}(Z-Z^{-1})$$

代入 U 的式子中得

$$U=\exp(\mathrm{i}x\sin\theta)=\sum_{m=-\infty}^{+\infty}J_m(x)\exp(\mathrm{i}m\theta) \tag{138}$$

两端乘上 $\exp(-\mathrm{i}n\theta)$,再对 θ 积分得

421

$$V=-\left(\frac{m_1m_2}{r_{12}}+\frac{m_2m_3}{r_{23}}+\frac{m_3m_1}{r_{31}}\right)$$

$$\int_0^{2\pi} \exp(ix\sin\theta - in\theta)\,d\theta = \sum_{m=-\infty}^{+\infty} J_m(x) \int_0^{2\pi} \exp[i(m-n)\theta]\,d\theta$$

利用关系（p 为整数）

$$\int_0^{2\pi} \exp(ip\theta)\,d\theta = \int_0^{2\pi} (\cos p\theta + i\sin p\theta)\,d\theta = \begin{cases} 0 & \text{若 } p \neq 0 \\ 2\pi & \text{若 } p = 0 \end{cases}$$

因此上式右端只剩下 $m=n$ 的那项,等于 2π,即得

$$\int_0^{2\pi} \exp(ix\sin\theta - in\theta)\,d\theta = 2\pi J_n(x)$$

上式左端的积分可分为两个,即 $\int_0^\pi + \int_\pi^{2\pi}$,后面一个用变换 $\theta \to 2\pi - \theta$ 得

$$2\pi J_n(x) = \int_0^\pi \exp(ix\sin\theta - in\theta)\,d\theta + \exp(-2ni\pi) \cdot$$
$$\int_0^\pi \exp(in\theta - ix\sin\theta)\,d\theta \tag{139}$$

但

$$\exp(-2ni\pi) = \cos(2n\pi) - i\sin(2n\pi) = 1$$
$$\cos(n\theta - x\sin\theta) = \frac{1}{2}\left[\exp(in\theta - ix\sin\theta) + \exp(ix\sin\theta - in\theta)\right]$$

故式(139)成为

$$2\pi J_n(x) = 2\int_0^\pi \cos(n\theta - x\sin\theta)\,d\theta$$

或

$$J_n(x) = \frac{1}{\pi} \int_0^\pi \cos(n\theta - x\sin\theta)\,d\theta \tag{140}$$

这就是所要的结果.

§11　用贝塞耳函数进行椭圆运动的展开

椭圆运动中的坐标,向径以及其他的很多量都是 M 的周期函数. 从高等数学可知,只要这些函数满足一定的条件,就可以展开为 M 的三角级数. 这里用到的函数都是符合展开条件的,故只提出结果,不再详细讨论.

设 $f(M)$ 为 M 的周期函数,周期为 2π,并且满足展开成三角级数的条件,则可表为

$$f(M) = \frac{1}{2}A_0 + \sum_{n=1}^\infty (A_n \cos nM + B_n \sin nM) \tag{141}$$

其中

$$\begin{cases} A_n = \dfrac{1}{\pi} \displaystyle\int_0^{2\pi} f(M)\cos nM \mathrm{d}M \\[3mm] B_n = \dfrac{1}{\pi} \displaystyle\int_0^{2\pi} f(M)\sin nM \mathrm{d}M \end{cases} \tag{142}$$

若 $f(M)$ 为偶函数,即 $f(-M) = f(M)$,则

$$A_n = \frac{2}{\pi} \int_0^\pi f(M)\cos nM \mathrm{d}M, \quad B_n = 0 \tag{143}$$

若 $f(M)$ 为奇函数,即 $f(-M) = -f(M)$,则

$$A_n = 0, \quad B_n = \frac{2}{\pi} \int_0^\pi f(M)\sin nM \mathrm{d}M \tag{144}$$

下面就利用这些关系来进行展开.

1. 展开 $\cos kE$ 为 M 的三角级数(其中 k 为正整数). 由开普勒方程

$$E - e\sin E = M \tag{145}$$

可知,当 M 增加 2π 时,E 也增加 2π. 因此,$\cos kE$ 也是 M 的周期函数,而且周期也是 2π,并是 M 的偶函数. 由(141),式(143) 可得

$$\cos kE = \frac{1}{2} A_{k,0} + \sum_{n=1}^\infty A_{k,n}\cos nM \tag{146}$$

$$A_{k,n} = \frac{2}{\pi} \int_0^\pi \cos kE \cos nM \mathrm{d}M = \frac{2}{\pi n}\left[\cos kE \sin nM\right]\Big|_0^\pi + \frac{2k}{\pi n}\int_0^\pi \sin kE \sin nM \mathrm{d}E$$

第一项为 0,第二项中的 M 用式(145) 代入得

$$A_{k,n} = \frac{2k}{\pi n}\int_0^\pi \sin kE \sin(nE - ne\sin E)\mathrm{d}E$$

$$= \frac{k}{\pi n}\int_0^\pi \cos[(n-k)E - ne\sin E]\mathrm{d}E -$$

$$\frac{k}{\pi n}\int_0^\pi \cos[(n+k)E - ne\sin E]\mathrm{d}E$$

因此,利用公式(140) 可得

$$A_{k,n} = \frac{k}{n}\left[J_{n-k}(ne) - J_{n+k}(ne)\right] \tag{147}$$

而

$$A_{k,0} = \frac{2}{\pi}\int_0^\pi \cos kE \mathrm{d}M$$

用式(145) 代入得

$$A_{k,0} = \frac{2}{\pi}\int_0^\pi \cos kE(1 - e\cos E)\mathrm{d}E$$

$$= \frac{2}{\pi}\int_0^\pi \cos kE \mathrm{d}E - \frac{e}{\pi}\int_0^\pi [\cos(k+1)E + \cos(k-1)E]\mathrm{d}E$$

$$= \begin{cases} 0 & \text{若 } k > 1 \\ -e & \text{若 } k = 1 \end{cases} \tag{148}$$

$$\mathscr{V} = -\left(\frac{m_1 m_2}{r_{12}} + \frac{m_2 m_3}{r_{23}} + \frac{m_3 m_1}{r_{31}}\right)$$

故综合(147),式(148)可得:

当 $k > 1$ 时

$$\cos kE = \sum_{n=1}^{\infty} \frac{k}{n}[J_{n-k}(ne) - J_{n+k}(ne)]\cos nM \qquad (149)$$

而

$$\cos E = -\frac{e}{2} + \sum_{n=1}^{\infty} \frac{1}{n}[J_{n-1}(ne) - J_{n+1}(ne)]\cos nM$$

$$= -\frac{e}{2} + \sum_{n=1}^{\infty} \frac{2}{n}J_n'(ne)\cos nM$$

$$= -\frac{e}{2} + \sum_{n=1}^{\infty} \frac{2}{n^2}\frac{\mathrm{d}}{\mathrm{d}e}J_n(ne)\cos nM \qquad (150)$$

2.展开 $\sin kE$ 为 M 的三角级数.因 $\sin kE$ 为 M 的奇函数,则有

$$\sin kE = \sum_{n=1}^{\infty} B_{k,n}\sin nM \qquad (151)$$

其中

$$B_{k,n} = \frac{2}{\pi}\int_0^{\pi} \sin kE\sin nM\mathrm{d}M$$

$$= \frac{k}{\pi n}\int_0^{\pi} [\cos(kE + nM) + \cos(nM - kE)]\mathrm{d}E$$

$$= \frac{k}{n}[J_{n+k}(ne) + J_{n-k}(ne)]$$

当 $k = 1$ 时,利用关系(133)得

$$B_{1,n} = \frac{1}{n}[J_{n+1}(ne) + J_{n-1}(ne)] = \frac{2}{ne}J_n(ne)$$

因此可得:$k > 1$ 时

$$\sin kE = \sum_{n=1}^{\infty} \frac{k}{n}[J_{n+k}(ne) + J_{n-k}(ne)]\sin nM \qquad (152)$$

而

$$\sin E = \frac{2}{e}\sum_{n=1}^{\infty} \frac{1}{n}J_n(ne)\sin nM \qquad (153)$$

3.展开 $E, \frac{a}{r}, \frac{r}{a}$ 为 M 的三角级数.根据开普勒方程和式(153)即得

$$E = M + e\sin E = M + 2\sum_{n=1}^{\infty} \frac{1}{n}J_n(ne)\sin nM \qquad (154)$$

利用式(150)又可得

$$\frac{r}{a} = (1 - e\cos E) = 1 + \frac{e^2}{2} - 2e\sum_{n=1}^{\infty} \frac{1}{n^2}\frac{\mathrm{d}}{\mathrm{d}e}J_n(ne)\cos nM \qquad (155)$$

又从开普勒方程知

$$\frac{\mathrm{d}E}{\mathrm{d}M}=\frac{1}{1-e\cos E}$$

故直接由式(154)可得

$$\frac{a}{r}=\frac{1}{1-e\cos E}=\frac{\mathrm{d}E}{\mathrm{d}M}=1+2\sum_{n=1}^{\infty}J_n(ne)\cos nM \tag{156}$$

4. 展开 $\xi=r\cos f, \eta=r\sin f$ 以及 $\cos f, \sin f$ 为 M 的三角级数. 由式(79), (80)和(150),(153)直接可得

$$
\begin{cases}
\xi=r\cos f=a(\cos E-e)=-\dfrac{3ae}{2}+2a\sum_{n=1}^{\infty}\dfrac{1}{n^2}\dfrac{\mathrm{d}}{\mathrm{d}e}J_n(ne)\cos nM \\[2mm]
\eta=r\sin f=a\sqrt{1-e^2}\sin E=\dfrac{2a\sqrt{1-e^2}}{e}\sum_{n=1}^{\infty}\dfrac{1}{n}J_n(ne)\sin nM
\end{cases} \tag{157}
$$

又由关系

$$r=\frac{a(1-e^2)}{1+e\cos f}$$

可知

$$e\cos f=-1+\frac{a}{r}(1-e^2)$$

用式(156)代入得

$$e\cos f=-1+(1-e^2)\left[1+2\sum_{n=1}^{\infty}J_n(ne)\cos nM\right]$$

$$=-e^2+2(1-e^2)\sum_{n=1}^{\infty}J_n(ne)\cos nM$$

因此

$$\cos f=-e+\frac{2(1-e^2)}{e}\sum_{n=1}^{\infty}J_n(ne)\cos nM \tag{158}$$

再由关系

$$M=E-e\sin E, \quad r=a(1-e\cos E)$$

可知

$$\frac{\mathrm{d}M}{\mathrm{d}E}=(1-e\cos E)=\frac{r}{a}$$

$$\frac{\mathrm{d}r}{\mathrm{d}E}=ae\sin E$$

因此

$$r\sin f=a\sqrt{1-e^2}\sin E=\frac{\sqrt{1-e^2}}{e}\frac{\mathrm{d}r}{\mathrm{d}E}$$

$$=\frac{\sqrt{1-e^2}}{e}\frac{\mathrm{d}r}{\mathrm{d}M}\frac{\mathrm{d}M}{\mathrm{d}E}=\frac{r\sqrt{1-e^2}}{ae}\frac{\mathrm{d}r}{\mathrm{d}M}$$

425

$$\mathscr{V}=-\left(\frac{m_1 m_2}{r_{12}}+\frac{m_2 m_3}{r_{23}}+\frac{m_3 m_1}{r_{31}}\right)$$

即

$$\sin f = \frac{\sqrt{1-e^2}}{ae}\frac{\mathrm{d}r}{\mathrm{d}M} = \frac{\sqrt{1-e^2}}{e}\frac{\mathrm{d}}{\mathrm{d}M}\left(\frac{r}{a}\right)$$

用式(155)代入可得

$$\sin f = 2\sqrt{1-e^2}\sum_{n=1}^{\infty}\frac{1}{n}\frac{\mathrm{d}}{\mathrm{d}e}J_n(ne)\sin nM \tag{159}$$

5. 展开加速度分量 $\dfrac{\xi}{r^3}$, $\dfrac{\eta}{r^3}$ 为 M 的三角级数. 由平面二体问题的运动方程知

$$\frac{\mathrm{d}^2\xi}{\mathrm{d}t^2} = -\mu\frac{\xi}{r^3}, \qquad \frac{\mathrm{d}^2\eta}{\mathrm{d}t^2} = -\frac{\mu\eta}{r^3} \tag{160}$$

但

$$M = n(t-\tau) = \sqrt{\mu}\,a^{-\frac{3}{2}}(t-\tau)$$

因此

$$\mathrm{d}M = \sqrt{\mu}\,a^{-\frac{3}{2}}\,\mathrm{d}t$$

于是

$$\frac{\mathrm{d}^2\xi}{\mathrm{d}t^2} = \mu a^{-3}\frac{\mathrm{d}^2\xi}{\mathrm{d}M^2}, \qquad \frac{\mathrm{d}^2\eta}{\mathrm{d}t^2} = \mu a^{-3}\frac{\mathrm{d}^2\eta}{\mathrm{d}M^2}$$

代入式(160)得

$$\begin{cases} \dfrac{\xi}{r^3} = -a^{-3}\dfrac{\mathrm{d}^2\xi}{\mathrm{d}M^2} = -\dfrac{1}{a^2}\dfrac{\mathrm{d}^2}{\mathrm{d}M^2}\left(\dfrac{\xi}{a}\right) \\[2mm] \dfrac{\eta}{r^3} = -\dfrac{1}{a^2}\dfrac{\mathrm{d}^2}{\mathrm{d}M^2}\left(\dfrac{\eta}{a}\right) \end{cases} \tag{161}$$

再用式(157)代入即得

$$\begin{cases} \dfrac{\xi}{r^3} = \dfrac{2}{a^2}\displaystyle\sum_{n=1}^{\infty}\dfrac{\mathrm{d}}{\mathrm{d}e}J_n(ne)\cos nM \\[3mm] \dfrac{\eta}{r^3} = \dfrac{2\sqrt{1-e^2}}{a^2 e}\displaystyle\sum_{n=1}^{\infty}nJ_n(ne)\sin nM \end{cases} \tag{162}$$

6. 展开 $\dfrac{r^2}{a^2}$ 为 M 的三角级数,因为

$$\frac{\mathrm{d}}{\mathrm{d}M}\left(\frac{r^2}{a^2}\right) = \frac{2r}{a^2}\frac{\mathrm{d}r}{\mathrm{d}M} = \frac{2r}{a^2}\frac{\mathrm{d}r}{\mathrm{d}E}\frac{\mathrm{d}E}{\mathrm{d}M} = \frac{2r}{a^2}(ae\sin E)\cdot\frac{a}{r} = 2e\sin E$$

用式(153)代入知

$$\frac{\mathrm{d}}{\mathrm{d}M}\left(\frac{r^2}{a^2}\right) = 4\sum_{n=1}^{\infty}\frac{1}{n}J_n(ne)\sin nM$$

对 M 积分可得

$$\frac{r^2}{a^2} = C - 4\sum_{n=1}^{\infty}\frac{1}{n^2}J_n(ne)\cos nM \tag{163}$$

其中 C 为积分常数，与 M 无关．另外

$$\frac{r^2}{a^2} = (1 - e\cos E)^2 = 1 + \frac{e^2}{2} - 2e\cos E + \frac{e^2}{2}\cos 2E$$

如用式(149),(150) 代入，可看出其中不含 M 的项为

$$1 + \frac{e^2}{2} - 2e\left(-\frac{e}{2}\right) = 1 + \frac{3}{2}e^2$$

这就是积分常数 C，因而式(163) 为

$$\frac{r^2}{a^2} = 1 + \frac{3e^2}{2} - 4\sum_{n=1}^{\infty}\frac{1}{n^2}J_n(ne)\cos nM \tag{164}$$

以上是用贝塞耳函数展开椭圆运动中的各种量，还有很多其他量也可以用这种方法展开，不再一一列举．

§12　超几何级数和它的应用

展开为 E 或 f 的三角级数时要用到超几何级数，主要用到它的定义和符号．故对它本身不详细介绍．下面形式的级数就叫超几何级数

$$F(a,b,c,x) = 1 + \frac{a \cdot b}{1 \cdot c}x + \frac{a(a+1)}{1 \cdot 2} \cdot \frac{b(b+1)}{c(c+1)}x^2 +$$

$$\frac{a(a+1)(a+2)}{1 \cdot 2 \cdot 3} \cdot \frac{b(b+1)(b+2)}{c(c+1)(c+2)}x^3 + \cdots \tag{165}$$

其中 a,b,c,x 为任意实数．容易看出，只要 c 不是零或负整数时，而且 $|x| < 1$，则级数为收敛．若 a,b 中任一个为零或负整数时，级数只有有限项．

为简单起见，定义符号

$$C_j^k = \frac{k(k-1)(k-2)\cdots(k-j+1)}{j!} \tag{166}$$

其中 j 为正整数，k 为任意实数．则式(165) 可改写为

$$F(a,b,c,x) = 1 + \sum_{n=1}^{\infty}\frac{C_n^{-a}C_n^{-b} \cdot n!}{c(c+1)(c+2)\cdots(c+n-1)}x^n \tag{167}$$

当 a,b,c 都不是零或负整数时，上式为收敛的无穷级数，下面就利用超几何级数进行展开．

1.展开 $\left(\frac{r}{a}\right)^p\cos qf$，$\left(\frac{r}{a}\right)^p\sin qf$ 为 E 的三角级数(q 为正整数，p 为任意整数)，先讨论 r,f 同 E 的关系．

把三角函数化为指数函数，令

$$\xi = \exp(if) = \cos f + i\sin f$$

$$\eta = \exp(iE) = \cos E + i\sin E \tag{168}$$

则

$$\mathscr{V} = -\left(\frac{m_1 m_2}{r_{12}} + \frac{m_2 m_3}{r_{23}} + \frac{m_3 m_1}{r_{31}}\right)$$

$$\xi^{k} = \exp(\mathrm{i}kf) = \cos kf + \mathrm{i}\sin kf$$

$$\xi^{-k} = \exp(-\mathrm{i}kf) = \cos kf - \mathrm{i}\sin kf$$

$$\eta^{k} = \exp(\mathrm{i}kE) = \cos kE + \mathrm{i}\sin kE$$

$$\eta^{-k} = \exp(-\mathrm{i}kE) = \cos kE - \mathrm{i}\sin kE$$

因此

$$\mathrm{i}\tan\frac{E}{2} = \frac{\mathrm{i}\sin\dfrac{E}{2}}{\cos\dfrac{E}{2}} = \frac{\eta^{\frac{1}{2}} - \eta^{-\frac{1}{2}}}{\eta^{\frac{1}{2}} + \eta^{-\frac{1}{2}}} = \frac{\eta - 1}{\eta + 1} \quad \text{同理,} \mathrm{i}\tan\frac{f}{2} = \frac{\xi - 1}{\xi + 1} \qquad (169)$$

另外,若令

$$e = \sin\varphi, \quad \beta = \tan\frac{\varphi}{2}$$

则由三角函数关系知

$$e = \frac{2\beta}{1 + \beta^2}, \quad \beta = \frac{1}{e}(1 - \sqrt{1 - e^2}) = \frac{c}{1 + \sqrt{1 - e^2}} \qquad (170)$$

但 E, f 有关系(183),即

$$\tan\frac{f}{2} = \sqrt{\frac{1 + e}{1 - e}}\tan\frac{E}{2}$$

用式(169),(170)代入得

$$\frac{\xi - 1}{\xi + 1} = \frac{1 + \beta}{1 - \beta} \cdot \frac{\eta - 1}{\eta + 1}$$

由此可解出

$$\xi = \frac{\eta - \beta}{1 - \beta\eta} = \frac{\eta(1 - \beta\eta^{-1})}{1 - \beta\eta} \qquad (171)$$

$$\eta = \frac{\xi + \beta}{1 + \beta\xi} = \frac{\xi(1 + \beta\xi^{-1})}{1 + \beta\xi} \qquad (172)$$

这就是 E, f 之间的指数函数关系,另外

$$\frac{r}{a} = (1 - e\cos E) = 1 - \frac{2\beta}{1 + \beta^2}\cos E$$

$$= 1 - \frac{\beta}{1 + \beta^2}(\eta + \eta^{-1}) = \frac{(1 - \beta\eta)(1 - \beta\eta^{-1})}{1 + \beta^2} \qquad (173)$$

$$\frac{r}{a} = \frac{1 - e^2}{1 + e\cos f} = \frac{(1 - \beta^2)^2}{1 + \beta^2} \frac{1}{(1 + \beta\xi)(1 + \beta\xi^{-1})} \qquad (174)$$

因 $\left(\dfrac{r}{a}\right)^p\cos qf, \left(\dfrac{r}{a}\right)^p\sin qf$ 分别为 $\left(\dfrac{r}{a}\right)^p\xi^q$ 的实数和虚数部分,故只要展开 $\left(\dfrac{r}{a}\right)^p\xi^q$ 就行了. 由式(171),(173)可知

$$\left(\frac{r}{a}\right)^p\xi^q = (1 + \beta^2)^{-p}\eta^q(1 - \beta\eta)^{p-q}(1 - \beta\eta^{-1})^{p+q} \qquad (175)$$

利用二项式公式可得

$$(1-\beta\eta)^{p-q}=1+\sum_{n=1}(-1)^n C_n^{p-q}\beta^n\eta^n$$

$$(1-\beta\eta^{-1})^{p+q}=1+\sum_{n=1}(-1)^n C_n^{p+q}\beta^n\eta^{-n}$$

因此

$$(1-\beta\eta)^{p-q}(1-\beta\eta^{-1})^{p+q}=1+\sum_{k=1}C_k^{p-q}C_k^{p+q}\beta^{2n}+$$

$$\sum_{n=1}(-1)^n\eta^n(C_n^{p-q}\beta^n+C_{n+1}^{p-q}C_1^{p+q}\beta^{n+2}+\cdots)+$$

$$\sum_{m=1}(-1)^m\eta^{-m}(C_m^{p+q}\beta^m+C_{m+1}^{p+q}C_1^{p-q}\beta^{m+2}+\cdots)$$

$$=1+\sum_{k=1}C_k^{p-q}C_k^{p+q}\beta^{2k}+ \tag{176}$$

$$\sum_{n=1}(-\beta\eta)^n\left[C_n^{p-q}+\sum_{k=1}C_{n+k}^{p-q}C_k^{p+q}\beta^{2k}\right]+ \tag{177}$$

$$\sum_{m=1}(-\beta\eta^{-1})^m\left[C_n^{p+q}+\sum_{k=1}C_{m+k}^{p+q}C_k^{p-q}\beta^{2h}\right] \tag{178}$$

式中求和符号 $\sum\limits_{n=1}$ 等表示从 $n=1$ 开始,不一定取到 $n=\infty$,可能只有有限项. 上式的三个部分分别讨论,先讨论式(177),由关系

$$C_{n+k}^s=\frac{s(s-1)(s-2)\cdots(s-n+1)(s-n)(s-n-1)\cdots(s-n-k+1)}{(n+k)!}$$

$$=\frac{s(s-1)(s-2)\cdots(s-n+1)}{n!}\cdot$$

$$\frac{(s-n)(s-n-1)\cdots(s-n-k+1)}{(n+1)(n+2)\cdots(n+k)}$$

$$=C_n^s C_k^{s-n}\frac{k!}{(n+1)(n+2)\cdots(n+k)}$$

则式(177)的方括号中的量可写为

$$C_n^{p-q}\left[1+\sum_{k=1}C_k^{p+q}C_k^{p-q-n}\frac{k!}{(n+1)(n+2)\cdots(n+k)}\beta^{2k}\right]$$

同式(167)比较可知,上式即为

$$C_n^{p-q}F(-p-q,-p+q+n,n+1,\beta^2)$$

为简单起见,定义符号

$$G_n(p,q)=F(-p-q,-p+q+n,n+1,\beta^2) \tag{179}$$

则式(177)可写为

$$\sum_{n=1}(-\beta\eta)^n G_n(p,q)C_n^{p-q} \tag{180}$$

同理,式(178)可写为

$$\sum_{n=1}(-\beta\eta^{-1})^n G_n(p,-q)C_n^{p+q} \tag{181}$$

429

$$\mathcal{V}=-\left(\frac{m_1 m_2}{r_{12}}+\frac{m_2 m_3}{r_{23}}+\frac{m_3 m_1}{r_{31}}\right)$$

在式(177)中,令 $n=0$,即为式(176),故式(176)就得

$$G_0(p,q) \tag{182}$$

由式(180),(181),(182)可得

$$(1-\beta\eta)^{p-q}(1-\beta\eta^{-1})^{p+q} = G_0(p,q) + \sum_{n=1} C_n^{p-q} \cdot$$

$$G_n(p,q)(-\beta\eta)^n + \sum_{n=1} C_n^{p+q} G_n(p,-q)(-\beta\eta^{-1})^n \tag{183}$$

代入式(175)后知

$$\left(\frac{r}{a}\right)^p \xi^q = (1+\beta^2)^{-p} G_0(p,q)\eta^q +$$

$$(1+\beta^2)^{-p} \sum_{n=1}(-\beta)^n C_n^{p-q} G_n(p,q)\eta^{q+n} +$$

$$(1+\beta^2)^{-p} \sum_{n=1}(-\beta)^n C_n^{p+q} G_n(p,-q)\eta^{q-n} \tag{184}$$

故分别取实数和虚数部分得

$$\left(\frac{r}{a}\right)^p \cos qf = A_0 \cos qE + \sum_{n=1} A_n \cos(q+n)E + \sum_{n=1} B_n \cos(q-n)E \tag{185}$$

$$\left(\frac{r}{a}\right)^p \sin qf = A_0 \sin qE + \sum_{n=1} A_n \sin(q+n)E + \sum_{n=1} B_n \sin(q-n)E \tag{186}$$

其中

$$\begin{cases} A_0 = (1+\beta^2)^{-p} G_0(p,q) \\ A_n = (1+\beta^2)^{-p}(-\beta)^n C_n^{p-q} G_n(p,q) \\ B_n = (1+\beta^2)^{-p}(-\beta)^n C_n^{p+q} G_n(p,-q) \end{cases} \tag{187}$$

这就是所要的展开式,下面从它们推出一些特殊的结果.

2. 展开 $\left(\frac{r}{a}\right)^p \sin pf$,$\left(\frac{r}{a}\right)^p \sin pf$,为 E 的三角级数. 这是上面的特例,即 $q=p$ 的情况.

当 $q=p$ 时,$p-q=0$,因而 $C_n^{p-q}=0$,故由式(187)知 $A_n=0$.

又由

$$G_0(p,p) = F(-2p,0,1,\beta^2) = 1$$

即

$$A_0 = (1+\beta)^{-p}$$

$$G_n(p,-p) = F(0,-2p+n,n+1,\beta^2) = 1$$

即

$$B_n = (1+\beta^2)^{-p}(-\beta)^n C_n^{2p}$$

因此从式(185) $\sim$ (187)可得

$$\begin{cases} \left(\dfrac{r}{a}\right)^p \cos\, pf = (1+\beta^2)^{-p}\left[\cos\, pE + \sum_{n=1}(-\beta)^n C_n^{2p}\cos(p-n)E\right] \\ \left(\dfrac{r}{a}\right)^p \sin\, pf = (1+\beta^2)^{-p}\left[\sin\, pE + \sum_{n=1}(-\beta)^n C_n^{2p}\sin(p-n)E\right] \end{cases} \tag{188}$$

当 p 为正整数时,式(188) 为有限项,到 $n=2p$ 为止.

3. 展开 $\left(\dfrac{r}{a}\right)^p$ 为 E 的三角级数,这是式(185) 中 $q=0$ 的情况,由式(187)

知,$q=0$ 时有

$$\begin{cases} A_n = B_n = (1+\beta^2)^{-p}(-\beta)^n C_n^p G_n(p,0) \\ \qquad = (1+\beta^2)^{-p}(-\beta)^n C_n^p F(-p,-p+n,n+1,\beta^2) \\ A_0 = (1+\beta^2)^{-p}G_0(p,0) = (1+\beta^2)^{-p} \cdot F(-p,-p,1,\beta^2) \end{cases} \tag{189}$$

分别记为 A_n';A_0'.

则

$$\left(\frac{r}{a}\right)^p = A_0' + 2\sum_{n=1} A_n'\cos\, nE \tag{190}$$

当 p 为正整数时,上式为有限项,到 $n=p$ 为止.

当 $p=-1$ 时,由式(189) 知,相应的

$$A_0' = (1+\beta^2)F(1,1,1,\beta^2) = (1+\beta^2)\left(1+\sum_{k=1}^{\infty}\beta^{2k}\right) = \frac{1+\beta^2}{1-\beta^2}$$

由于 $C_n^{-1} = (-1)^n$,则

$$A_n' = (1+\beta^2)\beta^n F(1,n+1,n+1,\beta^2)$$

$$\qquad = (1+\beta^2)\beta^n\left(1+\sum_{k=1}^{\infty}\beta^{2k}\right) = \frac{1+\beta^2}{1-\beta^2}\beta^n$$

因此可得

$$\frac{a}{r} = \frac{1+\beta^2}{1-\beta^2}\left(1+2\sum_{n=1}^{\infty}\beta^n\cos\, nE\right)$$

如用 e,β 的关系式(170) 代入得

$$\frac{a}{r} = \frac{1}{\sqrt{1-e^2}}\left[1+2\sum_{n=1}^{\infty}\left(\frac{e}{1+\sqrt{1-e^2}}\right)^n\cos\, nE\right] \tag{191}$$

4. 展开 $\cos\, qf$,$\sin\, qf$ 为 E 的三角级数. 这是在式(185) ~ (187) 中,令 $p=0$ 的情况,展开式可写为

$$\begin{cases} \cos\, qf = A_0''\cos\, qE + \sum_{n=1}A_n''\cos(q+n)E + \sum_{n=1}B_n''\cos(q-n)E \\ \sin\, qf = A_0''\sin\, qE + \sum_{n=1}A_n''\sin(q+n)E + \sum_{n=1}B_n''\sin(q-n)E \end{cases} \tag{192}$$

其中

$$\mathscr{V} = -\left(\frac{m_1 m_2}{r_{12}} + \frac{m_2 m_3}{r_{23}} + \frac{m_3 m_1}{r_{31}}\right)$$

$$\begin{cases} A_0'' = G_0(0,q) = F(-q,q,1,\beta^2) \\ A_n'' = (-\beta)^n C_n^{-q} G_n(0,q) \\ B_n'' = (-\beta)^n C_n^q G_n(0,-q) \end{cases} \tag{193}$$

当 $q=1$ 时,由于 $C_n^{-1} = (-1)^n, C_1^1 = 1$;若 $n>1$,则 $C_n^1 = 0$. 故相应的

$$A_0'' = F(-1,1,1,\beta^2) = 1 - \beta^2$$

$$A_n'' = \beta^n F(-1, n+1, n+1, \beta^2) = (1-\beta^2)\beta^n$$

$$B_1'' = -\beta G_1(0,-1) = -\beta F(1,0,2,\beta^2) = -\beta$$

$$B_n'' = 0 \quad (n>1)$$

于是可得

$$\begin{cases} \cos f = -\beta + (1-\beta^2) \sum_{n=1}^{\infty} \beta^{n-1} \cos nE \\ \sin f = (1-\beta^2) \sum_{n=1}^{\infty} \beta^{n-1} \sin nE \end{cases} \tag{194}$$

5. 展开 E 的函数为 f 的三角级数. 前面讨论的很多结果,可以用来展开 E 的函数的 f 的三角级数,因为由式(171),(172)可知

$$\eta = \frac{\xi(1+\beta\xi^{-1})}{1+\beta\xi}, \quad \xi = \frac{\eta(1-\beta\eta^{-1})}{1-\beta\eta}$$

故当 $\xi \to \eta, \eta \to \xi$ 时,只要把 $\beta \to -\beta$ 就行了. 因此,如已知 $F(\xi)$ 展为 η 的级数,则 $F(\eta)$ 展为 ξ 的级数就可以求出,只要把前面级数中的 $\beta \to -\beta$ 就行了. 利用这个性质,就可以把很多 E 的函数直接展为 f 的三角级数. 例如,利用式(192)直接可得

$$\begin{cases} \cos qE = A_0'' \cos qf + \sum_{n=1} D_n \cos(q+n)f + \sum_{n=1} E_n \cos(q-n)f \\ \sin qE = A_0'' \sin qf + \sum_{n=1} D_n \sin(q+n)f + \sum_{n=1} E_n \sin(q-n)f \end{cases} \tag{195}$$

其中 D_n, E_n 就是式(193)中的 A_n'', B_n'',只是把其中的 $\beta \to -\beta$,即

$$D_n = (-1)^n A_n'', \quad E_n = (-1)^n B_n'' \tag{196}$$

同样,从式(194)直接可得

$$\begin{cases} \cos E = \beta + (1-\beta^2) \sum_{n=1}^{\infty} (-1)^{n-1} \beta^{n-1} \cos nf \\ \sin E = (1-\beta^2) \sum_{n=1}^{\infty} (-1)^{n-1} \beta^{n-1} \sin nf \end{cases} \tag{197}$$

6. f 展为 E,E 展为 f 的三角级数,利用式(171)知

$$\xi = \frac{\eta(1-\beta\eta^{-1})}{1-\beta\eta}$$

根据 ξ, η 的定义式(144),则上式两端取自然对数可得

$$if = iE + \log(1 - \beta\eta^{-1}) - \log(1 - \beta\eta)$$

由于 $\beta < e < 1$，$|\eta| = 1$，故上面的对数函数可以展开为幂级数，即为

$$\mathrm{i} f = \mathrm{i} E - \beta \eta^{-1} - \frac{1}{2} \beta^2 \eta^{-2} - \frac{1}{3} \beta^3 \eta^{-3} + \cdots + \beta \eta + \frac{1}{2} \beta^2 \eta^2 + \frac{1}{3} \beta^3 \eta^3 + \cdots$$

$$= \mathrm{i} E + \beta (\eta - \eta^{-1}) + \frac{\beta^2}{2} (\eta^2 - \eta^{-2}) + \frac{\beta^3}{3} (\eta^3 - \eta^{-3}) + \cdots$$

由此可得

$$f = E + 2\beta \sin E + \frac{2\beta^2}{2} \sin 2E + \frac{2\beta^3}{3} \sin 3E + \cdots$$

$$= E + 2 \sum_{n=1}^{\infty} \frac{\beta^n}{n} \sin nE \tag{198}$$

同样

$$E = f + 2 \sum_{n=1}^{\infty} \frac{(-\beta)^n}{n} \sin nf \tag{199}$$

式(198)，(199)是很重要的结果，虽然不用超几何级数，仍附于此.

§13　直角坐标展为时间的幂级数

在时间间隔不长时，可以把直角坐标展为时间的幂级数. 由二体问题的运动方程(3)知

$$\frac{\mathrm{d}^2 x}{\mathrm{d} t^2} = -\mu \frac{x}{r^3}, \quad \frac{\mathrm{d}^2 y}{\mathrm{d} t^2} = -\mu \frac{y}{r^3}, \quad \frac{\mathrm{d}^2 z}{\mathrm{d} t^2} = -\mu \frac{z}{r^3} \tag{200}$$

为简单起见，令

$$\tau = \sqrt{\mu}\, t \tag{201}$$

则式(200)成为

$$\frac{\mathrm{d}^2 x}{\mathrm{d} \tau^2} = -\frac{x}{r^3}, \quad \frac{\mathrm{d}^2 y}{\mathrm{d} \tau^2} = -\frac{y}{r^3}, \quad \frac{\mathrm{d}^2 z}{\mathrm{d} \tau^2} = -\frac{z}{r^3} \tag{202}$$

设在 $\tau = 0$ 时，坐标和向径记为 (x, y, z) 和 r；而在时刻 τ 时，记为 (x', y', z') 和 r'. 当 τ 不太大时，可用幂级数展开，即

$$x' = x + \tau \frac{\mathrm{d} x}{\mathrm{d} \tau} + \frac{\tau^2}{2!} \frac{\mathrm{d}^2 x}{\mathrm{d} \tau^2} + \frac{\tau^3}{3!} \frac{\mathrm{d}^3 x}{\mathrm{d} \tau^3} + \frac{\tau^4}{4!} \frac{\mathrm{d}^4 x}{\mathrm{d} \tau^4} + \cdots \tag{203}$$

y, z 的式子相同，其中 x 的各级微商都是对应于 $\tau = 0$ 的值. 利用式(202)，可以把二阶和高阶微商化为一阶和没有微商的项，但转化过程中要出现 r 的微商，先推出有关的式子，由于

$$r^2 = x^2 + y^2 + z^2$$

则

$$r \frac{\mathrm{d} r}{\mathrm{d} \tau} = x \frac{\mathrm{d} x}{\mathrm{d} \tau} + y \frac{\mathrm{d} y}{\mathrm{d} \tau} + z \frac{\mathrm{d} z}{\mathrm{d} \tau} \tag{204}$$

$$\mathscr{V} = -\left(\frac{m_1 m_2}{r_{12}} + \frac{m_2 m_3}{r_{23}} + \frac{m_3 m_1}{r_{31}} \right)$$

故 $\dfrac{\mathrm{d}r}{\mathrm{d}\tau}$ 可用 x,y,z 的一次微商来表示,时间改为 τ 后,活力公式成为

$$v^2 = \left(\frac{\mathrm{d}x}{\mathrm{d}\tau}\right)^2 + \left(\frac{\mathrm{d}y}{\mathrm{d}\tau}\right)^2 + \left(\frac{\mathrm{d}z}{\mathrm{d}\tau}\right)^2 = \frac{2}{r} - \frac{1}{a} \tag{205}$$

则式(204)再对 τ 求一次微商得

$$r\frac{\mathrm{d}^2 r}{\mathrm{d}\tau^2} + \left(\frac{\mathrm{d}r}{\mathrm{d}\tau}\right)^2 = v^2 + x\frac{\mathrm{d}^2 x}{\mathrm{d}\tau^2} + y\frac{\mathrm{d}^2 y}{\mathrm{d}\tau^2} + z\frac{\mathrm{d}^2 z}{\mathrm{d}\tau^2}$$

再用式(202)代入得

$$\frac{\mathrm{d}^2 r}{\mathrm{d}\tau^2} = \frac{1}{r}\left[v^2 - \frac{1}{r} - \left(\frac{\mathrm{d}r}{\mathrm{d}\tau}\right)^2\right] \tag{206}$$

又由式(205)可知

$$\frac{\mathrm{d}v^2}{\mathrm{d}\tau} = -\frac{2}{r^2}\frac{\mathrm{d}r}{\mathrm{d}\tau} \tag{207}$$

利用式(202)～(207),可求出高阶微商的表达式

$$\frac{\mathrm{d}^2 x}{\mathrm{d}\tau^2} = -\frac{x}{r^3}$$

$$\frac{\mathrm{d}^3 x}{\mathrm{d}\tau^3} = \frac{3x}{r^4}\frac{\mathrm{d}r}{\mathrm{d}\tau} - \frac{1}{r^3}\frac{\mathrm{d}x}{\mathrm{d}\tau}$$

$$\frac{\mathrm{d}^4 x}{\mathrm{d}\tau^4} = -\frac{12x}{r^5}\left(\frac{\mathrm{d}r}{\mathrm{d}\tau}\right)^2 + \frac{3x}{r^4}\frac{\mathrm{d}^2 r}{\mathrm{d}\tau^2} + \frac{6}{r^4}\frac{\mathrm{d}r}{\mathrm{d}\tau}\frac{\mathrm{d}x}{\mathrm{d}\tau} - \frac{1}{r^3}\frac{\mathrm{d}^2 x}{\mathrm{d}\tau^2}$$

$$= \left[-\frac{2}{r^6} - \frac{15}{r^5}\left(\frac{\mathrm{d}r}{\mathrm{d}\tau}\right)^2 + \frac{3v^2}{r^5}\right]x + \left(\frac{6}{r^4}\frac{\mathrm{d}r}{\mathrm{d}\tau}\right)\frac{\mathrm{d}x}{\mathrm{d}\tau}$$

$$\frac{\mathrm{d}^5 x}{\mathrm{d}\tau^5} = \left[\frac{30}{r^7}\frac{\mathrm{d}r}{\mathrm{d}\tau} + \frac{105}{r^6}\left(\frac{\mathrm{d}r}{\mathrm{d}\tau}\right)^3 - \frac{45}{r^6}\frac{\mathrm{d}r}{\mathrm{d}\tau}v^2\right]x +$$

$$\left[\frac{9}{r^5}v^2 - \frac{8}{r^6} - \frac{45}{r^5}\left(\frac{\mathrm{d}r}{\mathrm{d}\tau}\right)^2\right]\frac{\mathrm{d}x}{\mathrm{d}\tau}$$

$$\frac{\mathrm{d}^6 x}{\mathrm{d}\tau^6} = \left[-\frac{22}{r^9} + \frac{66}{r^8}v^2 - \frac{45}{r^7}v^4 - \frac{420}{r^8}\left(\frac{\mathrm{d}r}{\mathrm{d}\tau}\right)^2 - \frac{945}{r^7}\left(\frac{\mathrm{d}r}{\mathrm{d}\tau}\right)^4 + \frac{630}{r^7}\left(\frac{\mathrm{d}r}{\mathrm{d}\tau}\right)^2 v^2\right]x +$$

$$\left[\frac{150}{r^7}\left(\frac{\mathrm{d}r}{\mathrm{d}\tau}\right) + \frac{420}{r^6}\left(\frac{\mathrm{d}r}{\mathrm{d}\tau}\right)^3 - \frac{180}{r^6}v^2\frac{\mathrm{d}r}{\mathrm{d}\tau}\right]\frac{\mathrm{d}x}{\mathrm{d}\tau}$$

$$\vdots$$

代入式(203)后按 x 和 $\dfrac{\mathrm{d}x}{\mathrm{d}\tau}$ 整理得

$$x' = Fx + G\frac{\mathrm{d}x}{\mathrm{d}\tau}$$

同理

$$\begin{cases} y' = Fy + G\dfrac{\mathrm{d}y}{\mathrm{d}\tau} \\[2mm] z' = Fz + G\dfrac{\mathrm{d}z}{\mathrm{d}\tau} \end{cases} \tag{208}$$

434

其中

$$
\begin{cases}
F = 1 - \dfrac{\tau^2}{2r^3} + \dfrac{\tau^3}{2r^4}\dfrac{\mathrm{d}r}{\mathrm{d}\tau} + \dfrac{\tau^4}{24}\left[-\dfrac{2}{r^6} - \dfrac{15}{r^5}\left(\dfrac{\mathrm{d}r}{\mathrm{d}\tau}\right)^2 + \dfrac{3v^2}{r^5} \right] + \\[3mm]
\quad \dfrac{\tau^5}{120}\left[\dfrac{30}{r^7}\dfrac{\mathrm{d}r}{\mathrm{d}\tau} + \dfrac{105}{r^6}\left(\dfrac{\mathrm{d}r}{\mathrm{d}\tau}\right)^3 - \dfrac{45}{r^6}v^2\dfrac{\mathrm{d}r}{\mathrm{d}\tau} \right] + \\[3mm]
\quad \dfrac{\tau^6}{720} \times \left[-\dfrac{22}{r^9} + \dfrac{66}{r^8}v^2 - \dfrac{45}{r^7}v^4 - \dfrac{420}{r^8}\left(\dfrac{\mathrm{d}r}{\mathrm{d}\tau}\right)^2 - \dfrac{945}{r^7}\left(\dfrac{\mathrm{d}r}{\mathrm{d}\tau}\right)^4 + \dfrac{630}{r^7}\left(\dfrac{\mathrm{d}r}{\mathrm{d}\tau}\right)^2 v^2 \right] + \cdots \\[3mm]
G = \tau - \dfrac{\tau^3}{6r^3} + \dfrac{\tau^4}{4r^4}\left(\dfrac{\mathrm{d}r}{\mathrm{d}\tau}\right) + \dfrac{\tau^5}{120}\left[\dfrac{9}{r^5}v^2 - \dfrac{8}{r^6} - \dfrac{45}{r^5}\left(\dfrac{\mathrm{d}r}{\mathrm{d}\tau}\right)^2 \right] + \\[3mm]
\quad \dfrac{\tau^6}{720}\left[\dfrac{150}{r^7}\dfrac{\mathrm{d}r}{\mathrm{d}\tau} + \dfrac{420}{r^6}\left(\dfrac{\mathrm{d}r}{\mathrm{d}\tau}\right)^3 - \dfrac{180}{r^6} \right]v^2\dfrac{\mathrm{d}r}{\mathrm{d}\tau} + \cdots
\end{cases}
$$

$$(209)$$

如有三个时刻 t_1, t_2, t_3 的坐标为 $(x_i, y_i, z_i), i = 1, 2, 3$. 若以 t_2 为时间起算点,令

$$
\tau_3 = \sqrt{\mu}\,(t_2 - t_1), \quad \tau_1 = \sqrt{\mu}\,(t_3 - t_2) \tag{210}
$$

则当 τ_3, τ_1 较小时,t_1, t_3 时刻的坐标可以用 t_2 时刻的坐标 (x_2, y_2, z_2) 和速度

$$
\left(\frac{\mathrm{d}x}{\mathrm{d}\tau}\right)_2, \quad \left(\frac{\mathrm{d}y}{\mathrm{d}\tau}\right)_2, \quad \left(\frac{\mathrm{d}z}{\mathrm{d}\tau}\right)_2
$$

表示出来,即

$$
\begin{cases}
x_1 = F_1 x_2 + G_1\left(\dfrac{\mathrm{d}x}{\mathrm{d}\tau}\right)_2, \quad x_3 = F_3 x_2 + G_3\left(\dfrac{\mathrm{d}x}{\mathrm{d}\tau}\right)_2 \\[3mm]
y_1 = F_1 y_2 + G_1\left(\dfrac{\mathrm{d}y}{\mathrm{d}\tau}\right)_2, \quad y_3 = F_3 y_2 + G_3\left(\dfrac{\mathrm{d}y}{\mathrm{d}\tau}\right)_2 \\[3mm]
z_1 = F_1 z_2 + G_1\left(\dfrac{\mathrm{d}z}{\mathrm{d}\tau}\right)_2, \quad z_3 = F_3 z_2 + G_3\left(\dfrac{\mathrm{d}z}{\mathrm{d}\tau}\right)_2
\end{cases}
\tag{211}
$$

其中 F_1, G_1 为式(209)中令 $\tau = -\tau_3$ 的结果;F_3, G_3 为令 $\tau = \tau_1$ 所得的结果,里面的 $\dfrac{\mathrm{d}r}{\mathrm{d}\tau}, v$ 等都是对应于 $t = t_2$ 时的值.

§ 14   拉格朗日级数和它的应用

在椭圆运动的各种展开式中,有时要用到直接展开为偏心率 e 的幂级数,系数为平近点角 M 的三角多项式.这样的展开式是以开普勒方程作基础,需要用到拉格朗日(Lagrange)级数,下面对这种级数简单介绍一下.

设 y 为 x 的函数,关系为

$$
y = x + \alpha\phi(y) \tag{212}
$$

其中 $0 < \alpha < 1$,为系数;$\phi(y)$ 为 y 的解析函数,下面把 y 的任一解析函数 $F(y)$

$$
\mathscr{V} = -\left(\frac{m_1 m_2}{r_{12}} + \frac{m_2 m_3}{r_{23}} + \frac{m_3 m_1}{r_{31}} \right)
$$

展开成 α 的幂级数,系数为 x 的函数.

先用马克劳林(Maclaurin)级数展开 $F(y)$ 为 α 的幂级数得

$$F(y) = (F)_0 + \sum_{n=1}^{\infty} \frac{\alpha^n}{n!} \left(\frac{\partial^n F}{\partial \alpha^n} \right)_0 \tag{213}$$

式中的 F 和它的偏微商外面的足码"0"表示令 $\alpha = 0$.

为简单起见,用 A 表示对 α 求偏微商的运算符号,即

$$AF = \frac{\partial F}{\partial \alpha}, \quad A^n F = \frac{\partial^n F}{\partial \alpha^n} \tag{214}$$

则式(213)成为

$$F(y) = (F)_0 + \sum_{n=1}^{\infty} \frac{\alpha^n}{n!} (A^n F)_0 \tag{215}$$

再用 D 表示对 x 求偏微商的符号,即

$$DF = \frac{\partial F}{\partial x}, \quad Dy = \frac{\partial y}{\partial x}, \quad D^n F = \frac{\partial^n F}{\partial x^n}, \cdots \tag{216}$$

由于 y 是 α, x 的函数,故由式(212)可得

$$Ay = \phi(y) + \alpha A\phi(y) = \phi(y) + \alpha \frac{\mathrm{d}\phi}{\mathrm{d}y} Ay \tag{217}$$

$$Dy = 1 + \alpha D\phi(y) = 1 + \alpha \frac{\mathrm{d}\phi}{\mathrm{d}y} Dy \tag{218}$$

用 $\phi(y)$ 乘式(218)再同式(217)相减可得

$$(Ay - \phi Dy)\left(1 - \alpha \frac{\mathrm{d}\phi}{\mathrm{d}y}\right) = 0$$

这两个因子中至少有一个等于 0,若

$$1 - \alpha \frac{\mathrm{d}\phi}{\mathrm{d}y} = 0$$

则 $\alpha\phi = y +$ 常数,即 ϕ 成为 y 的线性函数,失去一般性,故若不讨论 ϕ 是 y 的线性函数时,只有

$$Ay - \phi Dy = 0$$

即

$$Ay = \phi Dy \tag{219}$$

式(219)就给出了两种运算符号 A 和 D 的关系,于是可得

$$AF(y) = \frac{\partial F}{\partial \alpha} = \frac{\mathrm{d}F}{\mathrm{d}y} Ay = \phi \frac{\mathrm{d}F}{\mathrm{d}y} Dy$$

式(219)就给出了两种符号 A 和 D 的关系,于是可得

$$AF(y) = \frac{\partial F}{\partial \alpha} = \frac{\mathrm{d}F}{\mathrm{d}y} Ay = \phi \frac{\mathrm{d}F}{\mathrm{d}y} Dy$$

$$DF(y) = \frac{\partial F}{\partial x} = \frac{\mathrm{d}F}{\mathrm{d}y} Dy$$

则由此二式比较得到下面关系

$$AF = \phi DF \tag{220}$$

由此可推出

$$A^2 F = A(\phi DF) = A\phi \cdot DF + \phi A(DF)$$

但因 α 与 x 无关,两个运算符号 A,D 也相互独立,因而可以变换次序,即

$$A(DF) = D(AF)$$

故利用式(220)可把上式化为

$$\begin{aligned}
A^2 F &= \phi D\phi \cdot DF + \phi \cdot D(AF) \\
&= D\phi \cdot \phi DF + \phi \cdot D(\phi DF) \\
&= D(\phi \cdot \phi DF) = D(\phi^2 DF)
\end{aligned}$$

用数学归纳法可证明

$$A^n F = D^{n-1}(\phi^n DF) \tag{221}$$

而当 $\alpha = 0$ 时,由式(212)知,$y = x$,因此

$$[F(y)]_0 = F(x), \quad [\phi(y)]_0 = \phi(x)$$
$$[A^n F]_0 = [D^{n-1}(\phi^n DF)]_0 = D^{n-1}[\phi^n(x) DF(x)]$$

代入式(215)后得

$$\begin{aligned}
F(y) &= F(x) + \sum_{n=1}^{\infty} \frac{\alpha^n}{n!} D^{n-1}[\phi^n(x) DF(x)] \\
&= F(x) + \sum_{n=1}^{\infty} \frac{\alpha^n}{n!} \frac{\partial^{n-1}}{\partial x^{n-1}} \left[\phi^n(x) \frac{\partial F(x)}{\partial x} \right]
\end{aligned} \tag{222}$$

式(222)就叫作拉格朗日级数,关于它的收敛范围将在下节讲.

现在就利用拉格朗日级数对椭圆运动进行展开,由开普勒方程知

$$E = M + e\sin E \tag{223}$$

它同式(212)的形式相同,即 $y = E, x = M, \alpha = e$;故可以利用拉格朗日级数把 E 的函数展开为 e 的幂级数,系数为 M 的函数.

1. 展开 E 为 e 的幂级数,此时 $F(E) = E, \phi(E) = \sin E$,以及

$$F(x) = M, \quad \frac{\partial F}{\partial x} = \frac{\partial M}{\partial M} = 1$$

故由式(222)可得

$$E = M + \sum_{n=1}^{\infty} \frac{e^n}{n!} \frac{\partial^{n-1}}{\partial M^{n-1}}(\sin^n M) \tag{224}$$

此式由于经常用到,现推出展开到 e^6 的具体结果如下

$$E = M + e\sin M + \frac{e^2}{2!}\sin 2M +$$

$$\frac{e^3}{3!}(3^2\sin 3M - 3\sin M) +$$

$$\mathscr{V} = -\left(\frac{m_1 m_2}{r_{12}} + \frac{m_2 m_3}{r_{23}} + \frac{m_3 m_1}{r_{31}} \right)$$

$$\frac{e^4}{4!}(4^3 \sin 4M - 4 \times 2^3 \sin 2M) +$$

$$\frac{e^5}{5!}\left(5^4 \sin 5M - 5 \times 3^4 \sin 3M + \frac{5 \times 4}{2}\sin M\right) +$$

$$\frac{e^6}{6!}(6^5 \sin 6M - 6 \times 4^5 \sin 4M + \frac{6 \times 5}{2} \times 2^5 \sin 2M) + \cdots \quad (225)$$

2. 展开 $\cos E$，$\sin E$ 为 e 的幂级数，当 $F(E) = \cos E$ 时，则有

$$\cos E = \cos M + \sum_{n=1}^{\infty} \frac{e^n}{n!} \frac{\partial^{n-1}}{\partial M^{n-1}}\left(\sin^n M \frac{\mathrm{d}\cos M}{\mathrm{d}M}\right)$$

$$= \cos M - \sum_{n=1}^{\infty} \frac{e^n}{n!} \frac{\partial^{n-1}}{\partial M^{n-1}}(\sin^{n+1} M) \quad (226)$$

当 $F(E) = \sin E$ 时有

$$\sin E = \sin M + \sum_{n=1}^{\infty} \frac{e^n}{n!} \frac{\partial^{n-1}}{\partial M^{n-1}}\left(\sin^n M \frac{\mathrm{d}\sin M}{\mathrm{d}M}\right)$$

$$= \sin M + \sum_{n=1}^{\infty} \frac{e^n}{(n+1)!} \frac{\partial^n}{\partial M^n}(\sin^{n+1} M) \quad (227)$$

3. 展开 $\dfrac{r}{a}$ 为 e 的幂级数，由于

$$\frac{r}{a} = 1 - e\cos E$$

故以式 (226) 代入，整理出到 e^6 的项得

$$\frac{r}{a} = 1 - e\cos M + \sum_{n=1}^{\infty} \frac{e^{n+1}}{n!} \frac{\partial^{n-1}}{\partial M^{n-1}}(\sin^{n+1} M)$$

$$1 - e\cos M - \frac{e^2}{2}(\cos 2M - 1) -$$

$$\frac{e^3}{2^2 \times 2!}(3\cos 3M - 3\cos M) -$$

$$\frac{e^4}{2^3 \times 3!}(4^2 \cos 4M - 4 \times 2^2 \cos 2M) -$$

$$\frac{e^5}{2^4 \times 4!}\left(5^3 \cos 5M - 5 \times 3^3 \cos 3M + \frac{5 \times 4}{2}\cos M\right) -$$

$$\frac{e^6}{2^5 \times 5!}\left(6^4 \cos 6M - 6 \times 4^4 \cos 4M + \frac{6 \times 5}{2} \times 2^4 \cos 2M\right) - \cdots$$

$$(228)$$

以上是几个展开式的例子，其他很多 E 的函数都可以用拉格朗日级数展开为 e 的幂级数.

§15　拉格朗日级数的收敛范围,偏心率的极限

现在就来讨论拉格朗日级数的收敛范围,由于这种级数比较特殊,所得的结论又是天体力学中常用的,故虽然较难,也应该讨论清楚. 在讨论时需要把有关量看成复变量,并要用一些复变函数中的柯西(Cauchy)积分和留数理论知识,这在任何一本复变函数书中都可查到.

设复变量 y 由下式确定,即

$$y = x + \alpha\phi(y) \tag{229}$$

其中 $\phi(y)$ 为 y 的解析函数,x,α 为复数,先把结论叙述如下:

定理　由式(229) 得到的拉格朗日级数

$$F(y) = F(x) + \sum_{n=1}^{\infty} \frac{\alpha^n}{n!} \frac{\partial^{n-1}}{\partial x^{n-1}}\left[\phi^n(x) \frac{\partial F(x)}{\partial x} \right]$$

的收敛条件为

$$\left| \frac{\alpha\phi(y)}{y-x} \right| < 1 \tag{230}$$

要证明这个定理,要先证明下面的三个预备定理.

预备定理 1　若 $\phi(z)$ 为某一个单连通域内的半纯函数,并在此域的边界 C 上为解析;并设 $\phi(z)$ 在此域内有 k 个零点,它们的级分别为 $r_1, r_2, \cdots, r_k$;设还有 l 个极点,它们的级分别为 $s_1, s_2, \cdots, s_l$. 令 $\Delta\phi$ 表示 $\phi(z)$ 的幅角 ϕ 在 z 沿边界 C 的正方向转一周时的增量,则有

$$\sum_{p=1}^{k} r_p - \sum_{q=1}^{l} s_q = \frac{\Delta\phi}{2\pi} \tag{231}$$

证　由留数(或叫残数)理论可知,若 $f(z)$ 为 C 上及其内部的解析函数,则有关系

$$\sum_{p=1}^{k} r_p f(a_p) - \sum_{q=1}^{l} s_q f(b_q) = \frac{1}{2\pi i}\int_c f(z) \frac{\phi'(z)}{\phi(z)} dz \tag{232}$$

其中 $\phi'(z)$ 即 $\phi(z)$ 对 x 的微商,a_p,b_p 即为 $\phi(z)$ 在 C 内部的零点和极点.

当 $f(z) \equiv 1$ 时,式(232) 简化为

$$\sum_{p=1}^{k} r_p - \sum_{q=1}^{l} s_q = \frac{1}{2\pi i}\int_c \frac{\phi'(z)}{\phi(z)} dz = \frac{1}{2\pi i} \Delta\log\phi(z) \tag{233}$$

其中 $\Delta\log\phi(z)$ 表示 z 沿 C 正方向转一圈时,对数函数 $\log\phi(z)$ 的增量. 若用 R,Φ 表示复变量 $\phi(z)$ 的模和幅角,则

$$\phi(z) = R\exp(i\Phi)$$

即

$$\log\phi(z) = \log R + i\Phi$$

$$\mathscr{V} = -\left(\frac{m_1 m_2}{r_{12}} + \frac{m_2 m_3}{r_{23}} + \frac{m_3 m_1}{r_{31}} \right)$$

但 C 为闭曲线,故 $\Delta \log R = 0$,因此有

$$\Delta \log \phi(z) = i \Delta \Phi$$

代入式(233),即得式(231),故预备定理 1 成立.

预备定理 2 若 $f(z)$,$\phi(z)$ 为 C 上和 C 内部的解析函数,并且 $f(z)$ 在 C 上不等于 0,以及在 C 上有

$$\left| \frac{\phi(z)}{f(z)} \right| < 1 \tag{234}$$

则 $f(z)$ 和 $f(z) + \phi(z)$ 在 C 内部有同样多的零点(n 级的零点算 n 个零点).

证 用符号

$$w = 1 + \frac{\phi(z)}{f(z)} = \frac{f(z) + \phi(z)}{f(z)}$$

由于在 C 上有关系(234),故当 z 沿 C 正方向转一周时,w 应在 $+1$ 点附近变化,不会绕原点旋转.因此,当 z 沿 C 正方向转一周时,w 的幅角增量为 0,也就是 $f(z)$ 和 $f(z) + \phi(z)$ 的幅角增量相等.又由于 $\phi(z)$ 和 $f(z)$ 在 C 内部是解析函数,故它们在 C 内都没有极点.于是从预备定理 1 可知,$f(z) + \phi(z)$ 和 $f(z)$ 在 C 内的零点数目相同(n 级零点算 n 个零点),故此预备定理得到证明.

预备定理 3 设 $f(z)$ 在域 $|z| < r$ 内为解析函数,并当 $z = 0$ 时 $f(z) \neq 0$,则存在一个正实数 ρ,使得 $|w| \leqslant \rho$ 时,函数 $\psi(z, w) = z - w f(z)$(看成 z 的函数)在圆 $|z| = r' < r$ 的内部只有一个零点(是 w 的函数),并且这个零点在域 $|w| \leqslant \rho$ 中是 w 的解析函数.

证 由于 $f(z)$ 在 $|z| < r$ 为解析,故当 $|z| = r' < r$ 时,可以找出一个正实数 ρ,使得 $|w| \leqslant \rho$ 时有

$$|\psi(z, w) - \psi(z, 0)| = |w f(z)| < r'$$

因此在圆 $|z| = r'$ 上有

$$\left| \frac{\psi(z, w) - \psi(z, 0)}{\psi(z, 0)} \right| = \left| \frac{w f(z)}{z} \right| < 1 \tag{235}$$

由于函数 z,$f(z)$ 在圆 $|z| = r'$ 上或内部都是解析函数,符合预备定理 2 的条件.故从预备定理 2 可知,$\psi(z, w)$ 和 $\psi(z, 0)$ 在圆 $|z| = r'$ 内部有同样多的零点.但函数 $\psi(z, 0) = z$;在 $|z| = r'$ 内只有一个一级零点($z = 0$);故 $\psi(z, w)$ 在 $|z| = r'$ 内也只有一个一级零点,设为 ξ.由于它们都是解析函数,因而没有极点,故在式(232)中令 $f(z) = z$,$\psi(z) = \psi(z, w)$,可得

$$\xi = \frac{1}{2\pi i} \int_c z \frac{\frac{\partial}{\partial z} \psi(z, w)}{\psi(z, w)} dz = \frac{1}{2\pi i} \int_c z \frac{1 - w f'(z)}{z - w f(z)} dz \tag{236}$$

其中积分线 C 为圆周 $|z| = r'$.由于积分号内的函数是 w 的解析函数,故 ξ 也在 $|w| \leqslant \rho$ 内为 w 的解析函数,即此预备定理成立.

下面就利用这个预备定理来讨论拉格朗日级数的收敛性问题. 若 $F(z)$ 在 $|z| < r$ 内为解析函数, 由式 (232) 直接可得

$$F(\xi) = \frac{1}{2\pi i} \int_c F(z) \frac{1 - wf'(z)}{z - wf(z)} dz \qquad (237)$$

因为 ξ 为 $\psi(z, w) = z - wf(z) = 0$ 的解 (零点), 故仍可记为 z, 由式 (237) 可知

$$\begin{aligned}
F(z) &= \frac{1}{2\pi i} \int_c F(z) \frac{1 - wf'(z)}{z - wf(z)} dz \\
&= \frac{1}{2\pi i} \int_c F(z) [1 - wf'(z)] \frac{1}{z} \left[1 - \frac{wf(z)}{z} \right]^{-1} dz \\
&= \frac{1}{2\pi i} \int_c F(z) [1 - wf'(z)] \sum_{n=0}^{\infty} \frac{w^n f^n(z)}{z^{n+1}} dz
\end{aligned}$$

由于式 (235) 成立, 故上面级数为绝对收敛; 否则为发散. 上式按 w 的幂次整理得

$$\begin{aligned}
F(z) &= \frac{1}{2\pi i} \int_c \frac{F(z)}{z} dz - \frac{1}{2\pi i} \int_c \sum_{n=1}^{\infty} \frac{w^n}{n} F(z) \frac{d}{dz} \left[\frac{f^n(z)}{z^n} \right] dz \\
&= \frac{1}{2\pi i} \int_c \frac{F(z)}{z} dz - \frac{1}{2\pi i} \sum_{n=1}^{\infty} \frac{w^n}{n} \int_c \frac{d}{dz} \left[F(z) \frac{f^n(z)}{z^n} \right] dz + \\
&\qquad \frac{1}{2\pi i} \sum_{n=1}^{\infty} \frac{w^n}{n} \int_c F'(z) \frac{f^n(z)}{z^n} dz
\end{aligned} \qquad (238)$$

由于 $F(z)$ 为 C 内部的解析函数, 故由柯西积分知: 式 (238) 第一项即为 $F(0)$; 第二项积分后等于 0; 第三项的被积函数有一个 n 级极点 $z = 0$, 它在 C 的内部 (原点), 根据留数计算公式可得

$$\frac{1}{2\pi i} \int_c F'(z) \frac{f^n(z)}{z^n} dz = \frac{1}{(n-1)!} \left\{ \frac{d^{n-1}}{dz^{n-1}} [F'(z) f^n(z)] \right\}_{z=0}$$

代入式 (238) 后得

$$F(z) = F(0) + \sum_{n=1}^{\infty} \frac{w^n}{n!} \left\{ \frac{d^{n-1}}{dz^{n-1}} [F'(z) f^n(z)] \right\}_{z=0} \qquad (239)$$

式 (239) 同拉格朗日级数还有些差别, 但只要把坐标原点平移, 新原点的坐标是 x, 则相应的

$$\psi(z, w) = z - x - wf(z - x) = z - x - w\phi(z) \qquad (240)$$

则同前面的讨论完全一样, 只是式 (239) 改为

$$\begin{aligned}
F(z) &= F(x) + \sum_{n=1}^{\infty} \frac{w^n}{n!} \left\{ \frac{d^{n-1}}{dz^{n-1}} [F'(z) \phi^n(z)] \right\}_{z=x} \\
&= F(x) + \sum_{n=1}^{\infty} \frac{w^n}{n!} \frac{d^{n-1}}{dx^{n-1}} [F'(x) \phi^n(x)]
\end{aligned} \qquad (241)$$

式 (241) 就是常用的拉格朗日级数形式, z 为式 (240) 的解, 即

$$z = x + w\phi(z)$$

$$\mathscr{V} = -\left(\frac{m_1 m_2}{r_{12}} + \frac{m_2 m_3}{r_{23}} + \frac{m_3 m_1}{r_{31}} \right)$$

式(241) 的收敛范围成为

$$\left|\frac{w\phi(z)}{z-x}\right| < 1 \qquad (242)$$

这就是式(230),只是 $\alpha = w, y = z$. 于是本节初叙述的定理得证.

应用到开普勒方程情况:$z = E, w = e, x = M, \phi(z) = \sin E$,故收敛范围变成

$$\left|\frac{e\sin E}{E-M}\right| < 1 \qquad (243)$$

其中 E 是要在复数域中讨论;M, e 可以是实数,并假定 $e > 0$. 用 ρ, φ 表示复数 $E - M$ 的模和幅角,则

$$E - M = \rho\exp(i\varphi)$$

即

$$E = M + \rho\exp(i\phi) \qquad (244)$$

故式(243) 成为

$$\frac{e}{\rho} \mid \sin[M + \rho\exp(i\varphi)] \mid < 1$$

或

$$e < \frac{\rho}{\mid \sin[M + \rho\exp(i\varphi)] \mid} \qquad (245)$$

此式给出了偏心率的限制条件,设 $f(\rho)$ 为式(245) 分母的极大值(对 M, φ 而言),则只要

$$e < \frac{\rho}{f(\rho)} \qquad (246)$$

式(245) 就必然满足,于是拉格朗日级数就收敛,下面先求出 $f(\rho)$,由于

$$\mid \sin[M + \rho\exp(i\varphi)] \mid^2$$
$$= \sin[M + \rho\exp(i\varphi)]\sin[M + \rho\exp(-i\varphi)]$$
$$= \frac{1}{2}[\cos 2(i\rho\sin \varphi) - \cos 2(M + \rho\cos \varphi)]$$
$$= \cos^2(i\rho\sin \varphi) - \cos^2(M + \rho\cos \varphi)$$
$$= \cosh^2(i\rho\sin \varphi) - \cos^2(M + \rho\cos \varphi) \qquad (247)$$

现在来求式(247) 的极大值(对 M, φ 而言). 它是两个正数之差,故只要第一项取极大,后一项取极小,相应的差值必然是极大值. 而双曲线余弦函数是单调增加函数,故第一项的极大值就是 $\cosh^2\rho$,相应的 φ 使 $\sin \varphi = 1$,此时 $\cos \varphi = 0$. 第二项就变成 $\cos^2 M$,它的极小值为 0. 因此式(247) 的极大值是 $\cosh^2\rho$,即得

$$f(\rho) = \cosh \rho = \frac{1}{2}[\exp(\rho) + \exp(-\rho)] \qquad (248)$$

于是式(246) 成为

$$e < \frac{\rho}{\cosh \rho} \qquad (249)$$

442

也就是说,只要 e 满足式(249),式(245)就成立.

如果当 $\rho = \rho_1$ 时,式(249)右端是极大值,记为 e_1,则

$$e_1 = \frac{\rho_1}{\cosh \rho_1} = \frac{2\rho_1}{\exp(\rho_1) + \exp(-\rho_1)} \qquad (250)$$

是符合式(245)条件的偏心率 e 的上限,下面就来求出 e_1 的值,先对函数

$$R(\rho) = \frac{\rho}{\cosh \rho} = \frac{2\rho}{\exp(\rho) + \exp(-\rho)}$$

求极大值.上式对 ρ 取微商可得

$$R'(\rho) = \frac{\mathrm{d}R}{\mathrm{d}\rho} = 2\, \frac{M(\rho)}{[\exp(\rho) + \exp(-\rho)]^2}$$

而

$$M(\rho) = (1-\rho)\exp(\rho) + (1+\rho)\exp(-\rho) \qquad (251)$$

ρ_1 应为 $M(\rho) = 0$ 的根,但因 $\rho > 0$,而

$$M'(\rho) = -\rho[\exp(\rho) + \exp(-\rho)] < 0$$

故 $M(\rho)$ 是 ρ 的单调减少函数,于是 $M(\rho) = 0$ 只可能有一个根,就是 ρ_1,又由于

$$M(1) = 2\exp(-1) > 0$$

$$M(2) = 3\exp(-2) - \exp(+2) < 0$$

则 ρ_1 在 1 与 2 之间,用数值方法可以解出式(251)得

$$\rho_1 = 1.199\ 678\ 64\cdots$$

但是,这样求出的 ρ_1 可能是极大或极小,要用二次微商 $R''(\rho)$ 的符号判断.容易求出

$$R''(\rho) = 2\{M'(\rho)[\exp(\rho) + \exp(-\rho)] - 2M(\rho) \cdot$$
$$[\exp(\rho) - \exp(-\rho)]\}/\{[\exp(\rho) + \exp(-\rho)]^3\}$$

因 $M(\rho_1) = 0$,$M'(\rho_1) < 0$,故 $R''(\rho_1) < 0$.因此,$R(\rho_1)$ 为极大值,以 ρ_1 的值代入式(250)得

$$e_1 = \frac{\rho_1}{\cosh \rho_1} = 0.662\ 743\ 42\cdots$$

这个值叫作偏心率的拉普拉斯极限.只要 $e < e_1$,则用拉格朗日级数展开成偏心率 e 的级数就收敛.太阳系中大行星,天然卫星和绝大多数小行星都是符合这个条件.只有彗星和少量小行星以及人造卫星不符合.但是当 e 较大时,例如达到 0.5 左右,则展开式已收敛得很慢,这还是今后要继续研究的问题.

$$\mathscr{V} = -\left(\frac{m_1 m_2}{r_{12}} + \frac{m_2 m_3}{r_{23}} + \frac{m_3 m_1}{r_{31}} \right)$$

轨道计算

第二章

第一章已介绍了二体问题的基本理论,以及从天体轨道根数计算天体理论位置的方法.但是天体的轨道根数是怎样得到呢? 它们只能从天体的实际观测值来求出.只有这个问题解决了,二体问题才算真正解决.从天体的实际观测值求出轨道根数,这个内容叫作轨道计算.由于二体问题本身就是天体运动的近似理论,故所得的轨道根数又叫作初轨(初步的轨道).轨道计算在天体力学中占有重要的地位,是天体力学理论联系实际的重要环节.

在轨道计算中的各种方法,都是经过长期的实践过程中建立起来的.本章主要介绍现在常用的三种方法:用三个位置观测计算椭圆轨道的高斯(Gauss)方法和拉普拉斯(Laplace)方法,以及计算抛物线轨道的奥耳拜尔(Olbers)方法.

从第一章 §1,§2,§5 中的基本公式可看出:如果知道了天体在某时刻 t 时的日心直角坐标 (x,y,z) 和速度 $(\dot{x},\dot{y},\dot{z})$,或知道天体在两个时刻 t_1,t_2 时的日心直角坐标 (x_1,y_1,z_1) 和 (x_2,y_2,z_2),则可求出天体的六个轨道根数(具体办法后面还要讲).因此,轨道计算的基本原理,就是设法从天体的六个观测值求出:① 天体在某时刻的 $(x,y,z;\dot{x},\dot{y},\dot{z})$;② 天体在某两个时刻的 $(x_1,y_1,z_1;x_2,y_2,z_2)$.本章讲的拉普拉斯方法是用天体在三个时刻 t_i 时的位置观测值 $(\alpha_i,\delta_i)(i=1,2,3)$ 求出 ①;高斯方法和奥耳拜尔方法则是用这样的位置观测值求出 ②.

如果得到的观测值不是位置,例如距离或速度,则计算原理仍相同,只是更简单些.

书末附有小行星椭圆轨道和彗星抛物线轨道的计算实例.

§1 天体观测资料的处理

这里只讨论天体的位置观测. 由天文方法得到天体的位置 (α, δ) 是视位置, 而且是以观测站为中心, 故需要把它们化为同一历元的平位置后才能进行轨道计算.

1. 周日视差的改正. 由于观测值 (α, δ) 是以地面观测站为中心; 而太阳的直角坐标 (X, Y, Z) 是以地心为中心. 坐标原点需要统一. 如已知天体到地心的近似距离为 ρ, 则可用周日视差公式

$$
\begin{cases}
p_\alpha = \dfrac{1}{15} \dfrac{R p_\odot}{\rho} \cos \phi' \sin(s - \alpha) \sec \delta \\[2mm]
p_\delta = \dfrac{R p_\odot}{\rho} [\sin \phi' \cos \delta - \cos \phi' \sin \delta \cos(s - \alpha)]
\end{cases}
\tag{1}
$$

就可得到地心观测值 $\alpha + p_\alpha$, $\delta + p_\delta$. 如 ρ 不知道, 则可以把太阳的地心坐标 (X, Y, Z) 作改正

$$
\begin{cases}
\Delta X = -R p_\odot \sin 1'' \cos \phi' \cos s \\
\Delta Y = -R p_\odot \sin 1'' \cos \phi' \sin s \\
\Delta Z = -R p_\odot \sin 1'' \sin \phi'
\end{cases}
\tag{2}
$$

则得到以观测站为中心的太阳坐标 $(X + \Delta X, Y + \Delta Y, Z + \Delta Z)$. 其中 R 为观测站的地心距 (以地球赤道半径为单位); $p_\odot$ 为太阳地平视差值; ϕ' 为观测站的地心纬度; s 为观测站的地方恒星时. 式 (1) 可从球面天文学书上查出, 式 (2) 即为观测站的地心向径 R 在地心赤道坐标系中的分量 (以天文单位为长度单位) 的反号.

2. 改为平位置. 先把视位置 (α, δ) 改算为年初平位置 (α_0, δ_0), 公式如下

$$
\begin{cases}
\alpha_0 = \alpha - [(A + A')a + (B + B')b + Cc + Dd + E + J_\alpha \tan^2 \delta] \\
\delta_0 = \delta - [(A + A')a' + (B + B')b' + Cc' + Dd' + J_\delta \tan \delta]
\end{cases}
\tag{3}
$$

其中 $(A + A'), (B + B'), C, D, E$ 叫作贝塞耳日数, 可由天文年历直接查出; $a, b, \cdots, d'$ 叫作恒星常数, 用下面公式计算, 即

$$
\begin{cases}
a = \dfrac{1}{15}\left(\dfrac{m}{n} + \sin \alpha \tan \delta\right), \; a' = \cos \alpha \\[2mm]
b = \dfrac{1}{15} \cos \alpha \tan \delta, \; b' = -\sin \alpha \\[2mm]
c = \dfrac{1}{15} \cos \alpha \sec \delta, \; c' = \tan \varepsilon \cos \delta - \sin \alpha \sin \delta \\[2mm]
d = \dfrac{1}{15} \sin \alpha \sec \delta, \; d' = \cos \alpha \sin \delta
\end{cases}
\tag{4}
$$

$$
\mathscr{V} = -\left(\frac{m_1 m_2}{r_{12}} + \frac{m_2 m_3}{r_{23}} + \frac{m_3 m_1}{r_{31}}\right)
$$

里面的 ε 为黄赤交角，m,n 为岁差常数，即

$$\begin{cases} m = 46.085\ 0'' + 0.000\ 279t'' \\ n = 20.046\ 8'' - 0.000\ 085t'' \end{cases} \tag{5}$$

t 为从 1900 年起算的年数.

J_α, J_δ 为岁差等的二阶项订正值，可以从天文年历中查出；但 $|\delta| < 60°$ 时，可以不用这一项.

用式(3)得到的是年初平位置；如果几个观测值是在不同年份得到的，则需要改正岁差，使它们对应同一年初. 设 (α, δ)，(α_0, δ_0) 是对应于 t 和 t_0 年的位置，则岁差改正公式为

$$\begin{cases} \alpha = \alpha_0 + (m + n\sin \alpha_1 \tan \delta_1)(t - t_0) \\ \delta = \delta_0 + n\cos \alpha_1(t - t_0) \end{cases} \tag{6}$$

其中 m,n 即为式(5)所给的值，α_1, δ_1 是对应于时刻 $\dfrac{t + t_0}{2}$ 时的位置. 在一般情况下，可近似地取

$$\begin{cases} \alpha_1 = \alpha_0 + \dfrac{1}{2}(m + n\sin \alpha_0 \tan \delta_0)(t - t_0) \\ \delta_1 = \delta_0 + \dfrac{1}{2}n\cos \alpha_0(t - t_0) \end{cases} \tag{7}$$

如果 δ 接近于 $90°$，或 $t - t_0$ 很大，则需要作高次项订正，或用准确的岁差计算公式(参看《球面天文学》)进行改正.

3. 行星光行差的改正. 由于光线从天体射到地球需要经过一段时间 Δt，故地球上在 t 时看到天体的位置，实际上是 $t - \Delta t$ 时的位置. 因为光线走一个天文单位所需的时间为

$$498.72^s = 0.005\ 772^d$$

故得

$$\Delta t = 0.005\ 772\rho^d \tag{8}$$

其中 ρ 为天体的地心距，用天文单位作长度单位，通常在轨道计算的第二次近似时，再作行星光行差的改正.

§2　高斯方法的基本方程

高斯在 19 世纪初为计算小行星轨道提出一种轨道计算的方法，以后又经过很多人的改进，才发展成下面的形式.

取日心赤道直角坐标系 $SXYZ$. 因为二体问题的轨道是在通过日心的平面上，设轨道平面方程为

$$Ax + By + Cz = 0 \tag{9}$$

天体在三个时刻的坐标 $(x_i,y_i,z_i)(i=1,2,3)$ 都应满足这个方程,故有

$$\begin{cases} Ax_1 + By_1 + Cz_1 = 0 \\ Ax_2 + By_2 + Cz_2 = 0 \\ Ax_3 + By_3 + Cz_3 = 0 \end{cases} \tag{10}$$

由于轨道平面是存在的,故 A,B,C 不可能都等于零,即得

$$\begin{vmatrix} x_1 & y_1 & z_1 \\ x_2 & y_2 & z_2 \\ x_3 & y_3 & z_3 \end{vmatrix} = 0 \tag{11}$$

式(11) 按不同的行展开可得三个方程

$$\begin{cases} x_1(y_2z_3 - y_3z_2) - x_2(y_1z_3 - y_3z_1) + x_3(y_1z_2 - y_2z_1) = 0 \\ y_1(x_2z_3 - x_3z_2) - y_2(x_1z_3 - x_3z_1) + y_3(x_1z_2 - x_2z_1) = 0 \\ z_1(x_2y_3 - x_3y_2) - z_2(x_1y_3 - x_3y_1) + z_3(x_1y_2 - x_2y_1) = 0 \end{cases} \tag{12}$$

式(12) 括弧中的量可用三角形面积的投影来表示,因向量 $\boldsymbol{r}_2(x_2,y_2,z_2)$,$\boldsymbol{r}_3(x_3,y_3,z_3)$ 的向量积为

$$\boldsymbol{r}_2 \times \boldsymbol{r}_3 = (y_2z_3 - y_3z_2, z_2x_3 - z_3x_2, x_2y_3 - x_3y_2)$$

因此,有

$$y_2z_3 - y_3z_2 = [r_2,r_3]\cos(n,X)$$
$$z_2x_3 - z_3x_2 = [r_2,r_3]\cos(n,Y)$$
$$x_2y_3 - x_3y_2 = [r_2,r_3]\cos(n,Z)$$

其中 $[r_2,r_3]$ 即为 $|\boldsymbol{r}_2 \times \boldsymbol{r}_3|$,也就是向径 $\boldsymbol{r}_2,\boldsymbol{r}_3$ 组成的三角形面积的两倍;(n,X) 表示轨道面法线同 X 轴的交角,用 $\boldsymbol{r}_1 \times \boldsymbol{r}_3,\boldsymbol{r}_1 \times \boldsymbol{r}_2$ 可得其余的各项,故式 (12) 可化为

$$\begin{cases} [r_2,r_3]x_1 - [r_1,r_3]x_2 + [r_1,r_2]x_3 = 0 \\ [r_2,r_3]y_1 - [r_1,r_3]y_2 + [r_1,r_2]y_3 = 0 \\ [r_2,r_3]z_1 - [r_1,r_3]z_2 + [r_1,r_2]z_3 = 0 \end{cases} \tag{13}$$

式(13) 各项除以 $[r_1,r_3]$,可得

$$\begin{cases} n_1x_1 - x_2 + n_3x_3 = 0 \\ n_1y_1 - y_2 + n_3y_3 = 0 \\ n_1z_1 - z_2 + n_3z_3 = 0 \end{cases} \tag{14}$$

其中

$$n_1 = \frac{[r_2,r_3]}{[r_1,r_3]}, \quad n_3 = \frac{[r_1,r_2]}{[r_1,r_3]} \tag{15}$$

因 n_1,n_3 可用另外方法求出(见后面讲述),故式(14) 为三个独立的方程.

利用第一章中公式(105) 和(106) 知,若 (α_i,δ_i) 和 ρ_i 表示天体在 t_i 时的观测位置和地心距,则有关系:

$$V = -\left(\frac{m_1m_2}{r_{12}} + \frac{m_2m_3}{r_{23}} + \frac{m_3m_1}{r_{31}}\right)$$

$$\begin{cases} \rho_i \cos \alpha_i \cos \delta_i = x_i + X_i \\ \rho_i \sin \alpha_i \cos \delta_i = y_i + Y_i \\ \rho_i \sin \delta_i = z_i + Z_i \end{cases} \tag{16}$$

其中 (X_i, Y_i, Z_i) 为 t_i 时太阳的地心赤道直角坐标,再用记号

$$a_i = \cos \alpha_i \cos \delta_i, \quad b_i = \sin \alpha_i \cos \delta_i, \quad c_i = \sin \delta_i \tag{17}$$

则式(16)可简写为

$$x_i = a_i \rho_i - X_i, \quad y_i = b_i \rho_i - Y_i, \quad z_i = c_i \rho_i - Z_i \tag{18}$$

代入式(14),按 ρ_i 整理可得

$$\begin{cases} a_1 n_1 \rho_1 - a_2 \rho_2 + a_3 n_3 \rho_3 = n_1 X_1 - X_2 + n_3 X_3 \\ b_1 n_1 \rho_1 - b_2 \rho_2 + b_3 n_3 \rho_3 = n_1 Y_1 - Y_2 + n_3 Y_3 \\ c_1 n_1 \rho_1 - c_2 \rho_2 + c_3 n_3 \rho_3 = n_1 Z_1 - Z_2 + n_3 Z_3 \end{cases} \tag{19}$$

其中 n_1, n_3 和 ρ_i 为未知量,消去 $n_1 \rho_1, n_3 \rho_3$ 可得

$$-D\rho_2 = d \tag{20}$$

其中

$$d = \begin{vmatrix} a_1 & n_1 X_1 - X_2 + n_3 X_3 & a_3 \\ b_1 & n_1 Y_1 - Y_2 + n_3 Y_3 & b_3 \\ c_1 & n_1 Z_1 - Z_2 + n_3 Z_3 & c_3 \end{vmatrix}$$

$$= n_1 \begin{vmatrix} a_1 & X_1 & a_3 \\ b_1 & Y_1 & b_3 \\ c_1 & Z_1 & c_3 \end{vmatrix} - \begin{vmatrix} a_1 & X_2 & a_3 \\ b_1 & Y_2 & b_3 \\ c_1 & Z_2 & c_3 \end{vmatrix} + n_3 \begin{vmatrix} a_1 & X_3 & a_3 \\ b_1 & Y_3 & b_3 \\ c_1 & Z_3 & c_3 \end{vmatrix}$$

$$= n_1 d_1 - d_2 + n_3 d_3 \tag{21}$$

以及

$$D = \begin{vmatrix} a_1 & b_1 & c_1 \\ a_2 & b_2 & c_2 \\ a_3 & b_3 & c_3 \end{vmatrix}, \quad d_i = \begin{vmatrix} a_1 & X_i & a_3 \\ b_1 & Y_i & b_3 \\ c_1 & Z_i & c_3 \end{vmatrix} \tag{22}$$

这里的 D, d_i 都是已知量. 在实际计算时,用直接消去 $n_1 \rho_1, n_3 \rho_3$ 的方法,要比用行列式更简单. 但用行列式时,意义较明确,便于讨论. 因为 (a_i, b_i, c_i) 是 $\boldsymbol{\rho}_i(t_i$ 时天体对地心的位置向量)的方向余弦,故 D 是三个单位向量 $\dfrac{\boldsymbol{\rho}_1}{|\rho_1|}, \dfrac{\boldsymbol{\rho}_2}{|\rho_2|},$

$\dfrac{\boldsymbol{\rho}_3}{|\rho_3|}$ 所组成的四面体体积的六倍. 当这三个向量在一个平面上时,即天体的三个观测位置在天球上同一个大圆上时,$D = 0$. 式(19)就无法解出 ρ_i,这是高斯方法的缺点. 式(19)或式(20)就叫高斯方法的基本方程.

如果用其他方法能求出 n_1, n_3,则从式(20)就可以解出 ρ_2,再由式(19)可解出 ρ_1, ρ_3. 以 ρ_i 代入式(18)就得到 (x_i, y_i, z_i),问题就基本上解决了. 但是 $n_1,$

n_3 不能一下求出精确值,要用逐次迭代法来解,下面先求出 n_1,n_3 的表达式.

由于 n_1,n_3 是轨道平面上的量,用轨道面上的坐标系就可以讨论.设 (x,y) 为天体在轨道面上的直角坐标,如用

$$\tau = \sqrt{\mu}\, t \tag{23}$$

表示时间变量,则由二体问题运动方程可得

$$\frac{\mathrm{d}^2 x}{\mathrm{d}\tau^2} = -\frac{x}{r^3}, \qquad \frac{\mathrm{d}^2 y}{\mathrm{d}\tau^2} = -\frac{y}{r^3} \tag{24}$$

根据第一章 §13 的讨论,用式(211)可知

$$\begin{cases} x_1 = F_1 x_2 + G_1 \left(\dfrac{\mathrm{d}x}{\mathrm{d}\tau}\right)_2, & y_1 = F_1 y_2 + G_1 \left(\dfrac{\mathrm{d}y}{\mathrm{d}\tau}\right)_2 \\[2mm] x_3 = F_3 x_2 + G_3 \left(\dfrac{\mathrm{d}x}{\mathrm{d}\tau}\right)_2, & y_3 = F_3 y_2 + G_3 \left(\dfrac{\mathrm{d}y}{\mathrm{d}\tau}\right) \end{cases} \tag{25}$$

其中 F_1,G_1,F_3,G_3 可用第一章式(209)得

$$\begin{cases} F_1 = 1 - \dfrac{1}{2}\dfrac{\tau_3^2}{r_2^3} - \dfrac{1}{2}\dfrac{\tau_3^3}{r_2^4}\left(\dfrac{\mathrm{d}r}{\mathrm{d}\tau}\right)_2 + \cdots \\[2mm] F_3 = 1 - \dfrac{1}{2}\dfrac{\tau_1^2}{r_2^3} + \dfrac{1}{2}\dfrac{\tau_1^3}{r_2^4}\left(\dfrac{\mathrm{d}r}{\mathrm{d}\tau}\right)_2 + \cdots \\[2mm] G_1 = -\tau_3 + \dfrac{\tau_3^3}{6 r_2^3} + \dfrac{1}{4}\dfrac{\tau_3^4}{r_2^4}\left(\dfrac{\mathrm{d}r}{\mathrm{d}\tau}\right)_2 + \cdots \\[2mm] G_3 = \tau_1 - \dfrac{1}{6}\dfrac{\tau_1^3}{r_2^3} + \dfrac{1}{4}\dfrac{\tau_1^4}{r_2^4}\left(\dfrac{\mathrm{d}r}{\mathrm{d}\tau}\right)_2 + \cdots \end{cases} \tag{26}$$

$$\tau_1 = \sqrt{\mu}\,(t_3 - t_2), \qquad \tau_2 = \sqrt{\mu}\,(t_3 - t_1)$$
$$\tau_3 = \sqrt{\mu}\,(t_2 - t_1) \tag{27}$$

由式(25)可得

$$[r_1, r_2] = x_1 y_2 - x_2 y_1 = -G_1 \left[x_2 \left(\frac{\mathrm{d}y}{\mathrm{d}\tau}\right)_2 - y_2 \left(\frac{\mathrm{d}x}{\mathrm{d}\tau}\right)_2 \right]$$

右端括弧内的量是 t_2 时的面积速度的两倍,在时间变量取为 τ 时,面积常数 $h = \sqrt{p}$,故上式为

$$[r_1, r_2] = -G_1 \sqrt{p}$$

同理

$$\begin{cases} [r_2, r_3] = x_2 y_3 - x_3 y_2 = -G_3 \sqrt{p} \\[2mm] [r_1, r_3] = x_1 y_3 - x_3 y_1 = (F_1 G_3 - F_3 G_1) \sqrt{p} \end{cases} \tag{28}$$

又由式(27)知

$$\tau_2 = \tau_1 + \tau_3 \tag{29}$$

故用式(26)代入式(28)可化为

$$\mathscr{V} = -\left(\frac{m_1 m_2}{r_{12}} + \frac{m_2 m_3}{r_{23}} + \frac{m_3 m_1}{r_{31}} \right)$$

$$\begin{cases}[r_1,r_2]=\tau_3\sqrt{p}\left[1-\frac{1}{6}\frac{\tau_3^2}{r_2^3}-\frac{1}{4}\frac{\tau_2^3}{r_2^4}\left(\frac{\mathrm{d}r}{\mathrm{d}\tau}\right)_2+\cdots\right]\\[2mm][r_2,r_3]=\tau_1\sqrt{p}\left[1-\frac{1}{6}\frac{\tau_1^2}{r_2^3}+\frac{1}{4}\frac{\tau_1^3}{r_2^4}\left(\frac{\mathrm{d}r}{\mathrm{d}\tau}\right)_2+\cdots\right]\\[2mm][r_1,r_3]=\tau_2\sqrt{p}\left[1-\frac{1}{6}\frac{\tau_2^2}{r_2^3}+\frac{1}{4}\frac{\tau_2^2(\tau_1-\tau_3)}{r_2^4}\left(\frac{\mathrm{d}r}{\mathrm{d}\tau}\right)_2+\cdots\right]\end{cases}\tag{30}$$

代入式(15),把 τ_i 看成小量可展开为

$$\begin{cases}n_1=\frac{[r_2,r_3]}{[r_1,r_3]}=\frac{\tau_1}{\tau_2}\left[1+\frac{1}{6}\frac{\tau_3(\tau_1+\tau_2)}{r_2^3}+\right.\\[2mm]\qquad\left.\frac{1}{4}\frac{\tau_3(\tau_3^2+\tau_1\tau_3-\tau_1^2)}{r_2^4}\left(\frac{\mathrm{d}r}{\mathrm{d}\tau}\right)_2+\cdots\right]\\[2mm]n_3=\frac{[r_1,r_2]}{[r_1,r_3]}=\frac{\tau_3}{\tau_2}\left[1+\frac{1}{6}\frac{\tau_1(\tau_2+\tau_3)}{r_2^3}-\right.\\[2mm]\qquad\left.\frac{1}{4}\frac{\tau_1(\tau_1^2+\tau_1\tau_3-\tau_3^2)}{r_2^4}\left(\frac{\mathrm{d}r}{\mathrm{d}\tau}\right)_2+\cdots\right]\end{cases}\tag{31}$$

这就是只展到 τ^3 的近似表达式,在里面又出现了未知量 r_2 和 $\left(\frac{\mathrm{d}r}{\mathrm{d}\tau}\right)_2$,故不能直接求出 n_1,n_3,要用逐次逼近法来解决.

在第一次近似时,先只用式(31)中的前两项,即取

$$\begin{cases}n_1=\frac{\tau_1}{\tau_2}+\frac{1}{6}\frac{\tau_1\tau_3\left(1+\frac{\tau_1}{\tau_2}\right)}{r_2^3}\\[3mm]n_3=\frac{\tau_3}{\tau_2}+\frac{1}{6}\frac{\tau_1\tau_3\left(1+\frac{\tau_3}{\tau_2}\right)}{r_2^3}\end{cases}\tag{32}$$

为方便起见,用符号

$$\begin{cases}n_1^0=\frac{\tau_1}{\tau_2},\quad n_3^0=\frac{\tau_1}{\tau_3}\\[2mm]v_1=\frac{1}{6}\tau_1\tau_3(1+n_1^0),\quad v_3=\frac{1}{6}\tau_1\tau_3(1+n_3^0)\end{cases}\tag{33}$$

则式(32)成为

$$n_1=n_1^0+\frac{v_1}{r_2^3},\quad n_3=n_3^0+\frac{v_3}{r_2^3}\tag{34}$$

其中 n_1^0,n_3^0,v_1,v_3 都是已知量,代入式(20) 得

$$-D\rho_2=n_1^0d_1-d_2+n_3^0d_3+\frac{v_1d_1+v_3d_3}{r_2^3}$$

或

$$\rho_2=k_0-\frac{l_0}{r_2^3}\tag{35}$$

其中用符号

$$k_0 = -\frac{n_1^0 d_1 - d_2 + n_3^0 d_3}{D}, \quad l_0 = \frac{v_1 d_1 + v_3 d_3}{D} \tag{36}$$

也就是把基本方程化为式(35),里面 ρ_2,r_2 都是未知量,k_0,l_0 是已知量. 若能再找到一个 ρ_2 和 r_2 之间的关系式,就可解出 ρ_2 的第一次近似值. 下面用简单的几何方法找出 r_2,ρ_2 间的另一个关系.

从 t_2 时的太阳 S,地球 E_2 和天体 P_2 所组成的三角形(见图 2.1),即得下面的关系

$$r_2^2 = R_2^2 + 2\rho_2 R_2 \cos\theta_2 + \rho_2^2 \tag{37}$$

其中

$$\begin{cases} R_2^2 = X_2^2 + Y_2^2 + Z_2^2 \\ R_2 \cos\theta_2 = -(a_2 X_2 + b_2 Y_2 + c_2 Z_2) \end{cases} \tag{38}$$

都是已知量. 因此式(37)就是所要求的关系式.

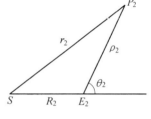

图 2.1

由式(35),(37)可解出 ρ_2 和 r_2,最好用迭代法来解. 先取 r_2 的一个近似值(如对小行星,可先取 $r_2 = 3$),代入式(35)可算出 ρ_2;再用这个 ρ_2 值代入式(37)算出新的 r_2 值,又把这个 r_2 值代入式(35)再算出新的 ρ_2 值. 如此继续下去,直到连续两次得到的 ρ_2 值相等(在容许的误差范围之内)为止. 这样就解出了 r_2,ρ_2. 关于这个方程组(35),式(37)的讨论,例如,它们有几组解,哪一组是真的解,以及它们的性质分析等,在这里不详细讲了. 如要了解可参阅有关的书籍.[1]用得到的 r_2 代入式(32)得出 n_1,n_3 的近似值,再用它们代入式(19)可解出 ρ_1,ρ_3 把得到的 ρ_i 代入式(18)就解出 (x_i, y_i, z_i) 的第一次近似值相应的 r_1,r_3 也可算出了.

从 ρ_i 的第一次近似值可以作行星光行差改正,即由式(8):Δt_i:$0.005\,772\rho_i{}^d$. 相应的观测时刻 t_i 应改为

$$t_i{}^\circ - t_i - 0.005\,772\rho_i{}^d \tag{39}$$

其中 ρ_i 应以天文单位为长度单位.

§3   扇形和三角形面积之比,第二次近似

以上只得到 x_i,y_i,z_i 的第一次近似值. 如要进一步精确,需要把 n_1,n_3 的展开式多取几项再来计算,但是这样做非常繁. 高斯采用扇形和三角形面积之比

---

① 参看 Дубяго 著. Опредление орбиг.

$$\mathscr{V} = -\left(\frac{m_1 m_2}{r_{12}} + \frac{m_2 m_3}{r_{23}} + \frac{m_3 m_1}{r_{31}}\right)$$

$\bar{y}_i$ 后,简化了计算.

用 (r_i, r_j) 表示由向径 r_i 和 r_j 以及它们之间的弧所组成的扇形面积的两倍,$[r_i, r_j]$ 是相应的三角形面积的两倍,定义符号

$$\bar{y}_1 = \frac{(r_2, r_3)}{[r_2, r_3]}, \quad \bar{y}_2 = \frac{(r_1, r_3)}{[r_1, r_3]}, \quad \bar{y}_3 = \frac{(r_1, r_2)}{[r_1, r_2]} \tag{40}$$

则

$$n_1 = \frac{[r_2, r_3]}{[r_1, r_3]} = \frac{(r_2, r_3)}{(r_1, r_3)} \cdot \frac{\bar{y}_2}{\bar{y}_1}, \quad n_3 = \frac{[r_1, r_2]}{[r_1, r_3]} \cdot \frac{\bar{y}_2}{\bar{y}_3} \tag{41}$$

但 (r_i, r_j) 即为天体的向径从 t_i 到 t_j 所扫过的面积的两倍;由开普勒第二定律知,应同所经过的时间成正比,而面积速度的两倍是 $h = \sqrt{\mu p}$,因此得

$$(r_1, r_2) = h(t_2 - t_1) = \sqrt{p}\,\tau_3 \tag{42a}$$

同样

$$\begin{cases} (r_2, r_3) = \sqrt{p}\,\tau_1 \\ (r_1, r_3) = \sqrt{p}\,\tau_2 \end{cases} \tag{42b}$$

因此,式(41)成为

$$n_1 = \frac{\tau_1}{\tau_2} \frac{\bar{y}_2}{\bar{y}_1} = n_1^0 \frac{\bar{y}_2}{\bar{y}_1}, \quad n_3 = n_3^0 \frac{\bar{y}_2}{\bar{y}_3} \tag{43}$$

其中 τ_i 已作了光行差修正.故只要知道了 $\bar{y}_i$,则 n_1, n_3 就可以求出来.下面就讲述从 (x_i, y_i, z_i) 求 $\bar{y}_i$ 的式子.设 r, r' 为任意两时刻 t, t' 时的向径,f, f' 为相应的真近点角.则由此二向径组成的三角形面积两倍为 $rr'\sin(f'-f)$,于是有

$$\bar{y} = \frac{(r, r')}{[r, r']} = \frac{\sqrt{p}\,\tau}{rr'\sin(f'-f)} \tag{44}$$

其中

$$\tau = \sqrt{\mu}\,(t'-t)$$

若定义

$$f' - f = 2v \tag{45}$$

则

$$\bar{y} = \frac{\sqrt{p}\,\tau}{rr'\sin 2v} \tag{46}$$

根据椭圆运动公式知

$$r\sin f = a\sqrt{1 - e^2}\,\sin E$$

即

$$r\sin\frac{f}{2}\cos\frac{f}{2} = a\sqrt{1 - e^2}\,\sin\frac{E}{2}\cos\frac{E}{2} \tag{47}$$

又有关系

$$\tan \frac{f}{2} = \sqrt{\frac{1+e}{1-e}} \tan \frac{E}{2} \tag{48}$$

式(47),(48) 相乘,可得

$$r\sin^2 \frac{f}{2} = a(1+e)\sin^2 \frac{E}{2}$$

即

$$\sqrt{r} \sin \frac{f}{2} = \sqrt{a(1+e)} \sin \frac{E}{2} \tag{49}$$

其中利用了 f 与 E 的象限关系,故开方后应取正号,以式(49) 代入式(47) 可得

$$\sqrt{r} \cos \frac{f}{2} = \sqrt{a(1-e)} \cos \frac{E}{2} \tag{50a}$$

同样

$$\begin{cases} \sqrt{r'} \sin \frac{f'}{2} = \sqrt{a(1+e)} \sin' \frac{E'}{2} \\ \sqrt{r'} \cos \frac{f'}{2} = \sqrt{a(1-e)} \cos \frac{E'}{2} \end{cases} \tag{50b}$$

另外又由开普勒方程可得

$$E' - E - e(\sin E' - \sin E) = \tau a^{-\frac{3}{2}} \tag{51}$$

下面就从式(46),(49),(50),(51) 中消去某些量,得出所需式子,为简单起见,引用下面辅助量

$$f - f' = 2v, \quad E' - E = 2g, \quad E' + E = 2G \tag{52}$$

由式(49),(50) 可推出

$$\begin{cases} \sqrt{rr'} \cos v = a\cos g - ae\cos G \\ \sqrt{rr'} \sin v = \sqrt{ap} \sin g \end{cases} \tag{53}$$

又由关系

$$r = a(1 - e\cos E)$$

可得

$$r + r' = 2a - 2ae\cos g\cos G \tag{54}$$

从式(53) 第一式同式(54) 消去 G 可得

$$r + r' - 2\sqrt{rr'} \cos v\cos g = 2a(1 - \cos^2 g) = 2a\sin^2 g \tag{55}$$

式(51) 可写为

$$2g - 2e\sin g\cos G = \tau a^{-\frac{3}{2}} \tag{56}$$

同式(53) 中第一式消去 G 可得

$$2g - \sin 2g + \frac{2\sqrt{rr'}}{a}\sin g\cos v = \frac{\tau}{a^{\frac{3}{2}}} \tag{57}$$

$$V = -\left(\frac{m_1 m_2}{r_{12}} + \frac{m_2 m_3}{r_{23}} + \frac{m_3 m_1}{r_{31}} \right)$$

再把式(53)的第二式中的$\sqrt{p}$代入式(46)得

$$\overline{y} = \frac{\tau}{2\sqrt{a}\sqrt{rr'}\cos v \sin g} \tag{58}$$

现在归结为从式(55),(57),(58)中解出三个未知量$a, g, \overline{y}$,先在这三式中消去a得

$$\begin{cases} r + r' - 2\sqrt{rr'}\cos v\left(1 - 2\sin^2\frac{g}{2}\right) = \dfrac{\tau^2}{2\overline{y}^2 rr' \cos^2 v} \\ 8(\overline{y}^3 - \overline{y}^2)\left[\sqrt{rr'}\cos v \sin g\right]^3 = (2g - \sin 2g)\tau^2 \end{cases} \tag{59}$$

为清楚起见,定义

$$m = \frac{\tau^2}{(2\sqrt{rr'}\cos v)^3}, \quad l = \frac{r + r'}{4\sqrt{rr'}\cos v} - \frac{1}{2} \tag{60}$$

则式(59)成为

$$\overline{y}^2 = \frac{m}{l + \sin^2\frac{g}{2}}, \quad \overline{y}^3 - \overline{y}^2 = \frac{m(2g - \sin 2g)}{\sin^3 g} \tag{61}$$

其中l, m是已知量,故只要在式(61)中消去g,即得$\overline{y}$的方程.但式(61)是g的超越方程,不容易直接解,现采用下面方法进行,定义

$$\overline{x} = \sin^2\frac{1}{2}g \tag{62}$$

因τ是小量,故$g = \dfrac{E' - E}{2}$也是小量,$\overline{x}$就是二阶小量,再定义

$$x = \frac{2g - \sin^2 g}{\sin^3 g} \tag{63}$$

则$\overline{x}, x$都是g的函数,现求出它们之间的关系,由式(62),(63)可知

$$\frac{\mathrm{d}\overline{x}}{\mathrm{d}g} = \frac{1}{2}\sin g, \quad \frac{\mathrm{d}x}{\mathrm{d}g} = \frac{4 - 3x\cos g}{\sin g}$$

即

$$\frac{\mathrm{d}x}{\mathrm{d}\overline{x}} = \frac{8 - 6x\cos g}{\sin^2 g} = \frac{4 - (3 - 6\overline{x})x}{2(\overline{x} - \overline{x}^2)} \tag{64}$$

式(64)是x对$\overline{x}$的一阶线性常微分方程,可以积分,但太繁.由于$\overline{x}$为小量,故可用级数解.从式(63)可看出,当$\overline{x} = 0$,即$g = 0$时,$x = \dfrac{4}{3}$.因此可以令

$$x = \frac{4}{3}(1 + a_1\overline{x} + a_2\overline{x}^2 + a_3\overline{x}^3 + \cdots)$$

代入式(64),两端乘以$2(\overline{x} - \overline{x}^2)$后,比较两端$\overline{x}$的同次幂系数可得

$$a_1 = \frac{6}{5}, \quad a_2 = \frac{8}{7}a_1, \quad a_3 = \frac{10}{9}a_2, \cdots$$

因此可得

$$x = \frac{4}{3}\left(1 + \frac{6}{5}\bar{x} + \frac{6}{5} \cdot \frac{8}{7}\bar{x}^2 + \frac{6}{5} \cdot \frac{8}{7} \cdot \frac{10}{9}\bar{x}^3 + \cdots\right) \tag{65a}$$

再表为

$$x = \frac{\dfrac{4}{3}}{1 - \dfrac{6}{5}(\bar{x} - \xi)} \tag{65b}$$

则

$$1 - \frac{6}{5}(\bar{x} - \xi) = \frac{4}{3}\frac{1}{x} = 1 - \frac{6}{5}\bar{x} + \frac{12}{175}\bar{x}^2 + \frac{312}{7\,875}\bar{x}^2 + \cdots$$

即

$$\xi = \frac{2}{35}\bar{x}^2 + \frac{312}{1\,575}\bar{x}^3 + \cdots \tag{66}$$

由此可知 ξ 为四阶小量. 利用它们把式 (61) 化为

$$\bar{y}^2 = \frac{m}{l+x}, \quad 即 \ \bar{x} = \frac{m}{\bar{y}^2} - l \tag{67}$$

$$\bar{y}^3 - \bar{y}^2 = mx = \frac{\dfrac{4}{3}}{1 - \dfrac{6}{5}(\bar{x} - \xi)} = \frac{\dfrac{10}{9}m}{\dfrac{5}{6} - \bar{x} + \xi}$$

$$= \frac{\dfrac{10}{9}m}{\dfrac{5}{6} + \xi + l - \dfrac{m}{\bar{y}^2}}$$

再定义辅助量

$$h = \frac{m}{\dfrac{5}{6} + l + \xi} \tag{68}$$

故上式化为

$$y^3 - \bar{y}^2 = \frac{\dfrac{10}{9}h}{1 - \dfrac{h}{\bar{y}^2}}$$

即

$$\bar{y}^3 - \bar{y}^2 - h\bar{y} - \frac{1}{9}h = 0 \tag{69}$$

在这个三次方程中, 可从 h 的值解出 $\bar{y}$; 通常情况是 $2v < 180°$, 从 l, m 的定义可看出, $l > 0, m > 0$; 由于 ξ 为微小量, 故 $h > 0$. 因此式 (69) 只有一个正根.

455

$$V = -\left(\frac{m_1 m_2}{r_{12}} + \frac{m_2 m_3}{r_{23}} + \frac{m_3 m_1}{r_{31}}\right)$$

有些书上造出了从 h 求 $\bar{y}$ 的表[①]. 可用下述方法来解,根据已知直角坐标 (x,y,z),(x',y',z') 可算出 r,r',并用关系

$$rr'\cos(f'-f)=rr'\cos 2v=xx'+yy'+zz'$$

令

$$K^2=2(rr'+xx'+yy'+zz')=4rr'\cos^2 v \tag{70a}$$

则

$$K=2\sqrt{rr'}\cos v \tag{70b}$$

于是

$$m=\frac{\tau^2}{K^3},\quad l=\frac{1}{2}\left(\frac{r+r'}{K}-1\right) \tag{71}$$

$$h=\frac{\tau^2 K^{-3}}{\dfrac{r+r'}{2K}+\dfrac{1}{3}+\xi} \tag{72}$$

由于 ξ 是很小的量,故先令 $\xi=0$,由式(72)算出 h 值,查表得到 $\bar{y}$ 值. 再把所得的 $\bar{y}$ 值代入式(67)得到 $\bar{x}$,再代入式(66)求出 ξ 值,再代入式(72)求出新的 h 值,再查表求出新的 $\bar{y}$ 值. 在一般情况下,这样循环一次就够了. 但查表对于用电子计算机计算很不方便,可以用下面方法从 h 值算 $\bar{y}$.

由式(69)可得

$$h=\frac{(\bar{y}-1)\bar{y}^2}{\bar{y}+\dfrac{1}{9}}=\frac{z(1+z)^2}{z+\dfrac{10}{9}}$$

其中

$$z=\bar{y}-1$$

上式又可写为

$$\frac{z(1+z)^2}{1+\dfrac{9}{10}z}=\frac{10}{9}h \tag{73}$$

但

$$(1+z)^2=\left(1+\frac{9}{10}z\right)\left(1+\frac{11}{10}z\right)+\frac{1}{100}z^2$$

代入式(73)得

$$z\left(1+\frac{11}{10}z\right)+\frac{1}{100}\,\frac{z^3}{1+\dfrac{9}{10}z}=\frac{10}{9}h$$

在一般情况下,z 很小,上式右端第二项可以略去,因此上式可化为

---

① 参看 Дубяго 著:Определение Орбит,附表 XIX.

$$z\left(1+\frac{11}{10}z\right)=\frac{10}{9}h$$

即

$$\bar{y}-1=z=\frac{\dfrac{10}{9}h}{1+\dfrac{11}{10}z}=\cfrac{\dfrac{10}{9}h}{1+\cfrac{\dfrac{11}{9}h}{1+\cfrac{\dfrac{11}{9}h}{1+\cfrac{\dfrac{11}{9}h}{1+\cdots}}}} \tag{74}$$

此式叫作汉森(Hansen)连分数.便于用计算机进行计算.

以上是计算 $\bar{y}$ 的方法,可根据不同的 (r_j,r_k) 算出相应的 $\bar{y}_i$,根据式(43)有

$$n_1=n_1^\circ\frac{\bar{y}_2}{y_1}=n_1^\circ+n_1^\circ\left(\frac{\bar{y}_2}{y_1}-1\right)$$

$$n_3=n_3^\circ+n_3^\circ\left(\frac{\bar{y}_2}{y_3}-1\right) \tag{75}$$

如果令

$$v_1=n_1^\circ r_2^3\left(\frac{\bar{y}_2}{y_1}-1\right),\quad v_3=n_3^\circ r_2^3\left(\frac{\bar{y}_2}{y_3}-1\right) \tag{76}$$

则

$$n_1=n_1^\circ+\frac{v_1}{r_2^3},\quad n_3=n_3^\circ+\frac{v_3}{r_2^3} \tag{77}$$

此式就同 n_1,n_3 的第一次近似值式(34)的形式完全一样,只是 v_1,v_3 的值是由式(76)确定.用式(76)的 v_1,v_3 代入式(36)所得的 l_0,以及改正行星光行差后的 n_1°,n_3° 值所得的式(35),同式(37)解出的 ρ_2,r_2 值就叫作第二次近似值.以所得的 r_2 代入式(77)得到的 n_1,n_3,代入式(19),解出 ρ_1,ρ_3 也是第二次近似值.如果 ρ_i 与第一次近似值相差较多,则行星光行差要重新修正.由所得的 ρ_i,算出 (x_i,y_i,z_i),再重新算出 $\bar{y}_i$,如此循环下去,直到连续得到的两次 n_1,n_3 的值之差,符合所要求的精确度为止.对小行星来说,如观测时间间隔较小,只要第二次或第三次近似就够了.

§4 求轨道根数,高斯方法的公式总结

根据最后得到的 n_1,n_3 解出的 x_i,y_i,z_i 和 r_i,ρ_i 容易算出轨道根数.实际上只要用 t_1,t_3 时的 (x,y,z) 就行了.为计算方便起见,还引入一些辅助量,定义

$$\sigma=\frac{x_1x_3+y_1y_3+z_1z_3}{r_1^2}=\frac{r_1r_3\cos(f_3-f_1)}{r_1^2}=\frac{r_3\cos(f_3-f_1)}{r_1} \tag{78}$$

457

$$\mathcal{V}=-\left(\frac{m_1m_2}{r_{12}}+\frac{m_2m_3}{r_{23}}+\frac{m_3m_1}{r_{31}}\right)$$

$$\begin{cases} x_0 = x_3 - \sigma x_1, \quad y_0 = y_3 - \sigma y_1 \\ z_0 = z_3 - \sigma z_1, \quad r_0^2 = x_0^2 + y_0^2 + z_0^2 \end{cases} \tag{79}$$

即

$$\begin{aligned} r_0^2 &= (x_3 - \sigma x_1)^2 + (y_3 - \sigma y_1)^2 + (z_3 - \sigma z_1)^2 \\ &= r_3^2 - 2\sigma(x_1 x_3 + y_1 y_3 + z_1 z_3) + \sigma^2 r_1^2 \\ &= r_3^2 - 2\sigma^2 r_1^2 + \sigma^2 r_1^2 = r_3^2 - \sigma^2 r_1^2 = r_3^2 \sin^2(f_3 - f_1) \end{aligned}$$

则

$$r_0 = r_3 \sin(f_3 - f_1), \quad r_1 r_0 = r_1 r_3 \sin(f_3 - f_1) \tag{80}$$

因此可从

$$\bar{y}_2 = \frac{\tau_2 \sqrt{p}}{r_1 r_3 \sin(f_3 - f_1)} = \frac{\tau_2 \sqrt{p}}{r_1 r_0}$$

求出

$$p = \frac{r_1^2 r_0^2}{\tau_2^2} \bar{y}_2^2 \tag{81}$$

又由椭圆轨道方程可求出

$$q_1 = e\cos f_1 = \frac{p}{r_1} - 1, \quad q_3 = e\cos f_3 = \frac{p}{r_3} - 1 \tag{82}$$

而

$$\begin{aligned} q_3 &= e\cos f_3 = e\cos(f_1 + f_3 - f_1) \\ &= e\cos f_1 \cos(f_3 - f_1) - e\sin f_1 \sin(f_3 - f_1) \end{aligned}$$

可得

$$e\sin f_1 = \frac{q_1 \cos(f_3 - f_1) - q_3}{\sin(f_3 - f_1)} \tag{83}$$

因此可从式(82),(83)解出 e, f_1,并可得 $f_3 = f_3 - f_1 + f_1$,然后求出

$$a = \frac{p}{1 - e^2} \tag{84}$$

又根据公式

$$\begin{cases} \tan \dfrac{E_1}{2} = \sqrt{\dfrac{1-e}{1+e}} \tan \dfrac{f_1}{2} \\ \tan \dfrac{E_3}{2} = \sqrt{\dfrac{1-e}{1+e}} \tan \dfrac{f_3}{2} \end{cases} \tag{85}$$

算出偏近点角 E_1, E_3,再由开普勒方程算出相应的平近点角

$$M_1 = E_1 - e\sin E_1, \quad M_3 = E_3 - e\sin E_3 \tag{86}$$

因此对于任一历元 t_0 时的平近点角 M_0 为

$$M_0 = M_1 + n(t_0 - t_1^\circ) = M_3 + n(t_0 - t_3^\circ) \tag{87}$$

其中 n 为平均角速度,可用下式算出,即

$$n = \frac{M_3 - M_1}{t_3^\circ - t_1^\circ} \tag{88}$$

到此为止,已求出了三个轨道根数:a, e, M_0.

至于求另三个轨道根数 Ω, ω, i,可用第一章中公式(103) 求得

$$x_1 = P_x r_1 \cos f_1 + Q_x r_1 \sin f_1$$

$$x_3 = p_x r_1 \cos f_3 + Q_3 r_3 \sin f_3$$

y, z 相似,可解出

$$P_x = \frac{x_1 r_3 \sin f_3 - x_3 r_1 \sin f_1}{r_1 r_3 \sin(f_3 - f_1)}$$

$$Q_x = \frac{x_3 r_1 \cos f_1 - x_1 r_3 \cos f_3}{r_1 r_3 \sin(f_3 - f_1)} \tag{89}$$

但在一般情况下,$f_3 - f_1$ 是小角,用上式计算时要影响精确度,可利用式(79)定义的 x_0, y_0, z_0, r_0 来计算,式(89) 分子上的 f_3 取为 $f_1 + (f_3 - f_1)$ 后,可推出

$$\begin{cases} P_x = x_1 \dfrac{\cos f_1}{r_1} - \left[x_3 - \dfrac{x_1 r_3 \cos(f_3 - f_1)}{r_1} \right] \cdot \dfrac{\sin f_1}{r_3 \sin(f_3 - f_1)} \\[4mm] Q_x = x_1 \dfrac{\sin f_1}{r_1} + \left[x_3 - \dfrac{x_1 r_3 \cos(f_3 - f_1)}{r_1} \right] \cdot \dfrac{\cos f_1}{r_3 \sin(f_3 - f_1)} \end{cases} \tag{90}$$

用式(78) ~ (80) 的记号代入式(90),可整理为下列形式

$$\begin{cases} P_x = x_1 \dfrac{\cos f_1}{r_1} - x_0 \dfrac{\sin f_1}{r_0} \\[3mm] Q_x = x_1 \dfrac{\sin f_1}{r_1} + x_0 \dfrac{\cos f_1}{r_0} \\[3mm] P_y = y_1 \dfrac{\cos f_1}{r_1} - y_0 \dfrac{\sin f_1}{r_0} \\[3mm] Q_y = y_1 \dfrac{\sin f_1}{r_1} + y_0 \dfrac{\cos f_1}{r_0} \\[3mm] P_z = z_1 \dfrac{\cos f_1}{r_1} - z_0 \dfrac{\sin f_1}{r_0} \\[3mm] Q_z = z_1 \dfrac{\sin f_1}{r_1} + z_0 \dfrac{\cos f_1}{r_0} \end{cases} \tag{91}$$

再根据 $P_x, Q_x, \cdots, Q_z$ 的定义第一章中(104),可得关系

$$\begin{cases} \sin i \sin \omega = P_z \cos \varepsilon - P_y \sin \varepsilon \\ \sin i \cos \omega = Q_z \cos \varepsilon - Q_y \sin \varepsilon \\ \sin \Omega = (P_y \cos \omega - Q_y \sin \omega) \sec \varepsilon \\ \cos \Omega = P_x \cos \omega - Q_x \sin \omega \\ \cos i = -(P_x \sin \omega + Q_x \cos \omega) \csc Q \end{cases} \tag{92}$$

$$\mathcal{V} = -\left(\frac{m_1 m_2}{r_{12}} + \frac{m_2 m_3}{r_{23}} + \frac{m_3 m_1}{r_{31}} \right)$$

从它们可求出另外三个根数 Ω, ω, i.

到此为止,六个轨道根数都已求出,下面把全部计算公式总结如下,并给出每一步的验算公式.

1. 原始数据. 要根据三个时刻的平位置 (α_i, δ_i) 和太阳的地心赤道直角坐标 (X_i, Y_i, Z_i) 计算轨道. 这些叫作原始数据,即

$$\begin{cases} t_1, \alpha_1, \delta_1, X_1, Y_1, Z_1 \\ t_2, \alpha_2, \delta_2, X_2, Y_2, Z_2 \\ t_3, \alpha_3, \delta_3, X_3, Y_3, Z_3 \end{cases} \quad (\text{I})$$

其中 (α_i, δ_i), (X_i, Y_i, Z_i) 都是对应于同一春分点和赤道的平位置,而且已作视差改正[可用公式(2)改正 (X_i, Y_i, Z_i)].

2. 求辅助量. 有

$$\begin{cases} a_i = \cos \alpha_i \cos \delta_i \\ b_i = \sin \alpha_i \cos \delta_i \quad (i = 1, 2, 3) \\ c_i = \sin \delta_i \end{cases} \quad (\text{II})$$

验算式为

$$a_i^2 + b_i^2 + c_i^2 = 1$$
$$a_i - c_i \sin \alpha_i = \cos(\alpha_i + \delta_i)$$
$$b_i + c_i \cos \alpha_i = \sin(\alpha_i + \delta_i)$$

再计算

$$\begin{cases} 2R_i \cos \theta_i = -2(a_i X_i + b_i Y_i + c_i Z_i) \\ R_i^2 = X_i^2 + Y_i^2 + Z_i^2 \end{cases} \quad (\text{III})$$

验算式为

$$(X_i - a_i)^2 + (Y_i - b_i)^2 + (Z_i - c_i)^2 = R_i^2 + 2R_i \cos \theta_i + 1$$

再列出基本方程

$$\begin{cases} a_1 n_1 \rho_1 - a_2 \rho_2 + a_3 n_3 \rho_3 = n_1 X_1 - X_2 + n_3 X_3 \\ b_1 n_1 \rho_1 - b_2 \rho_2 + b_3 n_3 \rho_3 = n_1 Y_1 - Y_2 + n_3 Y_3 \\ c_1 n_1 \rho_1 - c_2 \rho_2 + c_3 n_3 \rho_3 = n_1 Z_1 - Z_2 + n_3 Z_3 \end{cases} \quad (\text{IV})$$

消去 $n_1 \rho_1, n_3 \rho_3$ 可得

$$-D \rho_2 = n_1 d_1 - d_2 + n_3 d_3$$

3. 第一次近似,求

$$\tau_1 = \sqrt{\mu}(t_3 - t_2), \quad \tau_2 = \sqrt{\mu}(t_3 - t_1)$$
$$\tau_3 = \sqrt{\mu}(t_2 - t_1)$$

如果是计算小行星或彗星的轨道,可略去它自己的质量,此时

$$\sqrt{\mu} = K(\text{高斯常数}) = 0.017\ 202\ 10$$

即

$$\begin{cases} \tau_1 = K(t_3 - t_2), \quad \tau_2 = K(t_3 - t_1), \quad \tau_3 = K(t_2 - t_1) \\ n_1^\circ = \dfrac{\tau_1}{\tau_2}, \quad n_3^\circ = \dfrac{\tau_3}{\tau_2} \\ v_1 = \dfrac{1}{6}\tau_1\tau_3(1 + n_1^\circ), \quad v_3 = \dfrac{1}{6}\tau_1\tau_3(1 + n_3^\circ) \end{cases} \quad (\text{V})$$

验算式为

$$n_1^\circ + n_3^\circ = 1, \quad v_1 + v_3 = \frac{1}{2}\tau_1\tau_3$$

再计算

$$k_0 = \frac{n_1^\circ d_1 - d_2 + n_3^\circ d_3}{-D}, \quad l_0 = \frac{d_1 v_1 + d_3 v_3}{D} \quad (\text{VI})$$

列出方程

$$\begin{cases} \rho_2 = k_0 - \dfrac{l_0}{r_2^3} \\ r_2^2 = R_2^2 + 2R_2\rho_2\cos\theta_2 + \rho_2^2 \end{cases} \quad (\text{VII})$$

用迭代法解出 r_2, ρ_2. 可先取 r_2 的一个近似值代入第一式求出 ρ_2, 再代入第二式算出新的 r_2, 再代入第一式算出新的 ρ_2. 如下迭代下去, 直到连续两次得到的 r_2（或 ρ_2）之差, 在所要求的精度范围内为止, 用最后得到 r_2, ρ_2 计算

$$n_1 = n_1^\circ + \frac{v_1}{r_2^3} \quad (\text{VIII})$$

$$n_3 = n_3^\circ + \frac{v_3}{r_2^3}$$

用这里的 n_1, n_3 值代入（IV）, 可解出 ρ_1, ρ_3. 再计算

$$\begin{cases} r_1^2 = R_1^2 + 2R_1\rho_1\cos\theta_1 + \rho_1^2 \\ r_3^2 = R_3^2 + 2R_3\rho_3\cos\theta_3 + \rho_3^2 \\ x_i = a_i\rho_i - X_i \\ y_i = b_i\rho_i - Y_i \\ z_i = c_i\rho_i - Z_i \end{cases} \quad (\text{IX})$$

验算式为

$$x_i^2 + y_i^2 + z_i^2 = r_i^2, \quad x_2 = n_1 x_1 + n_3 x_3$$

$$y_2 = n_1 y_1 + n_3 y_3, \quad z_2 = n_1 z_1 + n_3 z_3$$

根据所得的 ρ_i 来修正行星光行差

$$t_i^\circ = t_i - A\rho_i, \quad A = 0.005\ 772^d$$

然后用 t_i° 重新计算 $\tau_i, n_1^\circ, n_3^\circ$.

4. 求 $\bar{y}_i$, 改进第一次近似的结果, 先计算

$$\mathscr{V} = -\left(\frac{m_1 m_2}{r_{12}} + \frac{m_2 m_3}{r_{23}} + \frac{m_3 m_1}{r_{31}}\right)$$

$$\begin{cases} K_1^2 = 2(r_2 r_3 + x_2 x_3 + y_2 y_3 + z_2 z_3) \\ K_2^2 = 2(r_1 r_3 + x_1 x_3 + y_1 y_3 + z_1 z_3) \\ K_3^2 = 2(r_1 r_2 + x_1 x_2 + y_1 y_2 + z_1 z_2) \end{cases} \qquad (\text{X})$$

则

$$h_1 = \frac{\dfrac{\tau_1^2}{K_1^3}}{\dfrac{r_2 + r_3}{2K_1} + \dfrac{1}{3}}, \quad h_2 = \frac{\dfrac{\tau_2^2}{K_2^3}}{\dfrac{r_1 + r_3}{2K_2} + \dfrac{1}{3}}, \quad h_3 = \frac{\dfrac{\tau_3^2}{K_3^3}}{\dfrac{r_1 + r_2}{2K_3} + \dfrac{1}{3}}$$

用所得的 h_i 查表或用下面连分数

$$\bar{y}_i = 1 + \frac{10}{11} \cfrac{\dfrac{11}{9} h_i}{1 + \cfrac{\dfrac{11}{9} h_i}{1 + \cfrac{\dfrac{11}{9} h_i}{1 + \cfrac{\dfrac{11}{9} h_i}{1 + \cdots}}}} \qquad (\text{X I})$$

得到 $\bar{y}_i$，如果 τ_i 较大，还要作改正，用所得的 $\bar{y}_i$ 算出

$$\bar{x}_i = \frac{m_i}{y_i^2} - l_i$$

其中

$$\begin{cases} m_i = \dfrac{\tau_i^2}{K_i^3}, \quad l_1 = \dfrac{1}{2}\left(\dfrac{r_2 + r_3}{K_1} - 1\right) \\ l_2 = \dfrac{1}{2}\left(\dfrac{r_1 + r_3}{K_2} - 1\right), \quad l_3 = \dfrac{1}{2}\left(\dfrac{r_1 + r_2}{K_3} - 1\right) \end{cases} \qquad (\text{X II})$$

根据所得的 $\bar{x}_i$ 算出

$$\xi_i = \frac{2}{35} \bar{x}_i^2 + \frac{52}{1\,575} \bar{x}_i^3$$

再算出新的

$$h_i = \frac{m_i}{\dfrac{5}{6} + l_i + \xi_i}$$

用这个 h_i 再重新查表或用连分数（X I）算出 $\bar{y}_i$. 于是可算出

$$n_1 = n_1^{\circ} \frac{\bar{y}_2}{\bar{y}_1}, \quad n_3 = n_3^{\circ} \frac{\bar{y}_2}{\bar{y}_3} \qquad (\text{X III})$$

代入基本方程（IV），解出 ρ_i；再用式（X）算出 (x_i, y_i, z_i). 这样的结果是第二次近似值. 一般情况下，第二次近似值已够了. 如 τ_i 较大（接近于 1），再要用第二次近似值 (x_i, y_i, z_i) 重算 $\bar{y}_i$，再得第三次近似值.

5. 轨道根数的求出,先计算

$$
\begin{cases}
\sigma = \dfrac{x_1 x_3 + y_1 y_3 + z_1 z_3}{r_1^2} \\[2mm]
x_0 = x_3 - \sigma x_1, \quad y_0 = y_3 - \sigma y_1 \\[2mm]
z_0 = z_3 - \sigma z_1, \quad r_0^2 = x_0^2 + y_0^2 + z_0^2
\end{cases}
\tag{$X\!I\!V$}
$$

验算式为

$$
r_1^2 r_0^2 = (y_1 z_3 - z_1 y_3)^2 + (z_1 x_3 - x_1 z_3)^2 + (x_1 y_3 - y_1 x_3)^2
$$

又由

$$
\cos(f_3 - f_1) = \frac{\sigma r_1}{r_3}, \quad \sin(f_3 - f_1) = \frac{r_0}{r_3}
\tag{$X\!V$}
$$

解出 $f_3 - f_1$. 两式所得结果应相同,本身就是验算式. 再计算

$$
\begin{cases}
\sqrt{p} = \dfrac{r_0 r_1}{\tau_2} \bar{y}_2, \quad p = \dfrac{r_0^2 r_1^2}{\tau_2^2} \bar{y}_2^2 \\[3mm]
q_1 = \dfrac{p}{r_1} - 1, \quad q_3 = \dfrac{p}{r_3} - 1 \\[3mm]
e\cos f_1 = q_1, \quad e\sin f_1 = \dfrac{q_1 \cos(f_3 - f_1) - q_3}{\sin(f_3 - f_1)}
\end{cases}
\tag{$X\!V\!I$}
$$

由此可解出 e, f_1 及 $f_3 = f_1 + f_3 - f_1$,再从

$$
\begin{cases}
a = \dfrac{p}{1 - e^2} \\[3mm]
\tan \dfrac{E_1}{2} = \sqrt{\dfrac{1-e}{1+e}} \tan \dfrac{f_1}{2}, \quad \tan \dfrac{E_3}{2} = \sqrt{\dfrac{1-e}{1+e}} \tan \dfrac{f_3}{2}
\end{cases}
\tag{$X\!V\!I\!I$}
$$

算出 a, E_1, E_3,然后算出

$$
\begin{cases}
M_1 = E_1 - e\sin E_1, \quad M_3 = E_3 - e\sin E_3 \\[3mm]
n = \dfrac{M_3 - M_1}{t_3^\circ - t_1^\circ}
\end{cases}
\tag{$X\!V\!I\!I\!I$}
$$

对给定历元 t_0 算出

$$
M_0 = M_1 + n(t_0 - t_1^\circ) = M_3 + n(t_0 - t_3^\circ)
$$

又由

$$
\mathscr{V} = -\left(\frac{m_1 m_2}{r_{12}} + \frac{m_2 m_3}{r_{23}} + \frac{m_3 m_1}{r_{31}} \right)
$$

$$
\begin{cases}
P_x = x_1 \dfrac{\cos f_1}{r_1} - x_0 \dfrac{\sin f_1}{r_0} \\[2mm]
Q_x = x_1 \dfrac{\sin f_1}{r_1} + x_0 \dfrac{\cos f_1}{r_0} \\[2mm]
P_y = y_1 \dfrac{\cos f_1}{r_1} - y_0 \dfrac{\sin f_1}{r_0} \\[2mm]
Q_y = y_1 \dfrac{\sin f_1}{r_1} + y_0 \dfrac{\cos f_1}{r_0} \\[2mm]
P_z = z_1 \dfrac{\cos f_1}{r_1} - z_0 \dfrac{\sin f_1}{r_0} \\[2mm]
Q_z = z_1 \dfrac{\sin f_1}{r_1} + z_0 \dfrac{\cos f_1}{r_0}
\end{cases}
\qquad (\text{XIX})
$$

以及

$$
\begin{cases}
\sin i \sin \omega = P_z \cos \varepsilon - P_y \sin \varepsilon \\
\sin i \cos \omega = Q_z \cos \varepsilon - Q_y \sin \varepsilon \\
\sin \Omega = (P_y \cos \omega - Q_y \sin \omega)\sec \varepsilon \\
\cos \Omega = P_x \cos \omega - \Omega_x \sin \omega \\
\cos i = -(P_x \sin \omega + \Omega_x \cos \omega)\csc \Omega
\end{cases}
\qquad (\text{XX})
$$

可算出 Ω, ω, i. 验算公式为

$$
P_x^2 + P_y^2 + P_z^2 = 1, \quad Q_x^2 + Q_y^2 + Q_z^2 = 1
$$
$$
P_x Q_x + P_y Q_y + P_z Q_z = 0
$$

6. 计算星历表, 同观测值比较. 由于上面轨道根数是用第一、三两个时刻的 (x,y,z) 算出的, 故最好用第二或其他未参加轨道计算的观测值进行检验. 设用来检验的观测时刻为 t, 修正行星光行差后为 t° (所用 ρ 值可从上面得到的 ρ_i 内插或外推得出), 此时平近点角

$$
M = M_0 + n(t^{\circ} - t_0)
$$

解开普勒方程

$$
E - e\sin E = M
$$

求出 E. 再从

$$
\begin{cases}
\rho \cos \alpha \cos \delta = P_x a(\cos E - e) + a Q_x \sqrt{1-e^2}\, \sin E + X \\
\rho \sin \alpha \cos \delta = P_y a(\cos E - e) + a Q_y \sqrt{1-e^2}\, \sin E + Y \\
\rho \sin \delta = P_z a(\cos E - e) + a Q_z \sqrt{1-e^2}\, \sin E + Z
\end{cases}
\quad (\text{XXI})
$$

算出 (α, δ), 记为 (α_c, δ_c); 观测值记为 (α_0, δ_0). 再算出观测值同理论计算值之差, 记为 $O - C$, 即

$$
O - C \begin{cases}
\cos \delta \Delta \alpha = \alpha_0 - \alpha_c \\
\Delta \delta = \delta_0 - \delta_c
\end{cases}
$$

如观测位置准到 $0.1''$,计算过程中要用七位有效数字,相应的 $O-C$ 也要求与 $0.1''$ 同数量级.如果 $O-C$ 太大,对计算过程要进行检查,找出错误原因.算 $O-C$ 时,太阳地心赤道直角坐标 X,Y,Z 从天文年历查出后要改正视差.还要注意 (α_0,δ_0) 与 (α_c,δ_c) 的春分点和黄道历元要一致.具体计算例子见附录.

§5 拉普拉斯方法的原理

前面已详细介绍了高斯方法,现在计算行星和小行星的初轨仍然用它.拉普拉斯方法在原理上有所不同,近年来计算人造卫星初轨时也在应用,但形式已有不少改变.在这里只介绍这个方法的原理和主要结果,为以后应用打下基础.但根据第一章的知识,读者也不难由此推出详细的计算公式.

前面讲的高斯方法是设法从观测值算出第一、三时刻的 (x,y,z),再由它们算出六个轨道根数.拉普拉斯方法是设法算出第二个时刻的 (x,y,z) 和 $(\dot{x},\dot{y},\dot{z})$,再由它们算出六个轨道根数,下面讲的是经过很多人改进后的结果.

有关符号和观测资料处理同高斯方法一样,先由公式(18)知

$$\begin{cases} \rho_i a_i = x_i + X_i \\ \rho_i b_i = y_i + Y_i \\ \rho_i c_i = z_i + Z_i \end{cases} \tag{93}$$

用第三式除前两式消去 ρ_i 得

$$\begin{cases} U_i = \dfrac{x_i + X_i}{z_i + Z_i} = \dfrac{a_i}{c_i} = \cot\delta_i\cos\alpha_i \\ V_i = \dfrac{y_i + Y_i}{z_i + Z_i} = \dfrac{b_i}{c_i} = \cot\delta_i\sin\alpha_i \end{cases} \tag{94}$$

故 U_i,V_i 为已知量,上式又可化为

$$x_i = U_i z_i + P_i, \quad y_i = V_i z_i + Q_i \tag{95}$$

其中

$$P_i = U_i Z_i - X_i, \quad Q_i = V_i Z_i - Y_i \tag{96}$$

也是已知量,再用第一章中公式(211)得

$$\begin{cases} x_1 = F_1 x_2 + G_1 x_2', \quad x_3 = F_3 x_2 + G_3 x_2' \\ y_1 = F_1 y_2 + G_1 y_2', \quad y_3 = F_3 y_2 + G_3 y_2' \\ z_1 = F_1 z_2 + G_1 z_2', \quad z_3 = F_3 z_2 + G_3 z_2' \end{cases} \tag{97}$$

其中 x_2',y_2',z_2' 为 $(dx/d\tau)_2$,$(dy/d\tau)_2$,$(dz/d\tau)_2$.(95),(97) 两式就是拉普拉斯方法的基本方程,共十二个方程.如果 F_i,G_i 已知,即可从它们解出十二个未知量 $x_i,y_i,z_i(i=1,2,3)$ 和 x_2',y_2',z_2',但从 F_i,G_i 的定义可知

$$\mathscr{V} = -\left(\frac{m_1 m_2}{r_{12}} + \frac{m_2 m_3}{r_{23}} + \frac{m_3 m_1}{r_{31}}\right)$$

$$\begin{cases} F_1 = 1 - \dfrac{1}{2}\dfrac{\tau_3^2}{r_2^3} - \dfrac{1}{2}\dfrac{\tau_3^3}{r_2^4}r_2' + \cdots \\[2mm] F_3 = 1 - \dfrac{1}{2}\dfrac{\tau_1^2}{r_2^3} + \dfrac{1}{2}\dfrac{\tau_1^3}{r_2^4}r_2' + \cdots \\[2mm] G_1 = -\tau_3 + \dfrac{1}{6}\dfrac{\tau_3^3}{r_2^3} + \dfrac{1}{4}\dfrac{\tau_3^4}{r_2^4}r_2' + \cdots \\[2mm] G_3 = \tau_1 - \dfrac{1}{6}\dfrac{\tau_1^3}{r_2^3} + \dfrac{1}{4}\dfrac{\tau_1^4}{r_2^4}r_2' + \cdots \end{cases} \tag{98}$$

其中

$$r_2' = \frac{1}{r_2}(x_2 x_2' + y_2 y_2' + z_2 z_2'), \quad r_2^2 = x_2^2 + y_2^2 + z_2^2 \tag{99}$$

也是 $x_2, y_2, z_2, x_2', y_2', z_2'$ 的函数,故不增加未知量,可用迭代法来解.下面先消去一些未知量.由式(95),(97)可知

$$x_1 = U_1 z_1 + P_1 = U_1(F_1 z_2 + G_1 z_2') + P_1$$
$$x_2 = U_2 z_2 + P_2$$

代入式(97)的第一式得

$$U_1(F_1 z_2 + G_1 z_2') + P_1 = F_1(U_2 z_2 + p_2) + G_1 x_2'$$

即

$$G_1 x_2' = (U_1 - U_2)F_1 z_2 + U_1 G_1 z_2' + P_1 - F_1 P_2 \tag{100a}$$

同理

$$\begin{cases} G_1 y_2' = (V_1 - V_2)F_1 z_2 + V_1 G_1 z_2' + Q_1 - F_1 Q_2 \\ G_3 x_2' = (U_3 - U_2)F_3 z_2 + U_3 G_3 z_2' + P_3 - F_3 P_2 \\ G_3 y_2' = (V_3 - V_2)F_3 z_2 + V_3 G_3 z_2' + Q_3 - F_3 Q_2 \end{cases} \tag{100b}$$

再从式(95)取出

$$x_2 = U_2 z_2 + P_2, \quad y_2 = V_2 z_2 + Q_2 \tag{101}$$

故若 F_i, G_i 已知,式(100)就是 x_2', y_2', z_2', z_2 的线性方程组,容易解出来.再把解出的 z_2 代入式(101)就得到 x_2, y_2.可先取 r_2 的一个近似值(如对小行星,可取 $r_2 = 2.5$),由式(98)的头两项算出 F_i, G_i 代入式(100),解出 x_2', y_2', z_2', z_2 后,再用 z_2 代入式(101)求出 x_2, y_2.这是第一次近似值.用它们代入式(99)算出 r_2, r_2' 后,再代入式(98),取前三项算出 F_i, G_i 的第二次近似值;再用它们代入式(100),(101)算出 $x_2, y_2, z_2; x_2', y_2', z_2'$ 的第二次近似值.如此继续迭代下去,直到符合精度要求为止.

得到准确的 $x_2, y_2, z_2, x_2', y_2', z_2'$ 后,可以根据二体问题公式算出六个轨道根数.但是一般得到速度分量 x_2', y_2', z_2' 的有效位数较少,故直接用这六个量算出的轨道根数的精度较差.可以再用式(97),由于 F_i, G_i 已算出,故以 $x_2, x_2', \cdots$ 代入可得 $x_i, y_i, z_i (i = 1, 3)$.再由它们计算轨道根数,这正是上节讲过的内容.

拉普拉斯方法的计算程序比较简单,但在计算小行星轨道时,精度比高斯方法差些.因为若 τ_i 较小时,G_i 较小,用式(100)解出的 x_2',y_2',z_2',z_2 的精度较差;若 τ_i 较大,则 F_i,G_i 的级数收敛很慢,也影响精度.故算小行星轨道时,仍多用高斯方法.但在人造卫星轨道计算中,高斯方法不便于应用;拉普拉斯方法成为基本方法之一,只是根据人造卫星特点有所改变.

如果从式(94)算出的 U_i,V_i 的有效位数减少,则可以定义

$$U_i = \frac{y_i + Y_i}{x_i + X_i}, \quad V_i = \frac{z_i + Z_i}{x_i + X_i}$$

或

$$U_i = \frac{x_i + X_i}{y_i + Y_i}, \quad V_i = \frac{z_i + Z_i}{y_i + Y_i}$$

后面的公式作相应变换就行了.

§6 计算抛物线轨道的奥耳拜尔方法

由于彗星轨道大都接近于抛物线,故在初轨计算时,认为是抛物线轨道.很多天文工作者在研究彗星的运动过程中,提出了不少种计算抛物线轨道的方法.这里介绍的方法的基本原理是由奥耳拜尔在 1797 年提出的,后来又经过很多人改进,但仍然叫作奥耳拜尔方法.

因为抛物线的偏心率 $e=1$,故只要计算五个轨道根数.这个条件反映在两个时刻的向径及位置间弦长同所经过时间的关系上,这就是第一章 §2 讲过的欧拉方程(52).它给出了抛物线运动的力学条件.另外,奥耳拜尔又给出第二个方程,反映了抛物线轨道的几何条件.这里介绍的方法就是以这两个方程为基础.同高斯方法一样,也是设法求出两个时刻的日心赤道直角坐标,而关键是求出地心距 ρ.但也有区别,高斯方法引用两个参量:n_1,n_3;奥耳拜尔方法则只用 $\frac{n_1}{n_3}$ 作参量.此外,二个观测值有六个数据,而只要算五个轨道根数;故第二个观测只满足一个条件.因此可用第二个观测值进行验证和改进轨道.

1.欧拉方程.根据式(52),欧拉方程为

$$(r + r' + s)^{\frac{3}{2}} \mp (r + r' - s)^{\frac{3}{2}} = 6\sqrt{\mu}\,(t' - t) = 6\tau \tag{102}$$

其中 r,r' 为彗星在两时刻 t,t' 时的向径,s 为两位置间的弦长.因为计算抛物线轨道时所用时间 $t'-t$ 都不长,两时刻位置的真近点角 f 和 f' 之差 $f'-f$ 都小于 $180°$,故式(102)左端的正负号应取负号.现在需要解出 s,由于 s 比 $r+r'$ 要小得多,故可用下面的级数方法来解.

式(102)可化为

$$\mathcal{V} = -\left(\frac{m_1 m_2}{r_{12}} + \frac{m_2 m_3}{r_{23}} + \frac{m_3 m_1}{r_{31}}\right)$$

$$6\tau = (r+r')^{\frac{3}{2}}\left[\left(1+\frac{s}{r+r'}\right)^{\frac{3}{2}} - \left(1-\frac{s}{r+r'}\right)^{\frac{3}{2}}\right]$$

$$= (r+r')^{\frac{3}{2}}\left[3\frac{s}{r+r'} - \frac{3}{4\times6}\left(\frac{s}{r+r'}\right)^{3} - \right.$$

$$\left.\frac{3\times1\times3\times5}{4\times6\times8\times10}\left(\frac{s}{r+r'}\right)^{5} - \cdots\right]$$

若令

$$\eta = \frac{2\tau}{(r+r')^{\frac{3}{2}}} \tag{103}$$

则上式为

$$\eta = \frac{s}{r+r'} - \frac{1}{4\times6}\left(\frac{s}{r+r'}\right)^{3} - \frac{1\times3\times5}{4\times6\times8\times10}\left(\frac{s}{r+r'}\right)^{5} - \cdots \tag{104}$$

从式(104)可反过来解出 $\frac{s}{r+r'}$ 为 η 的级数,用待定系数法,令

$$\frac{s}{r+r'} = \eta + a_3\eta^3 + a_5\eta^5 + \cdots$$

代入式(104)可得

$$\eta = \eta + a_3\eta^3 + a_5\eta^5 + \cdots -$$

$$(\frac{1}{24})\eta^3 - (\frac{a_3}{8})\eta^5 + \cdots -$$

$$(\frac{1}{128})\eta^5 + \cdots + \cdots$$

由此可解出 a_i,故可得

$$\frac{s}{r+r'} = \eta + \frac{1}{24}\eta^3 + \frac{5}{384}\eta^5 + \cdots \tag{105}$$

由式(103),(105)可知,如果知道了 $r+r'$,就可算出 s,这里是用力学条件算出的结果,记为 s_d.

2. 奥耳拜尔方程. 下面所用记号尽可能与高斯方法相同. 仍用 a_i,b_i,c_i 表示由观测值 (α_i,δ_i) 算出的辅助量;(x_i,y_i,z_i) 为彗星的日心赤道直角坐标;X_i,Y_i,Z_i 为太阳的地心赤道直角坐标;则由公式(18),(19)有

$$x_i = \rho_i a_i - X_i, \quad y_i = \rho_i b_i - Y_i$$

$$z_i = \rho_i c_i - Z_i \tag{106}$$

以及方程

$$\begin{cases} a_1 n_1 \rho_1 - a_2 \rho_2 + a_3 n_3 \rho_3 = n_1 X_1 - X_2 + n_3 X_3 \\ b_1 n_1 \rho_1 - b_2 \rho_2 + b_3 n_3 \rho_3 = n_1 Y_1 - Y_2 + n_3 Y_3 \\ c_1 n_1 \rho_1 - c_2 \rho_2 + c_3 n_3 \rho_3 = n_1 Z_1 - Z_2 + n_3 Z_3 \end{cases} \tag{107}$$

其中 n_1,n_3 仍为三角形面积之比,现在与高斯方法不同,不是消去 ρ_1,ρ_3,而是消

去 ρ_2. 消去的方法很多. 奥耳拜尔采用下面方法进行.

取三个数 A, B, C, 满足条件

$$Aa_2 + Bb_2 + Cc_2 = 0$$
$$AX_2 + BY_2 + CZ_2 = 0 \qquad (108)$$

由于 $a_2, b_2, c_2, X_2, Y_2, Z_2$ 是已知量, 从式 (108) 可直接解出

$$A : B : C = (b_2 Z_2 - c_2 Y_2) : (c_2 X_2 - a_2 Z_2) : (a_2 Y_2 - b_2 X_2) \qquad (109)$$

因此, 只要取 A, B, C 为式 (109) 右端的三个量, 或同乘一个共同因子都可以. 用 A, B, C 分别乘式 (107) 的一、二、三式相加可得

$$\bullet_1 n_1 \rho_1 + \bullet_3 n_3 \rho_3 = n_1 \odot_1 + n_3 \odot_3 \qquad (110)$$

其中符号

$$\begin{cases} \bullet_i = Aa_i + Bb_i + Cc_i \\ \odot_i = AX_i + BY_i + CZ_i \end{cases} \qquad (111)$$

都是已知量, 式 (110) 还可以写为

$$\rho_3 = M\rho_1 + m \qquad (112)$$

其中

$$\begin{cases} M = -\dfrac{\bullet_1}{\bullet_3} \dfrac{n_1}{n_3} \\ m = \dfrac{1}{\bullet_3}\left(\odot_1 \dfrac{n_1}{n_3} + \odot_3 \right) \end{cases} \qquad (113)$$

式 (112) 就叫作奥耳拜尔方程. 它给出了 ρ_1 和 ρ_3 的一个关系式. 方程中只有一个参变量 $\dfrac{n_1}{n_3}$. 下面先推出它的近似表达式.

由式 (31) 可知

$$\begin{cases} n_1 = \dfrac{\tau_1}{\tau_2}\left[1 + \dfrac{1}{6} \dfrac{\tau_3(\tau_1 + \tau_2)}{r_2^3} + \dfrac{1}{4} \dfrac{\tau_3(\tau_3^2 + \tau_1\tau_3 - \tau_1^2)}{r_2^4}\left(\dfrac{\mathrm{d}r}{\mathrm{d}\tau}\right)_2 + \cdots \right] \\ n_3 = \dfrac{\tau_3}{\tau_2}\left[1 + \dfrac{1}{6} \dfrac{\tau_1(\tau_2 + \tau_3)}{r_2^3} - \dfrac{1}{4} \dfrac{\tau_1(\tau_1^2 + \tau_1\tau_3 - \tau_3^2)}{r_2^4}\left(\dfrac{\mathrm{d}r}{\mathrm{d}\tau}\right)_2 + \cdots \right] \end{cases} \qquad (114)$$

因为这里不用 r_2, 要用 r_1, r_3; 现把含 r_2 的项作如下变换. r_1, r_3 在 r_2 处展开可得

$$r_1 = r_2 - \tau_3 \left(\dfrac{\mathrm{d}r}{\mathrm{d}\tau}\right)_2 + \cdots$$

$$r_3 = r_2 + \tau_1 \left(\dfrac{\mathrm{d}r}{\mathrm{d}\tau}\right)_2 + \cdots$$

由此可解出 (因 $\tau_2 = \tau_1 + \tau_3$)

$$\left(\dfrac{\mathrm{d}r}{\mathrm{d}\tau}\right)_2 = \dfrac{r_3 - r_1}{\tau_2} + \cdots$$

$$r_2 = \dfrac{r_1 + r_3}{2} + \dfrac{\tau_3 - \tau_1}{2}\left(\dfrac{\mathrm{d}r}{\mathrm{d}\tau}\right)_2 + \cdots$$

$$\mathscr{V} = -\left(\dfrac{m_1 m_2}{r_{12}} + \dfrac{m_2 m_3}{r_{23}} + \dfrac{m_3 m_1}{r_{31}} \right)$$

$$= \frac{r_1 + r_3}{2} + \frac{\tau_3 - \tau_1}{2\tau_2}(r_3 - r_1) + \cdots$$

$$= \frac{r_1 + r_3}{2}\left[1 + \frac{\tau_3 - \tau_1}{\tau_2}\frac{r_3 - r_1}{r_3 + r_1} + \cdots\right]$$

由此可得

$$\frac{1}{r_2^3} = \frac{8}{(r_1 + r_3)^3} - \frac{24(\tau_3 - \tau_1)}{\tau_2(r_1 + r_3)^4}(r_3 - r_1) + \cdots$$

$$\frac{1}{r_2^4}\left(\frac{\mathrm{d}r}{\mathrm{d}\tau}\right)_2 = \frac{16(r_3 - r_1)}{\tau_2(r_1 + r_3)^4} + \cdots$$

代入式(114)得

$$
\begin{cases}
n_1 = \dfrac{\tau_1}{\tau_2}\left[1 + \dfrac{4}{3}\dfrac{\tau_3(\tau_1 + \tau_2)}{(r_1 + r_3)^3} + 4\dfrac{\tau_1^2 \tau_3(r_3 - r_1)}{\tau_2(r_1 + r_3)^4} + \cdots\right] \\[3mm]
n_3 = \dfrac{\tau_3}{\tau_2}\left[1 + \dfrac{4}{3}\dfrac{\tau_1(\tau_2 + \tau_3)}{(r_1 + r_3)^3} - 4\dfrac{\tau_1 \tau_3^2(r_3 - r_1)}{\tau_2(r_1 + r_3)^4} + \cdots\right]
\end{cases}
\tag{115}
$$

两式相除,也只准到$(r_1 + r_3)^{-4}$,可得

$$\frac{n_1}{n_3} = \frac{\tau_1}{\tau_3} + \frac{4}{3}\frac{\tau_1\tau_2(\tau_3 - \tau_1)}{\tau_3(r_1 + r_3)^3} + 4\tau_1^2\frac{r_3 - r_1}{(r_1 + r_3)^4} \tag{116}$$

当τ_1很小,r_i较大时,第三项很小;而当$\tau_1 \sim \tau_3$时(即第二观测时刻在t_1, t_3中点附近),第二项也很小.

3. 第一次近似值. 在式(116)中,若只取第一项,则

$$\frac{n_1}{n_3} = \frac{\tau_1}{\tau_3} \tag{117}$$

相应的

$$M = -\frac{\tau_1 \text{\textbullet}_1}{\tau_3 \text{\textbullet}_3} \tag{118}$$

如又略去m,则有

$$\rho_3 = \rho_1 M \tag{119}$$

于是有

$$
\begin{cases}
x_1 = a_1\rho_1 - X_1, \quad x_3 = a_3 M\rho_3 - X_3 \\
y_1 = b_1\rho_1 - Y_1, \quad y_3 = b_3 M\rho_3 - Y_3 \\
z_1 = c_1\rho_1 - Z_1, \quad z_3 = c_3 M\rho_3 - Z_3
\end{cases}
\tag{120}
$$

由此可得

$$
\begin{cases}
r_1^2 = R_1^2 + 2R_1\rho_1\cos\theta_1 + \rho_1^2 \\
r_3^2 = R_3^2 + 2R_3\rho_3\cos\theta_3 + \rho_3^2 = R_3^2 + 2R_3 M\rho_1\cos\theta_3 + M^2\rho_1^2
\end{cases}
\tag{121}
$$

其中

$$
\begin{cases}
R_1^2 = X_1^2 + Y_1^2 + Z_1^2, \quad R_3^2 = X_3^2 + Y_3^2 + Z_3^2 \\
2R_1\cos\theta_1 = -2(a_1 X_1 + b_1 Y_1 + c_1 Z_1) \\
2R_3\cos\theta_3 = -2(a_3 X_3 + b_3 Y_3 + c_3 Z_3)
\end{cases}
\tag{122}
$$

弦长

$$s^2 = (x_3 - x_1)^2 + (y_3 - y_1)^2 + (z_3 - z_1)^2$$

用式(120)代入得

$$s^2 = g^2 + 2gh\rho_1 \cos \phi + h^2 \rho_1^2 \tag{123}$$

其中

$$\begin{cases} g^2 = (X_1 - X_3)^2 + (Y_1 - Y_3)^2 + (Z_1 - Z_3)^2 \\ 2gh\cos \phi = 2\big[(a_3 M - a_1)(X_1 - X_3) + (b_3 M - b_1) \cdot \\ \qquad (Y_1 - Y_3) + (c_3 M - c_1)(Z_1 - Z_3)\big] \\ h^2 = (a_3 M - a_1)^2 + (b_3 M - b_1)^2 + (c_3 M - c_1)^2 \end{cases} \tag{124}$$

都是已知量. 故只要知道 ρ_1, 就可以从式(123)算出弦长 s. 由于是从几何方法得到的, 记为 s_g. 另外, 由式(115)所定出的 s 叫 s_d, 它们应该相等. 利用这个关系就可以定出 ρ_1. 先取 ρ_1 几个值, 用式(121)算出相应的 r_1, r_3, 代入式(103)算出相应的 η, 再用式(105)算出相应的 s_d 值. 另外, 从式(123)算出相应的 s_g. 由此得出相应于 $s_g - s_d = 0$ 时的 ρ_1 值, 它就是要求的结果. 有了 ρ_1 后, 代入式(119),(120)就得到 (x_1, y_1, z_1), (x_3, y_3, z_3). 用它们可以算出轨道根数, 这样的结果就叫作第一次近似值. 从式(116)可看出, 当 $\tau_3 \sim \tau_1$ 时, 用式(117)还是比较精确的, 故 M 值也比较精确. 可是 m 是否很小呢?

从 m 的定义式(113)可知

$$m = \frac{1}{\newodot_3}\left(\odot_1 \frac{n_1}{n_3} + \odot_3\right) = \frac{\odot_1}{\newodot_3}\left(\frac{n_1}{n_3} + \frac{\odot_3}{\odot_1}\right) \tag{125}$$

如取 A, B, C 为式(109)右端的三个值, 则从式(111)知

$$\odot_1 = (b_2 Z_2 - c_2 Y_2)X_1 + (c_2 X_2 - a_2 Z_2)Y_1 + (a_2 Y_2 - b_2 X_2)Z_1$$
$$= (\boldsymbol{p}_2 \times \boldsymbol{R}_2) \cdot \boldsymbol{R}_1 = (\boldsymbol{R}_2 \times \boldsymbol{R}_1) \cdot \boldsymbol{p}_2$$

其中向量关系为

$$\boldsymbol{p}_2 = (a_2, b_2, c_2), \quad \boldsymbol{R}_i = (X_i, Y_i, Z_i)$$

同理

$$\odot_3 = (\boldsymbol{R}_2 \times \boldsymbol{R}_3) \cdot \boldsymbol{p}_2$$

显然, $\boldsymbol{R}_i$ 为太阳在 t_i 时的地心向径, 都在黄道面上, $\boldsymbol{p}_2$ 为地心(实际上是观测站, 同地心相差很小)到 t_2 时彗星位置方向的单位向量. 根据向量积可知, $\boldsymbol{R}_2 \times \boldsymbol{R}_3$ 的大小为 $\boldsymbol{R}_2$ 和 $\boldsymbol{R}_3$ 组成的三角形面积的两倍, 记为 $[R_2, R_3]$; 方向指向黄道北极. 同理, $\boldsymbol{R}_2 \times \boldsymbol{R}_1$ 的大小为 $[R_1, R_2]$, 指向黄道南极. 如用 $\boldsymbol{N}$ 表示指向黄道北极的单位向量, 则有

$$\boldsymbol{R}_2 \times \boldsymbol{R}_3 = [R_2, R_3]\boldsymbol{N}$$
$$\boldsymbol{R}_2 \times \boldsymbol{R}_1 = -[R_1, R_2]\boldsymbol{N}$$

则

471

$$\mathscr{V} = -\left(\frac{m_1 m_2}{r_{12}} + \frac{m_2 m_3}{r_{23}} + \frac{m_3 m_1}{r_{31}}\right)$$

$$\frac{\odot_3}{\odot_1} = -\frac{[R_2,R_3]}{[R_1,R_2]}\frac{N\cdot p_2}{N\cdot p_2} = -\frac{[R_2,R_3]}{[R_1,R_2]}$$

代入式(125)即得

$$m = \frac{\odot_1}{\circledbullet_3}\left(\frac{n_1}{n_3} - \frac{[R_2,R_3]}{[R_1,R_2]}\right) \tag{126}$$

当 $\tau_3 \sim \tau_1$ 时,$\dfrac{n_1}{n_3}$ 可近似地取为 $\dfrac{\tau_1}{\tau_3}$. 而地球轨道接近于圆形,故 $\dfrac{[R_2,R_3]}{[R_1,R_2]}$ 更接近于 $\dfrac{\tau_1}{\tau_3}$,因而 m 是很小的量. 在第一次近似中完全可以略去.

至于 ρ_1 的近似值的选取问题,可根据彗星视位置情况决定. 一般情况下,彗星都是在太阳附近才观测到,故取 ρ_1 为 1 附近的值. 若彗星视位置同太阳方向相差较远,ρ_1 的值应取得略大些.

4. 例外情形. 在求 M 值时,如果遇到 $\circledbullet_3$ 很小,此时有效位数减少,求出的 M 值就不准. 由式(111)可知

$$\circledbullet_3 = Aa_3 + Bb_3 + Cc_3$$
$$= (b_2 Z_2 - c_2 Y_2)a_3 + (c_2 X_2 - a_2 Z_2)b_3 + (a_2 Y_2 - b_2 X_2)c_3$$
$$= (p_2 \times R_2)\cdot p_3$$

其中 p_3 即地心到 t_3 时彗星位置方向的单位向量. 从上式可知,当 p_2, R_2, p_3 共一个平面时,亦即彗星第二,三视位置同太阳在 t_2 时位置在天球上同一个大圆上时,$\circledbullet_3 = 0$. 若 p_3 同 p_2, R_2 接近于一个平面时,$\circledbullet_3$ 是小量,此时叫作例外情形.

此时,可从式(107)消去 ρ_2 得到两个式子,选其中 ρ_3 的系数较大的一个代替奥耳拜尔方程式(112),在其中取 $\dfrac{n_1}{n_3}$ 为 $\dfrac{\tau_1}{\tau_3}$,$\dfrac{1}{n_3}$ 为 $\dfrac{\tau_2}{\tau_3}$,作为第一次近似值. 再根据它来算 s_g.

5. 第二次近似和轨道改进. 如果 τ_i 不大,而且 $\tau_1 \sim \tau_3$,则第一次近似的结果就行了. 但若 τ_i 较大,或 τ_1 同 τ_3 相差较多,则第一次近似不符合要求. 可根据第一次近似求出的 ρ_i 算出 r_1, r_3 和修正光行差后的 τ_i,代入式(116)算出 $\dfrac{n_1}{n_3}$ 值. 然后再把它代入式(113)算出 M, m 值,又把式(112)写为

$$\rho_3 = M\rho_1 + m = \left(M + \frac{m}{\rho_1}\right)\rho_1 = (M)\rho_1 \tag{127}$$

其中括弧里的 ρ_1 可取第一次近似值,然后再把式(120)~(124)中的 M 换为式(127)中的(M). 再从 $s_d = s_g$ 定出 ρ_1,这就是第二次近似值. 在一般情况下,第二次近似值已足够了.

用这里的 ρ_1 代入(127)得 ρ_3,用它们代入式(120)得 $x_i, y_i, z_i (i=1,3)$. 根据 x_i, y_i, z_i 就可以算出轨道根数. 先根据(78),(79)算出辅助量 σ, r_0 后,再从

关系

$$\sin(f_3 - f_1) = \frac{r_0}{r_3}, \quad \cos(f_3 - f_1) = \frac{\sigma r_1}{r_3} \tag{128}$$

算出 $f_3 - f_1$，而抛物线方程为

$$r = \frac{p}{1 + \cos f} = q\sec^2 \frac{f}{2} = q\left(1 + \tan^2 \frac{f}{2}\right), \text{则 } \cos \frac{f_1}{2} = \sqrt{\frac{q}{r_1}} \tag{129}$$

$$\sqrt{\frac{q}{r_3}} = \cos \frac{f_3}{2} = \cos\left(\frac{f_1}{2} + \frac{f_3 - f_1}{2}\right)$$

$$= \cos \frac{f_1}{2} \cos \frac{f_3 - f_1}{2} - \sin \frac{f_1}{2} \sin \frac{f_3 - f_1}{2}$$

即

$$\tan \frac{f_1}{2} = \cot \frac{f_3 - f_1}{2} - \sqrt{\frac{q}{r_3}} \sec \frac{f_1}{2} \csc \frac{f_3 - f_1}{2}$$

$$= \cot \frac{f_3 - f_1}{2} - \sqrt{\frac{r_1}{r_3}} \csc \frac{f_3 - f_1}{2} \tag{130}$$

由式(130)可得 f_1，以及 $f_3 = f_1 + f_3 - f_1$，因此若令

$$\sigma_i = \tan \frac{1}{2} f_i \tag{131}$$

则可得

$$q = \frac{r_1}{1 + \sigma_1^2} = \frac{r_3}{1 + \sigma_3^2} \tag{132}$$

再由公式(45)知

$$\sigma_i + \frac{1}{3}\sigma_i^3 = \frac{K}{\sqrt{2}} q^{-\frac{3}{2}} (t_i - T) \tag{133}$$

可算出彗星过近日点时刻 T. 关于轨道根数 Ω, ω, i 的求法，与高斯方法中的公式完全一样，不再重复.

有了轨道根数，可算出 t_2 时的 (α_2, δ_2) 与第二个观测值比较. (α_i, δ_i) 的解法如下，先从式(133)得

$$\sigma_2 + \frac{1}{3}\sigma_2^3 = \frac{K}{\sqrt{2}} q^{-\frac{3}{2}} (t_2^\circ - T) \tag{134}$$

可解出 σ_2（用数值方法）. 再由式(129)可知

$$r_2 \cos f_2 = q\sec^2 \frac{f_2}{2} \cos f_2 = q\sec^2 \frac{f_2}{2}\left(2\cos^2 \frac{f_2}{2} - 1\right) = q(1 - \sigma_2^2)$$

$$r_2 \sin f_2 = q\sec \frac{f_2}{2} \sin f_2 = 2q\sec \frac{f_2}{2} \sin \frac{f_2}{2} \cos \frac{f_2}{2} = 2q\sigma_2$$

于是有

473 $\qquad\qquad\qquad \mathscr{V} = -\left(\frac{m_1 m_2}{r_{12}} + \frac{m_2 m_3}{r_{23}} + \frac{m_3 m_1}{r_{31}}\right)$

$$\begin{cases} x_2 = P_x r \cos f_2 + Q_x r \sin f_2 = P_x q(1 - \sigma_2^2) + 2Q_x q \sigma_2 \\ y_2 = P_y q(1 - \sigma_2^2) + 2Q_y q \sigma_2 \\ z_2 = P_z q(1 - \sigma_2^2) + 2Q_z q \sigma_2 \end{cases} \tag{135}$$

再由

$$\begin{cases} \rho_2 \cos \alpha_2 \cos \delta_2 = x_2 + X_2 \\ \rho_2 \sin \alpha_2 \cos \delta_2 = y_2 + Y_2 \\ \rho_2 \sin \delta_2 = z_2 + Z_2 \end{cases} \tag{136}$$

解出 α_2, δ_2，与观测值比较. 如得到的 $O-C$，即 $\cos \delta_2 \Delta \alpha, \Delta \delta$ 小于 $0'.5$ 也就可以了. 如 $O-C$ 较大. 要作轨道改进. 假定误差是由 M 值［如取到第二次近似，则用 (M)］所引起的，并认为 $O-C$ 与 M 的变化为线性的关系，在 $M=M_1$ 时，得到的 $O-C$ 为 $\Delta \alpha', \Delta \delta'$；在 $M=M_2$ 时得到的 $O-C$ 为 $\Delta \alpha'', \Delta \delta''$. 其中 M_1 同 M_2 相差约取 0.001 左右，则最佳值 $M=M_1+x$，由下式决定

$$\cos \delta_2 (\Delta \alpha' - \Delta \alpha'') \frac{x}{M_2 - M_1} = \cos \delta_2 \Delta \alpha'$$

$$(\Delta \delta' - \Delta \delta'') \frac{x}{M_2 - M_1} = \Delta \delta'$$

用最小二乘法可解出为

$$\frac{x}{M_2 - M_1} = \frac{\cos^2 \delta_2 \Delta \alpha' (\Delta \alpha' - \Delta \alpha'') + \Delta \delta'(\Delta \delta' - \Delta \delta'')}{\cos^2 \delta_2 (\Delta \alpha' - \Delta \alpha'')^2 + (\Delta \delta' - \Delta \delta'')^2} \tag{137}$$

由此可解出 x. 再用 M 或 (M) 加上 x 去计算轨道.

6. 公式总结. 原始数据和辅助量的公式与高斯方法完全相同，只是抛物线轨道的精度较差，一般只用五位（最多六位）有效数字. 如只用五位，视差可不必修正，现列出如下

$$t_i, \alpha_i, \delta_i, X_i, Y_i, Z_i \quad (i=1,2,3) \tag{I}$$

$$a_i = \cos \alpha_i \cos \delta_i, \quad b_i = \sin \alpha_i \cos \delta_i, \quad c_i = \sin \delta_i \tag{II}$$

验算式

$$a_i^2 + b_i^2 + c_i^2 = 1, \quad a_i - c_i \sin \alpha_i = \cos(\alpha_i + \delta_i)$$

$$b_i + c_i \cos \alpha_i = \sin(\alpha_i + \delta_i)$$

$$\begin{cases} R_1^2 = X_1^2 + Y_1^2 + Z_1^2, \quad R_3^2 = X_3^2 + Y_3^2 + Z_3^2 \\ 2R_1 \cos \theta_1 = -2(a_1 X_1 + b_1 Y_1 + c_1 Z_1) \\ 2R_3 \cos \theta_3 = -2(a_3 X_3 + b_3 Y_3 + c_3 Z_3) \end{cases} \tag{III}$$

验算式

$$R_1^2 + 2R_1 \cos \theta_1 + 1 = (X_1 - a_1)^2 + (Y_1 - b_1)^2 + (Z_1 - c_1)^2$$

$$R_3^2 + 2R_3 \cos \theta_3 + 1 = (X_3 - a_3)^2 + (Y_3 - b_3)^2 + (Z_3 - c_3)^2$$

求第一次近似值的公式如下

$$A = b_2 Z_2 - c_2 Y_2, \quad B = c_2 X_2 - a_2 Z_2$$

$$C = a_2 Y_2 - b_2 X_2 \qquad (\text{IV}_1)$$

验算式

$$Aa_2 + Bb_2 + Cc_2 = 0, \quad AX_2 + BY_2 + CZ_2 = 0$$

$$
\begin{cases}
M = -\dfrac{t_3 - t_2}{t_2 - t_1} \dfrac{Aa_1 + Bb_1 + Cc_1}{Aa_3 + Bb_3 + Cc_3} \\[2mm]
g^2 = (X_1 - X_3)^2 + (Y_1 - Y_3)^2 + (Z_1 - Z_3)^2 \\[2mm]
2gh\cos\phi = 2[(a_3 M - a_1)(X_1 - X_3) + \\
\qquad\qquad (b_3 M - b_1)(Y_1 - Y_3) + (c_3 M - c_1)(Z_1 - Z_3)] \\[2mm]
h^2 = (a_3 M - a_1)^2 + (b_3 M - b_1)^2 + (c_3 M - c_1)^2
\end{cases} \qquad (\text{V}_1)
$$

验算式

$$g^2 + 2gh\cos\phi + h^2 = [(X_1 - X_3) + (a_3 M - a_1)]^2 +$$
$$[(Y_1 - Y_3) + (b_3 M - b_1)]^2 + [(Z_1 - Z_3) + (c_3 M - c_1)]^2$$

先给 ρ_1 一些近似值(可由彗星同太阳在天球上的视角距来估计),可算出

$$
\begin{cases}
\rho_3 = M\rho_1 \\[2mm]
r_i^2 = R_i^2 + 2R_i\rho_1\cos\theta_i + \rho_1^2 \quad (i = 1, 3) \\[2mm]
s_g^2 = g^2 + 2gh\cos\phi\rho_1 + \rho_1^2 \\[2mm]
\eta = \dfrac{2K(t_3 - t_1)}{(r_1 + r_3)^{\frac{3}{2}}}, \quad K = 0.017\ 202\ 1 \\[2mm]
s_d = (r_1 + r_3)\left(\eta + \dfrac{1}{24}\eta^3 + \dfrac{5}{384}\eta^5 + \cdots\right)
\end{cases} \qquad (\text{VI})
$$

用内插法求出相应于 $s_g - s_d = 0$ 时的 ρ_1.

如果 M 的分母太小(有效位数减少),则为例外情况,(VI_1),(V_1) 两式不能用,要由基本方程

$$
\begin{cases}
a_1 n_1 \rho_1 - a_2 \rho_2 + a_3 n_3 \rho_3 = n_1 X_1 - X_2 + n_3 X_3 \\[2mm]
b_1 n_1 \rho_1 - b_2 \rho_2 + b_3 n_3 \rho_3 = n_1 Y_1 - Y_2 + n_3 Y_3 \\[2mm]
c_1 n_1 \rho_1 - c_2 \rho_2 + c_3 n_3 \rho_3 = n_1 Z_1 - Z_2 + n_3 Z_3
\end{cases} \qquad (\text{IV}_2)
$$

消去 ρ_2 可得两个方程,选其中 ρ_3 的系数较大的一个,仍然用下面符号表示

$$\bullet_1 n_1 \rho_1 + \bullet_3 n_3 \rho_3 = \odot_1 n_1 - \odot_2 + n_3 \odot_3$$

其中 $\bullet_i$,$\odot_i$ 是消去 ρ_2 后方程的系数数值,然后再用公式

$$
\begin{cases}
M = -\dfrac{\bullet_1}{\bullet_3} \dfrac{t_3 - t_2}{t_2 - t_1} \\[2mm]
m = \dfrac{1}{\bullet_3}\left(\dfrac{t_3 - t_2}{t_2 - t_1}\odot_1 - \dfrac{t_3 - t_1}{t_2 - t_1}\odot_2 + \odot_3\right)
\end{cases} \qquad (\text{V}_2 a)
$$

上式变为

$$\rho_3 = M\rho_1 + m \qquad (\text{V}_2 b)$$

再计算

$$\mathscr{V} = -\left(\frac{m_1 m_2}{r_{12}} + \frac{m_2 m_3}{r_{23}} + \frac{m_3 m_1}{r_{31}}\right)$$

$$\begin{cases} g^2 = (a_3 m + X_1 - X_3)^2 + (b_3 m + Y_1 - Y_3)^2 + (c_3 m + Z_1 - Z_3)^2 \\ 2gh\cos\phi = 2[(a_3 M - a_1)(a_3 m + X_1 - X_3) + (b_3 M - b_1)(b_3 m + Y_1 - Y_3) + \\ \qquad (c_3 M - c_1)(c_3 m + Z_1 - Z_3)] \\ h^2 = (a_3 M - a_1)^2 + (b_3 M - b_1)^2 + (c_3 M - c_1)^2 \end{cases}$$

$$(V_2 c)$$

验算式

$$\begin{aligned} g^2 + 2gh\cos\phi + h^2 &= (a_3 M - a_1 + a_3 m + X_1 - X_3)^2 + \\ &\quad (b_3 M - b_1 + b_3 m + Y_1 - Y_3)^2 + \\ &\quad (c_3 M - c_1 + c_3 m + Z_1 - Z_3)^2 \end{aligned}$$

用(IV_2),(V_2)代入(VI)求 ρ_1 的第一次近似值.

如需要求第二次近似值,则根据第一次近似值的 ρ_1,ρ_3,并取平均值作为 ρ_2,求出光行差改正

$$t_i^\circ = t_i - A\rho_i, \quad A = 0.005\ 772^d$$

然后再取

$$\tau_1 = K(t_3^\circ - t_2^\circ), \quad \tau_2 = K(t_3^\circ - t_1^\circ)$$
$$\tau_3 = K(t_2^\circ - t_1^\circ) \qquad (VII)$$

算出

$$\frac{n_1}{n_3} = \frac{\tau_1}{\tau_3} + \frac{4\tau_1\tau_2(\tau_3 - \tau_1)}{3\tau_3(r_1 + r_3)^3} + \frac{4\tau_1^2(r_3 - r_1)}{(r_1 + r_3)^4} \qquad (VIII)$$

其中 r_1, r_3 用第一次近似值,再算

$$\begin{cases} M = -\dfrac{n_1}{n_3}\dfrac{Aa_1 + Bb_1 + Cc_1}{Aa_3 + Bb_3 + Cc_3} \\ m = \dfrac{1}{Aa_3 + Bb_3 + Cc_3}\left[(AX_1 + BY_1 + CZ_1)\dfrac{n_1}{n_3} + (AX_3 + BY_3 + CZ_3)\right] \end{cases} \qquad (IV)$$

然后再用

$$\rho_3 = M\rho_1 + m = (M + \frac{m}{\rho_1})\rho_1 = (M)\rho_1$$

代入式(V),(VI),重新解出 ρ_1,就是第二次近似值,代入上式得 ρ_3,由此可算出轨道根数.

先算出

$$\begin{cases} x_i = a_i\rho_i - X_i, \quad y_i = b_i\rho_i - y_i, \quad z_i = c_i\rho_i - Z_i \\ r_i^2 = x_i^2 + y_i^2 + z_i^2 \quad (i = 1,3) \end{cases} \qquad (X)$$

$$\begin{cases} \sigma = \dfrac{x_1 x_3 + y_1 y_3 + z_1 z_3}{r_1^2} \\ x_0 = x_3 - \sigma x_1, \quad y_0 = y_3 - \sigma y_1, \quad z_0 = z_3 - \sigma z_1 \\ r_0^2 = x_0^2 + y_0^2 + z_0^2, \quad \sin(f_3 - f_1) = \dfrac{r_0}{r_3} \\ \cos(f_3 - f_1) = \dfrac{\sigma r_1}{r_3} \end{cases} \quad (\text{XI})$$

由此求出 $f_3 - f_1$,再从

$$\begin{cases} \tan \dfrac{f_1}{2} = \cot \dfrac{f_3 - f_1}{2} - \sqrt{\dfrac{r_1}{r_3}} \csc \dfrac{f_3 - f_1}{2} \\ f_3 = (f_3 - f_1) + f_1 \\ \sigma_1 = \tan \dfrac{f_1}{2}, \quad \sigma_3 = \tan \dfrac{f_3}{2} \\ q = \dfrac{r_1}{1 + \sigma_1^2} = \dfrac{r_3}{1 + \sigma_3^2} \end{cases} \quad (\text{XII})$$

算出 f_1, f_3, q 和 σ_1, σ_3. 再由

$$\sigma_i + \frac{1}{3}\sigma_i^3 = \frac{K}{\sqrt{2}} q^{-\frac{3}{2}} (t_i^\circ - T)$$

算出过近日点时刻 T. 于是轨道根数 q, T 可求出.

再由

$$\begin{cases} P_x = \dfrac{x_1}{r_1}\cos f_1 - \dfrac{x_0}{r_0}\sin f_1 \\ Q_x = \dfrac{x_1}{r_1}\sin f_1 + \dfrac{x_0}{r_0}\cos f_1 \\ P_y = \dfrac{y_1}{r_1}\cos f_1 - \dfrac{y_0}{r_0}\sin f_1 \\ Q_y = \dfrac{y_1}{r_1}\sin f_1 + \dfrac{y_0}{r_0}\cos f_1 \\ P_z = \dfrac{z_1}{r_1}\cos f_1 - \dfrac{z_0}{r_0}\sin f_1 \\ Q_z = \dfrac{z_1}{r_1}\sin f_1 + \dfrac{z_0}{r_0}\cos f_1 \end{cases} \quad (\text{XIII})$$

验算式

$$P_x^2 + P_y^2 + P_z^2 = Q_x^2 + Q_y^2 + Q_z^2 = 1$$
$$P_x Q_x + P_y Q_y + P_z Q_z = 0$$

以及

$$\mathscr{V} = -\left(\frac{m_1 m_2}{r_{12}} + \frac{m_2 m_3}{r_{23}} + \frac{m_3 m_1}{r_{31}}\right)$$

$$\begin{cases} \sin i \sin \omega = P_x \cos \varepsilon - P_y \sin \varepsilon \\ \sin i \cos \omega = Q_x \cos \varepsilon - Q_y \sin \varepsilon \\ \sin \Omega = (P_y \cos \omega - Q_y \sin \omega)\sec \varepsilon \\ \cos \Omega = P_x \cos \omega - Q_x \sin \omega \\ \cos i = -(P_x \sin \omega + Q_x \cos \omega)\csc \Omega \end{cases} \quad (\text{XIV})$$

由此可得轨道根数 Ω, ω, i.

关于计算第二时刻的位置和轨道改进,已在式(134)～(137)中讲明,不再重述.

摄动运动方程

前两章详细讨论了二体问题和它的应用. 对太阳系天体来说, 是近似的又是最基本的结果. 从本章开始讨论多体问题, 更进一步接近太阳系天体的实际情况. 本章是从讨论一般的 N 体问题出发, 利用力学原理, 得出各种常用的典型的摄动运动方程, 是摄动理论的基础.

§1 N体问题的运动方程和它们的初积分

讨论 n 个质点在万有引力作用下的运动问题就叫作 N 体问题.

1. 运动方程. 设 n 个天体 $P_1, P_2, \cdots, P_n$ 的质量分别为 $m_1, m_2, \cdots, m_n$, 并设 P_i 在惯性坐标系 $O\xi\eta\zeta$ 中的坐标为 (ξ_i, η_i, ζ_i), 并用 Δ_{ij} 表示任意两个天体 P_i, P_j 在任一时刻的距离, 则有

$$\Delta_{ij}^2 = (\xi_i - \xi_j)^2 + (\eta_i - \eta_j)^2 + (\zeta_i - \zeta_j)^2 \quad (1)$$

从引论 §3 的讨论可知, 任一天体 $P_i(\xi_i, \eta_i, \zeta_i)$ 受其他 $n-1$ 个天体吸引的位函数为

$$G \sum_{j=1}^{n} \frac{m_j}{\Delta_{ij}} \quad (j \neq i)$$

因此, $P_i(\xi_i, \eta_i, \zeta_i)$ 的运动方程为

$$m_i \ddot{\xi} = G m_i \frac{\partial}{\partial \xi_i} \sum_{j=1}^{n} \frac{m_j}{\Delta_{ij}} \quad (j \neq i)$$

$$= G \frac{\partial}{\partial \xi_i} \sum_{j=1}^{n} \frac{m_i m_j}{\Delta_{IJ}} \quad (j \neq i) \quad (2)$$

η_i, ζ_i 的方程相同.

$$\mathscr{V} = -\left(\frac{m_1 m_2}{r_{12}} + \frac{m_2 m_3}{r_{23}} + \frac{m_3 m_1}{r_{31}} \right)$$

令 $i=1,2,\cdots,n$，就得到 n 个天体的运动方程. 如果用 U 表示函数

$$U=G\left\{\frac{m_1 m_2}{\Delta_{12}}+\frac{m_1 m_3}{\Delta_{13}}+\cdots+\frac{m_1 m_n}{\Delta_{1n}}+\right.$$

$$\left.\frac{m_2 m_3}{\Delta_{23}}+\cdots+\frac{m_2 m_n}{\Delta_{2n}}+\cdots+\frac{m_{n-1} m_n}{\Delta_{n-1,n}}\right\}$$

$$=G\sum_{i=1}^{n}\sum_{j=i+1}^{n}\frac{m_i m_j}{\Delta_{ij}}=\frac{1}{2}G\sum_{i=1}^{n}\sum_{j=1}^{n}\frac{m_i m_j}{\Delta_{ij}}\quad(i\neq j)\qquad(3)$$

则 U 对 ξ_i 的偏导数只包含其中有 m_i 的项，就是式(2)，对所有的 i 都成立. 因此，式(2)对于 ξ,η,ζ 三个分量的方程可写为

$$m_i\ddot{\xi}_i=\frac{\partial U}{\partial\xi_i},\quad m_i\ddot{\eta}_i=\frac{\partial U}{\partial\eta_i},\quad m_i\ddot{\zeta}_i=\frac{\partial U}{\partial\zeta_i}\qquad(4)$$

这就是 N 体问题对应于惯性直角坐标系的运动方程，它们是 $3n$ 个二阶的微分方程组，故整个为 $6n$ 阶方程组.

2. 力函数. 由式(3)定义的函数 U，它对某天体坐标的偏导数，就是作用于此天体的引力的分量，即式(4). 因此把 U 叫作 n 体系统的力函数. 从式(3)可知，U 只同 n 体之间的距离有关，同惯性坐标系的选择无关. 从力学观点来看，$-U$ 实际上是 n 体系统的总位能(或势能)，从后面能量积分可以看出.

3. N 体问题的十个初积分. 要解决 N 体问题，必须积分 n 体的运动方程(4). 由于只考虑 n 体之间的万有引力，即对这个系统而言，不存在外力和外力矩. 故从力学中的结果可知，"动量守恒定理"、"质量中心运动定理"、"动量矩守恒定理"都应成立. 另外，又由于万有引力确定单值力函数，即式(3)，故"能量(机械能)守恒定律"也成立. 下面所得的十个初积分，就是这些定理或定律的体现.

首先，由 Δ_{ij} 的定义式(1)知

$$\frac{\partial}{\partial\xi_i}\left(\frac{1}{\Delta_{ij}}\right)=-\frac{\xi_i-\xi_j}{\Delta_{ij}^{3}}$$

代入式(4)得

$$m_i\ddot{\xi}_i=\frac{\partial U}{\partial\xi_i}=Gm_i\frac{\partial}{\partial\xi_i}\sum_{j=1}^{n}\frac{m_j}{\Delta_{ij}}$$

$$=-G\sum_{j=1}^{n}\frac{m_i m_j(\xi_i-\xi_j)}{\Delta_{ij}^{3}}\quad(j\neq i)$$

再对 i 求和得

$$\sum_{i=1}^{n}m_i\ddot{\xi}_i=-G\sum_{i=1}^{n}\sum_{j=1}^{n}\frac{m_i m_j(\xi_i-\xi_j)}{\Delta_{ij}^{3}}\quad(j\neq i)$$

上式右端共 $n(n-1)$ 项，其中任何一项都有一个对应项 $(i,j$ 交换$)$ 同它一样，但符号相反，因此总和为 0，即

$$\sum_{i=1}^{n} m_i \ddot{\xi}_i = 0, \text{同理} \sum_{i=1}^{n} m_i \ddot{\eta}_i = 0, \quad \sum_{i=1}^{n} m_i \ddot{\zeta}_i = 0 \tag{5}$$

式(5)对时间 t 积分一次可得

$$\sum_{i=1}^{n} m_i \dot{\xi}_i = A_1, \quad \sum_{i=1}^{n} m_i \dot{\eta}_i = B_1, \quad \sum_{i=1}^{n} m_i \dot{\zeta}_i = C_1 \tag{6}$$

其中 A_1, B_1, C_1 为积分常数.式(6)表明:n 体的总动量在三个坐标轴上的分量是常数,这就是动量守恒定律的体现.

式(6)可再积分一次得

$$\sum_{i=1}^{n} m_i \xi_i = A_1 t + A_2, \quad \sum_{i=1}^{n} m_i \eta_i = B_1 t + B_2$$

$$\sum_{i=1}^{n} m_i \zeta_i = C_1 t + C_2 \tag{7}$$

其中 A_2, B_2, C_2 为另外三个独立的积分常数.式(7)在力学上也有具体意义,设

$$M = \sum_{i=1}^{n} m_i$$

为 n 体的总质量,再设 $(\bar{\xi}, \bar{\eta}, \bar{\zeta})$ 为 n 体质量中心在同一惯性坐标系中的坐标,则由质量中心的定义可知

$$M\bar{\xi} = \sum_{i=1}^{n} m_i \xi_i, \quad M\dot{\bar{\xi}} = \sum_{i=1}^{n} m_i \dot{\xi}_i$$

η, ζ 的式子相同,故(6),(7)两式可写为

$$M\dot{\bar{\xi}} = A_1, \quad M\dot{\bar{\eta}} = B_1, \quad M\dot{\bar{\zeta}} = C_1 \tag{8}$$

$$M\bar{\xi} = A_1 t + A_2, \quad M\bar{\eta} = B_1 t + B_2$$

$$M\bar{\zeta} = C_1 t + C_2 \tag{9}$$

式(8),(9)表明,n 体的质量中心是在作等速直线运动(相对于惯性坐标系),这就是质量中心运动定理的体现.

式(6),(7)共有六个积分,包含有六个相互独立的积分常数 A_1, B_1, C_1, A_2, B_2, C_2.根据上述理由,又把它们叫作质量中心运动积分.

又由 U 的定义可知

$$\frac{\partial U}{\partial \eta_i} = -G m_i \sum_{j=1}^{n} \frac{m_j(\eta_i - \eta_j)}{\Delta_{ij}^3}$$

$$\frac{\partial U}{\partial \zeta_i} = -G m_i \sum_{j=1}^{n} \frac{m_j(\zeta_i - \zeta_j)}{\Delta_{ij}^3}$$

可得

$$\eta_i \frac{\partial U}{\partial \zeta_i} - \zeta_i \frac{\partial U}{\partial \eta_i} = G \sum_{j=1}^{n} \frac{m_i m_j(\eta_i \zeta_j - \zeta_i \eta_j)}{\Delta_{ij}^3} \quad (j \neq i)$$

即

481 $\qquad V = -\left(\frac{m_1 m_2}{r_{12}} + \frac{m_2 m_3}{r_{23}} + \frac{m_3 m_1}{r_{31}}\right)$

$$\sum_{i=1}^{n}\left(\eta_i\frac{\partial U}{\partial \zeta_i}-\zeta_i\frac{\partial U}{\partial \eta_i}\right)=G\sum_{i=1}^{n}\sum_{j=1}^{n}\frac{m_im_j(\eta_i\zeta_j-\zeta_i\eta_j)}{\Delta_{ij}^3}\quad(j\neq i)$$

容易看出,上式右端 $n(n-1)$ 项的总和也为 0. 故用式(4)可得

$$\sum_{i=1}^{n}m_i(\eta_i\ddot{\zeta}_i-\zeta_i\ddot{\eta}_i)=\sum_{i=1}^{n}\left(\eta_i\frac{\partial U}{\partial \zeta_i}-\zeta_i\frac{\partial U}{\partial \eta_i}\right)=0$$

积分得

$$\sum_{i=1}^{n}m_i(\eta_i\dot{\zeta}_i-\zeta_i\dot{\eta}_i)=D_1 \tag{10a}$$

即

$$\frac{\mathrm{d}}{\mathrm{d}t}\sum_{i=1}^{n}m_i(\eta_i\dot{\zeta}_i-\zeta_i\dot{\eta}_i)=0$$

同理可得

$$\begin{cases}\sum_{i=1}^{n}m_i(\zeta_i\dot{\xi}_i-\xi_i\dot{\zeta}_i)=D_2\\\sum_{i=1}^{n}m_i(\xi_i\dot{\eta}_i-\eta_i\dot{\xi}_i)=D_3\end{cases} \tag{10b}$$

其中 D_1,D_2,D_3 为新的独立积分常数. 容易看出,上式左端是 n 体系统的总动量矩在三个坐标轴上的分量,它们等于常数就是动量矩守恒定理的体现. 因此式(10)的三个积分又叫作动量矩积分.

n 体系统的总动量矩为一个常向量,它的大小为

$$D=\sqrt{D_1^2+D_2^2+D_3^2}$$

在所选择的坐标系中的方向余弦为($\frac{D_1}{D},\frac{D_2}{D},\frac{D_3}{D}$). 通过原点,垂直于这个向量的平面,叫作 n 体系统的总动量矩平面. 由于总动量矩大小和方向同所取的坐标系原点有关,若以质量中心为原点,相应的总动量矩平面叫作不变平面.

最后,设 T 为 n 体的总动能,则有

$$T=\frac{1}{2}\sum_{i=1}^{n}m_i(\dot{\xi}_i^2+\dot{\eta}_i^2+\dot{\zeta}_i^2)$$

可得

$$\frac{\mathrm{d}T}{\mathrm{d}t}=\sum_{i=1}^{n}m_i(\dot{\xi}_i\ddot{\xi}_i+\dot{\eta}_i\ddot{\eta}_i+\dot{\zeta}_i\ddot{\zeta}_i)$$

用式(4)代入,并根据 U 的定义可得

$$\frac{\mathrm{d}T}{\mathrm{d}t}=\sum_{i=1}^{n}m_i\left(\frac{\partial U}{\partial \xi_i}\dot{\xi}_i+\frac{\partial U}{\partial \eta_i}\dot{\eta}_i+\frac{\partial U}{\partial \zeta_i}\dot{\zeta}_i\right)=\frac{\partial U}{\partial t}$$

积分可得

$$T=U+E\quad\text{或}\quad T-U=E \tag{11}$$

其中 E 为新的积分常数. 从这里可看出, $-U$ 为 n 体系统的总位能, 故式(11)为能量守恒定律的体现. E 称为 n 体系统的总能量, 式(11)又叫作能量积分.

4. 进一步的讨论. 上面得到了式(6),(7),(10),(11)共十个初积分. 但 n 体运动方程为 $6n$ 阶常微分方程组, 若要完全解出, 应求出其余的 $6n-10$ 个积分, 包含另外 $6n-10$ 个独立的积分常数. 到 1843 年, 雅可比(Jacobi, C. H. J.)证明: 如果只差两积分, 其余的都已找出, 则这两个可以用特殊的方法找出来. $n=2$ 时, 正好差两个积分, 第一章已求出了它们的全部积分. $n=3$ 时, 还差 8 个, 直到现在还没有找出一个新积分. 1887 年, 布隆斯(Bruns, H.)证明[1]: 如果用直角坐标和速度分量作变量, 则除已知的十个积分外, 不存在新的代数积分(即积分是变量和时间的代数函数). 1889 年, 庞加莱(Poincaré, H.)又证明[2]: 如用轨道根数作变量, 则三体问题不存在新的单值解析积分. 虽然他们的结论并没有把寻找新积分的路堵死, 但直到现在为止, 还没有找出来.

既然积分运动方程这条路还没有走通, 天体力学工作者就根据太阳系天体运动的特点, 以二体问题为基础, 讨论各种因素对二体问题轨道的影响; 这就是摄动理论. 本章就是讲述摄动理论的第一步: 建立各种类型的摄动运动方程.

§2　用直角坐标表示的摄动运动方程

在讨论太阳系中的行星运动时, 由于太阳的质量占绝对优势, 最大的木星质量只有太阳质量的 $\dfrac{1}{1\ 047}$, 故太阳的引力应占主要地位. 现在讨论行星相对于太阳的运动. 设 n 体为 $P_1, P_2, P_3, \cdots, P_n$; P_i 的质量为 m_i, 其中 P_n 表示太阳, 质量为 m_n.

把上节的惯性坐标系平移到太阳 P_n 处. 新坐标系为 $P_n XYZ$, 与原来的 $O\xi\eta\zeta$ 的三个坐标轴相互平行, 则任一行星 P_i 的新坐标 (x_i, y_i, z_i) 同旧坐标 (ξ_i, η_i, ζ_i) 之间的关系为

$$\xi_i = x_i + \xi_n, \quad \eta_i = y_i + \eta_n, \quad \zeta_i = z_i + \zeta_n \tag{12}$$

其中 (ξ_n, η_n, ζ_n) 为太阳 P_n 的旧坐标, 显然有 $x_n = y_n = z_n = 0$. 由此可得

$$\Delta_{ij}^2 = (\xi_i - \xi_j)^2 + (\eta_i - \eta_j)^2 + (\zeta_i - \zeta_j)^2$$
$$= (x_i - x_j)^2 + (y_i - y_j)^2 + (z_i - z_j)^2$$

以及

$$\frac{\partial}{\partial \xi_j}\left(\frac{1}{\Delta_{ij}}\right) = \frac{\partial}{\partial x_i}\left(\frac{1}{\Delta_{ij}}\right), \cdots \tag{13}$$

---

[1] 参看 Bruns, H.: Acta Math., 11, pp. 25-96, (1887 ~ 1888).

[2] 参看 Poincaré, H.: Acta Math., 13, pp. 1-271, (1890).

$\gamma = -\left(\dfrac{m_1 m_2}{r_{12}} + \dfrac{m_2 m_3}{r_{23}} + \dfrac{m_3 m_1}{r_{31}}\right)$

故式(2)可写为

$$\ddot{\xi}_i = G \frac{\partial}{\partial \xi_i} \sum_{j=1}^{n} \frac{m_j}{\Delta_{ij}} = G \frac{\partial}{\partial x_i} \sum_{j=1}^{n} \frac{m_j}{\Delta_{ij}} \quad (j \neq i)$$

用式(12)代入得

$$\ddot{x}_i + \ddot{\xi}_n = \ddot{\xi}_i = G \frac{\partial}{\partial x_i} \sum_{j=1}^{n} \frac{m_j}{\Delta_{ij}} = -G \sum_{j=1} \frac{m_j(x_i - x_j)}{\Delta_{ij}^3} \tag{14}$$

$$= G \frac{\partial}{\partial x_i} \left(\frac{m_n}{\Delta_{in}} \right) + G \frac{\partial}{\partial x_i} \sum_{j=1}^{n-1} \frac{m_j}{\Delta_{ij}} \quad (j \neq i) \tag{15}$$

同样,当 $i = n$ 时,从式(14)得(因 $x_n = y_n = z_n = 0$)

$$\ddot{\xi}_n = G \sum_{j=1}^{n-1} \frac{m_j x_j}{\Delta_{nj}^3} = G \frac{m_i x_i}{\Delta_{ni}^3} + G \sum_{j=1}^{n-1} \frac{m_j x_j}{\Delta_{nj}^3} \quad (j \neq i)$$

由于太阳是坐标原点,令 $r_i = \Delta_{ni} = \Delta_{in}$,则

$$r_i = \sqrt{x_i^2 + y_i^2 + z_i^2} \tag{16}$$

代入上式得

$$\ddot{\xi}_n = G \frac{m_i x_i}{r_i^3} + G \sum_{j=1}^{n-1} \frac{m_j x_j}{r_j^3} \quad (j \neq i) \tag{17}$$

以式(16),(17)代入式(15)可得

$$\ddot{x}_i + G \frac{m_i x_i}{r_i^3} + G \sum_{j=1}^{n-1} \frac{m_j x_j}{r_j^3} = -G \frac{m_n x_i}{r_i^3} + G \frac{\partial}{\partial x_i} \sum_{j=1}^{n-1} \frac{m_j}{\Delta_{ij}} \quad (j \neq i)$$

即

$$\ddot{x}_i + G \frac{m_i + m_n}{r_i^3} x_i = G \frac{\partial}{\partial x_i} \sum_{j=1}^{n-1} \frac{m_j}{\Delta_{ij}} - G \frac{\partial}{\partial x_i} \sum_{j=1}^{n-1} \frac{m_j x_j}{r_j} \quad (j \neq i) \tag{18}$$

$\ddot{y}_i, \ddot{z}_i$ 的式子相同,定义函数

$$R_{ij} = G m_j \left(\frac{1}{\Delta_{ij}} - \frac{x_i x_j + y_i y_j + z_i z_j}{r_j^3} \right) \quad (j \neq i) \tag{19}$$

则式(18)成为

$$\ddot{x}_i + G \frac{m_i + m_n}{r_i^3} x_i = \sum_{j=1}^{n-1} \frac{\partial R_{ij}}{\partial x_i} \quad (j \neq i) \tag{20a}$$

同理

$$\begin{cases} \ddot{y}_i + G \dfrac{m_i + m_n}{r_i^3} y_i = \sum\limits_{j=1}^{n-1} \dfrac{\partial R_{ij}}{\partial y_i} \\[3mm] \ddot{z}_i + G \dfrac{m_i + m_n}{r_i^3} z_i = \sum\limits_{j=1}^{n-1} \dfrac{\partial R_{ij}}{\partial z_i} \end{cases} \tag{20b}$$

式(20)就是行星 P_i 相对于太阳的运动方程.由于行星共有 $n-1$ 个,故式(20)应为 $6n - 6$ 阶的常微分方程组.其中太阳的引力项单独列在左端,其他行星的引力项归到右端.当 $m_j = 0$ 时,$R_{ij} = 0$,式(20)成为二体问题的运动方程.因此,由于 R_{ij} 的存在,使所讨论的行星 P_i 的运动轨道同 P_i 的二体问题轨道产生偏

差.这种偏差就叫作摄动.R_{ij} 就叫作摄动函数.R_{ij} 对坐标的偏导数就是摄动加速度在坐标轴方向的分量,从式(18)可看出,也就是行星 P_j 对行星 P_i 的引力同 P_j 对太阳的引力所产生加速度之差,式(20)右端就是摄动加速度的总和.所讨论的行星 P_i 又叫作被摄动行星,其他行星 P_j 叫作摄动行星.式(20)就叫作行星的摄动运动方程,而且是用直角坐标表示的摄动运动方程.

由于 R_{ij} 含有摄动行星质量 m_j 作为因子,而 $\dfrac{m_j}{m_n}$ 小于 0.001.因此,其他行星对 P_i 的坐标和速度的摄动,同 P_i 沿二体问题轨道运动时的坐标和速度的变化相比,要小得多.但时间越长,摄动也越大.

如摄动行星只有一个,则为三体问题.设被摄动行星为 P,它的质量、坐标和向径分别为 $m,(x,y,z),r$;摄动行星为 P',相应的量为 $m',(x',y',z'),r'$;太阳质量记为 M.则式(20)可写为

$$\begin{cases} \ddot{x} + \dfrac{\mu x}{r^3} = \dfrac{\partial R}{\partial x} \\[2mm] \ddot{y} + \dfrac{\mu y}{r^3} = \dfrac{\partial R}{\partial y} \\[2mm] \ddot{z} + \dfrac{\mu z}{r^3} = \dfrac{\partial R}{\partial z} \end{cases} \tag{21}$$

其中

$$\begin{cases} \mu = G(m + M) \\[2mm] \Delta = \sqrt{(x - x')^2 + (y - y')^2 + (z - z')^2} \\[2mm] R = Gm'\left(\dfrac{1}{\Delta} - \dfrac{xx' + yy' + zz'}{r'^3} \right) \end{cases} \tag{22}$$

在讨论摄动运动时,常用式(21),如不只一个摄动行星,只是摄动函数 R 中增加项数而已.

如果讨论行星 P,P' 同太阳组成的三体问题,式(21)只是运动方程的一部分,还要列出行星 P' 的运动方程.此时 P,P' 的地位正好交换,P' 成为被摄动行星,它的运动方程可用式(21)写出为

$$\begin{cases} \ddot{x}' + \dfrac{\mu' x'}{r'^3} = \dfrac{\partial R'}{\partial x'} \\[2mm] \ddot{y}' + \dfrac{\mu' y'}{r'^3} = \dfrac{\partial R'}{\partial y'} \\[2mm] \ddot{z}' + \dfrac{\mu' z'}{r'^3} = \dfrac{\partial R'}{\partial z'} \end{cases} \tag{23}$$

其中

$$\begin{cases} \mu' = G(m' + M) \\[2mm] R' = Gm\left(\dfrac{1}{\Delta} - \dfrac{xx' + yy' + zz'}{r^3} \right) \end{cases} \tag{24}$$

$$\mathscr{V} = -\left(\frac{m_1 m_2}{r_{12}} + \frac{m_2 m_3}{r_{23}} + \frac{m_3 m_1}{r_{31}} \right)$$

要联立解出式(21),(23),才能解决出 P, P' 和太阳所组成的三体问题.

§3　正则方程组

前面两节讨论了用直角坐标表示的 N 体问题的运动方程以及摄动运动方程.从本节开始,根据不同的需要,求出不同形式的摄动运动方程,其中正则方程组是天体力学中常用到的一种.

1.用直角坐标表示的正则方程.从公式(4)知,N 体问题的运动方程为

$$
\begin{cases}
m_i\ddot{\xi}_i = \dfrac{\partial U}{\partial \xi_i}, \quad m_i\ddot{\eta}_i = \dfrac{\partial U}{\partial \eta_i}, \quad m_i\ddot{\zeta}_i = \dfrac{\partial U}{\partial \zeta_i} \\
\begin{cases}
U = G\displaystyle\sum_{i=1}^{n}\sum_{j=i+1}^{n}\dfrac{m_i m_j}{\Delta_{ij}} \\
\Delta_{ij} = \sqrt{(\xi_i - \xi_j)^2 + (\eta_i - \eta_j)^2 + (\zeta_i - \zeta_j)^2}
\end{cases}
\end{cases} \tag{25}
$$

如用 ϕ_i, ψ_i, χ_i 表示天体 P_i 的动量在三个坐标轴方向上的分量,即

$$
\phi_i = m_i\dot{\xi}_i, \quad \psi_i = m_i\dot{\eta}_i, \quad \chi_i = m_i\dot{\zeta}_i \tag{26}
$$

则总动能 T 可写为

$$
T = \frac{1}{2}\sum_{i=1}^{n} m_i(\dot{\xi}_i^2 + \dot{\eta}_i^2 + \dot{\zeta}_i^2)
$$

$$
= \frac{1}{2}\sum_{i=1}^{n}\frac{1}{m_i}(\phi_i^2 + \psi_i^2 + \chi_i^2) \tag{27}
$$

再用 H 表示 n 体系统的总能量,即

$$
H = T - U \tag{28}
$$

则可得

$$
\begin{cases}
\dot{\xi}_i = \dfrac{\phi_i}{m_i} = \dfrac{\partial H}{\partial \phi_i}, \quad \dot{\eta}_i = \dfrac{\partial H}{\partial \psi_i}, \quad \dot{\zeta}_i = \dfrac{\partial H}{\partial \chi_i} \\
\dot{\phi}_i = -\dfrac{\partial H}{\partial \xi_i}, \quad \dot{\psi}_i = -\dfrac{\partial H}{\partial \eta_i}, \quad \dot{\chi}_i = -\dfrac{\partial H}{\partial \zeta_i}
\end{cases} \tag{29}
$$

式(29)形式的方程组就叫作正则方程组,直角坐标 (ξ_i, η_i, ζ_i) 和动量 (ϕ_i, ψ_i, χ_i) 是方程组的基本变量.这两组变量又叫作正则共轭变量.式(29)也是 $6n$ 阶的常微方程组,与式(25)等价.但在天体力学中要用到各种形式的坐标系统,需要得出一般坐标系的正则方程组.

2.广义坐标.N 体问题共有 $3n$ 个坐标,令 $k = 3n$.若通过一种变换,把直角坐标 (ξ_i, η_i, ζ_i) 变为另一组相互独立的 k 个变量 $q_1, q_2, q_3, \cdots, q_k$ 和时间 t 的函数.简记为

$$
\begin{cases}
\xi_i = \xi_i(q_1, q_2, \cdots, q_k, t) = \xi_i(q, t) \\
\eta_i = \eta_i(q_1, q_2, \cdots, q_k, t) = \eta_i(q, t) \\
\zeta_i = \zeta_i(q_1, q_2, \cdots, q_k, t) = \zeta_i(q, t)
\end{cases} \tag{30}
$$

其中 $i=1,2,\cdots,n$. 因此,ξ_i,η_i,ζ_i 的任何函数都可以用 q_j 来代替. 如果式(30) 的变换中所用的函数为任意的,只要求它们存在对 q_j,t 的一,二阶连续偏导数, 则变量 q_j 叫作广义坐标.

由式(30) 可得

$$\dot{\xi}_i = \frac{\partial \xi_i}{\partial t} + \sum_{r=1}^{k} \frac{\partial \xi_i}{\partial q_r} \dot{q}_r \tag{31}$$

$\dot{\eta}_i,\dot{\zeta}_i$ 的形式相同. 则总动能 T 为

$$T = \frac{1}{2} \sum_{i=1}^{n} m_i (\dot{\xi}_i^2 + \dot{\eta}_i^2 + \dot{\zeta}_i^2)$$

用式(31) 代入后,成为 $\dot{q}_r$ 的二次函数;按 $\dot{q}_r$ 整理可得

$$\begin{aligned} T &= \sum_{r=1}^{k} A_r \dot{q}_r^2 + 2 \sum_{r=1}^{k} \sum_{s=1}^{k} B_{rs} \dot{q}_r \dot{q}_s + \sum_{r=1}^{k} C_r \dot{q}_r + D \\ &= T_2 + T_1 + T_0 \end{aligned} \tag{32}$$

其中 T_2 的 $\dot{q}_r$ 的二次齐次函数,T_1 为 $\dot{q}_r$ 的一次齐次函数,T_0 为不含 $\dot{q}_r$ 的项,亦 即

$$\begin{cases} T_2 = \sum_{r=1}^{k} A_r \dot{q}_r^2 + 2 \sum_{r=1}^{k} \sum_{s=1}^{k} B_{rs} \dot{q}_r \dot{q}_s \\ T_1 = \sum_{r=1}^{k} C_r \dot{q}_r, \quad T_0 = D \end{cases} \tag{33}$$

其中系数 A_r,B_{rs},C_r,D 为 q_r 和 t 的函数. 故 T 也为 $q_r,\dot{q}_r$ 和 t 的函数,简记为 $T=T(q,\dot{q},t)$. 由于力函数 U 只包含直角坐标,经过式(30) 变换后,U 为 q_r 和 t 的函数,简记为 $U=U(q,t)$. 故 T,U 都表为广义坐标的函数了.

3. 拉格朗日方程. 引入广义坐标后,就可以用广义坐标来表示 n 体的运动 方程. 由式(31) 可得

$$\frac{\partial \dot{\xi}_i}{\partial \dot{q}_r} = \frac{\partial \xi_i}{\partial q_r} \tag{34}$$

$$\frac{\partial \dot{\xi}_i}{\partial q_r} = \frac{\partial^2 \xi_i}{\partial q_r \partial t} + \sum_{s=1}^{k} \frac{\partial^2 \xi_i}{\partial q_r \partial q_s} \dot{q}_s \tag{35}$$

在求偏导数过程中,认为 q_r 和 $\dot{q}_r$ 是相互独立的变量. 由于已假定变换式(30) 对 t,q 存在一、二阶连续偏导数,故式(35) 中偏导数的次序可以变换,故得

$$\frac{\mathrm{d}}{\mathrm{d}t} \left(\frac{\partial \xi_i}{\partial q_r} \right) = \frac{\partial^2 \xi_i}{\partial t \partial q_r} + \sum_{s=1}^{k} \frac{\partial^2 \xi_i}{\partial q_s \partial q_r} \dot{q}_s = \frac{\partial \dot{\xi}_i}{\partial q_r} \tag{36}$$

η_i,ζ_i 的式子相同. 因此从式(27),(34) 可得

$$\begin{aligned} \frac{\partial T}{\partial \dot{q}_r} &= \sum_{i=1}^{n} m_i \left(\dot{\xi}_i \frac{\partial \dot{\xi}_i}{\partial \dot{q}_r} + \dot{\eta}_i \frac{\partial \dot{\eta}_i}{\partial \dot{q}_r} + \dot{\zeta}_i \frac{\partial \dot{\zeta}_i}{\partial \dot{q}_r} \right) \\ &= \sum_{i=1}^{n} m_i \left(\dot{\xi}_i \frac{\partial \xi_i}{\partial q_r} + \dot{\eta}_i \frac{\partial \eta_i}{\partial q_r} + \dot{\zeta}_i \frac{\partial \zeta_i}{\partial q_r} \right) \end{aligned} \tag{37}$$

487

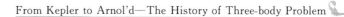

再利用式(35),(36) 和(25) 可求出

$$\frac{\mathrm{d}}{dt}\left(\frac{\partial T}{\partial \dot{q}_r}\right)=\sum_{i=1}^{n} m_i\left[\ddot{\xi}_i \frac{\partial \xi_i}{\partial q_r}+\ddot{\eta}_i \frac{\partial \eta_i}{\partial q_r}+\ddot{\zeta}_i \frac{\partial \zeta_i}{\partial q_r}+\right.$$

$$\left.\dot{\xi}_i \frac{\mathrm{d}}{dt}\left(\frac{\partial \xi_i}{\partial q_r}\right)+\dot{\eta}_i \frac{\mathrm{d}}{dt}\left(\frac{\partial \eta_i}{\partial q_r}\right)+\dot{\zeta}_i \frac{\mathrm{d}}{dt}\left(\frac{\partial \zeta_i}{\partial q_r}\right)\right]$$

$$=\sum_{i=1}^{n}\left[\frac{\partial U}{\partial \xi_i}\frac{\partial \xi_i}{\partial q_r}+\frac{\partial U}{\partial \eta_i}\frac{\partial \eta_i}{\partial q_r}+\frac{\partial U}{\partial \zeta_i}\frac{\partial \zeta_i}{\partial q_r}+\right.$$

$$\left. m_i\left(\dot{\xi}_i \frac{\partial \dot{\xi}_i}{\partial q_r}+\dot{\eta}_i \frac{\partial \dot{\eta}_i}{\partial q_r}+\dot{\zeta}_i \frac{\partial \dot{\zeta}_i}{\partial q_r}\right)\right] \qquad (38)$$

但 U 只包含(ξ_i,η_i,ζ_i),则

$$\frac{\partial U}{\partial q_r}=\sum_{i=1}^{n}\left[\frac{\partial U}{\partial \xi_i}\frac{\partial \xi_i}{\partial q_r}+\frac{\partial U}{\partial \eta_i}\frac{\partial \eta_i}{\partial q_r}+\frac{\partial U}{\partial \zeta_i}\frac{\partial \zeta_i}{\partial q_r}\right]$$

又从式(27) 知

$$\frac{\partial T}{\partial q_r}=\sum_{i=1}^{n} m_i\left(\dot{\xi}_i \frac{\partial \dot{\xi}_i}{\partial q_r}+\dot{\eta}_i \frac{\partial \dot{\eta}_i}{\partial q_r}+\dot{\zeta}_i \frac{\partial \dot{\zeta}_i}{\partial q_r}\right)$$

把它们代入式(38) 后得

$$\frac{\mathrm{d}}{dt}\left(\frac{\partial T}{\partial \dot{q}_r}\right)=\frac{\partial U}{\partial q_r}+\frac{\partial T}{\partial q_r}=\frac{\partial}{\partial q_r}(T+U)$$

但因 U 不包含$\dot{q}_r$,即

$$\frac{\partial U}{\partial \dot{q}_r}=0$$

故上式可写为

$$\begin{cases}\dfrac{\mathrm{d}}{\mathrm{d}t}\left(\dfrac{\partial L}{\partial \dot{q}_r}\right)=\dfrac{\partial L}{\partial q_r} \\ L=T+U\end{cases} \qquad (39)$$

这就是用广义坐标表示的 N 体问题的运动方程,又叫作拉格朗日方程.其中函数 L 是总动能和总位能之差,叫作运动位能,又叫作拉格朗日函数.

式(39) 共有 $k=3n$ 个方程.从式(35) 可知

$$\frac{\partial L}{\partial \dot{q}_r}=\frac{\partial T}{\partial \dot{q}_r}=\sum E_r \dot{q}_r+F_r$$

为 $\dot{q}_r$ 的线性函数,其中 E_r,F_r 是 q,t 的函数,故式(39) 中每个方程是 q_r 的二阶微分方程,即式(39) 为 $6n$ 阶的常微分方程组,与式(25) 等价.

4.哈密尔顿正则方程.用广义坐标也可以把运动方程化为正则方程组.可把 q_r 看作坐标,仿照坐标同动量之间的关系[动能 T 表为广义坐标 q 和 $\dot{q}$ 的函数,即 $T=T(q,\dot{q},t)$] 定义

$$p_i=\frac{\partial T(q,\dot{q},t)}{\partial \dot{q}_i} \qquad (40)$$

其中 $i=1,2,\cdots,k$，式(40)定义为 p_i 就叫作广义动量，由式(33)可知，p_i 应为 $\dot{q}_r$ 的线性函数，即

$$p_i = \sum_{r=1}^{k} a_{ir}\dot{q}_r + b_i \tag{41}$$

其中 a_{ir}, b_i 为 q,t 的函数。从式(41)可以解出 $\dot{q}_r$，仍为 p_i 的线性函数，它们的系数仍为 q,t 的函数。故 $\dot{q}_r$ 可以表为下面形式

$$\dot{q}_r = \dot{q}_r(q,p,t) \tag{42}$$

用式(42)可以把总动能 T 表为 q,p,t 的函数。为区别起见，规定 $\overline{T}=\overline{T}(q,p,t)$，$T=T(q,\dot{q},t)$。对 T_2,T_1 也是一样。

下面用虚位移来求出所需要的关系。由于 $T=T(q,\dot{q},t)$，当 $q_i,\dot{q}_i$ 这两组变量产生与时间无关的微小虚位移 $\delta q_i,\delta\dot{q}_i$ 时，T 也有相应的变化，记为 δT，即

$$\delta T = \sum_{i=1}^{k}\left(\frac{\partial T}{\partial q_i}\delta q_i + \frac{\partial T}{\partial \dot{q}_i}\delta\dot{q}_i\right)$$

$$= \sum_{i=1}^{k}\left(\frac{\partial T}{\partial q_i}\delta q_i + p_i\delta\dot{q}_i\right)$$

其中用了 p_i 的定义式(40)，再用式(32)得

$$\delta T_2 + \delta T_1 + \delta T_0 = \delta T = \sum_{i=1}^{k}\left(\frac{\partial T}{\partial q_i}\delta q_i + p_i\delta\dot{q}_i\right) \tag{43}$$

但根据定义式(33)，T_2 为 $\dot{q}_i$ 的二阶齐次式，T_1 为 $\dot{q}_i$ 的一阶齐次式，利用齐次函数的性质知

$$2T_2 = \sum_{i=1}^{k}\frac{\partial T_2}{\partial \dot{q}_i}\dot{q}_i$$

$$T_1 = \sum_{i=1}^{k}\frac{\partial T_1}{\partial \dot{q}_i}\dot{q}_i$$

又因 T_0 不包含 $\dot{q}_i$，故可得

$$2T_2 + T_1 = \sum_{i=1}^{k}\frac{\partial(T_2+T_1)}{\partial \dot{q}_i}\dot{q}_i$$

$$= \sum_{i=1}^{k}\frac{\partial T}{\partial \dot{q}_i}\dot{q}_i = \sum_{i=1}^{k}p_i\dot{q}_i \tag{44}$$

从式(41)或式(42)可得三组变量 $q_i,\dot{q}_i,p_i$ 之间的关系，并由它们也可求出三组虚位移 $\delta q_i,\delta\dot{q}_i,\delta p_i$ 之间的关系。表明在这三组变量 $q_i,\dot{q}_i,p_i$ 中，可以取任意两组作为独立变量；同样也可在三组虚位移 $\delta q_i,\delta\dot{q}_i,\delta p_i$ 中，任取两组作为独立的虚位移，故从式(44)中可得

$$2\delta T_2 + \delta T_1 = \sum_{i=1}^{k}(\dot{q}_i\delta p_i + p_i\delta\dot{q}_i)$$

与式(43)相减可得

$$\mathscr{V} = -\left(\frac{m_1 m_2}{r_{12}} + \frac{m_2 m_3}{r_{23}} + \frac{m_3 m_1}{r_{31}}\right)$$

$$\delta T^* = \sum_{i=1}^{k} \dot{q}_i \delta p_i - \sum_{i=1}^{k} \frac{\partial T}{\partial q_i} \delta q_i \tag{45}$$

其中

$$T^* = T_2 - T_0 \tag{46}$$

由式(46)定义的 T^* 为 $q_i, \dot{q}_i, t$ 的函数,也可以利用式(42)变换为 q_i, p_i, t 的函数,仍记为

$$\overline{T}^* = \overline{T}_2 - T_0 = \overline{T}^*(q, p, t)$$

由此又可得关系

$$\delta T^* = \delta \overline{T}^* = \sum_{i=1}^{k} \frac{\partial \overline{T}^*}{\partial p_i} \delta p_i + \sum_{i=1}^{k} \frac{\partial \overline{T}^*}{\partial q_i} \delta q_i \tag{47}$$

式(45),(47)都是用 $\delta p_i, \delta q_i$ 表示的 δT^*,应该恒等,即对应的系数应相等,故得

$$\dot{q}_i = \frac{\partial \overline{T}^*}{\partial p_i} \tag{48}$$

$$\frac{\partial T}{\partial q_i} = -\frac{\partial \overline{T}^*}{\partial q_i} = -\frac{\partial(\overline{T}_2 - T_0)}{\partial q_i} \tag{49}$$

定义函数

$$H = H(q, p, t) = \overline{T}^* - U = \overline{T}_2 - T_0 - U \tag{50}$$

则因 U 只依赖于 q_i, t,不含 p_i,故式(48)成为

$$\dot{q}_i = \frac{\partial \overline{T}^*}{\partial p_i} = \frac{\partial H}{\partial p_i} = \frac{\partial H(q, p, t)}{\partial p_i} \tag{51}$$

而从 p_i 的定义式(51)可得

$$\dot{p}_i = \frac{\mathrm{d}}{\mathrm{d}t}\left(\frac{\partial T}{\partial \dot{q}_i}\right)$$

再用拉格朗日方程式(39)得

$$\dot{p}_i = \frac{\mathrm{d}}{\mathrm{d}t}\left(\frac{\partial T}{\partial \dot{q}_i}\right) = \frac{\mathrm{d}}{\mathrm{d}t}\left(\frac{\partial L}{\partial \dot{q}_i}\right) = \frac{\partial T}{\partial q_i} + \frac{\partial U}{\partial q_i}$$

根据关系式(49),(50)可化为

$$\dot{p}_i = -\frac{\partial \overline{T}^*}{\partial q_i} + \frac{\partial U}{\partial q_i} = -\frac{\partial H}{\partial q_i} = -\frac{\partial H(q, p, t)}{\partial q_i} \tag{52}$$

式(51),(52)就是用广义坐标 q 和广义动量 p 表示的正则方程组. 由于 $i=1$, $2,\cdots,k$,故为 $2k=6n$ 阶的常微分方程组,与运动方程式(25)和拉格朗日方程式 (39)等价. 其中函数 $H=H(q, p, t)$ 叫作哈密尔顿函数,式(51),(52)又叫作哈密尔顿正则方程. 容易看出,式(29)就是用直角坐标和动量表示的哈密尔顿正则方程组. 为式(51),(52)的特例.

如果变换式(30)不显含时间 t,即

$$\xi_i = \xi_i(q), \quad \eta_i = \eta_i(q), \quad \zeta_i = \zeta_i(q)$$

则 $\dot{\xi}_i,\dot{\eta}_i,\dot{\zeta}_i$ 就是 $\dot{q}_r$ 的线性齐次函数,相应的

$$T=T_2, \quad U=U(q)$$
$$H=\overline{T}-U=H(q,p)$$

也不显含时间 t,因此

$$\frac{\mathrm{d}H}{\mathrm{d}t}=\sum_{i=1}^{k}\left(\frac{\partial H}{\partial p_i}\dot{p}_i+\frac{\partial H}{\partial q_i}\dot{q}_i\right)$$

用式(51),(52) 的 $\dot{p}_i,\dot{q}_i$ 式子代入,上式为 0,故

$$H=\overline{T}-U=常数$$

是一个积分,它显然就是能量积分. 故保守的哈密尔顿正则方程组存在有能量积分.

运动方程表为广义坐标的哈密尔顿正则方程组的形式后,可以利用分析动力学中有关的知识来讨论.

§4　哈密尔顿正则方程的原则解法,雅可比定理

上节得到了 N 体问题的哈密尔顿正则方程组

$$\dot{q}_i=\frac{\partial H}{\partial p_i}, \quad \dot{p}_i=-\frac{\partial H}{\partial q_i} \tag{53}$$

如已完全解出,就应得到变量 q,p 表示为时间 t 和 $2k$ 个相互独立的积分常数 $c_j(j=1,2,\cdots,2k)$ 的函数,记为

$$\begin{cases}q_i=q_i(c_1,c_2,\cdots,c_{2k},t)=q_i(c,t)\\p_i=p_i(c_1,c_2,\cdots,c_{2k},t)=p_i(c,t)\end{cases} \tag{54}$$

把它们代入哈密尔顿函数 H,则 H 也表为 c,t 的函数,即

$$H(c,t)\equiv H(q,p,t)$$

由此可得

$$\frac{\partial H}{\partial c_j}=\sum_{i=1}^{k}\frac{\partial H}{\partial q_i}\frac{\partial q_i}{\partial c_j}+\sum_{i=1}^{k}\frac{\partial H}{\partial p_i}\frac{\partial p_i}{\partial c_j}$$

用式(53) 代入得

$$\frac{\partial H}{\partial c_j}=-\sum_{i=1}^{k}\dot{p}_i\frac{\partial q_i}{\partial c_j}+\sum_{i=1}^{k}\dot{q}_i\frac{\partial p_i}{\partial c_j}$$

因 c_j 为常数,故对 c_j 取偏导数同对 t 取导数的次序可以交换,因此上式可整理为

$$\frac{\partial H}{\partial c_j}=-\frac{\mathrm{d}}{\mathrm{d}t}\sum_{i=1}^{k}p_i\frac{\partial q_i}{\partial c_j}+\frac{\partial}{\partial c_j}\sum_{i=1}^{k}p_i\dot{q}_i \tag{55}$$

从式(44)可得

$$\sum_{i=1}^{k}p_i\dot{q}_i=2T_2+T_1 \tag{56}$$

491

而
$$H = T_2 - T_0 - U, \quad T = T_2 + T_1 + T_0$$
故式(55)成为
$$\frac{\mathrm{d}}{\mathrm{d}t} \sum_{i=1}^{k} p_i \frac{\partial \dot{q}_i}{\partial c_j} = \frac{\partial}{\partial c_j}(2T_2 + T_1)$$
$$- \frac{\partial}{\partial c_j}(T_2 - T_0 - U) = \frac{\partial}{\partial c_j}(T + U)$$

定义函数 $S = S(c, t)$ 为
$$\frac{\mathrm{d}S}{\mathrm{d}t} = T + U \tag{57}$$
则上式表为
$$\frac{\partial}{\partial c_j}\left(\frac{\mathrm{d}S}{\mathrm{d}t}\right) = \frac{\mathrm{d}}{\mathrm{d}t} \sum_{i=1}^{k} p_i \frac{\partial q_i}{\partial c_j} \tag{58}$$

由于 S, p, q 都可表为 c, t 的函数,故当 c_j 有微小增量 δc_j 时(与时间 t 无关),S,p, q 应有相应的增量 $\delta S, \delta p, \delta q$. 可用微分运算来求出,而且这种微分运算同对 t 求微商的运算可以交换次序. 因此,在式(58)两端乘以 δc_j,再对 j 从 1 到 $2k$ 求和得

$$\sum_{j=1}^{2k} \frac{\partial}{\partial c_j}\left(\frac{\mathrm{d}S}{\mathrm{d}t}\right)\delta c_j = \frac{\mathrm{d}}{\mathrm{d}t} \sum_{i=1}^{k} p_i \sum_{j=1}^{2k} \frac{\partial q_i}{\partial c_j}\delta c_j$$

即
$$\frac{\mathrm{d}}{\mathrm{d}t} \sum_{j=1}^{2k} \frac{\partial S}{\partial c_j}\delta c_j = \frac{\mathrm{d}}{\mathrm{d}t} \sum_{i=1}^{k} p_i \sum_{j=1}^{2k} \frac{\partial q_i}{\partial c_j}\delta c_j$$

但因
$$S = S(c, t), \quad q_i = q_i(c, t)$$
则有
$$\delta S = \sum_{j=1}^{2k} \frac{\partial S}{\partial c_j}\delta c_j, \quad \delta q_i = \sum_{j=1}^{2k} \frac{\partial q_i}{\partial c_j}\delta c_j$$

代入上式可得
$$\frac{\mathrm{d}}{\mathrm{d}t}(\delta S) = \frac{\mathrm{d}}{\mathrm{d}t} \sum_{i=1}^{k} p_i\delta q_i$$

可以积分得
$$\delta S = \sum_{i=1}^{k} p_i\delta q_i + C \tag{59}$$

其中 C 为积分常数. 也就是说,δS 可表为 δq_i 的线性函数.

现在把 $2k$ 个常数 c_j 分为两半,令
$$\alpha_j = c_j, \quad \gamma_j = c_{k+j} \quad (j = 1, 2, \cdots, k)$$
于是式(54)可写为

$$q_i = q_i(c,t) = q_i(\alpha,\gamma,t) \tag{60}$$

式(60)可以看作 γ_j 的 k 个关系式,假定可以解出,则形式上可以表为

$$\gamma_j = \gamma_j(q,\alpha,t) \tag{61}$$

从关系式(60)可得

$$\delta q_i = \sum_{j=1}^{k} \frac{\partial q_i}{\partial \alpha_j} \delta\alpha_j + \sum_{j=1}^{k} \frac{\partial q_i}{\partial \gamma_j} \delta\gamma_j \tag{62}$$

式(62)共 k 个关系式,表明 $\delta\gamma_j$ 可以解出成为 δq_i 和 $\delta\alpha_j$ 的线性组合.因此,从式(61),(62)可知:原来的 $2k$ 个增量 δc_j,可以用 δq_i,$\delta\alpha_j$ 来代替;S 原为 c,t 即 α,γ,t 的函数,可用式(61)变换为 q,α,t 的函数,即 $S = S(q,\alpha,t)$.由此可得

$$\delta S = \sum_{i=1}^{k} \frac{\partial S}{\partial q_i} \delta q_i + \sum_{i=1}^{k} \frac{\partial S}{\partial \alpha_i} \delta\alpha_i \tag{63}$$

式(63)与(59)应该恒等.但式(59)中的积分常数 C 可以取为任意形式,为了同式(63)一致,取为

$$C = \sum_{i=1}^{k} \beta_i \delta\alpha_i \tag{64}$$

其中 β_i 也是常数.代入式(59)后同式(63)比较 δq_i,$\delta\alpha_i$ 的系数可得

$$p_i = \frac{\partial S}{\partial q_i} = \frac{\partial S(q,\alpha,t)}{\partial q_i} \tag{65}$$

$$\beta_i = \frac{\partial S}{\partial \alpha_i} = \frac{\partial S(q,\alpha,t)}{\partial q_i} \tag{66}$$

从式(65)可以看出:只要用任何方法找出了辅助函数 $S = S(q,\alpha,t)$,则由式(66)可解出 $q_i = q_i(\alpha,\beta,t)$,为时间 t 及 $2k$ 个相互独立积分常数 α_j,β_j 的函数;再代入式(65),可得到 $p_i = p_i(\alpha,\beta,t)$.于是式(65),(66)就组成了哈密尔顿正则方程组式(53)的形式解.其中两组常数 α_j,β_j 叫作正则常数,α_i,β_i 相互为正则共轭,q_i 同 p_i 也相互为正则共轭变量.

但是怎样才能求出 $S = S(q,\alpha,t)$ 呢?由式(57)的定义知

$$\frac{\mathrm{d}S}{\mathrm{d}t} = T + U$$

但根据式(65)知

$$T + U = \frac{\mathrm{d}S}{\mathrm{d}t} = \frac{\partial S}{\partial t} + \sum_{i=1}^{k} \frac{\partial S}{\partial q_i} \dot{q}_i$$

$$= \frac{\partial S}{\partial t} + \sum_{i=1}^{k} p_i \dot{q}_i$$

又用式(56)代入得

$$\frac{\partial S}{\partial t} + T_2 - T_0 - U = 0$$

即

$$\mathscr{V} = -\left(\frac{m_1 m_2}{r_{12}} + \frac{m_2 m_3}{r_{23}} + \frac{m_3 m_1}{r_{31}} \right)$$

$$\frac{\partial S}{\partial t} + H(q,p,t) = 0$$

但 $S = S(q,\alpha,t)$，故 H 中的 p 应换为 q,α,t 的函数，以式（65）代入即得

$$\frac{\partial S}{\partial t} + H\left(q,\frac{\partial S}{\partial q},t\right) = 0 \tag{67}$$

由于 H 是 p_i 的二次多项式，故式（67）为 S 的一阶二次偏微分方程. S 就是这个方程的解. 式（67）又叫作哈密尔顿－雅可比方程.

只要广义坐标 q 同直角坐标的关系确定，即变换 $\xi_i = \xi_i(q,t)$，$\cdots$ 是已知函数，则 T,U 的函数形式就确定了，因而 H 也是已知函数，于是式（67）就确定了.

从上面已可以看出，只要从式（67）解出 $S = S(q,\alpha,t)$，代入式（65），（66）就可得到式（53）的解. 但式（67）为 S 的偏微分方程，它的解非常广泛. 必须明确什么样的解才能符合要求，否则还无法讨论. 下面的雅可比定理就是解决这个问题.

雅可比定理　不管用什么方法得到式（67）的任何一个完全解 $S(q,\alpha,t)$，即 S 包含 k 个 q 和 k 个相互独立的积分常数 $\alpha_1,\alpha_2,\cdots,\alpha_k$ 以及时间 t，并对它们存在一、二阶连续偏导数，则用式（65），（66）确定的 k 个 p 和 k 个 q（都表为 α,β，t 的函数），就是哈密尔顿正则方程组式（53）的解.

证　式（66）对 t 求微商可得

$$\frac{\partial^2 S}{\partial t \partial \alpha_i} + \sum_{j=1}^{k} \frac{\partial^2 S}{\partial q_j \partial \alpha_i}\dot{q}_j = 0$$

即

$$\frac{\partial}{\partial \alpha_i}\left(\frac{\partial S}{\partial t}\right) + \sum_{j=1}^{k} \frac{\partial}{\partial \alpha_i}\left(\frac{\partial S}{\partial q_j}\right)\dot{q}_j = 0$$

以式（65）代入得

$$\frac{\partial}{\partial \alpha_i}\left(\frac{\partial S}{\partial t}\right) + \sum_{j=1}^{k} \frac{\partial p_j}{\partial \alpha_i}\dot{q}_j = 0 \tag{68}$$

另外，把式（67）对 α_i 求偏导数，由于 H 中只有 $p = \dfrac{\partial S}{\partial q}$ 包含 α，故得

$$\frac{\partial}{\partial \alpha_i}\left(\frac{\partial S}{\partial t}\right) + \sum_{j=1}^{k} \frac{\partial H}{\partial p_j}\frac{\partial p_j}{\partial \alpha_i} = 0$$

与式（68）相减得

$$\sum_{j=1}^{k}\left(\dot{q}_j - \frac{\partial H}{\partial p_j}\right)\frac{\partial p_j}{\partial \alpha_i} = 0 \tag{69}$$

式（69）为 k 个量

$$x_j = \dot{q}_j - \frac{\partial H}{\partial p_j}$$

的 k 个线性齐次方程组，若完全写出则为

494

$$\begin{cases} \dfrac{\partial p_1}{\partial \alpha_1}x_1 + \dfrac{\partial p_2}{\partial \alpha_1}x_2 + \cdots + \dfrac{\partial p_k}{\partial \alpha_1}x_k = 0 \\[2mm] \dfrac{\partial p_1}{\partial \alpha_2}x_2 + \dfrac{\partial p_2}{\partial \alpha_2}x_2 + \cdots + \dfrac{\partial p_k}{\partial \alpha_2}x_k = 0 \\[2mm] \qquad\qquad\qquad \vdots \\[2mm] \dfrac{\partial p_1}{\partial \alpha_k}x_1 + \dfrac{\partial p_2}{\partial \alpha_k}x_2 + \cdots + \dfrac{\partial p_k}{\partial \alpha_k}x_k = 0 \end{cases} \tag{70}$$

由于 $p_1, p_2, \cdots, p_k$ 为相互独立的函数,故 p 对 α 的雅可比行列式

$$\frac{\partial(p_1, p_2, \cdots, p_k)}{\partial(\alpha_1, \alpha_2, \cdots, \alpha_k)} \neq 0$$

但式(70)作为 $x_1, x_2, \cdots, x_k$ 的齐次线性方程组,它的系数行列式就是上述雅可比行列式,它不等于 0,就只有所有的 $x_j = 0$,即

$$\dot{q}_j - \frac{\partial H}{\partial p_j} = 0, \quad \dot{q}_j = \frac{\partial H}{\partial p_j} \tag{71}$$

另外,式(65)对 t 求微商得

$$\begin{aligned} \dot{p}_i &= \frac{\partial^2 S}{\partial t \partial q_i} + \sum_{j=1}^{k} \frac{\partial^2 S}{\partial q_j \partial q_i}\dot{q}_j \\ &= \frac{\partial^2 S}{\partial t \partial q_i} + \sum_{j=1}^{k} \frac{\partial^2 S}{\partial q_j \partial q_i} \frac{\partial H}{\partial p_j} \end{aligned} \tag{72}$$

在式(67)中,仍用 p 代表 $\dfrac{\partial S}{\partial q}$,其中隐含 q,则对 q_i 求偏导数可得

$$\frac{\partial^2 S}{\partial q_i \partial t} + \frac{\partial H}{\partial q_i} + \sum_{j=1}^{k} \frac{\partial H}{\partial p_j} \frac{\partial p_j}{\partial q_i} = 0$$

以式(65)的 p_j 代入得

$$\frac{\partial^2 S}{\partial q_i \partial t} + \frac{\partial H}{\partial q_i} + \sum_{j=1}^{k} \frac{\partial H}{\partial p_j} \frac{\partial^2 S}{\partial q_i \partial q_j} = 0$$

同式(72)比较即得(偏导数运算可交换次序)

$$\dot{p}_i = -\frac{\partial H}{\partial q_i} \tag{73}$$

(71),(73)即为原来的哈密尔顿正则方程组式(53).这说明(67)的任何一个完全解 $S = S(q, \alpha, t)$,通过式(65),(66)确定的 p, q(表为 t 和 $2k$ 个相互独立的积分常数 α, β 的函数)为式(53)的解,故定理得证.这样就给出了哈密尔顿正则方程组的一种原则解法.这种解法叫作哈密尔顿 — 雅可比方法.

当哈密尔顿函数 H 有下列情况时可以使上述方法简化:

1.若 H 不显含 t,即 $H = H(q, p)$,此时

$$H = 常数 = \alpha_1$$

为一个积分,则式(67)成为

$$\mathscr{V} = -\left(\frac{m_1 m_2}{r_{12}} + \frac{m_2 m_3}{r_{23}} + \frac{m_3 m_1}{r_{31}} \right)$$

$$\frac{\partial S}{\partial t} + \alpha_i = 0 \tag{74}$$

因此, S 可写为

$$S = -\alpha_1 t + S_1$$

其中 S_1 不再显含 t.

2. 若 H 不显含某一广义坐标 q_i, 此时 q_i 又叫作循环坐标. 则

$$\frac{\partial H}{\partial q_i} = 0, \quad 即 \quad \dot{p}_i = 0$$

故 p_i 为常数, 设为 $\alpha_j (j \neq 1)$, 于是有

$$\frac{\partial S}{\partial q_i} = \alpha_j \quad (j \neq 1)$$

则 S 可表为

$$S = \alpha_j q_i + S_2$$

其中 S_2 不再包含 q_i.

3. 若 H 不显含 t, 又不含某一个 q_i, 则显然有

$$S = -\alpha_1 t + \alpha_j q_i + S' \quad (j \neq 1)$$

其中 S' 不含 t 和 q_i.

§5 摄动运动的基本方程

上两节讨论了用广义坐标表示的 N 体问题的运动方程, 并转换成正则方程组的形式. 现在再把摄动运动方程转化为广义坐标的正则方程组的形式. 先把哈密尔顿函数 H 分为两部分, 即

$$H = H_0 - H_1 \tag{75}$$

其中 H_0 表示二体问题部分, $-H_1$ 表示摄动部分. 下面就用上节讲述的哈密顿－雅可比方法先解哈密尔顿函数为 H_0 的正则方程组

$$\dot{q}_i = \frac{\partial H_0}{\partial p_i}, \quad \dot{p}_i = -\frac{\partial H_0}{\partial q_i} \tag{76}$$

解出后得到正则常数 α_i, β_i, 再用微分方程中的"常数变异法"求出以 α_i, β_i 为基本变量, 以 H_1 为哈密尔顿函数的正则方程组.

用上节方法解式(76), 需要从方程

$$\frac{\partial S}{\partial t} + H_0\left(q, \frac{\partial S}{\partial q}, t\right) = 0 \tag{77}$$

求出一个完全解 $S(q,\alpha,t)$; 式(76) 的解就由

$$\beta_r = \frac{\partial S(q,\alpha,t)}{\partial \alpha_r}, \quad p_r = \frac{\partial S(q,\alpha,t)}{\partial q_r} \tag{78}$$

给出, 形式为

496

$$q_i = q_i(\alpha, \beta, t), \quad p_i = p_i(\alpha, \beta, t) \tag{79}$$

具体的解法将在下节中讲述,这里先认为它们已经解出,由此推出 α, β 的正则方程组.

考虑摄动部分 H_1 后,α, β 应为变量;故用式(79)代入式(76)时,$\dot{q}_i, \dot{p}_i$ 应改为偏导数,即

$$\frac{\partial q_i}{\partial t} = \frac{\partial H_0}{\partial p_i}, \quad \frac{\partial p_i}{\partial t} = -\frac{\partial H_0}{\partial q_i} \tag{80}$$

但原来的方程为

$$\dot{q}_i = \frac{\partial H}{\partial p_i} = \frac{\partial(H_0 - H_1)}{\partial p_i}$$

$$\dot{p}_i = -\frac{\partial H}{\partial q_i} = -\frac{\partial(H_0 - H_1)}{\partial q_i} \tag{81}$$

根据常数变异法原理,认为式(79)也是式(81)的解,只是原正则常数看作变量,并通过式(79)的变换,把式(81)中的 q_i, p_i 变为 α_i, β_i,就可得到以 α_i, β_i 为基本变量的方程.以式(79)代入式(81)得

$$\frac{\partial q_i}{\partial t} + \sum_{r=1}^{k} \left(\frac{\partial q_i}{\partial \alpha_r} \dot{\alpha}_r + \frac{\partial q_i}{\partial \beta_r} \dot{\beta}_r \right) = \frac{\partial(H_0 - H_1)}{\partial p_i}$$

$$\frac{\partial p_i}{\partial t} + \sum_{r=1}^{k} \left(\frac{\partial p_i}{\partial \alpha_r} \dot{\alpha}_r + \frac{\partial p_i}{\partial \beta_r} \dot{\beta}_r \right) = -\frac{\partial(H_0 - H_1)}{\partial q_i}$$

用式(80)代入得

$$\sum_{r=1}^{k} \left(\frac{\partial q_i}{\partial \alpha_r} \dot{\alpha}_r + \frac{\partial q_i}{\partial \beta_r} \dot{\beta}_r \right) = -\frac{\partial H_1}{\partial p_i} \tag{82}$$

$$\sum_{r=1}^{k} \left(\frac{\partial p_i}{\partial \alpha_r} \dot{\alpha}_r + \frac{\partial p_i}{\partial \beta_r} \dot{\beta}_r \right) = \frac{\partial H_1}{\partial q_i} \tag{83}$$

H_1 原为 q_i, p_i 的函数,利用式(79)也可以化为 α, β 的函数,可得

$$\frac{\partial H_1}{\partial \alpha_j} = \sum_{i=1}^{k} \left(\frac{\partial H_1}{\partial q_i} \frac{\partial q_i}{\partial \alpha_j} + \frac{\partial H_1}{\partial p_i} \frac{\partial p_i}{\partial \alpha_j} \right)$$

以式(82),(83)代入,按 $\dot{\alpha}_r, \dot{\beta}_r$ 整理后得

$$\frac{\partial H_1}{\partial \alpha_j} = \sum_{r=1}^{k} \{ \dot{\alpha}_r [\alpha_j, \alpha_r] + \dot{\beta}_r [\alpha_j, \beta_r] \} \tag{84}$$

其中括号定义为

$$[\alpha_j, \alpha_r] = \sum_{i=1}^{k} \left(\frac{\partial q_i}{\partial \alpha_j} \frac{\partial p_i}{\partial \alpha_r} - \frac{\partial q_i}{\partial \alpha_r} \frac{\partial p_i}{\partial \alpha_j} \right) = \sum_{i=1}^{k} \frac{\partial(q_i, p_i)}{\partial(\alpha_j, \alpha_r)} \tag{85}$$

又叫作拉格朗日括号.右端是 q_i, p_i 对 α_j, α_r 的雅可比行列式,显然有关系

$$[\alpha_j, \alpha_r] = -[\alpha_r, \alpha_j] \tag{86}$$

同理可得

497

$$\mathcal{V} = -\left(\frac{m_1 m_2}{r_{12}} + \frac{m_2 m_3}{r_{23}} + \frac{m_3 m_1}{r_{31}} \right)$$

$$\frac{\partial H_1}{\partial \beta_j} = \sum_{r=1}^{k} \{\dot{\alpha}_r [\beta_j, \alpha_r] + \dot{\beta}_r [\beta_j, \beta_r]\} \qquad (87)$$

现在来讨论拉格朗日括号：$[\alpha_j, \alpha_r], [\alpha_j, \beta_r], [\beta_j, \alpha_r], [\beta_j, \beta_r]$.

利用关系 $q_i = q_i(\alpha, \beta, t)$，可把 $S = S(q, \alpha, t)$ 变换为 α, β, t 的函数，记为

$$S(q, \alpha, t) = S'(\alpha, \beta, t)$$

则

$$\frac{\partial S'}{\partial \alpha_j} = \frac{\partial S}{\partial \alpha_j} + \sum_{i=1}^{k} \frac{\partial S}{\partial q_i} \frac{\partial q_i}{\partial \alpha_j}$$

再用式(78) 可得

$$\frac{\partial S'}{\partial \alpha_j} = \beta_j + \sum_{i=1}^{k} p_i \frac{\partial q_i}{\partial \alpha_j} \qquad (88)$$

同理

$$\frac{\partial S'}{\partial \beta_j} = \sum_{i=1}^{k} \frac{\partial S}{\partial q_i} \frac{\partial q_i}{\partial \beta_j} = \sum_{i=1}^{k} p_i \frac{\partial q_i}{\partial \beta_j} \qquad (89)$$

则

$$[\alpha_j, \alpha_r] = \sum_{i=1}^{k} \left(\frac{\partial q_i}{\partial \alpha_j} \frac{\partial p_i}{\partial \alpha_r} - \frac{\partial q_i}{\partial \alpha_r} \frac{\partial p_i}{\partial \alpha_j} \right)$$

$$= \frac{\partial}{\partial \alpha_r} \sum_{i=1}^{k} p_i \frac{\partial q_i}{\partial \alpha_j} - \frac{\partial}{\partial \alpha_j} \sum_{i=1}^{k} p_i \frac{\partial q_i}{\partial \alpha_r}$$

以式(88) 代入得

$$[\alpha_j, \alpha_r] = \frac{\partial}{\partial \alpha_r} \left[\frac{\partial S'}{\partial \alpha_j} - \beta_j \right] - \frac{\partial}{\partial \alpha_j} \left[\frac{\partial S'}{\partial \alpha_r} - \beta_r \right]$$

由于 α, β 是相互独立的量，故 $\frac{\partial \beta_j}{\partial \alpha_r} = \frac{\partial \beta_r}{\partial \alpha_j} = 0$，而 S' 对 α_r, α_j 的偏导数可以交换次序，则上式成为

$$[\alpha_j, \alpha_r] = \frac{\partial^2 S'}{\partial \alpha_r \partial \alpha_j} - \frac{\partial^2 S'}{\partial \alpha_j \partial \alpha_r} = 0$$

同理

$$[\beta_j, \beta_r] = \sum_{i=1}^{k} \left(\frac{\partial q_i}{\partial \beta_j} \frac{\partial p_i}{\partial \beta_r} - \frac{\partial q_i}{\partial \beta_r} \frac{\partial p_i}{\partial \beta_j} \right)$$

$$= \frac{\partial}{\partial \beta_r} \sum_{i=1}^{k} p_i \frac{\partial q_i}{\partial \beta_j} - \frac{\partial}{\partial \beta_j} \sum_{i=1}^{k} p_i \frac{\partial q_i}{\partial \beta_r}$$

$$= \frac{\partial}{\partial \beta_r} \left(\frac{\partial S'}{\partial \beta_j} \right) - \frac{\partial}{\partial \beta_j} \left(\frac{\partial S'}{\partial \beta_r} \right) = 0$$

用式(79) 代入，再由

$$[\alpha_j, \beta_r] = \sum_{i=1}^{k} \left(\frac{\partial q_i}{\partial \alpha_j} \frac{\partial p_i}{\partial \beta_r} - \frac{\partial q_i}{\partial \beta_r} \frac{\partial p_i}{\partial \alpha_j} \right)$$

$$= \frac{\partial}{\partial \beta_r} \sum_{i=1}^{k} p_i \frac{\partial q_i}{\partial \alpha_j} - \frac{\partial}{\partial \alpha_j} \sum_{i=1}^{k} p_i \frac{\partial q_i}{\partial \beta_r}$$

用式(78),(79) 代入得

$$[\alpha_j, \beta_r] = \frac{\partial}{\partial \beta_r} \left(\frac{\partial S'}{\partial \alpha_j} - \beta_j \right) - \frac{\partial}{\partial \alpha_j} \left(\frac{\partial S'}{\partial \beta_r} \right) = -\frac{\partial \beta_j}{\partial \beta_r}$$

由于 α, β 之间也是相互独立的,因此可得

$$[\alpha_j, \beta_r] = 0, \quad 若 r \neq j$$
$$[\alpha_j, \beta_j] = -1, \quad 若 [\beta_j, \alpha_j] = 1$$

把上面得的拉格朗日括弧值代入式(84),(87) 得

$$\dot{\alpha}_j = \frac{\partial H_1}{\partial \beta_j}, \quad \dot{\beta}_j = -\frac{\partial H_1}{\partial \alpha_j} \tag{90}$$

这就是 α, β 为基本变量的微分方程,仍为正则方程组的形式,哈密尔顿函数为 H_1. 如从式(90) 解出 α, β 为时间 t 的函数后,代入式(79),所得的 q, p 即为式 (81) 的解.

在 §2 中给出了用直角坐标表示的摄动运动方程,即

$$\ddot{x} + \frac{\mu x}{r^3} = \frac{\partial R}{\partial x} \tag{91}$$

y, z 的式子相同,其中 R 为摄动函数,除包含 x, y, z 外,还有摄动行星质量(为常数)和坐标(是时间 t 的函数),即 $R = R(x, y, z, t)$. 此时,T, U 的表达式为

$$T = \frac{1}{2} m (\dot{x}^2 + \dot{y}^2 + \dot{z}^2) = T_2$$

$$U = \frac{m\mu}{r} + mR$$

可直接取坐标 $(x, y, z) = (q_1, q_2, q_3)$,动量 $(m\dot{x}, m\dot{y}, m\dot{z}) = (p_1, p_2, p_3)$,则式 (91) 仍可表为正则方程组

$$\dot{q}_i = \frac{\partial H}{\partial p_i}, \quad \dot{p}_i = -\frac{\partial H}{\partial q_i} \quad (i = 1, 2, 3) \tag{92}$$

其中

$$H = T - U = T - \frac{m\mu}{r} - mR$$

由于被摄动行星的质量 m 在方程中可以消去,为简单起见,可记为

$$T = \frac{1}{2} (\dot{x}^2 + \dot{y}^2 + \dot{z}^2), \quad U = \frac{\mu}{r} + R$$

$$(p_1, p_2, p_3) = (\dot{x}, \dot{y}, \dot{z})$$

则式(92) 不变,其中

$$H = T - U = T - \frac{\mu}{r} - R = H_0 - R$$

而

499 $$\mathcal{V} = -\left(\frac{m_1 m_2}{r_{12}} + \frac{m_2 m_3}{r_{23}} + \frac{m_3 m_1}{r_{31}} \right)$$

$$H_0 = T - \frac{\mu}{r}$$

当 $R=0$ 时，$H=H_0$，式(92)就是二体问题的方程，可以解出 q,p 为时间 t 和正则共轭常数 $\alpha_r,\beta_r(r=1,2,3)$ 的函数

$$q_i = q_i(\alpha,\beta,t), \quad p_i = p_i(\alpha,\beta,t)$$

具体的解法将在下节讲述.于是用前面刚讲过的方法，由于 $H_1=R$，可直接从式(90)得到 α_r,β_r 的摄动方程

$$\dot{\alpha}_r = \frac{\partial R}{\partial \beta_r}, \quad \dot{\beta}_r = -\frac{\partial R}{\partial \alpha_r} \tag{93}$$

这个方程组是推导各种形式的摄动运动方程的基础，故可叫作摄动运动的基本方程.

这样的过程可以继续下去.若 $R=R_0-R_1$，而当 $R_1=0$ 时，式(93)可以解出 α_r,β_r 为时间 t 和另外六个正则共轭常数 a_i,b_i 的函数，则可把式(93)变换为 a_i,b_i 的正则方程组，哈密尔顿函数为 R_1.

§6 椭圆轨道的正则共轭常数

现在就用哈密尔顿－雅可比方法来解无摄动运动(二体问题)的方程，求出椭圆轨道的正则共轭常数，作为摄动运动方程的基本变量.由于在第一章中已解出了二体问题的运动方程，积分常数已用天体的轨道根数来表达.这里就可以把椭圆轨道的正则共轭常数同轨道根数联系起来.

取日心黄道球坐标 (r,λ,θ) 为广义坐标 (q_1,q_2,q_3)，其中 r 为向径；λ 为黄经，由春分点起算，与 x 轴方向相同；θ 为黄纬，从黄道向北为正，则天体的日心黄道直角坐标 (x,y,z) 同 (r,λ,θ) 的关系为

$$x = r\cos\lambda\cos\theta, \quad y = r\sin\lambda\cos\theta, \quad z = r\sin\theta \tag{94}$$

此时动能 T 略去质量因子 m 后可变为

$$T = \frac{1}{2}(\dot{x}^2 + \dot{y}^2 + \dot{z}^2) = \frac{1}{2}(\dot{r}^2 + \dot{\lambda}^2 r^2\cos^2\theta + r^2\dot{\theta}^2)$$

$$= \frac{1}{2}(\dot{q}_1^2 + \dot{q}_2^2 q_1^2\cos^2 q_3 + q_1^2\dot{q}_3^2) = T_2 \tag{95}$$

即 $T_1 = T_0 = 0$，相应的广义动量 p_i 为

$$\begin{cases} p_1 = \dfrac{\partial T}{\partial \dot{q}_1} = \dfrac{\partial T}{\partial \dot{r}} = \dot{r} \\[2mm] p_2 = \dfrac{\partial T}{\partial \dot{q}_2} = \dfrac{\partial T}{\partial \dot{\lambda}} = \dot{\lambda} r^2\cos^2\theta \\[2mm] p_3 = \dfrac{\partial T}{\partial \dot{q}_3} = \dfrac{\partial T}{\partial \dot{\theta}} = r^2\dot{\theta} \end{cases} \tag{96}$$

故用 p,q 表示的动能 T 为

$$\overline{T} = \frac{1}{2}\left(p_1^2 + \frac{p_2^2}{r^2\cos^2\theta} + \frac{p_3^2}{r^2}\right) \tag{97}$$

而无摄动运动的 $U = \frac{\mu}{r}$（略去因子 m），则哈密顿函数 H_0 为

$$H_0 = \overline{T}_2 - T_0 - U = \frac{1}{2}\left(p_1^2 + \frac{p_2^2}{r^2\cos^2\theta} + \frac{p_3^2}{r^2}\right) - \frac{\mu}{r} \tag{98}$$

运动方程为

$$\begin{cases} \dot{q}_1 = \dot{r} = \dfrac{\partial H_0}{\partial p_1}, \quad \dot{q}_2 = \dot{\lambda} = \dfrac{\partial H_0}{\partial p_2} \\[2mm] \dot{q}_3 = \dot{\theta} = \dfrac{\partial H_0}{\partial p_3}, \quad \dot{p}_1 = -\dfrac{\partial H_0}{\partial r} \\[2mm] \dot{p}_2 = -\dfrac{\partial H_0}{\partial \lambda}, \quad \dot{p}_3 = -\dfrac{\partial H_0}{\partial \theta} \end{cases} \tag{99}$$

相应的哈密顿－雅可比方程为

$$\frac{\partial S}{\partial t} + \frac{1}{2}\left[\left(\frac{\partial S}{\partial r}\right)^2 + \frac{1}{r^2\cos^2\theta}\left(\frac{\partial S}{\partial \lambda}\right)^2 + \frac{1}{r^2}\left(\frac{\partial S}{\partial \theta}\right)^2\right] - \frac{\mu}{r} = 0 \tag{100}$$

现在就来解出式（100）. 由于式（98）中的 H_0 不显含时间 t 和坐标 λ，故根据 §4 末的讨论知，s 可表为下面形式

$$S = -\alpha_1 t + \alpha_3 \lambda + S' \tag{101}$$

根据雅可比定理可知，只要求得到式（100）的一个所谓"完全"解，即要求满足式（100）的 S 包含时间 t 和三个坐标 r,λ,θ 以及三个相互独立的积分常数 α_1，α_2,α_3. 而式（101）的 S 已包含了时间 t，坐标 λ 以及两个积分常数 α_1,α_3，故只要 S' 包含另两个坐标和另一个独立的积分常数 α_2 就行了. 因此，式（101）中的 S' 可记为 $S'(r,\theta)$，把这种形式的式（101）代入式（100）后，式（100）就可整理成为分离变量的形式

$$2\alpha_1 r^2 + 2\mu r - r^2\left(\frac{\partial S'}{\partial r}\right)^2 = \left(\frac{\partial S'}{\partial \theta}\right)^2 + \alpha_3^2 \sec^2\theta \tag{102}$$

于是 S' 也可写为分离变量的形式，即可令

$$S'(r,\theta) = S_1(r) + S_2(\theta) \tag{103}$$

由于式（102）右端显然为正，故用式（103）代入后，可令两端等于同一常数 α_2^2. 由于解出的 S' 可能符合上述要求，因此可得两个关系式

$$2\alpha_1 r^2 + 2\mu r - r^2\left(\frac{\mathrm{d}S_1}{\mathrm{d}r}\right)^2 = \alpha_2^2 \tag{104}$$

$$\left(\frac{\mathrm{d}S_2}{\mathrm{d}\theta}\right)^2 + \alpha_3^2 \sec^2\theta = \alpha_2^2 \tag{105}$$

其中由于 S_1 只包含 r，S_2 只包含 θ，故偏微商符号可改为常微商符号. 从（104），

501 $\qquad V = -\left(\frac{m_1 m_2}{r_{12}} + \frac{m_2 m_3}{r_{23}} + \frac{m_3 m_1}{r_{31}}\right)$

（105）解出 S_1，S_2 后，相应的 S 为

$$S = -\alpha_1 t + \alpha_3 \lambda + S_1 + S_2 \tag{106}$$

就是式（100）的一个完全解，可以符合要求了．

由式（104），（105）可得

$$S_1 = \int_{r_1}^{r} \sqrt{2\alpha_1 r^2 + 2\mu r - \alpha_2^2} \, \frac{\mathrm{d}r}{r} \tag{107}$$

$$S_2 = \int_{0}^{\theta} \sqrt{\alpha_2^2 - \alpha_3^2 \sec^2\theta} \, \mathrm{d}\theta \tag{108}$$

因为积分常数 α_1，α_2，α_3 都已引入了，故上面的积分限可以任意取，使得结果更简单，其中式（108）积分下限已取为 0，但式（107）中 r_1 不能取为 0；因一般椭圆运动中，$r \neq 0$．这里我们取 r_1 为方程

$$y \equiv 2\alpha_1 r^2 + 2\mu r - \alpha_2^2 = 0 \tag{109}$$

的两个正实根 r_1，r_2 中的较小的那个．由根与系数的关系可得

$$r_1 + r_2 = -\frac{\mu}{\alpha_1}, \quad r_1 r_2 = -\frac{\alpha_2^2}{2\alpha_1} \tag{110}$$

而 r_1，r_2 为向径 r 的值，不可能为负，故必须有 $\alpha_1 < 0$．另外，式（109）定义的 y 在式（107）中要开平方，故必须 $y > 0$．因此 y 可写为

$$\sqrt{y} = (-2\alpha_1)^{\frac{1}{2}} \sqrt{(r - r_1)(r_2 - r)} \tag{111}$$

这表明 r 只在范围 $r_1 \leqslant r \leqslant r_2$ 内变化，也就是说，r_1，r_2 为向径的极小值和极大值．但用椭圆轨道根数半长径 a 和偏心率 e 来表示可得

$$r_1 = a(1 - e), \quad r_2 = a(1 + e)$$

代入式（110）即得

$$\alpha_1 = -\frac{\mu}{2a}, \quad \alpha_2 = \sqrt{\mu a(1 - e^2)} \tag{112}$$

这就给出了正则常数 α_1，α_2 同椭圆轨道根数 a，e 之间的关系．

下面来具体讨论式（99）的解，根据哈密尔顿－雅可比方法的原理，天体坐标 (r, λ, θ) 的解应包含在下面方程

$$\frac{\partial S}{\partial \alpha_1} = \beta_1, \quad \frac{\partial S}{\partial \alpha_2} = \beta_2, \quad \frac{\partial S}{\partial \alpha_3} = \beta_3$$

用式（106）代入，并用式（107），（108）的结果，这三个式子可化为下面形式

$$-t + \frac{\partial S_1(r)}{\partial \alpha_1} = \beta_1 \tag{113}$$

$$\lambda + \frac{\partial S_2(\theta)}{\partial \alpha_3} = \beta_3 \tag{114}$$

$$\frac{\partial S_1(r)}{\partial \alpha_2} + \frac{\partial S_2(\theta)}{\partial \alpha_2} = \beta_2 \tag{115}$$

下面就具体求出这三个式子．以式（107）代入式（113），注意 r_1 也是 α_1 的函数，

则得

$$t + \beta_1 = \frac{\partial S_1}{\partial \alpha_1} = \int_{r_1}^{r} \frac{r \mathrm{d}r}{\sqrt{y}} - \frac{\partial r_1}{\partial \alpha_1} \left[\frac{\sqrt{y}}{r} \right]_{r=r_1}$$

但 r_1 为 $y = 0$ 的根,故上式最后一项为 0,即

$$t + \beta_1 = \frac{1}{\sqrt{-2\alpha_1}} \int_{r_1}^{r} \frac{r \mathrm{d}r}{\sqrt{(r - r_1)(r_2 - r)}}$$

由于已知是椭圆轨道,则有关系

$$r_1 = a(1 - e), \quad r_2 = a(1 + e)$$
$$r = a(1 - e\cos E)$$

代入上式得

$$t + \beta_1 = \frac{a}{\sqrt{-2\alpha_1}} \int_{0}^{E} (1 - e\cos E)\mathrm{d}E$$

积分后得

$$E - e\sin E = \frac{\sqrt{-2\alpha_1}}{a}(t + \beta_1) = n(t + \beta_1)$$

根据式(112)的 α_1,容易看出上式的 n 就是平均角速度,故上式就是开普勒方程,因此有

$$\beta_1 = -\tau = \frac{M_0}{n} \tag{116}$$

这是 β_1 同椭圆轨道根数 τ 或 M_0 之间的关系.

以式(108)代入式(114)得

$$\beta_3 = \lambda - \alpha_3 \int_{0}^{\theta} \frac{\sec^2\theta \mathrm{d}\theta}{\sqrt{\alpha_2^2 - \alpha_3^2 \sec^2\theta}} = \lambda - \int_{0}^{\theta} \frac{\sec^2\theta \mathrm{d}\theta}{\sqrt{\frac{\alpha_2^2 - \alpha_3^2}{\alpha_3^2} - \tan^2\theta}}$$

因根号内的量不能为负,必须有 $|\alpha_2| > |\alpha_3|$.故定义一个辅助量 ϕ 为

$$\alpha_2^2 - \alpha_3^2 = \alpha_3^2 \tan^2\phi \tag{117}$$

代入上式得

$$\beta_3 = \lambda - \int_{0}^{\theta} \frac{\sec^2\theta \mathrm{d}\theta}{\sqrt{\tan^2\phi - \tan^2\theta}} = \lambda - \int_{0}^{\theta} \frac{\mathrm{d}\left(\frac{\tan\theta}{\tan\phi}\right)}{\sqrt{1 - \left(\frac{\tan\theta}{\tan\phi}\right)^2}}$$

$$= \lambda - \arcsin\left(\frac{\tan\theta}{\tan\phi}\right)$$

或

$$\sin(\lambda - \beta_3) = \frac{\tan\theta}{\tan\phi} \tag{118}$$

因 $|\sin(\lambda - \beta_3)| \leqslant 1$,故 $|\tan\theta| \leqslant |\tan\phi|$.因 θ 为黄纬,永远有 $|\theta| \leqslant$

503

$$U = -\left(\frac{m_1 m_2}{r_{12}} + \frac{m_2 m_3}{r_{23}} + \frac{m_3 m_1}{r_{31}}\right)$$

$\frac{\pi}{2}$. 故当 ϕ 在第一象限时，有 $|\theta| \leqslant \phi$，即 ϕ 为 $|\theta|$ 的极大值，它就是天体轨道面对黄道面的倾角 i，即 $\phi = i$. 则式 (117) 成为

$$\alpha_2^2 = \alpha_3^2 \sec^2 i$$

或

$$\alpha_3 = \alpha_2 \cos i = \sqrt{\mu a (1 - e^2)} \cos i \tag{119}$$

若 ϕ 在第二象限，在同样的结果.

又从式 (118) 知，当 $\theta = 0$ 时，即天体在黄道上，此时 $\sin(\lambda - \beta_3) = 0$，即 $\lambda - \beta_3 = 0$ 或 π，也就是天体在升交点或降交点；相应的 $\lambda = \Omega$（升交点黄经）或 $\Omega + \pi$. 故可以定义

$$\beta_3 = \Omega \tag{120}$$

于是得到了 α_3, β_3 同椭圆轨道根数之间的关系.

最后，以式 (107)，(108) 代入式 (115) 可得

$$\beta_2 = \frac{\partial S}{\partial \alpha_2} = \frac{\partial S_1}{\partial \alpha_2} + \frac{\partial S_2}{\partial \alpha_2} = \alpha_2 \int_0^\theta \frac{\mathrm{d}\theta}{\sqrt{\alpha_2^2 - \alpha_3^2 \sec^2 \theta}} -$$

$$\alpha_2 \int_{r_1}^r \frac{\mathrm{d}r}{r\sqrt{y}} - \frac{\partial r_1}{\partial \alpha_1} \left(\frac{\sqrt{y}}{r} \right)_{r=r_1} \tag{121}$$

其中最后一项显然为 0；右端两个积分记为 I_1, I_2，分别进行讨论

$$I_1 = \alpha_2 \int_0^\theta \frac{\mathrm{d}\theta}{\sqrt{\alpha_2^2 - \alpha_3^2 \sec^2 \theta}} = \alpha_2 \int_0^\theta \frac{\cos \theta \mathrm{d}\theta}{\sqrt{\alpha_2^2 - \alpha_3^2 - \alpha_2^2 \sin^2 \theta}}$$

用式 (119) 的关系 $\alpha_3 = \alpha_2 \cos i$ 代入得

$$I_1 = \int_0^\theta \frac{\cos \theta \mathrm{d}\theta}{\sqrt{\sin^2 i - \sin^2 \theta}} = \arcsin \left(\frac{\sin \theta}{\sin i} \right)$$

即

$$\sin \theta = \sin I_1 \sin i$$

这里的 θ 是黄纬；根据第一章公式 (91) 和 (101) 的第三式可知（那里用 b 表示黄纬）

$$\sin b = \sin \theta = \sin (f + \omega) \sin i$$

因此可得

$$I_1 = f + \omega \tag{122}$$

另外

$$I_2 = \alpha_2 \int_{r_1}^r \frac{\mathrm{d}r}{r\sqrt{y}} = \frac{\alpha_2}{\sqrt{-2\alpha_1}} \int_{r_1}^r \frac{\mathrm{d}r}{r\sqrt{(r - r_1)(r_2 - r)}}$$

以

$$\alpha_1 = -\frac{\mu}{2a}, \alpha_2 = \sqrt{\mu a(1 - e^2)}, r_1 = a(1 - e), r_2 = a(1 + e), r = a(1 - e\cos E)$$

代入后得

$$I_2 = \sqrt{1-e^2} \int_0^E \frac{\mathrm{d}E}{1-e\cos E}$$

再根据偏近点角 E 同真近点角 f 之间的关系第一章中式(81)知

$$\sin f = \frac{\sqrt{1-e^2}\sin E}{1-e\cos E}$$

$$\cos f = \frac{\cos E - e}{1-e\cos E}$$

则对 E 求微商可得

$$\cos f \frac{\mathrm{d}f}{\mathrm{d}E} = \sqrt{1-e^2}\frac{\cos E - e}{(1-e\cos E)^2} = \frac{\sqrt{1-e^2}\cos f}{1-e\cos E}$$

因此有关系

$$\mathrm{d}E = \frac{1-e\cos E}{\sqrt{1-e^2}}\mathrm{d}f$$

代入 I_2 的式子中得

$$I_2 = \int_0^f \mathrm{d}f = f \tag{123}$$

故以式(122),(123)代入(121)可知

$$\beta_2 = I_1 - I_2 = (f+\omega) - f = \omega \tag{124}$$

到此为止,所有的正则常数 α_i, β_i 都已求出,它们同轨道根数的关系归纳为

$$\begin{cases} \alpha_1 = -\dfrac{\mu}{2a}, & \beta_1 = -\tau = \dfrac{M_0}{n} \\ \alpha_2 = \sqrt{\mu a(1-e^2)}, & \beta_2 = \omega \\ \alpha_3 = \sqrt{\mu a(1-e^2)}\cos i, & \beta_3 = \Omega \end{cases} \tag{125}$$

反过来也可解出轨道数为正则常数 α, β 的函数,即

$$\begin{cases} a = -\dfrac{\mu}{2\alpha_1}, & \tau = -\dfrac{M_0}{n} = -\beta_1 \\ e = \sqrt{1+\dfrac{2\alpha_1\alpha_2^2}{\mu^2}}, & \omega = \beta_2 \\ i = \arccos\dfrac{\alpha_3}{\alpha_2}, & \Omega = \beta_3 \end{cases} \tag{126}$$

得到椭圆轨道的正则常数后,就可以用它们建立摄动运动方程.

§7 轨道根数为基本变量的摄动运动方程,瞬时椭圆

根据上节求出的椭圆轨道正则常数 $\alpha_i, \beta_i(i=1,2,3)$,§5 所讲的摄动运动

505　　　　$\mathscr{V} = -\left(\frac{m_1 m_2}{r_{12}} + \frac{m_2 m_3}{r_{23}} + \frac{m_3 m_1}{r_{31}}\right)$

的基本方程

$$\dot{\alpha}_i = \frac{\partial R}{\partial \beta_i}, \quad \dot{\beta}_i = -\frac{\partial R}{\partial \alpha_i} \quad (i=1,2,3) \tag{127}$$

就是以 α_i, β_i 为基本变量的摄动运动方程. 其中 R 为摄动函数, 应表示成 α_i, β_i 和时间 t 的函数. 如不只一个摄动行星, R 的项数相应增加, 只是所有的摄动行星坐标都要化成时间 t 的函数.

在天体力学中, 由于轨道根数的概念比较明确, 常用它们作为基本变量, 进而讨论天体的摄动运动, 现在就把它们推导出来.

为记号简单起见, 用 $a_1, a_2, \cdots, a_6$ 表示六个轨道根数, 即

$$\begin{cases} a_1 = a = -\dfrac{\mu}{2\alpha_1}, \quad a_2 = e = \sqrt{1 + \dfrac{2\alpha_1\alpha_2^2}{\mu^2}} \\[2mm] a_3 = i = \arccos\dfrac{\alpha_3}{\alpha_2} \\[2mm] a_4 = M_0 = n\beta_1 = \left(\dfrac{-2\alpha_1}{\mu}\right)^{\frac{3}{2}}\beta_1 \\[2mm] a_5 = \omega = \beta_2, \quad a_6 = \Omega = \beta_3 \end{cases} \tag{128}$$

式 (128) 就是轨道根数同正则共轭常数之间的变换, 可简记为 $a_m = a_m(\alpha, \beta)$, 不显含 t. 现在就用式 (128) 把摄动运动方程式 (127) 变换为轨道根数作基本变量的方程组, 从函数关系 $a_m = a_m(\alpha, \beta)$ 得

$$\dot{a}_m = \sum_{r=1}^{3}\left(\frac{\partial a_m}{\partial \alpha_r}\dot{\alpha}_r + \frac{\partial a_m}{\partial \alpha_r}\dot{\beta}_r\right)$$

以式 (127) 代入得

$$\dot{a}_m = \sum_{r=1}^{3}\left(\frac{\partial a_m}{\partial \alpha_r}\frac{\partial R}{\partial \beta_r} - \frac{\partial a_m}{\partial \beta_r}\frac{\partial R}{\partial \alpha_r}\right)$$

但摄动函数 R 也可通过式 (128) 变为 $R = R(a_1, a_2, \cdots, a_6, t) = R(\alpha, \beta, t)$, 故得

$$\frac{\partial R}{\partial \alpha_r} = \sum_{s=1}^{6}\frac{\partial R}{\partial a_s}\frac{\partial a_s}{\partial \alpha_r}, \quad \frac{\partial R}{\partial \beta_r} = \sum_{s=1}^{6}\frac{\partial R}{\partial a_s}\frac{\partial a_s}{\partial \beta_r}$$

代入上式可整理为

$$\dot{a}_m = \sum_{s=1}^{6}\frac{\partial R}{\partial a_s}\sum_{r=1}^{3}\left(\frac{\partial a_m}{\partial \alpha_r}\frac{\partial a_s}{\partial \beta_r} - \frac{\partial a_m}{\partial \beta_r}\frac{\partial a_s}{\partial \alpha_r}\right) \tag{129}$$

定义符号

$$\{a_m, a_s\} = \sum_{r=1}^{3}\left(\frac{\partial a_m}{\partial \alpha_r}\frac{\partial a_s}{\partial \beta_r} - \frac{\partial a_m}{\partial \beta_r}\frac{\partial a_s}{\partial \alpha_r}\right) \tag{130}$$

这个符号叫作 a_m, a_s 对 α, β 的柏松括号 (Poisson bracket), 从式 (130) 可直接看出下面简单关系

$$\{a_m, a_m\} = 0, \quad \{a_m, a_s\} = -\{a_s, a_m\} \tag{131}$$

用式(130)代入式(129)后得

$$\dot{a}_m = \sum_{s=1}^{6} \{a_m, a_s\} \frac{\partial R}{\partial a_s} \qquad (132)$$

因此,只要算出所有的柏松括号:$\{a_m, a_s\}$,式(132)就是所要得到的结果.

从式(128)知,$a_1 = a$,只包含 α_1,则由式(130)知

$$\{a_1, a_s\} = \{a, a_s\} = \frac{\partial a}{\partial \alpha_1} \frac{\partial a_s}{\partial \beta_1}$$

但又从式(128)知,只有 $a_4 = M_0$ 中含有 β_1,因此只有

$$\{a, a_4\} = \{a, M_0\} = \frac{\partial a}{\partial \alpha_1} \frac{\partial M_0}{\partial \beta_1} = \frac{n\mu}{2\alpha_1^2} = \frac{2}{na}$$

其余的

$$\{a, a_s\} = 0$$

由式(128)知 e 只包含 α_1, α_2,则

$$\{e, a_s\} = \frac{\partial e}{\partial \alpha_1} \frac{\partial a_s}{\partial \beta_1} + \frac{\partial e}{\partial \alpha_2} \frac{\partial u_s}{\partial \beta_2}$$

但式(128)表明,只有 $a_4 = M_0$ 中包含 β_1,$a_5 = w$ 中有 β_2. 因此可得

$$\{e, M_0\} = \frac{\partial e}{\partial \alpha_1} \frac{\partial M_0}{\partial \beta_1} = \frac{\frac{\alpha_2^2}{\mu^2}}{e} n = \frac{1 - e^2}{na^2 e}$$

$$\{e, \omega\} = \frac{\partial e}{\partial \alpha_2} \frac{\partial \omega}{\partial \beta_2} = \frac{\frac{2\alpha_1 \alpha_2}{\mu^2}}{e} = -\frac{\sqrt{1 - e^2}}{na^2 e}$$

其余的

$$\{e, a_s\} = 0$$

再由 $a_3 = i$,只包含 α_2, α_3,则

$$\{i, a_s\} = \frac{\partial i}{\partial \alpha_2} \frac{\partial a_s}{\partial \beta_2} + \frac{\partial i}{\partial \alpha_3} \frac{\partial a_s}{\partial \beta_3}$$

但只有 $a_5 = \omega$ 包含 β_2,$a_6 = \Omega$ 包含 β_3,则得

$$\{i, \omega\} = \frac{\partial i}{\partial \alpha_2} \frac{\partial \omega}{\partial \beta_2} = \frac{\partial i}{\partial \alpha_2} = \frac{\cot i}{na^2 \sqrt{1 - e^2}}$$

$$\{i, \Omega\} = \frac{\partial i}{\partial \alpha_3} \frac{\partial \Omega}{\partial \beta_3} = \frac{\partial i}{\partial \alpha_3} = -\frac{1}{na^2 \sqrt{1 - e^2} \sin i}$$

其余的

$$\{i, a_s\} = 0$$

利用关系 $\{a_m, a_s\} = -\{a_s, a_m\}$,可得相应的括号值,归纳如下

$$\mathscr{V} = -\left(\frac{m_1 m_2}{r_{12}} + \frac{m_2 m_3}{r_{23}} + \frac{m_3 m_1}{r_{31}}\right)$$

$$\begin{cases}
\{a, M_0\} = \dfrac{2}{na}, \quad \text{其余的} \{a, a_s\} = 0 \\[2mm]
\{e, M_0\} = \dfrac{1-e^2}{na^2 e}, \quad \{e, \omega\} = -\dfrac{\sqrt{1-e^2}}{na^2 e}, \quad \{e, a_s\} = 0 \\[2mm]
\{i, \omega\} = \dfrac{\cot i}{na^2 \sqrt{1-e^2}} \\[2mm]
\{i, \Omega\} = -\dfrac{1}{na^2 \sqrt{1-e^2} \sin i}, \quad \{i, a_s\} = 0 \\[2mm]
\{M_0, a\} = -\{a, M_0\} \\[2mm]
\{M_0, e\} = -\{e, M_0\}, \quad \{M_0, a_s\} = 0 \\[2mm]
\{\omega, e\} = -\{e, \omega\} \\[2mm]
\{\omega, i\} = -\{i, \omega\}, \quad \{\omega, a_s\} = 0 \\[2mm]
\{\Omega, i\} = -\{i, \Omega\} \\[2mm]
\{\Omega, a_s\} = 0
\end{cases} \tag{133}$$

代入式(132) 得

$$\begin{cases}
\dot{a} = \dfrac{2}{na} \dfrac{\partial R}{\partial M_0} \\[3mm]
\dot{e} = \dfrac{1-e^2}{na^2 e} \dfrac{\partial R}{\partial M_0} - \dfrac{\sqrt{1-e^2}}{na^2 e} \dfrac{\partial R}{\partial \omega} \\[3mm]
\dfrac{\mathrm{d}i}{\mathrm{d}t} = \dfrac{\cot i}{na^2 \sqrt{1-e^2}} \dfrac{\partial R}{\partial \omega} - \dfrac{1}{na^2 \sqrt{1-e^2} \sin i} \dfrac{\partial R}{\partial \Omega} \\[3mm]
\dot{M}_0 = -\dfrac{2}{na} \dfrac{\partial R}{\partial a} - \dfrac{1-e^2}{na^2 e} \dfrac{\partial R}{\partial e} \\[3mm]
\dot{\omega} = \dfrac{\sqrt{1-e^2}}{na^2 e} \dfrac{\partial R}{\partial e} - \dfrac{\cot i}{na^2 \sqrt{1-e^2}} \dfrac{\partial R}{\partial i} \\[3mm]
\dot{\Omega} = \dfrac{1}{na^2 \sqrt{1-e^2} \sin i} \dfrac{\partial R}{\partial i}
\end{cases} \tag{134}$$

式(134) 就是用椭圆轨道根数为基本变量的摄动运动方程,首先由拉格朗日 研究行星运动时推出的,故在天体力学中常叫作拉格朗日行星运动方程.

轨道根数有不同的取法,但可以从(134) 进行推导. 例如有时采用 $\varepsilon_0, \tilde{\omega}$ 代替 M_0, ω,定义为

$$\varepsilon_0 = M_0 + \omega + \Omega$$

$$\tilde{\omega} = \omega + \Omega$$

用 $\bar{R}$ 表示 $\bar{R}(a, e, i, \varepsilon_0, \tilde{\omega}, \Omega, t)$,则得

$$\dot{\varepsilon}_0 = \dot{M}_0 + \dot{\omega} + \dot{\Omega}$$

$$\dot{\tilde{\omega}} = \dot{\omega} + \dot{\Omega}$$

$$\frac{\partial R}{\partial M_0} = \frac{\partial \bar{R}}{\partial \varepsilon_0}, \quad \frac{\partial R}{\partial \omega} = \frac{\partial \bar{R}}{\partial \varepsilon_0} + \frac{\partial \bar{R}}{\partial \tilde{\omega}}$$

$$\frac{\partial R}{\partial \Omega} = \frac{\partial \bar{R}}{\partial \Omega} + \frac{\partial \bar{R}}{\partial \varepsilon_0} + \frac{\partial \bar{R}}{\partial \tilde{\omega}}$$

代入式(134)即得用 $a, e, i, \varepsilon_0, \tilde{\omega}, \Omega$ 为基本变量的摄动运动方程(仍用 R 表示 $\bar{R}$, 但理解为这一组根数的函数)

$$\begin{cases} \dot{a} = \frac{2}{na} \frac{\partial R}{\partial \varepsilon_0} \\[2mm] \dot{e} = -\frac{\sqrt{1-e^2}}{na^2 e} \frac{\partial R}{\partial \tilde{\omega}} + \frac{(1-e^2) - \sqrt{1-e^2}}{na^2 e} \frac{\partial R}{\partial \varepsilon_0} \\[3mm] \frac{\mathrm{d}i}{\mathrm{d}t} = -\frac{1}{na^2 \sqrt{1-e^2}\sin i} \frac{\partial R}{\partial \Omega} - \frac{\tan \frac{i}{2}}{na^2 \sqrt{1-e^2}} \left(\frac{\partial R}{\partial \tilde{\omega}} + \frac{\partial R}{\partial \varepsilon_0} \right) \\[3mm] \dot{\varepsilon}_0 = -\frac{2}{na} \frac{\partial R}{\partial a} + \frac{\tan \frac{i}{2}}{na^2 \sqrt{1-e^2}} \frac{\partial R}{\partial i} + \frac{(1-e^2) - \sqrt{1-e^2}}{na^2 e} \frac{\partial R}{\partial e} \\[3mm] \dot{\tilde{\omega}} = \frac{\tan \frac{i}{2}}{na^2 \sqrt{1-e^2}} \frac{\partial R}{\partial i} + \frac{\sqrt{1-e^2}}{na^2 e} \frac{\partial R}{\partial e} \\[3mm] \dot{\Omega} = \frac{1}{na^2 \sqrt{1-e^2}\sin i} \frac{\partial R}{\partial i} \end{cases} \tag{135}$$

从上式可看出,有些项的分母中含有 e 作为因子,其中有的可以直接去掉, 如

$$\frac{(1-e^2) - \sqrt{1-e^2}}{na^2 e} = -\frac{\sqrt{1-e^2}}{na^2 e}(1 - \sqrt{1-e^2})$$

$$= -\frac{\sqrt{1-e^2}}{na^2 e} \frac{1-(1-e^2)}{1+\sqrt{1-e^2}} = -\frac{e\sqrt{1-e^2}}{na^2(1+\sqrt{1-e^2})}$$

有的不能直接去掉,当 $e \to 0$ 时,这些项成为无穷大,这是摄动运动方程中的奇 点,太阳系中很多天体的偏心率都很小,用上面方程讨论摄动时就出现困难,但 是这种困难是直接用偏心率作变量造成的,可以作适当变换就能解决. 定义新 变量 h, k 为

$$h = e\sin \tilde{\omega}, \quad k = e\cos \tilde{\omega} \tag{136}$$

即

$$e = \sqrt{h^2 + k^2}, \quad \sin \tilde{\omega} = \frac{h}{\sqrt{h^2 + k^2}}$$

$$\cos \tilde{\omega} = \frac{k}{\sqrt{h^2 + k^2}} \tag{137}$$

509 $\qquad \mathscr{V} = -\left(\frac{m_1 m_2}{r_{12}} + \frac{m_2 m_3}{r_{23}} + \frac{m_3 m_1}{r_{31}} \right)$

则

$$\frac{\partial R}{\partial e} = \frac{\partial R}{\partial h}\frac{\partial h}{\partial e} + \frac{\partial R}{\partial k}\frac{\partial k}{\partial e} = \frac{\partial R}{\partial h}\sin\tilde{\omega} + \frac{\partial R}{\partial k}\cos\tilde{\omega}$$

$$= \frac{h}{\sqrt{h^2+k^2}}\frac{\partial R}{\partial h} + \frac{k}{\sqrt{h^2+k^2}}\frac{\partial R}{\partial k}$$

$$\frac{\partial R}{\partial\tilde{\omega}} = \frac{\partial R}{\partial h}\frac{\partial h}{\partial\tilde{\omega}} + \frac{\partial R}{\partial k}\frac{\partial k}{\partial\tilde{\omega}} = k\frac{\partial R}{\partial h} - \frac{\partial R}{\partial k}$$

$$\dot{h} = \dot{e}\sin\tilde{\omega} + e\cos\tilde{\omega}\,\dot{\tilde{\omega}} = \frac{h}{\sqrt{h^2+k^2}}\dot{e} + k\dot{\tilde{\omega}}$$

$$\dot{k} = \dot{e}\cos\tilde{\omega} - e\sin\tilde{\omega}\,\dot{\tilde{\omega}} = \frac{k}{\sqrt{h^2+k^2}}\dot{e} - h\dot{\tilde{\omega}}$$

用上面各式可把式(135)中 $\dot{e},\dot{\tilde{\omega}}$ 的方程变换为

$$
\begin{cases}
\dot{h} = \dfrac{\sqrt{1-h^2-k^2}}{na^2}\dfrac{\partial R}{\partial k} - \dfrac{\sqrt{1-h^2-k^2}}{na^2} \cdot \\[3mm]
\qquad \dfrac{h}{1+\sqrt{1-h^2-k^2}}\dfrac{\partial R}{\partial\varepsilon_0} + \dfrac{k\cot i\tan\dfrac{i}{2}}{na^2\sqrt{1-h^2-k^2}}\dfrac{\partial R}{\partial i} \\[6mm]
\dot{k} = -\dfrac{\sqrt{1-h^2-k^2}}{na^2}\dfrac{\partial R}{\partial h} - \dfrac{\sqrt{1-h^2-k^2}}{na^2} \cdot \\[3mm]
\qquad \dfrac{k}{1+\sqrt{1-h^2-k^2}}\dfrac{\partial R}{\partial\varepsilon_0} - \dfrac{h\cot i\tan\dfrac{i}{2}}{na^2\sqrt{1-h^2-k^2}}\dfrac{\partial R}{\partial i}
\end{cases}
\tag{138}
$$

这里的分母就不会因 $e\to 0$ 而变成无穷大. 式(135)中其余各式各作相应的改变,这里不再推导了. 如用式(134)讨论摄动,则 $\dot{e},\dot{\tilde{\omega}}$ 式子中有同样问题,可以取 $h=e\sin\omega, k=e\cos\omega$ 来消除这个困难.

同样,当 $i\to 0$ 时,式(134)或式(135)中 $\dot{\Omega},\dfrac{\mathrm{d}i}{\mathrm{d}t}$ 有 $\sin i$ 作分母的项也要变成无穷大. 而在太阳系中,i 很小的情况也很多,可用同样的办法来解决,定义

$$p=\sin i\sin\Omega, \quad q=\sin i\cos\Omega \tag{139}$$

则

$$\dot{p} = \sin i\cos\Omega\dot{\Omega} + \cos i\sin\Omega\frac{\mathrm{d}i}{\mathrm{d}t}$$

$$= q\dot{\Omega} + \frac{\sqrt{1-p^2-q^2}}{\sqrt{p^2+q^2}}p\frac{\mathrm{d}i}{\mathrm{d}t}$$

$$\dot{q} = -\sin i\sin\Omega\dot{\Omega} + \cos i\cos\Omega\frac{\mathrm{d}i}{\mathrm{d}t}$$

$$= -p\dot{\Omega} + \frac{\sqrt{1-p^2-q^2}}{\sqrt{p^2+q^2}} q \frac{\mathrm{d}i}{\mathrm{d}t}$$

而且

$$\frac{\partial R}{\partial i} = \frac{\partial R}{\partial p}\frac{\partial p}{\partial i} + \frac{\partial R}{\partial q}\frac{\partial q}{\partial i}$$

$$= \frac{\partial R}{\partial p}\cos i \sin \Omega + \frac{\partial R}{\partial q}\cos i \cos \Omega$$

$$= \frac{p\sqrt{1-p^2-q^2}}{\sqrt{p^2+q^2}}\frac{\partial R}{\partial p} + \frac{q\sqrt{1-p^2-q^2}}{\sqrt{p^2+q^2}}\frac{\partial R}{\partial q}$$

$$\frac{\partial R}{\partial \Omega} = \frac{\partial R}{\partial p}\frac{\partial p}{\partial \Omega} + \frac{\partial R}{\partial q}\frac{\partial q}{\partial \Omega} = q\frac{\partial R}{\partial p} - p\frac{\partial R}{\partial q}$$

因此,式(135)中 $\dot{\Omega}$ 和 $\dfrac{\mathrm{d}i}{\mathrm{d}t}$ 两式可以变换为

$$\begin{cases} \dot{p} = \dfrac{\sqrt{1-p^2-q^2}}{na^2\sqrt{1-e^2}}\dfrac{\partial R}{\partial q} - \dfrac{p\sqrt{1-p^2-q^2}}{na^2\sqrt{1-e^2}(1+\sqrt{1-p^2-q^2})} \cdot \\ \left(\dfrac{\partial R}{\partial \tilde{\omega}} + \dfrac{\partial R}{\partial \varepsilon_0}\right) \\ \dot{q} = -\dfrac{\sqrt{1-p^2-q^2}}{na^2\sqrt{1-e^2}}\dfrac{\partial R}{\partial p} - \dfrac{q\sqrt{1-p^2-q^2}}{na^2\sqrt{1-e^2}(1+\sqrt{1-p^2-q^2})} \cdot \\ \left(\dfrac{\partial R}{\partial \tilde{\omega}} + \dfrac{\partial R}{\partial \varepsilon_0}\right) \end{cases} \tag{140}$$

式(135)中其他几式可相应变换,把含 i,Ω 的项换为 p,q.

以上是针对小偏心率和小倾角情况所作的变换.这说明由于小偏心率和小倾角所造成的困难是变量的选择造成的,不是本质的困难.在太阳系行星、小行星、人造卫星的轨道中要经常碰到,故应用很广.

到此为止,可以把天体的摄动轨道的概念具体化.根据 §5 和本节所讲的原理,当 $R=0$ 时,为无摄动运动;天体的运动方程

$$\dot{q}_i = \frac{\partial H_0}{\partial p_i}, \quad \dot{p}_i = -\frac{\partial H_0}{\partial q_i}$$

就是二体问题的运动方程,其中 $q_i = (x,y,z)$, $p_i = (m\dot{x},m\dot{y},m\dot{z})$,解出后可得

$$q_i = q_i(\alpha,\beta,t), \quad p_i = p_i(\alpha,\beta,t) \tag{141}$$

对于椭圆轨道情况,具体结果就是公式(95)和(99),只是其中的轨道根数要用式(126)化为正则常数 α,β. 在 $R \neq 0$ 时,上式关系仍然成立,只是其中的 α,β(或相应的轨道根数)是变量,为时间 t 的函数.因此,对任何时刻 t,用此时刻的 α,β(即轨道根数)值代入式(141),即得此时的天体坐标和速度 $(x,y,z,\dot{x},\dot{y},\dot{z})$.

$$\mathscr{V} = -\left(\frac{m_1 m_2}{r_{12}} + \frac{m_2 m_3}{r_{23}} + \frac{m_3 m_1}{r_{31}}\right)$$

由此可知,在无摄动运动时,天体是沿着某一个固定的椭圆轨道运动.存在摄动时(即 $R \neq 0$),天体可看作沿着一个不断变化的椭圆轨道运动.当然,天体的实际轨道是非常复杂的曲线,但任一时刻 t,天体是在此时的 α, β 值所确定的椭圆轨道上.这个椭圆叫作在时刻 t 的瞬时椭圆.也就是说,在任一时刻 t,根据此时的瞬时椭圆轨道算出的天体坐标和速度 $(x, y, z, \dot{x}, \dot{y}, \dot{z})$,与天体此时在实际轨道上的坐标和速度一样.这表明任何时刻 t,天体在此时的瞬时椭圆同实际轨道相切,切点就是天体在此时刻的位

图 3.1

置.因此,天体的实际轨道就是由瞬时椭圆所组成的曲线族的包络线(见图 3.1).

§8　用摄动力三分量表示的摄动运动方程

上节所得的结果,是用摄动函数 R 来表示摄动运动方程,它的偏导数

$$\frac{\partial R}{\partial x}, \quad \frac{\partial R}{\partial y}, \quad \frac{\partial R}{\partial z}$$

乘上被摄动行星的质量 m 后,就是由摄动行星吸引产生的摄动力的分量.对于存在摄动函数的摄动力而言,这样讨论是很方便的,但对于不存在摄动函数的摄动力(例如大气阻力),就不能用了.必须得到直接用摄动力的分量表示的摄动运动方程,才能广泛应用.

仍然考虑行星运动,设 O 为太阳,图 3.2 表示日心天球.大圆 XNY 为黄道,OX 指向春分点;N 为被摄动行星轨道对黄道的升交点;大圆 $N\Pi A$ 为被摄动行星轨道面在天球上的投影.其中 OA 为某时刻 t 时的行星向径 r 的方向,$O\Pi$ 为近日点方向,C 为行星轨道面的北极(靠近北黄极 Z 的那个极).

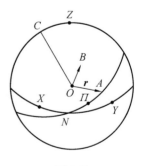

图 3.2

现在将摄动力产生的加速度分解为相互垂直的三个分量 $S, T, W. S$ 为沿着向径 r 的方向,即 OA 方向;T 为垂直于向径,在轨道面上指向行星运动正方向,即 OB 方向(真近点角为 $f+90°$),其中 f 即为行星在 t 时的真近点角;W 为指向轨道北极,即 OC 方向.令 (l_1, m_1, n_1),(l_2, m_2, n_2),(l_3, m_3, n_3) 表示 OA,OB,OC 在日心黄道直角坐标系 $OXYZ$ 中的方向余弦,并令

$$u = f + \omega \tag{142}$$

则由第一章公式(89),(90)可得

$$x = rl_1, \quad y = rm_1, \quad z = rn_1 \tag{143}$$

$$\begin{cases} l_1 = \cos \Omega \cos u - \sin \Omega \sin u \cos i \\ m_1 = \sin \Omega \cos u + \cos \Omega \sin u \cos i \\ n_1 = \sin u \sin i \end{cases} \tag{144}$$

由于 **OB** 在轨道面上与 **OA** 垂直,而且在 **OA** 的真近点角 f 加 $90°$ 的方向,故只要在式(144)中,把 $u \to u + 90°$,即得 (l_2, m_2, n_2),因此

$$\begin{cases} l_2 = -\cos \Omega \sin u - \sin \Omega \cos u \cos i \\ m_2 = -\sin \Omega \sin u + \cos \Omega \cos u \cos i \\ n_2 = \cos u \sin i \end{cases} \tag{145}$$

又因 **OC** 为向量 **OA** × **OB** 的方向,故由式(144),(145)可得

$$\begin{cases} l_3 = m_1 n_2 - m_2 n_1 = \sin \Omega \sin i \\ m_3 = n_1 l_2 - n_2 l_1 = -\cos \Omega \sin i \\ n_3 = l_1 m_2 - l_2 m_1 = \cos i \end{cases} \tag{146}$$

因 (l_i, m_i, n_i) 为方向余弦,又互相垂直,故得

$$\begin{cases} l_i^2 + m_i^2 + n_i^2 = 1 & (i = 1, 2, 3) \\ l_i l_j + m_i m_j + n_i n_j = 0 & (i, j = 1, 2, 3; i \neq j) \end{cases} \tag{147}$$

反过来,**OX**,**OY**,**OZ** 相对于直角坐标系 $OABC$ 的方向余弦为

$$(l_1, l_2, l_3), \quad (m_1, m_2, m_3), \quad (n_1, n_2, n_3)$$

而且也有关系

$$\begin{cases} \sum_{i=1}^{3} l_i^2 = \sum_{i=1}^{3} m_i^2 = \sum_{i=1}^{3} n_i^2 = 1 \\ \sum_{i=1}^{3} l_i m_i = \sum_{i=1}^{3} m_i n_i = \sum_{i=1}^{3} n_i l_i = 0 \\ n_1 = l_2 m_3 - l_3 m_2 \\ n_2 = l_3 m_1 - l_1 m_3 \\ n_3 = l_1 m_2 - l_2 m_1 \end{cases} \tag{148}$$

由此可得摄动力产生的加速度分量 S, T, W 同

$$\frac{\partial R}{\partial x}, \quad \frac{\partial R}{\partial y}, \quad \frac{\partial R}{\partial z}$$

的关系为

$$\begin{cases} S = l_1 \dfrac{\partial R}{\partial x} + m_1 \dfrac{\partial R}{\partial y} + n_1 \dfrac{\partial R}{\partial z} \\ T = l_2 \dfrac{\partial R}{\partial x} + m_2 \dfrac{\partial R}{\partial y} + n_2 \dfrac{\partial R}{\partial z} \\ W = l_3 \dfrac{\partial R}{\partial x} + m_3 \dfrac{\partial R}{\partial y} + n_3 \dfrac{\partial R}{\partial z} \end{cases} \tag{149}$$

$$\mathscr{V} = -\left(\frac{m_1 m_2}{r_{12}} + \frac{m_2 m_3}{r_{23}} + \frac{m_3 m_1}{r_{31}} \right)$$

以及反过来的关系

$$\begin{cases} \dfrac{\partial R}{\partial x} = l_1 S + l_2 T + l_3 W \\[2mm] \dfrac{\partial R}{\partial y} = m_1 S + m_2 T + m_3 W \\[2mm] \dfrac{\partial R}{\partial z} = n_1 S + n_2 T + n_3 W \end{cases} \tag{150}$$

从它们可求出 R 对轨道根数的偏导数同 S, T, W 之间的关系. 设 σ 为任何一个轨道根数, 则

$$\frac{\partial R}{\partial \sigma} = \frac{\partial R}{\partial x}\frac{\partial x}{\partial \sigma} + \frac{\partial R}{\partial y}\frac{\partial y}{\partial \sigma} + \frac{\partial R}{\partial z}\frac{\partial z}{\partial \sigma} \tag{151}$$

而由式(143) 得

$$\begin{cases} \dfrac{\partial x}{\partial \sigma} = r\dfrac{\partial l_1}{\partial \sigma} + l_1 \dfrac{\partial r}{\partial \sigma} \\[2mm] \dfrac{\partial y}{\partial \sigma} = r\dfrac{\partial m_1}{\partial \sigma} + m_1 \dfrac{\partial r}{\partial \sigma} \\[2mm] \dfrac{\partial z}{\partial \sigma} = r\dfrac{\partial n_1}{\partial \sigma} + n_1 \dfrac{\partial r}{\partial \sigma} \end{cases} \tag{152}$$

但利用式(144), (145), (146) 可得

$$\begin{aligned} \frac{\partial l_1}{\partial \sigma} &= \frac{\partial l_1}{\partial \Omega}\frac{\partial \Omega}{\partial \sigma} + \frac{\partial l_1}{\partial i}\frac{\partial i}{\partial \sigma} + \frac{\partial l_1}{\partial u}\frac{\partial u}{\partial \sigma} \\[2mm] &= -m_1 \frac{\partial \Omega}{\partial \sigma} + l_3 \sin u \frac{\partial i}{\partial \sigma} + l_2 \frac{\partial u}{\partial \sigma} \end{aligned}$$

同理

$$\frac{\partial m_1}{\partial \sigma} = l_1 \frac{\partial \Omega}{\partial \sigma} + m_3 \sin u \frac{\partial i}{\partial \sigma} + m_2 \frac{\partial u}{\partial \sigma}$$

$$\frac{\partial n_1}{\partial \sigma} = n_3 \sin u \frac{\partial i}{\partial \sigma} + n_2 \frac{\partial u}{\partial \sigma}$$

代入式(152) 后再代入式(151), 并利用关系式(147), (148) 得

$$\frac{\partial R}{\partial \sigma} = S\frac{\partial r}{\partial \sigma} + rT\left(n_3 \frac{\partial \Omega}{\partial \sigma} + \frac{\partial u}{\partial \sigma}\right) + rW\left(-n_2 \frac{\partial \Omega}{\partial \sigma} + \sin u \frac{\partial i}{\partial \sigma}\right) \tag{153}$$

因此, 只要求出 $\dfrac{\partial r}{\partial \sigma}, \dfrac{\partial u}{\partial \sigma}$ 后, 式(153) 就给出所有的 $\dfrac{\partial R}{\partial \sigma}$, 但有一个问题要先弄清楚.

由于 $R = R(x, y, z, t)$, 利用第一章公式(95), 可以化为轨道根数和近点角的函数. 故在求 $\dfrac{\partial R}{\partial a}$ 时, 应包含两个部分: 一部分是对显含 a 的项求出的偏导数; 另一部分是隐含在近点角中的项, 因平近点角 $M = nt + M_0$, 其中 n 为 a 的函数. 因此

$$\frac{\partial R}{\partial a} = \left(\frac{\partial R}{\partial a}\right) + \frac{\partial R}{\partial n}\frac{\partial n}{\partial a} = \left(\frac{\partial R}{\partial a}\right) + t\frac{\partial R}{\partial M}\frac{\partial n}{\partial a}$$

$$= \left(\frac{\partial R}{\partial a}\right) + t\frac{\partial R}{\partial M_0}\frac{\partial n}{\partial a} \qquad (154)$$

其中有括号的项表示只对显含 a 的项求出的偏导数,不管近点角中隐含的 a. 在摄动运动方程(134)中有关的式子为

$$\dot{a} = \frac{2}{na}\frac{\partial R}{\partial M_0}, \qquad \dot{M}_0 = -\frac{2}{na}\frac{\partial R}{\partial a} - \frac{1-e^2}{na^2 e}\frac{\partial R}{\partial e}$$

用式(154)代入得

$$\dot{M}_0 = -\frac{2}{na}\left(\frac{\partial R}{\partial a}\right) - \frac{2}{na}\frac{\partial R}{\partial M_0}\left(t\frac{\partial n}{\partial a}\right) - \frac{1-e^2}{na^2 e}\frac{\partial R}{\partial e}$$

$$= -\frac{2}{na}\left(\frac{\partial R}{\partial a}\right) - \dot{a}t\frac{\partial n}{\partial a} - \frac{1-e^2}{na^2 e}\frac{\partial R}{\partial e}$$

定义

$$\dot{M}_0' = \dot{M}_0 + \dot{a}t\left(\frac{\partial n}{\partial a}\right) = -\frac{2}{na}\left(\frac{\partial R}{\partial a}\right) - \frac{1-e^2}{na^2 e}\frac{\partial R}{\partial e} \qquad (155)$$

则从 a 同 n 的关系 $n^2 a^3 = \mu$ 可知

$$\frac{\mathrm{d}n}{\mathrm{d}t} = \frac{\partial n}{\partial a}\dot{a}$$

因此得

$$\dot{M}_0' = \dot{M}_0 + t\frac{\mathrm{d}n}{\mathrm{d}t} = \dot{M}_0 + \frac{\mathrm{d}}{\mathrm{d}t}(nt) - n$$

即

$$\dot{M}_0 + \frac{\mathrm{d}}{\mathrm{d}t}(nt) = \dot{M}_0' + n$$

可积分得平近角 M 为

$$M = M_0 + nt = M_0' + \int n\mathrm{d}t \qquad (156)$$

这就是说,如果用 M_0' 代替 M_0,则 $\dot{M}_0'$ 的式(155)中,R 对 a 求偏导数时就只考虑显含 a 的项. 只是一定要用式(156)右端部分计算平近点角 M. 从式(156)可知

$$\frac{\partial R}{\partial M_0} = \frac{\partial R}{\partial M_0'}$$

因此,$\dot{a}$ 的式子可写为

$$\dot{a} = \frac{2}{na}\frac{\partial R}{\partial M_0'}$$

形式不变. 以后除特别声明外,所用的 M_0 都是 M_0',相应的 ε_0 也是 $\varepsilon_0' = M_0' + \omega + \Omega$. 只是摄动运动方程中的 $\frac{\partial R}{\partial a}$ 都只考虑显含 a 的项,即不管近点角中隐含

$$\mathcal{V} = -\left(\frac{m_1 m_2}{r_{12}} + \frac{m_2 m_3}{r_{23}} + \frac{m_3 m_1}{r_{31}}\right)$$

的 a.

现在就来求出 $\dfrac{\partial r}{\partial \sigma}, \dfrac{\partial u}{\partial \sigma}$. 由

$$r = a(1 - e\cos E)$$

得

$$\frac{\partial r}{\partial \sigma} = \frac{r}{a}\frac{\partial a}{\partial \sigma} - a\cos E\frac{\partial e}{\partial \sigma} + ae\sin E\frac{\partial E}{\partial \sigma} \tag{157}$$

这里就利用关系(156)可得

$$E - e\sin E = M = M_0' + \int n\mathrm{d}t$$

由于不考虑近点角中隐含的 a,上式对 σ 求偏导数时,含积分号的项可以略去(它除 a 外不依赖于其他轨道根数),于是可得

$$\frac{r}{a}\frac{\partial E}{\partial \sigma} - \sin E\frac{\partial e}{\partial \sigma} = \frac{\partial M_0'}{\partial \sigma}$$

前面方才说过,仍用 M_0 表示 M_0'. 因此得

$$\frac{\partial E}{\partial \sigma} = \frac{a}{r}\left(\frac{\partial M_0}{\partial \sigma} + \sin E\frac{\partial e}{\partial \sigma}\right) \tag{158}$$

代入式(157)后可得

$$\frac{\partial r}{\partial \sigma} = \frac{r}{a}\frac{\partial a}{\partial \sigma} - a\left(\cos E - \frac{ae\sin^2 E}{r}\right)\frac{\partial e}{\partial \sigma} + \frac{a^2 e\sin E}{r}\frac{\partial M_0}{\partial \sigma}$$

$$= \frac{r}{a}\frac{\partial a}{\partial \sigma} - a\cos f\frac{\partial e}{\partial \sigma} + \frac{a^2 e\sin E}{r}\frac{\partial M_0}{\partial \sigma} \tag{159}$$

另外,由 $u = \omega + f$ 知

$$\frac{\partial u}{\partial \sigma} = \frac{\partial \omega}{\partial \sigma} + \frac{\partial f}{\partial \sigma} \tag{160}$$

利用关系

$$\tan\frac{f}{2} = \sqrt{\frac{1+e}{1-e}}\tan\frac{E}{2}$$

取自然对数得

$$\ln\tan\frac{f}{2} = \frac{1}{2}\left[\ln(1+e) - \ln(1-e)\right] + \ln\tan\frac{E}{2}$$

对 σ 取偏导数可得

$$\frac{1}{\sin f}\frac{\partial f}{\partial \sigma} = \frac{1}{1-e^2}\frac{\partial e}{\partial \sigma} + \frac{1}{\sin E}\frac{\partial E}{\partial \sigma}$$

用式(158)代入可得

$$\frac{\partial f}{\partial \sigma} = \left(\frac{1}{1-e^2} + \frac{a}{r}\right)\sin f\frac{\partial e}{\partial \sigma} + \frac{a^2\sqrt{1-e^2}}{r^2}\frac{\partial M_0}{\partial \sigma}$$

代入式(160)可得

$$\frac{\partial u}{\partial \sigma} = \frac{\partial \omega}{\partial \sigma} + \left(\frac{1}{1-e^2} + \frac{a}{r}\right)\sin f\frac{\partial e}{\partial \sigma} + \frac{a^2\sqrt{1-e^2}}{r^2}\frac{\partial M_0}{\partial \sigma} \tag{161}$$

于是用式(159),(161) 代入式(153) 即得

$$\frac{\partial R}{\partial \sigma} = \left[\frac{r}{a}\frac{\partial a}{\partial \sigma} - a\cos f\frac{\partial e}{\partial \sigma} + \frac{a^2 e\sin E}{r}\frac{\partial M_0}{\partial \sigma}\right]S +$$

$$\left[\cos i\frac{\partial \Omega}{\partial \sigma} + \frac{\partial \omega}{\partial \sigma} + \left(\frac{1}{1-e^2} + \frac{a}{r}\right)\sin f\frac{\partial e}{\partial \sigma} + \frac{a^2\sqrt{1-e^2}}{r^2}\frac{\partial M_0}{\partial \sigma}\right]rT +$$

$$\left[-\cos u\sin i\frac{\partial \Omega}{\partial \sigma} + \sin i\frac{\partial i}{\partial \sigma}\right]rW \tag{162}$$

于是取 σ 为各轨道根数即得

$$\begin{cases} \dfrac{\partial R}{\partial a} = \dfrac{r}{a}S \\[2mm] \dfrac{\partial R}{\partial e} = -a\cos f\,S + r\left(\dfrac{1}{1-e^2} + \dfrac{a}{r}\right)\sin f\,T \\[2mm] \dfrac{\partial R}{\partial i} = r\sin u\,W \\[2mm] \dfrac{\partial R}{\partial \Omega} = r\cos i\,T - r\cos u\sin i\,W \\[2mm] \dfrac{\partial R}{\partial \omega} = rT \\[2mm] \dfrac{\partial R}{\partial M_0} = \dfrac{a^2 e\sin E}{r}S + \dfrac{a^2\sqrt{1-e^2}}{r}T \end{cases} \tag{163}$$

代入摄动运动方程(134) 则得

$$\begin{cases} \dot{a} = \dfrac{2}{n\sqrt{1-e^2}}\left[e\sin f\,S + \dfrac{p}{r}T\right] \\[2mm] \dot{e} = \dfrac{\sqrt{1-e^2}}{na}\left[\sin f\,S + (\cos f + \cos E)T\right] \\[2mm] \dfrac{\mathrm{d}i}{\mathrm{d}t} = \dfrac{r\cos u}{na^2\sqrt{1-e^2}}W \\[2mm] \dot{\Omega} = \dfrac{r\sin u}{na^2\sqrt{1-e^2}\sin i}W \\[2mm] \dot{\omega} = \dfrac{\sqrt{1-e^2}}{nae}\left[-\cos f\,S + \left(1 + \dfrac{r}{p}\right)\sin f\,T\right] - \dfrac{r\cot i\sin u}{na^2\sqrt{1-e^2}}W \\[2mm] \dot{M}_0 = \left(\dfrac{1-e^2}{nae}\cos f - \dfrac{2r}{na^2}\right)S - \dfrac{1-e^2}{na}(\cos f + \cos E)T \end{cases} \tag{164}$$

这就是用摄动力的三分量 S,T,W 表示的摄动运动方程,如果用 $\tilde{\omega},\varepsilon_0$ 作轨道根数,则可由关系

$$\mathscr{V} = -\left(\frac{m_1 m_2}{r_{12}} + \frac{m_2 m_3}{r_{23}} + \frac{m_3 m_1}{r_{31}}\right)$$

$$\dot{\tilde{\omega}} = \dot{\omega} + \dot{\Omega}, \quad \dot{\varepsilon}_0 = \dot{\omega} + \dot{\Omega} + \dot{M}_0 \tag{165}$$

用式(164) 的 $\dot{\omega}, \dot{\Omega}, \dot{M}_0$ 代入即得 $\dot{\tilde{\omega}}, \dot{\varepsilon}_0$ 的方程.

上面的推导过程仍然用了摄动函数,故式(164) 还不能说明可以用到不存在摄动函数的无势力情况.实际上,式(164) 可以不用摄动函数直接求出.设 $\boldsymbol{F}$ 为摄动力产生的加速度,摄动运动方程可写为

$$\ddot{\boldsymbol{r}} + \frac{\mu}{r^3} \boldsymbol{r} = \boldsymbol{F}$$

即

$$\ddot{\boldsymbol{r}} = -\mu \frac{\boldsymbol{r}}{r^3} + \boldsymbol{F}$$

由二体问题的活力公式可得

$$\dot{\boldsymbol{r}} \cdot \dot{\boldsymbol{r}} = \mu \left(\frac{2}{r} - \frac{1}{a} \right)$$

对 t 求微商得

$$2\dot{\boldsymbol{r}} \cdot \ddot{\boldsymbol{r}} = \mu \left(-\frac{2\dot{r}}{r^2} + \frac{\dot{a}}{a^2} \right) = -\frac{2\mu}{r^3} \boldsymbol{r} \cdot \dot{\boldsymbol{r}} + \frac{\mu \dot{a}}{a^2}$$

用上面的 $\ddot{\boldsymbol{r}}$ 代入得

$$\dot{a} = \frac{2a^2}{\mu} \dot{\boldsymbol{r}} \cdot \boldsymbol{F}$$

$\boldsymbol{F}$ 的三个分量为 S, T, W,速度 $\dot{\boldsymbol{r}}$ 在这三个方向上的分量为 $\dot{r}, r\dot{f}, 0$,故上式成为

$$\dot{a} = \frac{2a^2}{\mu} (\dot{r}S + r\dot{f}T)$$

由二体问题的关系式

$$r = \frac{p}{1 + e\cos f}, \quad r^2 \dot{f} = h = \sqrt{\mu p}$$

可得

$$\dot{r} = \sqrt{\frac{\mu}{p}} e\sin f, \quad r\dot{f} = \sqrt{\frac{\mu}{p}} \frac{p}{r}$$

再用关系 $\mu = n^2 a^3$,一并代入上式得

$$\dot{a} = \frac{2}{n\sqrt{1-e^2}} \left(e\sin f \, S + \frac{p}{r} T \right)$$

与式(164) 中 $\dot{a}$ 式子相同.其他轨道根数的式子都可以推出,这里不再讲了.

有时用摄动加速度在轨道面上沿切线和法线的方向进行分解.用 U, N 表示这两个分量.U 是指向切线正方向(即天体运动方向),N 指向主法线方向(向轨道内部为正).设 θ 为向径正方向同切线正方向之间的交角,则有关系

$$U = S\cos \theta + T\sin \theta, \quad N = -S\sin \theta + T\cos \theta \tag{166}$$

或

$$S = U\cos\theta - N\sin\theta, \quad T = U\sin\theta + N\cos\theta \tag{167}$$

从微分几何学的结果可知

$$\tan\theta = r\frac{\mathrm{d}f}{\mathrm{d}r}$$

用椭圆轨道关系式

$$r = \frac{a(1-e^2)}{1+e\cos f}$$

代入得

$$\tan\theta = \frac{1+e\cos f}{e\sin f}$$

由此可得

$$\begin{cases} \cos\theta = \dfrac{e\sin f}{\sqrt{1+2e\cos f+e^2}} \\ \sin\theta = \dfrac{1+e\cos f}{\sqrt{1+2e\cos f+e^2}} \end{cases} \tag{168}$$

代入式(167)可得

$$\begin{cases} S = \dfrac{e\sin f}{\sqrt{1+2e\cos f+e^2}}U - \dfrac{1+e\cos f}{\sqrt{1+2e\cos f+e^2}}N \\ T = \dfrac{1+e\cos f}{\sqrt{1+2e\cos f+e^2}}U + \dfrac{e\sin f}{\sqrt{1+2e\cos f+e^2}}N \end{cases} \tag{169}$$

用式(169)代入式(164),即可得以 U,N,W 表示的摄动运动方程.

现在举一个例子. 若天体只受到介质阻力的摄动力. 因介质阻力是指向切线相反方向(即天体运动速度的反方向). 故把这摄动力的加速度分解为 U,N, W 时, $N=W=0$, 只存在 U, 而且 $U<0$. 此时摄动运动方程很简单, $\dot\Omega$ 和 $\dfrac{\mathrm{d}i}{\mathrm{d}t}$ 都是 0. 表明这种摄动力对 i,Ω 没有影响. 下面只写出 $\dot a$ 的式子, 用式(169)中的 S, T(令 $N=0$)代入式(164)中第一式, 即得

$$\dot a = \frac{2\sqrt{1+2e\cos f+e^2}}{n\sqrt{1-e^2}}U \tag{170}$$

由于 $U<0$, 而 U 的系数为正, 故 $\dot a<0$. 这表明在介质阻力摄动力的作用下, 天体的轨道半长径在不断减小. 人造地球卫星在大气阻力作用下正是这种情况.

§9 正则变换

在天体力学的摄动理论中, 常用正则方程组的形式, 但有时要采用新变量,

519

$$\mathcal{V} = -\left(\frac{m_1 m_2}{r_{12}} + \frac{m_2 m_3}{r_{23}} + \frac{m_3 m_1}{r_{31}}\right)$$

需要把原来的正则共轭变量进行变换,希望变换后的新变量仍然为正则共轭变量. 这样的变换就叫作正则变换. 在这里不打算讲正则变换的完整理论和它的充要条件. 只讲述天体力学中常用到的一种充分条件所定出的特殊正则变换. 这种变换在很多地方叫作接触变换. 下面用定理的形式来讲述.

定理 3.1 设 $q_i, p_i (i=1,2,\cdots,k)$ 为时间 t 和 $2k$ 个任意相互独立的常数 $c_j (j=1,2,3,\cdots,2k)$ 的函数,定义 $2k$ 个函数

$$X_j = \frac{\mathrm{d}}{\mathrm{d}t} \sum_{i=1}^{k} p_i \frac{\partial q_i}{\partial c_i} - \frac{\partial}{\partial c_j} \sum_{i=1}^{k} p_i \dot{q}_i \tag{171}$$

若存在一函数 $H = H(q,p,t) = H(c,t)$,使得

$$-\frac{\partial H}{\partial c_j} = X_j \tag{172}$$

则变量 q_i, p_i 为正则方程组

$$\dot{q}_i = \frac{\partial H}{\partial p_i}, \quad \dot{p}_i = -\frac{\partial H}{\partial q_i} \tag{173}$$

的解.

证 若存在 $H = H(q,p,t) = H(c,t)$,则

$$\frac{\partial H}{\partial c_j} = \sum_{i=1}^{k} \left(\frac{\partial H}{\partial q_i} \frac{\partial q_i}{\partial c_j} + \frac{\partial H}{\partial p_i} \frac{\partial p_i}{\partial c_j} \right) \tag{174}$$

又由式(171),(172) 得

$$-\frac{\partial H}{\partial c_j} = X_j = \frac{\mathrm{d}}{\mathrm{d}t} \sum_{i=1}^{k} p_i \frac{\partial q_i}{\partial c_j} - \frac{\partial}{\partial c_j} \sum_{i=1}^{k} p_i \dot{q}_i$$

$$= -\sum_{i=1}^{k} \left(\dot{q}_i \frac{\partial p_i}{\partial c_j} - \dot{p}_i \frac{\partial q_i}{\partial c_j} \right) \tag{175}$$

与式(174) 相加,按 $\frac{\partial q_i}{\partial c_j}, \frac{\partial p_i}{\partial c_j}$ 整理可得

$$\sum_{i=1}^{k} \left(x_i \frac{\partial p_i}{\partial c_j} + y_i \frac{\partial q_i}{\partial c_j} \right) = 0, \quad \text{其中 } x_i = \frac{\partial H}{\partial p_i} - \dot{q}_i, y_i = \frac{\partial H}{\partial q_i} + \dot{p}_i \tag{176}$$

式(176) 可看作 x_i, y_i 的 $2k$ 个线性齐次方程组,它的系数行列式就是雅可比行列式

$$\frac{\partial(q_1, q_2, \cdots, q_k, p_1, p_2, \cdots, p_k)}{\partial(c_1, c_2, \cdots, c_k, c_{k+1}, \cdots, c_{2k})}$$

由于 q, p 为 c 的相互独立的函数,故上面雅可比行列式不等于 0. 因此,式(176) 只能有零解,即

$$x_i = y_i = 0$$

故由式(176) 可得

$$\dot{q}_i = \frac{\partial H}{\partial p_i}, \quad \dot{p}_i = -\frac{\partial H}{\partial q_i}$$

这表明 q_i, p_i 为式(172)的解,故定理得证.

定理 3.1 表明式(172)是 q_i, p_i 为正则共轭变量的充分条件.其实式(172)也是必要条件.若 q_i, p_i 为正则方程组式(173)的解,则以式(173)代入式(175)后即得式(172).因此,式(172)实际上是 q_i, p_i 为正则共轭变量的充要条件.

现在来提出正则变换的一个充分条件.若 q_i, p_i 为正则共轭变量,哈密尔顿函数为 H,即满足式(173),通过变换

$$q_i = q_i(Q, P, t), \quad p_i = p_i(Q, P, t) \tag{177}$$

变为另一组新变量 Q_i, $P_i (i = 1, 2, \cdots, k)$.并认为式(177)存在逆变换:

$$Q_i = Q_i(q, p, t), \quad P_i = P_i(q, p, t) \tag{178}$$

式(173)解出后, q_i, p_i 可表为时间 t 和 $2k$ 个相互独立的常数 c_j 的函数,即

$$q_i = q_i(c, t), \quad p_i = p_i(c, t)$$

利用式(178), Q_i, P_i 也可以表为 t 和 c_j 的函数

$$Q_i = Q_i(c, t), \quad P_i = P_i(c, t)$$

利用关系式(177)或(178),四组变量 q, p, Q, P 中,可认为任意两组是独立的自变量,另外两组为它们的函数.例如式(177)是认为 Q, P 为自变量;式(178)是认为 q, p 是自变量.也可以认为 q, Q 为自变量,即从式(177)或式(178)形式地解出

$$p_i = p_i(q, Q, t), \quad P_i = P_i(q, Q, t)$$

根据这个观点,下面就来建立式(177)为正则变换的充分条件.

定理 3.2 若存在一个 q, Q, t 的函数 $F = F(q, Q, t)$,满足条件

$$\delta F = \sum_{i=1}^{k} p_i \delta q_i - \sum_{i=1}^{k} P_i \delta Q_i \tag{179}$$

其中 δF, δq_i, δQ_i 为与时间 t 无关的微小增量,则式(177)为正则变换,新变量 Q, P 是正则共轭变量,它们的哈密尔顿函数 H' 为

$$H' = H + \frac{\partial F(q, Q, t)}{\partial t} = H'(Q, P, t) \tag{180}$$

证 由于 $F = F(q, Q, t)$,则

$$\delta F = \sum_{i=1}^{k} \left(\frac{\partial F}{\partial q_i} \delta q_i + \frac{\partial F}{\partial Q_i} \delta Q_i \right)$$

同式(189)比较,可得

$$p_i = \frac{\partial F}{\partial q_i}, \quad P_i = -\frac{\partial F}{\partial Q_i} \quad (i = 1, 2, \cdots, k) \tag{181}$$

反过来也可以从式(181)推出式(179),故条件式(179)可以用式(181)代替.

由定理3.1可知,要证明 Q_i, P_i 为正则共轭变量,哈密尔顿函数为 H',只要证明函数

$$Y_j = \frac{\mathrm{d}}{\mathrm{d}t} \sum_{i=1}^{k} P_i \frac{\partial Q_i}{\partial c_j} - \frac{\partial}{\partial c_j} \sum_{i=1}^{k} P_i \dot{Q}_i \tag{182}$$

521

$$\mathscr{V} = -\left(\frac{m_1 m_2}{r_{12}} + \frac{m_2 m_3}{r_{23}} + \frac{m_3 m_1}{r_{31}} \right)$$

可表为 $-H'$ 对 c_j 的偏导数就行了.

因 q_i, p_i 为正则共轭变量,故式(171),(172)成立,同式(182)相减得

$$X_j - Y_j = \frac{\mathrm{d}}{\mathrm{d}t} \sum_{i=1}^{k} \left(p_i \frac{\partial q_i}{\partial c_j} - P_i \frac{\partial Q_i}{\partial c_j} \right) -$$

$$\frac{\partial}{\partial c_j} \sum_{i=1}^{k} (\dot{p}_i q_i - \dot{P}_i Q_i)$$

以式(181)代入得

$$X_j - Y_j = \frac{\mathrm{d}}{\mathrm{d}t} \sum_{i=1}^{k} \left(\frac{\partial F}{\partial q_i} \frac{\partial q_i}{\partial c_j} + \frac{\partial F}{\partial Q_i} \frac{\partial Q_i}{\partial c_j} \right) -$$

$$\frac{\partial}{\partial c_j} \left(\sum_{i=1}^{k} \frac{\partial F}{\partial q_i} \dot{q}_i + \frac{\partial F}{\partial Q_i} \dot{Q}_i \right)$$

但

$$\frac{\partial F}{\partial c_j} = \sum_{i=1}^{k} \left(\frac{\partial F}{\partial q_i} \frac{\partial q_i}{\partial c_j} + \frac{\partial F}{\partial Q_i} \frac{\partial Q_i}{\partial c_j} \right)$$

$$\frac{\mathrm{d}F}{\mathrm{d}t} = \sum_{i=1}^{k} \left(\frac{\partial F}{\partial q_i} \dot{q}_i + \frac{\partial F}{\partial Q_i} \dot{Q}_i \right) + \frac{\partial F}{\partial t}$$

代入上式可得

$$X_j - Y_j = \frac{\mathrm{d}}{\mathrm{d}t} \left(\frac{\partial F}{\partial c_j} \right) - \frac{\partial}{\partial c_j} \left(\frac{\mathrm{d}F}{\mathrm{d}t} - \frac{\partial F}{\partial t} \right) = \frac{\partial}{\partial c_j} \left(\frac{\partial F}{\partial t} \right)$$

但

$$X_j = -\frac{\partial H}{\partial c_j}$$

因此

$$Y_j = -\frac{\partial H}{\partial c_j} - \frac{\partial}{\partial c_j} \left(\frac{\partial F}{\partial t} \right) = -\frac{\partial H'}{\partial c_j} \tag{183}$$

其中

$$H' = H + \frac{\partial F}{\partial t} = H'(Q, P, t)$$

于是定理得证.

式(179)或式(181)给出了正则变换的一个充分条件,这个条件还可以用其他形式来表示.实际上,$\delta q_i, \delta Q_i$,可看作与时间无关的微分,条件式(179)或(181)表明,微分式(以 q, Q 为自变量)

$$\sum_{i=1}^{k} p_i \delta q_i - \sum_{i=1}^{k} P_i \delta Q_i \tag{184}$$

为全微分.

如把自变量换为 Q, P,则由关系 $q = q(Q, P, t)$ 可知

$$\delta q_r = \sum_{i=1}^{k} \left(\frac{\partial q_r}{\partial Q_i} \delta Q_i + \frac{\partial q_r}{\partial P_i} \delta P_i \right)$$

则式(184) 为

$$\sum_{r=1}^{k} p_r \delta q_r - \sum_{i=1}^{k} P_i \delta Q_i = \sum_{i=1}^{k} \left(\sum_{r=1}^{k} p_r \frac{\partial q_r}{\partial Q_i} - P_i \right) \delta Q_i +$$
$$\sum_{i=1}^{k} \left(\sum_{r=1}^{k} p_r \frac{\partial q_r}{\partial P_i} \right) \delta P_i \tag{185}$$

显然,若式(185) 为全微分,则式(184) 也是全微分,定义函数

$$M_i = \sum_{r=1}^{k} p_r \frac{\partial q_r}{\partial Q_i} - P_i \tag{186}$$

$$N_i = \sum_{r=1}^{k} p_r \frac{\partial q_r}{\partial P_i} \tag{187}$$

则式(185) 可简写为

$$\sum_{i=1}^{k} (M_i \delta Q_i + N_i \delta P_i) \tag{188}$$

根据高等数学的结果可知,式(188) 是全微分的充要条件为:雅可比行列式

$$D = \frac{\partial (M_1, M_2, \cdots, M_k, N_1, N_2, \cdots, N_k)}{\partial (Q_1, Q_2, \cdots, Q_k, P_1, P_2, \cdots, P_k)}$$

是对称的,也就是有下列关系

$$\frac{\partial M_i}{\partial Q_j} = \frac{\partial M_j}{\partial Q_i} \quad (i, j = 1, 2, \cdots, k) \tag{189}$$

$$\frac{\partial M_i}{\partial P_j} = \frac{\partial N_j}{\partial Q_i} \quad (i, j = 1, 2, \cdots, k) \tag{190}$$

$$\frac{\partial N_i}{\partial P_j} = \frac{\partial N_j}{\partial P_i} \quad (i, j = 1, 2, \cdots, k) \tag{191}$$

以式(186) 代入式(189) 得(因 P, Q 相互独立)

$$\frac{\partial}{\partial Q_j} \sum_{r=1}^{k} p_r \frac{\partial q_r}{\partial Q_i} = \frac{\partial}{\partial Q_i} \sum_{r=1}^{k} p_r \frac{\partial q_r}{\partial Q_j}$$

即

$$\sum_{r=1}^{k} \left(\frac{\partial q_r}{\partial Q_i} \frac{\partial p_r}{\partial Q_j} - \frac{\partial q_r}{\partial Q_j} \frac{\partial p_r}{\partial Q_i} \right) = 0$$

上式右端就是 Q_i, Q_j 对 q, p 的拉格朗日括号[参看式(185)],故上式可记为

$$[Q_i, Q_j] = 0 \tag{192}$$

同理,以式(187) 代入式(191) 可得

$$\sum_{r=1}^{k} \left(\frac{\partial q_r}{\partial P_i} \frac{\partial P_r}{\partial P_j} - \frac{\partial q_r}{\partial P_j} \frac{\partial p_r}{\partial P_i} \right) = 0$$

即

$$[P_i, P_j] = 0 \tag{193}$$

同理,以式(186),(187) 代入式(190) 后可得两种结果

$$当 j = i 时, \quad [Q_i, P_j] = 1 \tag{194}$$

523 $\quad \mathscr{V} = -\left(\frac{m_1 m_2}{r_{12}} + \frac{m_2 m_3}{r_{23}} + \frac{m_3 m_1}{r_{31}} \right)$

$$\text{当 } j \neq i \text{ 时，} \quad [\boldsymbol{Q}_i, \boldsymbol{P}_j] = 0 \tag{195}$$

上面结果表明：如式(185)为全微分，即式(189)，(190)，(191)成立，则式(192)，(193)，(194)，(195)也成立. 反过来容易证明：如式(192)，(193)，(194)，(195)成立，则式(189)，(190)，(191)也成立. 这个证明读者可以自己去作. 因此式(192)，(193)，(194)，(195)成立就是式(185)为全微分的充要条件. 也就是说，式(192)，(193)，(194)，(195)是 $\boldsymbol{Q}_i, \boldsymbol{P}_i$ 为正则共轭变量的充分条件. 这样就证明了下面定理：

定理 3.3 若式(192)，(193)，(194)，(195)成立，则变换
$$q_i = q_i(\boldsymbol{Q}, \boldsymbol{P}, t), \quad p_i = p_i(\boldsymbol{Q}, \boldsymbol{P}, t)$$
为正则变换.

定理 3.3 是用拉格朗日括号表示的正则变换的充分条件. 也可以用柏松括号来表示，但要找出这两种括号之间的关系.

由于变量 $q, p, \boldsymbol{Q}, \boldsymbol{P}$ 之间存在变换关系(177)或(178)，故可以写出两种括号的式子，即

$$[\boldsymbol{Q}_i, \boldsymbol{P}_j] = \sum_{r=1}^{k} \left(\frac{\partial q_r}{\partial \boldsymbol{Q}_i} \frac{\partial p_r}{\partial \boldsymbol{P}_j} - \frac{\partial q_r}{\partial \boldsymbol{P}_i} \frac{\partial p_r}{\partial \boldsymbol{Q}_i} \right) \tag{196}$$

$$\{\boldsymbol{Q}_i, \boldsymbol{P}_j\} = \sum_{r=1}^{k} \left(\frac{\partial \boldsymbol{Q}_i}{\partial q_r} \frac{\partial \boldsymbol{P}_j}{\partial p_r} - \frac{\partial \boldsymbol{Q}_i}{\partial p_r} \frac{\partial \boldsymbol{P}_j}{\partial q_r} \right) \tag{197}$$

同样可以写出 $[\boldsymbol{Q}_i, \boldsymbol{Q}_j], \{\boldsymbol{Q}_i, \boldsymbol{Q}_j\}, [\boldsymbol{P}_i, \boldsymbol{P}_j], \{\boldsymbol{P}_i, \boldsymbol{P}_j\}$. 下面来证明用柏松号表示的正则变换的充分条件.

定理 3.4 若关系
$$\begin{cases} \{\boldsymbol{Q}_i, \boldsymbol{Q}_j\} = \{\boldsymbol{P}_i, \boldsymbol{P}_j\} = 0 \\ \{\boldsymbol{Q}_i, \boldsymbol{P}_i\} = 1, \quad \{\boldsymbol{Q}_i, \boldsymbol{P}_j\} = 0 \quad (i \neq j) \end{cases} \tag{198}$$
成立，则式(192)，(193)，(194)，(195)也成立. 即式(198)也是 $q_i = q_i(\boldsymbol{Q}, \boldsymbol{P}, t)$，$p_i = p_i(\boldsymbol{Q}, \boldsymbol{P}, t)$ 为正则变换的充分条件.

证 为符号简单起见，用 a_m 表示 $\boldsymbol{Q}$ 和 $\boldsymbol{P}$，即 $a_i = \boldsymbol{Q}_i, a_{i+k} = \boldsymbol{P}_i, i = 1, 2, \cdots, k$. 再用符号
$$L_{mr} = [a_m, a_r], \quad P_{ms} = [a_m, a_s]$$
即
$$\begin{cases} L_{mr} = \sum_{i=1}^{k} \left(\frac{\partial q_i}{\partial q_m} \frac{\partial p_i}{\partial a_r} - \frac{\partial q_i}{\partial a_r} \frac{\partial p_i}{\partial a_m} \right) \\ P_{ms} = \sum_{j=1}^{k} \left(\frac{\partial a_m}{\partial q_j} \frac{\partial a_j}{\partial p_j} - \frac{\partial a_m}{\partial p_j} \frac{\partial a_s}{\partial q_j} \right) \end{cases} \tag{199}$$
则
$$L_{mr} P_{ms} = \sum_{i=1}^{k} \sum_{j=1}^{k} \left(\frac{\partial p_i}{\partial a_r} \frac{\partial a_s}{\partial p_j} \frac{\partial q_i}{\partial a_m} \frac{\partial a_m}{\partial q_j} + \frac{\partial q_i}{\partial a_r} \frac{\partial a_s}{\partial q_j} \frac{\partial p_i}{\partial a_m} \frac{\partial a_m}{\partial p_j} - \right.$$

$$\frac{\partial q_i}{\partial a_r}\frac{\partial a_s}{\partial p_i}\frac{\partial p_i}{\partial a_m}\frac{\partial a_m}{\partial q_j}-\frac{\partial p_i}{\partial a_r}\frac{\partial a_s}{\partial q_j}\frac{\partial q_i}{\partial a_m}\frac{\partial a_m}{\partial p_i}\Bigg) \tag{200}$$

上式再对 $m=1\to 2k$ 求和,由于 a_m 就是 Q,P,于是有关系

$$\sum_{m=1}^{2k}\frac{\partial q_i}{\partial a_m}\frac{\partial a_m}{\partial q_j}=\frac{\partial q_i}{\partial q_j}=\begin{cases}0,&若\ i\neq j\\1,&若\ i=j\end{cases}$$

$$\sum_{m=1}^{2k}\frac{\partial p_i}{\partial a_m}\frac{\partial a_m}{\partial p_j}=\frac{\partial p_i}{\partial p_j}=\begin{cases}0,&若\ i\neq j\\1,&若\ i=j\end{cases}$$

$$\sum_{m=1}^{2k}\frac{\partial p_i}{\partial a_m}\frac{\partial a_m}{\partial q_j}=\frac{\partial p_i}{\partial q_i}=0$$

$$\sum_{m=1}^{2k}\frac{\partial q_i}{\partial a_m}\frac{\partial a_m}{\partial p_j}=\frac{\partial q_i}{\partial p_i}=0$$

因此式(200)对 $m=1\to 2k$ 求和后,可以化为

$$\sum_{m=1}^{2k}L_{mr}P_{ms}-\sum_{i=1}^{k}\left(\frac{\partial a_s}{\partial p_i}\frac{\partial p_i}{\partial a_r}+\frac{\partial a_s}{\partial q_i}\frac{\partial q_i}{\partial a_r}\right)$$

$$=\frac{\partial a_s}{\partial a_r}=\begin{cases}0,&若\ s\neq r\\1,&若\ s=r\end{cases}$$

也就是

$$\sum_{m=1}^{2k}L_{mr}P_{mr}=1 \tag{201}$$

$$\sum_{m=1}^{2k}L_{mr}P_{ms}=0\quad(r\neq s) \tag{202}$$

式(201),(202)给出了拉格朗日括号和柏松括号之间的关系,共 $4k^2$ 个方程.因此,如果 $4k^2$ 个柏松括号已知,则式(201),(202)就是 $4k^2$ 个拉格朗日括号的线性方程组,可以解出它们,反过来也是一样.

因 a_m,a_r,a_s 都是代表 Q,P;若取 $a_r=P_j$,则式(201)成为

$$\sum_{m-1}^{2k}[a_m,P_j]\{a_m,P_j\}=1$$

即

$$\sum_{i=1}^{k}([Q_i,P_j]\{Q_i,P_j\}+[P_i,P_j]\{P_i,P_j\})=1$$

用式(198)代入可得,只有 $i=j$ 的一项不为 0,即

$$[Q_j,P_j]=1$$

这就是式(194),同样式(202)可写为

$$\sum_{l=1}^{k}([Q_l,a_r]\{Q_l,a_s\}+[P_l,a_r]\{P_l,a_s\})=0 \tag{203}$$

若取 $a_r=Q_j,a_s=P_i$,则上式成为

$$\mathscr{V}=-\left(\frac{m_1m_2}{r_{12}}+\frac{m_2m_3}{r_{23}}+\frac{m_3m_1}{r_{31}}\right)$$

$$\sum_{l=1}^{k}([\boldsymbol{Q}_l,\boldsymbol{Q}_j]\{\boldsymbol{Q}_l,P_i\}+[\boldsymbol{P}_l,\boldsymbol{Q}_j]\{P_l,P_i\})=0$$

用式(198)代入,左端只有 $l=i$ 的一项

$$[\boldsymbol{Q}_i,\boldsymbol{Q}_j]\{\boldsymbol{Q}_i,P_i\}=0$$

而 $\{\boldsymbol{Q}_i,P_i\}=1$,故 $\{\boldsymbol{Q}_i,\boldsymbol{Q}_j\}=0$,即式(192)成立.

同理,在式(203)中,取 $a_r=P_j,a_s=P_i$,可得式(195)成立;取 $a_r=P_j,a_s=\boldsymbol{Q}_i$,可得式(193)成立,于是定理得到证明.

其实,从式(201),(202)也可反过来证明:若式(192),(193),(194),(195)成立,则式(198)也成立,证明方法完全一样.

另外,利用式(181)同式(179)的等价性,定理 3.2 可改述如下:

推理 1 对 $q,\boldsymbol{Q},t$ 的任一函数 $F_1=F_1(q,\boldsymbol{Q},t)$,只要 F_1 对所有 $q,\boldsymbol{Q},t$ 存在一、二阶连续偏导数,则式(181)所确定的 q,p 同 $\boldsymbol{Q},P$ 间的变换为正则变换,而且新正则共轭变量 $\boldsymbol{Q},P$ 的哈密尔顿函数为

$$H'=H+\frac{\partial F_1}{\partial t}$$

证明完全相同,不再重复. 由于四组变量 $q,p,\boldsymbol{Q},P$ 中,可认为任意两组是独立变量,故又可推出下面结果:

推理 2 对任一个 q,P,t 的函数 $F_2=F_2(q,P,t)$,只要 F_2 对 q,P,t 存在一、二阶连续偏导数,则关系

$$p_i=\frac{\partial F_2}{\partial q_i},\quad \boldsymbol{Q}_i=\frac{\partial F_2}{\partial P_i}\quad(i=1,2,\cdots,k)\tag{204}$$

所确定的变换为正则变换;新哈密尔顿函数为

$$H'=H+\frac{\partial F_2}{\partial t}$$

证 由于 $\delta(P_i\boldsymbol{Q}_i)=P_i\delta\boldsymbol{Q}_i+\boldsymbol{Q}_i\delta P_i$,则由式(204)有

$$\delta F_2=\sum_{i=1}^{k}\left(\frac{\partial F_2}{\partial q_i}\delta q_i+\frac{\partial F_2}{\partial P_i}\delta P_i\right)=\sum_{i=1}^{k}(p_i\delta q_i+\boldsymbol{Q}_i\delta P_i)$$

$$=\sum_{i=1}^{k}[p_i\delta q_i-P_i\delta\boldsymbol{Q}_i+\delta(P_i\boldsymbol{Q}_i)]$$

故

$$\sum_{i=1}^{k}(p_i\delta q_i-P_i\delta\boldsymbol{Q}_i)=\delta F_2-\delta\sum_{i=1}^{k}P_i\boldsymbol{Q}_i=\delta\Big(F_2-\sum_{i=1}^{k}P_i\boldsymbol{Q}_i\Big)$$

为全微分,由定理 4.2 知,新变量 $\boldsymbol{Q},P$ 为正则共轭变量;且新哈密尔顿函数为

$$H'=H+\frac{\partial}{\partial t}\Big(F_2-\sum_{i=1}^{k}P_i\boldsymbol{Q}_i\Big)$$

(对 t 取偏导数时,$q,\boldsymbol{Q}$ 不变)

$$= H + \frac{\partial}{\partial t} F_2(q, P, t) + \sum_{i=1}^{k} \frac{\partial F_2}{\partial P_i} \frac{\partial P_i}{\partial t} - \sum_{i=1}^{k} Q_i \frac{\partial P_i}{\partial t}$$

再用式(204)可得

$$H' = H + \frac{\partial F_2(q, P, t)}{\partial t}$$

故推理 2 得证.

用同样的方法可证明下面两个推理:

推理 3 对任一个 p, Q, t 的函数 $F_3 = F_3(p, Q, t)$，只要 F_3 对 p, Q, t 存在一、二阶连续偏导数，则关系

$$q_i = \frac{\partial F_3}{\partial p_i}, \quad P_i = \frac{\partial F_3}{\partial Q_i} \quad (i = 1, 2, \cdots, k) \tag{205}$$

所确定的变换为正则变换，新哈密尔顿函数为

$$H' = H - \frac{\partial F_3}{\partial t}$$

推理 4 对任一个 p, P, t 的函数 $F_4 = F_4(p, P, t)$，只要 F_4 对 p, P, t 存在一、二阶连续偏导数，则关系

$$q_i = \frac{\partial F_4}{\partial p_i}, \quad Q_i = -\frac{\partial F_4}{\partial P_i} \quad (i = 1, 2, \cdots, k) \tag{206}$$

所确定的变换为正则变换，新哈密尔顿函数为

$$H' = H - \frac{\partial F_4}{\partial t}$$

§10 正则变换的特例和应用

根据上节讲的有关正则变换的理论，这里介绍一些它们在天体力学中常见的特殊情况.

1.若经过正则变换后，新变量 Q_i, P_i 的哈密尔顿函数 $H' = 0$，即相应的正则方程组为

$$\dot{Q}_i = 0, \quad \dot{P}_i = 0$$

即 Q_i, P_i 为常数，设为

$$Q_i = \alpha_i, \quad P_i = -\beta_i \quad (i = 1, 2, \cdots, k)$$

此时相应的式(181)成为

$$p_i = \frac{\partial F(q, \alpha, t)}{\partial q_i}, \quad \beta_i = \frac{\partial F(q, \alpha, t)}{\partial \alpha_i} \tag{207}$$

相应的式(180)为

$$H' = H(q, p, t) + \frac{\partial F(q, \alpha, t)}{\partial t} = 0$$

$$\mathscr{V} = -\left(\frac{m_1 m_2}{r_{12}} + \frac{m_2 m_3}{r_{23}} + \frac{m_3 m_1}{r_{31}} \right)$$

或

$$H\left(q,\frac{\partial F}{\partial q},t\right)+\frac{\partial F(q,\alpha,t)}{\partial t}=0 \qquad (208)$$

这就是哈密尔顿－雅可比方程. 其中 $F=F(q,\alpha,t)$ 就是 §4 中所用的辅助函数 S. 因此, 利用正则变换, 很简单地推出了哈密尔顿－雅可比方程.

2. 现在用正则变换来推出摄动运动的基本方程, 设天体的运动方程为

$$\dot{q}_i=\frac{\partial H}{\partial p_i}, \quad \dot{p}_i=-\frac{\partial H}{\partial q_i} \quad (i=1,2,\cdots,k) \qquad (209)$$

其中 $H=H_0-R$, H_0 为无摄动运动的哈密尔顿函数, R 为摄动函数.

当 $R=0$ 时, 由无摄动运动的哈密尔顿－雅可比方程

$$\frac{\partial S(q,\alpha,t)}{\partial t}+H_0\left(q,\frac{\partial S}{\partial q},t\right)=0 \qquad (210)$$

解出 $S=S(q,\alpha,t)$, 再由

$$p_i=\frac{\partial S}{\partial q_i}, \quad \beta_i=\frac{\partial S}{\partial \alpha_i} \qquad (211)$$

解出 q,p 为

$$q_i=q_i(\alpha,\beta,t), \quad p_i=p_i(\alpha,\beta,t) \qquad (212)$$

在 $R\neq0$ 时, α,β 不再为常量, 是变量, 而使式(212)应满足方程组式(209), 但式(212)可看作 q,p 到 α,β 的变换. 下面证明它是正则变换, 如用上节的记号, 新变量记为

$$Q_i=\alpha_i, \quad P_i=-\beta_i$$

由于 $S=S(q,\alpha,t)$, 故

$$\delta S=\sum_{i=1}^{k}\left(\frac{\partial S}{\partial q_i}\delta q_i+\frac{\partial S}{\partial \alpha_i}\delta \alpha_i\right)$$

用式(211)代入得

$$\delta S=\sum_{i=1}^{k}(p_i\delta q_i+\beta_i\delta \alpha_i)=\sum_{i=1}^{k}p_i\delta q_i-\sum_{i=1}^{k}P_i\delta Q_i$$

这表明 $\sum_{i=1}^{k}P_i\delta q_i-\sum_{i=1}^{k}P_i\delta Q_i$ 为全微分 δS, 故由上节定理 3.2 知, 式(212)为正则变换, 而且新变量的哈密尔顿函数 H' 为

$$H'=H+\frac{\partial S(q,\alpha,t)}{\partial t}$$

用式(210)代入得

$$H'=H-H_0=-R$$

因此新变量的正则方程组

$$\dot{Q}_i=\frac{\partial H'}{\partial P_i}, \quad \dot{P}_i=-\frac{\partial H'}{\partial Q_i}$$

还原成 α_i, β_i 后为

$$\dot{\alpha}_i = \frac{\partial R}{\partial \beta_i}, \quad \dot{\beta}_i = -\frac{\partial R}{\partial \alpha_i} \tag{213}$$

这就是摄动运动的基本方程.

3. 若 q_i, p_i 同 Q_i, P_i 之间的一种变换,除一对以外,其余都是恒等变换;现在来讨论它们是正则变换的条件. 设 $i=1$ 时不同,即

$$\begin{cases} q_1 = q_1(Q, P, t), \quad p_1 = p_1(Q, P, t) \\ q_i = Q_i, \quad p_i = P_i \quad (i = 2, 3, \cdots, k) \end{cases} \tag{214}$$

因原变量 q_i, p_i 是相互独立的,故 q_1, p_1 不可能是另外的 $q_i, p_i (i > 1)$ 的函数,也就不可能是 $Q_i, P_i (i > 1)$ 的函数,即式(214)的 q_1, p_1 只可能是

$$q_1 = q_1(Q_1, p_1, t), \quad p_1 = p_1(Q_1, P_1, t)$$

因此关系

$$[Q_i, Q_j] = [P_i, P_j] = 0$$
$$[Q_i, P_j] = 0 \quad (i \neq j)$$

以及

$$[Q_i, P_i] = 1 \quad (i > 1)$$

都显然成立. 只剩下 $[Q_1, P_1]$ 了. 但因只有 q_1, p_1 包含 Q_1, P_1,故用上节定理3.3,式(214)是正则变换的条件为

$$\begin{aligned} [Q_1, P_1] &= \sum_{j=1}^{k} \left(\frac{\partial q_j}{\partial Q_1} \frac{\partial p_j}{\partial P_1} - \frac{\partial q_j}{\partial P_1} \frac{\partial p_j}{\partial Q_1} \right) \\ &= \frac{\partial q_1}{\partial Q_1} \frac{\partial p_1}{\partial P_1} - \frac{\partial q_1}{\partial P_1} \frac{\partial p_1}{\partial Q_1} = 1 \end{aligned} \tag{215}$$

同理,如果用上节定理3.4,则条件成为

$$\{Q_1, P_1\} = \frac{\partial Q_1}{\partial q_1} \frac{\partial P_1}{\partial p_1} - \frac{\partial Q_1}{\partial p_1} \frac{\partial P_1}{\partial q_1} = 1 \tag{216}$$

因此,只要式(215)或式(216)成立,式(214)就是正则变换.

4. 如果 Q_r 只是 q_i 的线性齐次函数,P_r 只是 p_i 的线性齐次函数,即

$$Q_r = \sum_{i=1}^{k} A_n q_i, \quad P_r = \sum_{i=1}^{k} B_n p_i \tag{217}$$

其中 A_n, B_n 都是常数.

根据上节定理3.2,如果存在函数 F,使得

$$\delta F = \sum_{r=1}^{k} p_r \delta q_r - \sum_{r=1}^{k} P_r \delta Q_r$$

则式(217)为正则变换. 显然,如果 $F = 0$ 也是可以的,此时上式成为

$$\sum_{r=1}^{k} p_r \delta q_r - \sum_{r=1}^{k} P_r \delta Q_r = 0 \tag{218}$$

529

故只要式(218)成立,式(217)就是正则变换.将式(217)代入式(218)得

$$\sum_{r=1}^{k} p_r \delta q_r - \sum_{r=1}^{k} \sum_{s=1}^{k} \sum_{i=1}^{k} A_{rs} B_{ri} p_i \delta q_s = 0$$

即

$$\sum_{s=1}^{k} \left[p_s - \sum_{r=1}^{k} \sum_{i=1}^{k} A_{rs} B_{ri} p_i \right] \delta q_s = 0 \tag{219}$$

显然只要

$$\sum_{r=1}^{k} A_{rs} B_{rs} = 1, \quad \sum_{r=1}^{k} A_{rs} B_{ri} = 0 \quad (i \neq s) \tag{220}$$

成立,式(219)也成立,即式(220)就是变换式(217)为正则变换的充分条件.此时由于 $F=0$,故 $H'=H$,即哈密尔顿函数不变.因此,Q_r,P_r 的正则方程组成为

$$\dot{Q}_r = \frac{\partial H}{\partial P_r}, \quad \dot{P}_r = -\frac{\partial H}{\partial Q_r}$$

5.若式(217)中 $A_{ri}=B_{ri}$,则这种线性变换叫作正交变换.相应的式(220)成为

$$\sum_{r=1}^{k} A_{rs}^2 = 1, \quad \sum_{r=1}^{k} A_{rs} A_{ri} = 0 \quad (i \neq s) \tag{221}$$

§11　德洛勒变量和庞加莱变量

§5得到的摄动运动的基本方程为

$$\dot{\alpha}_i = \frac{\partial R}{\partial \beta_i}, \quad \dot{\beta}_i = -\frac{\partial R}{\partial \alpha_i} \tag{222}$$

$i=1,2,3$.其中 R 为摄动函数,α,β 为正则常数或确切一点叫正则轨道根数.它们同瞬时椭圆的轨道根数有下列关系

$$\begin{cases} \alpha_1 = -\dfrac{\mu}{2a}, \quad \beta_1 = -\tau = \dfrac{M_0}{n} \\[2mm] \alpha_2 = \sqrt{\mu a (1-e^2)}, \quad \beta_2 = \omega \\[2mm] \alpha_3 = \sqrt{\mu a (1-e^2)} \cos i, \quad \beta_3 = \Omega \end{cases} \tag{223}$$

摄动函数 R 应表为 α_i,β_i 和时间 t 的函数.由于 R 是行星坐标的函数,化为时间的显函数时,要用第一章后面几节的方法,展开为平近点角的三角级数.如果直接用平近点角 M 作变量之一,则讨论时更方便.由于 $M=n(t-\tau)$,是 α_1,β_1 的函数,故考虑新变量为 $L,G,H;l,g,h$.它们同 α_i,β_i 之间的关系为

$$\begin{cases} L = L(\alpha_1,\beta_1,t) \\[2mm] l = M = n(t-\tau) = (-2\alpha_1)^{\frac{3}{2}} \dfrac{t+\beta_1}{\mu} \\[2mm] G = \alpha_2, \quad g = \beta_2, \quad H = \alpha_3, \quad h = \beta_3 \end{cases} \tag{224}$$

其中除 L 外,其余各量都已具体表为 α,β 的函数.下面就根据式(224)为正则变换的条件来确定函数 $L=L(\alpha_1,\beta_1,t)$.式(224)正好是上节第 3 段所讲的情况.故可以用式(215)或式(216)的条件,现在利用条件式(216)得

$$\{L,l\}=\frac{\partial L}{\partial \alpha_1}\frac{\partial l}{\partial \beta_1}-\frac{\partial L}{\partial \beta_1}\frac{\partial l}{\partial \alpha_1}=1 \tag{225}$$

由于式(225)是充分条件,故还可以作些简化,只要满足式(225)就行了.因此可再假定 $L=L(\alpha_1)$,即不含 β_1 和 t.这样,式(225)就简化为

$$\frac{\mathrm{d}L}{\mathrm{d}\alpha_1}\frac{\partial l}{\partial \beta_1}=\frac{(-2\alpha_1)^{\frac{3}{2}}}{\mu}\frac{\mathrm{d}L}{\mathrm{d}\alpha_1}=1$$

即

$$\mathrm{d}L=\mu(-2\alpha_1)^{-\frac{3}{2}}d\alpha_1$$

积分可得

$$L=\int \mu(-2\alpha_1)^{\frac{3}{2}}d\alpha_1=\mu(-2\alpha_1)^{-\frac{1}{2}}=\sqrt{\mu a} \tag{226}$$

如用式(226)定义的 L,式(224)就是正则变换.

下面来求出新的哈密尔顿函数,由式(224)及式(222)可得

$$\dot{L}=\frac{\partial L}{\partial \alpha_1}\dot{\alpha}_1+\frac{\partial L}{\partial \beta_1}\dot{\beta}_1+\frac{\partial L}{\partial t}=\frac{\partial L}{\partial \alpha_1}\frac{\partial R}{\partial \beta_1}-\frac{\partial L}{\partial \beta_1}\frac{\partial R}{\partial \alpha_1}+\frac{\partial L}{\partial t}$$

同样

$$\dot{l}=\frac{\partial l}{\partial \alpha_1}\frac{\partial R}{\partial \beta_1}-\frac{\partial l}{\partial \beta_1}\frac{\partial R}{\partial \alpha_1}+\frac{\partial l}{\partial t}$$

但 R 也应表为新变量 L,l 等的函数,即有

$$\frac{\partial R}{\partial \alpha_1}=\frac{\partial R}{\partial L}\frac{\partial L}{\partial \alpha_1}+\frac{\partial R}{\partial l}\frac{\partial l}{\partial \alpha_1}$$

$$\frac{\partial R}{\partial \beta_1}=\frac{\partial R}{\partial L}\frac{\partial L}{\partial \beta_1}+\frac{\partial R}{\partial l}\frac{\partial l}{\partial \beta_1}$$

代入上两式则得

$$\dot{L}=\{K,l\}\frac{\partial R}{\partial l}+\frac{\partial L}{\partial t}$$

$$\dot{l}=-\{L,l\}\frac{\partial R}{\partial L}+\frac{l}{\partial t}$$

其中,$\{L,l\}$ 即为式(225)所表示的柏松括号,应等于 1.故上式成为

$$\dot{L}=\frac{\partial R}{\partial l}+\frac{\partial L}{\partial t},\quad \dot{l}=-\frac{\partial R}{\partial L}+\frac{\partial l}{\partial t} \tag{227}$$

因此新哈密尔顿函数 R' 可表为下面形式

$$R'=R+\phi \tag{228}$$

使式(227)为正则方程

$$\mathscr{V}=-\left(\frac{m_1 m_2}{r_{12}}+\frac{m_2 m_3}{r_{23}}+\frac{m_3 m_1}{r_{31}}\right)$$

$$\dot{L}=\frac{\partial R'}{\partial l}, \quad \dot{l}=-\frac{\partial R'}{\partial L}$$

以式(228)代入,并同式(227)比较可得

$$\frac{\partial \phi}{\partial l}=\frac{\partial L}{\partial t}, \quad \frac{\partial \phi}{\partial L}=-\frac{\partial l}{\partial t} \tag{229}$$

因 L 不显含 t,故 $\frac{\partial \phi}{\partial l}=0$,即 ϕ 不显含 l.为了不影响其他几个变量的方程,可以假定 ϕ 也不包含 g,h,G,H 和时间 t,即 ϕ 只包含 L.故式(229)成为

$$\frac{\mathrm{d}\phi}{\mathrm{d}L}=-\frac{\partial l}{\partial t}=-n=-\sqrt{\mu}a^{-\frac{3}{2}}=-\mu^2 L^{-3}$$

因此

$$\mathrm{d}\phi=-\mu^2 L^{-3}\mathrm{d}L$$

积分可得

$$\phi=\frac{1}{2}\mu^2 L^{-2}=\frac{\mu^2}{2L^2}$$

代入式(228)得

$$R'=R+\frac{\mu^2}{2L^2} \tag{230}$$

故新变量为正则共轭变量,它们同旧变量的关系为

$$\begin{cases} L=\mu(-2\alpha_1)^{-\frac{1}{2}}=\sqrt{\mu a}, & l=M=n(t+\beta_1) \\ G=\alpha_2=\sqrt{\mu a(1-e^2)}, & g=\beta_2=\omega \\ H=\alpha_3=\sqrt{\mu a(1-e^2)}\cos i, & h=\beta_3=\Omega \end{cases} \tag{231}$$

方程为

$$\begin{cases} \dot{L}=\frac{\partial R'}{\partial l}, & \dot{G}=\frac{\partial R'}{\partial g}, & \dot{H}=\frac{\partial R'}{\partial h} \\ \dot{l}=-\frac{\partial R'}{\partial L}, & \dot{g}=-\frac{\partial R'}{\partial G}, & \dot{h}=\frac{\partial R'}{\partial H} \end{cases} \tag{232}$$

由式(231)定义的正则共轭变量就叫作德洛勒变量,在天体力学中用得较多.

在天体力学中,经常要对一些小量进行展开,由于

$$L-G=L(1-\sqrt{1-e^2})=L\frac{e^2}{1+\sqrt{1-e^2}}$$

$$G-H=G(1-\cos i)=2G\sin^2\frac{i}{2}$$

若 e,i 为小量时,$L-G,G-H$ 都是二阶小量,可以把摄动函数按它们进行展开.故直接用它们作基本变量比较方便,定义新变量

$$\begin{cases} L' = L = A_{11}L + A_{12}G + A_{13}H \\ G' = G - L = A_{21}L + A_{22}G + A_{23}H \\ H' = H - G = A_{31}L + A_{32}G + A_{33}H \end{cases} \tag{233}$$

这是一个线性齐次变换,而且系数为

$$A_{12} = A_{13} = A_{23} = A_{31} = 0$$
$$A_{21} = A_{32} = -1$$
$$A_{11} = A_{22} = A_{33} = 1$$

为简单起见,新变量 l', g', h' 也可以考虑为 l, g, h 的线性齐次函数,即

$$\begin{cases} l' = B_{11}l + B_{12}g + B_{13}h \\ g' = B_{21}l + B_{22}g + B_{23}h \\ h' = B_{31}l + B_{32}g + B_{33}h \end{cases} \tag{234}$$

其中 B_{rs} 为常数. 要求式(233),(234)所组成的变换是正则变换,只要满足式(220)的条件就行了,即

$$\sum_{r=1}^{3} A_{rs}B_{rs} = 1, \quad \sum_{r=1}^{3} A_{rs}B_{ri} = 0 \quad (s \neq i)$$

上式对 $s, i = 1, 2, 3$,共有九个方程,而 A_{rs} 已知,故可以解出九个 B_{rs} 如下

$$B_{11} = B_{12} = B_{13} = B_{22} = B_{23} = B_{33} = 1$$
$$B_{21} = B_{31} = B_{32} = 0$$

代入式(234)即得

$$l' = l + g + h, \quad g' = g + h, \quad h' = h \tag{235}$$

而且从上节第 4 段的讨论可知,这样的正则变换的哈密尔顿函数不变,新变量归纳如下

$$\begin{cases} L' = L = \sqrt{\mu a} \\ l' = l + g + h = M + \omega + \Omega = \lambda \\ G' = G - L = -\sqrt{\mu a}\,(1 - \sqrt{1 - e^2}) \\ g' = g + h = \omega + \Omega = \tilde{\omega} \\ H' = H - G = -\sqrt{\mu a(1 - e^2)}\,(1 - \cos i) \\ h' = h = \Omega \end{cases} \tag{236}$$

它们的哈密尔顿函数仍为

$$R' = R + \frac{\mu^2}{2L^2}$$

由式(236)定义的正则共轭变量叫作推广的德洛勒变量.

由于 l', g', h' 都是角度,摄动函数需要展开为它们的三角级数. 为了避免多重三角级数的困难,庞加莱提出一种简单的变换:认为 L', H', l', h' 不变,定义 G_1, g_1 为

$$\mathscr{F} = -\left(\frac{m_1 m_2}{r_{12}} + \frac{m_2 m_3}{r_{23}} + \frac{m_3 m_1}{r_{31}} \right)$$

$$G_1 = A\sin g', \quad g_1 = A\cos g' \tag{237}$$

其中 $A = A(G')$，只包含 G'. 这样的变换只要满足式 (215) 或式 (216) 的条件，就是正则变换，用式 (216) 得

$$\frac{\partial G_1}{\partial G'}\frac{\partial g_1}{\partial g'} - \frac{\partial G_1}{\partial g'}\frac{\partial g_1}{\partial G'} = 1$$

以式 (227) 代入，又因 A 只包含 G'，即得

$$-A\frac{\mathrm{d}A}{\mathrm{d}G'} = 1$$

积分后可得

$$A = \sqrt{-2G'} \tag{238}$$

代入式 (237) 后即得 G_1, g_1 的关系式. 至于新的哈密尔顿函数，可利用式 (229)，即令 $R'' = R' + \phi$，而 ϕ 为

$$\frac{\partial \phi}{\partial g_1} = \frac{\partial G_1}{\partial t}, \quad \frac{\partial \phi}{\partial G_1} = -\frac{\partial g_1}{\partial t}$$

由式 (237) 知，G_1, g_1 都不显含 t，故 $\dfrac{\partial \phi}{\partial g_1} = 0, \dfrac{\partial \phi}{\partial G_1} = 0$，因而 ϕ 不包含 G_1, g_1. 可是其他变量都不变，故可以取 $\phi = 0$，即 R' 不变.

同理，如再作一次变换，只改变 H', h'. 定义

$$H_1' = B\sin h', \quad h_1 = B\cos h'$$

其中 $B = B(H')$，则同样可得 $B = \sqrt{-2H'}$，而且哈密尔顿函数不变. 把这两次变换联在一起得到的新变量为 $L', G_1, H_1, l', g_1, h_1$，仍为正则共轭变量，哈密尔顿函数不变，这组变量叫作庞加莱变量，用庞加莱的记号为

$$\begin{cases} L = L' = \sqrt{\mu a}, \quad \lambda = l' = M + \omega + \Omega \\ \xi = G_1 = \sqrt{-2G'}\sin g', \quad \eta = g_1 = \sqrt{-2G'}\cos g' \\ p = H_1 = \sqrt{-2H'}\sin h', \quad q = h_1 = \sqrt{-2H'}\cos h' \end{cases} \tag{239}$$

534

摄动运动方程的分析解法

第四章

第三章得到了各种形式的摄动运动方程,它们是研究各种太阳系天体运动理论的基础,解出这些方程有各种方法.在天体力学常用到的有二种方法:分析方法,数值方法和定性方法.本章是介绍分析方法,即求出摄动运动方程的近似分析解.数值方法将在第五章中讲述.定性主方法要用较多的数学知识,不在本书中讲述.

§1 摄动运动方程分析解法的原理

由于天体的位置变化较快,故用坐标或速度为基本变量的摄动运动方程,不便用分析方法来解.在分析方法中,主要用轨道根数为基本变量(包括德洛勒变量,庞加莱变量等)的摄动运动方程.这里主要介绍以轨道根数为变量的摄动运动方程,即拉格朗日行星运动方程的分析解法,而且只考虑天体之间相互吸引的摄动力.其他类型方程和不同的摄动力可以类似解决.

$$\mathscr{V}=-\left(\frac{m_1 m_2}{r_{12}}+\frac{m_2 m_3}{r_{23}}+\frac{m_3 m_1}{r_{31}}\right)$$

根据第三章中轨道根数为 a,e,i,Ω,ω,M_0 的摄动运动方程(134)得

$$
\begin{cases}
\dot{a} = \dfrac{2}{na}\dfrac{\partial R}{\partial M_0} \\[2mm]
\dot{e} = \dfrac{1}{na^2 e}\left[(1-e^2)\dfrac{\partial R}{\partial M_0} - \sqrt{1-e^2}\dfrac{\partial R}{\partial \omega}\right] \\[2mm]
\dfrac{\mathrm{d}i}{\mathrm{d}t} = \dfrac{1}{na^2\sqrt{1-e^2}\sin i}\left[\cos i\,\dfrac{\partial R}{\partial \omega} - \dfrac{\partial R}{\partial \Omega}\right] \\[2mm]
\dot{\Omega} = \dfrac{1}{na^2\sqrt{1-e^2}\sin i}\dfrac{\partial R}{\partial i} \\[2mm]
\dot{\omega} = \dfrac{\sqrt{1-e^2}}{na^2 e}\dfrac{\partial R}{\partial e} - \dfrac{\cot i}{na^2\sqrt{1-e^2}}\dfrac{\partial R}{\partial i} \\[2mm]
\dot{M}_0 = -\dfrac{\sqrt{1-e^2}}{na^2 e}\dfrac{\partial R}{\partial e} - \dfrac{2}{na}\dfrac{\partial R}{\partial a}
\end{cases}
\tag{1}
$$

式(1)是六阶方程组,以时间 t 为自变量.在右端的函数中,摄动函数 R 为

$$
R = Gm'\left(\frac{1}{\Delta} - \frac{xx' + yy' + zz'}{r'^3}\right)
$$

其中

$$
\Delta = \sqrt{(x-x')^2 + (y-y')^2 + (z-z')^2}
\tag{2}
$$

(x,y,z) 是被摄动行星 P 的直角坐标,可化为轨道根数 a,e,i,Ω,ω,M_0 和时间 t 的函数. $(x',y',z'),r'$ 是摄动行星 P' 的直角坐标和向径,可化为 P' 的轨道根数 $a',e',i',\Omega',\omega',M_0'$ 和时间 t 的函数.如果只讨论太阳,行星 P(质量为 m)和行星 P'(质量为 m')之间的相互吸引,即是三体问题.则行星 P' 的轨道根数 $a',e',i',\Omega',\omega',M_0'$ 也因 P 的摄动而变化,它们的摄动方程仍为式(1),只是所有轨道根数都换为 P' 的,摄动函数换为 R',即

$$
R' = Gm\left(\frac{1}{\Delta} - \frac{xx' + yy' + zz'}{r^3}\right)
\tag{3}
$$

为了符号简单起见,用 p_i 表示 P 的轨道根数,q_i 表示 P' 的轨道根数($i=1,2,\cdots,6$).由于摄动函数 R 有 m' 的因子,R' 有 m 的因子,把它们放在外面,则 P,P' 的运动方程可概括为下面形式

$$
\dot{p}_i = m'F_i(p,q,t), \qquad \dot{q}_i = mG_i(p,q,t)
\tag{4}
$$

故解决三体问题就是要解出式(4)的 12 个方程组.

式(4)每个方程都含有 m 或 m' 作为因子,而在 F_i, G_i 中有行星平均角速度 n,n',也隐含着 m,m'(因 $n = k\sqrt{1+m}\,a^{-\frac{3}{2}}$,$n' = k\sqrt{1+m'}\,a'^{-\frac{3}{2}}$).在太阳系中,$m,m'$ 都是小量(小于 0.001),故在讨论时可以把它们看作任意小参数,展开为它们的幂级数.先把 p_i,q_i 形式地展开为

536

$$\begin{cases} p_i = p_i^{(0,0)} + m p_i^{(1,0)} + m' p_i^{(0,1)} + m^2 p_i^{(2,0)} + m m' p_i^{(1,1)} + m'^2 p_i^{(0,2)} + \cdots \\ q_i = q_i^{(0,0)} + m q_i^{(1,0)} + m' q_i^{(0,1)} + m^2 q_i^{(2,0)} + m m' q_i^{(1,1)} + m'^2 q_i^{(0,2)} + \cdots \end{cases}$$

$$(5)$$

式(4)中的函数 F_i, G_i 也相应地展开,可用马克洛林级数公式

$$\begin{cases} F_i = (F_i)_0 + m\left(\dfrac{\partial F_i}{\partial m}\right)_0 + m'\left(\dfrac{\partial F_i}{\partial m'}\right)_0 + \\ \qquad \dfrac{1}{2}\left[m^2\left(\dfrac{\partial^2 F_i}{\partial m^2}\right)_0 + 2mm'\left(\dfrac{\partial^2 F_i}{\partial m \partial m'}\right)_0 + m'^2\left(\dfrac{\partial^2 F_i}{\partial m'^2}\right)_0\right] + \cdots \\ G_i = (G_i)_0 + m\left(\dfrac{\partial G_i}{\partial m}\right)_0 + m'\left(\dfrac{\partial G_i}{\partial m'}\right)_0 + \\ \qquad \dfrac{1}{2}\left[m^2\left(\dfrac{\partial^2 G_i}{\partial m^2}\right)_0 + 2mm'\left(\dfrac{\partial^2 G_i}{\partial m \partial m'}\right)_0 + m'^2\left(\dfrac{\partial^2 G_i}{\partial m'^2}\right)_0\right] + \cdots \end{cases}$$

$$(6)$$

其中 $(X)_0$ 表示在 X 中(求过偏导数后),令 $m = m' = 0$. 但 m, m' 隐含在轨道根数 p_i, q_i 中,已具体展开成式(5),故有

$$\frac{\partial F_i}{\partial m} = \sum_{s=1}^{6}\left(\frac{\partial F_i}{\partial p_s}\frac{\partial p_s}{\partial m} + \frac{\partial F_i}{\partial q_s}\frac{\partial q_s}{\partial m'}\right)$$

$$\frac{\partial F_i}{\partial m'} = \sum_{s=1}^{6}\left(\frac{\partial F_i}{\partial p_s}\frac{\partial p_s}{\partial m'} + \frac{\partial F_i}{\partial q_s}\frac{\partial q_s}{\partial m'}\right)$$

G_i 的式子相同,对 m, m' 的高次微商也可以类推. 代入式(6)后,再利用式(5)的结果可得

$$\begin{cases} F_i(p,q,t) = (F_i)_0 + m\sum_{s=1}^{6}\left[\left(\dfrac{\partial F_i}{\partial p_s}\right)_0 p_s^{(1,0)} + \left(\dfrac{\partial F_i}{\partial q_s}\right)_0 q_s^{(1,0)}\right] + \\ \qquad m'\sum_{s=1}^{6}\left[\left(\dfrac{\partial F_i}{\partial p_s}\right)_0 p_s^{(0,1)} + \left(\dfrac{\partial F_i}{\partial q_s}\right)_0 q_s^{(0,1)}\right] + \cdots \\ G_i(p,q,t) = (G_i)_0 + m\sum_{s=1}^{6}\left[\left(\dfrac{\partial G_i}{\partial p_s}\right)_0 p_s^{(1,0)} + \left(\dfrac{\partial G_i}{\partial q_s}\right)_0 q_s^{(1,0)}\right] + \\ \qquad m'\sum_{s=1}^{6}\left[\left(\dfrac{\partial G_i}{\partial p_s}\right)_0 p_s^{(0,1)} + \left(\dfrac{\partial G_i}{\partial q_s}\right)_0 q_s^{(0,1)}\right] + \cdots \end{cases}$$

$$(7)$$

以式(5)和式(7)代入式(4)的两端则得

$$\mathcal{V} = -\left(\frac{m_1 m_2}{r_{12}} + \frac{m_2 m_3}{r_{23}} + \frac{m_3 m_1}{r_{31}}\right)$$

$$\begin{cases} \dot{p}_i^{(0,0)} + m\dot{p}_i^{(1,0)} + m'\dot{p}_i^{(0,1)} + m^2\dot{p}_i^{(2,0)} + mm'\dot{p}_i^{(1,1)} + m'^2\dot{p}_i^{(0,2)} + \cdots \\ = m'(F_i)_0 + mm'\sum_{s=1}^{6}\left[\left(\frac{\partial F_i}{\partial p_s}\right)_0 p_s^{(1,0)} + \left(\frac{\partial F_i}{\partial q_s}\right)_0 q_s^{(1,0)}\right] + \\ \quad m'^2\sum_{s=1}^{6}\left[\left(\frac{\partial F_i}{\partial p_s}\right)_0 p_s^{(0,1)} + \left(\frac{\partial F_i}{\partial q_s}\right)_0 q_s^{(0,1)}\right] + \cdots \\ \dot{q}_i^{(0,0)} = + m\dot{q}_i^{(1,0)} + m'\dot{q}_i^{(0,1)} + m^2\dot{q}_i^{(2,0)} + mm'\dot{q}_i^{(1,1)} + m'^2\dot{q}_i^{(0,2)} + \cdots \\ \quad = m(G_i)_0 + m^2\sum_{s=1}^{6}\left[\left(\frac{\partial G_i}{\partial p_s}\right)_0 p_s^{(1,0)} + \left(\frac{\partial G_i}{\partial q_s}\right)_0 q_s^{(1,0)}\right] + \\ \quad mm'\sum_{s=1}^{6}\left[\left(\frac{\partial G_i}{\partial p_s}\right)_0 p_s^{(0,1)} + \left(\frac{\partial G_i}{\partial q_s}\right)_0 q_s^{(0,1)}\right] + \cdots \end{cases} \tag{8}$$

比较等号两端的 m, m' 的同次幂项可得

$$\dot{p}_i^{(0,0)} = 0, \quad \dot{q}_i^{(0,0)} = 0 \tag{9}$$

$$\begin{cases} \dot{p}_i^{(1,0)} = 0, \quad \dot{q}_i^{(0,1)} = 0 \\ \dot{p}_i^{(0,1)} = (F_i)_0 = F_i[p^{(0,0)}, q^{(0,0)}, t] \\ \dot{q}_i^{(1,0)} = (G_i)_0 = G_i[p^{(0,0)}, q^{(0,0)}, t] \end{cases} \tag{10}$$

$$\dot{p}_i^{(2,0)} = 0, \quad \dot{q}_i^{(0,2)} = 0$$

$$\begin{cases} \dot{p}_i^{(1,1)} = \sum_{s=1}^{6}\left[\left(\frac{\partial F_i}{\partial p_s}\right)_0 p_s^{(1,0)} + \left(\frac{\partial F_i}{\partial q_s}\right)_0 q_s^{(1,0)}\right] \\ \dot{q}_i^{(1,1)} = \sum_{s=1}^{6}\left[\left(\frac{\partial G_i}{\partial p_s}\right)_0 p_s^{(0,1)} + \left(\frac{\partial G_i}{\partial q_s}\right)_0 q_s^{(0,1)}\right] \\ \dot{p}_i^{(0,2)} = \sum_{s=1}^{6}\left[\left(\frac{\partial F_i}{\partial p_s}\right)_0 p_s^{(0,1)} + \left(\frac{\partial F_i}{\partial q_s}\right)_0 q_s^{(0,1)}\right] \\ \dot{q}_i^{(2,0)} = \sum_{s=1}^{6}\left[\left(\frac{\partial G_i}{\partial p_s}\right)_0 p_s^{(1,0)} + \left(\frac{\partial G_i}{\partial q_s}\right)_0 q_s^{(1,0)}\right] \\ \quad\quad\quad\vdots \end{cases} \tag{11}$$

高次项可以依次推导下去,可得一般项 $\dot{p}_i^{(j,k)}$, $\dot{q}_i^{(j,k)}$ 的表达式.

现在先来讨论积分常数问题,从式(9)可知:$p_i^{(0,0)}$, $q_i^{(0,0)}$ 为常数,相应于 $m = m' = 0$ 的情况,即为无摄动运动. 一般取为初轨历元 t_0 时的轨道根数. 简记为 $p_i^{(0)}$, $q_i^{(0)}$. 它们一共是十二个.

在积分式(10),(11)和高次项时,又要出现积分常数. 但式(4)是十二阶常微分方程组,只应该有十二个相互独立的积分常数. 但积分式(9)已得十二个独立积分常数,即 $p_i^{(0)}$, $q_i^{(0)}$. 因此其余的积分常数应该表示为 $p_i^{(0)}$, $q_i^{(0)}$ 的函数.

由式(4)知,$\dot{p}_i$ 有 m' 的因子,$\dot{q}_i$ 有 m 的因子,因此显然有关系

$$\dot{p}_i^{(1,0)} = \dot{p}_i^{(2,0)} = \cdots = \dot{p}_i^{(j,0)} = 0$$

$$\dot{q}_i^{(0,1)} = \dot{q}_i^{(0,2)} = \cdots = \dot{q}_i^{(0,k)} = 0$$

其中 j,k 为任意正整数. 用 $a_i^{(j,0)}$, $b_i^{(0,k)}$ 表示 $\dot{p}_i^{(j,0)}$, $\dot{q}_i^{(0,k)}$ 积分后的积分常数, 即

$$p_i^{(j,0)} = a_i^{(j,0)}, \quad q_i^{(0,k)} = b_i^{(0,k)} \tag{12}$$

至于一般的 $p_i^{(j,k)}(k \neq 0)$, $q_i^{(j,k)}(j \neq 0)$ 的积分常数, 由式(10), (11)中可看出, $\dot{p}_i^{(j,k)}$, $\dot{q}_i^{(j,k)}$ 右端函数中除时间 t 外, 都是常数, 故可以直接进行积分, 积分常数记为 $-a_i^{(j,k)}$, $-b_i^{(j,k)}$, 即可形式地表为

$$\begin{cases} p_i^{(j,k)} = f_i^{(j,k)}(t) - a_i^{(j,k)} & (k \neq 0) \\ q_i^{(j,k)} = g_i^{(j,k)}(t) - b_i^{(j,k)} & (j \neq 0) \end{cases} \tag{13}$$

以式(12), (13)代入式(5)后得

$$p_i = \sum_{j=0}^{\infty} m^j a_i^{(j,0)} + \sum_{j=0}^{\infty} \sum_{k=1}^{\infty} [f_i^{(j,k)}(t) - a_i^{(j,k)}] m^j m'^k$$

$$q_i = \sum_{k=0}^{\infty} m'^k b_i^{(k,0)} + \sum_{j=1}^{\infty} \sum_{k=0}^{\infty} [g_i^{(j,k)}(t) - b_i^{(j,k)}] m^j m'^k$$

令 $t = t_0$, 则左端就是 $p_i^{(0)}$, $q_i^{(0)}$ 比较两端 m, m' 的系数可得

$$\begin{cases} p_i^{(0,0)} = p_i^{(0)}, \quad q_i^{(0,0)} = q_i^{(0)} \\ a_i^{(j,0)} = b_i^{(0,k)} = 0 \\ a_i^{(j,k)} = f_i^{(j,k)}(t_0) & (k \neq 0) \\ b_i^{(j,k)} = g_i^{(j,k)}(t_0) & (j \neq 0) \end{cases} \tag{14}$$

式(14)表明, $a_i^{(j,k)}$, $b_i^{(j,k)}$ 是 $p_i^{(0)}$, $q_i^{(0)}$ 的函数, 因为在 $f_i^{(j,k)}(t_0)$, $g_i^{(j,k)}(t_0)$ 中, 所有轨道根数都换成 $p_i^{(0)}$, $q_i^{(0)}$. 而且也表明: 在积分 $\dot{p}_i^{(j,k)}$, $\dot{q}_i^{(j,k)}$ 时, 积分下限取为 t_0 就行了(积分上限为 t).

现在来讨论式(10), (11)的解法. 如只考虑式(9), 就是无摄动运动, 轨道根数为常数, 即为 $p_i^{(0)}$, $q_i^{(0)}$. p_i, q_i 展开式中, 含有 m, m' 的一次幂项, 叫作一阶摄动, 即由式(10)

$$\dot{p}_i^{(0,1)} = (F_i)_0 = F_i[p_i^{(0)}, q_i^{(0)}, t]$$

$$\dot{q}_i^{(1,0)} = (G_i)_0 = G_i[p_i^{(0)}, q_i^{(0)}, t]$$

其中函数 F_i, G_i 就是式(1)右端的函数. 上式表明, 若只考虑一阶摄动, 则在 F_i, G_i 中, 一切轨道根数都取为 t_0 时的值; 它们都是常数. 故上式可直接积分求出 $p_i^{(0,1)}$, $q_i^{(1,0)}$. 但要进行积分时, 需要把 $(F_i)_0$, $(G_i)_0$ 表示为时间 t 的显函数. 由式(1)可知, 主要是把摄动函数 R 表示为时间 t 的显函数. 由式(1)可知, 主要是把摄动函数 R 表示为时间 t 的显函数. 而在 R 中, 时间 t 隐含在两个天体的坐标和向径中, 需要用展开方法展为平近点角 M, M' 的级数(因 $M = nt + M_0$, $M' = n't + M'_0$). 具体展开方法在下面几节中要讲述, 如解出 $p_i^{(0,1)}$, $q_i^{(1,0)}$ 后, 则

$$p_i = p_i^{(0)} + m' p_i^{(0,1)}, \quad q_i = q_i^{(0)} + m q_i^{(1,0)} \tag{15}$$

就是准到一阶摄动的结果.

$$\mathscr{V} = -\left(\frac{m_1 m_2}{r_{12}} + \frac{m_2 m_3}{r_{23}} + \frac{m_3 m_1}{r_{31}} \right)$$

含有 m, m' 的二次幂项叫作二阶摄动, 即式 (11) 的项. 由式 (14) 知, $p_i^{(j,0)} = q_i^{(0,k)} = 0$. 故由式 (11) 可得

$$\dot{p}_i^{(1,1)} = \sum_{s=1}^{6} \left(\frac{\partial F_i}{\partial q_s} \right)_0 q_s^{(1,0)}$$

$$\dot{q}_i^{(1,1)} = \sum_{s=1}^{6} \left(\frac{\partial G_i}{\partial p_s} \right)_0 p_s^{(0,1)}$$

$$\dot{p}_i^{(0,2)} = \sum_{s=1}^{6} \left(\frac{\partial F_i}{\partial p_s} \right)_0 p_s^{(0,1)}$$

$$\dot{q}_i^{(2,0)} = \sum_{s=1}^{6} \left(\frac{\partial G_i}{\partial q_s} \right)_0 q_s^{(1,0)}$$

其中 $p_s^{(0,1)}, q_s^{(1,0)}$ 就是一阶摄动结果. 故上式右端都是时间 t 的函数, 可以进行积分. 只是要把摄动函数和它对各轨道根数的偏导数展开为时间 t 的显函数. 求出 $p_i^{(1,1)}, q_i^{(1,1)}, p_i^{(0,2)}, q_i^{(2,0)}$ 后就可以得出准到二阶摄动的结果

$$p_i = p_i^{(0)} + m' p_i^{(0,1)} + mm' p_i^{(1,1)} + m'^2 p_i^{(0,2)}$$

$$q_i = q_i^{(0)} + m q_i^{(1,0)} + mm' q_i^{(1,1)} + m^2 q_i^{(2,0)}$$

如果准到二阶摄动还不能达到所要求精度. 可以照上面方法继续求出三阶摄动. 只要把式 (8) 展开到 m, m' 的三次幂就行了. 对于太阳系自然天体来说, 由于行星质量很小, 又由于观测精度限制, 绝大多数情况都只要考虑一阶摄动就够了. 只有少数情况 (如木星和土星的摄动) 才要求准到二阶摄动.

上面是讨论的三体问题. 如要讨论四体问题, 即同时讨论太阳和三个行星 P_1, P_2, P_3 在相互吸引下的运动. 上述方法同样可用, 如果设 m_1, m_2, m_3 为 P_1, P_2, P_3 的质量; p_i, q_i, r_i 分别为它们的轨道根数; 则每个行星的运动方程中, 摄动函数应包含两部分, 形式相同, 只是摄动行星的质量和轨道根数换为另一个行星的量就行了. 形式地可以写为下面结果

$$\begin{cases} \dot{p}_i = m_2 F_i(p, q, t) + m_3 F_i(p, r, t) \\ \dot{q}_i = m_1 G_i(q, p, t) + m_3 G_i(q, r, t) \\ \dot{r}_i = m_1 H_i(r, p, t) + m_2 H_i(r, q, t) \end{cases} \tag{16}$$

同上面方法一样, 把 p_i, q_i, r_i 展开为 m_1, m_2, m_3 的幂级数

$$\begin{cases} p_i = \sum_{j=0}^{\infty} \sum_{k=0}^{\infty} \sum_{l=0}^{\infty} p_i^{(j,k,l)} m_1^j m_2^k m_3^l \\ q_i = \sum_{j=0}^{\infty} \sum_{k=0}^{\infty} \sum_{l=0}^{\infty} q_i^{(j,k,l)} m_1^j m_2^k m_3^l \\ r_i = \sum_{j=0}^{\infty} \sum_{k=0}^{\infty} \sum_{l=0}^{\infty} r_i^{(j,k,l)} m_1^j m_2^k m_3^l \end{cases} \tag{17}$$

再把 F_i, G_i, H_i 作相应的展开, 同式 (17) 一起代入式 (16), 比较两端 m_1, m_2, m_3

的同次幂项,即得各阶摄动的式子.五体或更多体问题的情况也是一样,只是更繁些.

以上是用分析方法解摄动运动方程的原理.但要解出各阶摄动的微分方程,必须首先要把摄动函数展开为时间 t 的显函数.

§2 摄动函数展开方法的轮廓

从上节已知,摄动函数展开为时间 t 的显函数,是摄动运动方程分析解法中的重要环节.本节先讲述展开方法的轮廓,下面两节再讲展开过程中的两个步骤,最后得到展开式的结果形式.

在摄动函数中,时间 t 隐含在天体的直角坐标中;利用二体问题公式,可把坐标化为轨道根数和近点角的函数.而只有平近点角 $M = nt + M_0$,$M' = n't + M_0'$ 是时间 t 的显函数.因此,必须把摄动函数展开为天体的平近点角 M, M' 的三角级数.下面分几步讲述.

1. 摄动函数 R 的式子为

$$R = Gm' \left(\frac{1}{\Delta} - \frac{xx' + yy' + zz'}{r'^3} \right), \Delta = \sqrt{(x-x')^2 + (y-y')^2 + (z-z')^2}$$

(18)

为被摄动行星 P 和摄动行星 P' 之间的距离;x, y, z 为行星 P 的日心黄道直角坐标;x', y', z', r', m' 为行星 P' 的日心黄道直角坐标,向径和质量;G 为万有引力常数.下面先从几何关系把 R 化为向径 r, r' 和两行星在太阳处的张角 H 的函数.

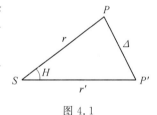

图 4.1

设在任一时刻 t,太阳 S 和行星 P, P' 的位置如图 4.1. 在三角形 SPP' 中,各边为 $r = SP$,$r' = SP'$,$\Delta = PP'$.设 H 为 Δ 的对角,即行星 P, P' 在太阳 S 处的张角,由余弦定律可得

$$\Delta^2 = r^2 + r'^2 - 2rr' \cos H$$

(19)

而且从向量关系可知

$$xx' + yy' + zz' = \boldsymbol{r} \cdot \boldsymbol{r}' = rr' \cos H$$

同式(19)一起代入式(18)得

$$R = Gm' \left(\frac{1}{\Delta} - \frac{r \cos H}{r'^2} \right)$$

(20)

其中 Δ 用式(19)表示. 在式(20)中,R 有两项:第一项 $\frac{1}{\Delta}$ 称为主要项,第二项叫辅助项.只要展开主要项后,辅助项可同样展开.

现在把行星轨道投影到日心天球上.在图4.2中,$\gamma\Omega'\Omega$ 为黄道,大圆 $\Omega\Pi P$

$\mathscr{V} = -\left(\frac{m_1 m_2}{r_{12}} + \frac{m_2 m_3}{r_{23}} + \frac{m_3 m_1}{r_{31}} \right)$

为被摄动行星 P 的轨道,$\Omega'\Pi'P'$ 为摄动行星 P' 的轨道. 图上 P,P' 表示在任一时刻 t 时的两行星位置在天球上的投影,则 P,P' 之间的大圆弧长就是 H. Π,Π' 分别表示两行星的近日点方向,则 $\Pi P=f$(真近点角),$\Pi'P'=f'$. I 为两行星轨道的交点,定义

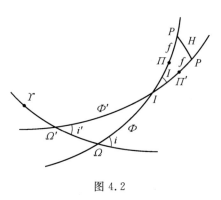

$$\begin{cases} I\Pi=\Pi, \quad I\Pi'=\Pi', \quad I=\angle PIP' \\ l=IP=f+\Pi, \quad l'=IP'=f'+\Pi' \end{cases} \tag{21}$$

图 4.2

则由球面三角 IPP' 可得关系

$$\cos H=\cos l\cos l'+\sin l\sin l'\cos I \tag{22}$$

另外,Ω,Ω' 为两行星轨道对黄道的升交点. 故在球面三角形 $I\Omega\Omega'$ 中,三个角为:$i',180-i,I$;三个边为:$\Phi=\Omega I=\Omega\Pi-I\Pi=\omega-\Pi,\Phi'=\Omega'I=\Omega'\Pi'-I\Pi'=\omega'-\Pi',\Omega\Omega'=\gamma\Omega-\gamma\Omega'=\Omega-\Omega'$. 其中 $i,\omega,\Omega;i',\omega',\Omega'$ 为两行星的轨道根数. 利用球面三角学中的达朗贝尔公式可得

$$\begin{cases} \sin\dfrac{I}{2}\sin\dfrac{\Phi+\Phi'}{2}=\sin\dfrac{\Omega-\Omega'}{2}\sin\dfrac{i+i'}{2} \\[2mm] \sin\dfrac{I}{2}\cos\dfrac{\Phi+\Phi'}{2}=\cos\dfrac{\Omega-\Omega'}{2}\sin\dfrac{i-i'}{2} \\[2mm] \cos\dfrac{I}{2}\sin\dfrac{\Phi'-\Phi}{2}=\sin\dfrac{\Omega-\Omega'}{2}\cos\dfrac{i+i'}{2} \\[2mm] \cos\dfrac{I}{2}\cos\dfrac{\Phi'-\Phi}{2}=\cos\dfrac{\Omega-\Omega'}{2}\cos\dfrac{i-i'}{2} \end{cases} \tag{23}$$

由此可以解出 I,Φ,Φ' 为轨道根数的函数,再由关系

$$\Pi=\omega-\Phi, \quad \Pi'=\omega'-\Phi' \tag{24}$$

可得 Π,Π' 表为轨道根数的函数. 因此式(22)表明 $\cos H$ 是真近点角 f,f' 和两行星的轨道根数 $i,\omega,\Omega,i',\omega',\Omega'$ 的函数.

2. 在大行星和多数小行星情况中,i,i' 都较小,因此 I 也较小,利用关系

$$\cos I=1-2\sin^2\dfrac{I}{2}=1-2\delta^2$$

其中

$$\delta^2=\sin^2\dfrac{I}{2} \tag{25}$$

则 δ^2 可看成小量. 代入式(22)可得

$$\cos H=\cos l\cos l'+\sin l\sin l'(1-2\delta^2)$$
$$=\cos(l-l')-2\delta^2\sin l\sin l' \tag{26}$$

再代入式(19),则 Δ^2 可表为

$$
\begin{aligned}
\Delta^2 &= r^2 + r'^2 - 2rr'\left[\cos(l-l') - 2\delta^2 \sin l \sin l'\right] \\
&= \left[r^2 + r'^2 - 2rr'\cos(l-l')\right] \cdot \\
&\quad \left[1 + \frac{4rr'\delta^2 \sin l \sin l'}{r^2 + r'^2 - 2rr'\cos(l-l')}\right] \\
&= \Delta_1^2\left[1 + 4rr'\delta^2\Delta_1^{-2}\sin l \sin l'\right]
\end{aligned} \tag{27}
$$

其中

$$
\Delta_1^2 = r^2 + r'^2 - 2rr'\cos(l-l') \tag{28}
$$

于是有

$$
\frac{1}{\Delta} = \Delta_1^{-1}\left[1 + 4rr'\delta^2\Delta_1^{-2}\sin l \sin l'\right]^{-\frac{1}{2}} \tag{29}
$$

在太阳系中,对于大行星和大多数小行星,I 都很小,即 δ^2 很小,而且 Δ_1 都比较大(Δ_1 接近于两行星之间距离在任一轨道面上的投影). 因此,一般情况下可以满足

$$
\mid 4rr'\delta^2\Delta_1^{-2}\sin l \sin l' \mid < 1
$$

故式(29)右端的括号可以用二项式定理展开

$$
\begin{aligned}
\Delta^{-1} &= \Delta_1^{-1}\left[1 - 2rr'\delta^2\Delta_1^{-2}\sin l \sin l' + 6r^2r'^2\delta^4\Delta_1^{-4}\sin^2 l \sin^2 l' - \right.\\
&\quad \left. 20r^3r'^3\delta^6\Delta_1^{-6}\sin^3 l \sin^3 l' + \cdots\right] \\
&= \Delta_1^{-1} - 2rr'\delta^2\Delta_1^{-3}\sin l \sin l' + 6r^2r'^2\delta^4\Delta_1^{-5}\sin^2 l \sin^2 l' - \\
&\quad 20r^3r'^3\delta^6\Delta_1^{-7}\sin^3 l \sin^3 l' + \cdots
\end{aligned} \tag{30}
$$

3. 式(30)是 Δ^{-1} 的初步展开,但还不是时间 t 的显函数. 时间 t 还隐含在 r,r',l(等于 $f+\Pi$),l'(等于 $f'+\Pi'$)中. 若偏心率 $e=e'=0$,则

$$
r = a, \quad r' = a'
$$

不含时间 t;而此时 $f=M, f'=M'$ 就是时间 t 的显函数. 相应的 l, l' 记为

$$
L = M + \Pi, \quad L' = M' + \Pi' \tag{31}
$$

相应 Δ_1 记为 Δ_0,即

$$
\Delta_0^2 = a^2 + a'^2 - 2aa'\cos(L-L') \tag{32}
$$

相应的 Δ 记为 $(\Delta)_0$,即式(30)成为

$$
\begin{aligned}
(\Delta)_0^{-1} &= \Delta_0^{-1} - 2aa'\delta^2\Delta_0^{-3}\sin L \sin L' + 6a^2a'^2\delta^4\Delta_0^{-5}\sin^2 L \sin^2 L' - \\
&\quad 20a^3a'^3\delta^6\Delta_0^{-7}\sin^3 L \sin^3 L' + \cdots
\end{aligned} \tag{33}
$$

式(33)虽然是 M 的显函数,但不便积分,最好展开成 M, M' 的三角级数. 首先把函数 $\Delta_0^{-(2k+1)}$(k 为正整数)展开为 $L-L'$ 的三角级数

$$
\Delta_0^{-s} = \sum_{n=-\infty}^{\infty} B_n^s \cos n(L-L'), \quad (s = 2k+1) \tag{34}
$$

具体展开过程将在下节讲述. 其中 B_n^s 不再含时间 t,是 a, a' 的函数,又由于

$$
V = -\left(\frac{m_1 m_2}{r_{12}} + \frac{m_2 m_3}{r_{23}} + \frac{m_3 m_1}{r_{31}}\right)
$$

$$\sin L \sin L' = \frac{1}{2}\big[\cos(L-L') - \cos(L+L')\big]$$

因此一般项：$\sin^k L \sin^k L'$ 可化为 L 和 L' 的余弦多项式，即

$$\sin^k L \sin^k L' = \Sigma A_{i,j}^k \cos(iL + jL')$$

其中 $A_{i,j}^k$ 为常数，$|i| \leqslant k$，$|j| \leqslant k$，但又有

$$\cos n(L-L')\cos(iL+jL')$$
$$= \frac{1}{2}\cos\big[(n+i)L - (n-j)L'\big] +$$
$$\frac{1}{2}\cos\big[(n-i)L - (n+j)L'\big]$$

因此式（33）可以整理为下面的形式

$$(\Delta)_0^{-1} = \sum (Ai,j)\cos(iL+jL') \tag{35}$$

其中 n,i,j 都是从 $-\infty$ 到 $+\infty$；$A(i,j)$ 为 a,a' 和 δ^2 的函数．式（35）就是时间 t 的显函数，因

$$iL + jL' = (in + jn')t + iM_0 + i\Pi + jM_0' + j\Pi'$$

故便于积分．

4. 上面是令 $e = e' = 0$ 的结果，而实际上 $e \neq 0$，$e' \neq 0$．但 e,e' 较小时，可以把 Δ^{-1} 展开为 e,e' 的幂级数．第一项就是式（35），以后各项可以从式（35）推出．具体展开方法将在 §4 中讲述．

§3　拉普拉斯系数和它的应用

本节专门讲述 $\Delta_0^{-(2k+1)}$ 的展开方法．由式（33）知

$$(\Delta)_0^{-1} = \sum_{k=0}^{\infty} c_k a^k a'^k \delta^{2k} \Delta_0^{-(2k+1)} \sin^k L \sin^k L' \tag{36}$$

其中 c_k 为常数，$c_0 = 1$，$c_1 = -2$，$c_2 = 6$，$c_3 = -20$，…．现在讨论

$$\begin{cases} a^k a'^k \Delta_0^{-(2k+1)} = a^k a'^k (a^2 + a'^2 - 2aa'\cos H_0)^{-\frac{2k+1}{2}} \\ H_0 = L - L' \end{cases} \tag{37}$$

的展开式．

1. 若 $a' > a$，令 $\alpha = \dfrac{a}{a'} < 1$（如 $a > a'$，则令 $\alpha = \dfrac{a'}{a} < 1$）．再用 s 表示 $\dfrac{2k+1}{2}$，即奇数的一半，引入符号

$$D = (1 + \alpha^2 - 2\alpha\cos H_0)$$

即

$$D^{-s} = (1 + \alpha^2 - 2\alpha\cos H_0)^{-s} \tag{38a}$$

则

$$a^k a'^k \Delta_0^{-(2k+1)} = \frac{\alpha^k}{a^7} D^{-s} \tag{38b}$$

因此只要展开 D^{-s} 就行了.

现在用复数来运算,设

$$z = \exp(\sqrt{-1}\, H_0), \quad 则\ 2\cos H_0 = z + z^{-1} \tag{39}$$

于是

$$D^{-s} = (1 + \alpha^2 - \alpha z - \alpha z^{-1})^{-s} = (1 - \alpha z)^{-s}(1 - \alpha z^{-1})^{-s} \tag{40}$$

根据 z 的定义,$|z| = 1$,而 $\alpha < 1$,故 $|\alpha z| < 1$,$|\alpha z^{-1}| < 1$. 因此,式(40)可以用二项式定理展开,即

$$(1 - \alpha z)^{-s} = 1 + \sum_{n=1}^{\infty} \frac{s(s+1)(s+2)\cdots(s+n-1)}{n!} \alpha^n z^n$$

$$(1 - \alpha z^{-1})^{-s} = 1 + \sum_{n=1}^{\infty} \frac{s(s+1)(s+2)\cdots(s+n-1)}{n!} \alpha^n z^{-n}$$

由于这两式的系数相同,故代入式(40)后可整理为下面形式

$$D^{-s} = \frac{1}{2} B_0^s + \frac{1}{2} \sum_{n=1}^{\infty} B_n^s (z^n + z^{-n}) \tag{41a}$$

其中

$$
\begin{cases}
\dfrac{1}{2} B_0^s = 1 + \displaystyle\sum_{m=1}^{\infty} \frac{s^2(s+1)^2(s+2)^2\cdots(s+m-1)^2}{(m!)^2} \alpha^{2m} \\[3mm]
\dfrac{1}{2} B_n^s = \dfrac{s(s+1)(s+2)\cdots(s+n-1)}{n!} \alpha^n \cdot \\[3mm]
\qquad \left[1 + \displaystyle\sum_{m=1}^{\infty} \frac{s(s+1)(s+2)\cdots(s+m-1)}{m!} \cdot \right. \\[3mm]
\qquad \left. \dfrac{(s+n)(s+n+1)\cdots(s+n+m-1)}{(n+1)(n+2)\cdots(n+m)} \alpha^{2m} \right]
\end{cases} \tag{41b}
$$

根据 z 的定义知

$$\frac{1}{2}(z^n + z^{-n}) = \cos nH_0$$

故

$$D^{-s} = \frac{1}{2} B_0^s + \sum_{n=1}^{\infty} B_n^s \cos nH_0 \tag{42}$$

这就把 D^{-s} 展开成为 $H_0 = L - L'$ 的三角级数. 其中 n 为正整数,为了以后的讨论方便,规定

$$B_{-n}^s = B_n^s$$

则

$$D^{-s} = \frac{1}{2} \sum_{n=-\infty}^{+\infty} B_n^s z^n = \frac{1}{2} \sum_{n=-\infty}^{+\infty} B_n^s \cos nH_0 \tag{43}$$

$$\mathcal{V} = -\left(\frac{m_1 m_2}{r_{12}} + \frac{m_2 m_3}{r_{23}} + \frac{m_3 m_1}{r_{31}} \right)$$

由式(40)定义的系数 B_n^s 就叫作拉普拉斯系数. 根据超几何级数的定义(参看第一章 §12),B_n^s 可用超几何数来表示,即

$$\frac{1}{2}B_n^s = \frac{s(s+1)(s+2)\cdots(s+n-1)}{n!}\alpha^n F(s,s+n,n+1,\alpha^2) \qquad (44)$$

由于没有这种形式的超几何级数的表,下面求出它们的循环公式,以便逐步计算.

2. 先求出两个最简单的拉普拉斯系数,即 $B_0^{\frac{1}{2}}$,$B_1^{\frac{1}{2}}$,作为用循环公式计算所有 B_n^s 的初始值.

在式(40)中,令 $s=\frac{1}{2}$ 可得

$$\frac{1}{2}B_n^{\frac{1}{2}} = \sum_{m=0}^{\infty} \frac{1\cdot3\cdot5\cdot\cdots\cdot(2m-1)}{2^m(m!\ )}\cdot$$
$$\frac{1\cdot3\cdot5\cdot\cdots\cdot(2n+2m-1)}{2^{n+m}(n+m)!}\alpha^{n+2m}$$

由此可得

$$\begin{cases} \dfrac{1}{2}B_0^{\frac{1}{2}} = \displaystyle\sum_{m=0}^{\infty} \dfrac{1^2\cdot3^2\cdot5^2\cdot\cdots\cdot(2m-1)^2}{2^{2m}(m!\ )^2}\alpha^{2m} \\ \dfrac{1}{2}B_0^{\frac{1}{2}} = \displaystyle\sum_{m=0}^{\infty} \dfrac{1^2\cdot3^2\cdot5^2\cdot\cdots\cdot(2m-1)^2}{2^{2m}(m!\ )^2}\dfrac{2m+1}{2m+2}\alpha^{2m+1} \end{cases} \qquad (45)$$

这就是计算 $B_0^{\frac{1}{2}}$,$B_1^{\frac{1}{2}}$ 的公式.

3. 现在就来求出 B_n^s 的循环公式,根据关系

$$(1+\alpha^2-\alpha z-\alpha z^{-1})^{-s} = D^{-s} = \frac{1}{2}\sum_{n=-\infty}^{+\infty} B_n^s z^n$$

两端对 z 求微商得

$$\alpha s(1-z^{-2})(1+\alpha^2-\alpha z-\alpha z^{-1})^{-s-1} = \frac{1}{2}\sum_{n=-\infty}^{+\infty} nB_n^s z^{n-1} \qquad (46)$$

即

$$\alpha s(z-z^{-1})(1+\alpha^2-\alpha z-\alpha z^{-1})^{-s}$$
$$= (1+\alpha^2-\alpha z-\alpha z^{-1})\frac{1}{2}\sum_{n=-\infty}^{+\infty} nB_n^s z^n$$

则

$$\alpha s(z-z^{-1})\frac{1}{2}\sum_{n=-\infty}^{+\infty} B_n^s z^n = (1+\alpha^2-\alpha z-\alpha z^{-1})\frac{1}{2}\sum_{n=-\infty}^{+\infty} nB_n^s z^n$$

比较两端 z^{n-1} 的系数可得

$$\alpha s(B_{n-2}^s - B_n^s) = (n-1)(1+\alpha^2)B_{n-1}^s -$$

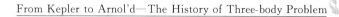

$$\alpha\left[(n-2)B_{n-2}^s + nB_n^s\right]$$

由此可解出

$$B_n^s = \frac{n-1}{n-s}(\alpha + \alpha^{-1})B_{n-1}^s - \frac{n+s-2}{n-s}B_{n-2}^s \qquad (47)$$

这就是一个循环公式,可由 B_{n-1}^s,B_{n-2}^s 求出 B_n^s.

另外,又由式(46)得

$$\alpha s(1-z^{-2})\frac{1}{2}\sum_{n=-\infty}^{+\infty}B_n^{s+1}z^n = \frac{1}{2}\sum_{n=-\infty}^{+\infty}nB_n^s z^{n-1}$$

比较两端 z^{n-1} 的系数则得

$$nB_n^s = \alpha s(B_{n-1}^{s+1} - B_{n+1}^{s+1}) \qquad (48)$$

这也是一个循环公式,可从 $s+1$ 的两个系数求出 s 的一个系数.但在应用时不方便,最好能求出从 s 求 $s+1$ 的循环公式.

在式(47)中,令 $s=s+1$,$n=n+1$ 得

$$B_{n+1}^{s+1} = \frac{1}{n-s}\left[n(\alpha+\alpha^{-1})B_n^{s+1} - (n+s)B_{n-1}^{s+1}\right]$$

代入式(48)得

$$B_n^s = \frac{s}{n-s}\left[2\alpha B_{n-1}^{s+1} - (1+\alpha^2)B_n^{s+1}\right] \qquad (49)$$

再在式(49)中令 $n=n+1$ 得

$$B_{n+1}^s = \frac{s}{n-s+1}\left[2\alpha B_n^{s+1} - (1+\alpha^2)B_{n+1}^{s+1}\right] \qquad (50)$$

则在(48),(49),(50)中消去 B_{n+1}^{s+1},B_{n-1}^{s+1} 后整理得

$$B_n^{s+1} = \frac{(n+s)(1+\alpha^2)B_n^s - 2(n-s+1)B_{n+1}^s}{s(1-\alpha^2)^2} \qquad (51)$$

式(51)就是从 s 的两个系数 B_n^s,B_{n+1}^s 求出 $s+1$ 的循环公式.这样一来,根据式(45)可求出 $B_0^{\frac{1}{2}}$,$B_1^{\frac{1}{2}}$ 利用式(47)可逐步求出所有的 $B_n^{\frac{1}{2}}$;然后再用式(51)从 $B_0^{\frac{1}{2}}$,$B_1^{\frac{1}{2}}$ 求出 $B_0^{\frac{3}{2}}$,从 $B_1^{\frac{1}{2}}$,$B_2^{\frac{1}{2}}$ 求出 $B_1^{\frac{3}{2}}$;于是再用式(47)从 $B_0^{\frac{3}{2}}$,$B_1^{\frac{3}{2}}$ 逐步求出所有的 $B_n^{\frac{3}{2}}$.由此类推,所有的 B_n^s 都可以求出了.

4. 在摄动函数展开过程中,不仅要用到拉普拉斯系数 B_n^s 本身,还要用到它们对 a,a' 或 α 的各级微商.因此必须求出计算各级微商的公式.由于 $\alpha = \frac{a}{a'}$,故微商运算有下面关系

$$\frac{\partial}{\partial a} = \frac{1}{a'}\frac{\mathrm{d}}{\mathrm{d}\alpha}, \qquad \frac{\partial}{\partial a'} = -\frac{\alpha}{a'}\frac{\mathrm{d}}{\mathrm{d}\alpha}$$

故只要求出了 B_n^s 对 α 的各级微商,B_n^s 对 a,a' 的各级微商都可以求出来.根据

$$(1+\alpha^2 - \alpha z - \alpha z^{-1})^{-s} = \frac{1}{2}\sum_{n=-\infty}^{+\infty}B_n^s z^n$$

$$\mathcal{V} = -\left(\frac{m_1 m_2}{r_{12}} + \frac{m_2 m_3}{r_{23}} + \frac{m_3 m_1}{r_{31}}\right)$$

两端对 α 求微商可得(α 与 z 无关)

$$-s(2\alpha - z - z^{-1})(1 + \alpha^2 - \alpha z - \alpha z^{-1})^{-s-1} = \frac{1}{2}\sum_{n=-\infty}^{+\infty}\frac{dB_n^s}{d\alpha}z^n$$

即

$$-s(2\alpha - z - z^{-1})\frac{1}{2}\sum_{n=-\infty}^{+\infty}B_n^{s+1}z^n = \frac{1}{2}\sum_{n=-\infty}^{+\infty}\frac{dB_n^s}{d\alpha}z^n$$

比较两端 z^n 的系数可得

$$\frac{dB_n^s}{d\alpha} = s(B_{n-1}^{s+1} + B_{n+1}^{s+1} - 2\alpha B_n^{s+1}) \tag{52}$$

这是用三个 $s+1$ 的拉普拉斯系数计算 B_n^s 的微商的公式. 但最好能求出同一个 s 的关系式. 用公式(51)可以转化, 在式(51)中, 令 $n = n-1, n, n+1$ 得

$$\begin{cases} B_{n-1}^{s+1} = \dfrac{(n+s-1)(1+\alpha^2)B_{n-1}^s - 2(n-s)B_n^s}{s(1-\alpha^2)^2} \\[2mm] B_n^{s+1} = \dfrac{(n+s)(1+\alpha^2)B_n^s - 2(n-s+1)B_{n+1}^s}{s(1-\alpha^2)^2} \\[2mm] B_{n+1}^{s+1} = \dfrac{(n+s+1)(1+\alpha^2)B_{n+1}^s - 2(n-s+2)B_{n+2}^s}{s(1-\alpha^2)^2} \end{cases} \tag{53}$$

代入式(52)后, 再用式(47)把 B_{n+1}^s, B_{n+2}^s 化为 B_{n-1}^s, B_n^s, 故可整理为下面形式

$$\frac{dB_n^s}{d\alpha} = \frac{1}{1-\alpha^2}\left[2(n+s-1)B_{n-1}^s + \{2\alpha s - n(\alpha + \alpha^{-1})\}B_n^s\right] \tag{54}$$

式(54)就是从 B_{n-1}^s, B_n^s 计算 B_n^s 对 α 的一阶微商的公式.

对于二阶微商, 可从式(54)继续求下去. 但先把 $1-\alpha^2$ 的因子乘到左端, 即

$$(1-\alpha^2)\frac{dB_n^s}{d\alpha} = 2(n+s-1)B_{n-1}^s + \{2\alpha s - n(\alpha + \alpha^{-1})\}B_n^s$$

对 α 再求一次微商得

$$(1-\alpha^2)\frac{d^2 B_n^s}{d\alpha^2} - 2\alpha\frac{dB_n^s}{d\alpha}$$

$$= 2(n+s-1)\frac{dB_{n-1}^s}{d\alpha} + \{2\alpha s - n(\alpha + \alpha^{-1})\}\frac{dB_n^s}{d\alpha} + \tag{55}$$

$$\left[2s - n(1 - \alpha^{-2})\right]B_n^s$$

其中 $\dfrac{dB_{n-1}^s}{d\alpha}$ 最好换为 $\dfrac{dB_n^s}{d\alpha}$, 在式(54)中令 $n = n-1$ 可得

$$\frac{dB_{n-1}^s}{d\alpha} = \frac{1}{1-\alpha^2}\left[2(n+s-2)B_{n-2}^s + \right.$$

$$\left. \{2\alpha s - (n-1)(\alpha + \alpha^{-1})\}B_{n-1}^s\right] \tag{56}$$

再由式(47)可得

$$\left[(n+s) - 2\right]B_{n-2}^s = (n-1)(\alpha + \alpha^{-1})B_{n-1}^s - (n-s)B_n^s$$

代入式(56)可得

$$\frac{\mathrm{d}B_{n-1}^s}{\mathrm{d}\alpha} = \frac{1}{1-\alpha^2}\big[\{2\alpha s + (n-1)(\alpha + \alpha^{-1})\}B_{n-1}^s - 2(n-s)B_n^s\big] \qquad (57)$$

其中的 B_{n-1}^s 还可以用式(54)换为 $B_n^s, \dfrac{\mathrm{d}B_n^s}{\mathrm{d}\alpha}$, 即

$$2(n+s-1)B_{n-1}^s = (1-\alpha^2)\frac{\mathrm{d}B_n^s}{\mathrm{d}\alpha} - [2\alpha s - n(\alpha + \alpha^{-1})]B_n^s$$

代入式(57)可得

$$2(n+s-1)\frac{\mathrm{d}B_{n-1}^s}{\mathrm{d}\alpha} = [2\alpha s + (n-1)(\alpha + \alpha^{-1})]\frac{\mathrm{d}B_n^s}{\mathrm{d}\alpha} +$$
$$[4s^2 - 2s - n(n-1)(1-\alpha^{-2})]B_n^s$$

代入式(55),整理后则得

$$(\alpha^2 - \alpha^4)\frac{\mathrm{d}^2 B_n^s}{\mathrm{d}\alpha^2} + [\alpha - \alpha^3(4s+1)]\frac{\mathrm{d}B_n^s}{\mathrm{d}\alpha} - [4\alpha^2 s^2 + n^2(1-\alpha^2)]B_n^s = 0$$

$$(58)$$

这就是从 B_n^s 和 $\dfrac{\mathrm{d}B_n^s}{\mathrm{d}\alpha}$ 求二阶微商 $\dfrac{\mathrm{d}^2 B_n^s}{\mathrm{d}\alpha^2}$ 的公式,也是 $B_n^s(\alpha)$ 所满足的微分方程. 利

用它可以把 B_n^s 对 α 的高阶微商化为 B_n^s 和 $\dfrac{\mathrm{d}B_n^s}{\mathrm{d}\alpha}$ 的函数. 于是 B_n^s 对 α 的各阶微商

都可以求出了.

§4 纽康算子,摄动函数展开的基本形式

上两节的讨论可得到偏心率 $e = e' = 0$ 时的展开式

$$\frac{1}{(\Delta)_0} = \sum A(i,j)\cos(iL + jL') \qquad (59)$$

其中 $A(i,j)$ 为 a, a', δ^2 的函数,而

$$\delta^2 = \sin^2 \frac{I}{2} \qquad (60)$$

故形式地可记为

$$(\Delta)_0^{-1} = F(a, a', L, L', \delta^2) \qquad (61)$$

其中函数 F 就代表式(59)右端的总和.

但实际上 e, e' 不等于0,此时应把式(61)中的 a, a', L, L' 换为 r, r', l, l', 即

应展开 Δ^{-1} 为

$$\Delta^{-1} = F(r, r', l, l', \delta^2) \qquad (62)$$

而时间 t 仍隐含在 r, r', l, l' 中,但由关系

$$\mathscr{V} = -\left(\frac{m_1 m_2}{r_{12}} + \frac{m_2 m_3}{r_{23}} + \frac{m_3 m_1}{r_{31}}\right)$$

$$\begin{cases} r = a(1 - e\cos E) = a + x \\ r' = a'(1 - e'\cos E') = a' + x' \\ l = L + (f - M) = L + v \\ l' = L' + (f' - M') = L' + v' \end{cases} \tag{63}$$

则 x, x', v, v' 都是与偏心率 e, e' 同数量级的量. 当 e, e' 较小时, x, x', v, v' 也较小, 故用式 (63) 代入式 (62) 后, 可用多重泰勒级数公式展开为 x, x', v, v' 的幂级数, 再把 $x^m, x'^{m'}, v^p, v'^q$ 展开为 M 或 M' 的三角级数. 为了符号简单起见, 引入一种运算符号.

先考虑一个变量的函数 $\varphi(x)$, 根据泰勒公式有

$$\varphi(x + \Delta x) = \varphi(x) + \frac{\Delta x}{1} \frac{\partial}{\partial x} \varphi(x) + \frac{\Delta x^2}{2!} \frac{\partial^2}{\partial x^2} \varphi(x) + \cdots$$

$$= \left[1 + \sum_{n=1}^{\infty} \frac{\Delta x^n}{n!} \frac{\partial^n}{\partial x^n} \right] \varphi(x) \tag{64}$$

其中括号内的量代表一种运算符号, 上式就是它的定义. 由于指数函数

$$\exp(w) = 1 + \sum_{n=1}^{\infty} \frac{w^n}{n!}$$

故式 (64) 右端括号可形式地用指数函数表示, 即式 (64) 可写为

$$\varphi(x + \Delta x) = \exp\left(\Delta x \frac{\partial}{\partial x} \right) \varphi(x) \tag{65}$$

同样, 对于多变量函数, 也可以用这样的符号, 即

$$\begin{cases} \varphi(x + \Delta x, y + \Delta y) = \exp\left(\Delta x \frac{\partial}{\partial x} + \Delta y \frac{\partial}{\partial y} \right) \varphi(x, y) \\ \varphi(x + \Delta x, y + \Delta y, z + \Delta z, \cdots) \\ = \exp\left(\Delta x \frac{\partial}{\partial x} + \Delta y \frac{\partial}{\partial y} + \Delta z \frac{\partial}{\partial z} + \cdots \right) \varphi(x, y, z, \cdots) \end{cases} \tag{66}$$

如果所用的函数, 对各变量都存在任意阶的连续偏微商, 则偏微商运算的次序可以交换, 故可得关系

$$\varphi(x + \Delta x, y + \Delta y)$$
$$= \exp\left(\Delta x \frac{\partial}{\partial x} \right) \left[\exp\left(\Delta y \frac{\partial}{\partial y} \right) \varphi(x, y) \right]$$
$$= \exp\left(\Delta y \frac{\partial}{\partial y} \right) \left[\exp\left(\Delta x \frac{\partial}{\partial x} \right) \varphi(x, y) \right]$$

因此, 指数函数形式的运算符号仍然保持指数函数特点, 即

$$\exp\left(\Delta x \frac{\partial}{\partial x} + \Delta y \frac{\partial}{\partial y} \right) = \exp\left(\Delta x \frac{\partial}{\partial x} \right) \exp\left(\Delta y \frac{\partial}{\partial y} \right)$$
$$= \exp\left(\Delta y \frac{\partial}{\partial y} \right) \exp\left(\Delta x \frac{\partial}{\partial x} \right) \tag{67}$$

变量更多时,有同样的性质.

现在就用以上讨论的运算符号来讨论 Δ^{-1} 的展开式. 但是在 $F(a,a',L,$ $L',\delta^2)$ 中, a,a' 基本上以 $\alpha=\dfrac{a}{a'}$ 的形式出现,而且若按

$$F(a+x,a'+x',\cdots)$$

展开为 x,x' 的幂级数,则 $x=-ae\cos E$, $x'=-a'e'\cos E'$,其中还包含有 a,a'. 在讨论时不方便. 但在函数 F 中,可以把它看作是对数 $\ln r,\ln r'$ 的函数;在 $e=$ $e'=0$ 时为 $\ln a,\ln a'$. 相应的增量为

$$\begin{cases} \rho=\ln r-\ln a=\ln\dfrac{r}{a}=\ln(1-e\cos E) \\ \rho'=\ln r'-\ln a'=\ln\dfrac{r'}{a'}=\ln(1-e'\cos E') \end{cases} \tag{68}$$

显然 ρ,ρ' 也是与 e,e' 同数量级的量,而且不再包含 a,a'. 此时相应的展开式应为

$$F(\ln a+\rho,\ln a'+\rho',\cdots)$$
$$=\exp\left[\rho\dfrac{\partial}{\partial(\ln a)}+\rho'\dfrac{\partial}{\partial(\ln a')}+\cdots\right]F(\ln a,\ln a',\cdots)$$

用 D,D' 表示上式中的偏微商运算符号,即

$$D=\dfrac{\partial}{\partial(\ln a)},\quad D'=\dfrac{\partial}{\partial(\ln a')}$$

但

$$\dfrac{\mathrm{d}\ln a}{\mathrm{d}a}=\dfrac{1}{a},\quad \dfrac{\mathrm{d}\ln a'}{\mathrm{d}a'}=\dfrac{1}{a'}$$

则

$$D=\dfrac{\partial}{\partial(\ln a)}=a\dfrac{\partial}{\partial a},\quad D'=\dfrac{\partial}{\partial(\ln a')}=a'\dfrac{\partial}{\partial a'} \tag{69}$$

再由 $\alpha=\dfrac{a}{a'}$,则有

$$Df(\alpha)=a\dfrac{\partial}{\partial a}f(\alpha)=a\dfrac{\mathrm{d}}{\mathrm{d}\alpha}f(\alpha)\dfrac{\partial\alpha}{\partial a}$$
$$=\dfrac{a}{a'}\dfrac{\mathrm{d}f(\alpha)}{\mathrm{d}\alpha}=\alpha\dfrac{\mathrm{d}f(\alpha)}{\mathrm{d}\alpha}$$

因此

$$D=\alpha\dfrac{\mathrm{d}}{\mathrm{d}\alpha}$$

同理

$$D'=a'\dfrac{\partial}{\partial a'}=-\alpha\dfrac{\mathrm{d}}{\mathrm{d}\alpha} \tag{70}$$

$$\mathscr{V}=-\left(\dfrac{m_1m_2}{r_{12}}+\dfrac{m_2m_3}{r_{23}}+\dfrac{m_3m_1}{r_{31}}\right)$$

从上节可知,展开式是 α 的幂级数,用 D, D' 来运算 α^n,形式很简单,即

$$\begin{cases} D\alpha^n = \alpha\dfrac{\mathrm{d}\alpha^n}{\mathrm{d}\alpha} = n\alpha^n \\[2mm] D^2\alpha^n = D(n\alpha^n) = n^2\alpha^n \\[1mm] \qquad\vdots \\[1mm] D^m\alpha^n = n^m\alpha^n \\[2mm] D'\alpha^n = -\alpha\dfrac{\mathrm{d}\alpha^n}{\mathrm{d}\alpha} = -n\alpha^n \\[2mm] D'^2\alpha^n = D'(-n\alpha^n) = n^2\alpha^n \\[1mm] \qquad\vdots \\[1mm] D^m\alpha^n = (-1)^m n^m\alpha^n \end{cases} \tag{71}$$

再用 D_1, D_1' 表示偏微商运算符号

$$D_1 = \frac{\partial}{\partial L}, \quad D_1' = \frac{\partial}{\partial L'} \tag{72}$$

则展开式可写为

$$\begin{aligned} \Delta^{-1} &= F(\ln a + \rho, \ln a' + \rho, L+v, L'+v', \delta^2) \\ &= \exp(\rho D + \rho'D' + vD_1 + v'D_1') \cdot F(\ln a, \ln a', L, L', \delta^2) \\ &= \exp(\rho'D' + v'D_1')\exp(\rho D + vD_1) \cdot F(\ln a, \ln a', L, L', \delta^2) \end{aligned} \tag{73}$$

其中函数 $F(\ln a, \ln a', L, L', \delta^2)$ 就是 $(\Delta)_0^{-1}$ 的展开式,即式(59),上式运算表明,可以分两步进行,第一步先展开

$$\begin{aligned} &\exp(\rho D + vD_1)F(\ln a, \ln a', L, L', \delta^2) \\ &= \exp(\rho D + vD_1)\sum A(i,j)\cos(iL + jL') \end{aligned} \tag{74}$$

由于这里把 a, L 看成相互独立的量,故运算符号 D 只运算系数 $A(i,j)$,不管 L 中隐含的 $a(L = nt + \cdots, n$ 中含 $a)$.三角函数换为复数形式后,运算更方便,用 w, w' 表示复变量

$$w = \exp(\sqrt{-1}L), \quad w' = \exp(\sqrt{-1}L') \tag{75}$$

由于 $\cos(iL + jL') = \cos(-iL - jL')$,这两项的系数都可看作 $A(i,j)$,而 i, j 都是从 $-\infty$ 到 $+\infty$,故

$$F = \sum A(i,j)\cos(iL + jL') = \sum A(i,j)w^i w'^j \tag{76}$$

故式(74)可写为

$$\exp(\rho D + vD_1)\sum A(i,j)W^i W'^j$$

利用关系式(75)知

$$\frac{\mathrm{d}W}{\mathrm{d}L} = \sqrt{-1}\exp(\sqrt{-1}L) = \sqrt{-1}\,w$$

因此

$$\begin{cases} D_1 = \dfrac{\partial}{\partial L} = \sqrt{-1}\, w\, \dfrac{\partial}{\partial w} \\ D_1 w^i = \sqrt{-1}\, w\, \dfrac{\partial w^i}{\partial w} = i\sqrt{-1}\, w^i \end{cases} \tag{78}$$

即可得

$$\exp(\rho D + v D_1) A(i,j) w^i w'^j = \exp(\rho D + i\sqrt{-1}\, v) A(i,j) w^i w'^j \tag{79}$$

式(79)可作为式(77)的一般项,但

$$\exp(\rho D + i\sqrt{-1}\, v) = 1 + \rho D + i\sqrt{-1}\, v +$$
$$\frac{1}{2}(\rho^2 D^2 + 2i\sqrt{-1}\, D\rho v - i^2 v^2) + \cdots \tag{80}$$

其中 ρ, v 可用椭圆轨道的展开式,展开为 e 的幂级数,系数为平近点角 M 的三角多项式.

由于

$$\rho = \ln \frac{r}{a} = \ln(1 - e\cos E)$$
$$= -e\cos E - \frac{e^2}{2}\cos^2 E - \frac{e^3}{3}\cos^3 E - \cdots$$

把其中 $\cos^k E$ 化为倍角三角函数后,再用第一章中 $\cos kE$ 展开为 M 的三角函数的公式(149)代入,并把其中贝塞耳函数展开为 e 的幂级数,最后按 e 的幂次整理可得(展开到 e^7 为止)

$$\rho = \left(\frac{e^2}{4} + \frac{e^4}{32} + \frac{e^6}{96} + \cdots\right) +$$
$$\left(-e + \frac{3}{8}e^3 + \frac{1}{64}e^5 + \frac{127}{9\,216}e^7\right)\cos M +$$
$$\left(-\frac{3}{4}e^2 + \frac{11}{24}e^4 - \frac{3}{64}e^6\right)\cos 2M +$$
$$\left(-\frac{17}{24}e^3 + \frac{77}{128}e^5 - \frac{743}{5\,120}e^7\right)\cos 3M +$$
$$\left(-\frac{71}{96}e^4 + \frac{129}{160}e^6\right)\cos 4M +$$
$$\left(-\frac{523}{640}e^5 + \frac{10\,039}{9\,216}e^7\right)\cos 5M - \frac{899}{960}e^6\cos 6M -$$
$$\frac{355\,081}{322\,560}e^7\cos 7M \tag{81}$$

又由于 $v = f - M$,为椭圆运动中真近点角同平近点角之差,又叫作中心差.需要根据 f 展开为偏近点角 E 的第一章级数公式(198)

$$f = E + 2\sum_{n=1}^{\infty} \beta^n \frac{\sin nE}{n}$$

$$\mathcal{V} = -\left(\frac{m_1 m_2}{r_{12}} + \frac{m_2 m_3}{r_{23}} + \frac{m_3 m_1}{r_{31}}\right)$$

再利用公式(152),(153) 和(154) 把 E 和 $\sin nE$ 展开为 M 的三角级数,还要把系数中的贝塞耳函数及 $\beta^n\left[\beta=\dfrac{1-\sqrt{1-e^2}}{e}\right]$ 展开为 e 的幂级数,代入上式按 e 的幂次整理得(到 e^7 为止)

$$v=\left(2e-\frac{1}{4}e^3+\frac{5}{96}e^5+\frac{107}{4\,608}e^7\right)\sin M+$$

$$\left(\frac{5}{4}e^2-\frac{11}{24}e^4+\frac{17}{192}e^6\right)\sin 2M+$$

$$\left(\frac{13}{12}e^3-\frac{43}{64}e^5+\frac{95}{512}e^7\right)\sin 3M+$$

$$\left(\frac{103}{96}e^4-\frac{451}{480}e^6\right)\sin 4M+$$

$$\left(\frac{1\,097}{960}e^5-\frac{5\,957}{4\,608}e^7\right)\sin 5M+\frac{1\,223}{960}e^6\sin 6M+$$

$$\frac{47\,273}{32\,256}e^7\sin 7M \tag{82}$$

仍然用虚变量的指数函数代替三角函数,以便于运算. 定义

$$z=\exp(\sqrt{-1}M)$$

则

$$\begin{cases}\cos nM=\dfrac{1}{2}(z^n+z^{-n})\\[2mm]\sin nM=\dfrac{1}{2\sqrt{-1}}(z^n-z^{-n})\end{cases} \tag{83}$$

故式(81),(82) 可写为

$$\rho=e\left(-\frac{1}{2}z-\frac{1}{2}z^{-1}\right)+e^2\left(-\frac{3}{8}z^2+\frac{1}{4}-\frac{3}{8}z^{-2}\right)+$$

$$e^3\left(-\frac{17}{48}z^3+\frac{3}{16}z+\frac{3}{16}z^{-1}-\frac{17}{48}z^{-3}\right)+\cdots \tag{84}$$

$$\sqrt{-1}\,v=e(z-z^{-1})+\frac{5}{8}e^2(z^2-z^{-2})+$$

$$e^3\left(\frac{13}{24}z^3-\frac{1}{8}z+\frac{1}{8}z^{-1}-\frac{13}{24}z^{-3}\right)+\cdots \tag{85}$$

以式(84),(85) 代入(80) 后,按 e 的幂次整理可得

$$\exp(\rho D+i\sqrt{-1}\,v)=1+\sum_{n=1}^{\infty}K_n e^n \tag{86}$$

其中 K_n 为 D,i,z 的函数,形式为

$$\begin{cases} K_1 = \left[-\dfrac{1}{2}D + i\right]z + \left[-\dfrac{1}{2}D - i\right]z^{-1} \\ K_2 = \dfrac{1}{8}\left[D^2 + (-4i-3)D + 5i + 4i^2\right]z^2 + \\ \qquad \dfrac{1}{4}\left[D^2 + D - 4i^2\right] + \dfrac{1}{8}\left[D^2 + (4i-3)D - 5i + 4i^2\right]z^{-2} \end{cases} \tag{87}$$

一般项

$$K_n = \sum_{m=0}^{n} \mathit{\Pi}_{n-2m}^n z^{n-2m} \tag{88}$$

其中记号：$\mathit{\Pi}_{n-2m}^n$ 叫作纽康运算子，从式(87)可看出

$$\begin{cases} \mathit{\Pi}_1^1 = -\dfrac{1}{2}D + i \\ \mathit{\Pi}_{-1}^1 = -\dfrac{1}{2}D - i \\ \mathit{\Pi}_2^2 = \dfrac{1}{8}\left[D^2 + (-4i-3)D + 5i + 4i^2\right] \\ \mathit{\Pi}_0^2 = \dfrac{1}{4}\left[D^2 + D - 4i^2\right] \\ \mathit{\Pi}_{-2}^2 = \dfrac{1}{8}\left[D^2 + (4i-3)D - 5i + 4i^2\right] \\ \qquad\vdots \end{cases} \tag{89}$$

也就是 K_n 按 z 的幂次整理后，系数就是纽康运算子，其中包含偏微商运算符号 D，和整数 i，故也可记为 $\mathit{\Pi}_i^n(D,i)$. 代入式(86)后得

$$\exp(\rho D + i\sqrt{-1}\,v) = 1 + \sum_{n=1}^{\infty} e^n \sum_{m=0}^{n} \mathit{\Pi}_{n-2m}^n z^{n-2m}$$
$$= \sum_{n=0}^{\infty} e^n \sum_{m=0}^{n} \mathit{\Pi}_{n-2m}^n z^{n-2m} \tag{90}$$

其中定义 $\mathit{\Pi}_0^0 = 1$. 于是展开式一般项式(79)成为

$$\exp(\rho D + i\sqrt{-1}\,v)\Lambda(i,j)w^i w'^j$$
$$= \sum_{n=0}^{\infty} e^n \sum_{m=0}^{n} \mathit{\Pi}_{n-2m}^n A(i,j)w^i w'^j z^{n-2m}$$

如取 m 为 $-n, -n+2, -n+4, \cdots, n-2, n$，则上式可记为

$$\exp(\rho D + i\sqrt{-1}\,v)A(i,j)w^i w'^j$$
$$= \sum_{n=0}^{\infty} e^n \sum_{m=-n}^{n} \mathit{\Pi}_m^n A(i,j)w^i w'^j z^m \tag{91}$$

同理，再用运算符号 $\exp(\rho'D' + v'D_1')$ 来运算式(91)时，可以求出

$$D_1' = \frac{\partial}{\partial L'} = \sqrt{-1}\,w'\frac{\partial}{\partial w'}$$

$$\mathscr{V} = -\left(\frac{m_1 m_2}{r_{12}} + \frac{m_2 m_3}{r_{23}} + \frac{m_3 m_1}{r_{31}}\right)$$

而且
$$\exp(\rho'D' + v'D_1') = \exp(\rho'D' + j\sqrt{-1}\,v')$$
运算式(91) 后可得下面结果
$$\exp(\rho D + \rho'D' + i\sqrt{-1}\,v + j\sqrt{-1}\,v')A(i,j)w^i w'^j$$
$$= \sum_{n=0}^{\infty} \sum_{n'=0}^{\infty} e^n e'^{n'} \sum_{m=-n}^{n} \sum_{m'=-n'}^{n'} \Pi_m^n \Pi_{m'}^{n'} A(i,j)w^i w'^j z^m z'^{m'}$$
其中
$$z' = \exp(\sqrt{-1}\,M')$$
如把 z,w,w' 都还原为 M,L,L',再用符号
$$P_{mm'}^{nn'}(i,j) = \Pi_m^n \Pi_{m'}^{n'} A(i,j)$$
则摄动函数主要项的展开式结果的形式为
$$\frac{1}{\Delta} = \sum P_{mm'}^{nn'}(i,j)e^n e'^{n'} \cos(iL + jL' + mM + m'M') \qquad (92)$$
前面的求和符号是对六个整数 i,j(从 $-\infty$ 到 $+\infty$);n,n'(从 $0 \to +\infty$);m(从 $-n \to +n$),m'(从 $-n' \to +n'$)求和. 其实上节讲的 D^{-s} 的展开式还隐含在系数 P 中. 根据 L,L' 的定义可知
$$iL + jL' + mM + m'M'$$
$$= (i+m)M + (j+m')M' + i\Pi + i\Pi'$$
为时间 t 的线性函数. 辅助量 Π,Π' 为轨道根数$(i,\omega,\Omega,i',\omega',\Omega')$ 的函数. 系数 P 则为 a,a' 和 $\delta^2 = \sin^2\dfrac{I}{2}$ 的函数,而 I 为轨道根数(i,Ω,i',Ω') 的函数.

式(92)是摄动函数主要项展开结果,但摄动函数还有辅助项为
$$-\frac{r}{r'^2}\cos H$$
当 $e = e' = 0$ 时,则为
$$-\frac{a}{a'^2}\left[\cos(L - L') - 2\sin L \sin L' \sin^2\frac{I}{2}\right]$$
$$= -\frac{a}{a'^2}\left[\cos(L - L') - \cos(L - L')\sin^2\frac{I}{2} + \cos(L + L')\sin^2\frac{I}{2}\right]$$
这是 $(\Delta)_0^{-1}$ 的展开式中的特殊项,完全可合并到展开式的一般项中,不影响展开式结果的基本形式. 最后,摄动函数的展开式可写为下面的形式
$$R = Gm' \sum P_{mm'}^{nn'}(i,j)e^n e'^{n'} \cos(iL + jL' + mM + m'M') \qquad (93)$$
这仅为展开式的形式. 从上面讨论可看出,如果全部写出展开到 e,e' 的七次幂

的结果,是相当繁的.式(93)已有人展开到 e,e' 的八次幂[①].

对于大行星和月球的情况,都求出了它们运动方程的摄动函数展开式,一般都有几百项到几千项.如还要进一步精确讨论,项数还要大量增加.这也是分析方法的一个基本困难.而且当 e,e',I 较大时,展开式的收敛性也成问题.已有不少人研究过新的展开方法,但到现在也没有较好的结果.

若自变量不用时间 t,例如用偏近点角 E,则摄动函数只要展开为 E 的三角级数就行了.这样的展开式要简单些.但是摄动行星的 E' 要表为 E 的显函数才能积分,这点也要增加麻烦.摄动理论中的汉森方法,就是把摄动函数展开为 E 的三角级数.也有人用真近点角 f 作自变量,摄动函数也展开为 f 的三角级数,但效果并不好.

§5　长期摄动,周期摄动和长周期摄动

得到了摄动函数 R 的展开式后,就可以代入天体的摄动运动方程求解.本节对一阶摄动进行一些初步讨论.

1.根据上节得到的摄动函数展开式,在符号上再作些简化,可以写为

$$R = m' \sum P \cos Q$$

其中

$$Q = pM + p'M' + j\Pi + j'\Pi'$$
$$= (pn + p'n')t + pM_0 + p'M_0' + j\Pi + j'\Pi' \tag{94}$$

这里的 n,n' 表示两行星的平均角速度.展开式系数 P 为轨道根数$(a,e,i,\Omega;a', e',i',\Omega')$ 的函数. Q 中的辅助量 Π,Π' 为轨道根数$(\omega,\Omega,i,;\omega',\Omega',i')$ 的函数.其中的 p,p',j,j' 是任意整数.但当 $p=p'=0$ 时, Q 与时间 t 无关,记为 Q_0,即

$$Q_0 = j\Pi + j'\Pi' \tag{95}$$

式(94)中角度为 Q_0 的项不显含时间 t,在 R 中单独列出,便于讨论,即

$$R = m' \sum P_0 \cos Q_0 + m' \sum P \cos Q \tag{96}$$

后面一项中一定包含时间 t.

下面就对各轨道根数的摄动方程进行讨论,只考虑一阶摄动,先讨论半长径 a,由于

$$\dot{a} = \frac{2}{na} \frac{\partial R}{\partial M_0} \tag{97}$$

由于系数 P_0,P 和 Q_0 都不包含 M_0,故用式(96)代入式(97)后可得

---

① Boquet:Annales de l'observatoire de Paris, Tom 19.

$$\mathcal{V} = -\left(\frac{m_1 m_2}{r_{12}} + \frac{m_2 m_3}{r_{23}} + \frac{m_3 m_1}{r_{31}}\right)$$

$$\dot{a} = -\frac{2m'}{na} \sum pP \sin Q$$

由于只考虑一阶摄动,故积分时,所有轨道根数都看作常数.积分后可得

$$a = a_0 + \frac{\alpha m'}{na} \sum \frac{pP}{pn + p'n'} \cos Q \tag{98}$$

由于 Q 中有时间 t,系数为 $pn + p'n'$.故 $\cos Q$ 为时间 t 的周期函数,用符号 P. T. 表示,即

$$a = a_0 + \text{P. T.}$$

其中 a_0 为积分常数,再由 Ω 的方程

$$\dot{\Omega} = \frac{1}{na^2 \sqrt{1-e^2} \sin i} \frac{\partial R}{\partial i} = A \frac{\partial R}{\partial i} \tag{99}$$

此时,P_0, P, Q_0, Q 都是 i 的函数,故用式(96)代入得

$$\dot{\Omega} = Am' \left[\sum \frac{\partial P_0}{\partial i} \cos Q_0 - \sum P_0 \frac{\partial Q_0}{\partial i} \sin Q_0 + \right.$$
$$\left. \sum \frac{\partial P}{\partial i} \cos Q - \sum P \frac{\partial Q}{\partial i} \sin Q \right]$$

其中各偏导数都不显含 t

$$\frac{\partial Q}{\partial i} = j \frac{\partial \Pi}{\partial i} + j' \frac{\partial \Pi'}{\partial i}$$

也不显含 t,故积分后得

$$\Omega = \Omega_0 + Am' \left[\sum \frac{\partial P_0}{\partial i} \cos Q_0 - \sum P_0 \frac{\partial Q_0}{\partial i} \sin Q_0 \right] t +$$
$$Am' \left[\sum \frac{\partial P}{\partial i} \frac{\sin Q}{pn + p'n'} + \sum P \frac{\partial Q}{\partial i} \frac{\cos Q}{pn + p'n'} \right] \tag{100}$$

其中 Ω_0 为积分常数,第一个方括号用 β 表示,第二个方括号为时间 t 的周期函数,仍记为 P. T,则

$$\Omega = \Omega_0 + \beta t + \text{P. T.}$$

其他轨道根数情况相同,只是 M_0 的情况值得提一下,方程为

$$\dot{M}_0 = -\frac{1-e^2}{na^2 e} \frac{\partial R}{\partial e} - \frac{2}{na} \frac{\partial R}{\partial a} = A \frac{\partial R}{\partial e} + B \frac{\partial R}{\partial a} \tag{101}$$

第一项没有什么特殊情况.第二项对 a 求偏导数时,因 Q 中有平均角速度 n,隐含 a.但在第三章 §8 中已讲明,在 $\dot{M}_0$ 的方程中

$$\frac{\partial R}{\partial a} = \left(\frac{\partial R}{\partial a} \right)$$

即求偏导数时,不管近点角中隐含的 a,于是

$$\left(\frac{\partial R}{\partial a} \right) = m' \left[\sum \frac{\partial P_0}{\partial a} \cos Q_0 + \sum \frac{\partial P}{\partial a} \cos Q \right]$$

$\dfrac{\partial R}{\partial e}$ 的形式相同，故代入式(101)后，与 $\dot{\Omega}$ 的形式一样，积分后可得

$$M_0 = (M_0)_0 + \beta t + \text{P. T.}$$

其中 $(M_0)_0$ 为积分常数. 只是平近点角 M 应为

$$M = \int n\mathrm{d}t + M_0 \tag{102}$$

综上所述，如只考虑一阶摄动，各轨道根数的解为下列形式

$$\begin{cases} a = a_0 + \text{P. T.} \\ e = e_0 + \beta t + \text{P. T.} \\ i = i_0 + \beta t + \text{P. T.} \\ \Omega = \Omega_0 + \beta t + \text{P. T.} \\ \omega = \omega_0 + \beta t + \text{P. T.} \\ M_0 = (M_0)_0 + \beta t + \text{P. T.} \end{cases} \tag{103}$$

2. 在式(103)中，$a_0, e_0, \cdots$ 是 $t=0$ 时初轨的轨道根数. βt 这一项包含时间 t 作因子，当 $t \to +\infty$ 时，$\beta t \to \pm\infty$（由 β 的符号决定）. 这样的项叫作长期项或长期摄动. 一般说来，含有 t^m 因子的项都是长期项. 这种项反映出轨道根数的一种变化趋势，在天体演化中占重要地位.

值得注意的是半长径 a 在仅讨论一阶摄动时没有长期项. 但考虑二阶和高阶摄动后是否会有长期项出现呢？下节专门讨论这个问题.

偏心率 e 存在长期项，在天体演化中也很重要. 若 e 无限增大，则必然要从 $e < 1$ 的椭圆轨道变成 $e > 1$ 的双曲线轨道. 如果行星是这种情况，则太阳系就不稳定了. 讨论高阶摄动后，e 包含有 $e_1 t + e_2 t^2 + \cdots$，都是长期项. 下面列出地球、金星、木星到二阶摄动的长期项

$$e_{地} = 0.016\ 749\ 8 - 0.000\ 042\ 6t - 0.000\ 000\ 137t^2$$

$$e_{金} = 0.006\ 816\ 36 - 0.000\ 053\ 84t + 0.000\ 000\ 126t^2$$

$$e_{木} = 0.048\ 334\ 75 + 0.000\ 164\ 180t - 0.000\ 000\ 468t^2$$

其中 t 为从 1900.0 起算的时间，以 100 年为单位. 如只从上式看，几十万年后则有 $e_{木} < 0, e_{地} < 0, e_{金} > 1$. 这样的结果显然是不可能的. 这是因为只讨论到二阶摄动的缘故. 讨论高阶摄动后，会出现 t 的高次幂项，故 e 可表为时间 t 的幂级数. 但幂级数也可能表示周期函数，例如

$$\sin t + \cos t = 1 + t - \frac{t^2}{2!} - \frac{t^3}{3!} + \frac{t^4}{4!} + \frac{t^5}{5!} \cdots$$

就是周期函数. 因此，长期项是否真正表示为"长期"还成问题. 有待今后继续研究.

3. 式(103)中用 P. T. 表示的项就叫周期项或周期摄动. 由于在 Q 中，t 的系数为 $pn + p'n'$，故积分后的周期项的形式为

$$\mathscr{V} = -\left(\frac{m_1 m_2}{r_{12}} + \frac{m_2 m_3}{r_{23}} + \frac{m_3 m_1}{r_{31}} \right)$$

$$\frac{m'F}{pn+p'n'}\sin[(pn+p'n')t+G] \qquad (104a)$$

或

$$\frac{m'F}{pn+p'n'}\cos[(pn+p'n')t+G] \qquad (104b)$$

其中 p,p' 为任意整数,不同时为 0. 因为 n,n' 为两行星的平均角速度,在一般情况中,$pn+p'n'$ 不是小量,故相应的周期

$$T=\frac{2\pi}{pn+p'n'}$$

不大,系数也不大. 这样的项叫作短周期项或短周期摄动.

如果 $pn+p'n'$ 是小量,相应的周期 T 就很长,系数也较大,这种项就叫作长周期项或长周期摄动. 这种情况是存在的,当 n,n' 之比很接近于简单分数时,对应于 p,p' 适当的值,可使 $pn+p'n'$ 很小,这种情况叫作近于通约或共振.

在太阳系中,这种情况是有的. 例如,木星和土星的平均角速度为

$$n=299''.13/\ 天,\quad n'=120''.45/\ 天$$

于是当 $p=-2,p'=5$ 时

$$pn+p'n'=3''.99$$

这一项的周期几乎是木星周期的75倍,约为890年. 相应的系数也很大,如木星对土星的黄经摄动中,这一项的系数达到 $50'$.

天王星和海王星平均角速度 $n=42''.24/\ 天,n'=21''.53/\ 天$. 当 $p=-1$,$p'=2$ 时,$pn+p'n'=0''.82$;这项的周期约为 4 300 年!

在小行星运动中,讨论木星的摄动时,接近通约的情况就更多,这种情况已成为小行星摄动理论的困难问题之一. 有待继续研究.

§6　关于太阳系的稳定性问题

太阳系的稳定性问题,是天体演化学和天体力学的基本问题之一. 主要是轨道半长径 a 的偏心率 e 的长期摄动问题. 因为其他轨道根数都是角度,它们的长期变化对太阳系的稳定性不起直接作用. 关于偏心率 e 的长期摄动情况,上节已作介绍,但还没有解决. 本节对半长径 a 的长期摄动问题进行一些讨论,同时也作为讨论二阶摄动的一个例子.

1. 讨论二阶摄动时,摄动方程右端的函数要对各轨道根数取偏导数. 为了讨论简单起见,摄动函数的展开形式进行适当改变. 在上节的讨论中,摄动函数已采用下面形式

$$R=m'\sum P_0\cos Q_0+m'\sum P\cos Q \qquad (105a)$$

其中

$$\begin{cases} Q = pM + p'M' + j\Pi + j\Pi' \\ Q_0 = j\Pi + j\Pi' \end{cases} \tag{105b}$$

在 $P\cos Q$ 中,包含有三个辅助量:I,Π,Π'. 它们是轨道根数($i,\omega,\Omega,i',\omega',\Omega'$) 的函数,现在设法把含 i,i' 的部分并入系数 P 中,含 $\omega,\omega',\Omega,\Omega'$ 的部分并入角度 Q 中.

根据 §2 的图 4.2,从其中的球面三角形 $I\Omega\Omega'$ 可得下列关系

$$\cos I = \cos i \cos i' + \sin i \sin i' \cos(\Omega - \Omega') \tag{106}$$

$$\begin{cases} \sin I \sin \Phi = \sin i' \sin(\Omega - \Omega') \\ \sin I \sin \Phi' = \sin i \sin(\Omega - \Omega') \\ \sin I \cos \Phi = \cos i' \sin i - \sin i' \cos i \cos(\Omega - \Omega') \\ \sin I \cos \Phi' = -\cos i' \cos i + \sin i' \sin i \cos(\Omega - \Omega') \end{cases} \tag{107}$$

其中

$$\Phi = \omega - \Pi, \quad \Phi' = \omega' - \Pi' \tag{108}$$

从 §2 讨论可知,I 只包含在系数中,而且是以 $\delta^{2k} = \sin^{2k}\dfrac{I}{2}$ 的形式出现,由式 (106) 可得

$$\sin^2 \frac{I}{2} = \frac{1}{2}(1 - \cos I) = \frac{1}{2}\left[1 - \cos i \cos i' - \sin i \sin i' \cos(\Omega - \Omega')\right]$$

因此

$$\sin^{2k}\frac{I}{2} = \frac{1}{2^k}\left[1 - \cos i \cos i' - \sin i \sin i' \cos(\Omega - \Omega')\right]^k$$

显然可以表为 $\Omega - \Omega'$ 的三角多项式,而且是余弦的多项式,即

$$\sin^{2k}\frac{I}{2} = \sum_{s=0}^{k} E_s \cos s(\Omega - \Omega') \tag{109}$$

其中 $E_s = E_s(i,i')$,为 i,i' 的函数. 以式 (109) 代入摄动函数的系数中,再把 $\cos Q \cos s(\Omega - \Omega')$ 化为和差角的余弦函数,则只要把 Q 改为

$$Q = pM + p'M' + s(\Omega - \Omega') + j\Pi + j\Pi'$$

就行了,系数中就不再包含 Ω,Ω'.

另外,由式 (108) 知,$\Pi = \omega - \Phi, \Pi' = \omega' - \Phi'$. 故 Q 可以写为

$$\begin{aligned} Q &= pM + p'M' + s(\Omega - \Omega') + j\omega + j'\omega' - j\Phi - j'\Phi' \\ &= Q_1 - j\Phi - j'\Phi' \end{aligned}$$

其中

$$Q_1 = pM + p'M' + s(\Omega - \Omega') + j\omega + j'\omega' \tag{110a}$$

则

$$\cos Q = \cos Q_1 \cos(j\Phi + j'\Phi') + \sin Q_1 \sin(j\Phi + j'\Phi') \tag{110b}$$

在 $I \neq 0$ 时,可取

$$\mathscr{V} = -\left(\frac{m_1 m_2}{r_{12}} + \frac{m_2 m_3}{r_{23}} + \frac{m_3 m_1}{r_{31}}\right)$$

$$\frac{1}{\sin I} = (1 - \cos^2 I)^{\frac{1}{2}} = \sum_{s=0}^{\infty} \frac{1 \cdot 3 \cdot 5 \cdot \cdots \cdot (2s-1)}{2 \cdot 4 \cdot 6 \cdot \cdots \cdot (2s)} \cos^{2s} I$$

用式(106)代入可展开为 $\Omega - \Omega'$ 的余弦级数，即

$$\frac{1}{\sin I} = \sum D_s \cos(s\Omega - s\Omega')$$

D_s 为 i, i' 的函数. 于是根据式(107)可得

$$\sin \Phi = \sin i' \sin(\Omega - \Omega') \sum D_s \cos(s\Omega - s\Omega')$$

$$= \sum F_r \sin(r\Omega - r\Omega')$$

即为 $\Omega - \Omega'$ 的正弦级数. 同理，$\sin \Phi'$ 也是 $\Omega - \Omega'$ 的正弦级数；$\cos \Phi, \cos \Phi'$ 则为 $(\Omega - \Omega')$ 的余弦级数. 由于余弦级数乘余弦级数或正弦级数乘正弦级数的结果都是余弦级数，余弦级数和正弦级数相乘的结果是正弦级数，因此，把 $\cos j\Phi$ 化为 $\cos \Phi$ 的多项式后，由于 $\cos \Phi$ 是 $\Omega - \Omega'$ 的余弦级数，则 $\cos j\Phi$ 也可表示为 $\Omega - \Omega'$ 的余弦级数. $\cos j'\Phi'$ 的情况相同. 又因 $\sin j\Phi$ 可表为 $\sin \Phi$ 乘上 $\cos \Phi$ 的多项式，故 $\sin j\Phi$ 是 $\Omega - \Omega'$ 的正弦级数；$\sin j'\Phi'$ 也是正弦级数. 由此可推出

$$\cos(j\Phi + j'\Phi') = \cos j\Phi \cos j'\Phi' - \sin j\Phi \sin j'\Phi'$$

是 $\Omega - \Omega'$ 的余弦级数；而

$$\sin(j\Phi + j'\Phi') = \sin j\Phi \cos j'\Phi' + \cos j\Phi \sin j'\Phi'$$

是 $\Omega - \Omega'$ 的正弦级数.

代入式(110)后可整理为

$$\cos Q = \sum L_m \cos(Q_1 + m\Omega - m'\Omega')$$

$\cos Q_0$ 也有同样的结果，其中 L_m 是 i, i' 的函数. 代入 R 后，可以整理为下列形式

$$R = m' \sum G_0 \cos K_0 + m' \sum G \cos K \tag{111a}$$

其中

$$\begin{cases} K = pM + p'M' + j\omega + j'\omega' + l\Omega + l'\Omega' \\ K_0 = j\omega + j'\omega' + l\Omega + l'\Omega' \end{cases} \tag{111b}$$

系数 G_0, G 中只包含轨道根数 (a, e, i) 和 (a', e', i'). K 中包含另外几个轨道根数 (Ω, ω, M_0) 和 (Ω', ω', M_0')；K_0 中则没有 M_0, M_0'.

若 $I = 0$，则 $\sin^2 \frac{I}{2} = 0$，$\Phi = \Phi' = 0$，故摄动函数原来的展开式就是式(111)的形式.

以式(111)代入第三章中行星摄动运动方程(134). 由于 (a, e, i) 的方程只有 R 对 (Ω, ω, M_0) 的偏微商；(Ω, ω, M_0) 的方程只有 R 对 (a, e, i) 的偏微商. 因此，如只讨论一阶摄动时，各轨道根数的一阶周期摄动有下面规律：a, e, i 的周

期摄动为余弦函数;Ω,ω,i 的周期摄动为正弦函数. 即为下面形式(m' 写在外面)

$$\begin{cases} a = a_0 + m' \sum A\cos K \\ e = e_0 + m'\beta t + m' \sum A\cos K \\ i = i_0 + m'\beta t + m' \sum A\cos K \\ \Omega = \Omega_0 + m'\beta t + m' \sum B\sin K \\ \omega = \omega_0 + m'\beta t + m' \sum B\sin K \\ M_0 = (M_0)_0 + m'\beta t + m' \sum B\sin K \end{cases} \tag{112}$$

其中 K 就是式(111) 所定义的量. 周期项中不再有常数项.

2. 在这样的基础上来讨论半长径 a 的二阶摄动. 根据 §1 的讨论可知,a 的二阶摄动为两项:$m'^2 a^{(0,2)}$ 和 $mm' a^{(1,1)}$. 由公式(11) 得

$$\begin{cases} \dot{a}^{(0,2)} = \sum_{j=1}^{6} \left(\frac{\partial F}{\partial p_j}\right)_0 p_j^{(0,1)} \\ \dot{a}^{(1,1)} = \sum_{j=1}^{6} \left(\frac{\partial F}{\partial q_j}\right)_0 q_j^{(1,0)} \end{cases} \tag{113}$$

其中 $p_j = (a,e,i,\omega,\Omega,M_0), q_j = (a',e',i',\omega',\Omega',M_0')$

$$F = \frac{2}{nam'}\frac{\partial R}{\partial M_0}$$

以式(111) 中的 R 代入得

$$F = \sum H\sin K \tag{114}$$

其中 H 仍为$(a,e,i),(a',e',i')$ 的函数,而且式(114) 中没有常数项. K 中的平近点角 M,M' 应为

$$M = \int n\mathrm{d}t + M_0, \quad M' = \int n'\mathrm{d}t + M_0'$$

为符号简单起见,令

$$\rho = \int n\mathrm{d}t, \quad \rho' = \int n'\mathrm{d}t \tag{115a}$$

则

$$M = \rho + M_0, \quad M' = \rho' + M_0' \tag{115b}$$

讨论二阶摄动时,要用 F 对 a 的偏导数,此时就必须考虑 M 中隐含的a(通过 ρ). 由于在所有轨道根数中,ρ 只是 a 的函数,故利用微分关系可得

$$\frac{\partial F}{\partial a}\Delta a = \left(\frac{\partial F}{\partial a}\right)\Delta a + \frac{\partial F}{\partial \rho}\frac{\partial \rho}{\partial a}\Delta a = \left(\frac{\partial F}{\partial a}\right)\Delta a + \frac{\partial F}{\partial \rho}\rho$$

其中带括号的项表示只对 F 的系数 H 中的 a 取偏微商. 于是式(113) 中$\dot{a}^{(0,2)}$ 项

563

$$V = -\left(\frac{m_1 m_2}{r_{12}} + \frac{m_2 m_3}{r_{23}} + \frac{m_3 m_1}{r_{31}}\right)$$

可写为

$$\dot{a}^{(0,2)} = \left[\left(\frac{\partial F}{\partial a}\right)\right]_0 a^{(0,1)} + \left[\frac{\partial F}{\partial \rho}\right]_0 \rho^{(0,1)} + \left[\frac{\partial F}{\partial e}\right]_0 e^{(0,1)} + \cdots \quad (116)$$

其中 $\rho^{(0,1)}$ 为 ρ 的一阶摄动,即

$$\rho^{(0,1)} = \int n^{(0,1)} \, \mathrm{d}t$$

$n^{(0,1)}$ 为 n 的一阶摄动,可从 n 与 a 的关系

$$n^2 a^3 = \mu$$

求出

$$\Delta n = -\frac{3n}{2a} \Delta a$$

即

$$n^{(0,1)} = -\frac{3n_0}{2a_0} a^{(0,1)}$$

则

$$\rho^{(0,1)} = \int -\frac{3n_0}{2a_0} a^{(0,1)} \, \mathrm{d}t \quad (117)$$

根据式(112)的一阶摄动结果可得

$$\begin{cases} a^{(0,1)} = \sum A \cos K \\ e^{(0,1)} = \beta t + \sum A \cos K \\ i^{(0,1)} = \beta t + \sum A \cos K \\ \Omega^{(0,1)} = \beta t + \sum B \sin K \\ \omega^{(0,1)} = \beta t + \sum B \sin K \\ M_0^{(0,1)} = \beta t + \sum B \sin K \end{cases} \quad (118)$$

代入式(116)就可求出 $\dot{a}^{(0,2)}$. 下面逐项讨论. 因

$$\left(\frac{\partial F}{\partial a}\right) = \sum \frac{\partial H}{\partial a} \sin K$$

则

$$\left(\frac{\partial F}{\partial a}\right)_0 a^{(0,1)} = \left[\sum \frac{\partial H}{\partial a} \sin K\right] \cdot \sum A \cos K = \mathrm{P.\,T.}$$

因正弦级数乘余弦级数结果为正弦级数,不含常数项,故记为周期项 P. T.. 又

$$\frac{\partial F}{\partial \rho} = \sum pH \cos K$$

而由式(117),(118)知

$$\rho^{(0,1)} = -\int \frac{3n_0}{2a_0} a^{(0,1)} \, \mathrm{d}t = \sum C \sin K$$

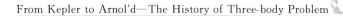

则

$$\left[\frac{\partial F}{\partial \rho}\right]_0 \rho^{(0,1)} = \left[\sum pH \cos K\right] \cdot \sum C \sin K = \text{P. T.}$$

又由

$$\frac{\partial F}{\partial e} = \sum \frac{\partial H}{\partial e} \sin K$$

则

$$\left[\frac{\partial F}{\partial e}\right]_0 e^{(0,1)} = t \sum \beta \frac{\partial H}{\partial e} \sin K +$$

$$\left[\sum \frac{\partial H}{\partial e} \sin K\right] \cdot \sum A \cos K = t(\text{P. T.}) + \text{P. T.}$$

同理

$$\left[\frac{\partial F}{\partial i}\right]_0 i^{(0,1)}, \quad \left[\frac{\partial F}{\partial \Omega}\right]_0 \Omega^{(0,1)}, \quad \left[\frac{\partial F}{\partial \omega}\right]_0 \omega^{(0,1)}, \quad \left[\frac{\partial F}{\partial M_0}\right]_0 M_0^{(0,1)}$$

的形式仍为 $t[\text{P. T.}] + \text{P. T.}$,因此

$$\dot{a}^{(0,2)} = t(\text{P. T.}) + \text{P. T.}$$

积分后得

$$a^{(0,2)} = t(\text{P. T.}) + \text{P. T.} \tag{119}$$

其中 $t(\text{P. T.})$ 为时间 t 乘周期函数,叫作混合项. 故 $a^{(0,2)}$ 只有周期项和混合项,没有长期项. 用同样方法可得 $a^{(1,1)}$ 是相同形式. 而且考虑四体或更多体问题时,结果也相同. 因此可得下面一个定理:

在行星之间相互摄动作用下,行星的轨道半长径的一阶和二阶摄动中,只有周期项和混合项,不存在长期项.

这个结论首先由柏松在 19 世纪初求出,后又由很多人进一步完善,正式予以肯定.

如果讨论三阶摄动,勒沃里叶(Leverrier)和厄吉尼提斯(Eginitis)等人找出了 a 的一个长期项. 20 世纪以来,又有不少人进行研究. 1955 年美伏罗瓦(Meffroy)又找出 a 的三阶长期项为

$$\frac{3^3 \times 11}{2^6} m'^3 t a^{\frac{7}{2}} a'^{-9} e'^2 \sin(2\omega - 2\omega')$$

因此 a 的三阶长期摄动可肯定是存在了.

但是关于太阳系的稳定性问题,人们只是增加怀疑,还没有解决. 有待今后继续研究.

§7　限制性三体问题

在太阳系中,讨论小行星、彗星和其他小质量天体(如人造地球卫星)在太

$$\mathscr{V} = -\left(\frac{m_1 m_2}{r_{12}} + \frac{m_2 m_3}{r_{23}} + \frac{m_3 m_1}{r_{31}}\right)$$

阳和某一个大行星吸引下的运动时,可以把小天体的质量看作无限小.从力学观点来说,就是忽略小天体对太阳和大行星的吸引,只讨论小天体在太阳和某一个大行星吸引下的运动规律.这样的问题就叫作限制性三体问题,是天体力学的基本问题之一.当然,对一般三体问题加上一些限制条件后,都可以叫作限制性三体问题.但在天体力学中,如不具体讲明,限制性三体问题都是指上面所讲的情况.

一般把两个大质量的天体叫作有限体,把小质量天体叫作无限小质量体,或简称小天体.因为不考虑小天体对两个有限体的吸引,故讨论两个有限体的运动时,只考虑它们的相互吸引,成为二体问题.因此它们的轨道为圆锥曲线.根据圆锥曲线的具体轨道情况,又可把限制性三体问题分为下面几种类型.当圆锥曲线为圆时,叫作圆形限制性三体问题;圆锥曲线为椭圆时,叫作椭圆形限制性三体问题;同样,还有抛物线形限制性三体问题和双曲线型限制性三体问题;前两种类型讨论得较多,本节主要介绍一下圆形限制性三体问题的一些基本知识,作为摄动运动方程的一种特解.

1. 为了方程形式简单起见,取两个有限体 P_1, P_2 的质量之和等于1(质量单位).设 P_2 的质量较小,用 μ 表示;则 P_1 的质量为 $1-\mu$. 显然,$\mu \leqslant 0.5$. 由于圆锥曲线为平面曲线,取两个有限体的轨道平面为参考坐标面 $\xi\eta$;取 $P_1 P_2$ 的质量中心 O 为坐标原点;ξ 轴转向 η 轴时同 P_1, P_2 的运动方向一致.另一坐标轴 ζ 垂直于 $\xi\eta$ 平面,与 ξ, η 轴成右手系.设 P_1, P_2 的坐标分别为 $(\xi_1, \eta_1, 0)$ 和 $(\xi_2, \eta_2, 0)$;小天体的坐标为 (ξ, η, ζ),则 P 同 P_1 或 P_2 的距离 r_1, r_2 应为

$$r_1 = \sqrt{(\xi-\xi_1)^2 + (\eta-\eta_1)^2 + \zeta^2}$$
$$r_2 = \sqrt{(\xi-\xi_2)^2 + (\eta-\eta_2)^2 + \zeta^2}$$

因为两有限体的轨道为圆形,故它们之间的距离为常数,可取作距离的单位.再取适当的时间单位,可使万有引力常数等于1,则小天体的运动方程可写为[参看第三章式(2)]

$$\begin{cases} \ddot{\xi} = -(1-\mu)\dfrac{\xi-\xi_1}{r_1^3} - \mu\dfrac{\xi-\xi_2}{r_2^3} \\[2mm] \ddot{\eta} = -(1-\mu)\dfrac{\eta-\eta_1}{r_1^3} - \mu\dfrac{\eta-\eta_2}{r_2^3} \\[2mm] \ddot{\zeta} = -(1-\mu)\dfrac{\zeta}{r_1^3} - \mu\dfrac{\zeta}{r_2^3} \end{cases} \tag{120}$$

容易证明两有限体绕其质量中心也是沿圆形轨道运动.设角速度为 n(常数),在上述的单位中,$n=1$.

现在选取一种新的坐标系 $O-xyz$,坐标原点 O 不动,取 xy 平面与 $\xi\eta$ 平面重合,z 轴与 ζ 轴重合;x 轴固定在 $P_1 P_2$ 联线上,并指向 $\boldsymbol{OP}_2$,随着 $P_1 P_2$ 旋转;

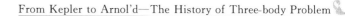

y 轴与 x 轴垂直,当 x 轴与 ξ 轴重合时,y 轴也同 η 轴重合. 设在 $t=0$ 时,x,y 轴同 ξ,η 轴重合;由于 P_1,P_2 运动角速度 $n=1$,故在任一时刻 t 时,x 轴从 ξ 轴旋转了一个角度 t,根据坐标旋转的关系式可得

$$\begin{cases} \xi = x\cos t - y\sin t \\ \eta = x\sin t + y\cos t \\ \zeta = z \end{cases} \tag{121}$$

设 P_1,P_2 在新坐标系中的坐标为 $(x_1,y_1,0),(x_2,y_2,0)$. 由于 x 轴在 P_1,P_2 线上,故 $y_1=y_2=0$;又因原点 O 为 P_1,P_2 的质量中心,而 x 轴方向为 $\boldsymbol{OP}_2$,则有关系

$$x_1 = -\mu, \quad x_2 = 1-\mu, \quad y_1 = y_2 = 0 \tag{122}$$

设小天体的新坐标为 (x,y,z). 用变换 (121) 代入式 (120) 可得

$$(\ddot{x} - 2\dot{y} - x)\cos t - (\ddot{y} + 2\dot{x} - y)\sin t$$

$$= -\left\{ (1-\mu)\frac{x-x_1}{r_1^3} + \mu\frac{x-x_2}{r_2^3} \right\}\cos t +$$

$$\left\{ \frac{1-\mu}{r_1^3} + \frac{\mu}{r_2^3} \right\} y\sin t$$

$$(\ddot{x} - 2\dot{y} - x)\sin t + (\ddot{y} + 2\dot{x} - y)\cos t$$

$$= -\left\{ (1-\mu)\frac{x-x_1}{r_1^3} + \mu\frac{x-x_2}{r_2^3} \right\}\sin t -$$

$$\left\{ \frac{1-\mu}{r_1^3} + \frac{\mu}{r_2^3} \right\} y\cos t$$

$$\ddot{z} = -(1-\mu)\frac{z}{r_1^3} - \mu\frac{z}{r_2^3}$$

在前两式中容易消去时间 t. 以 $\cos t$ 乘第一式同 $\sin t$ 乘第二式相加;以 $\sin t$ 乘第一式同 $\cos t$ 乘第二式相减;都可消去 t,即得

$$\begin{cases} \ddot{x} - 2\dot{y} = x - (1-\mu)\dfrac{x-x_1}{r_1^3} - \mu\dfrac{x-x_2}{r_2^3} \\ \ddot{y} + 2\dot{x} = y - (1-\mu)\dfrac{y}{r_1^3} - \mu\dfrac{y}{r_2^3} \end{cases} \tag{123}$$

z 的式子不变,其中

$$r_1 = \sqrt{(x-x_1)^2 + y^2 + z^2}$$

$$r_2 = \sqrt{(x-x_2)^2 + y^2 + z^2}$$

如果定义函数 $U = U(x,y,z)$ 为

$$U = \frac{1}{2}(x^2 + y^2) + \frac{1-\mu}{r_1} + \frac{\mu}{r_2} \tag{124}$$

则式 (123) 连同 z 的式子可以简化为

$$\mathscr{V} = -\left(\frac{m_1 m_2}{r_{12}} + \frac{m_2 m_3}{r_{23}} + \frac{m_3 m_1}{r_{31}} \right)$$

$$\begin{cases} \ddot{x} - 2\dot{y} = \dfrac{\partial U}{\partial x} \\[2mm] \ddot{y} + 2\dot{x} = \dfrac{\partial U}{\partial y} \\[2mm] \ddot{z} = \dfrac{\partial U}{\partial z} \end{cases} \tag{125}$$

式(125)就是圆形限制性三体问题在旋转坐标系中的基本方程. 在方程中,除基本变量 x,y,z 外,都是常数,而且不显含 t. 故在讨论圆形限制性三体问题时,常用式(125),而不常用式(120),因在式(120)中,$\xi_1,\eta_1,\xi_2,\eta_2$ 是时间 t 的函数,故式(120)中显含时间 t. 函数 U 也可以看作小天体受两个有限体吸引的位函数.

式(125)容易得出一个初积分. 以 $2\dot{x}$ 乘第一式, $2\dot{y}$ 乘第二式, $2\dot{z}$ 乘第三式,一起相加可得

$$2(\ddot{x}\dot{x} + \ddot{y}\dot{y} + \ddot{z}\dot{z}) = 2\left(\frac{\partial U}{\partial x}\dot{x} + \frac{\partial U}{\partial y}\dot{y} + \frac{\partial U}{\partial z}\dot{z}\right) = 2\frac{\mathrm{d}U}{\mathrm{d}t}$$

积分可得

$$\dot{x}^2 + \dot{y}^2 + \dot{z}^2 = 2U - C \tag{126}$$

其中 C 为积分常数. 这个积分叫作雅可比积分,在圆形限制性三体问题中占有重要地位.

式(126)左端就是小天体在旋转坐标系中的速度的平方,当速度等于 0 时,式(126)成为

$$2U - C = 0$$

即

$$2U = (x^2 + y^2) + \frac{2(1-\mu)}{r_1} + \frac{2\mu}{r_2} = C \tag{127}$$

这是一个曲面的方程,叫作零速度面. 根据小天体的初值决定积分常数 C,也就决定了零速度面.

2. 现在从式(125)和(127)来讨论圆形限制性三体问题的特解. 如果存在某些点 (x,y,z),满足关系

$$\frac{\partial U}{\partial x} = 0, \quad \frac{\partial U}{\partial y} = 0, \quad \frac{\partial U}{\partial z} = 0 \tag{128}$$

则这些点(坐标是常数)必然满足方程式(125);因此是式(125)的特解. 下面就来讨论式(128)是否有解.

用式(124)代入式(128)可得

$$\frac{\partial U}{\partial x} = x - \frac{1-\mu}{r_1^3}(x - x_1) - \frac{\mu}{r_2^3}(x - x_2) = 0 \tag{129}$$

$$\frac{\partial U}{\partial y} = y - \frac{1-\mu}{r_1^3}y - \frac{\mu}{r_2^3}y = 0 \tag{130}$$

$$\frac{\partial U}{\partial z} = -\frac{1-\mu}{r_1^3} z - \frac{\mu}{r_2^3} z = 0 \qquad (131)$$

先讨论式(131),它就是

$$z\left(\frac{1-\mu}{r_1^3} + \frac{\mu}{r_2^3}\right) = 0$$

括号内的量为正数,而在有限空间内(r_1,r_2为有限值)不可能等于 0. 因此,如果有解,必然为 $z=0$. 也就是说,如果有特解,则在 xy 平面上. 此时 r_1,r_2 可简单一些,即

$$r_1 = \sqrt{(x-x_1)^2 + y^2}, \quad r_2 = \sqrt{(x-x_2)^2 + y^2}$$

再由式(130)得

$$y\left(1 - \frac{1-\mu}{r_1^3} - \frac{\mu}{r_2^3}\right) = 0$$

只有两种可能

$$y = 0 \qquad (132)$$

或

$$1 - \frac{1-\mu}{r_1^3} - \frac{\mu x_2}{r_2^3} = 0 \qquad (133)$$

先讨论式(133)的情况,以 x 乘式(133)与式(129)相减可得

$$\frac{1-\mu}{r_1^3} x_1 + \frac{\mu x_2}{r_2^3} = 0$$

但 x_1,x_2 已知,用式(122)的值代入得

$$-\frac{\mu(1-\mu)}{r_1^3} + \frac{\mu(1-\mu)}{r_2^3} = 0$$

由此得 $r_1^3 = r_2^3$,即 $r_1 = r_2$.

代入式(133)可得

$$r_1 = r_2 = 1$$

但长度单位就是两有限体之间的距离. 因此当 $r_1 = r_2 = 1$ 时,表明这些点与 P_1,P_2 组成一个等边三角形. 在 xy 平面上只有两个这样的点,对称于 x 轴,就是图 4.3 中的点 L_4,L_5. 其中 L_4 的 $y > 0$,L_5 的 $y < 0$. 容易求出 L_4,L_5 的坐标$(X_4$,$Y_4)$,(X_5,Y_5) 为

$$X_4 = \frac{1}{2} - \mu, \quad Y_4 = \frac{\sqrt{3}}{2}$$

$$X_5 = \frac{1}{2} - \mu, \quad Y_5 = -\frac{\sqrt{3}}{2}$$

这两点是式(125)的特解,即若小天体初始位置在点 L_4 或 L_5,而且速度为 0(相对旋转坐标系),则小天体在两有限体吸引下仍永远不动. 在惯性坐标系中,就

$$\mathscr{V} = -\left(\frac{m_1 m_2}{r_{12}} + \frac{m_2 m_3}{r_{23}} + \frac{m_3 m_1}{r_{31}}\right)$$

是随着有限体一起作圆形轨道运动,永远保持与 P_1,P_2 组成等边三角形. 因此这两个特解又叫作等边三角形解.

现在来讨论式(132),$y=0$ 的情况. 由于 r_1,r_2 为距离,应为正值,故此时

$$r_1 = \sqrt{(x-x_1)^2} = |\, x - x_1 \,|, \quad r_2 = |\, x - x_2 \,|$$

此时相应的式(129)成为

$$F(x) = x - \frac{1-\mu}{|\, x - x_1 \,|^3}(x - x_1) -$$

$$\frac{\mu}{|\, x - x_2 \,|^3}(x - x_2) = 0 \tag{134}$$

其中 x_1,x_2 为式(122)的值.

从式(134)可看出,函数 $F(x)$ 在 $x=x_1$,$x=x_2$ 这两点不连续,而对其他任何实数值都是连续的. 在 x 由 $-\infty \to +\infty$ 变化时,分为三个区间来讨论,即 $(-\infty, x_1)$,(x_1, x_2),$(x_2, +\infty)$.

由式(134)可知

$$F(-\infty) = -\infty < 0$$

而在区间 $(-\infty, x_1)$ 内,$F(x)$ 为连续函数,并有关系 $x < x_1 < x_2$,故式(134)可写为

$$F(x) = x + \frac{1-\mu}{(x_1 - x)^2} + \frac{\mu}{(x_2 - x)^2}$$

则

$$\frac{\mathrm{d}F(x)}{\mathrm{d}x} = 1 + \frac{2(1-\mu)}{(x_1 - x)^3} + \frac{2\mu}{(x_2 - x)^3} > 0 \tag{135}$$

即 $F(x)$ 在区间 $(-\infty, x_1)$ 内为单调增加函数. 而当 x 从左边(小于 x_1)无限接近 x_1 时,记为 $x \to x_1 - 0$. 由式(135)可得

$$F(x_1 - 0) = +\infty$$

这就是说,当 x 由 $-\infty \to x_1$ 时,$F(x)$ 由 $-\infty$ 单调增加到 $+\infty$,则 $F(x)=0$ 在区间 $(-\infty, x_1)$ 内有一个而且只有一个解. 相应的 x 记为 X_3,在 x 轴上的位置应在点 P_1 的左边,即图 4.3 中的点 L_3.

同样的讨论可知,$F(x)=0$ 在区间 (x_1, x_2),$(x_2, +\infty)$ 内也各有一个解,相应的值记为 X_1,X_2;相应于图 4.3 中的点 L_1,L_2. L_1,L_2,L_3 三点的坐标 X_1,X_2,X_3 要从式(134)解出来,是 μ 的函数. 当 μ 较小时,可用 μ 的级数表示,结果为

$$X_1 = (1-\mu) - \left(\frac{\mu}{3}\right)^{\frac{1}{3}} + \frac{1}{3}\left(\frac{\mu}{3}\right)^{\frac{2}{3}} + \frac{1}{9}\left(\frac{\mu}{3}\right)^{\frac{3}{3}} - \cdots$$

$$X_2 = (1-\mu) + \left(\frac{\mu}{3}\right)^{\frac{1}{3}} + \frac{1}{3}\left(\frac{\mu}{3}\right)^{\frac{2}{3}} - \frac{1}{9}\left(\frac{\mu}{3}\right)^{\frac{3}{3}} + \cdots$$

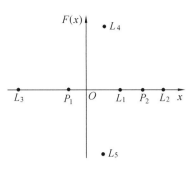

图 4.3

$$X_3 = -1 - \frac{5}{12}\mu + \frac{23 \times 7^2}{12^4}\mu^3 + \cdots$$

具体解法较繁,在这里不谈,可参看其他书籍[①].

上面一共得到五个特解,都是相对于 P_1, P_2 为固定点. L_1, L_2, L_3 与 P_1, P_2 在同一直线上,叫作直线解. 这五个解统称为平动解,相应的五个点称为平动点.

3. 根据式(127),零速度面的方程为

$$2U = C$$

故此曲面上任一点的法线方向余弦同

$$\frac{\partial U}{\partial x}, \quad \frac{\partial U}{\partial y}, \quad \frac{\partial U}{\partial z}$$

成比例,对平动点来说,正好满足关系

$$\frac{\partial U}{\partial x} = 0, \quad \frac{\partial U}{\partial y} = 0, \quad \frac{\partial U}{\partial z} = 0$$

因此在平动点处,法线方向不确定.故平动点为零速度面上的奇点.

零速度面是空间曲面,平面图上不好绘出来.但五个平动点都在 xy 平面上,故讨论零速度面在 xy 平面的截线,也可以看出平动点在零速度面上的地位. 当 $z = 0$ 时,式(127)化为

$$(x^2 + y^2) + \frac{2(1-\mu)}{\sqrt{(x-x_1)^2 + y^2}} + \frac{2\mu}{\sqrt{(x-x_2)^2 + y^2}} = C \qquad (136)$$

这是 xy 平面上的曲线方程,也可以叫作零速度线. 由于 C 为积分常数,故式(136)为一个曲线族.因为左端三项都是正(x, y 在实数域中时),则 C 也应取正值. 由式(136)可得,零速度线同 x 轴对称.

当 C 的数值非常大时,左端可能有三种情况:一是 $(x^2 + y^2)$ 非常大,此时另外两项很小,故式(136)的曲线是远离原点的一条近于圆形的闭曲线,用 S_1'

———————————
① Moulton, F. R: Introduction to Celestial Mechanics, pp. 291-293.

$$V = -\left(\frac{m_1 m_2}{r_{12}} + \frac{m_2 m_3}{r_{23}} + \frac{m_3 m_1}{r_{31}}\right)$$

表示；二是第二项很大，即 r_1 很小，故式(136)又可以是一条围绕点 P_1 的很小的闭曲线，记为 S_1；三是第三项很大，即 r_2 很小，故式(136)又可以是围绕点 P_2 的一条很小的闭曲线，也记为 S_1. 也就是说，当 C 非常大时，式(136)表示的曲线由上述三个闭曲线组成. 当 C 值逐渐减小时，外面的闭曲线逐渐缩小；P_1, P_2 附近的两个小的闭曲线逐渐扩大. 当 C 减小到一定程度时，里面的两个小曲线扩大到相碰，相碰的点为自交点(奇点)；显然在该点的曲面的法线方向不确定，即为 L_1. 相碰时里面的曲线记为 S_2，外面的曲线记为 S_2'. 当 C 继续减小到一定程度时，里面的曲线相碰后继续扩大为一个闭曲线 S_3，同不断缩小的外面曲线 S_3' 相碰于点 L_2. 当 C 继续减小，里外两曲线变成一条闭曲线，里面一半继续扩大，外面一半继续缩小；到一定程度又在 L_3 处自己相交，此时曲线记为 S_4. 当 C 继续减小，曲线分裂为上下两半，再继续收缩，到一定程度时，上下两半都收缩成为一个点，即 L_4, L_5，见图 4.4.

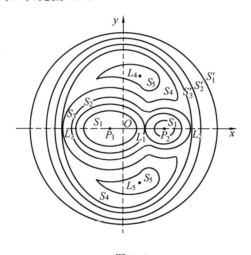

图 4.4

以上是大致讨论，L_1, L_2, L_3 的确切位置，C 的数值，以及曲线的具体形状，都同 μ 的数值有关. 零速度面在圆形限制性三体问题的理论中占有重要地位. 在有的书中，又把它叫作希尔(Hill)曲面.

4. 在椭圆形限制性三体问题和更一般的三体问题中，也存在等边三角形解和直线解. 而且在太阳系中，已找到实际例子. 脱罗央群(Trojan)小行星就是位于太阳、木星的等边三角形解的附近. 已经发现了十五个，有九个在平动点 L_5 附近，有六个在平动点 L_4 附近. 直线解的例子还不可靠，有人认为对日照就是聚结在太阳、地球的平动点 L_2 附近的尘埃反射太阳光形成的.

第四编
天体力学的方法及原理

天体力学的原理

我相信,自然要比人类思想丰富无穷倍.它那已被我们形式化了的少数几个方面已经超过了我们无法估量的数学财富.因此,不言而喻的是,我们应该使数学和自然科学广泛交往.

——Mark Kac

天体力学实质上是应用力学的普遍定律来研究引力作用下天体的运动和平衡的科学.天体力学的原理就是一般力学的原理,其中必须再加上万有引力定律.

§1 一般力学的基本定律

由于一般力学的基本定律在天体力学中的重要性,我们需要在这里作一回顾.需要进一步了解这个问题的读者,可以参考任何一本论述经典力学的书籍.我们承认质量的概念,也承认空间坐标系(称为伽利略参考系或惯性参考系)的存在.在这种坐标系中,一般力学的定律是成立的.最后,我们还承认称为时间的变量,这种时间是处处同时被感受到的(绝对时间).在这些条件下,力学的基本定律如下所述:

当一个物质系统在惯性参考系中处于静止或运动状态时,作用在此系统上的外力向量组等于惯性力向量组

$$\sum \boldsymbol{F}_i = \sum m_i \boldsymbol{\gamma}_i \tag{1}$$

其中,m_i 和 γ_i 是物质系统中第 i 个组元的质量和加速度.

特别是当系统是单个的质点,而向量 $\boldsymbol{F}$ 代表作用在此质点上的合力时,则有

$$\boldsymbol{F} = m\boldsymbol{\gamma}$$

其中,m 是质点的质量,γ 是质点的加速度.

$$\mathcal{V} = -\left(\frac{m_1 m_2}{r_{12}} + \frac{m_2 m_3}{r_{23}} + \frac{m_3 m_1}{r_{31}} \right)$$

　　另一种特例是没有外力作用的质点上,此时加速度为零,质点做匀速直线运动. 由此直接得出推论是:两个惯性系或者相对静止,或者相对做匀速直线运动.

　　通常我们将在一个惯性系中列出力学方程. 但是,当考察物质系统在另一不同的系统中运动的时候,必须把附加的加速度产生的惯性力加到外力上去.

§2　力学的一般定理

　　力学的一般定理是力学基本定律的推论,是力学用于处理特殊情况的实际形式.

　　1. 引力中心运动定理

　　物质系统引力中心的运动就好像整个系统的物质都集聚在这个中心,而所有的外力都作用在它的上面一样.

　　设 O 是参考原点,G 是物质系统的引力中心,则有

$$\boldsymbol{OG} = \frac{\sum m \boldsymbol{OP}}{\sum m}$$

其中位于点 P 的质量为 m.

　　令物质系统的总质量 M 等于 $\sum m$,得

$$M\boldsymbol{OG} = \sum m \boldsymbol{OP}$$

求两次导数,得

$$M\boldsymbol{\gamma}_g = \sum m \frac{\mathrm{d}^2 \boldsymbol{OP}}{\mathrm{d}t^2} = \sum \boldsymbol{F}_e \tag{2}$$

其中,第二等式就是基本方程(1).

　　2. 角动量定理

　　物质系统对于点 O 的角动量的时间导数,在任何时刻都等于各外力对同一点 O 的力矩之和.

　　物质系统的角动量定义为

$$\boldsymbol{\sigma} = \sum (\boldsymbol{OP} \wedge m\boldsymbol{V}_p)$$

由此得

$$\frac{\mathrm{d}\boldsymbol{\sigma}}{\mathrm{d}t} = \sum \left(\frac{\mathrm{d}\boldsymbol{OP}}{\mathrm{d}t} \wedge m\boldsymbol{V}_p \right) + \sum \left(\boldsymbol{OP} \wedge m \frac{\mathrm{d}\boldsymbol{V}_p}{\mathrm{d}t} \right)$$

上式右端第一个向量积为零,故得

$$\frac{\mathrm{d}\boldsymbol{\sigma}}{\mathrm{d}t} = \sum (m\boldsymbol{OP} \wedge \boldsymbol{\gamma}_p) \tag{3}$$

角动量定理的一个直接推论是:如果外力矩为零或外力为有心力. $\dfrac{\mathrm{d}\boldsymbol{\sigma}}{\mathrm{d}t}=0$,
角动量 $\boldsymbol{\sigma}$ 为常向量,物质系统的质心在一个平面内运动.

3. 动能定理

物质系统在 $t_0 - t_1$ 时间间隔内动能的变化等于在同一期间内作用在此系统上的内力和外力所做的功的总和.

物质系统的动能定义为系统的全部组元 P 的动能的总和,即 $\sum mV_p^2$.

设 $\boldsymbol{F}_i$ 和 $\boldsymbol{F}_e$ 分别代表作用在 P 上的内合力和外合力,则可把动能定理写成:

$$\frac{1}{2}\sum mV_p^2(t_1) - \frac{1}{2}\sum mV_p^2(t_0)$$
$$= \sum \int_{t_0}^{t_1} (\boldsymbol{F}_i(t) + \boldsymbol{F}_e(t)) \cdot \boldsymbol{V}_p(t)\mathrm{d}t \tag{4}$$

其中 $\boldsymbol{V}_p(t)$ 表示点 P 时刻 t 的速度.

式(2),(3)和(4)都是式(1)的推论.事实上,式(1)包含了物质系统的全部动力学性质.尽管如此,在某些简单的情形下,我们还将应用这些公式以减少一些证明.

§3 牛顿定律

牛顿的万有引力定律确定作用在物质系统上力的性质,而在一般力学的框架内,研究这个定律导出的结果,就构成了天体力学领域.万有引力定律指出:质量为 $\boldsymbol{m}$ 和 m' 的两个质点 A 和 B 沿着两质点间的连线 AB 互相吸引,吸引力和它们的质量的乘积成正比,而和它们之间距离的平方成反比.

设 $AB=r$,作用在 B 上的力从 B 指向 A,其值为 $k(\dfrac{mm'}{r^2})$.这里,k 是比例常数,称为万有引力常数,在厘米·克·秒制中,其实测值为 $6.670 \pm 0.005 \times 10^{-8}$ 达因·厘米^2/克^2.

在下章 §8 中,我们将给出天文学家们所采用的单位系统中 k 的值.

按照向量的写法:牛顿万有引力定律可表示为:

A 对 B 的吸引力,$\boldsymbol{F}_B = \dfrac{kmm'\boldsymbol{BA}}{r^3}$;

B 对 A 的吸引力,$\boldsymbol{F}_A = \dfrac{kmm'\boldsymbol{AB}}{r^3}$.

注意:牛顿定律含有引力通过空间瞬时传递的意思.

$\mathscr{V} = -\left(\dfrac{m_1 m_2}{r_{12}} + \dfrac{m_2 m_3}{r_{23}} + \dfrac{m_3 m_1}{r_{31}}\right)$

§4 牛顿定律的范围和局限

§1介绍的关于力学定律的全部假说,与牛顿万有引力定律一起,形成了一组首尾一致的公理,它们的推论构成了牛顿力学;这些推论就是天体力学所研究的对象.即使不谈任何实际物理问题的应用,也可设想数学中应该有一个分支致力于这些问题的研究的.然而,值得考察一下,用这些公理来描述自然界的物理性质,究竟真实到什么样的程度? 事实上,正因为长期的观测证实了这些假说的全部推论,所以,天体力学发表的著作才如此之多.在测量和计算的精度范围内,我们总能证实上述假说的物理真实性.像卫星和行星的运动、潮汐、地轴的进动、双星的运动、月球的天平动、地球的重力和彗星的运动等十分不同的现象,全都受天体力学理论的支配.这使得我们把牛顿定律当作万有引力定律.但在上述的各种运动中有一个是例外,这就是勒威耶首先在水星的运动中注意到的.水星近日点(水星轨道上最接近太阳的点)的进动超过牛顿力学的预期值大约每百年42″.此后,对金星、地球和火星也观测到类似的偏差,只是偏差值同观测误差的数量级相同;即使是水星的附加进动值,也比经典理论已预先算出的进动值小得多.因此,利用牛顿定律可得到很好的近似,虽然仍然需要微小的改正.

这就引起爱因斯坦对时间和空间的公理进行重大修改,他这样做的理由大都超出了天体力学的范畴,即使是概略地论述广义相对论,都要超出本书的目的.从根本上讲,相对论否认绝对时间和伽利略惯性坐标系的存在,假设引力以光的速度传播,并认为引力是由于物质的存在使时空连续统变形所引起的.但是,尽管有这样基本的差异,相对论在一阶近似下简化为牛顿力学;而考虑到测量的精度,除了上述的近日点的进动之外,在二阶近似中也可以略去同牛顿力学的差异.

这种情况的实际结果是我们可以继续应用牛顿力学的公理.应用牛顿力学的公理要比应用广义相对论的公理容易得多,并可以改正到广义相对论的二阶.很容易看出,改正量是很小的,而且由于用牛顿力学得到的简化的二体运动和真实运动只有很小的差异,我们可以简单地把这些相对论性改正加到牛顿力学所描述的运动中去.

今后,我们将采用已经介绍的牛顿力学的定律和假说;但要记住,在少数情况下,必须进行相对论性的小改正,这只有在某些行星理论中才有必要.

§5 N 体问题

作为上述各点的例证,我们将考察 N 体问题,即寻求只受牛顿引力相互作

用的 N 个质点的轨道问题. N 体问题迄今还远远没有解决,这个问题在于可以把太阳系中各种天体的运动当成 N 体问题的特殊情况(小 N)来处理,尽管太阳、行星和卫星是准球形而不是质点. 在第五章我们将指出,如果天体之间两两的距离足够大,则假定每颗行星的质量都集中在行星的引力中心,把行星当成质点,可以高精度地计算出这些天体之间的相互吸引力.

同样,对于受遥远质点的引力作用的准球形行星 P,利用引力中心运动定理,我们可以这样计算作用在行星的各质点上的力,即把行星的质量当成全部集中于行星的引力中心.

除了几个很靠近它们的主星的卫星之外,这些假设已被太阳系天体的运动所证实. 因此,我们可以用太阳系天体的引力中心代替这些天体,而把它们的运动问题化成 N 体问题.

§6 N 体问题的方程

考察以 O 为原点的惯性参考系中,质量为 m_i,坐标为 (x_i, y_i, z_i) 的 N 个质点 P_i,$1 \leqslant i \leqslant N$.

设第 j 个质点 P_j 受其他 $N-1$ 个质点 $P_i (1 \leqslant i \leqslant N; i \neq j)$ 的引力吸引,作用在 P_j 上的合力为

$$\boldsymbol{F}_j = \sum_{\substack{i=1 \\ i \neq j}}^{N} \frac{k m_j m_j \boldsymbol{P}_j \boldsymbol{P}_i}{|P_j P_i|^3} \tag{5}$$

力学基本定律在这里成为

$$m_j \frac{\mathrm{d}^2 \boldsymbol{OP}_j}{\mathrm{d}t^2} = \boldsymbol{F}_j$$

其中,$\mathrm{d}^2 \dfrac{\boldsymbol{OP}_j}{\mathrm{d}t^2}$ 是质点 P_j 的加速度. 消去 m_j,得

$$\frac{\mathrm{d}^2 \boldsymbol{OP}_i}{\mathrm{d}t^2} - \sum_{\substack{i=1 \\ i \neq j}}^{N} \frac{k m_i \boldsymbol{P}_i \boldsymbol{P}_i}{|P_j P_i|^3} \quad (1 \leqslant j \leqslant N) \tag{6}$$

这样,我们得到 N 个表示质点轨道的向量微分方程. 如果我们把这些向量方程都投影到三个坐标轴上去,则可获得 $3N$ 个二阶微分方程,形成一个 $6N$ 阶微分方程组

$$\frac{\mathrm{d}^2 x_j}{\mathrm{d}t^2} = \sum_{\substack{i=1 \\ i \neq j}}^{N} \frac{k m_i (x_i - x_j)}{\left[(x_i - x_j)^2 + (y_i - y_j)^2 + (z_i - z_j)^2\right]^{\frac{3}{2}}}$$

$$\frac{\mathrm{d}^2 y_j}{\mathrm{d}t^2} = \sum_{\substack{i=1 \\ i \neq j}}^{N} \frac{k m_i (y_i - y_j)}{\left[(x_i - x_j)^2 + (y_i - y_j)^2 + (z_i - z_j)^2\right]^{\frac{3}{2}}}$$

$$\mathscr{V} = -\left(\frac{m_1 m_2}{r_{12}} + \frac{m_2 m_3}{r_{23}} + \frac{m_3 m_1}{r_{31}}\right)$$

$$\frac{\mathrm{d}^2 z_j}{\mathrm{d}t^2} = \sum_{\substack{i=1 \\ i \neq j}}^{N} \frac{k m_i (z_i - z_j)}{\left[(x_i - x_j)^2 + (y_i - y_j)^2 + (z_i - z_j)^2\right]^{\frac{3}{2}}} \quad (j = 1, 2, \cdots, N) \, (7)$$

微分方程组(7)的解法构成天体力学中最重要的分支之一：太阳系动力学；N 体中的每一个点 P_i 代表太阳系中的一个天体.

§7 N 体问题的积分

所谓 N 体问题微分方程组的一个积分是指 N 体的坐标、某些坐标的导数、还可能有时间的一个函数的关系式；这种关系式对于任意时刻均满足微分方程组，并依赖于一个任意参数. 如果已知方程组的一个积分，则方程组降低一阶. 下面，我们将尝试寻求方程组(7)的积分.

1. 把引力中心运动定理应用到整个 N 体系统：因为 N 体系统没有受到外力，其引力中心对惯性系做匀速直线运动. 引力中心 G 的坐标由下列向量关系式给出

$$\boldsymbol{OG} = \sum_{j=1}^{N} \frac{m_j \boldsymbol{OP}_j}{\sum m_j}$$

令 $M = \sum m_j$ 表示 N 体系统的总质量.

引力中心 G 的加速度为零可表为

$$\frac{\mathrm{d}^2 \boldsymbol{OG}}{\mathrm{d}t^2} = \frac{1}{M} \sum_{j=1}^{N} m_j \frac{\mathrm{d}^2 \boldsymbol{OP}_j}{\mathrm{d}t^2} = 0$$

上列求和式对 t 积分两次，得

$$\sum_{j=1}^{N} m_j \boldsymbol{OP}_j = \boldsymbol{A}t + \boldsymbol{B}$$

其中，$\boldsymbol{A}$ 和 $\boldsymbol{B}$ 是两个任意的向量，取这个方程的坐标分量，一共有三个方程，每个方程依赖于两个任意参数（a_x, b_x 或 a_y, b_y 或 a_z, b_z）；这样，我们得到六个积分

$$\begin{cases} \sum_{j=1}^{N} m_j x_j = a_x t + b_x \\ \sum_{j=1}^{N} m_j y_j = a_y t + b_y \\ \sum_{j=1}^{N} m_j z_j = a_z t + b_z \end{cases} \quad (8)$$

2. 把角动量定理应用到 N 体系统：因为 N 体系统没有受到外力，外力对于点 O 的力矩为零；所以，N 体系统对于点 O 的角动量的时间导数也为零，角动量为常数，我们有

$$\sum_{j=1}^{N} \boldsymbol{OP}_j \wedge m_j \frac{\mathrm{d} \boldsymbol{OP}_j}{\mathrm{d}t} = \boldsymbol{C}$$

其中，C 是任意的常向量，其分量为 (C_x, C_y, C_z).

取这个方程的三个坐标分量，得

$$\begin{cases} \sum_{j=1}^{N} m_j \left(y_j \dfrac{\mathrm{d}z_j}{\mathrm{d}t} - z_j \dfrac{\mathrm{d}y_j}{\mathrm{d}t} \right) = C_x \\ \sum_{j=1}^{N} m_j \left(z_j \dfrac{\mathrm{d}x_j}{\mathrm{d}t} - x_j \dfrac{\mathrm{d}z_j}{\mathrm{d}t} \right) = C_y \\ \sum_{j=1}^{N} m_j \left(x_j \dfrac{\mathrm{d}y_j}{\mathrm{d}t} - y_j \dfrac{\mathrm{d}x_j}{\mathrm{d}t} \right) = C_z \end{cases} \tag{9}$$

这样，我们得到三个新的积分.

3. 注意到如果我们令

$$U = k \sum_{j=1}^{N} \sum_{\substack{i=1 \\ i \neq j}}^{N} \frac{m_i m_j}{\left[(x_i - x_j)^2 + (y_i - y_j)^2 + (z_i - z_j)^2 \right]^{\frac{1}{2}}} \tag{10}$$

则对于一个给定的 h，有

$$\frac{\partial U}{\partial x_h} = k \sum_{\substack{i=1 \\ i \neq h}}^{N} \frac{m_i m_h (x_i - x_h)}{\left[(x_h - x_i)^2 + (y_h - y_i)^2 + (z_h - z_i)^2 \right]^{\frac{3}{2}}}$$

以 h 代替式(7)中的 j，则和上式右端恒等. 因此，我们也可以把式(7)写成

$$m_j \frac{\mathrm{d}^2 x_j}{\mathrm{d}t^2} = \frac{\partial U}{\partial x_j}, \quad m_j \frac{\mathrm{d}^2 y_j}{\mathrm{d}t^2} = \frac{\partial U}{\partial y_j}, \quad m_j \frac{\mathrm{d}^2 z_j}{\mathrm{d}t^2} = \frac{\partial U}{\partial z_j} \tag{11}$$

由于 U 不显含时间，故有

$$\frac{\mathrm{d}U}{\mathrm{d}t} = \sum_{j=1}^{N} \left(\frac{\partial U}{\partial x_j} \frac{\mathrm{d}x_j}{\mathrm{d}t} + \frac{\partial U}{\partial y_j} \frac{\mathrm{d}y_j}{\mathrm{d}t} + \frac{\partial U}{\partial z_j} \frac{\mathrm{d}z_j}{\mathrm{d}t} \right)$$

应用式(11)，上式成为

$$\frac{\partial U}{\mathrm{d}t} = \sum_{j=1}^{N} \left(m_j \frac{\mathrm{d}^2 x_j}{\mathrm{d}t^2} \frac{\mathrm{d}x_j}{\mathrm{d}t} + m_j \frac{\mathrm{d}^2 y_j}{\mathrm{d}t^2} \frac{\mathrm{d}y_j}{\mathrm{d}t} + m_j \frac{\mathrm{d}^2 z_j}{\mathrm{d}t^2} \frac{\mathrm{d}z_j}{\mathrm{d}t} \right)$$

$$= \frac{1}{2} \sum_{j=1}^{N} m_j \frac{\mathrm{d}}{\mathrm{d}t} \left[\left(\frac{\mathrm{d}x_j}{\mathrm{d}t} \right)^2 + \left(\frac{\mathrm{d}y_j}{\mathrm{d}t} \right)^2 + \left(\frac{\mathrm{d}z_j}{\mathrm{d}t} \right)^2 \right]$$

积分上式，则得一个新积分. 事实上，从动能定理出发，也能得出这个积分

$$\frac{1}{2} \sum_{j=1}^{N} m_j \left[\left(\frac{\mathrm{d}x_j}{\mathrm{d}t} \right)^2 + \left(\frac{\mathrm{d}y_j}{\mathrm{d}t} \right)^2 + \left(\frac{\mathrm{d}z_j}{\mathrm{d}t} \right)^2 \right] = U + h$$

其中，h 是一个任意的常数.

这样，我们一共找到了方程组(7)的十个积分，容易证明它们是相互独立的. 庞加莱已证明，没有其他的单值解析积分.

应用上述 N 体问题积分的经典结果，可见它们使方程组降到 $6N - 10$ 阶. 特别是著名的二体问题降到二阶. 下一章我们将看到，二体问题的二阶微分方程组是完全可积的.

$$V = -\left(\frac{m_1 m_2}{r_{12}} + \frac{m_2 m_3}{r_{23}} + \frac{m_3 m_1}{r_{31}} \right)$$

二体问题

第 二 章

§1 二体问题的重要性

当我们比较作用在行星上的各种力的时候,我们发现,在相同的距离上,质量为 M 的太阳的吸引力比质量为 m 的行星的吸引力大 $\dfrac{M}{m}$ 倍,表 2.1 给出主要行星的质量、离开太阳的距离和卫星数目.

表 2.1

名称	离开太阳的平均距离(地球 = 1)	质量(太阳质量的百万分之一)	卫星数目
太阳		10^4	
水星	0.387	0.17	0
金星	0.723	2.45	0
地球	1.000	3.00	1[1]
火星	1.524	0.32	2
小行星[2]	2 ～ 5.2	可忽略	
木星	5.203	954.8	12
土星	9.555	285.6	9 和环
天王星	19.218	43.7	5
海王星	30.110	51.8	2
冥王星	39.600	2.7	0

1) 应加上不断增加的许多人造卫星.

2) 现已知 1 650 颗,每年还发现一些新的小行星.

从表 2.1 大致可以看到,对于所有的行星来说,由太阳产生的平均作用力必定是占统治地位的.太阳至少比最大的行星重一千倍,同较小的行星相比还要重得多.如果我们忽略其他行星的吸引力作为一阶近似,则只要考虑太阳和所讨论的行星,就可以研究每颗行星的运动.所以,这是一个二体问题.而由其他行星的影响所引起的行星运动对二体运动的偏离是行星理论研究的对象,并在第七章中加以论述.

同样的近似对于围绕其主星运转的卫星运动也是有效的;虽然在这种情况下,摄动更为重要,因为太阳的距离虽然相对地远得多,但并不总能补偿其质量大的影响(第六章).

二体问题的解常常满意地描述了物理的真实性,但是,二体问题的重要性主要不在于此.以后我们将看到,所有最完整的天体运动理论,都用二体问题的解(椭圆的情况)中出现的函数作为基本函数.二体问题的解构成太阳系动力学的基本运算 —— 二体问题在天体力学中的重要性就在于此.

§2 二体的绝对运动和相对运动

在上一章式(6)中,只保留 P_1 和 P_2 的坐标,就能得到二体运动方程.可以取二体的引力中心 G 作为惯性参考系的原点,因为引力中心运动定理告诉我们,引力中心没有加速运动.在这种情况下,方程为

$$\frac{\mathrm{d}^2 \boldsymbol{GP}_1}{\mathrm{d}t^2} = \frac{km_2 \boldsymbol{P}_1 \boldsymbol{P}_2}{\mid \boldsymbol{P}_2 \boldsymbol{P}_1 \mid^3}, \quad \frac{\mathrm{d}^2 \boldsymbol{GP}_2}{\mathrm{d}t^2} = \frac{km_1 \boldsymbol{P}_2 \boldsymbol{P}_1}{\mid \boldsymbol{P}_2 \boldsymbol{P}_1 \mid^3} \tag{1}$$

从引力中心 G 的定义,有

$$m_1 \boldsymbol{GP}_1 + m_2 \boldsymbol{GP}_2 = 0$$

由此可得

$$\boldsymbol{P}_1 \boldsymbol{P}_2 = -\frac{m_1 + m_2}{m_2} \boldsymbol{GP}_1 = \frac{m_1 + m_2}{m_1} \boldsymbol{GP}_2 \tag{2}$$

代入式(1),得

$$\frac{\mathrm{d}^2 \boldsymbol{GP}_1}{\mathrm{d}t^2} = \frac{-km_2^3}{(m_1 + m_2)^2} \frac{\boldsymbol{GP}_1}{\mid \boldsymbol{GP}_1 \mid^3}$$

$$\frac{\mathrm{d}^2 \boldsymbol{GP}_2}{\mathrm{d}t^2} = \frac{-km_1^3 \boldsymbol{GP}_2}{(m_1 + m_2)^2 \mid \boldsymbol{GP}_2 \mid^3}$$

结论:每个天体都受到引力中心方向的吸引,就好像引力中心聚积有质量 $M = \frac{m'^3}{(m + m')^2}$,$m$ 和 m' 是二体的质量.

实际上,二体的引力中心不能测量,测量必须相对于某质点进行.假设 P_1 是这种点,并设 P_2 运动的参考坐标系以 P_1 为原点,而坐标轴保持同惯性坐标

系平行.

从式(1)和式(2)消去 GP_1 或 GP_2,得

$$\frac{\mathrm{d}^2 \boldsymbol{P}_1 \boldsymbol{P}_2}{\mathrm{d}t^2} = \frac{-k(m_1 + m_2)\boldsymbol{P}_1 \boldsymbol{P}_2}{|\boldsymbol{P}_1 \boldsymbol{P}_2|^3} \tag{3}$$

在二体问题中,一个天体相对于另一个天体(所参考的坐标轴平行于惯性参考系)的运动是这样的:其受力的情况相当于质量等于这两个天体的质量和的中心体对它的吸引.

从式(2)我们可以看出,绝对运动和相对运动是近似的,因此,在以后的讨论中,我们只论述相对运动.

§3　轨道的形式

根据牛顿定律,考察质量为 m 的质点 P 受质量为 M 的质点 A 的吸引.从上面的讨论得知,在以 A 为原点,而且平行于惯性参考系的坐标系中,引力为

$$F = \frac{-k(M + m)m}{r^2}$$

令 $\mu = k(M + m)$,则点 P 的加速度为 $-\dfrac{\mu}{r^2}$.

让我们把力学基本定理应用到二体运动:

1.角动量定理变成 $\boldsymbol{AP} \times \boldsymbol{V}_P = \boldsymbol{\sigma}$,$\boldsymbol{\sigma}$ 为常向量(图2.1).从 §2 我们知道,质点在一个平面内运动.令 r 和 θ 表示点 P 的极坐标,则点 P 的速度 $\boldsymbol{V}_P$ 的径向分量和横向分量为 $\dfrac{\mathrm{d}r}{\mathrm{d}t}$ 和 $\dfrac{r\mathrm{d}\theta}{\mathrm{d}t}$.

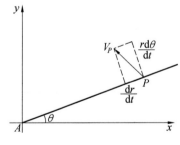

图 2.1

常向量 σ 的大小称为面积常数 C

$$r \times \frac{r\mathrm{d}\theta}{\mathrm{d}t} = r^2 \frac{\mathrm{d}\theta}{\mathrm{d}t} = C \tag{4}$$

2.动能定理的微分形式为

$$\mathrm{d}\left(\frac{1}{2}mV^2\right) - \boldsymbol{F} \cdot \boldsymbol{V}_P \mathrm{d}t = 0$$

或

$$\frac{1}{2}mV^2 - \int \frac{-\mu m}{r^2}\frac{\mathrm{d}r}{\mathrm{d}t}\mathrm{d}t = C'$$

其中,V 是 $\boldsymbol{V}_P$ 的大小,C' 是常数,而数量积 $\boldsymbol{F} \cdot \boldsymbol{V}_P$ 已为 $\boldsymbol{F}$ 的大小和 $\boldsymbol{V}_P$ 在向径方向的投影的乘积所代替. 因此,我们得到

$$\frac{1}{2}mV^2 - \frac{\mu m}{r} = C'$$

最后,令 $h = \dfrac{C'}{m}$,h 称为能量常数,得

$$V^2 = 2h + \frac{2\mu}{r} \tag{5}$$

3. 从式(4) 和式(5) 消去 t,得

$$V^2 = \frac{\mathrm{d}r^2 + r^2\,\mathrm{d}\theta^2}{\mathrm{d}t^2} = \frac{C^2(\mathrm{d}r^2 + r^2\,\mathrm{d}\theta^2)}{r^4\,\mathrm{d}\theta^2}$$

代入式(5),得轨道的微分方程为

$$\frac{\mathrm{d}r^2}{r^4\,\mathrm{d}\theta^2} + \frac{1}{r^2} - \frac{2\mu}{C^2 r} - \frac{2h}{C^2} = 0 \tag{6}$$

令 $u = \dfrac{1}{r} - \dfrac{\mu}{C^2}$,得 $\mathrm{d}u = -\dfrac{\mathrm{d}r}{r^2}$. 用这个新变量 u 表示,式(6) 成为

$$\left(\frac{\mathrm{d}u}{\mathrm{d}\theta}\right)^2 + u^2 - \left(\frac{\mu^2}{C^4} + \frac{2h}{C^2}\right) = 0$$

令括弧中的量为 H^2,并假设它是正的(如果不是正的,将不存在实轨道),则

$$\left(\frac{\mathrm{d}u}{\mathrm{d}\theta}\right)^2 = H^2 - u^2$$

上式可立即积出,得 $u = H\cos(\theta - \theta_0)$,其中 θ_0 是任意常数. 再换成以向径表示,有

$$\frac{1}{r} = \frac{\mu}{C^2}\left[1 + \sqrt{1 + \frac{2C^2 h}{\mu^2}}\cos(\theta - \theta_0)\right] \tag{7}$$

这是以 A 为焦点的圆锥曲线方程.

4. 令

$$\begin{cases} p = \dfrac{C^2}{\mu} \\[2mm] e = \sqrt{1 + \dfrac{2C^2 h}{\mu^2}} = \sqrt{1 + \dfrac{2hp}{\mu}} \\[2mm] v = \theta - \theta_0 \end{cases} \tag{8}$$

由此

$$V = -\left(\frac{m_1 m_2}{r_{12}} + \frac{m_2 m_3}{r_{23}} + \frac{m_3 m_1}{r_{31}}\right)$$

$$2h = \frac{\mu(e^2 - 1)}{p}$$

因此圆锥曲线的方程变成

$$\frac{1}{r} = \frac{1 + e\cos v}{p}$$

圆锥曲线的偏心率为 e，并通径为 p，半长径 a 由 $p = a(1-e^2)$ 给出．称为真近点角 v 的角度是从最接近 A 的点起量的，这点称为近点①．令 $v = 0$，则可得 A 到近点的距离为 $a(1-e)$．在长轴上另一个轨道点是远点（或远地点，或远日点），远点的距离为 $a(1+e)$．

5．我们能够讨论这个圆锥的曲线的性质，从式（8）可见，根据 h 是否为负、零或正，可知圆锥曲线为椭圆、抛物线或双曲线的一个分支．如果 V_0 是起始时刻的速度，r_0 是起始时刻的向径，则由式（5）得

$$2h = V_0^2 - \frac{2\mu}{r_0}$$

我们推得下列结论：

（1）如果 $V_0 = \sqrt{\dfrac{2\mu}{r_0}} = V_P$（称为抛物线速度）则为抛物线轨道；

（2）如果 $V_0 > V_P$，则为双曲线轨道；

（3）如果 $V_0 < V_P$，则为椭圆轨道．

§4　开普勒定理

开普勒定理指出：

1．行星在平面曲线上运动；在相等的时间间隔内，行星的向径所扫过的面积相等．

2．行星的轨道是椭圆，太阳位于椭圆的一个焦点上．

3．行星绕太阳公转周期的平方与行星轨道半长径的立方成正比．

在每个行星独立地绕太阳运动的假设下，我们已经证明了前两个定律．并且，第一定律是在任意的有心力场中角动量定理的推论，对于行星来说，能量常数 h 是负的．

第三定律证明如下：

椭圆的面积为 $\pi a^2 \sqrt{1 - e^2}$．设 P 为行星公转周期，则面积常数 C 为

$$\frac{1}{2}\int_0^P C\mathrm{d}t = \frac{CP}{2} = \pi a^2 \sqrt{1 - e^3}$$

---

① 大家知道，如果中心天体是地球，这点称为近地点；中心天体是太阳，称为近日点．

$$C = \frac{2\pi}{P} a^2 \sqrt{1-e^2} \tag{9}$$

我们已经知道

$$C^2 = p\mu = \mu a (1-e^2)$$

从最后两式消去 C,得

$$\frac{4\pi^2}{P^2} a^3 = \mu \tag{10}$$

如果我们忽略行星的质量,则对每一个行星来说,$\mu = kM$ 都是相同的,第三定律得证.我们注意到,根据表 2.1 给出的行星真实的质量,就木星而言,这个定律在 0.1% 精确度以内是成立的.

§5 椭圆运动的研究

1.我们引进一个新的角度(图 2.2)来研究质点的椭圆运动($h < 0$),这个角度是时间的函数.令 O,F 和 P 分别代表椭圆的中心、焦点和近点.M 是椭圆上的一个点,它在 Fx 轴和 Fy 轴上的坐标为 $r\cos v$ 和 $r\sin v$.令 M' 是半径 $OM' = a$ 的辅圆上的点,M' 在 Ox 轴上的投影和 M 一样都是 H,并与 M 在 Ox 的同一边,$E(\boldsymbol{OP}, \boldsymbol{OM'})$ 角称为偏近点角.

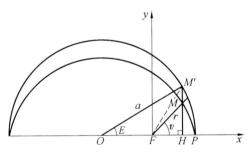

图 2.2

我们知道,椭圆是辅圆按比率为 $\sqrt{1-e^2}$ 的仿射变换,处处都有 $\overline{HM} = \sqrt{1-e^2}\,\overline{HM'}$.由于 $\overline{OF} = ae$.我们可以用两种不同的方法计算 FM 在 Fx 轴和 Fy 轴上的投影

$$\begin{cases} x = r\cos v = a(\cos E - e) \\ y = r\sin v = a\sqrt{1-e^2}\sin E \end{cases} \tag{11}$$

由上式计算 r^2,可得

$$r = a(1 - e\cos E) \tag{12}$$

消去 r,得

$$\mathscr{V} = -\left(\frac{m_1 m_2}{r_{12}} + \frac{m_2 m_3}{r_{23}} + \frac{m_3 m_1}{r_{31}} \right)$$

$$\cos v = \frac{\cos E - e}{1 - e\cos E}$$

而计算 $\tan^2 \dfrac{v}{2} = \dfrac{(1 - \cos v)}{(1 + \cos v)}$，得

$$\tan^2 \frac{v}{2} = \frac{1 - e\cos E - \cos E + e}{1 - e\cos E + \cos E - e}$$

$$= \frac{1 + e}{1 - e} \cdot \frac{1 - \cos E}{1 + \cos E} = \frac{1 + e}{1 - e}\tan^2 \frac{E}{2}$$

因为 v 和 E 在相同的半平面内，所以 $\dfrac{v}{2}$ 和 $\dfrac{E}{2}$ 处于同一象限，最后得

$$\tan \frac{v}{2} = \sqrt{\frac{1 + e}{1 - e}}\tan \frac{E}{2} \tag{13}$$

这就是真近点角和偏近点角的关系式.

2. 第三种近点角叙述如下[①]：

平近点角定义为 $M = n(t - t_0)$. 其中，平均运动 $n = \dfrac{2\pi}{P}$（上面已经定义了周期 P），t 是计算的时刻，而 t_0 是天体通过近点的时刻.

3. 注意到从式（8）和 $p = a(1 - e^2)$，得 $h = -\dfrac{\mu}{2a}$，采用符号 n，已经导出的标准公式变成：

角动量积分（9）

$$C = r^2 \frac{dv}{dt} = na^2\sqrt{1 - e^2} \tag{14}$$

能量积分（5）

$$V^2 = \mu\left(\frac{2}{r} - \frac{1}{a}\right) \tag{15}$$

开普勒第三定律（10）

$$n^2 a^3 = \mu \tag{16}$$

4. 现在我们可以研究 E 作为 t 的函数的变化.

在时间间隔 $t - t_0$ 内，向径扫过的面积是面积 PMF（图 2.2）.

$$面积(PMF) = \frac{1}{2}\int_{t_0}^{t} C dt$$

$$= \frac{1}{2}na^2\sqrt{1 - e^2}(t - t_0)$$

---

① 天体力学和天文学中所用的"近点角"一词表示，当天体通过近点时，此角为零；而"经度"一词则可从任意固定点起算.

$$= \frac{1}{2}a^2\sqrt{1-e^2}\,M$$

M 和下面的 E 都假定以弧度表示.

应用椭圆和圆之间的仿射关系式,从面积(PMF)可以推出面积($PM'F$)

$$面积(PM'F) = \frac{1}{\sqrt{1-e^2}}\,面积(PMF) = \frac{1}{2}a^2M$$

但是

$$面积(PM'F) = 面积(PM'O) - 面积(FM'O) \tag{17}$$

$PM'O$ 是面积为 $\frac{1}{2}a^2E$ 的扇形. $FM'O$ 是底 $FO = ae$, 高 $HM' = a\sin E$ 的三角形. 因此,其面积为 $\frac{1}{2}a^2e\sin E$. 把这些结果代入式(17),得

$$\frac{1}{2}a^2M = \frac{1}{2}a^2E - \frac{1}{2}a^2e\sin E$$

或

$$E - e\sin E = M = n(t - t_0) \tag{18}$$

这就是描述 E 和 t 之间关系的开普勒方程.

微分式(13),把结果代入式(14),借助于式(11)和式(12)消去 v 和 r,并进行积分,也可得到开普勒方程.

方程(13)和(18)把三种近点角互相联系在一起,并使我们可以计算出任意时刻的每一种近点角,从而应用式(11),我们就可求得天体的坐标,这就完整地解决了椭圆运动的问题.

§6　轨道根数

知道了 $r\sin v$ 和 $r\cos v$,一般还不足以确定天体在任意的坐标系中的空间位置. 因此,我们要定义一些惯用的参数以确定笛卡儿坐标系中的轨道.

我们将假设这些坐标轴的原点是中心天体(对于相对运动)或二体的引力中心(对于绝对运动). XOY 平面称为主平面(图2.3),其法线 OZ 是主平面的极方向. 实际上,主平面或是地球赤道面,或是黄道面.

轨道面同主平面的交线是交点线,这条线交轨道于两点. 在升交点(N),天体的 z 坐标递增. 另一个交点就是降交点. $\Omega = (OX, ON)$ 确定了升交点的方向 ON; Ω 称为升交点经度,从 $0°$ 到 $360°$.

倾角 i 是主平面和轨道面之间的夹角,变化于 $0°$ 和 $180°$ 之间. 如果天体的公转投影在主平面上的指向是顺行,则 $0° < i < 90°$;反之,如果是逆行,则 $90° < i < 180°$.

$$\mathscr{V} = -\left(\frac{m_1 m_2}{r_{12}} + \frac{m_2 m_3}{r_{23}} + \frac{m_3 m_1}{r_{31}}\right)$$

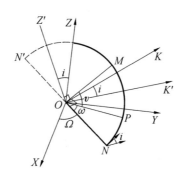

图 2.3

因此,Ω 和 i 确定了轨道平面,则 M 公转的指向就在这个平面内.

在轨道平面上的轨道是以 O 为焦点的圆锥曲线,其形状由偏心率 e 确定,而大小则由半长径 a[或在抛物线轨道的情况下,由半通径 $p=a(1-e^2)$]确定.对于双曲线,$a<0$.

我们还必须确定圆锥曲线在轨道平面上的位置,确定了近点的方向 $\boldsymbol{OP}$,就可以做到这一点.$\omega=(\boldsymbol{ON},\boldsymbol{OP})$ 角称为近点角距,沿着运动的方向测量,并唯一地确定了轨道在轨道面上的位置.

最后,我们已经知道,真近点角 v 确定了天体 M 在轨道上的位置.为了计算作为时间函数的真近点角,在确定了第六个根数 t_0(通过近点的时刻或历元)之后,求解开普勒方程.

六个根数 a,e,i,Ω,ω 和 t_0 唯一地确定了 M 在轨道上的运动(作为时间的函数).

备注:

(1) 常用近点经度 $\tilde{\omega}$ 代替近点角距 ω.近点经度定义为 $\tilde{\omega}=\omega+\Omega$,它是不在同一平面的两个角度之和.但是,如果 $i\to0$,$\boldsymbol{ON}$ 变得不确定,因而 ω 和 Ω 也不确定,而 $\tilde{\omega}$ 则趋向于一个确定的极限.

(2) 平均运动 n 不是第七个轨道根数,它是 a 的函数:$n^2a^3=\mu$.

§7 天体的笛卡儿坐标

我们来计算 OM 在 OX,OY 和 OZ 轴上的投影,M 相对于轨道平面上的 ON 和 OK 轴的坐标是 $r\cos(\omega+v)$ 和 $r\sin(\omega+v)$(图 2.3).

把坐标轴绕 ON 旋转 $-i$ 角,M 相对于 ON,OK' 和 OZ 的坐标为
$$r\cos(\omega+v),r\sin(\omega+v)\cos i,r\sin(\omega+v)\sin i$$
最后,再绕 OZ 轴旋转 $-\Omega$ 角,就可得到所要的坐标

$$\begin{cases} X = r[\cos(\omega + v)\cos\Omega - \sin(\omega + v)\sin\Omega\cos i] \\ Y = r[\cos(\omega + v)\sin\Omega + \sin(\omega + v)\cos\Omega\cos i] \\ Z = r\sin(\omega + v)\sin i \end{cases} \qquad (19)$$

表 2.2 给出了 $r\sin v$ 和 $r\cos v$（双曲线和抛物线的情况只是作为参考，这里不加讨论）.

表 2.2

量	椭圆	双曲线	抛物线
$r\cos v$	$a(\cos E - e)$	$a(e - \operatorname{ch} F)$	$\dfrac{p}{2}(1 - s^2)$
$r\sin v$	$a\sqrt{1 - e^2}\sin E$	$a\sqrt{e^2 - 1}\operatorname{sh} F$	p^s
$t - t_0$	$\dfrac{1}{n}(E - e\sin E)$	$\dfrac{1}{n}(-F + e\operatorname{sh} F)$	$\dfrac{p^{\frac{3}{2}}}{\sqrt{\mu}}\left(\dfrac{s}{2} + \dfrac{s^3}{6}\right)$

我们也可以提出相反的问题：已经观测到天体的不同的位置，怎样决定它的轨道根数？

如果我们知道天体的笛卡儿坐标，则只要两个位置就足以解决上面的问题. 但是，通常天文观测没给出距离，而是给出方向. 在这种情况下，至少需要三次观测. 许多方法已用于解决这个问题，但是，介绍它们不是本书的范围，已有很多作者介绍了那些方法的原理[①].

$$\S 8 \quad 太阳系的天文单位$$

确定轨道半长径的精度实质上取决于周期值和我们对 μ 值的了解程度，从式(10)，有

$$\frac{4\pi^2}{P^2}a^3 = \mu = k(M + m)$$

行星的观测得出高精度的 P 值（相对误差 $10^{-8} \sim 10^{-9}$），如果我们取第三节给出的厘米·克·秒制的 k 值（只准到十进制三位数字），则将损失了观测的高精度.

因此，有关太阳系的所有计算均采用与厘米·克·秒制无关的单位进行. 时间的单位保持相同，而所有行星的质量均以太阳的质量为单位表示（$M = 1$）. 这种单位表示的质量列在表 2.1 中. 最后，我们宁愿固定 k 的采用值，间接地定义长度的单位

---

① 参看 Watson，Theoretical Astronomy，Dover 1964，and also Andoyer，and Danjon.

$$\mathscr{V} = -\left(\frac{m_1 m_2}{r_{12}} + \frac{m_2 m_3}{r_{23}} + \frac{m_3 m_1}{r_{31}}\right)$$

$$\sqrt{k} = 0.01720,20989,5000\cdots$$
$$k = 0.00029,59122,08266\cdots$$

这样,对于 $a=1$,质量可以忽略的行星的周期

$$P = \frac{2\pi}{\sqrt{k}}$$

若一个质量可以忽略的无摄行星绕太阳公转的周期为 365. 256 898 326 3 平太阳日,则其轨道半长径就是长度的天文单位.

地球轨道半长径跟天文单位之差只有千万分之几. 这样,这种长度单位将不受任何地球运动理论的改进的影响.

正则方程组

上一章我们已经解决了二体问题,现在我们来考察三体问题中出现的微分方程的某些性质.但是,在探讨这项工作之前,我们将把这些方程写成最方便的形式.

§1　在相对参考系中 N 体问题的方程

同二体问题一样,根据同样的理由,在研究 N 体系统(如太阳系)运动时,我们取 N 体当中的一个天体 P_1(例如太阳)作为坐标系的中心,坐标轴平行于惯性参考系. 这样,方程组降低六阶. 这等价于应用了引力中心定理的结果. 因此,我们不再把这个定理应用于相对系.

采用第一章的符号,天体 P_j 的坐标是

$$X_j = x_j - x_1, \quad Y_j = y_j - y_1, \quad Z_j = z_j - z_1$$

同样,令

$$\Delta_{ij} = |\boldsymbol{P_i P_j}|$$

从第一章方程(7)对 P_j 和 P_1 两天体的方程逐项相减,得到 P_j 相对于 P_1 的运动方程

$$\frac{\mathrm{d}^2 X_j}{\mathrm{d}t^2} = -k(m_1 + m_j)\frac{X_j}{\Delta_{j1}^3} +$$

$$\sum_{\substack{i=2 \\ i \neq j}}^{N} k m_i \left(\frac{X_i - X_j}{\Delta_{ij}^3} - \frac{X_i}{\Delta_{1i}^3} \right) \quad (i, j = 2, 3, \cdots, N)$$

$$\tag{1}$$

Y 和 Z 的方程与此类似.

计算下面函数

$$\mathscr{V} = -\left(\frac{m_1 m_2}{r_{12}} + \frac{m_2 m_3}{r_{23}} + \frac{m_3 m_1}{r_{31}} \right)$$

$$V_j = \frac{k(m_1 + m_j)}{\Delta_{j1}} + \sum_{\substack{i=2 \\ i \neq j}}^{N} k m_i \left(\frac{1}{\Delta_{ij}} - \frac{X_i X_j + Y_i Y_j + Z_i Z_j}{\Delta_{1i}^3} \right) \tag{2}$$

的偏导数可看出,方程组(1)简化成

$$\frac{d^2 X_j}{dt^2} = \frac{\partial V_j}{\partial X_j}, \quad \frac{d^2 Y_j}{dt^2} = \frac{\partial V_j}{\partial Y_j}, \quad \frac{d^2 Z_j}{dt^2} = \frac{\partial V_j}{\partial Z_j} \tag{3}$$

备注:要注意同第一章 §7 结果的差异:函数 V_j 的数目要比天体数目少一个,但是,每个 V_j 都比函数 U 简单.

§2 三体问题方程的简化

有一种坐标系兼有上述两种系统的优点:每个天体的坐标以同该天体的位置无关的点为原点,而有唯一的函数 V. 我们将只对三体的情况定义这种坐标系,但是,其结果可以推广到 N 个天体.

令 P_2 相对于 P_1 的坐标为 $x, y, z (x = X_2$ 等$)$;P_3 相对于 P_1 和 P_2 的引力中心 G 的坐标为 x', y', z';这两组坐标轴保持平行(图 3.1),则有

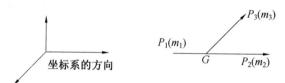

图 3.1

$$x' = X_3 - \frac{m_2}{m_1 + m_2} X_2$$

$$y' = Y_3 - \frac{m_2}{m_1 + m_2} Y_2$$

$$z' = Z_3 - \frac{m_2}{m_1 + m_2} Z_2$$

和

$$\Delta_{13}^2 = \sum \left(x' + \frac{m_2}{m_1 + m_2} x \right)^2$$

$$\Delta_{23}^2 = \sum \left(x' - \frac{m_1}{m_1 + m_2} x \right)^2$$

关于 P_2 的方程是

$$\frac{d^2 x}{dt^2} = \frac{-k(m_1 + m_2) x}{\Delta_{12}^3} + k m_3 \left[\frac{x' - \dfrac{m_1}{m_1 + m_2} x}{\Delta_{23}^3} - \frac{x' + \dfrac{m_2}{m_1 + m_2} x}{\Delta_{13}^3} \right] \tag{4}$$

y 和 z 的方程与此类似.

从 X_3, Y_3 和 Z_3 的方程出发,我们可以写出关于 x', y' 和 z' 相似的方程

$$\frac{\mathrm{d}^2 x'}{\mathrm{d}t^2} + \frac{m_2}{m_1 + m_2} \frac{\mathrm{d}^2 x}{\mathrm{d}t^2} = -\frac{k(m_1 + m_3)\left(x' + \frac{m_2}{m_1 + m_2}x\right)}{\Delta_{13}^3} -$$

$$km_2 \left[\frac{x' - \frac{m_1}{m_1 + m_2}x}{\Delta_{23}^3} + \frac{x}{\Delta_{12}^3}\right] \tag{5}$$

y' 和 z' 的方程与此类似.

对这两个方程逐项相减,可从第二个方程中消去 $\frac{\mathrm{d}^2 x}{\mathrm{d}t^2}$.

可以看出,同上面的情况相似,如果我们令

$$V = k\frac{m_1 m_2}{\Delta_{12}} + k\frac{m_1 m_3}{\Delta_{13}} + k\frac{m_2 m_3}{\Delta_{23}} \tag{6}$$

则三体问题的方程成为

$$\frac{m_1 m_2}{m_1 + m_2} \frac{\mathrm{d}^2 x}{\mathrm{d}t^2} = \frac{\partial V}{\partial x}$$

$$\frac{(m_1 + m_2)m_3}{m_1 + m_2 + m_3} \frac{\mathrm{d}^2 x'}{\mathrm{d}t^2} = \frac{\partial V}{\partial x'} \tag{7}$$

y, z 和 y', z' 四个方程与此类似.

§3 当一个天体的质量可忽略时的情况

被研究的天体的质量常常可以忽略. 例如,受木星摄动的小行星运动或受太阳摄动的卫星运动就是这种情况. 摄动体 P_1 的运动不受小天体 P_2 的影响. G 和 P_1 的位置相合. P_3 的运动只是简单地决定于 P_1 的作用 —— 按照开普勒定律的运动.

因此,只要考察 X_2 的方程就足够了. 在这些条件下,不必进行上述的简化,考察 $j = 1$ 和 $i = 1$ 的方程(3)就行了,方程(3)变成

$$\frac{\mathrm{d}^2 X_2}{\mathrm{d}t^2} = \frac{\partial V_2}{\partial X_2}, \cdots, V_2 = \frac{k(m_1 + m_2)}{\Delta_{12}} + km_3\left(\frac{1}{\Delta_{23}} - \frac{X_2 X_3 + Y_2 Y_3 + Z_2 Z_3}{\Delta_{13}^3}\right)$$

$$\tag{8}$$

§4 方程的正则形式

由式(7)和式(8)给出的方程组,和第一章式(11)一样,已写成了下列的形式

$$m_j \frac{\mathrm{d}^2 x_j}{\mathrm{d}t^2} = \frac{\partial V}{\partial x_j} \quad (j = 1, 2, \cdots, n) \tag{9}$$

$$V = -\left(\frac{m_1 m_2}{r_{12}} + \frac{m_2 m_3}{r_{23}} + \frac{m_3 m_1}{r_{31}}\right)$$

引入 n 个新变量 $y_j = m_j \left(\dfrac{\mathrm{d}x_j}{\mathrm{d}t} \right)$，并令

$$T = \frac{1}{2} \sum_{j=1}^{n} \frac{y_j^2}{m_j}$$

得

$$\frac{\partial T}{\partial x_j} = 0, \quad \frac{\partial T}{\partial y_j} = \frac{x_i}{m_j}, \quad \frac{\partial V}{\partial y_j} = 0$$

我们可把式（9）写成 $2n$ 阶线性方程组

$$\frac{\mathrm{d}x_j}{\mathrm{d}t} = \frac{\partial F}{\partial y_j}, \quad \frac{\mathrm{d}y_j}{\mathrm{d}t} = -\frac{\partial F}{\partial x_j} \quad (j = 1, 2, \cdots, n) \tag{10}$$

其中，$F = T - V$.

这种形式的方程组称为正则方程组，所有方程共有的函数 F，称为哈密尔顿函数或特征函数，而 x_j 和 y_j 称为共轭变量. 这种方程非常重要，在天体力学、量子力学等学科的许多问题中都要遇到.

函数 F 是否是时间的显函数，取决于某些摄动体的位置是否预先知道. 特别地，对于一体质量可以忽略的三体问题，上一节指出正则方程组是六阶；V 通过 P_3 的已知位置成为 t 的函数.

§5　F 不是 t 的函数的情况

上述结果已经表明正则方程组在天体力学中的重要性. 我们将研究这种方程组最常用的性质. 然而，说明怎样能够消去 F 中显含的 t 是方便的.

考察 $2n$ 阶正则方程组

$$\frac{\mathrm{d}q_j}{\mathrm{d}t} = \frac{\partial F}{\partial p_j}(q_i, p_i, t)$$

$$\frac{\mathrm{d}p_j}{\mathrm{d}t} = -\frac{\partial F}{\partial q_j}(q_i, p_i, t) \quad (1 \leqslant j, i \leqslant n) \tag{11}$$

如果 F 显含 t，则 $\dfrac{\partial F}{\partial t} \neq 0$.

引入两个新变量 q_{n+1} 和 p_{n+1}：q_{n+1} 替换 F 中显含的变量 t，t 仍然作为独立的变量；而 p_{n+1} 是与 q_{n+1} 共轭的变量. 哈密尔顿函数 F 不包含 p_{n+1}，但是我们总是可以对 F 加上 p_{n+1} 的函数而不影响方程组（11）. 选择新的哈密尔顿函数，使下列新方程组得到 $q_{n+1} = t$ 的解

$$\begin{cases} \dfrac{\mathrm{d}q_j}{\mathrm{d}t} = \dfrac{\partial F^*(q_j, p_j, q_{n+1}, p_{n+1})}{\partial p_j} \\[2mm] \dfrac{\mathrm{d}p_j}{\mathrm{d}t} = -\dfrac{\partial F^*(q_j, p_j, q_{n+1}, p_{n+1})}{\partial q_j} \\[2mm] j = 1, 2, \cdots, n, n+1 \end{cases} \tag{12}$$

为此,我们必须取 $F^* = F + p_{n+1}$. 最后的两个方程变成

$$\frac{\mathrm{d}q_{n+1}}{\mathrm{d}t} = \frac{\partial p_{n+1}}{\partial p_{n+1}} = 1$$

$$\frac{\mathrm{d}p_{n+1}}{\mathrm{d}t} = -\frac{\partial F^*}{\partial q_{n+1}} = -\left(\frac{\partial F^*}{\partial t}\right)_{t=q_{n+1}}$$

这样,我们已经把原来的方程组化成另一个 $2n+2$ 阶的正则方程组,其特征函数 F^* 不再包含 t. 这种新的方程组更普遍些:它包含了第一组方程的解,只要用 t 取代 q_{n+1} 并略去 p_{n+1} 就行了.

§6 正则方程组的积分

让我们一开始就假设,我们有特征函数 F 不依赖于 t 的 $2n$ 阶正则方程组

$$\frac{\mathrm{d}q_j}{\mathrm{d}t} - \frac{\partial F(q_i, p_i)}{\partial p_j}$$

$$\frac{\mathrm{d}p_j}{\mathrm{d}t} = -\frac{\partial F(q_i, p_i)}{\partial q_j} \qquad (1 \leqslant i, j \leqslant n) \tag{13}$$

由于 F 不是 t 的显函数,故其全微商为

$$\frac{\mathrm{d}F}{\mathrm{d}t} = \sum_{j=1}^{n} \left(\frac{\partial F}{\partial q_j} \frac{\mathrm{d}q_j}{\mathrm{d}t} + \frac{\partial F}{\partial p_j} \frac{\mathrm{d}p_j}{\mathrm{d}t}\right)$$

如果我们用方程组的解代替上式中 $2n$ 个函数 q_j 和 p_j,则得

$$\frac{\mathrm{d}F}{\mathrm{d}t} = \sum_{j=1}^{n} \left(\frac{\partial F}{\partial q_j} \frac{\partial F}{\partial p_j} - \frac{\partial F}{\partial p_j} \frac{\partial F}{\partial q_j}\right) = 0$$

这个方程可积出,对于任一组解 $q_i(t)$ 和 $p_i(t)$,等式

$$F(q_i, p_i) = C$$

都成立. 因此,上式是方程(13)的一个积分.

实际上,F 的偏导数也不依赖于时间 t,t 只是以微分 $\mathrm{d}t$ 的形式出现,故可把它消去. 例如,选择 q_n 作为新的独立变量,把方程组(13)写成下列形式

$$\frac{\mathrm{d}q_j}{\mathrm{d}q_n} = \frac{\dfrac{\partial F}{\partial p_j}}{\dfrac{\partial F}{\partial p_n}} \qquad (1 \leqslant j \leqslant n-1)$$

$$\frac{\mathrm{d}p_j}{\mathrm{d}q_n} = -\frac{\dfrac{\partial F}{\partial q_j}}{\dfrac{\partial F}{\partial p_n}} \qquad (1 \leqslant j \leqslant n)$$

这是具有积分 $F = C$ 的 $2n-1$ 阶方程组. 如果我们得到这个方程组的一个解,它是 q_n 的函数,则从下列积分,可以得到 t

$$\mathscr{V} = -\left(\frac{m_1 m_2}{r_{12}} + \frac{m_2 m_3}{r_{23}} + \frac{m_3 m_1}{r_{31}}\right)$$

$$t - t_0 = \int \frac{\mathrm{d}q_n}{\dfrac{\partial F}{\partial p_n}} \tag{14}$$

因为上式右端只是 q_n 的函数.

这样,方程组降为 $2n-2$ 阶正则方程组,其哈密尔顿函数依赖于独立变量 q_n 和一个积分. 天体力学中普遍使用的方法很少用到这个性质,比较常用的是上节阐明的相反的性质,即可从特征函数中消去 t.

把这个方法应用到 $2n+2$ 阶正则方程组(其特征函数为 §5 中的 F^*),得出积分 $F^* = C$,而方程(14)简化为 $\mathrm{d}t = \mathrm{d}q_{n+1}$,因为 $\dfrac{\partial F^*}{\partial p_{n+1}} = 1$.

我们回到不带附加信息的初始方程组的讨论,因为积分 $P^* = C$ 是附加变量 p_{n+1} 的函数.

§7　变量的正则变换

变量的变换是解天体力学方程最常用的方法之一. 当方程写成正则形式时,我们将要介绍的方程表明是特别有效的. 方法实质上是把变量 $p_i, q_i (1 \leqslant i \leqslant N)$ 变换成新变量 $P_i, Q_i (1 \leqslant i \leqslant N)$,使得用这些新变量写成的方程更为简单. 另外,如果新的方程组是正则的,则我们认为变量的变换是正则变换,如果成功地找到了这种变换,我们能够继续这个过程,直到方程组容易积出为止.

现在,我们来寻求正则变换的充要条件.

1. 必要条件

考察微分方程组(13)

$$\frac{\mathrm{d}q_j}{\mathrm{d}t} = \frac{\partial F(q_i, p_i)}{\partial p_j}$$

$$\frac{\mathrm{d}p_j}{\mathrm{d}t} = -\frac{\partial F(q_i, p_i)}{\partial q_j} \quad (1 \leqslant i, j \leqslant N)$$

其中,F 不显含 t,并设 $2N$ 个新变量 $P_j, Q_j (1 \leqslant j \leqslant N)$ 也是正则的.

考察下列的量

$$\mathrm{d}\theta = \sum_j p_j \mathrm{d}q_j - F\mathrm{d}t \tag{15}$$

对于所有的 j 值,有 $\dfrac{\mathrm{d}p_j}{\mathrm{d}t} = -\dfrac{\partial F}{\partial q_j}$;而且,由于 p_j 是解,所以它仅仅依赖于 t.

因此,我们也可以写出

$$\frac{\partial p_j}{\partial t} = -\frac{\partial F}{\partial q_j} \tag{16}$$

我们知道，$\sum X_i\mathrm{d}x_i$ 为全微分的必要和充分的条件是 $\left|\dfrac{\partial X_i}{\partial x_k}-\dfrac{\partial X_k}{\partial x_i}\right|$ 为零.

将这个条件用到式(15)右端,要记住只有 F 依赖于 q_j,而 p_j 只依赖于 t,得

$$\frac{\partial p_j}{\partial t}+\frac{\partial F}{\partial q_j}=0$$

即方程组(16).

因此,$\sum\limits_j p_j\mathrm{d}q_j-F\mathrm{d}t$ 是全微分.

我们可以把同样的道理应用到新的正则方程组

$$\frac{\mathrm{d}Q_j}{\mathrm{d}t}=\frac{\partial F^*(P_i,Q_i)}{\partial P_j},\qquad \frac{\mathrm{d}P_j}{\mathrm{d}t}=\frac{\partial F^*(P_i,Q_i)}{\partial Q_j}$$

新的哈密尔顿函数 F^* 不需要跟 F 恒等. 这里,$\Sigma P_j\mathrm{d}Q_j-F^*\,\mathrm{d}t=\mathrm{d}\theta^*$ 又是全微分. 逐项相减可见,变量的变换是正则的必要条件是

$$\sum_j P_j\mathrm{d}Q_j-\sum_j p_j\mathrm{d}q_j=\mathrm{d}(\theta^*-\theta)+(F^*-F)\mathrm{d}t$$

令

$$K=F^*-F$$

上式变成

$$\sum_j P_j\mathrm{d}Q_j-\sum_j p_j\mathrm{d}q_j-K\mathrm{d}t=\mathrm{d}W \tag{17}$$

其中,K 是变量的函数,$\mathrm{d}W$ 是一个全微分.

2. 充分条件

我们将要指出,条件(17)也是充分的.

由于初始方程组是正则的,所以

$$\sum_j p_j\mathrm{d}q_j-F\mathrm{d}t=\mathrm{d}\theta$$

把上式代入式(17),得

$$\sum_j P_j\mathrm{d}Q_j-(F+K)\mathrm{d}t=\mathrm{d}(W+\theta) \tag{18}$$

上式右端是全微分,所以,左端也是全微分. 全微分的条件为

$$\frac{\partial P_j}{\partial t}=-\frac{\partial(F+K)}{\partial Q_j}$$

由于我们假设 P_j 是只依赖于 t 的变量,故得

$$\frac{\mathrm{d}P_j}{\mathrm{d}t}=-\frac{\partial(F+K)}{\partial Q_j} \tag{19}$$

但是,我们也知道 $\sum\limits_j P_jQ_j$ 的全微分是

$$\mathrm{d}\Big(\sum_j P_jQ_j\Big)=\sum P_j\mathrm{d}Q_j+\sum Q_j\mathrm{d}P_j$$

$$V=-\left(\frac{m_1 m_2}{r_{12}}+\frac{m_2 m_3}{r_{23}}+\frac{m_3 m_1}{r_{31}}\right)$$

方程(18) 可写成

$$d\left(\sum_j P_j Q_j\right) - \sum Q_j dP_j - (F+K)dt = d(W+\theta)$$

或

$$\sum Q_j dP_j + (F+K)dt = d\left(\sum_j P_j Q_j - W - \theta\right)$$

上式左端又必定是全微分. 如前所述, 我们知道这意味着

$$\frac{dQ_j}{dt} = \frac{\partial(F+K)}{\partial P_j} \tag{20}$$

方程式(19) 和(20)表明, P_j 和 Q_j 的方程组是正则的, 其哈密尔顿函数为 $F + K$.

结论: 我们已经指出, 条件(17)

$$\sum_j P_j dQ_j - \sum_j p_j dq_j - Kdt = dW$$

是变量从 p_j, q_j 变到 P_j, Q_j 为正则变换的必要和充分条件, 新的特征函数是 $F + K$, 不管哈密尔顿函数是否显含 t 都是成立的.

备注: 式(17) 表示的 $(p_i, q_i) \to (P_i, Q_i)$ 变换称为接触变换, 在偏微分方程理论中, 它起着重要的作用. 但是, 在这里并没有用到它的经典性质.

§8　正则变换的实例

A. 利用母函数进行变量变换

考察一个完全普遍的正则方程组

$$\frac{dq_j}{dt} = \frac{\partial F}{\partial p_j}, \quad \frac{dp_j}{dt} = -\frac{\partial F}{\partial q_j} \quad (1 \leqslant j \leqslant N) \tag{21}$$

定义变量的变换 $(q_j, p_j) \to (Q_j, P_j)$ 如下. 我们给出 $2N$ 个变量的任意函数 S, 称为母函数, 它是新变量 Q_j 和老变量 p_j 的函数, 记为 $S(Q_j, p_j), 1 \leqslant j \leqslant N$.

由下列 $2N$ 个隐函数形式的方程定义变量的变换

$$q_j = \frac{\partial S}{\partial p_j}, \quad P_j = \frac{\partial S}{\partial Q_j} \tag{22}$$

我们将证明, 对于任何 S, 变量的变换都是正则的, 而特征函数也保持不变.

考察下列的量

$$E = \sum_j (P_j dQ_j - p_j dq_j)$$

微分 $S(Q_i, p_i)$ 给出下列恒等式

$$dS = \sum_j \frac{\partial S}{\partial Q_j} dQ_j + \sum_j \frac{\partial S}{\partial p_j} dp_j$$

或者按照式(22)P_j 和 q_j 的定义,有

$$dS = \sum_j P_j dQ_j + \sum_j q_j dp_j \tag{23}$$

故得

$$E = dS - \sum_j q_j dp_j - \sum_j p_j dq_j = d\left[S - \sum_j p_j q_j\right]$$

这是全微分,满足式(17)条件,并有 $K = 0$(哈密尔顿函数不变)和 $W = S - \sum p_j q_j$.

2. Q_j 的共轭变量

考察正则变量 x_j, y_j 的方程组. 设我们希望进行这样的正则变换:保持哈密尔顿函数不变,而且 q_j 是 x_i 的已给定的函数,关系式(17)给出

$$\sum_j y_j dx_j - \sum_j p_j dq_j = dW \tag{24}$$

因为 x_j 是 q_j 的函数,故得

$$dx_j = \sum_i \frac{\partial x_j}{\partial q_i} dq_i \quad (i,j=1,2,\cdots,n)$$

如果我们事先令 $dW = 0$,若取

$$p_i = \sum_j y_j \frac{\partial x_j}{\partial q_i} \quad (i,j=1,2,\cdots,n) \tag{25}$$

则恒等地满足式(24).

现在,如果 T 具有 §4 以 x 表示的形式

$$T = \frac{1}{2} \sum_j m_j \left(\frac{dx_j}{dt}\right)^2 = \frac{1}{2} \sum_j m_j \left(\sum_i \frac{\partial x_j}{\partial q_i} \frac{dq_i}{dt}\right)^2$$

则有

$$\frac{\partial T}{\partial q_i'} = \sum_j m_j \frac{\partial x_j}{\partial q_i} \frac{dx_j}{dt} = \sum_j y_j \frac{\partial x_j}{\partial q_i}$$

其中,$q_i' = \left(\frac{dq_i}{dt}\right)$.

因此,同式(25)右端相比较得到

$$p_i = \frac{\partial T}{\partial q_i'}$$

这里的 T 已经写成为 q_i 和 q_i' 的函数.

§9　雅 可 比 定 理

现在我们将建立一个定理,并用来定义一组对于二体问题很重要的正则变量.

我们寻求一种使新哈密尔顿函数为 0 的正则变换.

$$\mathscr{V} = -\left(\frac{m_1 m_2}{r_{12}} + \frac{m_2 m_3}{r_{23}} + \frac{m_3 m_1}{r_{31}}\right)$$

对于正则方程组,有

$$\frac{dq_j}{dt} = \frac{\partial F}{\partial p_j}, \qquad \frac{dp_j}{dt} = -\frac{\partial F}{\partial q_j} \qquad (1 \leqslant j \leqslant N)$$

我们建立 $(p_j, q_j) \rightarrow (P_j, Q_j)$ 的正则变换,使得

$$\sum_j P_j dQ_j - \sum_j p_j dq_j + F dt = -dW \qquad (26)$$

(为了简化以后的符号,我们把上式的右端写成 $-dW$). 由于 F 不为零,所以 W 是 t 的函数.

令 $(N+1)$ 个微分系数逐项相等,有

$$P_j = -\frac{\partial W}{\partial Q_j}, \qquad p_j = +\frac{\partial W}{\partial q_j}$$

$$F(q_j, p_j, t) = -\frac{\partial W}{\partial t} \qquad (27)$$

在最后的方程中,以 $\dfrac{\partial W}{\partial q_j}$ 代替 p_j,得

$$F\left(q_j, \frac{\partial W}{\partial q_j}, t\right) + \frac{\partial W}{\partial t} = 0 \qquad (28)$$

这就是雅可比方程式.

假设已经进行了变量的变换,新哈密尔顿函数是 $F - F = 0$,方程变成

$$\frac{dP_j}{dt} = 0, \qquad \frac{dQ_j}{dt} = 0$$

或

$$P_j = \beta_j, \qquad Q_j = \alpha_j$$

这里,α_j 和 β_j 是常数. 因此,如果我们能够找到这种特别的变换,问题就解决了.

假设我们已经求得式(28)的一个解,它依赖于 N 个"独立的"任意常数 a_j,N 个 q_j 和 t

$$W(q_j, a_j, t) = 0$$

我们建立这种正则变换,使常数 a_j 是新变量 Q_j 的解. 方程组(27)的第一列确定了共轭变量 P_j

$$P_j = b_j = -\frac{\partial W(q_j, a_j, t)}{\partial a_j} \qquad (29)$$

b_j 是 P_j 取为解的常数. 利用式(29)的 N 个关系式就能定出 N 个变量 q_j,它是 $2N$ 个积分常数 a_j, b_j 和 t 的函数. 如果每个 q_j 均出现在 N 个方程的每一个之中,则这是成立的;这个条件防止某个 a_j,例如 a_N,是可加常数,即 W 具有

$$W(q_j, a_1, \cdots, a_{N-1}, t) + a_N$$

的形式. 然后,我们把 q_j 的值代入方程组(27)的第二列

$$p_j = \frac{\partial W(q_j, a_j, t)}{\partial q_j}$$

中,就可获得 N 个变量 p_j,它是 a_j, b_j 和 t 的函数.

雅可比定理可以概述如下:

为了取得 $2N$ 阶正则方程组

$$\frac{\mathrm{d}q_j}{\mathrm{d}t} = \frac{\partial F}{\partial p_j}, \qquad \frac{\mathrm{d}p_j}{\mathrm{d}t} = -\frac{\partial F}{\partial q_j}$$

的积分,我们寻求雅可比方程

$$F\left(q_j, \frac{\partial W}{\partial q_j}, t\right) + \frac{\partial W}{\partial t} = 0$$

的一个完全解,这个解依赖于 N 个独立的任意常数 a_j. 然后,解下列方程组求得 q_j 和 p_j

$$b_j = -\frac{\partial W(q_j, a_j, t)}{\partial a_j}, \qquad p_j = \frac{\partial W(q_j, a_j, t)}{\partial q_j}$$

其中,N 个 b_j 是另外的 N 个积分常数.

备注:可以把一个积分常数(如 a_N)引进雅可比方程,把雅可比方程写成

$$F\left(q_j, \frac{\partial W}{\partial q_j}, t\right) + \frac{\partial W}{\partial t} = a_N$$

这等于在式(26)两端都加上 $a_N \mathrm{d}t$. 显然,除了哈密尔顿函数不再为零而是等于 a_N,即 Q_N 之外,并不改变正则变换的条件.

§10 二体问题的正则方程组

我们将把雅可比定理应用到二体问题的椭圆情形. 实际上,在第二章我们已经求出基本解. 现在的讨论是对以前的补充,指出轨道根数如何形成一组正则共轭变量.

我们可以把 §3 的结果应用到二体问题,方程组(10)除以 m_j 后,可得一个天体的运动方程为

$$\frac{\mathrm{d}x_j}{\mathrm{d}t} = \frac{\partial F}{\partial y_j}, \qquad \frac{\mathrm{d}y_j}{\mathrm{d}t} = -\frac{\partial F}{\partial x_j} \quad (j = 1, 2, 3)$$

其中,x_1, x_2, x_3 是该天体的笛卡儿坐标,而

$$F = T - V = \frac{1}{2}(y_1^2 + y_2^2 + y_3^2) - \frac{\mu}{r}$$

仅仅保留 V 的第一项.

把这些方程用球极坐标写出(见图 3.2),得

$$x = r\cos\varphi\cos\theta, \quad y = r\cos\varphi\sin\theta, \quad z = r\sin\varphi$$

以这些坐标表示 F,易得

$$\mathscr{V} = -\left(\frac{m_1 m_2}{r_{12}} + \frac{m_2 m_3}{r_{23}} + \frac{m_3 m_1}{r_{31}}\right)$$

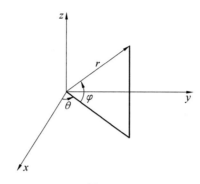

图 3.2

$$\left(\frac{\mathrm{d}x}{\mathrm{d}t}\right)^2 + \left(\frac{\mathrm{d}y}{\mathrm{d}t}\right)^2 + \left(\frac{\mathrm{d}z}{\mathrm{d}t}\right)^2 = \left(\frac{\mathrm{d}r}{\mathrm{d}t}\right)^2 + r^2 \left(\frac{\mathrm{d}\varphi}{\mathrm{d}t}\right)^2 + r^2 \cos^2\varphi \left(\frac{\mathrm{d}\theta}{\mathrm{d}t}\right)^2$$

取变量

$$q_1 = r, \quad q_2 = \varphi, \quad q_3 = \theta \tag{30}$$

并令 q_1', q_2' 和 q_3' 是它们的导数 $\dfrac{\mathrm{d}r}{\mathrm{d}t}, \dfrac{\mathrm{d}\varphi}{\mathrm{d}t}$ 和 $\dfrac{\mathrm{d}\theta}{\mathrm{d}t}$，用这种符号表示有

$$T = \frac{1}{2}q_1'^2 + \frac{1}{2}q_1^2 q_2'^2 + \frac{1}{2}q_1^2 q_3'^2 \cos^2 q_2$$

我们寻求对 q_i 共轭的变量，根据第 23 节末尾的结果，有

$$p_1 = \frac{\partial T}{\partial q_1'} = q_1', \quad p_2 = \frac{\partial T}{\partial q_2'} = q_1^2 q_2'$$

$$p_3 = \frac{\partial T}{\partial q_3'} = q_1^2 q_3' \cos^2 q_2 \tag{31}$$

采用这些新变量，特征函数 F 成为

$$F = \frac{1}{2}p_1^2 + \frac{1}{2q_1^2}p_2^2 + \frac{1}{2q_1^2 \cos^2 q_2}p_3^2 - \frac{\mu}{q_1}$$

而正则方程组为

$$\frac{\mathrm{d}q_i}{\mathrm{d}t} = \frac{\partial F}{\partial p_i}, \quad \frac{\mathrm{d}p_i}{\mathrm{d}t} = -\frac{\partial F}{\partial q_i} \quad (i = 1, 2, 3)$$

§11　雅可比定理对二体问题的应用

采用上面写出的特征函数 F，把雅可比定理应用到二体问题. 由于 F 不依赖于 t，所以 $F = h$ 是方程组的积分，h 是常数（参看 §6）. 这个积分和第二章 §3 的动能积分(5) 恒等.

F 完全可以用 $F - h$ 代替而方程不会改变. 在雅可比方程中，我们也将以 $F - h$ 代替 F. 这样，一开始就引进了一个任意常数（参看 §9 的备注）.

因此，雅可比方程为

$$\frac{1}{2}\left(\frac{\partial W}{\partial q_1}\right)^2 + \frac{1}{2q_1^2}\left(\frac{\partial W}{\partial q_2}\right)^2 + \frac{1}{2q_1^2\cos^2 q_2}\left(\frac{\partial W}{\partial q_3}\right)^2 - \frac{\mu}{q_1} - h = 0 \qquad (32)$$

注意,我们要的不是这个方程的完全解,而仅仅是依赖于三个任意常数的解.由于方程中导数是能分离的,我们可以寻求一个也能分离变量的解 W,即寻求下列形式的 W

$$W = W_1(q_1) + W_2(q_2) + W_3(q_3) \qquad (33)$$

因此,雅可比方程为

$$\frac{1}{2}\left(\frac{\mathrm{d}W_1}{\mathrm{d}q_1}\right)^2 + \frac{1}{2q_1^2}\left(\frac{\mathrm{d}W_2}{\mathrm{d}q_2}\right)^2 + \frac{1}{2q_1^2\cos^2 q_2}\left(\frac{\mathrm{d}W_3}{\mathrm{d}q_3}\right)^2 - \frac{\mu}{q_1} - h = 0$$

因为三个括弧中的量是独立的,因此,如果我们选取下列三个方程,则可满足上面的方程

$$\frac{\mathrm{d}W_3}{\mathrm{d}q_3} = a_3$$

$$\frac{1}{2}\left(\frac{\mathrm{d}W_2}{\mathrm{d}q_2}\right)^2 + \frac{a_3^2}{2\cos^2 q_2} = \frac{a_2^2}{2}$$

$$\frac{1}{2}\left(\frac{\mathrm{d}W_1}{\mathrm{d}q_1}\right)^2 + \frac{a_2^2}{2q_1^2} - \frac{\mu}{q_1} - h = 0$$

直接代入可看出雅可比方程的左边恒等于零.因此,从式(33)得

$$W = \int\left(2h + \frac{2\mu}{q_1} - \frac{a_2^2}{q_1^2}\right)^{\frac{1}{2}}\mathrm{d}q_1 + \int\left(a_2^2 - \frac{a_3^2}{\cos^2 q_2}\right)^{\frac{1}{2}}\mathrm{d}q_2 + \int a_3\mathrm{d}q_3 \qquad (34)$$

这是式(32)的一个解,并含有不定积分的附加常数;这个解依赖于三个任意常数 a_3, a_2 和 h,我们令 h 为 a_1,注意,在这个阶段,没有必要确定平方根的符号.

§12 常数 a 的意义

出现在 W 中的积分常数 a_1, a_2 和 a_3 是新变量 Q_1, Q_2 和 Q_3 的假设值,而这些新变量是属于与初始方程组等价的正则方程组的,其特征函数恒等于零.

解的形式为

$$Q_1 = a_1, \quad Q_2 = a_2, \quad Q_3 = a_3$$

我们来找出这三个正则变量在椭圆运动中的意义.

(1)a_1 就是所谓的动能积分常数 h,从第二章 §5,有

$$h = \frac{-\mu}{2a}$$

其中 a 是半长径.

(2)考察正则变换的基本方程

$$V = -\left(\frac{m_1 m_2}{r_{12}} + \frac{m_2 m_3}{r_{23}} + \frac{m_3 m_1}{r_{31}}\right)$$

$$\sum_i P_i \mathrm{d}Q_i - \sum_i p_i \mathrm{d}q_i + F\mathrm{d}t = -\mathrm{d}W \tag{35}$$

从式(34)可见,W 只是通过下式依赖于 q_3

$$\int a_3 \mathrm{d}q_3 = a_3 q_3$$

因此,$\mathrm{d}W$ 含 $\mathrm{d}q_3$ 的唯一的项是 $a_3 \mathrm{d}q_3$,使其同式(35)中 $\mathrm{d}q_3$ 的项相等,得

$$-p_3 = -a_3$$

或

$$a_3 = q_1^2 \cos^2 q_2 q_3' = r^2 \cos^2 \varphi \, \frac{\mathrm{d}\theta}{\mathrm{d}t}$$

这是角动量的 z 分量,从第二章 §5 式(14)可看出,角动量的大小为

$$C = na^2 \sqrt{1-e^2} = \sqrt{\mu a(1-e^2)}$$

角动量在 Oz 上的投影是 $\sqrt{\mu a(1-e^2)} \cos \varphi$,故得

$$a_3 = Q_3 = \sqrt{\mu a(1-e^2)} \cos \varphi$$

(3) 同样地,可以令 $-p_2$ 与 $\mathrm{d}W$ 全微分式中 $\mathrm{d}q_2$ 的系数相等. 这里,又只有 q_2 和 $\mathrm{d}q_2$ 出现在 $\mathrm{d}W_2$ 中,由此可得

$$-p_2 = -\sqrt{a_2^2 - \frac{a_3^2}{\cos^2 q_2}} = -\sqrt{a_2^2 - \frac{a_3^2}{\cos^2 \varphi}}$$

用上面求得的 $r^2 \cos^2 \varphi \left(\dfrac{\mathrm{d}\theta}{\mathrm{d}t}\right)$ 代替 a_3,得

$$p_2 = \sqrt{a_2^2 - r^4 \left(\frac{\mathrm{d}\theta}{\mathrm{d}t}\right)^2 \cos^2 \varphi}$$

此外

$$p_2 = q_1^2 q_2' = r^2 \, \frac{\mathrm{d}\varphi}{\mathrm{d}t}$$

故得

$$a_2^2 = r^4 \left[\left(\frac{\mathrm{d}\varphi}{\mathrm{d}t}\right)^2 + \left(\frac{\mathrm{d}\theta}{\mathrm{d}t}\right)^2 \cos^2 \varphi \right]$$

这是天体对于点 O 的角动量的平方,由此可得

$$Q_2 = a_2 = \sqrt{\mu a(1-e^2)}$$

§13　Q_i 的共轭变量

根据雅可比定理,变量 P_j 设为由 $b_j = -\dfrac{\partial W}{\partial a_j}$ 确定的常数值,其中 W 由式 (34)给出. 但是,我们应该确定函数 W,因为如前所述,只有当任意常数和积分号确定之后,W 才能确定. 对任意常数和积分号的另一种选择将得出不同的、

等效的另一组变量 P_j.

我们取

$$W = \int_{q_1(t_0)}^{q_1(t)} \varepsilon_1 \left(2a_1 + \frac{2\mu}{q_1} - \frac{a_2^2}{q_1^2}\right)^{\frac{1}{2}} dq_1 + \int_0^\varphi \varepsilon_2 \left(a_2^2 - \frac{a_3^2}{\cos^2 q_2}\right)^{\frac{1}{2}} dq_2 + \int_0^\theta a_3 \, dq_3$$

其中, t_0 是通过近点的时刻. 如果 $q_1 = r$ 在增大, 取 $\varepsilon_1 = +1$; 若 r 在减小, $\varepsilon = -1$. 这样的规定使得第一个积分号下函数的导数连续. 对应于通过远点和近点的 q 值, $\varepsilon_1 = 0$ (参看下面的(1)). 同样地选择 ε_2, 使得第二个积分号下的量具有连续的导数. 当 $q_2 = \varphi = i$ 时, 出现不连续. 因此, 当 φ 增加时, 或当离升交点距离 $\omega + v = \psi$ 处于 $-\frac{\pi}{2}$ 和 $\frac{\pi}{2}$ 之间而有 $\cos \psi > 0$ 时, 取 $\varepsilon_2 = +1$ (图 3.3). 同样地, 如果 $\cos \psi < 0$, 取 $\varepsilon_2 = -1$.

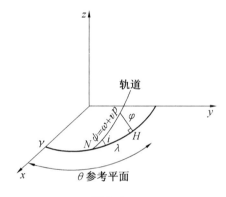

图 3.3

(1) Q_1 的共轭变量由下式给出

$$P_1 = -\frac{\partial W}{\partial a_1} = -\int_{q_1(t_0)}^{q_1(t)} \varepsilon_1 \left(2a_1 + \frac{2\mu}{q_1} - \frac{a_2^2}{q_1^2}\right)^{-\frac{1}{2}} dq_1$$

现在, q_1 就是 r, $a_1 = h = -\frac{\mu}{2a}$, 而 $a_2^2 = \mu a(1 - e^2)$. 分子和分母都乘上 $r(> 0)$, 即可得

$$P_1 = -\varepsilon_1 \int_{r(t_0)}^{r(t)} \frac{r \, dr}{\sqrt{-\left(\frac{\mu}{a}\right)r^2 + 2\mu r - \mu a(1 - e^2)}}$$

为了实现积分, 我们把这些量用偏近点角来表示. 我们知道, 对此有 $r = a(1 - e\cos E)$, $dr = ae \sin E \, dE$ (参看第二章式(12)).

设 E 是 t 时刻的偏近点角, 根据假设, 在 t_0 时 E 为零

$$P_1 = -\int_0^E \frac{\varepsilon_1 a(1 - e\cos E) ae \sin E \, dE}{\sqrt{\mu a}\left[-(1 - e\cos E)^2 + 2(1 - e\cos E) - 1 + e^2\right]^{\frac{1}{2}}}$$

$$\mathscr{V} = -\left(\frac{m_1 m_2}{r_{12}} + \frac{m_2 m_3}{r_{23}} + \frac{m_3 m_1}{r_{31}}\right)$$

$$P_1 = -\varepsilon_1 \int_0^E \frac{a^2(1-e\cos E)e\sin E \, dE}{\sqrt{\mu a}\, e \mid \sin E \mid}$$

从 ε_1 的定义,得

$$\varepsilon_1 \frac{\sin E}{\mid \sin E \mid} = +1$$

因此,如上所述,通过近点时

$$\left(2a_1 + \frac{2\mu}{q_1} - \frac{a_2^2}{q_1^2}\right)^{\frac{1}{2}} = \frac{\mid \sin E \mid}{r}$$

为零.因此,根据开普勒定律有

$$P_1 = -\int_0^E \frac{a\sqrt{a}}{\sqrt{\mu}}(1-e\cos E)\mathrm{d}E$$

$$= \frac{-1}{n}(E-e\sin E) = -(t-t_0)$$

从 §9 的备注得知,最后的哈密尔顿函数就是 $h(=Q_1)$.

给出 P_1 的方程是

$$\frac{\mathrm{d}P_1}{\mathrm{d}t} = -\frac{\partial F}{\partial Q_1} = -1$$

积出得 $P_1 = -t + b_1$. 因此,积分常数 b_1 就是经过近日点的时刻 t_0.

(2)同样的计算给出 $P_3 = -\Omega$ 和 $P_2 = -\omega$. 这里,在确定符号和积分限时,我们必须同样小心. Ω 和 ω 分别为升交点的经度和近地点的角距.

§14 上节的结果对普遍问题的应用

这样,我们已经建立了一组新的共轭变量

$$Q_1 = -\frac{\mu}{2a}, \quad Q_2 = \sqrt{\mu a(1-e^2)}, \quad Q_3 = \sqrt{\mu a(1-e^2)}\cos i$$

$$P_1 = -t + t_0, \quad P_2 = -\omega, \quad P_3 = -\Omega \tag{36}$$

对于二体问题,其特征函数简化为 $Q_1 = -\frac{\mu}{2a}$.

采用合适的正则变换,我们可使哈密尔顿函数为零;但是,对于其他的计算,这种新变换不是合乎需要的.

现在,考察像出现在三体问题(§2)中那样的普遍情况. 我们只考察其中一个天体的方程. 显然,以下的方程可推广到其他的天体.

我们已经得到的方程组是(方程 10)

$$\frac{\mathrm{d}x_j}{\mathrm{d}t} = \frac{\partial F}{\partial y_j}, \quad \frac{\mathrm{d}y_j}{\mathrm{d}t} = -\frac{\partial F}{\partial x_j} \quad (j=1,2,3) \tag{37}$$

这里,$F = T - V$,而正如我们已经看到的,V 含有 $\frac{\mu}{r}$ 项. 令

$$V = \frac{\mu}{r} + R$$

R 称为摄动函数. 在哈密尔顿函数 $F = \left(T - \frac{\mu}{r}\right) - R$ 中,R 包括全部所研究的运动的非二体问题.

$F^* = T - \frac{\mu}{r}$ 是二体问题的哈密尔顿函数,我们刚刚讨论过.

方程组(37) 变成

$$\frac{\mathrm{d}x_j}{\mathrm{d}t} = \frac{\partial(F^* - R)}{\partial y_j}, \quad \frac{\mathrm{d}y_j}{\mathrm{d}t} = -\frac{\partial(F^* - R)}{\partial x_j}$$

现在,我们对这组变量进行变换,使新变量是方程组(36)所定义的量 P_1,P_2,P_3,Q_1,Q_2,Q_3. 方程组(37) 不全同于 §12 的二体系统,而由于它有不同的解,解中的新变量将不再是常数. 在运动的研究中,我们称这些新变量为密切量;对于二体问题,唯一的作用力是中心力 $\frac{\mu}{r}$,密切量就代表运动的根数. 当然,密切根数是在与讨论的天体有关的坐标系 x_1,x_2,x_3 中定义的.

变量的这种改变是使新哈密尔顿函数 F_1 为

$$F_1 = F - \left(F^* + \frac{\mu}{2a}\right) = -R - \frac{\mu}{2a}$$

因为这个变换已把哈密尔顿函数 F^* 化为 $Q_1 = -\frac{\mu}{2a}$.

因此,方程组(37)等价于下列方程组

$$\frac{\mathrm{d}Q_j}{\mathrm{d}t} = \frac{\partial\left(-R - \left(\frac{\mu}{2a}\right)\right)}{\partial P_j}$$

$$\frac{\mathrm{d}P_j}{\mathrm{d}t} = -\frac{\partial\left(-R - \left(\frac{\mu}{2a}\right)\right)}{\partial Q_j} \quad (j = 1, 2, 3) \tag{38}$$

改变哈密尔顿函数中所有的符号,并令 $P'_j = -P_j$,可以改进这个方程组的形式

$$P'_1 = t - t_0, \quad P'_2 = \omega, \quad P'_3 = \Omega \tag{39}$$

因此得下列方程组

$$\frac{\mathrm{d}Q_j}{\mathrm{d}t} = +\frac{\partial\left(R + \left(\frac{\mu}{2a}\right)\right)}{\partial P'_j}$$

$$\frac{\mathrm{d}P'_j}{\mathrm{d}t} = -\frac{\partial\left(R + \left(\frac{\mu}{2a}\right)\right)}{\partial Q_j} \tag{40}$$

$$\mathscr{V} = -\left(\frac{m_1 m_2}{r_{12}} + \frac{m_2 m_3}{r_{23}} + \frac{m_3 m_1}{r_{31}}\right)$$

§15　德洛勒变量

现在,变量 P_2' 和 P_3' 代表两个经典的椭圆根数,我们可以尝试对 P_1 进行一些变换,使它代表平近点角. 经过这种变换后得到的六个新正则变量以 $L, G,$ H, l, g 和 h 表示. 在进行变换时,使特征函数保持不变,而且 P_2' 和 P_3' 必须分别等于 g 和 h.

变换为正则的而哈密尔顿函数保持不变的条件是

$$l\,\mathrm{d}L + g\,\mathrm{d}G + h\,\mathrm{d}H - P_1'\,\mathrm{d}Q_1 - P_2'\,\mathrm{d}Q_2 - P_3'\,\mathrm{d}Q_3 = \mathrm{d}W$$

要求有

$$P_2' = g, \quad P_3' = h \quad 和 \quad l = n(t - t_0) = nP_1' = \sqrt{\mu}\,a^{-\frac{3}{2}}P_1'$$

如果下列各式成立,上述条件可得到满足

$$Q_2 = G, \quad Q_3 = H$$

和

$$l\,\mathrm{d}L - P_1'\,\mathrm{d}Q_1 = \mathrm{d}W$$

$$\sqrt{\mu}\,a^{-\frac{3}{2}}P_1'\,\mathrm{d}L - P_1'\,\mathrm{d}\left(\frac{-\mu}{2a}\right) = \mathrm{d}W$$

$$P_1'\left(\sqrt{\mu}\,a^{-\frac{3}{2}}\,\mathrm{d}L - \frac{\mu\,\mathrm{d}a}{2a^2}\right) = \mathrm{d}W$$

一个可能的解是 $\mathrm{d}W = 0$. 因此

$$\frac{\sqrt{\mu}\,\mathrm{d}a}{2\sqrt{a}} = \mathrm{d}L$$

所以

$$L = \sqrt{\mu a}$$

因此,如果我们再令

$$\phi = \frac{\mu}{2a} + R = \frac{\mu^2}{2L^2} + R$$

则方程组(37)等价于下列方程组

$$\begin{cases} \dfrac{\mathrm{d}L}{\mathrm{d}t} = \dfrac{\partial\phi}{\partial l}, & \dfrac{\mathrm{d}G}{\mathrm{d}t} = \dfrac{\partial\phi}{\partial g}, & \dfrac{\mathrm{d}H}{\mathrm{d}t} = \dfrac{\partial\phi}{\partial h} \\[2mm] \dfrac{\mathrm{d}l}{\mathrm{d}t} = -\dfrac{\partial\phi}{\partial L}, & \dfrac{\mathrm{d}g}{\mathrm{d}t} = -\dfrac{\partial\phi}{\partial G}, & \dfrac{\mathrm{d}h}{\mathrm{d}t} = -\dfrac{\partial\phi}{\partial H} \end{cases} \tag{41}$$

这样,我们必须把 ϕ 表为变量 L, G, H, l, g 和 h 的函数,这些变量和椭圆根数的关系为

$$\begin{cases} L = \sqrt{\mu a}, & G = \sqrt{\mu a(1 - e^2)}, & H = \sqrt{\mu a(1 - e^2)}\cos i \\[2mm] l = M = n(t - t_0), & g = \omega, & h = \Omega \end{cases} \tag{42}$$

这组称为德洛纳变量的正则变量,在月球理论的发展中非常重要,而且仍然是用于摄动问题最有效的变量组之一,在第五章中我们特别要用到它.

§16 密切根数

一般说采用椭圆运动描述太阳系中观测到的实际运动是恰当的近似. 因此,如果从 t_0 时刻开始,略去所有的摄动力,则天体的运动将是精确的椭圆运动. 在一定的时间内,椭圆运动将很好地代表真实运动;虽然严格地说,除了时刻 t_0 之外,就位置和速度而言,并不同于实际的运动. 如果从一特定时刻 t 起,除了中心力之外,其他的力都消失,则在 t 之后,天体所遵循的椭圆根数称为密切根数或瞬时根数. 可以在任意时刻定义这样的无摄轨道根数:它们对应的椭圆轨道,应使一个在它上面运动的天体在给定时刻具有同真实天体同样的位置和速度.

因为事实上实际轨道简单地同密切轨道相切,所以在 $t+\delta t$ 时刻的密切轨道将与 t 时刻的密切轨道不同,而具有不同的密切根数. 结论是:在受摄运动中,密切根数不再是常数,而是时间的函数.

同样的道理可以用于德洛勒变量. 当摄动在时刻 t 消失时,ϕ 变成 $\frac{\mu}{2a}(R=0)$,方程组的解是 L,G,H,g,h(常数),$l=n(t-t_0)$. 由此可见,在一般的情况下,德洛纳变量也是上述意义上的密切变量,它们由式(42)同椭圆密切根数相联系.

密切根数常用于描述天体的受摄运动,其优点是:几何意义明晰而简单,同时变化又小.

当然,如果要把密切根数化成直角坐标或者相反,变换是容易的. 因此,让我们考察 t 时刻的密切根数. 根据定义,天体在 t 时刻的位置和速度是这样的,由这些量确定的二体运动的椭圆根数就是密切根数. 所以,计算出对应于 t 时刻的密切根数的坐标和速度,我们就得到天体在该时刻的坐标和速度. 因此,第二章 §7 的公式仍然有效,而得到下列的重要结论:

受摄运动在时刻 t 的坐标和速度,就是假设轨道是椭圆的,轨道根数等于同一时刻的密切根数时所求得的量.

§17 拉格朗日方程

鉴于当作变量看待的密切根数在天体力学中的重要性,我们将建立新的微分方程组,它等价于已经给出的方程组,但其变量是椭圆密切根数.

$$\mathscr{V}=-\left(\frac{m_1 m_2}{r_{12}}+\frac{m_2 m_3}{r_{23}}+\frac{m_3 m_1}{r_{31}}\right)$$

从式(41)给出的六个变量 L, G, H, l, g 和 h 的德洛纳方程出发,并进行由关系式(42)所定义的变量变换,把式(42)写成微分形式为

$$\begin{cases} dL = \dfrac{\sqrt{\mu}}{2\sqrt{a}} da \\[3mm] dG = \dfrac{\sqrt{\mu}\,\sqrt{1-e^2}}{2\sqrt{a}} da - \dfrac{\sqrt{\mu a}\,e}{\sqrt{1-e^2}} de \\[3mm] dH = \dfrac{\sqrt{\mu}\,\sqrt{1-e^2}\cos i}{2\sqrt{a}} da - \dfrac{\sqrt{\mu a}\,e\cos i}{\sqrt{1-e^2}} de - \sqrt{\mu a(1-e^2)}\sin i\, di \end{cases} \tag{43}$$

$$dl = dM, \quad dg = d\omega, \quad dh = d\Omega \tag{44}$$

利用关系式(41),并注意到 $\phi = \dfrac{\mu}{2a} + R$,从式(43)可得

$$\frac{da}{dt} = \frac{2\sqrt{a}}{\sqrt{\mu}}\,\frac{dL}{dt} = \frac{2\sqrt{a}}{na^{\frac{3}{2}}}\,\frac{\partial \phi}{\partial l} = \frac{2}{na}\,\frac{\partial R}{\partial M}$$

$$\frac{de}{dt} = \frac{-\sqrt{1-e^2}}{\sqrt{\mu a}\,e}\,\frac{dG}{dt} + \frac{\sqrt{\mu}\,(1-e^2)}{2\sqrt{a}\,\sqrt{\mu a}\,e}\,\frac{da}{dt}$$

$$= \frac{-\sqrt{1-e^2}}{na^2 e}\,\frac{\partial R}{\partial \omega} + \frac{1-e^2}{na^2 e}\,\frac{\partial R}{\partial M}$$

$$\frac{di}{dt} = \frac{-1}{\sqrt{\mu a}\,\sqrt{1-e^2}\sin i}\,\frac{dH}{dt} + \frac{\sqrt{\mu}\,\sqrt{1-e^2}\cos i}{2\sqrt{a}\,\sqrt{\mu a}\,\sqrt{1-e^2}\sin i}\,\frac{da}{dt} -$$

$$\frac{\sqrt{\mu a}\,e\cos i}{\sqrt{1-e^2}\,\sqrt{\mu a}\,\sqrt{1-e^2}\sin i}\,\frac{de}{dt}$$

$$= \frac{-1}{na^2\sqrt{1-e^2}\sin i}\,\frac{\partial R}{\partial \Omega} + \frac{\cos i}{na^2\sqrt{1-e^2}\sin i}\,\frac{\partial R}{\partial \omega}$$

另一方面,重排式(42),得

$$a = \frac{L^2}{\mu}, \quad \sqrt{1-e^2} = \frac{G}{L}$$

由此得 $e = \sqrt{1 - \dfrac{G^2}{L^2}}$,最后有 $\cos i = \dfrac{H}{G}$.

式(44)的三个微分方程给出

$$\frac{dh}{dt} = \frac{d\Omega}{dt} = -\frac{\partial R}{\partial H} = -\frac{\partial R}{\partial i}\,\frac{\partial i}{\partial H} = \frac{1}{na^2\sqrt{1-e^2}\sin i}\,\frac{\partial R}{\partial i}$$

$$\frac{dg}{dt} = \frac{d\omega}{dt} = -\frac{\partial R}{\partial G} = -\frac{\partial R}{\partial e}\,\frac{\partial e}{\partial G} - \frac{\partial R}{\partial i}\,\frac{\partial i}{\partial G}$$

$$= -\frac{\partial R}{\partial e}\cdot\frac{-G}{L^2}\cdot\frac{1}{\sqrt{1-\dfrac{G^2}{L^2}}} - \frac{\partial R}{\partial i}\cdot\frac{-1}{\sin i}\cdot\frac{-H}{G^2}$$

$$= \frac{\sqrt{1-e^2}}{na^2 e} \frac{\partial R}{\partial e} - \frac{\cos i}{na^2 \sqrt{1-e^2} \sin i} \frac{\partial R}{\partial i}$$

$$\frac{\mathrm{d}l}{\mathrm{d}t} = \frac{\mathrm{d}M}{\mathrm{d}t} = -\frac{\partial}{\partial L}\left(\frac{\mu}{2a}\right) - \frac{\partial R}{\partial L} = -\frac{\partial}{\partial L}\left(\frac{\mu^2}{2L^2}\right) - \frac{\partial R}{\partial a}\frac{\partial a}{\partial L} - \frac{\partial R}{\partial e}\frac{\partial e}{\partial L}$$

$$= \frac{\mu^2}{L^3} - \frac{\partial R}{\partial a} \cdot \frac{2L}{\mu} - \frac{\partial R}{\partial e} \cdot \frac{G^2}{L^3} \frac{1}{\sqrt{1-\frac{G^2}{L^2}}}$$

$$= n - \frac{2}{na}\frac{\partial R}{\partial a} - \frac{1-e^2}{na^2 e}\frac{\partial R}{\partial e}$$

这样得到的等价于德洛纳系统的方程组,构成了下列拉格朗日方程

$$\begin{cases}
\dfrac{\mathrm{d}a}{\mathrm{d}t} = \dfrac{2}{na}\dfrac{\partial R}{\partial M} \\[2mm]
\dfrac{\mathrm{d}e}{\mathrm{d}t} = \dfrac{-\sqrt{1-e^2}}{na^2 e}\dfrac{\partial R}{\partial \omega} + \dfrac{1-e^2}{na^2 e}\dfrac{\partial R}{\partial M} \\[2mm]
\dfrac{\mathrm{d}i}{\mathrm{d}t} = \dfrac{-1}{na^2 \sqrt{1-e^2}\sin i}\dfrac{\partial R}{\partial \Omega} + \dfrac{\cos i}{na^2 \sqrt{1-e^2}\sin i}\dfrac{\partial R}{\partial \omega} \\[2mm]
\dfrac{\mathrm{d}\Omega}{\mathrm{d}t} = \dfrac{1}{na^2 \sqrt{1-e^2}\sin i}\dfrac{\partial R}{\partial i} \\[2mm]
\dfrac{\mathrm{d}\omega}{\mathrm{d}t} = \dfrac{\sqrt{1-e^2}}{na^2 e}\dfrac{\partial R}{\partial e} - \dfrac{\cos i}{na^2 \sqrt{1-e^2}\sin i}\dfrac{\partial R}{\partial i} \\[2mm]
\dfrac{\mathrm{d}M}{\mathrm{d}t} = n - \dfrac{2}{na}\dfrac{\partial R}{\partial a} - \dfrac{1-e^2}{na^2 e}\dfrac{\partial R}{\partial e}
\end{cases} \quad (45)$$

备注:正如上节所述,在这些方程中,n 只是代表 $\frac{\sqrt{\mu}}{a^{\frac{3}{2}}}$,它不再是常数,因为 a 不再是常数.特别是在第六个方程中,由第一个方程积分得到的 n 项,应和其他两项有同样的精度,即相对于 R 中出现的小量量级相同.所以,我们必须对给出半长径的方程进行二重积分,才能得到平近点角.这是一个重要的普遍结果.在天体力学中,在某些阶段不进行二重积分,则无论用什么方法都不可能解决受摄轨道的问题.在某些特有的结果中,特别是涉及长周期项或数字积分的结果时,上述结论将有重要的推论.

§18 偏心率或倾角为零的情况

当 e 或 i 为零时,拉格朗日公式失效,因为其中一些方程的分母出现 e 或 i,并且我们将看到,在第五章中用德洛勒正则方程组解天体力学问题的时候,对于小 e 和小 i 也会导致不合理的结果,这是由于选择密切根数作为变量的缘故.

$$\mathscr{V} = -\left(\frac{m_1 m_2}{r_{12}} + \frac{m_2 m_3}{r_{23}} + \frac{m_3 m_1}{r_{31}}\right)$$

（1）小偏心率

考察偏心率很小的椭圆,受到了大小与偏心率同数量级的摄动,并设摄动引起长轴 AA' 缩短和短轴 BB' 伸长,换句话说,偏心率将减小.密切椭圆将连续地变形直到 BB' 变成大于 AA'.通过 $e=0$ 值之后,偏心率则将再开始增大,但同时近点角距改变了 $90°$,其原点也有如此剧烈的变化.近点角也受到同量的不连续性的影响.因此,写成密切根数的变量形式的解也是不连续的.另一方面,$\omega+M$ 则保持是一个连续变量,其原点保持固定或连续变化.

因此,我们可以寻找其他当 e 通过零时保持连续的变量,这些变量是

$$\eta=e\sin\omega,\quad \theta=e\cos\omega,\quad \lambda=\omega+M \tag{46}$$

由式（45）可以推出这种定义的变量的摄动方程,这些式子很少用到,我们不准备写出.

（2）小倾角

如果摄动使密切轨道平面能够绕着交点轴旋转并转过参考平面,则同上述小偏心率的情况有些类似.当交点线保持不变,恒为正值的倾角通过零值时,两个交点的意义交换了,升交点的经度剧烈地变化 $180°$.

因此,近点角距的原点突然变化,使它也受到 $180°$ 的不连续性的影响.

我们再一次被迫采用类似于零偏心率的方法改变变量.通常,令

$$p=\tan i\sin\Omega,\quad q=\tan i\cos\Omega,\quad \tilde{\omega}=\Omega+\omega \tag{47}$$

摄动理论

第 四 章

§1 引 言

上一章,我们已经给出了密切椭圆根数或与之密切关联的变量(德洛纳变量)的微分方程组.

但是,这些方程的右端是摄动函数 R 的函数,而摄动函数是作为运动天体的直角坐标的函数给出的. 所以,我们遇见一种令人厌烦的不统一性,而必须把方程的两端表为相同变量的函数. 本章前一部分致力于把 R 表为密切根数的函数,而得到了这种方程的形式之后,我们力求找出解的形式,并给出一种建立这种解的可能步骤. 但是,在处理这些问题之前,我们来考察一些将会是特别有用的分析结果.

§2 傅里叶级数

我们来回顾一下下列同三角级数有关的结果:设 $f(x)$ 是周期为 2π 的有界和可积的周期函数,而且对于任何 x 值,其变差也有界, $f(x)$ 和 $\cos nx$ 或 $\sin nx$(n 为整数)的乘积也是可积的.

如果

$$a_0 = \frac{1}{2\pi} \int_0^{2\pi} f(t) \, dt$$

$$a_p = \frac{1}{\pi} \int_0^{2\pi} f(t) \cos pt \, dt$$

$$b_p = \frac{1}{\pi} \int_0^{2\pi} f(t) \sin pt \, dt \qquad (1)$$

$$\mathcal{V} = -\left(\frac{m_1 m_2}{r_{12}} + \frac{m_2 m_3}{r_{23}} + \frac{m_3 m_1}{r_{31}} \right)$$

级数

$$a_0 + \sum_{p=1}^{n}(a_p\cos px + b_p\sin px) \tag{2}$$

将是 $f(x)$ 的傅里叶展开式. 在上面给定的条件下, 约当定理证明此级数对于所有的 x 值均收敛, 其和为

$$\frac{f(x+0) + f(x-0)}{2}$$

特别是, 如果函数 $f(x)$ 是连续的, 则无论什么 x 值, 傅里叶级数一致收敛, 其和为 $f(x)$.

§3 偏近点角的傅里叶级数展开式

我们已经知道, 偏近点角 E 和平近点角 M 是以所谓开普勒方程的隐式方程相联系的

$$E - e\sin E = M \tag{3}$$

如果 $e < 1$, $\dfrac{\mathrm{d}E}{\mathrm{d}M} = \dfrac{1}{1 - e\cos E}$ 将是周期为 2π 的周期函数而且连续. 所以, 由上节的结果, 可把 E 展成一致收敛傅里叶级数. 因此, 让我们展开

$$E - M = e\sin E$$

应用式(1)

$$a_0 = \frac{1}{2\pi}\int_0^{2\pi} e\sin E \,\mathrm{d}M$$

并且

$$\mathrm{d}M = (1 - e\cos E)\mathrm{d}E$$

取 E 作为变量, 积分限仍然不变, 得

$$a_0 = \frac{1}{2\pi}\int_0^{2\pi} e\sin E \,\mathrm{d}E - \frac{1}{2\pi}\int_0^{2\pi} e^2\sin E\cos E \,\mathrm{d}E = 0$$

同样可得

$$a_p = \frac{1}{\pi}\int_0^{2\pi} e\sin E\cos pM \,\mathrm{d}M$$

$$= \frac{1}{\pi}\int_{-\pi}^{+\pi} e\sin E\cos pM \,\mathrm{d}M = 0$$

因为这是奇函数的从 $-\pi$ 到 $+\pi$ 的积分, 最后

$$\pi b_p = \int_0^{2\pi} e\sin E\sin pM \,\mathrm{d}M$$

$$= \int_0^{2\pi} e\sin E(1 - e\cos E)\sin p[E - e\sin E]\mathrm{d}E$$

分部积分,令

$$du = \sin pM \, dM$$

$$u = \frac{-1}{p}\cos pM = -\frac{1}{p}\cos p(E - e\sin E)$$

$$v = e\sin E, \quad dv = e\cos E \, dE$$

$$\pi b_p = \left[-\frac{1}{p}e\sin E\cos p(E - e\sin E) \right]_0^{2\pi} +$$

$$\int_0^{2\pi} \frac{1}{p}\cos p(E - e\sin E)e\cos E \, dE$$

上式完全积出的部分为零. 另一方面,应用公式

$$\cos a\cos b = \frac{1}{2}\big[\cos(a + b) + \cos(a - b)\big]$$

得

$$\pi b_p = \frac{e}{2p}\int_0^{2\pi}\cos[(p + 1)E - pe\sin E]dE +$$

$$\frac{e}{2p}\int_0^{2\pi}\cos[(p - 1)E - pe\sin E]dE$$

引入函数

$$J_k(x) = \frac{1}{2\pi}\int_0^{2\pi}\cos(kt - x\sin t)dt \tag{4}$$

$(E - M)$ 的傅里叶级数展开式可写成

$$E = M + e\sum_{p=1}^{\infty}\frac{J_{p-1}(pe) + J_{p+1}(pe)}{p}\sin pM \tag{5}$$

§4 贝塞耳函数的定义

设复变量 z 的函数 Z 为

$$Z = e^{\frac{x}{2}(z - \frac{1}{z})}$$

其中,x 是实数

$$Z = e^{\frac{xz}{2}}e^{-\frac{x}{2z}}$$

如果 $|z| \neq 0$,则每个因子均可展成关于 $\frac{xz}{2}$ 或 $\frac{x}{2z}$ 的绝对收敛级数,得

$$e^{\frac{xz}{2}} = \sum_{m=0}^{\infty}\left(\frac{x}{2}\right)^m \frac{1}{m!}z^m$$

$$e^{-\frac{x}{2z}} = \sum_{n=0}^{\infty}\left(-\frac{x}{2}\right)^n \frac{1}{n!}z^{-n}$$

其乘积是绝对收敛双重级数

$$\mathcal{V} = -\left(\frac{m_1 m_2}{r_{12}} + \frac{m_2 m_3}{r_{23}} + \frac{m_3 m_1}{r_{31}}\right)$$

$$Z = \sum_{m=0}^{\infty} \sum_{n=0}^{\infty} \frac{(-1)^n}{m!\, n!} \left(\frac{x}{2}\right)^{m+n} z^{m-n} \tag{6}$$

重新组合 z 同阶 $(m-n=k)$ 的项,并写成

$$Z = \sum_{k=-\infty}^{+\infty} J_k(x) z^k \tag{7}$$

其中

$$J_0(x) = 1 - \left(\frac{x}{2}\right)^2 \frac{1}{(1!)^2} + \left(\frac{x}{2}\right)^4 \frac{1}{(2!)^2} - \cdots +$$
$$\left(\frac{x}{2}\right)^{2n} \frac{(-1)^n}{(n!)^2} + \cdots \tag{8}$$

$$J_k(x) = \left(\frac{x}{2}\right)^k \frac{1}{k!} \left[1 - \left(\frac{x}{2}\right)^2 \frac{1}{1!\,(k+1)} + \cdots + \right.$$
$$\left. \left(\frac{x}{2}\right)^{2n} \frac{(-1)^n}{n!\,(k+1)(k+2)\cdots(k+n)} + \cdots \right] \tag{9}$$

$J_k(x)$ 称为 k 阶贝塞耳函数,可由展式(8)和(9)算出. 令

$$z = \mathrm{e}^{\mathrm{i}t}, \quad z - \frac{1}{z} = \mathrm{e}^{\mathrm{i}t} - \mathrm{e}^{-\mathrm{i}t} = 2\mathrm{i}\sin t$$

由此

$$Z = \mathrm{e}^{\mathrm{i}x\sin t} = \sum_{-\infty}^{+\infty} J_k(x) \mathrm{e}^{\mathrm{i}kt}$$

这只不过是表为虚指数形式的傅里叶级数,计算积分

$$\int_0^{2\pi} \mathrm{e}^{\mathrm{i}x\sin t} \mathrm{e}^{-\mathrm{i}jt} \,\mathrm{d}t = \sum_{-\infty}^{+\infty} J_k(x) \int_0^{2\pi} \mathrm{e}^{(k-j)\mathrm{i}t} \,\mathrm{d}t \tag{10}$$

现在则是

$$\int_0^{2\pi} \mathrm{e}^{\mathrm{i}\lambda t} \,\mathrm{d}t = \int_0^{2\pi} (\cos \lambda t + \mathrm{i}\sin \lambda t) \,\mathrm{d}t = \begin{cases} 0, & \text{如果 } \lambda \neq 0 \\ 2\pi, & \text{如果 } \lambda = 0 \end{cases}$$

式(10)右端只有 $j=k$ 的一项不等于零,故得

$$2\pi J_k(x) = \int_0^{2\pi} \mathrm{e}^{\mathrm{i}x\sin t} \mathrm{e}^{-\mathrm{i}kt} \,\mathrm{d}t = \int_0^{2\pi} \mathrm{e}^{-\mathrm{i}(kt - x\sin t)} \,\mathrm{d}t$$
$$= \int_0^{2\pi} \cos(kt - x\sin t) \,\mathrm{d}t -$$
$$\mathrm{i} \int_0^{2\pi} \sin(kt - x\sin t) \,\mathrm{d}t$$

由于第二个积分为零(周期为 2π 的奇函数),故得

$$J_k(x) = \frac{1}{2\pi} \int_0^{2\pi} \cos(kt - x\sin t) \,\mathrm{d}t \tag{11}$$

上式同表达式(4)恒同. 级数(5)中引入的系数是依赖于刚刚定义的贝塞耳函数的表达式,可由式(8)或式(9)算出.

§5 贝塞耳函数的一些性质

（1）由式（9）易证

$$J_{-k}(x) = (-1)^k J_k(x)$$
$$J_{-k}(-x) = J_k(x)$$

如果 x 是小量，则 $J_k(x)$ 与 x^k 同数量级，其主项为

$$\frac{1}{k!}\left(\frac{x}{2}\right)^k$$

（2）我们有

$$e^{\frac{x}{2}(z-\frac{1}{z})} = \sum_{-\infty}^{+\infty} J_k(x)z^k$$

对 z 求导数，得

$$\frac{x}{2}\left(1+\frac{1}{z^2}\right)\sum_{-\infty}^{+\infty} J_k(x)z^k = \sum_{-\infty}^{+\infty} kJ_k(x)z^{k-1}$$

上式两边 z^{k-1} 的系数相等，得

$$J_k(x) = \frac{x}{2k}[J_{k-1}(x) + J_{k+1}(x)] \tag{12}$$

（3）但是，如果对 x 求导数，则得

$$\frac{1}{2}\left(z-\frac{1}{z}\right)\sum_{-\infty}^{+\infty} J_k(x)z^k = \sum_{-\infty}^{+\infty} \frac{\mathrm{d}J_k(x)}{\mathrm{d}x}z^k$$

两端关于 z^k 的项相等给出

$$\frac{\mathrm{d}J_k(x)}{\mathrm{d}x} = \frac{1}{2}[J_{k-1}(x) - J_{k+1}(x)] \tag{13}$$

（4）再对 x 求导数一次，得

$$\frac{\mathrm{d}^2 J_k(x)}{\mathrm{d}x^2} = \frac{1}{2}\left[\frac{\mathrm{d}J_{k-1}(x)}{\mathrm{d}x} - \frac{\mathrm{d}J_{k+1}(x)}{\mathrm{d}x}\right]$$
$$= \frac{1}{4}[J_{k-2}(x) - 2J_k(x) + J_{k+2}(x)]$$

应用式（12）和式（13），得

$$\frac{\mathrm{d}^2 J_k(x)}{\mathrm{d}x^2} + \frac{1}{x}\frac{\mathrm{d}J_k(x)}{\mathrm{d}x} + \left(1-\frac{k^2}{x^2}\right)J_k(x) = 0 \tag{14}$$

这就是解为 k 阶贝塞耳函数的微分方程.

（5）考察下列两个级数

$$e^{\frac{x}{2}(z-\frac{1}{z})} = J_0(x) + \sum_1^{\infty} J_k(x)z^k + \sum_1^{\infty} (-1)^k J_k(x)z^{-k}$$

$$e^{-\frac{x}{2}(z-\frac{1}{z})} = J_0(x) + \sum_1^{\infty} J_k(x)z^{-k} + \sum_1^{\infty} (-1)^k J_k(x)z^k$$

$$\mathscr{V} = -\left(\frac{m_1 m_2}{r_{12}} + \frac{m_2 m_3}{r_{23}} + \frac{m_3 m_1}{r_{31}}\right)$$

两式逐项相乘,得

$$1 = J_0^2(x) + 2J_1^2(x) + 2J_2^2(x) + \cdots$$

这样,我们已经得出下列重要的不等式

$$|J_0(x)| \leqslant 1, \quad |J_k(x)| \leqslant \frac{1}{\sqrt{2}}$$

§6 $\cos jE$ 和 $\sin jE$ 的展开式

利用式(12),我们可用下列的简单形式写出 §3 中实例的结果

$$E = M + \sum_{p=1}^{\infty} \frac{2J_p(pe)}{p} \sin pM \tag{15}$$

进行与此实例中介绍的类似计算,可把 $\cos jE$ 和 $\sin jE$ 展成同样的形式. 因此,如果我们令

$$\cos jE = a_0^{(j)} + \sum_{p=1}^{\infty} a_p^{(j)} \cos pM + \sum_{p=1}^{\infty} b_p^{(j)} \sin pM$$
$$\mathrm{d}M = (1 - e\cos E)\mathrm{d}E$$

则有

$$a_0^{(j)} = \frac{1}{2\pi}\int_0^{2\pi} \cos jE\,\mathrm{d}M = \frac{1}{2\pi}\int_0^{2\pi} \cos jE(1 - e\cos E)\mathrm{d}E$$

由此得出

$$a_0^{(1)} = -\frac{e}{2}, \quad a_0^{(j>1)} = 0$$

$$a_p^{(j)} = \frac{1}{\pi}\int_0^{2\pi} \cos jE\cos pM\,\mathrm{d}M$$

$$= \frac{1}{p\pi}\int_0^{2\pi} \cos jE\,\frac{\mathrm{d}(\sin pM)}{\mathrm{d}M}\mathrm{d}M$$

分部积分,有

$$p\pi a_p^{(j)} = \left[\sin jE\sin pM\right]_0^{2\pi} - \int_0^{2\pi} \sin pM\,\frac{\mathrm{d}(\cos jE)}{\mathrm{d}M}\mathrm{d}M$$

$$= j\int_0^{2\pi} \sin jE\sin p(E - e\sin E)\mathrm{d}E$$

$$= \frac{j}{2}\int_0^{2\pi} \cos[(p-j)E - pe\sin E]\mathrm{d}E -$$

$$\frac{j}{2}\int_0^{2\pi} \cos[(p+j)E - pe\sin E]\mathrm{d}E$$

$$a_p^{(j)} = \frac{j}{p}\left[J_{p-j}(pe) - J_{p+j}(pe)\right]$$

由于被积的是奇周期函数,可证 $b_p^{(j)} = 0$,故得

$$\cos jE = \begin{cases} -\dfrac{e}{2} & (j=1) \\ 0 & (j \neq 1) \end{cases} + \sum_{p=1}^{\infty} \frac{j}{p} [J_{p-j}(pe) - J_{p+j}(pe)] \cos pM \quad (16)$$

同样可得

$$\sin jE = \sum_{p=1}^{\infty} \frac{j}{p} [J_{p-j}(pe) + J_{p+j}(pe)] \sin pM \qquad (17)$$

§7 二体问题的其他函数的表达式

从上述展开式出发,可以得到二体问题中出现的其他量的展开式,我们来考察几个例子:

(1) $\dfrac{r}{a} = 1 - e\cos E.$

式(16)给出 $\cos E$ 的展开式,由此,同式(13)一起,得

$$\frac{r}{a} = 1 + \frac{e^2}{2} - \sum_{p=1}^{\infty} \frac{2e}{p^2} \frac{\mathrm{d}J_p(pe)}{\mathrm{d}e} \cos pM \qquad (18)$$

(2) $\left(\dfrac{r}{a}\right)^k = (1 - e\cos E)^k$ 可写成 $\displaystyle\sum_{j=0}^{k} \alpha_j \cos jE$ 的形式,α_j 是 e 的函数.

可以再利用式(16),例如

$$\left(\frac{r}{a}\right)^3 = (1 - e\cos E)^3 = 1 - 3e\cos E + 3e^2 \cos^2 E - e^3 \cos^3 E$$

$$= 1 + \frac{3e^2}{2} - \left(3e + \frac{3e^3}{4}\right) \cos E + \frac{3e^2}{2} \cos 2E - \frac{e^3}{4} \cos 3E$$

利用式(16),得

$$\left(\frac{r}{a}\right)^3 = 1 + 3e^2 + \frac{3e^4}{8} + \sum_{p=1}^{\infty} \left[\frac{-12e - 3e^3}{4p} (J_{p-1}(pe) - J_{p+1}(pe)) + \right.$$

$$\frac{3e^2}{p} (J_{p-2}(pe) - J_{p+2}(pe)) -$$

$$\left. \frac{3e^3}{4p} (J_{p-3}(pe) - J_{p+3}(pe)) \right] \cos pM \qquad (19)$$

(3) 有

$$\frac{a}{r} = \frac{1}{(1 - e\cos E)} = \frac{\mathrm{d}E}{\mathrm{d}M} = 1 + \sum_{p=1}^{\infty} 2J_p(pe) \cos pM \qquad (20)$$

(4) 从椭圆方程

$$r = \frac{a(1 - e^2)}{1 + e\cos v}$$

得

621

$$\mathscr{V} = -\left(\frac{m_1 m_2}{r_{12}} + \frac{m_2 m_3}{r_{23}} + \frac{m_3 m_1}{r_{31}}\right)$$

$$\cos v = -\frac{1}{e} + \frac{1-e^2}{e} \cdot \frac{a}{r}$$

$$= -e + \sum_{p=1}^{\infty} 2 \frac{(1-e^2)}{e} J_p(pe) \cos pM \qquad (21)$$

另一方面，由 $\dfrac{r}{a} = \dfrac{1-e^2}{1+e\cos v}$ 求导数得

$$\frac{\mathrm{d}}{\mathrm{d}M}\left(\frac{r}{a}\right) = \frac{1}{1-e^2}\left(\frac{r}{a}\right)^2 e\sin v \frac{\mathrm{d}v}{\mathrm{d}M}$$

于是，从面积定律

$$r^2 \frac{\mathrm{d}v}{\mathrm{d}M} = \frac{C}{n} = a^2\sqrt{1-e^2}$$

得

$$\frac{\mathrm{d}}{\mathrm{d}M}\left(\frac{r}{a}\right) = \frac{e\sin v}{\sqrt{1-e^2}}$$

$$\sin v = \frac{\sqrt{1-e^2}}{e}\frac{\mathrm{d}}{\mathrm{d}M}\left(\frac{r}{a}\right) = \sqrt{1-e^2}\sum_{p=1}^{\infty}\frac{2}{p}\frac{\mathrm{d}J_p(pe)}{\mathrm{d}e}\sin pM \qquad (22)$$

（5）椭圆上的点相对于长轴和通过焦点的垂直轴的简化坐标（参看第二章式(11)）为

$$x = r\cos v = a(\cos E - e)$$

$$= a\left[-\frac{3e}{2} + \sum_{p=1}^{\infty}\frac{1}{p}(J_{p-1}(pe) - J_{p+1}(pe))\cos pM\right] \qquad (23)$$

$$y = r\sin v = a\sqrt{1-e^2}\sin E$$

$$= a\sqrt{1-e^2}\left[\sum_{p=1}^{\infty}\frac{1}{p}(J_{p-1}(pe) + J_{p+1}(pe))\sin pM\right] \qquad (24)$$

（6）关于 x 和 y 运动微分方程为

$$\frac{\mathrm{d}^2 x}{\mathrm{d}t^2} = -\mu\frac{x}{r^3}, \qquad \frac{\mathrm{d}^2 y}{\mathrm{d}t^2} = -\mu\frac{y}{r^3}$$

因此

$$\frac{x}{r^3} = -\frac{1}{\mu}\frac{\mathrm{d}^2 x}{\mathrm{d}M^2}\left(\frac{\mathrm{d}^2 M}{\mathrm{d}t^2}\right) = -\frac{1}{\mu}\frac{\mu}{a^3}\left(\frac{\mathrm{d}^2 x}{\mathrm{d}M^2}\right)$$

前面的方程对 M 求导数两次，得

$$\frac{x}{r^3} = \frac{1}{a^2}\sum_{p=1}^{\infty}p[J_{p+1}(pe) - J_{p-1}(pe)]\cos pM \qquad (25)$$

$$\frac{y}{r^3} = \frac{-\sqrt{1-e^2}}{a^2}\sum_{p=1}^{\infty}p[J_{p+1}(pe) + J_{p-1}(pe)]\sin pM \qquad (26)$$

这样，直接地或联合应用上述展开式，进行级数运算，可得二体问题中大部分函数的傅里叶展开式.

§8 E 和 v 之间的关系式

我们已知关系式

$$\tan \frac{E}{2} = \sqrt{\frac{1-e}{1+e}} \tan \frac{v}{2} \quad \text{[第二章式(13)]}$$

现在令

$$p = \sqrt{\frac{1-e}{1+e}}$$

得

$$\tan \frac{E}{2} = p \tan \frac{v}{2} \tag{27}$$

应用虚指数,上式可写成

$$\frac{e^{iE}-1}{e^{iE}+1} = p \frac{c^{iv}-1}{e^{iv}+1}$$

或写成

$$e^{iE} = \frac{e^{iv}(1+p)-(p-1)}{-e^{iv}(p-1)+(p+1)}$$

进一步令 $q = \dfrac{1-p}{1+p}$ [从式(27)有 $q = \dfrac{1-\sqrt{1-e^2}}{e}$],得

$$e^{iE} = e^{iv} \frac{1+qe^{-iv}}{1+qe^{iv}}$$

两边取对数,得

$$iE = iv + \ln(1+qe^{-iv}) - \ln(1+qe^{iv})$$

q 和偏心率同数量级. 如果 q 是小量,则可把这两个对数函数展成级数,除以 i 后,得

$$E = v + 2\left(q \frac{-e^{iv}+e^{-iv}}{2i} + \frac{q^2}{2}\frac{e^{2iv}-e^{-2iv}}{2i} + \cdots + \right.$$

$$\left. (-1)^n \frac{q^n}{n}\frac{-e^{niv}+e^{-niv}}{2i} + \cdots \right)$$

$$E = v - 2q\sin v + \frac{2q^2}{2}\sin 2v - \cdots + (-1)^n \frac{2q^n}{n}\sin nv + \cdots \tag{28}$$

同样地,把 p 和 $\dfrac{1}{p}$ 交换,q 变成 $-q$,得

$$v = E + 2q\sin E + \frac{2q^2}{2}\sin 2E + \cdots + \frac{2q^n}{n}\sin nE + \cdots \tag{29}$$

$$\mathcal{V} = -\left(\frac{m_1 m_2}{r_{12}} + \frac{m_2 m_3}{r_{23}} + \frac{m_3 m_1}{r_{31}}\right)$$

§9　达朗贝尔性质

在大部分天体力学的应用中,必须考虑到偏心率是小量(实际上,太阳系里大多数天体就是这种情况).在偏心率小的条件下,利用 §5 的性质(1),可以给出上述级数的定性理解,现在假定我们希望找出傅里叶级数中的主要项并了解其他项的作用.

在 $\cos jE$ 和 $\sin jE$ 的级数式(16)和式(17)中,最主要的项是含有 $J_0(pe)$ 的项;当 $p-j=0$ 即 $p=j$ 时出现这种项.

主要项为 e 的零阶,是展开式中含有 $\cos jM$ 或 $\sin jM$ 的项."相邻"项[$(j-1)M$ 或 $(j+1)M$ 的项]包含 $J_1(pe)$ 和 $J_{-1}(pe)$,因此,为 e 的一阶.同样,在"距离"为 n 的 $(j-n)M$ 和 $(j+n)M$ 项,为 e 的 n 阶.

最后,我们知道,$\cos pM$ 的项包含 J_{p-j} 和 J_{p+j}.其中,$p+j$ 和 $p-j$ 总是具有相同的奇偶性.因此,$\cos pM$ 的项将为偶阶(或奇阶)项构成,而两个相邻的项则具有相反的奇偶性.

从 §7 中的(2)也可见,$\left(\dfrac{r}{a}\right)^k$ 具有类似的性质,其零阶项是常数项.因此,$\left(\dfrac{r}{a}\right)^k \cos jE$ 和 $\left(\dfrac{r}{a}\right)^k \sin jE$ 的展开式具有和 $\cos jE$ 或 $\sin jE$ 相同的主项,并保持关于相邻项阶数的性质.

进一步可以证明,上述结果也适用于 $\left(\dfrac{r}{a}\right)^{-k}$;虽然计算是比较复杂的.最后,式(28)和式(29)给出的 E 和 v 之间的关系式满足同样的性质,带有一个 v 的零阶项.q^n 的展开式或者是 e 的偶阶或者是奇阶,由此可以推出,形式

$$\left(\frac{r}{a}\right)^{\pm k} \sin jv \ \text{或} \ \left(\frac{r}{a}\right)^{\pm k} \cos jv$$

的展开式与 jE 类似的表达式的展开式具有同样的性质.

最后,介绍下列所谓达朗贝尔性质,我们可以检验这种性质.例如,在 §7 的级数上进行检验.

达朗贝尔性质是:形式为

$$\left(\frac{r}{a}\right)^{\pm k} \sin jv, \quad \left(\frac{r}{a}\right)^{\pm k} \cos jv, \quad \left(\frac{r}{a}\right)^{\pm k} \sin jE$$

$$\left(\frac{r}{a}\right)^{\pm k} \cos jE, \quad \left(\frac{r}{a}\right)^{\pm k} x^j, \quad \left(\frac{r}{a}\right)^{\pm k} y^j$$

的表达式可以表为傅里叶级数,其系数是关于 e 的奇阶或偶阶级数,$\cos pM$ 或 $\sin pM$ 的系数是 e 的 $|p-j|$ 阶.

利用这个性质我们可以说,如果级数的某一项是零阶,则相邻项是一阶,再

相邻的项是二阶等. 如果偏心率 e 是小量,则可以只保留中心项两边的某些项并考虑把其他的项略去. 因此,在 $\frac{x}{r^3}$ 的展开式(25)中,如果可以略去 e^4 项,则只要保留主项($\cos M$ 的项,因为这里 $j=1$)后面的三项就够了. 因此,我们将保留 $\cos M, \cos 2M, \cos 3M$ 和 $\cos 4M$ 的项以及常数项.

§10 关于 e 的有限幂的展开式

由于系数中存在贝塞耳函数,§7 和 §8 的展开式比较难用. 但是,正如可以忽略傅里叶级数中系数为 e 的高阶的项一样,我们也可把贝塞耳尔函数展成 e 的级数(式(9)),并只限于取到我们认为可忽略的项. 这是通常采用的方法.

例如,如果我们略去 e^4,则 §7 和 §8 中的一些级数变成

$$\frac{r}{a} = 1 + \frac{e^2}{2} + \left(-e + \frac{3}{8}e^3\right)\cos M - $$
$$\frac{e^2}{2}\cos 2M - \frac{3}{8}e^3 \cos 3M \tag{30}$$

$$\frac{a}{r} = 1 + \left(e - \frac{e^3}{8}\right)\cos M + e^2 \cos 2M + \frac{9}{8}e^3 \cos 3M \tag{31}$$

$$x = -\frac{3e}{2} + \left(1 - \frac{3}{8}e^2\right)\cos M + \left(\frac{e}{2} - \frac{e^3}{3}\right)\cos 2M + $$
$$\frac{3}{8}e^2 \cos 3M + \frac{e^3}{3}\cos 4M \tag{32}$$

$$v = \left(1 - \frac{5}{8}e^2\right)\sin M + \left(\frac{e}{2} - \frac{5}{12}e^3\right)\sin 2M + $$
$$\frac{3}{8}e^2 \sin 3M + \frac{e^3}{3}\sin 4M \tag{33}$$

$$E = M + \left(e - \frac{e^3}{8}\right)\sin M + \frac{e^2}{2}\sin 2M + \frac{3}{8}e^3 \sin 3M \tag{34}$$

$$v = M + \left(2e - \frac{e^3}{4}\right)\sin M + \frac{5}{4}e^2 \sin 2M + \frac{13}{12}e^3 \sin 3M \tag{35}$$

最后的级数是由级数(34)代入(29)而得.

§11 按照 e 的幂次展开的级数的收敛性

我们已经知道,对于 $e < 1$ 的任何值,§7 的级数都是绝对收敛的. 但是,当作为关于 e 和 M 的双重级数考虑时,它们就不是绝对收敛的:级数项的次序变化可以改变收敛半径. 如果 e 是小量,则收敛性仍然保持.

例如可以证明,作为 M 的函数,E 的表达式(34)写成展开式

$$\mathscr{V} = -\left(\frac{m_1 m_2}{r_{12}} + \frac{m_2 m_3}{r_{23}} + \frac{m_3 m_1}{r_{31}}\right)$$

$$E = M + e \sin M + \frac{e^2}{2} \sin 2M + e^3 \left(-\frac{1}{8} \sin M + \frac{3}{8} \sin 3M \right) + \cdots \quad (36)$$

后,只是对于 $e < 0.662\ 7\cdots$ 才收敛.

同样的限制对于其他级数也适用.

必须注意:取近似到 e 的某次幂的有限表达式(30)至(35),实际上只是关于偏心率升幂的级数的最前面几项,因此,上述的收敛性的限制条件是实际工作中使用的截断表达式有效性的实际限制.

除了少数例外(彗星、某些小行星、木卫8),太阳系天体的瞬时偏心率从来没有达到过这个限度.在大多数的情况下,即使 e 不小于 0.1,也小于 0.2. 因此,只要保留足够多的项,使略去的项实际上可以忽略,则应用近似表达式将是合理的,在选择限定的 e 幂次的保留项时,将利用达朗贝尔性质.

§12 摄动函数的表达式(月球的情况)

现在,我们要把摄动函数完全表为密切根数的函数,考察三体问题(其中第三体的质量可忽略)的摄动函数 R,按照 R 的定义(第三章 §14)和 V_2 的表达式(第三章 §3),得

$$R = km \left(\frac{1}{\Delta} - \frac{x'x + y'y + z'z}{r'^3} \right) \quad (37)$$

其中,$x', y', z'(x'^2 + y'^2 + z'^2 = r'^2)$ 是在椭圆上运动的摄动体的坐标,Δ 是摄动体离开所研究的天体[其坐标为 $x, y, z(r)$]的距离.

我们有

$$\Delta^2 = (x - x')^2 + (y - y')^2 + (z - z')^2$$
$$= r'^2 - 2(x'x + y'y + z'z) + r^2$$

例如,如果我们假设 $r' \gg r$(这是月球受太阳摄动的情况),则有

$$\frac{1}{\Delta} = \frac{1}{r'} \left[1 - \frac{2(xx' + yy' + zz')}{r'^2} + \frac{r^2}{r'^2} \right]^{-\frac{1}{2}}$$

把主天体到其他两个天体的连线之间的夹角称为 S,有

$$\cos S = \frac{xx' + yy' + zz'}{r'r}$$

由此

$$\frac{1}{\Delta} = \frac{1}{r'} \left[1 - \frac{2r}{r'} \cos S + \frac{r^2}{r'^2} \right]^{-\frac{1}{2}} \quad (38)$$

因为 $\frac{r}{r'}$ 是小量,所以方括弧部分可展成 $\frac{r}{r'}$ 的幂级数.例如,利用二项式公式

$$(1 - \varepsilon)^{-\frac{1}{2}} = 1 + \frac{\varepsilon}{2} + \frac{3}{8}\varepsilon^2 + \frac{5}{16}\varepsilon^3 + \cdots$$

得

$$\frac{1}{\Delta} = \frac{1}{r'}\left[1 + \frac{r}{r'}\cos S + \frac{r^2}{r'^2}\left(-\frac{1}{2} + \frac{3}{2}\cos^2 S\right) + \right.$$

$$\left. \frac{r^3}{r'^3}\left(-\frac{3}{2}\cos S + \frac{5}{2}\cos^3 S\right) + \cdots\right]$$

可把上式代入 R 的表达式中,但是,注意到运动方程只是依赖于 R 对所研究的天体的根数的偏导数. 因此,我们可以忽略 R 中任何只依赖于摄动天体的根数的附加项,例如 $\frac{1}{r'}$.

也可看出 R 的第二项和 $\frac{1}{\Delta}$ 的第二项相抵消. 因此,对于 R 保留下式就可以了

$$R = \frac{km}{r'}\left[\frac{r}{r'^2}\left(-\frac{1}{2} + \frac{3}{2}\cos^2 S\right) + \right.$$

$$\left. \frac{r^3}{r'^3}\left(-\frac{3}{2}\cos S + \frac{5}{2}\cos^3 S\right) + \cdots\right] \tag{39}$$

备注:从式(38)方括弧部分的展开式所得到的括在圆括弧里的量称为勒让德多项式

$$P_0(x) = 1, \quad P_1(x) = x$$

$$P_2(x) = \frac{1}{2}(3x^2 - 1), \quad P_3(x) = \frac{1}{2}(5x^3 - 3x)$$

$$P_4(x) = \frac{1}{8}(35x^4 - 30x^2 + 3)$$

$$\vdots$$

可证

$$P_n(x) = \frac{1}{2^n n!}\frac{\mathrm{d}^n}{\mathrm{d}x^n}(x^2 - 1)^n$$

和

$$R = \frac{km}{r'}\sum_{n=2}^{\infty}\left(\frac{r}{r'}\right)^n P_n(\cos S)$$

§13   化成椭圆运动的变量

我们继续研究受太阳摄动的卫星的运动情况. R 由式(39)给出,为了简化计算,只给出上面显式中的第一项,即

$$R_1 = \frac{km}{r'^3}r^2\left(-\frac{1}{2} + \frac{3}{2}\cos^2 S\right) \tag{40}$$

令 S 和 L 分别代表太阳和卫星的地心方向;令 N 代表卫星(L)轨道的升交点

$$\mathscr{V} = -\left(\frac{m_1 m_2}{r_{12}} + \frac{m_2 m_3}{r_{23}} + \frac{m_3 m_1}{r_{31}}\right)$$

（图 4.1）；Ω, ω 和 v 分别代表卫星的升交点经度，近地点角距和真近点角；Ω', ω' 和 v' 代表太阳相应的根数，而经度的起算点是 γ.

$$\widehat{\gamma S} = \omega' + v', \quad \widehat{NL} = \omega + v, \quad \widehat{\gamma N} = \Omega$$

令

$$\psi = \Omega + \omega + v, \quad \psi' = \omega' + v'$$

由此

$$\widehat{NL} = \psi - \Omega, \widehat{SN} = \psi' - \Omega$$

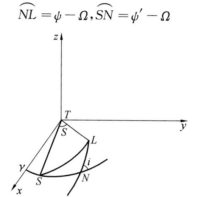

图 4.1

在球面三角形 SNL 中，有下列关系式

$$\cos S = \cos(\psi - \Omega)\cos(\psi' - \Omega) + \sin(\psi - \Omega)\sin(\psi' - \Omega)\cos i$$

用 $\cos^2\left(\dfrac{i}{2}\right) - \sin^2\left(\dfrac{i}{2}\right)$ 代替 $\cos i$，并用 $\left(\cos^2\dfrac{i}{2} + \sin^2\dfrac{i}{2}\right)$ 乘右端的第一项，得

$$\cos S = \cos^2\frac{i}{2}\cos(\psi - \psi') + \sin^2\frac{i}{2}\cos(\psi + \psi' - 2\Omega)$$

由此得

$$R_1 = \frac{kmr^2}{r'^3}\left[-\frac{1}{2} + \frac{3}{2}\cos^4\frac{i}{2}\cos^2(\psi - \psi') + \right.$$

$$3\cos^2\frac{i}{2}\sin^2\frac{i}{2}\cos(\psi - \psi')\cos(\psi + \psi' - 2\Omega) +$$

$$\left.\frac{3}{2}\sin^4\frac{i}{2}\cos^2(\psi + \psi' - 2\Omega)\right]$$

依照下列关系式

$$\psi - \psi' = \Omega + \omega + v - \omega' - v'$$
$$\psi + \psi' - 2\Omega = \omega + \omega' + v + v' - \Omega$$
$$km = n'^2 a'^3$$

化回到真近点角和其他根数，则可看出有可能把 R_1（实际上是 R）表为椭圆根

628

数的函数

$$R_1 = n'^2 a^2 \left(\frac{a'}{r'}\right)^3 \left(\frac{r}{a}\right)^2 \left[-\frac{1}{2} + \frac{3}{4}\cos^4\frac{i}{2} + \right.$$

$$\frac{3}{4}\cos^4\frac{i}{2}\cos 2(\omega - \omega' + v - v' + \Omega) +$$

$$\frac{3}{8}\sin^2 i[\cos(2\omega + 2v) + \cos(2\omega' + 2v' - 2\Omega)] +$$

$$\left. \frac{3}{4}\sin^4\frac{i}{2} + \frac{3}{4}\sin^4\frac{i}{2}\cos 2(\omega + \omega' + v + v' - \Omega)\right] \quad (41)$$

§14　摄动函数的展开

用分离 v 和 v' 的方法,可以进一步对(41)型的表达式进行变换. 一种简单但又艰苦的计算证明,方程右端可写成下列形式的项之和

$$n'^2 a^2 \left(\frac{a'}{r'}\right)^3 \left(\frac{r}{a}\right)^2 f_1(v)f_2(v')f_3(i,\omega,\omega',\Omega) \quad (42)$$

其中,$f_1(x)$ 和 $f_2(x)$ 是下列函数当中的一种:$\sin 2x, \cos 2x$ 或 1,而 f_3 是比较复杂的三角函数.

式(42)中下列各项

$$\left(\frac{a'}{r'}\right)^3, \quad \left(\frac{a'}{r'}\right)^3\cos 2v', \quad \left(\frac{a'}{r'}\right)^3\sin 2v'$$

都是时间的已知函数,并可应用 §7 所介绍的形式的公式,以太阳的偏心率 e' 和平近点角 M' 表示.

另一方面,式(42)中的其他项,即

$$\left(\frac{r}{a}\right)^2, \quad \left(\frac{r}{a}\right)^2\cos 2v \quad 和 \quad \left(\frac{r}{a}\right)^2\sin 2v$$

以傅里叶级数的形式表为卫星的平近点角 M(傅里叶级数的系数只依赖于相应的偏心率). 把这些表达式代入,我们可以求出 R 表示为时间(通过 M')和卫星的六个密切根数 a,e,i,Ω,ω 以及 M 的函数.

这些表达式的收敛情况和上面几节的表达式一样(参看 §7 以后各节).

在小偏心率 e 和 e' 的情况下(这是太阳系的普遍情况),所得到的级数为收敛,我们可以略去高于 e 和 e' 某一阶(阶数根据所需的精度而定)的所有项.

在摄动体沿着椭圆轨道围绕主天体运动的情况下,摄动函数 R_1 或整个 R 可设为下列形式

$$R = \sum A_{l_1 l_2 l_3 l_4 l_5}(a,e,i,a',e')\cos(l_1 M + l_2 M' + l_3\omega + l_4\Omega + l_5\omega') \quad (43)$$

其中,$l_1, l_2, \cdots, l_5$ 为零或正、负整数.

重新组合关于 M 和 M' 的项,其系数依赖于 ω, ω' 和 Ω,得到的最后表达式

不出现正弦项.为了证实这个性质,我们注意到,式(43)中奇级数只与正弦项组合在一起,而偶级数只与余弦项组合,这依赖于上面推导的正弦和余弦乘积的公式的效力.

此外,虽然在此方法中系数 A 是 a,e 和 i 的函数.但是,每当我们需要的时候,也不难表示为其他的密切变量.如是根据下式变换变量

$$L=\sqrt{\mu a}, \quad G=\sqrt{\mu a(1-e^2)}, \quad H=\sqrt{\mu a(1-e^2)}\cos i$$

我们可把 A 表示为德洛纳变量 L,G 和 H 的函数.

§15　按一个小参数的展开

用密切变量表示的摄动函数的进一步值得注意的性质是,我们可将其展成关于一个小参数的快速收敛级数[参看式(39)].于是,令 α 和 α' 等于接近于 r 和 r' 平均值的常数,并令 $\dfrac{\alpha}{\alpha'}=\varepsilon$,其中 ε 是小量,对于月球约为 $\dfrac{1}{400}$,则可把 R 写成

$$R=\frac{km}{r'}\left[\varepsilon^2\left(\frac{r}{\alpha}\right)^2\left(\frac{\alpha'}{r'}\right)^3\left(-\frac{1}{2}+\frac{3}{2}\cos^2 S\right)+\right.$$
$$\left.\varepsilon^3\left(\frac{r}{\alpha}\right)^3\left(\frac{\alpha'}{r'}\right)^3\left(-\frac{3}{2}\cos S+\frac{5}{2}\cos^3 S\right)+\cdots\right]$$

其中 $\dfrac{\alpha'}{r'}$ 和 $\dfrac{r}{\alpha}$ 接近于1.于是,R 被展成关于小参数 ε 的快速收敛级数.

在行星摄动的情况下,r 和 r' 具有相同的数量级,摄动函数依赖于行星的质量.同太阳的质量相比,行星的质量是很小的量(参看第七章).在第五章我们将看到,行星的非球形摄动也可展成用小参数表示的快速收敛级数.

显然,同微分式一样,摄动方程的解也将依赖于一个或几个小参数.通常,实际工作总是用同样的小参数进行解的展开,并略去超过一定阶数的项.但是,庞加莱第一次证明了这种方法实际上是合理的.现在,我们来叙述庞加莱的结果,但不进行推导.

§16　存在性定理

柯西(Cauchy)已经证明写成下列简化形式的微分方程组的解析解[1]的存在性

---

① 当一个函数在给定区域可展成某些变量的幂级数时,则称此函数为这些变量的解析函数.

$$\frac{\mathrm{d}x}{\mathrm{d}t}=\varphi(x,y,t),\qquad \frac{\mathrm{d}y}{\mathrm{d}t}=\psi(x,y,t)$$

如果对于 $|x|<R$，$|y|<R'$ 和 $t\leqslant r$，φ 和 ψ 是对 x 和 y 有界，对 t 连续的解析函数，则可找到方程组的解 $x(t)$ 和 $y(t)$，对于 $|t|<t_0<r$ 也是解析的.

至于微分方程组

$$\frac{\mathrm{d}x}{\mathrm{d}t}=\varphi(x,y,\varepsilon,t),\qquad \frac{\mathrm{d}y}{\mathrm{d}t}=\psi(x,y,\varepsilon,t)$$

其中，ε 是接近于零的可变参数. 庞加莱定理（柯西定理的推广形式）指出，φ 和 ψ（对 t 连续和对 x，y 解析）对于 ε 也是解析的.

考察某一个解

$$x(t,\varepsilon),\qquad y(t,\varepsilon)$$

当 $\varepsilon=0$ 时，化为 $x_0(t)$ 和 $y_0(t)$. 可把此解展成关于 ε 整幂的级数

$$\begin{cases} x(t,\varepsilon)=x_0(t)+\varepsilon x_1(t)+\varepsilon^2 x_2(t)+\cdots \\ y(t,\varepsilon)=y_0(t)+\varepsilon y_1(t)+\varepsilon^2 y_2(t)+\cdots \end{cases} \tag{44}$$

在上述假设前提成立的区域内，当 $\varepsilon<\varepsilon_0\neq 0$ 时，不管 t 值如何，这些级数都收敛.

由此得出的结论是，鉴于上面的解满足解析性条件，因此用于天体力学中的那些依赖于一个或几个小参数的微分方程，其解可以按照这些小参数展开.

特别在直角坐标系中，由于摄动函数及其导数与微分方程的右端比较可以认为是小量，因此其通解可展成表示 R 的小量的级数. 而且，如果 $R\to 0$，就化成没有摄动力的情况的解，即二体问题的解.

§17　用密切根数表示的方程形式

无论是德洛纳变量表示的（45）型，或椭圆根数表示的（41）型，都可把方程写成（1）和（2）两组：

（1）关于度量变量 a,e,i 或 L,G,H（通常以 L_i 表示）的方程. 这些方程的右端包含 R 对角变量的偏导数（结合在 R 的余弦项中），如 §14 的变换［方程（43）］. 可把这些方程写成普遍形式

$$\frac{\mathrm{d}L_i}{\mathrm{d}t}=\sum B_i(L_k)\sin\left(\sum\alpha_j l_j\right) \tag{45}$$

其中，B_i 依赖于度量变量 L_j，α_j 是整数，而 l_j 是角变量或时间的线性函数（例如，如果 R 依赖于其他天体的位置，而这些天体的位置表为平近点角的函数）. B_i 项包含表示 R 的小参数 ε.

（2）关于角变量 l,g,h 或 M,ω,Ω（通常以 l_j 表示）的方程. 这些方程的右端在余弦项的系数中包含 R 对度量变量的偏导数，而且其中某些方程包含只依赖

$$\mathscr{V}=-\left(\frac{m_1 m_2}{r_{12}}+\frac{m_2 m_3}{r_{23}}+\frac{m_3 m_1}{r_{31}}\right)$$

于度量变量而没有小参数作为因子的项. 在拉格朗日方程 $\dfrac{\mathrm{d}M}{\mathrm{d}t}$ 中, 这个项是 $n=\sqrt{\mu}\,a^{-\frac{3}{2}}$, 而在德洛纳变量方程 $\dfrac{\mathrm{d}l}{\mathrm{d}t}$ 中, 则为 $\dfrac{\partial}{\partial L}\left(\dfrac{\mu^2}{2L^2}\right)=-\dfrac{\mu^2}{L^3}$, 这是从 $\phi=R+\dfrac{\mu^2}{2L^2}$ 的第二项推得的.

可以把这些方程写成比较普遍的形式

$$\frac{\mathrm{d}l_i}{\mathrm{d}t}=a_i(L_k)+\sum b_{ij}(L_k)\cos\left(\sum \alpha_j l_j\right) \tag{46}$$

其中, a_i 和 b_{ij} 依赖于度量变量 L_k, α_j 和 l_j 的意义同上. a_i 项可能是小量(ε 量级), 也可能是有限值, 而所有的 b_{ij} 项都包含小参数 ε 作为因子.

§18　解 的 方 法

这里将要介绍的方法, 不是最简单的, 但揭示出解的显著特征.

根据庞加莱定理, 如果 R 是 ε 的函数(设 ε 是小量), 则解的形式为式(44), 可写成

$$\begin{cases} L_i=L_{i_0}+\varepsilon L_{i_1}+\varepsilon^2 L_{i_2}+\cdots \\ l_i=l_{i_0}+\varepsilon l_{i_1}+\varepsilon^2 l_{i_2}+\cdots \end{cases} \tag{47}$$

如上所述, L_{i_0} 和 l_{i_0} 代表二体问题的解, 它们是常数或是时间的函数(对于 l 和 M).

把这些表达式代入式(45) 和式(46), 得

$$\frac{\mathrm{d}L_{i_0}}{\mathrm{d}t}+\varepsilon\frac{\mathrm{d}L_{i_1}}{\mathrm{d}t}+\varepsilon^2\frac{\mathrm{d}L_{i_2}}{\mathrm{d}t}+\cdots$$

$$=\sum\left[\varepsilon B_{ij1}(L_k)+\varepsilon^2 B_{ij2}(L_k)+\cdots\right]\sin\left(\sum \alpha_j l_j\right)$$

$$\frac{\mathrm{d}l_{i_0}}{\mathrm{d}t}+\varepsilon\frac{\mathrm{d}l_{i_1}}{\mathrm{d}t}+\varepsilon^2\frac{\mathrm{d}l_{i_2}}{\mathrm{d}t}+\cdots$$

$$=a_i(L_k)+\sum\left[\varepsilon b_{ij1}(L_k)+\varepsilon^2 b_{ij2}(L_k)+\cdots\right]\cos\left(\sum \alpha_j l_j\right) \tag{48}$$

然后, 令这些方程两边关于 ε 同阶的项相等.

(1) 与 ε 无关的项

$$\frac{\mathrm{d}L_{i_0}}{\mathrm{d}t}=0,\qquad \frac{\mathrm{d}l_{i_0}}{\mathrm{d}t}=a_i(L_{k_0})$$

这表明 L_{i_0} 是常数, 而 l_{i_0} 是时间的线性函数

$$l_{i_0}=a_i(L_{k_0})(t-t_0)=n_{i_0}(t-t_0)$$

(2) 直接把 L_{k_0} 代入 B_{ij1} 和 b_{ij1}, 和把 L_{k_1} 代入 a_i 可得 ε 项

$$\frac{\mathrm{d}L_{i_1}}{\mathrm{d}t} = \sum B_{ij1}(L_{k_0})\sin(\sum \alpha_j l_{j_0})$$

$$\frac{\mathrm{d}l_{i_1}}{\mathrm{d}t} = \sum \frac{\partial a_i(L_{k_0})}{\partial L_{k_0}} L_{k_1} + \sum b_{ij1}(L_{k_0})\cos(\sum \alpha_j l_{j_0})$$

度量变量的方程给出

$$L_{i_1} = \frac{\sum B_{ij1}(L_{k_0})\cos(\sum \alpha_j l_{j_0})}{-\sum \alpha_j n_{j_0}} \tag{49}$$

n_{j_0} 项已经确定. 我们不需要考虑 L_{i_1} 的积分常数, 因为在确定与 ε 无关的项的时候, 已引入在 L_{i_0} 之中. 现在, 我们可以把式(49)代入 $\frac{\mathrm{d}l_{i_1}}{\mathrm{d}t}$ 方程的右端, 所得到的级数的形式为

$$\frac{\mathrm{d}l_{i_1}}{\mathrm{d}t} = a_{i_1} + \sum b_{ij_1}(L_{k_0})\cos(\sum \alpha_j l_{j_0})$$

逐项积分得

$$l_{i_1} = a_{i_1}(t - t_0) + \frac{\sum b_{ij_1}(L_{k_0})\sin(\sum \alpha_j l_{j_0})}{\sum \alpha_j n_{j_0}} \tag{50}$$

我们看到, 通常所有角变量都包含(但度量变量不包含)长期项, 其中以线性函数形式出现的时间 t 是在三角函数的外面.

(3) 我们可以再一次把这样得到的整个解代入式(48)的右端, 并使两边 ε^2 的项相等. 现在计算变得比较复杂. 让我们从 $\frac{\mathrm{d}L_{i_2}}{\mathrm{d}t}$ 着手, 有

$$\frac{\mathrm{d}L_{i_0}}{\mathrm{d}t} + \varepsilon \frac{\mathrm{d}L_{i_1}}{\mathrm{d}t} + \varepsilon^2 \frac{\mathrm{d}L_{i_2}}{\mathrm{d}t}$$

$$= \sum [\varepsilon B_{ij_1}(L_{k_0} + \varepsilon L_{k_1}) + \varepsilon^2 B_{ij_2}(L_{k_0})]\sin[\sum \alpha_j(\bar{l}_{j_0} + \varepsilon l_{j_1})]$$

$$- \sum [\varepsilon B_{ij_1}(L_{k_0}) + \varepsilon^2 \frac{\partial B_{ij_1}}{\partial L_{k_0}} L_{k_1} + \varepsilon^2 B_{ij_2}(L_{k_0})] \cdot$$

$$[\sin(\sum \alpha_j \bar{l}_{j_0})\cos(\sum \alpha_j \varepsilon l_{j_1}) + \cos(\sum \alpha_j \bar{l}_{j_0})\sin(\sum \alpha_j \varepsilon l_{j_1})]$$

我们把 l_j 展成 $\bar{l}_{j_0} + \varepsilon l_{j_1}$, 其中第一项是 l_j 的长期项, 而 l_{j_1} 是周期部分并含有 ε 因子. 现在只令两端 ε^2 项相等, 得

$$\cos \sum \alpha_j \varepsilon l_j = 1 \quad (略去高于 \varepsilon^2 的项)$$

$$\sin \sum \alpha_j \varepsilon l_j = \alpha_j \varepsilon l_{j_1} \quad (略去高于 \varepsilon^3 的项)$$

$$\frac{\mathrm{d}L_{i_2}}{\mathrm{d}t} = \sum B_{ij_1}(L_{k_0})\varepsilon \alpha_j l_{j_1}\cos(\sum \alpha_j \bar{l}_{j_0}) +$$

$$\mathcal{V} = -\left(\frac{m_1 m_2}{r_{12}} + \frac{m_2 m_3}{r_{23}} + \frac{m_3 m_1}{r_{31}}\right)$$

$$\sum \left[\frac{\partial B_{ij_1}}{\partial L_{k_0}} L_{k_1} + B_{ij_2}(L_{k_0}) \right] \sin(\sum \alpha_j \bar{l}_{j_0})$$

其中

$$l_{i_1} = \sum B'_{ij_1}(L_{k_0}) \sin(\sum \alpha_j \bar{l}_{j_0})$$

和

$$L_{i_1} = \sum B''_{ij_1}(L_{k_0}) \cos(\sum \alpha_j \bar{l}_{j_0})$$

利用三角公式

$$\cos a \sin b = \frac{1}{2} \left[\sin(a+b) - \sin(a-b) \right]$$

把乘积 $\cos(\sum \alpha_j \bar{l}_{j_0}) \sin(\sum \alpha_i \bar{l}_{j_0})$ 化成 $\sin(\sum \alpha_k \bar{l}_{k_0})$ 项.

最后,$\dfrac{\mathrm{d}L_{i_2}}{\mathrm{d}t}$ 采取的形式为

$$\frac{\mathrm{d}L_{i_2}}{\mathrm{d}t} = \sum B_{ij_2} \sin(\sum \alpha_j \bar{l}_{j_0})$$

如上进行积分,得出与 L_{i_1} 形式相同的 L_{i_2}.

其余的计算同(2)一样进行:把 L_{i_2} 的解代入 a_{i_0},而(2)的解代入其他的项;现在,从方程右端的有限展开得到的三角函数的乘积将化成余弦,故得

$$\frac{\mathrm{d}l_{i_2}}{\mathrm{d}t} = a'_{i_2} + \sum b'_{ij_2}(L_{k_0}) \cos(\sum \alpha_j \bar{l}_{j_0})$$

而 l_{i_2} 与式(50)l_{i_1} 具有相同的形式.

(4) 这种过程可以无限进行下去,每迭代一次,解中的 ε 的幂次就增加一阶. 度量变量总是表为余弦级数的形式

$$L_i = L_{i_0} + \sum C_{ij}(L_{k_0}) \cos(\sum \alpha_j \bar{l}_{j_0}) \tag{51}$$

而角变量表为时间的线性函数和正弦级数的形式

$$l_i = \bar{l}_{i_0} + \sum S_{ij}(L_{k_0}) \sin(\sum \alpha_j \bar{l}_{j_0}) \tag{52}$$

必须附加说明:三角函数里的引数不仅仅包含变量的 $\bar{l}_{j_0}$ 长期项,也可包含时间的其他线性函数;在介绍摄动函数的展开时,我们已经遇到过.

备注:记住重要的结果是:迭代过程只是产生使角变量具有特色的线性长期项,特别是没有含 $(t-t_0)^2$ 作为因子的项,也没有所谓混合项(在混合项中,$(t-t_0)$ 两次在式子里出现,一次作为系数的因子,一次作为三角函数里的引数).

德洛勒(Delaunay)对月球的情况提出了一个定理描述这个结果,随后被梯塞朗(Tisserand)推广到行星. 这个定理对于遵守这些方程的任意系统的稳定性具有很大的重要性;虽然只有当所表示的解的收敛性被保证时才行,以后

我们将看到,这个条件一般地并不满足.

§19　长周期项和短周期项

现在,我们应用上述结果讨论围绕行星运转的卫星(月球)的运动,而行星根据开普勒定律绕太阳旋转,这代表月球理论的主要的问题,关于摄动函数的形式,在 §14 我们已经知道,R 依赖于五个角变量 M, M', ω, Ω 和 ω',其中 M, ω 和 Ω 是月球运动的密切根数,M'(太阳的平近点角)是时间的线性函数,而 ω'(太阳的近地点角距)是常数.如果适当地选择经度原点,可取 ω' 为零.这个问题的度量变量 a, e, i 对应于月球的运动.如果 a_0, e_0, i_0 是 a, e, i 的积分常数,而且角变量 Ω, ω 和 M 的长期部分由下式给出

$$\bar{\Omega} = \Omega_0 + n_\Omega(t - t_0), \quad \bar{\omega} = \omega_0 + n_\omega(t - t_0)$$

和

$$\bar{M} = M_0 + n(t - t_0)$$

则可把解写成

$$a = a_0 + \sum_{\alpha, \beta, \gamma, \delta} a_{\alpha, \beta, \gamma, \delta}(a_0, e_0, i_0, \cdots) \cos(\alpha \bar{M} + \beta \bar{\omega} + \gamma \bar{\Omega} + \delta M') \quad (53)$$

e 和 i 的解的形式与此类似.这里,我们且不提 $a_{\alpha, \beta, \gamma, \delta}$ 与太阳轨道根数的关系,角变量的表达式可以 Ω 为例说明

$$\Omega = \bar{\Omega} + \sum_{\alpha, \beta, \gamma, \delta} a_{\alpha, \beta, \gamma, \delta}(a_0, e_0, i_0, \cdots) \sin(\alpha \bar{M} + \beta \bar{\omega} + \gamma \bar{\Omega} + \delta M') \quad (54)$$

ω 和 M 的解的形式与此类似.在和数中,α, β, γ 和 δ 是整数或零,可以代表任何值的组合,但不能全为零.

(1)α 和 δ 不同时为零的项称为短周期项.因此,关于月球绕地球的运动,有下列的可能性:

$\alpha = 1, \delta = $任何值,周期约为月球的恒星周期(27 天);

$\alpha = 0, \delta = 1$,周期 $= 1$ 年;

$\alpha > 1, \delta = $任何值,周期 < 1 月;

$\alpha = 0, \delta > 1$,周期 $\leqslant 6$ 个月.

$\bar{\omega}$ 和 $\bar{\Omega}$ 的时间系数很小,难以变更上列周期.

(2)$\alpha = \delta = 0$ 的项称为长周期项.因为 ω 和 Ω 的长周期项只在第二次近似才出现(ε 项),n_ω 和 n_Ω 与 ε 同数量级,因此联合周期与 M 的周期(公转周期)除以 ε 同数量级.在月亮的情况下,ω 和 Ω 的周期相应是 9 年和 18 年.长周期项的周期一般地与公转周期除以小参数 ε 同数量级,ε 表示摄动函数的特性.

长周期项由 $\alpha = \delta = 0$ 的项对 t 积分而得.设在计算的第二步得到这个项,即其系数与 ε 同数量级.更准确地说,设在 $\dfrac{\mathrm{d}\Omega}{\mathrm{d}t}$ 方程中,长周期项以 $\varepsilon A \cos(\bar{\beta\omega} +$

$$\mathscr{V} = -\left(\frac{m_1 m_2}{r_{12}} + \frac{m_2 m_3}{r_{23}} + \frac{m_3 m_1}{r_{31}}\right)$$

$\gamma\overline{\Omega}$）的形式出现,则积分得出

$$\frac{\varepsilon A \sin(\beta\overline{\omega} + \gamma\overline{\Omega})}{\beta n_{\omega} + \gamma n_{\Omega}} \tag{55}$$

而且 n_{ω} 和 n_{Ω} 本身与 ε 同数量级,所以 Ω 相应的项是 ε 零阶.

因此,我们可以看到,同样近似得到的长周期项总是比短周期项低一阶. 因此,如果方程的解要算到 ε^2,则长周期项要算到 ε^3(其系数可以同大多数二阶项的系数相比).

§20   解的级数的收敛性

在 §8 我们已经看到,当 ε 足够小时,摄动函数的展开式收敛,这同样适用于 R 的各种偏导数,所以也适用于包含密切根数的微分方程右端. 现在的问题是,是否同样适用于上述的解的级数.

几位数学家,特别是庞加莱,已经研究了这个问题,可以定性地概述其工作如下:

从解的第一步 §18(2),积出的级数(49)和(50)的每一项都含有除数

$$D = \sum_j \alpha_j n_{j_0} \quad (j > 0)$$

其中,n_{j_0}(平运动)是只依赖于方程组初始条件的任意数,而 α_j 项是正、负整数或零,但不能全为零.

有无穷多种组合可使 D 如所想的接近于零. 因此,如果只有两个角变量,$D = \alpha_1 n_1 + \alpha_2$($n_2$ 取为1),$-\dfrac{\alpha_1}{\alpha_2}$ 可取任何有理数(无穷多个数值). 进一步我们知道,不管 ε 等于什么数值,在 $\dfrac{n_2}{n_1} - \varepsilon$ 和 $\dfrac{n_2}{n_1} + \varepsilon$ 之间存在着无穷多个有理数.

因此,收敛的必要条件是系数 b 或 B 必须足够地小以补偿小分母. 可以指出存在着一个如所想望的接近于 n_1 的数 n',使得不管 $B_{\alpha_1\alpha_2}$ 取什么样不为零的值,$\dfrac{B_{\alpha_1\alpha_2}}{(\alpha_1 n_1 + \alpha_2)}$ 都是无界的. 因为由观测给出的 n 值不是无限精确的,我们总是可以找到一个很好地代表观测的数 n',对于 n' 级数中至少有一项是无界的.

但是,我们可以在同样的区间选择另一个 n'',对于 n'' 级数一致收敛. 事实上,从达朗贝尔性质可得出,系数 $B_{\alpha_1\alpha_2}$ 是这样的

$$|B_{\alpha_1\alpha_2}| < K e^{\alpha_1} e'^{\alpha_2}$$

其中,e 和 e' 小于1,K 是有限数. 现在,我们令 $n'' = \sqrt{\dfrac{p}{q}}$,其中 p 和 q 是两个互素整数,使得 pq 不是完全平方,我们总是能够选择到 p 和 q,使 n'' 如所想望的接近于 n,则得

636

$$\left|\frac{1}{\alpha_1 n - \alpha_2}\right| = \left|\frac{\alpha_1 n + \alpha_2}{\alpha_1^2 n^2 - \alpha_2^2}\right| = \left|\frac{(\alpha_1 n + \alpha_2)q}{p\alpha_1^2 - q\alpha_2^2}\right| < q(|\alpha_1| n + |\alpha_2|)$$

因为分母是一个非零整数,因此

$$\left|\frac{B_{\alpha_1 \alpha_2}}{D}\right| < Kq(|\alpha_1| n + |\alpha_2|)e^{\alpha_1}e'^{\alpha_2}$$

从通项为 $e^{\alpha_1}e'^{\alpha_2}$ 的级数得到的通项为 $\alpha_1 e^{\alpha_1}e'^{\alpha_2}$ 或 $\alpha_2 e^{\alpha_1}e'^{\alpha_2}$ 的级数收敛,因此我们讨论的级数绝对收敛和一致收敛.

所以,在保持观测精度的范围内,总能保证级数(49)和(50)收敛.

上述结果表明,这些级数对于积分常数取连续集合中的值时不收敛,因为取值的区间将包括 n 等于 n' 或 n'' 的值.

这种情况类似于近似后得到的最后形式解(51)和(52)的收敛性:每次近似的收敛是先前的近似的收敛的函数.

如果我们以级数必须对摄动函数的小参数的整个区域收敛作为进一步的条件,则已表明一般地级数发散.但是,我们的问题并不是解决所有的情况.

备注:对于完整的形式级数的收敛性问题并没有重大的实际意义.用积分常数的数值和参数计算有限的表达式是足够的,这种表达式与解的差 η 在有限的时间间隔内可以达到所要求的小量,庞加莱已经指出这是可能的.

$$\mathcal{V} = -\left(\frac{m_1 m_2}{r_{12}} + \frac{m_2 m_3}{r_{23}} + \frac{m_3 m_1}{r_{31}}\right)$$

人造卫星的运动

上一章介绍了摄动函数展开的一般方法和形式解的构成，根据德洛勒－狄西朗定理，形式解是以傅里叶级数的形式表示的，级数中具有几个与时间有关的线性参量和常系数，或者还有一个时间的线性函数．值得注意的是，虽然这些级数通常是发散的和被截断，却仍然可以在有限的时间间隔 Δt 内作为解的一种表达式．

本章我们将应用柴倍耳所描述的方法对一个简单的实例求解．这个方法可以迅速地得到解．但是必须注意，也可应用其他任何一种方法．特别地以后将要表明，最后一章介绍的方法给出了相同的结果．

最后，在特殊情况下碰到使形式级数发散的小分母的问题，我们将看到怎样才能克服这种困难．

这里，我们尝试给出天体力学理论的一个实例，并研究一些经常碰到的困难，而不想得出所提出的问题的完整解．所介绍的方法显然也可用于比较复杂的情况，包括三体或多体的运动．但是，这种方法绝不是唯一的方法；在天体力学中，每种特殊情况都形成一种特殊的问题．

§1 刚体的引力位

考察一个有限体积 V 的刚体，在刚体内坐标为 ξ, η, ζ 的任意点的密度为 $K(\xi, \eta, \zeta)$．设刚体外有一个单位质量的质点 P，其坐标为 x, y, z．

根据牛顿定律，刚体的每一个体元 Q 吸引点 P 的力为

第五章

$$\mathrm{d}\boldsymbol{F} = -kK(\xi,\eta,\zeta)\mathrm{d}\xi\mathrm{d}\eta\mathrm{d}\zeta\,\frac{\boldsymbol{QP}}{QP^3}$$

d$\boldsymbol{F}$ 的三个分量是引力位

$$\mathrm{d}U = k\,\frac{K(\xi,\eta,\zeta)\mathrm{d}\xi\mathrm{d}\eta\mathrm{d}\zeta}{\sqrt{(x-\xi)^2+(y-\eta)^2+(z-\zeta)^2}}$$

的偏导数.

体元 Q 的总体对点 P 的吸引力为

$$\boldsymbol{F} = \iiint\limits_{(V)}\mathrm{d}\boldsymbol{F}$$

$\boldsymbol{F}$ 的三个分量又是引力位

$$U = k\iiint\limits_{(V)}\frac{K(\xi,\eta,\zeta)\mathrm{d}\xi\mathrm{d}\eta\mathrm{d}\zeta}{\sqrt{(x-\xi)^2+(y-\eta)^2+(z-\zeta)^2}} \tag{1}$$

的偏导数.

积分是对整个刚体的体积进行的,因此,引力位 U 只是 x ,y 和 z 的函数.

描述受到这种引力位作用的点 $P(x,y,z)$ 的运动方程为

$$\frac{\mathrm{d}^2x}{\mathrm{d}t^2}=\frac{\partial U}{\partial x},\quad \frac{\mathrm{d}^2v}{\mathrm{d}t^2}=\frac{\partial U}{\partial y},\quad \frac{\mathrm{d}^2z}{\mathrm{d}t^2}=\frac{\partial U}{\partial z} \tag{2}$$

备注:除了在这里我们处理的不是 n 个离散的天体,而是单个天体的体元的集合之外,这些公式与第一章的式(11) 相同.

§2 引力位的展开式

设 r 是点 P 离开原点 O 的距离($r^2=x^2+y^2+z^2$),ρ 是刚体的质点 Q 离开 O 的距离($\rho^2=\xi^2+\eta^2+\zeta^2$),$S$ 是角(OP ,OQ),Δ 是距离 PQ.

我们有

$$\Delta^2 = (x-\xi)^2+(y-\eta)^2+(z-\zeta)^2$$
$$= r^2 - 2r\rho\cos S + \rho^2$$

而从第四章 §12 有

$$\frac{1}{\Delta}=\frac{1}{r}\left[1+\frac{\rho}{r}P_1(\cos S)+\frac{\rho^2}{r^2}P_2(\cos S)+\cdots+\frac{\rho^n}{r^n}P_n(\cos S)+\cdots\right]$$

其中,$P_n(\cos S)$ 是 n 阶勒让德多项式.

因此

$$U = \frac{k}{r}\iiint\limits_{(V)}K(\xi,\eta,\zeta)\mathrm{d}\xi\mathrm{d}\eta\mathrm{d}\zeta\cdot\left[1+\sum_{j=1}^{\infty}\left(\frac{\rho}{r}\right)^jP_j(\cos S)\right]$$

把 U 写成

$$U_0+U_1+U_2+U_3+\cdots+U_j+\cdots$$

$$\mathcal{V}=-\left(\frac{m_1m_2}{r_{12}}+\frac{m_2m_3}{r_{23}}+\frac{m_3m_1}{r_{31}}\right)$$

则有：

(1)$U_0 = \dfrac{k}{r}\iiint\limits_{(V)} K(\xi,\eta,\zeta)\,\mathrm{d}\xi\mathrm{d}\eta\mathrm{d}\zeta = \dfrac{k}{r}\int_{(V)}\mathrm{d}M$，而上面质量元对整个刚体的

积分就等于刚体的质量，故得

$$U_0 = \frac{kM}{r} \tag{3}$$

(2) 应用同样的简化符号，有

$$U_1 = \frac{k}{r}\int_{(V)} \frac{\rho}{r}\cos S\,\mathrm{d}M$$

现在

$$\cos S = \frac{x\xi + y\eta + z\zeta}{\rho r}$$

因此

$$U_1 = \frac{k}{r^2}\int_{(V)}(x\xi + y\eta + z\zeta)\,\mathrm{d}M$$

$$= \frac{k}{r^2}\left[x\int_V \xi\,\mathrm{d}M + y\int_V \eta\,\mathrm{d}M + z\int_V \zeta\,\mathrm{d}M\right]$$

如果原点位于刚体的引力中心，按定义上式的三个积分均为零. 因此以后将假设情况就是这样，则

$$U_1 = 0 \tag{4}$$

(3) 有

$$U_2 = \frac{k}{r}\int_V \frac{\rho^2}{r^2}\left[\frac{3}{2}\cos^2 S - \frac{1}{2}\right]\mathrm{d}M$$

$$= \frac{k}{r^3}\int_V \frac{1}{2}\left[3\frac{(x\xi + y\eta + z\zeta)^2}{r^2} - (\xi^2 + \eta^2 + \zeta^2)\right]\mathrm{d}M$$

$$= \frac{k}{r^3}\left[\left(\frac{3}{2}\frac{x^2}{r^2} - \frac{1}{2}\right)\int_V \xi^2\,\mathrm{d}M + \left(\frac{3}{2}\frac{y^2}{r^2} - \frac{1}{2}\right)\int_V \eta^2\,\mathrm{d}M + \right.$$

$$\left.\left(\frac{3}{2}\frac{z^2}{r^2} - \frac{1}{2}\right)\int_V \zeta^2\,\mathrm{d}M\right] +$$

$$\frac{3k}{r^5}\left[xy\int_V \xi\eta\,\mathrm{d}M + yz\int_V \eta\zeta\,\mathrm{d}M + zx\int_V \zeta\xi\,\mathrm{d}M\right]$$

可以回忆起，根据定义，A,B,C 是惯量矩

$$A = \int_V (\eta^2 + \zeta^2)\,\mathrm{d}M,\cdots$$

D,E,F 是惯量积

$$D = \int_V \eta\zeta\,\mathrm{d}M,\cdots$$

如果我们假设坐标轴是刚体的主惯量轴，则

$$D = E = F = 0$$

而且

$$A + B + C = 2\int (\xi^2 + \eta^2 + \zeta^2) \, \mathrm{d}M$$

因此

$$\int \xi^2 \, \mathrm{d}M = \frac{A + B + C}{2} - A$$

于是我们得到

$$U_2 = \frac{k}{r^3} \left[\left(\frac{3}{2} \frac{x^2}{r^2} - \frac{1}{2} \right) \left(\frac{A + B + C}{2} - A \right) + \right.$$
$$\left(\frac{3}{2} \frac{y^2}{r^2} - \frac{1}{2} \right) \left(\frac{A + B + C}{2} - B \right) +$$
$$\left. \left(\frac{3}{2} \frac{z^2}{r^2} - \frac{1}{2} \right) \left(\frac{A + B + C}{2} - C \right) \right]$$

$$U_2 = \frac{k}{r^3} \left[\frac{1}{2} (A + B + C) - \frac{3}{2} \left(\frac{Ax^2 + By^2 + Cz^2}{r^2} \right) \right]$$

化为极坐标(经度 θ 和纬度 φ)

$$x = r\cos\theta\cos\varphi, \quad y = r\sin\theta\cos\varphi, \quad z = r\sin\varphi$$

经过一些简单的运算后,得

$$U_2 = \frac{k}{r^3} \left[\left(C - \frac{A + B}{2} \right) \left(\frac{1}{2} - \frac{3}{2}\sin^2\varphi \right) - \right.$$
$$\left. \frac{3}{4} (A - B)\cos^2\varphi\cos 2\theta \right] \tag{5}$$

如果我们进一步假设此刚体对于 $O\zeta$ 轴为旋转对称,则有 $A = B$,而

$$U_2 = \frac{k}{r^3} (C - A) \left(\frac{1}{2} - \frac{3}{2}\sin^2\varphi \right)$$

注意到我们再一次碰到勒让德多项式 $P_2(\sin\varphi)$.

对于地球, $\dfrac{\frac{3}{2}(C - A)}{Ma_e^2} = J$ 是一个地球物理和大地测量的基本量,其中 a_e 是地球的赤道半径, M 是地球的质量,而 A, C 是地球的主惯量矩, J 与地球的扁率 ε 有关.

令 $J_2 = \dfrac{2}{3} J a_e^2$[①],而

$$U_2 = \frac{kM}{r^3} J_2 \left(\frac{1}{2} - \frac{3}{2}\sin^2\varphi \right)$$

―――――――――

[①] 一般的趋向是令 $J_2 = -\frac{2}{3} J$. 所以,如果取 $a_e = 1$,则本章给出的公式与通常的定义是一致的.

641

$$\mathscr{V} = -\left(\frac{m_1 m_2}{r_{12}} + \frac{m_2 m_3}{r_{23}} + \frac{m_3 m_1}{r_{31}} \right)$$

(4)U_2 以后的量的计算按类似的方式进行. 但是, 如果我们假设刚体对赤道平面对称, 则奇阶引力位为零. 旋转刚体的引力位可表为

$$U = \frac{kM}{r} \left[1 + \left(\frac{1}{r} \right)^2 J_2 \left(\frac{1}{2} - \frac{3}{2} \sin^2 \varphi \right) + \right.$$
$$\left. \left(\frac{1}{r} \right)^4 J_4 \left(\frac{3}{8} - \frac{15}{4} \sin^2 \varphi + \frac{35}{8} \sin^4 \varphi \right) + \cdots \right] \tag{6}$$

其普遍形式为

$$U = \frac{kM}{r} \left[1 - \sum_{n=1}^{\infty} \frac{1}{r^{2n}} J_{2n} P_{2n} (\sin \varphi) \right] \tag{7}$$

其中, J_{2n} 是 $2n$ 阶勒让德多项式 P_{2n} 的数值系数.

§3 近于球体的情况

球对称物体的特点是, 三个主惯量矩相等和三个主惯量轴是该物体的任意三个互相垂直的轴. 因此, $J_2 = 0$. 可以指出, 所有的 J_{2n} 也均为零. 然而, 这个重要的事实可以迅速地得到证明.

我们可以把球对称物体看成是由无限多个半径为 R, 密度均匀、无限薄的同心(中心在 O) 球壳所组成.

设 σ 是球壳的面密度, 则球壳的质量为 $m = 4\pi R^2 \sigma$.

我们来计算球壳对点 P 的引力位, 设 r 是 O 到 P 的距离(图 5.1), 考察由角 α 和 $\alpha + \mathrm{d}\alpha$ 所确定的两个圆之间的圆环元, 其表面积为

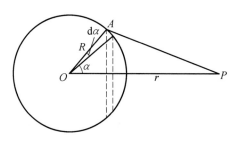

图 5.1

$$\mathrm{d}S = 2\pi R^2 \sin \alpha \, \mathrm{d}\alpha$$

在点 P, 其引力位为

$$\mathrm{d}U = \frac{k\sigma \, \mathrm{d}S}{\rho}$$

在三角形 OAP 中

$$\rho^2 = r^2 + R^2 - 2Rr \cos \alpha$$

因此

$$\mathrm{d}U = \frac{2k\pi R^2 \sigma \sin \alpha \, \mathrm{d}\alpha}{\sqrt{r^2 + R^2 - 2Rr \cos \alpha}}$$

$$U = 2k\pi R^2 \sigma \int_0^\pi \frac{\sin \alpha \, \mathrm{d}\alpha}{\sqrt{r^2 + R^2 - 2Rr \cos \alpha}}$$

积分号下的量正好是一个微分, 而

$$U = \frac{2k\pi R\sigma}{r} \left[\sqrt{r^2 + R^2 - 2Rr \cos \alpha} \right]_0^\pi$$

如果点 P 位于球壳之外, 方括弧内的表达式有极值 $r+R$ 和 $r-R$, 所以

$$U = \frac{4k\pi R^2 \sigma}{r} = \frac{km}{r}$$

均匀球壳对外面一点的引力位就好像整个球壳的质量都集中在球壳的中心, 因而引力也是这样, 把组成球对称物体的所有同心球壳的作用都叠加起来, 得到下面的重要结论:

球对称物体的作用就好像它的全部质量都集中在球心, 所以, 其引力位为

$$U = \frac{kM}{r} \tag{8}$$

备注: 上述证明也可以得出均匀球壳内的引力位是常数, 在本书中没有进一步应用这个结果.

式(8) 对于近球体的情况是不精确的, 但相差不大, 因此式(7) 中的 J_2, J_4, $\cdots$, J_{2n} 是小量. 如果 r 递增, 则改正项的作用按 $\frac{1}{r^{2n}}$ 的比例递减. 为此, 在近球体(如行星) 的运动的研究中, 可以忽略这些改正项, 并假定这些天体的作用就好像它们的全部质量都集中在它们的引力中心一样(第一章 §5).

§4 人造卫星的运动方程

自然天体之间的距离与其大小相比大得多, 可以应用上节的结果; 但是, 与自然天体的情况相反, 人造地球卫星离开地球是如此地近, 以至于地球位函数的二次项不再能忽略. 对于某些自然卫星(火卫1, 火卫2, 木卫5等) 也遇到同样的情况, 也受到这种类型的相当大的摄动. 但是, 自然卫星的运动的观测是如此地不精确, 采用很近似的理论已足于算出观测到的差异. 相反, 人造地球卫星的观测精度要比自然卫星高几个数量级, 为此, 从第一批人造地球卫星上天以来, 人造卫星在近球体的引力场中运动的研究特别迅猛地发展.

因此, 如果作用在卫星上的力是由引力场引起的, 它仅仅依赖于地球的位函数 U 式(7), 则运动方程由式(2) 给出

$$\frac{\mathrm{d}^2 x}{\mathrm{d}t^2} = \frac{\partial U}{\partial x}, \quad \frac{\mathrm{d}^2 y}{\mathrm{d}t^2} = \frac{\partial U}{\partial y}, \quad \frac{\mathrm{d}^2 z}{\mathrm{d}t^2} = \frac{\partial U}{\partial z} \tag{9}$$

$$\mathscr{V} = -\left(\frac{m_1 m_2}{r_{12}} + \frac{m_2 m_3}{r_{23}} + \frac{m_3 m_1}{r_{31}} \right)$$

当然,可以应用第三章的结果,上面的方程组等价于下列德洛勒方程组[或等价于拉格朗日方程(第三章 §17 式(45) 方程组)]

$$\begin{cases} \dfrac{dL}{dt}=\dfrac{\partial\phi}{\partial l}, & \dfrac{dG}{dt}=\dfrac{\partial\phi}{\partial g}, & \dfrac{dH}{dt}=\dfrac{\partial\phi}{\partial h} \\[2mm] \dfrac{dl}{dt}=-\dfrac{\partial\phi}{\partial L}, & \dfrac{dg}{dt}=-\dfrac{\partial\phi}{\partial G}, & \dfrac{dh}{dt}=-\dfrac{\partial\phi}{\partial H} \end{cases} \tag{10}$$

其中

$$\phi=\frac{\mu}{2a}+R$$

$$R=U-\frac{kM}{r}$$

但是,除了受到地球引力之外,人造卫星也受到月亮和太阳的摄动以及与高层大气摩擦所产生的阻尼.大气阻尼效应随着卫星高度的减低而增大,这种力是很难分析的,因为大气密度依赖于温度、照度和太阳活动等因素.人造卫星也受到太阳光压的影响,其作用与卫星的面积质量比(卫星受太阳光照射的面积与卫星质量之比)$\dfrac{S}{M}$ 成正比,因此有时是很重要的.虽然太阳光压也作用在太阳系其他天体上,但由于 $\dfrac{S}{M}$ 极小而可忽略.最后,人造卫星的轨道还受到电磁效应、流星的碰撞等的摄动,其作用可以约略地进行预计.

下面,我们只讨论地球引力位(高卫星轨道的摄动的主要因素)的作用,详细研究这种运动可以使我们探讨天体力学中碰到的其他大部分问题所采用的方法.在适当的地方,我们将指出表征这些主要问题的最重要的差异.

§5   柴倍耳方法的原理

利用母函数,经过一系列变量变换后,可以解出方程组

$$\begin{cases} \dfrac{dL}{dt}=\dfrac{\partial\phi}{\partial l}, & \dfrac{dG}{dt}=\dfrac{\partial\phi}{\partial g}, & \dfrac{dH}{dt}=\dfrac{\partial\phi}{\partial h} \\[2mm] \dfrac{dl}{dt}=-\dfrac{\partial\phi}{\partial L}, & \dfrac{dg}{dt}=-\dfrac{\partial\phi}{\partial G}, & \dfrac{dh}{dt}=-\dfrac{\partial\phi}{\partial H} \end{cases} \tag{11}$$

其中,ϕ 是六个德洛纳变量的函数.

把第三章 §8 的结果应用到方程组(11).我们知道,如果我们考虑一组新变量 L',G',H',l',g',h' 和母函数 $S(L',G',H',l,g,h)$,使

$$\begin{cases} L=\dfrac{\partial S}{\partial l}, & G=\dfrac{\partial S}{\partial g}, & H=\dfrac{\partial S}{\partial h} \\[2mm] l'=\dfrac{\partial S}{\partial L'}, & g'=\dfrac{\partial S}{\partial G'}, & h'=\dfrac{\partial S}{\partial H'} \end{cases} \tag{12}$$

则新方程组是正则的,而表为新变量的新哈密尔顿函数 ϕ' 是不变的.

因此

$$\phi(L,G,H,l,g,h) = \phi'(L',G',H',l',g',h') \tag{13}$$

而

$$\begin{cases} \dfrac{\mathrm{d}L'}{\mathrm{d}t} = \dfrac{\partial\phi'}{\partial l'}, & \dfrac{\mathrm{d}G'}{\mathrm{d}t} = \dfrac{\partial\phi'}{\partial g'}, & \dfrac{\mathrm{d}H'}{\mathrm{d}t} = \dfrac{\partial\phi'}{\partial h'} \\[2mm] \dfrac{\mathrm{d}l'}{\mathrm{d}t} = -\dfrac{\partial\phi'}{\partial L'}, & \dfrac{\mathrm{d}g'}{\mathrm{d}t} = -\dfrac{\partial\phi'}{\partial G'}, & \dfrac{\mathrm{d}h'}{\mathrm{d}t} = -\dfrac{\partial\phi'}{\partial H'} \end{cases} \tag{14}$$

由于 S 是任意的函数,故可加上一定的条件,在本节将要论述的由柴倍耳引入并经布劳威尔发展的方法中,此条件是 ϕ' 与一个角变量无关而 ϕ 却依赖于这个角变量.如果这个条件能够满足的话(我们将证明这是可能的),则我们将从哈密尔顿函数中消去一个角变量.如果重复这种运算几次,则可从 ϕ 中一个一个地消去所有的角变量,最后的哈密尔顿函数 ϕ'' 只是 L'',G'' 和 H'' 的函数.

最后方程组的前三个方程

$$\frac{\mathrm{d}L''}{\mathrm{d}t} = \frac{\partial\phi''}{\partial l''}, \qquad \frac{\mathrm{d}G''}{\mathrm{d}t} = \frac{\partial\phi''}{\partial g''}, \qquad \frac{\mathrm{d}H''}{\mathrm{d}t} = \frac{\partial\phi''}{\partial h''}$$

的右端为零,从而得到 L'',G'' 和 H'' 为常数的解.把这些常数值代回到 $\dfrac{\partial\phi''}{\partial L''}$,$\dfrac{\partial\phi''}{\partial G''}$ 和 $\dfrac{\partial\phi''}{\partial H''}$ 中,得到 $\dfrac{\mathrm{d}l''}{\mathrm{d}t}$,$\dfrac{\mathrm{d}g''}{\mathrm{d}t}$ 和 $\dfrac{\mathrm{d}h''}{\mathrm{d}t}$ 是常数,故 l'',g'' 和 h'' 的解是时间的线性函数.

利用定义各个中间变量的(12)型的各种方程,逐步回推,则可得到初始变量 L,G,H,l,g 和 h 的解.

§6　方程的建立

现在我们来考虑给出方程(9)的解的运算,为了减少代数计算的工作量,我们限于讨论 U 的展开式的第一项,即

$$R - U_2 - \frac{\mu}{r^3} J_2 \left(\frac{1}{2} - \frac{3}{2}\sin^2\varphi \right) \quad (\mu = kM)$$

加上更多的项并没有使方法有任何本质的差别.

在方程组(11)中,ϕ 被表为德洛纳变量的函数,我们并不准确把这个步骤弄完整,利用上一章所介绍的关于摄动函数展开的方法可以达到这个目的.

我们有

$$\phi = \frac{\mu}{2a} + \frac{\mu}{r^3} J_2 \left(\frac{1}{2} - \frac{3}{2}\sin^2\varphi \right)$$

在轨道平面、赤道平面和通过卫星的子午平面所确定的球面三角中(图5.2)

645

$$\mathcal{Y} = -\left(\frac{m_1 m_2}{r_{12}} + \frac{m_2 m_3}{r_{23}} + \frac{m_3 m_1}{r_{31}} \right)$$

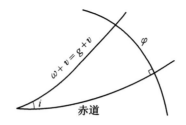

图 5.2

$$\sin \varphi = \sin i \sin(g + v)$$

其中 v 是真近点角.

所以

$$\sin^2 \varphi = \sin^2 i \frac{1 - \cos(2g + 2v)}{2}$$

现在,从第三章 §15 式(42)

$$\cos i = \frac{G}{H}, \quad \sqrt{a} = \frac{L}{\sqrt{\mu}}$$

由此

$$\phi = \frac{\mu^2}{2L^2} + \frac{\mu^4 J_2}{L^6} \left[\frac{a^3}{r^3} \left(-\frac{1}{4} + \frac{3}{4} \frac{H^2}{G^2} \right) + \right.$$

$$\left. \left(\frac{3}{4} - \frac{3}{4} \frac{H^2}{G^2} \right) \frac{a^3}{r^3} \cos(2g + 2v) \right] \tag{15}$$

注意,现在 ϕ 中不含 h.

利用第四章 §7 中给出的对于二体问题函数的展开有效的方法,可把 $\dfrac{a^3}{r^3}$ 和

$\dfrac{a^3}{r^3} \cos(2g + 2v)$ 表为 e, g 和 l 的函数. 由于 $e = \sqrt{1 - \dfrac{G^2}{L^2}}$,于是 ϕ 被表为德洛勒

变量的函数,设 e^4 是小量而略去,得

$$\frac{a^3}{r^3} = 1 + \frac{3e^2}{2} + \left(3e + \frac{27}{8}e^3 \right) \cos l + \frac{9}{2}e^2 \cos 2l + \frac{53}{8}e^3 \cos 3l$$

$$\frac{a^3}{r^3} \cos(2g + 2v) = \frac{e^3}{48} \cos(2g - l) +$$

$$\left(-\frac{e}{2} + \frac{1}{16}e^3 \right) \cos(2g + l) +$$

$$\left(1 - \frac{5}{2}e^2 \right) \cos(2g + 2l) +$$

$$\left(\frac{7}{2}e - \frac{123}{16}e^3 \right) \cos(2g + 3l) +$$

$$\frac{17}{2}e^2 \cos(2g + 4l) + \frac{845}{48}e^3 \cos(2g + 5l)$$

下面直接计算两个特别重要的量：

(1) $\dfrac{a^3}{r^3}$ 展开式中的常数项是 $\dfrac{L^3}{G^3}$. 根据傅里叶定理(第四章 §2)，此项为

$$A_0 = \frac{1}{2\pi}\int_0^{2\pi} \frac{a^3}{r^3}\mathrm{d}M$$

现在，从面积定律

$$r^2\frac{\mathrm{d}v}{\mathrm{d}t} = na^2\sqrt{1-e^2} = G$$

而

$$\frac{\mathrm{d}M}{\mathrm{d}t} = n = \frac{\sqrt{\mu}}{a^{\frac{3}{2}}} = \frac{L}{a^2}$$

所以

$$\frac{r^2}{a^2}\frac{\mathrm{d}v}{\mathrm{d}M} = \frac{G}{L}$$

并且

$$A_0 = \frac{1}{2\pi}\int_0^{2\pi} \frac{a}{r}\cdot\frac{L}{G}\mathrm{d}v = \frac{1}{2\pi}\frac{L^3}{G^3}\int_0^{2\pi}(1+e\cos v)\mathrm{d}v$$

$$= \frac{L^3}{G^3} = (1-e^2)^{-\frac{3}{2}}$$

(2) $\dfrac{a^3}{r^3}\cos(2g+2v)$ 的展开式中 $\cos 2g$ 项为零.

根据傅里叶定理，此项为

$$C_0 = \frac{1}{\pi}\int_0^{2\pi}\frac{a^3}{r^3}\cos(2g+2v)\mathrm{d}M$$

$$= \frac{1}{\pi}\int_0^{2\pi}\frac{L}{G}\frac{a}{r}\cos(2g+2v)\mathrm{d}v$$

$$= \frac{1}{2\pi}\frac{L^3}{G^3}\int_0^{2\pi}(1+e\cos v)\cos(2g+2v)\mathrm{d}v = 0$$

§7　平近点角的消去法

按照 §5 简略介绍的方法，我们来确定母函数 S 和不显含新变量 l' 的新哈密尔顿函数 ϕ'. 设 J_2 是小量，根据庞加莱定理(第四章 §15 和 §16)，我们来寻求可展成关于 J_2 的完全级数解. 设 S 和 ϕ' 也能以同样的形式展开.

令

$$\phi = \phi_0 + \phi_1$$

下标表示该项关于 J_2 的幂次，所以

$$\mathscr{V} = -\left(\frac{m_1 m_2}{r_{12}} + \frac{m_2 m_3}{r_{23}} + \frac{m_3 m_1}{r_{31}}\right)$$

$$\phi_0 = \frac{\mu^2}{2L^2}$$

$$\phi_1 = \frac{\mu^4 J_2}{L^6}\left[\left(-\frac{1}{4}+\frac{3}{4}\frac{H^2}{G^2}\right)\frac{a^3}{r^3}+\left(\frac{3}{4}-\frac{3}{4}\frac{H^2}{G^2}\right)\frac{a^3}{r^3}\cos(2g+2v)\right]$$

同样

$$\begin{cases}\phi'=\phi'_0+\phi'_1+\phi'_2+\cdots\\ S=S_0+S_1+S_2+\cdots\end{cases} \qquad (16)$$

对于变换的一个要求是,当略去 J_2 时,变换的结果是保持变量恒等不变. 所以,我们取 $S_0=L'l+G'g+H'h$,根据式(12),有

$$L=\frac{\partial S}{\partial l}=L'+\frac{\partial S_1}{\partial l}+\frac{\partial S_2}{\partial l}+\cdots$$

$$l'=\frac{\partial S}{\partial L'}=l+\frac{\partial S_1}{\partial L'}+\frac{\partial S_2}{\partial L'}+\cdots$$

$$G=\frac{\partial S}{\partial g}=G'+\frac{\partial S_1}{\partial g}+\frac{\partial S_2}{\partial g}+\cdots$$

$$g'=\frac{\partial S}{\partial G'}=g+\frac{\partial S_1}{\partial G'}+\frac{\partial S_2}{\partial G'}+\cdots$$

$$H=\frac{\partial S}{\partial h}=H'+\frac{\partial S_1}{\partial h}+\frac{\partial S_2}{\partial h}+\cdots$$

$$h'=\frac{\partial S}{\partial H'}=h+\frac{\partial S_1}{\partial H'}+\frac{\partial S_2}{\partial H'}+\cdots$$

ϕ 等于 ϕ'(§5 式(13))给出

$$\phi_0(L)+\phi_1(L,G,H,l,g,-)$$
$$\equiv\phi'_0+\phi'_1(L',G',H',-,g',-)+$$
$$\phi'_2(L',G',H',-,g',-)+\cdots$$

其中,长划表示不存在的变量,而 ϕ' 不再依赖于 l'. 由于 ϕ_1 已不依赖于 h,因此, 我们尽力找出只依赖于 g' 的 ϕ'.

把式中的 L,G,H,l',g' 和 h' 表为 S 的函数,得

$$\phi_0\left(\frac{\partial S}{\partial l}\right)+\phi_1\left(\frac{\partial S}{\partial l},\frac{\partial S}{\partial g},\frac{\partial S}{\partial h},l,g,-\right)$$
$$\equiv\phi'_0+\phi'_1\left(L',G',H',-,\frac{\partial S}{\partial G'},-\right)+$$
$$\phi'_2\left(L',G',H',-,\frac{\partial S}{\partial G},-\right)+\cdots$$

把 S 的偏导数用它们关于 J_2 的展开式代替,并只取展开式的有限项,例如 取到 J_2^2 项,则有

$$\phi_0\left(L'+\frac{\partial S_1}{\partial l}+\frac{\partial S_2}{\partial l}\right)+\phi_1\left(L'+\frac{\partial S_1}{\partial l},G'+\frac{\partial S_1}{\partial g},H'+\frac{\partial S_1}{\partial h},l,g,-\right)$$

$$\equiv \phi_0' + \phi_1'\left(L',G',H',-,g+\frac{\partial S_1}{\partial G'},-\right) + \phi_2'(L',G',H',-,g,-)$$

展成泰勒级数得

$$\phi_0(L') + \frac{\partial \phi_0}{\partial L'}\frac{\partial S_1}{\partial l} + \frac{\partial \phi_0}{\partial L'}\frac{\partial S_2}{\partial l} + \frac{1}{2}\frac{\partial^2 \phi_0}{\partial L'^2}\left(\frac{\partial S_1}{\partial l}\right)^2 +$$

$$\phi_1(L',G',H',-,g,-) + \frac{\partial \phi_1}{\partial L'}\frac{\partial S_1}{\partial l} +$$

$$\frac{\partial \phi_1}{\partial G'}\frac{\partial S_1}{\partial g} + \frac{\partial \phi_1}{\partial H'}\frac{\partial S_1}{\partial h}$$

$$\equiv \phi_0' + \phi_1'(L',G',H',-,g,-) +$$

$$\frac{\partial \phi_1}{\partial g}\frac{\partial S_1}{\partial G'} + \phi_2'(L',G',H',-,g,-) \tag{17}$$

对上式加以整理,并令两端 J_2 同阶的项相等,得

$$\begin{cases} (1)\,\phi_0' = \phi_0(L') \\[1mm] (2)\,\phi_1'(L',G',H',-,g,-) = \dfrac{\partial \phi_0}{\partial L'}\dfrac{\partial S_1}{\partial l} + \phi_1(L',G',H',l,g,-) \\[2mm] (3)\,\phi_2' + \dfrac{\partial \phi_1}{\partial g}\dfrac{\partial S_1}{\partial G'} = \dfrac{\partial \phi_0}{\partial L'}\dfrac{\partial S_2}{\partial l} + \dfrac{1}{2}\dfrac{\partial^2 \phi_0}{\partial L'^2}\left(\dfrac{\partial S_1}{\partial l}\right)^2 + \\[3mm] \qquad\qquad \dfrac{\partial \phi_1}{\partial L'}\dfrac{\partial S_1}{\partial l} + \dfrac{\partial \phi_1}{\partial G'}\dfrac{\partial S_1}{\partial g} + \dfrac{\partial \phi_1}{\partial H}\dfrac{\partial S_1}{\partial h} \end{cases} \tag{18}$$

第一个方程(1)给出

$$\phi_0' = \frac{\mu^2}{2L'^2}$$

第二个方程(2)可分成两步处理. 我们知道,按 l 展开的 ϕ_1 只有一项不依赖于 l,并且不包含 $\cos 2g$ 的项. 把与 l 无关的唯一项 ϕ_{1s} 分离出来,写成

$$\phi_1 = \frac{\mu^4 J_2}{L'^6}\left(-\frac{1}{4} - \frac{3}{4}\frac{H'^2}{G'^2}\right)\frac{L'^3}{G'^3} + \phi_{1p} = \phi_{1s} + \phi_{1p}$$

(下标 S 和 p 分别表示长期性和周期性).

现在,设 S 只是通过三角项依赖于 l(其形式类似于解的三角项),在这种情况下,$\dfrac{\partial S_1}{\partial l}$ 没有常数项,故可把方程(2)一分为二,于是得到包含 l 项的方程为

$$\frac{\partial \phi_0}{\partial L'}\frac{\partial S_1}{\partial l} + \phi_{1p}(L',G',H',l,g,-) = 0$$

而另一个只包含长期项的方程为

$$\phi_1'(L',G',H',-,g,-) = \phi_{1s}(L',G',H',-,g,-)$$

$$= \frac{\mu^4 J_2}{L'^3 G'^3}\left(-\frac{1}{4} + \frac{3}{4}\frac{H'^2}{G'^2}\right) \tag{19}$$

第二个方程确定了 ϕ_1',而由于

$$\mathscr{V} = -\left(\frac{m_1 m_2}{r_{12}} + \frac{m_2 m_3}{r_{23}} + \frac{m_3 m_1}{r_{31}}\right)$$

$$\frac{\partial \phi_0}{\partial L'} = -\frac{\mu^2}{L'^3}$$

第一个方程给出

$$\frac{\partial S_1}{\partial l} = \frac{L'^3}{\mu^2}\phi_{1p}(L',G',H',l,g,-)$$

和

$$S_1 = \int \frac{L'^3}{\mu^2}\phi_{1p}(L',G',H',l,g,-)\mathrm{d}l \tag{20}$$

这样,我们得到了 S_1(不依赖于 h) 和 ϕ_1'(不依赖于 l' 和 h'). 把它们代入 (18c)的第3个方程,然后分别地令方程两端含 l 的项和不含 l 的项相等,则可求得 S_2 和 ϕ_2'. 如果我们把得到式(18)的关于 J_2 的展开继续下去,则可求得 S 和 ϕ' 的更高阶项.最后,哈密尔顿函数 ϕ_2' 依赖于 g',但不再依赖于 l' 和 h'.

$$\S 8 \quad S_1 \text{ 的显函数式}$$

显然,要进行式(17)的变量变换,必须写出 S 的显函数式.为此,我们只要推算出由式(20)所定义的 S_1 就行了.

从上节我们已经得到

$$\phi_{1s} = \frac{\mu^4 J_2}{L'^6}\left(-\frac{1}{4}+\frac{3}{4}\frac{H'^2}{G'^2}\right)\frac{L'^3}{G'^3}$$

由此应用式(15)有

$$\phi_{1p}(L',G',H',l,g,-) = \frac{\mu^4 J_2}{L'^6}\left[\left(-\frac{1}{4}+\frac{3}{4}\frac{H'^2}{G'^2}\right)\left(\frac{a'^3}{r'^3}-\frac{L'^3}{G'^3}\right)+\right.$$
$$\left.\left(\frac{3}{4}-\frac{3}{4}\frac{H'^2}{G'^2}\right)\frac{a'^3}{r'^3}\cos(2g+2v')\right]$$

其中,a',r' 和 v' 是已知的椭圆运动函数,表为度量根数 L',G' 和角度根数 l 的函数.已知

$$\mathrm{d}l = n'\mathrm{d}t = \frac{r'^2}{a'^2\sqrt{1-e'^2}}\mathrm{d}v' = \frac{L'}{G'}\frac{r'^2}{a'^2}\mathrm{d}v'$$

我们必须计算

$$\int\left(\frac{a'^3}{r'^3}-\frac{L'^3}{G'^3}\right)\mathrm{d}l = \frac{-L'^3}{G'^3}l+\frac{L'^3}{G'^3}\int(1+e'\cos v')\mathrm{d}v'$$
$$= \frac{L'^3}{G'^3}(v'-l+e'\sin v')$$

同样地处理其他的表达式,则可得

$$S_1 = \frac{\mu^2 J_2}{G'^3}\left[\left(-\frac{1}{4}+\frac{3}{4}\frac{H'^2}{G'^2}\right)(v'-l+e'\sin v')+\right.$$

$$\left(\frac{3}{4}-\frac{3}{4}\frac{H'^{2}}{G'^{2}}\right)\left(\frac{1}{2}\sin(2g+2v')+\right.$$

$$\left.\frac{e'}{2}\sin(2g+v')+\frac{e'}{6}\sin(2g+3v')\right)\bigg] \tag{21}$$

其中,v' 是根数为 L',G' 和 l 的椭圆上的真近点角. 这样定义的式(17)变量变换只包含到 J_{2} 项,还包含 J_{2}^{2} 项的计算当然是比较复杂的. 我们还注意到 $\frac{\partial S_{1}}{\partial h}=0$,因此,$H'=H$.

§9 ϕ'_{2} 的计算

已知 S_{1},则可从(18)的第 3 个式子中分离出与 l 无关的项. 现在,我们把式 (21)展成 l 的函数. 但是,借助于傅里叶定理(参看 §6),我们也可直接完成计算,并找出与 l 无关的项. 然而,这种计算过于冗长,在这里我们不再写出.

我们求得

$$\phi'_{2}=\frac{\mu^{6}J_{2}^{2}}{L'^{10}}\left[\frac{15}{128}\frac{L'^{5}}{G'^{5}}\left(1-\frac{18}{5}\frac{H'^{2}}{G'^{2}}+\frac{H'^{4}}{G'^{4}}\right)+\right.$$

$$\frac{3}{32}\frac{L'^{6}}{G'^{6}}\left(1-6\frac{H'^{2}}{G'^{2}}+9\frac{H'^{4}}{G'^{4}}\right)-$$

$$\frac{15}{128}\frac{L'^{7}}{G'^{7}}\left(1-2\frac{H'^{2}}{G'^{2}}+9\frac{H'^{4}}{G'^{4}}\right)-$$

$$\left.\frac{3}{64}\left(\frac{L'^{5}}{G'^{5}}-\frac{L'^{7}}{G'^{7}}\right)\left(1-16\frac{H'^{2}}{G'^{2}}+15\frac{H'^{4}}{G'^{4}}\right)\cos 2g'\right]$$

$$=\phi'_{2S}\phi'_{2p} \tag{22}$$

其中,ϕ'_{2p} 包含 $\cos 2g'$ 项,而 ϕ'_{2S} 包含与 g' 无关的项.

§10 g 的消去法

这样,我们已经把方程组化成正则方程组(14),其哈密尔顿函数由下式给出

$$\phi'=\phi'_{0}+\phi'_{1}+\phi'_{2S}+\phi'_{2p}$$

其中,只有 ϕ'_{2p} 依赖于 g',其他项只依赖于 L',G' 和 H'.

现在我们应用母函数 S' 进行另一次正则变换

$$L',G',H',l',g',h'\rightarrow L'',G'',H'',l'',g'',h''$$

同样有

$$S'=L''l'+G''g'+H''h'+S'_{1}(L'',G'',H'',g')+\cdots$$

如同在第一次近似中对 h 的那样,可以证明 S' 与 l 无关

$$\mathscr{V}=-\left(\frac{m_{1}m_{2}}{r_{12}}+\frac{m_{2}m_{3}}{r_{23}}+\frac{m_{3}m_{1}}{r_{31}}\right)$$

$$L' = \frac{\partial S'}{\partial l'} = L'', \quad G' = \frac{\partial S'}{\partial g'} = G'' + \frac{\partial S'_1}{\partial g'} + \cdots$$

$$H' = \frac{\partial S'}{\partial h'} = H'', \quad l'' = \frac{\partial S'}{\partial L''} = l' + \frac{\partial S'_1}{\partial L''} + \cdots$$

$$g'' = \frac{\partial S'}{\partial G''} = g + \frac{\partial S'_1}{\partial G''} + \cdots$$

$$h'' = \frac{\partial S'}{\partial H''} = h' + \frac{\partial S'_1}{\partial H''} + \cdots \tag{23}$$

新哈密尔顿函数 $\phi'' = \phi''_0 + \phi''_1 + \phi''_2 + \cdots$ 与 l'', g'' 和 h'' 无关. ϕ'' 与 ϕ' 恒等得出

$$\phi''_0 + \phi''_1 + \phi''_2 = \phi'_0 + \phi'_1\left(L'', G'' + \frac{\partial S'_1}{\partial g'}, H''\right) + \phi'_{2S} + \phi'_{2p} \tag{24}$$

这里,我们截断于 J_2^2 项,由此得出下列方程

$$\phi''_0 = \phi'_0(L')$$

$$\phi''_1 = \phi'_1(L', G', H'')$$

$$\phi''_2 = \frac{\partial \phi'_1}{\partial G''}\frac{\partial S'_1}{\partial g'} + \phi'_{2S} + \phi'_{2p}$$

最后的式子简化成两个方程:其一是与 g' 无关的项

$$\phi''_2 = \phi'_{2S}$$

其二是依赖于 g' 的项

$$\frac{\partial \phi'_1}{\partial G''}\frac{\partial S'_1}{\partial g'} + \phi'_{2p} = 0$$

这个方程定义 S'_1

$$S'_1 = \int \frac{-\phi'_{2p}(L'', G'', H'', -, g', -)}{\frac{\partial \phi'_1}{\partial G''}} \mathrm{d}g'$$

应用式(19)和式(22),我们得出

$$S'_1 = \frac{\mu^2 J_2}{32 L''^2 G''} \frac{\left(1 - \frac{L''^2}{G''^2}\right)\left(1 - 16\frac{H''^2}{G''^2} + 15\frac{H''^4}{G''^4}\right)}{\left(1 - 5\frac{H''^2}{G''^2}\right)} \sin 2g' \tag{25}$$

利用母函数 S' 和方程(23)所定义的新变量,我们得到下列正则方程组

$$\frac{\mathrm{d}L''}{\mathrm{d}t} = \frac{\partial \phi''}{\partial l''}, \quad \frac{\mathrm{d}G''}{\mathrm{d}t} = \frac{\partial \phi''}{\partial g}, \quad \frac{\mathrm{d}H''}{\mathrm{d}t} = \frac{\partial \phi''}{\partial h''}$$

$$\frac{\mathrm{d}l''}{\mathrm{d}t} = -\frac{\partial \phi''}{\partial L''}, \quad \frac{\mathrm{d}g''}{\mathrm{d}t} = -\frac{\partial \phi''}{\partial G''}, \quad \frac{\mathrm{d}h''}{\mathrm{d}t} = -\frac{\partial \phi''}{\partial H''}$$

其中, $\phi'' = \phi''_0 + \phi''_1 + \phi''_2 + \cdots$. 现在 ϕ'' 只依赖于 L'', G'' 和 H'',而且 $\frac{\partial \phi''}{\partial l''}, \frac{\partial \phi''}{\partial g''}$ 和 $\frac{\partial \phi''}{\partial h''}$ 为零,所以 L'', G'' 和 H'' 是常数.

最后三个方程的右端也是常数,积出的 l'',g'' 和 h'' 是时间的线性函数.因此,问题的完全解的形式如下

$$L'' = L_0, \quad G'' = G_0, \quad H'' = H_0$$
$$l'' = n_l(t - t_0), \quad g'' = n_g(t - t_0), \quad h'' = n_h(t - t_0)$$

由式(17)和(23),可以化回到初始的变量 L,G,H,l,g 和 h,并把其中的任一个变量表示为时间的函数.

§11　主要的结果:人造卫星的运动

略去 J_2^2,我们得到 l'',g'' 和 h'' 的简单表达式.在 ϕ'' 中保留下列的项已经足够

$$\phi_0'' = \phi_0' = \phi_0 = \frac{\mu^2}{2L''^2}$$

和

$$\phi_1'' = \phi_1' = \phi_{1s} = \frac{\mu^4 J_2}{L''^3 G''^3}\left(-\frac{1}{4} + \frac{3}{4}\frac{H''^2}{G''^2}\right)$$

$$\frac{\mathrm{d}l''}{\mathrm{d}t} = -\frac{\partial\phi_0}{\partial L''} - \frac{\partial\phi_1''}{\partial L''} = \frac{\mu^2}{L''^3} + \frac{3\mu^4 J_2}{L''^4 G''^3}\left(-\frac{1}{4} + \frac{3}{4}\frac{H''^2}{G''^2}\right)$$

$$\frac{\mathrm{d}l''}{\mathrm{d}t} = n_0 + 3n_0\frac{J_2}{a_0^2}\left(-\frac{1}{4} + \frac{3}{4}\cos^2 i_0\right)(1 - e_0^2)^{-\frac{3}{2}} \tag{26}$$

如果 $n_0 = \dfrac{\mu^2}{L_0^3}$,而 e_0,a_0 和 i_0 是对应于常数 L_0,G_0 和 H_0 的椭圆根数值,则

$$\frac{\mathrm{d}g''}{\mathrm{d}t} = -\frac{\partial\phi_1''}{\partial G''} = \frac{-3\mu^4 J_2}{L''^3 G''^4}\left(\frac{1}{4} - \frac{5}{4}\frac{H''^2}{G''^2}\right)$$

$$= n_0\frac{J_2}{a_0^2}\left(-\frac{3}{4} + \frac{15}{4}\cos^2 i_0\right)\frac{1}{(1 - e_0^2)^2} \tag{27}$$

$$\frac{\mathrm{d}h''}{\mathrm{d}t} = -\frac{\partial\phi_1''}{\partial H''} = \frac{-3\mu^4 J_2 H''}{2L''^3 G''^5}$$

$$= -\frac{n_0}{2}\frac{J_2}{a_0^2}\cos i_0\frac{3}{(1 - e_0^2)^2} \tag{28}$$

化回到初始根数,得到下列形式的表达式

$$l = l'' + l_L + l_C, \quad g = g'' + g_L + g_C, \quad h = h'' + h_L + h_C$$
$$L = L'' + L_L + L_C, \quad G = G'' + G_L + G_C$$
$$H = H'' + H_L + H_C$$

其中,第一项代表上述的解,下标 L 的项是长周期项,只有 g 包含在三角函数的引数里;下标 C 的项是短周期项,l'' 单独或与 g'' 一起包含在三角函数的引数里.因此,表达式(26)和(28)描述运动的长期部分.

653

$$\mathcal{V} = -\left(\frac{m_1 m_2}{r_{12}} + \frac{m_2 m_3}{r_{23}} + \frac{m_3 m_1}{r_{31}}\right)$$

方程(28) 表明交点以

$$\frac{4\pi(1-e_0^2)^2 a_0^2}{3n_0 J_2 \cos i_0}$$

的周期逆行.

当倾角趋于零时,交点的逆行运动最快,而极轨道则不存在这种运动. 小偏心率和大半长径的交点运动较慢.

对于倾角小于 I_0($5\cos^2 I_0 - 1 = 0, I_0 = 63°26'$) 的卫星,近地点的运动是顺行的;而当倾角大于 I_0 时,则为逆行.

卫星的运动周期接近 $\frac{2\pi}{n_0}$,即接近于地球为标准球体应有的周期值. 倾角小于 I_0'($3\cos^2 I_0' - 1 = 0, I_0' = 54°44'$) 的平运动较快,而倾角大于 I_0' 的平运动则较慢.

与第四章 §18 所说的一致,半长径、偏心率和倾角没有长期运动. 从 ϕ_{2S}' 得到的 $\sin 2g''$ 或 $\cos 2g''$ 项(参看 §9)是长周期项,可以出现于所有的根数之中. 但是,除了半长径之外,对于其他的根数都是 J_2 阶. 这些是周期为近地点周期一半的项,此外,还存在着 J_2 的高阶项,其周期等于近地点周期的四分之一,六分之一等.

短周期项使旋转的并受到长周期摄动的基本轨道变形.

备注:这样,我们再一次看到在第四章 §19 所引入的长周期项、短周期项和长期项之间的区别,在太阳系大部分自然天体的运动理论中,也存在着这种区别.

§12 拉格朗日方程的应用:第一次近似

为了应用第四章 §18 给出的普遍摄动方法,我们现在将利用拉格朗日方程努力找出人造卫星根数的摄动,但只限于研究一次近似中出现的摄动.

以椭圆根数表示的摄动函数 R(式(15)) 为

$$R = \frac{\mu J_2}{a^3}\left[\left(-\frac{1}{4} + \frac{3}{4}\cos^2 i\right)\frac{a^3}{r^3} + \left(\frac{3}{4} - \frac{3}{4}\cos^2 i\right)\frac{a^3}{r^3}\cos(2g + 2v)\right]$$

应用 §6 中给出的展开式,再用根数 Ω, ω 和 M 表示,并略去 e^3,得

$$R = \frac{\mu J_2}{a^3}\left\{\left(-\frac{1}{4} + \frac{3}{4}\cos^2 i\right)\left(1 + \frac{3e^2}{2} + 3e\cos M + \frac{9}{2}e^2\cos 2M\right) + \right.$$
$$\left(\frac{3}{4} - \frac{3}{4}\cos^2 i\right)\left[-\frac{e}{2}\cos(2\omega + M) + \left(1 - \frac{5}{2}e^2\right)\cdot\right.$$
$$\left.\left.\cos(2\omega + 2M) + \frac{7}{2}e\cos(2\omega + 3M) + \frac{17}{2}e^2\cos(2\omega + 4M)\right]\right\} \quad (29)$$

对于一次近似,根数 a,e,i,Ω 和 ω 是常数(开普勒运动),而 $M=n(t-t_0)$, $n^2 a^3=\mu$. 现在我们应用描述近地点运动的拉格朗日方程(第四章 §1 式(45))

$$\frac{\mathrm{d}\omega}{\mathrm{d}t}=\frac{\sqrt{1-e^2}}{na^2 e}\frac{\partial R}{\partial e}-\frac{\cos i}{na^2\sqrt{1-e^2}\sin i}\frac{\partial R}{\partial i}$$

略去 e^2,得

$$\frac{\partial R}{\partial e}=\frac{\mu J_2}{a^3}\left\{\left(-\frac{1}{4}+\frac{3}{4}\cos^2 i\right)(3e+3\cos M+9e\cos 2M)+\right.$$

$$\left(\frac{3}{4}-\frac{3}{4}\cos^2 i\right)\left[-\frac{1}{2}\cos(2\omega+M)-\right.$$

$$5e\cos(2\omega+2M)+\frac{7}{2}\cos(2\omega+3M)+$$

$$\left.\left.17e\cos(2\omega+4M)\right]\right\}$$

我们可以用 1 代替 $\sqrt{1-e^2}$,而用 $\frac{1}{na^2 e}$ 代替拉格朗日方程中 $\frac{\partial R}{\partial e}$ 的系数. 把系数同上式相乘,只留下 e^{-1} 项和常数,得

$$\frac{\sqrt{1-e^2}}{na^2 e}\frac{\partial R}{\partial e}=\frac{\mu J_2}{na^5}\left\{\left(-\frac{1}{4}+\frac{3}{4}\cos^2 i\right)\cdot\right.$$

$$\left(3+\frac{3}{e}\cos M+9\cos 2M\right)+\left(\frac{3}{4}-\frac{3}{4}\cos^2 i\right)\cdot$$

$$\left[-\frac{1}{2e}\cos(2\omega+M)-5\cos(2\omega+2M)+\right.$$

$$\left.\left.\frac{7}{2e}\cos(2\omega+3M)+17\cos(2\omega+4M)\right]\right\}$$

略去 e 项,我们同样可得

$$\frac{-\cos i}{na^2\sqrt{1-e^2}\sin i}\frac{\partial R}{\partial i}=\frac{\mu J_2}{na^5}\cdot\left[\frac{3}{2}\cos^2 i-\frac{3}{2}\cos^2 i\cos(2\omega+2M)\right]$$

两式相加得

$$\frac{\mathrm{d}\omega}{\mathrm{d}t}=\frac{\mu J_2}{na^5}\left\{-\frac{3}{4}+\frac{15}{4}\cos^2 i+\left(-\frac{1}{4}+\frac{3}{4}\cos^2 i\right)\left(\frac{3}{e}\cos M+9\cos 2M\right)-\right.$$

$$\frac{3}{2}\cos^2 i\cos(2\omega+2M)+\left(\frac{3}{4}-\frac{3}{4}\cos^2 i\right)\left[-\frac{1}{2e}\cos(2\omega+M)-\right.$$

$$\left.\left.5\cos(2\omega+2M)+\frac{7}{2e}\cos(2\omega+3M)+17\cos(2\omega+4M)\right]\right\}\qquad(30)$$

把二体问题的解

$$a=a_0,\quad e=e_0,\quad i=i_0,\quad \omega=\omega_0$$

和

$$M_0=n_0(t-t_0),\quad n_0^2 a_0^3=\mu$$

$$\mathscr{V}=-\left(\frac{m_1 m_2}{r_{12}}+\frac{m_2 m_3}{r_{23}}+\frac{m_3 m_1}{r_{31}}\right)$$

代入右端,然后进行积分,得

$$\omega = \omega_0 + \frac{n_0 J_2}{a_0^2}\left(-\frac{3}{4}+\frac{15}{4}\cos^2 i_0\right)t + \left[\frac{J_2}{a_0^2}\left(-\frac{1}{4}+\frac{3}{4}\cos^2 i_0\right)\cdot\right.$$

$$\left(\frac{3}{e_0}\sin M_0 + \frac{9}{2}\sin 2M_0\right)\cdot$$

$$\left(-\frac{15}{8}+\frac{9}{8}\cos^2 i_0\right)\sin(2\omega_0 + 2M_0) +$$

$$\left(\frac{3}{4}-\frac{3}{4}\cos^2 i_0\right)\left(-\frac{1}{2e_0}\sin(2\omega_0 + M_0)+\frac{7}{6e_0}\sin(2\omega_0 + 3M_0)+\right.$$

$$\left.\frac{17}{4}\sin(2\omega_0 + 4M_0)\right]$$

这样,我们求得近地点长期运动的时间的系数表达式如下

$$\frac{n_0 J_2}{a_0^2}\left(-\frac{3}{4}+\frac{15}{4}\cos^2 i_0\right) \tag{31}$$

此式与上一节式(27)中略去 e_0 项(这里,已略去 e_0 项)的结果符合. 这样,我们已经得到了许多短周期项,其中的一些项在分母中出现 e. 我们以后将讨论由此推得的结论. 我们将只是假定不去掉 e(但是,必须记住,我们已展开到 e^4,展开到 e 只不过是为了简化引数;事实上,一次近似的结果可以推广到所需要的任意阶).

我们可以同样地表示其他拉格朗日方程的右端(参看第四章 §1). 例如,表示出 $\frac{\mathrm{d}a}{\mathrm{d}t}$, $\frac{\mathrm{d}e}{\mathrm{d}t}$, $\frac{\mathrm{d}i}{\mathrm{d}t}$ 和 $\frac{\mathrm{d}\Omega}{\mathrm{d}t}$ 方程的右端项,如上进行积分,则可得一次近似解.

正如第四章 §18 所述,必须把 $\frac{\mathrm{d}M}{\mathrm{d}t}$ 方程分开处理,事实上,我们有

$$\frac{\mathrm{d}M}{\mathrm{d}t}=n-\frac{2}{na}\frac{\partial R}{\partial a}-\frac{1-e^2}{na^2 e}\frac{\partial R}{\partial e}$$

其中 $n=\sqrt{\mu}\,a^{-\frac{3}{2}}$.

为了得到与其他根数变量相同形式的全部 M 项(即关于 J_2 的一阶长期项、长周期项和短周期项),必须考虑 n 的一阶摄动. 所以,根据 a 的一次近似,首先计算

$$n=\sqrt{\mu}\,a^{-\frac{3}{2}}$$

略去 J_2^2,对于 a 我们得到

$$a = a_0\left[1+\frac{J_2}{a_0^2}\sum_{j,k}A_{jk}\cos(j\omega + kM)\right]$$

因此

$$a^{-\frac{3}{2}} = a_0^{-\frac{3}{2}}\left[1+\frac{J_2}{a_0^2}\sum_{j,k}A_{jk}\cos(j\omega + kM)\right]^{-\frac{3}{2}}$$

$$\sqrt{\mu}a^{-\frac{3}{2}} = n_0 - \frac{3}{2}n_0\frac{J_2}{a_0^2}\sum_{j,k}A_{jk}\cos(j\omega + kM) + \cdots$$

由此可见，$\dfrac{\mathrm{d}M}{\mathrm{d}t}$ 是全都具有相同形式的下列三个级数的总和

$$\sqrt{\mu}a^{-\frac{3}{2}}, \quad \frac{-2}{na}\frac{\partial R}{\partial a}, \quad -\frac{1-e^2}{na^2e}\frac{\partial R}{\partial e}$$

积分之后，M 就与其他 5 个根数具有相同的形式.

§13　拉格朗日方程的第二次近似

为了得到二次近似，我们把一次近似得到的级数代入拉格朗日方程的右端. 为此，我们应用展开的形式，如得到的 $\dfrac{\mathrm{d}\omega}{\mathrm{d}t}$ 展式 [式(30)].

在二次近似的计算中，只保留 J_2 项和 J_2^2 项，而得到的 J_2 项与一次近似相同. 在 J_2 项中没有单独包含 ω 的项，因为在摄动函数的展开式中没有 $\cos 2\omega$ 项. 但是，在上述的二次近似迭代中，可能出现 $\cos 2\omega$ 或 $\sin 2\omega$ 项，事实上也出现了.

于是，我们得到 $\dfrac{\mathrm{d}\omega}{\mathrm{d}t}$ 的表达式如下

$$\frac{\mathrm{d}\omega}{\mathrm{d}t} = J_2\omega_1' + J_2^2\omega_2' + J_2\sum_{i,j}A_{ij}\cos(i\omega + jM) +$$
$$J_2^2\sum_{i,j}B_{ij}\cos(i\omega + jM) \tag{32}$$

其中，求和对所有的 j 值进行；在 A_{ij} 中，$i=0$ 或 2；在 B_{ij} 中，$i=0,2$ 或 4；而且，$A_{20}=0$. ω_1',ω_2',A 和 B 是 a_0,e_0 和 i_0 的函数.

积分和一次近似同样的地进行，但是此时由于结果要准到 J_2^2，我们不能忽略 ω 和 M 的 J_2 阶长期项. 设 $J_2\omega_1'$ 和 $n+J_2n_1'$ 是 ω 和 M 的一次近似解中时间的系数，则式(32)的积分形式为

$$\omega - \omega_0 = (J_2\omega_1' + J_2^2\omega_2')t + J_2\sum_{i,j}A_{ij}\frac{\sin(i\omega + jM)}{iJ_2\omega_1' + j(n+J_2n_1')} +$$
$$J_2^2\sum_{i,j}B_{ij}\frac{\sin(i\omega + jM)}{iJ_2\omega_1' + j(n+J_2n_1')} \tag{33}$$

(1) 因为不存在，A_{00} 和 A_{20}，在第一个求和项的分母中，j 总是不为零；准确到 J_2^2，可以写成

$$\frac{1}{ij_2\omega_1' + jn + jJ_2n_1'} = \frac{1}{jn}\left[1 - \frac{J_2}{n}\left(\frac{i}{j}\omega_1' + n_1'\right)\right]$$

这样，第一个求和项就化成关于 J_2 的一阶项和其他具有同样形式的 J_2^2 项.

$$\mathcal{V} = -\left(\frac{m_1m_2}{r_{12}} + \frac{m_2m_3}{r_{23}} + \frac{m_3m_1}{r_{31}}\right)$$

(2) 关于第二个求和形式的项,除了 $B_{2,0}$ 的项外($B_{0,0}$ 和 $B_{4,0}$ 为零),我们可以忽略分母中的 J_2,并把 ω 当成常数和 $M = n(t - t_0)$ 进行积分.

另一方面,在 $B_{2,0}$ 的项中,除数变成 $2J_2\omega_1'$,积分之后,此项变成

$$\frac{J_2^2 B_{20}}{2J_2\omega_1'}\cos 2\omega = \frac{J_2 B_{20}}{2\omega_1'}\cos 2\omega$$

这是一个一阶的项.

这样,我们得到一个在天体力学中对于若干问题是有效的重要结果:一阶长周期项只是在第二次近似中才出现.

所以,由此得出的结论是:在第二次近似中算出的二阶项是不完全的,它们是采用不完全的一阶项算出的.因此,把方程写到二阶形式的迭代也是不完全的.这个结果与第四章 §19 中公式化了的结果是类似的.

二次以后的近似也是同样地进行:每一步,方程和因子展开的阶数增加一阶;因此,在第三次近似中,我们将处理高达 J_2^3 的展开式.

二次近似解的所有短周期项和长周期项都准到 J_2^2.

§14 两种方法的比较

上述两种方法虽然表为不同的形式,但用于解同一方程所得到的结果则是相同的.

第一种方法是由柴倍耳和布劳威尔作出的德洛勒方法的改进,按照所定义的新量 r' 和 v',以有限的形式给出结果(参看 §8).在问题比较复杂的情况下,这种变换未必能够实现,而必须像拉格朗日方法一样,按照偏心率的幂次进行同样的展开,在这种情况下,得出的结果是相同的.

因此,第一种方法不问偏心率的大小,其结果是有效的.这个优点在比较复杂的问题中失去了.两种方法的主要差别在于:拉格朗日方程的方法实质上是逐次逼近法,每一次逼近都重复同样的计算,展开式越来越长.另一方面,我们可以用柴倍耳方法达到任何要求的精度,仅仅要求使恒等式满足到 J_2 的高阶.

拉格朗日方法提供一个对小偏心率有效、计算量较小得到一阶理论的方法.另一方面,当要求的精度较高,特别是考虑长周期项时,柴倍耳方法可能是有利的,这同样适用于天体力学的其他问题.拉格朗日方法给出一个对问题快速而粗略的估计,并显示出运动的主要特征.但是,对于较高的精度,则必须应用比较经济的方法.已经发展了许多这样的方法,其中每一种方法都或多或少适应于给定的问题.第六章和第七章将讨论其中的一些方法,但只是进行原则上的讨论,因为它们的具体应用是冗长的.对这些方法进行比较常常是困难的.在不同的学派之中,选择这种或那种方法的理由未必是明显的.

§15 小偏心率和小倾角的情况

如同我们在第四章 §2 看到的,当在运动中偏心率和倾角可能为零时,拉格朗日方程失效,因为方程右端的分母中出现 e 和 $\sin i$.

这个限制也适用于柴倍耳方法.如下所述,利用式(21)S_1 的表达式(§8)

$$S_1 = \frac{\mu^2 J_2}{G'^3} \left[\left(-\frac{1}{4} + \frac{3}{4} \frac{H'^2}{G'^2} \right) (v' - l + e' \sin v') + \right.$$
$$\left(\frac{3}{4} - \frac{3}{4} \frac{H'^2}{G'^2} \right) \frac{1}{2} \sin(2g + 2v') +$$
$$\left. \frac{e'}{2} \sin(2g + v') + \frac{e'}{6} \sin(2g + 3v') \right] \tag{34}$$

由式(17) 所定义的变量 g' 中,有

$$g' = g + \frac{\partial S_1}{\partial G'} + \frac{\partial S_1}{\partial e'} \frac{\partial e'}{\partial G'} + \frac{\partial S_1}{\partial v'} \frac{\partial v'}{\partial e'} \frac{\partial e'}{\partial G'}$$

因为 S_1 也通过

$$e' = \sqrt{1 - \frac{G'^2}{L'^2}}$$

依赖于 G',而 v' 由下列公式与 l 发生关系

$$E' - e' \sin E' = l, \quad \tan \frac{v'}{2} = \sqrt{\frac{1 + e'}{1 - e'}} \tan \frac{E'}{2}$$

由此可得

$$\frac{\partial e'}{\partial G'} = -\frac{G'}{L'^2 e'}$$

这就把 e' 带进分母,计算中没有被消去.

由此可得出结论:当偏心率很小时,这里描述的方法失效.

关于零倾角的情况与此相同,因为 $\tan i$ 出现在倾角长周期项的分母中.因此,在偏心率和倾角很小的情况下,必须采用第三章 §18 提出的变量.

但是,由于倾角的摄动小,把问题当作平面来处理,即不管 i 和 Ω 变量,可以得到一个好的解.不过,关于偏心率我们则必须应用变量 η, θ 和 λ(第三章 §18),除非我们采用特别适合于零平均偏心率情况的完全不同的方法(例如希尔方法,参看第六章).

§16 临界角

从 §13 我们已知,采用拉格朗日方法在第二次近似中,可以找到分母包含

$$\gamma = -\left(\frac{m_1 m_2}{r_{12}} + \frac{m_2 m_3}{r_{23}} + \frac{m_3 m_1}{r_{31}} \right)$$

$J_2\omega_1'$ 即近地点的平运动的长周期项.

由式(31)可得

$$J_2\omega_1' = \frac{n_0 J_2}{a_0^2}\left(-\frac{3}{4} + \frac{15}{4}\cos^2 i_0\right)$$

因此,这种长周期项的分母正比于 $1 - 5\cos^2 i_0$;当 $\cos^2 i_0$ 趋近于 $\frac{1}{5}$ 时,分母趋于零(这个临界倾角约为 $63°26'$).于是,这些长周期项的振幅无限地增大,周期也将如此.上述的方法把 J_2 当作唯一的小量,但当 $(1 - 5\cos^2 i)$ 可与 J_2 比较时,方法则失其有效性.所以,我们必须应用不同的技术方法.我们将说明如何用柴倍耳方法处理这种情况.我们将在消去 l 之后(§8和§9)着手处理这个问题.任务是解正则方程组(14),其哈密尔顿函数是 $\phi' = \phi'_0 + \phi'_1 + \phi'_{2s} + \phi'_{2p}$,由式(18),(19)和(22)给出.

计入 J_4 项,除 ϕ'_{2s} 之外,得到

$$\phi^*_{2s} = \phi'_{2s} + \frac{\mu^6 J_4}{L'^{10}}\left(\frac{15}{16}\frac{L'^7}{G'^7} - \frac{9}{16}\frac{L'^5}{G'^5}\right)\left(\frac{3}{8} - \frac{15}{4}\frac{H'^2}{G'^2} + \frac{35}{8}\frac{H'^4}{G'^4}\right)$$

$$\phi^*_{2p} = \phi'_{2p} + \frac{\mu^6 J_4}{L'^{10}}\left(\frac{L'^5}{G'^5} - \frac{L'^7}{G'^7}\right)\left(\frac{15}{64} - \frac{15}{8}\frac{H'^2}{G'^2} + \frac{105}{64}\frac{H'^4}{G'^4}\right)\cos 2g'$$

现在我们尝试计算一个新的母函数

$$S' = L''l' + G''g' + H''h' + \sum_n S'_n(L'', G'', H'', g') \tag{35}$$

其中,L'',G'',H'',l'',g'' 和 h'' 是新变量,脚码 n 表示 S' 中不同阶的项,下面将对 n 值加以明确.

在§10中的一般计算中,S'_n 的第一项 S'_1 由式(25)给出,注意分子包含 J_2,而分母包含 $1 - 5\left(\frac{H''^2}{G''^2}\right) = 1 - 5\cos^2 i_0$.

所以,如果 $1 - 5\left(\frac{H''^2}{G''^2}\right)$ 是关于 J_2 的 λ 阶无穷小量,则我们不再能说 S'_1 是一阶,用 ν 表示 S'_1 的阶数($\nu < 1$ 和 $\lambda < 1$).

现在我们应用第63节的方法,考虑式(35),并保留这种展开式的第一项 S'_ν.

用 $\phi'' = \phi''_0 + \phi''_1 + \phi''_2 + \cdots$ 表示与 l'',g'' 和 h'' 无关的新哈密尔顿函数,并使其等于 ϕ',这个过程给出(高达二阶)

$$\phi''_0 + \phi''_1 + \phi''_2 = \phi'_0 + \phi'_1\left(L'', G'' + \frac{\partial S'}{\partial g'}, H''\right) + \phi^*_{2s} + \phi^*_{2p} \tag{36}$$

其中

$$\phi'_1\left(L'', G'' + \frac{\partial S'}{\partial g'}, H''\right)$$

$$= \phi'_1(L'', G'', H'') + \frac{\partial \phi'_1}{\partial G''}\frac{\partial S'_\nu}{\partial g'} + \frac{1}{2}\frac{\partial \phi'_1}{\partial G''^2}\left(\frac{\partial S'_\nu}{\partial g'}\right)^2 + \cdots$$

和

$$\frac{\partial \phi_1'}{\partial G''} = \frac{\mu^4 J_2}{L''^3 G''^4}\left(\frac{3}{4} - \frac{15}{4}\frac{H''^2}{G''^2}\right)$$

零阶项总是 ϕ_0'' 和 ϕ_0'，一阶项是 ϕ_1'' 和 ϕ_1'，故得

$$\phi_0'' = \phi_0', \quad \phi_1'' = \phi_1'$$

再高阶的项必定是二阶项，即是 ϕ_2''，ϕ_{2s}' 和 ϕ_{2p}'，但是，我们也有

$$\frac{\partial \phi_1'}{\partial G''}\frac{\partial S_v'}{\partial g'}, \quad 1+\lambda+\nu \text{ 阶}$$

和

$$\frac{\partial^2 \phi_1'}{\partial G''^2}\left(\frac{\partial^2 S_v'}{\partial g'^2}\right)^2, \quad 1+2\nu \text{ 阶}$$

因为 $\frac{\partial^2 \phi'}{\partial G''^2}$ 不包含 $(1-5[\frac{H''^2}{G''^2}])$ 作为因子.

如果 $(1+\lambda+\nu) \neq 2$，我们必须独立地把第一项和第二项等同看待，故有 $\frac{\partial S_v'}{\partial g'}=0$，$S'$ 与 g' 无关，$G'=G''$，即变量的改变保持恒等. 当然，这是和我们的假设矛盾的. 当 $(1+2\nu) \neq 2$ 时，这同样适用，因为再一次得到 $\frac{\partial S_v'}{\partial g'}=0$. 因此，我们同时取

$$1+\lambda+\nu = 2$$
$$1+2\nu = 2$$

因此 $\nu=\lambda=\frac{1}{2}$.

所以，应用这样的方法把 S' 展成第一项为 J_2 的 $\frac{1}{2}$ 阶的级数，我们可以进行接近于临界角的计算. 事实上，甚至当 $(1-5[\frac{H''^2}{G''^2}])$ 更小时，下述的计算仍然有效.

这样，当我们把 ϕ_{2p}^* 表为

$$\phi_{2p}^* = Q\cos 2g' = 2Q\cos^2 g' - Q$$

式(36)的二阶项相等给出

$$\phi_2'' = \phi_{2s}^* + 2Q\cos^2 g' - Q +$$
$$\frac{\partial}{\partial G''}(\phi_1' + \phi_{2s}^* + 2Q\cos^2 g' - Q)\cdot$$
$$\frac{\partial S_{\frac{1}{2}}'}{\partial g'} + \frac{1}{2}\frac{\partial^2 \phi_1'}{\partial G''^2}\left(\frac{\partial S_{\frac{1}{2}}'}{\partial g'}\right)^2$$

其中，$S_{\frac{1}{2}}'$ 依赖于 g'. 作为二阶项，$\frac{\partial \phi_{2s}^*}{\partial G''}$ 和 $\frac{\partial Q}{\partial G''}$ 较小，在下一次的近似中应当被略

661 $\qquad \mathscr{V} = -\left(\frac{m_1 m_2}{r_{12}} + \frac{m_2 m_3}{r_{23}} + \frac{m_3 m_1}{r_{31}}\right)$

去.但是,为了保留长期项(当 $i \to i_0$ 时,长期项不趋于零),我们将只略去 $\dfrac{\partial(2Q\cos^2 g)}{\partial G''}$,并保留等式

$$
\begin{aligned}
\phi_2'' = \phi_{2S}^* - Q + 2Q\cos^2 g' + \\
\frac{\partial}{\partial G''}(\phi_1' + \phi_{2S}^* - Q)\frac{\partial S_{\frac{1}{2}}'}{\partial g'} + \\
\frac{1}{2}\frac{\partial^2 \phi_1'}{\partial G''^2}\left(\frac{\partial S_{\frac{1}{2}}'}{\partial g'}\right)^2
\end{aligned}
\tag{37}
$$

分离出与 g' 无关的项,得到下列两个等式

$$
\phi_2'' = \phi_{2S}^* - Q
$$

$$
\frac{1}{2}\frac{\partial^2 \phi_1'}{\partial G''^2}\left(\frac{\partial S_{\frac{1}{2}}'}{\partial g'}\right)^2 + \frac{\partial}{\partial G'}(\phi_1' + \phi_{2S}^* - Q)\frac{\partial S_{\frac{1}{2}}'}{\partial g'} + 2Q\cos^2 g' = 0
\tag{38}
$$

第一式给出 ϕ_2'',而第二式确定了 $\dfrac{\partial S_{\frac{1}{2}}'}{\partial g'}$,也就确定了 $S_{\frac{1}{2}}'$.

令

$$
A = \frac{-\dfrac{\partial(\phi_1' + \phi_{\frac{*}{3}} - Q)}{\partial G''}}{\dfrac{\partial^2 \phi_1'}{\partial G''^2}}
$$

$$
B = \frac{4Q}{\dfrac{\partial^2 \phi_1'}{\partial G''^2}}, \quad g^* = g' - \frac{\pi}{2}
$$

我们得到

$$
\frac{\partial S_{\frac{1}{2}}'}{\partial g^*} = A \pm \sqrt{A^2 - B\sin^2 g^*}
\tag{39}
$$

§17　临界角附近近地点的天平动

式(39)的积分不能用初等函数表示,必须引入椭圆函数.

如果用 $\dfrac{1}{5}$ 代替 B 中的 $\dfrac{H'^2}{G'^2}$,我们看出在临界倾角附近有

$$
B = \frac{J_2 \mu^2}{5L'^2}\left(1 - \frac{L'^2}{G''^2}\right)\left(1 - \frac{J_4}{J_2^2}\right)
$$

因此,B 的符号取决于 $(J_4 - J_2^2)$ 的符号,由于 $G''^2 = L'^2(1 - e'^2) < L'^2$,故有

$$
\begin{aligned}
B < 0, &\quad 如果 J_4 < J_2^2 \\
B = 0, &\quad 如果 J_4 = J_2^2
\end{aligned}
$$

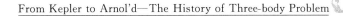

$$B > 0, \quad \text{如果} J_4 > J_2^2$$

对于地球有下列近似值

$$J_2 = 0.001\ 08, \quad J_4 = 0.000\ 002$$

$$\frac{J_4}{J_2^2} = 1.7$$

因此 $B > 0$.

现在我们来研究这种情况,并令 $k^2 = \dfrac{B}{A^2}$. 式(39) 的积分给出

$$S'_{\frac{1}{2}} = A g^* - A \int_0^{g^*} \sqrt{1 - k^2 \sin^2 g^*}\, \mathrm{d} g^*$$

让我们更细致地研究近地点的运动. 为了考虑上面作出的变量变换 $g^* = g' - \dfrac{\pi}{2}$,可把形式为(23) 的方程组(借助于母函数(35) 给出变量变换) 写为

$$G'' = G' - \frac{\partial S'_{\frac{1}{2}}}{\partial g^*}, \quad g''_1 - g^* + \frac{\partial S'_{\frac{1}{2}}}{\partial G''} \tag{40}$$

其中

$$g''_1 = g'' - \frac{\pi}{2}$$

形式为

$$G'' = \text{常数}, \quad g''_1 = \left(-\frac{\partial \phi}{\partial G''}\right)(t - t_0) \tag{41}$$

的方程(40) 关于 g''_1 的解可写为

$$g''_1 = \left(1 + \frac{\partial A}{\partial G''}\right) g^* - \left(\frac{\partial A}{\partial G''} - \frac{A}{2B}\frac{\partial B}{\partial G''}\right) \cdot$$

$$\int_0^{g^*} \frac{\mathrm{d}\varphi}{\sqrt{1 - k^2 \sin^2 \varphi}} - \frac{A}{2B}\frac{\partial B}{\partial G''} \int_0^{g^*} \sqrt{1 - k^2 \sin^2 \varphi}\, \mathrm{d}\varphi \tag{42}$$

上式是关于 g^* 引数 g''_1 的隐函数,而 g''_1 本身是时间的线性函数.

由临界倾角 i_0 的定义,当 $i \to i_0 (A \to 0)$ 时,$k = \dfrac{\sqrt{B}}{A}$ 趋于无穷大. 在 $i = i_0$ 附近,$k > 1$. 我们必须改变式(42) 中由 $\tan \varphi = \dfrac{\cos \theta}{\sqrt{k^2 - 1}}$ 所定义的变量,以求得典型的椭圆函数.

计算需要巧妙地用椭圆函数处理. 这里,我们不再转载计算过程,而仅仅指出:只要 A 是小量($k^2 > 1$),由式(42) 定义的函数的倒数就是周期性的,其周期为

$$P = 4 \int_0^{\arcsin \frac{1}{k}} \frac{\mathrm{d}\theta}{\sqrt{1 - k^2 \sin^2 \theta}}$$

振幅为 $\arcsin\dfrac{1}{k}$.

当 $\dfrac{1}{k}=0,A=0$ 时,解简化成 $g^*=0,g''=\dfrac{\pi}{2}$,近地点固定在纬度最高的一个点上.

当 $\dfrac{1}{k}\neq0$,而 $k>1$ 时,上面的考虑表明,近地点围绕 $g^*=0$ 点进行周期性的运动,其振幅为 $\dfrac{1}{k}$,周期为 P. 我们注意到,这种运动的周期本来就取决于初始条件,而实际上对初始条件特别敏感. 事实上,当相当接近于地球的卫星的倾角只从 i_0 变化到 $i_0\pm8'$ 时,$\dfrac{1}{k}$ 则从 0 变化到 1.

这种振荡的周期缺乏到目前为止讨论过的运转周期的稳定性(运转周期随着初始条件缓慢而连续地变化). 这种新型的周期称为天平动的周期,我们将于 §18 中进行讨论.

当 k 趋于 1 时,天平动的周期无限地增加,振幅趋于 $90°$. 在这个极限上,我们得到近地点趋向于一个交点的渐近运动,这种运动持续无限长的时间.

当 $k<1$ 时,近地点绕着地球旋转,天平动周期就是近地点绕着地球旋转的周期,这是本章处理的一般情况. 虽然式(42)仍然有效并描述了近地点的运动,但是 §11 和 §12 的解代表了其等价的也是有效的解. 不过,对这两种表达式进行评价是困难的,那一种表达式收敛性更好取决于运动是渐近的($k=1$)或不是渐近的(k 是小量).

§18   天平动的现象

在天体力学中,天平动是一种普通的现象,可以在太阳系许多天体的运动中观测到. 著名的例子可以脱罗央群小行星为代表. 脱罗央群小行星在轨道上处于木星前后 $60°$. 某些卫星如土卫七,也呈现出这种类型的运动. 最后,月球绕轴自转也是这种类型的运动(月球天平动),虽然此种运动与轨道运动没有关联.

每当解包含有长周期项,其周期在一定的初始条件下趋向于无穷大,就出现天平动现象. 天平动的周期可以是近地点的引数的周期,如上述的例子,但更常见的是共振的周期. 摄动函数的两个引数的周期通约时就产生共振. 任何长周期项在邻近的运动中可以引起共振,只要对应于完全共振的平衡点的位置是稳定的. 天平动根本的性质在于天平动周期(在天平动的区域,天平动周期代替了运转的周期),对于初始条件的小量变动是很敏感的. 而且,一般引起天平动的初始条件的范围很狭小,其边界与渐近运动的区域接界.

在天平动区域的周围,运动的类型非常不一致,相邻轨道的某些性质可以是不连续的(例如,近日点的轨迹).但是,这些运动可以用单摆的运动来比拟.在方程中,也显示出这种相似性.根据初始条件(冲击),单摆的运动可以是摆动的(周期性的往复)、渐近的(趋向于不稳定的上面的平衡位置)或旋转型的(摆绕着轴转).

初始条件很小的变化可以完全改变运动的状态,这同样适用于天体力学,研究这些运动特点是这门科学最困难的方面之一.

$$\mathscr{V} = -\left(\frac{m_1 m_2}{r_{12}} + \frac{m_2 m_3}{r_{23}} + \frac{m_3 m_1}{r_{31}}\right)$$

月球理论和卫星的运动

月球是最近的自然天体,其位置的观测精度最高,因此,很自然地解决月球运动的问题的精细程度,为我们对任何天体所不能希望的.最近两个世纪以来,许多数学家从各种途径进行了尝试,他们的工作已经对天体力学和这门科学主要的问题之一——月球的运动问题(月球理论)作出了第一流的贡献;其中,最杰出的是拉普拉斯、庞加莱、汉森、德洛勒、希尔和布朗.

§1 月球理论的主要问题

月球绕地球运转主要受太阳摄动,其他天体也引起一些摄动;但是正如我们在第二章 §1 已经看到的,它们的作用要弱得多.地球的扁形(参看第五章 §2)也有影响,但由于月地相距甚远,其作用是很小的(第五章 §3).事实上,月球所受到的实际摄动很好地近似于假设太阳是唯一的摄动体,而地球绕太阳在一个不变的开普勒椭圆上运转.在这些简化条件下,月球运动的研究通称为月球理论的主要问题.

由行星引起的摄动称为直接的行星摄动,而由于地球受到行星的摄动使地球的轨道不是准确的椭圆,从这一事实所引起的月球运动的差异,称为间接的行星摄动.间接的行星摄动比直接的行星摄动强,但比太阳的摄动则弱得多.

为了用公式表示月球的运动,我们计算密切根数的变化,或者计算球坐标的变化.这些变化被表为所谓月行差的周期项之和.其中一些月行差很早就知道了:依巴俗已经知道出差;开普勒已知两均差;更不必说交点的逆行运动和近地点的前移,

第 六 章

666

这两种运动的周期和朔望月一起决定了交食的循环. 我们将首先简短地讨论主要的月行差, 然后, 介绍这些最著名的月球理论的基础.

§2 月球理论主要问题的近似解

月球运动主要问题的摄动函数已在第四章 §12 和第四章 §13 建立, 并已表为密切变量 a, i, Ω, ω, 向径 r, 真近点角 v 和太阳相对于地球的向径 r' 与真近点角 v' 的函数 [第四章 §13 方程(41)].

在主要的月行差的近似研究中, 引入下列简化条件:

(1) 鉴于月球的倾角 i 是小量 $(5°8')$, 我们可以在摄动函数中略去 i^4.

(2) 略去地球轨道的偏心率 $e'(e' = 0.016)$.

(3) 略去高于 e^2 的项. 这里, e 是月球轨道的偏心率 $(e = 0.054)$.

但是, 必须注意, 在月球运动的精确研究中, 不采用这些简化条件.

由条件(1), 在第 4 章摄动函数式(41) 中, 我们可用 i 代替 $\sin i$, 用 $(1-i^2)$ 代替 $\cos^2 \dfrac{i}{2}$, 而且由条件(2), 我们可用 1 代替 $\dfrac{a'}{r}$, 用太阳的平近点角 M' 代替 v'. 因此, 我们有

$$R_1 = n'^2 a^2 \left(\frac{r}{a}\right)^2 \left\{\frac{1}{4} - \frac{3}{8}i^2 + \frac{3}{4}\left(1 - \frac{i^2}{2}\right) \cdot\right.$$

$$\cos 2(\omega - \omega' + v - M' + \Omega) + \frac{3i^2}{8} \cdot$$

$$\left.[\cos(2\omega + 2v) + \cos(2\omega' + 2M' - 2\Omega)]\right\} \tag{1}$$

应用条件(3), 并进行类似于第四章 §7 中二体问题的函数展开的计算, 得

$$\left(\frac{r}{a}\right)^2 \cos 2v = \frac{5}{2}e^2 - 3e\cos M + \left(1 - \frac{5}{2}e^2\right)\cos 2M +$$

$$e\cos 3M + e^2 \cos 4M \tag{2}$$

$$\left(\frac{r}{a}\right)^2 \sin 2v = -3e\sin M + \left(1 - \frac{5}{2}e^2\right)\sin 2M +$$

$$e\sin 3M + e^2 \sin 4M \tag{3}$$

$$\left(\frac{r}{a}\right)^2 = 1 + \frac{3e^2}{2} - 2e\cos M - \frac{e^2}{2}\cos 2M \tag{4}$$

当对 e 的展开进一步进行下去时, 头两个展开式的系数不再保持恒等. 对于不含 i^2 作为因子的项进行以上的代换. 由于 i^2 是小量, 忽略 $i^2 e$ 项, 更不必说 $i^2 e^2$ 项.

这样, 每当 i^2 为因子时, 可以用 1 代替 $\left(\dfrac{r}{a}\right)^2$, 用 M 代替 v. 把

$$\mathcal{V} = -\left(\frac{m_1 m_2}{r_{12}} + \frac{m_2 m_3}{r_{23}} + \frac{m_3 m_1}{r_{31}}\right)$$

$$\left(\frac{r}{a}\right)^2 \cos 2(\omega - \omega' + v - M' + \Omega)$$

用

$$\left(\frac{r}{a}\right)^2 \cos 2v \cos 2(\omega - \omega' - M' + \Omega) -$$

$$\left(\frac{r}{a}\right)^2 \sin 2v \sin 2(\omega - \omega' - M' + \Omega)$$

代替,并利用式(2)和式(3),得

$$\frac{5}{2}e^2 \cos 2(\omega - \omega' - M' + \Omega) -$$

$$3e\cos(2\omega - 2\omega' - 2M' + 2\Omega + M) +$$

$$\left(1 - \frac{5}{2}e^2\right)\cos 2(\omega - \omega' - M' + \Omega + M) +$$

$$e\cos(2\omega - 2\omega' - 2M' + 2\Omega + 3M) +$$

$$e^2 \cos(2\omega - 2\omega' - 2M' + 2\Omega + 4M)$$

这样,我们得到下列 R_1 的展开式

$$R_1 = n'^2 a^2 \left[\frac{1}{4} + \frac{3e^2}{8} - \frac{e}{2}\cos M - \frac{e^2}{8}\cos 2M + \right.$$

$$\frac{15}{8}e^2 \cos(2\omega - 2\omega' - 2M' + 2\Omega) -$$

$$\frac{9}{4}e\cos(2\omega - 2\omega' - 2M' + 2\Omega + M) +$$

$$\left(\frac{3}{4} - \frac{15}{8}e^2\right)\cos(2\omega - 2\omega' - 2M' + 2\Omega + 2M) +$$

$$\frac{3}{4}e\cos(2\omega - 2\omega' - 2M' + 2\Omega + 3M) +$$

$$\left. \frac{3e^2}{4}\cos(2\omega - 2\omega' - 2M' + 2\Omega + 4M) \right] +$$

$$n'^2 a^2 i^2 \left[-\frac{3}{8} - \frac{3}{16}\cos(2\omega - 2\omega' - 2M' + 2\Omega + 2M) + \right.$$

$$\left. \frac{3}{8}\cos(2\omega + 2M) + \frac{3}{8}\cos(2\omega' + 2M' - 2\Omega) \right] \tag{5}$$

应用拉格朗日方程于上列摄动函数,则得根数的变化.

因此,应用拉格朗日公式,我们可由 R_1 的非周期部分

$$R_S = n'^2 a^2 \left(\frac{1}{4} + \frac{3}{8}e^2 - \frac{3}{8}i^2 \right)$$

计算近地点和升交点的长期运动的第一次近似值

$$\frac{\mathrm{d}\overline{\Omega}}{\mathrm{d}t} = \frac{1}{na^2\sqrt{1-e^2}\sin i}\frac{\partial R_S}{\partial i}$$

$$= \frac{n'^2 a^2}{na^2 i}\left(1+\frac{e^2}{2}\right)\left(-\frac{6}{8}i\right)$$

$$= -\frac{3}{4}\,\frac{n'^2}{n}\left(1+\frac{e^2}{2}\right)$$

$$\frac{\mathrm{d}\bar{\omega}}{\mathrm{d}t} = \frac{\sqrt{1-e^2}}{na^2 e}\,\frac{\partial R_S}{\partial e} - \frac{\cos i}{na^2\sqrt{1-e^2}\sin i}\,\frac{\partial R_S}{\partial i}$$

$$= \frac{n'^2 a^2}{na^2 e}\left(1-\frac{e^2}{2}\right)\frac{6e}{8} + \frac{n'^2 a^2}{na^2 i}\left(1+\frac{e^2}{2}\right)\frac{6i}{8}$$

$$= \frac{3}{2}\,\frac{n'^2}{n}$$

由此得

$$\frac{\mathrm{d}\tilde{\omega}}{\mathrm{d}t} = \frac{\mathrm{d}\bar{\Omega}}{\mathrm{d}t} + \frac{\mathrm{d}\bar{\omega}}{\mathrm{d}t} = \frac{3}{4}\,\frac{n'^2}{n}\left(1-\frac{e^2}{2}\right)$$

下式是比较精确的表达式(略去 e)

$$\frac{\mathrm{d}\tilde{\omega}}{\mathrm{d}t} = n\left[\frac{3}{4}\left(\frac{n'}{n}\right)^2 + \frac{225}{32}\left(\frac{n'}{n}\right)^3 + \frac{4\,071}{128}\left(\frac{n'}{n}\right)^4 + \cdots\right]$$

数值应用.

太阳的平运动 $n' = 360°/$ 年(每年为 365.25 天),而月球的平运动 $n = 4\,812.7°/$ 年.

于是,我们求得 $\dfrac{\mathrm{d}\bar{\Omega}}{\mathrm{d}t} = -20.16°/$ 年和 $\dfrac{\mathrm{d}\bar{\omega}}{\mathrm{d}t} = 39.09°/$ 年,周期分别为 17.86 年和 9.21 年. 真实运动的完整理论得出相应值为 18.60 年和 8.85 年.

§3 月球运动的主要月行差

可以用类似的方法得到摄动函数的其他项的结果,但是,我们不用密切根数而研究月球的经度和纬度的变化. 例如,从第四章 §10 式(35)求得真经度为

$$\psi = v + \omega + \Omega = \omega + \Omega + M + \left(2e - \frac{e^3}{4} + \cdots\right)\sin M +$$

$$\left(\frac{5}{4}e^2 + \cdots\right)\sin 2M + \cdots \tag{6}$$

同样地,纬度 φ 由

$$\sin\varphi = \sin i\sin(\omega + v) \tag{7}$$

给出,其中,v 也将表为 e 和 M 的函数.

把摄动函数 R(方程 5)代入拉格朗日方程进行积分,并把结果代入式(6)或(7). 但是,必须注意,和第四章 §18 一样,计算 M 必须预先积分 a 的方程,其结果是三角表达式,终结式给出月球的真轨道.

669

$$\mathscr{V} = -\left(\frac{m_1 m_2}{r_{12}} + \frac{m_2 m_3}{r_{23}} + \frac{m_3 m_1}{r_{31}}\right)$$

月球运动的中心差实质上是经度 $v-M$,向径 $r-a$ 和纬度相应的项的展开式.这些展开式和第四章中的展开式类似,还应当加上相同引数的摄动.中心差描述了月球的基本轨道,这是一个略微变形的椭圆,其偏心率为 0.054 9.这个基本轨道进行二重旋转:其一是在轨道面内绕着轨道的焦点旋转(近地点的运动);其二是绕着椭圆平面上的轴旋转(交点的运动).

月行差是用变化的周期旋转的基本轨道不固定的变形,它们是由摄动函数不同的项引起的.主要的月行差如下:

(1) 起源于 R_1 的项

$$\frac{3}{8}n'^2a^2i^2\cos(2\omega'+2M'-2\Omega) \tag{8}$$

在纬度上的主要摄动,由于引数中不存在 M,故给出 $2n'$ 的除数,其结果相当于增加 12 倍的贡献.在纬度上,还给出正比于 $\sin(\omega+M+2\Omega-2\omega'-2M')$ 的变化,其周期为 32.28 天,振幅为 $10'24''$(即约为 550 公里).

(2) 出差,主要起源于 R 中下面的项

$$\frac{5}{8}n'^2a^2e^2\cos[2(\omega+\Omega)-2(M'+\omega')]-$$

$$\frac{9}{4}n'^2a^2e\cos[M+2(\omega+\Omega)-2(M'+\omega')] \tag{9}$$

计算给出在经度上出差的下面结果

$$1°.274\sin[M+2(\omega+\Omega)-2(M'+\omega')]$$

其周期为 31.812 天.这是在月球理论中最重要的月行差.依巴谷已经知道了出差.出差引起月球位置的偏移接近于月球直径的 2.5 倍.

(3) 二均差,具有

$$2(M+\omega+\Omega-M'-\omega')$$

的引数和大约 14.78 天的周期(准确等于半个太阴月),对于经度相应的系数,包含有

$$\frac{75}{16}e^2\frac{n'}{n}+\left(\frac{11}{8}+\frac{1\,101}{64}e^2\right)\left(\frac{n'}{n}\right)^2+$$

$$\frac{59}{12}\left(\frac{n'}{n}\right)^3+\frac{893}{72}\left(\frac{n'}{n}\right)^4+\cdots \tag{10}$$

这给出 $39'30''$ 的振幅.二均差是第谷发现的,它是仅次于出差的第二个重要的月行差.

(4) 月角差,其周期是二均差周期的二倍,在经度项中引数($M+\omega+\Omega-M'-\omega'$)的系数为

$$\frac{a}{a'}\left(-\frac{15}{8}\frac{n'}{n}-\frac{93}{8}\left(\frac{n'}{n}\right)^2+\cdots\right)$$

其振幅约为 $125''$.

这是具有 $\dfrac{a'}{a}$ 作为因子的最大的月行差,把这个振幅跟观测值比较,可以测量地球和太阳的距离(或视差),因此称为"月角差"(视差月行差).

(5) 周年差,其周期为一年(引数 M'),振幅为 $668''$,经度项的系数为

$$-3e'\frac{n'}{n}+\frac{735}{16}e'\left(\frac{n'}{n}\right)^{3}+\frac{1\,261}{4}e'\left(\frac{n'}{n}\right)^{4}+\cdots \tag{11}$$

当然,周年差依赖于地球轨道的偏心率 e'.

还有大量的没有命名的其他月行差.事实上,我们找到 13 个振幅超过 $100''$ 和 46 个振幅在 $1''$ 和 $100''$ 之间的经度月行差.

在普遍地用于历书计算的布朗理论中,我们知道有 310 个不同周期的月行差.

§4 各种月球运动理论

计算所有振幅在某一个限值内的月行差,并使其表示被观测到的轨道,称为月球运动理论.大量的方法已用于这种计算.上面已经提到,在这种理论中所作的假设涉及主要问题的解.其结果是月球地心坐标(经度、纬度和向径)的时间函数数值表达式.

各种方法的差别主要在于克服这些困难的程度、采用的坐标系统和选择的比较轨道(称为中间轨道)的不同.

现在我们将要简要地介绍由德洛勒、布朗和汉森提出的三种不同的理论.一百年来,这些理论已作为计算月球运动的基础,其中的每一种都是多年工作的结晶.当然,在这里我们不可能详细叙述它们的来龙去脉,而只能是简单地介绍每种理论的主要特征.

§5 德洛勒的理论

德洛勒于 1860 年和 1867 年发表了他的理论,代表了月球运动理论最广泛的分析研究.他的目标是把月球的坐标表示为傅里叶级数的形式,级数的系数是下列各量(设均为小量)的有限展开式:

e 和 e',月球和太阳的轨道偏心率;

$\gamma=\sin\dfrac{i}{2}$,其中 i 是倾角;

$\dfrac{n'}{n}$,太阳和月球平均运动之比;

$\dfrac{a}{a'}$,半长径之比.

671 $\mathscr{V}=-\left(\dfrac{m_1 m_2}{r_{12}}+\dfrac{m_2 m_3}{r_{23}}+\dfrac{m_3 m_1}{r_{31}}\right)$

和至今所遇到的所有问题一样，我们将从二体问题的轨道着手研究．我们展开摄动函数，并把方程写成德洛勒变量 L,G,H,l,g 和 h 以及太阳的平近点角 $l'=n'(t-t_0)$ 的函数（参看第三章 §17），这些方程是正则的，但是哈密尔顿函数依赖于时间．引入两个新的变量：$k=l'$ 和一个共轭的变量 K（参看第三章 §5），可使得哈密尔顿函数不依赖于时间．这样，我们有了四对共轭变量的正则方程组，新的哈密尔顿函数由原先的哈密尔顿函数加上 K 得到．

德洛勒从哈密尔顿函数中分出一个重要的周期项

$$\phi = A + B\cos\theta + \phi_1$$

其中，A 是不依赖于变量 g,h,k,l 的项，而 θ 是这些变量的线性函数，其系数为整数，$\theta = a_1 g + a_2 h + a_3 k + a_4 l$；$\phi_1$ 包括摄动函数的其余部分．

作正则变换，我们可使 θ 成为正则变量之一（我们将记为 l），并得到下面的表达式

$$\phi = A(L,G,H,K) + B(L,G,H,K)\cos l + \phi_1$$

解下列具有哈密尔顿函数 $\phi^* = A + B\cos l$ 的正则方程组

$$\frac{dL}{dt} = \frac{\partial\phi^*}{\partial l}, \qquad \frac{dG}{dt} = \frac{\partial\phi^*}{\partial g}$$

$$\frac{dH}{dt} = \frac{\partial\phi^*}{\partial h}, \qquad \frac{dK}{dt} = \frac{\partial\phi^*}{\partial k}$$

$$\frac{dl}{dt} = -\frac{\partial\phi^*}{\partial L}, \qquad \frac{dg}{dt} = -\frac{\partial\phi^*}{\partial G}$$

$$\frac{dh}{dt} = -\frac{\partial\phi^*}{\partial H}, \qquad \frac{dk}{dt} = -\frac{\partial\phi^*}{\partial K} \tag{12}$$

因为 ϕ^* 不依赖于 g,h 和 k，第二、三和四三个方程的右端为零，进而在解中 G,H 和 K 是常数．因此，我们只需解

$$\frac{dL}{dt} = \frac{\partial\phi^*}{\partial l}, \qquad \frac{dl}{dt} = -\frac{\partial\phi^*}{\partial L}$$

可以用各种方法解出这组方程．德洛勒应用的方法太长了，这里不能赘述．它相当于从下面的母函数出发，再进行一次新的正则变换

$$S = L'l + G'g + H'g + K'k + S_1 + S_2 + \cdots$$

与第五章 §10 中应用的变换完全类似，事实上问题是同一个．我们只考虑一阶解（即只有 S_1）．新的变量 L',G',H',K',l',g',h',k' 是这样定义的，它使新的哈密尔顿函数 ϕ^* 不再包含 l'．

然后，这样定义的变量变换被应用到具有哈密尔顿函数

$$\phi = \phi^* + \phi_1$$

的原方程组，变量的变换使得 $B\cos l$ 项从 ϕ 中消失，或至少降低表征摄动力的小量的阶数一阶．

现在,我们对 ϕ_1 的新项进行同样的计算,依次消去它,并继续这个过程直到我们已经消去所有可能显著影响解的项.

经过 N 次这样的变换之后,我们得到第 N 组未知量

$$L_N,G_N,H_N,K_N,l_N,g_N,h_N \text{ 和 } k_N$$

和哈密尔顿函数

$$\phi_N = A_N(L_N,G_N,H_N,K_N)$$

现在,方程化为下列形式

$$\frac{\mathrm{d}L_N}{\mathrm{d}t}=\frac{\partial \phi_N}{\partial l_N}=0, \qquad \frac{\mathrm{d}G_N}{\mathrm{d}t}=\frac{\partial \phi_N}{\partial g_N}=0$$

$$\frac{\mathrm{d}H_N}{\mathrm{d}t}=\frac{\partial \phi_N}{\partial h_N}=0, \qquad \frac{\mathrm{d}K_N}{\mathrm{d}t}=\frac{\partial \phi_N}{\partial k_N}=0$$

$$\frac{\mathrm{d}l_N}{\mathrm{d}t}=-\frac{\partial \phi_N}{\partial L_N}, \qquad \frac{\mathrm{d}g_N}{\mathrm{d}t}=-\frac{\partial \phi_N}{\partial G_N}$$

$$\frac{\mathrm{d}h_N}{\mathrm{d}t}=-\frac{\partial \phi_N}{\partial H_N}, \qquad \frac{\mathrm{d}k_N}{\mathrm{d}t}=-\frac{\partial \phi_N}{\partial K_N}$$

其结果是 L_N,G_N,H_N 和 K_N 为常数,而 l_N,g_N,h_N 和 k_N 为时间的线性函数

$$l_N = l'_N t - l_0, \qquad g_N = g'_N t - g_0$$

$$h_N = h'_N t - h_0, \qquad k_N = k'_N t - k_0$$

因为我们已经定义了逐次的变量变换,所以我们知道相继的两组变量之间的关系,并可以逐步地确定初始变量(密切根数)和最后的变量之间的关系式

$$\begin{cases} L = F_L(L_N,G_N,H_N,K_N,l_N,g_N,h_N,k_N) \text{ 等} \\ l = F_l(L_N,G_N,H_N,K_N,l_N,g_N,h_N,k_N) \text{ 等} \end{cases} \tag{13}$$

其中,L_N,G_N,H_N 和 K_N 是常数,而变量 l_N,g_N,h_N 和 k_N 是时间的线性函数.于是,我们已经找到月球运动问题的解.余下的全部问题就是必须确定作为 L_N, G_N,H_N 和 K_N 的函数的任意常数 e,γ,a 和 n,使这些常数在一个无限的时间间隔内具有平根数或根数的平均值的特征.然后,按照要求的形式表示解,并使我们能够求得密切根数的任何函数,特别是求得天体的坐标.

因此,在德洛勒方法中,我们采取连续消去周期项的方法来计算等价于一种坐标系统的椭圆根数的摄动,长期项只是在此过程的末了才出现.

这个方法实质上和第五章介绍的关于人造卫星的柴倍耳方法相同.事实上,柴倍耳方法基本上是德洛勒方法的改进和简化.

德洛勒用这种方法处理了 230 个以上的摄动函数项,给出月球的坐标近 400 项,代表作为小参数的函数的这些项的有限展开式中总共一万个以上的单项.

现在,用数值代替这些参数足够了.这些数值的改进只不过相当于式(13)中的一个代换.但是,德洛勒所忽略的项不是很小的,为了达到现代的观测精

$$\mathscr{V}=-\left(\frac{m_1 m_2}{r_{12}}+\frac{m_2 m_3}{r_{23}}+\frac{m_3 m_1}{r_{31}}\right)$$

度,至少要用 5 倍的项进行同样的计算.

§6　希尔和布朗的理论

这个理论是以 20 世纪初希尔进行的理论工作为基础的,并成为现代月球星历表的基石.

德洛勒理论的主要困难之一,是由于以 $\dfrac{n'}{n}$ 展开的级数收敛很慢,因此要计算很多项.这个比值 $\dfrac{n'}{n}$ 的数值已由观测很精确地测定了.希尔的建议(布朗进一步发展和应用)是不从椭圆轨道开始,而应当从已经包含了全部只依赖于 $\dfrac{n'}{n}$ 的摄动的中间轨道着手工作.另一个重要的特征是用直角坐标代替根数,这就不需要根据椭圆根数进行摄动函数的展开.

中间轨道(称为二均轨道)用下列的方法得到:我们考虑一个平面的问题.月球在黄道平面内运动意味着求解时只考虑与 i 无关的项.我们进一步假设地球在一个圆上绕着太阳运转,这表明求解时只计算与 e' 无关的项.最后,从第四章式(39) 定义的摄动函数中,我们只保留 R_1

$$R_1 = \frac{kmr^2}{r'^3}\left(-\frac{1}{2} + \frac{3}{2}\cos^2 S\right), \quad km = n'^2 a'^3$$

计算时略去 $\dfrac{a}{a'}$,这意味着太阳是在无穷远处,其吸引力等于在距离 a' 处所作用的力(参看 §2).在平面直角坐标中,运动方程为

$$\begin{cases} \dfrac{\mathrm{d}^2 x}{\mathrm{d}t^2} = \dfrac{-\mu x}{r^3} + \dfrac{\partial R_1}{\partial x} \\[2mm] \dfrac{\mathrm{d}^2 y}{\mathrm{d}t^2} = \dfrac{-\mu y}{r^3} + \dfrac{\partial R_1}{\partial y}, \mu = n^2 a^3 \end{cases} \tag{14}$$

希尔选择一个以角速度 n' 旋转的坐标系,Tx 轴始终是通过地心并指向太阳.太阳的圆周运动准确地是平均运动 n'(参看图 6.1).我们有

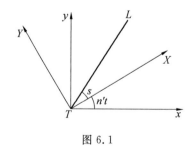

图 6.1

$$X = r\cos S, \quad Y = r\sin S$$
$$X = x\cos n't + y\sin n't$$
$$Y = -x\sin n't + y\cos n't$$

通过这种变量的变化得到下面方程组

$$\begin{cases} \dfrac{\mathrm{d}^2 X}{\mathrm{d}t^2} - 2n'\dfrac{\mathrm{d}Y}{\mathrm{d}t} + \dfrac{\mu X}{r^3} - 3n'^2 X = 0 \\[2mm] \dfrac{\mathrm{d}^2 Y}{\mathrm{d}t^2} + 2n'\dfrac{\mathrm{d}X}{\mathrm{d}t} + \dfrac{\mu Y}{r^3} = 0 \end{cases} \tag{15}$$

上面方程组的通解给出全部式(14)的解的轨道,即根据上面作出的假设,在月球理论中只依赖于 $\dfrac{n'}{n}$ 和 e 的项.

应用这些方程,我们尝试找出只包含与 $\dfrac{n'}{n}$ 有关的项的解,即对应于 $e=0$ 的项.这个二均轨道是方程组(15)的周期解,对于 OX 轴和 OY 轴是对称的,解的形式如下

$$\begin{cases} X_0 = \displaystyle\sum_{i=0}^{\infty} a_i \cos(2i+1)(n-n')(t-t_0) \\[2mm] Y_0 = \displaystyle\sum_{i=0}^{\infty} a'_i \sin(2i+1)(n-n')(t-t_0) \end{cases} \tag{16}$$

其中,每一个系数 a_i 和 a'_i 都是关于 $\dfrac{n'}{n-n'}$ 的幂级数.现在我们用数值代替 $\dfrac{n'}{n}$,因而级数(16)也为数值所代替,于是大大简化了计算.这种方法的第二步在于找出式(15)的一个比较普遍的解以便得到依赖于 e 的项,所求的解表为下列形式

$$X = X_0 + \delta x$$
$$Y = Y_0 + \delta y$$

代入式(14),记住 X_0 和 Y_0 是方程的解,并令

$$\Omega = \frac{\mu}{r} + \frac{3}{2}n_2'^2 X^2$$

得到关于 δx 和 δy 的微分方程(略去 δx 和 δy 的平方)

$$\frac{\mathrm{d}^2 \delta x}{\mathrm{d}t^2} - 2n'\frac{\mathrm{d}\delta y}{\mathrm{d}t} = \frac{\partial^2 \Omega}{\partial x^2}\delta x + \frac{\partial^2 \Omega}{\partial x \partial y}\delta y$$

$$\frac{\mathrm{d}^2 \delta y}{\mathrm{d}t^2} + 2n'\frac{\mathrm{d}\delta x}{\mathrm{d}t} = \frac{\partial^2 \Omega}{\partial x \partial y}\delta x + \frac{\partial^2 \Omega}{\partial y^2}\delta y$$

Ω 的导数由此二均轨道求得.这个方程组的解包含第二个周期,它和近地点的周期没有什么不同.

应用类似的改正方法,我们建立 z 的方程(不再略去 i),并把第三个周期引

675

$$\mathscr{V} = -\left(\frac{m_1 m_2}{r_{12}} + \frac{m_2 m_3}{r_{23}} + \frac{m_3 m_1}{r_{31}}\right)$$

入解中：交点的周期.

用类似的方法进行其余部分的计算：建立所计算的项的微分方程，并记住原先算出的项是类似的微分方程的解.

当摄动函数的其他部分被尽可能加到式(15)以后得到的各种方程，在形式上和处理上同式(15)类似.

和 $\dfrac{n'}{n}$ 不同，其他参数在计算时保留代数形式，只是在最后才用它们的数值代替.

这样，我们已经看到，在布朗方法中，我们首先计算变差的主要部分.其次，计算依赖于 e 的项，这些项特别地代表近地点的运动和出差.然后，我们计算交点的运动.再后，一步一步改进计算结果，把比较次要的月行差项也包括进去.

和德洛勒方法的情况不同，椭圆根数只是起着次要的作用，因为坐标是直角的坐标，而初始中间轨道是二均轨道.

§7　汉森的理论

汉森的理论发表于 1857 年，甚至比德洛勒的理论发表更早.汉森给出和德洛勒方法同样精度的解.但是，因为提出得更早，所以更常被应用.虽然，汉森的理论原先是对月球运动的问题给出计算公式，但是，后来它比较成功地用于行星型的问题.因此，我们将在第七章(§5 至 §7)简要地讨论这个理论.

§8　理论的改进

同近代的观测精度比较表明，需要改进上述获得坐标或密切根数的数值级数解的月球运动理论.纯代数理论(如德洛勒理论)的杰出优点是，只要简单地代入更好的数值，精度就能得到改进.而其他的理论，特别是布朗的理论则不能这样做.因此，根据过去 50 年来的观测结果进行理论的改进看来是必要的.

用于改进月球运动理论的方法之一如下：考察下列简化形式的微分方程组

$$\frac{\mathrm{d}x_i}{\mathrm{d}t} = f_i(x_j) \quad (1 \leqslant i, j \leqslant 6)$$

它依赖于六个未知量 x_j.

设有一个待改进的由纯数值表达式构成的近似解 $\overline{x}_j$, t 是其中唯一的文字量，把这个解代入上面方程的右端，并设 $f_i(\overline{x}_j)$ 是这种代换的结果.

对方程

$$\frac{\mathrm{d}x_i^*}{\mathrm{d}t} = f_i(\overline{x}_j)$$

进行积分,得

$$x_i^* = x_{i0} + \int f_i(\bar{x}_j)\mathrm{d}t$$

我们宁可与观测比较以决定 x_{i0} 值,而这样便得到六个新的 x_i^* 级数.这个过程可以重复几次,把 x_i^* 当成一个新的近似数值解,并与上面的 $\bar{x}_j$ 一样地处理等等.

虽然没有发展普遍的级数解的理论,但是已经指出,甚至在参数 $\frac{n'}{n}$, e, e' 和 i 不是小量的困难情况下,这种级数也收敛于方程组的解.因此,我们有了改进理论的一种方法.恩克特别将这种方法用于布朗的理论.

§9 其他自然卫星的运动问题

月球的运动不是太阳系中唯一的一个问题,其他自然卫星如木卫 6 和木卫 7 也有很类似的情况.但是,在自然卫星的情况下,作用力之间的比率是不同的,否则同一天体的两颗卫星将彼此互相作用.

某些卫星特别是木卫 8 的运动代表了月球理论的一种极端情况.在这种三体问题中,参数 $\frac{n'}{n}$, e 和 i 不再像月球那样约为 0.1 或 0.05,而是分别等于 0.17, 0.4 和 0.5.展开式的收敛性比月球的情况差得多.密切根数偏心率有时甚至超过 0.67,即越出二体问题中级数的收敛界限.(参看第四章 §11)

但是,采用与上述很不同的方法可以得到近似值,这些方法更多地建立在纯数值计算的基础上,动力学的考虑则少得多.此外,采用类似于上节介绍的逐步逼近方法改进近似值.

另一种情况是,同一个天体的两颗卫星的平均运动表现为通约.海卫 1 和土卫 7 就是这种情况,其平均运动之比为 3∶4,设 l_1 和 l_2 是这两颗卫星的平近点角,则 $3l_1 - 4l_2$ 的周期几乎等于零.由于出现了小分母,将带有这个引数的项进行积分其作用将增大,这个问题与人造卫星在临界角附近的运动完全类似.在这两颗卫星之间产生共振,质量较小的土卫七的运动具有天平动的特征.

木星最主要的三颗卫星也产生同样的共振和天平动,其平均运动之比为 1∶2∶4.共振使得这些卫星不可能组成任何配置图形:如果其中两颗卫星在"合"的位置,则第三颗卫星就在"冲"的位置.

木星的第四颗卫星没有共振,但受到太阳和前三颗卫星的摄动.不过,天体问题是很复杂的,至今还没有方法能给出这种情况满意的解.

677 $\quad V = -\left(\frac{m_1 m_2}{r_{12}} + \frac{m_2 m_3}{r_{23}} + \frac{m_3 m_1}{r_{31}}\right)$

行星理论

行星运动的研究和卫星运动的研究很不相同. 虽然由于行星的距离非常遥远, 我们不能指望达到在月球运动研究中获得的绝对精度, 但是困难在于至今所提出的所有行星运动理论都没有像月球运动理论那样令人满意. 行星 P_i 作用在另一个行星 P 上的摄动可表为摄动天体质量的展开式. 如果摄动天体 P_i 在开普勒轨道上运动, 则我们可以进行 P 所受的摄动的一阶项计算. 但是, 二阶项和高阶项的计算是很复杂的. 在这个领域已经进行的理论工作要比月球运动理论少, 而且大部分的工作是属于数值计算的性质. 拉普拉斯、汉森、勒威耶和纽康在行星理论的研究中都作出了杰出的贡献.

本章我们将遵循这种一般的趋势, 给出行星运动理论的数值方法, 而不是纯粹分析处理的方法.

§1 摄动函数

正如我们在第三章 §16 所看到的, 三体问题(太阳, 受摄行星 P 和摄动行星 P')的摄动函数由下式给出

$$R = km'\left(\frac{1}{\Delta} - \frac{x'x + y'y + z'z}{r'^3}\right) \qquad (1)$$

其中, m' 是摄动行星的质量, 其日心坐标为 x', y' 和 $z'(r' = \sqrt{x'^2 + y'^2 + z'^2})$; x, y 和 z 是 P 的坐标; 而 P 和 p' 之间的距离 Δ 由下式给出

$$\Delta^2 = (x - x')^2 + (y - y')^2 + (z - z')^2$$
$$= r'^2 + r^2 - 2rr'\cos S$$

S 是这两个行星的向径之间的夹角.

678

这种情况与月球理论之间第一个明显的不同在于摄动函数 R 的性质, R 可表为 S 的函数

$$R = km'\left(\frac{1}{\sqrt{r^2 + r'^2 - 2rr'\cos S}} - \frac{rr'\cos S}{r'^3}\right) \tag{2}$$

从现在起, 我们必须区分 $r > r'$ 和 $r' > r$ 的情况, 但是这两种情况都用同样的方法处理. 我们将假设 $r' > r$, 这是受到木星摄动的小行星的情况, 或受土星摄动的木星的情况.

现在我们可以写出

$$R = \frac{km'}{r'}\left[\frac{1}{\sqrt{1 + \left(\frac{r}{r'}\right)^2 - 2\frac{r}{r'}\cos S}} - \left(\frac{r}{r'}\right)\cos S\right] \tag{3}$$

这个表达式形式上与月球的相同(参看第四章 §12).

但是, $\frac{r}{r'}$ 的值是太大了, 不能把它作为无限小来处理. $\frac{r}{r'}$ 可以达到 0.8, 而在木星和脱罗央群小行星的情况下甚至等于 1. 如果我们要进行第四章 §12 所介绍的级数展开, 则必须保留很多项, 而简化式

$$R_1 = \frac{km'}{r'}\frac{r^2}{r'^2}\left(-\frac{1}{2} + \frac{3}{2}\cos^2 S\right)$$

甚至对摄动的定性形式也不能给出有效的表征.

注意: 当 $\frac{r}{r'}$ 不是小量时, km' 与主要的位函数项 $\frac{kM}{r}$ 的系数, km ($m =$ 太阳的质量) 相比是小量, 保证了 R 也是小量.

§2 一阶解

与月球理论的第二个不同部分地补偿了由于 $\frac{r}{r'}$ 数值大引起的困难. 因此, 和卫星的情况不同, 行星的交点和近日点的长期运动是很缓慢的. 月球的交点旋转周期是 18 年, 近地点旋转周期是 9 年, 而火星相应的周期分别为四万六千年和一万年. 事实上, 对于所有的大行星, 这两个值总是超过一万八千年.

由于方程式和摄动函数与月球运动理论中所用的一样, 因此解也具有同样的形式. 所以, 在行星的一阶理论中(等价于月球运动的主要问题), 假设摄动行星在一个固定的椭圆轨道上运动, 解依赖于同样的四个对于 t 是线性的引数(即这两个行星的平均运动 l 和 l', 交点和近日点的平均运动 $\bar{\Omega}$ 和 $\bar{\omega}$), 其形式如下

$$\sum A_{\alpha,\beta,\gamma,\delta}\cos(\alpha l + \beta\bar{\omega} + \gamma\bar{\Omega} + \delta l') \tag{4}$$

679

$$\mathscr{V} = -\left(\frac{m_1 m_2}{r_{12}} + \frac{m_2 m_3}{r_{23}} + \frac{m_3 m_1}{r_{31}}\right)$$

其中 $,\alpha,\beta,\gamma$ 和 δ 是任意的四个整数.

但是,由于 $\bar{\omega}$ 和 $\bar{\Omega}$ 的周期很长,可以写为

$$\begin{cases} \bar{\omega} = \omega_0 + \omega_0' t \\ \bar{\Omega} = \Omega_0 + \Omega_0' t \end{cases} \tag{5}$$

其中 ω_0' 和 Ω_0' 很小. 由于只要求理论在几百年内适用,所以 $\beta\omega_0' + \gamma\Omega_0'$ 是小量. 于是,我们可把式(4)写成下列的形式

$$\sum A_{\alpha,\beta,\gamma,\delta}[\cos(\alpha l + \delta l')\cos(\beta\bar{\omega} + \gamma\bar{\Omega}) - \sin(\alpha l + \delta l')\sin(\beta\bar{\omega} + \gamma\bar{\Omega})] \tag{6}$$

对 $\cos(\beta\bar{\omega} + \gamma\bar{\Omega})$ 和 $\sin(\beta\bar{\omega} + \gamma\bar{\Omega})$ 进行展开,例如展成 t 的泰勒级数

$$\cos(\beta\bar{\omega} + \gamma\bar{\Omega}) = \cos[\beta\omega_0 + \gamma\Omega_0 + (\beta\omega_0' + \gamma\Omega_0')t]$$
$$= \cos(\beta\omega_0 + \gamma\Omega_0) - (\beta\omega_0' + \gamma\Omega_0')t\sin(\beta\omega_0 + \gamma\Omega_0) + \cdots$$

同样可得

$$\sin(\beta\bar{\omega} + \gamma\bar{\Omega}) = \sin(\beta\omega_0 + \gamma\Omega_0) +$$
$$(\beta\omega_0' + \gamma\Omega_0')t\cos(\beta\omega_0 + \gamma\Omega_0) + \cdots$$

其中 $\sin(\beta\omega_0 + \gamma\Omega_0)$ 和 $\cos(\beta\omega_0 + \gamma\Omega_0)$ 是常数,通常我们应用它们的数值. 于是,式(6)可写成

$$\sum m' C_{\alpha,\delta}\cos(\alpha l + \delta l') + \sum m' S_{\alpha,\delta}\sin(\alpha l + \delta l') \tag{7}$$

其中 $C_{\alpha,\delta}$ 和 $S_{\alpha,\delta}$ 是关于 t 的多项式. 因为在 R 的表达式里 m' 是因子,所以这里 m' 也是因子. 只有在属于二体问题的项中没有作为因子的 m'.

§3 用调和分析的方法进行摄动函数的展开

这样,我们的任务是把解写成式(7)的形式. 为此,把摄动方程也写成类似的形式是有益的. 我们不需要把摄动函数展成所有四个引数 l, l', ω 和 Ω 的傅里叶级数,而只要对 l 和 l' 展开就够了.

除了勒威耶方法之外,在行星理论中所用的经典方法不要求计算代数形式的摄动函数展开式的系数. 纯粹的分析展开式和已给出的月球展开式相同,这里不再赘述. 我们将简短地描述可以把 $\frac{a'}{\Delta}$ 进行数值展开的方法(参看 §1). 任何其他同类型的函数也同样地进行展开.

首先,我们写出有待定系数的式子

$$F(l, l') = \frac{\Delta^2}{a'^2} = 1 + \sum_{i=0}^{N}\sum_{j=-N'}^{N'} A_{ij}\cos(il + jl') +$$
$$\sum_{i=0}^{N}\sum_{j=-N'}^{N'} B_{ij}\sin(il + jl')$$

$$= 1 + \sum_{i=0}^{N} \sum_{j=0}^{N'} \big[(A_{ij} + A_{i-j}) \cos il \cos jl' +$$
$$(- A_{ij} + A_{i-j}) \sin il \sin jl' +$$
$$(B_{ij} + B_{i-j}) \sin il \cos il' +$$
$$(B_{ij} - B_{i-j}) \cos il \sin jl' \big] \tag{8}$$

其中, N 和 N' 是预先这样选择的整数,使得可以忽略 N 和 N' 以后的项.而且, $A_{i-0} = B_{i-0} = 0$.

对于 l 和 l' 的任何数值,都可用二体问题中应用的公式计算下列各量

$$\frac{r}{a}, \frac{r'}{a'} \quad \text{和} \quad \cos S = \frac{xx' + yy' + zz'}{rr'}$$

因此,我们能够得到计算函数 $F(l, l')$ 所要的许多值.

举例来说,我们注意到,如果计算

$$F(l, l') + F(2\pi - l, l')$$

则得

$$2 + \sum_{i=0}^{N} \sum_{j=0}^{N'} 2 \big[(A_{ij} + A_{i-j}) \cos il \cos jl' + (B_{ij} - B_{i-j}) \cos il \sin jl' \big]$$

其他两项已经消去.

重复这个过程几次,得

$$F(l, l') + F(2\pi - l, l') + F(l, 2\pi - l') + F(2\pi - l, 2\pi - l')$$
$$= 4 + \sum_{i=0}^{N} \sum_{j=0}^{N'} (A_{ij} + A_{i-j}) \cos il \cos jl'$$
$$F(l, l') - F(2\pi - l, l') - F(l, 2\pi - l') + F(2\pi - l, 2\pi - l') =$$
$$= \sum_{i=0}^{N} \sum_{j=0}^{N'} 4(- A_{ij} + A_{i-j}) \sin il \sin jl'$$
$$F(l, l') - F(2\pi - l, l') + F(l, 2\pi - l') - F(2\pi - l, 2\pi - l')$$
$$= \sum_{i=0}^{N} \sum_{j=0}^{N'} 4(B_{ij} + B_{i-j}) \sin il \cos jl'$$
$$F(l, l') + F(2\pi - l, l') - F(l, 2\pi - l') - F(2\pi - l, 2\pi - l')$$
$$= \sum_{i=0}^{N} \sum_{j=0}^{N'} 4(B_{ij} - B_{i-j}) \cos il \sin jl' \tag{9}$$

因此,我们着手解决形式为

$$\phi(l, l') = \sum_{i=0}^{N} \sum_{j=0}^{N'} C_{ij} \cos il \cos jl' \tag{10}$$

的函数或式中以正弦代替余弦的类似的函数(这些函数已用类似的方式处理)的分析问题.

例如,在 $\phi(l, l')$ 的分析中,我们给 l' 以固定值 l'_0.这样,我们考虑的是一个

$$\mathscr{V} = - \left(\frac{m_1 m_2}{r_{12}} + \frac{m_2 m_3}{r_{23}} + \frac{m_3 m_1}{r_{31}} \right)$$

变量的函数,其中 l 可取任意值.

假定展开式限于取到 $A_3 \cos 3l$ 项,即

$$\phi(l, l'_0) = A_0 + A_1 \cos l + A_2 \cos 2l + A_3 \cos 3l$$

给出 l 的值为 $0, \dfrac{\pi}{4}, \dfrac{\pi}{2}$ 和 π,得到四个未知数的四个方程,就可以解出这四个系数.

同样地可以算出下列更普遍的展开式的系数

$$\phi(l, l'_0) = \sum_{i=1}^{N} A_i(l'_0) \cos il \tag{11}$$

然后,我们给 l'_0 以任意值.应用每一个系数 $A_i(l'_0)$ 的 N' 个特殊值进行如上的计算.这些值的选择应使之可以进行类似于 $\phi(l, l'_0)$ 得到 $N+1$ 项的级数的计算

$$A_i(l') = \sum_{j=0}^{N'} C_{ij} \cos jl'$$

其中,C_{ij} 是不再依赖于任何参数的常数,将此式代入式(11),得

$$\phi(l, l') = \sum_{i=0}^{N} \sum_{j=0}^{N'} C_{ij} \cos il \cos jl'$$

上式与式(10)恒同表明,两种情况的 C_{ij} 确定具有同样的意义.

同样的计算可对由式(9)定义的四个函数之中的任一个进行,计算之后,我们得到下列四个量

$$A_{ij} + A_{i-j}, \quad -A_{ij} + A_{i-j}, \quad B_{ij} + B_{i-j}, \quad B_{ij} - B_{i-j}$$

于是即得 A_{ij}, A_{i-j}, B_{ij} 和 B_{i-j}.因此,我们获得所要求的形式为(8)的 $F(l, l')$ 的展开式.

备注:采用布朗公式化的规则可以给出 l_0 和 l'_0 的特殊值使误差最小.

我们不仅仅能把 $\left(\dfrac{\Delta}{a}\right)^2$ 展成式(8)的形式,而且也可把二体的椭圆根数的任何已知函数展成此形式.而且,如果我们已知一个函数的展开式,则可由级数运算找到并改进其他函数的展开式.例如,设已知 $\left(\dfrac{\Delta}{a}\right)^2$ 的展开式,此展开式快速收敛并相对来说只需比较少的项,而且假设我们也已用同样的方式计算出 $\dfrac{a'}{\Delta}$ 的近似展开式,现在我们来说明如何改进它.

以 S 表示 $\dfrac{a'}{\Delta}$ 的近似级数,以 T 表示 $\left(\dfrac{\Delta}{a'}\right)^2$ 的准确展开式,并以 ΔS 表示 S 的改正值,要求

$$T = \frac{1}{(S + \Delta S)^2}$$

如果我们略去 ΔS^2，则得

$$T = \frac{1}{S^2 + 2S\Delta S}$$

或

$$S^2 T = \frac{1}{1 + \frac{2\Delta S}{S}} = 1 - \frac{2\Delta S}{S}$$

故得

$$\Delta S = \frac{1}{2}(S - S^3 T)$$

由傅里叶级数 S^2，S^3 和 $S^3 T$ 逐次相乘，然后逐项相减即得 ΔS.

然后，我们可令 $S_1 = S + \Delta S$，并用 S_1 重复上述过程直至 ΔS 小到可忽略为止.

§4   其他的数值展开式

摄动函数展为形式(8)的其他方法是以 $(1 - 2\alpha\cos\theta + \alpha^2)^{-\frac{s}{2}}$ 的傅里叶展开式为基础的. 这里，S 是一个整数，而 $\alpha < 1$

$$(1 - 2\alpha\cos\theta + \alpha^2)^{-\frac{s}{2}} = \frac{1}{2}b_{\frac{s}{2}}^0 + \sum_{j=1}^{\infty} b_{\frac{s}{2}}^{(j)} \cos j\theta$$

数 $b_{\frac{s}{2}}^{(j)}$ 称为拉普拉斯系数，已被研究过并已列成表格.

具有拉普拉斯系数的展开式是基于下列事实：$\frac{r}{r'}$ 接近于 $\frac{a}{a'} = \alpha$，和

$$\left[1 - 2\frac{r}{r'}\cos S + \left(\frac{r}{r'}\right)^2\right]^{-\frac{s}{2}}$$

的展开式接近于

$$\left[1 - 2\alpha\cos S + \alpha^2\right]^{-\frac{s}{2}}$$

的展开式.

如果需要的话，也可以采取类似于卫星采用的分析方法，虽然它们收敛缓慢，代入根数的平均值，我们可把这些表达式为所要的形式.

§5   用直角坐标摄动力表示的摄动运动方程

最常用于建立行星理论的方法是汉森建立月球理论所提出的方法，在近日点的运动不大的情况下，这个方法得到了简化.

略去要求冗长证明的细节，我们集中于讨论此法的主要特征.

683   $V = -\left(\frac{m_1 m_2}{r_{12}} + \frac{m_2 m_3}{r_{23}} + \frac{m_3 m_1}{r_{31}}\right)$

  汉森方法是从一种辅助椭圆上的近似椭圆运动着手的,这种辅助椭圆的形状和大小固定,位于密切轨道平面内,其近日点以预先确定的方式运动. 和月球的情况不同,这里我们不把密切椭圆当成中间轨道,而是由这种辅助的固定椭圆起中间轨道的作用. 在行星理论中,把近点当成是固定的,而在月球的理论中,则把它当成是具有与观测到的平均运动一致的旋转. 摄动表为向径的相对变化和按照二体问题公式在辅助椭圆上运动的天体的平经变化.

  首先,分解摄动力为三个分量:向径分量 R,在轨道平面内垂直于向径的分量 S 和垂直于轨道平面的分量 W. 应用拉格朗日方程,可得摄动方程为

$$
\begin{cases}
\dfrac{\mathrm{d}a}{\mathrm{d}t} = \dfrac{2e\sin v}{n\sqrt{1-e^2}}R + \dfrac{2a\sqrt{1-e^2}}{nr}S \\[3mm]
\dfrac{\mathrm{d}e}{\mathrm{d}t} = \dfrac{\sqrt{1-e^2}\sin v}{na}R + \dfrac{\sqrt{1-e^2}}{na^2 e}\left[\dfrac{a^2(1-e^2)}{r} - r\right]S \\[3mm]
\dfrac{\mathrm{d}i}{\mathrm{d}t} = \dfrac{r\cos(\omega+v)}{na^2\sqrt{1-e^2}}W \\[3mm]
\dfrac{\mathrm{d}\Omega}{\mathrm{d}t} = \dfrac{r\sin(\omega+v)}{na^2\sqrt{1-e^2}\sin i}W \\[3mm]
\dfrac{\mathrm{d}\omega}{\mathrm{d}t} = \dfrac{-\sqrt{1-e^2}\cos v}{nae}R + \dfrac{\sqrt{1-e^2}\sin v}{nae}\left(1+\dfrac{r}{a(1-e^2)}\right)S - \\[3mm]
\qquad\qquad \dfrac{r\sin(\omega+v)\cot i}{na^2\sqrt{1-e^2}}W \\[3mm]
\dfrac{\mathrm{d}M}{\mathrm{d}t} = n - \dfrac{1}{na}\left(2\dfrac{r}{a} - \dfrac{(1-e^2)\cos v}{e}\right)R - \\[3mm]
\qquad\qquad \dfrac{(1-e^2)\sin v}{nae}\left(1+\dfrac{r}{a(1-e^2)}\right)S
\end{cases}
\tag{12}
$$

其中,n 是由第一方程算出的 a 得到的.

  备注:采用这种方程组能够研究任何力的系统所引起的摄动,特别适用于非引力的情况. 例如,人造卫星所受到的大气阻尼和辐射压力. 计算是这样进行的:用 $\mathcal{R}$ 表示摄动函数,而摄动力沿固定的坐标轴 Ox,Oy 和 Oz 的三个分量为

$$
\begin{cases}
m\dfrac{\partial \mathscr{R}}{\partial x} = R[\cos(\omega+v)\cos\Omega - \\
\qquad \sin(\omega+v)\sin\Omega\cos i] - \\
\qquad S[\sin(\omega+v)\cos\Omega + \cos(\omega+ \\
\qquad v)\sin\Omega\cos i + W\sin\Omega\sin i] \\[4pt]
m\dfrac{\partial \mathscr{R}}{\partial y} = R[\cos(\omega+v)\sin\Omega + \\
\qquad \sin(\omega+v)\cos\Omega\cos i] - \\
\qquad S[\sin(\omega+v)\sin\Omega - \cos(\omega+ \\
\qquad v)\cos\Omega\cos i - W\cos\Omega\sin i] \\[4pt]
m\dfrac{\partial \mathscr{R}}{\partial z} = R\sin(\omega+v)\sin i + \\
\qquad S\cos(\omega+v)\sin i + W\cos i
\end{cases}
\tag{13}
$$

应用 x,y,z 的椭圆根数的函数表达式(第 15 节式(25)),可得

$$
\begin{cases}
\dfrac{\partial \mathscr{R}}{\partial a} = \dfrac{\partial \mathscr{R}}{\partial x}\dfrac{\partial x}{\partial a} + \dfrac{\partial \mathscr{R}}{\partial y}\dfrac{\partial y}{\partial a} + \dfrac{\partial \mathscr{R}}{\partial z}\dfrac{\partial z}{\partial a} \\[6pt]
\dfrac{\partial \mathscr{R}}{\partial e} = \dfrac{\partial \mathscr{R}}{\partial x}\dfrac{\partial x}{\partial e} + \dfrac{\partial \mathscr{R}}{\partial y}\dfrac{\partial y}{\partial e} + \dfrac{\partial \mathscr{R}}{\partial z}\dfrac{\partial z}{\partial e}
\end{cases}
\tag{14}
$$

对于 i,Ω,ω 和 M 得到类似的表达式.

把式(13)代入式(14),再把结果代入拉格朗日方程即得方程组式(12).

§6 汉森方法中的变量

为了得到汉森方法,我们可把式(12)简化得到向径和平经的摄动方程,它们是单一量 W 的函数.

我们来考察一个半长径 a_0,偏心率 e_0 和平均运动 n_0 的辅助椭圆,$\mu = n_0^2 a_0^3$.

独立变量 z 是这样定义的:令运动点 M_0 的平近点角总是等于 $n_0 z$,而且保持此点坐标的经典关系式(参看第二章 §7)

$$
\begin{cases}
r_0\cos v_0 = a_0(\cos E_0 - e_0) \\
r_0\sin v_0 = a_0\sqrt{1-e_0^2}\sin E_0 \\
n_0 z = E_0 - e_0\sin E_0
\end{cases}
\tag{15}
$$

其中,r_0,v_0 和 E_0 分别为辅助椭圆的向径、真近点角和偏近点角. 以 P_0 表示辅助平面上测量经度的起始固定点,得出真经度为 $\overset{\frown}{P_0 M_0} = \bar{\omega}_0 + gt + v_0$. 选择 P_0 使此经度等于受摄天体的真经度.

在上面的表达式中,gt 代表近点的平均运动,它在月球的理论中保留着,但在行星的理论中则被略去,在下面我们仅讨论后者.

$$
\mathscr{V} = -\left(\frac{m_1 m_2}{r_{12}} + \frac{m_2 m_3}{r_{23}} + \frac{m_3 m_1}{r_{31}}\right)
$$

我们已经注意到,由于辅助椭圆必须在密切平面内,因此表示受摄天体的点 M 也必须在同一平面内,其真经度为

$$l = v + \chi$$

其中,χ 是从 P_0 起计的密切近点的经度,我们有

$$l = v + \chi = \tilde{\omega} + v \tag{16}$$

我们可以这样地选择任何时刻在辅助椭圆上的 z,使得辅助椭圆的向径与受摄行星的向径一致.这样选择的结果,z 就不是时间 t 的线性函数.事实上,z 随时间 t 的变化表征着作为 t 的函数的向径方向(也就是真经度的方向)的摄动.知道了函数 $z(t)$,我们就可以应用式(15)求得函数 $v_0(t)$,然后,利用式(16)得出受摄天体的真经度

$$l = v_0(t) + \bar{\omega}_0$$

确定了向径以后,从下式

$$r_0(t) = a_0(1 - e_0 \cos E_0)$$

我们得到辅助椭圆上相应点的位置,而到受摄天体的原点的距离将以 r 表示.

以 ν 表示量

$$\nu = \frac{r}{r_0} - 1$$

如果我们已知 t 的函数 $\nu(t)$,则

$$r(t) = r_0(t)(1 + \nu(t))$$

因此,受摄天体在密切椭圆平面中的位置由函数 $z(t)$ 和 $\nu(t)$ 所确定.

最后,密切平面位置的变化是由假想的运动体(在倾角固定的平面内并具有同样的经度和向径)和密切平面内真实的运动体之间的纬度差 $\delta\beta$ 所确定.

$z(t)$,$\nu(t)$ 和 $\delta\beta(t)$ 一起,完全确定了天体在任何时刻的位置.下面我们只给出确定天体在固定平面内的变化的 z 和 ν 的方程.

§7 汉森方法的计算

从式(12)出发,我们可以求出 z,ν 和 β 的微分方程.但是,计算是比较冗长的.由此得到的方程是一阶的,其右端可用 R,S 和 W 表示,$\dfrac{\mathrm{d}z}{\mathrm{d}t}$ 和 $\dfrac{\mathrm{d}v}{\mathrm{d}t}$ 的形式如下

$$\frac{\mathrm{d}z}{\mathrm{d}t} = 1 + \overline{W} = \frac{a_0 \sqrt{1 - e^2}}{a \sqrt{1 - e_0^2}} \left(\frac{\nu}{\nu + 1} \right)^2$$

$$\frac{\mathrm{d}\nu}{\mathrm{d}t} = -\frac{1}{2} \frac{\partial \overline{W}}{\partial z}$$

在 $\dfrac{\partial \overline{W}}{\partial t}$ 的表达式中,借助于 r_0 和 ν_0,把 z 当成常数,可以推出 $\dfrac{\partial \overline{W}}{\partial t}$ 为 R,S 和

W 的函数的表达式. 然后, 可以像本章开始时对摄动函数的展开一样, 把 $\dfrac{\partial \overline{W}}{\partial t}$ 展成下列形式

$$\frac{\partial \overline{W}}{\partial t} = \sum_{i,j,k} C_{ijk} \cos(il + jl' + k\lambda) + \sum_{i,j,k} S_{ijk} \sin(il + jl' + k\lambda)$$

其中, λ 是辅助椭圆的平近点角(所以是 z 的函数), l 和 l' 是行星和摄动体的平近点角, 它们是 t 的函数.

上列展开式的某些项具有形式

$$C_{00k} \cos k\lambda \quad \text{和} \quad S_{00k} \sin k\lambda$$

这些项对于 t 来说是常数, 因此, 积分之后将引入 $t\cos k\lambda$ 和 $t\sin k\lambda$ 形式的项

由于 $\lambda = l$, 我们可用 l 代替 λ, 所以

$$\overline{W} = \sum_{ij} C_{ij} \cos(il + jl') + \sum_{ij} S_{ij} \sin(il + jl') +$$
$$\sum_i t C_i \cos il + \sum_i t S_i \sin il$$

由 $\overline{W}$ 积分得到的 ν 和 z 的形式也一样, 所以 ν 和 z 也包含 $t^2 \sin il$ 和 $t^2 \cos il$ 项.

这些长期项和混合项确实具有 §2 方程(7)所呈现的特征. 积分常数必须由理论结果和观测的比较确定.

最后, 对一个新函数 U(与 $\overline{W}$ 不同)进行类似的处理能够求得纬度项.

§8　高阶行星理论

我们已经简要地讨论了一个行星 P 受到另一个在开普勒轨道上运动的行星 P_i 摄动的情况下, 建立行星运动理论可能的方法之一. 但是, 还有其他的方法, 如勒威尔方法或纽康方法, 它们都具有各自的优点和缺点. 尽管它们采用了不同的变量和参数, 但都得到式(7)类型的表达式.

行星 P 完整的一阶运动理论应当是分别地考虑每一个摄动行星 P_i 的影响, 然后总加起来得出的. 根据式(7), 解的一般形式为

$$\sum_{i,j,k} m_i C_{ijk}(t) \cos(jl + kl'_i) + \sum_{i,j,k} m_i S_{ijk}(t) \sin(jl + kl'_i) \tag{17}$$

其中, m'_i 和 l'_i 是行星 P_i 的质量和平近点角.

但是, 根据把摄动行星当成在一个椭圆轨道或是在受摄椭圆上运动, 其摄动作用是略微不同的. 现在, 我们考虑摄动天体式(17)形式的一阶理论, 并计算出受摄天体 P 所受到的摄动(我们已知这种问题的一阶理论). 我们可以进行与一阶理论同样的运算, 不过, 在摄动函数中, 我们不用椭圆运动研究得出的表达式, 而代入(17)型的表达式. 这样得到的摄动函数将包含质量积($m_i m'_i$, 或

$$\mathscr{V} = -\left(\frac{m_1 m_2}{r_{12}} + \frac{m_2 m_3}{r_{23}} + \frac{m_3 m_1}{r_{31}} \right)$$

m_i^2）作为因子的项，其形式为

$$\sum_{hijkg} m_h m_i C_{hijkg}(t)\cos(jl+kl_i'+gl_h') +$$
$$\sum_{hijkg} m_h m_i S_{hijkg}(t)\cos(jl+kl_i'+gl_h') \tag{18}$$

用一种与一阶方法相关连的方法（例如汉森方法）进行积分，得到的不仅仅是一阶项，而且也有（18）型的项，其因子包含两个质量，而基中的三角函数可以依赖于三个不同的近点角.

因此，为了得出所有的二阶项，我们一方面必须研究所有由受摄行星 P 形成的可能星对，另一方面，还要研究摄动行星所形成的每一个星对. 当然，这就必须建立所有行星 P_i 的一阶理论.

实际上，在计算二阶理论的某些部分之前，我们必须先估计摄动的大小，就好像我们必须估计截断摄动函数（或类似的量）的级数展开式所带来的误差一样. 在现代的观测精度下，必须将计算进行到相当后的阶段.

因此，建筑在汉森方法基础上的克里门斯的火星理论包含某些三阶项，特别是那些和木星质量立方与木星质量平方乘土星质量有关的项. 最后的理论总计保留了近 1 000 个引数.

在木星和土星的希尔理论（1890）中，也出现了一些三阶项. 其他大多数行星理论没有超出一阶项的范围.

§9　纯数值方法

从人造卫星在单纯的引力场中运动开始，经过月球的运动，直到行星（如火星）的完整运动理论，我们研究了越来越复杂的理论，在天体力学中，问题越是复杂，我们越是不得不放弃分析的和文字的展开式，而赞成采用一些纯数值的参数展开式，直至完全采用纯数值的表达式，如汉森理论.

进一步的改革是不给出傅里叶形式的解. 我们可以设计出数值积分的方法，只给出所讨论的天体的星历表，即给出时间间隔固定的许多离散时刻天体的位置，而中间任何时刻的位置则由简单的内插得到. 正如我们将要看到的，这些方法不再是代数的或分析的方法，与力学概念和微分方程理论无关，只要求数值的分析. 这些方法非常适用于电子计算机计算而常被使用，特别是用于行星的计算中. 现在，我们来介绍最常用的科威耳方法，然后讨论这类方法的重要性.

§10　数值积分的形式

考察函数 $f(t)$，其值在一定的时间间隔 h 上为已知. 这些时间间隔称为步

长.设这些时刻为 $t_0, t_0+h, t_0+2h, \cdots, t_0-h, t_0-2h$ 等,相应的函数值为 $f_0,$ $f_1, f_2, \cdots, f_{-1}, f_{-2}$ 等.

根据下列的计算公式建立中心差分表:

一阶差分

$$f^{\frac{1+(n+1)}{2}} = f_{n+1} - f_n$$

二阶差分

$$f^{\frac{2+(n+1)}{2}} = f^1_{n+1} - f'_n$$

p 阶差分由 $p-1$ 阶差分算出,其公式为

$$f^{\frac{p+(n+1)}{2}} = f^{p-1}_{n+1} - f^{p-1}_n \tag{19}$$

利用下面定义式由 f' 和 f'' 完成差分表左边部分的计算

$$f_n = f'_{n+\frac{1}{2}} - f'_{n-\frac{1}{2}}$$
$$f'_n = f''_{n+\frac{1}{2}} - f''_{n-\frac{1}{2}} \tag{20}$$

这些量可由前一行算出,但有一个附加的常数.

现在,定义下列附加量

$$f'_n = \frac{1}{2}(f'_{n+\frac{1}{2}} + f'_{n-\frac{1}{2}}) \tag{21}$$

$$f^p_n = \frac{1}{2}(f^p_{n+\frac{1}{2}} + f^p_{n-\frac{1}{2}})$$

当 $f(t)$ 满足方程式 $\dfrac{\mathrm{d}^2 x}{\mathrm{d} t^2} = f(t)$ 时,可求得

$$f''_n = \frac{x(t_0+nh)}{h^2} - \frac{1}{12}f_n + \frac{1}{240}f^2_n - \frac{31}{60\,480}f^4_n + \frac{289}{3\,628\,800}f^6_n + \cdots \tag{22}$$

表 7.1

引数		$f'_{\frac{7}{2}}$						
	f''_{-3}	$f'_{-\frac{5}{2}}$	f_{-3}	$f^{1}_{\frac{5}{2}}$				
t_0-3h	f''_{-2}	$f'_{-\frac{3}{2}}$	f_{-2}	$f^{1}_{\frac{3}{2}}$	f^{2}_{-2}	$f^{3}_{\frac{3}{2}}$		
t_0-2h	f''_{-1}	$f'_{-\frac{1}{2}}$	f_{-1}	$f^{1}_{\frac{1}{2}}$	f^{2}_{-1}	$f^{3}_{\frac{1}{2}}$	f^{4}_{-1}	$f^{5}_{\frac{1}{2}}$
t_0-h	f''_{0}	$f'_{\frac{1}{2}}$	f_{0}	$f^{1}_{\frac{1}{2}}$	f^{2}_{0}	$f^{3}_{\frac{1}{2}}$	f^{4}_{0}	$f^{5}_{\frac{1}{2}}$ f^{6}_{0}
t_0	f''_{1}	$f'_{\frac{1}{2}}$	f_{1}	$f^{1}_{\frac{1}{2}}$	f^{2}_{1}	$f^{3}_{\frac{1}{2}}$	f^{4}_{1}	
t_0+h	f''_{2}	$f'_{\frac{3}{2}}$	f_{2}	$f^{1}_{\frac{3}{2}}$	f^{2}_{2}	$f^{3}_{\frac{3}{2}}$		
t_0+2h	f''_{3}	$f'_{\frac{5}{2}}$	f_{3}	$f^{1}_{\frac{5}{2}}$				
t_0+3h		$f'_{\frac{7}{2}}$						

$$f'_{n\pm\frac{1}{2}} = \frac{x'\left(t_0+nh\pm\dfrac{h}{2}\right)}{h} \pm \frac{1}{2}f_n + \frac{1}{12}f^1_n -$$

$$\frac{11}{720}f^3_n + \frac{191}{60\,480}f^5_n + \cdots \tag{23}$$

689

$$\mathscr{V} = -\left(\frac{m_1 m_2}{r_{12}} + \frac{m_2 m_3}{r_{23}} + \frac{m_3 m_1}{r_{31}}\right)$$

其中, x' 是在所标明的时刻 x 对 t 的导数值.

§11 数值积分的起步问题

设运动的初始状态即天体的坐标 x_0, y_0, z_0 和速度 x_0', y_0', z_0' 为已知, 微分方程的形式为

$$
\begin{cases}
\dfrac{\mathrm{d}^2 x}{\mathrm{d}t^2} = f(x, y, z, x', y', z', t) \\[2mm]
\dfrac{\mathrm{d}^2 y}{\mathrm{d}t^2} = g(x, y, z, x', y', z', t) \\[2mm]
\dfrac{\mathrm{d}^2 z}{\mathrm{d}t^2} = \bar{h}(x, y, z, x', y', z', t)
\end{cases}
\tag{24}
$$

上式中, x', y' 和 z' 一般不出现, 但考虑介质的摩擦力则可能引入. 设摄动体的坐标是时间的已知函数, 则把 t 也引入上面微分方程的右端. 设公式(22) 和(23)分别取到 f^6 和 f^5 项, 则计算的程序如下:

(1) 首先假定所有的差分 $f^1, \cdots, f^n$ 均为零, 由 x_0, y_0, z_0 和 t_0 算出 f_0, 再利用式(22)和式(23)推出 $f_0'', f_{-\frac{1}{2}}'$ 和 $f_{\frac{1}{2}}'$. 对类似的量 g 和 $\bar{h}$ 进行同样的计算.

(2) 假定所有的 f 项均相同, 得出表1中 f 项的那一列, 由此我们写入 f_{-3}, f_{-2}, f_{-1}, f_1, f_2 和 f_3. 同样的做法列出 g 表和 $\bar{h}$ 表的项.

(3) 现在, 从式(20)可算出表1中所有的 f' 和 f'' 项. 因此, 利用式(22)和式(23), 我们能够算出每一时刻的坐标和速度. 把这些计算的结果代入式(24)的 f 中. 因此, 利用式(21)我们可以算出表中三角形全部元素.

(4) 这种数值积分方法的基本假设是所有的 f^6 项均等于 f_0^6, 在上一步刚刚计算过 f_0^6. 应用式(21)计算所有 $i \leqslant 5$ 和 $-\dfrac{7}{2} \leqslant j \leqslant \dfrac{7}{2}$ 的 f_j^i 项, 列出一个矩形表.

(5) 应用式(22)和式(23)的完全形式和完全的矩形表, 可以算出 x_{-3}, x_{-2}, x_{-1}, x_1, x_2, x_3 和相应的 x' 项.

(6) 重复上述(3)~(5)的计算, 建立关于 g 和 $\bar{h}$ 的表.

(7) 这样, 得到了 $t-3h$ 和 $t+3h$ 之间所有时刻的坐标 x, y, z 和导数 x', y', z' 的新值, 我们就可以重新计算对应于这些时刻的 f, g 和 $\bar{h}$ 项的值, 并把这些新值代入表中 f, g 和 $\bar{h}$ 列.

(8) 重复第4步的计算, 完成三角形表, 并继续这个过程, 直到新的迭代不再引起表列值的变动为止.

这样, 我们得到了 $t_0 - 3h$ 和 $t_0 + 3h$ 之间七个时刻的七个未知数的值. 对应

于函数 f,g 和 $\bar{h}$ 的第七阶差分为零.

§12 数值积分的累进

一旦矩形表已经建立并已稳定,我们就可以开始进行数值积分的累进计算,得出在递增时刻系列 t_0+nh 的未知数的值.

表 7.2

引数 t_0	f''_0	$f'_{\frac12}$	f_0	$f^1_{\frac12}$	f^2_0	$f^3_{\frac32}$	f^4_0	$f^5_{\frac52}$	f^6_0
t_0+h	f''_1	$f'_{\frac32}$	f_1	$f^1_{\frac32}$	f^2_1	$f^3_{\frac32}$	f^4_1	$f^5_{\frac52}$	f^6_1
t_0+2h	f''_2	$f'_{\frac52}$	f_2	$f^1_{\frac52}$	f^2_2	$f^3_{\frac32}$	f^4_2	$f^5_{\frac52}$	f^6_2
t_0+3h	f''_3	$f'_{\frac72}$	f_3	$f^1_{\frac72}$	f^2_3	$f^3_{\frac32}$	f^4_3	$f^5_{\frac72}$	f^6_3
t_0+4h									

表 2 列出了从 t_0 到 t_0+4h 的差分表.

我们用下面的方法把这个差分表往前推进一步,并写出 x,y,z 和 x',y',z' 的值.

(1) 设 $f^6_4=f^6_3$,先用式(21),再用式(20),计算下列的 f 值

$$f^5_{\frac52}, f^4_4, f^3_{\frac32}, f^2_4, f^1_{\frac12}, f^0_4, f'_{\frac92}, f''_4$$

关于 g 和 $\bar{h}$ 表也进行同样的计算.

(2) 应用式(22)和式(23),从上面的结果推算出 x_4,y_4,z_4 和 x'_4,y'_4,z'_4,这就能够重新计算 f_4,g_4 和 $\bar{h}_4$.

(3) 应用式(21),由 f_4 的新值可改进差分 $f^1_{\frac12}$,并依次改进 $f^2_3,f^3_{\frac32},f^4_2,f^5_{\frac52}$ 和 f^6_1. 对 g 和 $\bar{h}$ 的情况也同样进行.

(4) 令 f^6_2,f^6_3 和 f^6_4 等于 f^6_1,如同上节第 4 点,改进所有从这些 f^6 项算出的差分. 对 g 和 $\bar{h}$ 也同样进行.

(5) 由式(22)和式(23)计算 t_0+h,t_0+2h,t_0+3h 和 t_0+4h 时刻的 x,y, z 和 x',y',z' 值,这就能够重新算出相应时刻的函数 f,g 和 $\bar{h}$.

(6) 现在,我们可以重新计算全部 f' 和 f'' 函数以及这三个表中的差分.

(7) 重复第 4 点的计算,直至得到 $f_1,g_1,\bar{h}_1,x_1,y_1,z_1,x'_1,y'_1$ 和 z'_1 的稳定值为止.

这样,把这些值当成最后的值,下标增加 1,重复进行第一点的计算. 如此以往,直至计算扩展到要求的时刻为止.

§13 数值积分的性质

上述数值积分的科威耳方法可以有许多不同的形式,其中的一种由计算 f

$$\mathscr{V}=-\left(\frac{m_1 m_2}{r_{12}}+\frac{m_2 m_3}{r_{23}}+\frac{m_3 m_1}{r_{31}}\right)$$

和 f'' 的线性函数代替相继的差分递推,特别适用于计算机的计算.

三个不同的公式可以:(1) 外推出下一步 x 的新值.(2) 改进已知的近似值;(3) 已知几个后面的 f 函数外推值,检验此结果;

科威耳方法的不同形式所保留的式(22)和式(23)中的项数也不同.当然,保留的项数多寡取决于要求的精度和步长 h 的长短.此外,对每一种积分的精度检验可以决定是否将步长加倍或减半.

在恩克提出的并常用于天体力学的另一种数值积分方法中,不应用运动的微分方程,而是采用在给定时刻的密切椭圆运动的摄动方程.每当摄动很可能已经改变了旧的轨道并使摄动力产生显著变化时,我们时时进行修正,以便能够进行改进得到新的密切椭圆轨道.在恩克方法中的近似取到二阶摄动.

当摄动很小时,恩克方法是比较有利的;而当要求频繁改进轨道时,则变得很困难.

包含在各种数值积分方法中的误差来源有二:其一是由于略去式(22)和式(23)中某些项引起的(截断误差);其二是运算过程产生的近似(舍入误差).公式(22)和(23)是已知的,我们可以找到一种步长,使第一种类型的误差和要求的精度相比小到可以忽略.但是,第二种类型的误差则随着步长数的 $\frac{3}{2}$ 方而线性增大.

由于数值积分的目的是求得天体在时间间隔 Δt 内的星历表,缩短步长可以减小截断误差,但是这将引起舍入误差的增大.

另一方面,如果我们加长步长,则必须处理(22)和(23)展开式中更多的项以便减小截断误差.但是,由于这种方法的不稳定性和需要大大增加计算量,不能把展开式无限地扩展.

每圈取 50 步或 100 步,公式用到第 8 阶差分和 10 位有效数字,数值积分达到最佳的状态.

§14　数值积分的应用

在开始的时刻,坐标和速度分量等价于分析方法中的积分常数,同这些积分常数一样也是不能直接由观测决定的.因此,我们采用下面的方法进行处理:

(1) 以初始状态的近似值进行第一次数值积分,将积分结果和观测值进行比较,对每一个观测时刻求出观测值与计算值之差,即列出 $(o-c)$ 差值表.

(2) 用六种初始值进行六次新的数值积分,计算出其中每一个初始值的单位变差引起的计算结果的变差.

(3) 定出初始值中必须引进的变差值,使上述第一步得到的 $(o-c)$ 差值为最小. 如果结果尚不理想,则可应用一种估值法如最小二乘法重复进行第一步的计算.

这是在某一个时间间隔内代表观测和从数值积分的最后结果预报位置的最佳方法. 这种技术现在用于在几天的时间内预报短期人造卫星轨道位置. 考虑并快速地计算许多摄动因素,如地球的扁形,大气阻尼和辐射压是可能的.

这种方法广泛地用于研究行星的运动,例如现在通用的木星、土星、天王星、海王星和冥王星星历表的编算.

§15   数值积分和分析理论的比较

由于在 §13 末尾提到的缺点,限制了数值积分可以处理的运转圈数,因此把数值积分技术用于计算观测圈数很多的卫星是困难的,而用于行星和短寿命的人造卫星则较合适.

数值积分代表了现今计算天体在给定的时间间隔内精确轨道的最快最有效的方法. 但是,尽管有这些优点,数值积分方法仍然不能满足天文学家们的要求,其原因有二:

首先,数值积分局限于有限的时间间隔,对于这个时间区间之外的运动没有给出表示(甚至连定性的表示也没有). 反之,在同样的时间间隔内具有给定精度的普遍理论,对于扩大十倍的时间间隔,仍然保持很好的近似,而且给出了这个时间间隔之外运动的重要定性表示,特别是对于纯三角的普遍理论而没有任何长期项时更是这样.

其次,天文学家们对区分原因和效果以及辨别天体所受摄动的准确起源特别感兴趣. 这一点采用分析表达式可以办到;而在数值积分中,各种摄动总加在一起,不可能得到其中任一种摄动的形式的迹象.

因此,通过数值积分结果的调和分析形成中间轨道,可以把数值积分作为建立分析理论的中间步骤. 数值积分方法也可用于验证独立地建立的分析理论. 由此可见,数值积分方法是可同傅里叶级数与调和分析方法相比较的强有力的数学工具. 尽管如此,建立越来越精密的分析理论仍然是天体力学的中心任务.

$$\mathscr{V}=-\left(\frac{m_1 m_2}{r_{12}}+\frac{m_2 m_3}{r_{23}}+\frac{m_3 m_1}{r_{31}}\right)$$

第五编
太阳系的未来

太阳系的结构行星运动的规律

应用数学的未来发展将大大地依赖于数学与科学两方面的发展.

——J. K. Hale

§1 太阳系的数据

人们认为包括我们地球在内的太阳系是由几个大天体和许多小天体组成的. 这个系统的实际中心就是最重的天体太阳. 它是一个平常的恒星, 和其他恒星相比是极普通的.

太阳的随员数目繁多、形状不一. 随员中最重的是大行星, 它们沿着复杂的空间螺旋线绕太阳旋转, 每一圈螺旋线都与圆周相差很少. 严格地说, 大行星不是绕太阳旋转, 而是和太阳一道绕位于太阳内部的共同的质量中心旋转. 这个共同的质量中心和太阳中心的距离是 23 500 公里.

大行星有 9 个: 水星、金星、地球、火星、木星、土星、天王星、海王星和冥王星. 上述行星的次序是按照它们和太阳距离的远近排列的. 名列最后的冥王星是在 1930 年被发现的. 这些大行星几乎是球状的冷的固体, 它们绕自己的轴旋转, 其中大多数外围有气体外壳——大气. 这些行星的大气化学组成是很不一样的. 按照行星的物理性质, 可把它们分为两类: 类地行星和巨行星, 即类木行星 (行星大小的比较见图 1.1). 属类地行星的除地球外, 有水星、金星、火星, 显然还有冥王星, 但后者至今研究得还非常不够.

第一章

$$\mathscr{V} = -\left(\frac{m_1 m_2}{r_{12}} + \frac{m_2 m_3}{r_{23}} + \frac{m_3 m_1}{r_{31}}\right)$$

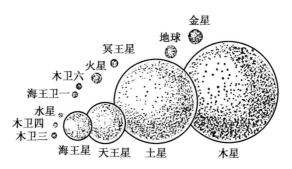

图 1.1 太阳系大天体的大小比较

水星 离太阳最近的行星.它绕太阳旋转的周期是 88 日.水星和太阳之间的平均距离是 8 900 万公里.水星的半径为 2 425 公里,按大小在行星系统中占第 13 位,是九大行星中最小的一个,比木星的卫星(木卫四和木卫三)、土星的卫星(土卫五)和海王星的卫星(海王卫一)还要小.

近年来认为,水星的一昼夜相当于一年,也就是说水星绕太阳公转的周期等于它绕轴的自转周期.水星总是按照这个周期,以相同的一面对着太阳绕转.然而不久前,新的观测资料以及对以前观测结果的重新处理,使人怀疑过去关于水星自转的习惯看法是否正确.

美国科学家戴斯、哥耳德、皮耳、夏皮罗等利用雷达测量,成功地测出水星绕轴自转周期是 59 ± 3 日,也就是比它沿轨道公转的周期少 $\frac{1}{3}$.渥基夫和科伦波的理论计算同样证实了这个从力学观点来看是极其有意义的结果.

1974 年前,对水星的物理条件了解得很少,一部分结论是根据自转与公转运动的同步性的假说而作出的.因此在上面刚刚提到的美国人的成果发表以后,这些结论就成了疑问.

1974 年 3 月,美国的行星际自动站"水手－10"号[①]对水星进行了近距离电视摄影.自动站和行星间的最短距离是 720 公里.

水星的表面在很多方面像月球的表面:同样有许多环形山(直径 120～800 公里),狭长的山谷、山脉.水星圆面的南部边缘露出很深的凹地.这个凹地的产生是由于水星和某个天体碰撞而形成的.

"水手－10"号所进行的研究表明,行星的表面温度在 $-185\sim-510\ ℃$ 之间.它还发现主要由惰性气体组成的稀薄大气和微弱的磁场.

金星 人们称它是谜星或"云纱下"的行星,在夜空除月亮以外它是最亮的

---

① "水手－10"号本身的飞行是非常巧妙的.仪器装入通向金星的飞行轨道.在接近金星时,正如轨道学家所说,金星的引力实现"摄动迂回",结果引力场就把宇宙站转移到通往水星的飞行轨道上去.

星.金星永远被一层厚云所覆盖.尽管近十年来科学家们试图用光学的、射电天文学的手段,用宇宙探测器去探测它的奥秘,简直在猛攻它,然而直到现在人们对它还了解得很不够.

金星的体积非常接近地球.它的直径(包括云层)是 12 300 公里.根据美国行星际站"水手－2"号飞往金星时所获得的资料计算出它的质量是地球质量的 0.815.金星绕太阳公转周期是 225 日.金星自转轴和轨道面所形成的倾角到目前还未加肯定,用间接的方法所得出的值约 30°.根据雷达观测得出结论:金星不同于其他行星.它的自转方向是同它绕太阳运动的方向相反,其周期近243 日.

金星大气延伸不超过 200 公里.根据雷达观测证实,云层的厚度约 30 公里,高度延伸到 100 公里左右.金星大气的密度稍微超过地球大气的密度.

研究金星的温度状况是有很大困难的.传统的天文方法往往得出自相矛盾的结果,因为它是对金星大气的不同层进行观测而得来的.前苏联和美国进行射电天文研究后得出了较好的一致意见.研究的结果估计金星土壤的表层温度为 300～400 ℃.

根据对自动行星际站所获得的材料的处理,金星表面最可能的温度值在400～500 ℃的范围内,而它的压力间隔是 60～140 个大气压.

根据行星际站测量资料,金星大气中主要是二氧化碳(93%～97%).在大气中同样发现氧气、氮气和水气.

指出另一个结论同样是有兴趣的.科学家们从"水手－2"号的飞行结果得出结论,金星的磁场为地球磁场的 $\frac{1}{30}$ 以下,这意味着金星几乎完全不存在辐射带.

地球这个行星是一个半径约为 6 378 公里的球形体.关于地球的资料人们很熟悉,我不在此引用.看来,地球在演化过程中,能对它起重大影响的主要因素是存在一个重的卫星——月球.月球是太阳系中特殊的卫星.月球的大小虽然在卫星中只占第 6 位,但是和地球相比——就是和它的中央行星相比是很不寻常的.月球的大小是地球的 $\frac{1}{4}$,而其他所有的卫星和"自己的"行星相比,是小得可以丢掉.月球的质量为地球的 $\frac{1}{81.3}$.从上面所说的,以及月球绕地球和太阳运动的特点来看,与其说月球是地球的卫星,不如说是地球的伴星,它同地球一道构成了一个双行星.

月球运动有一个非常有趣的特点,就是它绕轴自转的周期和绕地球公转的周期相等,即 27.32 日.由于两个周期的吻合,月球总是用同一面朝向地球.

关于月球表面的物理特性问题现在已经不是秘密了.不久前还引起过激烈

699
$$\mathcal{V}=-\left(\frac{m_1 m_2}{r_{12}}+\frac{m_2 m_3}{r_{23}}+\frac{m_3 m_1}{r_{31}}\right)$$

的争论.在研究月球方面美国和前苏联的自动行星际站起了重要作用.

月球的土壤原来是松土.在上面行走留下的痕迹深度达 2.5 厘米.在表层发现许多像玻璃样的黄色的、褐色的和暗褐色的小圆球.在月球的许多区域有月尘和沙粒.火成岩小块分布得很广.宇宙航空员在静海所采集的月岩包含有地球火山岩中所具有的矿物.这些矿物是铁、镁、铝、钙、硅等.也发现一些不认识的矿物,月岩的年龄约 35 亿年.

月球表面布满无数的环形山、裂痕、山岩和其他大小不同的崎岖区域.从美国一系列"别动队"号人造月球卫星在离月球几百米的上空拍摄的照片可以清楚地看出大小约为几米或更小的这些结构.绘制月球球面图的工作现已完成.这项工作是根据前苏联"月球-3"号自动站拍回的月球背面照片和随后美国、前苏联自动站相继拍摄的照片进行的.因为仅仅 1~100 公里大小的环形山就超过 10 万个,所以绘制月球球面图是一项极费力气的工作.

月球实际上没有大气.因为月球的质量小,所以它不能长久保持住大气.月球没有大气,所以产生的后果是恶劣的:日照面中心的温度达 120 ℃,而处于夜间的那一面温度则降到 −150 ℃.

在行星的序列中,地球的下一个宇宙邻居是神秘的火星.人们对火星寄予很大希望,想从它那里发现地球以外的最近的文明或者至少是火星上有生命.火星绕太阳一周要 1 年零 322 日.火星和太阳距离的变化范围从 20 600 万公里到 24 900 万公里.火星和地球的距离摆动于更大的范围,从 5 600 万公里到 40 000 万公里.在 15~17 年的过程中要出现一次火星和地球接近到最短的距离.这种接近现象叫作火星的大冲.

火星的半径为地球的 $\frac{1}{2}$,质量为地球的 $\frac{1}{9}$.火星绕轴自转一周是 24 小时 37 分.几乎和地球一样,火星自动轴对轨道面的倾角为 65°12′.所以,火星不同纬度也和地球一样,有一年四季的交替.

由于火星具有稀薄和透明的大气这样有利的研究条件,所以天文学家对火星的物理条件研究得很充分.火星不同地区温度的变化范围从 −70 ℃,−100 ℃到 25 ℃(根据某些数据赤道温度要达 50 ℃),也就是,火星某些地区的自然条件并不比生长有近 200 种植物的喜马拉雅山山脉更严酷.火星的赤道区甚至在夏天温度一昼夜的变化也是很大的(从负到正).

火星大气中发现有大量二氧化碳.大家知道二氧化碳是地球上的植物所必需的.有时观测到火星个别区域出现像"烟雾"样的暂时混现象,这种"烟雾"可能是轻云,也可能是尘暴.

清楚地观测到火星上有季节现象,夏季在相应的地球上广阔的区域内有颜色改变的现象(从褐色变成绿灰色),白色的极冠迅速地融化等等.

对火星上存在运河的猜测,一百多年来使学者们焦急不安.不过这个问题现在已解决了.关于运河的本质曾有许多假说:运河是植物带吗? 是火星人的巨大建筑工程吗? 最后仅仅是错觉吗? 这种猜测已经平淡无奇了.1965 年夏季,从美国宇宙站"水手—4"号船舱上拍摄的照片使有关火星运河的富于幻想的假说烟消云散.从离火星 9 000 公里上空拍摄的照片上看出类似月球上的景色,显露出的也是环形山,而运河并未发现.

前苏联一系列"火星"号自动行星际站和美国一系列"水手"号宇宙站对火星的研究工作具有特殊的意义.现在已经可以有把握地说,火星大气中有氧、氢、臭氧、水气,在火星的某些区域这些气体形成达 60 微米的降水,并且还有微弱的磁场.从前苏联行星际站最近拍摄的照片上发现有一些长度为几百公里、宽度为几十公里的山谷.这些山谷弯弯曲曲,像地球上带有支流的河道.这种弯曲的形状说明这些山谷是由水侵蚀而形成的.这些山谷像小链子一样,彼此把环形山连接起来,就像"运河".在这些照片上可清楚地看到这些河道的"河口".

有两个卫星绕火星运动,一个称为浮波斯(火卫一),另一个称为黛摩斯(火卫二).这是已知的大行星卫星中的最小的卫星.

木星 是太阳系最大的行星——巨行星的典型代表.它的半径是 71 434 公里,质量为地球的 318 倍,约为太阳的 $\frac{1}{1\,000}$.木星有较大的扁率.扁率可用下式表示:$\alpha=\frac{r_a-r_p}{r_a}$.式中 r_a 为最大半径(赤道半径),r_p 为最小半径(极半径).则木星的扁率 $\alpha=\frac{1}{16}$,而地球的扁率 $\alpha=\frac{1}{298.3}$.木星的密度不大,即比水的密度稍大一些.必须注意到,它的平均密度由于固体行星半径的估计过高而很可能有些降低.木星也像其他巨行星一样,绕着几乎垂直于轨道面的轴迅速自转.木星一昼夜大约 10 小时.它的周围有延伸大气.大气的组成是甲烷、氨、氢.大气的厚度知道得还不确切,然而可以设想它的范围是从 1 000 到 20 000 公里.大气厚度的最大或然值是 13 000 公里.行星自转的数据对云层而言,因此自转的周期在不同的纬度上是不一样的:从 9 小时 50 分到 9 小时 55 分.行星的固体部分以多大的角速自转不清楚,因为天文学家未能透过浓厚的云层观测到哪怕是不大的一块表面.

木星大气高层的温度是 -120 ℃到 -130 ℃.如果这样的温度存在的话,则固体表面的温度,根据一些天文学家的看法是 20 ℃,而另一些则认为不超过大气高层的温度.有一种假说认为,木星的固体核外围有一层很厚的凝结气体,它渐渐地转变为液体状态并形成海,海水同时也渐渐转变为大气.根据木星大气试验室的模拟实验,所获得的最新资料关于"凝结状木星"的假说是不能被接受的.

701 $\qquad \psi=-\left(\dfrac{m_1 m_2}{r_{12}}+\dfrac{m_2 m_3}{r_{23}}+\dfrac{m_3 m_1}{r_{31}}\right)$

　　某些天文学家考虑到木星本身有无线电频率的辐射,倾向于认为它不是行星,而是一个小的独立的恒星.正如估计表明,木星由于本身无线电频率的辐射,失去的能量比它从太阳获得的多 2 倍.显然,天文学家通过光学观测和射电天文观测还不能解释木星的本性,留下的只能是等待宇宙探测器飞向木星去观测.

　　举一个令人费解的木星特点.在它表面上清楚地看到 6 条平行于赤道的黄色的、橙黄色的、褐色的带状物和一个伸长的椭圆形红斑.这个斑点大小是 50 000×20 000 公里,并在木星赤道带慢慢地移动.

　　木星离太阳 8 亿公里,绕太阳一圈要 11.9 年.早期人们发现随木星绕太阳运动的有 12 个卫星,其中有 4 个是伽利略发现的.1974 年科瓦尔发现木卫十三,1975 年沃瓦尔发现木卫十四,至此已发现的木星卫星共有 14 颗.

　　木星后面的一个巨星是土星,它的大小仅次于木星.土星的视赤道半径是 6 万公里,它的质量为地球的 95 倍.土星像木星一样,平均密度是不大的,是水的密度的 0.7.这种现象只有在这种条件下才有可能:土星视圆面大部分不是固体而是土星大气的下层.土星大气的厚度估计为 25 000～31 000 公里,因此土星真正的半径大约是 32 000 公里.

　　土星是太阳系最扁的行星($\alpha=\frac{1}{10}$):它的视极直径和赤道直径相差 10%.土星迅速绕轴自转,周期约 10 小时.天文学家从土星上所观测到的正如木星一样,云层带的自转周期从 10 小时 14 分到 10 小时 38 分.土星自转轴对轨道面的倾角是 27°,它表明星球上有一年四季的交替.

　　土星大气的化学组成类似木星:有氨、甲烷.甲烷在百分比上甚至比木星还要大些.显然这可用大气的热状况来解释.云层的温度接近 −160 ℃.

　　绕土星公转的有 10 个卫星,其中土卫六的大小可以和类地大行星相比,它本身也有甲烷大气.

　　土星周围有一个色彩令人惊异的薄薄的光环系统.作为科学研究的对象,这些光环是非常有意义的.土星带着自己的随从光环和卫星绕太阳公转,它和太阳的平均距离几乎是 15 亿公里,为地球和太阳的平均距离的 9.54 倍.土星绕太阳公转的周期是 29.5 年.

　　天王星　是 1781 年一位英国天文学家(同生在德国)赫歇耳(1738—1822 年)发现的.天王星也是一个典型的类木行星.它的质量为地球的 15 倍,半径为 4.2 倍.它的大气和土星、木星相似,但是大气中主要是甲烷.天文学家认为,既然所观测的天王星的温度接近 −180 ℃,不论是氨或是甲烷,都部分地处于固态.根据理论计算,天王星的大气厚度小于以上两个行星,是 3 000～5 000 公里.

观察天王星的公转移动和自转运动可以看到它那奇异的特征.天王星在和太阳相隔几乎 30 亿公里的距离上移动,要 84 年才能绕太阳一圈.它"侧身"躺着绕太阳旋转.这是因为它的自转轴和轨道面法线所形成的角是 98°,就是说它的轴几乎躺在自己轨道的平面上,它所指的方向同太阳系所有其他行星自转轴通常的方向相反(图 1.2).天王星绕轴自转周期也不长,是 10 小时 49 分.不过这个周期本身还不能决定昼夜的长短,因为天王星绕太阳运动的这一特性在这方面也起重要的作用.

图 1.2 大行星自转轴的倾角

如让天王星的轴在某个时刻指向太阳,那么它的北极和极区在几年期间内要被太阳照耀,而南半球此时则处于长久的黑夜.过了 21 年,自转轴定向不改变,天王星在轨道上要向前移动 $\frac{1}{4}$ 圈,并把自己的赤道置于太阳光直射下,在这样的位置,白日和黑夜的长短只能取决于天王星的昼夜长度:无论在北半球或南半球,白日和黑夜都相等,是 5.5 小时.天王星再沿轨道绕 $\frac{1}{4}$ 圈,将重新出现最初的情景,所不同的只是南北极变换了方向.不仅天王星本身自转不寻常,就连大家所知道的它的 5 个卫星围绕它公转也是很异常的,这些卫星和其他大行星的卫星相比是以相反的方向运动的.

上面所指出的天王星系统运动的"古怪现象",其原因在目前还说不清.而且在人们所提出的太阳系起源的任何一个假说中对天王星的这些特性也弄不明白.

巨行星群的最后一个代表是海王星.它的物理特点是:直径几乎是地球的 4 倍,质量为它的 17 倍.它离太阳的平均距离是 45 亿公里,公转周期略少于 165 年,一昼夜是 15 小时 36 分.它的大气是由氨和甲烷组成的,云层温度约 −180 ℃,从行星的圆面上几乎无法看到任何细节.

人们只知道海王星有两个卫星.但是不能排除还有现代望远镜暂时不能观测到的其他卫星.

$$\mathscr{V} = -\left(\frac{m_1 m_2}{r_{12}} + \frac{m_2 m_3}{r_{23}} + \frac{m_3 m_1}{r_{31}} \right)$$

最后一个大行星是冥王星,人们常常把它归入类地行星.由于冥王星卫星的发现,冥王星的质量和直径,可以得到更精确的测量,现在已经确定,冥王星的直径是 2 400 公里,从而使冥王星成为太阳系中最小的行星.改变了过去认为太阳系中最小的行星是水星(直径 4 800 公里)的概念.冥王星离太阳的平均距离约 60 亿公里,即为地球到太阳距离的 40 倍.冥王星的公转周期是 248 年.它在轨道上运行极慢,速度是每秒 4.5 公里,而地球每秒是 30 公里.冥王星比海王星离太阳的平均距离要远 14 亿公里.但是从 1969 年至 2009 年冥王星是在海王星轨道里面运行,并深入到 2 500 万公里以内.1989 年它将通过离太阳 44 亿公里的近日点.冥王星一昼夜相当于地球 6 昼夜零 9 小时.

冥王星的体积和质量都很小.半径为 2 900 公里,质量实际上等于火星的质量.亮度为 18 等星.只有非常大的望远镜才能观测到.对冥王星的物理特征作出估计是非常没有把握的,我们不准备引用它的资料.

现在谈谈大行星的卫星.

现在已知大行星卫星总数是 35 个.以前人们认为水星、金星和冥王星是没有卫星的.美国科学家发现冥王星旁,有一颗卫星绕它运转,从而打破了多年来一直认为冥王星同水星和金星一样,没有卫星的说法.这颗卫星被命名为查龙,其直径约 800 公里,沿着距冥王星 19 000 多公里的轨道绕冥王星旋转.讲到地球的卫星月球时,也可以把它认为是一个行星.火星有两个卫星(火卫一,火卫二),这些卫星轨道的资料见表 1.1.

表 1.1

卫星	和火星中心的平均距离(公里)	公转周期(日)	轨道和火星轨道面的倾角
火卫一	9 350	0.319	26°19′
火卫二	23 500	1.263	26°02′

木星有 12 个卫星(图 1.3),其中 4 个卫星是伽利略于 1 610 年发现的,和他同时发现的有布拉格学者马留斯.假如附近没有那明亮的木星的话,视力很好的人可以用肉眼观测到这些卫星的.这些卫星通常是按照它们和木星的距离次序用罗马数字表示.伽利略卫星沿着近似正圆形轨道在木星的赤道面上绕它公转 42 万公里到 189 万公里.卫星绕木星转一圈需 $1\frac{3}{4}$ 日到 $16\frac{3}{4}$ 日.1892 年,巴纳德在美国发现了离木星最近的第五个卫星(木卫五).这颗卫星的亮度非常弱,是一颗 19 等星.木卫五和木星的距离是 181 500 公里,绕它一圈要 12 小时.1904~1905 年,美国立克天文台用照相方法又发现两个卫星.这两个卫星比前五个卫星要远得多,沿着很扁的轨道运转,轨道面和木星赤道面成 30° 的倾角.

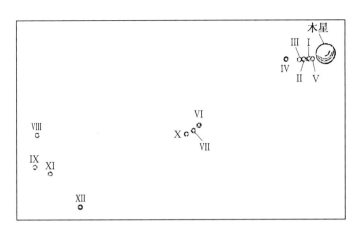

图 1.3　木星及其卫星

　　1908 年,英国格林威治天文台发现了第八个卫星.它的亮度也很弱,并同样沿着扁的轨道运动.这个轨道面和行星赤道面有很大的倾角.研究这个卫星的过程是很富于戏剧性的,因为天文学家两次把它"丢失"了.

　　1914 年立克天文台又发现了一个新的卫星——木星的第九个卫星,这是一个最远的卫星.它和木星中心的距离有 2 370 万公里,绕木星一圈要两年多一点的时间.有趣的是第八个卫星和第九个卫星同木星的平均距离是非常接近的,彼此只相差 20 万公里.

　　第十和第十一个卫星是美国威尔逊天文台于 1938 年发现的.第十二个卫星也是该台于 1951 年发现的.这 3 个卫星是尼科逊发现的.木卫十、木卫十一、木卫十二和木星的平均距离分别是 1 150 万公里、2 260 万公里、2 120 万公里.1974 年 9 月美国拍摄了木星周围的一个很微弱的(第 20 等 星)天体的照片.对这个天体运动的初步分析得出结论说,显然发现了第十三个木星卫星.

　　木星卫星的大小和质量是极不规则的.3 个伽利略卫星的直径大于月球,两个(木卫三、木卫四)大于水星.列举几个卫星的半径:木卫一——3 720 公里,木卫二——3 140 公里,木卫三——5 230 公里,木耳四——5 150 公里.最后两个卫星的质量为水星的 $\frac{1}{2}$.这证明卫星的平均密度是很小的.这些天体表面的反照率很高.木卫三和木卫四的这些特性引出一种假说,即这两卫星基本上是由冰和雪组成的.

　　木星的卫星系统所具有的特性是非常神秘的,也是宇宙学未能解释的现象.木星的 4 个外层卫星Ⅷ,Ⅹ,Ⅺ和Ⅻ公转的方向和大多数其他行星卫星运动的方向相反.

　　土星和卫星族少一些.目前已知有 10 个卫星,表 1.2 列举 9 个卫星的主要数据.

$\mathscr{V}=-\left(\frac{m_1 m_2}{r_{12}}+\frac{m_2 m_3}{r_{23}}+\frac{m_3 m_1}{r_{31}}\right)$

表 1.2

卫星	和土星中心的平均距离（公里）	公转周期（日）	轨道和土星轨道面的倾角
土卫一	185 700	0.94	26°45′
土卫二	238 200	1.37	26°45′
土卫三	294 800	1.89	26°45′
土卫四	337 700	2.74	26°45′
土卫五	527 500	4.52	26°42′
土卫六	1 223 000	15.95	27°07′
土卫七	1 484 000	21.28	26°00′
土卫八	3 563 000	79.33	16°18′
土卫九	12 950 000	550.44	175°00′

所有卫星的轨道,除了土卫九和土卫七以外,都近似圆形,而土卫九和土卫七的轨道则很扁.所有的卫星的运动都是顺行,只有最外层的土卫九同木星外层卫星一样,是逆行.

土星最大的和最亮的卫星是土卫六.它是惠更斯(1629—1695 年)于 1655 年发现的.不久,法国天文学家卡西尼(1625—1712 年)接二连三发现了 4 个卫星:土卫八(1671 年)、土卫五(1672 年)、土卫三和土卫四(1684 年).一百年后,赫歇耳发现了离土星最近的卫星土卫一和土卫二.1848 年美国哈佛大学天文台朋德又发现了一个卫星土卫七,1898 年美国皮克灵又找到了第九个卫星——土卫九.1966 年法国天文学家多耳福斯发现了第十个卫星雅努斯,这个卫星的轨道根数已确定,但不可靠.

已知天王星是 5 个卫星:天王卫五、天王卫一、天王卫二、天王卫三、天王卫四.

赫歇耳于 1781 年发现了天王星.过了 6 年,即 1787 年他又发现了这个行星的卫星天王卫三和天王卫四.1851 年拉塞尔发现了天王卫一和天王卫二.1951 年,美国的柯伊伯发现了天王卫五.表 1.3 列举卫星的资料.

排列在行星卫星名单最后的是海王星的卫星——海王卫一和海王卫二.1846 年拉塞尔几乎是在发现海王星的同时发现海王卫一,而第二个卫星只是在 1949 年柯伊伯用两米的望远镜发现的.海王卫一的运动是逆行,而海王卫二是顺行.但海王卫二也是很特殊的.它的轨道的扁率是创纪录的,与其说它是卫星的轨道,不如说它是彗星的轨道.

表 1.3

卫星	和天王星中心的平均距离（公里）	公转周期（日）	轨道和天王星轨道面的倾角
天王卫五	120 000	1.4	97°59′
天王卫一	191 800	2.52	97°59′
天王卫二	267 300	4.14	97°59′
天王卫三	438 700	8.71	97°59′
天王卫四	586 600	13.46	97°59′

海王卫二的轨道和海王星的距离是在 150 万到 960 万公里的范围内. 海王卫一也具有这样一个特性, 它的轨道和海王星的轨道面有一个很大的倾角. 海王星卫星的某些数据见表 1.4.

表 1.4

卫星	和海王星中心的平均距离（公里）	公转周期（日）	轨道和海王星轨道面的倾角
海王卫一	353 700	5.88	140°
海王卫二	5 500 000	359.90	3°14′

除了大行星外, 还有大量的小天体, 人们称它们是小行星. 这些小行星基本上是在火星和木星的轨道间围绕太阳运动. 第一个小行星是 1801 年 1 月 1 日发现的, 起名为谷神星. 到目前已发现约 2 000 个小行星, 而且已发现的小行星族不断增加, 总数目估计为 15～25 万.

小行星是没有大气的、形体不规则的天体. 小行星的大小是极不规则的. 小行星中最大的是谷神星. 它的直径是 707 公里. 小行星智神星、灶神星、10 号小行星的直径超过300 公里, 约有 400 个小行星的直径是从 15 公里到 300 公里. 也有的小行星的直径只有 1 公里或者更小, 见图 1.4.

有些小行星形状非常奇异. 如果小行星是球形的, 那么它的亮度就要按照一定的规律慢慢地变化. 但是, 如果在宇宙中飞的是一座"小山", 而且在飞行中任意翻觔斗, 那么就会偶然观察到它的亮度增加, 或者相反亮度减弱. 例如爱神星是一个大小为 25×10 公里的长形小行星, 所以小行星爱神星有时亮度增加两倍.

小行星的名称是取自希腊神话. 希腊神话中的名字用尽了, 人们就任意替小行星取名. 在许多新的称呼中, 我们可看到一个 852 号小行星, 它被称为弗拉基列娜, 是为了纪念弗·伊·列宁而命名的. 不久前发现的一个小行星苏鲍季娜, 就是以前苏联科学院列宁格勒理论天文研究所所长苏鲍金的名字命名的.

$$V = -\left(\frac{m_1 m_2}{r_{12}} + \frac{m_2 m_3}{r_{23}} + \frac{m_3 m_1}{r_{31}}\right)$$

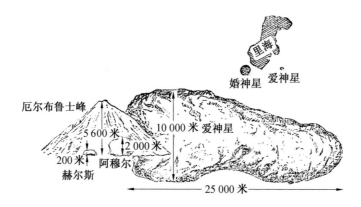

图 1.4 小行星和地球上物体大小的比较

小行星中有一个叫"雅洪托娃",这是为了纪念半个世纪在研究小行星的前苏联女天文学家萨莫伊洛娃－雅洪托娃的.在她的领导下出版有国际意义的年刊《小行星星历表》.

太阳系中最令人惊奇的成员是彗星,用望远镜可以看到,有时用肉眼也可看到它.彗星是一个有尾巴的星.彗星的主要部分是它的核,按照现代说法这是个固体核.核的大小通常不超过 150 公里.核的周围有气壳,叫彗发,大小是取决于彗星和太阳距离的变化.不论是彗发或是接近太阳而发展起来的彗尾都是由气体和小质点组成的,都是由彗星核的物质变化而来的.彗星的头部即核和彗发有时大到几万、几十万公里.但是彗星最大的部分是彗尾.有些个别的彗星它的彗尾拖长到几亿公里.例如 1882 年发现的一个彗星叫霍耳姆斯,彗头直径150 万公里,尾巴竟长达 3 亿公里.有时彗星形成两个或三个尾巴.在彗星的形成过程中,太阳粒子辐射和光压力在起作用.这种光压力对直径非常小的彗星质点所起的作用比太阳引力大,因而它从彗星头部"拉出"小固体质点和气体分子,这些质点和气体分子形成彗尾,使彗星变得美丽起来.彗星物质的密度非常小,人们经常开玩笑,把彗星叫作"空口袋"或者叫"可见的虚无".

太阳系中还有无数的、数不清的最小的天体——流星体.这些流星体同彗星像亲属一般地有着密切的联系,它们有时是单独地、有时成流星群在星际空间运转.流星体是巨大的"天石",也会是很小的质点.星际空间的各个区域充满着不同密度的流星物质.在今天宇宙飞行时代,无数的人造地球卫星和行星际站系统地向我们提供流星物质密度的资料.

俗话把流星叫作"陨星".宇宙物质的质点以巨大的速度钻入地球大气.由于地球大气的极大阻力而白炽化,从而造成一种"陨星"的错觉.有时体积大的流星体在大气中飞行时没有来得及烧毁而降落大地.降落到地球上的天石叫作陨星.

708

§2 行星运动几何学

现代太阳系运动学是不管天体运动发生的原因,而只研究太阳系天体运动几何定律的一门科学,它是以德国学者开普勒(1571—1630 年)的著作为基础而建立起来的.开普勒在丹麦天文学家第谷(1546—1601 年)所积累的丰富的观测资料的基础上进行了艰苦的探索.然而,如果没有古代几何学家编制的足够丰富的曲线文集,开普勒未必能提出自己的三条著名的行星运动定律.

在动力天文学中,这些曲线中的圆锥曲线具有重要意义.圆锥曲线是公元前 4 世纪古代几何学家和天文学家梅尼希发现的,他是欧多克斯的学生.梅尼希研究了旋转锥面,并用垂直于母线的平面来截割它.平面和锥面的交线称为圆锥曲线.梅尼希根据锥面张角得出三类圆锥曲线.如果张角 α 是钝角(图 1.5 (a)),那么截线上可得双曲线.张角 α 是直角,得抛物线(图 1.5(b)).张角是锐角(图 1.5(c)),圆锥曲线是椭圆.

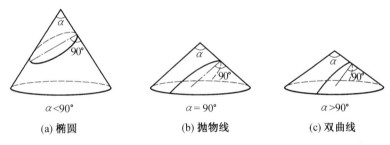

(a) 椭圆 $\alpha < 90°$ (b) 抛物线 $\alpha = 90°$ (c) 双曲线 $\alpha > 90°$

图 1.5　圆锥曲线的形状

在天文学中这三类圆锥曲线都要应用到.但最重要的是椭圆.它的直角坐标方程是(图 1.6)

$$\frac{x^2}{a^2} + \frac{y^2}{b^2} = 1$$

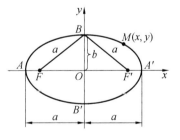

图 1.6　椭圆及其面上的各主要点

假定这个方程中的纵坐标 y 等于0,那么 x 的值是 $\pm a$,对应于坐标 $(-a,0)$ 的点 A 和坐标 $(a,0)$ 的点 A' 叫作椭圆的顶点或拱点,把 A 和 A' 联结起来的直线称长径或拱线.如假定 x 等于0,那么在椭圆方程中就能得出 $y=\pm b$.坐标为 $(0,b)$ 的点 B 和 $(0,-b)$ 的 B' 点同样叫作椭圆的顶点,它们联结起来的直线称短径.可以看出 a 是椭圆的半长径,也就是它的最大半径,而 b 是椭圆的半短径,即最小的半径.它们的交点 O 称为椭圆中心.

$$\mathscr{V} = -\left(\frac{m_1 m_2}{r_{12}} + \frac{m_2 m_3}{r_{23}} + \frac{m_3 m_1}{r_{31}}\right)$$

在通常情况下,当 $a=b$,椭圆就变为圆.而在 a 不变化,b 逐渐变小时,椭圆就变得越来越扁,椭圆扁的程度用

$$e=\frac{\sqrt{a^2-b^2}}{a}$$

来计量,它称为偏心率.可以赋予偏心率以简单的几何含义.为了阐明这个问题,以短轴顶点 B(图 1.6)为圆心,作半径等于 a 的圆,与长轴相交于两点 F 和 F'.距离 OF 和 OF' 等于 $\sqrt{a^2-b^2}$.点 F 和 F' 叫作椭圆焦点.既然 $\triangle OBF'$ 是直角三角形,那么等于偏心率的比值 $OF'\colon BF'$ 不是别的,就是 $\angle OBF'$ 的正弦.如果 $b\to a$,则椭圆接近正圆,则偏心率 e 趋向于 0 时,焦点和椭圆中心趋于重合.

两个焦点中的一个焦点,例如 F',无限制地离开到无限远点,就要出现另一种情况,即 e 等于 1.椭圆在这种极限情况下要从可动焦点的这边裂开,得到具有无限远分支的曲线,叫作抛物线,它的形状见图1.7.抛物线方程式为

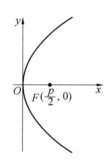

$$y^2=2px$$

圆锥曲线的第三种类型是双曲线,其方程式通常是

$$\frac{x^2}{a^2}-\frac{y^2}{b^2}=1$$

图 1.7　抛物线图形

式中,a 和 b 是某个常数.

双曲线是由两个独立的部分组成的.这两部分延伸到无限远并无限接近两条直线——渐近线.直线 Ox 是它的对称轴(图 1.8).A 和 A' 是双曲线的顶点,距离 AA' 叫作实径.因为在双曲线的方程中,在 $y=0$ 时,得到 $x=\pm a$,则顶点 A' 的坐标是 $(a,0)$,而顶点 A 则由坐标 $(-a,0)$ 所决定.因此实径 AA' 等于 $2a$,实半径 OA' 等于 a,线段 $A'B'$ 叫作虚半径.双曲线的两个焦点用 F 和 F' 表示.这两个焦点在实轴上,距离 $OF=OF'=\sqrt{a^2+b^2}$.双曲线的形状取决于偏心率的值

$$e=\frac{\sqrt{a^2+b^2}}{a}$$

天体力学最常用的是对所有圆锥曲线都适用的极坐标方程.极坐标的原点(极点)在圆锥曲线的一个焦点上,而坐标轴的方向就是圆锥曲线上对称轴的方向.此时曲线上任意点的向径 r,也就是从焦点到圆锥曲线上相应点的线段,是和向径对轴的倾角 ν(这个角叫作真近点角)相联系的,方程是

$$r=\frac{p}{1+e\cos\nu}$$

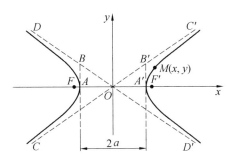

图 1.8　双曲线及其基本点

在这个式子中, p 是表示量, $p=a(1-e^2)$,它叫作圆锥曲线的半通径.

太阳系运动学的基本定律是开普勒发现的. 他的第一定律是确定行星轨道的形状,他指出:

每一个行星的轨道位于通过太阳中心的平面上,轨道是椭圆,太阳位于椭圆的一个焦点上.

随后,开普勒转入阐明行星沿椭圆轨道运动的规律. 他用两条定律表达了自己的结论,他的第二定律断言:

行星在绕太阳运动时,其向径在各相等的时间间隔内扫过的面积是相等的.

用比较明确的数学形式表示,这条定律用公式写出为

$$r^2\omega=\text{常数}$$

其中 r 为行星在走过的时间内的向径,而 ω 为行星运动的角速度,即在单位时间内向径所转的角.

开普勒第二定律还可用另一个公式表达

$$rV\sin\alpha=\text{常数}$$

式中 V 为行星在一定的时间内沿轨道运动的速度,而 α 为向径的方向和速度方向之间的交角(图1.9).

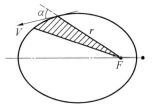

最后,开普勒第三定律把任何两个行星公转周期和半长径(离太阳的平均距离)结合起来.

设 T 和 T_1 为公转周期,而 a 和 a_1 为轨道的半长径. 开普勒第三定律断言

图 1.9　开普勒第二定律

$$T^2:T_1^3=a^3:a_1^3$$

即行星绕太阳公转周期的平方和它们离太阳平均距离的立方成正比.

天体力学家为了描述天体沿圆锥曲线的运动,用了一系列术语. 在轨道上离太阳最近的一点称为近日点. 最远的称为远日点. 如果是讨论其他天体的卫星,则称为近心点(轨道上离中心天体最近的一点)和远心点(最远点). 这个名

$$\gamma=-\left(\frac{m_1m_2}{r_{12}}+\frac{m_2m_3}{r_{23}}+\frac{m_3m_1}{r_{31}}\right)$$

词的后一部分可以根据相应的中心天体的名称而任意代替(如对月球卫星是近月点和远月点,对木星卫星是近木点和远木点等等).

在描述天体运动时,首先需要绘出天体轨道平面的位置.为此经常引入某一种坐标系.行星运动是相对于以太阳中心为原点的直角坐标系.这个系统的横坐标轴通常指向春分点,也就是在春分那一天太阳投影到天空上的那一点.选择地球绕太阳运动的黄道面作为坐标的基本平面(图 1.10),然后作一个"天球",也就是以太阳为中心任意半径的球,行星轨道面与这个天球相交于一个大圆.行星轨道面和黄道面的交线 SN 称为交点线.

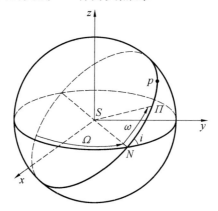

图 1.10 行星轨道根数

决定轨道面的位置、轨道的大小和形状的量叫作轨道根数.取从太阳指向春分点和交点线之间的角 Ω 作为一个根数.为确切起见,取行星在从南半球转到北半球时所经过交点线的这一点的 Ω 角,用这样方法所作的角 Ω 叫作升交点黄经.决定行星轨道在空间位置的第二个角度根数即黄道面和轨道面之间的角,这个角叫作倾角,用 i 来表示.Ω 和 i 两个根数可以完全确定轨道面在空间的位置.

还有一个根数就是绘出椭圆在轨道面上的指向.为此,选择交点线和近心点(近日点)方向 Π 之间的角,这个角叫作距交点线的近心点(近日点)距角或近心点(近日点)角距,用希腊字母 ω 表示(见图 1.10).

还有两个轨道根数:半长径 a 和偏心率 e 表示椭圆的大小和形状.最后需要指出行星在某一个时刻在轨道上的位置.最后可以用各种方法选择这个根数.有时取过近心点(近日点)时刻.经常是取平黄经作为这个根数,它是两个弧段的和:即升交点黄经以及交点线和行星 p 的某个假位置方向之间的角.这个假位置是根据以下假设而计算出的,即假设行星沿着自己的轨道均匀地运动,它的周期同真实行星公转周期相等.

根据观测资料,定出轨道的所有的六个根数,就能利用开普勒定律计算出行星在任何时刻的位置.

§3　万有引力和二体问题

中世纪许多学者对解释天体运动的原因非常注意.其中一些人是走在正确的道路上.哥白尼(1473—1543 年)、开普勒和伽利略都指出天体有吸引的性质.如开普勒写道:"如果在宇宙的某个地方有两个彼此距离很近的石头,并处在离它们最近的另一个物体的作用范围之外,这两个石头就会像磁铁一样彼此趋于结合在一起".英国学者虎克(1635—1703 年)的看法更接近真理.他指出,在天体之间的距离减小时,它们相互作用的力是在增加.天文学家波雷里(1608—1679 年)和惠更斯(1629—1695 年)也有此种看法.

伊萨克·牛顿(1643—1727 年)对天体吸引的相互作用作了全面的、精确的论述.他在 1687 年出版的著名的"自然哲学的数学原理"专题论文中,详细地阐述了他多年来研究的结果.牛顿发现了一条规律,这就是万有引力定律.这个定律的内容如下:

任何两个质点相互吸引的力和它们的质量的乘积成正比,和两质点间的距离的平方成反比.

这个定律可写成下式

$$F = f \frac{m_1 m_2}{r^2}$$

式中 m_1 和 m_2 表示两个相互吸引着的质点的质量,r 表示它们间的距离,而 f 表示引力常数.这个引力常数在米、公斤、秒系统中等于$(67 \pm 0.01) \cdot 10^{-11}$ 米^3 公斤$^{-1}$ 秒$^{-2}$.

牛顿根据万有引力定律表达了两个吸引着的质点的运动问题,并从数字上严整地解决了它.这个问题叫作二体问题.一般地说,天体力学家在实践中感兴趣的不是空间中两个吸引着的天体的运动问题,而是一个天体对另一个天体的相对运动的问题.这样,在行星运动理论中我们就要研究行星对太阳的相对运动.严格地说,在行星吸引力的影响下,太阳也在沿着一个不大的、一定的空间轨道运动着.

牛顿对二体问题的解决证实了开普勒定律的正确性.只是需要对开普勒第三定律作小小的修正.根据牛顿定律得出公式

$$\frac{a_1^3}{a_2^3} = \frac{T_1^2 (m_0 + m_1)}{T_2^2 (m_0 + m_2)}$$

在这个公式中,m_0, m_1 和 m_2 这几个新的符号相应地表示太阳和两个其运动可以比较的行星的质量.

因为行星的质量同太阳的质量相比是非常小的(提醒一下,木星的质量不

$$\mathscr{V} = -\left(\frac{m_1 m_2}{r_{12}} + \frac{m_2 m_3}{r_{23}} + \frac{m_3 m_1}{r_{31}} \right)$$

超过太阳质量的 0.001),那么被牛顿修正了的开普勒第三定律和他的最初的公式之间的差别也是非常小的.实际上后者的关系式可变换成

$$\frac{a_1^3}{a_2^3} = \frac{T_1^2}{T_2^2} \cdot \frac{1 + \dfrac{m_1}{m_0}}{1 + \dfrac{m_2}{m_0}}$$

显然,可以忽略 $\dfrac{m_1}{m_0}$ 和 $\dfrac{m_2}{m_0}$ 这两个小量,因为在这种情况下不会引起明显的误差.结果就得到开普勒第三定律的最初公式.

万有引力定律和二体问题的解不仅适用于质点,也适用于球形天体.这种天体或者是均匀的,或者是由均匀的同心球所组成的.可以相当精确地认为,如果只是研究太阳引力场内的行星运动,二体问题完全能给出满意的解.解决这个问题时所产生的误差,是在论述行星运动时忽略行星之间的小的引力而引起的.因此二体问题的解,只能在不长的时间间隔内很好描述行星的运动.

如果用椭圆轨道表示行星的运动,则必须指出计算的是哪一年的轨道.我们约定用上述的轨道根数来描述椭圆轨道.对这些根数要加上它所属的历元.

1.5 表中所引用的大行星轨道根数是根据二体问题的解计算出来的,历元是 1930 年 1 月 1 日格林威治零时,天文工作者可根据上面根数计算行星运动表.

表 1.5

行星名称	轨道半长径		偏心率	黄道倾角	升交点黄径
	天文单位	百万公里			
水　星	0.387 099	57.9	0.205 620	7°00′12″	47°30′05″
金　星	0.723 322	108.1	0.006 806	3°23′38″	76°02′59″
地　球	1.000 000	149.5	0.016 738	0°00′00″	—
火　星	1.523 688	227.8	0.093 340	1°51′00″	49°01′04″
木　星	5.202 803	777.8	0.048 387	1°18′25″	39°44′28″
土　星	9.538 843	1 426.1	0.055 786	2°29′28″	113°02′43″
天王星	19.190 978	2 869.1	0.047 129	0°46′22″	73°38′28″
海王星	30.070 672	4 495.7	0.008 553	1°46′35″	131°00′31″
冥王星	39.517 774	5 908.0	0.248 640	17°18′48″	108°57′16″

续表

行星名称	近日点黄经	平均黄经	平均速度 公里/秒	和地球的距离 （百万公里）		公转周期 （日）
				最小	最大	
水　星	$76°21'59''$	$20°24'01''$	48.89	82	217	87.969 3
金　星	$130°35'10''$	$258°31'10''$	35.00	40	259	224.700 8
地　球	$101°44'12''$	$99°55'39''$	29.77	—	—	365.256 4
火　星	$334°46'14''$	$276°15'27''$	24.22	56	400	686.979 7
木　星	$13°11'41''$	$68°56'26''$	13.07	591	965	4 332.587 9
土　星	$91°40'34''$	$273°37'05''$	9.65	1 199	1 653	10 759.200 8
天王星	$169°31'47''$	$12°20'01''$	6.80	2 586	3 153	30 685.93
海王星	$44°01'07''$	$150°59'03''$	5.43	4 309	4 682	60 187.65
冥王星	$202°28'34''$	$121°24'14''$	4.74	4 303	7 517	90 737.2

§4　行星的相互摄动

任何一种科学定律只能近似正确地论述自然过程.研究工作的日益精确和科学情报的逐渐积累不可避免地导致推翻任何一个科学定律,并用新的更精确的来取代它.新的定律同样地或迟或早要被另一个所代替.然而,被"推翻"的定律(只要它不是错误的)并未被抛弃,而在以后继续被应用,这样的情况是非常特殊的,但是现在已经能清楚地确定定律的适用范围以及它所预言的精度.

开普勒行星运动定律的前途也是这样.牛顿万有引力定律指出了开普勒定律的不精确性,并确定了它的应用范围.

牛顿的新见解绝不是把开普勒定律勾销,相反地用自己的动力学的内容补充它,丰富它,并建立了它的万有引力本质.从牛顿的结果中得出,不仅是行星,而且宇宙中任何两个互相吸引的天体都落入开普勒定律的作用范围.

现在人们继续应用开普勒定律,并且很成功.此外,在某些情况下人们宁愿采用开普勒所提出的行星运动第三定律,因为它比较简单.在研究人造地球卫星运动时,在第三定律中保留卫星质量就是荒唐的了,因为同地球质量相比,卫星的质量小得可以丢掉.可是,讨论地球和月球相互吸引作用下的运动问题时,应用开普勒所提出的第三定律就要引起明显的误差,因为月球和地球质量的比是 $1:81$.

如果绕太阳运转的只有一个行星,那么开普勒定律就是完全正确的.而实

$$\mathscr{V}=-\left(\frac{m_1 m_2}{r_{12}}+\frac{m_2 m_3}{r_{23}}+\frac{m_3 m_1}{r_{31}}\right)$$

际上绕它公转的是全部成员. 根据万有引力定律,行星不仅和太阳相互作用,而且彼此也相互起作用,结果行星就偏离开普勒椭圆轨道. 正因为如此,严格地说开普勒定律不能应用于行星. 然而不论是开普勒、牛顿或是后来的研究者,在很多情况下都应用它,而且取得的结果并不坏. 究竟原因何在呢?

为了回答这个问题,我们概括地来研究一下三个相互吸引着的质点的运动问题. 这个问题叫作三体问题,也是天体力学最重要的问题之一. 我们取太阳、地球和某一个其他行星作为三个天体. 大家从中学物理课程中知道,这三个天体中任何一个天体的运动都要服从牛顿的第二定律. 如果所研究的运动是对具有匀速直线运动的笛卡儿坐标体系而言,这种坐标系统叫作惯性系统,实际定出这种坐标是复杂的,是物理学中在讨论的问题. 那么地球 T 的运动方程式就是

$$ma = F_S + F_J$$

式中 m 表示太阳的质量,a 表示它的加速度,F_S 和 F_J 相应为太阳 S 和行星 J 的引力,如众所知,力和加速度要用定向线段(向量)表示,按照平行四边形规则彼此相加. 引力量 F_S 和 F_J 按照牛顿定律用下式计算

$$F_S = \frac{fmm_S}{r_S^2}, \quad F_J = \frac{fmm_J}{r_J^2}$$

在这个公式中 f 表示引力常数,m_S 是太阳质量,m_J 是行星质量,r_S 和 r_J 为地球到太阳和行星之间的距离.

取木星作为第二个行星,为了计算行星相互吸引力对它们运动的影响,我们比较一下引力 F_S 和 F_J 的数值,它们的比值等于

$$\frac{F_J}{F_S} = \frac{m_J}{m_S} \left(\frac{r_S}{r_J} \right)^2$$

如果地球和木星的距离是最短时,则木星的引力作用是最大的时刻,这种情况发生在木星处于冲的时刻,即地球大致位于太阳和木星的连线之间. 假定在这个式子中 $r_S = 1$ 天文单位(1 个天文单位 $= 14\,950$ 万公里(最新值为 $14\,960$ 万公里(天文单位可简写成 a. e.))). $r_J = 5.2$ 天文单位,$m_S = 1$ 和 $m_J = 0.001$,则 $F_J : F_S = 0.000\,6$. 这样,木星对地球的引力和太阳的引力相比是非常小的. 如果不考虑木星的引力以及地球的运动将只和太阳这一个天体的引力有关的情况下,开普勒定律是正确的.

如果引力很小,作用时间不长,则其作用效应不大,通常是可以忽视的. 可是,如果研究的是长时期的运动,那么经常在起作用的小的引力就会引起明显的效应. 由此得出结论,开普勒定律在足够短的时间内是可以应用的,并且本质上能可靠地计算出天体的运动,而在比较长的时间内除了太阳引力作用外,还必须注意到行星的相互吸引力.

在天体力学中,行星沿着椭圆轨道,并且只由太阳引力所引起的运动叫作

无摄运动;行星的相互吸引力叫作摄动力,太阳和行星引力作用的总和决定了行星的受摄运动,而行星真实运动对开普勒椭圆运动偏离的量叫作摄动.

行星的相互吸引不是行星真实运动偏离椭圆轨道的唯一原因.存在一系列影响太阳系成员运动的其他的小摄动力,并且它们的物理本性也是不一样的.行星运动摄动的原因很多,如行星际物质的阻力,行星的非圆球形状,以及行星和太阳的质量随时间变化等等.

在谈到行星的受摄运动时,我们简单地介绍一下著名的三体问题.它始终是大数学家和力学家所注意的问题.这个问题怎么对天体力学家是如此重要呢?要知道在自然界中不会遇到纯粹的二体问题或者三体问题!

这儿又不得不稍许离开本题,并了解一下自然科学家在解决现实科学问题时所选择的途径.参与研究过程的物体相互影响的形式是多种多样的,也是复杂的,甚至在力学和物理学问题中用数学方程也不能精确地描述它们的.即使能够列出方程式本身,那么后来在解决这些方程式时仍然会碰到无法克服的困难.出路何在呢?

通常,科学家预先分析决定现象的定性特征的原因和它的表象,并且抛开物体相互作用的不很重要的形式.在这方面使问题在数学上简化起来.这样就表达出某个简化了的、接近现实的、在某种程度上使研究过程理想化的问题.这个简化了的问题叫作模式,或模式问题.近代数学研究工作中遇到的正是模式问题.天体力学中这样的模式问题之一就是三体问题.

谈谈三体问题的实际意义.关于组成太阳系的所有天体的运动的天体力学基本问题,严格地说是不能解决的,因为所有天体是在相互吸引力、介质阻力、光压力、磁力和电磁力等作用下发生运动的.只要想一下构成太阳系天体的数目目前已超过 2 000 个,对这一问题就足够理解了.如果把这些天体甚至认为是绝对的刚体,那么每一个天体(不是质点)都具有六个自由度,就是说为了计算出它的位置和运动,必须知道六个坐标和六个速度分量.实际上人们认为行星或卫星是自由刚体,都能够在三个方向上位移(例如在每一个坐标轴方向)并绕三个相互垂直的轴旋转.因此,为了测定它的位置,必须在每个时刻给出三个坐标和三个转角的数值.这六个数值随着时间变化速度表示运动的过程.这样,在研究太阳系运动时,未知量就有 25 000 个左右.然而太阳系中任何一个天体都不能认为是不变形的、绝对的刚体.太阳是一个气体球.它的不同层以不同的速度在自转.骤然看来,地球似乎是一个刚体,但是地球上地壳不断发生变化——大陆位移和新的岛屿的产生.地球的这种变形会影响它自转的速度,影响自转轴的位置.在地球形状改变的情况下,地球的引力在改变,这就导致月球运动的摄动.在行星及其卫星的运动中需要考虑潮汐的影响,关于潮汐的作用下面将详细谈到.由于一系列物理过程,太阳会失去自己的质量,因而引力变

$$V = -\left(\frac{m_1 m_2}{r_{12}} + \frac{m_2 m_3}{r_{23}} + \frac{m_3 m_1}{r_{31}} \right)$$

小,行星的轨道也会引起改变.为了计算出行星轨道根数的定量变化,在上述运动方程式中必须补充描述太阳物理状况的方程.

简单地说,如果我们试图拟出太阳系天体运动的"精确"方程,那么这种试图是徒劳的.正因为如此,必须建立模式问题.究竟怎样提出行星运动理论的模式问题呢?我们指出,对所选定行星起最大作用的是太阳.在考虑太阳系其他天体的摄动时,首先必须考虑木星的影响,因为它是太阳系成员中仅次于太阳的最重的天体.太阳系其他天体的摄动在最初阶段完全可以不考虑.这样我们就可讨论相互吸引力作用下的三体运动问题.

天体力学所制定的解决摄动理论问题的近似方法已多次被证明是有效的和可靠的.特别在计算人造地球卫星和自动行星际站运动方面,这种方法经过了严格的检验.这儿我们只举一个运用摄动理论的例子,这个方法的运用经受了真正的"战斗洗礼".

§5 "笔尖下的"海王星和冥王星

19 世纪天文学家经常遇到的困难是预测当时已知的最远的行星天王星的运动.天王星经常"离开"天体力学家所描绘的轨道.19 世纪初,天王星在轨道上移动得比应该的还要快,好像在它前面有某个天体把它往身边吸引,而到 20 年代它又落后于计算的运动,又好像有什么东西从后面拖住它(图 1.11).

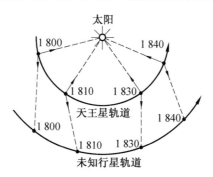

图 1.11 19 世纪上半叶天王星运动

"这究竟是怎么回事?"——天体力学家对此伤透了脑筋.

当时德国著名的天文学家贝塞尔(1784—1846 年),在他的一本著作中预言:"我认为借助新行星揭开天王星秘密的一天终将到来,因为这个新行星的轨道根数是根据它对天王星的作用而被发现的."

贝塞尔的想法对英国的一位天才的青年学者亚当斯(1819—1892 年)有很大的影响.亚当斯决定对未知行星的位置进行理论计算.经过约两年的忘我劳动.于 1845 年秋他完成了自己的著作,取了根据计算所获得的第 6 个解作为最后计算结果.

问题远不是那么轻而易举的.首先必须提出天王星在太阳和当时已知的太阳系大行星的引力作用下运动的新的精确理论.然后,根据观测结果必须求出天王星的真运动对理论计算出的运动的偏离值.尽管困难很大,解决这个问题是完全行得通的.但是在解决它以后就要开始最复杂的阶段.必须根据所获得的(新理论所未包括的)天王星运动的偏离值,试图找出在天王星轨道以外运动着的某个未知行星的质量、位置和轨道根数.这就是亚当斯所研究的问题.

和亚当斯同时研究这个问题的还有巴黎的数学家和天体力学家勒沃里叶(1811—1877 年).

为了使计算简化,必须了解,哪怕是大体上了解未知行星的质量或它和太阳的距离.当然,不经过计算是不可能知道行星质量的.然而正如亚当斯和勒沃里叶所认为的,估计它的距离并不是复杂的事.当时天文学家希望能够提出一个足够简单的行星距离定律.他们用选择不同的数字组合的简单方法盲目地寻找定律,正像开普勒找出第三定律那样,不试图去作出物理解释.当时普遍采用的行星距离定律之一是柏林天文台台长波得(1747—1826 年)于 1772 年提出的定则.波得找出了当时已知的 6 个行星的轨道半长径之间的经验关系.他的定则如下:对序列 0,3,6,12,24,48,96 的每一个必须加 4,并用 10 除以它的结果.那么所得的数字就是用天文单位表示的行星轨道半长径.

亚当斯和勒沃里叶把这条定则运用于自己的研究工作中,在进行计算时采用的未知行星半长径的数值为 38.8 天文单位.

但是亚当斯非常不顺利,他请求格林威治天文台台长、王国天文学家比德耳爵士根据他所指定的位置去寻找新行星.这位台长不信任年轻的亚当斯的研究成果,不为他寻找新行星.只是勒沃里叶在巴黎科学院作了两个报告后,比德耳才有所了解,于是在剑桥开始寻找新行星.此后,亚当斯继续受到挫折.寻找新行星的一位观测者两次观测到这个行星,由于疏忽大意竟然没有对不同日期所获得的观测结果进行比较.剑桥天文台的观测者连续不断地观察了 3 000 多颗星,就这样还是没有发现新的行星.

勒沃里叶显得比较顺利,虽然他也遭到自己在法国同行的拒绝,说决定不为寻找新行星而浪费时间,但仍然用自己的成果引起柏林天文台天文学家、精通星空的伽勒对他的注意.

在勒沃里叶给伽勒的信中写道:"把望远镜对着宝瓶星座黄道上黄经为 326°的点,在离开这个位置 1°的范围内定能找到新行星,这是一个 9 等星,具有明显不同的圆面."

伽勒答应了勒沃里叶的请求,没有把它束之高阁,而是立即寻找这个未知的行星.就在第一个夜晚发现了新行星(图 1.12).它被命名为海王星以示对罗

719
$$\mathscr{V}=-\left(\frac{m_1 m_2}{r_{12}}+\frac{m_2 m_3}{r_{23}}+\frac{m_3 m_1}{r_{31}}\right)$$

马海神的尊敬.海王星的发现是天体力学的真正的胜利,它显示了牛顿力学定律和万有引力定律的力量.

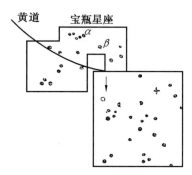

图 1.12 宝瓶星座的天空区域
"+"表示勒沃里叶预言的海王星位置箭头指出的是海王星发现的位置

精确测定海王星轨道的任务委托给建立了相互友爱关系的两位学者勒沃里叶和亚当斯.

人们还未来得及迸发出由于海王星的发现而产生的激情,天文学家们又开始制定组织寻找另一个新行星的计划了.

因为对海王星轨道的研究还很不够,所以寻找另一个行星的任务是很困难的.海王星自发现到现在还未绕太阳一周.这意味着我们还未观测到它的整个轨道.只根据天王星运动的摄动来计算那是困难的.实际上,所发现的使天王星离开轨道的剩余的引力只是在海王星发现以前所计算的相应量的 $\frac{1}{60}$.

尽管如此,美国的一位天文学家洛威耳没有被困难所吓倒,着手研究这一问题.于 20 世纪初,他仔细分析了勒沃里叶和亚当斯的研究成果.于 1905 年,他完成了自己的计算,并得出结论,第九个行星位于离太阳约 60 亿公里的地方,绕太阳一周要 282 年,从地球上可以看到它是一个 13 等星.必须承认洛威耳的研究结果是成功的,他所测定的这个新行星和太阳的距离是十分精确的,只是公转周期误差 40 年.

虽然洛威耳顽强地在寻找这个新行星,但并未能发现它.1916 年洛威耳猝然去世.他的常任助手天文学家皮克灵接替他寻找新行星.皮克灵重新计算了所有结果.他不仅利用天王星,还用海王星的资料分析,使计算更加准确.可是这一切仍然未获得结果.1929 年出现了新的照相望远镜.一个热爱天文学的年轻人董包被吸收来使用这架新的望远镜.董包虽然没有接受天文学方面的专门教育,但是他从童年起就学习天文学.

要集中注意力才能发现一个新的、亮度非常微弱的天体.在所获得的每一张照片上大约有 15 万个星象.而当董包转入拍摄银河附近的星空时,每一张照片上的星象数目达到 40 万.

董包于 1930 年 2,3 月间研究了同年 1 月份的照相资料,发现了并可靠的证实了他在双子星座发现的一个新天体.这是一个以前不知道的行星(图 1.13).这个新行星取了冥王星这个阴朝神王的名字,并简称 PL 以纪念它的最初探求者洛威耳.

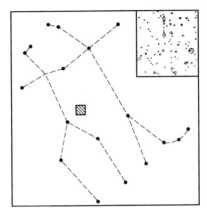

图 1.13　双子星座.正方形中箭头所指的
是冥王星发现时的位置

就在今天还在讨论太阳系存在其他行星的问题,§7 将比较详细地研究这个问题.

§6　天体的作用范围

许多报纸和通俗的杂志上有这样的话:"宇宙火箭越出了地球的作用范围".人们有时把"行星的作用范围"直接理解为行星只是在一定界限的距离内才具有引力,这种引力在离行星较远的距离上就消失,起作用的只是太阳的引力.这样来理解作用范围是错误的,因为它违反万有引力定律.根据万有引力定律,任何物体引力的相互作用,在物体之间的任何距离上都应表现出来.

天体力学家对作用范围的概念是赋予完全不同的内容.我们要指出,泛泛地谈论有关地球、木星或其他行星的作用范围是毫无意义的,因为只有对两个天体来说才能引进作用范围.根据问题的不同提法,同一个天体具有各种不同的作用范围.例如,宇宙飞船在月球和太阳引力作用下运动,则月球的作用范围半径平均约为 16.2 万公里;而飞船在地球和月球的引力场中运动,则月球的作用范围半径平均为 6.6 万公里.

天体力学采用三种引力范围:

$$\mathscr{V} = -\left(\frac{m_1 m_2}{r_{12}} + \frac{m_2 m_3}{r_{23}} + \frac{m_3 m_1}{r_{31}}\right)$$

1.行星作用范围

这个范围可以理解为一个空间区域.在这个空间区域内计算卫星和彗星受摄运动时,不以太阳而以行星作为中心天体是合理的.这个空间区域的边界是一个曲面,在这个曲面上的各点有 $\dfrac{F}{R}=\dfrac{F_1}{R_1}$,式中 R 是当太阳取作中心天体时,它给所研究的天体的加速度,F 为行星引力所引起的摄动加速度值(它等于由行星引力所引起的太阳和所研究的天体的加速度的几何差);R_1 是当行星取作中心天体时,它引起的加速度,F_1 为太阳所引起的摄动加速度的值.

这个曲面实际上不是球面,但与球面差别甚小.为了方便起见,用适当半径的球面来代替它.球面半径取决于太阳和行星间的距离,这个距离随行星沿椭圆轨道绕太阳运动时不断改变.

在通俗的文章中,行星作用范围都理解为相对于太阳的作用范围.

2.行星引力范围

这个范围是行星周围的空间区域,在这个空间内行星引力超过太阳的引力.行星引力范围的半径也随着行星和太阳的距离变化,因而也是随着时间而变化.

作用范围和引力范围的概念能更深刻的阐明太阳系结构的动力特征.正如计算证明,绝大多数行星的卫星是在两个范围内运动.月球是唯一的例外.它在地球引力范围以外运动.地球引力范围的半径在 25.6~26.5 万公里之间变化,同时月球轨道的半长径等于 38.4 万公里.这一点正好说明月球为什么沿着所有点都以凹面对着太阳的轨道运动.此外,如果考虑到月球与其他行星的卫星相比具有相对大的质量,自然会得出结论:不应把月球看成是地球的卫星,而应看成是一个不太大的独立的行星.木星外围的逆行卫星木卫八和木卫九有时就越出中心行星的引力范围界限.木星在其轨道的各个不同位置时,其引力范围的半径是在 2 290~2 520 万公里之间变化.而上述木星的两个卫星轨道的平均半径相应地等于 2 350 万和 2 370 万公里.

3.希尔范围

美国数学家和天体力学家希尔证明:一个小质量的天体,在另外两个彼此沿圆轨道转动的大天体的牛顿引力作用下运动时,若在某个时刻,小天体在相对运动中的动能和势能总和为绝对值足够大的负值,则它将永远保持在某个包含一个或两个大天体的区域内部.这提到的三体问题称为圆形限制性三体问题.

希尔在这些简单的假设中成功地建立了包含大天体的区域,小天体的运动在这些区域内部发生.这些区域的形状和大小取决于大天体质量的大小和小天体的总能量,也就是取决于它的初始位置和初速.图 1.14 是表示小天体的总能量和两个大天体系统质量的几个值所相应的小天体运动区域.

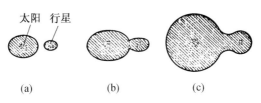

太阳　行星

(a)　　　　　(b)　　　　　(c)

图 1.14　希尔区域

在(a),(b),(c)三种情况下,给出"太阳－行星－卫星"问题和"太阳－木星－小行星"问题的希尔区域.在(a)情况时,总能量最小,小天体就只能在包含太阳的封闭区域内运动,或只能在包含行星的封闭区域内运动.(b)是分界情况,就是(a)类运动和(c)类运动的分界.在(c)情况时,总能量较大,这里可能产生这样的运动,就是最初沿卫星轨道绕行星运动的小天体,通过希尔区域的颈部,成为绕太阳旋转,但是小天体不能无限地离开大天体.

对于小天体来说,如果在初始时刻,相对运动的总机械能的绝对值非常大,并且是负数,那么在以后这个小天体将永远同大天体保持一定距离.这种运动就称希尔意义上的稳定运动(或称拉格朗日意义上的稳定运动).关于行星的卫星运动问题,可以在计算太阳摄动作用时得出一个以行星为中心的范围.如果卫星最初沿椭圆轨道绕行星运动,那么它将永远处在这个范围内.希尔范围给出了一个最大的距离,天体在这个距离内运动可能成为行星的卫星.例如对地球来说希尔范围的半径等于 150 万公里(图 1.15),而地球的作用范围半径为91.3～94.4 万公里.在表 1.6 中是切波塔列夫教授计算出的大行星(对太阳)吸引范围半径.

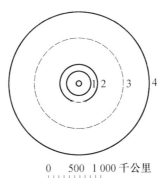

0　　500　1 000 千公里

图 1.15　地球引力范围的大小比较

1—引力范围;2—月球轨道;

3—作用范围;4—希尔范围

$$V=-\left(\frac{m_1 m_2}{r_{12}}+\frac{m_2 m_3}{r_{23}}+\frac{m_3 m_1}{r_{31}}\right)$$

表 1.6

行星	引力范围		作用范围		希尔范围	
	天文单位	万公里	天文单位	万公里	天文单位	万公里
水 星	0.000 16	2.4	0.000 75	11.2	0.001 48	22.1
金 星	0.001 13	6.9	0.004 12	61.6	0.006 74	100.8
地 球	0.001 74	26.0	0.006 20	92.8	0.010 01	149.7
火 星	0.000 86	12.8	0.003 86	57.7	0.007 24	108.3
木 星	0.160 76	2 404.2	0.322 26	3 917.8	0.346 97	5 187.2
土 星	0.161 20	2 409.9	0.364 58	5 449.5	0.428 81	6 410.7
天王星	0.126 90	1 897.2	0.346 26	5 166.6	0.464 94	6 950.9
海王星	0.216 38	3 234.9	0.580 49	8 678.3	0.770 35	11 516.7
冥王星	0.065 86	984.6	0.236 74	3 539.1	0.383 92	5 428.6

§7　太阳系的边界在哪里

初看一下,把最远的行星——冥王星的轨道(半径为 40 天文单位)作为太阳系的边界似乎是有道理的.但是,如果不仅注意到大行星,而且还注意到太阳系的小天体,如彗星,那么就要把太阳系的边界移到更远的地方.

于是立刻就会产生一个问题,我们目前是否全都知道太阳系中所有的大天体了呢?要知道,直到现在天文学家每年还在不断发现一批又一批新的天体.天文学家认为,不能排除至少还有一个大行星,其轨道位于冥王星轨道以外,这个行星假定称为冥外行星.是否有这种可能性,科学家虽然有强大的光学设备,但目前仍然不能发现这颗未知的行星呢?根据第一个发现冥王星的天文学家董包的见解,比第 16 等星更亮的任何未知行星是不存在的,但亮度较弱的、尚未发现的行星是可能存在的.

还有一些非常有利于说明冥外行星存在的动力学论证.这些论证来自类似于勒沃里叶著作的某些学术著作.在不久前发表的这一类著作中,有德国科学家克里特辛格于 20 世纪 50 年代完成的一部著作.他注意到天王星运动有一些不大的偏差,而这种偏差无法用海王星和冥王星的摄动作用来解释.克里特辛格同勒沃里叶一样,根据一个未知行星存在的假设,试图找出这个假定的冥外行星的轨道根数,并得到了两组轨道根数系统.一个轨道的半长径等于 65 天文单位,沿轨道公转的周期为 535.5 年,轨道和黄道的倾角为 56°.另一个轨道可能是这样:半长径为 77 天文单位,公转周期为 675.5 年,倾角为 38°.克里特辛格面临的问题极其复杂,因为这一问题联系到分析一些很微弱的效应.因此克里特辛格的结论不能认为是可靠的.人们多次地假设过太阳系第 10 颗行星在水星轨道以内运动.华盛顿海军天文台天文学家在计算水星受摄运动时得出的就是这个结论.

　　显然,实测天文学最近还不能回答太阳系的边界问题.但是也可用理论方法,用天体力学方法来解决这个问题.

　　从力学观点来寻找太阳系的边界就是要确定天体将永远绕太阳运行的最大轨道半径.太阳系边缘区的行星或彗星的运动,除了受太阳和行星的引力外,还受到附近恒星和整个银河系的引力的影响.太阳系天体间的相互引力能否使天体越出太阳系边界,这个极为重要的问题我们暂时不来探讨,现在集中注意力来研究最近恒星和银河系的引力对于太阳系的天体的俘获问题.如果我们能够确定太阳周围的某个空间区域,而外面摄动力不能从这个区域夺走我们行星系的天体,那么同样也就确定了太阳系的边界.

　　前苏联科学院列宁格勒理论天文研究所对这方面进行了系统的研究.该所很多科研人员正在研究天体力学方面的许多问题.

　　一些基本的研究是在研究所所长切波塔列夫教授领导下进行的.在分析时利用了天体吸引范围的理论.为了简便起见,设银河系的全部质量集中在它的中心,银河系统量取为太阳质量的 1.3×10^{11} 倍,太阳的银心轨道半径等于 16.5×10^8 天文单位.计算结果如下:太阳系作用范围的半径为 6 万天文单位,引力范围为 4 500 天文单位,希尔范围为 23 万天文单位.

　　如果我们把希尔范围看作太阳系的动力边界,就可能得出这样的结论:太阳系实际上延伸到邻近恒星.最靠近太阳的恒星是半人马星座 α 星.它距太阳约 28 万天文单位,也就是在希尔区域边界外稍远的地方.

　　值得注意的是:在希尔一拉格朗日意义上的稳定运动区域对顺行(与太阳系共同转动方向一致)和逆行是不同的.例如,对于逆行米说,拉格朗日稳定轨道的最大半径等了 10 万天文单位,也就是比上面提到的希尔范围半径的一半还要小些.

　　图 1.16 表示太阳吸引范围的大小比较,为了对这些范围的大小同大行星轨道的大小进行比较,冥王星的轨道半径按图上比例取为 0.000 5 厘米.圆周 1 表示引力范

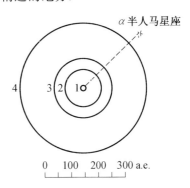

图 1.16　太阳系的动力边界

围,圆周 2 表示作用范围,圆周 3 表示逆行的希尔范围,而圆周 4 表示顺行的希尔范围.

$$V = -\left(\frac{m_1 m_2}{r_{12}} + \frac{m_2 m_3}{r_{23}} + \frac{m_3 m_1}{r_{31}}\right)$$

§8　漫谈太阳系的过去

我们的目的是要了解太阳系的未来,即概括地了解太阳系在几亿年及几十亿年后的几何特征和定性特征.从形式数学观点来看,要得到太阳系在某一时刻的状态(全部天体的位置和速度)以及构成太阳系的各个天体间的相互作用定律就完全够了.问题归结于解方程组.在这些方程组中除了一些未知量外,还有未知量的变化速度和加速度.这些方程原则上与代数方程不同,称为微分方程.为解这些方程,必须知道未知量的初值和它们的变化速度,因为微分方程允许有无数个解,而其中只有一个解将能说明太阳系的演化.

我们用一个简单的例子来说明.假设一个受重力作用的质点作垂直向上运动(重量认为是常数).求出这一质点上升的最大高度.根据牛顿第二定律得出

$$ma = -P$$

式中,m 为质点的质量,a 为它的加速度,P 为它的重量.假设 $P = mg$,从上述方程中得出 $a = -g$.这个方程的左边是质点的加速度,也就是质点速度的变化速度.题中的加速度为常数,就可以用初等数学的方法求出方程解,而不需应用高等数学,这个解可写成

$$s = c_1 + c_2 t - \frac{gt^2}{2}$$

式中,s 表示质点在 t 时刻内的上升高度;c_1 和 c_2 为任意常数,它们取决于质点的初始位置和初速.

实际上,设时刻 $t = t_0$ 时,速度 v 等于 v_0,而质点在地面以上的高度等于 s_0.考虑到,除了上升高度的公式外,还有速度的公式

$$v = c_2 - gt$$

在这些公式中 s 和 v 以初值代替,t 以初始时刻 t_0 代替,得到方程组

$$c_1 + c_2 t_0 = s_0 + \frac{gt_0^2}{2}$$

$$c_2 = v_0 + gt_0$$

此方程组可确定所研究的具体运动的任意常数 c_1 和 c_2.解方程组得到

$$c_1 = s_0 - v_0 t_0 - \frac{gt_0^2}{2}$$

$$c_2 = v_0 + gt_0$$

用求得的值代替最初的一般公式中的任意常数 c_1 和 c_2,则得

$$v = v_0 - g(t - t_0)$$

$$s = s_0 + v_0(t - t_0) - \frac{g(t - t_0)^2}{2}$$

根据这些方程式可以确定运动着的质点将来所发生的一切,包括质点上升的最大高度.从公式中可以看出,这个高度主要依赖于高度和速度的初值,并随着速度的变化而变化.

太阳系演化问题原则上是一样的.区别之一是用结构极其复杂、数量很大的方程组来代替一个方程.

因此,数学家会对天文学家说:"太阳系初始状态的全部数据交给我,我将预言我们宇宙在今后任何时刻的状况,不管这个时刻离现在有多远."同时,数学家还要补充说,哪个时刻作为初始时刻,把 20 世纪的第一天,或者把任何时刻都可作为初始时刻,对于他来说是无所谓的.

然而天文学家无法满足数学家的要求.怎么办? 在回答这个问题之前,我们先打一个不太恰当的比喻.虽然这个比喻在任何时候也说明不了什么问题,但它始终是一种科学的思维方法.让我们就来用这个非常肤浅的比喻.

企业领导人是怎样来挑选新的工作人员呢? 他首先要了解来工作的人,了解他的业务水平、家庭情况以及当时的一切情况.但是这样未必能弄清这个工作人员业务上的优缺点,以及他的干劲和意愿.于是就要借助于干部登记表、自传和有关此人的其他材料.这些过去的材料将有助于对他未来的估计.

显然,天文学家这样做才是有益的,而且是必需的:恢复过去的太阳系,弄清它的发展趋向和预测它的未来.这样,就能通过过去看到未来.

关于太阳系的起源有过许多假说.人们为了说明太阳系的历史,进行过无数次的尝试,然而任何一次尝试都不能认为是完全成功的.天体演化学的现状如此不能令人满意,原因很多.当然,首先是由于它面临的问题非常复杂;另一方面也是由于对太阳系的研究不够.最后,不能不指出,各种不同专业的科学家在努力解决这个问题时,仍然存在着互不往来的现象,这是在解决天体演化学问题道路上的主要障碍.

不仅在其他专业工作者中,甚至在天文学专业工作者中,对解决太阳系起源的问题存在着悲观态度.有时转弯抹角地流露出怀疑论调.有人坚决主张,所讨论的问题应当放到将来去解决,因为还没有积累起足够的太阳系的资料.我们认为,这个观点是不能同意的,因为这会导致天体演化学研究工作的中断.

事实上,希望很快解决天体演化学的问题是不大可能的.但是,这难道是不去尝试解决这些问题的充分理由吗? 应当坚决地说:"不是!"科学发展的整个历史证明提出假说是有益的,这些假说甚至很少是错误的.因为解决重大科学问题的尝试不仅促进本门科学,而且也促进它与相接近一些科学的发展.我们可举几个例子看看.

波尔行星式原子模型只是工作上的假设,虽然这模型与原子的真正结构还不符合,可是对物理学家却是很方便的,并且是有益的.托勒密的宇宙的地心系

$$v = -\left(\frac{m_1 m_2}{r_{12}} + \frac{m_2 m_3}{r_{23}} + \frac{m_3 m_1}{r_{31}}\right)$$

统,尽管原则上是不对的,但长期以来它是观测行星运动、日食、月食等的一个完全可靠的方法.尤其是尼古拉·哥白尼,他完成科学革命后,也不得不从托勒密的复杂几何结构中保留了一些东西,例如高阶本论.科学上类似这样的新旧交织绝不是偶然的,而完全是合乎规律的.托勒密学说可以用两种观点来阐述.第一种观点是托勒密学说看成是以地球为中心的宇宙体系学说.从这一观点来看,它是错误的、反动的.然而还存在第二种观点,就是可以把托勒密学说看作是行星视运动的一种计算方法.对于我们地球上的人来说,在实际问题中引入以地球中心为原点的坐标系是很方便的.这种坐标系也不是特殊的,它将和地球一起在空间移动.我们就是认为行星运动也属于地球或者像人们所说的地心坐标系.天文年历直到现在仍引用行星的地心坐标和它们在天球上的视运动.托勒密从形式数学观点去探索解决行星视运动问题的几何方法.如果把托勒密的解用现代的数学语言来表示,那么就是说,他力求把行星坐标看成是随时间均匀增加的角的正弦和余弦的线性组合.数学家会叫嚷起来:"对不起,难道这不是一个调和分析问题,是把周期函数表示为傅里叶无限三角级数形式的问题!"托勒密由于不懂得行星运动规律,采用手工业式方法,即凭经验,根据观测来选择系数的值.

我们再回过来谈谈天体演化学.可以不必怀疑天体演化学所作的假设有什么好处,即使这些假设没有描绘出太阳系起源的全貌.非常可能的是这些假设中的某一部分,以后将成为唯一完整的行星系起源理论大厦的一块砖瓦.

在建立研究天体的起源和演化的理论过程中,非常重要的是完整而正确的总结出所观测到的那些规律性,即由天体起源过程的特征所引起、并在今后的发展中起决定作用的规律性.

就太阳系来说不难看出其结构上有下列一些重要的特征:

(1)所有行星均以同一方向绕太阳旋转.

(2)所有行星均以绕太阳旋转的相同方向绕自己的轴自转(天王星与金星例外).

(3)行星轨道的偏心率接近于0,也就是说轨道几乎是圆形.水星和冥王星的轨道例外.

(4)除了水星和冥王星外,所有行星轨道几乎在太阳赤道面倾角很小的一个平面上.

(5)太阳与行星间的动量矩分布极不均匀(如对质量为 m 的质点,以速度 v 沿半径 r 的圆周旋转,则动量矩等于 mvr).太阳系整个质量的 99% 集中在太阳上,但太阳只占太阳系总动量矩的 2%.

(6)太阳绕自己的轴自转方向是和行星围绕太阳运行的方向相同.

(7)行星的大多数卫星轨道接近于圆形,大多数卫星沿着自己的轨道运行

的方向与行星绕太阳运行的方向相同.

(8)大多数卫星的轨道与其行星的赤道面倾角很小.

(9)行星分为两类:类地行星和类木行星.大质量的行星绕自己的轴自转的周期较短.巨行星的密度最小.

在过去的或现有的天体演化学假说中,没有一个能令人信服地说明这些规律性的特性,这造成人们对这些假说的怀疑.当代最普遍风行的假说就是所谓星云假说,并在某种程度上恢复康德(1724—1804 年)和拉普拉斯的天体演化学观点.

第一个提出太阳系起源问题的是德国著名的哲学家伊曼努尔·康德.他在 1755 年发表的《自然通史和天体理论》一书中叙述了科学上第一个天体演化学假说.他的著作实际上是对伟大的牛顿也俯首听命的宗教表示反抗,尽管这还是跪着的反抗,因为康德在著作中多次提到上帝的名字,并为选题表示真诚的歉意.但是就在这本书里康德在科学史上第一个捍卫了人类理智的权利,并且自豪地说:"给我物质,我就用它为你们创造出宇宙来."

在康德的这篇光辉的富有诗意的著作中经常出现一些力学上的错误.但是他的假说的价值与其说在于假说本身的物理实质,不如说在于他热情地证明解决天体演化学问题是人类理智完全能做到的事.

如果说康德的假说标志着这位 30 岁的科学家踏上了充满荆棘的科学征途,那么拉普拉斯的假说却是他多年研究天体力学所赢得的桂冠.拉普拉斯把自己的假说作为第七个也是最后一个注释写入 1796 年发表的卓越的天文学著作《宇宙体系论》一书中.他这样做不是偶然的,因为他自己在叙述这个使他获得世界荣誉的假说时,也是有保留看法的.拉普拉斯向读者介绍自己对太阳系起源的想法时,"是持有怀疑的,这也是很自然的,因为假说未经观测或计算的检验".

拉普拉斯跟牛顿一样回避提出假说.这方面从拉普拉斯对拿破仑的回答可以说明.

拿破仑说:"拉普拉斯先生,牛顿在自己书中谈到上帝,而我翻阅完您的著作却一次都未碰到上帝这个名字."

拉普拉斯傲慢地回答了拿破仑的问题:"首席执政官先生,我不需要提出这个假说!"

根据拉普拉斯观点,行星是由气体云形成,而康德坚持云的微粒性质这一看法,也就是说他认为云是由单个的固体微粒形成.按照现在的看法,原始的环日云是气体尘埃云,而气体和尘埃在云中的百分比,因各种假说所用的值各不相同.与康德和拉普拉斯的著作不同,现代的研究中提出的环日云发展的新机制,并用数学计算,估计了云的产生过程,虽然这种估计是粗略的,但就其实质

$$\mathscr{V}=-\left(\frac{m_1 m_2}{r_{12}}+\frac{m_2 m_3}{r_{23}}+\frac{m_3 m_1}{r_{31}}\right)$$

来说,这一点在最早的天体演化学家的著作中几乎是没有的.

行星前云雾的起源问题①,至今引起很激烈的争论.有些天文学家,例如英国的大天文学家霍意耳坚持太阳和行星是由原始云同时形成的.但是通过这种途径在解释太阳和行星间动量矩(自转的动量矩)分布问题上产生了困难,也就是说,对拉普拉斯假说具有决定性意义的这一问题所作的解释是不能令人满意的.

假设银河系内有大量的气体尘埃物质团,它们在绕银河系中心运行时被太阳俘获而形成云,这样解释行星起源于云的学说是比较简单的.这种说法早就不是新的,有关这方面的问题还在 19 世纪末和 20 世纪初就有许多科学家,其中包括美国天文学家谢、法国天主教神甫莫雷、德国科学家霍耳克都进行过研究.在最近几十年内,前苏联科学院院士施米特及其拥护者进行过研究.因为被太阳从外面俘获的质量能负荷任意的动量矩,所以在这个假说中就不会产生太阳与行星间的动量矩分布问题.

但是,天体力学家们,特别是国立莫斯科大学教授莫伊塞耶夫(1902—1955 年)对施米特研究小组提出了另一个问题:能否用力学定律来解释太阳从外面俘获微粒.如果可能,那么这种俘获的概率是多少? 最后,太阳能否俘获到用以形成行星的足够数量的物质? 到目前为止,对这个问题还不能作出完整的、数学上有严格依据的回答.

当代许多天体演化学家把环日气体尘埃云起源问题暂时搁在一边,而去研究这种云演化的各个阶段.当然,这样研究是不可能恢复行星系起源的全貌,因为这种方案把太阳看作是已经存在了,而实际上它也可能是不存在.可是天体演化学家都希望通过这个途径得到行星形成过程的总的概念.

总之,巨大环状的气体尘埃云一开始就围绕太阳旋转,它的形状类似面包圈(图 1.17).可以认为它比现在观测到的行星轨道的分布要厚得多.云中的气体和尘埃最初是均匀分布的.在云演化的第一阶段起主要作用的是固体粒子非弹性相互碰撞,这种碰撞使粒子失去速度并逐渐"落到"中心平面上.换句话说,发生了云逐渐"增密"过程.

同时尘埃由于互撞产生了速度均衡过程.微粒开始沿着近似圆轨道运动,相对速度的偶然偏差变得很小,在不同的云带内从每秒几厘米到每秒几米.在这一阶段太阳辐射对云的演化起了很大作用.因为太阳光线强烈灼热了云的内部地带,几乎不能穿透外部区域.因此,在云的内部保留下来的只能是高熔点物质的粒子.而在阳光几乎不能穿透的那部分云层,除了固体粒子外,由冻结气体(可能是甲烷和氨)形成一些"冰块".

---

① 这种云经常被称为原行星云.

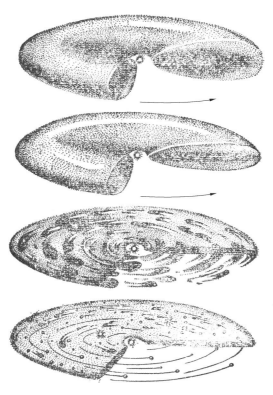

图 1.17　行星前环日云的演化

　　在云的增密过程和微粒运动调整后,云中一些单个的微粒彼此在引力作用和互撞情况下发生强烈的结合过程,这就像雪花形成的过程.云中产生了凝聚体,其大小如现在小行星的大小.这些凝聚体逐渐增大,在绕太阳运动时,就好像是在"打扫"行星前云雾.凝聚体把沿着具有不同倾角和倾心率轨道运行的质点和自己结合起来,变成沿着倾角小、倾心率不大的平均化轨道运行.当然,最初形成的天体同时也发生分裂的逆过程(图 1.18).

　　由于数学问题的复杂性,对结合与分裂这个过程的科研还很不够,但是,已经得到某些初步估计.根据萨费罗诺夫计算,地球的形成应当要 1~2 亿年.这里可以把地球的形成理解为气体尘埃物质积聚在一起、成为一个天体的过程,这个天体具有的质量要比现在地球的质量小一些.

　　星云说的产生不仅仅是施米特一个人的功劳.与他同时研究原始云演化规律的有德国著名的科学家魏扎克.美国著名的科学家柯伊伯也支持行星是由气体尘埃云形成的观点,并发展了它.对发展星云说方面作出贡献的还有美国的哥耳德和尤雷、法国的沙茨曼以及其他许多人.

　　不能排除演化过程更加复杂和物理过程起更大作用.英国天体物理学家霍意耳和瑞典物理学家和天体演化学家阿耳文都指出有这种可能性,但他们不同

$$\mathscr{V}=-\left(\frac{m_1 m_2}{r_{12}}+\frac{m_2 m_3}{r_{23}}+\frac{m_3 m_1}{r_{31}}\right)$$

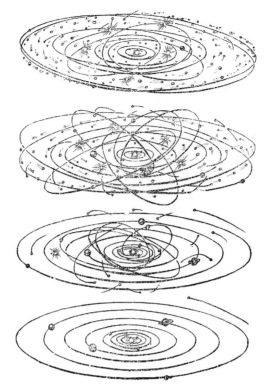

图 1.18　太阳系的最后形成阶段

意太阳磁场和行星前云雾中电离气体起主要作用.

由气体尘埃云形成太阳系的起源假说认为云的形成过程是在 50 亿年以前. 这同用放射性分析法所测定的岩石和陨星的年限是完全一致的.

我们就谈上面这一些, 向读者介绍列文一篇更详细的文章, 《现代行星天体演化学问题》一文载《地球与宇宙》1967 年第 6 期. 我们从这篇文章中借用了图 1.17 和图 1.18.

行星运动的稳定性问题

第二章

§1 什么是运动的稳定性或巩固性

我们的基本任务只是在力学定律基础上研究太阳系的未来,寻找它未来的几何特性和动力特性.我们有必要仔细研究如下问题:太阳系各个天体的轨道,以至整个太阳系将如何演化;在内外摄动力作用下个别天体是否会从太阳系内"抛出",或者相反"别的系统的"天体是否会永远或暂时被俘获到太阳的引力范围内;天体是否会相互碰撞和坠落;纯粹力学过程是否会引起行星、小行星和彗星缓慢消亡或急剧的破坏.有的问题也是很有意思的,如行星系统会因无限扩展而崩溃,或者相反行星会渐渐向太阳靠近吗?

大家知道,哲学的一般原理告诉我们,一切事物除了整个宇宙以外,都有自己的"发生"和"消亡".所以,"我们的世界",我们的太阳系也不会是永存的.解决太阳系的消亡问题,如果只用力学的方法,那是非常错误的,因为对太阳系起巨大作用的不仅是力学过程,而且还有物理过程.因此,从逻辑上说,不仅太阳系的"动力消亡"有可能,而且"热力消亡"也是可能的,甚至会出现当代物理知识所没有预见到的完全是另一种消亡.虽然如此,仅仅根据力学定律,对有关太阳系演化的许多重要问题还可以作出回答.

$$\mathscr{V}=-\left(\frac{m_1 m_2}{r_{12}}+\frac{m_2 m_3}{r_{23}}+\frac{m_3 m_1}{r_{31}}\right)$$

初看起来,如果像三体问题这样简单的问题都不能得到精确的答案,难道能够解决以上那样复杂的问题吗?要知道已有的行星运动方程近似解,过去最好情况只适用于比较小的时间间隔,而不适用于宇宙演化的时间间隔.不管你怎样惊讶,然而解决这样的问题,虽有困难,但比起提出一种在无限时间间隔也是正确的运动理论,还是一件比较简单的事.用所谓定性分析的方法,就能解决上述问题.这些方法是:不解决复杂的、有时在数学上是无法解决的方程式的情况下,可以弄清楚在整个运动时间内的轨道趋向,运动的周期性,找出产生运动的区域,证明天体在其运动过程中互相碰撞的必然性或者相反的不可能性,以及确定出互相碰撞的概率,说明轨道成环形或螺旋形的特性,以及很多其他等等.

定性天体力学最重要的问题之一是运动的稳定性问题.天体运动稳定性理论问题是要用运动稳定性基本理论方法来解决.运动稳定性基本理论是力学中一个非常重要的和独立发展着的分支.力学家在说明力学体系运动性质时常说"李雅普诺夫不稳定体系"或"李雅普诺夫稳定体系",或又说"李雅普诺夫渐近稳定体系".为了说明这些概念的含意和内容,现来谈谈力学中的一些具体例子.

我们来看看在不动的小圆槽内一个只受力作用的静止的球形体.我们不考虑介质的阻尼作用.如果使这个物体稍微偏离平均位置,它就会以很小的幅度在平衡位置附近摆动.放进槽里的球处于一种稳定平衡的状态.如果使它偏离平衡位置,或轻轻地碰撞它一下,随后它就会在平衡位置的附近长久地、无限制地作小小的摆动.对平衡位置初始的偏离愈小,或初始的推动愈轻,则物体对平衡位置相应的偏离幅度也愈小.重要的还有一点:不管初始的小位移是哪个方向以及初始的轻微推动方向如何,物体将在平衡位置的周围无止境地、长久地运动.这种性质的平衡叫作李雅普诺夫意义下稳定的.

假定周围介质(空气)的阻力作用于物体,那么不管该物体的足够小的偏离值和运动速度的方向如何,它从偏离位置开始的运动过程中或是很快地,或是相当长时间地永远无限制地去接近原来的平衡位置.在这种情况下平衡位置就叫作渐近稳定的.

最后第三种情况,假定把一个卵状的物体使其尖的一端竖立,那么不管初始的偏离或初始的推动力是多么的小,物体会"倒下",也就是大大地偏离原来的位置,这种位置叫作李雅普诺夫意义下不稳定的.

把枢轴的一端结头固定起来,使它在一个水平面上旋转.假定结头是理想的,它的摩擦力不起作用,而枢轴本身置于真空中,则由于惯性作用,它以不变的角速 ω 而旋转.枢轴的旋转可以给出由某个固定的方向起算的转角 φ

$$\varphi = \varphi_0 + \omega(t - t_0)$$

上式中 t 为所讨论的时刻,t_0 为初始时刻,物体在该时刻的角速是 ω,而 φ_0 为初始转角.设初始时刻以比较大的角速 $\omega+\delta$ 推动枢轴(其中 δ 为非常小的值),则枢轴的新转向角 φ^* 由下式决定

$$\varphi^* = \varphi_0 + (\omega+\delta)(t-t_0)$$

第一个运动叫作无摄运动,而第二个运动叫作受摄运动.数量 $\Delta\varphi = \varphi^* - \varphi$ 叫作角 φ 的摄动.显然初始推动 δ(叫作初始摄动)不论怎么小,从某个时刻开始随后的角摄动要比任何一个预先所给的值要大.换句话说,处于受摄运动的枢轴位置与它处于无摄运动时的位置有一个很大的偏差角.这种性质的运动叫作李雅普诺夫意义上的不稳定运动.

所研究的枢轴的运动,一般是不稳定的,具有所谓条件稳定性.如在初始时刻 t_0 不推动枢轴,使它不具有附加的角速度 δ,而使它偏离初始位置一个小的角度 λ,那在随后受摄运动中枢轴的运动规律是

$$\varphi^* = \varphi_0 + \lambda + \omega(t-t_0)$$

角摄动 φ 永远等于常数

$$\Delta\varphi = \varphi^* - \varphi = \lambda$$

也就是永远保持常数值.这就表示在初始时刻偏差很小,则以后的偏差同样也很小.如果只是初始角速不变,或者说不摄动,则角摄动量 φ 在初始时刻愈小,在随后所有时间内也愈小.这种运动叫作李雅普诺夫意义下的条件稳定运动,假定初始摄动满足附加条件 $\delta=0$.

在上述例子中,除了条件稳定性例子外,不论初始位置的摄动或是初始速度的摄动(包括速度的大小和方向)都起着重要的作用.

无摄运动的稳定性:若在初始时刻,同无摄运动相差很小的一切可能的运动,在以后的位置和速度也永远同无摄运动相差很小,则所讨论的无摄运动叫作稳定的.如果能找到即使是一条轨道,它在初始时刻同无摄运动相差很小,而经过长时间间隔后,同无摄运动的偏差逐渐显著增大,则所讨论的无摄运动是不稳定的.

若在初始时刻和无摄运动在位置和速度方面都相差很小的任何受摄运动,逐渐无限制地接近无摄运动,这种运动则是渐近稳定的.

在天体力学中具有重要意义的还有另一种类型的运动稳定性,即轨道稳定性.现按开普勒定律,即二体问题范围内的行星运动为例.

行星的无摄运动是沿着以太阳为焦点的椭圆轨道运动.如果在某个时刻,行星突然稍微地从轨道上被"抛出",并在任意方向具有不大的附加速度,那么行星运动究竟将发生什么变化呢? 显然,新产生的行星的受摄运动也是椭圆运动,因为速度的改变在数值上是不大的,但是这个椭圆的大小、形状以及它的长轴方向已是另一种样子(图 2.1).不论是受摄轨道还是无摄轨道,两个轨道本

735 $\quad \mathscr{V} = -\left(\dfrac{m_1 m_2}{r_{12}} + \dfrac{m_2 m_3}{r_{23}} + \dfrac{m_3 m_1}{r_{31}}\right)$

身在空间的位置是很靠近,并且区别不大.但是,一般来说这两个轨道运动将有明显差别.实际上,令 a 表示无摄运动的轨道半长径,而 $a^* = a + \delta$ 为受摄轨道的半长径.按照开普勒第三定律,沿无摄轨道和受摄轨道绕太阳公转的两个周期 T 和 T^* 满足下列方程

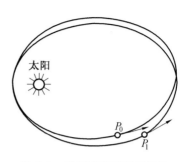

图 2.1　无摄运动和受摄运动
P_0 为行星在无摄轨道上的初始位置,P_1 为行星在受摄轨道上的初始位置

$$\left(\frac{T^*}{T}\right)^2 = \left(\frac{a+\delta}{a}\right)^3 = \left(1+\frac{\delta}{a}\right)^3$$

由此得出

$$T^{*2} = T^2\left(1 + 3\frac{\delta}{a} + 3\frac{\delta^2}{a^2} + \frac{\delta^3}{a^3}\right)$$

可是半长径的变化非常小,因此 $\dfrac{\delta}{a}$ 的比值比 1 小得多,可以不考虑 $\dfrac{\delta}{a}$ 值的平方和立方,因而近似地得到

$$T^{*2} \cong T^2\left(1 + 3\frac{\delta}{a}\right)$$

由此可见,受摄运动周期和它的无摄值之差是非常小的数值 ε

$$T^* = T + \varepsilon$$

现在讨论沿受摄轨道转 n 个整圈,而且圈数 n 选得足够大,则

$$nT^* = n(T+\varepsilon) = nT + n\varepsilon$$

我们选择 n,使得

$$n\varepsilon \geq T$$

这始终是可能的.可是这意味着行星沿受摄轨道绕行不是 n 圈,而是比 $n+1$ 圈还多.虽然行星轨道是很靠近,但受摄运动和无摄运动的行星离开有很大距离.这也就是行星运动的不稳性.

　　虽然在上述例子中,行星运动不是稳定的,但是这个运动是沿着彼此差别很小的轨道进行的.轨道运动规律明显受到破坏,但轨道本身却变形很小.在天文学问题中,由于瞬时初始摄动,轨道发生很小的变化,这表明行星没有远离太阳,也没有向它降落,就是说轨道在性质上没有实际变化.我们在这里研究的是一种特别类型的稳定性,不是运动本身的稳定性,而是轨道的稳定性.这种稳定性叫作轨道稳定性.在研究太阳系稳定性的问题时,只要搞清楚至少是大行星运动的轨道稳定性就足够了.

　　轨道的稳定性相对于坐标和速度的稳定性范围来说是一个局部情况.如果同轨道上相应的同一个转角的数值比较,行星的向径因摄动在这儿引起的变化是很小的.但是表为时间函数的转角本身的变化是另一种形式,即经过足够大的时间间隔它们彼此之间的差别将大到任意程度.换句话说,转角是不稳定的.

在一般情况下,一部分坐标将具有稳定性质,而另一部分则没有.这种类型的运动对部分变量来说是稳定的.

我们不可能把稳定性理论问题中所研究的各种类型的稳定性都谈到.只想指出茹科夫斯基非常确切地和形象地把运动的性能是稳定的这一概念用一个词来表示,这就是"巩固性".根据茹科夫斯基的见解,可以说,我们所讨论的主题是太阳系的巩固性的问题.

必须把太阳系的巩固性问题看得复杂些.我们应当接受这种看法,除了行星轨道偶然的、瞬时的摄动以外(上面把这种摄动叫作初始摄动),也还有太阳系动力模式中所没有估计到的、经常起作用的小的摄动力.如果在这种情况下,运动是接近无摄运动,那么就叫它是摄动经常起作用下的稳定性.

在科学上能利用数学建立严格的、合乎逻辑的运动稳定性理论应当归功于因自己的著作而博得世界盛誉的两位杰出的学者:法国数学家和力学家庞加莱(1854—1912 年)和俄国力学家亚历山大・米哈伊诺维奇・李雅普诺夫(1857—1918 年).在对稳定性理论的发展中作了世界公认重大贡献的有许多前苏联科学家,其中特别是莫斯科大学教授切塔耶夫(1902—1959 年)、莫伊塞耶夫以及其他人.

§2 保守摄动和能量耗散

我们所讲的力学体系也就是在运动上相互制约的物体或质点的集合.在力学体系中,在性质上特别能引起人们感兴趣的,并对天体力学来说也是极其重要的就是所谓保守体系.在成为保守体系的力学体系中,始终起作用的是机械能守恒定律,也就是说不发生机械能向另一种形式的能(热能、电能等)的转化过程.

根据力学定理,两个时刻的动能值的差数等于附加到构成力学体系的物体和质点上的力所做的功.如果力所做的功不依赖于这些力的作用下的力学体系物体所通过的途径,而只是取决于这些物体的初始位置和最终位置,那么力的作用完全可用一个函数即势能函数来表示.那么等于动能与势能之和的总机械能保持为常量,不管时间多长,都等于同一个数值,等于它在初始时刻的数值.

对于受能量守恒定律制约的力学体系而言,或者说对保守体系而言,往往根据能量守恒定律可以得出运动稳定性的可靠结论.为了用实例说明,再谈谈置于球槽内仅受重力影响的球体平衡稳定性问题.

大家知道,重力的势能等于物体的重量和物体的重心的高度之积.因此,对于只受到重力作用的物体,机构能守恒定律也起作用.根据稳定性理论可以得出结论.如果物体在平衡位置的势能,同所有可能接近平衡位置的势能值相比

$$V=-\left(\frac{m_1 m_2}{r_{12}}+\frac{m_2 m_3}{r_{23}}+\frac{m_3 m_1}{r_{31}}\right)$$

较,而具有最小值,则平衡的位置是稳定的.重物体平衡稳定性这一标准还在现代稳定性理论诞生以前很久就为力学家们所熟知.发现这一标准的是意大利学者托里拆里(1608—1647 年).由于物体的重心处于最低位置时,势能最小,正因为如此,鸡蛋"侧置"于球槽内的平衡位置是稳定的.竖立着的鸡蛋的平衡是不符合势能最小条件的,这里正相反,鸡蛋对平衡位置的任何偏离与平衡位置相比势能值更小.

把平衡和运动的稳定性条件进行比较是否正确呢?骤然看来,好像静止和运动是相互抵触的、完全对立的概念.实际上并不如此.静止和运动的对立完全是相对的.可以把静止理解为这样一种物体状态,即物体的坐标相对于所选择的坐标系总是不变的.地面的房屋永远是静止的,但是这种静止是相对的,只是对与地球固定在一起的坐标系而言.如果我们想研究房屋相对太阳的运动,那就说不上什么静止.因此,当我们研究一个物体的运动时,能够选择一个坐标系,要使我们所研究的物体坐标始终保持不变.只有这样我们才有充分的根据说,在这个坐标系中物体是静止的.

也可以说一说物体在一个方向的静止概念.当我们研究一个置于水平面内移动的很重的圆球时,就可以说明这种静止概念的实质.球体可以顺着任何一个水平方向移动,但是由于处于重力的作用之下,因而不能沿铅垂线向上"跑去".这里出现的顺水平线的运动和沿铅垂线的静止.如果这样广义地来解释静止现象,那么有关天体运动的许多问题也可以说是静止问题.试举行星圆形轨道运行为例.行星的一个坐标,即向径的转角,是可变的;而另一个坐标,即行星和太阳的距离,是不变的,像这样一个坐标的"局部静止"现象当然是可以通过类似基于能量守恒定律的托里拆里标准来进行研究的.

保守体系的性质还产生一种比较明显的结果:在保守体系中一般说来不可能发生渐近稳定性.如果研究数学摆在真空的运动问题,则理解这种论点并不困难.可以把数学摆理解为悬挂在一根拉不长的、理想的线上的重质点(图 2.2).

我们使摆线与垂线形成的偏角为 φ,用它表示摆的位置.在振动很小的情况下,摆的运动是受谐振定律支配的

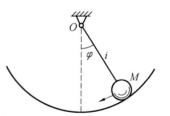

图 2.2　数学摆的振动

$$\varphi = a\sin\sqrt{\frac{l}{g}}\,(t-t_0)$$

式中 a 为振幅,l 为摆线的长度,g 为重力加速度,t 为时间,t_0 为初始时刻.

如果在初始时刻(为简化起见,设初始时刻 $t_0=0$),摆线处于垂直状态,而重质点 M 的速度等于 0,则摆永远处于平衡状态.这种平衡就是李雅普诺夫稳

定平衡. 这种平衡状态中的势能具有最小值. 这种稳定性是否就是渐近稳定性呢? 为此就要研究摆的各种可能的运动. 在各种运动情况下在初始时刻摆与垂线的偏角不大, 而摆的运动速度接近 0. 如果所有这类受摄运动逐渐地发生无限接近平衡状态, 则平衡是渐近稳定的. 可是, 如果发现哪怕是一个不符合于这个性质的轨道, 则运动就是稳定的, 但不是渐近的.

从上面所讲的摆的振动规律可以看出, 一切接近平衡状态的运动都服从正弦曲线规律. 摆虽然在平衡位置附近摆动, 但不减少振幅的大小. 因此, 摆的运动是稳定的, 但不是渐近的.

的确, 在满足能量守恒定律的更复杂的力学体系中, 渐近稳定性也是不可能存在的. 从稳定性理论更精细的结果表明渐近稳定性的性质和非稳定性的性质都是粗略的性质. 换句话说, 如果在作用力上附加小的摄动力, 则渐近稳定性保持下来. 至于谈到单纯的、非渐近稳定性的性质, 则这种性质不是粗略的, 也就是说对作用力即使附加极小的摄动力也能使运动成为非稳定性的.

上面所说的稳定性理论的情况介绍, 使我们能在某些方面对太阳系稳定性问题复杂程度作出估计. 因为我们不可能考虑到所有的力和相互作用来写出太阳系天体的运动方程, 所以只好从某个充分接近现实的、简化的太阳系模型入手.

通常应用 n 体问题即只研究在牛顿万有引力作用下的几个质点的运动问题, 作为这样的动力模型. 依次取成对的质点作为太阳系的天体, 写出每一对质点互相引力的势能, 然后把求出的势能加起来, 就可以得到整个太阳系的总势能. 对本题来说, 能量守恒定律可写成下面的形式

$$\frac{1}{2}(m_1 v_1^2 + m_2 v_2^2 + \cdots + m_n v_n^2) -$$

$$\left(\frac{fm_1 m_2}{r_{12}} + \cdots + \frac{fm_i m_j}{r_{ij}} + \cdots + \frac{fm_{n-1} m_n}{r_{n-1,n}}\right) = h$$

式中, f 为引力常数, m_i 为第 i 质点的质量, v_i 为它的速度, r_{ij} 为质点 m_i 和 m_j 之间的距离, h 为太阳系的总能量.

不管用什么样的方法, 能在所采用的动力模型范围内证明太阳系的稳定性, 那么这还不意味着在考虑更全面作用力(例如考虑行星形状效应、整个银河力场的引力等等)情况下, 稳定性的性质就能保持住. 实际上, 因为在所研究的问题中守恒定律是正确的, 那么只可能存在单纯非渐近性的稳定性, 因此把没有估计到的摄动力增加到运动方程中去就可能破坏这种稳定性.

如果注意到目前未讨论过的另一个力的范畴, 在某些情况下这样的困难是能够解决的. 先回到数学摆的问题上来, 对我们所有采用的模型引入一个改正量. 如果去掉周围介质不存在这样一个人为假设, 那么在摆的运动方程中就必须考虑空气的阻力, 还有支撑处的摩擦力. 空气阻力效应不必在此解释, 因为在

739

$$V = -\left(\frac{m_1 m_2}{r_{12}} + \frac{m_2 m_3}{r_{23}} + \frac{m_3 m_1}{r_{31}}\right)$$

日常生活经验中这种效应是很容易懂的. 摆的振幅在阻力作用下减小,摆开始在它的位置和速度的任何微小的初始摄动时,渐渐接近平衡状态. 而这也恰好说明,经常起作用的摄动阻力使摆的平衡状态成为渐近稳定状态.

究竟怎样来解释阻力的稳定作用呢? 回答这个问题要联系到这些力的本质. 在阻力的作用下,运动着的物体由于和介质质点的碰撞,一部分机械能就转变为分子的不规则运动能,即热能. 虽然能量守恒定律从广义上说继续在起作用(也考虑到非机械能,如热能),但是机械能守恒定律已经失效,因为出现机械能向热能的转化. 质点因失去速度而趋于平衡状态. 这个过程就叫作能量散射过程或能量耗散过程,而引起能量失去的力叫作耗散力.

§3 天体共振

人们发现太阳系的天体运动同具有几个自由度的力学体系的振动有许多共同之处. 如果太阳系的每一个天体仅被太阳所吸引,并且沿圆形轨道运行,则其坐标可用下式表示(图 2.3)

$$x = a\cos n(t - t_0), \quad y = a\sin n(t - t_0)$$

式中,a 为圆轨道半径,n 为角速(平均角速度),t 为时间,t_0 为初始时刻. 但是,这些公式在数学上是和决定数学摆微小振动的公式等价的(见 §2 节). 因此,从数学观点来看这样的行星模型系统是和振动系统没有区别的.

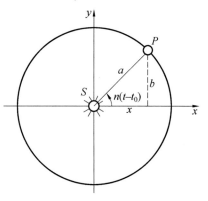

图 2.3 行星圆周运动坐标

然而,行星运动的实际问题更复杂,因为行星不仅被太阳吸引,而且彼此相互作用,那么由于这种相互作用,行星坐标的振动变化规律,即正弦曲线变化规律究竟是怎样受到歪曲的呢? 正如下面要看到的,行星引力的相互作用对行星运动的特点有很大的影响,并且在本质上影响到太阳系稳定性问题的解决. 因为行星运动问题在力学上和数学上是和力学体系振动问题相类似的. 所以,只要了解了我们下面将要谈的一般振动理论所获得的结果,就能弄清这里所产生的效果.

根据同时代人的证实,俄国歌唱家弗多尔·沙利亚平擅长用嗓音使玻璃杯爆破. 歌手把杯子握在手中,唱出某种高度的音响,这个音响使杯子擅动并破碎成块.

物理学家经常会提到另一个有教育意义的历史事例:一个部队踏着有节奏

的匀称的步伐使一座坚固的桥梁轰隆一声倒塌.

这两个罕见的现象有一个共同的物理本质.这种现象的"肇事者"就是共振效应.共振空间是一种什么现象呢?

再来谈谈摆的运动问题,在没有轴承摩擦和空气阻力的情况下,摆是按照谐振定律运动的,而且不论时间多长,摆的振幅都是不变的.

我们把实验稍许改变一下,对摆施加一个微小的周期作用力,这个力随时间按照频率为 P 的正弦曲线定律而变化.电钟摆的运动就是如此,这个摆从周期性地与它接上的电磁铁那里得到电磁脉冲,摆照旧振动,但这个运动不同于初始运动.如果仅仅是固有频率 ω(自由振动频率)和附加上周期的力(经常称它为摄动力)的频率不相等,则摆的最大偏差值将改变,但它仍然为有限值;如果这两个频率彼此相等,则摆的振动范围将随时间无限的增加.正如物理学中所说的,共振来临.

在共振情况下,引起摄动力的物体的能量向另一个接受强迫振动的物体实现有效的传递.这种能量的传递使物体振动的振幅无限地增加.

现在要来解释本节开始所谈到的那些现象就不感到困难了.玻璃杯有确定的固有频率.歌唱时传播的声波是摄动力的来源.声音高度的定量程度是传递介质(空气)的质点振动频率.歌手凭经验解决共振问题,他选择一个声音频率,并使声音振动的频率和杯子的固有频率相符合.杯子开始"歌唱",就是说杯子在和歌手嗓音共振的情况下开始振动,并在振幅增加到一定的程度发生爆破.桥梁倒塌的事故也可用类似的理由来解释.

上面所谈到的这种情景,只有在引起因有振动的力和力矩,同系统偏离平衡状态的偏离值的一次方成比例的情况下才可能发生.在这种情况下,一般来说,力(或力矩)与偏离值是线性相关.这些偏离值可以理解为(坐标值的)某种增量,这些坐标值标志这个系统从平衡状态引向振动状态.这样在数学摆振动问题中,摆轴和铅垂线的交角就起这种偏离值的作用.在弹簧振动问题中,弹簧的拉长度就是偏离值.

上面说的理论叫作微振理论或线性振动理论.在天体力学中也碰到微振理论.法国学者约瑟夫·路易·拉格朗日在提出线性振动理论时,研究了行星由于相互摄动作用而发生的椭圆轨道根数随时间而变化的问题.线性振动理论的研究结果成功地计算出仅在短时间范围内的行星运动,因为自然界中的作用力通常和坐标的关系不是线性的比例关系,而是复杂得多的形式.为了研究自然界和技术中经常遇到的这类复杂条件下的振动问题,数学家和力学家研究出一种专门的数学工具,组成了非线性振动理论.可参阅[苏]A·A·安德罗诺夫,A·A·维特,C·Л·哈依金著的《振动理论》,科学出版社,北京,1973 年.太阳系稳定性问题就是非线性振动理论问题中最复杂的问题之一.

741 $\qquad V = -\left(\dfrac{m_1 m_2}{r_{12}} + \dfrac{m_2 m_3}{r_{23}} + \dfrac{m_3 m_1}{r_{31}}\right)$

非线性振动系统的共振问题是非线性振动理论中主要的、还未完全解决的问题.在这些系统中同样可能出现共振,但它不是唯一的,而在计算共振下的运动问题时会碰到至今在数学上还不能克服的困难.

如果非线性系统中的天体的自由振动频率相同,那么也正如在微振动情况下一样,就要发生共振.这种共振叫作主共振.此外,还可能发生自由振动频率间其他相互关系的共振.

正如我们所谈到的、发生共振的主要条件是固有频率相等,或者说是与频率相应的周期相等.频率 ω 是和周期 T 相关的,其关系式是 $T=\dfrac{2\pi}{\omega}$. 当说到周期时,通常指的是最小正周期.可是,如 T 为周期,则数值 kT 也是周期(其中 k 表示任何一个整数).

现设振动系统是两个相互作用的天体,用 T_1 和 T_2 表示这两个天体的自由振动周期,而 ω_1 和 ω_2 是与其相应的频率.如能找出这样两个整数 k_1 和 k_2,便得等式

$$\frac{T_1}{T_2}=\frac{k_2}{k_1}$$

成立,则第一个天体的整周期 T_1 乘 k_1 就同第二个天体的整周期 T_2 乘 k_2 丝毫不差地相同.可是,如上所说,$k_1 T_1$ 是第一个天体的周期,但还不是最小周期,而 $k_2 T_2$ 是第二个天体的周期.就是在这种情况下,同样会发生共振.

经常用固有频率关系式代替周期关系式,为此在上式中可用频率来代替周期.结果可得 $k_1\omega_1=k_2\omega_2$. 在这种情况下就说频率是可通约的.

有一点极其重要:在上述关系式中 k_1 和 k_2 是整数.对振动系统来说,这个关系式并不是经常满足的.如频率用任意的无理数表示,则一般说,要找出满足相似关系式的整数 k_1 和 k_2 是不可能的.

对 n 个自由度的振动系统而言,也就是说,要引入 n 个独立坐标来描述振动系统的运动,每一个坐标将发生振动,而且每一个坐标的频率可能是不同的.如用 $\omega_1,\omega_2,\cdots,\omega_n$ 表示固有振动的频率,则通约性条件,即频率共振性条件可写成

$$k_1\omega_1+k_2\omega_2+\cdots+k_n\omega_n=0$$

式中,$k_1,k_2,\cdots,k_n$ 为任意的整数组,如果对任何整数 $k_1,k_2,\cdots,k_n$ 上述关系式都不可能,则振动系统叫作非退化的振动系统.

现在来研究一下在太阳引力作用下绕太阳运转的两个行星,并忽略行星的相互引力.行星运动决定了它们绕太阳公转的周期 T_1 和 T_2. 知道周期就能求出平均角速度(角速的平均值)n_1 和 n_2

$$n_1=\frac{2\pi}{T_1},\quad n_2=\frac{2\pi}{T_2}$$

如果这两个周期是可通约的，即一定能找出两个整数 k_1 和 k_2，使得 $k_1n_1 + k_2n_2 = 0$，则考虑被认为是摄动力的行星相互吸引力时，就化为满足共振条件的非线性振动理论的一般问题.

骤然看来，频率的通约性几乎是不可能的，或是很少有可能的. 然而实际上并非如此，在太阳系内，由于某种原因，是有共振情况或者近似共振的运动，如不是一个规律的话，也是相当普遍的. 如木星和土星的平均角速度（相应为 $n_1 = 300.1''$ 和 $n_2 = 120''$）几乎满足关系式 $2n_1 - 5n_2 = 0$（误差为 0.013 5）. 还可以指出误差为 0.005 9 的另一种共振关系式：$n_1 - 2n_2 - n_3 - n_4 = 0$，式中 n_3 和 n_4 为天王星和冥王星的平均角速度，这是前苏联数学家莫尔恰诺夫所发现的. 正如拉普拉斯指出木星的前 3 个伽利略卫星（木卫一、木卫二、木卫三）的运动是属于另一种非常有趣的规律——$n_1 - 3n_2 + 2n_3 = 0$，式中 n_1，n_2 和 n_3 相应地表示这 3 个卫星的平均角速度，从后一个关系式得出如下结论：如果从某个共同的方向起，算 3 个卫星相对于木星的转角，则木卫一的转角加上木卫三的 2 倍转角，再减去木卫二的 3 倍转角，对任何一个时刻都得到 $180°$ 的转角.

人们不大知道，天王星的几个卫星（天王卫五、天王卫一、天王卫二）也有这样的关系式.

因而，在上述情况下，固有频率是可通约的.

小行星也常有通约性情况. 通常是根据三体问题方程研究小行星的运动即太阳、大质量的木星和小行星 3 个天体. 已有近 10 个行星群存在，它们的平均角速度同木星的平均角速度是可通约的，取木星的平均角速度 n_1 为 $300''$. 希尔达型小行星的平均角速度 $n_2 = 450''$. 假设在频率通约性条件下 $k_1 = 3$，$k_2 = -2$，就可发现 $3n_1 - 2n_2 = 0$. 米湟瓦型小行星（$n_2 = 750''$）满足另一个关系式 $5n_1 - 2n_2 = 0$.

当然还可以指出通约性的另外一些例子. 从上面已经列举的数据清楚地表明，天体运动同样具有共振. 因此产生一个十分重要的问题：是否会把适合共振的行星、小行星和卫星从太阳系内"逐出"？ 在行星运动理论中，行星轨道的半长径、行星和太阳的平均距离起着振幅的作用. 在微振理论中，在没有阻力的共振情况下，振动的振幅会无限地增长. 根据线性运动理论的方法，研究行星运动会得出这样的结论：在行星平均角速度通约性存在的共振情况下，行星轨道的半长径将类似振幅无限地增长，并经过某一时期行星将离开太阳的作用范围，也就是说不再是太阳系的成员. 但是得出这种结论是匆忙的，因为线性振动理论只是对不长的时间间隔才是正确的.

§4 长期差（摄动）和周期差（摄动）

要说明在宇宙演化时间范围内行星运动的基本特征就要研究受摄运动方

$$V = -\left(\frac{m_1 m_2}{r_{12}} + \frac{m_2 m_3}{r_{23}} + \frac{m_3 m_1}{r_{31}} \right)$$

程. 这项研究工作非常困难. 天体力学家能够十分精确地预先计算出几十年、几百年以后行星的位置, 或者推算出几世纪以前行星的位置. 研究在几百年时间间隔内的行星运动是一回事, 但是要解决时间间隔甚至是几亿年、几十亿年的行星运动问题, 这就要求有另一种完全不同的途径和方法.

为了举例说明所产生的困难, 我们来谈谈简化了的三体问题, 即限制性三体问题, 也就是研究在太阳和木星引力作用下, 某个行星或小行星在木星轨道面上的运动问题. 为了简单起见, 设太阳 S 的位置是固定的, 木星 j 沿已知的圆形轨道绕太阳公转(图 2.4). 用 a 表示行星 P 的总加速度向量, 它等于向量 a_S 和 a_j 的几何总和. 向量 a_S 表示太阳使行星所具有的加速度, 这个加速度的值是由万

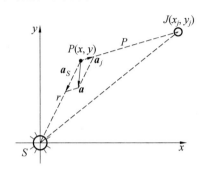

图 2.4　太阳和木星引力的合力

有引力定律所推出的公式算出, $a = \dfrac{fm}{r^2}$, 式中 f 表示引力常数, m 为太阳质量, 而 r 为太阳到行星的距离. 木星引力所引起的加速度 a_j 的值为 $a_j = \dfrac{f\mu}{P^2}$. 式中 μ 为木星质量, P 为行星到木星的距离. 为计算方便, 取太阳的质量为质量单位 $m = 1$, 则木星的质量是 $\mu = 0.001$.

问题在于要找出行星坐标与时间的关系. 由于行星坐标值和行星速度值在初始时刻是已知的, 因而行星在这个时刻的加速度也是已知的, 然而要定出任何另一瞬时的坐标并不是那样简单. 要知道这些坐标是取决于加速度的瞬时值, 而瞬时值本身是由这些未知坐标决定的, 而且它们的关系是非线性关系!

还没有找到这个问题的严格解. 因此, 要解决 $a = a_S + a_j$ 的受摄运动方程, 就要用逐次逼近法. 先设木星质量为 O. 木星的质量仅仅等于太阳质量的 0.001, 因此可以预料获得的结果会具有同样的误差. 这个结论只适用于不长的时间间隔. 在几千万年、几亿年的时间间隔内, 木星微小吸引力作用的积累, 就会引起行星轨道很大的偏差, 或如前所说的摄动.

仅仅在太阳引力作用下, 即在 $\mu = 0$ 的条件下, 行星运动是无摄运动, 行星是沿椭圆轨道运动的. 这个运动根据开普勒定律不难求出. 天体力学工作者通常采用如下方法. 求出无摄运动行星的坐标 x, y, 代入 a_j 的公式

$$a_j = \frac{f\mu}{(x - x_j)^2 + (y - y_j)^2}$$

式中 x, y 为行星坐标, x_j, y_j 表示已知的木星坐标, 用坐标近似值, 即无摄值 x_0 和 y_0 取代 x 和 y. 则在行星受摄运动方程的右端, 求出

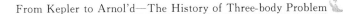

$$a = a_s + a_j$$

为更简单的仅为时间的显函数式子,并从这个方程中求出准确的坐标值

$$x = x_0 + \mu x_1, \quad y = y_0 + \mu y_1$$

式中,μx_1 和 μy_1 为木星摄动作用所引起的增加项.

然而所求出的公式是近似的.如通常所说,这些公式所得出的是第一次近似解.微小的增加项 μx_1 和 μy_1 叫作一阶摄动,因为它和产生摄动的木星质量的一次方成比例.

然后把求出的 x 和 y,重新代入决定行星总加速度的方程.结果就可得出更精确的方程式,而且式中加上去的第二项只与时间有关,而不包含未知的行星坐标.这个更精确的方程同样可以解出.因此,行星坐标的解可写成下式

$$x = x_0 + \mu x_1 + \mu^2 x_2, \quad y = y_0 + \mu y_1 + \mu^2 y_2$$

增加项 $\mu^2 x_2$ 和 $\mu^2 y_2$ 叫作二阶摄动.

继续这个逐次逼近过程,原则上就可获得坐标为木星质量幂函数形式的表达式

$$x = x_0 + \mu x_1 + \mu^2 x_2 + \cdots + \mu^n x_n$$

$$y = y_0 + \mu y_1 + \mu^2 y_2 + \cdots + \mu^n y_n$$

在这两个关系式中,形式为 $\mu^n x_n$ 和 $\mu^n y_n$ 的项叫作 n 阶摄动.它包含有因子 μ^n,其数值在 n 很大时是非常小的.这样,三阶摄动就是 $\mu^3 = 10^{-9}$,即等于十亿分之一.如把 μ^3 乘上随时间迅速增长的函数 x_3 和 y_3,甚至在这种情况下(指准到 μ^3),这些公式可应用的时间间隔也将是很大的.

还有一种研究受摄运动的方法.这种方法不是用来确定行星坐标,而是确定其轨道根数.行星受摄轨道因木星质量很小而非常接近椭圆.可以说,行星是沿着有些变形,并同时有点改变方向的椭圆轨道运行.其结果是行星轨道的半长径 a,其偏心率 e 和正在变形的行星受摄轨道的其他根数随着时间而慢慢地改变.它们同坐标类似,可以用时间的函数表示,形式为包含木星质量不同幂次的因子项之和,例如半长径可用下式表示

$$a_i = a_0 + \mu a_1(t) + \mu^2 a_2(t) + \cdots$$

式中,$\mu^k a_k(t)$ 项同样也叫作 k 阶摄动.

函数 $\mu^k a_k(t)$ 究竟怎样表示呢?正如相应的分析所表明,它们具有复杂的结构,并且是由三种类型的项相加组成的:

(1)$\mu^k A_k \cos v_k t$ 或 $\mu^k B_k \sin v_k t (A_k, B_k, v_k$ ——常数);

(2)$\mu^k C_k t^k$,$C_k =$ 常数;

(3)$\mu^k D_k t^n \sin v_k t$ 或 $\mu^k E_k t^n \cos v_k t (D_k, E_k, v_k$ ——常数).

第一类型叫作周期差或周期摄动,第二类型叫作长期差,而第三类型叫作混合差(项).这些差的如此分类早在欧拉(1707—1783 年)的许多著作中已经

745

$$\mathscr{V} = -\left(\frac{m_1 m_2}{r_{12}} + \frac{m_2 m_3}{r_{23}} + \frac{m_3 m_1}{r_{31}} \right)$$

出现,但是充分地揭示其内容的拉格朗日. v_k 很小的周期差在天体力学中具有特别意义.这种差回到自己初值的时间,即周期等于 $\frac{2\pi}{v_k}$.这是一个很大的量,因为它是 2π 除以接近于 0 的数.这种类型的差(摄动)叫作长周期差或大周期差.

现在让我们简要地解释一下行星受摄运动所引起的各种差的力学本质.举金星绕太阳运动考虑到木星的摄动为例.金星绕太阳的无摄(开普勒的)公转周期是 225 个地球日,而木星绕太阳一圈是 12 个地球年.在金星绕太阳一圈的时期内,木星在自己的轨道上移动大约 $20°$.如果注意到这个位移量很小,一开始就忽略不计,那么就会得出,金星在沿自己的椭圆轨道运行的同时,由于木星的吸引,必然经常向木星方向"降落".当然,太阳的引力以及任何天体根据惯性向它的速度方向运动的趋势(牛顿第一定律),阻碍了它向木星的降落.因此,金星绕一圈的轨道稍许不同于椭圆.它近似于接近椭圆的、并移向木星方向的、类似卵形的曲线(一般说,不是闭合的).金星绕太阳一圈后,这种情况又重复,它又同样经受木星的摄动作用.这样一来,在金星的运动中,摄动变化应为周期性,它的周期等于金星的公转周期.把木星沿轨道的运动考虑进去,木星的运动引起行星向它"降落"的方向不断地改变,尽管很缓慢.当木星在自己的轨道上绕了半圈后,力图改变金星轨道的方向,正与最初"降落"方向相反.因此,就产生了椭圆的转动.这种摄动的周期近似木星绕太阳公转的时间,即 12 年.在金星运动中,除了上面所指了的周期差外,还有其他的周期差.

行星运动的周期差通常是很小的.行星在天穹上位置的周期位移,其最大振幅对水星而言是 $15''$,金星是 $30''$,火星是 $4'$,天王星是 $3'$,冥王星是 $1'30''$.土星和木星周期摄动量最大,相应地为 $48'$ 和 $28'$.行星的摄动如用长度单位表示,那是非常可观的.例如海王星的摄动量级为 200 万公里,火星为 4.6 万公里.摄动周期也是非常不规则的,有的摄动周期为几百年.

长期摄动的本性是非常复杂的.对行星的某些坐标或轨道根数而言,长期摄动有共振的起因,这一点在前一节中已谈过.但是有一个不清楚的问题,即关于在共振情况下的振动振幅问题:振幅是否会像线性振动那样无限地增加?或者发生共振时振幅很大,但却是有限的?某些长期差的产生用初等方法解释就很明白.设作用在天体的力是使轨道半长径稍许减少.此时根据开普勒第三定律,行星平均角速度 n 会减少一个小量 Δn.因此,行星绕太阳的转角(极角)可由下式定出

$$\varphi=[\varphi_0+n(t-t_0)]+\Delta n(t-t_0)$$

式中第一项(方括号内)相应于开普勒无摄运动,第二项 $\Delta n(t-t_0)$ 表示行星转角摄动,是长期摄动.

如果把行星的任何一个轨道根数的长期摄动集在一起,则得到按时间 t

升幂排列的多项式. 为了举例说明, 对于地球轨道偏心率, 长期变化为

$$e = 0.016\ 7 - 0.000\ 042\ 6t - 0.000\ 000\ 137t^2$$

其中, t 在这个式子中是以 100 年为单位. 这是一个近似公式. 它是勒沃里叶计算准确到三阶摄动而获得的. 非常可能, 在依次地计算更高阶摄动时, 地球轨道偏心率就要表示为无限项之和, 或如数学上所说的, 表示为幂级数

$$e = e_0 + e_1 t + \cdots + e_n t^n + \cdots$$

在这个式子中, 常系数 e_n 将随项数 n 的上升而逐渐减少.

很自然会产生一个问题: 可不可以算出无穷多个项之和, 而且某个有限形式的函数表示摄动呢?

对级数的研究工作是数学上的一个重要分支. 这项研究工作时而会导出预料不到的有趣的结论. 让我们举两个基本的周期函数 $\sin vt$ 和 $\cos vt$ 为例. 在数学中严格地表明, 利用无穷级数求和, 周期为 $\dfrac{2\pi}{v}$ 的函数可准确地用下式表示出

$$\sin vt = vt - \frac{v^3 t^3}{3!} + \frac{v^5 t^5}{5!} - \frac{v^7 t^7}{7!} + \cdots$$

$$\cos vt = 1 - \frac{v^2 t^2}{2!} + \frac{v^4 t^4}{4!} - \cdots$$

顺便说说, 这些级数在运用电子计算机计算三角函数值时是要用到的. 级数的每一项都是 At^k 的形式并不是周期函数, 但是这无穷多和数的整体则是周期函数.

现在再来讲地球轨道偏心率问题. 不排除这种情况, 在计算所有阶的摄动之后, 得出无穷项之和等于正弦函数的组合, 或者更复杂的周期函数, 或者说振动型函数的组合. 偏心率表达式的每一项都不是周期差, 而所有长期差加在一起的总和是周期差, 如果在数目非常小的项上中断, 则得到的不是周期函数, 而是随时间增长的非周期函数, 从而在大的时间间隔内得出误差很大的结果, 而根据这个结果是不可能得出行星轨道演化的正确的概念的.

例如, 在精确地解决行星受摄运动问题时, 令一个轨道根数表达式包含形式为 $A \sin \mu vt \sin nt$ 的项, 式中 A 为常系数, n 为约等于行星平均角速度的数值, v 为常数因子, 而 μ 为摄动天体质量. 利用正弦函数展开为 t 的幂级数, 可得出

$$A \sin \mu vt = v\left(\mu vt - \frac{A}{3!}\omega^3 v^3 t^3 + \cdots\right)$$

于是将有

$$A \sin \mu vt \cdot \sin nt = A\mu vt \sin nt - \frac{1}{3!}A\mu^3 v^3 t^3 \sin nt + \cdots$$

$$\mathscr{V} = -\left(\frac{m_1 m_2}{r_{12}} + \frac{m_2 m_3}{r_{23}} + \frac{m_3 m_1}{r_{31}}\right)$$

在这个总和中每一项都是混合差.

现在设想在解受摄运动问题时,不知道精确解的真正形式 $r = A\sin \mu vt \cdot \sin nt$,只好采用逐次逼近法.设得出相对于摄动质量 μ 的一阶摄动和二阶摄动的表达式为

$$r_1 = A\mu vt\sin nt, \quad r_2 = 0$$

所得公式表明了轨道在逐渐破灭,并且具有不稳定性.可是,我们是否有理由根据近似解得出结论,说所研究的受摄轨道根数在周期性变化,而振幅却随着时间无限增长呢?

根据以上推论十分清楚,这样的结论是错误的,因为我们所依据的解,对于预先计算几十年、几百年的行星位置是完全适用的,可是在解决稳定性问题时,这样做是完全无益的,甚至是有害的.

§5　拉普拉斯—拉格朗日问题

行星轨道半长径和偏心率的长期摄动或混合摄动,是否符合客观规律,或者说它是否因我们所采用的数学方法上的缺陷所引起? 这是一个根本问题.它的解决关系到太阳系稳定性问题.

太阳系稳定性问题对天体力学和天文学来说是一个基本问题.这个问题是拉普拉斯约在 200 年以前,即 1773 年在巴黎科学院写的一本回忆录中提出来的.在这个回忆录中,拉普拉斯证明了"太阳系稳定性"定理,这条定理后来成了著名定理,正如人们经常解释说这是拉普拉斯的研究成果.拉普拉斯的论点是:在行星平均角速度不可通约的情况下,行星轨道半长径的摄动表达式中,不存在相对于行星质量的一阶长期摄动.仅在这个第一次近似中就表明,行星在绕太阳运行的过程中,不可能由于相互引力作用使椭圆轨道改变成抛物线轨道,并且离开太阳系.

由此得出太阳系长期稳定的结论是不严格的,也是为时尚早的.就说拉普拉斯的太阳系稳定性"证明"本身,其精确度也仅到偏心率的平方.几年以后,著名的学者拉格朗日补充了拉普拉斯的证明,推广到行星轨道偏心率和相互倾角正弦的各次方.

拉格朗日同样注意到长期摄动、长周期摄动以及它们的相互联系,这一点在§4 中已讲过,拉格朗日清楚地知道,由于数学方法的不足,能够得出的不是长周期差,而是长期差.拉普拉斯和拉格朗日强调问题的重要性,指出了由木星和土星的平均角速度通约性所产生的大摄动(见§3),实际上不属于长期摄动.另一个情况也是很清楚的,就是实验、实践和观察在这里都显得无能为力.如果行星轨道某个根数的实际变化是长周期的正弦曲线,那么为了证实它,就需要

进行几百年,甚至几千年的持续的观测.在不太长的时间间隔内,我们就会不知不觉地用直线 $y=t$(图 2.5)代替正弦曲线弧,或在更好的情况下用曲线 $y=t-\dfrac{t^3}{6}$ 的弧段代替它.

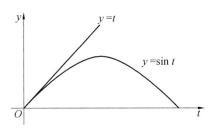

图 2.5 长周期摄动和长期摄动

这样一来,通常的理论和观测都无力作出回答.看起来,问题是无法解决了.可是,拉格朗日却坚定地去寻找答案.他用新的观点重新去认识这个问题,并使它在数学上精确化.拉格朗日终于找出解决这个问题的新的数学方法.

首先,拉格朗日对行星轨道根数作了分析.在解决行星运动稳定性问题时,是否必须研究所有的行星轨道根数呢?原来,在这个意义上可以把根数分为两组:第一组是半长径 a,偏心率 e 和轨道的倾角 i,这些根数的变化会决定太阳系的"稳定性";第二组是角度根数,升交点黄径 Ω,近日点和升交点的角距 ω 和过近日时刻 Π.不管 Ω,ω,Π 这三个根数由于受摄运动影响,随时间而发生怎样的变化,行星都不会离开太阳系,也不会落到太阳上去.实际上 ω 的变化只能引起行星的椭圆在它的平面上的旋转,或者是相对某个轴的摄动.椭圆的旋转仅仅发生在 ω 的长期摄动存在的情况下.就是说,类似这样的长期差是不可怕的!另一个根数是升交点黄经 Ω,Ω 的变化或者引起轨道而绕某个轴旋转(岁差),或者是相对某轴的振动.在第一种情况下,Ω 同样是一个时间的非周期函数,就是说将包含长期项,但是这个长期差并不影响稳定性问题的解决.对 Π 这个根数来说,情况也是如此.

而在数学研究中,这些根数将成为障碍.通过下面例子我们来研究一下可能出现的许多复杂现象之一.设在某个时刻,行星沿着偏心率非常小的椭圆轨道运行,偏心率因摄动而减小着.在图 2.6(a)中,表示拱线在这个时刻的位置,并指出近日点和交点的角距.偏心率转变为 0 的时刻来临(图 2.6(b)).拱线的位置在这个时刻是不确定的、"任意的"、类似地极的地理经度.经过某个时刻,偏心率的值又重新不等于 0,然而椭圆已向另一个方向伸长(图 2.6(c)).所以近日点和交点的角距变化是一种"跳跃".在"跳跃"存在的情况下,对根数的变化进行数学研究是非常复杂的,可是在研究"稳定性"问题上,ω 的"跳跃"式的变化就显示不出来!

$$V=-\left(\frac{m_1 m_2}{r_{12}}+\frac{m_2 m_3}{r_{23}}+\frac{m_3 m_1}{r_{31}}\right)$$

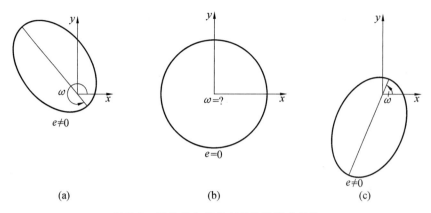

图 2.6 近日点和交点交角的跳跃式变化

拉格朗日对研究行星受摄轨道偏心率的重要性也很注意. 初看起来, 只要确定任何时刻半长径的界限就足够了. 但是, 这只是部分地解决行星轨道稳定性问题, 也就是说行星不可能"溜掉", 但疏忽了另一个对我们来说是不高兴的选择, 即行星可能和太阳碰撞.

行星轨道半长径可能仍然保持为有界的、有限的. 可是, 如果轨道偏心率趋向于 1, 则椭圆将"压扁", 近似于直线段形状. 在 $e \to 1$ 的情况下, 行星对太阳的近日点距离将缩短(图 2.7). 因为行星和太阳的最小距离为 $r_{\min} = a(1-e)$, 则在 $e \to 1$ 的情况下, 这个距离要趋向于 0. 显然, 如果从某个时刻开始, 不等式 $r_{\min} < r_{\odot}$ 成立(这里 $r_{\odot}$ 是太阳半径), 那么行星将冲入太阳.

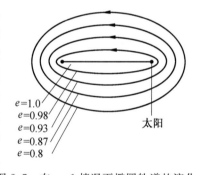

$e = 1.0$
$e = 0.98$
$e = 0.93$
$e = 0.87$
$e = 0.8$

太阳

图 2.7 在 $e \to 1$ 情况下椭圆轨道的演化

可见, 在分析稳定性问题时, 最重要的是研究 a, e 和 i 这三个根数. 但是因为对于这些根数, 不能写出与其他根数无关的方程, 于是拉格朗日想出一个非常巧妙的手法, 他把角度根数"赶进"三角函数的符号里去, 并且引入了新的轨道根数

$$p = e\cos(\Omega + \omega), \quad u = \sin i \cos \Omega$$
$$q = e\sin(\Omega + \omega), \quad v = \sin i \sin \Omega$$

不管角度根数 ω, Ω 中包括任何长期项, 正弦和余弦的三角函数都使其无效, 因为这些三角函数总是在 -1 到 $+1$ 的有限范围内变化.

拉格朗日在完成这些变换后, 获得了研究行星轨道根数演化的最成功的方程. 拉格朗日、拉普拉斯和随后许多研究者都采用过这些方程. 他们利用这些方程就能得到"长期摄动三角表达式", 也就是上面所讲过的.

1784 年拉普拉斯发表了包含有两个著名定理的论文.其中第一个定理断言:

如果把每一个行星的质量乘上行星轨道半长径的平方根,再乘上偏心率的平方,则所有行星的这些乘积之和减去周期项后是一个常数.

这个定理可用下式表示

$$m_1 e_1^2 \sqrt{a_1} + m_2 e_2^2 \sqrt{a_2} + \cdots + m_n e_n^2 \sqrt{a_n} = 常数$$

式中 m_i 为行星质量,a_i 为半长径,e_i 为偏心率,n 为行星数目.

第二个定理是:

如果把每一个行星的质量乘上行星轨道半长径的平方根,再乘上倾角正切的平方,则所有行星的这些乘积之和减去周期差后是一个常数.

用 i 表示轨道对黄道面的倾角.第二个定理可用下式表示

$$m_1 \sqrt{a_1} \tan^2 i_1 + m_2 \sqrt{a_2} \tan^2 i_2 + \cdots + m_n \sqrt{a_n} \tan^2 i_n = 常数$$

这个定埋的正确性是建立在几个限制性假设的基础上的,即假设轨道半长径受到微小的摄动.正如从上式所看到的,如果一个轨道偏心率增大,则另一个轨道偏心率应当减小,对轨道倾角来说,也同样是这个道理.但是任何一个行星的偏心率的增大是有限制的.譬如说,如果木星轨道偏心率和倾角增大,那么偏心率只能增大 25%,而对黄道倾角的变化可能不多于 2 倍.我们要注意到,这个定理只是在假设行星轨道半长径发生微小变化和各行星围绕太阳在同一个方向运动的前提下是正确的,如果后一个现象不存在,则所讨论的公式中的各个项就具有不同符号,那么我们就不能够作出 e 和 i 的变化是有限制的结论.

拉格朗日和拉普拉斯所获得的定量结果现在看来主要是具有历史上的意义,因为当时海王星和冥王星尚未发现,有关天王星轨道的资料是不准确的,而木星、金星与火星的质量人们还不知道,取的是假定值.勒沃里叶在 1839 年考虑到天王星的摄动,重新进行了计算,但他也未能注意到海王星,因为海王星是他后来在 1846 年才发现的.

勒沃里叶在自己的理论精度范围内,证明了存在着根数变化的上极限.例如,对行星轨道偏心率和倾角的研究获得如下结果(见表 2.1):

表 2.1 大行星轨道偏心率和倾角变化极限

行星	偏心率变化极限	倾角变化极限	行星	偏心率变化极限	倾角变化极限
水星	0.226	9°17′	木星	0.062	2°1′
金星	0.087	5°18′	土星	0.085	2°33′
地球	0.078	4°52′	天王星	0.064	2°33′
火星	0.142	7°9′			

751

$$\mathscr{V} = -\left(\frac{m_1 m_2}{r_{12}} + \frac{m_2 m_3}{r_{23}} + \frac{m_3 m_1}{r_{31}}\right)$$

斯托克威尔到 1870 年完成了自己的计算,获得了最完全、最可靠的结果. 根据研究结果,可以作出关于行星在几十万年数量级的相当长时期内轨道演化的一系列重要结论. 例如,斯托克威尔得出木星轨道的一个拉格朗日根数的长期摄动公式,表为比较正确的三角多项式

$$\begin{aligned}
e\cos(\Omega+\omega) = &-0.000\ 009\ 0\cos(5.463\ 803t''+88°0'38'')+ \\
&0.000\ 010\ 6\cos(7.248\ 427t''+20°50'19'')- \\
&0.000\ 001\ 1\cos(17.014\ 373t''+335°11'31'')+ \\
&0.000\ 001\ 1\cos(17.784\ 456t''+137°6'36'')+ \\
&0.000\ 063\ 6\cos(0.616\ 685t''+67°56'35'')+ \\
&0.043\ 160\ 1\cos(3.716\ 607t''+28°8'46'')+ \\
&0.015\ 638\ 3\cos(22.460\ 848t''+307°56'50'')
\end{aligned}$$

行星轨道的其他根数也有类似的形式.

我们来引用几个根据斯托克威尔理论所得出的太阳系大行星轨道演化数据.

水星 水星轨道对基本平面的倾角的变化范围是从 $4°44'27''$ 到 $9°10'4''$. 最大偏心率为 0.231 72. 行星和太阳最小距离的公式是 $r_{\min}=a(1-e)$. 把 $a=0.387$ 天文单位代入公式,并用 e 的最大值代入,得出 $r_{\min}$ 为 4 480 万公里. 因而,在理论上精确地说,水星是不可能同太阳碰撞的. 水星轨道在自己的平面上旋转一整圈大约要 23.8 万年(这就是一个长周期摄动周期). 此外,轨道面本身慢慢转动,其方向是和水星绕太阳公转方向相反,并且这个运动的周期同样为 20 万年左右.

金星 它的轨道偏心率所能达到的最大值等于 0.070 632 9,而最小值为 0. 斯托克威尔对金星轨道拱线和交点线的旋转或振动进行了分析,所获得的结果是没有把握的. 在教科书中经常写道,金星的轨道是所有行星轨道中唯一的、在自己的平面上逆行的轨道,就是说它的运动方向是和它绕太阳公转的方向相反. 这个论断虽然到今天仍是正确的,但是,从太阳系演化理论的观点看来,这种论点应当认为是错误的. 实际上,如回到初如时刻(在斯托克威尔的计算中取它为 1850 年)的 1 000 年前,我们可以发现,在这个时期金星轨道在轨道面上是顺行. 现要在 3 万年时期中以相反的方向转动,并且轨道要转过约 60°的方向,随后轨道转动又成为顺行. 虽然这种运动对太阳系的破坏不起决定的作用,但是对太阳系行星的物理演化来说,运动的这些特性是极其重要的. 显然行星轨道的某些摄动有助于解释行星上产生冰河时期的原因.

金星轨道的最大倾角是 $3°16'18''$. 轨道面的旋转仍然是不清楚的.

地球 地球轨道偏心率在其变化过程中的最大值不超过 0.067 735,而最小值是 0. 地球轨道倾角的最大值是 $3°6'0''$. 虽然地球轨道面本身的运动在很长

的时间间隔内是已知的,但毕竟是不清楚的,轨道面是否会旋转或者仅仅在某一个位置附近振动.在今天,地球轨道是在正方向转动,这个运动将持续到以后10万年.地球轨道的偏心率和倾角的变化在图 2.8 中表示出来.

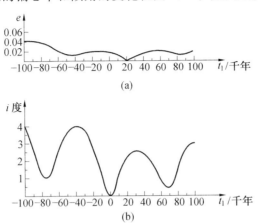

图 2.8 　地球轨道偏心率(a)和倾角(b)($t=0$ 为 1850 年)

　　火星　火星轨道偏心率和倾角的变化类似于所引用的地球资料.因为测定地球质量时可能不准确,这就明显要改变火星受摄运动的特征,那么斯托克威尔关于火星轨道在轨道面上不断旋转和轨道面本身运动的结论应该认为是不可靠的.

　　木星　木星偏心率振动的范围从 0.025 5 到 0.608,木星轨道转动的年角速为 17.8″.轨道倾角变化不太大,从 0°47′16″到 1°0′39″.木星轨道面是逆转,速度一年为 26″.

　　土星　偏心率最小值为 0.012 4,最大值为 0.084 3.土星轨道近日点在正方向一年位移 22.5″.轨道倾角的变化范围从 0°47′16″到 1°0′39″.轨道面转动和木星完全一样,这种一致现象不是偶然的,这是因为这两个巨大行星相互吸引的结果.发现如不考虑周期摄动的话,这两个行星轨道的升交点总是在方向正好相反的点上.如果考虑到周期摄动,则升交点相互近些,但不少于 153°.

　　天王星和海王星的运动和其他行星相似,我们不准确引用其轨道摄动的数据.至于说到冥王星的轨道,在斯托克威尔的计算中并未包括,这是因为冥王星在很晚才被发现的.冥王星的运动理论是前苏联科学院列宁格勒理论天文研究所科学研究员沙拉夫于 1964 年完成的.此外还获得了冥王星的长期预测资料.国外学者柯亨和哈巴德计算了今后 12 万年的 5 个外行星轨道的演化.原来,海王星和冥王星最靠近时,它们的距离也不少于 18 天文单位.虽然冥王星轨道近日点的位置在海王星轨道以内,但基本上不影响冥王星运动的稳定性.堀原一郎和基亚卡格利亚研究了冥王星运动的长期差,得出重要结论,认为冥王星轨

753　　　　　　　　　　　　$\mathscr{V}=-\left(\dfrac{m_1 m_2}{r_{12}}+\dfrac{m_2 m_3}{r_{23}}+\dfrac{m_3 m_1}{r_{31}}\right)$

道的偏心率 e 和倾角 i 的变化范围可能很小（$0.243 < e < 0.266$；$14°.1 < i < 15°.4$），而拱线绕一整圈要 1 500 万年.

拉普拉斯、拉格朗日和其他学者关于太阳系稳定性的研究结果，只是在分析一阶摄动情况下获得的，所以他们所作的关于太阳系稳定性的结论是近似的. 拉普拉斯和拉格朗日的后继者继续寻找解决这个问题的方法.

泊松在 1809 年研究了二阶摄动，证明在大行星平均角速度不存在通约情况下，在行星轨道半长径二阶差中是不存在长期项的，但是有混合项. 随后在 20 世纪末，哈列丘从三阶摄动中找出纯长期差.

后来，在斯托克威尔的主要著作中发现有某些错误和印刷错误. 因此，在 20 世纪末对大行星轨道长期摄动重新进行计算. 哈尔彻进行了这一劳动量巨大的计算工作. 在我们的时代，在更精确的天文常数值（行星质量、行星轨道半长径等）的基础上，20 世纪 50 年代有勃劳威尔和布耳科姆，随后有列宁格勒学者沙拉夫、布德尼科娃和斯克里普尼钦科着手进行新的研究，并且获得了大行星轨道根数长期变化更精确和可靠的资料. 所有这些计算是我们的科学家利用 M—20 快速电子计算机进行的.

在拉格朗日和斯托克威尔的著作中，并于金星、地球和火星轨道升交点黄经以及金星、地球和天王星轨道近日点黄经变化特性的问题仍然未阐述清楚. 在这个问题上所留下的空白点被斯克里普尼钦科的著作（斯克里普尼钦科：《确定长期摄动的三角理论中行星轨道根数平均角速度》，理论天文研究所公报 1968 年第 11 卷第 7 期（130））补上了. 我们采用了他著作中的图表，并引用了他的计算结果（图 2.9），这些图形中的曲线所描绘的是升交点和近日点的运动. 如果所研究的行星轨道在自己轨道面上均匀地转动，而轨道面同时也是均匀地转动，那么轨道根数变化图形就是图 2.9 中所画的直线. 因为相应的曲线和直线的纵坐标差数在同一时刻能超过 180°，则升交点和近日点的受摄运动有时是顺向的，也有时是逆向的. 但是这个运动基本上是向一个方向.

沙拉夫和布德尼科娃在关于地球轨道根数长期变化的著作中，对过去的研究结果作了另一个详尽地说明. 他们的计算所包括的时间范围是 3 000 万年（从 1950 年起）. 他们所获得的结果是很重要的，这不仅是因为同地球运动稳定性问题有关，而且对地质学和气候学的关系也是非常显著. 40 多年前，南斯拉夫科学家米兰科维奇确立了不同地理纬度日射量（地球从太阳所获得的热能量）同地球轨道偏心率、近日点黄经和黄赤交角的长期变化之间的关系. 米兰科维奇和南斯拉夫另一位科学家米什科维奇教授的著作给这个新的科学领域奠定了基础，这门新的科学就叫作气候振动天文理论（米兰科维奇：《数学气候学和气候摄动天文理论》，1939 年）. 以后，勃劳威尔和布耳科姆把南斯拉夫学者的研究结果推到一个比较长的时期. 沙拉夫和布德尼科娃重复进行了计算，并

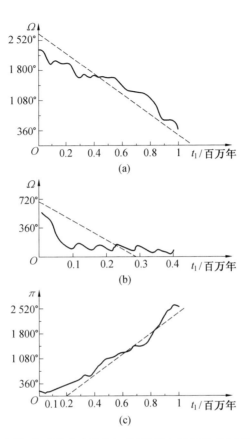

图 2.9 金星、地球的升交点(a),(b)以及金星近日点(c)的运动

且详尽说明了勃劳威尔和布耳科姆的理论. 这些计算结果证明,地球轨道偏心率和倾角的变化具有微振动性质. 我们把沙拉夫和布德尼科娃的一小部分图表资料转载在图 2.10.

要解释清楚三角多项式所得出的行星轨道根数的定性变化是不容易的. 天体力学家长期以来除了从数字上去研究轨道根数的定性变化,还试图从纯理论上去回答这样一个问题:是否存在这样一个常数 c,其差数 $(\omega+\Omega)-ct$(式中 $\omega+\Omega$ 为近日点黄经),在时间 t 无限增长时,仍保留在有限界限内. 如果这种情况存在,则可以说存在着平均角速度.

正如我们已经看到,确定行星的近日点黄经的方程式为

$$ecos(\omega+\Omega)=\sum_{i=1}^{n}N_{i}\cos(g_{i}t+\beta_{i})$$

式中 N_i,g_i,β_i 是由观测确定的常数. 拉格朗日从这种形式的公式出发,证明了平均角速度明显地可以实现的条件为:在这个公式中求和的仅有一项,或者其中一个系数 N_i 的绝对值大于其余系数绝对值的总和. 要有把握地说出在另一

$$\mathscr{V}=-\left(\frac{m_1m_2}{r_{12}}+\frac{m_2m_3}{r_{23}}+\frac{m_3m_1}{r_{31}}\right)$$

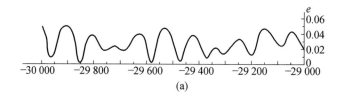

(a)

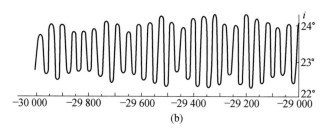

(b)

图 2.10　地球轨道偏心率（a）和地球轨道对赤道的倾角（b）（横坐标轴表示 1950 年开始的，用 1 000 年作单位的时间）

些条件下，行星近日点黄经的变化情况，正如拉普拉斯、拉格朗日、梯塞朗所断言的，那是十分困难的.

关于大行星轨道近日点平均角速度问题吸引着不同时期的许多天体力学家（斯托克威尔、格耳登、卡瓦林和其他人）. 可是，原则上具有重要意义的也许是拉脱维亚杰出的数学家波耳（1865—1921 年）所提出的结论. 他发现了斯托克威尔和卡瓦林推论中的错误，并证明在 $n = 3$ 和 $0 < 2N_i < N_1 + N_2 + N_3$（$i = 1, 2, 3$）情况下，平均角速度问题一般说是不可能解决的. 波耳指出，平均角速度问题是由如下数值的特性所决定

$$\rho = \frac{g_2 - g_1}{g_3 - g_1}, \quad \xi = \frac{\omega_3 - \rho\omega_2}{\pi}$$

在固定的 ξ 值的情况下，存在平均角速度的 ρ 值和不存在平均角速度的 ρ 值，在区间 $0 \leqslant \rho \leqslant 1$ 上的分布，正如数学家所说，是处处稠密的，但是，须知 N_i, g_i, β_i 三个值是由观测决定，不可避免地有某种误差，因此，计算出来的 ρ 值可能偶然地落到有平均角速度相应的值中，或者落到不可能有平均角速度的值中. 所以需要在新的数学方法的基础上进行补充研究.

可是就在那个年代，德国数学家伯恩斯坦在研究这一问题，并于 1911 年对是否存在平均角速度问题提出否定的结果，因为存在平均角速度的概率等于 0. 一年后，波耳并未怀疑伯恩斯坦的结论在数学上的准确性，作为一个真正的自然科学家，他提出正相反的观点[①]. 他指出，行星系统的发展过程，可能使轨

---

① 见梅什基斯和拉比诺维奇，《数学家波耳》，里加"齐纳特涅"出版社，1965 年版.

道根数趋向于出现平均角速度的特殊的、概率小的数值. 只要假设有阻力作用于行星,演化过程就会发生定性变化,值得指出的是,在不同年代许多科学家,如日本的平山清次、前苏联的切塔耶夫和莫尔恰诺夫,虽然他们每个人都是根据自己的独特的想法,提出自己的观点,但都注意到微小的耗散力在天体演化学中所起的重大作用.

上面所介绍的各种研究结果表明,甚至在很长很长时期,都不可能出现太阳系的"解体"和行星"降落"到太阳上. 但不能由此而产生这样的愿望:太阳系"永远"是稳定的! 因此很多数学和天体力学科学家在继续努力解决这一问题. 在这方面作出宝贵贡献的是上面已经提到过的法国杰出的科学家庞加莱. 他估计了单个的长期差和混合差对行星系统演化的影响.

人们继续寻找解决行星受摄运动问题的新方法,这种方法不会导致产生不由物理本质所决定的长期项. 法国人德洛勒(1816—1872 年)利用分析动力学的成就,发展了构成"纯三角"式解的方法,这一方法后来又为梯塞朗和希尔所完善. 看起来,这个问题解决了,实际上仍然是一句话:"没有解决."

德洛勒的解,也正如上述所有的解一样,具有无限级数和的形式,其中的项仅仅是正弦和余弦的三角函数. 德洛勒用自己的计算方法克服了最主要的困难,但是他的方法未经得住纯数学的检验. 正如大家所知道的,数学家是力求取得极精确的证明,而"实践家"有时却回避证明,认为这是不需要的、是多余的东西. 在这种情况下,就需要解决级数研究中最普通的问题,就是用德洛勒方法所获得的级数,确定其是否收敛. 问题在于,数学上求和的概念只是对有限个(但不管数量有多大的)被加数而言才有定义. 如果被加数的数量是无限的,那么被加数总体可能得出有限值,或者是无穷大值,或者任何确定数也得不出,也就是说无限个被加数的和的概念有时失去意义. 如果级数有和,则级数叫作收敛级数,反之,数学家称它为发散级数. 如果德洛勒级数是收敛的,那么对太阳系稳定性问题就能作出回答. 如果德洛勒级数是发散的,那么这个问题仍然是未解决.

为了明确级数收敛性概念的重要性,我们来看一下级数理论中的一个常见的例子. 读者从初等数学中所熟知的一个最简单的级数例子是无穷几何级数之和

$$a+aq+aq^2+\cdots+aq^n+\cdots$$

只有级数的公比 q 满足条件 $|q|<1$ 时,即在递减级数情况下,这个级数的和才存在,换句话说,级数才是收敛的. 如果是 $|q|\geqslant 1$,则这个级数是发散的. 当 $q\geqslant 1$ 时,级数前 n 项之和在 n 无限增加时,会无限地增长. 当 $q=-1$,前 n 项之和在 n 增长时,会依次地取 0 值,或 a 值,一般并不趋于任何极限. 从其他例子可看到,对级数应当小心到何种程度. 设有一个数字级数

$$\mathscr{V}=-\left(\frac{m_1 m_2}{r_{12}}+\frac{m_2 m_3}{r_{23}}+\frac{m_3 m_1}{r_{31}}\right)$$

$$1 - \frac{1}{2} + \frac{1}{3} - \frac{1}{4} + \frac{1}{5} - \frac{1}{6} + \frac{1}{7} - \frac{1}{8} + \cdots$$

交换级数项, 使每一个正数项后面有两个负数项

$$\left(1 - \frac{1}{2} - \frac{1}{4}\right) + \left(\frac{1}{3} - \frac{1}{6} - \frac{1}{8}\right) + \cdots$$

然后把每一个正数项和下一个负数项相加得

$$\left(\frac{1}{2} - \frac{1}{4}\right) + \left(\frac{1}{6} - \frac{1}{8}\right) + \cdots$$

但是, 这个由原来级数经简单的移项所得的级数, 把公因子 $\frac{1}{2}$ 移到括号外后等于

$$\frac{1}{2}\left(1 - \frac{1}{2} + \frac{1}{3} - \frac{1}{4} + \cdots\right)$$

即是原来级数和的 $\frac{1}{2}$.

虽然这个例子对所提出的问题没有什么直接关系, 但仍然是令人信服的证明, 在利用级数时必须十分谨慎. 要知道, 甚至某些级数简单移项会引起预料不到的结果!

这样一来, 研究从受摄运动理论中所得出的级数收敛性问题实质上是必需的. 这样的研究工作已进行过, 但得出的是不能令人满意的结果, 因为天体力学的摄动理论所利用的级数通常是发散级数, 就是说没有和的.

级数研究的完整结果是很有兴趣的, 虽然级数本身是发散的, 但是级数的片段, 即无限和的前几项, 却很好地表示行星在有限时间间隔内的实际运动.

太阳系稳定性问题仍然是未解决的问题, 而被称为太阳系稳定性定理的拉格朗日－拉普拉斯定理严格地说仍然未被证实.

小行星和彗星的未来

第 三 章

§1 小行星环

"波得定律"发现后,在太阳系中好像"缺少"一个行星.在波得的序列 $0,3,6,12,24,48,\cdots$ 中,数字 24 是多余的.正如前面已经解释过,这个数加上 4 并用 10 来除,就得出火星后面一个行星与太阳的平均距离.这个距离等于 2.8 天文单位.然而在 18 世纪,人们认为火星之后的下一个行星就是轨道半长径为 5.2 天文单位的木星.

正是这个不正确的定律大体上在推动着人们去寻找缺少的行星.这个行星终于被巴勒莫天文台台长皮阿齐(1746—1826 年)发现了.这是一颗称为谷神星的小行星.但是,使天文学家感到惊讶的是,一年多后奥尔伯斯(1758—1840 年)又发现了一颗小行星,叫智神星,也在火星和木星之间运行.1804 年发现了婚神星,1807 年又发现了灶神星.再下一个小行星义神星几乎在 40 年后才被亨克(1793—1866 年)发现.他为寻找新的行星花了 15 年之久.随后的发现已经不再使天文学家感到惊奇了.这种发现一直继续到现在.

大多数小行星是在离太阳 2.2 至 3.6 天文单位的距离内运动,也就是说它们的轨道基本上是在一个内外半径等于上述距离的圆环内.但是小行星在离太阳的平均距离上的分布是不均匀的.可以看到小行星有"最喜聚集"区和"竭力回避"区.

在小行星轨道的分布中,这些空隙把整个数目众多的小行星族分成几个次族,其中每个次族自己形成一个环.分为七个

$$\mathscr{V}=-\left(\frac{m_1 m_2}{r_{12}}+\frac{m_2 m_3}{r_{23}}+\frac{m_3 m_1}{r_{31}}\right)$$

这样的基本环. 值得注意而且非常重要的是区分这些环的边界同木星和火星的运动特性有关.

研究小行星运动是依据三体问题或其简化方案——圆形限制性三体问题. 小行星的轨道离木星的轨道最近. 因此, 除太阳外, 木星对小行星运动影响最大. 其他行星的引力在相当长的时间间隔内是非常小的. 运动的性质取决于木星角速度同所研究的小行星的平均角速度之比. 如果平均角速度是可通约的, 即它们的比等于有理数, 那么在小行星的运动中会出现共振效应.

我们用 n_i 表示木星的周日平均角速度, 假定它等于 $300''$, 而 n 表示小行星的平均角速度. 如果某个小行星的比值 $\dfrac{n_i}{n}$ 等于整数比, 那么发生共振的条件就具备了. 知道了平均角速度 n, 便得出小行星绕太阳的公转周期 P, 然后根据开普勒第三定律算出轨道的半长径. 因此, 共振情况完全对应于小行星和太阳的确定的平均距离. 天体力学家分出了七种基本共振情况. 这些情况的比值 $\dfrac{n_i}{n}$ 等于 $1:1, 3:4, 2:3, 1:2, 2:5, 1:3, 2:7$ 和 $1:4$.

借助下列图表, 根据小行星的半长径很容易发现其分布特点. 我们取直角坐标系, 并在横坐标轴上列出平均角速度值, 而在纵坐标轴上列出具有相应平均角速度的小行星数量. 于是得到一个阶梯形状 (图 3.1), 称为直方图. 我们注意一下这个直方图, 便可发现它有几个极小值, 正好对应于共振平均角速度, 其 $\dfrac{n_i}{n}$ 值等于 $\dfrac{1}{2}, \dfrac{1}{3}, \dfrac{2}{5}$ 等等. 按天体力学家说法, 在小行星环内有一些通约性 "空隙". 1866 年科克伍德最早注意到了这一特点.

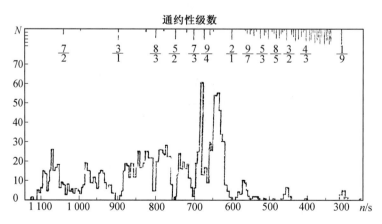

图 3.1 小行星数 N 和平均角速度 n 之间的关系

除了一系列的通约性空隙以外, 还出现一种相反现象——小行星的 "聚集". 在图 3.1 中它们相当于直方图右边一些孤立的 "小峰". 每一个小峰位于

"共振位置"上,即小行星和木星的平均角速度之比是有理数.小行星的聚集对应于通约 $\frac{1}{1}$, $\frac{4}{3}$, $\frac{3}{2}$ 等.小行星的平均角速度主要的聚集出现在区域 $300'' < n < 400''$ 内(见表3.1).

表 3.1

n	P/q 类通约性	n	P/q 类通约性	n	P/q 类通约性
$324.1''$	13/12	$341.9''$	8/7	$373.9''$	5/4
$326.3''$	12/11	$349.0''$	7/6	$384.6''$	9/7
$329.0''$	11/10	$353.5''$	13/11	$388.9''$	13/10
$332.4''$	10/9	$359.0''$	6/5	$398.9''$	4/3
$336.5''$	9/8	$365.6''$	11/5		

现在产生一个非常复杂的、到现在仍未解决的问题,而小行星环稳定性问题的解决则取决于它,这就是:小行星是否会逐渐地趋近"共振"轨道呢? 或者相反,在这些共振轨道之间运动而又不能接近共振轨道呢? 目前在共振轨道附近运动的只是一些数量甚少的最"勇敢"的小行星群.它们之中有脱罗央群、希尔达群(平均角速度 $n=450''$)、赫古巴群($n=600''$)、密勒尔瓦群($n=750''$)等的小行星.这些小行星群在演化过程中也许将会增加,也有可能相反将离开自己的"危险"轨道.

在任何情况下完全不可能了解到通约性空隙存在.如果小行星在受摄运动时竭力避开通约性空隙,即共振轨道,那么不明白为什么希尔达群和类似其他群的小行星几乎都比较喜欢沿共振轨道运动? 在许多小行星的运动中发现有出乎意料的特点.萨莫伊洛娃—雅洪托娃指出赫古巴群中的格里克瓦小行星有一种有趣的情况.它的最初周日平均角速度为 $596''$,到1947年在木星摄动作用下有了增加,并达到了共振值,比木星的平均角速度大一倍.就这样,木星在某一时期把格里克瓦"抛到了"共振轨道上.正如美国天文学家拉贝证明,由于这个原因格里克瓦的视位置在40年内与无摄位置相对移动 $57°$.

究竟是什么原因使这为数不多的小行星族产生如此无法理解的运动? 不能排除,运动的这一特点是由小行星的起源过程所造成的.这正如天文学家捷弗里斯和阿尔文认为他们的假说已超出了力学的范围.但是这里起作用的多半是来自木星和其他大行星经常作用着的摄动力.由于许多小行星的轨道接近于圆形三体问题的周期轨道,因此,自然地认为通约性空隙对应于不稳定的共振周期解,同时稳定的周期解符合于小行星的聚集.从列宁格勒学者巴特拉科夫1958年完成的著作中,以及从前苏联学者勃柳诺和在美国工作的哥伦波、德普里的一些近期学术著作中都可以作出这样的结论.有关共振的小行星在长期时

$$\mathscr{V}=-\left(\frac{m_1 m_2}{r_{12}}+\frac{m_2 m_3}{r_{23}}+\frac{m_3 m_1}{r_{31}}\right)$$

间间隔内的运动问题格列别尼科夫教授和其学生小组正在进行大量的研究.

但是,这些结论不能说明所有共振小行星群的存在.例如切波塔列夫教授把小行星的实际轨道同史瓦西发现的圆形三体问题的周期解进行了比较,从通约为 $\frac{3}{2}$ 的周期解的稳定性观点来看,不能说明希尔达群小行星的存在.

日本学者平山清次在 1928 年和荻源雄佑在 1961 年主张要作补充研究.前者认为行星际介质的阻力效应在小行星环的演化中是非常重要的,而后者提出要注意小行星在紧密接近时的相互影响.

在第五章里将要谈到所谓 KAM 理论[1]所获得的在大行星稳定性问题方面的一些重要成果.相应的数学理论也被应用在小行星上.如果把 KAM 理论用于不共振的小行星运动,那么可以得出结论:小行星运动的稳定性是确定的.它们轨道半长径和偏心率将由于摄动而很少改变,因而小行星既不会危险地接近太阳,也不会摆脱太阳的引力范围.

§2 法艾东存在吗

如果我们了解到小行星的过去历史和起源,那么小行星环的未来是不难确定的.但是这方面的研究工作还远远没有结束,只迈出了第一步.

在 19 世纪,小行星最早发现者之一奥别尔斯曾提出小行星环起源的假说.长期以来,他的假说被认为是合乎情理的.

根据奥别尔斯的假说,很久以前只有一个假想的行星,它以 2.8 天文单位的平均距离绕太阳旋转,后来由于某种大灾难,被粉碎成一些小块.这个行星可能是紧密靠近木星时被粉碎的.这个粉碎了的不大的行星的碎块也就成为现在的小行星.一些天文学家把这个假想的行星称为法艾东,而另一些天文学家把它称为阿斯特罗伊达[2].虽然奥别尔斯的假说是错误的,但它仍然起了积极作用,因为它促使人们去寻找新的小行星.

根据另一个假说,小行星环就是构成行星系统的原始物质的残余.在太阳系形成时,一个独立的行星也在这时形成,但它的诞生稍"迟"一些,因为几乎形成的木星以强大的引力阻碍了在小行星区运动的原始凝聚物的聚集过程.

随着所发现的小行星数目的增加,科学家们不断地提出这样一个问题:需要仔细地检验一下奥别尔斯的假说.日本学者平山开始进行大量的研究.统计

---

[1] 指三个人的姓的第一个字母,即前苏联的 Колмогоров 和 Арнольд 以及美国的 Moser.这种理论是由他们三人先后完成的.——译者注

[2] 即小行星.——译者注

研究证明,小行星环是不均匀的,它分裂成几个具有不同性质的族,而这些性质是很难用奥别尔斯的假说来解释.

阿塞拜疆学者苏尔塔诺夫继续从事小行星的统计研究工作.在他的领导下,在阿塞拜疆古城谢马哈附近,建立了一所第一流的高山天文台.他着手全面地研究小行星族.

苏尔塔诺夫首先提出和解决了这样一个问题:即用来解释现在的小行星环结构的行星"爆炸"或"突然破坏",是一种什么样的性质?他研究了假想的行星法艾东在"爆炸"时碎片速度分布的各种说法,但是任何一种说法都不能得出所观测到的小行星轨道的分布情况.由此得出结论:假想的行星法艾东是不可能存在的.

但是,苏尔塔诺夫并没有到此结束,他以另一个假说,即从前某个时候在小行星位置上运动的不是一个行星,而是几个原始的大天体.以这样一个假说为基础来进行新的详细的分析.根据"太阳—木星—原始天体"这个限制性三体问题,成功地阐明在演化过程中什么样的轨道根数几乎是不变的、稳定的.而后,根据这些根数,统计了小行星分布情况.原来,这些小行星分成 12 个小行星群族,同一群小行星的稳定根数值彼此相近.这证明每一群小行星有共同的起源.真是如此,因为所发现的小行星轨道稳定根数由于木星引力几乎是不变的,所以不论现在或很早以前小行星环刚刚产生时,根数都有近似的同一值.显然,每一个小行星族均产生于一个原始天体.

原始天体的起源问题仍然不能解决:它们是以前在太阳周围的原始云凝结过程中产生的呢?还是大行星"爆炸"的碎片?

虽然苏尔塔诺夫本人没有作出回答,然而很明显,试图保持奥别尔斯假说的革新方案就要带上人为的色彩.要寻找引起大行星先分裂成几块,随后每一块又分裂成更小部分的原因是困难的.因此,早先对小行星天文学发展起了良好影响的奥别尔斯假说后来就销声匿迹了.

§3 "希腊人群"和"脱罗央群"

现在我们来研究与木星的平均角速度的通约为 1:1 的一个小行星群.这个通约意味着木星和小行星的平均角速度是相等的.这些小行星和木星几乎沿同一轨道以同一周期绕太阳运行.

在谈论这样一个小行星群之前,我们先来谈谈天体力学史上一个很有趣的例子.这个例子同所研究的小行星群有直接的关系.

1772 年拉格朗日发表了一篇论述三体问题的出色著作.这篇著作获得了巴黎科学院的奖金.拉格朗日在这篇著作中研究了三体问题方程,同时指出,在

763 $\qquad \mathscr{V}=-\left(\dfrac{m_1 m_2}{r_{12}}+\dfrac{m_2 m_3}{r_{23}}+\dfrac{m_3 m_1}{r_{31}}\right)$

三体问题中存在着一组不难研究的、并可用简单数学公式来表示的运动.

位于任意大小的等边三角形顶点的三个按牛顿定律相互吸引的质点 m_1，m_2，m_3，在取一定的速度方向和大小的情况下，它们在以后的运动中将永远组成等边三角形. 这个三角形周期性胀缩，并按开普勒第二定律，围绕三个质点的质量中心旋转. 图 3.2 表示拉格朗日的解（指出天体在三个时刻的位置）.

如果相对初速等于 0，则三角形的大小永远保持不变，三体问题的这些解称为三角形平动解. 拉格朗日自己发现这些解后，没有引起重视，他把这些解看作

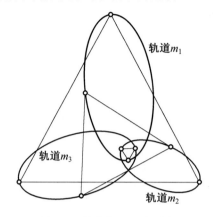

图 3.2　拉格朗日三角形解

数学上的怪事，而不把它看作天文实践所需要的解. 但是，自然界中出现的现象要比拉格朗日的想象更为多样.

1907 年 2 月 22 日德国海德尔堡发现了一颗小行星，后来称为阿基里斯（588 号）. 它大致沿木星轨道在其前面 60°运动着（图 3.3）. 太阳、木星和阿基里斯小行星大致成等边三角形，每边为 5.2 天文单位. 因此所发现的运动是拉格朗日通过纯理论方法早就预言过的运动.

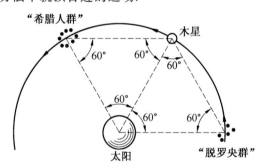

图 3.3　"希腊人群"和"脱罗央群"

在以后的寻找中又发现了 8 颗小行星，它们在阿基里斯附近，几乎在等边三角形的顶点运动. 此外，又找到 5 颗小行星，它们几乎是沿木星轨道，但在木星后，与木星角距为 60°的地方运行，它们形成了拉格朗日三角形.

给这些小行星起的名字是用来纪念古希腊脱罗央战争史诗中的英雄们. 第一群小行星有阿基里斯、赫克托（624 号）、涅斯托（659 号）、阿卡美姆侬（911 号）、奥迪斯谢斯（1143 号）、阿娅赫（1404 号）、迪欧米底斯（1437 号）、安迪洛赫（1583 号）和梅勒劳斯（1647 号）. 除了赫克托，都是以希腊军队的英雄们的名字

来命名的.因而有时称它们为"希腊人群".给木星后的小行星起的名字是用来纪念脱罗央保卫者.这就是普里阿米斯(1884 号)、埃涅斯(1172 号)、安希基斯(1173 号)、特罗依露斯(1208 号),这一群中还有巴特罗克洛斯(617 号),这一群小行星称为"脱罗央群".

"希腊人群"和"脱罗央群"像木星一样,其平均角速度和土星平均角速度是通约的(通约为 5:2).

对"希腊人群"的运动进行多年仔细观测,发现这些行星不是准确地位于等边三角形的顶点,而其中某些行星有时偏离较远.例如,阿基里斯向前"跑出"几乎 11°,并划出一个形状极其奥妙的轨道,同时它的运动近似于周期运动.这一情况促使莫斯科学者里亚鲍夫试图以合适的方式选择周期轨道,从而建立脱罗央群行星运动理论.里亚鲍夫经过长期和艰巨的工作得出这样的结论:脱罗央群会逐渐地远离相对平衡的三角形点.因此,研究拉格朗日三角形平动点的稳定性的老问题具有更大意义.

拉格朗日的三角形解,在克拉科夫天文台天文学家科尔基列夫斯基的新发现之后,变得更为重要了.科尔基列夫斯基从事行星际物质的研究.他经过 10 年寻找,于 1961 年春发现两个流星尘云,它们位于等边三角形的一顶点附近,而地球和月球位于该三角形另外两个顶点.以后还发现了宙宇云,位于另一个等边三角形的一顶点,其他两顶点仍为地球和月球.

怎样来解释科尔基列夫斯基所发现的宇宙云的存在? 如果质点处于等边三角形(地球-月球-质点)的一个顶点上,立刻失去相对于地球和月球的速度,质点就落入同地球和月球相对平衡的位置.可以假定宇宙尘在三角形平动点上的积聚过程是极其缓慢的.这个过程的产生是由于平动点的周围质点的碰撞,平动点使质点失去相对速度.如果陨星质点不发生互撞,那么质点在经过平动点时不会停止.

这种结构的稳定性程度如何? 云是否将逐渐增加或相反地逐渐消散? 对这个问题的答案取决于解决三角形平动点稳定性问题.

宇宙尘在行星附近集中的问题,对天文学来说不是新问题.天文学家也试图利用拉格朗日发现的一组特解来解释所谓对日照——与太阳正相反方向的天空上的暗弱发光云.

天文学家认为地球周围的一部分宇宙物质集中在所谓共线平动点.拉格朗日发现,除了相对平衡的三角形位置外,圆形三体问题还包含有一组相对平衡位置.这些平衡点位于通过两个大天体中心的直线上.如果研究严格的三体问题,那么可以得到这样的三体运动:三个天体在运动中永远处于按开普勒第二定律绕三体重心旋转的直线上,而这些天体间距离也根据开普勒定律随着时间变化,这些特解称为共线解.

$$V = -\left(\frac{m_1 m_2}{r_{12}} + \frac{m_2 m_3}{r_{23}} + \frac{m_3 m_1}{r_{31}}\right)$$

天体力学家用理论方法来研究在共线平动点区域内流星的物质和气体的物体的积聚可能性. 宇宙物质只有在共线解稳定的情况下才会积聚起来. 研究这些解的稳定性得出了相反结果. 这就是说, 进入共线平动点附近的物质由于偶然的摄动被抛离. 那么, 应存在一种给予宇宙物质积聚的永恒的来源.

研究三角形解稳定性是一个较为困难的问题, 这个问题到目前还不能完全解决. 如果对这个问题能作出准确的答案, 那么无论是脱罗央群还是科尔基列夫斯基发现的卫星云, 它们的未来都会是很清楚的.

天体力学家决定首先研究小行星在平动点附近的微小振动. 他们既对准确的三体问题, 又对圆形限制性三体问题的三角形解进行了研究. 在这两个问题上得到了微小振动的稳定性的条件. 第一个有关三角形解稳定性问题的最详细的解是由英国著名的力学家鲁斯于 1875 年作出的. 它至今未失去其重要性. 鲁斯第一次近似的稳定性条件表示为

$$\frac{(m_0 + m_1 + m_2)^2}{m_0 m_1 + m_1 m_2 + m_2 m_0} > 27$$

式中, m_0, m_1 和 m_2 表示相互吸引质点的质量.

鲁斯解决了关于三角形边长的稳定性问题. 此外, 他补充假设初始摄动不会使三个天体中任何一个越出无摄运动的公共平面, 而天体在受摄运动中的速度也在这个平面上. 因此, 鲁斯得到的稳定性是有条件的.

李雅普诺夫把鲁斯的工作继续进行下去. 他取消了鲁斯对初始摄动所施加的限制, 所研究的稳定性不是三角形边长的稳定性, 而是三角形角的稳定性, 也就是说他认为, 如果受摄运动中天体所形成的三角形永远接近等边三角形, 那么拉格朗日解是稳定的. 李雅普诺夫得出了与鲁斯相同的稳定性条件.

茹科夫斯基也继续了鲁斯的研究. 他在《论运动巩固性》这篇著作中确定, 在这个问题中只能有轨道的稳定性. 当今, 莫斯科天体力学家库尼增对稳定性的必要条件提出了卓越的几何学见解.

我们把这些稳定性条件用到太阳系的天体上, 不难发现无论是太阳和木星引力作用下的脱罗央群的运动, 或是在地球和月球引力作用下科尔基列夫斯基云的运动, 在第一次近似中是稳定的. 因此, 在很长一段时间间隔内它们将运动在平动点附近.

从鲁斯和李雅普诺夫的条件中, 很容易得到圆形限制性三体问题中三角形平动点的稳定性的必要条件. 它用下列不等式来表示

$$(m_1 + m_2)^2 > 27 m_1 m_2$$

由此我们得出, 虽然在很长的、但终究是有限的时间间隔内拉格朗日三角形解的稳定性的结论. 稳定性的特性是否能不变地、永久地保持？ 这一点仍然不清楚.

最近 10 年内,又开始了紧张的顽强的工作,试图从数学上严格和完整地研究平面圆形三体问题范围内平动点的稳定性.这种尝试由于前苏联科学家阿诺德、马尔可夫和美国数学家莫斯尔在两个自由度保守力学体系稳定性理论方面的共同努力而获得了成果.借助阿诺德定理,列昂托维奇证明,对于符合不等式 $(m_1+m_2)^2 > 27m_1m_2$ 中的质量 m_1 和 m_2 的值来说,除了 m_1 和 m_2 值的不大的集合外,三角形平动点是稳定的.后来德普利夫妇证明,除了阿诺德定理不能应用的三个值外,对适合必要条件的所有质量比 $\dfrac{m_1}{m_2}$ 来说,三角形平动点是稳定性的.问题的最后解决是借助于莫斯尔定理和由马尔可夫证明的补充定理而获得的.其结果如下:

除了质量比 $\dfrac{m_1}{m_2}=\dfrac{1}{32}(643+15\sqrt{1\ 833})$,$\dfrac{m_1}{m_2}=\dfrac{1}{2}(75+5\sqrt{213})$,产生不稳定外,在 $(m_1+m_2)^2 > 27m_1m_2$ 范围内,三角形平动点对所有质量比都是稳定的.

当然,所得到的解只回答了问题的数学部分.还需要从观测脱罗央群小行星的实际运动补充更准确的判断,在此之前能够得出结论说,我们已有了正是马尔可夫所研究的这类轨道.然而现在大致可以说接近三角形平动点的运动是稳定的.

§4 小行星和行星的碰撞

在谈到小行星可能发生的"未来的突变"时,还需要讨论可能发生的,小行星环受到破坏的其他方案,或至少是个别小行星脱离这个环范围的情况.这一点尤其必要,因为所积累的观测资料中有足够根据认为,许多小行星或者由于"不小心"靠近大行星而毁灭,或者可能变为行星的一种卫星.

在研究第一种可能性时,我们会想起 1947 年 2 月 12 日落下的西霍得·阿林陨星.前苏联科学院院士弗森科夫和克里诺夫的考察队发现,在陨星降落地点有数百个陨石坑,其直径从 0.6 米到 28 米,深度达 6 米.在降落地点收集了 37 吨陨铁.估计陨星的最初重量可达 100 万吨.弗森科夫进行了复杂的计算,并找出了陨星碰到地球前的运行轨道.根据这些计算,轨道远日点是在火星轨道外很远的地方,在小行星环内(图 3.4).弗森科夫得出结论,西霍得·阿林陨星在降落前是一个不太大的小行星或者是小行星的碎片.

小行星降落到行星上,虽然在历史上是罕见的,但完全是可能的事,这一点可以用许多小行星的轨道数据来证明,现列举几个例子来说明.

19 世纪末对小行星爱神星(433 号)运动的观测证明,爱神星在运动中与火星和地球的轨道相交,深入地球轨道 2 000 多万公里,并周期地回到小行星环

$$\mathscr{V}=-\left(\dfrac{m_1m_2}{r_{12}}+\dfrac{m_2m_3}{r_{23}}+\dfrac{m_3m_1}{r_{31}}\right)$$

范围内的远日点上. 爱神星轨道的 $\frac{2}{3}$ 是
在火星轨道内. 小行星阿顿尼斯在运动
中与 4 个行星, 即火星、地球、金星和水
星的轨道相交. 阿顿尼斯的近日点接近
太阳, 其距离略小于 6 000 万公里, 即比
水星离太阳还要近(图 3.5).

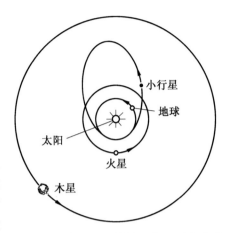

图 3.4　西霍得·阿林陨星在碰到地球前
的轨道

1932 年小行星阿波罗从地球旁经
过, 距离为 1 000 万公里. 1936 年地球
与阿顿尼斯间的最小距离只有 240 万
公里, 而一年后, 赫米斯从相距地球
80 万公里的旁边飞过, "差一点与地球
相碰". 根据计算, 最接近的情况将发生

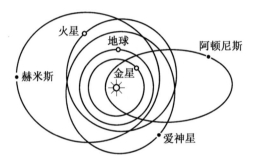

图 3.5　靠近金星、地球、木星的小行星的轨道

在赫米斯一次返回途中, 那时它将从地球与月球之间, 距地球 35 万公里处通
过. 当然, 这些计算可能不完全可靠, 因为要计算出紧密接近的距离, 必须高精
度地算出小行星的轨道根数. 而天文学家在测量天体角位置所达到的准确度又
限制了这方面的可能性.

看来, 还存在着暂时无法观测到的与木星、土星等外行星轨道周期相交的
小行星. 现在只知道有一个小行星叫好斗的伊达尔戈(944 号), 它与木星轨道
相交, 并在土星轨道附近的某一地方转向太阳. 1977 年 10 月 18 日发现的小行
星 2 060 号, 它将穿过土星轨道, 并在远日点时接近天王星.

已知的小行星的数量在不断地增加, 它们在运动中与大行星轨道相交, 并
可能与大行星相撞. 天文学家发现越来越多的新的小行星沿着"危险"轨道运
动. 此外, 还存在着大量还未发现的这一类的小行星. 例如, 就在 1954 年发现的
小行星地理者号是在地球轨道以内、距地球 3 000 万公里.

毫无疑问, 在天体演化的很长时间间隔中, 许多小行星与大行星相撞而消
失了. 这里就产生一个较为严重的问题: 与大的小行星相碰会不会引起大行星

的分裂,并导致形成太阳系中新的小行星环?

如果大的小行星降落在大城市里,其后果将是可怕的.大家明白,任何一个最大的首都遇到这样的降落将遭到毁灭,但是不可能会发生全球性的灾难.在最坏的情况下,我们不过是地震的目击者.

需要注意到地球的"天然装甲"——大气层.上面我们谈到,西霍得·阿林陨星的"重量"在进入大气前约100万吨,而到达地球时只剩下很小的一部分了.从宇宙飞行器的飞行情况可以得到关于地球大气阻力的破坏作用的直观的观念.飞船在飞入大气时,外壳板被加热到可烧成灰的一万度高温,甚至超过太阳表面的温度.可是宇宙飞船的飞行速度约8~11公里/秒,而陨星的飞行速度为每秒几十公里.

还可以回想一下我们的近邻——没有大气的月球.虽然它高低不平,看来具有陨星的自然力,但它毕竟是完整的.

1949年发现的伊卡鲁斯(1566号)小行星引起大家极大兴趣.它在近日点与太阳距离不过为2 800万公里.由于伊卡鲁斯轨道的特点,完全有可能与一些大行星靠得很近,这会使它自己毁灭.由于伊卡鲁斯在行星近旁飞过,它的轨道会发生变化:其近日距离将变得很小,从而会导致它与太阳相撞,或与太阳接近时毁掉.也有可能它与行星相撞.例如,伊卡鲁斯与地球的距离可以减小到几百万公里.与伊卡鲁斯相撞对地球来说是不是可怕呢? 根据计算,它与地球相撞时的冲击等于一亿吨梯恩梯或几个氢弹的爆炸.这样的爆炸力不会损坏整个地球.但由此产生的破坏作用可能会大大超过1884年印度尼西亚腊卡塔火山的爆发.它引起的海浪曾使几万人死亡.

在天文学文献中还提出小行星环部分消失的一种假说.这个假说实际上不涉及整个环,而只是个别小行星.它所谈的是大行星的某些卫星起源于小行星.

木星的4颗外卫星是逆行的.木星的所有卫星,无论是顺行或是逆行,它们的起源都很难用唯一过程来解释.自然会提出这样一个问题:木星在以后不会"偶然"获得逆行卫星吗? 偶然"误入"木星作用范围内的小行星不会在木星附近停留很久吗? 天体力学家把这种现象称作俘获.对天体力学了然不多的天文工作者认为俘获是完全有可能的.但是要从数学上严格地证明俘获的可能性,以及证明俘获概率很大或足够明显,不是一件简单的事.对这种可能性我们暂时没有作出可靠的估计.因此比较正确的是对这个问题不作回答.

§5 行星际尘埃的供应者

现在我们再谈谈另一类小天体——彗星"空口袋".不论是彗星本身的演化或是它的轨道的演化,人们都研究得很多,而且对许多彗星的发展直到它们的

$$\mathscr{V} = -\left(\frac{m_1 m_2}{r_{12}} + \frac{m_2 m_3}{r_{23}} + \frac{m_3 m_1}{r_{31}} \right)$$

消亡都作了彻底的研究.

由于这些天体的质量是微不足道的,所以它们在靠近行星时,或者同行星和其卫星迎面相撞时,都不会引起不幸事故,不会改变行星的轨道或影响太阳系大行星的演化.不但如此,甚至大行星直接通过彗尾时,也完全觉察不出行星大气的化学成分的变化.

根据诺贝尔奖金获得者尤雷教授和弗森科夫院士的见解,降落到地球上的某些大陨石在与地球相撞前都是彗核的组成部分.

尤雷的估计证实了彗星与行星碰撞的概率是很小的.在地球存在的时期内,这样的不幸事故大约发生 100 次,也就是说,地球与彗星的碰撞平均在4 000～6 000 万年内发生一次.

举一个例子来说明,不久前有个叫作通古斯陨石的彗星和地球相撞.让我们简单地回忆一下它的降落经过.1908 年 6 月 30 日早晨 7 时,在偏僻的泰加森林、离胡什马河波德卡缅纳亚通古斯卡支流不远的地方,一个行星际天体以每秒几十公里的速度飞入地球大气.它的爆炸物在离降落地点几百公里远的地方可以看到.爆炸物升起的高度达 20～25 公里,爆炸的声波在 500～700 多公里以外可记录到.离爆炸地点 50～100 公里范围内火光照耀着辽阔的天空.在空中传播的爆炸波绕地球回转两次,世界各地气象台均记录到.

事后 20 年,一位热心的科学家列奥尼德 • 阿列克谢耶维奇 • 库利克(1883—1942 年)组织了一个考察队,来到通古斯陨石降落的地方.这个考察队人数不多,仪器和机械的装备也很差.他们虽没有找到陨石的残余物,但仍然能搜集到有趣的材料,原来爆炸损坏的面积的直径等于 25 公里.

在克里诺夫 1927 年拍摄的照片上,可以看到陨石爆炸引起的森林倾倒.在照片的后景可见到倒下的树木和土壤的褶皱.

弗森科夫院士对通古斯陨石进行了研究,他所作的结论是:1908 年 6 月 30 日发生地球与不大的彗星碰撞.他估计彗核的质量为 100 万吨、核的大小为几百米.这个天体进入地球的稠密大气层,并随即在 5～6 公里高的地方爆炸,便产生了称为"通古斯陨石"的一切现象.

天文学家不止一次地看到彗星的消亡.最近的一次是在 1959 年,一个发展得很好的、带着壮丽的尾巴的彗星消失了.这个彗星是英国人阿尔科克发现的.经过九昼夜,它在绕过太阳后就永远地在地球上的观测者面前消失了.阿尔科克彗星在紧密接近太阳时,消亡在能化为灰烬的毁灭性的太阳光线之中.上述的现象只是彗星消亡的一种情况,而且不是最典型的,因为彗星比太阳系的其他天体更靠近太阳,但它们通常与太阳仍然"保持"相当大的距离,接近太阳的距离小于几千万公里的情况是很少的.

在更早一些时候已发现过彗星的消失,虽然当时情况有些不同.例如,1913

年威斯特法耳斯彗星消失了.1926年恩左拉Ⅲ彗星消失了.这两个彗星的亮度逐渐变弱,在靠近太阳之前就已消失了.

太阳对彗星的毁灭性影响并不仅仅是发生在彗星非常接近太阳的时候.有时甚至太阳引力也会使彗星在远处毁灭.1889年布卢克斯彗星和1916年泰勒彗星的分裂就是由于太阳的作用所引起.

顺便说说,天体力学家在观测彗星分裂时可以"称出"彗星的重量.借助开普勒第三定律来测定天体质量是最为可靠的.为此需要有两个在相互引力作用下运动的天体.如果一个天体没有卫星,要可靠地测定这个天体的质量是困难的.正因为这样,彗核分裂成两个或许多碎块的现象对天文学家测定彗核质量是一个难得的机会.为了测定彗核的需要,天文学家利用了最近一次即1962年初维尔特伦彗星发生彗核分裂的观测.维尔特伦彗核分成两个部分,这两个部分逐渐发展了自己独立的彗尾.从美国海军天文台用40英寸的望远镜所拍摄的照片上可看到维尔特伦彗星的分裂过程.这些照片是1957年7月21日、1958年4月11日和1959年7月11日拍摄的.新形成的彗星间的距离以每秒几米的速度缓慢地增加.两个新彗星沿着近似于抛物线的双曲线轨道作相对运动.为了方便起见我们把相对运动看作为抛物线.那么根据机械运动的能量守恒定律 $v^2 = f(m_0 + m)\left(\dfrac{2}{r} - \dfrac{1}{a}\right)$,就不难测出两个彗核的总质量.用这样方法求得的维尔特伦彗星的质量为 10^{17} 克,为地球质量的十亿分之一.从这里我们再一次得出结论:地球与其他任何一个大行星一样,在与彗星碰撞时,由于彗星质量太小,地球不会发生全球性的灾难.

70多年来不止一次地观测到的比拉彗星的分裂使人得到最强烈的印象.这颗彗星在1846年出现时,观测者用肉眼就可看到,它开始的形状像只梨,而后分成两个独立的彗星,彼此逐渐远离,实际上它们沿着同一轨道运行.在第二次(1852年)接近太阳时,它们彼此间的距离已经很大.这以后就再也见不到这个彗星了.

曾经很准确地计算了这两个彗星出现的时间和位置,但是,不论在1859年或是在1866年,都未能在预定的位置上发现这两个彗星.正如计算证明,1872年彗星应该很接近地球,而这一次彗星也未出现,然而代替它的是天文学家目睹了一幅罕见的壮丽景象——比拉彗星的"灰尘"引起的"流星雨".天文学家把比拉彗星产生的流星群称为仙女座流星群(根据辐射点,即流星视路径的聚合点所在的星座名称).

彗星类似的演化原因很容易解释.彗核不一定是一个整体,而多半是由一些单独的巨块组成.太阳引力对彗核的这些单独部分空间怎样发生作用?根据万有引力定律,假如这些单独部分处于空间同一点,其加速度则完全一样.但是

$$\mathscr{V} = -\left(\frac{m_1 m_2}{r_{12}} + \frac{m_2 m_3}{r_{23}} + \frac{m_3 m_1}{r_{31}}\right)$$

这些巨块彼此间有一定距离.因此,太阳引力所引起的加速度对它们略有不同.随着向太阳接近,加速度的差别逐渐扩大,结果导致彗星分裂和彗星物质逐渐分布于轨道上.最后,彗星物质比较均匀地分布在轨道上,太阳在自己周围形成一个旋转的流星物质带.我们不可能观测到它,但在某些情况下能了解到彗星的"灰尘".这常在明亮的夜晚看到"流星雨",即迅猛而稠密的流星在地球大气中飞行.天文学家会说,地球这时在穿过流星群.在一年中,地球要多次穿过流星群.例如,11月16日地球在绕太阳运动中穿过狮子流星群,而8月12日穿过英仙流星群,因此,彗星实际上是行星际尘埃即流星物质的供应者.图3.6表示彗星逐渐分裂的情况.

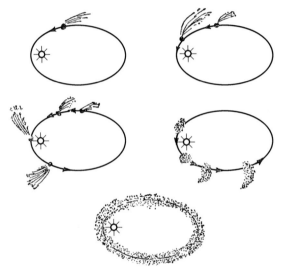

图 3.6 彗星的分裂及流星群的形成

根据彗星绕太阳运动的轨道特点,可把彗星分为两类:短周期彗星和长周期彗星.短周期彗星又分为五个族,这样的区分是非常有意思的.四个族的彗星都与一个大行星有联系.每个族的彗星轨道的公转周期和远日点距离,接近于一个大的外行星所对应的值.这意味着,彗星在远日点处于相应的行星轨道附近.这个现象不是偶然的,它与彗星轨道的演化有关.但上述短周期轨道的区分之所以引人注意还有一个重要方面.一个远日点距离为52天文单位的彗星族"缺少"和一个行星的联系.这些彗星在远日点却越出冥王星轨道的范围,这是什么原因引起的呢?回忆一下我们在第一章中讨论有关太阳系边界时,可以认为在引用的事实中有一个重要的论据,它有利于说明太阳系中存在一颗目前还不知道的大行星.

长周期彗星属于另外一类彗星.根据观测到的轨道来判断,这些彗星来自遥远的地方并沿着很长的、同抛物线差不多的轨道运动.已经知道,大约有20

颗彗星绕太阳公转的周期为 100～1 000 年,大约有 30 颗彗星的公转周期为 1 000～10 000 年.有时由于观测次数少和观测得不够准确,因而很难说清楚彗星是否沿着拉长椭圆轨道运动,或者它的轨道实际上是抛物线或甚至是双曲线的.

上面所讲的问题是彗星本身形状的力学演化和彗星的逐渐分裂.现在我们来谈另一个问题——彗星轨道的演化.对彗星的运动所进行的多次的各种各样的计算,使人们得出许多有意义的结论.正如所说明的那样,大行星首先是巨大的木星对彗星轨道的变化具有强烈的影响.彗星接近木星时,彗星轨道便发生急剧变化.前苏联科学院理论天文研究所的许多科学家对彗星的受摄运动进行了研究.关于彗星与大行星很接近时的效应,列宁格勒天文学家优秀的彗星专家卡齐米尔恰克－波隆斯卡娅以及马科维尔、加利比娜等人在自己的著作中都作了详细的研究.

在长时间间隔内对彗星运动所作的艰巨的数字计算证明:大行星能把彗星从远离太阳的轨道"扔"到近日距不大的轨道上,或者相反,把彗星抛到很远的太阳系边缘.彗星的初始轨道和未来轨道的计算方法是由理论天文学研究所制定的.为了用实例说明行星摄动的作用,我们引用加利比娜计算长周期彗星方－根特的运动所取得的结果.这颗彗星是由约翰内斯堡天文台天文学家方－根特于 1944 年发现的.1945 年 8 月最后一次看到它.从当时的轨道计算得出它的轨道是双曲线的,就是说彗星应离开太阳而进入星际空间.加利比娜对彗星运动作了准确的计算,并确定彗星初始的轨道不是双曲线,而是拉长的椭圆形,同抛物线差别很小.彗星在远日点离太阳的最大距离为 28 万天文单位.随后,由于受最近的恒星的摄动,它的近日距减小到 2.2 天文单位,并从地球上就能看见它.

根据加利比娜的其他计算,行星的摄动有时导致彗星越出太阳系的范围.她所研究的 6 个彗星的未来轨道是双曲线,而其中一个彗星(1902Ⅲ彗星)将被拉到离太阳较近的轨道上.这个彗星的初始轨道的半长径约为 6 万天文单位,而未来轨道的半长径将等于 1 100 天文单位.

通过卡齐米尔恰克－波隆斯卡娅的计算,许多"新"彗星发现的原因,以及已经知道的彗星离开太阳后消失的原因正在逐渐弄清.所有这一切都归咎于木星.木星族的许多彗星是在靠木星旁边经过后才被发现的,木星的强大摄动力引起轨道的减小,并增大了这些彗星的可见的条件.相反,有些多次观测到的已知的彗星却在接近木星后消失了.由于木星的摄动而引起彗星轨道变化的例子见图 3.7.

我们再来引用另一个彗星——奥特尔马Ⅲ彗星运动的计算结果.这颗彗星于 1943 年被土尔库城芬兰天文台发现的.它的轨道具有一个显著的特点:它与

$$\mathscr{V} = -\left(\frac{m_1 m_2}{r_{12}} + \frac{m_2 m_3}{r_{23}} + \frac{m_3 m_1}{r_{31}}\right)$$

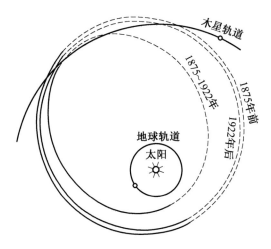

图 3.7　渥耳夫彗星在多次接近木星时由于其摄动
而引起的轨道变化

　　一般彗星的轨道有明显差别,并很像小行星轨道,因为轨道偏心率不大,等于
0.144.奥特尔马Ⅲ彗星在 1937 年接近木星以前是沿着彗星所特有的轨道运
行,地球上看不到它.那时它的轨道的半长径为 8 天文单位.当它在近日点时,
与太阳的距离为 5.4 天文单位,也就是说大致在木星轨道半径的距离上.它绕
太阳一圈大约需 23 年.奥特尔马Ⅲ彗星的轨道接近于共振轨道,因为彗星和木
星的平均角速度之比几乎等于有理数 2∶3.

　　前苏联科学院理论天文研究所的计算证明,在彗星与木星接近的过程中,
轨道发生很大的变化:半长径减小到 4.4 天文单位,运动的平均角速度增加一
倍,偏心率明显减小,而公转周期等于 9.3 年.特别有趣的是奥特尔马Ⅲ彗星在
几年内沿着卫星的轨道运动.彗星相对木星的轨道根数值如下:半长径 0.29 天
文单位,偏心率 0.34,近日点距离 0.176 天文单位(为了比较,列出木卫八的轨
道根数:半长径 0.157 天文单位,偏心率 0.378,近心点距离 0.216 天文单位),
最后一个数据是远心点距离值,近心点距离应为 0.097 7 天文单位.

　　因此,行星俘获小天体,至少是暂时的俘获,不仅可能,而且实际上已经发
生.这就使得关于木星和其他行星由于俘获小行星而获得某些外卫星的假说变
得不太意外和比较近乎情理.

　　从上述所举的例子可以看出,由于行星的摄动,许多彗星从距离极远的初
始轨道转到靠近太阳的轨道上.因此,为了弄清彗星的未来,了解彗星在太阳系
边缘上运动时沿着的初始轨道是很重要的.但研究个别一次或多次靠近大行星
的彗星所具有的未来轨道也很重要.到目前为止,已经知道轨道的有 550 颗彗
星,其中只有 50 颗左右的彗星是沿着公转周期不大(约 6 年)的椭圆轨道运动.

其余彗星的轨道或者是拉得很长的椭圆形,或者是双曲线.对 40 颗彗星的初始轨道和未来的轨道进行了详细研究.大多数彗星在远日点的距离为几千和几十万天文单位.例如,1898 Ⅷ 号彗星在远日点距离太阳为 20 万天文单位,而 1902 Ⅲ 号彗星与太阳的距离更大,约为 40 万天文单位.对彗星初始轨道的研究说明,约有 $\frac{1}{3}$ 的彗星从离太阳几万天文单位的区域向太阳靠近.正如天文学家猜想,在太阳系边缘上有一个彗星云.为了纪念提出存在彗星云假说的荷兰天文学家奥尔特,把这个云命名为奥尔特云.这个云延伸距离达 10~15 万天文单位,并包含约 1 000 亿颗彗星,其总质量约为地球质量的 0.1.

　　彗星在奥尔特云中运动不仅取决于太阳和行星的引力,而且取决于最靠近太阳的恒星的引力.由于恒星的摄动.有些彗星摆脱了太阳的作用范围,而另一些沿着抛物线或近似抛物线的轨道接近太阳.天体力学家在研究彗星向太阳"降落"时建立彗星的未来轨道.

　　物理上的论据也有利于证实奥尔特慧星云的存在.正如已经指出的那样,彗星物质因受太阳辐射作用而逐渐分配在轨道上,因此,彗星的消亡既是由于其轨道的力学演化,也是由于彗星本身瓦解的物理过程所引起的.天文学家很容易把刚从奥尔特云中落入可观测到的范围内的新彗星和已运行几周的彗星区别开来.图 3.8~3.11 是理论天文研究所对彗星轨道所作的某些计算结果.图 3.8 所示彗星顺行运动的轨道,也就是太阳系中大多数成员运动的方向.彗星在初始时刻距离太阳 25 万天文单位,其速度垂直于向径.彗星最初沿着近似于椭圆的轨道运动,在绕太阳一圈后,改变了运动方向,成为逆行.以后由于强力的摄动,其轨道逐渐变成近似于双曲线,此后彗星就离开太阳系.这里我们再举一个例子来说明运动是不稳定的,就是说运动被经常起作用的摄动力所破坏.图 3.9 表示逆行不稳定的轨道.彗星在初始时刻距离太阳 15 万天文单位,彗星绕太阳一圈半后,其轨道几乎变成双曲线,并离开了太阳系.

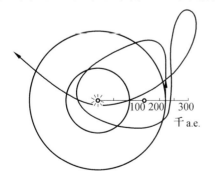

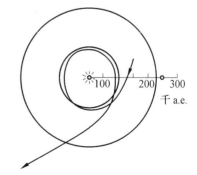

图 3.8　彗星顺行时的不稳定轨道　　图 3.9　彗星逆行时的不稳定轨道

在其他一些初始条件,即在初始距离和初速的其他数值,甚至在太阳系的

$$\mathscr{V}=-\left(\frac{m_1 m_2}{r_{12}}+\frac{m_2 m_3}{r_{23}}+\frac{m_3 m_1}{r_{31}}\right)$$

很远区域内发生初始运动时,彗星的运动也可能是稳定的.图 3.10 为稳定轨道的例子.沿此轨道运动的周期大约为 7 000～9 000 万年.而图 3.11 表示开始与太阳距离为 23 万天文单位,而以后转入与太阳较近的范围的彗星运动.

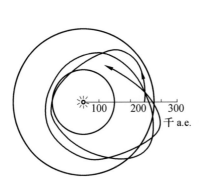

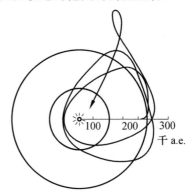

图 3.10　彗星顺行时的稳定轨道　　　图 3.11　彗星从太阳系边缘转到最
靠近太阳周围的轨道

新彗星看来包含有冻结的气体(如果太阳系起源于气体尘埃的行星前云假说是正确的,则彗核内存在由冻结气体形成的小冰块是无需怀疑的)和大小好比分子的流星质点.这些流星质点随着接近太阳,被太阳辐射的压力"挤出"彗核.彗星不止一次地返回到太阳来,这使彗星失去气体尘埃物质,使彗头和彗尾减小,也就是使彗星亮度减弱.

根据天文学家厄皮克的计算,彗星每绕太阳一圈就失去 100～10 000 吨彗星的气体物质.如果彗核质量等于 1 000 万吨,那么一个彗星在绕太阳100 万～1 亿圈后应全部消耗完.实际上彗星的毁灭出现得还要早一些.计算彗星生命的长短很容易.对周期约 6 年的类木彗星来说,大约需要 100 万年才全部消耗完.

但是,太阳系已存在几十亿年,如果不补充大量短周期彗星,那么我们早已不可能观测到这些天体了.在太阳系边缘存在一个很大的彗星云的假说令人信服地说明所发生的过程.

前苏联天文学家列文、弗谢赫斯维亚斯基和国外学者布耳科姆等研究了彗星的演化过程.拉脱维亚天文学家什捷伊恩斯和他在拉脱维亚大学工作的同行对彗星理论作出了巨大的贡献.

这个科学家小组建立了一个理想化的彗星云模型,并借助电子计算机分析了约 6 万个假想的彗星,探索这一理论云的演化.在计算时既运用了天体力学的方法,又运用了概率论的方法.轨道的演化是由于彗星在恒星摄动以及接近行星所引起的摄动时,失去或获得机械能而发生的.对于整个云来说,这个过程完全是合理和肯定的.但对个别彗星来说,接近这一个或那一个行星应看作是偶然的.为了简便起见,考虑沿初始轨道运动的彗星机械能减少了假定单位的整数倍(1,2,3等等),并认为彗星能量减少任何数值的可能性是等概率的,我们就提出关于掷骰子的概率论的典型问题:在多次掷骰子时,碰到的某个数的概率是怎样的? 拉脱维亚天文学家计算后得出一个概念:从太阳系抛出的彗星占百分之多少,则组成短周期彗星的百分比也是多少.

以什捷伊恩斯为首的科学家小组致力于检验近似计算所获得的短周期彗星轨道演化的旧结论.

根据旧的概念,木星彗星族的出现和彗星轨道的变化过程是这样的:长周期彗星与改变它轨道的木星接近,改变轨道的性质取决于相对速度和接近方向.一部分彗星将转到双曲线轨道并离开太阳系,而另一部分彗星将减小其周期,根据开普勒第三定律转到半长径较小的轨道上.以后与木星相遇时,彗星绕太阳的公转周期将逐渐减小.如果彗星的初始运动与木星的运动方向相同,而彗星轨道的近日距又相当大,那么彗星接近木星后将沿椭圆作顺行运动.在与木星相遇而且近日距很大时,彗星以后沿双曲线轨道作顺行运动.在近日距很小时,相应获得逆行的椭圆轨道.彗星轨道演化机制就是这样,由于这个机制的作用,木星在几百万年内逐渐使自己的彗星族增大.从多次计算得出下面图像:木星从 10 亿颗彗星中俘获到近 3 500 颗,其中将近 125 颗彗星的公转周期约为 6 年,840 颗彗星的周期大约为 12 年,将近 2 700 颗彗星的周期不超过 24 年.列举的结果是粗略的大概数字,因为没有考虑彗星初始轨道的未知的分布情况.

什捷伊恩斯的工作克服了这些缺点.他根据下列的假设出发:(1)彗星初始的机械能非常接近于 0,(2)已知彗星可能增长,(3)已知彗星的近日距.其他取决于彗星以后的运动路线.但是这路线我们不知道.他找出所有可能的路线方案,估计了各条路线的概率.以后,在估计概率的同时,对偶然接近大行星的效应进行了计算.如果能量开始是正值,那么彗星被抛出太阳系,相反的话,彗星就回到大行星的区域,并受到大行星的摄动.因行星引力产生的偶然摄动的积聚称为彗星的扩散.什捷伊恩斯提出了三条扩散定律.

根据扩散第一定律,在彗星运动中偶然摄动的积聚会导致彗星轨道面和黄道面的倾角逐渐减小.图 3.12 指出新发现彗星的轨道和黄道的倾角的轨道分布情况,图 3.13 表示旧彗星的轨道和黄道面倾角的分布情况.如图所见,对新轨道来说,不论顺行,或是逆行都是等概率的,而同时其余的(旧的)大多数彗星以顺行方向绕太阳运行.

根据扩散第二定律,摄动效应的积聚会导致近日距很大的轨道都平均具有较小的偏心率和较小的半长径值(图 3.14).

扩散第二定律同在 1700 年以后发现以及观测到的所有彗星的观测数据很

$$\mathcal{V}=-\left(\frac{m_1 m_2}{r_{12}}+\frac{m_2 m_3}{r_{23}}+\frac{m_3 m_1}{r_{31}}\right)$$

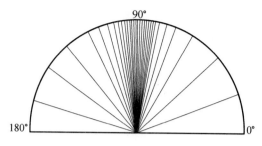

图 3.12 新彗星轨道面的分布情况

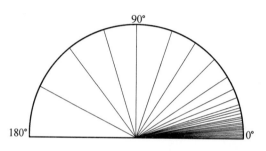

图 3.13 旧彗星按其轨道和黄道面的倾角的分布情况

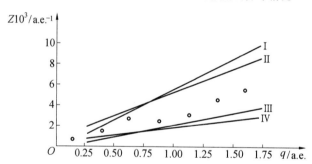

图 3.14 半长径倒数的平均值 $Z = \dfrac{1}{a}$ 和彗星近日距 q 的关

系,观测到数据以圆表示,曲线 I 和 II 为绕行 60 圈后的彗

星,曲线 III 和 IV 为绕行 7 圈后的彗星

相一致.定律说明在行星摄动作用下彗星轨道的演化方向.

扩散第三定律阐明新彗星轨道在空间的分布情况,简述如下:观测到的新彗星数量随着近日距的减小而增加.定律作出简单的说明:近日距大的彗星比

近日点很接近太阳的彗星受到的破坏要慢得多①(图 3.15).

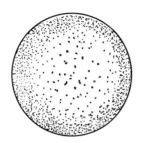 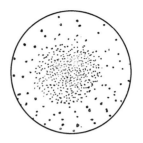

图 3.15　在木星轨道面上,以太阳为中心,以 0.5 天文单位为半径的圆内,彗星近日点的分布情况(左面——新彗星,右面——所有彗星)

---

① 什捷伊恩斯的"随彗星旅行"一文向读者更详细地介绍了扩散定律和奥尔特彗星云的演化.原文发表于《地球与宇宙》杂志 1965 年第 6 期.这里援引的图 3.11~3.14 出自该文.

还参见《彗星运动中的不规则力》文集,里加拉脱维亚大学出版,1970 年.

$$\mathcal{V} = -\left(\frac{m_1 m_2}{r_{12}} + \frac{m_2 m_3}{r_{23}} + \frac{m_3 m_1}{r_{31}}\right)$$

卫星运动的演化

第四章

§1 骆熙禁区

行星卫星的未来首先是取决于自己轨道的演化.卫星偏离开普勒椭圆轨道主要是太阳引力和行星的扁率的摄动作用所引起的.如果指的是离行星很远的卫星,那么对它起作用的主要是太阳的摄动作用;如果指的是离行星较近的卫星,则卫星的形状对它将有很大的影响.很自然会提出这样一个问题:难道太阳的摄动就不能改变卫星的轨道,以致它最终克服行星对它的吸引,而变成太阳系的一个独立的小行星?还必须研究卫星轨道演化的另一种可能方案,即卫星渐渐接近行星.最后,还可能有另一种类型的卫星受摄运动,就是摄动力之间的斗争结果以和平方式结束,卫星无限长时期地在以行星为中心的某个环形区内部沿着周期的、或者殆周期的轨道运行.

首先我们来看一下法国数学家骆熙在1847~1850年所写的一篇很早的论文.骆熙的论文在发表后的几乎50年中没有引起人们的注意,这是不公道的.骆熙成功地解决了研究液态天体平衡时的形状问题.这类液态天体是绕自己的轴均匀地自转,并且受到另一个天体的吸引,而这个天体是在第一个天体的赤道面上沿着圆形轨道运行,运行角速度等于液态天体的自转角速度.

骤然看来,两个天体的系统具有这样的运动,似乎是非常离奇的.然而实际上这样的系统是人们所熟悉的,也可能是常见的,甚至在天体演化的一定阶段是典型的.这类天体中最明

显的例子是地月系.恒星天文学家证实,在近距双星中间遇到这样的系统,其中两星永远以同一个面彼此相对着旋转.根据达尔文的观点,在天体演化意义上,这种系统一般是典型的.

骆熙所提出的问题在于阐明大行星的卫星存在的条件.作用于卫星每一个质点的是卫星其他质点的吸引力(或者是固态卫星的内聚力)、卫星绕轴自转所引起的惯性离心力以及行星对它的吸引力.那么卫星在这些力的作用下,能否永远保持住一个完整的天体?原来卫星质点间的相互作用力阻止了对它的破坏,垂直于自转轴的离心力引起卫星的压扁.但是来自中央行星的吸引力对它起破坏作用.这种类型的力叫作潮汐力.

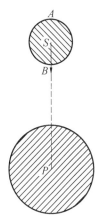

我们简略地讲讲潮汐力作用的性质.看一看以点 P 为中心的行星和以点 S 为中心的行星卫星(图 4.1).为了简单起见,我们把行星当作一个球体,其吸引力是与到行星中心的距离的平方成反比.

设 f 为引力常数,m 为行星质量,r 为卫星中心和行星中心之间的距离,ρ 为卫星半径.写出行星在 A 和 S 点所引起的加速度,设在这些点上有单位质量.根据牛顿万有引力定律得出

$$w_A = \frac{fm}{(r+\rho)^2}, \quad w_S = \frac{fm}{r^2}$$

现比较一下点 A 和 S 上的加速度

$$w_A - w_S = \frac{fm}{(r+\rho^2)} - \frac{fm}{r^2}$$

图 4.1 长潮力

对 $w_A - w_S$ 的公式右边部分化成公分母,把分子中的 fm、分母中的 r^2 从圆括号中提出,得

$$w_A - w_S = \frac{fm}{r^2}\left\{\frac{1}{\left(1+\frac{\rho}{r}\right)^2} - 1\right\} = -\frac{fm}{r^2} \cdot \frac{2\frac{\rho}{r}+\frac{\rho^2}{r^2}}{\left(1+\frac{\rho}{r}\right)^2}$$

假定 $\frac{\rho}{r}$ 的比值是小的,就是在局限于卫星的半径显著地小于卫星和行星之间的距离的情况下,则在公式中可省略 $\left(\frac{\rho}{r}\right)^2$. 于是相当精确地得出潮汐加速度表达式(这种加速度可以叫作摄动加速度)

$$w_A - w_S = -\frac{2fm\rho}{r^3}$$

同样,对于差数 $w_B - w_S$,近似地有

$$w_B - w_S = \frac{2fm\rho}{r^3}$$

$$\mathscr{V} = -\left(\frac{m_1 m_2}{r_{12}} + \frac{m_2 m_3}{r_{23}} + \frac{m_3 m_1}{r_{31}}\right)$$

　　从后两个公式看出,点 B 在向中央行星"降落"时,力求超过卫星中心 S,因为相对行星中心的这个点的加速度 $w_B - w_S$ 是正数.点 A 相对卫星中心 S 的加速度方向与行星方向相反,因为 $w_A - w_S$ 是负数.换句话说,点 A 向行星 P "降落"时应比卫星中心"降落"的加速度要小.这样一来,行星的吸引力就尽力把卫星在联结卫星和行星中心线方向上拉长.

　　骆熙是用数学方法研究液态卫星受行星引力作用下的活动.他确定了卫星的平衡形状和它的稳定性条件.骆熙另一个重要的研究成果,就是确定在行星周围存在一个行星吸引力应使卫星"破碎"的区域.他得出了最小距离 $r_{\min}$,液态卫星离开行星远到这个距离,可以不受潮汐力使其破碎的危险.这个距离的公式是 $r_{\min} = 2.20R$,其中 R 为行星半径.这个结果是从如下假设中获得的,即卫星是椭球形,并与行星有相同的密度.

　　体积很小、密度为 σ 的卫星,其禁区界限 $r_{\min}$(叫作骆熙极限)由下式定出

$$r_{\min} = 2.455 \ 4R\sqrt[3]{\frac{\sigma}{\sigma_0}}$$

其中,σ_0 为行星密度,R 为行星半径.

　　很久以后,英国著名学者捷弗里斯把骆熙的研究工作继续进行下去,他把骆熙的研究成果推广到固态卫星(1947 年).他解释说,中央行星的引力只对半径足够大的固态卫星才起破坏作用.如果研究木星的卫星,其密度和刚性都接近地球上的岩石,并直接靠近木星表面运行,则卫星临界半径是 $200\sim250$ 公里.在半径很大的情况下,卫星将被木星引力所粉碎.在卫星轨道半径增长 k 倍时,卫星的半径可能最大增长到 $\sqrt{k^3}$ 倍.

　　如果假设行星的卫星由于某种原因渐渐靠近行星,那么卫星形状的演化过程是这样的:设中央行星是一个均匀的球体,而卫星像月球一样,总是以同一个面朝着行星公转.由于行星引力作用,在卫星赤道区形成一个凸起面.它位于联结行星和卫星中心的直线方向上.卫星在靠近行星时,因受潮汐力影响而变形,潮汐力是和到行星的距离立方成反比,因而要比牛顿引力增长快得多.卫星向行星靠近的同时,渐渐地压扁了,而它的赤道凸起部分,即"驼峰"也增大,结果卫星沿着"行星-卫星"连线而被拉长.

　　对于和中央行星 P 相比很小的卫星 S,骆熙定出了发生在它破坏阶段之前的临界形状(图 4.2).这个临界形状在外形上非常像一个蛋.在垂直于"行星-卫星"方向的平面上,卫星的截面是不大扁的椭圆形.它的偏心率大约等于 $\frac{1}{3}$,这意味着椭圆的半长径和半短径之差等于半长径的 $\frac{1}{17}$,卫星轴的长度在对着行星的方向超过垂直截面轴一倍.

　　卫星进入骆熙禁区以后,卫星上膨胀起巨大的、向着行星方向和相反方向

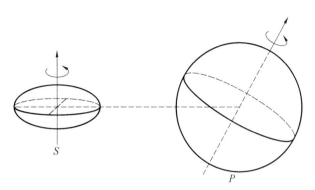

图 4.2　卫星在破坏阶段前的临界形状

的潮汐驼峰. 卫星整个表面, 不论是山还是平原都运动起来. 最终, 卫星瓦解成许多部分. 这样一来, 为了研究卫星稳定性的条件和存在的条件就必须阐明, 在演化过程中, 卫星的轨道能否使其近心点位于骆熙禁区, 如果这是可能的, 则或迟或早卫星是要毁灭的.

对不同行星而言, 骆熙禁区的界限究竟是多大呢? 要指出一系列行星的这一精确数值是很困难的, 因为骆熙极限的精确公式中包括行星和卫星的密度, 然而并非所有卫星和行星的密度都是已知的. 可是在行星和卫星密度变化几倍的情况下, 对骆熙极限的变化作了估计, 表明骆熙禁区半径的变化是不大的, 大约是 1.5 倍.

对地月系的骆熙极限进行测定, 所获得的结果是最可靠的. 地球和月球密度之比已经知道得很准确, 它等于 $\frac{8}{5}$. 采用上述公式, 用简单计算方法可得出骆熙禁区半径. 这个半径等于 18 300 公里, 即约等于地球半径的 3 倍.

科学家们假设火星卫星的密度与火星密度之比同地月系一样, 并对火星进行计算得出结论, 认为靠近火星的火卫一处在骆熙禁区以内. 骆熙禁区半径为火星半径的 2.86 倍, 而火卫一的轨道半长径是火星半径的 2.75 倍. 在 §3 中我们再来分析这个研究结果.

在确定木星的骆熙禁区半径时, 比较适宜的是利用捷弗里斯的研究结果, 可以得出其近似值为木星半径的 2.44 倍. 由此得出结论, 木星的卫星, 除了离它最近的一个外, 其余所有的卫星都在危险区以外. 至于说到位于骆熙禁区界限附近的这个最近的木卫五, 是无法对它作出肯定的回答. 木卫五离木星中心的距离是木星半径的 2.5 倍, 它的公转周期是 12 小时, 也就是比木星一昼夜多2 小时. 如果考虑到捷弗里斯的观点, 那么木卫五显然可以"大胆地"靠近木星, 因为它的直径太小了(160 公里).

靠近土星的骆熙禁区边界的是非常脆弱的(液态的或散体的)天体. 固态卫星的骆熙极限接近 175 000 公里. 有些科学家认为, 相当硬的固态天体可以不

$$\mathscr{V} = -\left(\frac{m_1 m_2}{r_{12}} + \frac{m_2 m_3}{r_{23}} + \frac{m_3 m_1}{r_{31}}\right)$$

受影响地处于骆熙区,甚至直接靠近土星表面,如果它的直径不超过 60 公里.可见土星的卫星在骆熙禁区暂时不会遭到破坏.

但是,在太阳系中有一群卫星,它们迟早是要进入骆熙禁区的.这些就是 32 个大行星卫星中的 6 个逆行的卫星.这些卫星一面迎着行星绕轴自转而转动,一面经受来自中央行星的强烈的潮汐作用.这些卫星渐渐地被引入骆熙区.属于这类卫星的首先是海王星的卫星海卫一.不排除这样的可能性,我们遥远的后代将是海卫一消亡的见证人.

§2 土星光环

伟大的意大利学者伽利略在 1610～1612 年期间观测到土星周围有一些不认识的天体结构.他把自己的这一发现报告给托斯坎纳大公,并且同时用字母颠倒法把它公布出来,意思是"观测到一个最遥远的三重行星".由于光环所处的位置对观测不利,由于伽利略使用的望远镜只能放大 32 倍,并在某些方面存在缺陷,这使他得出错误的结论.他认为他发现了土星的一些卫星.

只过了 40 年,惠更斯在一个比较有利的时期进行了许多观测,揭开了伽利略所发现的那个天体的秘密.惠更斯把自己的发现同样用字母颠倒法的密码写出,在它公布后 3 年,惠更斯才详细解释这个字母颠倒的内容:

"一个又薄又平的、任何一处也不接触的和黄道面倾斜的光环包围着土星."

过了几年,法国天文学界的一位代表卡西尼发现存在两个单个的环.此后 200 年,美国天文学家朋德和英国科学家道埃斯彼此独立地,实际上是同时发现又一个内环.

根据现在的认识,光环系统从离土星表面的距离 14 000～15 000 公里处开始,先是一个微弱发亮的、半透明的光环,叫作"黑纱"光环,其宽度为 18 500 公里.一个宽度为 1 600 公里的"卡西尼环缝"把它和第二个环分开.第二个环(即中间的环)宽度是 26 000 公里.它和外环之间的缝为 4 800 公里.

外环的外边缘离土星中心的距离是 14 万公里.而根据另一些估计,土星光环系统外部直径为 27 万公里.可以认为土星的整个光环是在骆熙禁区内.光环的厚度大约 15 公里,在任何情况下都不超过 40 公里.光环的总质量大约是月球质量的 $\frac{1}{800}$.

相互套在一起的同心环系统包围着土星赤道面,并和地球轨道面的倾角为 28°.

许多科学家从事于解释土星光环的物理特性及其未来.天文学家、物理学

家、力学家、数学家都在坚韧不拔地力求搞明白这种稀有的天象的真正特性. 这个最后的答案最初是用数学的方法,"用笔尖算出来的",只是后来才为天体物理观测所证实.

关于土星光环有三种假说:一种认为它是固态的,另一种说它是液态的,还有的认为它是由固态质点所组成的带. 所有这三种假说在逻辑上都是可能的,并且在数学上都经过细密的分析.

拉普拉斯开始研究固态环的假说,他假设环是均匀的,对于中央天体土星而言,证明它是处于一种不稳定的平衡状态. 无论光环中心对土星中心有多么少的位移,土星的引力都足以把这两个中心的距离进一步拉大,并最终使光环不可避免地要落到行星表面上. 光环相对平衡状态的不稳定的程度如此之大,如同把一支笔尖竖立成理想的垂直位置时的铅笔平衡状态的不稳定程度. 至于说到能引起土星光环位移的摄动,那在土星系中是完全足够的. 因为土星有 10 个卫星,这 10 个卫星的吸引力,相对土星自转轴而言,很自然地是不对称的,因此,环的平衡状态不可避免地要受到破坏.

总之,拉普拉斯认为,如果环是固态的,那我们将会是这个环慢慢地降到中央行星的见证人. 然而经过非常仔细的观测,并未发现光环相对土星的位置不对称,因此关于固态环的假说是不可信的.

然而拉普拉斯的研究结果只是推翻这种假说的第一种. 由于这个问题在数学上显然是很复杂的,因此在拉普拉斯的推论中,总而言之,作了关于光环均匀性这个不合理的假定.

英国著名的物理学家马克斯韦尔(1831—1879 年)发现了这一点,并试图克服拉普拉斯分析中的缺陷. 马克斯韦尔对土星光环平衡状态所完成的研究,赢得人们高度的评价,并且获得了亚当斯奖金.

马克斯韦尔考虑了另一种极端的情况:均匀的光环有一个同它连接的物体. 他进行了相应的计算后断定,为了保持光环的稳定性,在附加物中应集中了不少于光环总质量的 $\frac{4}{5}$. 这样,土星实际上不是有光环,而是有一个带着轻附属体的卫星. 马克斯韦尔在指出固态环假说的错误时,并着手进行新的、深入的研究. 他假设光环是由一定数量的、质量相等的、单独的小天体组成的. 以前卡西尼曾提出过这个假说. 马克斯韦尔的这个一般性论点,甚至不经过数学分析,也是非常令人信服的.

马克斯韦尔研究了光环的简化模型,他假设环是由均匀分布的质点所组成. 然而,因为我们无法期望准确地实现这样的质点相对平衡的条件,那么为了检验所提出的假说,就必须研究质点类似形状的稳定性,也就是在假设这些质点是由于某些原因而有些偏离相对平衡的位置时,研究质点的运动. 如果发现

785

$$\psi = -\left(\frac{m_1 m_2}{r_{12}} + \frac{m_2 m_3}{r_{23}} + \frac{m_3 m_1}{r_{31}} \right)$$

质点微小的位移渐渐引起它显著地偏离初始位置,在这种情况下,光环的结构就要受到破坏,这也就证明了这种假说的错误.

马克斯韦尔提出的问题的困难在于,必须阐明被中央天体所吸引而又相互吸引的质点运动的某些共同性质,也就是研究 n 体问题的运动性质.马克斯韦尔出色地解决了所提出的这个问题.他证明,质点应在自己的平衡状态附近振动,而这就意味着土星光环不可能迅速分解.

马克斯韦尔确信,在光环系统内,应发生沿着光环变化的、相互交替着的质点的密集和稀疏现象:由于光环的自转,密集和稀疏波在迅速移动.然而要使这个波动过程不给光环结构造成破坏,光环的质量不应超过某个上界.

马克斯韦尔对自己的研究作结论时写道:

"……光环应由彼此毫不联系的质点组成:这些质点可能是固态的,也可能是液态的,但这些质点应当是单个的、独立的.所以,整个系统或者是由许多运动着的同心环组成,每个环有自己特有的角速度,有自己的波动系统;或者整个环是围绕行星转动的混杂的质点集团,这些质点没有聚集成为单个的环,并且不断地相互碰撞着.

在第一种情况下,我们发现本身稳定的两个光环,它们相互摄动的各种可能方案的微量是没有界限的,可能随时间而增大,并最后具有破坏平衡的数量……

长时期摄动的结果将表现为光环在密度上扩展,其中外环将朝外膨胀,而内环则向中心,即行星方向膨胀……

这些质点可能积聚成狭窄的光环系统,或者是接连地、没有特殊规律地运动着.在前一种情况下,系统的分解过程将是非常慢的;而在后一种情况下,分解过程进展极快,但是,质点形成狭窄光环的趋势终究在这里起作用,而这就延缓了分解过程."

随后,天体力学家拉多对土星光环进行了研究.他研究了具有变化密度的光环的最一般的情况,并得出结论:在固态环稳定的相对平衡时,它的密度变化范围应从 2.7 到 0.04,即 67 倍.然而密度像这样的落差是完全不可能的.

对固态环假说表示根本不同意的还有希恩.正如他的观测表明,光环的厚度是很小的.环要保持完整,必须始终经受住土星卫星的吸引,因为这些卫星以不同的周期在公转,不断地改变自己的相互位置,并以自己的吸引力使环的不同部分脱离出来.因此,光环只有在足够坚硬的情况下,才能保持完整.而希恩的计算表明,光环的硬度应比钢坚固 1 000 倍.然而具有这样硬度的物质暂时还不为人们所知.

最早对液态环假说进行分析的还是拉普拉斯.他研究了光环在垂直于它的平面上的截面具有椭圆形的情况,换句话说,拉普拉斯的假设是:光环的形状像面包圈,或如数学家所说是一个环形曲面.他找到了液态环在平衡状态时的表面形状问题的近似解.

为了获得这一问题的精确答案,就要求继续进行补充的研究.当时在斯德哥尔摩大学工作的俄国人索菲娅·利瓦列夫斯卡娅完成了这项研究工作.她在德国大数学家威尔斯特拉斯的指导下,在数学上获得了深造.在解决一系列力学问题上取得了卓有成效的结果.她在解决刚体绕固定点运动的经典问题上所作的贡献给她带来很大的荣誉,使她获得巴黎科学院奖金.

非专业工作者很少知道科瓦列夫斯卡娅的著作中有一本是研究土星环的.这是她在 1885 年发表的一部名为《对拉普拉斯土星光环理论的意见和补充》的著作.她证明光环的垂直截面呈椭圆形是不可能的.此外,环的截面一般不可能对称于自转轴平行的直线.

液态环假说和庞加莱的一个研究结果也是相矛盾的.具有不变角速度转动着的、仅仅受光环质点间相互吸引的内力作用下的均匀液态体形状,只有满足条件

$$\omega^2 < 2\pi f\sigma$$

时才是稳定的.假设式中 ω 等于卫星角速度,卫星的轨道穿过光环面的中心.根据开普勒第三定律求出这个角速度.那么从这个不等式得出光环的密度超过土星密度的 $\frac{1}{16}$.但是这和马克斯韦尔极限相矛盾.因此,液态环的假说应当被排除.

这样,理论研究证实了天文学家卡西尼所提出的土星光环是由小陨星构成的假说.这个理论上的结论在 20 世纪初为美国天文学家基勒对光环的光谱进行观测所证实.基勒测出了光环上不同点的自转速度,原来黑纱光环的内部边缘的运动速度是每秒 21 公里,而外环最远点的速度是每秒 15.5 公里.

固态天体这样的自转是不可能的,因为转动着的固态天体质点的速度是和自转轴的距离成比例,这里观测到的是速度随着距离增加而减少.因此环不可能是固态的和整体的,而应由单个的小的天体所组成,其中每一个小天体按照开普勒定律独立地绕土星公转.

20 世纪土星光环的陨星结构理论已不在被人们所怀疑.留下尚未解决的问题是关于这个光环的未来将是怎样的.特别是会不会出现马克斯韦尔根据一般见解所预言的光环会逐渐分解? 在解决这个问题方面前苏联著名科学家杜鲍申作出了很大的贡献.他决定把马克斯韦尔的研究结果搞精确,于是运用在数学上是无可指责的李雅普诺夫稳定性理论来研究土星光环的稳定性.此外,他计算了作用于土星光环质点的阻力,而对阻力忽略不计无论怎样也是不正确的.杜鲍申在解决这样严格的问题时,成功地确立了土星光环位于稳定状态的

$$\mathscr{V} = -\left(\frac{m_1 m_2}{r_{12}} + \frac{m_2 m_3}{r_{23}} + \frac{m_3 m_1}{r_{31}}\right)$$

条件.

虽然像土星光环这样稀有的天象对人类的未来并没有什么意义,然而对它所进行的研究在发展科学方面起了杰出作用,正是科学详细地说明土星光环的演化.人们对土星光环所表现的浓厚兴趣,也许只有对火星运河以及火星上的生命问题所表现的兴趣可以相比.这不仅是因为以前人们认为光环是独一无二的现象,而首先是因为对它的研究会影响到太阳系演化学的发展.太阳系九个行星中,过去认为只有土星有光环.但是,1977年发现天王星有五个光环,最近又发现了三个,从而使天王星光环的总数达八个之多.发现这三个光环的天文学家说,这些光环是完整的环,而不是弧段.天王星的光环和土星的光环一样,是由冰或铁组成的,比土星的光环要薄得多.

例如,拉普拉斯在研究存在土星光环这一显著例子时,就证实了他的天体演化学观点的正确性.根据他的见解,光环也是同时从太阳中脱离出来,然后在行星中凝结.可是,1877年发现,光环和土星本身相比,自转比较迅速.这一点是和拉普拉斯的假设有尖锐矛盾的,因为根据拉普拉斯的论点,从土星赤道区所分离出来的物质所具有的速度,不应超过行星表面质点的速度.

关于土星光环的起源有各种假说,根据一些假说,光环是由进入骆熙区的土星卫星所形成;据另一些假说,光环是由行星前物质,也就是形成行星的物质所组成,但是这些物质由于处于骆熙区内而不能集聚.不管怎样,我们在这里引用的是骆熙区域意义的直观例证,而不涉及从科学上来解决这些光环的起源问题.

§3   什么在等待着"惧怕"和"恐怖"

开普勒在收到他的朋友瓦亨福斯关于发现木星4个卫星的信后,给他写了回信,信中说道:

"我非常相信木星周围存在着4个行星,因此,我正在用心研制一种望远镜,以便赶在您之前——如果可能的话,发现火星周围的两个行星,显然,这是由土星周围存在6个或8个行星以及金星和水星周围可能各有一个行星的比例所要求的."

开普勒对行星卫星数目的类似推测屡次地反映在文艺作品中,不但如此,甚至渗透到某些天文教科书中.因此毫不奇怪,法国作家伏尔泰和英国卓越的讽刺作家约翰·史惠夫特在自己的作品中提到火星的月球.

1877年天文学家霍尔的发现,证实了人们无数次的猜测.他发现的两个火星卫星,即火卫一、火卫二.一个叫"浮波斯",一个叫"黛摩斯".这是从古希腊语翻译过来的,意思是"惧怕"和"恐怖"之意,它们是永远守卫着战神火星的两只神犬.

　　火星的卫星,也正如土星光环一样,是太阳系中最有趣的天体之一.第一个卫星火卫一离火星中心 9 350 公里,是火星半径的 3 倍.它绕火星一圈要 7 小时 30 分,也就是少于火星一昼夜 24 小时 37 分的 $\frac{1}{3}$.因此火卫一在火星一昼夜里可以两次穿过火星天穹.火卫一在天穹上移动不是像所有其他天体那样自东向西,而是自西向东.火星的第二个卫星火卫二沿着半长径为 23 500 公里的轨道运行,也就是在火星半径 7 倍的距离上运行.火卫二绕火星一圈是 30 小时18 分,比火星一昼夜要稍长些.

　　我们不是无意地谈了发现火星卫星的经过历史.这是因为在科普工作者中间有一种时髦风气,就是强调人们要注意,火星卫星的发现是和 150 年以前史惠夫特的预言在性质上是一致的,并把这想象成是必须弄清的惊人事件.同时他们有意无意地就不提史惠夫特预言的起因是和开普勒假说有联系,并且完全忽略这样一个事实,就是史惠夫特和伏尔泰公开地嘲笑那些或是在自己的论断中搞烦琐哲学、或只用类比进行思维、或是利用一些论据去搞神学的哲学家和自然科学家.

　　关于火星卫星还存在一个至今天体力学家也未能把它揭开的谜.20 多年前,美国科学家沙普勒斯发现离火星最近的火卫一运动的一个难理解的特点.观测表明火卫一和火星的平均距离在逐渐缩小,与此同时它绕火星的公转周期也在缩短,在一昼夜中,火卫一的公转周期缩短 0.000 001 秒.

　　在这个意外发现以后,许多科学家开始寻找引起火卫一运动加速的原因.人们在试验和检验各种摄动力,研究了在火星外壳所产生的、类似在地球海洋上、地壳和大气中所观测到的潮汐作用;研究了火星形状引起的摄动;研究了太阳光压和火星大气上层阻力引起的摄动.专家们的意见发生了分歧.

　　虽然所进行的研究具有探索的性质,但它是非常有益的,并且把天体力学家的注意力引向这个新的、复杂的动力学问题.特别是莫斯科的什克洛夫斯基教授促进了这一研究工作.他大胆地令人意料不到地假设火星卫星的人工起源.什克洛夫斯基在 1958 年提出,火星的两个卫星都是火星人发射的人造卫星,当时曾轰动一时.

　　人们知道人造地球卫星有一种所谓"卫星反常"现象,这就是在大气的阻力作用下,卫星接近地面时运动开始变快.

　　什克洛夫斯基教授也正是试图用这种效应来解释火卫一运动的长期加速度.他对其他摄动效应所进行的估计没有得出满意的结果,因此他转入估计气体动力学的制动效应.根据什克洛夫斯基的计算,在火卫一飞行高度上,火星大气的密度明显地不足以解释火卫一的长期加速度.于是什克洛夫斯基假设,火

$$\mathscr{V}=-\left(\frac{m_1 m_2}{r_{12}}+\frac{m_2 m_3}{r_{23}}+\frac{m_3 m_1}{r_{31}}\right)$$

星的卫星具有很大的空腔,只有在卫星的密度等于 0.001 克/厘米^3 的情况下,制动才是足够的. 就是最富有想象力的人也不可能假设天然卫星具有这样的密度. 剩下一条路:宣布卫星是人造的,并且是空心的.

什克洛夫斯基的假说没有经得起时间的检验,但是起了良好的作用,因为引起人们进行各种各样的研究工作.

其中,美国科学家谢林利用火星大气的最新数据,估计火卫一的密度为 6 克/厘米^3,从而排除了什克洛夫斯基假说中所提出的需要. 然而这个问题不能认为是解决了. 大家知道,实际上地球高层大气的密度是和太阳活动状态密切相关的. 而密度的变化有时达到几十倍,几百倍. 同样的,在火星大气中也应当是这样.

谢林进行了有趣的对比,他把在很长时间间隔内火卫一运动的加速度和太阳黑子的数目进行比较(在黑子通过太阳的圆面时,太阳的微粒辐射急剧地增加),比较的结果表明,火卫一的加速度变化的特性和太阳黑子数目的变化非常一致. 由此至少得出结论,在火卫一运动中,考虑火星大气阻力是必要的.

火卫一运动长期加速度的另一个原因无疑是火星表壳产生的潮汐峰的引力作用. 这种潮汐的本性我们在下一节里将详细地谈到. 这里只限于提一下莫斯科帕里斯基教授以及后来美国科学家菲奇和雷德蒙对火卫一运动中潮汐效应的估计. 这些科学家估计了火卫一对火星表壳吸引所引起的潮汐量. 由于缺少表壳硬度的资料,计算就复杂多了. 如果采用火星表壳的硬度同地球一样,那么潮汐效应是不足以解释什克洛夫斯基所提出的火卫一轨道的长期变化. 可是,如假设火星表壳的硬度采用更小的值,那么所观测到的火卫一加速度只能完全用潮汐作用来解释.

另一些科学家也试图对这一现象作出解释,其中有拉德齐耶夫斯基和维诺格拉多夫. 这些科学家完成了太阳辐射制动作用的研究工作,虽然什克洛夫斯基也进行过类似的估计. 但是,他的估计过低了. 1971 年美国"水手—9 号"行星际自动站拍摄了火星卫星的照片. 在照片上清晰地看到,这些卫星也正如小行星一样,具有不规则的外形,因而卫星在相对太阳有适当的定向时,可以接受比较多的太阳光线的作用. 莫托里娜考虑到太阳辐射压力摄动和行星本影效应,成功地提出了最完整、最严格的扁球状行星的卫星运动的分析理论.

然而甚至在不能详细论述火卫一长期加速度的原因的情况下也可以断定,由于火卫一渐渐接近火星,或迟或早要进入骆熙区. 如果火卫一是易碎的、密度不大的,那么它将在这个区域内被火星引力所毁灭. 如果火卫一的硬度足够大,那么我们未来的子孙就没有机会看到火星附近有类似土星光环那样的环. 但是那时我们会有一代人看到那个直径为 15 公里的卫星降落到火星上的灾难.

也许可能,大行星的一些其他卫星的未来也将遭到火卫一同样的命运.

§4　达尔文论月球的毁灭

现在谈的不是物种起源论的伟大缔造者查理·罗伯特·达尔文的著作,而是他的第二个儿子、英国著名的天体力学家、地球物理学家和宇宙学家乔治·霍德华·达尔文(1845—1912年)的著作.值得指出的是达尔文的整个家族在科学的不同领域里所作的努力都是卓有成效的.这个家族的第一个代表人物是苏格兰的诗人、物理学家伊拉兹马斯·马达文(1731—1802年),今天继承这个家族传统的是博得盛誉的老自然科学家的孙子、英国物理学家小查理·达尔文.本节一般地介绍一下达尔文著作中关于双行星"地球—月球"演化的内容.

在万有引力定律发现后,天体力学家建立了月球运动的数学理论.这个理论使人们能够精确地预先计算出日食开始的时刻和可见的地点.天文学家不仅对目前将出现的,也对过去发生过的食进行了大量的计算工作.他们的计算包括了几个世纪.牛顿的老战友哈雷把理论计算的结果同编年史和历史著作中所记载的食的历史资料进行了对比.这样的研究工作在后来又多次地重复过.所有这些研究表明,编年史中所记载的食的时间和地点同天文学家计算结果并不一致.

对这种不一致的现象首先作出正确解释的是康德.他断定,所观测到的效应是同月球引起地球涨潮而使地球自转速度减慢有联系的.提出这个概念的聪明论据的是法国人德洛勒.

在这一章的开始已经分析了行星的引力对其卫星各质点的摄动影响,并讲了长潮力.长潮力不仅在卫星上,而且在行星本身也引起潮汐现象.例如月球对地球的潮汐作用会引起地球上对着月球的这一半球和背后另一半球上海洋的潮汐峰.而这两个潮汐峰处于接近地球中心和月球中心的直线上.潮汐不仅出现在海洋上,也出现在地壳上,甚至出现在大气中.由于月球的潮汐,地壳会慢慢升起几十厘米.

在 19 世纪末,乔治·达尔文就试图搞清楚潮汐在宇宙演化中的作用.他指出潮汐会产生使地球自转减速的摩擦力.潮汐波始终跟随月球而出现,也就是波峰几乎处于月下点.然而月球绕地球公转运动的角速度几乎等于地球绕轴自转的角速度的 $\frac{1}{30}$.这意味着潮汐波在地球上移动的方向是和它的自转方向相反.正因为如此,也就产生了阻碍地球自转的阻力.

精确的天文观测证实了地球自转的所谓长期减速(地球一昼夜时间长度的增加).近几十年来,这种测量达到了特别高的精度,这是因为除了天文测时法以外,又建立了"分子"和"原子"标准时.一昼夜时间的延长是微不足道的,因为

$$\mathscr{V} = -\left(\frac{m_1 m_2}{r_{12}} + \frac{m_2 m_3}{r_{23}} + \frac{m_3 m_1}{r_{31}}\right)$$

在 100 年期间大约只有千分之一点五秒. 这种延长几乎完全可用潮汐理论来解释.

根据力学的一般规律, 作用力总是与它大小相等的、方向相反的反作用力相对应. 如果月球的吸引产生的潮汐峰使地球自转"慢起来", 那么潮汐峰同时会使月球相对地球的轨道运动变慢. 因而, 随着地球自转的减慢, 同时也应发生月的时间长度增加.

在宇宙演化方面达尔文还指出潮汐摩擦力所引起的另一个非常重要的效应. 摩擦力会减少总机械能. 但是由于物理规律在起作用, 能量的"消失"是不可能的. 能量只可能从一个物体转移到另一个物体上, 或从一种形式转变为另一种形式. 在我们所讲的摩擦范围内, 发生的是机械运动向热能的转化. 由于潮汐摩擦, 月球的公转运动与地球的自转运动的机械能逐渐减少. 如果对自转运动的能量忽略不计, 那么容易把地月系的机械能的变化和月球轨道半长径的变化联系起来. 对二体问题有如下公式

$$\frac{v^2}{2} - \frac{fm}{r} = -\frac{1}{2}a$$

式中第一项表示月球相对地球运动的动能, 第二项为引力的位能, 而 a 为月球轨道半长径. 如果月球速度因某种原因而减小, 那么方程式的左端将变小; 而公式右端也应减小. 这种情况 只有在月球轨道半径 a 增加的条件下才有可能.

更精确的讨论还应当依据表示转动守恒定律(动量矩守恒定律)的一个关系式.

达尔文彻底研究了潮汐摩擦在过去时期以及未来时期的影响. 他发现, 现在地球日的时间长度增加的速度比月球的时间长度变化的速度要快得多. 虽然月球的时间长度在延长, 但是在月球公转的一个周期里所包含的地球日的数目在减少. 根据达尔文的计算得出, 当月的时间长度为现在的 37 个地球日时, 地球本身自转的角速度比现在小 $\frac{1}{2}$. 因此在未来的岁月里一个月仅有 18 日.

根据达尔文的见解, 地球日的时间长度和月的时间长度未来将逐渐增加, 直到它们两个自转周期相等为止. 这个共同的周期大约是现今的 55 日. 提醒大家注意, 随着这个过程, 月球同时将慢慢离开地球, 转到具有半长径更大的另一个轨道上.

这里我们遇到一个非常引人注目的例子, 从这个例子中可以清楚地看到稳定性理论在天体演化学问题中的意义. 在地月系演化的最初阶段, 地球自转与月球公转的周期是相等的, 但是月球和地球实际上构成一个天体; 而当月球处于离开地球最大距离时(根据达尔文的见解), 地球和月球也应像一个统一的刚体在运动, 像被固定在一根不变形的轴上面, 运动好像是完全一个样. 然而在第一种情况下, 在演化的开始, 运动是不稳定的, 月球偏离最初位置不大, 正如巨

大的潮汐波很快破坏相对平衡的状态,引起月球或者是降落在地球上,或者是迅速地远离地球.在第二种情况下,在月球处于与地球最大距离时,达尔文认为相对平衡状态是稳定的,并假设任何其他力,如太阳的吸引力,也不起作用.达尔文把这两种平衡同蛋在水平面上的平衡的各种状态作了比较.地月系的最初相对平衡就像直立着的蛋的平衡状态,结果是蛋的任何微小的偏离平衡状态都将破坏平衡.第二种平衡状态类似躺着的蛋的平衡,稍微的推动只会引起蛋在平衡状态附近做微小的振动.

虽然达尔文本人也认为自己对稳定性的计算是十分严格的,实际上在假设振动过程是微小的情况下,这个计算才是可以接受的.研究运动稳定性应当根据李雅普诺夫精确的理论方法.因此,达尔文所得出的稳定性结果只是第一次近似值.下面将指出能够引起稳定性破坏的另一个原因.这里所讲到的看法给我们提供了一个非常好的例子,它能说明天体力学家力图通过最严格的数学来研究运动方程,从而回答稳定性问题.

达尔文关于潮汐在卫星轨道演化中的作用的力学上研究应当有各种详细地说明.

达尔文本人也作了一个说明.现在来谈谈日潮影响的估计.尽管太阳离地球的距离很远,似乎太阳的长潮力是不很大的量,人们甚至在没有什么精确的物理仪器情况下就发现,海潮主要是与月球和太阳相对地球的位置有关.月潮是每隔 6 小时 13 分出现一次,而日潮是每隔 6 小时出现一次.太阳和月球的涨潮与落潮相加,在不同的日期和月份里会引起不同的结果,有时日潮会加强月潮,而有时会有些"减弱".显然,最强的潮汐是发生在地球、月球和太阳位于一条直线上的那天,也就是在望月和新月的时候.

如果考虑到太阳引力的长潮力作用,那么看来月球和地球彼此处于达尔文所指出的最远距离时,它们的相对平衡将是不稳定的.虽然在绕轴自转 55 个现在昼夜的地球上,潮峰的方向始终对着月球,太阳引力所引起的高度不大的潮波将在地面上跑过.

这一阶段地球的昼夜应渐渐大于现今的 55 日,月潮波将落在月球方向的后面.月球将力使地球回到相对平衡状态,也就是加快地球的自转;然而太阳的引力将逐渐减小月球的机械能,它是消耗在"拉快"地球和潮汐摩擦上.结果是月球开始渐渐接近地球,并最终猛烈落到地球上.

不能认为达尔文所有结论都是正确的,因为他的计算是近似的.月球实际上会像达尔文著作所描述的那样毁灭吗? 这是很难说的.必须更严格和精确地重复达尔文的计算.有一点是无疑的:不能认为月球的运动是稳定的,潮汐摩擦在地月系中实际上在起着显著的作用,就是作用于达尔文所指出的方面.

近几十年来,科学家们对地球月球演化的潮汐理论重新产生兴趣.1955

$$\mathscr{V}=-\left(\frac{m_1 m_2}{r_{12}}+\frac{m_2 m_3}{r_{23}}+\frac{m_3 m_1}{r_{31}}\right)$$

年,德国天文学家格尔斯滕孔采用了地球与月球形状的更精确的常数值,重复了达尔文所进行的研究.他得出结论说,月球最靠近的时刻的距离是 2.89 倍地球半径,也就是准确地和骆熙极限相一致.捷弗里斯、斯利赫捷尔、考拉、马克唐纳、鲁斯科尔同时对潮汐摩擦效应作出新的估计.格尔斯滕孔的结果没有得到证实,而其他人的结果,如图 4.3 和 4.4 所列举的,看来是接近达尔文的经典研究结果的.

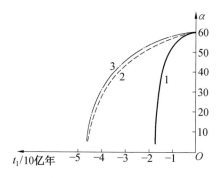

图 4.3　地月系演化的时间长度

1—角减速度为常数的情况(马克唐纳);2—角减速度为时间的线性函数情况(鲁斯科尔);3—角减速度为时间的二次函数情况(鲁斯科尔)

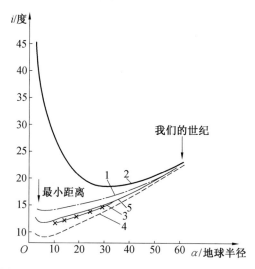

图 4.4　由于潮汐摩擦而发生的月球轨道面和地球赤道倾角的变化

1—达尔文(1879 年);2—格尔斯滕孔(1955 年);3—斯利赫捷尔(1963 年);4—马克唐纳(1964 年);5—索罗金(1965 年)

潮汐摩擦在卫星轨道演化中可能具有重大意义.这个问题近来有许多著作谈到(哥尔德雷希、乌列伊、埃尔泽斯尔、罗切斯特).研究海王星卫星运动的马科德取得了有意义的天体演化结果.根据他的看法,由于潮汐摩擦,海王星获得了过去沿抛物线轨道运动的海王卫二.

根据达尔文的潮汐理论,要指出太阳系中应发生的另一些效应.毫无疑问,太阳的长潮力在最接近太阳的行星(水星和金星)自转运动的演化中起了重要作用.如现在已确定的,水星虽然不以一面朝向太阳,但是水星一昼夜的时间长度要比地球、火星以及其他行星长得多.在这方面也只有太阳的长潮力才起着作用.另一点也是无疑的,日潮在某种程度上影响着最近行星轨道的大小.

§5 卫星和太阳

现在我们来分析太阳对行星轨道的影响.为此,我们在"太阳—行星—卫星"圆形限制性三体问题范围内,研究卫星运动的可能区域.这种方法可以弄清楚太阳是不是会逐渐动摇卫星系统,或至少是"夺去"行星的外层卫星.

在这一方面,前苏联科学院理论天文研究所切波塔列夫教授利用电子计算机进行了系统的研究.他不仅研究了现实卫星在希尔意义上的运动稳定性问题,而且也阐明了每一个大行星周围的区域,在其内部能够发生稳定的近圆轨道的卫星运动.此外,他还对每一个行星计算了无论顺行或逆行运动的希尔范围半径;他还为确定大行星的 63 个假想卫星在很大时间间隔内的运动,进行了计算工作,以便确定在什么样的飞行高度卫星会失去稳定性,而其轨道在太阳摄动力影响下,从椭圆变成双曲线.

我们来引用切波塔列夫的某些研究结果.

水星卫星 在可能有的顺行卫星中,最远的卫星的轨道半径约11万公里.由于太阳的摄动,轨道半长径仅仅增加 1 500 公里就会使卫星运动成为不稳定的.这样的卫星过了 17 个月就会转到双曲线轨道,并离开水星的范围.太阳还要在更短的时间内夺走水星更远的卫星,轨道半径为 11.3 万公里的卫星经过 4 个月就转到日心轨道上.逆行卫星就是另一回事,它们在 20 万公里的距离内都是稳定的.

金星卫星 太阳对金星卫星的摄动影响较弱,因此卫星的希尔稳定区这里明显地更宽,对顺星卫星而言,希尔区域的半径大约是 50 万公里左右,而逆行卫星情况要加倍.如果圆形轨道半径超过稳定运动范围半径仅仅 1 万公里,那么卫星经过 5.4 年就离开金星的范围.

地球卫星 顺行卫星稳定运动区域延伸到 75 万公里,而逆行圆轨道卫星保持希尔稳定运动的距离为 150 万公里.希尔区域的计算表明,在太阳的影响

$$V=-\left(\frac{m_1m_2}{r_{12}}+\frac{m_2m_3}{r_{23}}+\frac{m_3m_1}{r_{31}}\right)$$

下,月球离开地球不会超过 67.3 万公里.顺便说一下,逆行运动的月球是"不太稳定的",因为它能离开地球远到 90 万公里的距离.

火星卫星 对火星来说,顺行卫星稳定运动范围,稍大于 50 万公里.切波塔列夫对沿着超过稳定运动范围只有 2 000 公里的圆形轨道卫星的运动进行了计算,原来太阳引力把这样的卫星拉到双曲线轨道要经过 7.4 年.火星的天然卫星(火卫一、火卫二)的运动在希尔意义下是稳定的,是不会受到太阳破坏的,因为在这里,主要的摄动影响仍然是火星形状的扁率以及我们已讲过的其他因素.

木星卫星 按照希尔原理,木星的顺行卫星的运动在半径为 0.173 5 天文单位的范围内是稳定的.奇怪的是,木星的作用范围延伸到 0.322 3 天文单位,木星的卫星在其内部很深处就失去按照希尔原理所具有的稳定性.对逆行卫星稳定性范围的半径等于 0.347 0 天文单位.把现有的木星卫星轨道半长径同以上稳定区域的大小进行比较可以发现,木星的 4 个外层的逆行卫星对于经常起作用的太阳摄动来说是不稳定的.

利用希尔曲面确定运动可能的区域,就能找到木星的天然卫星因太阳摄动而离去的最大距离.相应的数据引用在表 4.1 中.

表 4.1

木星卫星	脱离木星的最远距离 (万公里)	木星卫星	脱离木星的最远距离 (万公里)
木卫五	53.7	木卫四	373.8
木卫一	84.4	木卫六	2 060.6
木卫二	134.1	木卫七	2 107.7
木卫三	213.5	木卫十	2 106.5

土星卫星 在土星的范围内,顺行卫星的稳定区域半径定为 0.214 40 天文单位,逆行是 0.428 81 天文单位.如果卫星落入稳定区域边界,那么由于太阳的摄动,这个卫星经过 38.3 年就不再是土星卫星,而是转到日心轨道上.计算表明,所有现在的土星卫星根据希尔理论是稳定的.土星卫星在太阳"动摇"其轨道的情况下,可能脱离土星的最大距离见表 4.2.

表 4.2

土星卫星	脱离土星的最远距离 (万公里)	土星卫星	脱离土星的最远距离 (万公里)
雅努斯	30.6	土卫五	105.5
土卫一	37.2	土卫六	245.1
土卫二	47.7	土卫七	296.9
土卫三	59.0	土卫八	723.1
土卫四	75.6	土卫九	2 357.7

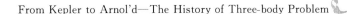

　　天王星卫星　天王星的顺行卫星轨道在它的半长径不超过 0.232 5 天文单位情况下,是属于希尔稳定范围的,根据希尔范围,稳定的逆行卫星的半长径小于 0.464 9 天文单位.可见太阳对卫星轨道已没有大的破坏影响.这样,太阳要把在稳定区边界顺行卫星吸引到双曲线轨道就要花 684 年,而对逆行卫星来说,要 2 000 多年才能使它的稳定运动受到破坏.

　　天王星所有的天然卫星是属于希尔稳定范围的.表 4.3 列举了由太阳影响所决定的卫星脱离天王星的最大距离.

表 4.3

天王星卫星	脱离天王星的最远距离 （万公里）
天王卫五	26.1
天王卫一	38.8
天王卫二	54.0
天王卫三	88.8
天王卫四	118.7

　　海王星卫星　稳定的顺行卫星运动范围半径是 0.216 4 天文单位,而逆行的是 0.770 4 天文单位.太阳对不稳定轨道的破坏进行得还要慢.在稳定边界范围上的卫星运动几乎要经过 3 000 年才能成为双曲线运动.海王星的两个卫星是在希尔意义上稳定的.由于太阳的摄动,海王卫一和海王卫二脱离海王星的最大距离分别是 69.6 万公里和 884.9 万公里.

　　切波塔列夫关于卫星运动稳定性的研究结果是和日本天体力学家获源雄佑较早的工作非常一致的.

　　从卫星运动的发展来看,非常有趣的是它的轨道对太阳摄动的灵敏度是依赖于轨道同中央行星轨道面的倾角大小.正如从鲍日科娃和切波塔列夫的数字研究中所得出的结论,倾角越大,希尔意义上的稳定性,也就是到中央天体的所限制的距离就越大.随着轨道倾角的增大,顺行卫星的希尔稳定性也加强,而对逆行卫星来说,则发生相反的过程.这一点也为外国科学家,如汉特尔的计算所证实.

　　卫星除了因太阳摄动而脱离行星外,还有可能有其他的结局.由于偏心率增大,卫星从行星中心的椭圆轨道转到双曲线轨道上.在这种情况下,近心距离

$$r_n = a(1-e)$$

可能减小.不能排除其结果是卫星来不及被抛到日心椭圆形轨道,而当轨道近心点位于行星内部时,就和中央行星相撞.

　　正如切波塔列夫的计算所表明,对于在半径为 24 400 公里的圆轨道上作

$$\mathcal{V} = -\left(\frac{m_1 m_2}{r_{12}} + \frac{m_2 m_3}{r_{23}} + \frac{m_3 m_1}{r_{31}}\right)$$

逆行运动的水星卫星来说,这种情况是将会发生的.由于太阳摄动,卫星轨道的近日点减少了,卫星经过一个多半月就从圆轨道跑出而冲入行星.如果木星的体积更小些,那么经过两个月以后,卫星就从水星作用范围内挣脱出来转到日心轨道上去.

绍别尔在检验莫斯科利多夫教授和他的同事们的结论的同时,研究了月球的运动,并假设月球的轨道垂直于地球轨道.他考虑到地球和太阳的吸引,用数字计算方法在电子计算机上建立了这样一个假想的月球轨道.认为在初始时刻,月球是沿圆形轨道运动的.图 4.5 引用了这一研究结果.从中看出,轨道半长径没有发生很大变化,轨道偏心率趋近于 1,倾角稍许减小,而近地点距离趋向于 0.卫星在初始时刻处于 0.002 56 天文单位的地心距离上(地球到月球的实际距离).经过 2 234 个昼夜,偏心率等于 1,卫星就和地球相撞.这样一来,所研究的假想卫星在轨道上只存在了 6 年.

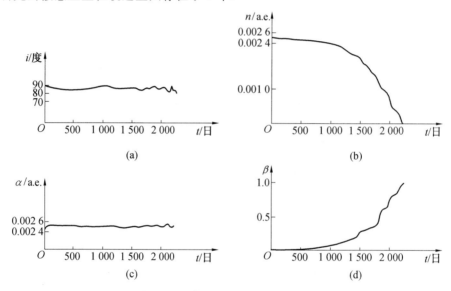

图 4.5　地球极卫星轨道根数的变化

这是很离奇的,但是事实为:不是地球的引力,而是别的、外部的天体(在这里是太阳)的引力使卫星降落到地球上.然而不管多么奇怪,扁球状的中央天体能把卫星从自己这里"推开",而如果中央天体是球状的,那么卫星是沿开普勒椭圆轨道围绕它运动的.这样令人惊奇的定理是本书作者和阿克谢诺夫教授、格列别尼科夫教授在共同完成的工作中得以证明的.其中确信,可以选择出这样的位置和速度,使卫星的最初的椭圆运动,由于行星扁率效应,会变成无界限的双曲线形运动.

行星形状摄动和太阳摄动的相互作用是相当复杂的.它们的相互作用在临界的情况下(即仅仅一个摄动因素的作用能引起灾祸的情况下)是可以相互抵

消的. 人们从天王星卫星身上可以看到类似这样的现象,天王星卫星就是在垂直于行星轨道面的平面上运动的.

必须客观地说,我们这里所引用的是在卫星运动中所观测到的行星扁率摄动的一个过于"奇异的"现象. 在大多数情况下,在行星形状摄动的作用下,卫星的轨道在一定的意义上仍然保持稳定的. 这是作者利用科尔莫戈罗夫院士的定理建立起来的,并和美国科学家凯涅尔利用莫斯尔定理所建立的无关.

$$\mathcal{V} = -\left(\frac{m_1 m_2}{r_{12}} + \frac{m_2 m_3}{r_{23}} + \frac{m_3 m_1}{r_{31}}\right)$$

大行星轨道和形状的演化

第五章

§1 行星的形状

测定地球形状的工作早在牛顿确立运动定律和万有引力定律之前就开始了.但是在牛顿之前,地球的形状不是球形的问题尚未提出来.牛顿用万有引力定律证明,地球形状为两极压扁了的球体,即扁球体.同时,他得出地球的扁率为 $\alpha = \dfrac{1}{227}$ (扁率就是赤道半径和极半径之差同赤道半径之比).欧洲许多科学家,包括法国天文学家卡西尼,对牛顿的结论坚决地提出异议.卡西尼有许多极其错误的认识,他不承认哥白尼学说,不接受万有引力定律,坚信地球形状不是扁球体,而是长球体.这并不奇怪,因为关于地球的形状,他不是依据理论设想,而是依据在那时以前完成的分度测量来确定的.

为了从理论上驳倒牛顿的结论,法国人组织了三个分度测量考察队,其中有一个队是由法国杰出的科学家莫彼尔求(1698—1759 年)领导的.一个考察队到秘鲁测量经度长度,另一个考察队在法国测量,第三个考察队在拉普兰(历史上的北欧地区,在前苏联、芬兰、瑞典和挪威境内)测量.这些考察队测量的结果证明,子午线每度的长度与纬度同时增加.这表明地球不是长球体,而是扁球体.牛顿的理论得胜了.

行星形状理论中的基本问题,首先归结于解决下列问题:空间中孤立的、质量均匀分布的流体能否像刚体(即流本的所有质点间的相互距离保持不变)那样自转?流体形状将是什么样呢?流体所形成的形状是否稳定?

苏格兰科学家马克劳林(1696—1746 年)的卓越工作,继续了牛顿的地球形状理论研究.他证明均匀自转的流体的平衡形状是旋转椭球体,上面每一点所受到的各种力的合力应垂直于表面.这类平衡形状称为马克劳林椭球体.

以后,法国科学家克莱洛(1713—1765 年)取得了一些至今仍有意义的卓越的结果.顺便提一下,他也参加上述谈到的莫彼尔求的考察队,克莱洛研究了不均匀物体的各种平衡情况后,解决了普遍性的问题.他在假定行星绕轴自转的角速度很小的情况下,得出了一个同行星表面的扁率、重力和离心力有关的公式.

法国科学家勒让德尔(1752—1833 年)和拉普拉斯进一步研究这个问题.勒让德尔提出了一个新的数学研究方法.而拉普拉斯证明,同球体差别不大的扁球体,甚至在其他天体很小摄动力作用下,仍然保持平衡形状.因此,拉普拉斯否定了行星在空间是孤立的假设.他也发现周围有环的扁球体是平衡形状.

经过这些研究以后,人们长期认为不可能有其他的平衡形状.德国杰出的力学家和数学家雅可比(1804—1851 年)得到下列原则上是新的结果.他证明:平衡形状不一定是旋转对称的天体,三轴椭球体也符合于平衡条件,也就是球体通过从两极以及赤道面上某方面压扁所得到的形状.

雅可比的发现使科学界大为惊异.有些科学家,其中包括月球运动理论的作者之一庞得古朗(1795—1874 年),甚至试图否定雅可比的结论.但是,他的重复的研究不仅证明了雅可比是正确的,而且建立了马克劳林和雅可比的椭球体之间的关系.

原来,自转角速度减小时,椭球体逐渐拉长,并变成雪茄烟状或针状.除了针状的平衡形状外,在角速度不大时还可能有两种形状——球形和盘形.在这三种极限的平衡状态中有两类形状:马克劳林的扁球体和雅可比的长形三轴椭球体.马克劳林的行星状的(几乎球形的)平衡形状以图 5.1 表示,马克劳林的盘形椭球体以图 5.2 表示,而雅可比三轴椭球体以图 5.3 表示.

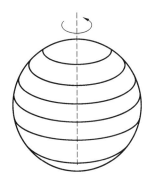

图 5.1 马克劳林的行星状的平衡形状

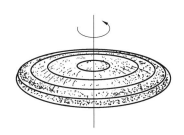

图 5.2 马克劳林的盘形平衡形状

$$V=-\left(\frac{m_1m_2}{r_{12}}+\frac{m_2m_3}{r_{23}}+\frac{m_3m_1}{r_{31}}\right)$$

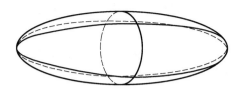

图 5.3　雅可比三轴椭球体

前两类平衡形状对于行星的演化是有意义的,而雪茄烟状的平衡形状初看起来似乎没有实际意义,但情况并不是这样.我们有机会再次证实自然形状的多样性,并再次能看到理论怎样预料实际的.天文学家在不知道雪茄烟状平衡形状时,未必会料想到针状星系的存在,而这一类星系,正如恒星天文学家所断言,它们是存在的.有关针形星系的资料载于奥戈罗德尼科夫著的《星系动力学》一书,第十章,国立物理数学出版社,1958 年版.

所谈的一切使我们能再一次指出目前所流传的某些概念是错误的.根据这些概念,许多知识部门的科学理论工作应该直接服务于今天的实践.

巴黎最古老的学府索邦(巴黎大学)教授、巴黎科学院常任秘书柳维(1809—1882 年)对自转角速度发生变化时的平衡形状演化问题作了全面的说明,人们认为他的说明是充分的,因而把问题又搁置起来了.

这个问题直到 1883 年英国科学家汤姆森和塔特的优秀著作《自然哲学论文》一书第三版问世后,才重新引起人们的兴趣.可惜,这本书未译成俄文.

正如汤姆森和塔特发现,平衡形状的系列是从球体开始,经过马克劳林椭球体到"第一种"雅可比椭球体,在逐渐增大动量矩,而不增大角速度条件下,这个系列只由稳定的形状组成.

后面一个系列是由逐渐伸长的雅可比椭球体组成,这些椭球体发展到最后,应是破裂成两个独立的天体.但汤姆森和塔特指出还缺少发生在破裂前的中间形状系列.

19 世纪末和 20 世纪初的一些大科学家:庞加莱和李雅普诺夫以及乔治·达尔文和天文学家金斯都致力于解决汤姆森和塔特的问题.在 1882 年李雅普诺夫根据科学院院士切贝舍夫(1821—1894 年)的建议研究了这个问题.他们一起讨论了硕士论文题目.切贝舍夫向李雅普诺夫提出了下列问题:

"已知角速度在某一个量时,椭球体形状不再作为旋转流体的平衡形状.椭球体形状在此情况下是否会变成某种新的平衡形状? 而这种新的平衡形状在角速度增加不大时与椭球体区别很小."

换言之,切贝舍夫不仅建议研究新的平衡形状,而且要阐明它们将是否稳定.顺便提一下,他也向科瓦列夫斯卡娅提出了同样的问题.

李雅普诺夫本人用下面的话来追述这篇著作(《李雅普诺夫选集》第三卷,

前苏联科学院出版社,1859 年版(载"论天体形状"一文))的经过:

"在这篇著作中我得出下列结论:

当动量矩小于马克劳林椭球体转变成雅可比椭球体的极限时,马克劳林椭球体是稳定的.如果动量矩 J_1 开始增加,则这些椭球体失去稳定,而雅可比椭球体变成为稳定了.但是后者只是在 J 增大到某一极限 J_2 之前始终是稳定的,在 $J=J_2$ 时,根据第一次近似结果,在某种程度上可以判断椭球体变成某个新的平衡形状的⋯⋯这些形状以后被称为梨状⋯⋯"

李雅普诺夫继续写道:

"⋯⋯因此,我对上面谈到的平衡形状的存在性作出了精确的证明.同时我也完全解决了切贝舍夫所提出的问题,但得到的答案是否定的.

至于上面提到的庞加莱的著作,如果他希望解决稳定性问题,应当致力于探索第二次近似结果⋯⋯

庞加莱研究这个问题是由于达尔文写信给他.当时达尔文想解决梨状的稳定性问题,并请庞加莱帮助他探索为解决这一问题所必需的第二次近似结果,因为达尔文本人未能找到.

庞加莱的著作发表了,只包含有一般公式.这时,问题就取决于数值计算.达尔文发表了自己的著作.他在著作中进行了极为复杂的计算,结果得出结论:梨状平衡形状是稳定的⋯⋯

然而,我在研究同一问题时得出了相反的结论:梨状是不稳定的.我认为自己的结论是正确的,因为我在计算时采用了精确公式,而达尔文用的是近似公式.1905 年我在"论切贝舍夫的一个问题"一文中发表了自己的结论,对我所研究的平衡形状(与椭球状区别极小)作了简要的概述."

理论工作所得出的平衡形状的存在性及其稳定性的条件,在太阳系的大行星的研究中得到了检验.原来行星绕自己轴旋转的角速度远远小于角速度的极限值(而在此极限值时,相应的平衡形状是不可能的).由此我们便能得出大行星形状稳定性的结论,并推测将来各个行星的昼夜时间长度几乎是不变的.

§2 质量变化的效应

我们从某些特殊问题入手,来研究大行星的未来轨道.其中有一个问题关系到引力本质的许多新概念.我们只能局限于分析动力结果,而不涉及问题的物理方面.

相对论引出意想不到的有关天体引力特性的假说.根据现在的概念,天体引力的相互作用不仅取决于天体间距离,而且还取决于空间和时间的特性.某些大物理学家,其中首先要提到的是英国杰出的理论家狄拉克,他们认为引力

$$v = -\left(\frac{m_1 m_2}{r_{12}} + \frac{m_2 m_3}{r_{23}} + \frac{m_3 m_1}{r_{31}} \right)$$

相互作用的能量会逐渐减少.例如,德国物理学家约耳当把它解释为:引力常数绝不是一个常数,而是与所经过的时间成反比;另一些科学家则把在无辐射时质量的减少用来解释引力的变化.对天体力学家来说,上述数值中哪一个数值会发生变化,这一点是无关紧要的,因为万有引力定律中引力常数和质量是以乘积来表示.总之,物理学早已放弃了质量作为一个常数的概念.因此,根据相对论,天体质量的公式为

$$m = \frac{m_0}{\sqrt{1 - \dfrac{v^2}{c^2}}}$$

式中,m_0 是所谓静止质量,v 为天体速度,c 为光速.就假定物质老化,同样可以导致天体相互引力作用的数量随着时间而减少.

如果这个假说也不正确,那么我们在研究行星运动时,必须考虑太阳由于辐射和抛射物质,因而质量在不断减少.太阳在一昼夜中失去的质量,用绝对量表示是很大的.只考虑辐射,太阳质量每分钟就要减少 25 000 多万吨.

太阳系天体引力的变化,在某种程度上还取决于行星质量的不断增加,这是由于陨星物质不断降落到行星上所造成的.在行星本身的运动中,这种效应不会引起多少显著的变化,然而对于行星的卫星,在宇宙演化时间间隔内的运动,这一点是不能肯定的.

因此,在研究太阳系天体在长时间间隔内的运动时,必须要考虑太阳系天体质量的变化.有时只要求出太阳质量变化所引起的摄动就够了.而在另外一些情况下,还需要考虑行星质量的变化.其中第一个问题可称为在具有一个变质量固定中心的引力场中的运动问题,而第二个问题可称为变质量的二体问题.

早在 19 世纪,格耳登(1841—1896 年)和麦谢尔斯基(1859—1935 年)对第一个问题进行了研究.麦谢尔斯基在根据下列定律之一作为质量变化假说时,得到了准确的解

$$m = \frac{1}{a + bt} \quad \text{(麦谢尔斯基第一定律)}$$

$$m = \frac{1}{\sqrt{a + bt}} \quad \text{(麦谢尔斯基第二定律)}$$

$$m = \frac{1}{\sqrt{a + bt + ct^2}}$$

最后一个被称为麦谢尔斯基联合定律,因为前两个是他的特殊情况(即在 $b^2 = 4ac$ 和 $c = 0$ 时).

某些恒星质量的变化也受这些定律的制约.其中一个定律在约耳当假说中的引力常数发生变化时才起作用.因此,这里我们又看到理论问题在几十年后

才成为实际所需的一个例子.

应当指出麦谢尔斯基工作的主要特点.他所获得的结果后来成为火箭动力学的基础.麦谢尔斯基也正是在这方面大大地超过了不只是许多实际家,而且是许多理论家.他的结果比齐奥尔科夫斯基(1857—1935 年)的结论和意大利科学院院士勒维－西维塔后来的结论更具有普遍意义.

当吸引天体的质量根据麦谢尔斯基第二定律变化时,运动方程式可得特解,为此就产生金斯所指出的等式 $\mu a = $ 常数,式中 μ 为引力常数 f 与质量 M 的乘积,a 为半长径.

但是,麦谢尔斯基定律远远不能包括能够适应天体质量变化的一切可能的定律.在一般情况下变质量二体问题是数学上很大的难题.例如,事实可以证实这点:现在知道的只有一个不同于麦谢尔斯基解的通解.这就是格利弗加特发现的质量变化定律解,它具有如下形式

$$m = \frac{a + bt}{(1 + ct)^2}$$

它的特殊情况是质量 m 为时间的线性关系

$$m = a + bt$$

以及关系

$$m = \frac{a}{(1 + ct)^2}$$

有趣的是,后两个定律与麦谢尔斯基的第一和第二定律一样都是所谓爱丁顿－金斯定律的特殊情况.爱丁顿－金斯定律证明质量变化速度(即导数 $\frac{\mathrm{d}m}{\mathrm{d}t}$)与该质量本身 n 次方成比例

$$\frac{\mathrm{d}m}{\mathrm{d}t} = \dot{m} = \alpha m^n$$

这个定律在恒星结构和演化理论方面起着重要作用.在 $n = 0$(线性关系),$n = \frac{3}{2}$,$n = 2$ 和 $n = 3$(与麦谢尔斯基第一和第二定律相应)得到上述的所有四个定律.

为了定量研究变质量的二体问题,可以利用所谓绝热不变量的理论.如果运动条件变化很慢(在现在的情况下,是产生引力的天体质量变化很慢),在力学体系运动过程中,力学的或物理的量实际上是个常数,这种常数就称为绝热不变量.我们几次提到的庞加莱正是用这样的方法证明,偏心率 e 就是一个绝热不变量,由此得出乘积 fMa 也是不变量.

以后金斯、杜鲍申和格利弗加特都得出了相似的结论(喀山天体物理台台长奥马罗夫在发展变质量力学及其在恒星动力学中的应用方面作出了重大贡

$$\mathscr{V} = -\left(\frac{m_1 m_2}{r_{12}} + \frac{m_2 m_3}{r_{23}} + \frac{m_3 m_1}{r_{31}}\right)$$

献）.

然而,上述的绝热不变量给出变质量二体问题的解,正确说明时间间隔是有限的.时间间隔的长短,一方面取决于运动的初始条件,另一方面取决于质量随时间的变化定律的表现形式.实际上我们假设质点沿近似于抛物线的椭圆轨道围绕变质量的引力中心运动.这表明由公式 $h = v^2 - \dfrac{2fM}{r}$ 决定的质点的总能量 h,虽然是负数,但近似于 0.显然,稍为减少一下 M,特别在近心点时就足以使 h 变成为 0 或甚至成为正数.而这意味着从椭圆轨道变成抛物线轨道,甚至是双曲线轨道,即系统瓦解.如果乘积 fM 很快减小,则瓦解过程不需很长时间;如 fM 变化缓慢,则改变 h 的符号将进行很久.

根据恒星内部结构和演化理论的现代概念,太阳质量由于辐射而减少得非常缓慢.其质量只要减少 $\dfrac{1}{2}$ 就需 10^{13} 年左右.大行星和小行星的轨道将变得更扁,完全不像圆形(当然,轨道的大小在增加),但与抛物线轨道仍有很大区别.一部分彗星将转到双曲线轨道上,因此不再是太阳系的一员.

我们还谈到过一种对卫星运动演化有影响的效应,即行星质量由于陨星物质降落而增加的效应.这种效应在目前并不大.例如,由于陨星物质的降落,地球因而每年增加的质量约为 3 000～6 000 吨,然而这对月球运动有影响.如果太阳系中陨星物质的数量得不到补充,那么行星质量稍许增加所产生的影响是可以忽略不计的.可惜,这一点无法证实.

有这样一种假说,认为地球上冰河期的重复周期约为 2 亿年.地质资料与这个假说没有矛盾.冰河期发生的原因与太阳系围绕银河系中心运动有联系.众所周知,在银河系中观测到大量蔓延的气体尘埃云.太阳系在经过这些云时补充了陨星物质.如果发生这一情况,那么太阳系在通过气体尘埃云内部时,尘埃质点将屏蔽太阳辐射,地球和行星开始得到较少的太阳能.这就导致地球和其他行星上平均温度的下降.随着地球温度状况的变化引起冰河期的到来.

从列举的理由中清楚地看到,在研究太阳系演化过程中,应该研究太阳和行星质量的变化,并且同时分析引起质量减少和增加的原因.

§3 尘埃阻尼

如果发生太阳系俘获星际尘埃和星际气体,那么不仅由于太阳系天体质量的变化而且由于尘埃气体介质的阻力作用,行星和卫星的轨道将会演化.

轨道的变化多半是不明显的,因为星际气体尘埃云的密度极其微小.太阳引力俘获的尘埃云不应当想象成是稠密的和不透明的.我们生活在地球上,在观测太阳时可能也看不到太阳系进入尘埃云,因为肉眼未必能观测到太阳亮度的减弱,而且小陨石不断地轰击行星会逐渐引起行星动能减少.因此,轨道的半长径会不断减小.

此外,介质阻力通常会引起轨道偏心率的减小(参见第一章),也就是轨道的形状逐渐接近于圆形.

但是,许多情况取决于宇宙尘埃质点轨道的分布和沿轨道运动的方向.实际上,回顾一下土星环就够了.根据上面提到过的杜鲍申对土星环稳定性问题的研究结果可以得出,以同一方向和大致在同一平面内依次运动着的质点的介质阻力,不仅不会破坏系统,而且相反,运动在李雅普诺夫意义下是渐近稳定的.这就意味着,质点在与其他质点碰撞或者受另一性质的摄动力的影响而稍许脱离其圆轨道时,质点以后将极力回到自己的初始轨道上来.

当然,不能期望被太阳俘获的质点,其运动是很规则的.一切都取决于太阳在穿过云时,云中物质运动的规律性,取决于太阳和云在围绕银河系中心运动时,其运动速度之间的角度.

如果太阳始终经过银河系的同一区域,那么太阳系补充物质的过程将不明显.这是非常可能的.如果太阳在银河系的公转周期采用莫斯科大学教授巴连纳哥(1906—1960年)于1951年所测定的 1.8~2 亿年,则在太阳系存在的时间内,也就是 40~60 亿年内,太阳必穿过沿着它的轨道运动的每一朵云约 30 次.因此太阳还在行星系统形成过程中几乎"用尽了"气体尘埃云的全部质量.

显然,宇宙介质的阻尼效应对大行星来说是微不足道的,虽然对它没有作过准确的估计.可是,在大行星的卫星运动中,特别是附近的卫星运动中情况就不同了.对在火星周围介质影响下的火星卫星(火卫一、火卫二)的阻尼在前面已经作了某些估计.可以预料,许多行星除了大气外,还有延伸尘埃外壳或"尾巴".这种近行星物质将引起卫星轨道大小不断地减小,虽然减小得很慢,但足以使卫星转移到骆熙禁区.

有不少根据认为,行星际介质对小行星环的演化起着重要作用.经典的摄动理论在试图解释所观测的小行星环中的"空隙"和"聚积"时碰到一定困难.克洛斯证明,对每日平均角速度为 $600''\sim1\,100''$ 的小行星来说,只用木星作用来解释其聚积是不可能的.日本科学家平山清次对赫古巴空隙作出了令人满意的解释,并发展了勃朗的理论.这种情况下,平山清次不得不研究行星际介质的阻力.他断定,只有在沿着平均角速度 n 不超过 $500''$ 和偏心率小于 0.3 的轨道运动时,在共振轨道附近才产生小行星的聚积.如果 $n=580''$,则考虑阻力介质效应时,形成通约的空隙.

遗憾的是,我们不能对行星际介质在大行星运动时的效应作出近似的估计,因为对宇宙物质的密度及其在太阳系范围内的分布情况研究得非常不够.但是,无需怀疑,天文学家将很快拥有行星际介质密度的资料,将利用宇宙飞船

$$\mathscr{V}=-\left(\frac{m_1 m_2}{r_{12}}+\frac{m_2 m_3}{r_{23}}+\frac{m_3 m_1}{r_{31}}\right)$$

上的仪器来获得这些资料. 前苏联和美国向金星和火星发射的宇宙火箭已经为这样的研究打下了基础.

除了宇宙尘埃阻尼效应之外,对太阳系天体发生作用的还有太阳辐射. 这种辐射不仅产生光压,而且引起附加(辐射)阻尼. 后者在小天体,例如流星尘的运动中表现得特别强烈. 弗森科夫院士在这方面已作了重要研究. 现在我们来引用他的某些结果. 辐射阻尼会导致轨道大小的减小. 例如,半径为 1 厘米,密度为 3 克/厘米^2,原来沿着半长径为 2 天文单位的轨道运动的质点,降落到太阳的时间大约为 6 000 万年. 在地球轨道附近运动的、半径为 10 微米,密度为 1 克/厘米^3 的微陨石降落到太阳的时间只不过 7 000 年. 由此可以得出结论,如果不从其他来源补充宇宙尘埃,行星际空间的宇宙尘埃必然逐渐地被"清除"干净.

§4 俘获问题

前面已多次提到过一个问题:会不会由于天体相互作用的结果,使某个最初不属于太阳系的天体,在紧密靠近太阳系时被太阳引力所"俘获",也就是说,这个天体或者永远留在太阳系内,或者绕太阳几圈后永远离开太阳系的边界? 或者相反,会不会当太阳系与某个巨大恒星接近时,后者的引力从太阳系中夺走一个大行星或夺走一个小天体?

所谓俘获理论就是研究这一类的问题. 在 19 世纪,许多天体演化学家没有进行严格的数学论证,而只是根据一般的物理推测,认为俘获是完全可能的. 直到 20 世纪,他们才开始对俘获问题进行认真的研究. 由于施米特提出太阳系起源的假说,20 世纪 50 年代一些天文学家和后来一些数学家对俘获理论产生了特别的兴趣. 施米特最初提出的假说认为,俘获在太阳附近原始尘埃云的形成过程中起着决定性作用.

对俘获理论问题最早进行系统研究的是法国学者沙士. 他研究了关于在相互引力作用下三体运动的最重要的天体力学问题,并得出结论,认为俘获是不可能的. 换句话说,如果最初两个大体 m_1 和 m_2 彼此非常接近,并且实际上是沿着椭圆轨道绕共同质量中心旋转,而第三个天体 m_3 最初离前两个天体很远,并沿着双曲线轨道向着它们这个方向运动,那么根据沙士的见解,这第三个天体不论其初速如何,在同两个靠近的天体接近时不会"加入"它们,也就是不会开始沿着靠近这两个天体的、在空间中有限的轨道上永恒地运动(图 5.4)(图 5.4～5.6 仅作插图用,不反映实际的运动方向和轨道形状).

1947 年施米特发表了与沙士结论相反的一个例证. 这个例证使天体力学家既怀疑沙士结论的正确性,又怀疑施米特论断的严谨性. 问题在于沙士的论证是从一般形式,即用文字形式作出的,而施米特的例子是以数字计算得出的,并且在这个例子中,他是根据某个有限时间间隔运动的计算,作出俘获可能性的结论.因此,对他的结论的严谨性产生了怀疑,究竟谁正确?是施米特还是沙士.

莫斯科科学家莫伊谢耶夫和雷巴科夫最激烈地反对施米特的结论.

最近几年,列宁格勒天体力学家麦尔曼,莫斯科数学家阿列克谢耶夫和西特尼科夫研究了这个问题.他们严格地证明了俘获的可能性.例如,麦

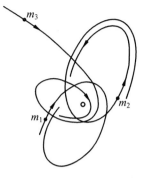

图 5.4   三体问题的俘获

尔曼断定施米特和赫尔米是正确的.麦尔曼除了从理论上证明俘获的可能性外,还用数值方法算出约五十条符合于俘获的限制性三体问题的运动轨道.

然而,对天体演化学来说,产生了一个新的、重要的问题:俘获的概率是多少?能否经常观测到宇宙中恒星和行星的俘获?在这方面暂时还没有完全研究清楚.但现在已经可以说,俘获的可能性是很小的.西特尼科夫的研究工作对俘获的有利条件也作了某种程度的说明.三体问题中俘获的决定性条件归结为相互靠近的一对天体的近似的起源.

从所有这些研究工作中得出,某个大行星永远离开太阳系或新天体补充太阳系的概率非常小.换句话说,在太阳系演化中,俘获没有起明显作用.

还有一种使行星系成分发生变化的可能性.为了简便起见,我们只分析三个相互吸引的天体.设一对天体 m_1 和 m_2 彼此靠近在一起运动,而第三个天体 m_3 来自"无限远".第三个天体在接近这一对天体时,把一部分剩余的机械能传给其中一个天体 m_2.天体 m_3 减少了本身的能量后,便永远留在一对天体中的某一个能量变化不大的天体周围.天体 m_2 从外来的天体那里得到能量后,几乎沿双曲线轨道离开自己的"伙伴".在此情况下,正如一般所说,进行了交换(图 5.5).

数学上对交换问题的计算,证明了交换的可能,但交换的概率是不大的,因此,交换过程显然在行星系演化中也不起显著的作用.

最后,演化中还有一种可能发生的情况,即暂时性俘获(图 5.6).对这个问题研究极少.谈论暂时性俘获在太阳系发展中的作用目前是不可能的.我们只能指出阿列克谢耶夫和列宁格勒人普罗斯库林、鲁缅采娃的研究工作肯定了暂时俘获的可能性,但对其概率仍未研究.

英国格拉斯哥的天体力学家小组(哈夫勒、奥温登、罗依)对暂时性俘获可能有的作用进行了研究,并获得有趣的结论.根据电子计算机的计算,木星的摄动作用能够把某些小行星暂时转移到它周围的卫星轨道上,以后又把它们抛到

$$V=-\left(\frac{m_1 m_2}{r_{12}}+\frac{m_2 m_3}{r_{23}}+\frac{m_3 m_1}{r_{31}}\right)$$

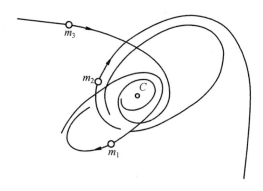

图 5.5 三体问题的"交换"情况

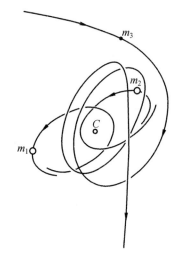

图 5.6 引力质量 m_1 和 m_2 暂时
俘获天体 m_3

$a \approx 7$ 天文单位的日心轨道上. 同时, 平均角速度 $n < 450''$ 的小行星应列入木星顺行运动的卫星行列内, 而 $n > 450''$ 的小行星应列入逆行运动的卫星行列内. 这样看来, 这里的界限就是通约性为 $n : n_j = 2 : 3$ 的共振平均角速度, 是希尔达群小行星的标志.

我们举两个例子来说明, 这就是阿列克谢耶夫研究的三体问题中的特例之一. 他假设三体中有一个质量比另两个大得多, 而且这两个小天体的质量 (小行星) 彼此相等. 现在来分析一下小行星相撞时俘获和交换的可能性. 图 5.7 和 5.8 中用图解表示相撞时速度分析的结果. 用 $v_1(-0)$ 和 $v_2(-0)$ 表示撞击前小行星 P 的速度, 而 $v_1(+0)$ 和 $v_2(+0)$ 表示撞击后的速度.

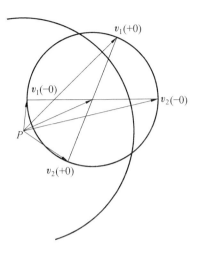

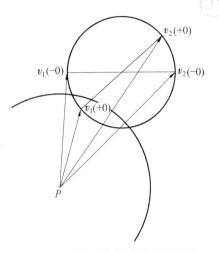

图 5.7　交换时相撞点的速度图解　　　　图 5.8　俘获时相撞点的速度图解

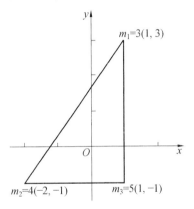

图 5.9　毕达哥拉斯三体问题的初始图形

说明三体问题定量研究和定性研究复杂性的最好的例子就是所谓的毕达哥拉斯三体问题. 这是三个相互吸引天体的运动问题, 三个天体质量 m_1, m_2, m_3 之比为 3∶4∶5. 它们在初始时刻是静止的, 并处于埃及人(毕达哥拉斯)的三角形顶点(图 5.9). 毕达哥拉斯的三体问题方案最初是由天体力学家布罗于 1913 年用数值方法解决的. 他所研究的运动的时间间隔是不长的. 不久之前, 以惹比赫利为首的美国科学家们用装有绘制轨迹的自动装置的电子计算机进行精确的计算, 图 5.10～5.16 是计算的结果. 在这些图中, 质量 m_1 的轨迹以虚点表示, 质量 m_2 的轨迹以虚线表示, 而实线是第三个质量 m_3 的轨迹. 在所有轨迹上都有时间记号(用某种假定尺度). 如果取 3 个恒星的质量分别为 3, 4 和 5 个太阳质量, 并在初始时刻将它们置于毕达哥拉斯三角形的顶点, 三角形各边为 3, 4 和 5 秒差距(1 秒差距 = 206 265 天文单位), 那么, 时间单位为 1.43×10^7 年, 而整个计算将包括 10 亿年时间间隔, 在这些图中, 既可以看到三星体系的靠近、碰撞和分裂, 也可以看到双星的形成. 用有限的数学式子表示的、三体和多体问题在长时间间隔内的运动理论的建立为什么如此困难, 现在渐渐清楚了, 因为轨迹是非常复杂的.

811

$$V = -\left(\frac{m_1 m_2}{r_{12}} + \frac{m_2 m_3}{r_{23}} + \frac{m_3 m_1}{r_{31}} \right)$$

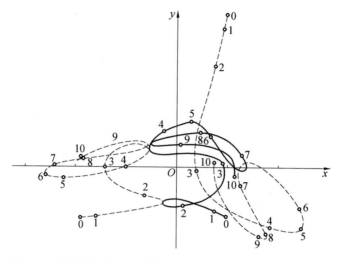

图 5.10　毕达哥拉斯三体问题的三体运动,时间间隔从 $t=0$ 到 $t=10$

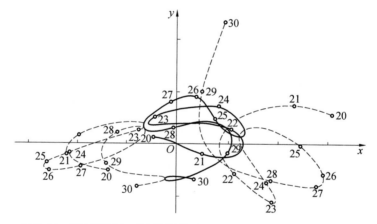

图 5.11　毕达哥拉斯三体问题的轨道形状,时间间隔从 $t=20$ 到 $t=30$

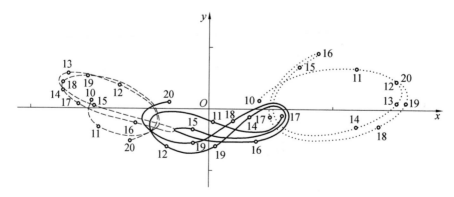

图 5.12　毕达哥拉斯三体问题的轨道变化情况,时间间隔从 $t=10$ 到 $t=20$

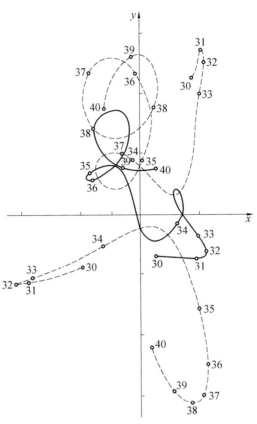

图 5.13　毕达哥拉斯三体问题的受摄运动，时间间隔从
$t=30$ 到 $t=40$

§5　KAM 理论

　　近 200 年来，人们试图解决拉普拉斯和拉格朗日提出的太阳系稳定性这一
十分重要的问题，但未能获得成功.

　　科学家们在论述这一问题的许多著作中，只获得很小的进展. 从这些著作
中得出的只是太阳系的"实际"稳定性，表明在几十万年时间间隔的历史中，大
行星的轨道未发生本质的变化. 但是，行星轨道在天体演化学的时间间隔内将
发生什么变化，科学家们尽管对它进行了反复的研究，也未能作出回答.

　　首先必须谈谈所假设的稳定性的性质. 例如，会不会发生这样的情况：行星
由于受到相互摄动而偏离初始的无摄轨道，以后又逐渐地无限制地接近无摄轨
道？换句话说，行星运动是否可能为渐近稳定性？（参见第二章）

　　力学对这个问题作了阐述，并且得到的回答是否定的，这不仅对太阳系，而

813　　　　　　　$V=-\left(\dfrac{m_1 m_2}{r_{12}}+\dfrac{m_2 m_3}{r_{23}}+\dfrac{m_3 m_1}{r_{31}}\right)$

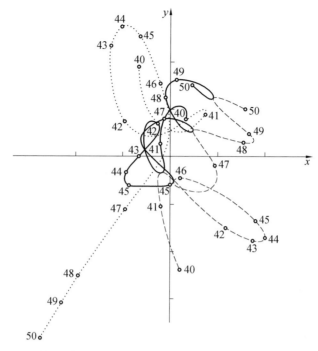

图 5.14 毕达哥拉斯三体问题的轨道形状,时间间隔从 $t=40$ 到 $t=50$

且对所有作用力具有位能的其他的任何力学体系都是这样.这些力学体系的运动可用爱尔兰科学家哈密尔顿提出的方程式来表示.为了纪念这位科学家,这些方程式称为哈密尔顿方程式,而这类力学体系本身通常称为哈密尔顿体系.

对于几个自由度的力学体系而言,用特殊形式所选择的 n 对未知量,可得到 $2n$ 个运动方程组(系).$2n$ 个量的一半(每对中的一个)决定体系中质点在空间位置的坐标.这坐标可能是通常的笛卡儿的坐标,某些距离、角等.这些坐标称广义坐标或拉格朗日坐标.另一组未知数包括余下的 n 个变数,这就是所谓广义或正则冲量.从下述特例中可以看出冲量的力学意义.

让我们来研究一下自由质点 m 在平面上的运动.它的位置用直角坐标 x 和 y 来表示.把这些坐标看作为拉格朗日的坐标.广义冲量就是动量在坐标轴上的投影 mv_x,mv_y,这里 v_x,v_y 是质点速度在坐标轴上的分量.在拉格朗日坐标为角度时,冲量将等于动量矩(又称"旋转量").

用 $q_1,q_2,\cdots,q_n$ 表示广义坐标,而用 $p_1,p_2,\cdots,p_n$ 表示与它们相应的冲量.如果 T 为力学体系的动能,并以拉格朗日坐标和冲量来表示,而 V 为施加于力学体系的力的位能,依赖于广义坐标,则哈密尔顿函数 H 等于总机械能,得出下列公式

$$H=T+V$$

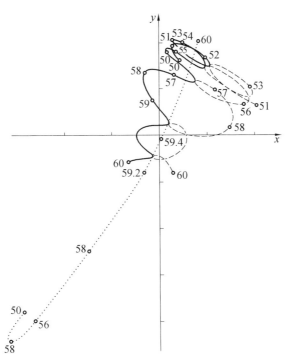

图 5.15　毕达哥拉斯三体问题的轨道演化,时间间隔从 $t=$ 50 到 $t=60$

显然,H 同时依赖于所有 $2n$ 个正则变量

$$H = H(p_1, p_2, \cdots, p_n, q_1, q_2, \cdots, q_n)$$

哈密尔顿形式的运动方程具有下列结构:

　　广义坐标 q_1 随时间变化的速度 = 仅在一个冲量 p_1 变化时,哈密尔顿函数 H 的变化速度;

　　广义冲量 p_i 随时间变化的速度 = 仅在一个坐标 q_i 变化时,哈密尔顿函数 H 的变化速度.

　　上述的方程中不仅包含未知量,而且还包含它们的变化速度,因此,正如第一章中所说的,是微分方程. 从这些方程中看出,未知量 q_i 和 p_i 随着时间的变化特征,仅由一个函数 H 的性质来决定.

　　对力学体系的情况进行研究更为方便的是在坐标 q_i 和冲量 p_i 的 $2n$ 维空间内,而不是在坐标空间. 这个在力学中起着特殊作用的空间就叫作相空间. 相空间的每一点决定力学体系运动的状态.

　　引用相空间的概念,就使得有可能用"相流体"性质和流体动力学中所研究的流体的空间流动特性二者之间的密切相似性,来阐明运动的许多性质.

　　当在空间的每一点,流体流速的矢量在任何时刻都不变时,我们来研究所

$$\mathscr{V} = -\left(\frac{m_1 m_2}{r_{12}} + \frac{m_2 m_3}{r_{23}} + \frac{m_3 m_1}{r_{31}}\right)$$

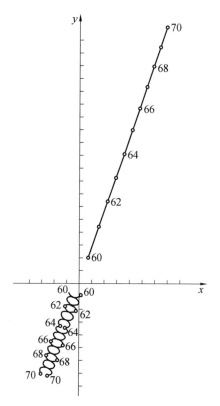

图 5.16　毕达哥拉斯三体问题的双星的
形成(从 $t=60$ 到 $t=70$)

建立的流体的流动情况. 对所讨论的运动来说, 流线, 即每一点上的切线都指向流体的速矢量的曲线, 是流体质点运动的轨道. 如果流体是不可压缩(而这对实际流体来说, 是非常正确的), 那么在流体中分出任何一块区域, 在运动过程中可以改变其形状, 但同时仍保持其体积. 通过所分出的这块体积的整个表面的全部流量等于 0, 也就是在任何时刻, 通过表面流入的流量等于通过表面流出的流量.

　　我们假设变量 $q_1, q_2, \cdots, q_n, p_1, p_2, \cdots, p_n$ 的相空间充满着假想流体, 我们称它为相流体. 哈密尔顿方程决定相空间每一点上 p_i 和 q_i 变化的速度值, 换句话说, 对相流体而言, 方程给出了相空间中的速度分布, 而且这种分布不依赖于时间(定常体系一定常流). 同时相流体的流线是力学体系的相轨道.

　　正如柳维证明, 任意被分割出的相流体的体积在运动过程中仍保持不变, 即相流体原来是不可压缩的, 而流体通过任何一个闭曲面的流量永远等于 0.

　　由此立即得出, 最初很接近于我们所研究的无摄轨道的所有可能的轨道, 今后都不可能同时与无摄轨道趋于"汇合", 因为在这种情况下相体积可能开始减小.但是,如果这一点不可能,那么就不能有渐近稳定性.

因为行星引力特点是有势力,所以行星系运动可用哈密尔顿方程来表示.因此,在太阳系中,行星显然不会沿着逐渐接近于初始的无摄椭圆轨道运行,也就是说,如果行星运动是稳定的,则其稳定性将是单纯稳定,而不是渐近稳定.我们的推理只有在不考虑机械能转变为其他形式的过程的条件下才是正确的.而这些过程在太阳系中是出现的(潮汐摩擦、介质阻力等).

我们无论从哪一个精密的科学技术领域来看,必定会发现大量经过研究而未解决、然而正待解决的问题,这些问题在某种程度上与运动稳定性理论有联系.在天体力学中,这就是行星和卫星轨道的稳定性问题,以及天体绕其轴自转的问题,这些问题以及类似的问题可用李雅普诺夫的方法来解决.

但是,任何科学理论或科学方法,随着新问题的提出,迟早将从本质上得到完善和进一步发展.目前,甚至像李雅普诺夫提出的那样完美的稳定性理论也已经不足以解决某些技术问题.想提醒一下,在李雅普诺夫理论中,突出地谈了我们所感兴趣的一种运动.我们在前面称它为无摄运动,并研究了所有在初始时刻与无摄运动区别甚小的其他"邻近"运动的情况.

如果所有这样的邻近运动,始终接近于所选定的无摄运动,那么根据李雅普诺夫理论,运动是稳定的.对李雅普诺夫理论来说非常重要的是,要在与无摄运动同样的力的作用下,产生受摄运动.这个以李雅普诺夫理论为基础的假设,在力学研究中成为限制性的假设.事实上,科学家在数学理论中经常需要研究的不是那些完全准确地描述大家感兴趣的力学体系的运动方程,而是简化了的模式化系统的方程.

我们从来不可能立出精确的运动方程.科学家到一定的研究阶段,才能研究那些在最初立出运动方程时略去不计的微小的力.那时便得出新的、更精确的方程.但是经常发现新的方程已经不可能获得同早先所得到的并用来研究稳定性的那种解.尤其在同样运动的初始状态下,就是在更早的问题中,也得不出以有限形式的数学式子表示的解.

力学家和数学家采取迂回战术,提出经常作用着的小的力的稳定性问题,而此力不包含在初始较简单的典型化问题的方程中.于是科学家们决定,将研究不精确的初始方程的解,并考虑初始摄动和经常作用着的摄动,如果在初始时刻与所研究的无摄运动区别甚小的所有运动,由于小的摄动力作用仍接近于无摄运动,那么后者在经常起作用着的摄动情况下也是稳定的,而简化的方程组的解完全可靠.为了解决新提出的稳定性问题,科学家们利用了旧的、经过考验的李雅普诺夫的老方法.

让我们回到主要问题——太阳系大行星在太阳引力作用下以及在行星之间很小的相互引力作用下的运动稳定性问题.这里最简单的模式化问题,就是

$$\mathscr{V} = -\left(\frac{m_1 m_2}{r_{12}} + \frac{m_2 m_3}{r_{23}} + \frac{m_3 m_1}{r_{31}} \right)$$

研究行星在太阳引力作用下的运动,而不考虑行星相互作用力.这里得到的行星运动是椭圆运动,其稳定性完全根据李雅普诺夫方法来研究.现在考虑到行星的相互引力,我们来谈谈 10 个相互吸引天体(太阳和 9 个大行星)的运动问题.在这个问题中,不可能准确地求得我们需要的任何一个解.究竟怎样来解决太阳系的稳定性问题呢? 可能的出路之一是在研究行星的无摄椭圆运动的稳定性时,既要考虑初始的摄动,又要考虑经常作用着的摄动,后者在这里就是行星的相互引力.这些力很小,它们也就是经常起作用的摄动.很遗憾,正如上面说过的,至今所得到的在经常摄动力作用下的李雅普诺夫稳定性理论的定理,在太阳系稳定性问题中是无能为力的.科学家们面临二者只能取其一的抉择:要么设法使李雅普诺夫方法向所希望的方向发展,要么研究出新的定性方法.

力学和数学的发展为科学家向著名的稳定性问题进行新的突击做好了准备.20 世纪下半叶初,前苏联杰出的数学家科尔莫戈罗夫院士在自己的著作中对解决这一问题提出了新的途径.科尔莫戈罗夫的想法是以他的学生阿诺德所作的大量研究为基础的.是由莫斯尔得出重要的结果.因此,在他们工作中所发展的理论通常简称为 KAM 理论.

阿诺德的著作不仅对于不熟悉数学的人,而且对于专家来说也是极其难懂的.因此我们不能详细地介绍它的细节,只能提供阿诺德所提出的有关论证太阳系稳定性基本思想的一般概念和简述他的实质性的结论.

原来的一个看法,认为行星运动对所有坐标或对它们的所有轨道根数不可能是稳定的,关于这一点在第二章已谈过了.我们来举一个例子:在二体问题范围内,行星沿正圆轨道运动的日心距离值是稳定的,而极角是不稳定的.如果除考虑太阳引力外,还考虑行星的相互引力,把后者看作为经常起作用的摄动,那么对行星极角的稳定性就更不能指望了.但是,我们也不是对所有坐标的稳定性都感兴趣! 对我们来说,行星轨道永远在"环形小面包"内,或者如几何学中所说,在圆环内就够了(图5.17).显然,对于任何一个多么复杂的轨道形式,在圆环中间(赤道)平面上,从太阳到行星在这个平面上的投影位置的距离 r,以及行星离这平面(竖坐标)的距离 z,将永远在有限的范围内

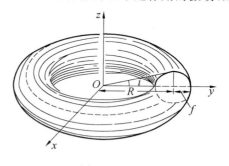

图 5.17　圆环

$$R-\rho \leqslant r \leqslant R+\rho, \quad -\rho \leqslant z \leqslant \rho$$

因此,极角无论怎样变化,行星不会离开太阳,也不会落到太阳上.如果再补充要求不同行星 P_1 和 P_2 的圆环彼此不相交(图5.18),那么这对于保持太阳系的

稳定就足够了. 这个要求得到满足时, 行星彼此将不会碰撞. 显然, 为此必须使 r 和 z 的变化范围是不大的.

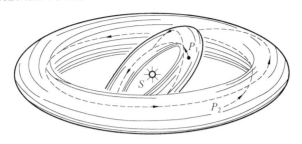

图 5.18 里面应包含有行星轨道的圆环

这一要求可以利用因相互摄动而经常变化的行星轨道根数来表示. 最"远"的、可能有的行星轨道将是半径 (半长径) 为 $r = R + \rho$ 的圆, 而最"近"的行星轨道将是半径为 $r = R - \rho$ 的圆. 还可能有这样的轨道: 行星接近太阳时, 近日点的距离为 $R - \rho$, 在远离太阳时, 远日点的距离为 $R + \rho$. 这个轨道是椭圆, 其半长径为 a, 偏心率为 e, 用下列公式表示

$$a = R, \quad e = \rho : R$$

z 的变化范围决定轨道与圆环赤道的最大可能的倾角. 从图 5.16 得到

$$-\tan i \leqslant \frac{z}{r} \leqslant \tan i$$

我们发现行星在圆环内运动时, 其轨道可能变化很快: 行星椭圆可在其平面内旋转, 即近日点同升交点的角距离应为变量, 轨道面也能旋转, 这表现为升交点黄经随时间而变化.

这样, 我们重新看出为了证明行星系稳定性, 建立相对于轨道根数 a, e, i 的运动稳定性就够了. 换句话说, 如果行星相互摄动使所有行星的轨道根数 a, e, i 产生的增量很小, 那么太阳系稳定性的定理将得到证明. 其他三个根数 Ω, ω, Π 随时间的变化, 对解决问题没有任何影响. 因此, 问题就是在经常起作用的摄动力存在的情况下, 研究行星运动相对部分变量的稳定性.

阿诺德还考虑了一个早已注意到的大行星运动特性. 这个特性对于行星的无摄运动 (即不考虑相互摄动) 来说是条件周期运动. 力学上究竟怎样来理解"条件周期运动"这几个字呢?

我们先来谈谈, 虽然每一个行星的无摄运动是周期的, 但整个行星系的运动却不能称为周期运动, 因为不可能求得所有的行星回到原来位置所要经过的时间间隔. 在我们研究的情况中, 把整个行星系运动称之为条件周期运动. 但行星系运动只是条件周期运动的一个特例.

我们再来看一个例子. 设个别行星在受摄运动中与太阳的距离 (向径) 按下列定律变化

$$\Psi = -\left(\frac{m_1 m_2}{r_{12}} + \frac{m_2 m_3}{r_{23}} + \frac{m_3 m_1}{r_{31}} \right)$$

$$r = r_0 \sin \omega_1 t \sin \omega_2 t$$

式中 r_0, ω_1, ω_2 为几个常数. 在上列的公式中有两个正弦函数,每一个都是周期性的三角函数. 能不能断定 r 是周期性的变化? 一般说来,不能! r 的变化具有振动的性质,但周期性将取决于两个量 $\dfrac{2\pi}{\omega_1}$ 和 $\dfrac{2\pi}{\omega_2}$ 之间的比值. 如果找出两个整数 k_1 和 k_2,对它们来说,比例关系

$$\frac{2\pi k_1}{\omega_1} = \frac{2\pi k_2}{\omega_2}$$

成立,那么运动是周期运动. 事实上,从这个关系式中得出,第一正弦函数的 k_1 个周期的时间与第二正弦函数的 k_2 个周期的时间相等. 因此时间间隔

$$T = \frac{2\pi k_1}{\omega_1}$$

将是两个正弦函数的共同周期,经过这个周期后,r 将回到原值. 但是,由于此关系式中,正弦函数周期可用频率 ω_1 和 ω_2 代替,所以 r 变化的周期性条件可以用下列形式表示

$$k_1 \omega_2 - k_2 \omega_1 = 0$$

这样的条件我们在第二章中已经遇到过,它被称为频率的通约性条件,并且总是伴随着共振.

现在我们来设想一种情况,通约条件对任意的整数 k_1 和 k_2 都不满足,那么两个正弦函数就没有公共周期. 运动将是有界的和振动的,但不是周期的. 这里我们再举一个条件周期运动的例子.

在一般情况下,条件周期性概念可以是这样的. 假设组成力学体系的每一个质点的坐标 x, y, z,在实际的运动中是某几个量 $u_1, u_2, \cdots, u_n$ 的周期函数

$$x = f(u_1, u_2, \cdots, u_n), \quad y = \varphi(u_1, u_2, \cdots, u_n)$$
$$z = \psi(u_1, u_2, \cdots, u_n)$$

也就是

$$f(u_1 + 2\pi k_1, u_2 + 2\pi k_2, \cdots, u_n + 2\pi k_n) \equiv f(u_1, u_2, \cdots, u_n)$$
$$\varphi(u_1 + 2\pi k_1, u_2 + 2\pi k_2, \cdots, u_n + 2\pi k_n) \equiv \varphi(u_1, u_2, \cdots, u_n)$$
$$\psi(u_1 + 2\pi k_1, u_2 + 2\pi k_2, \cdots, u_n + 2\pi k_n) \equiv \psi(u_1, u_2, \cdots, u_n)$$

式中,$k_1, k_2, \cdots, k_n$ 为任意整数(这里为了简便起见,取周期为 2π). 至于量 $u_1, u_2, \cdots, u_n$,则它们也是时间线性函数

$$u_i = n_i t + c_i \quad (i = 1, 2, \cdots, n)$$

式中,n_i 和 c_i 为常量. 显然,变量 u_i 变化 2π 所需的时间间隔为 $\dfrac{2\pi}{n_i}$. 对各种不同的 u_i 来说,这个时间间隔一般来说是不一样. 如果 n_i 是不可通约的,则找不出这样的时间间隔,经过它以后,所有的 u_i 都变化了 2π 的整数倍. 在这个情况下,虽然

x,y,z 对 u_i 来说也将是周期的,但它们按时间 t 不具有周期性.用这种函数表示的运动称为条件周期运动.

行星系无摄运动的重要特征是其运动为条件周期性.这里产生一个问题:行星的相互摄动会不会破坏运动的条件周期性?

于是,无论在研究太阳系演化,或者研究其他保守的振动系统时,基本问题就是阐明在作用力变化很小时,条件周期运动的变化性质.关于小的摄动力,可假设它们不产生机械能的"流失"或"流入",也不产生机械能变成热能或另外形式的能.从 20 世纪 50 年代起这个问题成为柯尔莫戈罗夫院士为首的一些科学家经常研究的对象.他于 1954 年在阿姆斯特丹国际数学大会上,作了一个纲领性的报告,表达了他的许多基本思想.

首先,我们比较详细地了解一下条件周期运动的性质.我们用 n 个的摆系统来作例子. n 个摆的质量为 $m_1,m_2,\cdots,m_n$,长为 $l_1,l_2,\cdots,l_n$,摆悬挂在 O_1, $O_2,\cdots,O_n$ 各点上(图 5.19).摆只能在通过点 O_i 的垂直面内摆动.设 $O_1O_2 = O_2O_3 = \cdots = O_{n-1}O_n = a$.用弹簧连接各个摆,并使产生的弹力小于每一个摆的重量.弹簧固紧在摆上的各个点离 O_1O_n 线的距离为 d,弹簧的弹性系数用 k_1, $k_2,\cdots,k_{n-1}$ 表示.

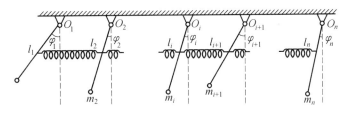

图 5.19   联结起来的摆的振动系统

这个系统具有 n 个自由度,也就是说,需要选用 n 个坐标来说明它.例如,取角 $\varphi_1,\varphi_2,\cdots,\varphi_n$ 为 n 个坐标.问题是决定角 φ_i 为时间的函数.摆系统是保守的(哈密尔顿)体系,因为用位能既可得出重力,又可得到弹力.大家都知道,一个物体重力的位能是用物体重量与物体上升高度的乘积来表示.我们在计算第 l 个摆从水平直线 O_1O_n 的上升高度时,便得出这个摆的位能

$$- m_igl_i\cos\varphi_i$$

于是整个系统重力的位能等于

$$\Pi_T = - m_1gl_1\cos\varphi_1 - m_2gl_2\cos\varphi_2 - \cdots - m_ngl_n\cos\varphi_n$$

现在我们来计算弹力的位能.先看一个单个弹簧,其自由长度等于 x_0,而弹性系数为 k(图 5.20).如果弹簧拉到长度为 x,则根据虎克定律,弹力等于 $- k(x - x_0)$.这里采用"负"号,因为弹力方向与拉力方向相反,延伸时弹力平均值等于

$$\mathscr{V} = -\left(\frac{m_1m_2}{r_{12}} + \frac{m_2m_3}{r_{23}} + \frac{m_3m_1}{r_{31}}\right)$$

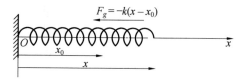

图 5.20　螺旋状弹簧的弹力

$$\frac{0-k(x-x_0)}{2}=-\frac{1}{2}k(x-x_0)$$

而施力点的位移为 $x-x_0$. 因此,力所做的功等于

$$\frac{1}{2}k(x-x_0)^2$$

从物理学知道,力所做的功称为位能,虽然其符号相反.借助三角学公式,在我们的问题中可求得第 i 个摆和第 $(i+1)$ 个摆之间的弹簧长度变化.这个变化近似等于 $a+d(\varphi_{i+1}-\varphi_i)$. 这时,单个弹簧的位能可用下式测定

$$\frac{1}{2}k_i d^2(\varphi_{i+1}-\varphi_i)^2$$

全部弹簧弹力的位能 Π_y 等于

$$\Pi_y=\frac{d^2}{2}\big[k_1(\varphi_2-\varphi_1)^2+\cdots+k_{n-1}(\varphi_n-\varphi_{n-1})^2\big]$$

然后,我们来计算第 i 个摆的动能,设弹簧和摆杆的重量比摆砣的重量小得多,甚至可忽略不计.如果角 φ_i 的变化速度用 ω_i 表示,那么摆砣的线速度将是 $l_i\omega_i$,而其动能为 $\frac{m_i l_i^2 \omega_i^2}{2}$. 因此,整个系统的动能等于

$$T=\frac{m_1 l_1^2 \omega_1^2}{2}+\frac{m_2 l_2^2 \omega_2^2}{2}+\cdots+\frac{m_n l_n^2 \omega_n^2}{2}$$

动能加上位能就得到整个系统的总能 E

$$E=T+\Pi_T+\Pi_y$$

在所作的假设中,Π_y 值比 Π_T 值小,因此,弹力将是摄动力.无摄运动由能量 E_0 所决定

$$E_0=T+\Pi_T$$

并将是 n 个自由摆的振动.弹簧弹性系数起小参数的作用.

首先我们来研究无摄运动.在振动很小的情况下,摆将发生谐振,其周期用惠更斯公式来计算,得

$$P_i=2\pi\sqrt{\frac{l_i}{g}}$$

更精确的研究得出的结果为

$$P_i=2\pi\sqrt{\frac{l_i}{g}}\left(1+\frac{\alpha^2}{16}\right)$$

式中 α 为小振动的振幅(摆偏离垂直线的最大角(用弧度作单位)).

问题是研究在考虑弹簧相互作用很小时,摆系统振动的稳定性.这系统的振动经过很长时间间隔后,是否被破坏或者受摄运动将像无摄运动一样?

在解决上述力学体系或其他任何一个力学体系的稳定性问题时,可能遇到在数学关系方面基本不同的四种情况:

1.非退化运动.摆长和振幅是这样的:所有的 P_i 各不相同,而且振动频率 $v_i = \dfrac{2\pi}{P_i}$ 是不可通约的,即不能找出整数 $\lambda_1, \lambda_2, \cdots, \lambda_n$,使得下列等式成立

$$\lambda_1 v_1 + \lambda_2 v_2 + \cdots + \lambda_n v_n = 0$$

式中独立的频率数目等于自由度数目.非退化运动将具有条件周期性质.

2.偶然退化.从数学摆振动周期的公式看出,初始偏角和初速的变化引起了周期的变化,因为这时振幅 α 在变化.因此,可以这样选择初始条件,使两个或更多的周期相等或可通约.于是应满足条件

$$\lambda_1 v_1 + \lambda_2 v_2 + \cdots + \lambda_n v_n = 0$$

式中 λ_i 为某些整数.

这里独立的周期数目已小于自由度数目.

3.极限退化.在系统振动时,每一坐标连续地达到包含在某个区间内的各个值,并交替达到区间的这一个或另一个界限.例如,在研究的 n 个摆系统中,每一个坐标 φ_i 也在一定边界内变化.坐标变化的边界值取决于初始条件.由于初始条件的变化,便可使某一个坐标的两个边界相重合.于是无摄运动的相应坐标不发生变化,也就是有一个摆将永远处于平衡状态.这种运动称为极限退化.当行星沿着开普勒椭圆运动时,极限退化的情况也会遇到.椭圆运动的向径在 $a(1-e)$ 到 $a(1+e)$ 界限内变化.如果改变初始条件,使偏心率 e 趋向于0,则向径的变化界限彼此趋近.当 $e=0$,就出现极限退化:向径停止振动形式的变化.这时一个振动周期就消失了.

4.自身退化.我们再回过来研究摆系统,用不同于以往的另一种方法来区分无摄运动.我们不仅把弹力,而且把部分重力也都列入摄动力.重力位能的表达式中包含有 φ_i 的余弦.如果振幅小,那么无摄运动中的角 φ_i 变化不大

$$\cos \varphi_i = 1 - \frac{\varphi_i^2}{2!} + \frac{\varphi_i^4}{4!} - \cdots$$

因此,新的位能公式可写成

$$\Pi_T = -m_1 l_1 \left(1 - \frac{\varphi_1^2}{2!} + \frac{\varphi_1^4}{4!} - \cdots \right) \cdots - $$
$$m_n l_n \left(1 - \frac{\varphi_n^2}{2!} + \frac{\varphi_n^4}{4!} - \cdots \right)$$

因为准到常数的位能已经确定,所以在式 Π_T 中,省略常数项,则得

$$\mathcal{V} = -\left(\frac{m_1 m_2}{r_{12}} + \frac{m_2 m_3}{r_{23}} + \frac{m_3 m_1}{r_{31}}\right)$$

$$\Pi_T = \frac{1}{2!}(m_1 l_1 \varphi_1^2 + \cdots + m_n l_n \varphi_n^2) -$$

$$\frac{1}{4!}(m_1 l_1 \varphi_1^4 + \cdots + m_n l_n \varphi_n^4) + \cdots$$

但 φ_i 是小量,因此 φ_i^4 比 φ_i^2 小得多,也就是说,式 Π_T 中第一个圆括号比第二个大得多. 现在我们规定,由把第一个括号测定的位能作为无摄运动. 第二个圆括号定为位能的摄动力. 这样选择无摄运动时,由惠更斯公式决定的振动周期就不依赖于初始条件. 如果在摆系统的一些摆中,有 q 个摆的长度相同,那么在任何初始条件下,它们的周期将相等. 运动将退化,因为独立的周期数目将少于自由度数目. 这类退化称为自身退化.

上述四类振动,不仅在技术问题中,而且在天体力学问题中都能遇到. 此外,在天体力学问题中会同时发生两种或三种退化. 这个情况就是研究受摄运动中所产生的主要困难.

阿诺德的基本定理是讲哈密尔顿体系运动的一切特殊的退化情况. 在谈到把阿诺德基本定理运用于太阳系的结果之前,我们向读者介绍一项研究工作,它使人们更清楚地了解阿诺德在解决问题时曾必须克服的那些困难.

我们来叙说一位法国科学家厄隆(巴黎天体物理研究所)对轨道进行数值分析的结果. 他研究圆形三体问题,也就是研究一个小质量天体(它是被吸引的,但不吸引其他物体)在两个沿圆轨道绕共同的质量中心旋转的大天体引力场中运动的问题.

研究小质量天体的相对运动较为方便,为此需这样做:取旋转坐标系,其原点为大天体重心. x 轴通过两个大天体,而 y 轴垂直于 x 轴. 在这个坐标系中,除引力外,还有离心力作用于小质量天体(自转的地球也有类似的情况). 不论引力或离心力,都是有位能的力,因而相对运动中的机械能守恒定律对于这个问题来说是成立的. 数学上这个定律用所谓雅可比积分表示. 然后只局限于研究平面(在 xOy 平面上)运动. 如果用 xOy 表示小质量天体的坐标,以 v_x, v_y 表示其沿坐标轴上的速度分量,则雅可比积分表示为下面形式

$$\frac{1}{2}(v_x^2 + v_y^2) + \Pi_{\text{离}} + \Pi_T = C = 常数$$

式中 $\Pi_{\text{离}}$ 为离心力位能,Π_T 为引力位能,而第一项相当于单位质量的动能. 每一轨道的 C 值在运动的整个时间内始终是常数,并称为雅可比常数.

为了全面描述运动,必须知道 x, y, v_x, v_y 在每一时刻的值. 用图解表示运动时需要有四个坐标轴(变量 x, y, v_x, v_y 的数目),即必须研究四维相空间,这一点实际上我们是做不到的. 因此可以这样做:利用雅可比积分,从四个变量中去掉一个,用其他三个变量来表示它. 假设去掉的变量为 v_y,现在用普通的三维空间就可描绘出运动. 但这样还是不太方便. 在技术上各种零件和机构的工

作图以各个平面的投影图来表示不是偶然的. 因此, 为了研究圆形三体问题的
运动, 应讨论用平面 $y=0$ 来截割 x,y,v_x 空间, 并弄清楚相轨道在变量 x,v_x 平
面上的交点分布情况(图 5.21). 为了区分轨道我们应给出初始条件, 即在某一

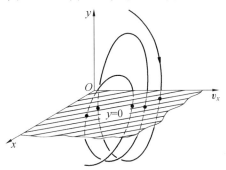

图 5.21　在 x,y,v_y 空间中的轨道情况

初始时刻的坐标值和速度值. 这里的做法是: 在平面 x,v_x 上任选某一点作为原
点, 按规定 y 等于 0, 而根据雅可比积分来计算 v_y. 此外, 给出数值 C, 此后不是
用分析方法, 而是用数值方法一步一步地逐点解出运动方程. 在厄隆的研究工
作中, 计算了轨道在平面 $y=0$ 上连续 50 个交点, 就足以弄清在 x,v_x 空间中的
运动情况. 说几句关于选择 C 值的问题. 这里来回忆一下二体问题是有好处的.
如果二体问题的总能量是负值, 则运动为椭圆(有界的). 总能量为正值或 0 时,
运动为双曲线或抛物线, 即在无限的空间区域内运动. 再回到我们的问题上来.
如果被吸引的质点在一个吸引体附近运动, 则另一个吸引体长期内将不会有很
大影响, 因而, 当能量常数为负时, 小负量天体运动几乎是椭圆. 因此, 取雅可比
常数为负值也是比较合理的. 二体问题中总能量趋近于 0 时, 轨道变得越来越
长, 然后变为抛物线. 在圆形问题范围内也需要看清, 当雅可比常数值趋近于 0
时, 轨道是怎样变化的? 事情是这样: 当 C 的值是那样时, 无摄运动点的轨道便
离开了初始时刻最靠近的天体, 因此, 第二个天体可能会对小质量天体的运动
产生很大影响. 这样, 在雅可比常数值从某个负值向 0 变化时, 可以跟踪侦察轨
道的演化, 并弄清第二个吸引天体的摄动作用. 但是, 还值得注意, 同 C 的每个
值相符合的不是一个轨道, 而是无穷的轨道族, 因为在已知 C 的情况下, 可以根
据要求取 x,v_x 的各种数值.

　　厄隆在研究工作中正好采用了上面谈到的作法. 他的数值计算结果列在图
5.21～5.25 中. 我们对这些图要作许多说明. 厄隆进行这些计算是按照圆形三
体问题的哥本哈根方案, 即吸引天体质量相等的情况. 这个问题的好处是用数
值方法已经很好地研究过了, 而它的运动方程式比一般情况的方程更简单. 计
算中采用的不是一般的单位系统, 吸引天体之间的距离用作距离单位, 吸引天
体质量之和作为质量单位, 而选用的时间单位要使得吸引天体沿轨道运动的角

速度,即坐标系统旋转的角速度等于 1 个单位. 在这样的单位系统, 一个吸引天体的坐标为 $x=-0.5, y=0$, 而另一个吸引天体的坐标为 $x=0.5, y=0$(坐标原点在两坐标的正中间). 这些天体在旋转坐标系中的速度等于 0, 对于所选择的单位系统, 在图 5.22 ～ 5.26 中, 沿 x 轴为距离, 而沿 v_x 轴为速度值 v_x.

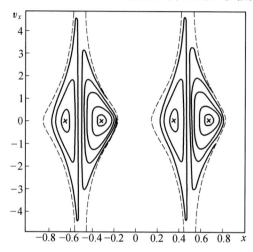

图 5.22 $C=-4.5$ 时, 圆形三体问题(哥本哈根方案)轨道"图"

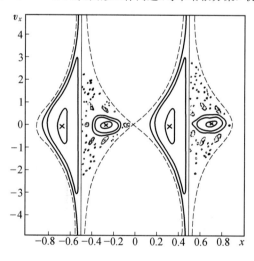

图 5.23 $C=-4$ 时, 圆形三体问题(哥本哈根方案)轨道"图"

在各图中都画有虚线(间断). 这是雅可比曲线, 在此曲线外运动是不可能的. 雅可比曲线所起的作用同希尔曲线一样. 如果雅可比曲线不封闭, 则轨道会通过这些曲线口"冲出去", 而最初绕一个(或两个)吸引天体运动的天体有可能无限制地离开. 同一轨道的点连接成一条实线. 孤立在圆圈内的十字形对应

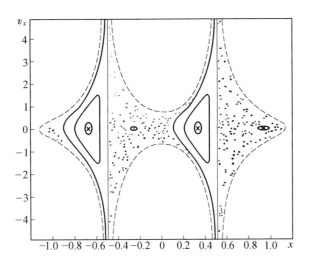

图 5.24　$C=-3.5$ 时,哥本哈根三体问题运动"图"

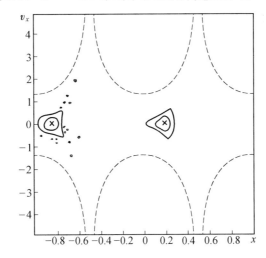

图 5.25　哥本哈根三体问题运动"图",各态备经区域已增大($C=-2$)

于一圈后封闭的周期轨道(转一圈后的点回到初始位置).图 5.26 上的虚点线是"抛出"的曲线:在这曲线外的点对应于离去的轨道.

图 5.22 表示 $C=-4.5$ 时,在平面 x,v_x 内的运动"图".我们看到,对于相对运动的能量为这样的负值,同一轨道上的各点,均处在包围吸引体的封闭曲线上,可以想象出,同图 5.22 所绘 (x,v_x) 平面上的一条曲线相交,缠绕在具有不规则截面的圆环(或管)上的轨道.较外面的曲线具有相当难以想象的形式.这就是第二个吸引天体的摄动作用对运动的影响.

现在取雅可比常数值 $C=-4$,在这里(图 5.23)除了原有的相互能镶入的

827 $\qquad\qquad \mathscr{V}=-\left(\dfrac{m_1 m_2}{r_{12}}+\dfrac{m_2 m_3}{r_{23}}+\dfrac{m_3 m_1}{r_{31}}\right)$

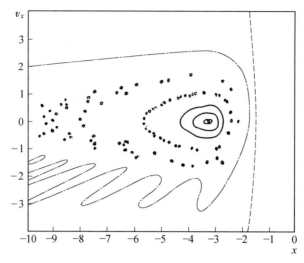

图 5.26　包围两个吸引天体和"抛出"区的轨道区域"图"($C = -4$)

曲线族外,还出现了六个不大的小岛,每个小岛各含有一个周期轨道(椭圆内十字形).但是,也出现了基本上是新的运动.出现了许多点,毫无规则地分散在雅可比曲线内.这些点已经不能联结起来成为某条曲线,它们分布在雅可比曲线和垂直线(指与横坐标垂直的线)之间的面积内.这些点所相应的轨道在连续通过平面(x, v_x)时,与它相交于"碰到的"这些点上.可以预料,在空间 x, v_x, v_y 内,轨道充满小管的内部,在图中所绘的是它同平面(x, v_x)的截面.这里有一种情况,它非常像我们在叙述科尔莫戈罗夫定理时所遇到的共振环被摄动力破坏的情况.奥龙格伦称这类轨道为管形轨道,而厄隆称这类轨道为半各态备经轨道.当谈到各态备经时,要注意所研究的现象具有偶然性,并服从于概率论定律.管形轨道的各个点在平面 x, v_x 上,以"碰上就算"的偶然形式分布在早已指出的区域内.在这个意义上,轨道就具有各态备经性质.

当常数 C 趋近于 0 时,各态备经区域(各点分布于该区域内)扩大,即第二个吸引天体的摄动作用增加.图 5.24 和 5.25 表示 $C = -3.5$ 和 $C = -2$ 时的计算结果.图 5.25 上的雅可比曲线在 x 轴方向上已不封闭,天体可以在形成的袖子状空隙中逃脱.正如计算得出,在许多初始条件下,天体实际上已被抛出.然而值得指出的是,对许多情况下的逆行运动来说,天体"不理会"这种可能性,这一点恰好被彗星运动的研究结果所证实.

图 5.26 列举了与吸引天体更远的区域.椭圆内的各点是包围两个天体的周期轨道.它周围的封闭曲线越远变得越松散,最后被破坏,在虚点线外的所有轨道造成天体的抛出.

厄隆所研究的问题是哈密尔顿体系中非常特殊的情况.阿诺德的问题不是用数值方法研究,而是用分析方法研究非退化情况下以及各种退化情况下的任意哈密尔顿的体系. 他需要阐明,在怎样大小的保守的摄动情况下,轨道所绕上的圆环不会破坏,而只是有些变形,在什么条件下轨道成为管形的、各态备经的.

现在我们来讨论行星系统. 在 m_0 为太阳质量, m_1 为水星质量, m_2 为金星质量,依次类推,最后 m_9 为冥王星的质量. 再设 r_i 为太阳到水星的距离, r_2 为太阳到金星的距离,依次类推. 行星间相互距离将用 r_{ij} 表示,标数 i 和 j 表明取哪个行星间的相互距离. 例如,水星和土星间距离将用 r_{16} 表示,而金星和火星间距离用 r_{24} 表示. 按所采用的符号太阳系位能可用下列公式表示

$$V = -\frac{fm_0m_1}{r_1} - \frac{fm_0m_2}{r_2} - \dots - \frac{fm_0m_9}{r_9} -$$

$$\frac{fm_1m_2}{r_{12}} - \dots - \frac{fm_im_j}{r_{ij}} - \dots - \frac{fm_8m_9}{r_{89}}$$

(读者在格列别尼科夫和杰明著的《行星际飞行》("科学"出版社,1965 年版)一书中可找到两个按牛顿定律吸引着的质点的位能公式的基本结果).

在这个公式中不是所有的项均有同样的重要意义. 在行星运动理论中,具有重要意义的就是质量乘积很大的项,即乘积包含有太阳质量的项. 实际上,如果取太阳质量为一个单位,则木星质量等于 0.001,土星质量为 0.000 3,而其他行星质量将以更小的数字来表示. 例如,在这个尺度中地球的质量等于 0.000 003.

因此,行星系引力的位能式子正是采用阿诺德理论所必需的,无摄运动的位能用函数

$$V_0 = -\frac{fm_0m_1}{r_1} - \frac{fm_0m_2}{r_2} - \dots - \frac{fm_0m_9}{r_9}$$

而小的摄动力的位能为

$$V_1 = -\frac{fm_1m_2}{r_{12}} - \dots - \frac{fm_im_j}{r_{ij}} - \dots - \frac{fm_8m_9}{r_{89}}$$

阿诺德用特别的,所谓"作用"和"角"的正则变量来进行研究.

在圆环上(图 5.27)用几何方法说明"作用 —— 角"变量是很方便的. 设 R 为圆环轴线半径, r 为圆环截面半径. 给出两个角 λ 和 φ 的值后,可单值地确定在圆环面上点的位置,在圆环赤道面内,角 λ 是从某一静止方向计量到通过圆环对称轴和环面所研究点的平面的角度. 角 λ 与地面上的点的地理经度相似. 在经过所研究点的圆环横断面上来计量第二个角,它也就是偏离赤道面的量. 角 φ 与地理纬度相似.

现在我们使所研究的点在圆环截面内均匀地向一个方向旋转. 设角 φ 在旋转时逐渐增大,于是 $\varphi = \omega_1 t + \varphi_0$,式中 ω_1 为点的角速度. 然后若使包含点 M 的截面本身也以反时针方向均匀旋转,则点 M 的另一坐标也将与时间成比例地

$$V = -\left(\frac{m_1m_2}{r_{12}} + \frac{m_2m_3}{r_{23}} + \frac{m_3m_1}{r_{31}}\right)$$

变化：$\lambda = \omega_2 t + \lambda_0$，式中 ω_2 为截面旋转角速度。我们引用直角坐标系（参见图 5.27），用初等三角学定理得到点的直角坐标的式子如下

$$x = (R + r\cos\varphi)\cos\lambda$$
$$y = (R + r\cos\varphi)\sin\lambda$$
$$z = r\sin\varphi$$

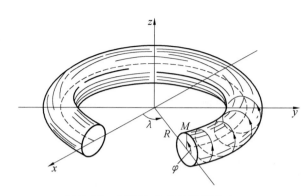

图 5.27　圆环上的条件周期运动

这些公式证明，沿圆环的点运动将是条件周期运动，因为这里有两个频率 ω_1 和 ω_2。如果频率的比值为有理数，则运动将是纯周期的。如果频率的比值等于无理数，则运动着的点永远不会回到原来位置，因为这表示运动的周期性。但在无限长的时间内，点将多次任意接近其原始位置，而点的轨道圈密集地布满圆环表面。变量 r 给我们一个具有"作用"变量性质的例子，而坐标 φ 和 λ 与"角"型变量相似。

在这方面阿诺德遵循了德洛勒和庞加莱的工作，正是选择了这样的变量来描述太阳系的行星运动。这里我们不作推导地引用二体问题的"作用"变量

$$\xi_1 = \sqrt{fma}$$
$$\xi_2 = \sqrt{fma}\,(1 - \sqrt{1 - e^2}\,)$$
$$\xi_3 = \sqrt{fma(2 - e^2)}\,(1 - \cos i)$$

对太阳系的行星来说，根数 e 和 i 很小（参见第一章），因此，作用变量 ξ_2 和 ξ_3 也很小。如果能证明，在无限时间间隔内，行星的相互摄动使得 ξ_1, ξ_2, ξ_3 的值改变不大，则从"作用"变量公式就立刻推出对于根数 a, e, i 的稳定性。

我们还能立刻作出一个极其重要的结论，如果在太阳系的 n 个行星的无摄运动中，周期（频率）可通约性条件得到实现，也就是找到了这样的整数 $k_1, \cdots, k_n$，其中至少有两个数不等于 0，并且

$$k_1\omega_1 + k_2\omega_2 + \cdots + k_n\omega_n = 0$$

式中 $\omega_1, \omega_2, \cdots, \omega_n$ 为行星的平均角速度，那么将满足退化的条件。而在退化情况时，经典方法导致行星轨道根数中产生长期项，它的存在妨害了天体力学家对稳定性的研究。如果连通约性的精确条件不能满足，$k_1\omega_1 + k_2\omega_2 + \cdots + k_n\omega_n$ 的总和非常接近于 0，或者正如天体力学家所说的，产生锐通约性，那么根数摄动的经典方法具有这样的形式

$$\frac{A\sin\big[(k_1\omega_1 + k_2\omega_2 + \cdots + k_n\omega_n)t + \lambda\big]}{k_1\omega_1 + k_2\omega_2 + \cdots + k_n\omega_n}$$

式中分母很小，由于分母很小便不能作出稳定性的结论。

首先必须找出解运动方程式的合适方法. 经典方法有很大缺点. 用这种方法求得的解是按小质量 μ 的升幂级数表示, 也就是行星轨道的某个根数"∂"的级数最初几项

$$\partial = \partial_0 + \partial_1 \mu + \partial_2 \mu^2 + \cdots + \partial_n \mu^n + \cdots$$

就得出本质性的大缺点. 某些系数 ∂_n 在分母小的情况下太大, 使解成为不适用. 换句话说, 由于行星平均角速度的锐通约性有非常小的分母, 以至某些项 $\partial_n \mu^n$ 不会被小的 μ_n 因子"抵消". 此外, 天体力学中被采用的上述这种形式的级数是发散的(参见第二章), 也就是没有总和. 这一点早已被庞加莱证实. 而在太阳系内, 已观测到土星和木星公转周期的锐通约性, 这两个行星轨道运动的频率之比几乎为 5:2. 具有共振状态, 或者是"近共振"状态. 在这种情况下, 完全不可能从经典方法得出好的结果. 这就有必要来探讨解行星运动方程的新方法.

在阿诺德着手研究摄动理论问题时, 某些问题中的小分母难题已被数学家们解决了. 在 1942 ～ 1957 年期间, 西德数学家齐格尔, 前苏联科学家格利曼和科尔莫戈罗夫已获得初步成果. 科尔莫戈罗夫把牛顿用来解代数方程的简单想法作为自己研究的基础. 300 年来, 牛顿的切线方法成功地为数学家用来解复杂的代数方程式或代数方程组. 但只在最近几十年, 由于科尔莫戈罗夫和其他科学家的研究工作, 一个类似于牛顿的方法才被成功地应用到解决和研究微分方程, 即除了未知变量外, 还含有它们的变化速度的方程(参见第八节).

现在我们来谈谈牛顿的方法, 并研究具有一个未知数的一个代数方程式情况下, 这个方法的几何解释. 设方程为

$$f(x) = 0$$

必须求方程的根, 讨论函数 $y = f(x)$, 并作出函数的图形(图 5.28). 图形与 x 轴相交于点 P 的横坐标将是方程的根, 需求出这个未知的横坐标. 我们取图上任何一点 Q, 并在点 Q 作曲线的切线. 作这一切线无论是几何解法, 或是用公式解法都不会有困难. 切线与 x 轴相交于某点 P_1, 一般说, 这一点 P_1 与根不相重合. 而后计算出在 $x = x_1$ 时函数 $f(x)$ 的值. 如果这个值不是 0, 则从点 P_1 作一纵坐标, 并求出图上的另一点 Q_1, 再从点 Q_1 作曲线的切线. 第二根切线与 x 轴相交于横坐标为 x_2 的点 P_2. 取这一横坐标, 再计算出 $x = x_2$ 时的函数值, 并作出新的点 Q_2. 从点 Q_2 作曲线的新切线, 这根切线与 x 轴相交于横坐标为 $x = x_3$ 的点. 继续这一过程, 到某个步骤时或如一般所说的在某一近似值时, 得到切线与 x 轴的交点, 这一点几乎和未知根没有差别. 这就是牛顿的切线方法.

实践证明, 在运用牛顿方法时, 经常有两、三次近似就够了, 可是另外的逐次近似法需要有大量的近似次数. 各种方法效率上的差别不是偶然的. 如果函数 $y = f(x)$ 图形没有间断和折断, 那么对任何类型的方程 $f(x) = 0$, 牛顿方法

831

$$\mathscr{V} = -\left(\frac{m_1 m_2}{r_{12}} + \frac{m_2 m_3}{r_{23}} + \frac{m_3 m_1}{r_{31}} \right)$$

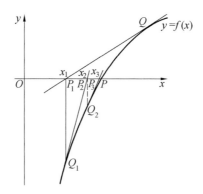

图 5.28　根据牛顿的切线方法以线图确定方程式根

会保证很快趋近于未知根的值.

　　如果顺利地选择了根的初始第一次近似值,则在作函数 $f(x)$ 预测时,可正确断定,下一次近似使所求出的根值中的有效数字位数要增加一倍.

　　不难指出牛顿方法的特殊优点和高效率的原因.问题在于牛顿方法中考虑了函数(或函数图形)变化的趋势、性质.作一曲线的切线,并求出切线与横坐标轴的交点,我们好像以切线代替曲线.而在切点附近,所有可能的直线中,切线"比一切更接近"于曲线.在切点附近,曲线和切线的纵坐标几乎是一样的.换句话说,我们在运用牛顿方法时,不仅考虑到所计算的函数值,而且考虑到函数的性质.因此,我们就能很快地找到方程的根.

　　这个方法在推广应用到微分方程时仍保持其主要优点.改进后的牛顿方法成功地应用于非线性振动理论、天体力学等方面,从而可以避免运用发散级数.

　　当然要注意用于代数方程的牛顿方法与用于摄动理论的广义牛顿方法不同.在这里,只是解决问题的思路本身即指导思想是共同的.

　　在微分方程中,尤其是在摄动理论中,牛顿方法保证了最有利地选择新的变量,即从老的坐标变换到某些新的坐标.这个变换应当是这样:在新的变量中,能够更快和更简单地解出所得到的方程.未知量的代换在解代数和三角方程式中广泛地被采用.在研究微分方程时,变量的代换非常有利.

　　现在我们来叙述用牛顿方法来解决受摄运动理论中的这个问题,设 x_1,x_2,$\cdots$,x_n 为作用变量,y_1,y_2,$\cdots$,y_n 为行星运动的角变量.行星运动完全取决于哈密尔函数 $H = T + V$,式中 T 为动能,V 为引力的位能.假设以变量 x_i,y_i 表示函数 H.我们看到,位能 V 包括有表示无摄椭圆运动的位能 V_0 和行星相互摄动吸引所引起的位能 V_1.因此,哈密尔函数 H 可以用下式表示

$$H = H_0 + R$$

式中 $H_0 = T + V_0$ 为无摄运动的机械能,而 R 为决定受摄运动的项.如果引入小量 ε(小参数),它具有行星质量和太阳质量之比的数量级,那么正如已谈过的,

832

在函数 R 中可分离出数量级为 ε 的小项,数量级为 ε^2 的小项等等.我们将用 H_1,H_2 等表示这些相应的项.

广义牛顿方法可以进行变量 x_i,y_i 到另外的变量 P_i,q_i 的变换,也就是可以求出这样的关系式

$$P_i = f_i(x_1,x_2,\cdots,x_n,y_1,y_2,\cdots,y_n,\varepsilon)$$
$$q_i = \phi_i(x_1,x_2,\cdots,x_n,y_1,y_2,\cdots,y_n,\varepsilon)$$

式中 f_i 和 ϕ_i 表示 x_i 和 y_i 的函数,在非退化情况下,新的变量中哈密尔顿函数 H 不再包含数量级为 ε 的项,而方程仍保持哈密尔顿的形式.在 H 中只保留有数量级较高的 ε^2 项和更高级量级的小项.

如果再作一次变量 P_i,q_i 到新的变量的变换,则函数 H 中摄动项将有 ε^4 的数量级.如果进行了 S 次变量代换,则 H 中表示摄动的项将有 ε^{2s} 的数量级.当变量代换的过程无限制地继续下去,H 中的摄动项将趋近于 0,而过程本身将收敛.牛顿方法保证很顺利地选择导致很快收敛的新变量.从而也保证制止小分母作用.在退化情况下,整个分析十分复杂.

牛顿方法是科尔莫戈罗夫和阿诺德所建立的理论的奠基石.阿诺德利用这个方法首先证明科尔莫戈罗夫早已提出的定理.在叙述这一定理的实质时,为了简便起见,我们来研究两个自由度的力学体系.

在这种情况下,相空间中的运动可以用一般的圆环表示(图 5.29).

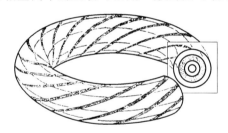

图 5.29　在"作用——角"变量空间中的圆环上的轨道情况

无摄轨道所绕的圆环是根据初始条件决定的,固定不变的作用变量值对应于每个圆环,而轨道在圆环上的缠绕性质由角变量决定.如果只研究一个行星的平面运动,那么圆环的大小决定于作用变量

$$\xi_1 = \sqrt{fma}, \quad \xi_2 = \sqrt{fma}\,(1-\sqrt{1-e^2})$$

相邻的圆环各处均有空隙隔开,彼此不相交.至于圆环上的轨道本身都均匀地绕在圆环上并逐渐地到处稠密地覆盖在圆环上,像绕在轴上的线一样.这种图像只是发生在没有偶然退化的情况,即在频率不可通约的情况下才有.如果初始条件产生共振,也就是引起偶然退化,那么相应的圆环圈不是均匀的和到处稠密的.尤其对于周期运动是这样的情况,因在周期运动中,轨道绕在圆环上经过一圈或几圈后就闭合.周期轨道就像两端连接起来的金属螺旋线.

$$V = -\left(\frac{m_1 m_2}{r_{12}} + \frac{m_2 m_3}{r_{23}} + \frac{m_3 m_1}{r_{31}}\right)$$

在保守的小摄动力作用下,力学体系将发生什么变化?科尔莫戈罗夫的定理断言带有相轨道的圆环并没有改变,除其中一些与偶然退化运动相应的轨道外,略有变形.但在变形时,发生变化的是决定圆环外形大小的作用变量.因为在小的摄动时,圆环的变形不大,所以作用变量的变化也不大.因此,在受摄运动中,作用变量将永远接近于无摄值.这也表明运动相对于作用变量是稳定的.此外,证明了受摄运动仍然为条件周期运动.

现在再来谈谈共振情况.这里的情况可能比较复杂.原来,共振圆环在摄动力作用下可能被破坏,于是受摄轨道开始游动.同时轨道不会同其他圆环相交(因为从交点可能出现两条轨道:共振轨道和非共振轨道,这表示圆环上交点所对应的初始条件,应同时描述力学体系的两个不同的运动).因此,受摄共振轨道永恒地处于圆环间的空隙层中.它们在这一层无处可逃.由于这些空隙的体积有限(因为圆环本身变化很小),运动将是稳定的.图 5.29 指出受摄共振轨道情况,其中无摄圆环位于第二和第三圆环之间.各点对应于轨道同截面的交点.正如所看到的,这些点能分布在环状区域内.

对于更多自由度的更一般力学体系来说,几何结构需在高维的空间内进行.几何图形是更复杂的.相邻圆环间的空隙的体积已没有限制.受摄共振轨道在共振圆环破坏时,可能在圆环间空隙内游动和远离无摄轨道.有关共振轨道的稳定性这里已经不可能说出什么明确的东西.在存在有自身退化和极限退化的条件下,情况也同样复杂.

在谈到阿诺德证明科尔莫戈罗夫的定理时,还需要补充一点,即不仅共振轨道,而且所有很接近它们的轨道的情况,仍是一个有待解决的问题,并且,检验中剔下的轨道数量愈少,则哈密尔顿函数中的 H_1, H_2 等项也愈少.

然而科尔莫戈罗夫定理没有详尽解答哈密尔顿体系中受摄运动的问题.必须解决"产生新频率"的问题,我们用例子来阐明这个问题的实质.

在太阳系九大行星无摄运动的简化问题范围内,由于行星只与太阳相互作用,因此只产生一个周期(或与周期相应的频率),当然,可预料到在计算现有行星间相互作用时,会出现新的频率.不太紧的弦振动频率是小的(周期大),与此相似,小质量(与太阳质量相比) 行星间的弱相互作用引起坐标的小频率振动变化.在受摄轨道根数值中,不可避免会出现带有小分母的项,也就是 $\frac{A}{\mu} \sin \mu t$ 形式的,项式中 μ 为小参数,摄动行星质量与太阳质量的比越小,μ 就越小.经典的摄动理论以 μt 值代替 $\sin \mu t$,即长期摄动 At.

我们在分析科尔莫戈罗夫定理和厄隆数字计算结果时,曾指出共振圆环由于摄动而破坏的可能性.在产生新频率时相空间的演化情况又是怎样变化的呢?阿诺德以后研究的正是这个问题.

在这个复杂的问题中未能找到变量的变换,这一变换使哈密尔顿函数 H 中的摄动项 H_1"消失".找到的办法是不同于以往,把函数 H 分为无摄和受摄两部分.过去无摄运动由函数 H_0 决定,但现在要由函数 H_0+H_1 来决定无摄运动.这个方法类似于我们在研究自身退化时所叙述过的情况,即在几个连接起来的摆系统情况下发生的,当时无摄运动可用两种形式来选择.忽略弹簧的弹力,以及忽略重力位能中具有比摆与垂直线的偏角平方更高量级的项(与惠更斯公式相应的运动),就好像在无摄运动中只保留 H_0.如果只忽略弹力,那么在无摄运动中具有摆的小偏角的各幂次的项都要考虑,类似于哈密尔顿体系的一般问题中,选择哈密尔顿函数 H_0+H_1 来决定无摄运动.

阿诺德在顽强地寻求一种方法,以求解决在保守摄动经常作用下的任意哈密尔顿体系中的运动稳定性问题,终于取得了成功.作为哈密尔顿体系稳定性的普遍定理的结果,他得出下列定理:

如果行星的质量足够小,它们的无摄轨道的偏心率和倾角(对黄道面)都是足够小,则对于行星的绝大多数初始位置和初始速度来说,在考虑小的相互摄动时,行星运动将永远是条件周期运动,偏心率和倾角将永远保持为小量,而半长径则永远在其初值附近振动.

总之,如果在我们称之为初始时刻的某个时刻,行星轨道非常接近于圆,并处在相互倾斜很小的平面内,那么实际上对于大多数具有所述结构的行星系统来说,以后的运动将与初始无摄运动的区别不大,行星系统不会破坏.任何一个行星都永远不会离开自己的行星系统,任何一个行星也不会落到行星系统的中心天体上.

行星的受摄轨道好像是位于圆环状体上的螺旋形曲线.行星轨道会微微地脉动有时稍微压扁,使偏心率增大,行星轨道将在初始轨道平面附近微微摆动,而平面本身或者以变速旋转,或者在某个平均位置附近振动.换句话说,行星轨道交点线和拱线,或者旋转,或者振动.这些运动的初步性质正如第二章中在讨论斯托克威尔改进拉格朗日、拉普拉斯和勒沃里叶的结果时所谈到的情况一样.

§6 重新怀疑

在阿诺德关于太阳系稳定性基本定理中,对初始位置和初始速度加上一个小小的限制:要求行星运动是不可通约的,也就是在初始时刻,无论 k_1, $k_2,\cdots,k_n$ 是什么样的整数,都不满足条件

$$k_1\omega_1+k_2\omega_2+\cdots+k_n\omega_n=0$$

初始条件不仅不应满足平均角速度的精确的通约性,同样也不应满足充分

$$\mathscr{V}=-\left(\frac{m_1m_2}{r_{12}}+\frac{m_2m_3}{r_{23}}+\frac{m_3m_1}{r_{31}}\right)$$

接近的通约性.

数学家说用这样的假设所证明的定理是"在一切初始条件下,定理几乎处处成立"或"除了在一个小测度集以外,定理在一切初始条件下成立".这个数学上的"几乎"究竟意味着什么呢?这个"几乎"是否完全能满足天文学家的要求呢?这个"几乎"中存在着对阿诺德稳定性和李雅普诺夫稳定性根本不同的理解.李雅普诺夫运动稳定性意味着在初始时刻相当接近于无摄轨道的任何受摄轨道,在以后的任何时刻始终接近于无摄轨道.在这方面阿诺德稳定性没有多少明显的特性.在这种情况下,可以假定存在数量相对少的轨道,在初始时刻接近无摄轨道,后来远远脱离无摄运动.在这里,应当在概率的意义下理解稳定性.

为了简便起见,我们举一个具有两个自由度的力学体系作例子,它的特点是有两个频率 ω_1 和 ω_2.可能出现两种情况,或者频率 ω_1 与 ω_2 之比 $\frac{\omega_1}{\omega_2}$ 是无理数,也就是不存在通约的非共振情况;或者这个比值是一个简单的分数,是个有理数,它对应于共振情况.当比值 $\frac{\omega_1}{\omega_2}$ 处于不同的初始位置和初始速度时,可以是有理值,也可以是无理值.究竟多少初始条件能引起通约性,而多少初始条件可以引起不通约呢?要回答这个问题,需要计算有理数的量和无理数的量.可是不论是有理数或是无理数都是无穷集.要知道如果取两个有理数,那么在两个数中间可以插入无论多少其他有理数!譬如说,取分数 $\frac{1}{3}$ 和 $\frac{1}{2}$.它们的平均数 $\frac{5}{12}$ 大于 $\frac{1}{3}$ 并小于 $\frac{1}{2}$.再取 $\frac{1}{3}$ 和新数 $\frac{5}{12}$ 的平均数,这个平均数是 $\frac{3}{8}$,它同样可以插入 $\frac{1}{3}$ 和 $\frac{1}{2}$ 之间.然后取 $\frac{1}{3}$ 和 $\frac{3}{8}$ 的平均数,又可以得到可以插入 $\frac{1}{3}$ 和 $\frac{1}{2}$ 之间的有理数 $\frac{17}{48}$.这个过程可以无限制的继续下去,这时在"不适合的"初始条件如此之多的情况下,"在一切初始条件下,定理几乎处处成立"的稳定性的意义究竟何在呢?

原来,无穷大也存在很大区别,不能"用平均主义对待""所有的"无穷大.数学工作者会"数"一切有理数,而对无理数却说它们是不可数集(是连续统).这究竟意味着什么呢!想起自然数 $1,2,3,4,\cdots$,我们不论取什么样的自然数,总是可以指出它的左邻数和右邻数,就是说所有的自然数可以把它排成一个数列,然后来"数".这是否对所有的有理数都是对的?数学家对这个问题的回答是肯定的,为此,只需要把所有的有理数排列成一定的顺序.

可以用不同的方法做到这一点,例如

$$\frac{1}{1},\frac{1}{2},\frac{1}{3},\frac{2}{3},\frac{1}{4},\frac{3}{4},\frac{1}{5},\frac{2}{5},\frac{3}{5},\frac{4}{5},\cdots$$

从上例可见,分母按自然数系的增长次序排列,对每一个分母,分子取小于分母的数,并按自然数 $1,2,3$ 等次序排列,并且分子与分母互质.现在把所有的有理数编成号码已经不困难了.在这种排列顺序下,任何一个有理数是不会被忽略的,并且有理数集正如数学家所说的是康托尔可列集.

如果取无理数,要么就不能把它们编成号.这样的集叫作不可列集.集的"算术"是相当有趣的和巧妙复杂的问题.数学工作者在说到"集"时,不是有数量,而是用势来说明它的元素的数目.无理数是不可列集的.它的势是连续统.根据集合论的结论,在整个直线上的点和在线段上的点的数量是"一样的",这就是等势集.

大家知道,实数集(有理数和无理数)和直线上的点集是完全等价的.数轴上的每一个点对应于一个确定的实数,反之,每一个实数只对应于数轴上的一个确定的点.假设您随意取数轴上的一点.随意所取的点是表示什么样的数呢?是有理数或是无理数?你要说"这像抽彩中的偶然的机会!"可是,如果这是"偶然的机会",那么这是概率论定律在起作用.一切取决于中彩的概率.随便在数轴上取一个点表示一个有理数的概率是怎样呢?实际上它等于 0,虽然有理数是无限多,粗略地说这可以解释为"抽出"有理数的概率等于全部有理数的数量与全部实数的总"数量"的比值.有理数的"数量"比所有实数的"数量"小得无法计量,因此用数学的语言可以说"随意取一个数是无理数",而这意味着,相应于比值 $\frac{\omega_1}{\omega_2}$ 为有理数的初始条件是少得不可想象.

可是,我们所说的问题更复杂,不仅在频率通约时,而且在接近通约时都不能用阿诺德定理.必须对初始条件"落入"与定理条件不适合的概率进行新的计算.

假设有一个具有两个频率 ω_1 和 ω_2 的振动体系,频率值取决于初始条件.我们所讲的与阿诺德定理不适合的情况就是比值 $\frac{\omega_1}{\omega_2}$ 为有理数,或者是非常接近有理数.太阳和两个行星所构成的"太阳系"是符合于这样的振动体系的.行星周日平均角速度将起着频率的作用.利用开普勒第三定律,根据平均角速度将得出行星轨道半长径.为了简单起见,设两个行星在同一个平面上运行,那么,在比值 $\frac{\omega_1}{\omega_2}$ 为有理数的情况下,可以在这个平面上定出使运动可通约的两个圆(为方便起见,设行星初始运动是圆轨道运动).为了消除对定理条件不相容的圆半径初值,在已找出的圆的附近,还需要建立一个行星不应落到里面的狭窄的环形区.然后需要挑选出所有共振条件,并计算行星落入可通约区域的频

$$\psi=-\left(\frac{m_1 m_2}{r_{12}}+\frac{m_2 m_3}{r_{23}}+\frac{m_3 m_1}{r_{31}}\right)$$

率. 现在我们来分析一下从 0 到 1 线段上的初始条件. 可以发现, 数值 $\frac{n_1}{n_2}$ 处于一般分数 $\frac{p}{q}$(p,q 是整数) 附近, 允许误差不超过 $\frac{c}{q^3}$ 的情况下得出概率小于 $4c$. 假设摄动力是这样的: 若频率比值 $\frac{n_1}{n_2}$ 与最近的有理数之差小于 $\frac{0.01}{q^3}$, 由于摄动力的作用, 几乎是共振轨道所在的环面开始被破坏. 那么, 能引起不稳定运动的共振区的总测度仅仅是 4%($4c = 0.04$). 可见"几乎一切初始条件"对这一个例子来说是 96%. 换句话说, 在随意取出的 100 个行星轨道中, 96 个将满足阿诺德定理, 只有 4 个轨道的未来情况仍然是未解决的. 由此可见, "几乎一切"或"对大多数初始条件"这种说法需要真正地去理解.

这也就是应当从概率这个意义上来理解上面所证实的太阳系稳定性定理. 当然, 这并不完全能使天文工作者满意, 但是阿诺德定理仍然是解决行星系稳定性经典问题的一个特别大的进步.

能不能说出关于我们这个行星系稳定性的更明确的东西呢? 能不能阐明所观测到的行星运动是否能满足阿诺德定理条件呢? 不可通约的条件能不能实现? 回答这个问题是极其困难的. 行星轨道根数多半是用无理数表示, 但是我们从观测中总是得到有理数, 也就是表现为有限的十进位小数. 可能某个所测定的量就是无限的、非循环的十进位小数, 即无理数, 但是我们的仪器记录下的这个无穷小数是有误差, 而我们自己一定要把它四舍五入.

还有一种不太紧要的看法, 认为我们的计算具有或然性. 如果实现的公理是以概率理论为基础, 那么他们的看法是合理的. 有一种最早的概率论假说, 认为一切可能的方案, 可能产生的情况都应是机会均等的! 如果不是这样, 或然性的论点就失去了它的作用. 我们能不能断定通约性和不可通约性对于行星系来说是同样可能的吗? 这个问题谁也不能回答.

不但如此, 有些研究工作者认为行星在它的起源的过程中, 应当"挑选"对它最为"有利的"共振轨道. 莫斯科数学家莫尔恰诺夫就有这种有选择性的说法. 他用所挑选出的关于行星运动或卫星运动"几乎"可通约的大量证据来充实自己的理由.

我们来概略地谈谈问题的由来. 在研究自然过程问题中, 很重要的是区别出问题的物理提法和数学提法. 如果是从数学的角度提出问题, 在它的理想化的情况下, 有一个大概的物理先决条件, 那么不管数学计算是多么精确, 都不能指望在理论上和观测上非常一致. 这里, 再没有比一个英国著名的自然科学家说的话更正确了. 他说"数学像一个磨盘, 磨的只是注到它里面去的东西". 把沙粒(粗略的物理假设)注到数学磨机里去, 面粉(符合于自然规律的好的理论)是磨不出来的.

　　仔细地研究一下学者们观点的变化过程,可以发现还在很早的时候,哲学家、物理学家,后来还有力学家都首先对太阳系具有某种"组织原则"的想法进行了研究.如柏拉图提出天体运动的"理想化"原则.根据这个原则,天体运动应是均匀的圆周运动.这个原则在许多世纪中决定了利用本轮和均轮提出运动理论的数学方法.这个原则甚至反映在哥白尼的理论中.很自然在哥白尼和开普勒时代,柏拉图的原则阻碍了科学的发展.可是,尽管如此,在这个原则中不能说没有发现合理的内核.在自然界实际上最普遍遇到的几乎是圆周运动.从另一方面说,柏拉图原则促使人们思考这样一个问题:"行星难道不会按照某一个还不知道的物理原则'选择'自己的轨道吗?"

　　在最近两个世纪中,从提丢斯到波得不是一个天文学家在试图找出行星距离定律.这种试图直至现在人们也未放弃(提出施密特的行星距离定律就足以说明).尽管经验主义,盲目寻找,以及缺乏物理的和力学的指导思想,这种寻找本身,正如寻找一块哲学顽石一样,我们对它无法估价.

　　为什么实际上就不存在行星距离定律呢? 行星会不会"胡乱落到某个"轨道上运行? 行星在选择轨道时是否不必受某些规则节制呢?

　　要知道在原子结构中,在一组电子围绕原子核的运动中,存在着一定的能量.这一点物理学家早已发现.量子力学家断言:电子在核周围沿着一个许可的轨道运动,而不是沿着任意的轨道运动(这里说的是波尔原子结构模型的术语和概念).在偶然的激发下,电子不会"胡乱跳到"某个轨道,而是跳到一种确定的轨道系列中的一个轨道上.电子只能够在轨道上运动,轨道彼此的能量是有差别的,而且能量差始终等于某个常数的整数倍.因此,电子从一个轨道跳到另一个轨道时,便改变一个或几个分量相等的量子的能量.如人们所说,产生了轨道量子化.虽然核的相互作用力不同于引力相互作用力,寻找行星轨道"量子化"原则仍然是十分自然的.

　　可能有反对"电子－行星,核－太阳"相类似的不同看法.行星在运动中表现出的只是粒子(微粒)的特性,而电子也如光一样,既具有粒子的特性,也具有波的特性.但是在这里适当地提一下所谓"光学力学类似论".原来发现在经典力学和量子力学之间并没有不可逾越的障碍.前苏联科学院通讯院士切塔耶夫特别清楚地指出这一点.他不止一次地讲了自己十分有意义的看法,遗憾的是仍然没有被人们注意.他认为"稳定性,原则上是普遍的现象,显然在某种程度上应当在自然的基本规律中表现出来".

　　切塔耶夫提出一个问题:要找出在微弱的保守摄动力作用下任意的哈密尔顿体系的运动稳定性的必要条件.切塔耶夫的研究结果是令人吃惊的.选择哈密尔顿体系的稳定现实运动的规则是和电子轨道量子化规则相一致的,它导出现代物理的薛丁格基本方程.切塔耶夫的结果证明:第一,量子力学和经典力学

$$\mathscr{V}=-\left(\frac{m_1 m_2}{r_{12}}+\frac{m_2 m_3}{r_{23}}+\frac{m_3 m_1}{r_{31}}\right)$$

之间有类似的合理性;第二,还导致另一个重要的结论.如果仅以稳定运动的自然选择作为前提,那么就会发现并非数学上一切可能的哈密尔顿体系的轨道都是机会均等的.相反,在选择稳定运动时,自然偏重于特殊情况,"这种特殊情况就是必须满足表示物质体系状态的各个量之间的某些特殊关系"—— 切塔耶夫就是这样写的.

切塔耶夫继续进行推论.他认为根本上占统治地位的是渐近稳定性,而且微小的阻力保证了这种稳定性.

莫尔恰诺夫根据自己的研究目的和指导思想,把自己不久前的研究工作和切塔耶夫的著作衔接起来,提出了太阳系共振结构假说.他认为非线性振动体系随着时间将达到其频率具有不同类型通约的运动状态.

莫尔恰诺夫在分析太阳系大行星运动时发现除了很早就发现的行星平均角速度有锐通约性外,还可以指出整个系列几乎是共振关系式,如

$$\sum_{i=1}^{n} k_i \omega_i = k_1 \omega_1 + k_2 \omega_2 + \cdots + k_n \omega_n$$

式中 k_i 为整数,ω_i 为大行星平均角速度,i 为行星号码,n 为行星数目.

虽然莫尔恰诺夫的发现是意外的,但是立刻产生一个问题,他的结果在数学上的正确性如何.问题在于莫尔恰诺夫的问题具有不同意义的解答.

要知道,实际上行星真平均角速度多半是无理数,而观测不能得到.因此,测定平均角速度经常使我们得出有理数.而对于任何选定的有理数,不用说,总是可以指出满足共振条件的一组整数 k_i.

当然,从非线性振动理论中我们清楚地看出只有在整数 k_i 不大的共振关系式才有决定的意义.这也就是莫尔恰诺夫寻找的平均角速度的锐通约性.但是通约性也能够用意义不同的方法来选择.重要的是,当共振关系式的数目等于行星的数目时,演化上成熟体系不是简单地进入共振,而是进入全共振.这意味着太阳系在比较短的时期内几乎准确地回到初始状态,然后开始沿着自己几乎已经通过的轨道运行.表 5.1 引用了莫尔恰诺夫的研究结果之一.其中 ω_i^H 为平均角速度的观测值,ω_i^T 为准确实现共振条件相应的这些量的理论值.$\Delta \omega_i = \dfrac{\omega_i^H - \omega_i^T}{\omega_i^H}$ 为相对误差,后面九行包含共振关系式中的九组整数.观测值 ω_i^H 非常接近共振值 ω_i^T,也就是这种情况使得莫尔恰诺夫最终得出太阳系是全共振性的想法.

表 5.1　太阳系的共振关系

	行星	ω_i^H	ω_i^T	$\Delta\omega/\omega$	n_1	n_2	n_3	n_4	n_5	n_6	n_7	n_8	n_9
1	水星	49.22	49.20	0.000 4	1	−1	−2	−1	0	0	0	0	0
2	金星	19.29	19.26	0.001 5	0	1	0	−3	0	−1	0	0	0
3	地球	11.862	11.828	0.003 1	0	0	1	−2	1	−1	1	0	0
4	火星	6.306	6.287	0.003 1	0	0	0	1	−6	0	−2	0	0
5	木星	1.000	1.000	0.000 0	0	0	0	0	2	−5	0	0	0
6	土星	0.402 7	0.400	0.006 8	0	0	0	0	1	0	−7	0	0
7	天王星	0.141 19	0.142 86	−0.011 8	0	0	0	0	0	1	−2	0	0
8	海王星	0.071 97	0.071 43	0.007 5	0	0	0	0	0	0	1	0	−3
9	冥王星	0.047 50	0.047 62	−0.002 5	0	0	0	0	0	1	0	−5	1

莫尔恰诺夫把自己的研究工作继续扩展到卫星系. 他同样在寻找卫星系的共振关系式. 表 5.2 列出大行星卫星系的共振数据.

表 5.2　行星卫星系中的共振关系

木星卫星

	卫星	ω_i^H	ω_i^T	$\Delta\omega/\omega$	n_1	n_2	n_3	n_4
1	木卫一	4.044	4.000	0.011 0	1	−2	0	0
2	木卫二	2.015	2.000	0.007 5	0	1	−2	0
3	木卫三	1.000	1.000	0.000 0	0	0	−3	7
4	木卫四	0.428 8	0.428 5	0.000 8	0	0	−1	2

土星卫星

	卫星	ω_i^H	ω_i^T	$\Delta\omega/\omega$	n_1	n_2	n_3	n_4	n_5	n_6	n_7	n_8
1	土卫一	16.918	16.800	0.007 0	−1	0	2	0	0	0	0	
2	土卫二	11.639	11.600	0.003 5	0	−1	0	2	0	0	0	0
3	土卫九	8.448	8.400	0.005 7	0	0	−1	0	2	1	0	2
4	土卫四	5.826	5.800	0.004 5	0	0	0	−1	2	−1	0	−1
5	土卫五	3.530	3.500	0.008 6	0	0	0	0	−1	2	2	0
6	土卫六	1.000	1.000	0.000 0	0	0	0	0	0	−3	4	0
7	土卫七	0.749 4	0.150 0	0.000 8	0	0	0	0	0	−1	0	5
8	土卫八	0.201 0	0.200 0	0.005 0	0	0	0	0	0	0	−1	4

$$\mathscr{V}=-\left(\frac{m_1 m_2}{r_{12}}+\frac{m_2 m_3}{r_{23}}+\frac{m_3 m_1}{r_{31}}\right)$$

天王星卫星

	卫星	ω_i^H	ω_i^T	$\Delta\omega/\omega$	n_1	n_2	n_3	n_4	n_5
1	天王卫五	6.529	6.545	-0.0025	-1	1	1	1	0
2	天王卫一	3.454	3.454	0.0000	0	-1	1	2	-1
3	天王卫二	2.100	2.091	0.0043	0	0	-2	1	5
4	天王卫三	1.000	1.000	0.0000	0	0	1	-4	3
5	天王卫四	0.6466	0.6364	0.0160	0	0	1	-2	0

此后,他在搞清楚有多么大的可能性能形成类似我们太阳系的、几乎具有共振结构的行星系统.首先引证出许多理由,证实在其他恒星的类似行星系统是稀少的,然后提出一个问题:太阳系几乎是共振结构,这是偶然的吗?为此就测定类似太阳系的共振系统偶然形成的概率.结果发现,概率不超过 10^{-13}.莫尔恰诺夫进一步作出结论说:

"我要指出,我们的银河系恒星的数目大约是 10^{11}.如果每个恒星附上一个行星系统,即使要得到一个类似太阳系系统,就需要几十个星系.现在,人们显然不敢坚持自己那种独特的看法.出现了非常对立的偏见"……"所引用的推论……使得人们对于哈密尔顿体系的摄动理论研究太阳系的适用性,仍然非常怀疑……

这个报告的主要任务是试图指出在研究太阳系问题的实际状况中存在着的直接对立的观点.如果情况是这样,那么测度形式的摄动理论(也就是阿诺德的著作——作者)显然是一种抽象概念,这种抽象概念和产生它的问题是无关的(当然这不妨碍它在其他领域里成为十分有用的东西)."

这就是莫尔恰诺夫的论点.正如他自己所指出,他是没有严格论证的.此外,还可以引用反对莫尔恰诺夫的论据.

这样一来,我们就再没有权利来断定太阳系结构的共振性了.究竟谁正确呢?是阿诺德还是莫尔恰诺夫?阿诺德定理的正确性怎样呢?

作者认为,应当这样来回答这些问题:太阳系稳定性的概率是很大的.关于太阳系结构的几乎一切可能的稳定方案都导致稳定性.如果莫尔恰诺夫是对的,我们只需比较已经取得的结果,研究阿诺德分析中所遗留下的很小一部分行星的可能轨道.同拉普拉斯、拉格朗日时代的研究状况作比较,可以看出天体力学家离最后解决问题已经近得多了.

可能从完全不同的角度提出太阳系稳定性问题,它既与李雅普诺夫稳定性无联系,也与阿诺德—摩塞耳的测度稳定性无联系.从实际观点来看,行星真运动有限偏离于它的无摄轨道也完全是容许的.重要的是行星彼此不要运行得太靠近,和它的现有位置相比不要离太阳太远,不要接近太阳到危险的距离.换句话说,建立希尔－拉格朗日意义上的太阳系稳定性就足够了.如果能成功地建立希尔－拉格朗日运动稳定性,并估计出行星向径振动界限,那么研究阿诺德意义上的稳定性一般说来就失去其必要性.

近年来,在这方面莫斯科学者戈卢别夫①获得了令人鼓舞的结果.在有 300 年历史的非限制性三体问题的研究工作中,戈卢别夫终于严格地建立了在外形上同圆形限制性三体问题的希尔区相一致的运动可能区域.戈卢别夫所建立的希尔区的特点为:这个区域处在每个时刻通过三个相互吸引着的天体的活动平面上,而运动区本身可能在脉动,并始终保持自己类似原来的样子.

必须指出:在 1912 年,宋德曼对三体问题运动特性作出估计以后到戈卢别夫著作发表以前,在这方面人们没有取得任何成就.戈卢别夫的研究结果对于任意质量比来说是普遍适用的,也是正确的.对于三个天体平均角速度的共振关系来说,也还是正确的.遗憾的它未能推广到多体问题,因此在估计太阳系运动时,利用戈卢别夫的结果总是只应选择三个相互作用将要确定的天体.

在我们的行星系中,自然地可选出三个最重的天体:太阳、木星和土星.我们记得太阳的质量是地球的 33 万倍,木星是地球质量的 318 倍,土星是地球质量的 95 倍.天王星和海王星是次于土星的最大的行星,与土星相比为它的质量的 $\frac{1}{6}$.此外,天王星比木星离土星要远 1 倍,而海王星比木星离土星大约远 4 倍.因此,可以很有把握地把在相互吸引力作用下的木星、土星和太阳的运动在精确的三体问题范围内来论述.戈卢别夫也就是这样做的.他所取得的严格的数值结果是:土星总是比木星离太阳远,至少是它的 1.3 倍,而木星将永远在半径为 11 天文单位的日心范围内运行.有意思的是戈卢别夫所确定的太阳－木星－土星在希尔意义上的绝对稳定性,是在考虑到木星和土星平均角速度的锐通约性(共振)的情况下获得的.

许多专家对太阳系另一个三体次系(太阳－冥王星－海王星)稳定性的分析证实了莫尔恰诺夫的思想并扩大了戈卢别夫的结果.如柯亨和哈巴德指出,在这个体系中,存在着冥王星和海王星通约性为 2∶3 的共振情况,由于这个原因,这些行星间的最小距离不可能小于 18 天文单位,他们研究了所谓第一个临界角距

$$\delta_1 = 3\lambda_P - 3\lambda_N - \tilde{\omega}_P$$

的情况,式中 λ_P 和 λ_N 相应表示冥王星和海王星的平黄经,而 $\tilde{\omega}_P$ 为冥王星的近日点黄经.他们在 1965 年发表的著作中指出,δ_1 的振动是 $180°$ 的周围,周期约

---

① 戈卢别夫"三体问题运动不可能的区域"前苏联科学院报告,1967 年第 4 期第 144 卷;"非限制性三体问题中的希尔稳定性"前苏联科学院报告,1968 年第 2 期第 180 卷.

$$\mathscr{V} = -\left(\frac{m_1 m_2}{r_{12}} + \frac{m_2 m_3}{r_{23}} + \frac{m_3 m_1}{r_{31}}\right)$$

为 19 670 年,变幅大约是 $76°$,因而冥王星的轨道特性是具有高度稳定性.

但是,希劳威尔指出,在运用柯亨和哈巴德结论之前,必须研究冥王星近日点黄经的变化.因此,他研究了第二个临界角距

$$\delta_2 = 3\lambda_P - 2\lambda_N - \Omega_P$$

的情况,式中 Ω_P 为冥王星轨道升交点黄经.既然近日点角距等于这两个临界角距之差,那么后者值的振动将引起近日点位置的振动.勃劳威尔指出,冥王星的长期运动可以在分析圆形限制性三体问题第三类周期轨道(庞加莱引用的)的基础上进行研究.

1971 年威廉斯和本生考虑了所有大行星的摄动,用冥王星运动方程的数值积分,获得了在时间间隔为 450 万年间的冥王星运动数据,他们得出结论说,冥王星的轨道近日点在 $90°$ 值周围振动,振幅为 $24°$,周期接近 400 万年.此外,他们订正了柯亨和哈巴德所获得的 δ_1 的天平动周期值,使它增加 300 年.从他们的研究结果中得出,在三体相合时刻,冥王星和海王星之间的距离不可能小于 16.7 天文单位,大大地超过它们轨道间的可能有的最小距离.

拉科西和狄耳于 1974 年发表文章支持他们的结论.这些作者在研究推广了的三体问题第三类轨道的基础上,分析了冥王星的运动.在这个问题中,作者考虑到木星、土星和天王星的摄动,这些行星是用拉普拉斯不变平面上(接近于黄道)的圆形环所代替.这些圆形环的半径等于这些行星和太阳的平均距离,并具有相应的质量.

同样利用数值积分法所进行的分析不仅表明威廉斯和本生研究结果的正确性,而且使得有可能把它们推广到相当大的时间范围.

冥王星和海王星的例子,正像其他行星系和其卫星系可通约情况一样,使人们产生一种想法:配置相互作用的三体天体中,两个不太重的天体的运动存在通约,应当使它们彼此可能有的最大影响减到最低程度.奥温登在 1973 年用"最小相互作用原则"的形式把这个思想明确地表达出来.他写道:"在相互重力影响下运动的 N 个质点的卫星(或行星)系统,大部分时间是处于接近某种构形,在这种构形中,系统各成员相互影响的作用是最小的."

奥温登随后在 1974 年发表文章,表明自己提出的原则在研究木星和天王星的拉普拉斯卫星系统中是适用的.这两个系统必须要有 1 亿年左右才能达到最小的构形.实现共振关系式

$$n_1 - 3n_2 + 2n_3 = 0$$

的精度(天王星系统是 3×10^{-4},木星系统是 2×10^{-7})表明,这两个系统的年龄是和太阳系的年龄等量的.

对于太阳系的许多次系来说,用一种重力相互影响的存在来解释已有的共振现象是不够的.为了解释这类共振的存在,必须考虑其他的效应,其中的潮汐

效应. 格林堡、康塞曼、夏皮罗正是用这种方法在自己的文章中说明了土星的卫星(土卫六、土卫七)周期的通约性为 3：4.

这些作者研究了这样一个三体问题：中央天体的质量大大超过沿圆形轨道运行的内层卫星的质量,而这个内层卫星又比沿不大偏心率 e_2 的轨道公转的外层卫星重得多. 他们的分析是建立在研究相平面轨道 $e_2 \cos \Phi, e_2 \sin \Phi$($\Phi$ 为体系的第一临界角距) 活动的基础上的. 分析的结果表明,潮汐摩擦作用下的动力演化会产生非共振体系,在这个系统中,Φ 在一个很宽的范围内变化,轨道周期的比值最初值就不等于小整数之比,并且 e_2 非常小;当 Φ 在 $180°$ 值周围的狭窄的范围内振动时,周期比值在 3：4 的值周围振荡,而 e_2 成为相对大的值.

§7　再谈共振

吴尔恰诺夫教授断言："演化成熟的振动系统不可避免的是共振系统." 近年来,通过不同途径对宇宙演化问题进行各种研究,并且也越来越多地趋于这一结论. 在这些类似的研究工作中,有意义的结论之一为：物质系统不管从什么"状况"开始发展,必然地进入共振状态. 这个原则在太阳系演化理论中也起作用.

可是,既然行星不能自由地选择自己轨道的半径,而是照某种原则来选择它,那么就存在它自己的行星距离定律.

首先谈谈不久前国外科学家希尔斯的研究情况. 他进行了大量的工作,研究了具有不同初始条件的 11 个假想行星系统的发展,竭力搞清楚行星系统动力发展的总趋势. 为了用电子计算机加速计算,他选择了大质量行星. 值得强调指出的是,初始距离和偏心率是任意选出的,具有彼此相互吸引的任意质量. 这些行星系的某些研究数据列入表 5.3.

表 5.3

行星系统号码	行星数目	行星质量	初始距离(天文单位)	演化时间(千年)
5	4	$m_i = 9.54 \times 10^{-4}$ $(i=1,2,3,4)$	6；9；22；29	4.2×10^3
9	3	8×10^{-4}	3	2.5×10^2
		3×10^{-4}	5	
		1×10^{-7}	4	
11	6	$m_i = 5 \times 10^{-4}$ $(i=1,\cdots,6)$	任意 $\approx 6 \sim 8$	12×10^3 10

$$V = -\left(\frac{m_1 m_2}{r_{12}} + \frac{m_2 m_3}{r_{23}} + \frac{m_3 m_1}{r_{31}}\right)$$

在希尔斯的计算中,行星系统的中央恒星的质量取它等于太阳的质量.

为了简化,希尔斯研究了共同平面上的行星运动.

他所进行的行星系统运动方程组数值解的时间范围大约是几百万年,并没有对稳定性弄到显而易见的程度.然而趋向于某个阶梯是无疑的.图 5.30 证实了这一点.在这个图上绘出的是希尔斯的 No.11 行星系的行星半长径作为时间函数的图形.原来,轨道半长径振动变幅随着时间而减小,轨道出现稳定,也就是演化期结束,成熟期开始.

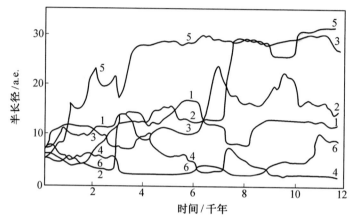

图 5.30 假想行星系统轨道:半长径情况

现在我们注意看看图 5.31 所绘的太阳系的直方图.图中水平轴表示 No.11 行星系的两个相邻行星的周期比值,垂直轴表示包含所研究的演化时期的(10 年计算一次)这些比值的总数.正如小行星分布一样,在这个直方图中,有"山峰"和"峡谷"."山峰"对应有行星公转周期之比的有理数值,因此行星轨道半径不可能是偶然的.正如图中"山峰"所明显表示出的,公转周期之比趋向于接近包括在 $\frac{8}{3}$ 和 $\frac{9}{4}$ 之间的有理关系,也就是行星轨道的动力演化引起共振状态.

我们不想把希尔斯的计算看成是最终的结果,希望研究数量比较大的,具有不同初始条件的假想行星系,必须把求解的时间范围增大几十倍.

多耳在研究宇宙学方面采用了更普通的方法.他研究了由尘埃和气体组成的原始星云.这些星云呈凝聚状,质量是太阳的百分之几.假设质点沿着独立的开普勒轨道运动,并且倾角和半长径的指向都是偶然的(但是偏心率固定为 $e=0.15$ 或 $e=0.25$),他得出了星云中的尘埃和气体分布的初步规律.

多耳认为,星云在初始时刻已经具有凝结核(未来的行星),质量大约为太阳的 10^{-15}.这些行星胚胎在黄道面上作顺行运动,但是具有轨道半长径和偏心

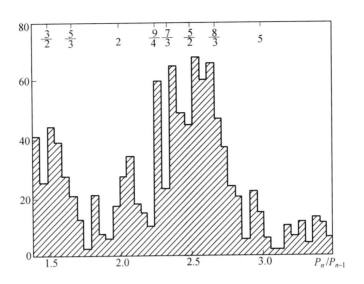

图 5.31　假想行星系的两个相邻的行星公转周期比值的直方图

率的偶然值.行星核借助于尘埃和气体渐渐增长起来.

多耳利用电子计算机进行方程数值解得出结论:行星开始形成的轨道具有"量子化"性质.

§8　迈出新的一步

沃尔科夫在 1973 年研究了行星的移动——转动问题的 KAM 理论意义下的太阳系稳定性.他同时研究了行星的轨道运动,以及行星相对质量中心的自转,并且认为行星是轴对称的天体.早在 1962 年,他就开始进行这方面的研究.

他像所有天体力学工作者一样,利用瞬时轨道根数,描绘了行星的轨道运动.至于说到行星的自转运动,这里所用的是伟大的欧拉(1707—1783 年)时代就应用的刚体动力学的传统角变量.欧拉角是按照下列方式引入的.我们把行星自转列入 $Oxyz$ 坐标系,原点 O 为行星的质量中心,x,y,z 轴指向相对恒星不变的方向(图 5.32),设 OQQ' 为行星赤道面,直线 PP' 为它的对称轴.在行星上标出某个完全确定的子午圈 PNP'.轨道面 OQQ' 沿交点线 KK' 和坐标面 xOy 相交.行星的位置由岁差角 ψ,章动角 ϑ 和自转角 φ 所决定.

可以近似地认为行星绕对称轴(沿 φ 角)均匀自转.岁差角 ψ 变化得非常慢,几乎是均匀地变化,而章动角几乎固定不变.例如,地球沿自转角转一圈是一昼夜,而按岁差角是 26 000 年.如对地轴章动角的微小振动忽略不计,则它保持为常数值.在取地球轨道面(黄道)作为基本坐标面时,角 $\vartheta=23°27'$.这个角决定着地球的冷热状况和四季的交替.这样一来,地球的自转使人们想起快

847

$$\mathcal{V}=-\left(\frac{m_1\,m_2}{r_{12}}+\frac{m_2\,m_3}{r_{23}}+\frac{m_3\,m_1}{r_{31}}\right)$$

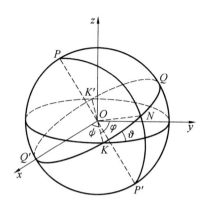

图 5.32　欧拉角

速旋转的陀螺运动.大概其他大行星也会有这样的运动.例外的只有一个"侧身"向后仰的行星——天王星.

这就产生一个问题:所描述的太阳系行星的移动——转动运动的状况会永恒地保持下去,或者运动会发生相当快的演化吗?沃尔科夫采用 KAM 理论的数学工具,总结了阿诺德太阳系稳定性定理,同时也总结了行星移动——转动问题.

从他的研究结果中产生了一个对气候工作者有意义的事实.自转角、岁差角、行星轨道升交点黄经处于受摄运动时,将无限地、长久地表示为时间线性函数以及小的概周期函数的总和.章动角和行星轨道倾角几乎不变.行星质量中心始终沿着同圆形差别不大的、并位于近似的倾斜平面上的轨道运行.这个结论在一般采用 KAM 理论的概率意义下是正确的.因此,由于行星轨道根数的微小振动,行星从太阳获得的热能的起伏也是很小的.行星热能的变化在很大的时间范围内是由上述线性函数确定的.

我们所谈到的行星系的共振性概念也渗透到天体移动——转动理论中去.对于月球、水星和金星运动的研究工作,在这方面取得了最明显的效果.

特别有趣的是月球的移动——转动.它是受法国天文学家卡西尼于 1693年观测中发现的经验定律所支配的,这三条定律是:

1.月球绕一条轴均匀地自转,这条轴固定在月球体内,自转周期等于它绕地球公转的周期.

2.月球轨道面和黄道面始终保持同一个倾角.

3.月球赤道面、月球轨道面和黄道面始终相交于同一条直线上.(确切地说,月球赤道在黄道上的升交点始终和月球轨道在黄道上的降交点相一致)

拉格朗日和拉普拉斯也把卡西尼定律作为月球运动的理论基础.然而这两位天体力学创始人所用的卡西尼定律,在数学上是没有根据的,因为他们的根据是运动的近似方程,并假设月球轨道和黄道保持一个小的倾角.别涅茨基教

848

授于 1971 年对这一老的理论准确地加以说明,并提出根据,从而确立了卡西尼定律在宇宙演化时间范围内的正确性.

在这项研究工作中,最早的是杜鲍申教授发现的行星卫星移动——转动问题的精确特解.他所发现的一种类型的运动满足了卡西尼第一定律.原来,存在某一种卫星运动.在这个运动中一个惯性轴(均匀自转的天体的对称轴)经常指向天体中心.在这种情况下,卫星就像月球一样,始终以同一个面对着大天体.这种状况叫作卫星的相对平衡.杜鲍申建立了他所发现的运动稳定性的必要条件.

卡西尼运动是后面的、比较复杂的阶段.这里也存在相对平衡,但它存在于同转动着的月球轨道交点线牢固相联系的坐标系统,别涅茨基所研究的也就是这种运动.他证明了按卡西尼定律运动的稳定性.

从振动理论的观点来看,月球运动具有共振特性,因为它的轨道运动周期等于绕轴自转周期,因此本身有趣的是自然选定了共振运动,并且是稳定运动.别涅茨基指出,使月球保持相对平衡状态的稳定因素是地球对月球的吸引力矩(地球对月球的吸引力不能归结为一个合力,因为还存在力偶).根据别涅茨基的观点,月球是潮汐力把它引入共振.

根据哥尔德雷希和皮耳的研究结果,月球的共振运动不是一个唯一的现象.近年来,天文观测提出足够的论据,断定另一些行星的一系列卫星也有同样的运动.这一类卫星有木星的卫星(木卫一、木卫二、木卫四)和土星和卫星(土卫三、土卫四、土卫五、土卫八).显然,这些卫星是按照卡西尼定律,被它们绕着公转的大行星的潮汐力而引入稳定共振自转的.

别涅茨基在研究了月球的运动以后,便转入解释水星的共振自转.根据科伦波提出的巧妙的、已被证明是正确的假设,水星的移动——转动相应于 $\frac{2}{3}$ 的共振,因为水星的自转周期为 59 日,几乎准确地等于公转周期的 $\frac{2}{3}$.别涅茨基说明了这种现象,从而推广了卡西尼定律.别涅茨基所获得的在数学上有根据的运动演化方程允许得出一系列稳定体系,其中之一能描绘出水星的运动.显然,观测到的水星运动是由于太阳的潮汐力作用而产生的.但要仔细地研究这一过程,这是未来研究者的任务.

金星的共振运动更加复杂.在理论上还完全没有对它进行研究.所观测到的运动通约性,在几何上可以归结为:在金星和地球每一次最接近时(在下合时)金星以同一个面朝向地球!为了弄清这种罕见的运动现象,必须解决三体(物体,不是质点)问题.

那么我们现在从行星的轨道运动问题转到行星的轨道和轴的运动的一般问题.我们发现,在我们行星系演化中有许多新的未预料到的东西.在这种类型

$$V=-\left(\frac{m_1 m_2}{r_{12}}+\frac{m_2 m_3}{r_{23}}+\frac{m_3 m_1}{r_{31}}\right)$$

的研究中,首先很自然地受到行星是绝对刚体这一假说的限制.但是将来这个假设将成为局限性的,并不得不转入研究弹性行星移动——转动问题等.

但是,解决这个问题也不会给我们最后的答案.科学家将竭力准确地说明太阳系存在的期限,并将准确地说明行星运动演化的细节.

§9 我们这个行星系不是唯一的

我们这个行星系不是唯一的!在我们周围所有的方向上有几十亿颗恒星.这些恒星和自己的行星系一起互相结合成各种动力结构.所有的恒星聚集成大的集体——星系.如果我们想知道恒星和它的行星系统的一生,仔细研究它的未来,那么不注意星群和星协的动力演化,不研究星系长潮力对行星系统完整性的影响是不可思议的.行星系统在星系中,在充满气体—尘埃云的区域内,很小的移动就能明显地改变动力特征(出现较大的介质阻力,降落到行星上的物质增多,光压减小等等)和行星的热状况(因中央恒星的光线附加了屏蔽).

对于未来的行星系统来说,恒星在星系旋臂中运动的方向也具有决定性的作用.如果恒星趋向星系核,随着恒星密度的增长,邻近恒星俘获外层行星的可能性就增加.

另一方面,星系的外形证实,在它的内部旋臂之间存在"缝隙",从动力学观点来看,这些缝隙类似土星环的共振环缝.

我们把注意力转到那些以后要仔细分析的问题.现在可以断定,已经建立了完全有效的计算方法,并在星系尺度范围内计算了恒星运动.可以预料会很快解决星系在本身发展过程中是不是向共振状态演化的问题.如果存在向共振发展的趋向,那就可以认为共振状态是自然界的普遍规律.

有些天文工作者回避对宇宙天体进行精确的动力学讨论,因而通常也是局限于粗糙的、不可靠的、大略的估计.他们应当把注意力集中到研究工作本身上.

在天文学中有种偏见很盛行,就是依据物理学上的新规律和新发现来解释所有不清楚的天文现象.可是很遗憾,这种事情是发生在天体系统的发展,甚至在力学体制的范围内还没有认真地研究多少的情况下!有时,在对基本力作用的计算结果的精度只有 $10\% \sim 30\%$ 的条件下,就要弄清那些要作为补充假设的不同性质的细微的效应(甚至认为这些效应是决定性的),实际上没有任何必要.由于把微小的物理效应绝对化,所有这些"巧妙的"解释就常显出是矫揉造作.我们已经引用了由于太阳摄动作用而使"垂直的"月球不稳定性的结论.这样的结论也可能有天文学的普遍意义:行星前原始云在凝结核形成后,即使不存在碰撞和介质阻力效应,只是由于重力相互影响,也可以发生密集过程.从纯力学观点来看,希尔斯和多耳在宇宙演化学方面的研究工作倒是把许多问题弄清楚了.

不久前,发现有可能研究天体的引力系统的演化,这引起人们很大的兴趣,如果附加上耗散力(阻力)的研究,那么我们将进入这个几乎从未触动过的领域,这对精细的力学和数学研究是具有原则意义的.

科兹洛夫、休尼亚耶夫和埃涅耶夫[①]在他们的著作中对星系运动所进行的数值分析本身是很吸引人的,这一点下面将谈到.可是从另一方面看,它明显地证明电子计算技术的应用前途是极其广阔的.利用电子计算技术也可以很有效地研究行星系的演化问题.

国外在电子计算机上配上非常巧妙的装置,能够把力学问题的解答录到电影胶卷上.这种装置叫作显示.我们提出的是一大群质点的运动.它的数学描述归结为定出质点群中每一个质点的在多次时刻的位置.把计算结果编成一个很长的坐标值表是很珍贵的和很难看到的.就从这里看来,显示是个不可替代的东西.如果用显示屏代替机器的出口装置,机器可以在每一个时刻不记数字,而在屏上显示出质点的位置.然后就可以得到系统的全部质点在不同时刻的连续位置的电影.这个影片正好就包含着问题解答.

埃涅耶夫和他的同事们决心弄清楚,能否只用动力过程来解释星系旋臂的形成过程.

他认为星系是由 800 个恒星(另一种方案是 2 000 个)组成的圆盘.因为星系的质量基本上集中在核内,则可以近似地认为星系像一个相应质量的质点在吸引着,而质点就位于星系的中心.一个大的天体(例如另一个星系)沿着给定的轨道在星系旁边通过,并通过吸引使这个星系内单个恒星运动产生摄动.我们来看一看对大天体通过情况的几种方案:垂直于星系面,在星系面上与星系的自转方向相同或相反的方向上.为了计算简便,假设每个恒星按牛顿定律为本星系以及通过的天体所吸引.每一个恒星最初在星系面上沿圆轨道运行.恒星之间的相互吸引力小到可以忽略不计.埃涅耶夫的研究工作不同于其他天文研究工作,没有作出任何物理相互作用的假设.尽管这样,埃涅耶夫和他的同事们的研究结果完全出乎预料.潮汐相互作用所产生的星系的连续发展情况.

在它外围的恒星运动.核内物质认为是径向分布的球状对称.取旁边通过的天体质量等于星系核的质量.这意味着星系中每一个恒星的运动是由限制性三体问题的解决定的.在计算时,图中距离单位取为 2 万秒差距,时间单位取为 10 亿年.

可以用潮汐效应来解释旋臂的发展.正如计算表明,这些潮汐旋涡是不长久的.它存在的时间不超过星系旋转的 1~2 个周期.然而,由于物质运动的开

---

① 国外科学家佛莱德雷和柴登托普夫比较简单地提出了这个问题,进行了类似的研究.

$$\mathcal{V} = -\left(\frac{m_1 m_2}{r_{12}} + \frac{m_2 m_3}{r_{23}} + \frac{m_3 m_1}{r_{31}}\right)$$

普勒特点,在星系的周围,恒星的公转周期随着离中心的距离的增长而变长.因此,比较接近核的潮汐旋涡部分要存在几亿年,而最外层部分存在几十亿年.

正如事实所证明,不仅必须研究星系际相互作用,而且还要研究星系内部的过程所产生的效应.相应的研究工作已经顺利地在开展.一批前苏联科学家(杜鲍申、雷巴科夫、卡利尼娜、霍洛波夫)立意要批判地分析恒星天文学的一个重要理论,即前苏联科学院院士阿姆巴尔楚缅的学派从 1949 年起所研究的星协理论.根据这个理论,恒星是在不大的空间区域里成群地产生,然后相当快地向各个方向四散奔去.

星协理论是有意义的.它得到许多天文工作者的赞同.它的大部分内容是建立在运动观点的基础上.当然,从宇宙演化的时间间隔来看,它是不足的.星协分解问题不是根据运动方程解,而是在分析速度,至多是利用粗略的动力估计的基础上解决的.对星协理论来说,忽视动力学孕育着严重的后果,正如上面所提到的国立史天堡天文研究所同事们的文章所指出的那样,因为实际运动看来是复杂得多,而星协发展过程本身多半是另一种样子①.这些科学家从动力学观点分析了一个最熟知的、研究得最好的猎户座中的一个星协,这个星协包括了所谓的猎户座四边形,即一种四聚星,它的子星间的距离具有同一个数量级.这个星协离我们有 37 000 天文单位的距离②.根据阿姆巴尔楚缅的观点,猎户座四边形类型的许多独立的体系是不稳定的,在几百万年过程中发生分解,而在某些情况下(星协的总机械能是正数)进行得更快.前苏联科学院通讯院士巴连拿哥教授也研究了猎户座四边形中恒星的运动,并得出结论说:"几万年后,四边形不会以现在的形式存在,几十万年后,四边形的恒星将完全四散而去".

在所有这些看法中,认为猎户座四边形是孤立的,并且忽略接近星协的恒星的重力影响.这就导致作出错误的结论.

实际上,正像许多其他同类星协一样,包含猎户座四边形的星协不是孤立的,而是处于星团的中心.这个星团的半径达 1 度.它包括的恒星不少于 1 000 个.

杜鲍申教授的研究小组依据组成 36 阶的严格的(微分)运动方程组,研究了猎户座四边形的 6 个恒星的运动.研究了和猎户座四边形相连的星团的各种结构方案.这个问题的方程组的数值解是利用莫斯科大学计算中心的 БЭСМ—4 电子计算机进行的.恒星运动研究到 58 600 万年以前以及 51 700 万年以后的情况.进行数字解的步长范围是从 6 年到 100 万年.对猎户座四边形的恒星运

---

① 杜鲍申、雷巴科夫、卡利尼娜、霍洛波夫:"论猎户座四边形动力演化",国立史天堡天文研究所通报,1971 年莫斯科大学出版社,第 175 期.

② 应为 470 秒差距.——译者注

动的精确计算结果,并没有对星协理论(实际上是所研究的12种方案中的任何一种)加以证实.

四边形中的恒星不是分散到各方,而是处于脉动状态,脉动周期是20万年.计算表明,改变星团半径和密度,不会改变运动的定性特征,因为变化的只是脉动的变幅和周期.猎户座四边形的恒星轨道见图5.33.

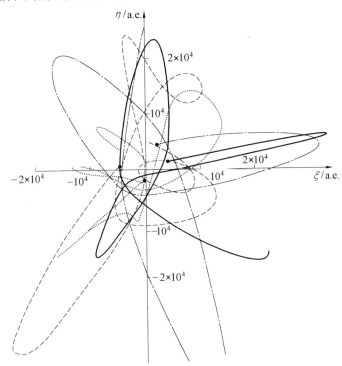

图 5.33　猎户座四边形的恒星轨道

同样发现,在忽略星团重力影响的情况下,从星团中偶然抽取的任何一个恒星和四边形的恒星一样,也就是将很快地飞散.换言之,从猎户座四边形的动力特征来看,绝不应无条件地肯定其子星起源的共同性! 所进行的计算表明猎户座四边形的子星(作为最重的恒星)不止一次地、有规律地返回到它所发生的(星团质量中心)假想地点,并有可能在这个似乎已"分解"的四边形中心再次出现.

所引用的例子对本书所讲的问题有间接关系.它证实天体力学工作者已经有信心地更加深入和详细地研究运动计算的有效方法,并考虑到星际系和星际内部的相互影响,而这些影响在估计行星系统更遥远的未来时,迟早是不得不加以考虑的.

$$\mathscr{V} = -\left(\frac{m_1 m_2}{r_{12}} + \frac{m_2 m_3}{r_{23}} + \frac{m_3 m_1}{r_{31}}\right)$$

§10 改造太阳系——这可能吗

　　伽利略说过:"谁不了解运动规律,谁就不可能认识自然."作者在叙述中遵循了这一名言.不少事实证明了他的话是何等的正确.

　　我们已看到,太阳系几个小天体存在的期间是有限的,将是几百万年或几千万年.我们了解到彗星是如何分解以及怎样转变为流星群,木星的强大吸引力怎样把彗星抛到紧靠太阳的危险区域,或者干脆把它赶出太阳系的范围.我们了解到,火卫一以及同它类似的卫星在骆熙区行将毁灭,或者有可能降落到行星上;了解到某些小行星和彗星同大行星的相撞以及许多其他的内容.

　　最后我们详细谈了200年来解决著名的太阳系稳定性问题的戏剧性的经过.这一问题因阿诺德定理的论证而得到解决.由此得出结论,从概率大的程度来看,太阳系是一个稳定结构.

　　不容任何怀疑的是太阳和行星的物理过程不可避免地对太阳系天体轨道的演化有某种影响.不用说还必须加上对磁场、光压等所引起的效应的估计.但不管怎样,可以认为由于这些附加因素作用很小,在考虑它们时,不会导致从根本上改变在力学基础上所得到的结论,而只能是对太阳系这个或那个天体存在的时间了解得更准确些.

　　在结束语中,作者想引起读者们注意在所讨论的问题中有一个观点,可能多少是未预料到的.人类的未来由于人口的增长,地球上能源和其他资源的贫乏,最后由于生产力不可能无限制地增长,不想冒险去改变地球的热状况,地球大气的化学组成等等,不去扩张和开拓太阳系的其他天体是不可想象的.

　　地球人口已超过60亿.根据剑桥大学霍意尔教授的看法,在保持现今人口增长速度的情况下,5 000年后,人口总数将超过我们的银河系和用5米望远镜观测到的其他星系的恒星总数.

　　这样一来,开拓行星是不可避免的!但是,人,这是蛋白质化合物天然化学最完美的作品,是不可能在木星的阿摩尼亚大气中、土卫六的甲烷大气中自由地生活的.难道在其他行星上穿着密闭飞行衣,建立密封城市是人类命中注定的事吗?

　　在谈到美国国家航空和宇天局的科学家黄授书教授所得出的计算结果时,可以得出结论,有必要在人类住满时,把大行星移到比较接近太阳的可以居住人的区域.

　　可是这并不是科学幻想所达到的飞行极限.1961年美国洛杉矶科学试验室副主任佛罗门在谈到未来太阳热能耗尽时,提出利用月球作为燃料来源地,把地球移居到其他恒星周围去的想法.根据佛罗门的计算,地球移居系统将进行 80 亿年的时间,并且将保证地球的飞行距离是 130 光年.佛罗门断言:只可以想象一个最舒适的宇宙飞船就是地球本身.

在写完叙述时,想引用一位大科学家、爱国的天文学家、出色的天文普及家金斯①说的一段引人入胜的话:

"如从空间这一点看,对天文研究来说,充其量不过是认识广阔宇宙的绝大部分区域.如从时间看,这种研究成为教导人们去寻求无限的可能和希望.作为地球上的居民,我们生活在时间的刚刚开始;我们正在进入富有生气的、美妙的黎明.在我们眼前展现出不可想象的长远的岁月,人们有可能做出几乎是无限的成就.在遥远的未来,我们的子孙从另一端遥望这一漫长时代,会把我们的世纪看成是世界历史的濛雾的早晨;把我们的同代人看成是英雄的人们,正是他们通过那些无知和偏见的密林,为自己打通了认识真理,征服自然,建设一个使人类能在其中生活的世界的道路.我们还在被黎明前的浓雾笼罩着,只能模糊地想象对于那些注定要看到充满光辉未来的人们,这个世界将是一个什么样的世界,可是也就在我们现在看到的这个世界里,我们能看得出,天文学在它的基础上给整个人类带来希望,使每一个人负有责任,因为我们将为比我们所能想象的还要遥远的未来,绘下图景,奠定基础."

①　金斯:《环绕我们的宇宙》,谭辅,译,上海,1932 年出版.——译者注

$$v=-\left(\frac{m_1 m_2}{r_{12}}+\frac{m_2 m_3}{r_{23}}+\frac{m_3 m_1}{r_{31}}\right)$$